獣医微生物学
第5版

公益社団法人 日本獣医学会
微生物学分科会 編

岡林環樹、岡村雅史、田原口智士
堀本泰介、村瀬敏之、山﨑伸二　編集

獣医学教育モデル・コア・カリキュラム準拠

文永堂出版

本書のスキャニング，デジタル化等の無断複製は著作権法上で例外を除き禁じられています。本書を代行業者等の第三者に依頼してスキャニングやデジタル化することは，たとえ個人や家庭内での利用であっても著作権法上認められていません。

著作権法第35条（学校その他の教育機関における複製等）における条文では，教育利用において「必要と認められる限度において公表された著作物を複製，もしくは公衆送信」を行うことが認められております。しかしながら，授業目的公衆送信補償金制度における補償金を支払っていたとしても「著作権者の利益を不当に害することとなる場合」は例外としています。

教科書の全ページまたは大部分をスキャンする等，それらが掲載されている教科書，専門資料の購入等の代替となる様態で複製や公衆送信（ネットワーク上へのアップロードを含む）を行う行為は，著作権者の利益を不当に害する利用として，著作権法違反になる可能性が高くなります。

「著作権者の利益を不当に害することとなる」かどうかわからない場合，または学校内外から指摘を受けた場合には，発行元の出版者もしくは権利者にご確認下さい。

表紙作品：ID:2112088307/shutterstock.com

序

　本書『獣医微生物学』は，1995年の初版以降，数年毎に版を重ね，2018年には第4版が，公益社団法人日本獣医学会微生物学分科会編として発行され，獣医学教育モデル・コア・カリキュラム準拠の認定教科書として，全国17全ての獣医系大学（学部・学科）に採用された。本版は，微生物学をもっと深く知りたいという学生の意欲や興味に対応するため，コア・カリキュラムを超える内容を随所に盛り込ませた名著として，多くの学生・研究者に愛されてきた。「獣医微生物学」のバイブル的存在と言っても過言ではない。

　第4版の上梓後，6年が経過した。その間，地球上では新型コロナウイルス感染症をはじめとする悪性の新興・再興感染症が少なからず勃発し，今現在も動物（家畜）の感染症マップは大きく変動している。さらに，メタゲノム解析などの微生物検出技術の普及により，未知の微生物を含む膨大なゲノム配列が網羅的に検出され，それらの体系的な整理のため既存の分類体系の見直しが余儀なくされた。一例として，全てのウイルス種が二名法標記に統一されたことはウイルス分類における金字塔となる出来事である。新たにゲノム配列が検出された微生物の多くは疾患との関連性は不明であるものの，微生物学を包括的かつ体系的に理解するための基礎知見として重要である。これらの背景を鑑み，細菌・ウイルスとも新しい分類体系に則った教科書として第5版への改訂が不可欠となった。

　第5版への改訂については，編者である日本獣医学会微生物学分科会としても急いで進めるべき責務という認識の上で，まずは編集担当者の人選について出版社の担当と協議した。第4版を担当した5名の編集者のうち，関崎　勉代表を含めた3名が定年等の関係で任を退くことから，村瀬敏之が主に細菌学分野，堀本泰介が主にウイルス学分野の総括責任者として残任し，新しい編集メンバーの人選にあたった。方針として，教科書という性格上，所属大学において実際に「獣医微生物学」あるいは関連科目の講義や実習を担当し，かつ臨床実習参加資格（学生獣医師）への関門である共用試験や獣医師国家試験の作問実務に詳しい中堅教員を最優先に考えた。大学の地域性も含め協議した結果，追加メンバーとして岡林環樹，岡村雅史，田原口智士，山崎伸二の4氏に編集担当を依頼し，全体構成や企画，内容や原稿調整，および全体の統一性などの担務をお願いした。専門性が必要な各論の執筆者については，編集会議を通して大学および研究機関から若手研究者を中心に人選した。各執筆者には，コア・カリキュラムに捉われない最新知見についての記載も依頼した。一方，多くの獣医系大学において「獣医微生物学」の講義は比較的低学年で開講されているため，特に総論部分については理解しやすい内容と文体を念頭にした編集作業を心掛けた。

　「獣医微生物学」は，家畜衛生，公衆衛生，ならびに臨床分野を通して普遍的な重要課題である感染症を理解するための根幹となる科目である。当初，獣医師を目指す学生への経済的負担を考え，全体ページ数の削減を計ったが，コア・カリキュラムに求められる内容に加え，専門的な内容も要求したためそれは叶わない形となった。出版社のご誠意による最低限の価格設定であることをご理解いただければ幸甚である。

本書の完成は，全ての著者が忙しい中に時間を作り，最新の知見を基に執筆にあたり，そして全ての編集者が細部にわたる調整と修正を行い，さらに度重なる大きな修正に根気よく対応してくれた出版社の担当の努力があってのことである。ここに全ての関係者に厚く御礼申し上げる。文体，内容，用語などの誤認，誤記，不統一などお気付きの点があるかもしれない。その際は，忌憚のないご意見を是非戴きたい。本版が，「獣医微生物学」の新たなバイブルとして獣医学の教育・研究に貢献することを期待する。

　最後に，本書出版に尽力された文永堂出版（株）代表取締役 福 毅氏，担当の松本 晶氏ならびにスタッフの皆様に感謝する。

2025年4月
編集者代表　堀本 泰介

注意事項

- 細菌名・分類は International Journal of Systematic and Evolutionary Microbiology（IJSEM）への公式発表，または List of Prokaryotic names with Standing in Nomenclature（LPSN）（https://lpsn.dsmz.de）の，ウイルス名・分類は「International Committee on Taxonomy of Viruses（ICTV）」（https://ictv.global/taxonomy）の記載に従っています。いずれも 2024 年 11 月～ 12 月時点の情報を元にしています。

- 疾患名は，細菌・真菌による感染症は「病原体名＋症」，ウイルスによる感染症は「病原体名＋感染症」を原則としています。基本的には日本獣医学会疾患名用語集（https://ttjsvs.org/）と合致しているはずですが，例外もあります。今後，本書の疾患名に合わせていく作業が行われる予定です。

- 参考図書，文献，ウェブサイトは，文永堂出版ホームページの『獣医微生物学第 5 版』の欄に pdf で掲載されています。

編集者〔公益社団法人日本獣医学会微生物学分科会〕

(五十音順・敬称略)

岡林環樹	宮崎大学
岡村雅史	帯広畜産大学
田原口智士	麻布大学
○ 堀本泰介（ウイルス学分野編集代表）	東京大学
村瀬敏之（細菌学・真菌学分野編集代表）	鳥取大学
山﨑伸二	大阪公立大学

○：代表編集者

執筆者 (五十音順・敬称略)

秋庭正人	酪農学園大学		髙木道浩	農研機構 動物衛生研究部門
浅井鉄夫	岐阜大学		高田礼人	北海道大学
安藤匡子	鹿児島大学		高野友美	北里大学
石原加奈子	東京農工大学		高橋 香	鹿児島大学
伊藤直人	岐阜大学		高松大輔	農研機構 動物衛生研究部門
伊藤啓史	鳥取大学		田邊太志	北里大学
伊藤博哉	農研機構 動物衛生研究部門		田原口智士	麻布大学
上野勇一	農研機構 動物衛生研究部門		中馬猛久	鹿児島大学
上村涼子	宮崎大学		遠矢幸伸	日本大学
氏家 誠	日本獣医生命科学大学		朝長啓造	京都大学
臼井 優	酪農学園大学獣医学群		豊留孝仁	国際医療福祉大学
大澤 朗	神戸先制医療システム / 神戸大学 名誉教授		長井 誠	麻布大学
大橋和彦	北海道大学		中村修一	東北大学
大屋賢司	国立医薬品食品衛生研究所		芳賀 猛	東京大学
岡林環樹	宮崎大学		萩原克郎	酪農学園大学
岡村雅史	帯広畜産大学		早坂大輔	山口大学
小川晴子	元 帯広畜産大学		平山和宏	東京大学
尾崎弘一	鳥取大学		胡 東良	北里大学
小澤 真	鹿児島大学		深井克彦	農研機構 動物衛生研究部門
角田 勤	北里大学		福士秀人	岐阜大学 名誉教授
片岡 康	日本獣医生命科学大学		古谷哲也	東京農工大学
加納 塁	帝京大学		堀内基広	北海道大学
苅和宏明	北海道大学		堀本泰介	東京大学
川治聡子	農研機構 動物衛生研究部門		松野啓太	北海道大学
川本恵子	麻布大学		丸山総一	日本大学
木下優太	日本中央競馬会 競走馬総合研究所		三澤尚明	宮崎大学
桐澤力雄	東京大学		水谷哲也	東京農工大学
楠本正博	農研機構 動物衛生研究部門		宮沢孝幸	一般社団法人京都生命科学研究所
幸田知子	大阪公立大学		村上賢二	岩手大学
小原恭子	鹿児島大学		村上 晋	東京大学
迫田義博	北海道大学		村瀬敏之	鳥取大学
佐藤真伍	日本大学		森川 茂	国立健康危機管理研究機構
佐藤祐介	麻布大学		山口剛士	鳥取大学
下地善弘	ワクチノーバ株式会社		山﨑伸二	大阪公立大学
下島昌幸	国立健康危機管理研究機構		山本明彦	国立健康危機管理研究機構
下田 宙	山口大学		山本聡美	北里大学
鈴木道雄	国立健康危機管理研究機構		和田新平	日本獣医生命科学大学
曽田公輔	鳥取大学		度会雅久	山口大学

目　次

第1章　微生物学の歴史 ……………………………………………………………… 1
　1. 細菌学の歴史 ……………………………………………………（岡村雅史）… 2
　　A. 古代から中世における病因説 …………………………………………… 2
　　B. 顕微鏡の発明と微生物学の起源 ………………………………………… 3
　　C. Pasteur L の業績（自然発生説の否定） ……………………………… 3
　　D. Koch R の業績（病原細菌の分離と「コッホの4原則」）……………… 4
　　E. 日本人の業績（病原細菌の発見）……………………………………… 5
　　F. 化学療法の時代 …………………………………………………………… 6
　　G. その他による業績 ………………………………………………………… 6
　2. ウイルス学の歴史 ………………………………………………（堀本泰介）… 7
　　A. ウイルスの発見 …………………………………………………………… 7
　　B. ウイルスの培養と性状解析 ……………………………………………… 8
　　C. プリオンとウイロイドの発見 …………………………………………… 9

第2章　細菌の分類と微細構造 …………………………………………………… 11
　1. 細菌の分類 ………………………………………………………（村瀬敏之）… 12
　　A. 細菌の定義 ………………………………………………………………… 12
　　B. 細菌の分類法 ……………………………………………………………… 12
　　C. 命　名 ……………………………………………………………………… 14
　　D. 同　定 ……………………………………………………………………… 15
　　E. 型　別 ……………………………………………………………………… 15
　2. 細菌の形態 ……………………………………………………（石原加奈子）… 15
　　A. 細菌の大きさ，形および配列 …………………………………………… 15
　　B. 細菌の観察 ………………………………………………………………… 16
　3. 細菌の構造と機能 ……………………………………………（石原加奈子）… 18
　　A. 細胞膜 ……………………………………………………………………… 18
　　B. 細胞壁 ……………………………………………………………………… 18
　　C. 細胞質 ……………………………………………………………………… 20
　　D. 莢　膜 ……………………………………………………………………… 21
　　E. べん毛 ……………………………………………………………………… 21
　　F. 線　毛 ……………………………………………………………………… 21
　　G. 芽　胞 ……………………………………………………………………… 22

第3章　細菌の増殖と代謝 ………………………………………（村瀬敏之）… 23
　1. 細菌の増殖 ………………………………………………………………… 24
　　A. 栄養素 ……………………………………………………………………… 24
　　B. 細菌の増殖に影響する環境要因 ………………………………………… 24
　　C. 培地と培養 ………………………………………………………………… 25
　　D. バクテリオシン …………………………………………………………… 29
　　E. 細胞内寄生菌 ……………………………………………………………… 29
　　F. 生きているが培養できない状態の菌（VNC）…………………………… 29
　2. 物質の獲得機構 …………………………………………………………… 29
　　A. 外膜における物質輸送 …………………………………………………… 30
　　B. ペリプラスム ……………………………………………………………… 30

  C. 細胞膜（内膜） ……………………………………………………………………………… 30
  D. グラム陽性菌における物質輸送 …………………………………………………………… 31
  E. 走性応答とべん毛 …………………………………………………………………………… 31
 3. 細菌の代謝 ………………………………………………………………………………………… 31
  A. 異化（エネルギー産生） …………………………………………………………………… 31
  B. 同化（生合成） ……………………………………………………………………………… 33

第4章　細菌の遺伝学 …………………………………………………………………………………… 39
 1. 細菌のゲノム …………………………………………………………………………………… 40
  A. 細菌ゲノムの構造，染色体とプラスミド ………………………………（髙松大輔）… 40
  B. バクテリオファージ ………………………………………………………（佐藤祐介）… 45
 2. 細菌の変異 ……………………………………………………………………（岡村雅史）… 51
  A. 細菌間の遺伝子の伝達 ……………………………………………………………………… 51
  B. 細菌の変異 …………………………………………………………………………………… 54
 3. 細菌の遺伝子発現 ……………………………………………………………（岡村雅史）… 57
  A. 遺伝子の基本構成 …………………………………………………………………………… 57
  B. 遺伝子の発現調節 …………………………………………………………………………… 59

第5章　細菌の感染と発症 ………………………………………………………（度会雅久）… 67
 1. 細菌の病原性 …………………………………………………………………………………… 68
  A. 感染と発症 …………………………………………………………………………………… 68
  B. 感染経路と経過 ……………………………………………………………………………… 68
  C. 宿主−寄生体関係 …………………………………………………………………………… 69
  D. 病原性と毒力（ビルレンス） ……………………………………………………………… 69
  E. 感染症成立の要因 …………………………………………………………………………… 70
 2. 生体防御機構 …………………………………………………………………………………… 77
  A. 物理的・化学的防御 ………………………………………………………………………… 77
  B. 非特異的機構（自然免疫） ………………………………………………………………… 78
  C. 特異的機構（適応免疫あるいは獲得免疫） ……………………………………………… 79

第6章　細菌学各論 ………………………………………………………………………………… 81
 1. *Enterobacterales*（腸内細菌目） ……………………………………………………………… 82
  A. *Enterobacterales* の菌の分類と特徴 ……………………………………（山﨑伸二）… 82
  B. エシェリキア属 ……………………………………………………………（楠本正博）… 84
  C. シゲラ属 ……………………………………………………………………（楠本正博）… 89
  D. サルモネラ属 ………………………………………………………………（岡村雅史）… 90
  E. エルシニア属 ………………………………………………………………（川本恵子）… 94
  F. エドワジエラ属 ……………………………………………………………（川本恵子）… 99
  G. クレブシエラ属 ……………………………………………………………（川本恵子）… 100
  H. その他の *Enterobacterales* ………………………………………………（川本恵子）… 101
 2. ビブリオ科 ……………………………………………………………………（山﨑伸二）… 102
  A. ビブリオ科の菌の分類と特徴 ……………………………………………………………… 102
  B. ビブリオ属 …………………………………………………………………………………… 103
  C. フォトバクテリウム属 ……………………………………………………………………… 105
 3. エロモナス科 …………………………………………………………………（山﨑伸二）… 105
  A. エロモナス科の菌の分類と特徴 …………………………………………………………… 105
  B. エロモナス属 ………………………………………………………………………………… 106
 4. パスツレラ科 …………………………………………………………………………………… 106

- A. パスツレラ目パスツレラ科の菌の分類と特徴 ……………（田邊太志・山本聡美）… 106
- B. パスツレラ属，マンヘイミア属，ビバーシュテニア属 ……（田邊太志・山本聡美）… 107
- C. ヘモフィルス属，アビバクテリウム属 ………………………（田邊太志・山本聡美）… 110
- D. ヒストフィルス属 ……………………………………………………（上野勇一）… 111
- E. アクチノバチルス属 …………………………………………………（伊藤博哉）… 112
5. シュードモナス目 ……………………………………………………………………… 113
- A. シュードモナス科 ……………………………………………………（秋庭正人）… 113
- B. モラキセラ科 …………………………………………………………（角田　勤）… 115
6. その他のガンマプロテオバクテリア綱（レジオネラ目を除く）……（度会雅久）… 116
- A. フランシセラ属 ……………………………………………………………………… 116
- B. ディケロバクター属 ………………………………………………………………… 118
7. ベータプロテオバクテリア綱 ……………………………………………（木下優太）… 119
- A. バークホルデリア属 ………………………………………………………………… 119
- B. ボルデテラ属 ………………………………………………………………………… 121
- C. テイロレラ属 ………………………………………………………………………… 123
- D. ナイセリア属 ………………………………………………………………………… 124
8. アルファプロテオバクテリア綱 ……………………………………………………… 124
- A. ブルセラ属 …………………………………………………………（度会雅久）… 125
- B. バルトネラ属 ……………………………………………（佐藤真伍・丸山総一）… 128
9. バクテロイデス門 ………………………………………………………………………… 129
- A. バクテロイデス属 …………………………………………………（高橋　香）… 129
- B. ポルフィロモナス属 ………………………………………………（高橋　香）… 130
- C. プレボテラ属 ………………………………………………………（高橋　香）… 131
- D. フラボバクテリウム属 ……………………………………………（和田新平）… 131
- E. テナシバキュラム属 ………………………………………………（和田新平）… 133
- F. オルニソバクテリウム属 …………………………………………（岡村雅史）… 134
- G. カプノサイトファーガ属 …………………………………………（鈴木道雄）… 134
- H. リエメレラ属 ………………………………………………………（岡村雅史）… 135
10. フソバクテリウム門 ………………………………………………………（鈴木道雄）… 136
- A. フソバクテリウム属 ………………………………………………………………… 136
- B. ストレプトバチルス属 ……………………………………………………………… 137
11. らせん菌，スピロヘータ類 …………………………………………………………… 137
- A. カンピロバクター属 ………………………………………………（三澤尚明）… 137
- B. ヘリコバクター属 …………………………………………………（三澤尚明）… 139
- C. ローソニア属 ………………………………………………………（三澤尚明）… 140
- D. "Spirillum mimus" …………………………………………………（三澤尚明）… 140
- E. スピロヘータ門 ……………………………………………………（中村修一）… 141
12. グラム陽性球菌 ………………………………………………………………………… 145
- A. ストレプトコッカス属（レンサ球菌属）…………………………（髙松大輔）… 146
- B. エンテロコッカス属およびメリソコッカス属 …………………（髙松大輔）… 149
- C. スタフィロコッカス属（ブドウ球菌属）…………………………（胡　東良）… 151
- D. その他のグラム陽性球菌 …………………………………………（胡　東良）… 156
13. グラム陽性芽胞形成桿菌 ……………………………………………………………… 156
- A. バチルス科およびペニバチルス科 ………………………（田邊太志・山本聡美）… 156
- B. クロストリジウム属 ………………………………………………（幸田知子）… 160
14. グラム陽性無芽胞性桿菌 ……………………………………………………………… 165
- A. リステリア属 ………………………………………………………（平山和宏）… 165
- B. エリジペロスリックス属 …………………………………………（下地善弘）… 167

  C. ラクトバチルス属および関連菌種 ･･･ （平山和宏）･･･ 170
 15. 放線菌関連菌（アクチノマイセス門） ･･ 171
  A. コリネバクテリウム属 ･･ （山本明彦）･･･ 171
  B. マイコバクテリウム属 ･･ （川治聡子）･･･ 174
  C. アクチノマイセス属 ･･ （山本明彦）･･･ 178
  D. アクチノバクラム属 ･･ （山本明彦）･･･ 179
  E. トルエペレラ属 ･･ （中馬猛久）･･･ 179
  F. ノカルジア属 ･･ （角田　勤）･･･ 180
  G. ロドコッカス属 ･･ （角田　勤）･･･ 181
  H. デルマトフィルス属 ･･ （角田　勤）･･･ 182
  I. ビフィドバクテリウム属 ･･ （大澤　朗）･･･ 183
  J. レニバクテリウム属 ･･ （大澤　朗）･･･ 184
  K. キューティバクテリウム属 ･･ （大澤　朗）･･･ 185
  L. ストレプトマイセス属 ･･ （大澤　朗）･･･ 186
 16. レジオネラ目（コクシエラを含む），マイコプラズマ，リケッチア，クラミジア ･････････ 186
  A. レジオネラ目 ･･ （山﨑伸二）･･･ 186
  B. リケッチア目 ･･ （安藤匡子）･･･ 188
  C. マイコプラズマ目，マイコプラズモイデス目，アコレプラズマ目 ･･････････ （上村涼子）･･･ 194
  D. クラミジア目 ･･ （大屋賢司）･･･ 200

第7章　ウイルスの性状と分類 ･･ 207
 1. ウイルスの特徴 ･･ （高野友美）･･･ 208
 2. ウイルスの構造 ･･ （高野友美）･･･ 208
  A. 形　態 ･･ 208
  B. 構　造 ･･ 209
 3. ウイルスの分類 ･･ （堀本泰介）･･･ 212
  A. ウイルスの分類基準 ･･･ 212
  B. 国際ウイルス分類委員会 ･･･ 213
  C. ウイルスの命名 ･･･ 214
  D. その他の分類 ･･･ 214
  E. 獣医学の対象ウイルス ･･･ 217

第8章　ウイルスの増殖 ･･ 225
 1. 培　養 ･･ （遠矢幸伸）･･･ 226
  A. 培養法 ･･ 226
  B. ウイルス感染に伴う細胞の変化 ･･･ 227
 2. 定　量 ･･ （遠矢幸伸）･･･ 229
  A. 感染価の測定法 ･･･ 229
  B. その他の定量法 ･･･ 230
 3. 増殖過程 ･･ （遠矢幸伸）･･･ 230
  A. 増殖曲線 ･･ 230
  B. 増殖環 ･･ 231
  C. 細胞への感染様式 ･･･ 233
 4. 相互作用 ･･ （小澤　真）･･･ 234
  A. 干渉現象 ･･ 234
  B. 増　強 ･･ 235
  C. 相　補 ･･ 236
  D. 表現型混合 ･･ 237

5. 変　異 ·· (小澤　真) ··· 237
　　　A. 変異機構 ·· 238
　　　B. 変異体 ·· 240
　　　C. 進　化 ·· 241

第9章　ウイルスの病原性 ··· 243
　1. 宿主への感染 ·· (田原口智士) ··· 244
　　　A. 宿主動物 ·· 244
　　　B. 感染経路 ·· 245
　　　C. 体内におけるウイルスの増殖と伝播 ······································ 246
　　　D. ウイルスの放出 ·· 247
　2. 体内での増殖・発症機序 ·· (田原口智士) ··· 248
　　　A. 宿主動物 ·· 248
　　　B. ウイルス感染症の発症 ·· 248
　　　C. ウイルスの感染様式 ·· 249
　3. 発がん機構 ·· (村上賢二) ··· 251
　　　A. DNAウイルス ·· 251
　　　B. RNAウイルス ·· 252
　4. 回　復 ·· (早坂大輔) ··· 255
　　　A. 自然免疫 ·· 255
　　　B. 獲得免疫 ·· 256

第10章　ウイルス学各論とプリオン ··· 259
　1. 2本鎖DNAウイルス ·· 260
　　　A. アデノウイルス科 ·· (田原口智士) ··· 260
　　　B. ポリオーマウイルス科 ·· (桐澤力雄) ··· 266
　　　C. パピローマウイルス科 ·· (芳賀　猛) ··· 268
　　　D. ヘルペスウイルス目 ·· (福士秀人) ··· 274
　　　E. ポックスウイルス科 ·· (森川　茂) ··· 283
　　　F. アスファウイルス科 ·· (深井克彦) ··· 288
　　　G. イリドウイルス科 ·· (大橋和彦) ··· 291
　2. 1本鎖DNAウイルス ·· 294
　　　A. パルボウイルス科 ·· (下田　宙) ··· 294
　　　B. サーコウイルス科 ·· (小川晴子) ··· 301
　　　C. アネロウイルス科 ·· (小川晴子) ··· 304
　3. 逆転写酵素保有DNAウイルス ·· (小原恭子) ··· 307
　　　A. ヘパドナウイルス科 ·· 307
　4. 2本鎖RNAウイルス ·· 310
　　　A. レオウイルス目 ·· (山口剛士) ··· 310
　　　B. ビルナウイルス科 ·· (山口剛士) ··· 319
　　　C. ピコビルナウイルス科 ·· (古谷哲也) ··· 323
　5. プラス1本鎖RNAウイルス ·· 324
　　　A. ピコルナウイルス科 ·· (深井克彦) ··· 324
　　　B. カリシウイルス科 ·· (遠矢幸伸) ··· 328
　　　C. アストロウイルス科 ·· (長井　誠) ··· 332
　　　D. ノダウイルス科 ·· (村上　晋) ··· 335
　　　E. フラビウイルス科 ·· (迫田義博) ··· 338
　　　F. トガウイルス科 ·· (岡林環樹) ··· 345

  G. マトナウイルス科 ……………………………………………（萩原克郎）… 349
  H. ヘペウイルス科 ………………………………………………（萩原克郎）… 350
  I. コロナウイルス科 ……………………………………………（水谷哲也）… 352
  J. トバニウイルス科 ……………………………………………（氏家　誠）… 358
  K. アルテリウイルス科 …………………………………………（髙木道浩）… 360
 6. マイナス1本鎖RNAウイルス ……………………………………………… 364
  A. パラミクソウイルス科・ニューモウイルス科 ……………（伊藤啓史）… 364
  B. ラブドウイルス科 ……………………………………………（伊藤直人）… 372
  C. フィロウイルス科 ……………………………………………（高田礼人）… 380
  D. ボルナウイルス科 ……………………………………………（朝長啓造）… 383
  E. オルトミクソウイルス科 ……………………………………（曽田公輔）… 387
  F. コルミオウイルス科 …………………………………………（小原恭子）… 394
  G. （ブニヤウイルス綱）ペリブニヤウイルス科，ハンタウイルス科，
    ナイロウイルス科 ……………………………………………（苅和宏明）… 395
 7. アンビ1本鎖RNAウイルス ………………………………………………… 400
  A. （ブニヤウイルス綱）フェヌイウイルス科 ………………（松野啓太）… 400
  B. （ブニヤウイルス綱）アレナウイルス科 …………………（下島昌幸）… 404
 8. 逆転写酵素保有RNAウイルス ……………………………………（宮沢孝幸）… 408
  A. レトロウイルス科 ……………………………………………………… 408
 9. プリオン ……………………………………………………………（堀内基広）… 416

第11章　真菌学 ……………………………………………………………………… 423
 1. 真菌の構造と増殖 …………………………………………………（豊留孝仁）… 424
  A. 真菌の分類 ……………………………………………………………… 424
  B. 真菌の生活環 …………………………………………………………… 425
  C. 真菌の性状 ……………………………………………………………… 425
  D. 真菌と宿主の相互作用 ………………………………………………… 429
  E. 真菌感染症の治療薬 …………………………………………………… 431
 2. 動物の主な真菌症と病原真菌 ……………………………………（加納　塁）… 432
  A. 皮膚糸状菌 ……………………………………………………………… 432
  B. アスペルギルス ………………………………………………………… 436
  C. カンジダおよび類縁菌 ………………………………………………… 437
  D. クリプトコックス ……………………………………………………… 437
  E. マラセチア ……………………………………………………………… 439
  F. スポロトリックス ……………………………………………………… 440
  G. ヒストプラスマ ………………………………………………………… 440
  H. ムーコル ………………………………………………………………… 441
  I. ニューモシスチス ……………………………………………………… 441
  J. ピチウム（フハイカビ） ……………………………………………… 442
  K. 黒色真菌 ………………………………………………………………… 442
  L. ブラストミセス ………………………………………………………… 442
  M. コクシジオイデス ……………………………………………………… 442
  N. ツボカビ ………………………………………………………………… 442
  O. マイコトキシン ………………………………………………………… 442

第12章　微生物の滅菌と消毒 …………………………………………（片岡　康）… 445
 1. 滅　菌 …………………………………………………………………………… 446
  A. 加熱法 …………………………………………………………………… 446

B. 照射法 ……………………………………………………………………………………………… 447
　　C. ガス法 ……………………………………………………………………………………………… 448
　　D. 濾過法 ……………………………………………………………………………………………… 448
　2. 消　毒 ………………………………………………………………………………………………… 449
　　A. 物理的消毒法 ……………………………………………………………………………………… 449
　　B. 化学的消毒法 ……………………………………………………………………………………… 450
　　C. 消毒薬の分類と特性 ……………………………………………………………………………… 451
　　D. 消毒方法 …………………………………………………………………………………………… 454

第 13 章　感染症の治療法 …………………………………………………………………………… 455
　1. 抗菌薬 ……………………………………………………………………………（浅井鉄夫）… 456
　　A. 抗菌薬 ……………………………………………………………………………………………… 456
　　B. 抗菌薬の種類 ……………………………………………………………………………………… 457
　2. 薬剤耐性菌と化学療法 …………………………………………………………（浅井鉄夫）… 459
　　A. 薬剤耐性菌 ………………………………………………………………………………………… 459
　　B. 化学療法 …………………………………………………………………………………………… 460
　3. 菌交代症と副作用 ………………………………………………………………（臼井　優）… 462
　　A. 菌交代症 …………………………………………………………………………………………… 462
　　B. 副作用 ……………………………………………………………………………………………… 463
　4. ウイルス感染症の治療薬 ………………………………………………………（尾崎弘一）… 465
　　A. 抗ウイルス薬と作用機序 ………………………………………………………………………… 465
　　B. インターフェロンと免疫製剤 …………………………………………………………………… 467
　　C. 薬剤耐性ウイルス ………………………………………………………………………………… 469

第 14 章　感染症の予防法 …………………………………………………………………………… 471
　1. ワクチン …………………………………………………………………………（下地善弘）… 472
　　A. ワクチンの種類と特徴 …………………………………………………………………………… 472
　2. ワクチネーション ………………………………………………………………（迫田義博）… 473
　　A. 感染症に対する免疫の獲得 ……………………………………………………………………… 473
　　B. ワクチンの効果に影響を与える要因 …………………………………………………………… 474
　　C. 予防接種の方法 …………………………………………………………………………………… 474
　　D. ワクチン接種に伴う副反応 ……………………………………………………………………… 475
　3. 獣医学領域における感染症の予防 …………………………………………………………………… 475
　　A. 国内外で承認されている細菌感染症ワクチン ………………………………（下地善弘）… 475
　　B. 国内外で承認されているウイルス感染症のワクチン ………………………（迫田義博）… 477
　　C. 次世代ワクチンの開発 …………………………………………………………（下地善弘）… 479

索　引 ……………………………………………………………………………………………………… 481

第1章　微生物学の歴史

一般目標：微生物学のなりたちを歴史的に理解する。

到達目標
1) 細菌学とその治療法，予防法進展の歴史を説明できる。
2) ウイルス学とその予防法進展の歴史を説明できる。

微生物学は，対象とする微生物の種類によって，細菌学，真菌学，ウイルス学などに分けられる。微生物そのものの形態と構造，増殖と代謝，遺伝に関する「科学」は，遺伝子・蛋白質などの分子レベルへ向かう分子生物学や生化学の発展にも寄与する一方，細胞・個体・集団へと向かう免疫学や生態学，疫学の発展へと繋がっていく。すなわち，微生物学は最終的に，「生物とは？」，「進化とは？」という生物学や生命科学上最も本質的な課題へ挑戦する学問領域ともいえる。

また，微生物学は，人類と病原微生物との戦いの歴史とともに発展してきた。45億年以上前に誕生した地球上に，人類は約400万年前に出現したとされるが，微生物は35億年前から存在するといわれる。すなわち，人類誕生時から環境中の微生物に曝露され共存してきたことになる。その間，様々な感染症が発生するたびに，人類は時には大きな犠牲を払いながら，原因となる病原微生物と何らかの折り合いをつけて現在まで生きながらえてきた。微生物学を理解するためにはその歴史を紐解く必要がある。そして個々の感染症の原因となる病原微生物が人，動物，植物に感染症を引き起こすための「病原性」やそれに対する宿主の反応を含めた「相互作用」だけでなく，「人類の文明の発達と環境の変化」と感染症の関連性について理解することが重要である。「獣医微生物学」という側面から特筆すべきは，19世紀の農業の近代化と多角化が微生物学の発展に寄与している点である。人口の増大に伴い蛋白質資源としての家畜の飼育頭数が急速に伸びたが，それとともに家畜を襲う疾病，特に感染症の流行は，人の経済活動にとって致命的となる。後述するように，Pasteur Lの微生物学への介入の動機やKoch Rの研究の出発点は，家畜の感染症であった。

2019年末以降，中国の武漢に端を発する新型コロナウイルス感染症 Coronavirus disease 2019（COVID-19）は人の移動のグローバル化により世界中に拡大し，世界保健機関（WHO）によると2024年12月現在の全世界の感染者数は7億7,707万人を超え，死者数は708万人に達している。流行によりパンデミック，飛沫感染，PCR検査，抗原検査，抗ウイルス薬，mRNAワクチンなどといった単語が一般市民の間でも認知されるようになった。実際に我々はドラッグストアなどで診断キットを購入し，自分で検査を行うこともできる。そして2023年にはmRNAワクチン開発につながる基礎研究の第一人者であるKarikó K（1955〜）とWeissman D（1959〜）がノーベル生理学・医学賞を受賞したのは記憶に新しい。このような科学技術の進歩と普及は，微生物の概念すらない時代を経て，疾病の原因となる病原微生物を突き止め，その性質を明らかにし，診断法，治療法，そして予防法を開発してきた先達の苦労が礎となっている。このことを，我々微生物学を学ぶ者は理解しておく必要がある。

1. 細菌学の歴史

キーワード：顕微鏡，自然発生説，Pasteur L，パスツリゼーション，Koch R，純培養，コッホの4原則，北里柴三郎，抗毒素，血清療法，志賀潔，野口英世，サルバルサン，ペニシリン

A. 古代から中世における病因説

医学・獣医学に関連する微生物学の歴史は，病気の原因（病因）となる病原微生物の発見以前の病気に対する古代の人々の考え方に目を向けることから始まる。例えば古代エジプト時代（紀元前3100〜332年）には，ペスト，天然痘，結核，ポリオ，マラリアなどの感染症の流行があったことが様々な史料から想起される。また，旧約聖書の出エジプト記には，エジプトの十災禍の1つとして家畜における疫病の流行が記載されており，その状況から牛疫ではないかと推測されている。当時は，感染症が発生し流行するのは悪魔の仕業や神々の怒り（神罰）によるものと考えられていた。古代ギリシャ時代（紀元前800年〜）には，疫病が国境を越え人々の階級の違いを超えて蔓延することから，病の本質を説明できる考え方が求められた。「医学の父」といわれる

Hippocrates（紀元前460〜370）は，疫病が洪水や地震などの自然災害の後にしばしば発生することに着目し，ミアズマmiasma（瘴気）説を唱えた．すなわち，これら自然現象によって汚染された空気（瘴気）を吸入することで疫病が起こるという考え方である．ミアズマ説はその後市民に長く信じられることになり，現在も使われているマラリア（malaria：古いイタリア語で「悪いmal＋空気aria」）やインフルエンザ（influenza：同「天空の影響influentia coeli」の呼称はその名残である．14〜15世紀に入ると，天然痘やペストの大流行が欧州を襲い，さらに1492年のColumbus Cによるアメリカ新大陸の発見とともに梅毒が欧州にもたらされ，各地に広がった．このような流行によって，空気の汚染ではなく，感染者との接触が直接の感染原因になるという考え方が広く受け入れられるようになった．ルネサンス期に入り，Fracastoro G（1478〜1553）が1546年にこの考え方を接触感染（コンタギオン）説として提唱した．彼はそれぞれの感染症について原因となる伝染性生物（contagium vivum）が存在し，これが直接接触，あるいは媒介物や空気を介して伝染するものと考えた．コンタギオン説は，現在の疫学的見地から見ても間違ってはいないが，その実体である微生物の存在が実証されたわけではなかったため，ミアズマ説が否定されることもなく，その後は両方ともが仮説として共存することになる．

B. 顕微鏡の発明と微生物学の起源

顕微鏡は17世紀の初めにはすでに発明されており，Hooke R（1635〜1703）は顕微鏡を用いて生物学史上初めて細胞cell（実際には死細胞の細胞壁）を観察し，これを1665年に「Micrographia（顕微鏡図譜）」に記録した．一方，微生物の発見と観察は，オランダの一呉服商人，van Leeuwenhoek A（1632〜1723）によってなされた．彼は自らレンズを磨いて倍率約300倍に迫る単レンズの顕微鏡をつくり，これを用いて多数の微生物を発見，観察した．これらの微生物を小動物animalculeと表現し，形態のみならず，運動状態までも記録に残した．その記録には，桿菌やらせん菌に相当するものが示されている．これまで肉眼では見ることのできなかった微生物が初めて証明された瞬間であった．また，赤血球や精子も初めて観察された．しかし，その段階でこれら微生物が疫病の原因として結びつけられるには至らなかった．その後，微生物学は実質的にほとんど発展しない時期が続いたが，19世紀に入り顕微鏡の改良が進んでようやく普及し，再び進展することになる．1829年にはEhrenberg CG（1795〜1876）がこの小動物にギリシャ語で棍棒（staff）を意味するbacteriumという言葉を使用したほか，spirillumやspirochaetaという言葉も記載している．1872年になると，Cohn FJ（1828〜1898）は，小動物に分類されてきたこれら細菌を植物へ分類することを提案したほか，その形態から球菌coccusと桿菌bacillusに大別し，二名法に従ってそれぞれ*Micrococcus*属と*Bacillus*属に分類した．さらに*Bacillus*属については*B. subtilis*（枯草菌），*B. anthracis*（炭疽菌），*B. ulna*の3種を記載するなど，今日の細菌の名称の基礎をもたらした．そのほか，Abbe EK（1840〜1905）らによる顕微鏡の性能改善やGram HC（1853〜1938）によるグラム染色法の発明なども，以後の細菌学の発展に大きく貢献した．

C. Pasteur Lの業績（自然発生説の否定）

微生物が顕微鏡で観察できるようになると，その微生物の起源について議論されるようになった．当時，通常の生物では親から子が生まれることは理解しやすいことであったが，昆虫のような小さな生物は「ウジがわく」などの表現からも分かるように自然に発生すると考えられていた（**自然発生説**）．さらに微細な微生物については言わずもがな，自然発生説が多くの人々の間で長く信じられていた．折りしも，1749年にカトリック司祭のNeedham JT（1713〜1781）は，肉汁を瓶に入れて沸騰させたのち放置したところ，やがて肉汁が濁り，多数の微生物が見られたことか

ら，これら微生物は自然に発生したと考えた。しかし，この実験の不完全性から自然発生説を否定する者が現れる一方で，否定するための実験も不完全であり，多くの学者が活発な議論を交わしていた。この論争を決着させたのが **Pasteur L**（1822〜1895，図1-1）である。Pasteur L は元来化学者であったが，ブドウ酒の発酵現象が酵母によることを明らかにしたことを契機に，次第に微生物学領域の研究を行うようになっていた。彼は 1861 年に，白鳥の首型フラスコ（パスツール瓶，図1-2）を用いて，フラスコ内外は通じているが空気中の細菌がフラスコの中に入らないような構造にすると，一度加熱滅菌したフラスコ内の肉汁はその後絶対に腐敗しないことを示し，肉汁の中で微生物が自然発生しないことを証明したのである。Pasteur L による自然発生説の否定を受けて，英国の外科医 Lister J（1827〜1912）は，フェノール（石炭酸）を消毒薬として用いることで手術時の傷の化膿を防止することに成功した。これによって，手術における感染予防，いわゆる無菌手術法の原理が確立された。Pasteur L は他にもいくつか重要な功績を残している。1 つは低温殺菌法の確立である。ブドウ酒の腐敗（酸敗）が酵母以外の雑菌の混入によるものであり，62〜65℃で加熱することで雑菌だけを殺菌でき，ブドウ酒の酸敗を防ぐことを見出した。この方法は現在も乳製品などの殺菌に用いられており，彼の名を冠して**パスツリゼーション** pasteurization と呼ばれている。また，Pasteur L は液体培養法を確立し，1880 年には家禽コレラ菌（後に彼の名から *Pasteurella multocida* と命名）の古い培養液を接種した鶏の症状が軽くすむこと，そしてその後に新鮮な培養液を接種しても鶏が発症しないことを発見した。彼はこの古い培養液中の菌が弱毒化され，この弱毒菌を使えば発症を予防できると考えた。この考え方に基づき，1881 年に炭疽，翌年に狂犬病についても同様の発見をもたらした。Pasteur L はこの弱毒菌液をワクチン vaccine，これを用いた予防法をワクチネーション vaccination と呼んだ。これは後述する Jenner E の天然痘ワクチンに関する功績を讃えたものである。

D. Koch R の業績
（病原細菌の分離と「コッホの 4 原則」）

前述の Pasteur L による液体培養法に対して，**Koch R**（1843〜1910，図1-1）は馬鈴薯やゼラチンを用いた固形培地を考案し，これを使って**純培養** pure culture という手法を確立した。固形培地の上に材料を塗抹すると，細菌は増殖し，目視可能な集落（コロニー colony）を形成する。1 個のコロニーは 1 個の菌が増殖したものであるため，これらのコロニーを別々にさらに別の固形培地へ植え継ぐこと（継代培養）によって，他の菌が混入することなく分離培養できる。この方法は，1881 年に Hesse W（1846〜1911）によって固形培地に使用されるゼラチンが寒天へ置き換えられ，さらに 1887 年には Petri RJ（1852〜1921）によって浅いガラス製のシャーレが開発

図1-1 微生物学の発展に貢献した Pasteur L（左）と Koch R（右）
Wikimedia Commons（licensing: public domain）

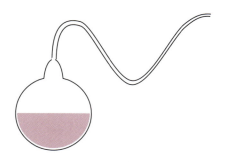

図1-2 Pasteur L の白鳥の首型フラスコ

され，より使いやすいものとなって現在に至っている。

1876 年に Koch R は，この純培養法を用いて炭疽に罹った動物から分離した菌の性質を明らかにし，さらにその菌を動物に接種することによって同じ炭疽を発症させることに成功した。すなわち，炭疽がある特定の細菌（炭疽菌 *Bacillus anthracis*）により起こることを科学的に証明した。これは，動物の病気がある特定の細菌によって起こることを示した最初の例である。彼は同様の方法で結核が同様に細菌（結核菌 *Mycobacterium tuberculosis*）によって起こることを発見した。

この頃までに，鼻疽 glanders を発症した馬の膿を介して別の馬にも鼻疽が発症することなどから，病気が伝染することが示され，コンタギオン説は比較的市民権を得るようになっていた。1840 年に Henle J（1809〜1885）は，病気の原因となるコンタギオンが生物である可能性に言及し，その原因生物を決定するための原則として，①一定の伝染病には一定の微生物が証明されること，②その微生物を取り出せること，③その取り出した微生物で実験的に感染させられること，以上 3 つの条件を提案した（ヘンレの 3 原則）。Koch R の業績により，細菌の純培養が可能となり，ヘンレの 3 原則が実証されることとなった。Koch R はさらに，④実験的に感染させた動物から同じ細菌が分離されることを重視した。これを加えた 4 つの原則は，後世の研究者によって「**コッホの 4 原則**」と呼ばれ，伝染病の原因細菌を特定するための原則としてその後病原細菌の発見の礎となった。ただし，常在菌による日和見感染症の病原体や人工培地などで培養できない病原体のように，「コッホの 4 原則」を満たさない例外が存在することが分かっている。このことから，「コッホの 4 原則」は全ての病原体に当てはまるわけではないが，当てはまるものは病原体として証明されたことになる，つまり必要条件ではなく十分条件として現在も機能している。

E．日本人の業績（病原細菌の発見）

ここまで述べてきたように，微生物学は伝染病の原因となる病原微生物の発見とともに発展しており，Pasteur L と Koch R によってほぼ確立されたといえる。日本に近代医学が持ち込まれたのは江戸時代末期で，徳川幕府の要請によりオランダから青年軍医 Johannes LC Pompe van Meerdervoort（1829〜1908）が 1857 年に長崎へ派遣され，近代医学教育が開始された。その直後に清を経由して長崎に入港した米国船からコレラが持ち込まれて流行した際，Pompe はコレラの治療と予防に奔走し，多大な功績を残したが，この頃はコレラの原因が微生物であるという概念がまだ醸成されていなかった。1885 年 9 月に長崎でコレラの集団発生が起こった際，その原因菌（*Vibrio cholerae*）を初めて検出し，その後の収束に大きな功績を上げたのが**北里柴三郎**（1852〜1931，図 1-3）である。彼はその後留

図 1-3 微生物学の発展に貢献した日本人研究者
北里柴三郎（左），志賀 潔（中），野口英世（右）
Wikimedia Commons（licensing: public domain）

学先のベルリン大学でKoch Rに師事し，1889年に自ら確立した嫌気培養法により，偏性嫌気性のためそれまで好気条件では培養できなかった破傷風の原因菌（*Clostridium tetani*）の分離に成功した．その翌年には，破傷風の発症において菌の産生する毒素が重要であることを明らかにした．さらに破傷風菌を接種した動物の血清には，この毒素を中和する物質「**抗毒素** antitoxin」が存在することを明らかにした．のちにこの抗毒素の本体は抗体であることが分かる．これを利用した治療法は**血清療法**と呼ばれ，1891年にはBehring EA（1854〜1917）と北里によりジフテリアの予防と治療にも利用されるようになる．1892年には福沢諭吉らの支援を受けて私立伝染病研究所（のちに国立）を創立してその所長となり，伝染病予防と細菌学研究に取り組んだ．1894年には自らペスト流行中の香港へ赴き，Yersin AEJ（1863〜1943）とほぼ同時に原因菌（*Yersinia pestis*）を初めて分離し，その後の収束に寄与した．伝染病研究所で北里柴三郎に師事していた**志賀潔**（1871〜1957，図1-3）は，1897年に赤痢菌（*Shigella dysenteriae*）を分離した．同時期に伝染病研究所に勤めていた**野口英世**（1876〜1928，図1-3）は，ペンシルバニア大学やロックフェラー医学研究所で蛇毒や梅毒の研究で数々の業績を上げたのち，アフリカのガーナに渡り黄熱病の病原体を研究中に自ら感染し死亡した．秦佐八郎（1873〜1938）もまた伝染病研究所で北里柴二郎に師事し，1910年には留学先のドイツでEhrlich P（1854〜1915）とともに梅毒の治療薬として合成の有機ヒ素化合物である**サルバルサン**を発表し，多くの患者を救うとともに，抗菌薬の先駆けとなった．

このように優秀な細菌学者を多数輩出したことから，北里柴三郎は「日本細菌学の父」と呼ばれている．その後も病原細菌学の領域における日本人研究者の活躍は枚挙に暇がない．1915年には稲田龍吉（1874〜1950）と井戸泰（1881〜1919）がワイル病レプトスピラを，1925年には大原八郎（1882〜1943）と芳賀竹四郎（1882〜1944）が野兎病菌を，1930年には長與又郎（1878〜1941）がツツガムシ病リケッチアを発見した．1950年には藤野恒三郎（1907〜1992）は腸炎ビブリオ菌を発見した．

F．化学療法の時代

前述したEhrlich Pと秦によるサルバルサンの開発の成功は，近代化学療法の端緒となったものの，それ以降，様々な病原細菌が発見されながらも，それらに対する有効な治療薬は見つからなかった．そのため，切り傷や引っ掻き傷から細菌が感染し重症化した患者は死を覚悟する必要があった．この状況を打破したのが，**ペニシリン**とサルファ剤の発見である．ロンドンの細菌学者であるFleming A（1881〜1955）は1928年にブドウ球菌を培養していたシャーレを整理すると，真菌の塊が生えている周りでブドウ球菌が増殖していないことを発見した．この真菌が，*Penicillium notatum*で，これが増殖した培地中に含まれるブドウ球菌に対する抗菌物質をペニシリンと名付けた．その後，Florey HW（1898〜1968）とChain EB（1906〜1979）がペニシリンの単離に成功し，臨床応用にこぎつけた．同じ頃，Domagk G（1895〜1964）がプロントジルと呼ばれる赤色色素に抗菌活性を見出し，その活性本体が分子内のスルファニルアミドであることが判明したため，その誘導体（サルファ剤）が数多く開発・実用化されるようになった．その後，ストレプトマイシン，クロラムフェニコール，テトラサイクリン，マクロライド，アミノグリコシドなどの抗菌薬が次々と発見・開発され，人類はまさに化学療法の時代を迎えた．しかし，一方で薬剤耐性菌の出現が問題化し，近年はWHOがその脅威に警鐘を鳴らす事態となっている．その対策は国際的な最重要課題である．

G．その他による業績

冒頭に述べたように，微生物学は分子生物学や生化学の発展に大きく寄与している．それは，微生物が高等生物と比べて微小であるため，少量で

も多くの菌体を扱えるだけでなく，構造や活動，機能などが単純であり，世代時間が短いといった利点から，様々な研究に最適であったためである。例えば Griffith F（1879～1941）による肺炎球菌での形質転換現象の発見（1928）の後，Avery OT（1877～1955）らはその形質転換因子が DNA であることを突き止めた（1944）。それでも遺伝物質が蛋白質であるとする考え方が強いなか，Hershey AD（1908～1997）と Chase MC（1927～2003）が大腸菌と T2 ファージを用いた実験で遺伝子の本体が DNA であることを証明した（1952）。この一連の潮流は，その直後の Watson JD（1928～）と Crick FHC（1916～2004）による DNA の二重らせん構造モデルの提唱（1953）に至り，その後に続く分子遺伝学の源流として大きな役割を果たすことになる。

2. ウイルス学の歴史

キーワード：Jenner E，タバコモザイク病，電子顕微鏡，口蹄疫，濾過性病原体，病毒，Rous 肉腫，バクテリオファージ，発育鶏卵，組織培養，超遠心分離機，PCR，プリオン，ウイロイド

A. ウイルスの発見

乳搾りをする人が天然痘に罹患しないことに注目した **Jenner E**（1749～1823）は 1798 年に，牛痘ウイルス（馬痘ウイルスの説あり）の防御交叉抗原性に基づく生ワクチンである天然痘ワクチンを開発した。1885 年には，Pasteur L が感染ウサギの脊髄乳剤の長期乾燥ワクチン（不活化体を含むウサギ馴化弱毒ウイルス）である狂犬病ワクチンを発表した。いずれもウイルスの実体が証明される以前の，結果としてウイルス感染症の制御に成功した業績である。

ウイルスの発見は植物病理学の研究からもたらされた。1886 年 Mayer AE（1843～1942）は，自ら名付けた**タバコモザイク病**が光学顕微鏡では見ることのできない病原因子による伝染病であると報告した。1898 年，彼の僚友 Beijerinck MW（1851～1931）は，病原因子が細菌を捕捉する素焼き磁器製のシャンベラン型濾過器を通過した濾液が植物体内で増殖することを発見し，新たな病原体として「感染性の液体 contagium vivum fluidum」と呼んだ。しかし，1892 年に Ivanovsky D（1864～1920）は，タバコモザイク病が濾過性因子（細菌毒素と推測）で引き起こされることを独立して発表していた。したがって，最初のウイルス（tobacco mosaic virus：TMV）の発見者は Ivanovsky D とされるが，病毒液という概念から病原体を「Virus」と初めて呼称したのは Beijerinck MW である。なお TMV は，1935 年に Stanley W（1904～1971）が結晶化に成功し，蛋白質で構成されていることが証明された。また，1939 年には Ruska H（1908～1973）は，兄の開発した**電子顕微鏡**を用いて TMV の観察・撮影に成功した。これがウイルス粒子の姿を捉えた最初の報告になる。Beijerinck MW が TMV の論文を発表したのと同じ 1898 年に，Loeffler FAJ（1852～1915）と Frosch P（1860～1928）は家畜の**口蹄疫**の病因が**濾過性病原体**であることを見つけた。1901 年には Reed W（1851～1902）が人の黄熱が濾過性病原体で引き起こされることを発表した。それぞれ動物ウイルスおよび人ウイルスの最初の発見である。日本では当初，Virus は「**病毒**」と訳されたが，1953 年に「ウイルス」という表記が採用された。1911 年 Rous FP（1879～1970）は，鶏に肉腫（**Rous 肉腫**）をつくるウイルス（Rous sarcoma virus：RSV）を見出した。これが腫瘍ウイルスの初めての発見とされるが，それ以前の 1908 年には Ellerman V（1871～1924）と Bang O（生没年不詳）が鶏の流行性白血病（骨髄芽球症）がウイルスで引き起こされることをすでに報告している。1915 年 Twort F（1877～1950）はブドウ球菌を溶菌する何らかの伝染性因子の存在を見つけ，1917 年に d'Hérelle F（1873～1949）は赤痢菌の溶菌現象からその伝染性因子がウイルスであることを証明し，**バクテリオファージ**（細菌を食べるものの意）と名付けた。

B. ウイルスの培養と性状解析

　生きた細胞が必要な動物ウイルスの培養は，感受性動物への接種から始まり組織（器官）培養や細胞培養の活用へと展開した．1930 年 Theiler M（1899～1972）が黄熱ウイルスのマウス脳内接種法を報告し，1931 年に Woodruff AM（1900～1985）と Goodpasture EW（1886～1960）が鶏痘ウイルスを**発育鶏卵**の漿尿膜腔で培養した．発育鶏卵を用いた培養は，接種法の検討により多くのウイルスに適用され，現在のインフルエンザワクチンの製造母体として活用されている．**組織培養**については，1913 年の Steinhardt E（生没年不詳）らによるウサギやモルモットの角膜培養を用いたワクシニアウイルスの増殖実験が最初である．細胞培養は，1949 年に Enders JF（1897～1985）らが人胎児由来細胞を用いてポリオウイルスを培養したのが初めてである．培養細胞を用いたウイルスの培養は，ウイルス研究の基盤技術として今日まで様々な工夫が図られ，より生体内環境に近い培養条件の検討や最近ではオルガノイドなどの三次元培養法も活用されている．

　Svedberg T（1884～1971）が 1920 年代に開発した**超遠心分離機**や，前述の電子顕微鏡ならびにウイルス培養法の確立は，ウイルス学の進展に大きく貢献した．濾過性病原体の概念が実体になることでウイルスの性状解析が進んだ．1941 年には Hirst G（1909～1994）が発育鶏卵で増殖させたインフルエンザウイルスが鶏の赤血球を凝集させ，特異抗体がそれを阻止することを見つけた．1952 年には Hershey AD と Chase MC が T2 ファージの遺伝物質が DNA であること，1956 年には Gierer A（1929～）と Schramm G（1910～1969）が TMV の遺伝物質が RNA であることを証明した．1960 年に Vogt M（1913～2007）と Dulbecco R（1914～2012）はポリオーマウイルスが培養細胞に形質転換を起こすことを報告した．1964 年 Temin HM（1934～1994）はレトロウイルス（RSV）が，RNA を DNA に変換し宿主染色体に取り込まれる過程を介して増殖するプロウイルス説を提唱し，1970 年に Temin HM と Baltimore D（1938～）が個別にレトロウイルスの逆転写酵素（RNA 依存性 DNA ポリメラーゼ）を同定した．1980 年に Gallo R（1937～）らにより初の人レトロウイルス（human T-lymphotropic virus）が発見され，さらに 1981 年には Varmus HE（1939～），Bishop JM（1936～）らにより RSV のがん遺伝子は正常細胞ゲノムに由来することが明らかにされた．1983 年には Montagnier L（1932～2022）らにより後天性免疫不全症候群 acquired immunodeficiency syndrome（AIDS）の病原体として新たな人レトロウイルス（human immunodeficiency virus）が同定された．同年，zur Hausen H（1936～2023）らは子宮頸癌関連パピローマウイルス（human papillomavirus 16）を検出し，腫瘍ウイルス学の研究が加速された．1983 年に報告されたポリメラーゼ連鎖反応（**PCR**）を活用したクローニング技術（感染性 cDNA の作出）などの確立はウイルス学をさらに進展させた．1989 年には Alter H（1935～）らによる C 型肝炎ウイルスの発見もあった．2001 年に人ゲノムの完全配列が決定されその約 8% がレトロウイルス様配列であることが示され，内在性ウイルス研究の足掛かりとなった．2003 年以降には従来のウイルスの定義を再考させるアメーバーに感染する巨大ウイルス群が次々と検出され，4 万年以上前に形成された永久凍土から発見された「古代」ウイルスが感染性をもつことも報告された．今日のシークエンス技術の発展は，ウイルスを対象にした網羅的メタゲノム解析を可能にし，その中には実体の存在如何にかかわらず莫大なウイルスゲノム様塩基配列が検出されている．遺伝子組換え技術の発展は，ウイルスの再構成や新しいワクチンの構築に貢献し，デザインされたウイルスベクターは他の研究領域のツールとしても活用されている．

C. プリオンとウイロイドの発見

18世紀の欧州では，神経症状による痒みで身体を柵などにこする（scrape）スクレイピーという羊の病気がすでに知られていたが，1936年になってそれが伝達性であることが Cuille J（1872〜1950）と Chelle PL（1902〜1943）により示された。また，1960年代にニューギニア原住民に見られる神経疾患（クールー）や，1920年〜1921年に Creutzfeldt HG（1885〜1964）と Jakob AM（1884〜1931）が報告した同様の症状を示すクロイツフェルト・ヤコブ病（CJD）が伝達することが，1960年代にGajdusek DC（1923〜2008）らの動物実験により証明された。当初はスローウイルス感染症と推測されたが，病原体はウイルスの不活化条件に耐性であり発症個体に特異抗体が見つからないなどその本体は不明であった。1982年 Prusiner S（1942〜）らは，その本体が核酸をもたない感染性の蛋白質因子（proteinaceous infectious particle: prion）であるというプリオン説を提唱した。その後，同様な海綿状脳症を示す動物の疾病も**プリオン**が原因であることが明らかにされ，「プリオン病」が認知された。

1967年に Diener TO（1921〜2023）は，ジャガイモやせいも病が蛋白質の介在しない感染性の低分子量 RNA に関連することを発見し，1971年にこの病原体を「ウイルスもどき」の意で viroid（**ウイロイド**）と名付けた。1978年に Sanger HL（1928〜2010）らは，その構造が359塩基の1本鎖環状 RNA で二次構造による短桿状の形態をとることを報告した。その後，他の植物にも「ウイロイド病」の存在が明らかになった。哺乳類では見つかっていないが，自己増殖能を欠くデルタウイルスの1本鎖環状 RNA ゲノムがウイロイド様構造をとることが報告されている。

第2章　細菌の分類と微細構造

一般目標：細菌の分類法の基礎とその意義を修得する。また，細菌細胞の構造に関する基礎知識を，真核細胞との差異を含め修得する。

到達目標
1) 細菌の分類法について理解し，分類，同定，命名及び型別を説明できる。
2) 細菌の形態，構造と機能を説明できる。

1. 細菌の分類

キーワード：リボソーム RNA（rRNA）遺伝子の塩基配列，分類，種，学名，表現型，DNA-DNA ハイブリダイゼーション，命名，微生物株保存機関，同定，血清型，生物型，ファージ型，遺伝（子）型

A. 細菌の定義

　生物は核膜をもたない原核生物と，核膜をもつ真核生物に二分される。原核生物は単細胞またはそれらが集合したもので，細菌（広義）は原核生物である。ウーズ Woese は**リボソーム RNA（rRNA）遺伝子の塩基配列**の系統解析の結果，生物を3つのドメイン domain（真正細菌 Bacteria，古細菌 Archaea，真核生物 Eucarya）に分けることを 1990 年に提案した（3つのドメイン名は，Woese が提案を発表した論文における表記を踏襲した）。Eucarya は真核生物，真正細菌は古細菌以外の原核生物であり，本書で扱う病原細菌や動物に共生する細菌は全て真正細菌である。

B. 細菌の分類法

　生物のもつ特徴（形質）をもとにまとめられた，**分類**の単位となるグループを分類群 taxon という。分類群には階級があり，細菌においては門 phylum の下に，順に，綱 class，目 order，科 family，属 genus，**種** species が設けられている。図 2-1 は，2024 年 12 月現在の細菌の分類であるが，常に見直しがなされており，既存の分類群から新たな分類群が独立することや，**学名**の修正があることに留意する必要がある。

　菌株 strain は，1つの細菌細胞が増殖した子孫の集団であり，菌株が分類群を構成する。分類群を他の分類群と区別する作業・過程が分類であり，一般に，以下に示す表現形質と遺伝学的情報を組み合わせた分類が行われている。

1）表現型による分類

　細菌の形態，培養した際の配列，染色性，運動性，発育条件，芽胞形成性，生化学的性状（代謝，糖などの基質分解能）など，他の分類群を区別するために実施可能なあらゆる試験により**表現型**（表現形質）を調べ，各菌株におけるそれらの試験成績を総合して分類群にまとめる。しかし，変異や遺伝子の水平伝播などにより表現形質が変化する場合や，再現性の低い試験方法による結果などが分類上の不都合や混乱を生じた場合があった。

　細胞壁の組成や，ペプチドグリカンを構成するアミノ酸配列などの分析による化学分類が用いられる場合があるが，属とそれより上位の分類階級に適用される。

2）遺伝学的分類

　DNA を構成する4種類の塩基の特定の配列が遺伝子を形成し，それに基づいて合成される RNA や蛋白質が，表現形質の決定に関与する。200〜300 の表現形質は DNA 上の遺伝情報の 5〜10% に相当するに過ぎないと考えられている。4塩基を全ての細菌が共通して保有していることから，DNA の遺伝情報を分類に利用する意義は大きい。

（1）DNA 塩基組成

　染色体 DNA の塩基のうちグアニンとシトシンの合計が占める割合（GC 含量）は菌種により異なり，約 25〜75% にわたる。

（2）DNA の配列類似性

　2つの菌株のゲノム DNA の類似性を，一方の1本鎖 DNA が他方の1本鎖 DNA に相補的に結合する度合い（相対類似度）を定量し（**DNA-DNA ハイブリダイゼーション**），その値が 70% 以上の場合，同一菌種とされている。

（3）16S rRNA 遺伝子の塩基配列

　解析の対象が塩基配列であるので客観性が高い。また，rRNA は全ての細菌が保有しているので，系統関係を解析することができる。一般に配列の一致が 97% に満たない場合は，異なる菌種であるとみなされる。98〜99% 以上一致している場合は同一菌種とされる場合があるが，上述の DNA-DNA ハイブリダイゼーションの結果が最も重要な基準である。

プロテオバクテリア門 *Proteobacteria*（*Pseudomonadota*）
　ガンマプロテオバクテリア綱 *Gammaproteobacteria*
　　腸内細菌目 *Enterobacterales*
　　　腸内細菌科 *Enterobacteriaceae*
　　　　エシェリキア属，シゲラ属，サルモネラ属，
　　　　クレブシエラ属，エンテロバクター属，シトロバクター属
　　　エルシニア科 *Yersiniaceae*
　　　　エルシニア属，セラチア属
　　　ハフニア科 *Hafniaceae*
　　　　エドワジエラ属
　　　モルガネラ科 *Morganellaceae*
　　　　プロテウス属，モルガネラ属，プロビデンシア属
　　ビブリオ目 "*Vibrionales*"（preferred name）
　　　ビブリオ科 *Vibrionaceae*
　　　　ビブリオ属，フォトバクテリウム属，リストネラ属
　　エロモナス目 *Aeromonadales*
　　　エロモナス科 *Aeromonadaceae*
　　　　エロモナス属
　　パスツレラ目 *Pasteurellales*
　　　パスツレラ科 *Pasteurellaceae*
　　　　パスツレラ属，マンヘイミア属，ビバーシュテニア属，
　　　　ヘモフィルス属，グレセラ属，アビバクテリウム属，
　　　　ヒストフィルス属，アクチノバチルス属
　　シュードモナス目 *Pseudomonadales*
　　　シュードモナス科 *Pseudomonadaceae*
　　　　シュードモナス属
　　　モラキセラ科 *Moraxellaceae*
　　　　モラキセラ属，アシネトバクター属
　　レジオネラ目 *Legionellales*
　　　コクシエラ科 *Coxiellaceae*
　　　　コクシエラ属，リケッチエラ属
　　　レジオネラ科 *Legionellaceae*
　　　　レジオネラ属
　　ベグジアトア目 *Beggiatoales*
　　　フランシセラ科 *Francisellaceae*
　　　　フランシセラ属
　　カルジオバクテリウム目 *Cardiobacteriales*
　　　カルジオバクテリウム科 *Cardiobacteriaceae*
　　　　ディケロバクター属，カルジオバクテリウム属
　ベータプロテオバクテリア綱 *Betaproteobacteria*
　　バークホルデリア目 *Burkholderiales*
　　　バークホルデリア科 *Burkholderiaceae*
　　　　バークホルデリア属
　　　アルカリゲネス科 *Alcaligenaceae*
　　　　ボルデテラ属，テイロレラ属，アルカリゲネス属
　　ナイセリア目 *Neisseriales*
　　　ナイセリア科 *Neisseriaceae*
　　　　ナイセリア属
　　スピリルム目 *Spirillales*
　　　スピリルム科 *Spirillaceae*
　　　　スピリルム属
　アルファプロテオバクテリア綱 *Alphaproteobacteria*
　　ハイフォミクロビウム目 *Hyphomicrobiales*
　　　ブルセラ科 *Brucellaceae*
　　　　ブルセラ属
　　　バルトネラ科 *Bartonellaceae*
　　　　バルトネラ属
　　リケッチア目 *Rickettsiales*
　　　エールリヒア科 *Ehrlichiaceae*
　　　　アナプラズマ属，エジプティアネラ属，エールリヒア属，
　　　　ネオリケッチア属，ウォルバキア属
　　　リケッチア科 *Rickettsiaceae*
　　　　オリエンティア属，リケッチア属

（プロテオバクテリア門 *Proteobacteria*）（*Campylobacterota*）
　デルタプロテオバクテリア綱 *Deltaproteobacteria*
　　デスルフォビブリオ目 *Desulfovibrionales*
　　　デスルフォビブリオ科 *Desulfovibrionaceae*
　　　　ローソニア属
　イプシロンプロテオバクテリア綱 *Epsilonproteobacteria*
　　カンピロバクター目 *Campylobacterales*
　　　カンピロバクター科 *Campylobacteraceae*
　　　　カンピロバクター属
　　　ヘリコバクター科 *Helicobacteraceae*
　　　　ヘリコバクター属

バクテロイデス門 *Bacteroidota*
　バクテロイデス綱 *Bacteroidia*
　　バクテロイデス目 *Bacteroidales*
　　　バクテロイデス科 *Bacteroidaceae*
　　　　バクテロイデス属
　　　ポルフィロモナス科 *Porphyromonadaceae*
　　　　ポルフィロモナス属
　　　プレボテラ科 *Prevotellaceae*
　　　　プレボテラ属
　フラボバクテリウム綱 *Flavobacteriia*
　　フラボバクテリウム目 *Flavobacteriales*
　　　フラボバクテリウム科 *Flavobacteriaceae*
　　　　フラボバクテリウム属，テナシバキュラム属，
　　　　カプノサイトファーガ属
　　　ウィークセラ科 *Weeksellaceae*
　　　　オルニソバクテリウム属，リエメレラ属

フソバクテリウム門 *Fusobacteriota*
　フソバクテリウム綱 *Fusobacteriia*
　　フソバクテリウム目 *Fusobacteriales*
　　　フソバクテリウム科 *Fusobacteriaceae*
　　　　フソバクテリウム属
　　　レプトトリキア科 *Leptotrichiaceae*
　　　　ストレプトバチルス属

スピロヘータ門 *Spirochaetota*
　スピロヘータ綱 *Spirochaetia*
　　レプトスピラ目 *Leptospirales*
　　　レプトスピラ科 *Leptospiraceae*
　　　　レプトスピラ属
　　ブラキスピラ目 *Brachyspirales*
　　　ブラキスピラ科 *Brachyspiraceae*
　　　　ブラキスピラ属
　　スピロヘータ目 *Spirochaetales*
　　　スピロヘータ科 *Spirochaetaceae*
　　　　スピロヘータ属
　　　トレポネーマ科 *Treponemataceae*
　　　　トレポネーマ属
　　　ボレリア科 *Borreliaceae*
　　　　ボレリア属

クラミジア門 *Chlamydiota*
　クラミジア綱 *Chlamydiia*
　　クラミジア目 *Chlamydiales*
　　　クラミジア科 *Chlamydiaceae*
　　　　クラミジア属
　　　パラクラミジア科 *Parachlamydiaceae*
　　　シムカニア科 *Simkaniaceae*
　　　ワドリア科 *Waddliaceae*

図 2-1　細菌の分類（つづく）

フィルミキューテス門 Firmicutes（Bacillota）
　バチルス綱 Bacilli
　　ラクトバチルス目 Lactobacillales
　　　ストレプトコッカス科 Streptococcaceae
　　　　ストレプトコッカス属，ラクトコッカス属
　　　エンテロコッカス科 Enterococcaceae
　　　　エンテロコッカス属，メリソコッカス属
　　　アエロコッカス科 Aerococcaceae
　　　　アエロコッカス属
　　　ラクトバチルス科 Lactobacillaceae
　　　　ラクトバチルス属，ラクティカゼイバチルス属，
　　　　ラティラクトバチルス属，リギラクトバチルス属，
　　　　ラクティプランティバチルス属，リモシラクトバチルス属，
　　　　レヴィラクトバチルス属，ペディオコッカス属
　　カリオファノン目 Caryophanales
　　　スタフィロコッカス科 Staphylococcaceae
　　　　スタフィロコッカス属，マクロコッカス属
　　　バチルス科 Bacillaceae
　　　　バチルス属
　　　ペニバチルス科 Paenibacillaceae
　　　　ペニバチルス属，ブレビバチルス属
　　　リステリア科 Listeriaceae
　　　　リステリア属
　クロストリジウム綱 Clostridia
　　ユーバクテリウム目 Eubacteriales
　　　クロストリジウム科 Clostridiaceae
　　　　クロストリジウム属
　　　ペプトストレプトコッカス科 Peptostreptococcaceae
　　　　クロストリディオイデス属，パラクロストリジウム属
　エリジペロスリックス綱 Erysipelotrichia
　　エリジペロスリックス目 Erysipelotrichales
　　　エリジペロスリックス科 Erysipelotrichaceae
　　　　エリジペロスリックス属
　ネガティビキューテス綱 Negativicutes
　　ベイヨネラ目 Veillonellales
　　　ベイヨネラ科 Veillonellaceae
　　　　ベイヨネラ属

アクチノマイセス門（アクチノバクテリア門・放線菌門）
Actinomycetota（Actinobacteria）
　アクチノマイセス綱 Actinomycetes
　　マイコバクテリウム目 Mycobacteriales
　　　コリネバクテリウム科 Corynebacteriaceae
　　　　コリネバクテリウム属
　　　マイコバクテリウム科 Mycobacteriaceae
　　　　マイコバクテリウム属
　　　ノカルジア科 Nocardiaceae
　　　　ノカルジア属，ロドコッカス属
　　アクチノマイセス目 Actinomycetales
　　　アクチノマイセス科 Actinomycetaceae
　　　　アクチノマイセス属，シャアリア属，
　　　　アクチノバクラム属，アクチノティグナム属，
　　　　アルカノバクテリウム属，トルエペレラ属
　　ミクロコッカス目 Micrococcales
　　　デルマトフィルス科 Dermatophilaceae
　　　　デルマトフィルス属
　　　ミクロコッカス科 Micrococcaceae
　　　　レニバクテリウム属
　　プロピオニバクテリウム目 Propionibacteriales
　　　プロピオニバクテリウム科 Propionibacteriaceae
　　　　プロピオニバクテリウム属，
　　　　キューティバクテリウム属
　　キタサトスポラ目 Kitasatosporales
　　　ストレプトマイセス科 Streptomycetaceae
　　　　ストレプトマイセス属
　　ビフィドバクテリウム目 Bifidobacteriales
　　　ビフィドバクテリウム科 Bifidobacteriaceae
　　　　ビフィドバクテリウム属

テネリキューテス門 "Tenericutes"（Mycoplasmatota）
　モリキューテス綱 Mollicutes
　　マイコプラズマ目 Mycoplasmatales
　　　マイコプラズマ科 Mycoplasmataceae
　　　　マイコプラズマ属，ヘモバルトネラ属，
　　　　ウィリアムソニプラズマ属
　　マイコプラズモイデス目 Mycoplasmoidales
　　　メタマイコプラズマ科 Metamycoplasmataceae
　　　　メソマイコプラズマ属，メタマイコプラズマ属，
　　　　マイコプラズモプシス属
　　　マイコプラズモイデス科 Mycoplasmoidaceae
　　　　エペリスロゾーン属，マラコプラズマ属，
　　　　マイコプラズモイデス属，ウレアプラズマ属
　　アコレプラズマ目 Acholeplasmatales
　　アナエロプラズマ目 Anaeroplasmatales
　　ハロプラズマ目 Haloplasmatales

図 2-1　細菌の分類（つづき）

　International Journal of Systematic and Evolutionary Microbiology への公式発表およびこれに基づく List of Prokaryotic names with Standing in Nomen-clature（LPSN）（https://lpsn.dsmz.de）の掲載（2024 年 12 月末）に準じ，本書の第 6 章に記載の菌種を中心に作成した．科以上の分類階級のカタカナ表記は原則として Type genus の読み方に準じた．

　従前の門である Proteobacteria の Pseudomonadota への改称や Campylobacterota の新設がなされたが，旧学名が長く用いられた経緯を考慮し，新しい学名を括弧内に記載した箇所がある．

　フィルミキューテス門の菌はほとんどがグラム陽性菌であるが，ネガティビキューテス綱の菌は外膜とともに典型的なグラム陰性菌の細胞壁の構造を示す．ベイヨネラ属菌は人や動物の消化管に常在し動物における病原性は不明であるが，人では日和見感染症に関与する場合がある．

　Mycobacterium 属は，新しい 4 属（Mycolicibacterium, Mycobacteroides, Mycolicibacillus および Mycolicibacter）とともに新たに 5 属とする提案が 2018 年にあったが，現在 Mycobacterium 属のみが記載され，他の 4 属はシノニムとして扱われている．また，モリキューテス綱は分類の見直しにより 2019 年に本図の分類とされたが，動物や人の病原菌の一部が Mycoplasma 属から新たな属に独立したことによる混乱のため，分類に関する議論が続いている．

C. 命　名

　菌種名は，国際原核生物命名規約 International Code of Nomenclature of Prokaryotes の規定に基づき，属名と種名の組合せにより**学名**として斜体で表記される．属名の第 1 文字は大文字で，例えば大腸菌は Escherichia coli である．

　新しい学名は，その分類群に属する菌株とそ

の性状（近縁の分類群との区別を含む）などとともに International Journal of Systematic and Evolutionary Microbiology（IJSEM）に科学論文として発表された場合に，または他の学術誌に発表された後に，IJSEM の正式名発表リスト Validation List に掲載された場合に正式な発表となる。新たな分類群に学名を与えることを**命名**という。新しい種と亜種の場合には，他の研究者が利用できるよう，基準となる菌株（基準株 type strain）を2か国2か所以上の**微生物株保存機関**に寄託することが義務づけられる。

D. 同 定

臨床検体（動物から採取した血液や糞便など）や環境から採取した検査材料から分離された菌株が，いずれの分類群（多くの場合，属および種）に帰属するかを決定する作業を**同定** identification という。一般に，純培養された分離菌株の表現形質を調べ，基準株に照らし合わせることにより菌種を同定する。迅速な検査のためには，遺伝学的性状を検出する PCR なども併用されることがある。

E. 型 別

同一の菌種または亜種には様々な菌株が含まれる。このような菌株間の区別を行う方法として型別 typing が行われる。菌体表層抗原の違い〔**血清型** serotype（= serovar）〕，また，生化学的性状の差異を指標とした**生物型** biotype（= biovar），細菌に感染するウイルスであるバクテリオファージに対する感受性〔**ファージ型** phagetype（= phagevar）〕，分子遺伝学的な差異〔**遺伝（子）型** genotype（= genovar）〕による型別がある。

同じ型に型別された菌株は由来が同一か近縁である可能性が高いので，感染経路や感染源の特定や集団発生の定義などの疫学研究に活用される。

2. 細菌の形態

キーワード：球菌，鎖状，ブドウの房状，桿菌，らせん菌

A. 細菌の大きさ，形および配列

細菌は一般的に，0.3～10 µm と小さいが，その種類により大きさ（図 2-2）や形（図 2-3）は様々である。

1）球 菌（図 2-3，図 2-4）

一般に，球形であるが，卵形，長円形，一方が平たい半球形も存在する。**球菌** coccus は，分裂後に互いに接し合ったままであることがあり，2つの細胞が一対になっている球菌を双球菌 diplococcus という。垂直に交わる2面を分裂面として分裂し，4つの細胞が1つの塊になっている球菌を四連球菌 tetrad（tetragena）という。8つの細胞が，立方体のように並んでいる球菌を八連球菌 sarcina という。またレンサ球菌 Streptococcus のように**鎖状**に連なった球菌や，ブドウ球菌 Staphylococcus のように多数の面で分

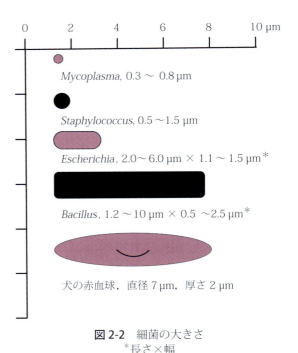

図 2-2　細菌の大きさ
*長さ×幅

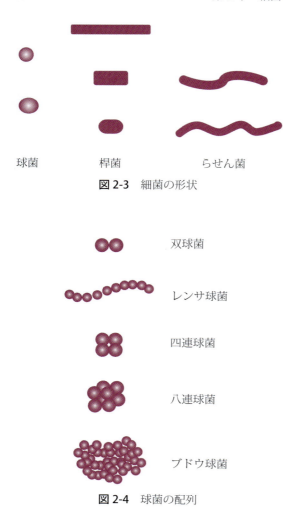

図 2-3 細菌の形状

図 2-4 球菌の配列

裂し，**ブドウの房状**に集まっている球菌もある。

2）桿　菌（図2-3）

桿菌 bacillus は棒状形を示す。ラクトバチルス *Lactobacillus* のように非常に長い棒状の長桿菌や，ナイセリア *Neisseria* のように長径と短径がほぼ同じ短桿菌もある。また両端が丸いもの，直角のものなどがある。

3）らせん菌（図2-3）

らせん菌 spirillum は菌体がコンマ状，コイル状にねじれ，多形を示す。レプトスピラ *Leptospira* のようにコイル状に3回以上回転した形状のものをスピロヘータという。

B．細菌の観察

1）細菌の観察

細菌は液体培地で増殖すると，培地の濁りとして観察できる。濁度と培養液中の細菌数には相関性があり，この濁度を分光光度計などで測定し，細菌数を推定することができる。また，寒天培地で増殖すると，1つの細胞が増殖して細菌の塊であるコロニーとして，肉眼でも観察できる。しかし，1つ1つの細胞を観察する場合には，光学顕微鏡または電子顕微鏡が必要となる。

（1）光学顕微鏡

試料に光を当て，透過光または反射光をレンズで拡大して観察する。光学顕微鏡の倍率は，最大で1,500倍程度であり，分解能は 0.4 〜 0.7 μm 程度である。

　a．明視野顕微鏡

試料を透過または反射した光を観察する。細菌を観察する場合，固定，染色を行う必要がある。通常，10倍の接眼レンズと100倍の対物油浸レンズを用いて，1,000倍で細菌の細胞の形状，配列や染色性を観察する。

　b．暗視野顕微鏡

試料を照射した光が直接光として対物レンズに入らないようにし，散乱光を利用して暗い視野の中で，観察をする。試料により光が反射して対物レンズに入ると，試料が観察できる。固定や染色なしに微細なものでも観察ができるため，生きた細菌の運動性などを観察することができる。透明なサンプルや可視光の波長より小さな物体の観察や検出に適している。豚赤痢の原因菌である *Brachyspira hyodysenteriae*，梅毒の原因菌である *Treponema pallidum* および人獣共通感染症であるレプトスピラ症の原因菌である *Leptospia innterrogans* などを暗視野顕微鏡で観察できる。

　c．位相差顕微鏡

試料を通過した光には，試料の周囲を通過した光との間に位相のずれが生じる。その位相のずれを光の明暗として観察できるようにした顕微鏡である。無染色の培養細胞の細胞質や核の

ような内部構造までも明暗の違いとして，立体的に観察できる。食中毒の原因菌の1つである Campylobacter jejuni などの特有なコークスクリュー様の回転運動を位相差顕微鏡で観察できる。

d. 蛍光顕微鏡

紫外線を当て発した蛍光を観察する顕微鏡である。DNA や RNA と結合するアクリジンオレンジや 4',6-diamidino-2-phenylindole（DAPI）などの蛍光色素で細菌の核酸を染色し，紫外線を当てて蛍光を観察する。これらの蛍光色素は，生菌および死菌の両方を染色できる。生存しているものの，培養困難な viable but nonculturable（VBNC）と呼ばれる状態の細菌は，培養法で菌数を測定することができなかったが，これらの蛍光染色を用いて，測定が可能である。生細胞の細胞膜を透過できず，死細胞のみの核酸を染色する propidium iodide（PI）などとアクリジンオレンジまたは DAPI で二重染色し，生菌と死菌の区別も可能である。また，蛍光抗体法により特定の細菌を検出する際にも用いられる。

(2) 電子顕微鏡

電子顕微鏡では電子線を試料に当てて，像を拡大して観察する。電子顕微鏡の分解能は，光学顕微鏡と比較して，1,000 倍程度高く，0.1～1 nm が観察可能なものもある。

走査型電子顕微鏡は試料の表面に電子線を照射し，反射した電子線を検出し，像として観察する。細菌の表面の立体構造である線毛，べん毛や宿主細胞への細菌の吸着，食細胞への取込みなどの観察に用いられる。

透過型電子顕微鏡は，薄切した試料などに電子線を当て，試料を透過した電子線を拡大し，観察する。試料の構造や構成成分の違いにより，透過する電子の密度が変わり，顕微鏡像となる。細菌の内部構造の観察などに用いられる。

2) 細菌の染色法

分離した細菌の同定の1つの検査として，細胞の大きさ，形および配列を観察するために，細菌の染色を行う。染色には，培養時間の短い新鮮な菌を用いる。古くなると染色性が悪くなり，グラム染色では，陽性菌が陰性菌として観察されることがある。

また，感染症を疑う症例の血液，胸水，腹水，髄液，喀痰，尿などの臨床検体の塗抹標本を染色，観察し，感染症の起因菌を推定することもできる。

染色には様々な方法があり，1種類の色素で染色する単染色 simple stain，2種類以上の色素で染める対比染色 contrast stain および細菌の特定の構造を染めるなどの特殊染色に分けられる。一般に，臨床材料や培養菌をスライドガラスに塗抹，乾燥させ，火炎固定またはメタノール固定し，標本とする。

(1) 単染色

1種類の色素で染色する方法のことをいい，細菌の形態を観察する。メチレンブルー染色では青色に，サフラニン染色では赤色に，クリスタルバイオレット染色では，紫色に染まった細菌が観察できる。メチレンブルー染色などによって，Pasteurella multocida の両端染色性を観察することができる。

(2) 対比染色

a. グラム染色

細菌の同定に最も重要な染色法である。マイコプラズマのように一部例外もあるが，細菌の細胞壁の成分と構造の違いから，グラム陽性とグラム陰性の2つに大別する。クリスタルバイオレット（青紫）で染色後，ヨウ素により媒染し，エタノールで脱色する。この時，グラム陰性菌は脱色されるが，グラム陽性菌はペプチドグリカン層が厚く，脂質に乏しいため，クリスタルバイオレットに染色されたままである。

その後，サフラニン液（赤）またはパイフェル液（赤）で染色すると，エタノールにより脱色されたグラム陰性菌は赤く染まり，脱色されなかったグラム陽性菌は，青紫に染まったままである。

b. 抗酸性染色

抗酸性染色 acid-fast stain は，結核菌やヨーネ菌のような抗酸菌 acid-fast bacterium を染色する方法である。Ziehl-Neelsen 法では，Ziehl の石炭

酸フクシン液（赤）で加温染色し，塩酸アルコールで脱色後，Löffler のメチレンブルー液（青）の希釈液で染色する。抗酸菌は，石炭酸フクシン液で加温染色すると，塩酸アルコールで脱色されなくなる（抗酸性）ため，赤く染まる。抗酸菌は，ミコール酸などの脂質に富んだ厚い細胞壁を有しており，グラム染色などの一般的な染色では，染色されにくい。その一方で，いったん染色されると，酸によっても脱色されないことを利用した染色である。

（3）特殊染色

a. 莢膜染色

Hiss 法では，フクシン液で加温染色し，硫酸銅水溶液で洗い観察する。莢膜は薄赤，菌体は赤色に染まる。炭疽菌 Bacillus anthracis の莢膜を観察することができる。

b. 芽胞染色

芽胞の形や位置を観察する。芽胞は，一般的な単染色やグラム染色では染色されにくい。Möller 法では，クロム酸水溶液を作用させ，Ziehl の石炭酸フクシン液で加温染色，硫酸水で脱色後，Löffler のメチレンブルー液の希釈液で染色すると，芽胞は赤色に，菌体は淡青色に染まる。Wirtz 法では，マラカイトグリーン水溶液で加温染色した後，サフラニン水溶液で染色すると，芽胞は緑色に，菌体は赤色に染まる。菌種により，芽胞が形成される菌体内の位置が異なるため，芽胞の観察は，菌種同定の一助となる。

c. べん毛染色

べん毛の数，位置などを観察する。べん毛の染色は，困難であるため，多くの方法が提案されている。Löffler 法では，Löffler の媒染剤（タンニン酸，硫酸第一鉄，フクシン原液）で加温し，アルコールに浸漬後，石炭酸ゲンチアナバイオレット液（紫）または石炭酸フクシン液（赤）で加温染色する。Leifson 法では，ホルマリン固定した菌液をスライドガラスに塗抹し，色素原液（パラロザニリン酢酸塩およびパラロザニリン塩酸塩），タンニン酸水溶液，食塩水を混合した染色液で染色するとべん毛は赤く染まる。

d. 非特異的蛍光染色

DNA に結合する DAPI や DNA および RNA に結合するアクリジンオレンジを用いて，核を染色し，紫外線を照射し，蛍光を観察する。

e. 蛍光抗体法

蛍光色素を結合させた抗体を，細菌に反応させ，紫外線を照射し，蛍光を観察する。特定の微生物にのみ結合する特異抗体を用いることで，組織切片中の病原体の検出や，微生物の同定に応用できる。

f. 墨汁染色

培養菌や臨床材料などと墨汁を混合し，カバーガラスをかけて観察する。莢膜などが観察できるため，莢膜を有する真菌の検出に用いられる。墨汁は，莢膜や菌体を染色するのではなく，黒い背景の中に菌体の輪郭などが見えるため，陰性染色とも呼ばれる。

3. 細菌の構造と機能

> **キーワード**：細胞壁，ペプチドグリカン，タイコ酸，グラム陽性菌，グラム陰性菌，ペリプラズム間隙，ポーリン，リポ多糖，細胞質，核様体，リボソーム，プラスミド，莢膜，べん毛，線毛，芽胞

A. 細胞膜

細胞膜 cytoplasmic membrane は，リン脂質と蛋白質からなる。リン脂質の分子が膜の外側が親水性，内側が疎水性となるように，二重層を形成している。細胞膜は，常に流動的であり，リン脂質二重層に埋め込まれた膜蛋白質は，移動している。細胞膜は，細胞とその環境の境界となっており，物質の輸送の機能をもつため，物質輸送に関与する膜蛋白質がある。

B. 細胞壁

細胞壁 cell wall は，細胞膜を取り囲む構造物である。細胞壁の主な機能は，細菌の形状の維持ならびに細胞内の浸透圧が細胞外より高いあるいは低い時に，細菌細胞を破壊から守ることである。

表 2-1 グラム陽性菌と陰性菌の特徴

特徴	グラム陽性菌	グラム陰性菌
グラム染色	染色後，クリスタルバイオレットの色が保持され，青または紫色に染まる	アルコールで脱色され，対比染色によりピンクまたは赤色に染まる
ペプチドグリカン層	多層構造で厚い	1層から数層構造で薄い
タイコ酸	あり	なし
ペリプラスム	なし	あり
外膜	なし	あり
リポ多糖（LPS）	なし	あり

ペプチドグリカンが細胞壁の基本構造となっている。ペプチドグリカンは，N-アセチルグルコサミン N-acetylglucosamine と N-アセチルムラミン酸 N-acetylmuramic acid が繰り返し結合した長い糖鎖にペプチドが架橋し，隣の糖鎖のペプチドと互いに結合して格子状の構造を形成したものである。

細胞壁の構造は，グラム陽性菌とグラム陰性菌で異なり（表2-1），また，細胞壁の化学組成は，主要な細菌の区別にも利用される。

1）グラム陽性菌（図2-5）

多層のペプチドグリカン層からなり，厚く固い細胞壁をもつ。また，細胞膜に結合し，ペプチドグリカン層に架かるリポタイコ酸と，ペプチドグリカン層と結合している壁タイコ酸の2種類の

タイコ酸も**グラム陽性菌**の細胞壁に見られ，細胞壁の構造を補強している。

グラム陽性菌の細胞壁にはその他の蛋白質も存在し，一部の表層蛋白質は宿主細胞への付着，侵入などの病原性と関連する機能を有することが明らかとなっている。これらのうち細胞壁に共有結合している表層蛋白質は，その機能や構造にかかわらず，その前駆体のカルボキシル末端の局在化シグナル sorting signal という領域に LPXTG モチーフ〔ロイシン，プロリン，X（任意のアミノ酸残基），トレオニン，グリシン〕が存在し，これを認識するソルターゼ sortase という酵素の触媒作用によりペプチドグリカンのペンタペプチドに共有結合している。ソルターゼは，ほとんどのグラム陽性菌に存在すると考えられ，この基質となる LPXTG モチーフを含む局在化シグナルを有する蛋白質には宿主細胞・組織への付着に関与する MSCRAMM（microbial surface component recognizing adhesive matrix molecules）の構造を有するものが，黄色ブドウ球菌 *Staphylococcus aureus*, *Streptococcus suis*, 炭疽菌など，多くのグラム陽性の病原細菌において報告されている。

2）グラム陰性菌（図2-6）

ペプチドグリカン層は，1層または数層とグラム陽性菌に比べると薄いが，外膜 outer membrane におおわれており，グラム陽性菌より，**グラム陰性菌**は複雑な構造の細胞壁をもつ。ペプチドグリカン層は，外膜のリポ蛋白質と付着している。細胞膜（外膜に対し，内膜 inner membrane とも呼ばれる）と外膜の間に**ペリプラスム間隙** periplasmic space がある。

（1）外　膜

脂質二重層，外膜蛋白質および外側のリポ多糖からなる。

a. 外膜蛋白質

複数の外膜蛋白質が存在し，その中に**ポーリン**と呼ばれる物質の膜輸送に関連した蛋白質がある。

b. リポ多糖

リポ多糖 lipopolysaccharide（LPS）は，リピ

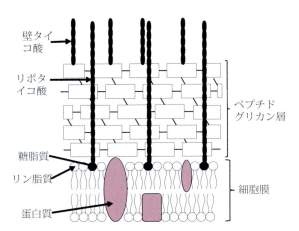

図 2-5　グラム陽性菌の細胞壁の模式図

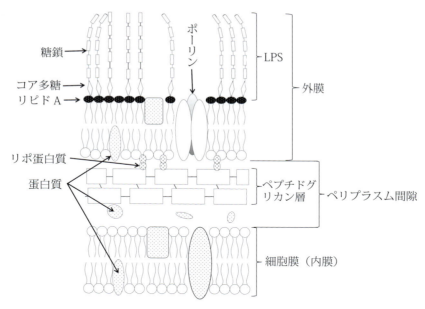

図 2-6 グラム陰性菌の細胞壁の模式図

ドAと多糖からなる。リピドAはエンドトキシン（内毒素）として作用するため，臨床上，極めて重要である。また，糖鎖は細菌菌体の抗原性を決定するO抗原となる。

（2）ペリプラスム間隙

分泌された酵素や毒素などが貯えられている。

C. 細胞質

細胞質 cytoplasm は，細胞膜に囲まれ半流動性である。核様体，リボソーム，プラスミドなどを含んでいる。細胞質の80％は水分で，残りの20％は，酵素やその他の蛋白質，炭水化物，脂質，様々な無機イオンが水分に溶解または浮遊している。多くの化学反応や同化，異化反応が細胞質中で行われている。

1）核様体

真核細胞との最も大きく異なる原核細胞の特徴は核膜による核の境界がないことである。細菌の染色体は，**核様体** nucleoid という構造をとる。核様体には主にDNAが含まれ，一部のRNAおよび関連する蛋白質（ヒストン様蛋白質）が存在する。核様体は，1つの環状の染色体からなると考えられていたが，2つまたは3つの環状染色体をもつ菌種も見つかっている。病原細菌では，*Brucella melitensis* は，約 2.1 Mbp および約 1.2 Mbp，*Vibrio cholerae* は，約 3.0 Mbp および約 1.1 Mbp の大小の染色体をもつ。2つの染色体が増殖に必要である。

2）リボソーム

RNAと蛋白質からなる粒子で，蛋白質合成の場である。細菌の細胞質には**リボソーム**が豊富に存在し，30Sおよび50Sのサブユニットから70Sのリボソームが構成されている。細菌の30Sのサブユニットは，16S rRNA および 21 種類の蛋白質から，50S のサブユニットは 5S rRNA，23 rRNA および 34 種類の蛋白質から構成される。一方，真核細胞のリボソームは，40S および 60S のサブユニットから80Sのリボソームが構成されている。蛋白質の合成を行っていない時，2つのサブユニットは解離しているが，mRNAが存在すると会合し，蛋白質合成を開始する。mRNAは30Sサブユニットに結合し，tRNAは大小サブユニットにまたがって結合する。50Sサブユニットの酵素作用によりアミノ酸が連結してポリペプ

チドが合成される。ストレプトマイシンやエリスロマイシンなどの抗菌薬は，70S のリボソームに特異的に結合して，蛋白質合成を阻害するため，真核細胞の蛋白質合成に影響することなく，選択毒性を示して細菌の増殖を抑制する。

3）プラスミド

染色体 DNA とは独立して複製される環状 DNA である。宿主細菌の生存に必須ではないが，薬剤耐性や病原因子の遺伝子が存在することがある。**プラスミド**の中には，他の細菌へ伝達することができる伝達性プラスミドがあり，接合伝達試験で確認できる。例えばテトラサイクリン耐性遺伝子を保有する株を供与菌 donor とし，リファンピシン耐性株を受容菌 recipient として，donor および recipient を試験管内で混合して培養する。その混合培養液をテトラサイクリンおよびリファンピシンの両剤を添加した寒天培地に接種，培養し，両剤に耐性を示す受容菌が得られた場合，これを伝達株 transconjugant と呼び，テトラサイクリン耐性遺伝子が存在するプラスミドの伝達性が証明できる。このように薬剤耐性遺伝子が存在する伝達性プラスミドは，薬剤耐性遺伝子の拡散に関与する。複数の薬剤耐性遺伝子が存在するプラスミドが伝達することにより多剤耐性を示す transconjugant が得られることもある。また，薬剤耐性および病原性遺伝子を同時に保持するハイブリッドプラスミドがサルモネラなどで報告されている。

D. 莢　膜

細胞壁をおおう多糖類またはポリペプチドを**莢膜** capsule という。莢膜は，墨汁染色で観察できる。多糖類またはポリペプチドが細胞壁に付着して外部との境界が不明瞭な場合を粘液層 slime layer という。莢膜は，宿主細胞による貪食作用から病原細菌を守る役割を果たすことが多い。菌種によっては莢膜が，病原性に関与する。*Streptococcus pneumoniae* は，莢膜を形成した場合にのみ，肺炎を引き起こす。クレブシエラ *Klebsiella* 属の莢膜は，貪食からの防御や気道への定着に関与する。炭疽菌の強毒株は，動物に感染するとその体内で莢膜を形成するため，炭疽菌の同定の一助に莢膜の確認が利用される。脱線維素血液や血清を添加した寒天培地で炭酸ガス培養し，莢膜の形成を増強させ，染色して観察する方法もある。

E. べん毛

細菌は，**べん毛** flagellum（複数形は flagella）と呼ばれる長い繊維状の付属器官を使って運動性を示す。細菌はべん毛を回転させる速度や方向を変えることにより，様々な運動性を示す。細菌の種類により，細胞の一端に 1 本のみのべん毛をもつ単毛性，両端に 1 本ずつのべん毛をもつ双毛性，一端に複数のべん毛をもつ叢毛性，細胞の全体にべん毛をもつ周毛性およびべん毛をもたない無毛性に区別できる（図 2-7）。べん毛は，繊維，基部体およびそれらをつなぐフックの 3 つの基本的な構造からなる。繊維は，べん毛の最も大きな構造物で，フラジェリンと呼ばれる蛋白質が重合し，らせん状の構造を形成している。繊維は，基部体により回転させられ，プロペラとして働く。基部体は，細胞膜および細胞壁に埋め込まれており，べん毛の回転運動を担うモーターの役割を果たす。べん毛を構成する蛋白質は，H 抗原と呼ばれ，血清型別に利用される。

F. 線　毛

細菌表層の毛様構造を**線毛** fimbria（または pilus，複数形は fimbriae または pili）という。線毛は，運動性には関与せず，2 つの細菌が接着し，遺伝子を伝達する経路となる接合線毛 conjugative pilus または性線毛 sex pilus と呼ば

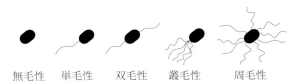

図 2-7　べん毛の種類

れる線毛と，宿主細胞や物質の表面への付着に関与する線毛に分けられる．接合線毛や性線毛は，一部の細菌に認められ，プラスミドの伝達に関与するストローのような中空構造をとり，そこを遺伝子が通ると考えられている．付着線毛は，一部の細菌では，宿主への定着を強化し，病原性に関与する．マンノースの存在下，非存在下における赤血球凝集性に基づきマンノース感受性（MS）またはマンノース抵抗性（MR）線毛がある．

G. 芽　胞

芽胞 endospore（spore）は，細菌が，栄養分が少ないなど増殖に不適な環境に置かれた場合に，生育に必要な最低限の成分を殻に閉じ込め，1つの菌体細胞内に1つ形成される．芽胞は水分が少なく，熱や乾燥，消毒薬に対し抵抗性が強い休眠状態であるが，環境が増殖に適した条件になると，発芽し，栄養型細菌となる．芽胞の形（円形，楕円形）や菌体内の位置（端在性，中心性，偏在性）は，菌種により特徴がある（図 2-8）．芽胞の中心には，脱水された細胞質を含むコア core があり，それを変性したペプチドグリカンを含む皮層

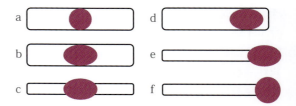

図 2-8　芽胞の形と位置
赤で芽胞を示した．
円形：a, f，楕円形：b, c, d, e
中心性：a, b, c，偏在性：d，端在性：e, f

cortex が包んでいる．皮層の外側には，芽胞殻 spore coat と呼ばれる蛋白質の殻がある．芽胞殻は，通常，形態学的に内芽胞殻層と外芽胞殻層に分けられる．芽胞形成菌の一部は，人や動物に疾病を引き起こす．特に炭疽菌は，重要な人獣共通感染症の原因である．炭疽菌は感染動物体内では芽胞を形成しないが，剖検や出血で菌が空気に触れると，芽胞を形成する．多くの土壌細菌が芽胞を形成するが，獣医学領域で重要な病原細菌で芽胞を形成するのはバチルス *Bacillus* 属，ペニバチルス *Paenibacillus* 属およびクロストリジウム *Clostridium* 属のみである．

第3章　細菌の増殖と代謝

一般目標：細菌の生育と増殖に関する基礎知識を修得する。また，細菌を形成する構造とその機能，細菌の代謝に関する基礎知識を，真核細胞との差異を含め修得する。

到達目標
1) 細菌の増殖に必要な条件，増殖中の動態と物質獲得機構を説明できる。
2) 異化代謝，同化代謝と蛋白質の分泌機構を説明できる。

1. 細菌の増殖

> **キーワード**：栄養素，従属栄養生物，好気性菌，嫌気性菌，通性嫌気性菌，微好気性菌，水素イオン濃度，至適温度，好塩菌，耐塩菌，培地，菌分離，純培養，液体培地，固形培地，2分裂，増殖曲線，世代時間，細胞内寄生菌，生きているが培養できない状態の菌

A. 栄養素

細菌の増殖に際しエネルギー産生および菌体の生合成に必要な物質や元素を**栄養素**といい，環境中から取り入れる。多くの病原細菌については，その増殖に必要な栄養成分を含有する培地を用いて実験室内で培養することが可能である。

二酸化炭素を唯一の炭素源として利用し発育することのできる生物を自家栄養生物 autotroph（光合成細菌，化学合成細菌や植物）という。これに対し，何らかの有機化合物を炭素源として利用する生物を**従属栄養生物** heterotroph という。動物に病気を起こす，また獣医学領域で重要な細菌は従属栄養生物である。

大腸菌は，酸素の存在下で炭素源としてグルコース，酢酸塩あるいはコハク酸塩が与えられれば発育が可能である。加えて適当な窒素源と塩類を同時に与えた場合，菌体構成成分を全て合成できるという。菌種によっては，自身で生合成できない有機化合物を発育因子として必要とする。

1）炭 素

病原細菌などの従属栄養菌は，炭水化物，高級アルコール，アミノ酸，ペプチド，有機酸など有機化合物を炭素源として利用する。菌体乾燥重量の50%を炭素が占める。

2）窒 素

無機窒素化合物としてはアンモニウムイオン（NH_4^+），硝酸イオン（NO_3^-），亜硝酸イオン（NO_2^-）が，有機窒素化合物としては蛋白質，ペプチド，アミノ酸などが供給源である。アミノ酸，核酸，ヌクレオチドなどを構成し，乾燥重量の14%を占める。

3）リン

無機リン酸（PO_4^{3-}）が主な供給源である。核酸，ヌクレオチド，リン脂質，リポ多糖（LPS），タイコ酸などを構成し，乾燥重量の3%を占める。

4）硫 黄

硫酸イオン（SO_4^{2-}），有機硫化物，時に硫化水素（H_2S）などが供給源である。含硫アミノ酸，グルタチオン，補酵素などを構成し，乾燥重量の1%を占める。

5）その他の無機塩類および微量金属元素

カリウム，マグネシウム，カルシウム，ナトリウム，塩素などは細胞内無機イオンを構成する。鉄はシトクロムのほか非ヘム鉄蛋白質を構成する。また，鉄，カリウム，マグネシウム，カルシウム，マンガン，コバルト，亜鉛，銅，モリブデンは酵素反応に必要な場合がある。

6）発育因子

その菌が自身では合成できないため，増殖に必要とする有機化合物を発育因子 growth factor という。プリン，ピリミジン，アミノ酸，ビタミン，ヘミン，ニコチンアミドアデノシンジヌクレオチド（NAD）などがあげられる。

7）水 分

一般に，水は栄養素に含まれないが，栄養素は水溶液の状態で外界から菌体に取り込まれ，菌体内の代謝にかかわる化学反応は水分の存在下で行われる。このように，生命活動に必要な物質の溶媒である水は，細菌を含む全ての生物の増殖に不可欠である。菌体の80%前後は水分であり，また，水を構成する元素である水素および酸素は，菌体乾燥重量の8%および20%を占める。

B. 細菌の増殖に影響する環境要因

1）酸 素

菌体細胞を構成する普遍的な元素で水分により多量に供給されているが，酸素分子（O_2）に対する感受性あるいは要求性は菌種により大きく異なる。酸素の存在下では，細胞内で様々な活性酸素〔スーパーオキサイドアニオン（・O_2^-），ヒドロキシラジカル（・OH），過酸化水素（H_2O_2），一

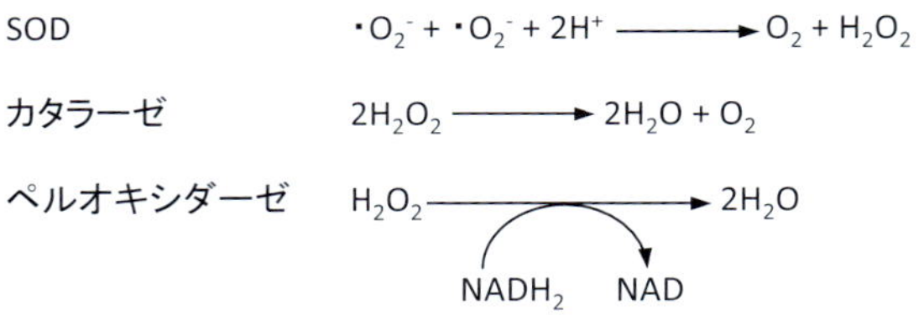

SOD	·O_2^- + ·O_2^- + $2H^+$ ⟶ O_2 + H_2O_2
カタラーゼ	$2H_2O_2$ ⟶ $2H_2O$ + O_2
ペルオキシダーゼ	H_2O_2 ⟶ $2H_2O$ ($NADH_2$ → NAD)

図 3-1 活性酸素の除去に関わるスーパーオキサイドディスムターゼ（SOD），カタラーゼおよびペルオキシダーゼの酵素活性

重項酸素（$^1O_2$）〕が産生される。これらは反応性が高いので，無毒化して除去する酵素（図 3-1）の有無により，菌の酸素に対する感受性が異なる。

（1）好気性菌

酸素呼吸（最終電子受容体が酸素）によりエネルギーを産生し，発育する。無酸素条件では発育できない菌である。ほとんどの**好気性菌** aerobe は，スーパーオキサイドディスムターゼ superoxide dismutase（SOD）とカタラーゼを産生し活性酸素の細胞内蓄積を防いでいる。

（2）嫌気性菌

嫌気性菌 anaerobe は酸素の存在下で発育が阻害され死滅する菌である。活性酸素の無毒化機構としての SOD，カタラーゼ，ペルオキシダーゼが発達していないことが原因と考えられる。発酵や嫌気呼吸などによりエネルギーを産生する。後述の通性嫌気性菌との対比で，偏性嫌気性菌 obligate anaerobe と呼ぶこともある。

（3）通性嫌気性菌

酸素の有無にかかわらず発育するが，酸素存在下では酸素呼吸を行う。ほとんどの**通性嫌気性菌** facultative anaerobe は，SOD とカタラーゼを産生する。無酸素条件下では発酵や嫌気呼吸を行う。なお，酸素に非感受性（寛容）で，酸素存在下でも発酵のみを行う菌 aerotolerant anaerobe も存在する。

（4）微好気性菌

微好気性菌 microaerophile は発育に，大気中の酸素より低い濃度の酸素を（3～10％）必要とする。一般に大気中でも嫌気的条件下でも発育できない。

2）水素イオン濃度（pH）

細菌が最も良好に発育することができる環境の pH（至適 pH）は菌種により異なる。大部分の菌種は至適 pH が中性域である。中性より低い（酸性側にある）菌（例：乳酸菌），あるいはアルカリ性にある菌（例：ビブリオ属）が存在する。

3）温　度

温血動物の体温に近い 37℃付近が**至適温度**である菌を中温菌 mesophile という。0℃もしくはそれ以下で発育可能な菌を低温菌 psychrophile（好冷菌）といい，10～15℃を至適温度とする。0℃で発育は可能であるが中温菌に近い温度を至適温度とする耐冷性の菌 psychrotroph もある。45～70℃を至適温度とする菌を高温菌 thermophile（好熱菌）という。

4）水分活性

菌が存在する環境中の水分の含量が細菌による水の利用の可否を決める。水分活性（Aw）は環境中の水分含量の指標の 1 つであり，純水では 1.0，塩類や糖類を多量に含む溶液や食品ほど Aw は低い（例えば，人の血液は 0.99，海水は 0.98，メープルシロップは 0.90）。多くの細菌は Aw が 0.90～0.95 以上の環境で発育可能である。黄色ブドウ球菌のように高濃度の塩化ナトリウムの存在下でも発育が可能な菌は Aw が 0.85 の環境でも発育する。

5）塩化ナトリウム（NaCl）

自然界に様々な濃度で普遍的に存在する溶質である。一般に，生理食塩液より高い濃度の NaCl（1％以上）を発育に必要とする菌を**好塩菌**という（例：ビブリオ属）。一方，NaCl 非存在下でも発育できるが 5～15％程度の存在下でも発育可能な菌を**耐塩菌**という（例：黄色ブドウ球菌）。耐塩菌は必ずしも高濃度の NaCl を発育に必要としない。

C. 培地と培養

細菌を実験室内で培養するためには，生化学的および物理学的に適切な条件を整える必要があ

る。生化学的な環境条件（主に栄養素）は**培地** culture medium の成分として設定することができる。培地は，検体からの**菌分離** isolation，**純培養** pure culture した分離菌株の性状確認に用いられる。

1）培地の種類

（1）形状による分類

細菌の発育に必要な栄養素などを含有する培地には，肉汁やブイヨンなどを試験管やフラスコに入れて用いる**液体培地** liquid medium や，1.0～1.5％の寒天を含有する**固形培地** solid medium がある。

寒天は紅藻類由来の親水コロイドで，沸騰水中で溶かした後，約40℃まで冷却すると固まること，多くの細菌は寒天を栄養素として利用できないことから，固形培地の成分として利用されている。

固形培地には，シャーレに固めた平板培地，試験管内で試験管を斜めにおよび垂直に立てて固めた斜面培地および高層培地，斜面部と高層部が形成されるように試験管内に固めた半斜面培地がある（図3-2）。また用途により，寒天を0.5％あるいはそれ以下の濃度で添加し高層に固めた半流動培地 semi-solid medium が用いられる。

（2）化学組成による分類

化学組成の明らかな成分のみから構成される培地を合成培地 synthetic medium，特定の細菌を増殖させるのに必要な成分のみからなる合成培地を最小培地 minimal medium という。合成培地は，栄養要求や生理学的な検討に有用である。天然物やその抽出物など化学組成が明らかでない成分，血液，血清などを添加したものを複合培地 complex medium と呼び，未知の細菌の培養や，栄養要求の厳しいあるいは複雑もしくは必要とする発育因子が不明な細菌の培養に用いる。

（3）機能による分類

臨床材料や環境材料などの検体中には，病原菌などの目的の菌以外にも他の多くの菌が混在しているので，目的の菌を集落 colony として単離するため，検体中の菌の密度を徐々に薄めながら平

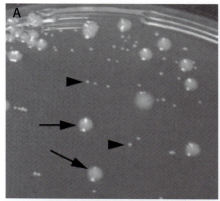
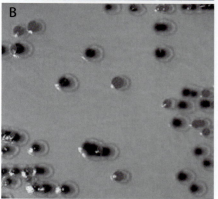

図3-3 平板培地におけるコロニー
A：トリプトソーヤ寒天培地おける大腸菌（矢印）と腸球菌（矢頭）のコロニー。
B：デオキシコール酸-硫化水素-ラクトース（DHL）寒天培地における大腸菌（赤：図では灰色）とサルモネラ（黒）のコロニー。大腸菌は培地成分の乳糖を分解し酸を産生するので，指示薬（ニュートラルレッド）により赤色のコロニーを形成し，サルモネラは乳糖もショ糖も分解せず，硫化水素を産生するため，中心部が黒色のコロニーを形成する。

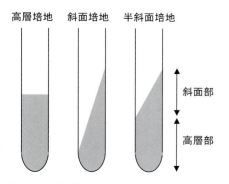

図3-2 高層培地，斜面培地，半斜面培地

板培地に塗抹して培養する（分離培養）。この目的に用いる培地を分離培地という（図3-3）。菌の生化学的性状を利用して，目的の菌の集落の性状が他の菌の性状と区別できるように，あるいは目的の菌以外の発育を抑制するような成分で調製されている培地を選択培地 selective medium という。一方，このような選択性を有さないものを非選択培地という。分離培養の前に，検体中の菌数，特に目的の菌を増加させるように工夫された成分で構成される液体培地（増菌培地）を用いて，予め培養することがある（増菌培養 enrichment culture）。

分離培養により形成された目的の菌を疑う集落を新しい培地に植え継ぐことにより（継代培養），遺伝的に同一な菌の集団を得ることができる（純培養）。この純培養を確立した菌の生化学的性状や運動性などを調べるための培地を鑑別培地（確認培地）という。

2）培養方法
（1）温　度
菌種により増殖可能な温度域が異なるため，培養する菌種に応じて適切な温度に調節し，一定に保つことができるような培養装置を用いる。獣医学・医学領域で重要な細菌の多くは，37℃で培養することが一般的であるが，魚病の原因菌や水環境に存在する従属栄養細菌などを培養する際には，25℃など，37℃より低い温度で培養することもある。一方，目的の細菌が増殖可能な温度域が37℃より高い場合，他の細菌の増殖を抑制するため，42℃などで培養する。

（2）酸素濃度
菌種により増殖可能な酸素濃度が異なるため，大気中で培養可能な菌種以外は，培養装置内のガスを適切に調節する必要がある。

　a．好気培養

好気性菌および通性嫌気性菌を培養する際の方法で，大気と同じ酸素濃度で培養する。

　b．嫌気培養

偏性嫌気性菌を培養する場合，発育環境から遊離酸素を除去する必要がある。そのため，培養装置（嫌気グローブボックス）や密閉容器（嫌気ジャー）を排気し，窒素ガスあるいは，水素，窒素および二酸化炭素の混合ガスを置換する方法がある。また，嫌気ジャー内の酸素を吸収し，二酸化炭素などを発生させる方法（ガスパック法）や，排気した嫌気ジャーに Tween 80 含有硫酸銅溶液に浸したスチールウールを入れ，金属に酸素を吸収させる方法（スチールウール法）などがある。

　c．微好気培養

3～10％の二酸化炭素を含み酸素分圧の低い環境を必要とする菌（微好気性菌など）の培養には，化学反応により微好気的条件をつくり出すガスパック法を用いるほか，窒素，酸素および水素が適当な分圧に調整された混合ガスを密閉された培養装置に供給して培養する。また，密閉容器内でろうそくを燃焼させ二酸化炭素濃度を3～4％にする，ろうそく瓶培養法 candle jar method もある。

3）菌数および菌量の測定
（1）直接鏡検法
細菌計算板を用いて，通常 $1 \times 1 \times 0.1$ mm の区画内（10^{-4} ml）に観察される試料中の菌数を計測し 10^4 を乗じて試料 1 ml あたり菌数とする。一般に菌の生死は区別できない。

（2）生菌数測定法
1 個の菌が寒天平板培地上で発育した場合 1 個の集落 colony を形成する，という原則に則った方法である。一般に 10 倍段階希釈した試料を平板に塗抹あるいは混釈し培養する。形成された集落数と希釈倍率から，試料中の単位容積あたりの生菌数 colony forming unit（CFU）を求める。

（3）比濁法
菌体細胞のような粒子状物による光の散乱量は粒子状物の数に比例することに基づく方法である。通常 600 nm 前後の波長の光を用いて濁度を計測する。

（4）秤量法
乾燥重量，湿重量を直接秤量する。あるいは遠心沈殿後の容積を計測する。

(5) 化学分析

化学組成（総窒素，総蛋白質，総DNAなど）を分析し計測する。

(6) 生物活性

酸素消費量，アデノシン三リン酸（ATP）産生量などを計測する。

4) 2分裂による細菌の増殖

細菌は栄養素を利用して細胞質の容量およびリボソームを増し，複製された染色体（2つの嬢染色体）が細胞の両極に移動した後，細胞壁および細胞膜の合成とともに細胞の中央部に隔壁を形成し，親細胞が全く同じ2個の娘細胞に分裂する（**2分裂** binary fission）ことにより増殖する。

細胞分裂において，FtsZ蛋白質が重要な役割を果たすことが知られている。15,000個ほどのFtsZ分子が細胞質膜の内面で重合することにより細胞質膜を内側から取り巻くZリングを形成する。このZリングはFtsZの重合状態の変化により収縮し，細胞がくびれて分裂が起きる。Zリングには他に約10種類の蛋白質が集合しており，隔壁形成に伴う細胞壁の合成などに寄与している。Zリングの形成と収縮が細胞の中央部だけで行われるように，Zリングの形成を抑制する蛋白質が細胞の両端部の内面や核様体（染色体にヒストン様蛋白質が結合した状態）に付着している。

実験的に良好に設定された環境下で，菌は一定時間ごとに2分裂を繰り返すので菌数は幾何級数的に増加する（対数増殖）。ただし，自然界においては常に対数増殖により増殖しているとは限らない。

新しく調製した液体培地に菌を接種・純培養し，経時的に計測した生菌数のグラフを**増殖曲線** growth curveといい，特徴的な4つの段階に区分される（図3-4）。

(1) 誘導期

新しい培地に菌を接種した直後から一定時間，分裂は認められない。増殖を始めるための準備期間と考えられ，代謝活性が増加し増殖に必要な遺伝子発現や蛋白質などの合成が行われている。この誘導期 lag phaseの時間は，接種菌量や，接種

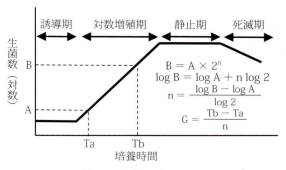

図3-4　細菌の増殖曲線

対数増殖期のある時点 TaおよびTb（Ta＜Tb）における生菌数が，それぞれAおよびBである場合，TaからTbまでの分裂回数（n）とのあいだに $B = A \times 2^n$ の関係がある。これをもとに世代時間（G）が算出できる。

に伴う損傷からの回復，接種された培地成分を利用して分裂に必要な蛋白質を発現するのに要する時間など様々な要因により変動する。

(2) 対数増殖期

対数増殖期 log（exponential）phase は，一定の間隔で2分裂を行うので，n回の分裂により生菌数が 2^n に達する。分裂から分裂までに要する時間を**世代時間** generation time あるいは倍加時間 doubling time という。最適な条件下での世代時間は，大腸菌で約20分，黄色ブドウ球菌で約30分，また，結核菌では十数時間である。

(3) 静止期

閉鎖された培養条件下では，培養とともに栄養成分が減ると，多数の菌が培地成分を奪い合い，生きているものの分裂はできず，生菌数が一定になると考えられる。あるいは，発育を抑制する代謝産物や最終代謝産物の蓄積が生じている可能性が考えられている。芽胞を形成する菌においては，芽胞形成に関与する多数の遺伝子の発現が行われている。この状態を静止期 stationary phase という。

(4) 死滅期

静止期の後も培養を続けると，死滅する菌が増加し，生菌数は指数関数的に減少する。これを死滅期 death phase という。

D. バクテリオシン

バクテリオシン bacteriocin とは，細菌が産生し，同種あるいは近縁の菌に対し細菌細胞膜の孔形成や脱分極，ヌクレアーゼ活性，細胞壁合成阻害などによって殺菌的に作用，あるいは増殖を抑制するペプチドおよび蛋白質の総称である。物理化学的性状は多様である。大腸菌が産生するコリシン colicin や緑膿菌のピオシン pyocin など特定の名称をもつものがある。

E. 細胞内寄生菌

種々の機構で宿主食細胞に抵抗し，食細胞内で生存・増殖する菌を**細胞内寄生菌**という。リケッチアやクラミジアのように細胞の中でのみ増殖するものを偏性細胞内寄生菌という。

F. 生きているが培養できない状態の菌

自然界に存在する細菌の中には，本来は増殖できるはずの培養条件下で増殖できない（viable but non-culturable：VNC または VBNC）状態のものがある。このような細菌の細胞内酵素活性，ATP 量，細胞膜の状態などから生きているものの，一種の休眠状態にあると考えられている。VNC 状態の菌は熱ショックなど何らかの刺激が加わると培養可能な状態になり（蘇生する），毒素産生能などの病原性も維持しているものと考えられている。食品中に病原細菌が VNC 状態で混入し，その食品を摂取したのちに腸管内で蘇生した場合，食中毒を起こす可能性があるが，その食品から原因菌を分離するのは極めて困難であると予想される。

2. 物質の獲得機構

キーワード：外膜，ポーリン，ペリプラズム，細胞膜（内膜），受動拡散，能動輸送，走性

細菌は栄養素を菌体内に取り込み，異化によりエネルギーを得る。そのエネルギーを用いて，菌体構成成分を合成する（同化）。栄養素を獲得するための機構が，菌体を構成する膜に存在し（図3-5），プロトン勾配や ATP などのエネルギー（「3.

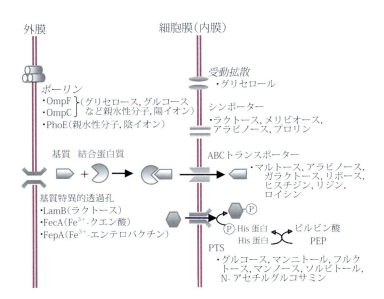

図 3-5 外膜および細胞膜における物質輸送系とその基質
物質により，外膜のポーリンまたは基質特異的透過孔を通過する。各外膜蛋白質の例とその基質を括弧内に示した。また，細胞膜（内膜）における 4 つの輸送系とその基質の例をし示した。ペリプラズムには輸送される物質（基質）に特異的に結合する蛋白質が存在し，ABC トランスポーターによる輸送を補助する。
PTS：ホスホトランスフェラーゼ系, His 蛋白：ヒスチジン蛋白質, PEP：ホスホエノールピルビン酸

細菌の代謝」参照）を必要とする経路（例：ABCトランスポーター）と必要としない経路（例：受動拡散）がある。

A. 外膜における物質輸送

脂質二重層からなるグラム陰性菌の**外膜**は，物質の透過に対する障壁である。しかし，この二重層に埋め込まれた形で存在する蛋白質（外膜蛋白質 outer membrane protein：Omp）は，菌体外から物質を獲得するために機能している。その1つが**ポーリン**と呼ばれるモノマーが3分子集合した三量体の外膜蛋白質である。その中心に透過孔があり，水溶性の比較的低分子量（およそ600）の物質が取り込まれる。大腸菌では OmpF や OmpC 蛋白質がポーリンを形成している。より大きな分子や腸管内の胆汁酸のような菌にとって有害な物質はポーリンを通過しない。一方，ポーリン以外の外膜蛋白質には，物質の立体構造を識別して選択的に物質を取り込む基質特異的透過孔もある。細菌は鉄イオン（Fe^{3+}）を獲得するため，キレート分子であるクエン酸やシデロフォア（エンテロバクチン，アエロアクチンなど）を分泌し，シデロフォアに特異的な透過孔を介して通過させる。Fe^{3+}－クエン酸など比較的大きな分子をペリプラスム側に放出するためのエネルギーを必要とするものもある。

B. ペリプラスム

グラム陰性菌の外膜と細胞膜（内膜）との間の間隙（**ペリプラスム**）には，糖質，アミノ酸，無機イオンなどと結合する輸送系の結合蛋白質が存在する。これは，外膜を通過した栄養素や無機イオンを捕捉し，細胞質膜の ABC トランスポーター（後述）に受け渡す機能を有する。また，蛋白質や核酸を加水分解する酵素が存在し物質代謝に重要な役割を果たす。一方，外膜蛋白質や菌体分泌蛋白質の高次構造の形成を助けるシャペロン蛋白質が存在する。

C. 細胞膜（内膜）

細胞膜は物質を選択的に透過する障壁として機能している。水や分子量100以下の非荷電性分子は，細胞膜を単純拡散によって透過する。細菌の細胞膜の内部は疎水的環境であるので，ほとんどが水溶性である栄養素に対する透過性が極めて低い。そのため，より大きな分子や荷電性の物質は，膜に備わる輸送蛋白質からなる輸送系を介してのみ透過することができる。

1）受動拡散

ある膜蛋白質は，水やグリセリールなど非荷電性の小分子を通すチャネルを構成し，溶質は拡散により濃度勾配に沿って移動する。この場合，透過孔があれば十分で，エネルギーを必要としない。大腸菌では，四量体のアクアポリンとグリセロールチャネルを通じて菌体内に入る。このタイプの輸送系は細菌ではあまり見られない。

2）能動輸送

環境中の低濃度の物質を，エネルギーを利用して，濃度勾配に逆らって細胞内へ取り込む場合を**能動輸送**という。細胞膜には輸送される物質（基質）に特異的な輸送蛋白質が存在する（図3-5）。プロトン勾配依存的輸送系と ABC トランスポーターは，細菌において多くの物質の輸送に関与している。

（1）プロトン勾配依存的輸送系

呼吸（後述）により細胞外へプロトンが排出され，プロトンの濃度勾配をつくる。このプロトン勾配のエネルギーを利用して，シンポーター symporter と呼ばれる輸送体が，プロトンの流入と共役して非イオン性分子や陰イオンをプロトンと同じ方向に輸送する。一方，アンチポーター antiporter は，プロトンの流入と逆向きにカリウムイオン（K^+）のような陽イオンや非電解質分子あるいはテトラサイクリンなどの薬物を排出する。

（2）ABC トランスポーター

ABC（ATP-binding cassette）トランスポーターと呼ばれる輸送系に関与する蛋白質は，①輸送

される基質に特異的な結合蛋白質（グラム陰性菌ではペリプラスムにある），②細胞膜のチャネル形成蛋白質および③細胞膜内側のATPアーゼATPaseである。基質がチャネルを通過する際に，ATPの加水分解によって得られるエネルギーが消費される。

（3）ホスホトランスフェラーゼ系（PTS）

この輸送系は細菌にのみ存在する。また，輸送される物質（主に糖類）がリン酸化される点でも特徴的である。例えば，グルコースに特異的なPTSでは，グルコースに特異的なチャネルを通じて通過し，細胞質内に入る際にグルコースがリン酸化され，グルコースリン酸となる。エネルギーの供与はホスホエノールピルビン酸（PEP）によって行われる。PEPが加水分解された結果，リン酸基が一度細胞質内蛋白質であるヒスチジン蛋白質に移された後，PTSにより糖に転位される。リン酸化された糖は細胞外に出ることなく，直ちに解糖系を経て利用される。

D. グラム陽性菌における物質輸送

グラム陽性菌には外膜が存在せず，グラム陰性菌より厚いペプチドグリカンをもつ。ペプチドグリカンのその組成ゆえ疎水性物質は透過しない。親水性物質に対しては，その厚みが篩の役割を果たす。細胞膜はグラム陰性菌と同じ脂質二重層であるので，機能的に大きな違いはない。

E. 走性応答とべん毛

細菌は，イオン駆動力をエネルギー源としてべん毛を回転させることによって液体中や固体表面を動くことができるので，環境の変化（刺激）に応じてべん毛の回転を調節し，菌にとって好ましい方向へ移動する（**走性**）。刺激の種類により，走化性，走光性，走磁性などが認められる。大腸菌やサルモネラでも解析によれば，べん毛が反時計回りに回転すると直線的に動き，時計回りは方向転換をもたらす。栄養素や酸素などは誘因物質として正の走化性を，ある種の重金属イオンなどは忌避物質として負の走化性を引き起こす。このような誘引物質あるいは忌避物質が細胞膜貫通型の化学レセプターによって認識される。そのシグナルが細胞質内のChe蛋白質群により伝達され，最終的にべん毛の回転を調節する。このシグナル伝達システムは2成分制御系（第4章参照）である。

3. 細菌の代謝

> **キーワード**：発酵，解糖，酸素呼吸，嫌気呼吸，糖代謝中間体，ペプチドグリカン，ムレイン合成酵素，T3SS

細菌の代謝（図3-6）は，有機化合物を分解し主にATPとしてエネルギーを獲得する異化catabolismと，エネルギーを用いて環境中の栄養素から菌体成分を生合成する同化anabolismよりなる。

A. 異化（エネルギー産生）

エネルギー産生にかかる異化は，様々な発酵，嫌気呼吸を含め多様性に富んでいる。大腸菌では，主に発酵と呼吸によってエネルギーを産生している。酸素を最終の電子受容体として用いる好気呼吸に加え，嫌気的条件下では硝酸塩やフマル酸を最終の電子受容体として用いる嫌気呼吸を行っている。

ATPを産生する様式には大きく分けて，基質レベルのリン酸化と電子伝達系に依存した酸化的リン酸化があり，いずれもアデノシン二リン酸（ADP）とリン酸からATPを合成する。基質レベルのリン酸化におけるATPの産生は，エムデン–マイヤーホフEmbden-Meyerhof経路においてジホスホグリセリン酸からホスホグリセリン酸，あるいはホスホエノールピルビン酸からピルビン酸のように，1つの有機物が他の有機物に転換する際に行われる。酸化的リン酸化は，呼吸における電子伝達系の酸化還元反応に由来するエネルギーを利用したATPの産生である。

1）解糖と発酵

発酵は，ATP産生が基質レベルのリン酸化に

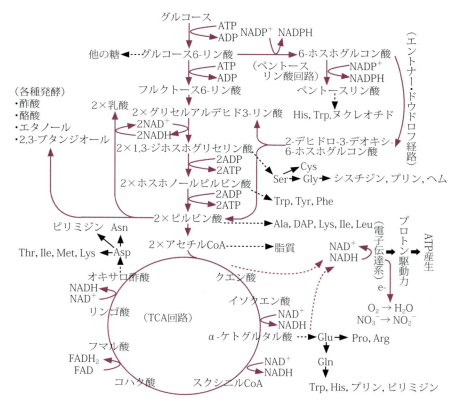

図 3-6 細菌の代謝
グルコースはエムデン-マイヤーホフ（E-M）経路，TCA 回路で分解され，さらに電子伝達系を介して ATP が産生される。また，発酵の過程で ATP が産生される場合がある。エントナー-ドウドルフ回路の代謝産物は解糖系に利用される。E-M 経路，TCA 回路の中間代謝産物は同化における素材となり，各種アミノ酸（Ala：アラニン，Arg：アルギニン，Asn：アスパラギン，Asp：アスパラギン酸，Cys：システイン，DAP：ジアミノピメリン酸，Gln：グルタミン，Glu：グルタミン酸，Gly：グリシン，His：ヒスチジン，Ile：イソロイシン，Leu：ロイシン，Lys：リシン，Met：メチオニン，Phe：フェニルアラニン，Pro：プロリン，Ser：セリン，Thr：トレオニン，Trp：トリプトファン，Tyr：チロシン），核酸，糖，脂質が合成される。
$NADP^+$：（酸化型）ニコチンアミドアデニンジヌクレオチドリン酸，NADPH：（還元型）ニコチンアミドアデニンジヌクレオチドリン酸，NAD^+：（酸化型）ニコチンアミドアデニンジヌクレオチド，NADH：（還元型）ニコチンアミドアデニンジヌクレオチド，FAD：フラビンアデニンジヌクレオチド

よって行われる過程で，グルコースの分解（**解糖** glycolysis）に始まる。代表的な解糖経路である Embden-Meyerhof 経路では，グルコース 1 分子をピルビン酸 2 分子に加水分解する過程で，差し引き 2 分子の ATP が利用可能となる。ピルビン酸は，引き続き種々の有機酸（乳酸，酢酸，酪酸，プロピオン酸など），アルコール，炭酸ガスに変換される（図3-7）。産生される有機酸や発酵の過程で生じるガス（炭酸ガス，水素ガス，メタンガスなど），また，発酵による最終産物は細菌の同定の際に重要な性状である。アセトイン（図3-7）は，フォーゲス・プロスカウエル Voges-Proskauer（VP）反応により検出され，腸内細菌科 Enterobacteriaceae に属する菌の鑑別性状の 1 つである。

多くの細菌には，五単糖を提供するペントースリン酸回路があり，グルコース 6-リン酸を酸化して 6-ホスホグルコン酸を生成する過程で NADPH も形成される。また，好気性菌では 6-ホスホグルコン酸から，2-デヒドロ-3-デオキシ

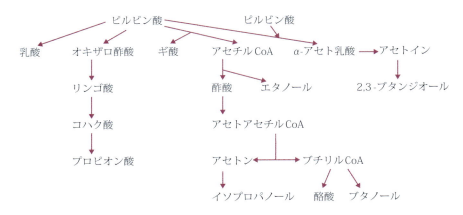

図 3-7 細菌における発酵
エムデン–マイヤーホフ経路で産生されたピルビン酸以降の代謝経路を示す。

-6-ホスホグルコン酸を経てグリセルアルデヒド-3-リン酸とピルビン酸に分解するエントナー–ドウドロフ Entner-Doudoroff 経路がある。

2）呼　吸

呼吸は，ATP の産生に酸化的リン酸化の様式が組み込まれている場合で，解糖に続く過程である。TCA（トリカルボン酸 tricarboxylic acid）回路，電子伝達系，電子受容体，ATP 合成酵素を必要とする。グルコースは解糖系でピルビン酸に分解され，アセチル CoA（acetyl-S-CoA）を経て TCA 回路（クエン酸回路）に入り，多くの基質（有機化合物）を経る酸化を受け，回路の最後でオキサロ酢酸が再度アセチル CoA と反応し，基質の C 原子は CO_2 にまで酸化される。その過程で働く酸化剤は主に NAD^+（一部は FAD）である。続いて，還元型の NADH と $FADH_2$ は電子供与体として細胞膜の電子伝達系に電子を与える。最終的に電子は，**酸素呼吸**においては最終電子受容体である酸素に渡されるが，酸素以外の物質（NO_3^- やフマル酸など）を用いる場合（**嫌気呼吸**）がある。電子が電子伝達系を通過し最終電子受容体に受け取られる過程で，電子供与体である水素は水素イオン H^+ として細胞膜を介して細胞外若しくはペリプラズムに排出される。その結果，H^+ の濃度勾配が形成されプロトン駆動力(エネルギー)が蓄えられる。これを利用して ATP 合成酵素が ADP とリン酸から ATP を合成する（酸化的リン酸化）。ATP 合成酵素の反応は可逆的で，電子伝達系が働かない時，あるいはこれをもたない菌では ATP の分解によりプロトン勾配をつくることができる。

B. 同化（生合成）

1）菌体構成成分の合成

異化の過程が菌種により多様であるのに対し，同化の過程は菌種間の違いは小さく，また高等生物とも似通っている。蛋白質，核酸，多糖体，脂質など生体高分子の素材である低分子化合物（アミノ酸，プリン，ピリミジン，リボースなど）は，一般に，解糖系，TCA 回路，ペントース–リン酸回路で産生された**糖代謝中間体**から合成される。また，脂肪酸の合成の出発材料はアセチル CoA である。

ペプチドグリカンは，菌種により組成や構造は多様であるが，基本的な生合成経路（図 3-8）は同じで，ウリジン二リン酸（UDP）が結合した形の前駆体（UDP-N-アセチルムラミン酸ペンタペプチド）が用いられる。外膜を構成する LPS の O 側鎖（多糖体側鎖）とリピド A-コアオリゴ糖部分は，細胞質で別個に合成される（図 3-9）。

2）蛋白質の菌体外分泌

細菌は，蛋白質や DNA を細胞膜および細胞壁

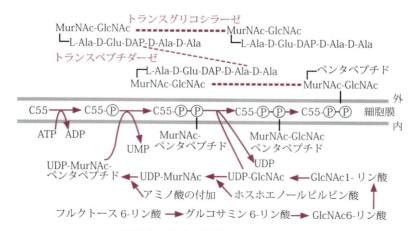

図 3-8　ペプチドグリカンの生合成

大腸菌では，UDP が結合した N-アセチルムラミン酸（MurNAc）ペンタペプチド（L-Ala-D-Glu-DAP-D-Ala-D-Ala）が，細胞質で前駆体をして形成される。N-MurNAc ペンタペプチドが UDP から細胞膜の脂質担体（C55：バクトプレノール）に転移し，これに N-アセチルグルコサミン（GlcNAc）が付加してムレインモノマーとなる。次いで，C55 が反転し，ムレインモノマーが膜を横断し細胞膜外側に出る。**ムレイン合成酵素**の多くは，トランスペプチダーゼおよびトランスグリコシラーゼの両活性を示し，活性中心が細胞膜外側に存在する。既存のグリカン鎖にムレインモノマーを結合し，続いてペプチド間の架橋形成反応が起こる。ペンタペプチドの3番目のジアミノピメリン酸（DAP）は 4 番目の D-Ala と結合し，5 番目の D-Ala は最終的に除去される。

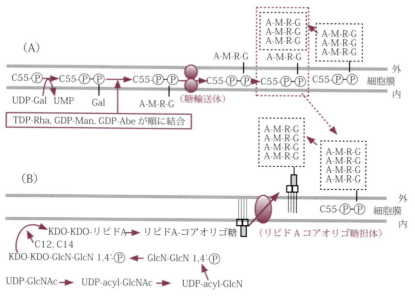

図 3-9　リポ多糖（LPS）の合成

O 側鎖（多糖体側鎖）とリピド A-コアオリゴ糖部分は細胞質で別個に合成される。（A）O 側鎖は，UDP-ガラクトース（Gal）のようなヌクレオチド糖が細胞質内でバクトプレノール（C55）に結合して合成が進行する。オリゴ糖単位（Abe-Man-Rha-Gal）が完成すると，細胞膜の糖輸送体によりペリプラスムに輸送され，これに，既存のオリゴ糖単位が連結した多糖体-バクトプレノールから多糖体部分が転移する。（B）リピド A-コアオリゴ糖の合成は細胞質内葉で UDP-N-アセチルグルコサミンへのアシル転移反応で始まり，2-ケト-3-デオキシオクチュロン酸（KOD），コアオリゴ糖が付加されて完成する。これが，脂質輸送体によりペリプラスムに輸送され，O 側鎖と連結する。
Rha：ラフィノース，Man：マンニトール，Abe：アベコース，GlcNAc：N-アセチルグルコサミン，GlcN：グルコサミン

を越えて菌体外に分泌するための，特殊化した構造を有する。グラム陰性菌では，分泌される蛋白質が内膜と外膜を越える必要がある。グラム陽性菌では，蛋白質が細胞膜を越えるのみで菌体外へ分泌される。分泌される物質は，環境に対する細菌の応答や，適応，生存あるいは病原性において重要な役割を果たす。分泌された物質は最終的に，外膜とともに留まる，細胞外に放出される，もしくは標的細胞（真核細胞あるいは細菌細胞）の内部へ注入される。

これまで，11の蛋白質分泌系〔1型分泌装置 type 1 secretion system（T1SS）〜T11SS〕が明らかになっている（図3-10）。また，ソルターゼ sortase（第2章参照）も蛋白質の分泌に関与する。T2SSやT5SSなどは細胞膜（内膜）のSecまたはTat（twin-arginine translocation）輸送系と共同して機能するが，これらが関与しない分泌系もある。Sec輸送系は，大腸菌ではSecY，SecEおよびSecGの複合体から構成され，細胞膜に内在するチャネルとして機能する。透過する蛋白質が

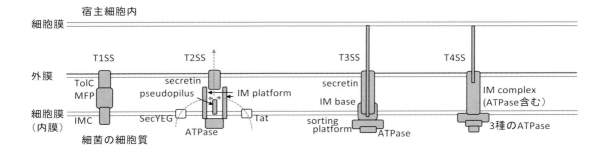

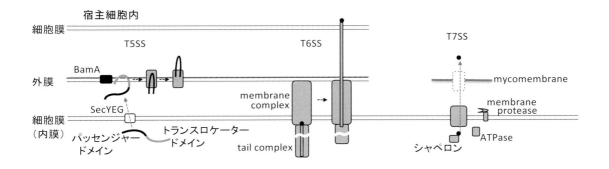

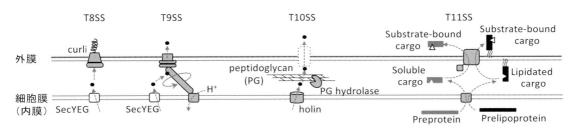

図 3-10 細菌のタイプ I 分泌系（T1SS）〜 T11SS の模式図

(Costa et al., Nature Rev Microbiol 13:343-359, 2015 および Trivedi et al., Front Microbiol 13: 845563, 2022 を参考に作成)

高次構造を形成（フォールディング）している場合はSecYEGチャネルを通過できないので，その抑制（アンフォールディング）には，シャペロンであるSecBが部分的に関与する。透過する蛋白質はSecAに受け渡され，引き続きSecYEGチャネルに挿入される。グラム陽性菌における蛋白質の菌体外分泌にもSecの関与が示唆されている。Tatは高次構造を形成した蛋白質の透過に関与する。SecおよびTatを通過する蛋白質のシグナル配列には，N末端に約20個の疎水性アミノ酸残基からなるシグナル配列が存在する。Tatを通過する蛋白質のアミノ酸配列にR-R-x-F-(I/L)-(K/R)からなるtwin-arginineモチーフを含む。

以下に，T1SSからT11SSの特徴を概説する。

グラム陰性菌の分泌系のうち，T1SS（一部の蛋白質の分泌に限る），T3SS，T4SSおよびT6SSは内膜と外膜に及ぶ（内膜と外膜を貫通する）ため，分泌される蛋白質は細菌の細胞質から菌体外あるいは標的の細胞へ直接輸送される1ステップの輸送系である。これに対し，T2SS，T5SS，T8SS，T9SSおよびT11SSにおいて分泌される蛋白質は，まずSecやTatなどの輸送系を介してペリプラズムに輸送され，引き続き，それぞれの分泌系を介して2ステップで菌体外に分泌される，あるいは外膜に移動する。

T1SSは，内膜に存在するABCトランスポーターであるIMC（inner membrane component）に分泌される蛋白質（基質）と結合し，ATPの加水分解により得られたエネルギーを利用して基質をペリプラズムのアダプター蛋白質（membrane fusion protein：MFP）に輸送する。引き続き，外膜蛋白質でチャネルを形成するTolCと複合体が形成され，基質は菌体外に放出される。近年，特定のアドヘジン蛋白質はペリプラズムでN末端尾一部の領域が開裂された後にTolC様外膜チャネルを通過するので，2ステップの機構としての新たなT1SSが報告された。分泌される蛋白質の分子量や機能は様々で，栄養素の獲得にかかわるものや病原性に関与するものが含まれる。大腸菌のヘモリシンAがよく研究されている。莢膜多糖や異物・薬剤などもこの系により分泌される。

T2SSは，SecまたはTatによりペリプラズムに輸送された高次構造を形成した酵素や毒素を分泌する。ATPアーゼによるATPの加水分解によりペリプラズムのpseudopilusが集合し，ペリプラズムに存在する基質（分泌される蛋白質）を後押しして，外膜蛋白質複合体のチャネルであるsecretinの中を菌体外に向けて通過させる。

T3SSは，多くの病原細菌を含むグラム陰性菌に存在し，べん毛と起源を共にする内膜と外膜を貫くニードル様構造を，シグナル配列のない蛋白質が通過して分泌される。宿主の生理機能を撹乱させ，病原性の発揮にも関与するエフェクター蛋白質はT3SSを介して分泌され，細菌の細胞質内から宿主動物細胞内に直接注入される。宿主細胞に接触後，宿主細胞の細胞膜に孔を形成するトランスロケーターtranslocator蛋白質とエフェクター蛋白質が分泌される。その際に，ニードル様構造の変化を伴う機構が関与していると考えられている。

T4SSは，蛋白質だけでなくDNAを細菌細胞や真核細胞に移行させる分泌系で，プラスミドDNAの接合伝達にも関与する。菌種によっては，毒素やエフェクター蛋白質を分泌し細菌の病原性に関与する。本分泌系は，グラム陰性菌とグラム陽性菌の双方において，また，一部の古細菌でも認められる。分泌される分子は内膜から外膜まで貫くニードル様構造を通過するが，T3SSのニードル様構造とは構成が異なっている。

T5SSはオートトランスポーターとして知られており，分泌される領域（パッセンジャードメイン）と分泌のために孔をして外膜に形成される領域（トランスロケータードメイン）が，単一のポリペプチドとして構成されている点が特徴である。病原因子や接着やバイオフィルム形成に関する蛋白質が分泌される。アミノ末端からシグナル配列・パッセンジャードメイン・トランスロケータードメインから構成されるオートトランスポーター蛋白質はSecを介して内膜を通過したのち，

自身でチャネルを外膜に構成しその中を通過して菌体外へ移行する。

T6SSは内膜から外膜にわたる分泌装置で，エフェクター蛋白質を真核細胞あるいは原核細胞に移行させる。病原性や細菌同士の競合において重要な役割を担っている。T6SSは，内膜に存在する蛋白質 membrane complex と，バクテリオファージの収縮性の尾部（尾鞘）に構造と機能が類似した管状構造 tail complex の2つから構成される。後者の管状構造は長く，細胞膜と垂直に位置して細胞質内の深部まで伸びている。管状構造の前端でエフェクター蛋白質は管状構造と複合体を形成し，細胞外の何らかのシグナルにより管状構造が収縮するとともに，標的細胞の細胞膜を通過して分泌されると考えられている。

T7SSは，結核菌を含むマイコバクテリウム *Mycobacterium* 属菌の病原性発揮に必要な分泌装置で，細胞膜と細胞質に存在する複合体である。細胞膜に内在する蛋白質がチャネルを形成し，また，細胞膜プロテアーゼがプロセシングに関与し，また，細胞質内の ATP アーゼとシャペロンが基質の分泌を促進していると考えられている。ペプチドグリカン層とアラビノガラクトンの外側に存在するミコール酸を含む外膜様構造を基質が通過するための装置が必要と考えられるが，明らかでない。

T8SSは，グラム陰性菌のカーリー curli 線毛の形成に関与している。Sec を介してペリプラズムに輸送された単量体の線毛蛋白質を分泌し細胞外での集合に関わる。

T9SSはバクテロイデス門の菌種において主に研究されている。内膜と外膜にわたり構成され，Sec によりペリプラズムに輸送された蛋白質を，プロトン駆動力により作動する回転モーター様分子を用いて分泌するほか，滑走運動にも関与する。

T10SSは，内膜蛋白質のホリンとペプチドグリカン加水分解 / 修飾酵素が協調して蛋白質を分泌するが，外膜の通過機序など不明な点が多い。

T11SSはプロテオバクテリア門 *Proteobacteria* の細菌に広く存在し，動物や植物との共生に関与する可溶性およびリポ蛋白質を分泌する。分泌される蛋白質は，内膜の蛋白質によりペリプラズムに輸送され，外膜の DUF（domain of unknown function）560 ファミリーと呼ばれる機能不明領域をもつ蛋白質を介して分泌され，細胞外でこれらの蛋白質は栄養素の獲得，宿主細胞との相互作用，定着などに関わる基質と特異的に結合する。

2）蛋白質の菌体外分泌

グラム陽性菌においても，Sec および Tat が細胞膜を介する蛋白質の分泌に関与している。グラム陽性菌には外膜が存在しないので，多くの場合，分泌された蛋白質はペプチドグリカン層を受動拡散により菌体外へ移動する。Sec を介して分泌されたカルボキシ末端に LPXTG モチーフをもつ蛋白質はソルターゼによりペプチドグリカンのペンタペプチドに共有結合され，宿主動物の細胞や組織への付着に関与する。また，T3SS や T4SS と機能的に類似する分泌装置を保有しエフェクター蛋白質を分泌しているが，宿主動物の細胞膜の通過に関与するメカニズムについては十分明らかでない。

第4章　細菌の遺伝学

一般目標：細菌の遺伝現象に関する基礎的事項を，真核細胞との差異を含め修得する。また，細菌遺伝子の発現と調節に関わる基礎知識を修得する。

到達目標
1) 細菌ゲノムの構造と複製，プラスミドやバクテリオファージを説明できる。
2) 変異及び遺伝子の水平伝達の機構を説明できる。
3) 遺伝子の基本的構成及び遺伝子発現に関わる因子とその調節系を説明できる。

1. 細菌のゲノム

> **キーワード**：ゲノム，染色体，プラスミド，環状2本鎖DNA，トポイソメラーゼ，スーパーコイル，複製開始点，複製終止点，ヘリカーゼ，DNAポリメラーゼ，DNAリガーゼ，接合伝達，不和合性，Rプラスミド，インテグロン，パソジェニシティーアイランド，ビルレントファージ，テンペレートファージ，溶原化，溶原菌，プロファージ，溶原変換

A. 細菌ゲノムの構造，染色体とプラスミド

生物がもつ全ての遺伝情報のことを**ゲノム** genome と呼ぶ。細菌のゲノムは，**染色体** chromosome と**プラスミド** plasmid で構成されており，いずれも2本鎖DNAである。原核生物である細菌は核膜をもたないため，DNAは細胞質に直接触れる形で存在している。菌種によりゲノムの大きさは様々で，含まれる遺伝子の数はゲノムサイズに比例する（表4-1）。一般に，偏性細胞内寄生菌のように特定の環境に適応して進化した細菌では，不要になった遺伝子の脱落のためゲノムが小さくなっていることが多く，様々な環境で生存できる細菌では，生きるために必要な多様な遺伝子を保持しているため，ゲノムサイズが大きい傾向にある。

1）染色体
（1）構造

染色体には細菌ゲノムの大部分の遺伝情報がコードされており，生存や増殖に必要な遺伝子を含んでいる。大部分の細菌の染色体は，1本の**環状2本鎖DNA**からなる。複数の染色体や線状染色体を保有する細菌も存在するが，いずれの場合も一倍体 haploid である。染色体の大きさは0.5〜10 Mbp 程度（1 Mbp = 100万塩基対）であるが，菌種によって大きさは異なる（表4-1）。ま

表4-1 獣医学領域で問題となる代表的な病原細菌のゲノムサイズ[a]

菌種および株名	染色体数	染色体の大きさ (kbp)[b]	プラスミド (kbp)[b]	CDS 数[c]
グラム陰性菌				
Brucella melitensis 16M	2	2,117 + 1,178		2,937
Burkholderia mallei ATCC 23344	2	3,510 + 2,325		4,852
Escherichia coli K-12 MG1655	1	4,642		4,226
Escherichia coli O157:H7 Sakai	1	5,498	93, 3	5,447
Pasteurella multocida FDAARGOS_218	1	2,332	4	2,113
グラム陽性菌				
Bacillus anthracis Ames	1	5,227	182, 95	5,251
Clostridium perfringens JP55	1	3,347	73, 58, 42, 37, 14	3,165
Erysipelothrix rhusiopathiae Fujisawa	1	1,788		1,661
Mycobacterium avium subsp. *paratuberculosis* DSM 44135	1	4,839		4,268
Staphylococcus aureus NCTC 8325	1	2,821		2,767
Streptococcus suis P1/7	1	2,007		1,839
マイコプラズマ				
Mycoplasma mycoides subsp. *mycoides* PG1	1	1,212		1,016
クラミジア				
Chlamydia psittaci NJ1	1	1,161	8	976

[a] 各菌種の代表的な菌株のゲノムサイズを示す。同じ菌種であっても，株によって染色体の大きさや保有するプラスミドの数，種類，大きさに違いがみられる。
[b] 1 kbp = 1,000 塩基対
[c] CDS：coding sequence（蛋白質をコードしている配列）

た，同一菌種でも菌株ごとに染色体の大きさあるいはプラスミドの大きさや数に違いがあり，例えば，非病原性の大腸菌 K-12 株と腸管出血性大腸菌 O157 では 800 kbp 以上の差がある（1 kbp = 1,000 塩基対）（表 4-1）。染色体は菌細胞の約 1,000 倍もの長さがあるが，II 型 DNA **トポイソメラーゼ**の 1 種である DNA ジャイレースの働きにより負の**スーパーコイル** supercoil 構造を形成し，さらに複数の DNA 結合蛋白質が結合して小さく折りたたまれ，核様体 nucleoid と呼ばれる高次構造をとって細胞内に収納されている。

（2）複 製

細菌は 2 分裂によって増殖するが，親細胞と同じ性質をもつ子孫を生じさせるためには，染色体が正確に複製され，分裂した各々の娘細胞に分配される必要がある。環状染色体の場合，複製は特定の**複製開始点**から始まり（複製開始），両方向性に進み（伸長），環状分子の反対側に位置する**複製終止点**で終わる（終結）。複製途中にある分子が θ（シータ）の文字に似た構造をとることから，θ 型複製と呼ばれる（図 4-1A）。

a．複製開始

染色体の複製は，複製開始蛋白質 DnaA が複製開始点に結合して 2 本鎖 DNA が部分的に解離することから始まる。解離部位には**ヘリカーゼ**やプライマーゼが動員され，1 本鎖になった DNA 上に短い RNA プライマーが合成される。この RNA プライマーの 3' 末端から DNA の重合が始まる。

b．DNA 鎖の伸長

2 本鎖 DNA が 1 本鎖に解離した分岐点（複製フォーク）には，DNA の二重らせんをほどき複製フォークを進行させるヘリカーゼ，RNA プライマーを合成するプライマーゼ，DNA を伸長させる **DNA ポリメラーゼ**などで構成される蛋白質複合体（レプリソーム）が形成され，複製開始点から両方向へ複製が進行する。DNA は 5' → 3' 方

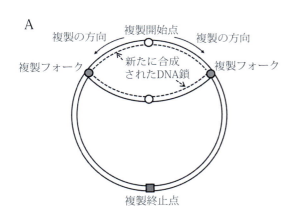

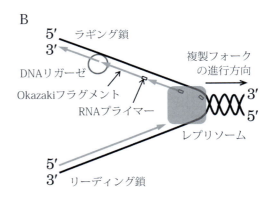

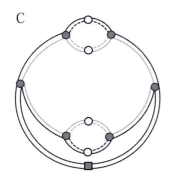

図 4-1 環状染色体の複製
A：細菌の環状染色体では，特定の複製開始点から両方向に複製が進み，複製フォークまでの領域が重複した状態になる。複製は，複製開始点のほぼ反対側に位置する複製終止点で終わる。
B：複製フォークでは，ヘリカーゼ，プライマーゼ，DNA ポリメラーゼなどで構成されるレプリソームが複製を進める。リーディング鎖では連続的に伸長が進み，ラギング鎖では，短い DNA 鎖を不連続的に合成し，それらを DNA リガーゼがつなげて DNA を伸長させていく。実際の DNA の複製には，ここで紹介した酵素だけでなく，その他の多くの蛋白質が関与している。
C：多分岐複製では，合計 4 つの複製開始点と 6 つの複製フォークが 1 細胞内に出現する。

向にしか合成されないため，その方向に合成が進むDNA鎖（リーディング鎖）では連続的に伸長が進むが，逆向きに複製を進めなければならないDNA鎖（ラギング鎖）では，5'→3'方向に1,000～2,000塩基程度の短いDNA鎖（Okazakiフラグメント）を不連続的に合成し，それらを**DNAリガーゼ**でつなげることで複製を進めていく（図4-1B）。

　　c．複製の終結

　複製フォークが複製終止点にたどり着くと，複製終止点に結合した蛋白質（大腸菌ではTus蛋白質）が複製を停止させる。レプリソームはDNAから解離し，組換え酵素やDNAトポイソメラーゼの作用で複製された2つの染色体が分離する。

　　d．多分岐複製

　細菌の増殖速度が速い場合，1回の複製が完了する前に次の複製が始まる多分岐複製が起こる場合がある。多分岐複製では，合計6つの複製フォークが1細胞内に同時に存在することになる（図4-1C）。

2）プラスミド

（1）一般性状

　プラスミドは，染色体とは別個に存在し，独立して自己複製する遺伝因子である。多くは環状2本鎖DNAであるが，線状のものも存在する。その大きさは，数kbp程度の小さなものからマイコプラズマのゲノムサイズに匹敵する数百kbpのものまであり，1Mbpを超える巨大なプラスミドも見つかっている。1つの細胞内のプラスミドの分子数（コピー数）はプラスミドの種類によって様々であり，細胞あたり1～2個しか存在しない低コピーのものから数十～数百個以上存在する高コピーのものまである。一般的に大きなプラスミドはコピー数が少ない傾向にある。プラスミドの中には**接合伝達** conjugative transfer によって細菌から細菌へ水平伝播するものもある。接合伝達に必要な全ての遺伝子を保有するプラスミドは自己伝達性 self-transmissible（または接合性 conjugative）プラスミドと呼ばれる。自身では伝達できないプラスミドでも，伝達に必要な遺伝子の一部を保有しているものは，自己伝達性プラスミドの力を借りて他の菌に水平伝播することがある（図4-2）。これを可動化 mobilization といい，そのようなプラスミドは可動性 mobilizable プラスミドと呼ばれる。可動化が起こらない非伝達性 nontransmissible（または nontransferable）プラスミドも形質転換やバクテリオファージによる形質導入で他の細菌に水平伝播することがある。複製機構が類似しているプラスミド同士は同一の細胞内で共存できない。この性質を**不和合性** incompatibility といい，プラスミドの分類にも利用される。プラスミドには，グラム陰性菌から陽性菌にわたり幅広い宿主域を有するものと，特定の宿主域を有するものがある。

（2）プラスミドの機能

　プラスミドは多くの場合，細菌が生存するうえで必須の因子ではない。しかし，プラスミド上には通常，自己複製に必要な遺伝子以外にも様々な遺伝子が乗っており，それらが細菌の生存に有利に働くことがある。例えば，薬剤耐性遺伝子を有するプラスミドは**Rプラスミド** R plasmid と呼ばれ，抗菌薬存在下での細菌の生存や増殖を可能にする。Rプラスミドの中には，**インテグロン** integron と呼ばれる遺伝子捕捉装置を有するものがある（図4-3）。これは，種々の遺伝子の挿入を受ける部位，挿入を行う酵素インテグラーゼ integrase の遺伝子および挿入された遺伝子を発現させるプロモーターで構成されている。インテグロンには何種類もの薬剤耐性遺伝子が捕捉されていることがあり，多剤耐性化に重要な役割を果たしている。薬剤耐性以外にもバクテリオシン産生，物質代謝，毒素産生，宿主細胞への付着や侵入などに関与する遺伝子をもち，環境ストレスへの適応や病原性の発揮に寄与するプラスミドもある。一方で，機能が不明な潜在性プラスミド cryptic plasmid も多い。プラスミドの中には，複製機構や構造が詳しく調べられ，人工的に改変され，ベクター（遺伝子の運び屋）として遺伝子工学で利用されているものもある。

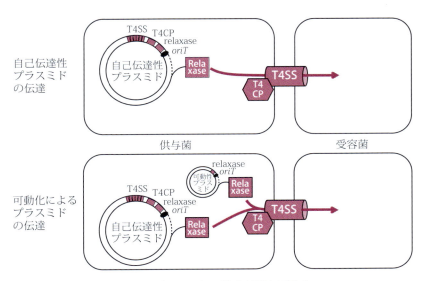

図 4-2　プラスミドの接合伝達と可動化

自己伝達性プラスミドでは，リラクサーゼ relaxase と呼ばれる蛋白質によって接合伝達の開始点（*oriT*）に切れ目が入れられ，伝達が始まる．2 本鎖 DNA のうち片方の鎖が切れ目部分から剥がれていき，Ⅳ型カップリング蛋白質（T4CP）の仲介によって，4 型分泌装置（T4SS）内部を通って受容菌に伝達する．供与菌に残った 1 本鎖 DNA には，ただちに相補的な鎖が合成されて再び 2 本鎖になる．可動性プラスミドは，T4SS（または，T4SS と T4CP）をもたないが，*oriT* と relaxase 遺伝子を保有しており，自己伝達性プラスミドの助けを借りて一緒に伝達することができる．

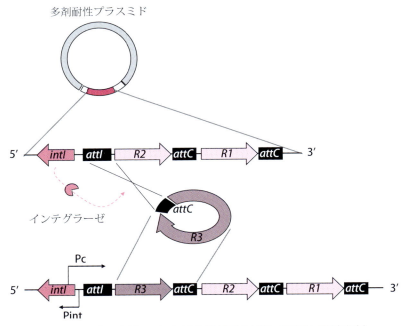

図 4-3　インテグロンにおける遺伝子の捕捉（作図：岡村雅史）

耐性遺伝子が挿入される部位（*attI*）の 5' 側には，挿入に必要な酵素インテグラーゼをコードする遺伝子（*intI*）とそのプロモーター（Pint）が存在する．挿入される耐性遺伝子カセット R3 の 3' 末端には挿入に必要な特定の配列 *attC* があり，インテグラーゼの働きで *attI* の 3' 側に挿入される．この図ではすでに耐性遺伝子カセット R1 および R2 が同様に挿入されている．この反応が繰り返されて多くの遺伝子が蓄積する．挿入される耐性遺伝子には通常プロモーターがないが，*intI* に内在する強力なプロモーター（Pc）によって耐性遺伝子が発現する．

3）細菌ゲノムの多様性

細菌の増殖時，**ゲノム**は正確に複製されて娘細胞に分配される。したがって，細菌は基本的には遺伝的に同一な集団として増えていく。しかし実際には，地球上には多種多様な細菌が存在し，同一菌種内においても菌株間でゲノムの多様性，すなわちゲノムサイズや保有遺伝子の数，種類，塩基配列に違いが見られる。このような細菌ゲノムの多様性を生み出す要因としては，塩基置換，塩基単位や遺伝子単位での重複や欠落といった内因性の変異に加え，水平伝播による外来性遺伝子の獲得が大きな役割を果たしている（図4-4）。外来性遺伝子の獲得には，前述のプラスミド，後述のバクテリオファージやトランスポゾンなどの可動遺伝因子 mobile genetic elements（MGEs）がかかわる場合が多いが，一部の細菌では，環境中のDNAを直接取り込むことによって遺伝子を獲得することもある。一方で，細菌は外来性遺伝子の侵入を防ぐ機構も備えている。代表的なものに，メチル化されていない外来性DNAを切断する制限修飾系と，過去の外来性DNAの侵入を記憶して再侵入時に特異的に切断するCRISPR-Cas系があり，いずれも遺伝子工学のツールとしても利用されている。

ゲノム上には，外来性遺伝子群がまとまって存在している箇所があり，島のように存在することからゲノムアイランド genomic island と呼ばれる。中でも病原性に関連する遺伝子を保有するゲノムアイランドは**パソジェニシティーアイランド** pathogenicity island（PAI）と呼ばれ，図4-5に示したような構造的特徴を有する。グラム陰性菌に見られるPAIは，これらの特徴をよく示していることが多く，下痢原性大腸菌，腸管外病原性大腸菌，エルシニア属菌，サルモネラ属菌，赤痢菌，コレラ菌などで見つかっている。グラム陽性菌のPAIでは，これらの特徴が見られないこともあるが，リステリア属菌，黄色ブドウ球菌などで見出だされており，多くの病原細菌に共通する特徴と考えられている。

多様化の結果，ゲノム上には，同じ菌種または

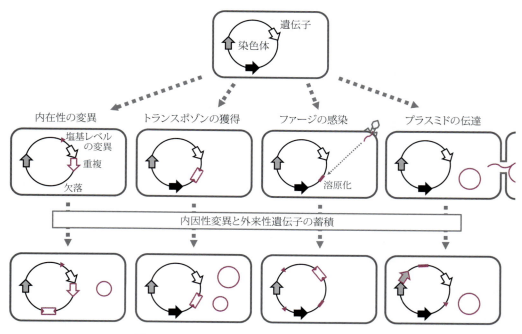

図4-4 細菌ゲノムの多様性と多様化を生み出す要因
細菌のゲノムは固定されたものではなく，内因性の変異や外来性遺伝子の獲得が積み重なることによって多様化していく。

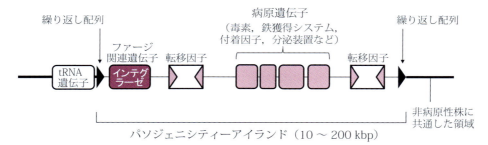

図 4-5　パソジェニシティーアイランド（PAI）の概念図

PAI には，① 10 〜 200 kbp ほどの DNA 領域に 1 つ以上の病原遺伝子を保有する，② 病原性株に存在するが，同種または近縁種の非病原性株には存在しない，③ GC 含量やコドンの出現頻度が他の領域と異なる，④ tRNA 遺伝子に隣接して染色体に挿入されている，⑤ 繰り返し配列に挟まれている，⑥ バクテリオファージや転移因子などの関連遺伝子が存在する，⑦ 不安定であり，高率にその領域が欠失したり，転移することがある，といった特徴が共通して見られる場合が多いが，いくつかの特徴が見られない PAI も存在する。PAI には染色体だけでなくプラスミド上に存在するものもある。1 菌株が複数の PAI を保有することもある。病原遺伝子の代わりに薬剤耐性遺伝子をもつゲノムアイランドは resistance island（薬剤耐性アイランド）と呼ばれ，メチシリン耐性黄色ブドウ球菌の SCC*mec* などが知られている。

同じ分類群の全ての菌株に存在する遺伝子と，一部の菌株のみが保有する遺伝子が存在することになり，前者をコア遺伝子（またはコアゲノム），後者をアクセサリー遺伝子と呼ぶ。ゲノムの多様性，すなわち塩基配列や保有遺伝子の違いは株レベルでの細菌の識別や型別にも利用されており，感染源の追求や流行株の解析といった分子疫学解析に応用されている。

B. バクテリオファージ

1）ファージとは

バクテリオファージ bacteriophage（ファージ phage）は細菌を宿主とするウイルスである。1915 年に Frederick W Twort，1917 年に Félix H d'Hérelle がそれぞれ独立して細菌に感染する濾過性病原体（後のウイルス）として発見した。バクテリオファージの名前は細菌 bacterio を貪り食う phage ことに由来する。実際に，宿主菌を含む軟寒天培地上でファージを培養すると周囲に感染が広がり，菌が死滅した領域ができる。これを溶菌斑（プラーク）と呼び，あたかもファージが菌を食した後のように見える。この殺菌の過程でファージが宿主細菌に感染し，その内部で自身のコピーをつくり，最終的に菌体外に放出される。

この時，ファージは蛋白質合成系などの複製に必要な機構を宿主菌から乗っ取る。ファージは細菌が存在するあらゆる場所でその存在が認められる。地球上には $10^{31\sim32}$ のファージ粒子が存在し，この数はファージ以外の生物の総数よりも多いと推計されている。また海洋中に存在する物質量としても原核生物の次に多いと予測されている。

ファージは保有するゲノム核酸の種類に応じて，DNA ファージと RNA ファージに大別される。そしてゲノム配列の比較やウイルス粒子の形態により詳細に分類されていく。最も多く見られるファージはウイルス粒子が頭部と尾部から構成されるものである。この形態のファージではゲノムが頭部に格納されている。ファージによって尾部の有無やその長さに違いがあるものや頭部が繊維状になっているものなど多様性が認められる。ファージ粒子の大きさも 20 〜 200 nm のものが多いが，ジャンボファージのように細菌に近い大きさのものも存在する。一般的にゲノムサイズはファージ粒子の大きさに相関があり，小さいもので数 kbp 〜 10 kbp であるが，ジャンボファージなどでは 1,000 kbp を超え細菌と同等のサイズとなるものも存在する。ファージゲノムには自身のウイルス粒子形成に必要なリボソーム遺伝子な

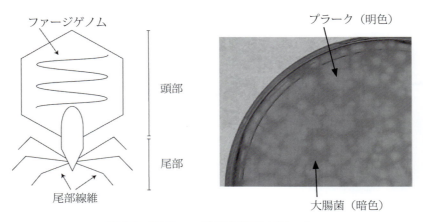

図 4-6 T7ファージの模式図とプラーク
T7ファージは頭部と短い尾部に分けられる（左図）。頭部側には約40 kbpのゲノムが格納されている。一方、尾部側には尾部線維が存在し、その先端には吸着に関わるチップが存在する。このT7ファージを大腸菌とともに軟寒天培地を用いて培養するとファージによって殺菌されたプラークが認められる。菌の増殖に伴い、軟寒天の光の透過性（図中暗色）は下がるが、ファージが殺菌すると培地中に菌がない部分（図中明色）ができる。

どは存在せず、転写調節因子やビリオンを構成するカプシド蛋白質をコードする遺伝子、宿主との相互（干渉）作用を行う遺伝子が存在する。ファージの遺伝子発現やゲノム複製には宿主のDNAポリメラーゼやRNAポリメラーゼを利用する他、ファームゲノム上の遺伝子にコードされたポリメラーゼを用いる場合もある。

ファージは細菌を溶菌するとともに、2種類の複製サイクルや細菌との共進化などのユニークな特性を有していること、その扱いやすさなどから、様々な研究や応用の材料として利用されてきた。まず、モデル生物として利用され、ゲノムマップの構築や遺伝学をはじめとする生理機構の解明に利用された。またその過程で見つかった様々な酵素、例えば制限酵素、リン酸化酵素、DNAポリメラーゼ、DNAリガーゼなどは遺伝子工学で利用され、遺伝子組換えやそれを利用した組換え蛋白質の利用に貢献してきた。また最近ではファージ研究を通じて見つかったCRISPR-Cas（後述）がゲノム編集として利用されている。

一方、ファージ自体の利用も進んでいる。研究方面ではファージを利用した分子スクリーニング方法として、ファージライブラリーがあり、多分子を効率的に評価できる方法として利用されている。ファージは発見された当初、細菌感染症に対する治療法（ファージ療法）として研究が進められていたが、ペニシリンの発見とともに先進国では一度見放された。しかし、東西冷戦の際にロシアやジョージアなど東側諸国では抗菌薬が足りず困難となったため、ファージ療法が続けられていた。そして近年では旧西側諸国でも抗菌薬が効かない耐性菌に対する代替の治療法として、実用化に向けた試験や研究開発が進められている。

2）ファージの存在様式

ファージの存在様式（増殖様式）はそのファージが保有するゲノム上の遺伝情報によって異なる。ファージは増殖様式により、**ビルレントファージ**（溶菌ファージ）と**テンペレートファージ**（溶原ファージ）に大別されるが、細菌への感染はファージの宿主菌への吸着から始まる。以下に一般的なファージの増殖様式を示す。

（1）吸　着

ファージは尾部先端のチップ領域などに保有するレセプター（受容体）を介して、宿主細菌のリガンドに特異的に結合する。多様な細菌表面構造がリガンドになる。代表的なものとして線毛、外

膜中のLPSや膜蛋白質，細胞壁中のタイコ酸などがある。このレセプターの違いがファージの感染域（宿主域）を決定する一因となる。ファージには細菌種を超えて幅広い宿主に吸着できる場合がある一方，特定の菌種の特定の株にのみ特異的に吸着できる場合が存在する。ファージは宿主細胞に吸着後，頭部に格納されたDNAもしくはRNAを宿主細胞に注入し，感染が起きる。この時，ファージの核酸は自身のゲノムの複製や構造蛋白質の合成などの溶菌化もしくは自身のゲノムを宿主細胞に組み込む**溶原化**に働く一方，宿主菌が保有する防御機構（後述）により排除されることがある。前者の場合には溶菌サイクルもしくは溶原サイクルに移行するが，後者の場合には感染が途中で中断し，成立しないことがある。

（2）溶菌サイクル

溶菌サイクルのみを行うファージを溶菌ファージ（**ビルレントファージ**）と呼ぶ。溶菌サイクルにおいて，感染前期から中期にかけてファージ自身のゲノム複製を行う。この時，ウイルス粒子合成に必要な材料供給を目的に宿主細菌の染色体を分解する核酸分解酵素の発現や，菌のアミノ酸コドンは均等に配分されるわけではなく，特定のコドンが使用頻度の少ないレアコドンとなるが，ファージゲノム由来のtRNAがそれをカバーすることでファージ蛋白質の効率的な翻訳を行う。その他，宿主の蛋白質合成などの生理機能に干渉し，自身の増殖に有利な環境を整える場合もある。感染の後期ではカプシドなどの構造蛋白質が発現し，ファージ粒子の構築と頭部へのゲノムのパッケージングが起き，感染性を有する子ファージが成熟する。そして，ホリンおよびエンドライシンが発現し，ホリンが宿主細菌の細胞膜を穿孔し，エンドライシンが細胞外に放出される。このエンドライシンが宿主の細胞壁を溶解することで細胞が内圧に耐えられなくなり，崩壊する。これに伴い，菌体外へ子ファージが放出される。放出された子ファージは他の宿主菌に感染する。一般に感染後，子ファージが放出されるまでの時間は，宿主菌の倍加時間よりも短い。放出されるファージは1つの細菌細胞あたり$10 \sim 10^3$個であり，細菌細胞内で同時に複数のファージ粒子が形成される。このため，ファージの増殖は1段増殖と呼ばれる。この1細胞あたりに放出されるファージ数をバーストサイズと呼び，ファージと菌の組合せにより異なる。増殖曲線を描いた場合，吸着から宿主細胞内にウイルス粒子が形成されるまでの間に感染性のあるウイルス粒子が認められない暗黒期が存在する。大腸菌に感染するT系列ファージがビルレントファージに該当する。

（3）溶原サイクル

ある種のファージは自身のゲノムを細菌のゲノムに組み込み（インテグレート），細菌とともに増殖することがある。この過程を溶原サイクルと呼ぶ。溶原サイクルでは宿主の溶菌や子ファージの形成は起こらない。溶原サイクルを起こすファージを溶原ファージ（**テンペレートファージ**）と呼ぶ。この溶原ファージは一般的に溶原サイクルだけではなく，溶菌サイクルに必要な遺伝子も保有し，どちらの生活環に入ることも可能である。感染後どちらの生活環に入るかは，菌や培養の状態に依存する場合と，完全にランダムな場合がある。溶原サイクルに入る場合には，ファームゲノムもしくは宿主ゲノムより溶菌サイクルの感染前期発現オペロンの抑制因子（リプレッサー）が発現することで溶菌サイクルに入るのが抑えられる。代わりに，宿主ゲノムへのインテグレートに働く，部位特異的インテグラーゼもしくはトランスポゼースがファージゲノムより発現する。前者の場合，細菌ゲノムの特異的な配列を認識して，ファージゲノムをインテグレートするが，後者の場合ランダムにファージゲノムをインテグレートする。このインテグレートのことをファージの**溶原化**と呼び，ファージゲノムを自身のゲノム上に有する細菌を**溶原菌**，細菌ゲノム上に存在するファージゲノム領域を**プロファージ**とそれぞれ呼ぶ。一般に，外的刺激がない限りこのプロファージは宿主ゲノムとともに安定的に存在するため，宿主のゲノム複製に伴いプロファージも同時に複製される。しかし，外的な刺激，例えばUVの照

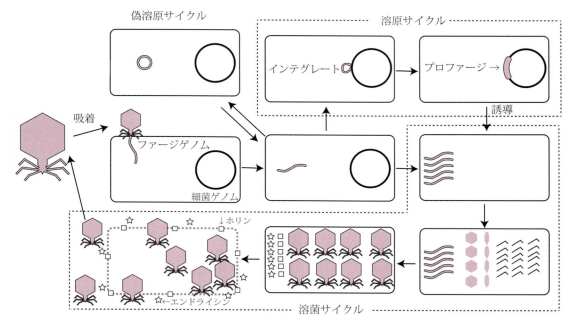

図 4-7　ファージの生活環
ファージは細菌内でしか増殖できない。そのため，細菌表面への吸着が最初の段階となる。感染したファージはゲノムを菌体内に挿入する。ファージ DNA はそのあと溶原サイクルもしくは溶菌サイクルに入る。溶原サイクルでは誘導が起きると溶菌サイクルに移行する。ごくまれに偽溶原化サイクルに入る場合もある。

射やマイトマイシン C などの添加があると DNAの損傷に伴う溶原菌の SOS 応答が起こり，この応答がプロファージを溶原サイクルから溶菌サイクルへと生活環をシフトさせる。つまり，外的刺激によりリプレッサーによる抑制が解かれ，前期オペロンが活性化するため，溶菌サイクルに入る。プロファージは宿主ゲノムから切り出され，上記溶菌サイクルと同様にゲノムの複製とウイルス粒子の形成が行われる。このようにプロファージが生活環を変え，ウイルス粒子をつくり，宿主を溶菌させることをファージの誘導もしくは誘発と呼ぶ。この誘導は外的刺激以外でも低頻度で偶発的に起きる場合もある。溶原ファージの例として大腸菌の λ ファージがあげられる。

（4）その他の生活環
　一部のファージでは上記とは異なる生活環をもつものが存在する。大腸菌に感染する M13 ファージでは性線毛を介して宿主細胞内に侵入し，その中でファージゲノムを複製する。その後，内膜と外膜の間にバイパスをつくり，ファージ粒子を形成しながら細胞外に脱出する。エンドライシンなどが関与しないため，このような場合にはプラークが認められない。その他，ファージがプラスミド様に複製され，菌体内で維持される場合があり，この現象を偽溶原サイクルと呼ぶ。

3）ファージによる遺伝子伝播
　ファージは宿主細胞内に DNA を移行させるため，細菌間の遺伝子伝播に関与する。このうち，ファージの溶原化に伴うものをファージ変換（**溶原変換**）と呼ぶ。ファージのゲノム上には自身の複製にかかわるものだけではなく，毒素遺伝子や薬剤耐性遺伝子なども存在する。このような遺伝子を保有するファージが宿主ゲノムに溶原化することで，宿主細菌がその遺伝子を獲得し表現型を変化させ，病原性獲得や薬剤耐性化が起きる。ファージ変換に関与する代表的な遺伝子として，ジフテリア毒素（ジフテリア菌），コレラ毒素（コレラ菌），志賀毒素（腸管出血性大腸菌や赤痢菌），

エンテロトキシンAやパントンバレンタインロイコシジン（共に黄色ブドウ球菌）などがあげられる。

一方で，ファージが細菌のゲノムの一部を取り込み，他の菌に運ぶ場合もある。この遺伝子伝播を形質導入と呼ぶ。形質導入は伝播されるDNAの種類により普遍形質導入と特殊形質導入に分けられる。普遍形質導入では宿主ゲノムがランダムにファージにパッケージングされ，そのファージが他の菌に感染することで，菌から菌へゲノムの一部が伝播する。一方，特殊形質導入では，プロファージが切り出される際にプロファージ周囲の特定の宿主ゲノム領域を切り出し，パッケージングされることに起因する。形質導入される領域が限定されている点に普遍形質導入との違いがある。

4）ファージ感染に対する宿主細菌の防御機構

ファージは細菌にとって外敵であるため，細菌は自身を守るために核酸の侵入を防いだり，侵入してきた核酸を排除する防御機構（ディフェンスシステム）を保有する。この防御機構がファージの吸着後侵入した核酸を排除するため，感染の不成立（アボーション）が起きる。

（1）レセプター変異

ファージの感染は細菌側のレセプターにファージ側のリガンドが吸着することが感染の始まりとなる。そこで細菌宿主側では，表面に存在するレセプター分子に変異を起こしたり，発現を抑制したりすることにより，ファージの吸着を免れ，感染から身を守る。リポ多糖の糖鎖を短縮することや線毛の消失などは一般的に細菌で認められるレセプター変異である。

（2）制限修飾系

細菌は自己と非自己のDNAを区別する仕組みをもっており，その1つに制限修飾系がある。制限酵素は特定の配列を認識し，切断する酵素で自己と非自己のDNAを区別する。この名称はファージの増殖を制限することに由来する。一方で，自己のDNAを制限酵素から守るためにDNA中の塩基を修飾酵素によりメチル化などの修飾をしている。しかし，制限酵素の中でもIV型制限酵素は他の制限酵素と異なり修飾塩基を認識して，切断を行っている。このような制限と修飾を行う仕組みを制限修飾系と呼ぶ。

（3）ファージ免疫

ファージ免疫は溶原菌がゲノム中に保有するプロファージに類似のファージの再感染（重感染）を防ぐ仕組みである。プロファージは溶原化の維持のために溶菌サイクルへの移行を阻害する因子を発現しており，機構が似ているファージの再感染があるとそのファージは溶菌サイクルに移行できず，子ファージの複製が阻害される。この再感染を防ぐ仕組みをファージ免疫と呼ぶ。

（4）CRISPR-Cas

ファージ免疫と同様に類似ファージの再感染を防ぐ仕組みであるが，プラスミドなど他の遺伝因子の水平伝播も防ぐ機構である。過去のファージなどの感染をクリスパー（CRISPR：clustered regularly interspersed short palindromic repeats）領域と呼ばれる細菌ゲノム上に数十塩基の配列（スペーサー）として取り込む。この領域では複数のスペーサーが特定の繰り返し配列に挟まれる形で存在している。このスペーサーと繰返し配列からなるCRISPR領域の上流には転写を司るリーダー配列が存在し，複数のスペーサーを含む1本のRNAとして転写された後，各種処理を受けてスペーサーごとに成熟したCRISPR RNA（crRNA）となる。このcrRNAはCas蛋白質CRISPR-associated proteinとともに複合体を形成し，配列特異的なDNAもしくはRNA切断酵素として働く。外来の核酸の認識にはcrRNAが重要な働きをもち，対象の核酸に相補的に結合後，Casの酵素活性で切断が起きる。これにより非自己の外来DNAを排除することが可能となる。上記のスペーサーの取り込みには切断に働くCasとは異なるCasが関与する。この配列特異的な切断活性はゲノム編集や遺伝子治療で利用されている。

（5）その他の免疫機構

この20年ほどで上述のCRISPR-Cas以外にも

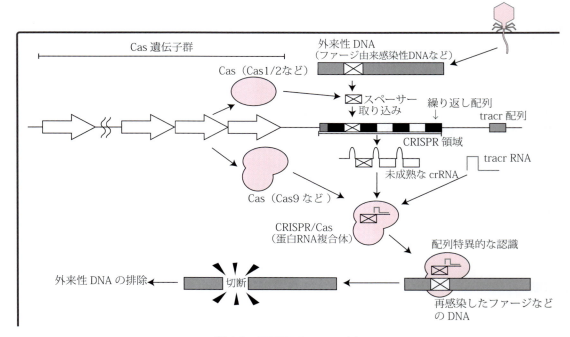

図 4-8 CRISPR-Cas システム
DNA 標的型 CRISPR-Cas を示す。初回侵入時スペーサー導入に働く Cas により外来性 DNA の配列の一部を切断し、宿主ゲノムに組み込まれる。取り込まれたスペーサーは crRNA として発現し、切断に働く Cas 蛋白や tracrRNA とともに複合体を形成し、再侵入した DNA を配列特異的に切断し、排除する。

多くの細菌の防御機構が発見されている。Toxin-Antitoxin システム（TA-システム）は原核生物のアポトーシス様の作用を起こすシステムである。一般的な TA システムでは細菌ゲノム上に近接して存在する短い２つの遺伝子にコードされる、Toxin と Antitoxin が働く。物質として安定な Toxin は細菌に干渉し、致死もしくは休眠状態を起こすが、物質として不安定な Antitoxin は Toxin の作用を無毒化する。通常状態では Antitoxin が Toxin を無毒化（不活化）している。しかし、ファージ感染など細菌にストレスが加わると、不安定な Antitoxin が菌体内から消失して、Toxin の活性が発揮され、菌の自滅を起こす。ファージ感染後、菌が自ら活動を停止することにより、ファージの複製を妨害し周囲へのファージ拡散を防ぐため、細菌集団内での感染拡大を阻止する。Toxin や Antitoxin は特定の物質ではなく、RNA や蛋白質など様々な物質が Toxin/Antitoxin として働く。またその組合せも蛋白質−蛋白質、蛋白質−RNA、RNA−RNA など多様性がある。Toxin の作用も蛋白質合成阻害や mRNA の分解など多様な生理機能を標的としている。このほかに、Retoron や BREX など細菌の耐ファージ防御機構が報告されている。一方で、ファージもディフェンスシステムに対抗するための Anti-Cas システムや Anti-defense システムなどの対抗策を有している。ファージの感染可能な宿主域は吸着に関わるレセプターとリガンドの組合せだけではなく、このようなディフェンスシステム−アンチディフェンスシステムの組合せも一因になると考えられている。

2. 細菌の変異

キーワード：接合，Fプラスミド，形質導入，普遍形質導入，特殊形質導入，形質転換，偶発変異，置換，欠失，挿入，点変異，サイレント変異，ナンセンス変異，ミスセンス変異，フレームシフト変異，相変異，サプレッサー変異，トランスポゾン，挿入配列，IS

A. 細菌間の遺伝子の伝達

細菌間における遺伝子の伝達方法には，接合，形質導入，形質転換の3つの様式がある。

1）接 合

細菌同士の接触を介した遺伝子の伝達と交換の方法を**接合** conjugation という。接合は，グラム陽性菌および陰性菌の両者に見られる伝達性プラスミド transferable plasmid（接合性プラスミド conjugative plasmid ともいう）によるものと，主にグラム陽性菌に見られる接合性トランスポゾンによるものがある。プラスミドによる接合には，接合線毛または性線毛を介するものや4型分泌装置を介した菌体同士の接触を必要とするものがある。大腸菌やサルモネラ属菌などの腸内細菌科では，**Fプラスミド**（またはF因子）と呼ばれるプラスミドが染色体に組み込まれた状態のまま接合が起きることがあり，その場合，Fプラスミドと連結した染色体DNAの一部までが受容菌 recipient に伝達される。その後，このように伝達された供与菌 donor の染色体の一部は，受容菌染色体上の相同な部位と高い頻度で相同組換えを起こし，互いの染色体領域が入れ代わった雑種 hybrid が形成される。そこで，Fプラスミドなどが染色体に組み込まれた状態の供与菌をHfr（high frequency of recombination）という（図4-9）。また，Hfr菌の染色体上にプロファージ prophage が存在すると，免疫のない受容菌に接合伝達されたファージゲノムはすぐに誘発されて受容菌を溶菌する。この現象を接合誘発 zygotic

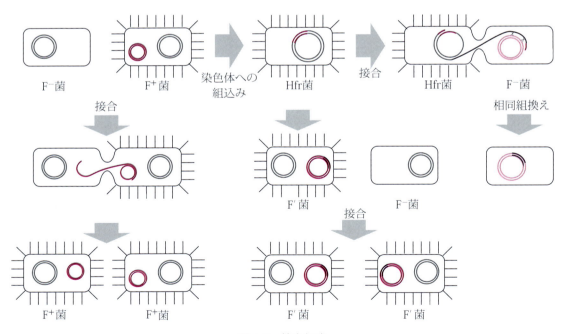

図4-9　接合伝達
FプラスミドはF⁺菌からF⁻菌へ接合により伝達されるほか，いったん宿主の染色体へ組み込まれるとHfr菌となり，F⁻菌へ接合により伝達されると相同組換えにより元の宿主の染色体DNAが組み込まれる。また，Hfr菌の菌体内で宿主の染色体DNAの一部を含んだプラスミドに戻ったものを，F'（プライム）菌と呼ぶ。

induction という。

2）形質導入

形質導入 transduction とは，バクテリオファージ bacteriophage を介して細菌の染色体の一部が別の細菌に伝達される現象をいう。ビルレントファージによる普遍（または一般）形質導入 generalized transduction とテンペレートファージによる特殊形質導入 specialized transduction の2つの様式がある。

（1）普遍形質導入

大腸菌のP1 ファージやネズミチフス菌のP22 ファージでは，その宿主細菌内での増殖過程で自己のゲノムの代わりに，破壊した宿主の染色体の断片を誤って取り込んだ子ファージ progeny phage 粒子を形成する。このファージが次に感染する宿主に吸着 absorption し，粒子内に取り込んだ遺伝子を宿主菌内に導入することで，前の宿主のDNA が新たな宿主細菌内で発現する。子ファージへのDNA の取込みはランダムに起こることから，これを**普遍形質導入**という（図4-10）。注入されたDNA が，新しい宿主で安定に複製して遺伝子を発現し，これが子孫にも受け継がれる状態を完全形質導入 complete transduction といい，複製や遺伝子発現が一時的にしか起こらず，菌の分裂とともにいずれは消失する状態を不稔形質導入 abortive transduction（または不完全形質導入 incomplete transduction）という。子ファージ粒子に詰め込まれるDNA の長さはファージゲノムの長さにほぼ一致し，近接した遺伝子ほど同時に導入される。そこで，近傍に存在する複数の遺伝子が同時に導入される確率から，遺伝子同士の並び方や遺伝子間の距離を調べることができる。

（2）特殊形質導入

テンペレートファージが溶原化した後，プロファージが誘発される際，通常はファージゲノムが宿主染色体から正確に切り出される。しかし，低頻度であるが不正確な切り出しも起こり，プロファージゲノム末端のすぐ隣に位置する宿主遺伝子断片がつながって子ファージに詰め込まれることがある。そのようなファージは，次の宿主に感染し溶原化することにより，前の宿主の遺伝子を次の宿主に導入する。子ファージゲノムに詰め込まれる宿主遺伝子は，染色体での組込み部位の左

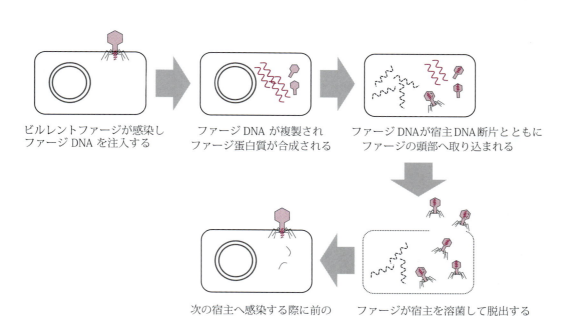

図4-10 普遍形質導入

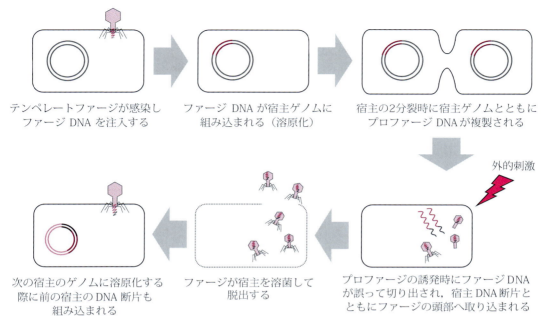

図4-11　特殊形質導入

右どちらかに近接した遺伝子に限られることから，これを**特殊形質導入**といい，宿主遺伝子を取り込んだファージを特殊形質導入ファージという（図4-11）。大腸菌λファージでは，アタッチメントサイト attachment site（att）の左右に位置する gal または bio 遺伝子を取り込んだ特殊形質導入ファージが形成される。いったん形成された特殊形質導入ファージは，次の誘発では通常通りに正確に切り出されやすいため，ほとんどの粒子が特殊形質導入ファージとして受け継がれ，その遺伝子導入のメカニズムは前述「1.-B.-3）ファージによる遺伝子伝播」のファージ変換と同様である。

（3）形質転換

細菌がDNA分子（プラスミドや染色体DNA断片など）を直接菌体内に取り込み，取り込んだDNAを子孫に受け継ぐとともにその遺伝子の発現により表現型を変化させることを**形質転換** transformation という。プラスミドが取り込まれた場合，そのプラスミドが自ら複製できれば形質転換が成立するが，自身で複製できない染色体DNA断片が取り込まれた場合，相同組換えなどにより宿主染色体または宿主内のプラスミドに組み込まれると形質転換が成立する。

形質転換現象は，グリフィス（Griffith F, 1879～1941）により，肺炎球菌 Streptococcus pneumoniae の弱毒株の培養液に強毒株のDNAを加えると，弱毒株が強毒化するという現象により初めて示された。これは，DNAが遺伝物質であることを示した最初の証明である。そのようなDNA取込みを特に自然形質転換 natural transformation といい，ナイセリア属菌やヘモフィルス属菌でも容易に起こることが知られている。一方，その他ほとんどの細菌は自然形質転換能を示さず，カルシウム，ルビジウム，マンガンなどの塩類溶液に浸漬することで形質転換能をもつコンピテント細胞 competent cell になる。また，高電圧で放電を行うことにより細胞壁および細胞膜に一時的に孔を開け，DNAを内部へ取り込ませる電気穿孔法（エレクトロポレーション）electroporation による形質転換も可能で，遺伝子工学には欠かせない技術となっている。

B. 細菌の変異

遺伝子の塩基配列が変化することを（突然）変異 mutation という。そしてその形質が変化すること，さらにその形質が子孫にも伝わることをも変異に含むこともある。変異は，遺伝子の欠失などによる不可逆的なものと，相変異のように可逆的に変化するものなどが知られ，そのメカニズムは多様である。

1) 偶発変異

細菌は，低頻度（$10^{-8} \sim 10^{-9}$）ではあるが，常に自発的に変異を起こしている。分裂過程での遺伝子の複製ミスなどで偶然の結果起きることから，これを**偶発変異** spontaneous mutation という。その変異率は，紫外線や化学物質などの作用で上昇する（$10^{-3} \sim 10^{-6}$）。変界体の出現率は低いが，それが発育に有利な場合には，選択されて優位になる。偶発変異のうち，1塩基の変化（**置換** substitution，**欠失** deletion，**挿入** insertion）によって起こるものを**点変異** point mutation という（図4-12）。置換による点変異では，変異後も同じアミノ酸に翻訳され表現型に変化のない**サイレント変異** silent mutation，終始コドンを生じる**ナンセンス変異** nonsense mutation，アミノ酸が変化し蛋白質の性質にも影響を及ぼす**ミスセンス変異** missense mutation，アミノ酸は変化するが蛋白質の性質には影響がほとんどないニュートラル変異 neutral mutation がある。また，欠失や挿入により遺伝子の読み枠がずれ，全く異なるアミノ酸配列をもたらす変異を**フレームシフト変異** frameshift mutation という。偶発変異には，1塩基による変異から数塩基以上に及ぶ変異がある。

2) 相変異

1つの菌株の培養中に，2～3つ程度の限られた種類の異なった形質が，一定の頻度で交互に繰り返し可逆的に発現される相互変換現象を**相変異** phase variation と呼ぶ。相変異は，1つの遺伝子内に起きた突然変異とその復帰突然変異に類似しているが，その変異頻度が偶発変異における変異率（10^{-7}）よりはるかに高いこと（$10^{-3} \sim 10^{-5}$），

A：置換による 点変異 point mutation

— CTG CCA TGC ACT GGA —
Leu Pro Cys Thr Gly

サイレント変異

— CTG CCA TG**T** ACT GGA —
Leu Pro **Cys** Thr Gly

ナンセンス変異

— CTG CCA TG**A** ACT GGA —
Leu Pro **stop**

ミスセンス変異

— CTG CCA TG**G** ACT GGA —
Leu Pro **Trp** Thr Gly

B：挿入による Frame shift mutation

G 挿入

— CTG CCA TGC ACT GAA —
Leu Pro Cys Thr Glu

⬇

— CTG CCA TG**G** CAC TGA A —
Leu Pro **Trp** His stop

C：欠失による Frame shift mutation

C 欠失

— CTG CCA TGC GTA ACG —
Leu Pro Cys Val Thr

⬇

— CTG CCA TG**G** TAA CG —
Leu Pro **Trp** stop

図 4-12 DNA の偶発変異による翻訳後のアミノ酸の変化

限られた種類の決まった形質間でのみ交互に変換を行っており，何度変換を繰り返しても異なる新たな形質が出現しないことの2点で異なっている。古くは，培養による病原性の低下や菌のコロニー性状の変化なども相変異と呼んだことがあるが，その多くは，遺伝子の欠失，置換，挿入，転移などによるもので，相変異とは区別すべきである。サルモネラ属菌のべん毛抗原の1相と2相が交互に発現する現象や，大腸菌 I 型線毛の発現と非発現の変換（on-and-off expression）などが，

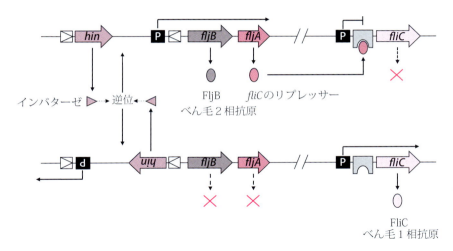

図 4-13 サルモネラ属菌べん毛抗原の相変異
インバターゼ invertase 遺伝子（hin）と下流の遺伝子のプロモーター（P）を含む領域が逆方向反復配列に挟まれており，インバターゼによる逆位が起こることによって，べん毛 1 相抗原または 2 相抗原のいずれかが発現する。図では上が 2 相菌，下が 1 相菌。

相変異として知られる（図 4-13）。

3）サプレッサー変異

ある遺伝子の突然変異によって失われた性質が，別の遺伝子の突然変異が加わることによって回復することがある。この場合，2 番目の突然変異を**サプレッサー変異** suppressor mutation という。この現象の中でも，tRNA の変異によって mRNA のコドンの読まれ方が変化するものが重要である。ある遺伝子の途中でナンセンス変異を起こすとそこで翻訳が終結してしまうが，このナンセンス変異を起こした終止コドンをあたかもアミノ酸のコドンであるかのように読み取る変異 tRNA（サプレッサー tRNA）が，変異箇所へ別のアミノ酸を配置することで，本体のナンセンス変異による表現型への影響を抑制する。ナンセンス変異部位が元と同じか類似したアミノ酸に翻訳されると機能が完全あるいは部分的に復活する。なお，これは遺伝子間サプレッション intergenic suppression と分類され，同一遺伝子内で別の場所に 2 番目の突然変異が起こることで性質が回復する遺伝子内サプレッション intragenic suppression とは区別される。

4）トランスポゾンと挿入配列（転移因子）による変異

染色体やプラスミドには転移因子 transposable element と呼ばれる配列が存在する。これらはプラスミドやバクテリオファージと合わせて可動性遺伝因子 mobile genetic element とも呼ばれ，細菌の進化・多様化において前述した内因性の変異とともに重要な役割を果たしている。**トランスポゾン** transposon（Tn）は，DNA 上のある部位から塩基配列上相同性のない別な部位へ，構造を保持したままカットアンドペースト（切り出し型）あるいはコピーアンドペースト（複製型）で移動可能な遺伝因子である。トランスポゾンの基本構造は，両末端にある 10 〜 50 塩基対程度の逆方向反復配列 terminal inverted repeat（TIR）と，この末端配列を認識し転移 transposition に関与する転移酵素（トランスポゼース transposase）の遺伝子 tnp からなる（図 4-14）。トランスポゾンのうち，内部に転移酵素遺伝子のみを含み，通常 700 〜 2,500 塩基対の最も単純なものを**挿入配列** insertion sequence（**IS**）と呼ぶ。Tn3 などのように IS 構造内部に薬剤耐性遺伝子などの転移以外の機能を有するトランスポゾンもある。ま

A：挿入配列 insertion sequence（IS）

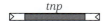

B：Tn3型トランスポゾン Tn3-type transposon

C：複合型トランスポゾン composite transposon

tnp：転移酵素トランスポゼース遺伝子

図 4-14　主なトランスポゾンの種類
A：挿入配列 IS の構造。両端の三角形は逆方向反復配列 TIR。
B：Tn3 に代表されるトランスポゾン。IS 内部に *tnp* と両端の逆方向反復配列とだけでなく薬剤耐性遺伝子などを含む領域がある。
C：Tn10 など 2 つの IS 配列に挟まれた複合型トランスポゾン。中央には薬剤耐性遺伝子や毒素遺伝子などが存在し、両端の IS を含めて全体がトランスポゾンとして転移することができる。

A：挿入不活化と極性効果

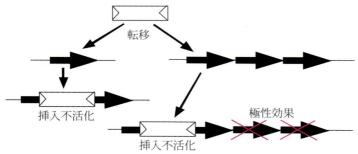

B：転移の繰返しによる重複，欠失および逆位

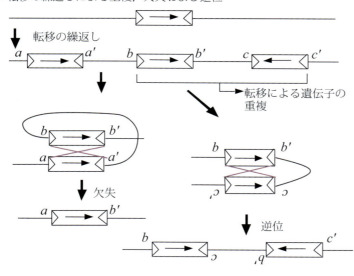

図 4-15　トランスポゾンの転移による影響
A：トランスポゾンが遺伝子内に挿入されると、その遺伝子が不活化される（挿入不活化）。挿入を受けた遺伝子が下流の遺伝子と一緒に発現される場合、その遺伝子が挿入不活化されるだけでなく下流の遺伝子の発現も阻害されることがある（極性効果）。
B：トランスポゾンが転移を繰り返して複数コピーになると、トランスポゾンに挟まれた領域は全体が複合トランスポゾンとなってさらに別な部位へ転移したり近隣への転移によって挟まれた領域の重複が起こる。また同じトランスポゾン同士の間での組換えにより、挟まれた領域の欠失や逆位を引き起こす。

た，同種の IS により両端を挟まれた内側に薬剤耐性や毒素産生などの遺伝子を保有する配列は，全体が 1 つのトランスポゾンとして挙動し，これを複合型トランスポゾン composite transposon という。トランスポゾンは通常，プラスミドやファージゲノムに乗った状態で他の細菌へ移入されるが，グラム陽性菌の接合性トランスポゾン conjugative transposon（CTn）はそれ自身が染色体から環状 DNA として切り出され，接合により受容菌の染色体やプラスミドへ転移可能である。トランスポゾンが何らかの遺伝子の配列内部へ転移すると，当該遺伝子はその挿入によって不活化される（挿入不活化 insertional inactivation）。さらにその結果，隣接する下流の遺伝子まで不活化されることがあり，これを極性効果 polar effect という（図 4-15A）。トランスポゾンは，元あった部位から他の部位へ転移するだけでなく，その転移効果によるプラスミド同士あるいはプラスミドと染色体の融合や，複製型の転移の繰り返しによる近接遺伝子の重複 duplication，欠失 deletion，逆位 inversion などを引き起こす（図 4-15B）。薬剤耐性トランスポゾンを用いたランダム挿入変異体ライブラリの作出は，遺伝子解析の有効な手段として利用されている。薬剤耐性プラスミド R plasmid や複合型トランスポゾンの中には，インテグロン integron という特異的な機能単位を有するものがある（図 4-3）。これ自体に転移能はないが，種々の遺伝子が挿入される部位，挿入を行う酵素インテグラーゼ integrase をコードする遺伝子，そして挿入された遺伝子を発現させるプロモーターからなっており，外部の遺伝子を取り込むことができる。つまり，この機能によって多種の薬剤耐性遺伝子を配列内部へ捕捉したインテグロンを含む薬剤耐性プラスミドは多剤耐性プラスミドとなって他の菌株へ伝達されるため，多剤耐性菌の出現に重要な役割を果たしている。

3．細菌の遺伝子発現

キーワード：開始コドン，終止コドン，ORF，構造遺伝子，調節遺伝子，プロモーター，オペロン，ターミネーター，SD 配列，リプレッサー，アクチベーター，オペレーター，lac オペロン，カタボライト抑制，レギュロン，trp オペロン，2 成分制御系，クオラム・センシング，オートインデューサー

A．遺伝子の基本構成

細菌の DNA から蛋白質が生合成される基本的過程を（図 4-16）に示した。DNA 上の塩基配列には，フォルミルメチオニン（fMet）に翻訳される**開始コドン**（多くは ATG，時として ATA，GTG または TTG；当該遺伝子配列の途中に出てきた時は，それぞれメチオニン，イソロイシン，バリンまたはロイシンに翻訳）からアミノ酸に翻訳されない**終止コドン**（TAA，TAC および TCA）までの連続して翻訳可能な領域（蛋白質コード領域 coding sequence：CDS）があり，これをオープンリーディングフレーム open reading frame（**ORF**）という。このうち，以下に述べるような配列上の特徴を有し，実際に蛋白質に翻訳される部分や，tRNA や rRNA のような機能的 RNA となる部分を厳密には遺伝子 gene という。古くはこれをシストロン cistron と呼んだが，現在の遺伝子と同義語である。細菌の遺伝子の中には，菌体を構成する蛋白質，代謝に必要な酵素，外毒素などの菌体外蛋白質など，その遺伝子の発現産物が直接機能を果たす**構造遺伝子** structural gene と，他の遺伝子の発現を抑制したり活性化したりする**調節遺伝子** regulatory gene がある。

1）遺伝子の転写

遺伝子はまず mRNA に転写 transcription される。それには ORF の上流にある転写開始点よりもさらに上流にある**プロモーター** promoter 配列を RNA ポリメラーゼが認識し結合することが必要である。RNA ポリメラーゼは，2 つの α サブユニットと各 1 つの β サブユニットおよび β' サブユニットからなるヘテロ四量体（ααββ'）を

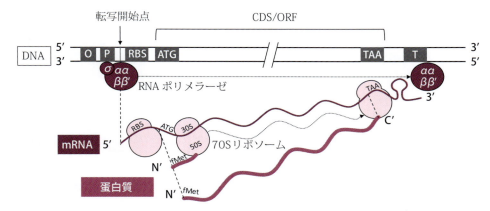

図 4-16 細菌における転写・翻訳の基本的な流れ
RNA ポリメラーゼと結合した σ 因子が DNA 上のプロモーター配列（P）を認識すると，RNA ポリメラーゼが転写開始点より転写を始め，mRNA が合成される．次に，mRNA 上の RBS〔リボソーム結合部位：シャインダルガノ（SD）配列〕にリボソームが結合すると，開始コドンから蛋白質への翻訳が開始される．
O：オペレーター，RBS：リボソーム接合部位，ATG：開始コドン，TAA：終始コドン，T：翻訳，fMet：フォルミルメチオニン，CDS：蛋白質コード領域，ORF：オープンリーディングフレーム

コア酵素とし，そこに σ（シグマ）因子 sigma factor が加わって活性型ホロ酵素となる．大腸菌の $σ^{70}$ など多くの細菌の主要な σ 因子により認識されるプロモーター配列は，転写開始点を +1 とすると，その上流の −35 および −10 の 2 か所に位置し，多くのプロモーター配列に共通した配列（コンセンサス配列）はそれぞれ TTGACA および TATAAT である．また，隣接して存在する複数の遺伝子が同一のプロモーターにより連続した 1 つの mRNA として転写されることが多く，この複数の遺伝子配列を含む転写産物をポリシストロニック mRNA と呼び，この転写単位を**オペロン** operon（図 4-17）という．プロモーターは，単一の遺伝子やオペロンの最上流にある遺伝子の開始コドンから 200 塩基以上上流に位置する場合もある．さらに，細菌は誘導的に発現する複数の σ 因子を保有し，それら種々の σ 因子が認識するプロモーターは上記のコンセンサス配列とは異なる．したがって，プロモーターを塩基配列だけで推定することは困難である．一方，細菌遺伝子の終止コドンの後方には，転写を終結させるための**ターミネーター** terminator 配列がある．典型的なターミネーター配列は，GC リッチな逆方向反復配列とそれに続く T の連続配列からなる ρ -independent terminator である．RNA ポリメラーゼが σ 因子を離れて mRNA への転写が始まり，RNA ポリメラーゼがターミネーターに到達すると，mRNA は GC リッチなステムをもつステム・ループ構造を形成し，鋳型 DNA から離れる．細菌の遺伝子は以下の 3 点で真核生物のそれと異なる．①イントロンは存在せず，mRNA のスプライシングも起こらない，② mRNA の 5' 末端にキャップ構造はなく，3' 末端には poly（A）は付加されない，③転写された mRNA はそのまま翻訳に使われる．

2）遺伝子の翻訳

転写された mRNA から蛋白質への翻訳 translation には，翻訳開始点（開始コドン）の 6〜15 塩基上流にあるリボソーム結合部位 ribosome binding site（RBS）が必要であり，これを **SD 配列** Shine and Dalgarno(SD) sequence と呼ぶ．この配列は，リボソームを構成する 30S サブユニットに含まれる 16S rRNA の 3' 末端と相補的な配列で，その位置や配列の共通性が高いため，多くの場合その存在は容易に推定できる（AGGACA など）．開始コドンから終止コドン（通常はその直前のコドン）までは，3 塩基からなる各コドンに対応するアミノ酸に翻訳される．1 本のポリシス

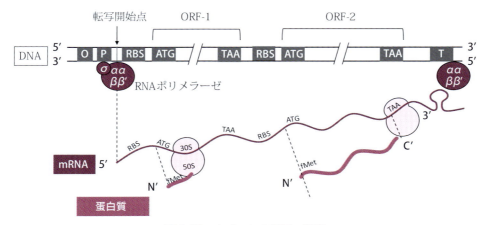

図 4-17 オペロンの転写・翻訳
細菌の染色体 DNA には 1 つの共通のプロモーターの下流に複数の CDS（ORF-1 および ORF-2）が並んでいることが多く，それらが 1 本の mRNA に転写される。この転写単位をオペロンと呼ぶ。合成された mRNA には各 ORF 直前の RBS にリボソームが結合し，独立して翻訳が行われるが，後述する転写後制御によって調節されることもある。
O：オペレーター，P：プロモーター配列，T：翻訳，RBS：リボソーム接合部位，ATG：開始コドン，TAA：終始コドン，CDS：蛋白質コード領域，ORF：オープンリーディングフレーム，fMet：フォルミルメチオニン

トロニック mRNA に複数のリボソームが結合したものをポリソームと呼び，それぞれが並行して翻訳を行っている。

B. 遺伝子の発現調節

調節を受けず常に合成される蛋白質などの遺伝子の場合，その発現は構成的 constitutive であると表現する。これに対し，それぞれ特有の物質や温度・pH などの外界環境の変化を感知して発現が誘導される場合，その発現は誘導的 inducible（または条件的 conditional）であると表現する。ほとんどの遺伝子は何らかの発現調節を受けており，調節を受ける時期は，遺伝子が mRNA に転写されるまでの段階やそれが蛋白質に翻訳されるまでの様々な段階において行われる。

1）転写段階での調節
（1）転写調節蛋白質による調節

開始コドンの上流には，プロモーターだけでなく，遺伝子発現に関わる調節因子（レギュレーター regulator）が結合し，その転写を制御する領域が存在する。調節因子の実体は，転写調節蛋白質と呼ばれる DNA 結合蛋白質 DNA-binding protein で，これがプロモーター配列を有する DNA に結合して RNA ポリメラーゼの転写を抑制する場合と，プロモーター近傍に結合して RNA ポリメラーゼの転写を活性化する場合がある。前者を**リプレッサー** repressor，後者を**アクチベーター** activator（またはディリプレッサー derepressor）といい，リプレッサーが結合する領域を**オペレーター** operator という（図 4-18）。

（2）*lac* オペロンにおけるラクトース（乳糖）分解の調節

リプレッサーによる調節の 1 つは誘導型で，大腸菌のラクトース分解系 ***lac* オペロン**が代表例である（図 4-19）。ラクトース非存在下では，もともとリプレッサーが *lac* オペロンのオペレーター領域に結合することによりラクトース分解に関わる遺伝子群の転写が抑制されている（図 4-19A）。しかし，そこへラクトースが添加されると，ラクトース（ガラクトースとグルコースが β-1,4-グリコシド結合したもの）がアロラクトース（ガラクトースとグルコースが β-1,6-グリコシド結合したもの）へ変換され，リプレッサーと結合することによってリプレッサーがオペレー

A：リプレッサーによる負の転写調節

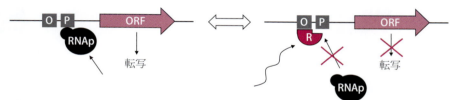

B：アクチベーターによる正の転写調節

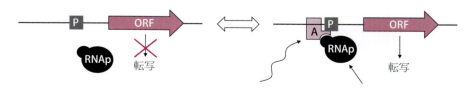

図 4-18　転写調節因子（レギュレーター）による転写制御の仕組み
転写調節因子にはリプレッサー（R）とアクチベーター（A）がある。リプレッサーは，プロモーター（P）近傍にあるオペレーター（O）に結合し，RNA ポリメラーゼ（RNAp）によるプロモーターの認識と結合を阻害する。アクチベーターは，プロモーター近傍の配列に結合し，RNA ポリメラーゼによるプロモーターへの結合を促進する。ORF：オープンリーディングフレーム。

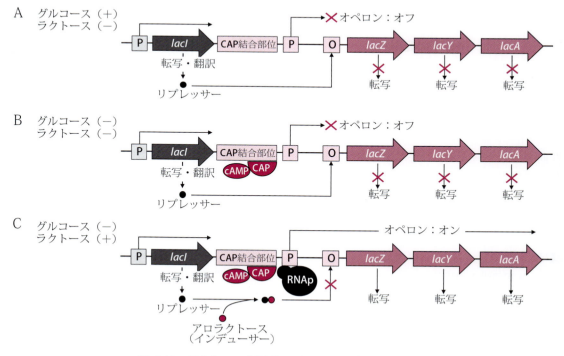

図 4-19　ラクトース分解系 lac オペロンの制御の仕組み
CAP：カタボライト活性化蛋白質，P：プロモーター配列，O：オペレーター，cAMP：サイクリック AMP，RNAp：RNA ポリメラーゼ

ターと結合できなくなり，それまでの転写抑制が解除されてラクトースの取込みや分解が促進される（図4-19C）。このような酵素を誘導酵素と呼び，誘導物質である基質（lac オペロンにおけるアロラクトース）はインデューサー inducer と呼ばれる。つまり，lac オペロンはラクトース存在下でのみ転写・翻訳され，ラクトースの取込みと分解を行うため，非常に合理的である。

（3）カタボライト抑制

細菌が糖を分解する際，利用しやすい糖の分解を優先的に行い，他の糖の取込みや代謝を抑制することがある。これを**カタボライト抑制** catabolite repression という。大腸菌では，最も利用しやすい単糖であるグルコース存在下ではそれ以外の糖の利用が制限され，グルコースが優先的にエネルギー代謝に利用される。グルコースがなくなると細菌は飢餓状態となり，菌体内のサイクリック AMP（cAMP）濃度が上昇する。一方，大腸菌はカタボライト活性化蛋白質（CAP）を有しており，cAMP と複合体を形成する。これは，ラクトースを分解利用するための lac オペロンのプロモーター領域にある CAP 結合部位に結合し，アクチベーターとして RNA ポリメラーゼの結合とその後の lac オペロンの転写を促進する（図4-19B, C）。つまり，lac オペロンは，グルコース存在下ではリプレッサーによる負の調節を受け，グルコース非存在下かつラクトース存在下ではアクチベーターによる正の調節を受けていることになる。

（4）レギュロン

カタボライト抑制において，CAP は lac オペロンのみならず，他の様々な糖分解系に関わる遺伝子やオペロンの発現調節を行っている。このように，1つの調節因子（レギュレーター：アクチベーターあるいはリプレッサー）によって多くの遺伝子およびオペロンの転写が正と負の両方にわたって制御されているものを，グローバル調節系 global regulatory system という。一方，1つの調節因子により制御されるオペロン群を**レギュロン** regulon という（図4-20）。

（5）trp オペロンにおけるトリプトファン合成の調節

リプレッサーによる調節のもう1つは抑制型で，トリプトファン合成系の **trp オペロン**が代表例である（図4-21）。trp オペロンでは，リプレッサーのオペレーターへの結合が弱い。そこにトリプトファンが添加されると，トリプトファンとリプレッサーが結合した複合体を形成し，これがオペレーターに結合してトリプトファン合成に関わる遺伝子群の転写が抑制される。この trp オペロンにおけるトリプトファンのように，リプレッサーを補助する因子をコリプレッサー corepressor，単独でオペレーターに結合できないリプレッサーをアポリプレッサー aporepressor と呼ぶ。

（6）mRNA の構造変化による転写減衰

トリプトファンオペロンでは，上述したリプレッサーによる抑制型転写調節だけでなく，転写減衰 attenuation という機構によっても調節されている（図4-21）。このオペロンの最初の遺伝子の直前には，14アミノ酸をコードするリーダーペプチド配列 leader peptide sequence が存在し，その中に2つのトリプトファンのコドンが含まれている。リーダーペプチド配列の転写が開始されると，合成された mRNA の翻訳も速やかに開始される。その際，トリプトファン濃度が十分に高いと，トリプトファニル tRNA も充足しているため，mRNA のリーダーペプチド配列が速やかに翻訳され，さらにその後に続くターミネーター配列部分の立体構造が形成されて転写が終結する。この時，その後のオペロンを構成する遺伝子は転写されない。このターミネーター配列を含む領域をアテニュエーター領域 attenuator region と呼ぶ。トリプトファン濃度が低いと，トリプトファニル tRNA も足りないため，mRNA のリーダーペプチド配列の翻訳が停止するが転写は継続され，結果としてその後のオペロンを構成する遺伝子は転写・翻訳が行われる。つまり，細胞内にトリプトファンが十分あればオペロンの転写は終結し，トリプトファンが足りなければオペロンの転写を

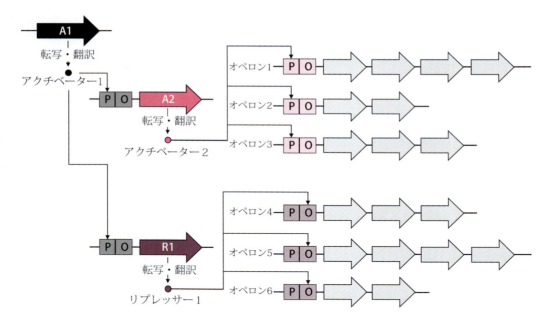

図 4-20　グローバル調節系とレギュロン
1つのアクチベーター（A1）が2つの異なるレギュレーター（A2とR1）の転写を制御し，さらにA2によって転写調節されるオペロン1～3（A2レギュロン）と，R1によって転写調節されるオペロン4～6（R1レギュロン）をグローバルに調節している。つまり6つのオペロンはA1レギュロンでもある。
P：プロモーター配列，O：オペレーター

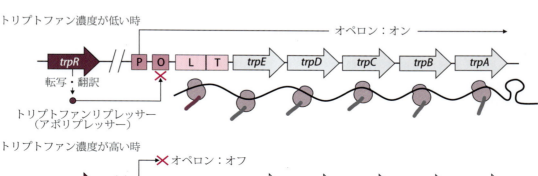

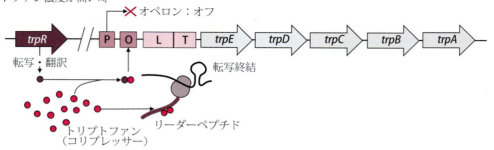

図 4-21　トリプトファン生合成系 trp オペロンの制御の仕組み
トリプトファン生合成オペロンのオン・オフは，細胞内トリプトファン濃度に基づいて制御されている。細胞内トリプトファンは，コリプレッサーとして抑制型転写調節に関与するほか，リーダーペプチド配列（L）の翻訳を進めることで mRNA の転写を途中で終結させる転写減衰にも寄与している。
P：プロモーター配列，O：オペレーター，T：ターミネーター配列

継続する。トリプトファンだけでなく他のアミノ酸の生合成に関わるオペロンにおいても，リプレッサーによる抑制型転写調節と転写減衰によって発現が制御されていることが多い（トレオニン，フェニルアラニン，ヒスチジンなど）。

（7）σ因子による調節

RNAポリメラーゼを構成するσ因子は，プロモーター配列を認識し，遺伝子の転写を開始させる。大腸菌はσ因子を7種類もっており，各σ因子が制御する遺伝子群は異なる。通常，対数増殖期にある菌の代謝に関わる遺伝子群は主要σ因子であるσ70によって認識される共通のプロモーター配列を有している。この時，急激な環境変化に対応する遺伝子を制御する他のσ因子は発現されないよう制御されているが，環境変化が起こると，その変化に対応したσ因子が活性化され，必要な遺伝子群が発現される。例えば，高温に曝露されると$σ^{32}$が発現され，これに認識されるプロモーター配列を有する遺伝子群が転写され，熱ショック蛋白質 heat shock protein などが発現される。σ因子には後述する2成分制御系に支配されるものもある。また，特定のσ因子に結合してその機能を抑制するアンチσ因子や，さらにその機能を阻害するアンチσ因子アンタゴニストも存在し，これらの発現も転写段階から調節を受けている。転写調節因子および特定のσ因子を分解するプロテアーゼ（Clp, Lon, FtsH など）も知られており，これらの働きも転写調節に関与する。

（8）2成分制御系とクオラム・センシング

2成分制御系 two-component regulatory system は，細菌の遺伝子発現調節において主要な環境変化感知・応答のシグナル伝達系で，その基本構造は，膜貫通型の環境感知ヒスチジンリン酸化酵素（センサー・キナーゼ sensor kinase）と細胞内の応答調節因子（レスポンス・レギュレーター response regulator）からなる。センサーは，それぞれ特異的な環境刺激（浸透圧，窒素化合物，リン酸濃度，酸素濃度，CO_2濃度など）を感知すると，自己リン酸化反応により分子内のヒスチジンがリン酸化される。そのリン酸基はレスポンス・レギュレーターのアスパラギン酸に転移され，これを活性化する。活性型レギュレーターは転写調節蛋白質として働き，プロモーター上流の特定の配列を有する部位に結合し，多くの場合，複数の遺伝子（レギュロン）の発現を活性化したり抑制したりする（図4-22）。2成分制御系の中には，外界の環境変化ではなく，同じ細菌集団の密度に反応して，特定の遺伝子発現を促進させるものがある。この細菌間コミュニケーションは，「議決に要する定数」という法律用語から**クオラム・センシング** quorum sensing と命名され，環境中で細菌が分泌する物質の濃度の検知に利用されている。この物質は細菌自身が産生するため**オートインデューサー** autoinducer（AI）と呼ばれ，グラム陰性菌のホモセリンラクトン誘導体やグラム陽性菌のオリゴペプチドが知られている。

多くの場合，AIとそれに反応する細菌は菌種または株ごとに厳密に対応しているが，同種のAIを複数の種で共有することもあるため，クオラム・センシングは菌種内のみならず菌種間でのコミュニケーションにも関与している。クオラム・センシングが最初に見つかったのは，海洋細菌 *Aliivibrio fischeri*（シノニム：*Vibrio fischeri*）における蛍光物質産生であったが，その後枯草菌 *Bacillus subtilis* や肺炎球菌 *Streptococcus pneumoniae* の自然形質転換能，シュードモナス *Pseudomonas* 属などの鉄利用能，*Streptococcus mutans* のバイオフィルム形成，さらに *Clostridium perfringens* の毒素産生性など病原性と密接に関連する性状もクオラム・センシングにより調節されることが明らかになっている（図4-23）。

（9）(p)ppGpp による調節

細菌は増殖に必要なアミノ酸などの栄養が枯渇した環境に置かれると，いわゆる緊縮応答 stringent response によってストレス環境下に適応し，自身の生存を可能にする。緊縮応答時の細菌では，蛋白質合成中の ribosome にアミノ酸の結合していない tRNA がやって来る。これが引き金となって，菌体内に異常ヌクレオチドである

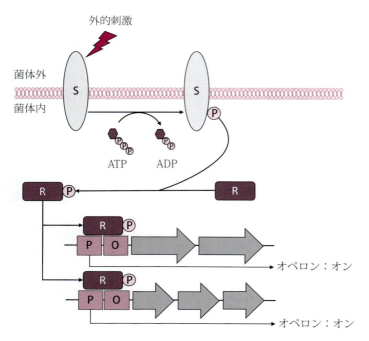

図 4-22　2 成分制御系による制御
外界の刺激を受けて，細胞膜のセンサーキナーゼ（S）が自己リン酸化する．さらにこのリン酸基を渡されて活性化したレスポンスレギュレーター（R）が各種遺伝子やオペロンのプロモーター（P）/オペレーター（O）に結合し，発現を制御する．
ATP：アデノシン三リン酸，ADP：アデノシン二リン酸

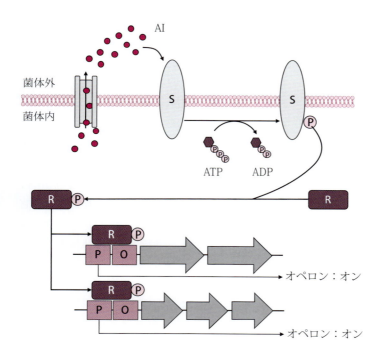

図 4-23　クオラム・センシング
基本的に 2 成分制御系であるが，自ら分泌している物質（AI）を感知する点がクオラム・センシングの特徴である．細菌の増殖に伴う密度上昇を AI の濃度上昇により感知し，特定の遺伝子（群）の発現を促進する．
R：リプレッサー，S：センサーキナーゼ，P：プロモーター配列，O：オペレーター，ATP：アデノシン三リン酸，ADP：アデノシン二リン酸

グアノシン五リン酸 guanosine pentaphosphate（pppGpp）およびグアノシン四リン酸 guanosine tetraphosphate（ppGpp）が合成され蓄積する．これらは RNA ポリメラーゼに直接結合し，アミノ酸代謝に関与している遺伝子の転写を制御する．特に rRNA と tRNA の転写を阻害する一方，アミノ酸の生合成や輸送に必要な蛋白質の発現を促進することで，細胞内のアミノ酸量を増加させ

る。なお、rRNA と tRNA の転写の阻害は、蛋白質の翻訳段階での発現阻害につながる。

2）転写後の調節

転写された mRNA は、役割を終えるといずれは分解され消失する。しかし、その mRNA の寿命は遺伝子により異なり、mRNA の安定性によっても発現が調節されている他、いくつかの調節機構が知られている。

（1）翻訳開始の阻害

mRNA の開始コドン直前のリボソーム結合部位（RBS）へのリボソーム結合が阻害される。これは、RBS が物理的に隠されてしまうことによるが、その主な原因は、① RBS への RNA 結合蛋白質の結合か、②相補的な RNA 分子との塩基対形成である。前者の例として、リボソーム蛋白質の量的調節があげられる。リボソーム蛋白質は遊離 rRNA と会合してリボソームサブユニットを形成するが、遊離の rRNA が少ない場合、過剰のリボソーム蛋白質は自身をコードする mRNA に結合することでそれ以上の翻訳を阻害する。後者の例として、ⓐ mRNA の RBS 付近に相補的な配列からなるアンチセンス RNA や、ⓑ低分子 RNA（small RNA：sRNA）の結合による翻訳調節があげられる。sRNA は 50〜300 塩基からなり、標的 mRNA の一部に不完全に相補する配列（調節モチーフ）を有し、離れた部位にある標的 mRNA に結合することで翻訳を抑制し、あるいは標的 mRNA の 5' 末端の折りたたみ構造部分に結合することで RBS を露出させ、翻訳を促進する。また、ⓒ当該 mRNA 分子内の別の場所と塩基対を形成し、その間にある 1 つ以上の ORF の RBS が物理的に隠されてしまうことで 16S rRNA の結合が妨害されることもある。この場合、多くは同一オペロン内の他の遺伝子が翻訳されることで塩基対が乖離し、隠されていた RBS が露出され、翻訳阻害が解除される。

（2）リボスイッチ

リボスイッチ riboswitch は mRNA の 5' 末端の

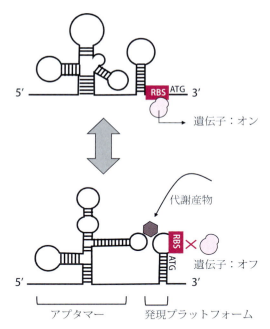

図 4-24　リボスイッチの機序
アプタマー領域に代謝産物がリガンドとして結合すると、その下流の発現プラットフォームの立体構造が変化して RBS にリボソームが結合できず、それ以降にある遺伝子の翻訳が阻害される。
RBS：リボソーム結合部位、ATG：開始コドン

非翻訳領域に見られ、代謝産物などの小分子と結合して立体構造を変えることで遺伝子発現を制御する RNA 配列である（図 4-24）。リボスイッチは、mRNA の 5' 末端から順にアプタマー aptamer と発現プラットフォーム expression platform から構成され、後者には RBS が含まれる。アプタマーにリガンドとなる小分子が結合すると、その下流の発現プラットフォームの立体構造が変化して RBS にリボソームが結合できず、それ以降にある ORF の発現が阻害される。通常、この ORF にはアプタマーに結合するアミノ酸やプリン塩基などの合成に関わる遺伝子がコードされていることが多い。

第5章　細菌の感染と発症

一般目標：動物が細菌に感染するしくみ，感染状態の維持，発症に至る過程に関わる基礎知識を修得する。また，細菌が産生する毒素の理化学的基礎，生体への作用を修得する。

到達目標
1) 感染と感染症及び病原性を発揮するメカニズムと生体側の感染防御機構を説明できる。

1. 細菌の病原性

> **キーワード**：付着，増殖，定着，発症，病原性，ビルレンス因子（病原因子），ビルレンス，侵襲性，アドヘジン，侵入，マクロファージ，細胞内寄生，血清抵抗性，LPS，鉄の獲得能力，蛋白質毒素，血液凝固系，エンドトキシンショック，発熱，免疫賦活作用，リガンド様毒素，膜傷害性毒素，酵素毒素，A-B 毒素

A. 感染と発症

宿主 host が何らかの機会に病原細菌 pathogenic bacterium（または bacterial pathogen）に遭遇 encounter して，細菌が体表面，体内または組織内の局所に**付着** attachment し，**増殖** multiplication している状態を**定着** colonization という。細菌が宿主に侵入して定着し，生体に何らかの反応を引き起こした時，感染 infection が成立したという。感染が成立したために宿主の生理機能が傷害を受け，組織形態の異常をきたし，徴候を示す場合を**発症**（発病）manifestation of symptom といい，その結果引き起こされる疾病を感染症 infectious disease という。感染に対する生体反応の程度や進行は様々で，時には微弱で全く認知できない場合もある。特に感染から発症までの無症候期を潜伏期 latent period という。感染が起こっても発症しないことを不顕性感染 inapparent infection と呼び，これに対して，発症の見られる感染を顕性感染 apparent infection と呼ぶこともある。

不顕性感染の状態で病原細菌を排泄する動物を健康保菌動物（キャリアー）healthy carrier，顕性感染から回復した後も病原体を保有し，菌を排泄する動物を病後保菌動物 convalescent carrier と呼ぶ。感染症は，病原体の伝染性 communicability の有無で，伝染病 communicable（contagious）disease と非伝染病 non-communicable disease に分けられる。

B. 感染経路と経過

1）感染経路

宿主に病原細菌が感染する場合，その細菌に汚染されているものを感染源 source of infection という。感染源は発病中の動物および無症状の保菌動物の分泌・排泄物や体液，また，これらに汚染された飼料，水，土壌，空気，そして昆虫など細菌の種類により様々である。病原体が自然界で維持される場所を感染巣 reservoir あるいは保有体と呼ぶ。

病原細菌は感染源から様々な侵入門戸を介して宿主体内に侵入する。その感染経路 route of infection は宿主側に立って分類したものであり，感染部位と感染の成否に深い関係をもつ。

（1）経口感染（消化器系感染）

病原体に汚染された飼料，飲水などの摂取を通じて，細菌が消化器に感染するのが経口感染（消化器系感染）oral infection である。特に，病原体に汚染された糞便が何らかの経路で口から取り込まれ感染することを糞口感染 fecal-oral infection という。例：大腸菌症 colibacillosis，サルモネラ症 salmonellosis，豚赤痢 swine dysentery，壊死性腸炎 necrotic enteritis。

（2）経気道感染（呼吸器系感染）

経気道感染（呼吸器系感染）respiratory infection は，病原体が呼吸器系（鼻腔，扁桃，咽喉頭，上部気道）を経由して侵入する。病原体を含む感染動物の咳，くしゃみ，鼻汁が小水滴状となったもの（飛沫）を吸入して感染することを飛沫感染 droplet-borne infection といい，空中で飛沫の水分が乾燥して病原体のみになった飛沫核 droplet nuclei 感染も起こる。飛沫核は長期間空中に浮遊し，遠くまで運ばれることもある。また，排泄された病原体がほこりに付着して舞い上がり，それを吸入して感染することを塵埃感染 dust-borne infection と呼ぶ。例：萎縮性鼻炎 atrophic rhinitis，胸膜肺炎 pleuropneumonia，結核 tuberculosis，マイコプラズマ肺炎 mycoplasmal pneumonia。

（3）接触感染

接触感染 contact infection とは，保菌動物との交尾（泌尿・生殖器系感染）や，なめる，咬むなどの行為によって病原体が動物から動物に直接感染するものをいう。例：ブルセラ症 brucellosis，馬伝染性子宮炎 contagious equine metritis。

（4）経皮感染

経皮感染 percutaneous infection は，皮膚の傷口（創傷）から病原細菌が侵入し感染が成立する。例：炭疽 anthrax，破傷風 tetanus，ブドウ球菌症 staphylococcosis，豚の滲出性表皮炎 exudative epidermitis in pigs。

（5）ベクター媒介感染

ベクター媒介感染 vector-borne infection は，病原体が節足動物（蚊，ノミ，シラミ，ダニなど）などの媒介動物（ベクター）内で増殖し，ベクターによる咬傷などによって感染が成立する。例：Q熱 Q fever，ライム病 Lyme borreliosis。

（6）垂直感染

接触感染の特殊な形として，母獣から子に直接病原体が伝わる形式を垂直感染 vertical infection という。これに対し，経口感染，経気道感染，接触感染，経皮感染，ベクター媒介感染の感染形態を水平感染 horizontal infection と呼ぶ。垂直感染には，胎盤を経る場合，産道を通過する時に感染する場合（経産道感染 birth canal infection），母乳を経てあるいは保育中の母獣との子の接触による感染（母子感染 maternal transmission）がある。鳥類では垂直感染のことを特に介卵感染 egg transmission と呼ぶ。例：ひな白痢 pullorum disease，鳥マイコプラズマ症 avian mycoplasmosis。

2）感染の経過と体内伝播

病原体が侵入部位で増殖して，感染が侵入局所にとどまる場合（局所感染 local infection）と，細菌が血管（血行性），リンパ管（リンパ行性），神経系（神経行性）に侵入して全身に伝播 dissemination する場合（全身感染 systemic infection）とがある。病原細菌が血中に入り全身を循環している状態を菌血症 bacteremia という。また，感染を起こした臓器，組織の機能障害が生じている状態を敗血症 septicemia と呼ぶ。

感染・発症からその後の経過が一過性で短時間（週の単位）に進行するものを急性感染症 acute infection という。これに対し，長期間（月〜年の単位）にわたって経過する場合を慢性感染症 chronic infection という。

C. 宿主−寄生体関係

細菌感染症は，寄生体である病原体と宿主の相互関係 host-parasite relationship の上に成り立っている。寄生体のうち，宿主を離れても生存可能なものを通性寄生体 facultative parasite といい，宿主を離れては全く生存できないものを偏性寄生体 obligate parasite という。

動物の体表面，口腔，鼻腔および腸管などには多くの細菌が終生存在する。これらの細菌は宿主と共生関係 symbiosis にあり，正常（常在）細菌叢 normal flora を構成している。正常細菌叢は生体側の感染防御因子として重要な役割を担っている。

D. 病原性と毒力（ビルレンス）

細菌が宿主に感染を引き起こし発症させる能力を**病原性** pathogenicity といい，病原性に関わる細菌の機能や因子を**ビルレンス因子**（**病原因子**）virulence factor という。病原性と感染力の総力を示す言葉に毒力（**ビルレンス** virulence）がある。毒力は同一菌種の菌株間において，同一の感受性宿主に対する病原性の強さを比較する場合に用いる。毒力の量的表現には，宿主動物の50％を死亡させる50％致死量（LD_{50}）あるいは宿主動物を100％死亡させるのに必要な最小致死量（MLD）があり，この値が小さければ小さいほど毒力は強い。毒力の強弱によって強毒株，弱毒株，無毒株と呼ぶ。

宿主は病原体の感染により様々な傷害を受けるが，病原細菌を異物として認識し，それを排除するための生体防御機構を備えている。病原体が宿主に感染し**発症**するか否かは，宿主側の防御機構

と細菌側の毒力の力関係によって決まる。宿主側の生体防御機構が未熟な場合，あるいは傷害されている場合には，健康な動物にとっては通常非病原性 nonpathogenic または無毒 avirulent あるいは弱毒 attenuated にすぎない細菌によって感染が引き起こされる。このような感染を日和見感染 opportunistic infection と呼ぶ。平素は無害であるが日和見感染を引き起こす細菌を日和見感染菌，感染に対する抵抗力の低下した宿主を易感染宿主 compromised host という。宿主と病原体相互の力関係は必ずしも一定の関係ではなく，細菌のビルレンス因子の種類，宿主の免疫力，感染経路，宿主の遺伝的背景など多くの要因によって変化する。感染が成立するためには，宿主と病原体の相対的な力関係において，一定期間に病原体の毒力が宿主の防御力を上回ることが必要となる。また，引き起こされる疾病の重症度も，この関係により変動する。しかし，宿主に障害を引き起こすような宿主寄生体関係は自然界ではまれな現象で，その原因病原体は限られている。ある細菌がある特定の感染症の原因であると決めるためには，基本的に Koch R の提唱した4原則を満たさなければならない（第1章「1.-D. Koch R の業績」参照）。

E. 感染症成立の要因

感染が成立するためには，①感染を成立させる病原体（感染源）が存在し，②その病原体が宿主に侵入する経路（感染経路）が存在し，③その病原体に感受性を示す個体（感受性宿主）があることが必要である。感染が成立するか否かは，細菌の毒力と宿主の抵抗力との力関係によって決まる。

1）細菌側の因子（ビルレンス因子）

細菌が宿主に侵入し，ある組織に定着するまでには，細菌は宿主の細胞，組織，個体の各段階において，様々な生体機能と多くの相互作用を経なければならない。このため，感染に関わる多様な**ビルレンス因子**が必要となる。また，細菌と宿主の関係，感染経路，免疫など多くの要因により必要とされる因子も異なり，その役割も多岐にわたる。ビルレンス因子の生産あるいは形成を支配する遺伝子をビルレンス遺伝子あるいは病原性遺伝子と呼ぶ。細菌のビルレンス遺伝子は，染色体上にあるものと染色体外のプラスミド上にあるものに分けられる。染色体上のビルレンス遺伝子の中には，ジフテリア毒素遺伝子，化膿性レンサ球菌発熱（発赤）毒素遺伝子などテンペレートファージに由来するものもある（表5-1）。多くの細菌のビルレンス遺伝子がプラスミド上に存在することも知られている（表5-2）。ビルレンス遺伝子を含むプラスミドを病原性プラスミド virulence plasmid と呼ぶ。病原性プラスミドにより病原性が支配されている細菌では，このプラスミドの欠失（脱落）segregation が起きると病原性も失う。

2）侵襲性

細菌が宿主の侵入門戸に定着し，体内に侵入し組織破壊を伴って組織内へ定着する細菌の能力を**侵襲性** invasiveness という。多くの因子が侵襲性に関与する。

（1）付着と定着

比較的単純な細菌の感染様式は**付着**

表 5-1　バクテリオファージに存在する細菌毒素遺伝子

菌種	細菌毒素	毒素による症状
Vibrio cholerae	コレラ毒素	水様性下痢
Enterohemorrhagic *Escherichia coli*	志賀毒素1と2	出血性腸炎，溶血性尿毒症症候群
Pseudomonas aeruginosa	細胞毒素	宿主細胞傷害
Corynebacterium diphteriae	ジフテリア毒素	局所粘膜壊死（偽膜形成），毒素血症
Clostridium botulinum	ボツリヌス毒素 C_1 と D 型	神経症状（弛緩性麻痺）
Streptococcus pyogenes	発熱毒素 A と C 型	猩紅熱
Staphylococcus aureus	エンテロトキシン A と E 型	嘔吐，腹痛

第5章 細菌の感染と発症

表5-2 プラスミドに遺伝子が存在する細菌毒素，付着因子などの病原因子

菌属菌種	プラスミドに存在する病原因子	作用および症状
Enterotoxigenic Escherichia coli	易熱性エンテロトキシン（LT）	下痢，腹痛
	耐熱性エンテロトキシン（ST）	下痢，腹痛
	腸管上皮定着性線毛（CFAs）	glycosphingolipid GM1 に結合
Yersinia 属菌	Yop 蛋白質など	食菌抵抗性など
Shigella 属菌	Ipa 蛋白質など	宿主細胞侵入など
Salmonella 属菌	Spv 蛋白質など	全身感染
Staphylococcus aureus	エンテロトキシンDとJ型	嘔吐，腹痛
	表皮剥脱毒素B型	表皮剥脱
Clostridium tetani	破傷風毒素	神経症状（強直性痙攣）
Clostridium botulinum	ボツリヌス毒素G型	神経症状（弛緩性麻痺）
Bacillus anthracis	炭疽菌毒素（LF，EF，PA）	炭疽
	莢膜形成	食菌抵抗性
Rhodococcus equi	毒力関連抗原	致死毒性

attachment（adherence ともいう）によるもので，病原細菌の多くは宿主細胞へ付着する何らかの因子をもっている。粘膜上皮は絶えず新生し，一定の期間で置き換わる（ターンオーバー）。その結果，粘膜へ付着した細菌は効率よく排除される。一方，上皮に強固に付着した細菌が，そこで**増殖** proliferation することを**定着** colonization という。細菌の定着を阻害する様々な生体防御機構に対抗して細菌が感染するためには，付着因子 adherence factor が必要となる。付着因子には，菌体から繊維状に突出する線毛型（pilus あるいは fimbria，同義語）と，菌体表層蛋白質として外膜や細胞壁に結合している非線毛型がある。

a. 線毛による付着

線毛はグラム陰性菌に多く見られ，宿主細胞表面をおおう莢膜様糖衣などの物質の厚さ以上の長さがあり，主成分の pillin（付着活性はない）と先端部に存在し付着特異性を決定する**アドヘジン** adhesin からなる。アドヘジンは宿主細胞表面の結合標的物質をレセプター（受容体）として認識し，特異的に結合する。腸管毒素原性大腸菌では豚に特異性を示すF4（K88）線毛や，牛に特異性を示すF5（K99）線毛が知られている。宿主細胞レセプターは細胞表面の糖脂質や糖蛋白質の糖鎖などである。このように，アドヘジンと宿主細胞レセプターの結合特異性は感染症の臓器特異性，宿主特異性および加齢抵抗性に密接に関連す

表5-3 細菌線毛とその特異性

線毛	細菌	組織特異性	宿主	レセプター	直径（nm）	マンノース感受性	プラスミド
F1(Type1)	腸内細菌科	種々の細胞	種々	マンノース誘導体	7	S	−
F4(K88)	E. coli	小腸	豚	ガラクトース誘導体	2.1	R	＋
F5(K99)	E. coli	回腸	子牛，豚	GM2 ganglioside, D-Galactoside	2.0	R	＋
F6(987P)	E. coli	回腸	豚	Glycoprotein, D-Glactose, GalNac, L-fucose	7		＋
F41	E. coli	回腸	子牛	GalNac, GlcNac	3.2	R	−
Type4	Moraxella bovis	角膜，結膜	牛	不明	6	R	−
Type4	Dichelobacter nodosus	蹄	羊	不明	6		−
Fimbriae	Corynebacterium renale	膀胱上皮	牛	不明	2.5〜3		−

S：感受性（付着がマンノースによって阻害される），R：耐性（付着がマンノースによって阻害されない）

表 5-4 細菌の非線毛性付着因子

菌属菌種	付着因子	レセプター関連因子
Staphylococcus aureus	フィブロネクチン結合蛋白質（FnBP-A, B）	フィブロネクチン
	コラーゲン結合蛋白質（Cna）	コラーゲン
	プロテイン A	IgG
	クランピングファクター A と B	フィブリン，フィブリノゲン
Streptococcus pyogenes	F 蛋白質	フィブロネクチン
	M 蛋白質	フィブロネクチン
Streptococcus pneumoniae	PavA	フィブロネクチン
	PsaA	多量体 IgG
	PspC	Ig レセプター
Listeria 属菌	インターナリン A	E-カドヘリン
	インターナリン B	HGF-レセプター
Yersinia 属菌	インベーシン	β_1 インテグリン
Enteropathogenic E. coli	インチミン	Tir（translocated intimin receptor）

る。そのため，牛大腸菌下痢症ワクチンのように F5（K99）線毛に対する抗体により感染予防が可能となる。表 5-3 に種々の菌の線毛とその結合特異性を示した。

b. 非線毛による付着

非線毛性の付着因子は，細菌の外膜や表在性蛋白質の一部がアドヘジンとして宿主細胞のレセプターと結合する。非線毛型の付着因子による付着は，線毛と比べて一般に強固で，菌体は宿主細胞に密着 intimate attachment する。表 5-4 に代表的な非線毛性の付着因子を示した。病原細菌は複数の付着因子をもつことが多い。線毛が標的とする宿主細胞レセプターに特異的に結合した後，さらに非線毛性の付着因子がその標的宿主細胞レセプターへ強固に結合すると，細菌は宿主細胞に密着することができる。

c. 非特異的な付着

細菌は付着因子とそのレセプターの結合による付着の前段階として，宿主細胞の表面に非特異的に付着する。化膿性レンサ球菌 Streptococcus pyogenes は，菌体表層のリポタイコ酸による非特異的な付着が起こり，次いで M 蛋白質や F 蛋白質などによる特異的な付着が起こる。

(2) 侵 入

病原細菌の多くは宿主細胞へ**侵入**する能力をもっている。サルモネラ Salmonella 属菌，リステリア Listeria 属菌，シゲラ Shigella 属菌（赤痢菌）などは，上皮細胞や食細胞へ自ら侵入する。結核菌 Mycobacterium tuberculosis，レジオネラ Legionella 属菌，クラミジア Chlamydia，リケッチア Rickettsia など食細胞の中で増殖することができる細胞内寄生菌も上皮細胞への侵入能をもっている。化膿性レンサ球菌，黄色ブドウ球菌 Staphylococcus aureus，腸管病原性大腸菌 Enteropathogenic Escherichia coli，百日咳菌 Bordetella pertussis などは，上皮細胞へ付着すると当時に，付着因子を利用してさらに細胞へ侵入する。宿主の免疫監視機構を回避するために，病原細菌は上皮細胞をはじめとした様々な宿主細胞へ侵入する。

細菌の上皮細胞への侵入では 2 つの主要な方法が使われており，ジッパーモデル zipper model とトリガーモデル trigger model がある。ジッパーモデルでは，菌体表面の非線毛性付着因子と宿主細胞のレセプターとの結合がジッパーのように連続的に行われた後，エンドサイトーシスが誘導され，菌は細胞内へ取り込まれる（図 5-1A）。一方，トリガーモデルは菌が貪食様の飲込み運動であるマクロピノサイトーシス macropinocytosis を誘導して上皮細胞へ侵入する（図 5-1B）。一般に病原細菌はジッパーモデルで侵入するが，サルモネラ属菌，赤痢菌など一部の細菌はトリガーモデル

図 5-1 細菌の宿主細胞への侵入様式

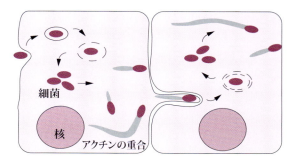

図 5-2 アクチンの重合による細菌の細胞内および細胞間拡散

で侵入する．サルモネラ属菌と赤痢菌，レジオネラ属菌，およびフランシセラ Francisella 属菌はそれぞれ 3 型，4 型，および 6 型分泌装置と呼ばれる注射針様の形をした蛋白質複合体をもち，蛋白質を宿主細胞へ直接注入することができる．これらの分泌装置を介して宿主に移行する機能性蛋白質はエフェクター effector と呼ばれ，細菌の病原性に深く関与する．細菌から宿主細胞内へ移行されたエフェクターが宿主細胞内の情報伝達経路を活性化して，細菌の侵入部位でアクチンの重合を誘導する．その結果，宿主細胞膜にラッフリング ruffling が起こり，マクロピノサイトーシスが誘導され，最終的に細菌は宿主細胞へ取り込まれる．

(3) 細胞内および細胞間拡散

サルモネラ属菌，ブルセラ Brucella 属菌などの細胞内寄生菌の多くは細胞内に取り込まれた際に包まれた膜胞 vacuole の内部で増殖するが，リステリア属菌や赤痢菌は膜溶解性の蛋白質（リステリオリジンおよび IpaB）を分泌して膜胞を破壊し細胞質へ移行する．菌が細胞質内で分裂，増殖する過程において菌体の一端でアクチンの重合を誘導し，移動および拡散する．これを細胞内拡散 intracellular spreading という．細胞質内を移動する菌の一部は細胞膜に突き当たり，そこから膜の突起を進展させ，突起の先端に包まれた菌は突起が隣接細胞へ挿入されると菌体を包む細胞膜を溶解して隣接細胞の細胞質内へ移行する．菌は新たな細胞で再び増殖，拡散を繰り返す（図 5-2）．細胞質内で拡散した菌がさらに周囲の細胞へ拡散することを細胞間拡散 intercellular spreading という．細胞間拡散により，菌は細胞外へ出ることなく周囲の細胞へ感染を拡大することができる．

(4) 細胞内増殖

生体内に侵入した細菌は通常食細胞によって貪食，殺菌，消化される．殺菌には活性酸素とリソソーム lysosome 内の酵素が働く．細胞内寄生菌は**マクロファージ** macrophage へ侵入し，マクロファージのもつ殺菌・分解機構を回避して，ファゴソーム phagosome（☞「2.-B. 非特異的機構」で解説）や細胞質を菌の増殖の場として利用する．細胞内寄生菌がマクロファージ内で生存することを**細胞内寄生** intracellular parasitism という．結核菌，サルモネラ属菌，ブルセラ属菌，レジオネラ属菌，コクシエラ Coxiella 属菌などは，マクロファージ内においてファゴソームとリソソームとの融合を阻害し，ファゴソーム内で生存，増殖する．一方，リステリア属菌や赤痢菌はファゴソームを破壊して，細胞質内で増殖する．その他，Yersinia pseudotuberculosis などリソソーム酵素に対して抵抗性を示す細菌もある．宿主細胞側は，殺菌・分解機構を回避する細菌に対してオートファジー autophagy と呼ばれる細胞内分解系を用いて対抗している．ファゴソーム–リソソーム系による消化を逃れた細菌をオートファゴソー

ム autophagosome と呼ばれる二重膜構造体で取り囲み、その後、リソソームと融合することによって細菌を分解する。しかし、ある種の細胞内寄生菌はこのオートファジーをも回避することが示唆されている。

(5) 食菌抵抗性と血清耐性

a. 食細胞の食菌作用に抵抗する因子（食菌抵抗性）

種々の細菌は、好中球 neutrophil やマクロファージなどの食細胞の食菌作用 phagocytosis に抵抗性を与える菌体表層成分をもつ。炭疽菌のD-グルタミン酸からなるポリペプチド性莢膜、化膿性レンサ球菌のM蛋白質、黄色ブドウ球菌のプロテインA、肺炎レンサ球菌 Streptococcus pneumoniae の多糖体からなる莢膜などがある。また、細菌の細胞内および細胞間拡散、細胞内増殖に関与する因子も、貪食後の殺菌、消化作用を回避する因子として食菌抵抗性因子に含まれる。

b. 血清抵抗性

細菌が血管内に侵入すると血液中で補体 complement が活性化され、殺菌作用を示す。病原細菌は補体に殺菌されないものが多く、この性質を**血清抵抗性**と呼ぶ。シアル酸ポリマーからなる K1 抗原を多く含む莢膜は、補体の活性化を阻害する作用がある。グラム陰性菌では、外膜を構成するリポ多糖（**LPS**）のO側鎖多糖体が欠落した R 型菌は補体に殺菌されやすく、O側鎖多糖体をもった LPS からなる S 型菌は血清抵抗性である場合が多い。グラム陽性菌は陰性菌に比べ厚いペプチドグリカン層をもつため、全て血清抵抗性である。

(6) 鉄の獲得能力

鉄は細菌の増殖に必須の元素である。しかし、宿主体内の鉄イオンはトランスフェリン、ラクトフェリン、ヘモグロビンなどの鉄結合蛋白質（シデロフォア siderophore）との複合体であり、遊離の鉄イオン濃度は非常に低い（10^{-18}M）。細菌が宿主体内で生存するためには宿主の鉄結合蛋白質から鉄を奪い取る必要がある。そのため独自の鉄結合蛋白質を分泌し、鉄-シデロフォア結合体を取り込むためのレセプターを発現する細菌もある。この**鉄の獲得能力**は細菌の重要なビルレンス因子である。腸管外病原性大腸菌はエンテロバクチンとエロバクチンの2種類のシデロフォアを産生する。

(7) 菌体外酵素

多くの細菌は組織への侵入拡大に直接あるいは間接的に関与すると考えられる菌体外酵素を分泌する。ブドウ球菌、レンサ球菌などの化膿性球菌は、コアグラーゼ、ヒアルロニダーゼ、ストレプトキナーゼなどの菌体外酵素によって組織を破壊する。菌体外酵素は後述する外毒素（「(8)-b. 外毒素」）ほど有毒でなく特徴的な症状を示さないものとして、外毒素と区別している。

(8) 毒素産生性

1888年にジフテリア菌 Corynebacterium diphtheriae において菌体外へ遊離するビルレンス因子が発見され、細菌毒素という概念が誕生した。それ以来、多くの細菌毒素が発見されている。生体内に侵入した細菌は、細菌の産生する毒素や細菌菌体そのものの作用によって特異標的器官の障害や組織の破壊を引き起こす。細菌毒素は非常に微量で生体に特異的な症状を起こす。

古くから、細菌毒素は菌体から分泌される菌体外毒素（外毒素）と、菌体を破壊しない限り大部分が菌体内に存在する菌体内毒素（内毒素）の2種類に分類されてきた。研究の進展により、内毒素はグラム陰性菌の細胞壁最外層である LPS であることが明らかとなった。したがって、このLPS以外を外毒素と呼ぶ。しかし、外毒素の中にも菌体外へ分泌されないものが多く知られるようになり、外毒素と内毒素という当初用いられた毒素の定義は意味をなさない状況にある。外毒素は蛋白質であるため、外毒素を**蛋白質毒素**といい換えることもできる。LPS、蛋白質以外の毒素も存在するため、毒素の定義・分類については今後整理されるべき問題である。ここでは、便宜的に LPS を内毒素、それ以外を外毒素（蛋白質毒素）とし、その特徴を表 5-5 に示す。

表 5-5 内毒素と外毒素

	内毒素	外毒素
化学組成	リポ多糖 (LPS)	蛋白質あるいはペプチド
熱安定性	耐熱性で，失活しにくい	熱により変性，失活しやすい
抗原性	中和抗体は産生されない	抗毒素抗体産生
トキソイド化	トキソイド化は起こらない	ホルマリンでトキソイド化できる

a. 内毒素

内毒素（エンドトキシン endotoxin）は，グラム陰性菌の外膜を構成する LPS であり，生体内で細菌が何らかの原因で破壊されると大量に放出される。LPS はリピド A という脂質に，親水性の R コアと呼ばれる一群の糖類と，O 抗原多糖と呼ばれる長鎖の糖が順に結合したものである（図 5-3）。リピド A は LPS の毒素活性と多彩な生物活性を担っている。グラム陰性菌の感染症においては血中から LPS が検出される（エンドトキシン血症）。血中の LPS は微量でも強い生物活性を示し，発熱や炎症を引き起こす。エンドトキシン血症の診断には高感度な検出法が必要であり，カブトガニの血球が LPS と反応してゲル化する性質を利用したリムルステスト limulus test が広く用いられている。リピド A に対する抗体は産生されにくいため，中和抗体は産生されない。

内毒素は，血球や血液凝固系との反応と免疫系への活性化，補体の活性化，エンドトキシンショック，発熱原性，シュワルツマン反応，など多彩な生物活性を示す。

エンドトキシンショック：細菌感染の経過中，あるいは内毒素を動物に実験的に投与すると，初期に心拍出量が増加し，その後血圧の降下が起きる。末梢循環障害を惹起しショック状態となり死亡することがある。

発熱原性：ウサギに内毒素を投与すると二峰性の発熱を示す。第一峰は内毒素が体温調節中枢に作用して起こり，第二峰は内毒素がマクロファージに作用し，内因性発熱因子であるインターロイキン 1 を産生するためである。

シュワルツマン Shwartzman 反応：ウサギの皮内に致死量以下の内毒素を接種し，24 時間後に再び静脈内投与すると，先に皮内投与した部分に激しい出血性の壊死が起こる。これを局所シュワルツマン反応という。これは，内毒素の皮内投与に反応して集まった好中球が毛細血管内膜を傷害し，2 度目の投与で好中球と血小板がその部位に沈着して血液凝固が起き，小血栓が形成され組織の壊死が起こることによる。最初の接種を静脈内にすると，次の静脈内投与で全身の臓器に出血性の反応が起こる。これを全身性シュワルツマン

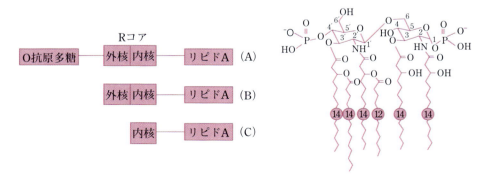

図 5-3 各種細菌の内毒素（LPS）の一般的な構造と大腸菌のリピド A の構造
(A) 大腸菌などの腸内細菌科，緑膿菌などのシュードモナス目の細菌。
(B) *Neisseria* 属菌，*Haemophilus* 属菌，*Bordetella pertussis*，*Acinetobacter calcoaceticus*，*Bacteroides fragilis*
(C) *Chlamydiaceae*

反応という。シュワルツマン反応は2回の投与により引き起こされるため，免疫反応のように見えるが，内毒素による血液凝固や血管障害が原因で起こる反応である。

免疫賦活作用：内毒素はBリンパ球に作用し，幼若化し細胞分裂を促進する活性（マイトジェンmitogen活性）や，抗体産生細胞へと分化させる活性（アジュバントadjuvant活性）をもつ。

補体の活性化：内毒素は補体の第二経路（代替経路）alternative pathwayを活性化する。

b．外毒素

外毒素（**蛋白質毒素**）は免疫原性および反応性が強く，抗毒素抗体によりその活性は中和される。また，熱で変性する易熱性毒素も多い。外毒素をホルマリン処理すると，毒性はないが免疫原性をもつトキソイドtoxoidになる。破傷風のトキソイドおよびトキソイドの高度免疫血清（抗毒素）は予防と治療に用いられる。多くの場合，菌の増殖に伴って菌体外に速やかに分泌されるが，分泌されにくく，菌の自己融解に伴って放出されるもの（ボツリヌス毒素，破傷風毒素など）もある。

スーパー抗原：黄色ブドウ球菌の産生する腸管素 staphylococcal enterotoxin（SE）や毒素性ショック症候群毒素 toxic shock syndrome toxin-1（TSST-1），化膿レンサ球菌が産生する発赤毒素 streptococcal pyrogenic exotoxin（Spe）などは，毒素による直接の細胞傷害は少ないが，多くのT細胞集団を活性化するため大量のサイトカイン cytokine が産生され，発熱，発疹，ショックなど多彩な症状を引き起こす。この毒素は抗原提示細胞の主要組織適合遺伝子複合体（MHC）クラスII分子に結合し，特定のVβサブタイプをもったT細胞レセプターを発現する全てのTリンパ球を刺激することからスーパー抗原と呼ばれている。

ⅰ）作用機序

外毒素は作用機構の違いから，**リガンド様毒素**，**膜傷害性毒素**および**酵素毒素**に分けることができる。リガンド様毒素は，宿主細胞膜上のレセプターに結合することによって，宿主細胞内情報伝達系を活性化し，毒性を発揮する毒素である（表5-6）。膜傷害性毒素は，細胞膜の選択的透過性を破壊することによって細胞死を引き起こす一群の毒素である（表5-6）。これらの毒素の多くは細胞膜上に一般的に存在する糖脂質や脂質，あるいはGPI（glycosyl phosphatidyl inositol）アンカー型蛋白質の糖脂質部位をレセプターとして認識するため，種々の細胞に作用する。酵素毒素は，宿主細胞の生体分子を修飾することによって毒素作用を発揮する（表5-7）。

ⅱ）構　造

外毒素は分子構造の違いから，1本鎖の蛋白質分子からなる1本鎖毒素，異なる蛋白質分子（サブユニット）が会合して菌体から分泌される複

表5-6 リガンド様毒素と膜傷害性毒素

毒素名	レセプター／標的分子
リガンド様毒素	
大腸菌熱耐性エンテロトキシン（ST1）	レセプター型グアニル酸シクラーゼ
エルシニア耐熱性エンテロトキシン	レセプター型グアニル酸シクラーゼ
ブドウ球菌エンテロトキシン	MHC II分子とT細胞レセプター
化膿性レンサ球菌発熱毒素	MHC II分子とT細胞レセプター
毒素性ショック症候群毒素	MHC II分子とT細胞レセプター
膜傷害性毒素	
リステリオリジンO	コレステロール
ストレプトリジンO	コレステロール
百日咳菌アデニル酸シクラーゼ毒素	CD11b/CD18
アエロリジン	GPIアンカー型蛋白質
クロストリジウム・セプティカムα毒素	GPIアンカー型蛋白質

表 5-7　酵素毒素の酵素活性

ADP-リボース転移酵素
　コレラ毒素
　百日咳毒素
　ジフテリア毒素
糖転移酵素
　Clostridium difficile A と B 毒素
N-グリコシダーゼ
　志賀毒素ファミリー
グルタミナーゼ/トランスグルタミナーゼ
　大腸菌細胞壊死因子
　エルシニア細胞壊死因子
　百日咳菌壊死毒素
アデニル酸シクラーゼ
　炭疽毒素（浮腫因子）
プロテアーゼ
　ボツリヌス毒素
　破傷風毒素
　炭疽毒素（致死因子）
　ブドウ球菌（*Staphylococcus hyicus*）表皮剥脱毒素
リパーゼ
　ウエルシュ菌 α 毒素
　セレウス菌ホスホリパーゼ C

合体毒素，全く独立した 2 種類の蛋白質分子が作用時に会合して機能する二成分毒素に分けることができる。酵素毒素ではこの分子構造の別にかかわりなく，細胞内に侵入して生物活性を示す A (active) サブユニットと標的細胞に特異的に結合するための B (binding) サブユニットにより構成されている。このため **A-B 毒素** とも呼ばれる。

　iii）作用部位

外毒素は作用部位の違いから，神経毒，腸管毒，細胞致死毒などに分けることができる。毒素作用が発現する過程は菌によって様々で，特異的である。ボツリヌス毒素のように汚染された食品・飼料を介して食中毒を引き起こす場合と，大腸菌，コレラ菌のように腸管内で菌の増殖に伴い，毒素を産生する場合がある。また，感染局所で作用する場合（ブドウ球菌の表皮剥脱素など）と，血行，リンパ行，神経を介して標的細胞に作用する場合（破傷風など）がある。

膜傷害性毒素の赤血球を破壊する溶血毒素はヘモリジン hemolysin，白血球を破壊する毒素はロイコシジン leukocidin と総称される。これらには，ストレプトリジン O と S，ロイコシジン，ウエルシュ菌毒素などがある。

2．生体防御機構

キーワード：自然免疫，適応免疫

A．物理的・化学的防御

1）皮　膚

外界からの微生物の侵入を防ぐために，生体には様々なバリアーが存在する（表 5-8）。健康な皮膚は，病原細菌の侵入を物理的に防ぐ。しかし，外傷，火傷，外科的手術，吸血昆虫は皮膚からの細菌の侵入を容易にし，細菌の定着・増殖を経て，感染症を発症しやすくする。

2）粘　膜

眼瞼結膜，口腔内，呼吸器，消化器，泌尿生殖器の粘膜では，それぞれ生理的体液（涙，唾液）の機械的洗浄，繊毛運動，蠕動運動，排尿運動などにより細菌の定着，侵入を阻止している。皮膚，粘膜への分泌液中には抗菌性をもつ物質がある。皮膚の汗腺，皮脂腺では乳酸や不飽和脂肪酸の生成により pH4～6 となり，この酸性環境が抗菌性を示す。体液性因子として，リゾチーム，トランスフェリン，デフェンシンなどがある。

（1）リゾチーム

リゾチーム lysozyme は，脳脊髄液，汗，尿以外のほとんどの組織液中に見られる低分子量（14,000）の塩基性蛋白質で，多くのグラム陽性菌の細胞壁を構成するペプチドグリカンのグリカン鎖を加水分解するムラミダーゼである。食細胞中には高濃度に存在する。

表 5-8　生体の感染防御機構

物理的・化学的防御
　皮膚（物理的バリアー），粘膜（体液性因子），常在（正常）細菌叢（皮膚・腸内）
自然免疫 innate immunity　非特異的機構
　補体，細胞性因子（食細胞好中球，マクロファージ，樹状細胞，NK 細胞），炎症反応
適応免疫 adaptive immunity　特異的機構
　液性免疫（B 細胞，抗体），細胞性免疫（T 細胞）

(2) トランスフェリン

トランスフェリン transferrin やラクトフェリン lactoferrin は生体内の遊離鉄イオンを捕捉し，細菌の遊離鉄イオンの獲得を阻害することによって，細菌の増殖を抑制する。

(3) デフェンシン

デフェンシン defensin などの組織や血液細胞由来の塩基性ポリペプチドは抗菌ペプチドと呼ばれ，細菌の膜に透過孔を形成し殺菌作用を示す。

3) 常在（正常）細菌叢

動物の体表面，口腔，鼻腔および腸管などには多くの細菌が終生存在する。これらの細菌は動物が誕生するとまもなく定着する。牛のルーメンやウサギの盲腸の微生物叢は宿主と寄生体双方が利益を受ける共生関係にある。共生状態にある細菌群は正常（常在）細菌叢 normal flora（または microbiota）といい，多数の菌種から構成されている。正常細菌叢は外界から侵入してきた病原細菌に拮抗して定着を阻害する。これらの菌体成分は自然免疫系を適度に刺激することから，生体防御機構の一部としても重要である。

B. 非特異的機構（自然免疫）

自然免疫 innate immunity では，マクロファージ，樹状細胞，好中球などの貪食細胞，NK細胞や補体などが中心的な役割を担う。

1）補　体

補体 complement は通常血清成分として約20種類の蛋白質から構成される。補体系には3つの活性経路があり，細菌に抗体が結合して活性化される古典経路 classical pathway，細菌細胞壁が直接活性化する第二経路と，マンノース結合レクチン（MBL）が病原体表面の糖鎖を認識することにより反応が開始するレクチン経路 lectin pathway が存在する。補体という名称は，歴史的には抗体と共同して細菌を溶解する血清中成分という意味で付けられた。補体の活性は，マクロファージおよび好中球の貪食反応の促進（走化性因子として局所に誘因），標的細胞の破壊（溶解），細菌を補体レセプターを保有する細胞に吸着貪食されやすくするオプソニン化作用などがある。

2）細胞性因子

体内に侵入した細菌は好中性多形核白血球（好中球）と単核食細胞（単球とマクロファージ）を含む食細胞に貪食，殺菌，消化される。好中球とマクロファージには役割分担がある。単球−マクロファージ系の食細胞は生体組織中に分布している（表5-9）。組織マクロファージはマンノースレセプター，βグルカンレセプター，リポ多糖（LPS）やリポ蛋白質に対する Toll 様レセプター（Toll-like receptors：TLRs），スカベンジャーレセプター，補体レセプター，抗体存在下でFcレセプターなど様々なレセプターを介して細菌を貪食し，ファゴソーム内で処理する。好中球は細菌取り込み後の寿命が短く，侵入してきた細菌を局所に止めるために働いた後，すぐにその寿命を終える。一方，マクロファージも細菌を貪食殺菌するが，その殺菌能力は好中球に比べ低く，病巣では好中球の残骸や破壊された組織を除去する役割を主に担っている。また，マクロファージは抗原の処理能力や炎症性サイトカイン産性能が高く，免疫応答に際してリンパ球に有効な抗原刺激を与えるための抗原提示細胞となる。

TLRs はマクロファージや樹状細胞など自然免疫に属する細胞群に発現しており，自然免疫と適応免疫を結ぶ重要なレセプターである。個々の TLRs がそれぞれ異なったリガンドを認識する。リガンドは，微生物由来の脂質，蛋白質，多糖体，核酸と多岐にわたる。TLRs はパターン認識レセプター（pattern recognition receptors：

表5-9 単球・マクロファージ系食細胞

存在部位	食細胞の名称
肺	肺胞マクロファージ
脾臓	脾臓マクロファージ
骨髄	骨髄内前駆細胞
リンパ節，血液	単球
脳	ミクログリア細胞
肝臓	クッパー細胞
腎臓	糸球体間質性貪食細胞
関節	関節性滑液膜A細胞

PRRs）とも呼ばれ，TLRs により認識される成分を PAMPs（pathogen-associated molecular patterns）と呼ぶ。グラム陰性菌の外膜に存在する LPS は TLR4 により，グラム陰性菌のペプチドグリカンや結核菌のリポアラビノマンナンなどは TLR2 によりパターン認識されている。TLRs などのレセプターに PAMPs が結合することにより情報伝達経路が活性化され，マクロファージから炎症性サイトカイン，ケモカイン，インターフェロンが産生され，食細胞を活性化する。

3）貪食細胞による殺菌機序

補体や抗体による細菌のオプソニン化により，食細胞の表面にある Fc レセプターや補体レセプターを介した結合で食作用が亢進する。食細胞に結合した細菌は速やかに細胞膜に包まれ食細胞中に取り込まれる（図 5-4）。この細菌を含んだ細胞膜をファゴソーム（食胞）と呼ぶ。ファゴソームが形成されると細胞質にある種々の殺菌因子を含んだリソソームが接近し，両者の融合が起き，リソソーム中の殺菌因子がファゴソーム内に放出される。これを脱顆粒といい，この段階の食胞をファゴリソソーム phagolysosome と呼ぶ。好中球やマクロファージなどの食細胞の殺菌系を表

表 5-10 食細胞の殺菌系

酸素非要求性の殺菌機構 　デフェンシン 　セリンプロテアーゼファミリー（カテプシン G，プロテアーゼ 3 など）
殺菌性・膜透過性促進蛋白質（BPI） 　リゾチーム 　ラクトフェリン
酸素要求性の殺菌機構 　ミエロペルオキシダーゼ（MPO）に依存するもの 　MPO-H_2O_2-ハロゲン系-OCl^- 　MPO に依存しないもの 　スーパーオキサイドアニオン（・O_2^-） 　過酸化水素（H_2O_2） 　ヒドロキシラジカル（・OH） 　一重項酸素（$^1O_2$）
活性化で誘導されるもの 　iNOS による NO（一酸化窒素）

5-10 に示す。

4）炎症反応

細菌が生体内に侵入・増殖し，組織を傷害することに対応する生体反応を炎症と呼ぶ。細菌感染に対する生体の炎症反応は次の 3 つの過程で起こり，その結果，前項で説明した体液性抗菌因子と食細胞を感染局所に集合させる。①感染局所への血液供給量の増加，②血管透過性の亢進と血漿成分の感染局所への滲出，③白血球の血管外遊走と感染局所への集合である。炎症反応は，サイトカイン，血中の酵素系，白血球により分泌される血管作用性のメディエーターなどにより調節される。血中には，血液凝固系，線維素溶解系，キニン系，補体系の 4 つの酵素系が存在し，止血と炎症の制御に関与している。血管拡張を起こすメディエーターは，ヒスタミン，補体成分の C3a，プロスタグランジン，血管透過性にはキニン，ロイコトリエンなどがある。

C. 特異的機構（適応免疫あるいは獲得免疫）

外界から侵入した病原体を自然免疫によって排除できない場合は，**適応免疫** adaptive immunity（あるいは獲得免疫 acquired immunity）によって対抗することになる。適応免疫の抗原特異性は，厳密に抗原特異性を識別するレセプターをもつ T

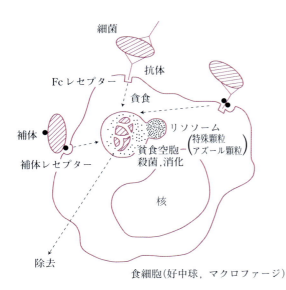

図 5-4　食細胞によりオプソニン化された細菌の貪食機序

細胞とB細胞の働きによる。免疫系には液性免疫と細胞性免疫がある。いずれが感染防御に主役を演ずるかは，細菌の種類によって異なる。一般細菌感染症では液性免疫（抗体）が感染防御の主役を演じるが，リステリア属菌，結核菌，ブルセラ属菌，サルモネラ属菌などの細胞内寄生菌には主として細胞性免疫が感染防御に重要である。

第6章　細菌学各論

一般目標：各種細菌の性状及び引き起こす疾病に関する基礎知識を修得する。

到達目標
1) 腸内細菌科，ビブリオ科及びエロモナス科に含まれる病原性を有する菌とその感染症を説明できる。
2) グラム陰性嫌気性無芽胞菌及びその他のグラム陰性菌（パスツレラ科を含む）とその感染症を説明できる。
3) らせん菌，スピロヘータ類（スピロヘータ科，レプトスピラ科細菌）とその感染症を説明できる。
4) グラム陽性球菌とその感染症を説明できる。
5) グラム陽性芽胞形成性及び無芽胞性桿菌とその感染症を説明できる。
6) マイコバクテリウム属菌，放線菌関連菌とその感染症を説明できる。
7) レジオネラ目（コクシエラを含む），マイコプラズマ，リケッチア，クラミジアとその感染症を説明できる。

1. *Enterobacterales*（腸内細菌目）

A. *Enterobacterales* の菌の分類と特徴

キーワード：腸内細菌科，ハフニア科，モルガネラ科，エルシニア科，カタラーゼ陽性，オキシダーゼ陰性，硝酸塩，発酵，ガス産生，LPS，莢膜，線毛，血清型，O抗原，H抗原，K抗原，F抗原，3型分泌装置，T3SS

1）分 類

　細菌分類体系はグラム染色性，菌の形態，発育時の至適酸素濃度，生化学的性状などを元にした類型学的分類から始まり，その後は遺伝学的解析に基づく系統と進化を軸とする系統学的分類に変化してきた。かつては，16SリボソームRNA（16S rRNA）遺伝子に基づく系統分類がなされ，ガンマプロテオバクテリア綱には2017年の時点で15の目が設定されていた。また，**腸内細菌科**は腸内細菌目の唯一の科として位置づけられていたが，解像度があまり高くなく，近年ゲノム解析のデータに基づく分類〔conserved signature insertions/deletions（CSIs）〕により，より高い精度で細菌の進化の過程が明らかとなった。様々な蛋白質に見出されたアミノ酸の挿入や欠失（CSIs）に基づくものである。2016年に「International Journal of Systematic and Evolutionary Microbiology誌」において，ゲノム解析に基づき腸内細菌目を腸内細菌科，エルシニア科，ハフニア科およびモルガネラ科などの7科に再編する提案がなされ，2024年現在，8科となっている。今後も分類群の名称の追加や移動が予想される。表6-1に記したように，現在，動物や人に病原性を示す細菌はシトロバクター *Citrobacter* 属，クロノバクター *Cronobacter* 属，エンテロバクター *Enterobacter* 属，エシェリキア *Escherichia* 属，クレブシエラ *Klebsiella* 属，プレジオモナス *Plesiomonas* 属，サルモネラ *Salmonella* 属やシゲラ *Shigella* 属を含む腸内細菌科に加え，かつての腸内細菌科から独立したエドワジエラ *Edwardsiella* 属，ハフニア *Hafnia* 属

表 6-1　代表的な腸内細菌目細菌

科	属	種
腸内細菌科 *Enterobacteriaceae*	*Citrobacter*	*freundii*（他17菌種）
	Cronobacter	*sakazaki*（他6菌種）
	Enterobacter	*cloacae*（他24菌種）
	Escherichia	*coli*（他6菌種）
	Klebsiella	*pneumoniae*（他16菌種）
	Plesiomonas	*shigelloides*
	Salmonella	*enterica*（他1菌種）
	Shigella（他37属）	*dysenteriae*（他3菌種）
ハフニア科 *Hafniaceae*	*Edwardsiella*	*tarda*（他4菌種）
	Hafnia（他1属）	*alvei*（他2菌種）
モルガネラ科 *Morganellaceae*	*Morganella*	*morganii*（他1菌種）
	Proteus	*mirabilis*（他9菌種）
	Providencia（他4属）	*alcalifaciens*（他11菌種）
エルシニア科 *Yersiniaceae*	*Serratia*	*marcescens*（他23菌種）
	Yersinia（他6属）	*pestis*（他25菌種）

（他4科）

各分類群の数は2024年12月の時点。

などを含む**ハフニア科** *Hafniaceae*，モルガネラ *Morganella* 属，プロテウス *Proteus* 属，プロビデンシア *Providencia* 属を含む**モルガネラ科**，セラチア *Serratia* 属やエルシニア *Yersinia* 属を含む**エルシニア科** *Yersiniaceae* がある。

　類型学的分類に基づく腸内細菌目の定義は通性嫌気性，グラム陰性の桿菌で，**カタラーゼ陽性**，**オキシダーゼ陰性**である。また，**硝酸塩**を還元して亜硝酸塩にする。さらに，ブドウ糖や他の炭水化物，アルコールを**発酵**して酸と**ガスを産生**する。代表的な腸内細菌目細菌の生化学的性状を表6-2に記した。

　なお，人や動物の腸内に存在する細菌群を腸内細菌あるいは腸内細菌叢と呼ぶが，大多数は腸内細菌目以外の偏性嫌気性菌であり，腸内細菌目に属する菌が占める割合は1%に満たないとされる。

表 6-2 Enterobacterales（腸内細菌目）の主要な菌属の生化学的性状（2020年現在）

科名	Enterobacteriaceae						Yersiniaceae		Hafniaceae		Morganellaceae		
属名	Escherichia	Salmonella	Shigella	Klebsiella	Citrobacter	Enterobacter	Yersinia	Serratia	Hafnia	Edwardsiella	Morganella	Proteus	Providencia
菌種数	10	2	4	19	15	16	23	26	3	5	2	13	13
性状													
インドール	d	−	d	d	−	−	d	−	−	+	+	d	+
Voges-Proskauer (VP) 反応	−	−	−	d	−	+	d	d	d	−	−	d	−
クエン酸 (Simmons 培地)	−	d	−	d	+	+	−	d	d	+	−	d	d
硫化水素 (TSI 斜天培地*)	−	d	−	−	d	−	−	−	−	+	−	d	−
ウレアーゼ	−	−	−	d	d	d	d	d	−	−	+	d	d
デオキシリボヌクレアーゼ	−	−	−	−	−	−	d	+	−	−	−	d	−
β-ガラクトシダーゼ**	+	d	d	+	+	+	+	d	+	−	+	d	d
フェニルアラニン脱アミ	−	−	−	−	−	−	−	−	−	−	+	+	+
リジン脱炭酸	d	+	−	d	−	d	−	d	+	+	−	−	−
オルニチン脱炭酸	d	d	d	−	d	+	d	d	+	+	+	d	−
アルギニン脱ヒドラーゼ	d	d	d	−	d	d	d	−	−	−	−	−	−
運動性 (36℃)	d	d	−	−	+	+	−	+	+	+	+	+	d
ゼラチン液化	d	d	−	−	−	d	+	+	−	−	−	+	−
KCN 培地での発育	d	d	d	+	d	+	−	d	d	−	+	+	d
ブドウ糖からのガス産生	+	d	−	d	+	+	−	d	d	+	+	d	d
炭水化物の分解：													
乳糖（ラクトース）	d	−	−	+	+	+	d	d	d	−	−	−	−
ショ糖（スクロース）	d	−	−	+	d	+	d	+	d	d	−	d	d
マンニット	+	+	d	+	+	+	+	+	d	−	−	−	−
サリシン	d	−	−	+	d	+	d	+	d	−	−	d	d
アドニット	−	−	−	+	d	d	−	d	−	−	−	−	d
イノシット	−	−	−	+	−	d	d	+	d	−	−	−	d
ソルビット	d	+	d	+	+	+	+	+	d	−	−	−	−
アラビノース	+	+	+	+	+	+	+	d	d	−	−	−	−
ラフィノース	d	−	−	+	d	+	d	d	d	−	−	−	−
ラムノース	+	+	d	+	+	+	+	−	d	−	−	d	d
マルトース	d	+	−	+	+	+	+	+	d	+	−	+	−
キシロース	+	+	−	+	+	+	d	−	d	−	−	d	−
トレハロース	+	+	+	+	+	+	+	+	d	d	−	d	d
セロビオース	d	−	−	+	+	+	d	d	d	−	−	−	−
メリビオース	d	d	d	+	d	d	d	−	−	−	−	−	−
GC 含量（モル%）	50〜51	50〜53	50〜52	53〜58	50〜52	52〜60	50	52〜60	48〜49	50〜51	50	38〜41	40〜42

* triple sugar iron 斜天培地　　** オルト-ニトロフェニル-ベータ-D-ガラクトピラノシド (ONPG) を基質とする試験による
+：本属菌の 90% 以上が陽性，d：本属菌の 10% 以上，90% 未満が陽性，−：本属菌の 10% 未満が陽性

2）形　態

中～小（短）桿菌で，多くの場合，菌型による菌種判別は困難である．ほとんどの菌属が周毛性（菌体の周囲全体）のべん毛 flagella を有するが，シゲラ属菌（赤痢菌）やクレブシエラ属菌のようにべん毛のない非運動性の菌もある．菌体表面にはリポ多糖 lipopolysaccharide（**LPS**）が存在し，菌種によってはさらに**莢膜** capsule と呼ばれる多糖類でおおわれることにより，宿主細胞による食菌に抵抗性を示す．菌体表面に付着装置または接合伝達装置としての**線毛** pilus（pili または fimbria, fimbriae）を有する菌種もある．

3）表面抗原

腸内細菌目に属する多くの菌は菌体表面の抗原性状によって**血清型** serovar に分けられ，一部の属または種では血清型別のための抗原構造表が確立されている．血清型は病原性や宿主域と関連することが多く，また1菌種をさらに細分化でき，疫学解析において極めて有用な情報となる．腸内細菌目細菌の抗原は，菌体（O），べん毛（H），莢膜または莢膜様物質（K），および線毛（F）抗原の4種類に大別される．**O抗原**は菌体表面に存在するリポ多糖であり，耐熱性である．**H抗原**はべん毛を構成する易熱性蛋白質で，70℃以上の加熱で変性する．O抗原の表面をおおう**K抗原**は，O抗原を特定する際，取り除くことが必要となる．サルモネラの一部血清型に見られるK抗原をVi抗原と呼ぶ．**F抗原**は大腸菌で多くの報告がある．

4）病原性

腸内細菌目に属する多くの細菌は非病原性であるが，一部には病原性があり，下痢を示す腸管感染症の原因となる．また，一部の菌は宿主の粘膜組織に侵入し，血流に乗って全身に播種され，肺炎や流産などの全身徴候を起こす．尿路感染症の原因となるものもある．それゆえ前者を腸管内感染症起因菌，後者を腸管外感染症起因菌と呼ぶ．

病原性発現には様々な病原因子が関与する．粘膜表面への付着に関する線毛，宿毛細胞による食菌抵抗性に関与する莢膜，下痢の発現に関与する腸管毒素，宿毛細胞の情報伝達系を制御するためのエフェクター蛋白質とそれを宿主細胞内へ注入するための**3型分泌装置** type 3 secretion system（**T3SS**）など多種多様な病原因子が存在する．これらの病原因子は進化の過程で遺伝子の水平伝播により獲得したものと考えられている．

5）菌株の特徴づけ

菌株は血清型に細分されるが，疫学解析において，さらに同じ血清型に属する菌株を識別する場合は，各種の遺伝子型別，またはバクテリオファージや抗菌薬に対する感受性による菌株の特徴づけが行われる．

B．エシェリキア属

> **キーワード**：*Escherichia coli*，大腸菌，コレラ毒素，易熱性エンテロトキシン，LT，耐熱性エンテロトキシン，ST，EPEC，3型分泌装置，T3SS，志賀毒素，腸管出血性大腸菌，志賀毒素産生性大腸菌，STEC，ベロ毒素，溶血性尿毒症候群，脳症，*Shigella*，腸管凝集性大腸菌，EAEC，血清型，腸管侵入性大腸菌，EIEC，赤痢菌，大腸菌症，乳房炎，豚の浮腫病，腸管出血性大腸菌感染症

（1）分　類

エシェリキア *Escherichia* 属には *Escherichia albertii*, **E. coli（大腸菌）**, *E. fergusonii*, *E. hermannii*, *E. marmotae*, *E. ruysiae*, *E. whittamii* の7菌種が含まれる．大腸菌 *E. coli* が基準種 type species である．

大腸菌は動物および人の腸管内の正常フローラ（細菌叢）を形成しており，食品や環境などの糞便汚染の指標細菌として公衆衛生上の重要性も高い．また，一部の菌は病原性を獲得し，腸管感染症または腸管外感染症を引き起こす大腸菌として知られている．

a．下痢原性大腸菌

動物および人に腸管感染症（下痢や腸炎など）を引き起こす大腸菌を下痢原性大腸菌 diarrheagenic *E. coli*（DEC）と呼び，それぞれの大腸菌の病原性発現機序や保有病原因子により，6種類に分類することができる．

①腸管毒素原性大腸菌 enterotoxigenic *E. coli*

（ETEC）：エンテロトキシン enterotoxin を産生し，水様性下痢を引き起こす。エンテロトキシンには**コレラ毒素**に類似した構造および機能をもち 60℃ 10 分の加熱で失活する。**易熱性エンテロトキシン** heat-labile enterotoxin（**LT**）と低分子量で 100℃ 10 分の加熱でも失活しない**耐熱性エンテロトキシン** heat-stable enterotoxin（**ST**）がある。それぞれに 2 種類のサブタイプ〔LT-Ⅰ，LT-Ⅱ および STa（または ST-Ⅰ），STb（または ST-Ⅱ）〕が知られている。また，動物由来 ETEC の多くが腸管上皮細胞への付着因子（定着因子）として線毛である F 抗原（F4，F5，F6，F17，F18，F41 など）を保有する。染色体上にコードされる LT-Ⅱ を除き，ほとんどのエンテロトキシンおよび F 抗原は伝達性プラスミド上にコードされている。人由来 ETEC では付着因子として CFA（colonization factor antigen）を保有する。

②腸管病原性大腸菌 enteropathogenic E. coli（**EPEC**）：菌体表面のインチミンや BFP（bundle-forming pilus）を介して腸管上皮細胞に強く付着し，微絨毛を破壊して A/E（attaching and effacing）病変と呼ばれる特徴的な病変を生じることで下痢を引き起こす。染色体上の病原性遺伝子領域 LEE（locus of enterocyte effacement）にコードされた **3 型分泌装置** type 3 secretion system（**T3SS**）と呼ばれる微細な管を（注射針のように）腸管上皮細胞に刺し，インチミンレセプターおよび A/E 病変の形成に関与する様々なエフェクター蛋白質を注入する。EAF（EPEC adherence factor）プラスミドを保有する typical EPEC（tEPEC）と，これをもたない atypical EPEC（aEPEC）に細分類される。tEPEC は人が，aEPEC は動物が保菌している。近年，人の下痢症には tEPEC よりも，aEPEC の方がかかわっていると報告されている。

　腸管出血性大腸菌の多くが EPEC と同様の A/E 病変を形成するため，EPEC は「腸管細胞に細胞骨格障害（A/E 病変）を起こし，**志賀毒素**を産生しない下痢原性大腸菌」と定義されている。

③**腸管出血性大腸菌** enterohemorrhagic E. coli（EHEC），ベロ毒素産生性大腸菌 Vero toxin-producing E. coli（VTEC），**志賀毒素産生性大腸菌** Shiga toxin-producing E. coli（**STEC**）：EPEC と同様の機序で腸管上皮細胞に強く付着し，さらに志賀毒素 Shiga toxin（Stx）または**ベロ毒素** Verotoxin（VT）の産生により人では出血性大腸炎のほか**溶血性尿毒症症候群**（HUS）や**脳症**などの合併症を引き起こす。重症化した患者が死に至る場合もあり，国際的に重要な食中毒菌の 1 つである。志賀毒素（ベロ毒素）には Stx1（VT1）と Stx2（VT2）があり，Stx1 は志賀赤痢菌（*Shigella dysenteriae* 1）が産生する志賀毒素（Stx）と同じか酷似した蛋白質，Stx2 は Stx とは免疫学的に異なる蛋白質である。菌株により一方または両方の毒素を産生するが，疫学的な解析から人に対する病原性は Stx2 を産生する EHEC の方が高いと考えられている。Stx1 には少なくとも 3 種類（Stx1a，Stx1c，Stx1d），Stx2 には少なくとも 7 種類（Stx2a，Stx2b，Stx2c，Stx2d，Stx2e，Stx2f，Stx2g）のバリアントタイプが存在し，それぞれ染色体に溶原化したファージ（プロファージ）上にコードされている。厳密には志賀毒素を産生する大腸菌を STEC と総称し，その中で LEE 関連の病原因子（インチミンなど）をもち，人に出血性大腸炎や HUS を起こすものを EHEC と呼ぶ。しかし近年，Saa（STEC autoagglutinating adhesin）などインチミン以外の定着因子をもつ STEC による HUS の発生も報告されている。

④**腸管凝集性大腸菌** enteroaggregative E. coli（**EAEC** または EAggEC）：培養細胞に対して「レンガを積んだような」または「蜂の巣状の」特徴的な凝集付着像を示し，ガラス表面にも付着する。自発凝集しやすい特殊な線毛 AAF（aggregative adherence fimbriae）を保有し，凝集塊となって腸管上皮細胞に付着する。構造の一部が ETEC の STa と類似した耐熱性エンテロトキシン EAST1（EAEC heat-stable enterotoxin 1）を産生し，下痢を引き起こすと考えられている。病原因子の発現を総合的に制御する転写調節因子 AggR およびその関連遺伝子群を保有する typical EAEC と，こ

れらをもたない atypical EAEC に細分類され，下痢の患者から分離される EAEC には typical EAEC が多いことが報告されている．また，AAF を保有しない EAEC も多く，新たな付着因子の存在も示唆されている．海外では，EHEC 由来の志賀毒素（Stx2）ファージが EAEC に溶原化した志賀毒素産生性腸管凝集性大腸菌 Shiga toxin-producing enteroaggregative E. coli（**血清型** O104）による集団食中毒および HUS の発生も報告されている．

⑤ **腸管侵入性大腸菌** enteroinvasive E. coli（**EIEC**）：**赤痢菌**と同様のプラスミドおよび組織侵入性遺伝子（invE, ipaH）を保有する．大腸上皮細胞に侵入，増殖し，アクチン重合を起こして細胞内を移動，隣接する細胞へ広がり，大腸上皮細胞を死滅させることで赤痢様の下痢を引き起こす．EIEC は病原性だけでなく，遺伝学的，血清学的，生化学的にも赤痢菌に類似しており，大腸菌の中でも極めて赤痢菌に近いグループと考えられている．

⑥ 分散接着性大腸菌 diffusely adherent E. coli（DAEC）：培養細胞に対して，局在付着像を示す EPEC や凝集付着像を示す EAEC とは異なり，細胞表面全体へ均一に付着する特徴的な分散接着像を示す．付着因子として線毛性の F1845 や非線毛性の Afa（afimbrial adhesin）などが知られているが，新たな付着因子の存在も示唆されている．DAEC は比較的新しいカテゴリーであり，病原性の詳細については不明な点が多い．

b. 腸管外病原性大腸菌

動物および人に局所性または全身性の腸管外感染症（尿路感染症 urinary tract infection，髄膜炎 meningitis，敗血症 septicemia など）を引き起こす大腸菌を，腸管外病原性大腸菌 extraintestinal pathogenic E. coli（ExPEC）と呼ぶ．獣医学領域では鶏病原性大腸菌 avian pathogenic E. coli（APEC），医療分野では尿路病原性大腸菌 uropathogenic E. coli（UPEC）や髄膜炎／敗血症起因大腸菌 meningitis/sepsis-associated E. coli（MNEC）などが知られているが，近年では ExPEC と総称することも多い．

DEC のような明確な病原因子をもたず，病原性の成立は付着因子，鉄捕捉因子，毒素などの組合せによると考えられている．

c. Escherichia albertii

E. albertii は 1991 年小児下痢症患者から分離され，当初は Hafnia alvei として同定された．しかしながら，その後の詳細な細菌学的・遺伝学的解析から 2003 年，エシェリキア属の新種として E. albertii として再同定された．細菌学的性状は大腸菌と酷似しているが，37℃で運動性がないこと，メリビオース，ラムノース，キシロースなど一部の糖分解性がないことなど，大腸菌と異なる性状も有する．多くの E. albertii は乳糖を分解しないことからマッコンキー MacConkey 寒天培地や deoxycholate-hydrogen sulfide-lactose（DHL）寒天培地で乳糖非分解性の無色コロニーが得られたら E. albertii を疑う必要がある．

E. albertii のゲノムサイズは，4.5～5.1 Mbp（平均 4.7 Mbp）と大腸菌（平均 5.1 Mbp）と比較しやや小さい．GC 含量（モル％）は約 49.8 である．ほぼ全ての E. albertii 株が eae 遺伝子と細胞膨化致死毒素（cdt）遺伝子を有する．それゆえ，EPEC や EHEC と同様 A/E 病変を引き起こす．また，一部の株は stx2f 遺伝子を有するものもあり，溶血性尿毒症症候群患者から stx2f 遺伝子陽性の E. albertii の分離報告例もある．それゆえ，EHEC 同様注意を要する細菌である．このような背景から，E. albertii はしばしば EPEC や EHEC と誤同定されていた．

EPEC や EHEC と E. albertii の鑑別は容易でなかったが，近年，cdt 遺伝子をはじめ E. albertii に特異的な遺伝子を標的とした PCR が開発されている．また，ノボビオシン（N）を添加した NmEC 培地，さらにセフィシム（C）やアテルル酸（T）を添加した NCT-mTSB 培地，N の代わりにデオキシコール酸（D）を添加した CTD-TSB 培地など，様々な増菌培地も開発されている．一方，乳糖の代わりにメリビオース（M），ラムノース（R）あるいはキシロース（X）をマッコンキー寒天培地や DHL 寒天培地に添加した XR- マッコ

ンキー寒天培地，XRM-マッコンキー寒天培地や XR-DHL 寒天培地なども開発されている。多くの腸内細菌目細菌はこれらの培地上で糖を分解し赤色のコロニーを形成するが，E. albertii を含む一部の細菌はこれらの糖を分解できず無色のコロニーを形成することで鑑別できる。最終的には得られた無色コロニーを E. albertii に特異的な PCR などで E. albertii であることを確認する必要がある。

(2) 形 態

大腸菌はグラム陰性の通性嫌気性桿菌であり，運動性を示すものと示さないものがある。多くの菌株が周毛性のべん毛および種々の線毛を保有し，莢膜をもつものもある。また，菌体表面に付着因子（定着因子）となる線毛をもつものもある。

(3) 性 状

大腸菌は肉エキス，ペプトンおよび塩化ナトリウムを成分とする普通寒天培地上でよく発育し，37℃ 16 〜 18 時間の培養により無色〜灰白色，円形の半透明コロニーを形成する。選択培地としてマッコンキー寒天培地，DHL 寒天培地などが用いられ，多くの大腸菌が乳糖分解による赤色コロニーを形成する。

血清学的には少なくとも 185 種類の O 抗原（耐熱性の菌体抗原），53 種類の H 抗原（易熱性のべん毛抗原），70 種類の K 抗原（莢膜抗原），20 種類以上の F 抗原（線毛抗原）が認められている。病態によっては特定の血清型との関連が指摘されているが，同一血清型においても病原因子を欠く場合があり，血清型のみでは疾病に関与する大腸菌と同定することはできない。

ファージ，プラスミド，トランスポゾンなどの可動性遺伝因子 mobile genetic element（MGE）を介して病原性や薬剤耐性に関連するものを含む様々な外来遺伝子を獲得し，また MGE の一種である挿入配列 insertion sequence（IS）の転移によりゲノムが多様化することで，大腸菌は多岐にわたる性状を示す。

(4) 感染症

腸管内に常在する全ての大腸菌が疾病に関与するわけではなく，原則として病原因子を保有する特定の大腸菌が疾病を引き起こす。また，動物の疾病に関与しない常在性の大腸菌であっても，食品の汚染を介して人に疾病（食中毒）を引き起こすものは公衆衛生上，特に重要である。

a. 牛の大腸菌症

牛の**大腸菌症** colibacillosis は主に子牛で発生し，その病態は下痢，敗血症，髄膜炎など様々である。成牛では，**乳房炎** mastitis を除き原発性の感染を起こすことは極めて少ない。

下痢は生後 3 〜 4 日以内の新生期に発生し，加齢とともに腸管感染の感受性は低下する。下痢の原因となる主な大腸菌は ETEC であり，感染後 12 〜 18 時間の潜伏期を経て黄白色の水様または泥状の激しい下痢を起こす。原因菌は STa（または ST-I）産生菌が多く，まれに LT 産生菌が

表 6-3 下痢原性大腸菌および腸管外病原性大腸菌による代表的な感染症

病原体	病名	感染動物	主な病状
腸管毒素原性大腸菌（ETEC）	大腸菌症	牛	下痢
	大腸菌症	豚	下痢（新生期下痢，離乳後下痢）
腸管出血性大腸菌（EHEC）	下痢症	牛（子牛）	水様下痢，粘血性下痢，出血性下痢
志賀毒素産生性大腸菌（STEC）	浮腫病	豚	浮腫，神経徴候，脳脊髄血管症
ベロ毒素産生性大腸菌（VTEC）	EHEC 感染症	人	水様下痢，血性下痢，出血性大腸炎，HUS，脳症
腸管外病原性大腸菌（ExPEC）	大腸菌症	牛	敗血症，髄膜炎
	乳房炎	牛	乳房炎
	大腸菌症	豚	敗血症，髄膜炎，漿膜炎
鶏病原性大腸菌（APEC）または腸管外病原性大腸菌（ExPEC）	大腸菌症	鶏	敗血症，気嚢炎，心外膜炎，腹膜炎，卵管炎，関節炎，蜂窩織炎

存在する。付着因子としてはF5とF41が重要である。O群血清型はO8, O9, O20, O101などに属するものが多い。EPECまたはEHEC（STEC）を保菌する牛も存在するが，下痢の発生頻度はETECより低く，病状も軽い。

敗血症は生理的免疫不全や初乳の摂取失宜に関連し，原因となる主な大腸菌はExPECである。増殖した菌の内毒素（エンドトキシン）により過剰な炎症応答（エンドトキシンショック）が起こり急死する事例が多く，ExPECが産生する付着因子，鉄捕捉因子，細胞壊死因子などがその病原性を高めていると考えられている。

b. 腸内細菌目細菌による乳房炎

腸内細菌目細菌による乳房炎 coliform mastitis は，環境中の腸内細菌目細菌に属する細菌（特に *E. coli* および *Klebsiella pneumoniae*）が乳頭口より泌乳期または乾乳期の乳房へ感染し，急性または甚急性の乳房炎を引き起こす。甚急性壊疽性乳房炎の多くが全身性の重篤な病状を示し，エンドトキシンショックにより急死する事例もある。高温多湿や分娩後などの免疫が低下する時期に多く発生し，加療なしで自然治癒することも多い。

c. 豚の大腸菌症

豚の大腸菌症 colibacillosis in swine は，主に子豚で発生し，その病態は下痢がほとんどであるが，敗血症，髄膜炎，漿膜炎などの腸管外感染症も低頻度で発生する。

下痢は生後2週間以内の新生豚に発生する新生期下痢 neonatal diarrhea と離乳後2週間以内の離乳豚に発生する離乳後下痢 post-weaning diarrhea に分けられる。下痢の原因は主にETECであり，LT-I，STa（またはST-I），STb（またはST-II）のいずれかまたは複数を産生する。付着因子は主にF抗原であり，新生期下痢ではF4, F5, F6, F41など，離乳後下痢ではF4とF18が重要である。O149, O116, OSB9（O serogroup of *Shigella boydii* type 9）などが主要なO群血清型であり，次いでO147, O138, O141, O157, O8などに属するものが多い。また，国内では2000年代の中頃から，LT, STa（またはST-I），Stx2e，F18を産生する多剤耐性の大腸菌O116およびOSB9による下痢の発生が増加している。

敗血症は子豚の生理的免疫不全や初乳の摂取失宜に関連し，主に生後1〜2週間以内の新生豚に発生して急性の致死的経過を辿る。敗血症事例からは付着因子，鉄捕捉因子，細胞壊死因子などを産生するExPECが分離されるが，発生率が低いため病原因子と発症の詳細な関連については不明な点が多い。

d. 豚の浮腫病

豚の浮腫病 edema disease はSTECによる感染症であり，生後4〜12週の子豚期に最も多く発生し，まれに100日齢を超える肥育豚で発生することもある。浮腫病の原因はSTECであり，典型的には食欲不振，元気消失，神経徴候などに加えて，浮腫による顔面（眼瞼周囲や前頭部皮下など）の腫脹が認められる。発病後72時間以内に急性の経過で死亡することが多い。非典型的な浮腫病である脳脊髄血管症では神経徴候を示し，浮腫は目立たない。原因菌はStx2eとF18を産生し，加えてエンテロトキシンを産生する菌株も存在する。O群血清型はO139に属するものがほとんどであり，他にはO141, O123, O116, OSB9, O121などが認められている。

e. 鶏の大腸菌症

鶏の大腸菌症はAPEC（ExPEC）による腸管外感染症であり，呼吸器（気嚢）粘膜から体内に侵入し，敗血症を経て複数の臓器に炎症を引き起こす。孵化後数日〜10週もしくはそれ以上の週齢のブロイラーに多発し，敗血症，気嚢炎，心外膜炎，腹膜炎，卵管炎，関節炎，蜂窩織炎など全身に様々な病変を形成する。原因菌は付着因子，鉄捕捉因子，血清抵抗性因子，細胞毒素などを産生するが，病勢は菌株の病原性だけでなく宿主の健康状態や環境ストレスなどにより異なると考えられている。O群血清型はO1, O2, O78などに属するものが多い。

f. 人の**腸管出血性大腸菌感染症**

EHECの主な保菌動物（レゼルボア reservoir）

は牛，羊，山羊であり，牛が最も重要である。ほとんどの場合，他の腸管内常在性大腸菌と同様に保菌動物は無徴候である。しかし，糞便を介した食肉や環境の汚染が食中毒発生の端緒となることから，EHEC感染症は獣医学領域でも重要視されている。

　腸管上皮細胞に強く付着したEHECが産生する志賀毒素により，出血性大腸炎を引き起こす。重症例ではHUSや脳症などの合併症を引き起こし死に至る場合もあるが，軽い下痢や無徴候で済む場合もある。国内では，1996年に血清型O157による1万人規模の集団事例outbreakが発生し，1999年に三類感染症に指定されて以来，EHEC感染者の届出数は毎年3,000例を超えている。近年では，同一汚染食品が広範囲に流通した結果，同時多発的な集団事例diffuse outbreakが発生することもある。O群血清型はO157が主要であり，次いでO26，O103，O111，O121などに属するものが多い。近年ではO157以外の血清型による発生事例が増加傾向にある。

　g. *Escherichia albertii* 感染症

　E. albertii は多くの場合，小児の胃腸炎の原因となるが，成人の下痢症患者からも分離されている。2003年以降，我が国において少なくとも10件の集団食中毒事例が報告されている。しかし，*E. albertii* の感染源や原因食品は明らかとなっていない。代表的な臨床徴候として，下痢，腹痛，発熱，嘔吐などがある。また，近年，まれではあるが敗血症や尿路感染症など腸管外感染症患者からの分離報告例もある。

　一方，*E. albertii* はスコットランドやアラスカで死亡した野鳥などからも分離されており，新興人獣共通感染症起因菌としても注目されている。*E. albertii* の保菌動物としてアライグマなどの野生哺乳類や野鳥が報告されている。また，環境水，野菜，家禽，豚やカキなどからの分離報告例もあり，野生動物と環境水を介して農作物を汚染し，人への感染源となっている可能性が指摘されている。食中毒細菌や人獣共通感染症起因菌としても重要な細菌である。

C. シゲラ属

キーワード：*Shigella*，大腸菌，細菌性赤痢，赤痢菌，血清型，EIEC，志賀毒素，志賀毒素産生性大腸菌，STEC

（1）分　類

　シゲラ *Shigella* 属には *S. dysenteriae*（A群赤痢菌），*S. flexneri*（B群赤痢菌），*S. boydii*（C群赤痢菌），*S. sonnei*（D群赤痢菌）の4菌種が含まれ，遺伝子レベルの相同性の高さから生物学的には大腸菌の1種と考えられている。しかし，三類感染症に指定されている細菌性赤痢 bacillary dysentery の原因菌として大腸菌と区別してきた医学上の重要性と習慣から，エシェリキア属とは異なる属として分類されている。赤痢菌の発見者である志賀潔にちなんで，*S. dysenteriae* 血清型1（*S. dysenteriae* 1）を特に志賀赤痢菌と呼ぶことがある。

　プラスミド上に組織侵入性遺伝子を保有し，大腸上皮細胞に侵入および増殖後，アクチン重合により細胞内を移動，隣接する細胞へ広がり，大腸上皮細胞を死滅させることで下痢を引き起こす。

（2）形　態

　赤痢菌はグラム陰性の通性嫌気性桿菌であり，芽胞を形成しない。べん毛をもたないため運動性を示さず，莢膜ももたない。

（3）性　状

　赤痢菌は普通寒天培地上でよく発育し，37℃16〜18時間の培養により無色，円形の半透明コロニーを形成する。選択培地としては，サルモネラ・シゲラ Salmonella-Shigella（SS）寒天培地（選択性が強い），マッコンキー寒天培地やDHL寒天培地（選択性が弱い）などが用いられ，乳糖非（遅）分解のため無色のコロニーを形成する。

　赤痢菌はO抗原（菌体抗原）のみにより血清学的に型別され，少なくとも *S. dysenteriae* は15種類，*S. flexneri* は少なくとも18種類，*S. boydii* は20種類，*S. sonnei* は1種類の血清型が認められている。同一菌種でも血清型や生物型により異なる性状を示す場合があり，大腸菌（特にEIEC）

との鑑別も含め，同定には生化学的および血清学的性状の両者を考慮する必要がある。

S. dysenteriae 1 が産生する**志賀毒素**（Stx）は EHEC または**志賀毒素産生性大腸菌**（**STEC**）が産生する Stx1 と同じか酷似した蛋白質である。

（4）感染症

赤痢菌には人やサルなどの霊長類のみに感染する宿主特異性があり，他の動物による保菌は知られていない。

　a．人の細菌性赤痢

赤痢菌の経口感染で起こる急性感染性大腸炎であり，世界的に蔓延しているが，特に栄養および衛生状態の悪い開発途上国で多発している。

典型的な症状は発熱，腹痛，下痢，しぶり腹などであるが，S. dysenteriae 1 では産生された志賀毒素により HUS が引き起こされることがある。人に対する病原性は S. dysenteriae が最も強く，次いで S. flexneri が強い。S. sonnei は国内での集団事例が多いが，病原性が弱いため軽症下痢または無症状で経過する例も多い。また，先進国において S. dysenteriae や S. flexneri の多くは，開発途上国からの帰国者より分離されている。

　b．サルの細菌性赤痢

サルは赤痢菌に対して人と同程度の感受性をもち，水様性，粘液性，粘血性の下痢，元気食欲の消失，嘔吐などが認められる。野生のサルは赤痢菌を保菌しておらず，発生は飼育下のサルに限定される。国内ではサルから分離される赤痢菌のほとんどが S. flexneri である。無徴候で正常便を排泄する保菌サルも多く，国内外でサルから人への感染事例が報告されている。

D．サルモネラ属

キーワード：サルモネラ，*Salmonella enterica*，血清型，非チフス性サルモネラ，大腸菌，SPI-1，SPI-2，3型分泌装置，T3SS1，T3SS2，サルモネラ症，馬パラチフス，家きんサルモネラ症（家きんチフス，ひな白痢）

（1）分　類

サルモネラは，1885 年に Smith T（1859 ～ 1934）と Salmon DE（1850 ～ 1914）によって豚コレラ（現豚熱）罹患豚から最初に分離され，当時 Salmonella choleraesuis と命名された。それ以来，サルモネラ *Salmonella* 属菌は 2,000 種類以上分離されたが，その分類には国際原生生物命名規約 International Code of Nomenclature of Prokaryotes（当時の国際細菌命名規約 International Code of Nomenclature of Bacteria）には適合していない命名体系が広く使われていたため，長きにわたり混乱を生じてきた。そこで，この分類・命名体系における矛盾を解決するために，16S rRNA 配列解析の相違に基づいて分類が整理された。現在，サルモネラ属菌には ***Salmonella enterica*** と *Salmonella bongori* の 2 菌種が含まれ，前者は生化学的および系統学的特性に基づいてさらに 6 つの亜種 subspecies（*enterica*，*salamae*，*arizonae*，*diarizonae*，*houtenae* および *indica*）に細分されている。

これらの種および亜種はさらに，パスツール研究所内のサルモネラに関する世界保健機関（WHO）協力センターによって 1934 年に作成後継続的に更新されている White-Kauffmann-Le Minor の抗原構造表に基づいて，**血清型** serovar に分類される。サルモネラ属菌は，46 種類の菌体 O 抗原（リポ多糖）と 114 種類の H 抗原（べん毛蛋白質，1 相と 2 相がある）の抗原多型の組合せに基づいて，約 2,600 の血清型で構成されている。中でも亜種 *enterica* には人や動物の感染症に関連する血清型が多く含まれており，各血清型に固有名が割り当てられている。この血清型名は，以前は菌種名として扱われていたため，過去のサルモネラ属の分類上の混乱を招いた原因にもなっている。サルモネラ属菌の名称を記載するにあたり，血清型の呼称を種レベルの呼称と区別するために，大文字で始まるローマ字（イタリックにしない）で表記している。現在，学術論文で使用されている正式な表記は，最初に属名，次に種名を記載し，その後に血清型にあたる "serovar" という単語を記載し，最後に血清型名を記載するものである。すなわち，血

表6-4 サルモネラ（*S. enterica* subsp. *enterica*）の主要な血清型の分類

血清型	抗原構造 O:H1:H2	感受性宿主	疾病名	病型
Typhimurium	4:i:1,2 *	様々な動物	サルモネラ症（牛，豚，鶏で届出伝染病）	腸炎型
Enteritidis	9:[f],g,m,[p]:[1,7]	様々な動物	サルモネラ症（牛，鶏で届出伝染病）	腸炎型
Choleraesuis	7:c:1,5	豚	サルモネラ症（豚で届出伝染病）	全身感染型
Dublin	9,[Vi]:g,p:-	牛	サルモネラ症（牛で届出伝染病）	全身感染型
Abortusequi	4:-:e,n,x	馬	馬パラチフス（届出伝染病）	全身感染型
Gallinarum biovar Gallinarum	9:-:-	鶏	家禽チフス（家畜伝染病）	全身感染型
biovar Pullorum	9:-:-	鶏	ひな白痢（家畜伝染病）	全身感染型
Typhi	9,[Vi]:d:-	人	腸チフス（三類感染症）	全身感染型
Paratyphi A	2:a:[1,5]	人	パラチフス（三類感染症）	全身感染型

*近年単相変異株（4:i:-）の分離事例が人・動物ともに多い

清型 Typhimurium（抗原構造は 4:i:1,2）の場合，*Salmonella enterica* subspecies *enterica* serovar Typhimurium と書く。この長い表記規則を簡略化するために，*Salmonella* serovar Typhimurium あるいは *Salmonella* Typhimurium のように短縮することもある。

サルモネラ属菌は感染した宿主に引き起こす病型によって2つのグループに大別される。一方は，わずかながら特定の感受性宿主動物のみにおいて敗血症を引き起こす全身感染型のグループである。このグループには，鳥類が感受性を示す Gallinarum のほか，馬やロバが感受性を示す Abortusequi や羊が感受性を示す Abortusovis，人が感受性を示す Typhi や Paratyphi A があり，これらは宿主限定性 host-restricted である。豚の Choleraesuis や牛の Dublin も宿主特異性が強いが，人での感染事例がまれに起こるため，宿主適応性 host-adapted と区別されることもある。他方，人を含む様々な宿主動物に下痢などの消化器徴候を示す腸炎型のグループがあり，上記以外の大多数の血清型が含まれ，人では食中毒の原因として重要である。まれに敗血症を引き起こすこともある。

なお，医学領域では血清型 Typhi や Paratyphi A は，これらによる疾病はそれぞれ腸チフスおよびパラチフスと呼ばれることから「チフス性サルモネラ」，これに対して腸炎型に含まれる血清型は「**非チフス性サルモネラ**」と分類されることもある。

(2) 形 態

サルモネラは直径約 0.7～1.5 μm，長さ 2～5 μm のグラム陰性桿菌で，周毛性べん毛を有する（血清型 Gallinarum を除く）。サルモネラの細胞壁外膜表面にある耐熱性のリポ多糖（LPS）部分が，いわゆる O 抗原である。また，べん毛の構造上大部分を占めるフィラメントを構成する易熱性の H 抗原がある。腸内細菌科の中でもサルモネラは第 1 相 H 抗原と第 2 相 H 抗原という 2 種類の異なる H 抗原をもつ点でユニークであり，1 つの菌体はいずれか一方の相の H 抗原のみを可逆的に発現する相変異（図 4-13）を示す。いくつかの血清型は，外膜のさらに外側に易熱性の莢膜（Vi）抗原をもっている。

(3) 性 状

a. 生化学的性状など

サルモネラはグラム陰性通性嫌気性菌で，べん毛をもつ血清型は運動性を示す。重要な生化学的性状を表 6-5 に示す。サルモネラ属に共通する特徴であるブドウ糖分解・乳糖非分解・ショ糖非分解やインドール非産生は，**大腸菌**など他の腸内細菌科との鑑別に重要である。また，硫化水素産生，ブドウ糖からのガス産生，リジン脱炭酸

表 6-5 主なサルモネラ血清型の生化学的性状

血清型	運動性	ガス産生	クエン酸利用	リジン脱炭酸	オルニチン脱炭酸	硫化水素産生	アラビノース分解	ズルシット分解
Typhimurium	+	+	+	+	+	+	+	+
Enteritidis	+	+	+	+	+	+	+	+
Choleraesuis	+	+	+	+	+	d	d	−
Dublin	+	+	−	+	+	+	+	+
Abortusequi	+	+	−	+	+	−	+	+
Gallinarum								
biovar Gallinarum	−	−	−	+	+	+	−	−
biovar Pullorum	−	+	+	+	+	−	+	−
Typhi	+	−	−	+	+	+*	−	−
Paratyphi A	+	+	−	−	+	−	+	−

d：diverse 菌株により異なる。＊TSI 寒天培地の穿刺部分にわずかに認める。

酵素，クエン酸利用能なども基本的に陽性であるが，獣医学領域で重要な血清型では，いくつかの例外がある（血清型 Gallinarum，Abortusequi および一部の Choleraesuis は硫化水素を産生せず，Gallinarum と Abortusequi はクエン酸利用能陰性）。また，かつての血清型 Pullorum は，現在血清型 Gallinarum の中でズルシット分解などの生化学的性状がわずかに異なる生物型 biovar として細分類されている。

b．病原性

サルモネラは様々な病原因子を有し，最もよく知られているのは染色体上にある複数の病原性アイランド（*Salmonella* Pathogenicity Island：SPI）である。中でも **SPI-1** および **SPI-2** はべん毛基部と類似した **3 型分泌装置**（T3SS）と呼ばれる分子シリンジ構造とそこから分泌されるエフェクター蛋白質の遺伝子をコードしており，それぞれ上皮細胞への侵入と細胞内生存・増殖に関与している。サルモネラは宿主に経口感染後腸管に到達し，線毛などを介して腸粘膜上皮細胞に付着する。さらに SPI-1 に含まれる **T3SS1** により細胞内へ送り込まれた一群のエフェクター蛋白質群は，細胞内のシグナル伝達系を撹乱して細胞骨格を構成するアクチンの再構築を誘導する。その結果，上皮細胞の細胞膜が波立ち（ラッフリング ruffling），サルモネラは取り込まれるように上皮細胞内に侵入する。一般的な腸炎型のサルモネラの場合は，感染細胞の機能不全により粘膜上皮での水分や栄養の吸収が阻害されるため下痢が惹起され，さらに菌が Toll 様レセプター Toll-like receptors（TLRs）などに認識された結果，細胞内シグナル伝達により炎症性サイトカインの分泌，さらに腸粘膜局所への好中球の浸潤が起こる。腸炎の発症は細胞外サルモネラの排除に寄与するが，腸組織の破壊にもつながり，出血や偽膜の形成が引き起こされる。また，上皮細胞の細胞内小胞で増殖した菌は基底膜側から粘膜固有層へ脱出後，あるいはパイエル板 M 細胞を介したトランスサイトーシスの後，マクロファージに貪食される。マクロファージ内に取り込まれたサルモネラを包含する食胞は，リソソームと融合してファゴリソソームを形成し，様々な分解酵素や活性酸素などの殺菌機構で内部の菌を分解する。しかし，全身感染型のサルモネラの場合，マクロファージの食胞内に存在する菌は，SPI-2 にコードされた **T3SS2** を用いて別のエフェクター蛋白質群を食胞の内側から外側（細胞質内）に注入して食胞とリソソームとの融合を阻害し，マクロファージ内で殺菌機構を逃れて生残・増殖できる。この感染マクロファージはリンパ行性に血中に入り，さらには肝臓や脾臓をはじめとした臓器へと伝播するため，宿主動物は敗血症に陥り，死に至る。近年では，

肝臓や脾臓の貪食細胞以外の細胞内でも T3SS2 を利用して生存するほか，サルモネラに感染した上皮細胞やマクロファージがパイロトーシスと呼ばれる細胞死を起こすこと，さらに死んだ細胞と内部で生存・増殖していた菌が好中球に貪食（エフェロサイトーシス）された後，菌が好中球内で生存することも明らかになっている。また，一部の血清型は病原性プラスミドを保有していることも知られている。

（4）感染症

a. 牛のサルモネラ症

牛の**サルモネラ症** salmonellosis は世界各国で発生している。いずれの血清型が原因の場合も，感染後の病状は宿主の年齢，健康状態，感染歴，移行抗体の有無，感染菌数などによって幅がある。生後 6 か月以下の子牛がサルモネラに感染すると，血清型に関係なく腸炎を起こすことが多く，発熱，食欲不振を伴う激しい下痢とそれによる脱水を呈する。下痢便は水様性で粘液や偽膜，血餅を混じることがある。我が国では，1940 年代前後に血清型 Enteritidis による子牛での集団発生が多発し，その後血清型 Typhimurium による集団発生が全国的に報告された。1970 年代以降には血清型 Dublin による発生が増加した。本血清型は子牛の下痢症のみならず，感染歴のない農場に侵入すると，甚急性の敗血症による急死，さらには妊娠牛の流産を引き起こす点で他の血清型と一線を画しており，その被害は甚大である。そして 1990 年代になると，Typhimurium による搾乳牛での発生事例が増加し，発熱や下痢，肺炎などを伴った死亡例が急増したことから大きな問題となった。近年は Typhimurium の分離頻度が最も高く，Dublin がそれに次ぐが，これら以外の血清型による症例も多く，分離される血清型は多様化している。いったんサルモネラによる下痢症や死流産が起こると，その後当該農場では同居牛や環境も含めた検査が実施される。特に Dublin の場合は糞便への排菌が認められないことがあり，血液培養による分離を試みる必要がある。上記 3 血清型は「家畜伝染病予防法」において届出伝染病に指定されているため，検査により摘発された患畜・疑似患畜の隔離と抗菌薬治療のほか，検査期間の子牛の移動制限や生乳の出荷制限が課されるなど，最終的に当該農場は大きな経済的損失を被り，廃業を迫られることも少なくない。酪農の盛んな北海道では，現在まで牛のサルモネラ症（届出）の発生報告が多く，その数は 2022 年の国内発生数 439 頭のうち 370 頭に上る。

b. 豚のサルモネラ症

豚のサルモネラ症も世界中で見られ，主に離乳期から子豚期にかけて発生する。Choleraesuis を主因とした急性の敗血症性疾患または Typhimurium を主因とした下痢を伴う慢性腸炎である。我が国では，これら血清型による豚のサルモネラ症は届出伝染病に指定されている。この他にも多くの血清型が健康保菌豚の糞便から分離されるため，豚のサルモネラ感染は公衆衛生上も重要である。敗血症型では胃腸炎，敗血症，肺炎，肝炎，髄膜炎，流産などを引き起こすほか，甚急性例では無徴候のまま急死する。下痢症型では腸炎を主徴とし水様性〜泥状ないし粘血便を排泄する。死亡率は低いものの，回復してもその後は発育不良となる。慢性化すると重度の壊死性腸炎を呈し，ボタン状潰瘍が認められる。血清型 Choleraesuis には，硫化水素非産生性の Choleraesuis 型と硫化水素産生性の Kunzendorf 型の 2 種類の生物型が知られており，国内では両者とも分離されるため，注意が必要である。

c. 馬パラチフス

馬パラチフス equine paratyphoid は，血清型 Abortusequi の感染によって起こる伝染性流産や多発性膿瘍を主徴とした疾病である。本菌は第 1 相の H 抗原を欠く（表 6-4）。近年は先進国での発生が激減しているが，南米や欧州で発生が確認されているほか，アジアでは中国やインドにおいて今なお発生が続いている。我が国では古くから届出伝染病に指定されており，現在もなお北海道東部の重種馬を中心に発生が認められている。妊娠馬が馬パラチフスに罹患すると，胎齢 5〜8 か月に突発性の流産を引き起こす。流産の 1〜2

日前に発熱，漏乳，悪露，外陰部および乳房の腫脹などが確認される場合もあるが，無徴候の場合もある。成馬では関節炎やき甲瘻など局所の化膿性疾患が見られるほか，種雄馬では精巣炎も認められる。当歳馬では1週間～1か月間の発熱後，敗血症で死亡する個体も見られる。罹患馬の一部，特に若齢時に感染後耐過した個体は，長期にわたって保菌し，感染源となる可能性が高い。感染個体の糞便からは菌が分離できないことが多いため，急速凝集反応による血清学的検査が行われるが，他の血清型との交差反応に注意が必要である。

 d. 家きんサルモネラ症

 家きんサルモネラ症 salmonellosis in chickens には，血清型 Gallinarum のうち生物型 Gallinarum による**家きんチフス** fowl typhoid と生物型 Pullorum による**ひな白痢** pullorum disease が含まれ，いずれも家畜伝染病（法定伝染病）に指定されている。家禽チフスは，鳥類の急性あるいは慢性の敗血症性の疾病で，日齢に関わらず致死的である。アジアや南米では発生が認められるが，これまで我が国での発生例は報告されていない。一方，ひな白痢は文字通り雛で白色下痢便を主徴とする急性敗血症性疾病で，2～3週齢までは特に致死率が高いが，それ以降の感染鶏は無徴候の保菌鶏となる。保菌鶏から介卵感染により次世代に菌が伝播し，孵化した雛が発症するだけでなく，同居雛へ感染が拡大する。我が国では急速平板凝集試験による血清学的検査で汚染種鶏の摘発淘汰が進められたため，国内発生はほとんどないが，まれに輸入検疫での摘発を逃れ仕向け先農場で発生することがあるため，注意が必要である。

 e. 鶏パラチフス

 鶏パラチフス paratyphoid infection in chickens は上記 Gallinarum 以外の血清型のサルモネラの感染による。血清型 Enteritidis と Typhimurium によるものは届出伝染病（鶏のサルモネラ症）に指定されている。幼雛ではひな白痢と似た病状を示すこともあるが，病勢は感染菌数，環境，混合感染の有無などによって様々で，無徴候に経過することが多い。成鶏では概して不顕性感染である。かつて採卵鶏において Enteritidis による鶏卵汚染が世界中で問題になったほか，ブロイラーの保菌やそれに端を発した鶏肉汚染が問題視されており，公衆衛生上重要である。

 f. 人のサルモネラ症

 血清型 Typhi と Paratyphi A は人を感受性宿主とし，それぞれに起因する疾病は腸チフスとパラチフスと呼ばれ，高熱や菌血症など全身感染性の病態を示す。いずれも南アジア，東南アジア，アフリカなどで一定の発生があるが，日本での発生はわずかで，そのほとんどが海外からの輸入例である。国内では三類感染症に指定されている。これら以外の血清型による感染症は急性胃腸炎，いわゆる食中毒が多い。2000年前後には血清型 Enteritidis による汚染鶏卵を原因食品とする食中毒事例が世界的に多発したが，近年の食中毒事例数は減少傾向である。人からの Enteritidis 分離株数が著減する一方，他の血清型の分離率が相対的に増加し，従来から分離率の比較的高かった血清型 Typhimurium のほか，Infantis や特に Schwarzengrund などの分離が目立つ。これらは鶏肉食品や農場の鶏群からの分離頻度も高く，フードチェーンアプローチによる制御が重要な課題となっている。一方で，野生動物などの健康保菌も問題になっており，農場で家畜・家禽への感染源になるほか，ペットの爬虫類を介して人が感染する事例が報告されている。保菌した野生動物の肉を介して人が感染する可能性も示唆されており，公衆衛生上注意が必要である。

E. エルシニア属

> **キーワード**：*Yersinia*, エルシニア，ペスト菌, *Yersinia pestis*, *Y. pseudotuberculosis*, 仮性結核菌, *Y. enterocolitica*, *Y. ruckeri*, 耐熱性エンテロトキシン，血清型，3型分泌装置，T3SS，ペスト，エルシニア症，豚のエルシニア症，仮性結核

 エルシニア ***Yersinia*** 属は腸内細菌目エルシニア科の細菌で，魚を含む動物や人の病原菌を含む。**エルシニア**の属名は，**ペスト菌**を発見したフラン

ス人医師で細菌学者の Yersin A に由来する。

(1) 分　類

2024 年現在，エルシニア属には 26 菌種あり，基準種は **Yersinia pestis**（ペスト菌）である。動物や人の病原菌として特に重要な菌種は *Y. pestis*, **Y. pseudotuberculosis**（仮性結核菌），**Y. enterocolitica**（腸炎エルシニア）と魚病細菌の **Y. ruckeri** の 4 菌種である。

(2) 形　態

グラム陰性，通性嫌気性の短桿菌で，両端が丸い楕円形を呈する。大きさは *Y. pestis* が $1.0 \times 2.0\ \mu m$，他のエルシニア属菌は $0.5 \sim 0.8 \times 1 \sim 3\ \mu m$ である。*Y. pestis* は新鮮培養では卵円形の桿菌だが，古い培養液や時間経過した死体からの採取菌では，棍棒状や大小不同など多形性を示す。グラム染色やギムザ染色では，両端染色性（両端が濃く，中央部の色が淡く染まる）を示す。

エルシニア属菌の至適発育温度は 25 〜 30℃だが，増殖可能温度域は 1 〜 45℃と幅広く，4℃以下の低温でも発育可能である。培養温度の違いにより表現型が変化し，25℃では 35℃以上での培養に比べ，より多様な性質を示す。例えば 25℃では周毛性べん毛を形成し，運動性を示すが，37℃では運動性を失う。*Y. pestis* は温度に関係なく，非運動性である。*Y. pestis* は 37℃では莢膜を産生し，菌体周囲をおおい，貪食抵抗性を示す。

エルシニア属菌は普通寒天培地，ブレインハートインフュージョン（BHI）寒天培地，トリプトソーヤ寒天培地などの通常培地や腸内細菌選択分離培地のマッコンキー寒天培地に発育し，48 時間で 0.5 〜 2.0 mm の小さなコロニーを形成する。*Y. pestis* は他のエルシニア属菌と比べ，やや発育が遅く，コロニーが明瞭になるのは 48 時間以降である。*Y. pestis* は血液寒天培地上ではやや暗い灰色〜灰白色で，中央部が隆起し，辺縁は扁平で分葉状のコロニーを形成する。37℃では莢膜の産生により粘稠性を帯び，釣菌時に糸をひく。*Y. pseudotuberculosis* と *Y. enterocolitica* は半透明で，扁平，平滑で湿潤なコロニーを形成する。通常培地では両者のコロニーは非常に似通っているが，エルシニア選択培地の cefsulodin-irgasan-novobiocin（CIN）寒天培地上では，*Y. pseudotuberculosis* が暗赤色で辺縁明瞭なコロニーであるのに対し，*Y. enterocolitica* は中央部が赤〜暗赤色，辺縁が半透明〜白の異なる形態を示す。*Y. ruckeri* は血液寒天培地やトリプトソーヤ寒天培地上で，乳白色，半透明，円形で半球状に隆起し，表面や辺縁は平滑，明瞭な小コロニーを形成する。

(3) 性　状

エルシニア属の病原菌種の主な鑑別性状を表 6-6 に示す。エルシニア属菌はカタラーゼ陽性，オキシダーゼ陰性で硫化水素を産生しない。ブドウ糖を分解し，酸を産生するがガスは産生しない。菌種により利用できる糖に違いがあるが，乳糖は非分解である。エルシニア属菌間の鑑別に重要な生化学的性状は，運動性，ウレアーゼ産生，インドール産生，エスクリン加水分解などである。本属菌の分離や鑑別では培養温度による表現型の違いを考慮し，25℃と 37℃の両温度にて培養，観察することが望ましい。

Y. enterocolitica は 37℃では発育が悪く，病原プラスミドが脱落することもあるため，25 〜 32℃での培養が望ましい。25℃で**耐熱性エンテロトキシン**を産生する。病原性 *Y. enterocolitica* はエスクリン非分解，自己凝集反応陽性，カルシウム要求性を示し，これらの性状は非病原株との鑑別に重要である。自己凝集反応試験は，被験菌を 37℃，ブレインハートインフュージョン（BHI）液体培地で培養し，自己凝集の有無を確認する試験である。凝集する場合は試験管底に凝集塊が沈殿として目視で観察でき，病原性株の判定が簡便，迅速にできる。

Y. enterocolitica は生化学的性状により，6 つの生物型（1A，1B，2，3，4，5）に分けられる。生物型 1A は非病原性，1B は高病原性，2 〜 5 は低〜中度病原性とみなされてきたが，臨床株には 1A も一定数含まれること，食品由来株の多くは 1A であることから，1A と食中毒の関連性が

表 6-6　エルシニア属菌の主な生化学的性状

菌種	Y. pestis	Y. pseudotuberculosis	Y. enterocolitica	Y. ruckeri
運動性（25℃）	－	＋	＋	＋
運動性（37℃）	－	－	－	－
ブドウ糖*	＋	＋	＋	＋
乳糖	－	－	－	－
ショ糖	－	－	d	－
ラムノース	－	＋	－	－
ソルビトール	－	＋	＋	－
硫化水素	－	－	－	－
インドール	－	－	V	－
リジン脱炭酸	－	－	－	＋
ウレアーゼ	－	＋	＋	－
エスクリン	d	＋	d**	－

d：陰性または陽性，V：温度依存
* ブドウ糖発酵により酸を産生するが，ガスは産生しない
** 病原株は陰性，非病原株は陽性

指摘されている。また，O 抗原，H 抗原，K 抗原の組合せで 70 以上の**血清型**に分けられる。患者から分離されるのは O3，O5，O8，O9 が多い。Y. pseudotuberculosis の血清型は O 抗原により 1〜15 群あり，1，2，4 および 5 群はさらにいくつかの亜群に分けられ，現在のところ 21 の血清型別が知られている。人の感染症と明確に関連づけられているのは 1a，1b，2a，2b，2c，3，4b，5a と 5b の菌型である。Y. pestis は O 抗原を欠くが，リピド A は保持しており，エンドトキシン活性をもつ。

（4）病原因子

病原因子は染色体上の high-pathogenicity island（HPI）と病原性プラスミド上にコードされている。人に病原性を示す 3 菌種（Y. pestis, Y. pseudotuberculosis, Y. enterocolitica）は約 70 kbp の pYV/pCD1 プラスミドを共通にもつ。HPI には，yersiniabactin という鉄と親和性の高いシデロフォア siderophore（Y. ruckeri では ruckerbactin）や，宿主上皮細胞側の β1 インテグリンに結合し細胞内への侵入に関与する invasin をコードする inv など病原性に関する遺伝子が染色体上にまとまって存在している。pYV プラスミドは Ysc，Yops，Yad，Lcr などの病原因子の遺伝子をコードしている。Ysc は **3 型分泌装置（T3SS）** を構成し，Yops（Yersinia outer membrane proteins）は外膜蛋白質で貪食細胞の食作用や細胞内での殺菌作用への抵抗性に，Yad は腸管上皮への定着や血清抵抗性にそれぞれ関与する。Lcr はカルシウム依存性の増殖に関わる。

Y. pestis は pYV の他，pYT（96.2 kbp），pYP（9.6 kbp）と 3 種類の病原プラスミドを保有する。pYT には莢膜抗原（Fraction 1 antigen または F1）とマウスに高い毒性を示すホスホリパーゼ D 遺伝子 yplD がコードされている。莢膜抗原は貪食抵抗性やオプソニン化阻害作用をもち，ホスホリパーゼ D は Y. pestis を媒介するノミの中腸での定着と増殖に関与する。

（5）感染症

a. ペスト

Y. pestis を病原菌とする人獣共通感染症。Y. pestis はバイオセーフティーレベル（BSL）3 病原体で，**ペスト** plague は「感染症の予防及び感染症の患者に対する医療に関する法律（感染症法）」の一類感染症である。また，プレーリードッグは本病を人に感染させる恐れが高い動物として輸入禁止動物に指定されている。

人類はこれまで 3 度ペストのパンデミックを

経験している。最初は6世紀〜8世紀に地中海を中心に広がった「ユスティニアヌスのペスト」、2度目は14世紀〜18世紀に欧州人口の3分の1が死亡した「黒死病」、3度目は19世紀半ばにアジアで発生し、この時に病原菌として Y. pestis が分離された。日本では1926年以降患者は確認されていないが、現在も世界の様々な地域で発生している。

ペストの感染環を図6-1に示す。Y. pestis は Y. pseudotuberculosis 血清型 O:1b を祖先とし、進化の過程で腸管病原性を失い、他のエルシニア属菌にはない節足動物媒介性を獲得した。自然界では、野生の齧歯類（野ネズミやプレーリドッグなど）を保菌宿主とし、ネズミノミ属のノミを介して他の齧歯類や動物で維持され、人に伝播される。イヌノミ、ネコノミも Y. pestis に感染するが、病原体の伝播には不十分とされる。また、ペスト発生地域では保菌動物を解体、調理や摂食した人でのペストの発生がしばしば見られる。

感染経路や臨床所見により腺ペスト、敗血症型ペスト、肺ペストなどの病型に分けられる。腺ペストが最も一般的で、患者の8〜9割を占める。潜伏期間は3〜7日で、保菌動物を吸血したノミに刺されると、近傍リンパ節の有痛性腫大や化膿性潰瘍が見られ、高熱、頭痛、悪寒、倦怠感などの全身性の徴候が現れる。リンパや血流を介し

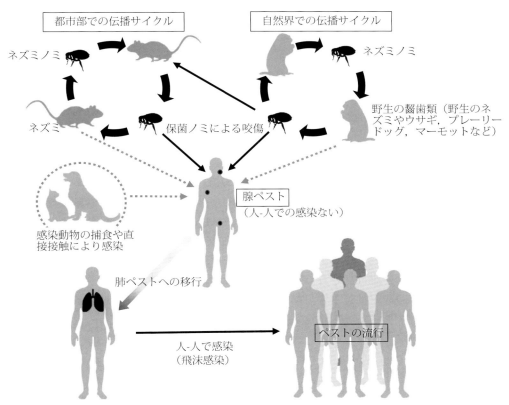

図 6-1 *Yersinia pestis* の伝播経路
Y. pestis は主に齧歯類が保有し、ノミを介して他の動物や人に感染する。ノミの刺し口より Y. pestis が感染すると、リンパ節に移行し、腺ペストを発症する。肺ペストを発症した場合、菌は患者の血痰中に排菌され、飛沫感染により人−人で感染が広がる。
実線：主な伝播経路
点線：まれだが発生報告のある伝播経路
出典：Mims C. et al. Plague. Medical Microbiology 2nd ed. pp 372-375. を参考に作成

て菌が全身播種すると，敗血症型に移行する。急激なショック状態，昏睡，紫斑などを呈し，数日以内に死亡する。末期の腺ペストや敗血症型ペストから肺炎が続発した場合，肺ペストと呼ぶ。肺ペストは患者の喀痰を介した飛沫感染により人から人へと感染する。他の病型に比べ，感染拡大のリスクが高い。

　動物では齧歯類が高感受性で，吸血ノミを介して感染し，敗血症により死亡する。犬，猫，豚，羊でも感染報告がある。伴侶動物では猫が感受性が高く，猫から人への感染例もある。猫ではノミ咬傷による感染より，保菌齧歯類やウサギの捕食による感染が多く，壊死性口内炎や下顎や舌下の化膿性リンパ節腫大が見られる。敗血症や肺炎を起こすと致命的である。

b．エルシニア症

　エルシニア症 yersiniosis は，仮性結核菌 Y. pseudotuberculosis と腸炎エルシニア Y. enterocolitica による感染症の総称である。国内での代表的な保菌動物は豚である。

　①**豚のエルシニア症**：通常，不顕性感染だが，幼若な離乳豚では発熱，食欲減退，軽度の下痢，関節炎を引き起こす。Y. pseudotuberculosis 感染では，肝臓や脾臓などの臓器に多発性の白色結節が観察される。豚は代表的な保菌動物で，腸管や扁桃に菌が定着し，糞便中に排菌する。大部分は非病原性だが，豚では病原性の高い保菌が認められる。食肉や環境を汚染し，人への感染源となるため，公衆衛生上問題となる。診断で凝集反応試験を行う場合，他の重要な病原菌種との交差反応に留意する。Y. enterocolitica O9 と家畜のブルセラ属菌はほぼ100％交差反応し，Y. pseudotuberculosis 血清群2と4はそれぞれ Salmonella O群4ならびにO群9と14と共通抗原をもつため，血清診断時には注意を要する。

　②**人のエルシニア症**：Y. enterocolitica, Y. pseudotuberculosis による腸管感染症を人のエルシニア症と呼び，ペストと区別している。エルシニア腸炎とも呼ばれる。人獣共通感染症で，食品媒介感染症である。人では保菌動物の糞便で汚染された食品や井戸水，飲料水の摂取による食中毒が多い。食中毒事例では Y. enterocolitica 感染によるものが多い。両菌種とも生の豚肉から高率に検出されるが，鶏肉やサケ，未殺菌乳からも分離されている。また保菌動物による水系環境の汚染や，まれではあるが，発症者や保菌動物の糞便で汚染された手指を介した接触感染もある。潜伏期間は Y. enterocolitica 感染では1～6日（平均4日）だが，Y. pseudotuberculosis では数日～20日（平均8日間）と比較的長い。感染者の年齢によって病状は異なる。乳児では，発熱，腹痛，下痢を主訴とする胃腸炎だが，年齢が上がるとともに，回腸炎や虫垂炎，腸管膜リンパ節炎が見られる。病状は通常1～3週間続くが，成人では腸管感染1か月後に多発性の反応性関節炎を発症する場合がある。このほか，頭痛，咳，咽頭炎などや，発疹，足や体幹の結節性紅斑などを呈することもあり，多彩な病状が特徴である。重度では敗血症から死に至ることもある。

c．仮性結核

　仮性結核 pseudotuberculosis, caseous lymphadenitis の原因菌は Y. pseudotuberculosis である。本菌は豚，羊などの家畜の他，野ネズミや鳥類，タヌキ，シカ，イノシシ，野ウサギなどの野生動物や自然環境中に広く分布している。動物への感染経路としては汚染飼料の給餌や保菌動物，特に野ネズミ，野ウサギの糞便による環境汚染のリスクが指摘されている。宿主動物に経口感染し，多様な徴候を示すが，動物の場合，多くは不顕性感染である。発症した場合，最も重篤なのは敗血症による突然死である。サル類は，高感受性で，消化器徴候や突然死など国内外で集団発生も多い。羊では本菌による精巣炎や精巣上体炎が見られる。感染動物には腸管膜リンパ節を中心に，肝臓，脾臓，肺などに膿瘍や乾酪壊死巣が認められる。

d．レッドマウス病

　レッドマウス病 enteric redmouth disease は Y. ruckeri を原因菌とするサケ科など魚類の感染症で，「持続的養殖生産確保法」の特定疾病に指定

されている。本菌はサケ科以外の魚種や健康なザリガニ，鳥類，哺乳類からも分離されており，宿主域は広いが，サケ科魚類は感受性が高く，なかでもニジマスは発生，被害が多い。世界各国で発生しているが，日本では2015年に石川県で初めて発生した。春〜夏の水温上昇期の稚魚に発生しやすい。病魚は遊泳が緩慢になり，体色黒化が見られる。皮下出血により口吻部や口腔内，下顎や鰭基部が赤変する。剖検では脾臓や腎臓の腫大，肝臓，膵臓，腸管や筋肉の点状出血を認める。治療法はなく，防疫対策としてヨード剤による卵消毒や発生地域からの種卵や魚の導入禁止が重要である。感染耐過魚は保菌魚となり，本病の感染源となる。

F. エドワジエラ属

キーワード：エドワジエラ，*Edwardsiella*，魚類感染症

エドワジエラ *Edwardsiella* 属は魚類，両生類，爬虫類，鳥類から人を含む哺乳類や無脊椎動物まで幅広い生物から分離される。日本ではウナギ，ヒラメ，マダイ養殖において本属菌による感染が大きな問題となっている。

（1）分 類

エドワジエラ属は，以前は腸内細菌科に分類されていたが，現在はハフニア科に分類されている。基準種は *Edwardsiella tarda* で，他に *E. anguillarum*，*E. piscicida*，*E. ictaluri*，*E. hoshinae* が知られる。歴史的に *E. tarda* は魚のエドワジエラ症の病原体として分類され，また，人の胃腸炎患者からも分離されることから人獣共通病原細菌として扱われてきた。その後，病魚および人由来株のゲノム解析により魚と人からの分離株はそれぞれ別種であること，さらに病魚由来株は2菌種（*E. anguillarum* と *E. piscicida*）に分けられること，魚類由来株は人に病原性を示さないことなどから，1種であった *E. tarda* は *E. tarda*，*E. anguillarum* および *E. piscicida* の3菌種に再分類された。*E. ictaluri* は淡水魚から分離され，*E. hoshinae* は魚介類には病原性を示さず，鳥類，爬虫類から分離される。

（2）形 態

グラム陰性通性嫌気性の短桿菌で，大きさは1.0×2.0〜3.0 μmである。*E. tarda*，*E. anguillarum*，*E. piscicida* は運動性があり，*E. ictaluri*，*E. hoshinae* は通常，非運動性だが，*E. ictaluri* のアユ分離株の一部で弱い運動性を示すとの報告がある。トリプトソーヤ寒天培地やハートインフュージョン寒天培地など通常の培地で発育する。至適培養温度は30℃だが，*E. hoshinae* はやや低い25〜26℃が適している。48〜72時間の培養で，*E. tarda*，*E. anguillarum*，*E. piscicida* は乳白色のコロニーを，*E. ictaluri* は半透明のコロニーを形成する。*E. tarda*，*E. anguillarum*，*E. piscicida* の発育可能塩濃度は0〜5%で，淡水魚から分離される *E. ictaluri* では0〜1.5%とやや低い。

（3）性 状

主な性状を表6-7に示す。カタラーゼ陽性，オキシダーゼ陰性である。いずれの菌種もグルコースを分解し，酸を産生するが，ガス産生性は株により異なる。*E. tarda*，*E. anguillarum*，*E. piscicida* は硫化水素を産生し，SS，DHL，XLD寒天培地上では中心部が黒色の小コロニーを形成する。*E. ictaluri* は通常，硫化水素非産生だが，アユ由来株では弱い硫化水素産生がSIM培地で観察される。*E. hoshinae* は硫化水素を産生しない。*E. tarda*，*E. anguillarum*，*E. piscicida* はサルモネラと生化学的性状が似るが，サルモネラが通常，インドール陰性，マンニトール，ソルビトール，ラムノースを発酵するのに対し，*E. tarda*，*E. anguillarum*，*E. piscicida* はインドール陽性で，これらの糖を利用しない。

（4）感染症

a. エドワジエラ症

エドワジエラ症 edwardsiellosis は，エドワジエラ属菌の感染による**魚類感染症**の総称である。主な病原菌は *E. anguillarum*，*E. piscicida*，*E. ictaluri* である。エドワジエラ属菌は病魚だけでなく，健康魚の腸内や養殖池の底泥からも分離され，水質の悪化や過密飼育などの環境ストレスが

表 6-7　エドワジエラ属菌の生化学的性状

菌種 (type strain)	E. tarda (ATCC15947)	E. anguillarum (ET080813T)	E. piscicida (ET883T)	E. ictaluri (ATCC33202)
運動性	+	+	+	－*
硫化水素	+	+	+	－
ブドウ糖	+	+	+	+
乳糖	－	－	－	－
ショ糖	d	－	－	－
マンニトール	－	+	－	－
アラビノース	－	+	－	－
ウレアーゼ	－	－	－	－
クエン酸	－	+	－	－
リジン脱炭酸	+	+	+	+
インドール	+	+	+	－
塩化ナトリウム存在下での発育				
1%	+	+	+	+
2%	+	+	+	+
3%	+	+	+	－

d：陰性または陽性
*25℃培養で運動性あり，37℃では運動性なし

発症に関係すると考えられている。病原菌の広範な宿主域と地理的分布により，本症は海水，淡水を問わず世界中の様々な魚種で発生している。国内での好発魚種はウナギ，ヒラメ，マダイで，水産養殖に深刻な経済被害をもたらす。夏～初秋の高水温期に多発するが，ウナギでは加温養殖の普及により年間を通じて発生する。ウナギのエドワジエラ症は以前の病原菌名にちなんで「パラコロ病」とも呼ばれる。

　眼球突出，腹部膨満，出血性腹水，出血性腸炎，肛門部の発赤や拡大突出など出血性の内臓病変を特徴とする。ヒラメでは直腸ヘルニア（肛門からの脱腸）も見られる。マダイでは頭部や体表の潰瘍が顕著で，罹病魚では生残しても外観が醜悪となり，商品価値を消失する。E. ictaluri は海水魚からは分離されず，淡水魚のエドワジエラ症の原因菌と考えられており，日本ではアユ，米国やアジアではナマズ目での発生が多い。E. ictaluri によるナマズのエドワジエラ症は，エドワジエラ敗血症 enteric septicemia of catfish（ESC）と呼ばれる。チャネルナマズ（通称アメリカナマズ）は高感受性で，米国最大の水産養殖産業であるナマズ養殖への被害が大きい。E. piscicida もナマズに強い病原性をもつ。

G．クレブシエラ属

キーワード：クレブシエラ，Klebsiella，乳房炎，大腸菌

（1）分類と形態

　クレブシエラ Klebsiella 属は，グラム陰性通性嫌気性桿菌で，腸内細菌科に属する。菌の大きさは 0.3～1.0 μm × 0.5～6.0 μm と，短桿菌から大腸菌よりやや大型のものまで幅がある。厚い多糖性莢膜を有し，一般的には非運動性とされているが，近年，運動性を有する臨床分離株もいくつか報告されている。なお，Klebsiella aerogenes（シノニム：Enterobacter aerogenes）は運動性をもつ。

（2）性　状

　通常培地によく発育し，光沢，粘稠性があり，ぽってりと隆起した大型コロニーを形成する。コロニーの色調は，血液寒天培地では灰白色，マッ

コンキー寒天培地では白っぽいピンク色である。カタラーゼ陽性，オキシダーゼ陰性で，乳糖，ブドウ糖を発酵し，酸とガスを産生する。通常，Voges-Proskauer（VP）反応陽性である。ウレアーゼを産生するが，プロテウス属菌と異なり，フェニルアラニンを分解しない。K. oxytoca を除き，インドール陰性である。溶血性はない。血清学的には，12種類の O 抗原と 80 種以上の K 抗原により分類されるが，K 抗原のみの型別が一般的である。基準種は，K. pneumoniae（肺炎桿菌）である。

（3）感染症

クレブシエラは，土壌や環境水など環境中に広く分布し，健康な動物や人の咽頭や腸管内に常在している。通常は無害だが，日和見感染や院内感染，異所性感染により呼吸器感染症や**乳房炎**，生殖器や尿路感染症の起因菌となる。家畜や人の臨床検体から最も多く分離される K. pneumoniae には 3 亜種があり，病原性が強いのは亜種 pneumoniae である。

a．牛のクレブシエラ乳房炎

大腸菌，クレブシエラなどの腸内細菌目細菌の乳房内感染による乳房炎は腸内細菌目細菌による乳房炎と呼ばれる。牛のクレブシエラ乳房炎 Klebsiella mastitis は大腸菌によるものに比べ，より重篤で，死廃率が高い。主な原因菌は K. pneumoniae，K. oxytoca である。乳汁の異常，乳房の腫脹・硬結，乳量減少に加え，腎急性ではエンドトキシンによる体温，脈拍，呼吸数の上昇，起立困難などの全身性の徴候を示し，死亡率が高く，治癒率は低い。慢性化しやすく，長期にわたって乳生産性が低下するなど経済損失が大きい。高温多湿な夏季に多発し，農場の衛生管理の悪化や分娩後の免疫力低下などが発生に関与する。

b．馬のクレブシエラ症

雌馬のクレブシエラ症 Klebsiella infection は化膿性子宮感染症（子宮炎 metritis，子宮内膜炎 endometritis，子宮蓄膿症 pyometra）であり，原因菌は K. pneumoniae である。受胎率低下や流産などの繁殖障害をもたらす。子馬では，関節炎や肺炎，敗血症などの病状が見られる。K 抗原が 1, 2 および 5 型の菌は交尾感染により伝播すると考えられており，日本では 1 型が多い。保菌馬の陰核や陰核窩，精液から菌が分離される。交尾感染のほか，器具や作業者の手指を介して間接感染する。

H．その他の Enterobacterales

> **キーワード**：プロテウス，Proteus，モルガネラ，Morganella，セラチア，Serratia

下記の細菌は，病原性は低く，日和見病原体として知られる。いずれも通性嫌気性のグラム陰性桿菌で，周毛性べん毛をもち運動性があること，ブドウ糖を分解し，酸とガスを産生するが，乳糖，ショ糖は非分解であることが共通している。人や動物の腸管常在菌で，糞便中や土壌，河川，汚水など自然界に広く分布する。

1）プロテウス属

プロテウス Proteus 属は腸内細菌目モルガネラ科に属する通性嫌気性のグラム陰性桿菌である。基準種の Proteus vulgaris の他，P. mirabilis，P. penneri，P. myxofaciens などがある。べん毛を有し，運動性がある。また平板培地上ではコロニーが限局せず，培地表面全体に薄く広がるスウォーミング swarming（遊走）現象が観察される（図 6-2）。マッコンキー寒天培地など腸内細菌分離

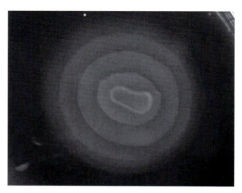

図 6-2 プロテウス属菌のスウォーミング現象
Proteus vulgaris の swarming による同心円状の発育パターン。本現象は胆汁酸を含む培地では抑制される。

培地に含まれる胆汁酸塩は遊走を阻止する。腐敗した魚のような独特の臭気を発する。プロテウス属菌は，硫化水素とウレアーゼを産生する。P. vulgaris は P. mirabilis と異なりインドール陽性である。プロテウス属の一部はリポ多糖がリケッチア属菌との共通抗原であり，その性質を利用したリケッチア症の血清診断法が Weil-Felix（ワイル・フェリックス）反応である。抗リケッチア抗体の検出のために，リケッチアの代わりにプロテウスを抗原として用いる診断法で，有効ではないリケッチア症もあるが，スクリーニング法として利用される。プロテウス属は，人や動物の腸管常在菌で，糞便中や土壌，河川，汚水など自然界に広く分布する。動物では，腸内細菌目細菌による乳房炎や子牛臍帯感染症，犬や猫の泌尿器感染や創傷部位，炎症部位の二次感染，免疫不全動物での日和見感染の原因菌として分離される。人では尿路感染症の原因菌として重要で，院内感染例からの分離も多い。P. mirabilis はテトラサイクリン系抗菌薬には自然耐性である。近年は，多剤耐性プロテウスが問題となっている。

2）モルガネラ属

モルガネラ Morganella 属はモルガネラ科に属し，基準種は Morganella morganii である。本菌はヒスチジン脱炭酸酵素をもち，魚肉を介した食中毒に関係する。赤身の多い魚はヒスチジンを多く含むが，低温管理が不十分だと本菌の増殖により魚肉中にヒスタミンが高度に蓄積される。ヒスタミンは熱に安定で，加熱調理でも失活しない。このような食品を摂取すると，食後数分〜数時間以内にアレルギー様食中毒（ヒスタミン食中毒）が引き起こされる。

3）セラチア属

セラチア Serratia 属はエルシニア科に属する細菌で，基準種は Serratia marcescens である。橙色，ピンクや赤色の色素を産生する菌が多いが，色素非産生株もある。人や動物の腸管や口腔内の常在菌で，病原性は弱いが，抗菌薬の使用による菌交代症や免疫不全動物での内因性の日和見感染症 opportunistic infection を引き起こす場合がある。牛の腸内細菌目細菌による乳房炎の原因菌の1つ。多剤耐性菌の報告も多い。

2. ビブリオ科

キーワード：Vibrio cholerae, V. alginolyticus, V. fluvialis, V. parahaemolyticus, コレラ菌, コレラ毒素, 耐熱性エンテロトキシン, 3型分泌装置, 腸炎ビブリオ, 耐熱性溶血毒, TDH, TRH, 好塩菌, 神奈川現象, 血清型, T3SS1, T3SS2, V. vulnificus, V. furnissii, ビブリオ病, V. ordali

A. ビブリオ科の菌の分類と特徴

ビブリオ科には，現在少なくとも 10 の属が含まれ多くが汽水域や海水中など水環境中に生息し，主に魚介類から分離される（表 6-8）。

グラム陰性の短桿菌で，コンマ状に弯曲した形状を呈するものもある。芽胞，莢膜は形成せず，

表 6-8 ビブリオ科細菌の分類

属	GC 含量（モル%）	種
Vibrio	39〜51	V. alginolyticus V. ordalii V. harveyi V. cholerae V. parahaemolyticus V. vulnificus V. furnissii V. fluvialis その他約 150 菌種
Photobacterium	39〜54	P. phosphoreum その他 37 菌種
Salinivibrio	49〜51	S. costicola その他 6 菌種
Thaumasiovibrio	47〜49	T. occultus その他 1 菌種
Enterovibiro	47〜50	E. norvegicus その他 4 菌種
Grimontia	48〜51	G. hollisae その他 4 菌種
Aliivibrio	38〜42	A. fischeri A. salmonicida その他 4 菌種
Paraphotobacterium	30.7	P. marinum
Veronia	46	V. nyctiphanis その他 1 菌種

極単性あるいは複数のべん毛をもつ．

グラム陰性通性嫌気性菌で，ブドウ糖を発酵により分解する．一般にオキシダーゼ陽性であるが，一部陰性のものもある．発育に食塩を要求する菌種が多い．ビブリオ Vibrio 属菌は，他のビブリオ科細菌（表6-8）と同様，例外的に大（3.0～3.3 Mbp），小（0.8～2.4 Mbp）異なる大きさの2つの染色体をもつ．

ビブリオ科細菌の中で，人に病原性を示すものは，複数のビブリオ属菌と Grimontia hollisae（2003年以前は Vibrio hollisae）および Photobacterium damselae subsp. damselae（1991年以前は，V. damselae）のみである．家畜に対して病原性を示すものはないが，いくつかの種のビブリオ科の細菌は，魚類，水生甲殻類や二枚貝類に病原性を示す．

B．ビブリオ属

（1）性　状

ビブリオ属菌は発育に適した pH が 6.0～9.4 であるが，一般的にアルカリ側を好む．高温では死滅しやすいが，低温でも発育可能である．ビブリオ属菌の増菌培地としてアルカリペプトン水（pH 8.6）が，選択培地として thiosulfate-citrate-bile salts-sucrose（TCBS）寒天培地が用いられる．**Vibrio cholerae**，**V. alginolyticus**，**V. fluvialis** はショ糖を分解し，酸を産生することで黄色のコロニーを形成するが，**V. parahaemolyticus** や V. mimicus はショ糖の分解能がなく緑色のコロニーを形成する．

（2）感染症

a．コレラ

コレラ菌（V. cholerae）は，人に激しい下痢を主症状とするコレラを引き起こす．コレラ菌は，O多糖抗原の違いに基づき，現在少なくとも210種類のO群血清型に分類されているが，いわゆるコレラの原因となるのは，**コレラ毒素** cholera toxin（CT）産生性の V. cholerae O1 と 1992年にインドで見つかった V. cholerae O139（新型コレラ菌）の2種類である．V. cholerae O1 は，生物学的性状の違いによって古典型とエルトール型に分けられる．第1次～第6次までの世界大流行にかかわったのが古典型で，病原性は強いが環境中では長期間生存できない．一方，1961年にインドネシアのセレベス島（現スラワシ島）に端を発した第7次の世界大流行はエルトール型によるものである．病原性は古典型ほど強くないが，環境中で長期間生存でき不顕性感染も多いという特徴がある．しかしながら，1995年頃から流行している V. cholerae O1 のほとんどが古典型とエルトール型の両方の性状を併せもつハイブリッド型である．エルトール型の性状を有し，古典型のコレラ毒素を産生する株をエルトールバリアントと呼び，従来のエルトール型より強い病原性をもつ．2010年のハイチ大地震後に発生したコレラの流行株もエルトールバリアントで，従来のCTとは異なる変異を有しハイチ型バリアントとも呼ばれ，より強い病原性がある．コレラ菌は他のビブリオ属菌と異なり，塩分濃度の低い淡水あるいは汽水域に分布している．よって，コレラ菌で汚染された水や食品を介して人が感染する．我が国ではコレラ菌は 2000 年から食中毒細菌として，2007年からは四種病原体などとして，また，コレラは同年より三類感染症として取り扱われている．

コレラ菌の主要な病原因子として小腸上皮細胞への定着に関わる Tcp（toxin coregulated pili）線毛と激しい下痢の原因となる CT がある．CT は繊維状ファージ（CTX ファージ）にコードされ，Tcp は CTX ファージのレセプターとしても機能している．CT は分子量約 90,000 の蛋白質で，分子量約 27,000 のAサブユニット1分子と分子量約 12,000 のBサブユニット5分子からなるホロ毒素である．Bサブユニットは細胞表面のレセプターである GM_1 ガングリオシドと結合し，Aサブユニットは ADP-リボシルトランスフェラーゼ活性を有する酵素で，細胞内に取り込まれた後，G蛋白質を ADP-リボシル化する．その結果，アデニル酸シクラーゼを活性化し，細胞内の cAMP 濃度を上昇させ，クロライドチャネルを活性化し，

電解質と水の流出が起こり激しい下痢となる。

O1 と O139 以外のコレラ菌を non-O1/non-O139 コレラ菌と呼ぶ。O1 と O139 に対する抗血清で凝集しないことから NAG ビブリオ（non-agglutinable *Vibrio*）とも呼ばれる。通常、散発性の下痢症や敗血症の原因となり、いわゆるコレラの原因となることはないが、コレラ様の激しい下痢を引き起こすこともある。CT、ヘモリシン、**耐熱性エンテロトキシン**（ST）に加え**3型分泌装置**やコリックス毒素など、新たな病原因子も見つかっている。以下に述べる *V. mimicus*, *V. fluvialis* とともに 1983 年に食中毒細菌に指定されている。

なお、*V. mimicus* は、コレラ菌と酷似した性状を有し、ショ糖非分解性という点でコレラ菌と区別される。一部の菌株は CT や ST を産生し、胃腸炎の原因となる。

b. 腸炎ビブリオ

腸炎ビブリオ（*V. parahaemolyticus*）は、1950 年に大阪府で発生したシラス中毒事件（患者数 272 名, 死者 20 名）の時に藤野恒三郎博士によって発見された。我が国では 1962 年に食中毒細菌に指定されている。本菌は、心臓毒性を有する**耐熱性溶血毒**（**TDH**）や耐熱性溶血毒類似毒素（**TRH**）を産生し、人に胃腸炎を引き起こす。発育に食塩を必要とし、3% の食塩で最もよく発育するが、8% の食塩存在下でも増殖できることから**好塩菌**とも呼ばれている。ショ糖非分解性のため TCBS 寒天培地上で緑色のコロニーを形成する。通常、極端毛性べん毛を有するが、周毛性べん毛を産生することもある。海水中、特に汽水域に生息し、海水温が上昇する 7 月～9 月に腸炎ビブリオ食中毒のピークを迎える。患者由来株は血液を加えた我妻培地上で溶血環を示し、**神奈川現象**陽性と呼ばれる。一方、環境由来株のほとんどは溶血環を示さず神奈川現象陰性となる。魚介類を生食する我が国特有の食中毒細菌と考えられていたが、1996 年、O3:K6 など特定の**血清型**に属する腸炎ビブリオによる世界大流行が起こった。我が国でも腸炎ビブリオ食中毒が 1998 年にピークに達したが、厚生労働省が、水揚げした魚介類を滅菌海水で洗浄することと流通時に 4℃ 以下で保存するよう努めることとした結果、我が国における腸炎ビブリオ食中毒はその後激減した。腸炎ビブリオの全ゲノム配列が決定され、大小異なる 2 つの染色体があり、それぞれに 3 型分泌装置 1（**T3SS1**）と 2（**T3SS2**）が見つかった。T3SS1 は全ての腸炎ビブリオが保持し細胞毒性を有しているのに対し T3SS2 は臨床分離株の腸炎ビブリオのみ保持しており、腸管毒性に関わっている。

c. *V. vulnificus* 感染症

V. vulnificus の名称は、本菌が創傷 vulnus を起こすことに由来する。本菌は海水中に生息し、2～3% の食塩でよく発育する。免疫力の低下した人や重篤な肝疾患など、基礎疾患のある人が本菌で汚染された海産物を摂取したり、傷口から感染すると重症化しやすく死亡する場合もある。創傷感染し重症化すると、筋肉が壊死することもある。それゆえ、本菌は「人食いバクテリア」（3 菌種あり、他の 2 つは *Aeromonas hydrophila* と *Streptococcus pyogenes*）として知られている。

d. *V. fluvialis* / *V. furnissii* 感染症

V. fluvialis / ***V. furnissii*** は、海水中に生息する細菌の 1 種であるが汽水域や河川などの淡水域にも生息する。本菌で汚染された飲料水や海産物の摂取で、下痢を引き起こす。好塩性で、6～7% の食塩が存在しても増殖できる。病原発症機構は明らかとなっていないが、易熱性エンテロトキシンや溶血毒を産生するとの報告もある。近年、NAG ビブリオとして同定されていたものの一部が *V. fluvialis* であることが報告されている。

e. 魚類の感染症

ビブリオ病 vibriosis は、*V. anguillarum*（現 *Listonella anguillarum*）、***V. ordali*** などの感染による魚類の急性敗血症型感染症である。主に、ニジマス、アマゴなどのサケ科魚類が感染する。全身の出血、筋肉と体表における膿瘍の形成を特徴とする。

V. harveyi によるエビ類の感染症が知られている。*V. harveyi* として同定されていた菌の一部が

V. campbellii であることが報告され，*V. campbellii* もエビ類の感染症の原因菌となることが明らかとなっている。その他，*V. parahaemolyticus* によるエビ類やカニ類の感染症や *V. alginolyticus* に起因すると考えられている二枚貝（マガキ，イガイ，ホタテ，ハマグリなど）のビブリオ病がある。2009年に中国から東南アジアに広がった養殖エビの急性肝膵臓壊死症は *V. parahaemolyticus* が原因菌であるが，T3SS2を保有しないなど，人に病原性を示す腸炎ビブリオとは遺伝学的性状が異なる。我が国でも輸入エビの養殖場において2020年に発生した。

C. フォトバクテリウム属

フォトバクテリウム *Photobacterium* 属菌は，オキシダーゼ陽性，カタラーゼ陽性，好塩性であり，べん毛をもたない。フォトバクテリウム属には多くの菌種が存在するが，魚類に病原性を示す *P. damselae* subsp. *piscicida* と魚類と人に病原性を有する *P. damselae* subsp. *damselae* が重要である。前者はかつて *Pasteurella piscicida*，後者は *Vibrio damselae* と呼ばれていた。*P. damselae* subsp. *piscicida* は，魚病の原因菌として1963年米国で初めて分離された。ブリ類における類結節症の原因となる。一方，*P. damselae* subsp. *damselae* は，同じく1981年魚病の原因として米国で初めて分離された。その後，サメ，イルカやエビなど様々な海洋生物に病原性を示すことが報告されている。特に人に壊死性筋膜炎を引き起こし，基礎疾患のある人のみならず健常者の死亡原因となることが報告されている。興味深いことにその理由は明確でないが，患者は全て男性であり，魚を素手で触り傷を伴うか，生魚を食べた人である。

3. エロモナス科

キーワード：エロモナス, *Aeromonas*, *A. hydrophila*, *A. sobria*

A. エロモナス科の菌の分類と特徴

エロモナス科には**エロモナス *Aeromonas***属を含む7属が存在し，通常，河川，湖沼などの淡水域や汽水域に生息している（表6-9）。

グラム陰性の短桿菌で，極べん毛，線毛を有する。*Aeromonas salmonecida* は，莢膜を有し運動性を欠く。

グラム陰性通性嫌気性菌で，ブドウ糖を発酵により分解する。一部陰性のものもあるが，一般にオキシダーゼ陽性である。人に病原性を示す ***A. hydrophila*** や ***A. sobria*** の至適発育温度は，35～37℃であるが，魚類に病原性を示す *A. salmonecida* のそれは，22～25℃である。

ある種のエロモナス属菌は，人および魚類，水生甲殻類や二枚貝類に病原性を示す。人に対して，胃腸炎，菌血症や敗血症，皮膚，軟部組織感染症を引き起こす。まれに，腹腔内感染症，呼吸器感染症，泌尿生殖器感染症，眼感染症などの原因と

表6-9 エロモナス科細菌の分類

属	GC含量（モル%）	種
Aeromonas	57～63	*A. salmonicida* *A. hydrophila* *A. sobria* *A. caviae* その他28菌種
Tolumonas	49～52	*T. auensis* その他2菌種
Oceanimonas	54～56	*O. doudoroffii* その他3菌種
Oceanisphaera	50～60	*O. litoralis* その他8菌種
Zobellella	59～64	*Z. denitrificans* その他5菌種
Dongshaea	51	*D. marina*
Pseudaeromonas	54.7～66.5	*P. paramecii* その他2菌種

B. エロモナス属

(1) 性状

エロモナスは1891年，カエルの「red leg」と呼ばれる菌血症の原因菌として認識された。人の病原菌として認識されたのは，1951年，壊死性筋肉炎患者から分離されたのがきっかけである。エロモナス属菌は，現在約30菌種報告されているが，大きく2つのグループに分けられる。単毛あるいは周毛性のべん毛を有し運動性があり，35〜37°Cの中温域で発育する A. hydrophila や A. sobria などで主に人への病原性を示す。一方，べん毛をもたず運動性がなく，22〜25°Cで発育する A. salmonicida などの好冷性のエロモナスである。非運動性のエロモナスは，通常，両生類や魚類などの変温動物の病原菌となる。

(2) 感染症

A. hydrophila や A. sobria は，下痢症や創傷感染の原因となる。詳細な病原発症機構は明らかとなっていないが，臨床分離株の多くが溶血活性と腸管毒性を併せもつ外毒素 aerolysin を産生する。コレラ様毒素を産生するとの報告もある。これら2菌種は，1982年に我が国の食中毒細菌に指定されている。一方，A. hydrophila は「人食いバクテリア」の1菌種としても知られている。2004年，タイで発生した津波の後に多発した皮膚・軟部組織感染症の主たる原因菌は A. hydrophila であった。

a. 非定型エロモナス・サルモニサイダ症

非定型エロモナス・サルモニサイダ症 atypical Aeromonas salmonicida infection は，A. salmonicida の感染による魚類の急性・亜急性感染症で，サケ科魚類では，一見皮膚に癤様の膿瘍病変が形成されるので「せっそう病」と呼ぶが，実際，病変は筋肉や内部諸臓器に形成される。コイ科魚類には紅斑性皮膚炎（皮膚の変性脱落壊死により穴の開いた状態）の「穴あき病」を，またウナギには頭部に潰瘍を形成する。

b. エロモナス・ヘイドロフィラ症

エロモナス・ヘイドロフィラ症 motile Aeromonas disease は，運動性をもつ A. hydrophila による淡水魚類の感染症で，ウナギの「ひれ赤病」，コイ科魚類の「赤斑病」，「尾ぐされ病」，アユの「赤病」などが含まれる。感染魚の筋肉や内臓および腸に出血性炎症を起こす。

4. パスツレラ科

A. パスツレラ目パスツレラ科の菌の分類と特徴

キーワード：非運動性，両端染色性，X因子，V因子

パスツレラ目パスツレラ科は，現在約30の属に分類されており，その中には人，動物に日和見感染症や人獣共通感染症を起こすものも含まれ，特に動物に病原性を示す重要なパスツレラ Pasteurella 属，マンヘイミア Mannheimia 属，ビバーシュテニア Bibersteinia 属，ヘモフィルス Haemophilus 属，グレセレラ Glaesserella 属，アビバクテリウム Avibacterium 属，ヒストフィルス Histophilus 属およびアクチノバチルス Actinobacillus 属が含まれる。

この科の菌は，**非運動性**のグラム陰性小桿菌で，ヒストフィルス属を除いていずれも**両端染色性**（極染色性または両端濃染）を示す好気性，通性嫌気性，微好気性菌が含まれる。共通な生化学的性状としては，硝酸塩還元陽性，またニコレテーラ Nicoletella 属以外は全てブドウ糖を分解し，多くの属はカタラーゼ，オキシダーゼおよびアルカリホスファターゼ試験が陽性である。発育における酸素要求性は，属により様々で好気性，通性嫌気性または微好気性の菌がある。至適発育温度は37°Cである。普通寒天培地には発育しないが，血液寒天培地などの栄養豊富な培地に発育する。この科の中には，さらに**X因子**（ヘミンあるいはその他ポルフィリン）や**V因子**〔ニコチンアミドアデニンジヌクレオチド（NAD）〕の添加が必須となる属もある。この科に含まれる菌は，人や動

表 6-10　パスツレラ科の主要な属の性状

性状	Pasteurella	Mannheimia	Bibersteinia	Haemophilus	Avibacterium	Histophilus	Actinobacillus
両端染色性	+	+	+	+	+	−	+
HEM	−	+	+	d	−	d	d
MAC	−	+	+	−	−	−	+
X, V因子	−	−	−	+	+	−	+*
OX	+	+	+	+	−	+	d
CAT	+	+	+	d	d	−	+
URE	d	−	−	d	−	−	+
IND	+	−	−	d	−	+	−
MAL	+	+	+	+	−	−	+
ARA	−	+	+	−	−	−	d
SAC	+	+	+	−	+	−	+
TRE	d	−	+	−	+	−	d

* A. pleuropneumoniae 生物型 1
HEM：溶血, MAC：マッコンキー寒天培地での発育, X因子：ヘミン, V因子：NAD, OX：オキシダーゼ産生, CAT：カタラーゼ産生, URE：ウレアーゼ産生, IND：インドール産生, MAL：マルトース分解, ARA：アラビノース分解, SAC：ショ糖分解, TRE：トレハロース分解
d：菌種・菌株により異なる

物の消化管, 生殖器や気道などの粘膜に存在する。

表6-10にはパスツレラ科に含まれる動物に病原性を示す主な属の比較を示した。マッコンキー寒天培地での発育が可能なのはマンヘイミア属, ビバーシュテニア属およびアクチノバチルス属の菌, インドール産生能をもつのは, パスツレラ属, ヘモフィルス属およびヒストフィルス属の菌, 非溶血性は, パスツレラ属とアビバクテリウム属, オキシダーゼ非産生はアビバクテリウム属, 発育にX因子やV因子を要求するのは, ヘモフィルス属およびアビバクテリウム属の菌ならびにアクチノバチルス属の Actinobacillus pleuropneumoniae などである。

B. パスツレラ属, マンヘイミア属, ビバーシュテニア属

キーワード：莢膜抗原型, 菌体抗原型, 莢膜血清型, 両端染色性, 莢膜, 非運動性, 萎縮性鼻炎, 出血性敗血症, 牛呼吸器病症候群（BRDC）, 輸送熱, 家きんコレラ

(1) 分類

パスツレラ属には, 病原菌として重要な Pasteurella multocida などを含めた約10種が属している。特に P. multocida は人獣共通感染症の原因菌としても重要である。なお, かつての P. pneumotropica は, 2017年に Rodentibacter pneumotropicus に再分類された。マンヘイミア属は, 約10種が属しており, 特に Mannheimia haemolytica は牛の肺炎の原因菌として重要である。ビバーシュテニア属には, Bibersteinia trehalosi の1菌種のみが属している。

P. multocida の血清型は, Carter GR による5種の**莢膜抗原型**（A, B, D, E, F型）と Heddleston KL による16種の**菌体抗原型**があり, これらの組合せによって分類される。P. multocida の莢膜血清型別は間接赤血球凝集反応 indirect hemagglutination assay により行われるが, 近年は PCR により型別される。

マンヘイミア属の主要な病原菌である M. haemolytica は, 12種類の**莢膜血清型**に分けられる。また B. trehalosi は, 4種の血清型に分けられる。

これら3属は, 表6-10に示したように, インドール産生, マッコンキー寒天培地上での発育や

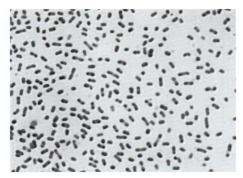

図 6-3　*Pasteurella mulotcida* の両端染色性

溶血性などによって鑑別でき，インドール産生はパスツレラ属のみ，マッコンキー寒天培地では，3属のうちパスツレラ属のみ発育しない。またパスツレラ属のみ非溶血性である。*B. trehalosi* はトレハロースを分解する。

（2）形　態

パスツレラ属，マンヘイミア属およびビバーシュテニア属菌は，グラム陰性の卵円形〜小桿菌（0.3〜1.0 μm × 1.0〜2.0 μm）の多形性で**両端染色性**を示し（図6-3），単在〜単連鎖する。べん毛をもたず**莢膜**を有する。

（3）性　状

パスツレラ属，マンヘイミア属およびビバーシュテニア属の菌は，通性嫌気性，**非運動性**で，血液やその他蛋白質消化物を加えた培地でよく増殖する。寒天培地上の集落は1〜4 mmの円形で灰白色半透明である。透過斜光法による観察で，蛍光色の強い，あるいは粘稠度の高い集落を形成する菌は莢膜を有する。

パスツレラ属は，ブドウ糖，ガラクトース，マンノース，フルクトース，スクロースなどの糖を発酵的に分解し酸を産生するが，ガスは産生しない。カタラーゼおよびオキシダーゼ産生，インドール産生である。パスツレラ属の多くは非溶血性で，また発育にX因子やV因子は要求しないが，V因子を要求する株も報告されている。哺乳類や鳥類に常在しており，主な病原菌は，*P. multocida* である。マンヘイミア属の主要な病原菌は *M. haemolytica* で，ビバーシュテニア属の病原菌は *B. trehalosi* である。

これら3菌種は，溶血性，インドール産生，糖分解能により鑑別でき，*P. multocida* は，非溶血性で，インドール産生，トレハロース分解やキシロース分解は株によって異なる。*M. haemolytica* は，血液寒天培地において完全溶血を示し，インドール非産生，トレハロース非分解，キシロース分解である。*B. trehalosi* は，溶血性を示し，インドール非産生，トレハロース分解，キシロース非分解，エスクリン加水分解陽性である（表6-11）。

P. multocida，*M. haemolytica* および *B. trehalosi* は，多くの哺乳類や鳥類に感染し，一次病原体として敗血症性疾患を起こしたり，一次あるいは二次病原体として肺炎などの呼吸器感染症を起こす。また血清型と菌の病原性には関連性が

表6-11　パスツレラ，マンヘイミア，ビバーシュテニア属主要菌の生化学的性状

性状	*P. multocida*	*R. pneumotropicus*	*M. haemolytica*	*B. trehalosi*
溶血	−	+	+	+
インドール	+	+	−	−
マンニトール分解	+	−	+	+
トレハロース分解	d	+	−	+
アラビノース分解	−	−	+	−
キシロース分解	d	−	+	−
エスクリン加水分解	−	−	−	+
ウレアーゼ産生	−	+	−	−
ガス産生	−	−	−	−

d：菌株により異なる

あることが報告されている。病原因子としては，莢膜，線毛，付着因子，リポ多糖（LPS），外膜蛋白質（OMP）などが知られている。莢膜は食菌抵抗性を，線毛・付着因子は宿主細胞への付着性を，LPSは内毒素性ショック，OMPは宿主細胞への付着と鉄の取込みに関連している。また，P. multocidaの産生する外毒素である易熱性の皮膚壊死毒素 dermonecrotic toxin（DNTまたはPasteurella multocida toxin：PMT）は，**萎縮性鼻炎** atrophic rhinitis の病原因子である。M. haemolyticaが産生するロイコトキシン leukotoxin も病原性に関与する。

（4）感染症（表6-12）

a. 出血性敗血症

出血性敗血症 hemorrhagic septicemia は，P. multocidaの血清型B:2（莢膜抗原型：菌体抗原型），B:2・5またはE:2の感染により起こる牛や水牛などに見られる急性敗血症である。家畜伝染病の1つである。東南アジア，中近東，アフリカおよび中南米諸国で発生が報告されているが，日本での発生はこれまでない。呼吸困難，下顎や頸部などが腫脹するなどが見られるが，甚急性または急性に経過し発症後概ね2日間で死亡する。病理学的には下顎部の浮腫性の腫脹，リンパ節の出血と腫大，全身の皮下，諸臓器の漿膜および粘膜の点状出血が特徴的肉眼病変である。

b. 牛呼吸器病症候群

牛呼吸器病症候群 bovine respiratory disease complex（**BRDC**）は，M. haemolyticaやP. multocida莢膜血清型Aの単独または複合感染による肺炎を起こす。特に子牛で多発する。BRDCの要因には他にも，ストレス，ウイルス（牛ヘルペスウイルス1，牛RSウイルス，牛パラインフルエンザ3，牛ウイルス性下痢ウイルス，アデノウイルス7）やマイコプラズマなどの複数の要因があり，これらが複雑に絡み合って起こる複合感染であり，**輸送熱** shipping fever とも呼ばれる。

これらBRDCに関与する菌以外に，B. trehalosiによる肺炎も報告されている。

c. 豚のパスツレラ症

豚のパスツレラ症 pasteurellosis in swine は日本では，P. multocidaの血清型A:1，A:3およびD:1によって起こることが多い肺炎と萎縮性鼻炎が重要である。肺炎は他の微生物との複合感染によって起こる。萎縮性鼻炎はDNT産生株であるP. multocidaとBordetella bronchisepticaとの複合感染により起こる進行性の鼻甲介萎縮である。

d. 家きんコレラ

家きんコレラ fowl cholera はP. multocidaの莢膜血清型A，菌体抗原型1，3，4によって起こる鳥類の下痢を伴った急性敗血症で，家畜伝染病の1つである。

e. 犬・猫のパスツレラ症

パスツレラ属菌による咳などの呼吸器感染症であるが，本属菌は健康な犬や猫の口腔や鼻腔内，体表に常在している。

f. 実験動物のパスツレラ症

P. multocidaによるウサギの感染症は，激しいくしゃみ，スナッフル（鼻性呼吸），肺炎，敗血症などが起こる。またマウスやラットでは，

表6-12 パスツレラ，マンヘイミア，ビバーシュテニア属主要菌による感染症

病名	病原体	感染動物	病状，その他
出血性敗血症	P. multocida 莢膜血清型B，E型	牛，水牛	急性の出血性敗血症
牛呼吸器病症候群	M. haemolytica	牛（特に子牛）	肺炎，輸送熱
	P. multocida 莢膜血清型A型		ストレスやウイルスなどによっても起こる複合感染症
豚のパスツレラ症	P. multocida 莢膜血清型A，D型	豚	肺炎・萎縮性鼻炎
家きんコレラ	P. multocida 莢膜血清型A型	鳥類	敗血症
ウサギのパスツレラ症	P. multocida	ウサギ	スナッフル，肺炎，敗血症
齧歯類のパスツレラ症	R. pnumotoropicus	マウス，ラット	結膜炎，肺炎，膿瘍

Rodentibacter pneumotropicus（旧名 *Pasteurella pneumotropica*）による日和見感染症で，結膜炎，鼻炎，肺炎などが起こる．

　g．人のパスツレラ症

　前述の通り健康な犬や猫の口腔・鼻腔内には常在する *P. multocida* やその他のパスツレラ属菌が存在しており，犬や猫による咬傷や掻傷などから人に感染し，皮膚やリンパ節の化膿性疾患，呼吸器疾患や敗血症を起こす．

C．ヘモフィルス属，アビバクテリウム属

キーワード：両端染色性，X因子，V因子，衛星現象，グレーサー病，伝染性コリーザ

（1）分　類

　ヘモフィルス *Haemophilus* 属には，現在14菌種が属している．近年この属は再分類され，2005年にアビバクテリウム *Avibacterium* 属，2006年にはアグレガティバクター *Aggregatibacter* 属，2020年にはグレセレラ *Glaesserella* 属がつくられた．獣医学領域で特に重要なグレーサー病の原因菌である *Haemophilus parasuis* は，この再分類によってグレセレラ属に分類され *Glaesserella parasuis* となった．アビバクテリウム属には5菌種が含まれ，それらは鶏などの鳥類の疾病に関与している．

　H. influenzae は，莢膜多糖体の型により a～f の血清型と無莢膜型に型別される．

（2）形　態

　ヘモフィルス属およびアビバクテリウム属は，グラム陰性，小球〜短桿菌（0.2〜0.8 × 0.5〜3.0 μm）で，**両端染色性**を示し，しばしば多形性，時にフィラメント状を示す．多くの菌は莢膜を有し，べん毛を欠く．

（3）性　状

　ヘモフィルス属およびアビバクテリウム属は非運動性で，5〜10%炭酸ガス存在下での培養は発育を促進する．寒天培地上の集落は48時間培養で直径0.5〜2.0 mmの扁平状あるいは凸状である．多くの菌種は発育に**X因子**あるいは**V因子**の両方またはいずれか一方を必要とする．V因子

表6-13 ヘモフィルス，グレセレラ，アビバクテリウム属主要菌の生化学的性状

性状	*H. influenzae*	*G. parasuis*	*A. paragallinarum*
CAT	+	+	−
OX	+	d	+
V因子	+	+	+
X因子	+	−	−
IND	d	−	−
GAL	+	+	−
MAN	−	−	+
SAC	−	+	+

CAT：カタラーゼ産生，OX：オキシダーゼ産生，IND：インドール産生，GAL：ガラクトース分解，MAN：マンニトール分解，SAC：スクロース分解
d：菌株により異なる

を発育に必要とするヘモフィルス属菌あるいはアビバクテリウム属菌は，V因子を産生する黄色ブドウ球菌の近辺に接種すると発育する**衛星現象**が認められる．カタラーゼおよびオキシダーゼの産生は，ヘモフィルス属は菌種，菌株によって異なり，アビバクテリウム属ではカタラーゼ産生は，*A. paragallinarum* を除いて全て陽性であり，オキシダーゼ産生は全ての菌種で陽性である．糖分解は，ヘモフィルス属は発酵的にブドウ糖を分解し酸を産生するが，アラビノース，ラクトース，マンニトールおよびトレハロースは分解しない．アビバクテリウム属は，ブドウ糖やスクロースを分解する．インドールの産生は，ヘモフィルス属は菌種によって異なるが，アビバクテリウム属は全ての菌種が陰性である．発育におけるXまたはV因子の要求性では，*H. influenzae* は，X因子とV因子を両方要求するが，*G. parasuis* や *A. paragallinarum* は，V因子のみを要求する（表6-13）．

（4）感染症（表6-14）

　a．グレーサー病

　豚の**グレーサー病** Glässer's disease は，グレセレラ属に分類された *G. parasuis*（旧名 *H. parasuis*）によって起こる豚に漿液線維素性髄膜脳脊髄炎，多発性関節炎や化膿性髄膜炎などを起こす．加熱抽出抗原を用いた免疫拡散法により少なくとも

表 6-14　ヘモフィルス，アビバクテリウム属主要菌による感染症

病名	病原体	感染動物	病状，その他
グレーサー病	G. parasuis	豚	漿液線維素性髄膜脳脊髄炎，多発性関節炎
伝染性コリーザ	A. paragallinarum	鶏	鼻汁漏出，顔面の浮腫性腫脹
人のヘモフィルス感染症	H. influenzae	人	肺炎，髄膜炎，中耳炎

15（1～15型）の血清型に分けられる。また，SDS-ポリアクリルアミドゲル電気泳動による菌体蛋白質の泳動像によりⅠ型とⅡ型に分けられ，Ⅱ型菌は病巣由来株に多いとされる。

　b．伝染性コリーザ

伝染性コリーザ infectious coryza は，A. paragallinarum の感染により主として鶏に鼻汁の漏出，顔面の浮腫性腫脹，産卵の低下などを起こす。本菌は，Page らの方法により A，B および C の 3 つの血清群に，Kume らの方法では A-1, A-2, A-3, A-4, B-1, C-1, C-2, C-3 および C-4 の 9 つの血清型に型別される。

　c．人のヘモフィルス感染症

H. influenzae によって起こる侵襲性感染症と呼吸器感染症である。主として莢膜型の b 型株によって起こるため，Hib 感染症とも呼ばれる。小児に対して細菌性髄膜炎，急性咽頭蓋炎，菌血症，肺炎，中耳炎，結膜炎，副鼻腔炎などを引き起こす。肺炎，髄膜炎，化膿性の関節炎などを起こした患者の 3～6% が死に至る。また髄膜炎を起こし回復した子供のうち 20% に難聴などの後遺症を残すといわれている。現在はワクチンの接種により新生児や幼児での発症が減少している。

D．ヒストフィルス属

キーワード：伝染性血栓塞栓性髄膜脳脊髄炎

（1）分　類

2024 年 10 月現在，ヒストフィルス Histophilus 属は Histophilus somni の 1 属 1 菌種。

（2）形　態

グラム陰性の球桿菌もしくは多型性菌で両端染色性は見られない。莢膜，べん毛，線毛を発現せず非運動性。

（3）性　状

培養には血液寒天培地あるいはチョコレート寒天培地を使用する。ヘモフィルス属菌とは異なり，X 因子および V 因子を要求しない。5～10% 炭酸ガス存在下で 1～2 日培養すると光沢のあるスムース型の小型コロニーを形成し，掻きとると鮮やかなレモン色を呈する。一般的には非溶血だが，菌株や培養条件によっては不完全溶血が認められる。オキシダーゼを産生するが，カタラーゼを産生しない。インドールを産生する。

（4）病原性

H. somni が牛，羊，山羊に感染する。本菌の病原因子としては，細胞付着，細胞毒性，食菌抵抗性に関与する免疫グロブリン結合蛋白質やリポオリゴサッカライド（LOS）などの菌体表層分子が知られている。

（5）感染症

　a．ヒストフィルス・ソムニ症（血栓塞栓性髄膜脳脊髄炎）

ヒストフィルス・ソムニ症 Histophilus somni infection は，急性敗血症を伴う髄膜脳脊髄炎，肺炎，心筋炎，流産などを主徴とする牛の感染症である。日和見感染症としても知られ，輸送などのストレスは発症・重篤化の要因として重要である。本症の髄膜脳脊髄炎は，病理学的特徴から**伝染性血栓塞栓性髄膜脳脊髄炎** infectious thromboembolic meningoencephalitis と呼ばれる（血栓性髄膜脳炎 thrombotic meningoencephalitis という呼称に変更する動きがある）。

E. アクチノバチルス属

キーワード：アクチノバチルス属，莢膜，ウレアーゼ，V因子，日和見感染症，Apx毒素，Aqx毒素，木舌症，豚胸膜肺炎，流産

（1）分類

アクチノバチルス *Actinobacillus* 属には，2023年12月現在18菌種が認められているが，そのうち2種が人，16種が動物を宿主とする。しかし，18種のうち約半数が真のアクチノバチルスではなく，他の属に移動すべきであると考えられている。以降それらの菌種は属名を［A.］と記載する。

（2）形態

べん毛を産生しないグラム陰性短桿菌（0.4～0.6×0.6～1.4 μm）であり，多形性（菌体が様々な長さに長く伸びた形態）を示すこともある。*Actinobacillus pleuropneumoniae* および *A. suis* は菌体の表層に多糖類からなる**莢膜**を形成する。

（3）性状

通性嫌気性菌で，グルコース発酵，オキシダーゼおよび**ウレアーゼ**はいずれも陽性，インドール産生は陰性（［A.］ *indolicus* を除く），非運動性である。*A. pleuropneumoniae* 生物型1（生物型については後述の「(5)-c. アクチノバチルスによる豚の感染症」の①を参照），［A.］ *indolicus*，［A.］ *minor* および［A.］ *porcinus* 以外は発育に**V因子**を要求せず，*A. equuli* subsp. *haemolyticus* と *A. anseriformium* の一部の株および *A. suis* はマンニット発酵陰性であるが，その他の菌種はマンニット発酵陽性である。血液寒天培地上で *A. pleuropneumoniae*，*A. equuli* subsp. *haemolyticus*，*A. suis*，*A. vicugnae* および *A. anseriformium* は，溶血性を示す（図6-4）。各菌種は高い宿主特異性を示すため，分離された動物種の情報は，同定の参考となる。

（4）病原性

A. pleuropneumoniae 以外の菌種は，健康な人や動物の上部気道，口腔および生殖器の粘膜に共生している非病原性菌あるいは**日和見感染症**を起こす菌である。*A. pleuropneumoniae* の莢膜と外毒素（ApxⅠ～ApxⅢの3種の **Apx毒素**）は，本菌の病原因子である。莢膜は食菌および血清抵抗性に関与する。ApxⅠおよびApxⅡは溶血性および細胞毒性を示し，ApxⅢは溶血性はないが細胞毒性を示す。*A. suis* もApxⅠおよびApxⅡを分泌する。*A. equuli* subsp. *haemolyticus* の外毒素（**Aqx毒素**）は，溶血性および細胞毒性を示す本菌の病原因子である。

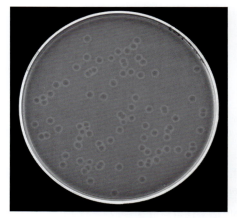

図6-4 血液寒天平板上での *Actinobacillus pleuropneumoniae* のコロニーと溶血像

（5）感染症

a. アクチノバチルスによる反芻動物の感染症

① *A. lignieresii* は慢性肉芽腫性炎を主徴とする牛アクチノバチルス症 bovine actinobacillosis（別名：**木舌症** wooden-tongue）の原因菌であり，成牛に多い。羊でも牛アクチノバチルス症と同様な病状と病理組織像を示す感染症が認められる。

② *A. vicugnae* は，アルパカの胃・食道の潰瘍などの消化器疾患，肺炎および敗血症症例から分離される。しかし，潜在的病原性については検討の余地があるとされている。

b. アクチノバチルスによる馬の感染症

① *A. equuli* はアクチノバチルス・エクーリ症 *Actinobacillus equuli* infection の原因菌であり，主に子馬の敗血症や関節炎を引き起こす。本菌にはAqx毒素を分泌しない非溶血性の subsp. *equuli* とAqx毒素を分泌する溶血性の subsp. *haemolyticus* の2つの亜種が存在する。

② *A. lignieresii* は，馬に胃炎を引き起こし，馬に咬まれた人の感染創からも分離される。馬由来の *A. lignieresii* と反芻動物由来の *A. lignieresii* は表現型では識別できないが，遺伝子（DNA）レベルでは別菌種である。現時点では相互に識別可能な表現型が得られていないため，正式な学名が与えられていないが，馬由来の *A. lignieresii* には *A.* genomospecies 1 というゲノム種名 genomospecies が与えられている。

③ *A. arthritidis* は子馬や成馬に敗血症や関節炎を引き起こす。その他に *A. arthritidis* とは表現型では識別できないが，遺伝子（DNA）レベルでは別菌種である *A.* genomospecies 2 というゲノム種も存在する。*A.* genomospecies 2 は，馬に敗血症を引き起こす。

c．アクチノバチルスによる豚の感染症

① *A. pleuropneumoniae* は **豚胸膜肺炎** swine pleuropneumonia の原因菌である。発育に **V 因子** を要求する生物型 1 と要求しない生物型 2 の 2 つの生物型が存在するが，生物型 2 の分離はまれである。莢膜多糖の抗原性の違いに基づき，19 の血清型が認められているが，日本では血清型 2，1，5 の順に分離率が高い。豚胸膜肺炎予防のためワクチンが開発されている。また豚胸膜肺炎の血清診断用の ELISA（enzyme-linked immunosorbent assay）キットも開発されている。

② *A. suis* は哺乳豚および離乳豚に散発性および急性の敗血症や突然死，主に肥育豚に呼吸器疾患，成豚に急性の敗血症を引き起こす。

③ 馬のアクチノバチルス・エクーリ症の原因菌の 1 つである *A. equuli* subsp. *equuli* は子豚の敗血症および母豚の子宮炎や **流産** を引き起こす。*A. equuli* subsp. *haemolyticus* が産生する Apx 毒素は産生しない。アクチノバシルス属の各菌種は高い宿主特異性を示すが，例外的に *A. equuli* subsp. *equuli* のみ複数の動物種（馬および豚）から分離される。

d．アクチノバチルスによる鳥類の感染症

A. anseriformium はガンカモ類（アヒル，ガチョウおよびハクチョウなど）の上部呼吸器から分離され，副鼻腔炎，結膜炎および敗血症などを引き起こす可能性があると考えられている。

5．シュードモナス目

シュードモナス目はシュードモナス科，モラキセラ科，シュードホンジエラ科およびベントシモナス科から構成されている。

A．シュードモナス科

キーワード：線毛，莢膜，*Pseudomonas aeruginosa*，緑膿菌，日和見感染症，ミンクの出血性肺炎，

（1）分　類

シュードモナス科は 13 属からなり，人や動物に病原性を示すのはシュードモナス *Pseudomonas* 属である。本属には 300 菌種以上が含まれるが，病原性を示す菌種は限られる。世界中の土壌，水，植物，野菜，果物，汚水などに存在する環境細菌で，健康な動物の皮膚，粘膜，糞便中にも認められるが，常在菌ではなく通過菌と考えられる。GC 含量（モル％）58〜69。

（2）形　態

グラム陰性桿菌（0.5〜1.0 × 1.5〜3.0 μm）で，局在性のべん毛を有し，運動性を示す。**線毛，莢膜** を有し，芽胞を欠く。

（3）性　状

偏性好気性であり，酸素を最終電子受容体として糖，有機酸，アミノ酸などを酸化的に分解し，エネルギーを得る。ブドウ糖を酸化的に分解するが，嫌気的には分解（発酵）しない。ほとんどの標準的な培地において広い温度域（4〜41℃）で発育可能であり，夾雑菌の多い検体からの分離にはマッコンキー寒天培地といった選択培地が利用できる。カタラーゼ陽性，オキシダーゼ陽性。

Pseudomonas aeruginosa（緑膿菌）は水様性色素〔ピオシアニン（青緑色），ピオベルジン（蛍光緑色），ピオルビン（赤茶色），ピオメラニン（黒または茶色）〕を産生する。産生色素の組合せや量は株により異なるが，ピオシアニンとピオベルジンの産生が一般的である。これらの色素は病変

部や培地上で産生され，浸出液や培地に独特の緑色の色調を与える．芳香族化合物である 2-アミノアセトフェノンを産生するのでコロニーは特有の臭気（線香臭）を発する．緑膿菌の菌株識別法としては，表面抗原の相違により A ～ N までの 14 血清群に群別可能である．バクテリオシン（ピオシン）型別，ファージ型別なども行われているが，近年は分子生物学的手法による遺伝子型別も行われる．

（4）病原性

緑膿菌は様々な病原因子を介して疾病を引き起こす．べん毛とⅣ型線毛は物質の表面や宿主細胞への付着に関与する．外毒素 A は蛋白質合成を阻害することで，細胞死をもたらす．外毒素 S, T, U, Y（3 型分泌装置のエフェクター蛋白質）やホスホリパーゼ C, エラスターゼ，アルカリプロテアーゼなどは組織への侵入と破壊，それに続く全身への播種などに関与する．色素も病原因子として機能する．ピオシアニンは好中球にアポトーシスを引き起こす．また，ピオシアニンとピオベルジンはシデロフォア siderophore として周囲の鉄イオンと錯体を形成し，菌体内に鉄イオンを取り込むことに貢献する．外膜中のリポ多糖は炎症反応やエンドトキシンショックを引き起こす．莢膜は食菌抵抗性に関与する．緑膿菌はムコイド型と非ムコイド型に分けられるが，ムコイド型緑膿菌が増殖している場所では分泌されたアルギン酸などのムコ多糖類が菌体をおおい包んでバイオフィルム biofilm を形成する．バイオフィルムは高度に組織化され，構造化された細菌の共同体であり，物質の表面や生体内で見られる．流水などの機械的圧力に対する抗力を与えるほか，抗菌薬や抗体などの浸透を阻害することで，細菌の共同体に物理的および化学的な強さを付与する．また，アルギン酸は食菌抵抗性と補体の活性化に関与する．バイオフィルムの形成にはクオラムセンシング quorum sensing が重要な役割を果たす．

緑膿菌の毒力は弱いが，多くの消毒薬や抗菌薬に対して抵抗性（耐性）を示す．生来的に保有するポンプによる排出 efflux，プラスミドなどの可動性遺伝因子により獲得した外来性の分解・修飾酵素，バイオフィルム形成などにより，複数薬剤に耐性を示す多剤耐性菌である．それゆえ，抗菌薬の長期間使用により，細菌叢の一部が本菌に置き換わる菌交代症を起こすことがある．

（5）感染症

緑膿菌は代表的な**日和見感染症** opportunistic infection の病原体であり，免疫力の低下した宿主では，あらゆる部位に定着する．様々な動物の外傷，手術創，熱傷の部位に創傷感染を起こす．代表的な動物の感染症は以下のとおり．

a. 牛の乳房炎

乳房炎 mastitis は，緑膿菌はブドウ球菌，レンサ球菌，大腸菌などとの混合感染，抗菌薬の長期連用による菌交代症として，牛に急性または慢性乳房炎を起こす．

b. ミンクの出血性肺炎

ミンクの出血性肺炎 hemorrhagic pneumonia in mink は緑膿菌の感染による急性致死性の感染症であり，出血性肺炎と敗血症を主徴とする．糞

表 6-15　シュードモナス属菌による主な感染症

病原体	宿主	病名	病状
P. aeruginosa	牛	牛の乳房炎	乳房炎
	ミンク	ミンクの出血性肺炎	呼吸困難，喀血
	豚	豚の緑膿菌症	呼吸器徴候
	犬，猫	犬・猫の外耳炎	外耳炎
P. anguilliseptica	アユ，シマアジ，マハタ	シュードモナス症	体表の潰瘍，出血
	ウナギ	赤点病	体表の点状出血
P. plecoglossicida	アユ	細菌性出血性腹水症	肛門の拡張・出血，腹水貯留

尿の除去，消毒，換気の不十分な環境で発生しやすい。

c. 魚類のシュードモナス感染症

アユなどのシュードモナス症 Pseudomonas disease とウナギの赤点病 red spot disease の原因菌は，ともに P. anguilliseptica であり，体表の潰瘍や出血を特徴とする。アユおよびウナギ由来株はそれぞれ分離された魚種に強い病原性を示し，血清学的な点で相違が認められる。アユの細菌性出血性腹水症 bacterial hemorrhagic ascites は P. plecoglossicida を原因菌とし，体表の出血や腹水貯留を主徴とする。

B. モラキセラ科

キーワード：完全溶血帯，伝染性角結膜炎，多剤耐性アシネトバクター

1）モラキセラ属

（1）分　類

モラキセラ Moraxella 属には約 20 菌種が含まれ，基準種は Moraxella lacunata である。M. bovis, M. ovis, M. equi などが動物に病原性を示す。M. lacunata は人の角結膜炎の起因菌の 1 つである。獣医学領域では，M. bovis が特に重要な菌種である。

（2）形　態

グラム陰性小桿菌（0.5～1.0 × 1.0～2.0 μm）または球菌（0.6～1.0 μm）で，菌体が 2 つ連鎖して観察されることが多い。

（3）性　状

好気性，非運動性で糖を分解しない。オキシダーゼ陽性。多くが，カタラーゼ陽性，硝酸塩還元陽性（M. bovis は硝酸塩還元陰性），インドール非産生で，マッコンキー寒天培地上では増殖しない（一部の M. phenylpyruvica 株は例外）。M. bovis は，Ⅳ型線毛を菌体表面に発現する。本菌の線毛には抗原性の異なる Q 線毛と I 線毛の 2 種類があり，相変異を起こす。Q 線毛は角膜上への定着に寄与し，それに対する特異抗体が産生されると，I 線毛を発現した菌が抗体による排除を回避して感染を維持する。M. bovis は，血液寒天培地上で培養48 時間後に平らで円形，灰白色の小コロニー（直径 1 mm 程度）を形成し，コロニーの周囲は狭い**完全溶血帯**で取り囲まれる。溶血素は，カルシウム依存性膜孔形成毒素である RTX 毒素の一種で，角膜上皮細胞や好中球の膜に障害を与える。線毛と RTX 毒素の発現は，疾病を引き起こすうえで必須である。

（4）感染症

a. 牛の伝染性角結膜炎（ピンクアイ）

牛の**伝染性角結膜炎** infectious bovine keratoconjunctivitis は，M. bovis の感染により生じる。世界各地で発生が見られ，日本では全国的に発生している。本菌は正常な眼からも分離され，紫外線，塵埃，植物や昆虫などによる角膜への刺激や損傷が疾病発生の誘引となると考えられている。新規感染は直接的な接触や，ハエなどの昆虫による機械的な伝播により生じる。夏季の放牧地では伝播と発症の条件が揃うため放牧病の 1 つに数えられる。

感染初期の徴候として，水様性流涙，羞明，眼瞼の浮腫と痙攣などが見られる。病状が進行すると，粘稠性流涙，角膜の中心性白斑の形成，結膜の充血と腫脹が生じる。その後角膜の中心部に潰瘍が形成され，潰瘍を取り囲むようにして角膜の白濁と浮腫が生じ，角膜縁から潰瘍にかけて血管新生が起こる。さらに潰瘍底に肉芽組織が形成され，角膜から円錐状に突出して赤色を呈する（いわゆる，ピンクアイ）。肉芽組織と潰瘍はやがて角膜瘢痕を残して退行する。潰瘍の穿孔が生じた場合には虹彩脱出により失明することもある。

2）アシネトバクター属

（1）分　類

アシネトバクター Acinetobacter 属は約 80 菌種からなる。基準種は Acinetobacter calcoaceticus である。自然環境中に広く分布し，動物の皮膚や糞便からも分離される。

（2）形　態

グラム陰性短桿菌。菌体は 0.9～1.6 × 1.5～2.5 μm，しばしばペアで，あるいは様々な長さに連鎖している。

(3) 性　状

偏性好気性，カタラーゼ陽性，オキシダーゼ陰性，非運動性，ブドウ糖非発酵。GC含量（モル%）は 39 〜 47。アシネトバクター属菌は，生化学的性状のみによる種の同定が困難なため，PCRや MALDI-TOF MS などが利用されている。

(4) 感染症

アシネトバクター属菌には，A. baumannii や A. lwofii，A. haemolyticus など日和見感染症（肺炎や敗血症など）の病原体として医療現場において重要な種が含まれる。これらの菌は抗菌薬に耐性を示すものが多く，**多剤耐性アシネトバクター**として問題となっている。

6. その他のガンマプロテオバクテリア綱（レジオネラ目を除く）

A. フランシセラ属

> キーワード：野兎病，偏性好気性，非運動性，システイン，鉄，細胞内寄生菌，マクロファージ，6型分泌装置

(1) 分　類

フランシセラ Francisella 属は，ベグジアトア目，フランシセラ科に属する。**野兎病** tularemia の原因菌である Francisella tularensis など 9 菌種が存在する（表 6-16）。F. tularensis は人に対する毒力が強い subsp. tularensis と弱い subsp. holarctica および subsp. novicida，患者報告のない subsp. mediasiatica の 4 亜種からなる。野兎病の原因菌として問題となるのは，F. tularensis subsp. tularensis（type A）と subsp. holarctica（type B）の 2 亜種であり，一般的に野兎病菌と呼ばれている。subsp. tularensis には 4 つの genotype（A1a，A1b，A2a，A2b）があり，A1b が最も毒力が強い。subsp. holarctica は 3 つの biovar（Ⅰ，Ⅱ，japonica）に分けられ，biovar japonica は日本固有種である。フランシセラ属菌は一般的にエリスロマイシン感受性であるが，biovar Ⅱ は耐性を示す。近年，従来から知られていた菌種以外にも海水や環境水，原生生物などから新たな菌種が分離されている（表 6-16）。今後，これまでに知られていない宿主から新菌種が分離されることが予測されるため，分類の再検討が必要である。

(2) 形　態

偏性好気性のグラム陰性，短桿菌（0.2 × 0.2 〜 0.7 μm）で，長時間の培養では球菌状・長桿菌状など多形性を示す。**非運動性**で，べん毛を欠く。脂質に富む細胞壁をもち，さらにその周りを薄い莢膜が囲んでいる。LPS を構成する Lipid A のアシル基は 4 個と少なく，その側鎖も長鎖脂肪酸（C16 〜 C18）と特徴的な組成をもって

表 6-16　フランシセラ属菌

種名	亜種名	病原性・疫学など
tularensis	subsp. tularensis	北米，強毒（type A），4つの genotype（A1a，A1b，A2a，A2b）
	subsp. holarctica	北米〜ユーラシア，弱毒（type B），3つの biovar（Ⅰ，Ⅱ，japonica）
	subsp. mediasiatica	中央アジア
	subsp. novicida	北米，弱毒または無毒，易感染性宿主に日和見感染
hispaniensis		易感染性宿主に日和見感染
persica		マダニ
opportunistica		人血液より分離
philomiragia		易感染性宿主に日和見感染
noatunensis		大西洋タラ，サケなど
orientalis		テラピアなどの温水魚
salimarina		海水より分離
halioticida		ヨーロッパイガイ，メガイアワビなど

表6-17 *Francisella tularensis* の性状

性状	*F. tularensis* subsp.			
	tularensis	*holarctica*	*mediasiatica*	*novicida*
システイン要求性	+	+	+	−
糖分解能：				
マルトース	+	+	−	弱い
スクロース	−	−	−	+
D-グルコース	+	+	−	+
グリセリン	+	−	+	弱い
オキシダーゼ	−	−	−	−

いる。エンドトキシン活性を欠き，Toll 様レセプター（TLR）4 との結合活性も弱い．莢膜は O 抗原莢膜と呼ばれ，LPS の O 抗原とほぼ同一のものであり，IgM や補体の結合を阻害する．*F. tularensis* はIV型線毛をもつ．

（3）性　状

F. tularensis は**システイン**および**鉄**要求性であるため，培養にはグルコース，システインおよび鉄分を含む寒天培地が用いられる．分離にはユーゴン Eugon 血液またはチョコレート寒天培地を用いる．培養 3〜4 日後には，白色〜灰白色の 1〜3 mm 径のコロニーを形成する．コロニーは露滴状で，光沢があり，粘稠性が高い．カタラーゼ弱陽性，オキシダーゼ陰性である．糖分解能は亜種間で異なる（表 6-17）．

（4）病原性

フランシセラ属菌の自然界における分布は，哺乳類，鳥類，両生類，魚類，節足動物，原生生物および海水や環境水など幅広い．人への感染が問題となる野兎病菌は主に野生鳥獣類の間にマダニなどの吸血性節足動物を媒介者として自然界に維持されている．野兎病は北米から欧州にいたるほぼ北緯 30 度以北の北半球に広く発生している．我が国における発生地は，東北地方全域と関東地方の一部が多発地であるが，それ以外の地域における動物やマダニからも菌が分離されている．野兎病菌はウサギに高い病原性を示すため，人への主要な感染源も野兎病菌が感染したノウサギとなっている．その他の動物での感染事例も報告されているが，動物における病原性の詳細は不明な点が多い．

野兎病菌は**細胞内寄生菌**であり，肺胞上皮細胞，好中球，肝細胞などの種々の細胞に感染する．**マクロファージ**には感染の初期に感染し，細菌増殖の主要部位としても，感染に対する宿主防御としても重要である．体内に侵入した菌はマクロファージなどの貪食細胞に取り込まれるが，これによる消化を回避し細胞内で増殖する．病原因子として知られている **6 型分泌装置** type 6 secretion system（T6SS）の変異株では，マクロファージ内増殖能を欠くことが知られている．菌は細胞内に取り込まれた後，フランシセラ含有ファゴソーム *Francisella*-containing phagosome（FCP）内に存在する．この FCP は初期エンドソームや後期エンドソームと融合し，正常な成熟過程を経て酸性化する．その後，菌は FCP 膜を破壊することにより細胞質へ脱出し，そこで増殖する．FCP がリソソームと融合する前に菌が細胞質へ脱出し消化を回避していると考えられる．宿主細胞は細胞質に脱出した菌を消化するために，オートファジーにより消化しようとする．詳細なメカニズムは不明だが，野兎病菌はオートファジーによる菌の消化を回避あるいはオートファゴソームを利用して細胞内で増殖することが示唆されている．

（5）感染症

野兎病菌の動物における感染は，野生のネズミ，リス，プレーリードッグなどの齧歯目やウサギ目

の動物が多い。猫は感染したネズミなどを捕獲することによって感染し，人への感染源となるため注意が必要である。脈拍数と呼吸数の増加，咳，下痢，口腔潰瘍，リンパ節腫脹および肝脾腫を伴う頻尿が見られる。数時間または数日で衰弱して死亡する場合がある。一方，その他の家畜は比較的抵抗性を示すと考えられているが，羊における集団発生事例がある。F. orientalis や F. halioticida など，テラピアやメガイアワビなどの魚介類に感染する種もある。

　野兎病菌の人における感染は，経口，経気道，経皮など全ての経路で成立する。人への感染の多くは，保菌動物の剥皮作業や調理の際に，菌を含んだ血液や臓器に触れることによって起こる。間接的には，保菌動物を調理した器具類の不完全な消毒のため，調理器具を介した食品の二次汚染による経口感染がある。吸血性節足動物（アブ，蚊，マダニ類）の刺咬による感染，動物に付着したマダニ除去の際に潰した虫体の体液を介して感染する。人から人への感染はないとされている。人における野兎病は，急性の熱性疾患である。感染源との接触から3日目をピークとした1週間以内の潜伏期の後，発熱，悪寒，戦慄，頭痛，筋肉痛，関節痛などの非特異的な感冒様症状が見られる。菌の侵入部位に関連した局所表在リンパ節の腫脹と疼痛が見られ，菌の侵入部位に膿瘍や潰瘍の形成を伴う場合がある。北米に分布する毒力が強い F. tularensis subsp. tularensis（type A）では，肺炎，敗血症などに進展，重症化することもある。診断は患者からの病原体の分離と同定および血清学的検査を行う。ホルマリン不活化菌体を抗原とした凝集反応を行う場合，ブルセラ属菌との交差反応に注意する必要がある。治療にはストレプトマイシンなどの抗菌薬の投与が有効である。予防には流行地において野生動物との接触を避けること，ダニなどの吸血性節足動物の刺咬を防ぐことが有効である。

B．ディケロバクター属

キーワード：偏性嫌気性，趾間腐爛

（1）分　類

ディケロバクター Dichelobactoer 属はカルジオバクテリウム目カルジオバクテリウム科に属する。属名は，宿主動物の「偶蹄」に由来し，本属菌は Dichelobactoer nodosus の1菌種のみである。

（2）形　態

偏性嫌気性のグラム陰性，桿菌（1.0〜1.7×3〜6 μm）で，直線状あるいは少し弯曲し，両端に膨大が見られる。IV型線毛を有し，これにより twitching 運動を行う。

（3）性　状

培養には TAS（trypticase-arginine-serine）寒天培地が用いられる。オルニチンデカルボキシラーゼ，ホスファターゼ，硫化水素産生，亜セレン酸還元が陽性，ゼラチン，カゼイン，アルブミンを加水分解する。オルニチンを脱炭酸し，アルギニン，アスパラギン酸，セリン，トレオニンからアンモニアを産生する。

（4）病原性

病原因子として細胞外プロテアーゼとIV型線毛が知られている。IV型線毛による宿主細胞への付着と線毛の収縮による twitching 運動が病原性に関与する。IV型線毛を構成する蛋白質群は2型分泌装置 type 2 secretion system（T2SS）と関連しており，IV型線毛を欠く変異株は細胞外プロテアーゼの分泌が見られず，病原性が失われる。IV型線毛は2型分泌装置の1変種と考えられており，細胞外プロテアーゼは2型分泌装置を介して分泌されていると考えられる。

（5）感染症

羊や山羊に趾間腐爛 foot rot（化膿性壊死性炎），牛に趾間皮膚炎 interdigital dermatitis を起こす。跛行の原因となり，月齢や性別と関係なく感染する。病変部からは Fusobacterium necrophorum も検出されることがあり，両菌の相乗作用により発症することも疑われている。

7. ベータプロテオバクテリア綱

A. バークホルデリア属

キーワード：鼻疽菌，*Burkholderia mallei*，類鼻疽菌，*B. pseudomallei*，莢膜，線毛，非運動性，鼻疽，Straus 反応，マレイン反応，類鼻疽

（1）分 類

バークホルデリア *Burkholderia* 属は，バークホルデリア目バークホルデリア科に属し，1992 年に薮内らによって定義された。バークホルデリア属には，30 を超える菌種が属しており，基準種は *Burkholderia cepacia* である。バークホルデリア属に属する代表的な病原細菌には，**鼻疽菌 *B. mallei*** および **類鼻疽菌 *B. pseudomallei*** があげられる（表 6-18）。鼻疽菌は，鼻疽の原因菌であり，主に馬，ロバ，ラバなどの単蹄類がレゼルボアとなる。類鼻疽菌は，類鼻疽の原因菌であり，東南アジアや北部オーストラリアなどの土壌や水中に存在している。鼻疽および類鼻疽は，人獣共通感染症であるため，公衆衛生の観点においても重要である。また，バークホルデリア属菌の特徴として，一般的に 2 本あるいは 3 本の環状染色体を保有していることがあげられる。複数の染色体を保有することで，遺伝的多様性が増加し，環境変化への適応能が高まると考えられている。また，ゲノム解析を用いた系統発生学的研究により，鼻疽菌は，類鼻疽菌から分岐したことが明らかとなっている。鼻疽菌は，この過程において，不要となった代謝や環境応答に関する様々な遺伝子を失うゲノム収縮を受け，より広範な環境適応能力をもつ類鼻疽菌から，ウマ科動物という特定の宿主に適応することとなった。

表 6-18　鼻疽菌および類鼻疽菌の特徴

菌種名	病名	レゼルボア	主な感染動物
鼻疽菌	鼻疽（家畜伝染病）	ウマ科動物	ウマ科動物（馬，ロバ，ラバ），人
類鼻疽菌	類鼻疽（届出伝染病）	環境（土壌や水中）	人，羊，豚を含む様々な動物

（2）形 態

バークホルデリア属菌は，グラム陰性好気性の桿菌（0.3 〜 1 × 1 〜 5 μm）である。一般的に，**莢膜**，**線毛** およびべん毛を菌体表面に発現しているが，鼻疽菌については，べん毛を保有しておらず，そのため **非運動性** であることが特徴的である。

（3）性 状

鼻疽菌および類鼻疽菌は，羊血液寒天培地などの一般的な培地上で発育し，特に，炭素源として 4% 程度のグリセロールが加えられた培地では，発育が促進される。鼻疽菌は，寒天培地上での発育が遅いため，最低 72 時間の培養が推奨される。また，他の細菌が混在する検体においては，発育の早い細菌におおわれてしまうことで，鼻疽菌の分離が困難になることが多いため注意が必要である。類鼻疽菌は，血液寒天培地において発育初期には乳白色の滑らかな外観のコロニーを形成するが，培養を継続すると，中央が盛り上がった皺状のコロニーを形成する。鼻疽菌は，ウマ科動物への適応の過程において不要な遺伝子を欠失したため，類鼻疽菌が有する様々な環境や培地における発育能や同化能を保有しない（表 6-19）。

（4）感染症（表 6-18）

a．鼻 疽

鼻疽 glanders は，「家畜伝染病予防法」において馬の家畜伝染病に指定され，鼻疽菌が原因となる致死的な疾病である。主な感染動物は，ウマ科動物（馬，ロバ，ラバ）であるが，人を含む他の

表 6-19　鼻疽菌および類鼻疽菌の性状

性状	鼻疽菌	類鼻疽菌
運動性	−	＋
42℃における発育	−	＋
マッコンキー寒天培地での発育	−	＋
アッシュダウン寒天培地での発育	−	＋
プロテアーゼによる加水分解	−	＋
同化能：		
グルコース	＋	＋
カプリン酸	−	＋
リンゴ酸塩	−	＋
酢酸フェニル	−	＋

動物も感染する可能性がある。鼻疽は，主要病変の形成部位や臨床徴候によって，鼻腔鼻疽，肺鼻疽あるいは皮鼻疽（皮疽）と呼ばれるが，多くの臨床例では複合的な病態を示すことが多い。なお，鼻疽の1病態である皮鼻疽のことを，呼吸器に病変を形成する他の病態と区別してfarcyと呼ぶこともある。発熱，発咳，リンパ節の腫大，リンパ管炎，鼻中隔の潰瘍および鼻汁の排出が主に認められる。馬においては，慢性経過をたどる症例が多く，時に無徴候であるが，ロバやラバにおいては，急性経過をとり，数日のうちに死亡する症例も多い。感染経路は，罹患動物との直接的な接触感染，あるいは汚染された飼葉桶，水桶，手入れ道具などを介した間接的な接触である。鼻疽菌は，生体外の外部環境においては，高温，紫外線，一般的な消毒薬によって数週間のうちに不活化される。鼻疽は，北米，欧州およびオセアニアなどの多くの国において清浄化されているが，アジア，中東，アフリカおよび南米においては現在でも発生が報告されている。

鼻疽の診断においては，感染を疑う動物の検体から，鼻疽菌を分離および同定することが重要である。また，PCRやリアルタイムPCRなどの遺伝子検査が有用である場合もある。鼻疽菌は，増殖速度が遅く最低3日程度の培養時間が必要であることに加え，他の混在菌によって鼻疽菌の分離が妨げられる可能性があることに注意する。細菌が分離された場合は，運動性の有無，生化学的性状，あるいは遺伝子検査を用いて菌の同定を行う。なお，市販の生化学的同定キットは診断感度に欠ける場合が多い。**Straus反応**は，古典的な鼻疽菌の診断および同定法であり，膿などの臨床材料あるいは分離細菌を，雄のモルモットに腹腔内投与すると，精巣炎が誘発される反応である。血清学的検査法としては，補体結合反応，ウエスタンブロッティングあるいは酵素結合免疫吸着法などが使用される。**マレイン反応**は，鼻疽菌の培養抽出物から作製した抗原を，点眼あるいは眼瞼皮下接種を行った数日後に，眼瞼腫脹の有無により判定を行う診断法である。当該動物に鼻疽感染歴がある場合は，鼻疽菌の抽出抗原により細胞性免疫が誘導され，眼瞼が腫脹する。Straus反応およびマレイン反応は，歴史的に鼻疽のコントロールや清浄化において重要な役割を果たしたが，現代においては，優れた代替法が開発されたことに加え，動物福祉の観点から使用は推奨されない。

有効なワクチンはなく，鼻疽陽性が確認された患畜は殺処分する。

　b．類鼻疽

類鼻疽 melioidosis は，類鼻疽菌が原因となる疾病で，届出伝染病に定められている。本菌は，東南アジアや北部オーストラリアなどの熱帯および亜熱帯地域における湿潤な土壌や水中などの環境に生息している。主な感染動物は，羊，豚，牛，馬などを含む様々な動物であり，動物園などの集団飼育施設における類鼻疽の発生も報告されている。また，類鼻疽は人獣共通感染症であり，特に，糖尿病などの基礎疾患をもつ人は重篤化しやすい。本疾病は，汚染された土壌や水からの曝露，特に粉塵やミストの吸入，あるいは皮膚の傷口からの感染によって発生する。馬における鼻汁排出や鼻腔潰瘍などの病状が，鼻疽に似ているため，鑑別診断が必要となる。一般的には，発熱，元気消失，食欲不振あるいは敗血症などが観察されることが多い。

類鼻疽の診断においても，鼻疽同様，分離および同定が最も重要である。類鼻疽菌の培養は，血液寒天培地などの非選択寒天培地が使用できるが，他の細菌が混在する場合には，Ashdown選択培地やPseudomonas cepacia（PC）培地などの選択培地の使用が推奨される。グラム染色において，菌体中央部が染色されずに両端だけが染色される「安全ピン」様の外観を呈する。本菌が示す生化学的性状は，同定に役立つものの，他のバークホルデリア属菌との区別が難しいことがあるため，PCRやリアルタイムPCRといった遺伝子検査などによる同定法と併用する必要がある。類鼻疽の血清学的試験として，間接赤血球凝集法が最も使用されている。本法は，迅速に結果を提供することができるが，類鼻疽の発生地域では，過去

の感染と区別が困難である場合がある。また，地域によっては，ラテックス凝集反応などが使用されることもある。いずれの血清学的試験においても，鼻疽菌や他のバークホルデリア属菌との鑑別が重要である。特に，B. thailandensis は，一般的に非病原性であるが，類鼻疽菌と形態学的特徴や生化学的性状が類似しており，東南アジアや北部オーストラリアなどの環境に存在する点も類鼻疽菌と重なるため，分子生物学的手法などを用いた正しい鑑別が求められる。

有効なワクチンはなく，類鼻疽陽性が確認された患畜は殺処分する。

B. ボルデテラ属

キーワード：*Bordetella bronchiseptica*，豚の萎縮性鼻炎，莢膜，線毛，*Pasteurella multocida*，皮膚壊死毒素

（1）分類

ボルデテラ *Bordetella* 属は，バークホルデリア目アルカリゲネス科に属しており，ボルデテラ属には，2024年12月現在15菌種が含まれ，基準種は，百日咳菌 *Bordetella pertussis* である。ボルデテラ属菌に属する代表的な病原細菌には，百日咳菌，パラ百日咳菌 *B. parapertussis*，気管支敗血症菌 **B. bronchiseptica** および七面鳥コリーザ turkey coryza の原因菌である *B. avium* があげられる。百日咳菌とパラ百日咳菌は，人に感染し呼吸器症状を示す。獣医学領域では，気管支敗血症菌の感染による**豚の萎縮性鼻炎**，犬におけるケンネルコフおよび *B. avium* の感染による七面鳥コリーザが重要である（表6-20）。豚の萎縮性鼻炎は世界各地で発生が認められている。国内においては，2000年頃までは一定数の発生が報告されていたが，近年では衛生管理対策の徹底やワクチンによる疾病予防などによって発生数が減少している。七面鳥コリーザは，主に七面鳥が多く飼養される欧米地域において発生が認められているが，国内では家畜衛生上の問題にはなっていない。

（2）形態

ボルデテラ属菌は，グラム陰性好気性の短桿菌（0.2〜1×1〜5 μm）である。周毛性のべん毛を介して運動性を示す菌種がある。また**莢膜**や**線毛**を有することが多い。

（3）性状

動物に病原性をもつ気管支敗血症菌および *B. avium* は，BHI 寒天培地において，35〜37℃で48時間の培養にて良好に発育する。他の菌による汚染が疑われる検体から菌分離を行う場合は，選択培地であるボルデー・ジャング Bordet-Gengou 寒天培地やマッコンキー寒天培地などが使用できる。病原性を有するボルデテラ属菌の主要病原因子は，2成分制御系である BvgAS（Bordetella virulence genes）によって産生が制御されている。すなわち，Bvg$^+$菌（Ⅰ相菌）は主要病原因子を産生し，Bvg$^-$菌（Ⅲ相菌）は産生しない。この2つの異なる表現型は，外部環境に応じて可逆的に相変異することが知られており，例として気管支敗血症菌では，Bvg$^+$菌（Ⅰ相菌）が呼吸器感染に必要十分である一方，Bvg$^-$菌（Ⅲ相菌）は，貧栄養条件下における増殖に有利である。また，Bvg$^+$菌（Ⅰ相菌）は，37℃での培養により発育するが，寒天培地上で複数回の継代培養を繰り返すことや，26℃以下での培養，あるいは特定の化学物質（ニコチン酸や硫酸マグネシウム）の存在下における培養によって Bvg$^-$菌（Ⅲ相菌）へ相変異し，形態や病

表6-20 ボルデテラ属菌による主な感染症

菌種名	感染動物	病名	主な病状
B. bronchiseptica	豚	萎縮性鼻炎（届出伝染病）	鼻炎，発咳，アイパッチ，鼻梁弯曲
	犬，猫	ケンネルコフ（犬）	発咳，鼻汁，気管支肺炎
	モルモット，ウサギ	－	粘液膿性またはカタル性の鼻汁，呼吸困難
B. avium	七面鳥を主とする鳥類	七面鳥コリーザ	カタル性鼻炎，結膜炎，気管虚脱

原性を変化させることが知られている。各相ではコロニー外貌も異なり，気管支敗血症菌のBvg⁺菌（I相菌）は，血液寒天培地上で溶血性を示し，不透明で粘性のある灰白色コロニーを形成する。Bvg⁻菌（III相菌）は，溶血性を示さず，粘性に乏しい白色扁平コロニーを形成する。このような相変異は，ボルデテラ属菌の生存と感染への適応において重要な役割を果たしていると考えられている。

（4）感染症

a．豚の萎縮性鼻炎（表6-20）

豚の萎縮性鼻炎 atrophic rhinitis は，気管支敗血症菌の単独あるいは毒素産生性 *Pasteurella multocida* の混合感染が原因となる疾病で，豚とイノシシを対象として届出伝染病に定められている。本症による死亡率は高くないが，感染豚においては，増体率および飼料効率の低下や成長遅延を引き起こし，さらに，同一豚群において蔓延することもあるため，畜産農家に経済的損失をもたらす。気管支敗血症菌は，豚の上気道，特に鼻腔粘膜に定着し，**皮膚壊死毒素** dermonecrotic toxin（DNT）を産生する。*P. multocida* は，正常な鼻粘膜には定着しづらいが，気管支敗血症菌感染などに起因する粘膜損傷により定着し，さらに，毒素産生株が，DNTに類似の作用を有する毒素を産生することで，病変形成を加速するとともに病状を著しく悪化させる。豚の萎縮性鼻炎の初期には，鼻汁漏出，鼻出血，頻繁な発咳などの呼吸器徴候や，眼瞼下部の皮膚にアイパッチと呼ばれる三日月様で黒色の汚れシミが認められる。重症例では，鼻甲介周辺の鼻骨，上顎骨，前頭骨などの発達が阻害され，特徴的な鼻梁変形（鼻曲がり）を呈することがある。この鼻梁変形は，気管支敗血症菌が産生する易熱性の皮膚壊死毒素による，骨芽細胞系列の細胞分化阻害および，それに伴う骨形成不全や骨萎縮の誘発による。さらに，*P. multocida* が混合感染した場合は，本菌種が産生する毒素の骨芽細胞分化阻害および破骨細胞形成促進作用によって病状は増悪化する。このような病状および病変は，感染日齢の低い豚ほど，より重度となる傾向がある。これは，若齢豚の免疫系が未発達であるためである。

気管支敗血症菌の皮膚壊死毒素遺伝子の上流に位置するプロモーター領域には，複数の一塩基多型 single nucleotide polymorphism（SNP）が存在し，これらSNPの組合せにより，皮膚壊死毒素の産生量が変化することが知られている。豚分離株において認められる特定のSNPを保有する株は，ウサギ分離株に比較し，皮膚壊死毒素の産生能が高いことが知られている。この毒素産生量の違いが，豚の萎縮性鼻炎に特徴的な鼻梁変形の一因であると考えられている。

呼吸器における臨床所見に加え，細菌学的検査および血清学的検査により診断を行う。細菌学的検査では，鼻腔から採取したスワブ検体を用い，ボルデー・ジャング寒天培地やマッコンキー寒天培地に播種し，気管支敗血症菌を培養および同定する。血清学的検査としては，凝集反応などが用いられる。

飼養衛生管理対策の徹底を通じて，感染リスクを低減させることに加え，種々の市販ワクチンが利用可能である。抗菌薬による治療には，サルファ剤，テトラサイクリン系抗菌薬，アミノグリコシド系抗菌薬などが用いられる。

b．ケンネルコフ（表6-20）

ケンネルコフ kennel cough〔近年では canine infectious respiratory disease complex（CIRDC）とも呼ばれる〕は，犬における伝染性の高い急性上気道疾患で，様々な細菌やウイルスが原因となる。気管支敗血症菌はケンネルコフの主要な病原菌の1つで，他にはマイコプラズマ属菌，犬アデノウイルス2型，犬ヘルペスウイルスあるいは犬パラインフルエンザウイルスなどが原因となることが知られている。混合感染も一般的で，より重症化する傾向にある。宿主および環境因子によるが，5～7日程度の潜伏期間後に発症することが多い。ケンネルコフは，ペットショップや保護施設など，多くの犬が集まる場所において発生するリスクが高い。

ケンネルコフを発症した犬は，特徴的な乾性の

短い咳，鼻汁および目やにを呈し，数日～数週間にわたり持続する。多くの犬における病状は軽度～中等度である。しかし，免疫抑制状態や他の併発疾患を有する子犬や成犬では，重篤化して気管支肺炎を発症することがある。この場合，呼吸困難，体重減少，発熱，そして最悪の場合は死亡に至ることもある。

c．七面鳥コリーザ（表 6-20）

七面鳥コリーザは，七面鳥における Bordetella avium の上気道感染症である。B. avium は，他の鳥類にも感染し得るが，七面鳥は本病原体に対する感受性が特に高いことが知られている。感染した七面鳥は，約 7～10 日の潜伏期間を経て，カタル性鼻炎，結膜炎，気嚢炎，咳，沈うつ，体重減少や，気管輪の軟化による気管虚脱などを呈する。

B. avium が産生する細胞毒素には，骨毒素 osteotoxin，気管細胞毒素 tracheal cytotoxin，アデニル酸シクラーゼ毒素，あるいは皮膚壊死毒素などがあり，これらが七面鳥に対する病原性に関連していると考えられている。このうち，B. avium に特有の骨毒素は，軟骨組織の病変形成，およびそれに伴う気管輪の軟化変性に関与する。

呼吸器における臨床所見に加え，鼻汁や気管スワブからボルデー・ジャング寒天培地やマッコンキー寒天培地を用いて B. avium の分離および同定を行う。診断の際には B. avium の類縁菌種である B. hinzii との鑑別が必要である。

C．テイロレラ属

キーワード：*Taylorella equigenitalis*，馬伝染性子宮炎，莢膜，線毛，X因子，V因子，流産

（1）分 類

テイロレラ *Taylorella* 属は，バークホルデリア目アルカリゲネス科に属しており，基準種である ***Taylorella equigenitalis*** とその近縁菌である *T. asinigenitalis* の 2 菌種から構成される。**馬伝染性子宮炎**の原因菌である *T. equigenitalis* は主に馬から分離され，*T. asinigenitalis* は主にロバから分離される。

（2）形 態

テイロレラ属菌は，グラム陰性微好気性菌であり，形態としては短桿菌あるいは球桿菌（0.7 × 0.7～1.8 μm）などしばしば多形を示す。菌体表面に**莢膜**および**線毛**を有するが，べん毛は認められない。

（3）性 状

テイロレラ属菌の培養は，チョコレート寒天培地を用い，35～37℃，5～10% 炭酸ガス条件下にて実施する。発育は遅く，複数日の培養が必要となる。*T. asinigenitalis* は *T. equigenitalis* よりもさらに発育速度が遅い。テイロレラ属菌は，**X因子**および**V因子**を要求しないが，チョコレート寒天培地を用いることで発育が促進される。また，臨床検体などから培養する際は，複数の抗菌薬などを添加したユーゴンチョコレート寒天培地を使用することで，混在菌や真菌の発育を抑制することができる。コロニーは，直径 2～3 mm ほどの円形で，辺縁が滑らかな光沢のある灰白色～薄黄灰色となる（図 6-5）。カタラーゼ，オキシダーゼおよびホスファターゼ陽性であるが，他の代謝活性は弱く，一般の生化学的性状試験では多くが陰性となる。

（4）感染症（表 6-21）

T. equigenitalis が原因となる**馬伝染性子宮炎**

図 6-5 ユーゴンチョコレート寒天培地に発育した *Taylorella equigenitalis*

表 6-21 テイロレラ属菌およびナイセリア属菌による主な感染症

病原体	病名	感染動物	主な病状
Taylorella equigenitalis	馬伝染性子宮炎	ウマ科動物	子宮内膜炎，子宮頸管炎
Neisseria meningitidis	流行性脳脊髄膜炎	人	脳髄膜炎
Neisseria gonorrhoeae	淋病	人	尿道炎，子宮頸管炎

contagious equine metritis は，ウマ科動物特有の性感染症で，届出伝染病に定められている。主に交配によって伝播するが，人や獣医療器具などを介した間接的な伝播も報告されている。感染部位は，雌馬の生殖器に限局され，感染した雌馬では，子宮内膜炎や子宮頸管炎を発症し，受胎率の低下や，時に**流産**を引き起こす。感染した雌馬は，高い確率で保菌馬となり，長期間にわたり陰核洞および陰核窩から本菌が分離される。本菌は，雄馬では発症しないものの，尿道洞，亀頭窩あるいは包皮の襞に保菌され，交配を通じて雌馬への感染源となるため重要である。

D. ナイセリア属

キーワード：*Neisseria gonorrhoeae*，*N. meningitidis*，淋病

（1）分 類

ナイセリア *Neisseria* 属は，ナイセリア目ナイセリア科に属し，30 を超える菌種が属している。基準種は **Neisseria gonorrhoeae** である。動物に病原性を示すナイセリア属菌は知られていない。人に病原性を示す菌種として，髄膜炎を引き起こす **N. meningitidis** および**淋病**の原因菌である *N. gonorrhoeae* が属している。

（2）形 態

ナイセリア属菌は，好気性あるいは微好気性のグラム陰性菌（直径 0.6 〜 1.0 μm）で，相対する面が平坦な腎臓あるいはそら豆状の双球菌である。べん毛は形成しない。

（3）性 状

ナイセリア属は，栄養要求性が厳しいため，一般的な羊血液寒天培地などでの発育は不良であり，富栄養培地においてよく発育する。ナイセリア属菌の培養には，チョコレート寒天培地や，チョコレート寒天培地に複数の抗菌薬を添加した選択培地であるサイアー・マーチン Thayer-Martin 寒天培地を用い，十分な湿度のもと 35 〜 37℃にて 5 〜 10% 炭酸ガス条件下にて実施する。ナイセリア属菌は，カタラーゼおよびオキシダーゼ陽性である。*N. meningitidis* と *N. gonorrhoeae* の糖分解能は異なり，*N. meningitidis* はグルコースとマルトースの両方から酸を生成できるが，*N. gonorrhoeae* はグルコースのみから酸を生成する。*N. meningitidis* と *N. gonorrhoeae* は，人の粘膜表面など特定の環境に適応しているため，生体外の様々な環境に対する抵抗力が弱い。熱に対しては 55℃ 5 分で死滅し，低温，乾燥あるいは紫外線による影響下でも容易に死滅する。空気中に曝されると 1 〜 2 時間，培地上においても数日しか生存できない。

（4）感染症（表 6-21）

動物に対して病原性を示すナイセリア属菌はなく，*N. meningitidis* と *N. gonorrhoeae* の 2 菌種が人にのみ病原性を示す。*N. meningitidis* は，健康な人の鼻咽頭粘膜にも一定の割合で存在し，時に流行性脳脊髄膜炎を引き起こす。*N. gonorrhoeae* は，淋病の原因菌であり，尿道炎や子宮頸管炎を引き起こす。

8. アルファプロテオバクテリア綱

ここでは，アルファプロテオバクテリア綱のうち，ハイフォミクロビウム目ブルセラ科ブルセラ属と同目バルトネラ科バルトネラ属について記載する。リケッチア目については，「16.-B. リケッチア目」に記載する。

A．ブルセラ属

キーワード：偏性好気性，非運動性，ブルセラ症，細胞内寄生菌，流産

（1）分類

ブルセラ属は主たる宿主に基づいて，*Brucella melitensis*（山羊流産菌），*B. abortus*（牛流産菌），*B. suis*（豚流産菌），*B. ovis*（羊流産菌），*B. canis*（犬流産菌），*B. neotomae*（サバクキネズミ流産菌）の6菌種に分類されていた。しかし，遺伝学的類似性が高いことから，1985年に1菌種（*B. melitensis*）にまとめられた。従来の種は全て生物型biovarとして扱われることになり，*B. abortus*は*B. melitensis* biovar Abortusのように記載される。しかし，獣医学あるいは医学領域における混乱を避けるため，6生物型を従来通りの6菌種として扱うことが認められている。近年，従来から知られていた6菌種以外にも海洋哺乳類，ユーラシアハタネズミなどから新たな菌種が分離されている。各菌種にはそれぞれレゼルボアがある（表6-22）。今後，これまでに知られていない宿主から新菌種が分離されることが予測される。

（2）形態

偏性好気性（ブルセラ属は嫌気では発育しない）のグラム陰性，小桿菌（$0.5 \sim 0.7 \times 0.6 \sim 1.5\ \mu m$）で，**非運動性**である。べん毛，莢膜を欠く。

（3）性状

普通寒天培地における発育は遅いため，ブルセラBrucella寒天培地，トリプトン培地などが用いられる。血清あるいは血液を加えることにより発育が増強される。*B. abortus*と*B. ovis*は二酸化炭素（CO_2）要求性が強く，初代分離には10% CO_2の添加が必要である。3〜7日間，37℃で培養することにより，集落を形成する。菌種および生物型の鑑別はCO_2要求性，硫化水素産生性，オキシダーゼ反応性，色素添加培地における発育性（色素抵抗試験）など，種々の生物学的試験を行うことにより可能である（表6-23）。

*B. abortus*と*B. melitensis*は共通抗原をもつことが知られている。*B. ovis*の抗血清（抗R型血清）は，*B. abortus*と*B. melitensis*のR型変異株にも反応し凝集する。ブルセラ属菌は*Yersinia enterocolitica*血清型O9などの種々の病原細菌と共通抗原をもち交差反応する。

大小2つの染色体をもつことが知られている。16S rRNA遺伝子などの配列を解析することにより，菌種の同定が行われている。

（4）病原性

レゼルボアから人および他の動物に感染する

表 6-22　ブルセラ属菌の主なレゼルボアと疾病

菌種	宿主	疾病 動物	人
B. melitensis	山羊，羊	流産，精巣炎	マルタ熱
B. abortus	牛	流産，精巣炎	波状熱
B. suis	豚	流産，精巣炎，関節炎，脊椎炎	波状熱
B. ovis	羊	精巣上体炎，散発的流産	—
B. neotomae	サバクキネズミ	マウスに高い感受性	—
B. canis	犬	流産，精巣上体炎，不妊	波状熱
B. pinnipedialis	アザラシ，アシカ	繁殖障害，神経障害など	不明
B. ceti	クジラ，イルカ	繁殖障害，神経障害など	不明
B. microti	ユーラシアハタネズミ	不明	不明
B. inopinata	不明（人から分離）	不明	不明
B. papionis	不明（ヒヒから分離）	不明	不明
B. vulpis	不明（キツネから分離）	不明	不明

表 6-23　ブルセラ属菌の性状

菌種[a]	コロニー形態[b]	CO_2要求性	H_2S産生	オキシダーゼ反応	色素添加培地上の発育	
					チオニン	塩基性フクシン
B. melitensis	S	−	−	＋	＋	＋
B. abortus	S	＋[c]	＋[c]	＋	−[c]	＋[c]
B. suis	S	−	−[c]	＋	＋	−[c]
B. ovis	R	＋	−	−	＋	＋
B. neotomae	S	−	＋	−	−	＋
B. canis	R	−	−	＋	＋	−

[a] B. melitensis は 1～3 生物型，B. abortus は 1～9 生物型，B. suis は 1～5 生物型に細分される。
[b] S：smooth（平滑），R：rough（粗面）
[c] 生物型により差がある。

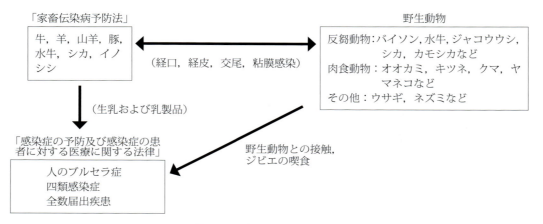

図 6-6　ブルセラ属菌の感染

（図 6-6）。野生の反芻動物（バイソン，水牛，ジャコウウシ，シカ，カモシカなど），肉食動物（オオカミ，キツネ，クマ，ヤマネコなど），齧歯類（ネズミなど），ウサギなど幅広い感染がある。またクジラ，シャチ，イルカなどの海洋哺乳類にも感染がある。我が国の「家畜伝染病予防法」では牛，羊，山羊，豚，水牛，シカ，イノシシを対象とした家畜伝染病（法定伝染病）に指定されている。動物の**ブルセラ症** brucellosis は，清浄化された一部地域を除く世界中に広く分布し，開発途上国では大きな経済損失の原因となっている。特に地中海地域，アラビア湾地域，モンゴル，インド，中米および南米では多くの発生がある。現在我が国では，家畜のブルセラ症はほぼ清浄化された。定期検査で時おり抗体保有牛が摘発されるが，

細菌学的検査で菌が分離される例はない。日本国内における人への感染事例はまれであり，その多くが犬からの感染が疑われるものである。家畜由来の場合は国外滞在中に感染したものと考えられている。

ブルセラ属菌は**細胞内寄生菌**であり，体内に侵入した菌はマクロファージなどの貪食細胞に取り込まれるが，これによる消化を回避し細胞内で増殖する。病原因子として知られている 4 型分泌装置 type 4 secretion system（T4SS）（VirB 蛋白質群）の変異株では，マクロファージ内増殖能を欠くことが知られている。このブルセラ属菌の VirB 蛋白質群と相同性がある *Agrobacterium radiobacter*（ハイフォミクロビウム目リゾビウム科，シノニム：*Rhizobium radiobacter*）の VirB

蛋白質群は，T-DNA と呼ばれる DNA 断片を宿主植物細胞へ注入し，腫瘍形成に関与する。ブルセラ属菌の VirB 蛋白質群を介して宿主細胞に注入される因子も病原性に直接関与すると考えられており，その因子はエフェクターと呼ばれている。これまでにいくつかのエフェクターが報告されているが，詳細な機能は不明である。ブルセラ属菌の病原因子およびブルセラ症の発症機構はほとんど明らかにされていない状況である。

妊娠動物が感染した場合，他の臓器に比較して胎盤および胎子において菌の増殖が見られる。**流産**の発生機構も詳細は不明であるが，胎盤で菌が増殖することにより胎盤を構成する細胞の機能が阻害され，流産が引き起こされると考えられる。また，胎子は母体にとって異物であり，免疫拒絶反応を抑制し妊娠を維持するために，母体内では Th2 サイトカインが優位になっている。宿主にはブルセラ属菌の感染に応答し Th1 が誘導され，菌の細胞内増殖を阻害することによって病態の進行を抑える機構が存在する。妊娠動物の場合も同様に菌の感染によって Th1 が優位になり，母体の Th1/Th2 のバランスが崩れることにより流産が起こるのではないかと考えられている。

（5）感染症

動物のブルセラ症の自然感染は経口，経皮，交尾，粘膜感染など全ての経路で成立する（図 6-6）。動物間のみならず感染動物から人への感染もほぼ同様の経路によって感染が成立する。動物の流産胎子，胎盤，悪露，精液，乳汁に大量の菌が存在し感染源となる。菌は乳汁中にも排泄されることから公衆衛生上注意が必要な疾病である。

a．牛のブルセラ症

原因菌は B. abortus であり，経口，経皮，交配により感染する。菌は侵入した部位のリンパ節内で増殖する。その後，菌は全身に広がり菌血症となる。感染初期に菌血症となった場合，菌は全身の臓器に分布するが，感染の経過に伴い菌は乳房およびその周囲のリンパ節に限局する傾向にある。泌乳とともに大量の菌が排出される。流産，不妊，精巣炎，関節炎，膿瘍形成，乳房炎などが見られる。流産は妊娠 7～8 か月が多く，これに次いで 6，5，4，9 か月の順となる。患畜では人で見られる発熱やその他の所見は認められず，病状のみで診断することは困難である。また，流産の前駆徴候も示さないため，予測も不可能である。診断は血清反応を行い，急速凝集反応，試験管凝集反応，CF 反応がある。弱毒生ワクチンが開発されており，ワクチン接種による予防策をとっている国もある。我が国では検疫と淘汰で清浄度を守る予防体制をとっているため諸外国で用いているワクチンは使用しない。また，家畜伝染病（法定伝染病）として本症の予防対策を実施しているため治療は行わず，患畜は淘汰する。

b．豚のブルセラ症

原因菌は B. suis であり，流産胎子および胎盤の摂食，交配などで感染する。感染は品種，雌雄，年齢，繁殖，肥育などの違いに関係なく起こる。感染初期は無徴候であるが，感染の経過に伴い流産，不妊，精巣炎，関節炎，脊椎炎，後躯麻痺，跛行が見られる。流産は妊娠期に関係なく起こる。

c．山羊・羊のブルセラ症

原因菌は B. melitensis であり，牛と同様の感染様式をとる。主な病態は流産と精巣炎である。交配時に感染し，腟および乳汁中への長期間の排菌が見られる。山羊は全ての品種が高い感受性を示すが，羊はマルチーズ種が感染抵抗性を示すと報告されている。

d．犬のブルセラ症

原因菌は B. canis であり，主要な感染経路は交尾感染である。感染した犬の多くは無徴候のまま長期間菌を保有し続ける。雌では妊娠後期 45～55 日頃に流産や死産が見られる。雄では精巣，精巣上体および前立腺の腫脹，精巣の萎縮，精液性状の悪化が見られる。精液，乳汁，および尿の中に菌が含まれるため，感染拡大の原因となる。

e．人のブルセラ症

急性あるいは亜急性の熱性疾患であり，特異的な徴候はなく倦怠感，食欲不振，疲労などが認められる。波状熱がほとんどの患者に見られるが，インフルエンザ様の徴候に類似しているため，そ

れのみでの診断は困難である。食品を介した感染としては，牛，山羊，羊，ラクダの未殺菌の生乳あるいはそれを材料とした乳製品の摂取が原因となる。感染家畜の筋肉組織および内臓に菌が含まれているため，肉類の生食は感染の危険性がある。

B. バルトネラ属

キーワード：猫ひっかき病，*Bartonella henselae*，*B. quintana*，塹壕熱

（1）分　類

バルトネラ *Bartonella* 属には，2024年12月現在40菌種が含まれる。バルトネラ属菌は，哺乳類をレゼルボアとし，ノミやシラミなどの吸血性節足動物によって伝播される。バルトネラ属菌は，宿主動物の血管内皮細胞に感染し，そこで増殖した後，赤血球内に移行して持続感染する，いわゆる細胞内寄生型の細菌である。

（2）形　態

菌体のサイズは，（長さ）1〜2×（幅）0.5〜0.7 μmで，グラム陰性の多形性短桿菌の形態を示し，莢膜を欠く。多くのの菌種はべん毛を保有しないが，*Bartonella bacilliformis*，*B. clarridgeiae* など8菌種でべん毛が確認されている。

（3）性　状

本菌は栄養要求性が高いため，分離にはウサギや羊などの血液を5〜7%の割合で加えたハートインフュージョン寒天培地などを用いる。菌の発育速度は極めて遅く，可視化コロニーの形成には1〜4週間を要する。通常，35〜37℃，5% CO_2 下で培養するが，*B. bacilliformis* は27〜30℃でないと発育しない。生化学的性状は各菌種で類似しているため，同定はハウスキーピング遺伝子の塩基配列の相同性解析に基づいて行われる。

（4）感染症

a. 猫ひっかき病

猫ひっかき病 cat scratch disease（CSD）は猫をレゼルボアとする ***B. henselae*** が原因菌で，人は主に猫からの創傷や咬傷によって罹患する。受傷後，3〜10日目頃から菌の侵入部位に数 mm の丘疹や水疱が出現し，一部では潰瘍に発展する場合もある。初期病変から1〜2週間後に，受傷部位近傍のリンパ節に疼痛を伴う腫脹が出現し，数週間から数か月間持続する。発熱・悪寒・倦怠感などの全身性の病状も認められるが，多くは自然治癒する。免疫不全患者が *B. henselae* に感染すると，細菌性血管腫や肝臓紫斑病を起こし，重篤化する。我が国では，CSD患者の報告は散見されるが，正確な患者数は不明である。

B. henselae は猫ノミがベクターとなって猫間を伝播する。本菌は世界各地の猫から分離されており，我が国の飼育猫の7.2%が本菌を保有していることも明らかとなっている。近年，野生のマングースやハクビシンからも *B. henselae* が分離されている。また，ハクビシンから猫ひっかき病に罹患した事例も報告されていることから，ハクビシンは *B. henselae* の新たな感染源動物として注目されている。

b. 塹壕熱

第一次・第二次世界大戦時に，欧州の兵士間に流行した感染症で，***B. quintana*** が原因菌である。患者では，回帰性の菌血症，発熱，筋肉痛のほか，心内膜炎も認められる。免疫不全患者が *B. quintana* に感染すると，細菌性血管腫や肝臓紫斑病を起こし，重篤化する。コロモジラミが *B. quintana* を伝播することから，**塹壕熱** trench fever は不衛生な環境下において発生しやすい。近年，欧米の都市部の路上生活者に都市型塹壕熱が散発的に発生している。人は *B. quintana* の唯一のレゼルボアであると考えられていたが，最近の研究によって，マカカ *Macaca* 属のニホンザルやアカゲザルなども本菌のレゼルボアであることが明らかとなった。

c. カリオン病

ペルー，エクアドル，コロンビアのアンデス山脈地帯の風土病で，*B. bacilliformis* が原因菌である。カリオン病 Carrion's disease 患者は，オロヤ熱あるいはペルー疣病（いぼ）といった異なる2つの病態を呈する。オロヤ熱は発熱と重度の溶血性貧血を特徴とする急性期の病態で，未治療の患者で

は，しばしば致死的となる．慢性に経過した場合，皮膚の肉芽腫様病変を特徴とするペルー疣病となる．南米の高山地帯にのみ生息するサシチョウバエがベクターとなり，B. bacilliformis を伝播することから，南米大陸以外ではカリオン病の発生は見られない．現在まで，人以外の哺乳類から B. bacilliformis は分離されていない．

（5）その他のバルトネラ症

少なくとも 11 菌種は人に対し病原性を有することが明らかとなっており，その多くが野生動物をレゼルボアとする．欧米やアジアの野生齧歯類は，視神経網膜炎の原因となる B. grahamii や心内膜炎の原因となる B. elizabethae を保菌している．我が国のアカネズミやヒメネズミも高率に B. grahamii を保菌しているが，国内における人の感染事例は報告されていない．米国のアライグマやハイイロギツネは，人に関節炎や脾種を引き起こす B. rochalimae を保菌している．我が国のアライグマから B. rochalimae は分離されていないものの，タヌキから B. rochalimae の遺伝子が検出されている．

2016 年に報告された B. apis は，西洋ミツバチの中腸から初めて分離され，昆虫をレゼルボアとするバルトネラ属菌種として近年，注目されている．人や哺乳類に対する B. apis の病原性は不明である．

9．バクテロイデス門

A．バクテロイデス属

キーワード：*Bacteroides fragilis*，非運動性，線毛，莢膜，日和見感染症

（1）分 類

バクテロイデス Bacteroides 属は人，および動物・昆虫などの腸管内の常在菌として存在し，主要細菌叢を構成する菌群の 1 つである．常在菌である一方で，人および動物に様々な徴候を引き起こす嫌気性菌感染症からの分離頻度が高く，臨床的に重要な細菌群である．Bacteroides は 1898 年に Veillon A と Zuber A により初めて分離されたが，当時の偏性嫌気性無芽胞グラム陰性桿菌の分類基準が，特異性の低い形態学的特徴や生理・生化学的性質に基づいたものであったことから，多様な菌群を含んでいた．その後バクテロイデス属の分類に，血清型，ファージ型，菌体脂質の比較や 16S rRNA を標的とした oligonucleotide cataloging などの生化学的・分子生物学的な分類基準が導入され，バクテロイデス属は *Bacteroides fragilis* を中心とする菌群とそれ以外に区別されることが明らかとなり，Shah HN と Collins DM はバクテロイデス属を B. fragilis group のみに限定し，B. melaninogenicus，B. oris 群をプレボテラ Prevotella 属に（1990 年），主として口腔内に常在しウサギ血液寒天培地で黒色色素を産生する B. gingivalis をポルフィロモナス Porphyromonas 属に移すことを提唱した（1988 年）．これにより狭義のバクテロイデス属は B. fragilis を代表とする 10 菌種に整理され，この分類を基準として 2024 年 12 月現在，バクテロイデス属は 52 菌種から構成されている．

（2）形 態

非運動性の嫌気性グラム陰性桿菌でべん毛はもたず，菌体の大きさは 0.5 〜 2.0 × 1.6 〜 12 μm で多形性を示す．グラム染色では菌体内部の染色性に濃淡が見られる．大部分の菌株は**線毛**をもたないが，一部線毛を有する株もある．多くの菌株は**莢膜**を産生するが，菌株によって莢膜生合成遺伝子領域の構成が異なるため，莢膜多糖の構造は菌株間で多様であり，抗原性も異なると考えられている．莢膜は腸管内での定着や病原性に寄与していると考えられている．

（3）性 状

偏性嫌気性菌であり，ヘミンとメナジオンを加えた嫌気性菌用血液寒天培地での 48 時間培養で，小〜中等大の白色〜灰白色の隆起した正円のコロニーを形成する．20% 胆汁添加培地で増殖が促進され，酸素分圧 3% 以下でよく発育するが，B. fragilis は空気中でも 6 〜 8 時間は生存する．通常溶血性は観察されないが，溶血性を示す菌株も

まれに分離される。また酢酸，プロピオン酸，イソ酪酸，コハク酸を産生し，悪臭を発生するが，これらにより大腸内環境は弱酸性化され外来の病原微生物の増殖を阻止すると同時に，宿主に吸収されることでエネルギー源として利用される。染色体の大きさは 4.8 〜 6.2 Mbp，約 4,000 〜 4,500 個前後の ORF が検出されており，GC 含量（モル %）は 42 〜 45 である。

（4）感染症

バクテロイデス属は人や動物の腸管内常在菌であるが，粘膜バリアの破綻や外科的侵襲が加わった場合に**日和見感染症**を起こし，特に膿瘍形成が多く見られる。このような嫌気性菌感染症は，例えば，人や動物による咬傷，誤嚥性肺炎，口腔手術や消化器手術，泌尿器・産科婦人科領域の術後などに発生しやすい。中でも B. fragilis は最も病原性が高いと考えられており，骨盤・腹腔内膿瘍，皮下軟部組織感染症，菌血症を引き起こす。B. fragilis の病原性の要因は莢膜多糖であり，精製した莢膜多糖のみを腹腔内に接種しても膿瘍が形成されることが分かっている。また B. fragilis は，エンテロトキシン産生株が存在し，フラジリシンと呼ばれる分子量約 20,000 のメタロプロテアーゼである毒素を産生し，小児や高齢者の下痢症に関与すると考えられている。

B．ポルフィロモナス属

キーワード：非運動性，線毛

（1）分類

1921 年 Oliver WW と Wherry WB によって発見された血液平板培地上で黒色コロニーを形成する非運動性の偏性嫌気性グラム陰性桿菌は Bacterium melaninogenicum と命名され，その後バクテロイデス属に属する Bacteroides melaninogenicus と変更された。1970 年に糖分解能の違いから 3 つの亜種に分類され，その中の人口腔由来で，赤血球凝集能をもちトリプシン様酵素活性がある菌種を B. gingivalis として独立した菌種と設定した。さらに，1988 年に Shah HN と Collins DM によって，B. gingivalis，B. asaccharolyticus，B. endodontalis の 3 菌種は新菌属のポルフィロモナス Porphyromonas 属に移すことが提案された。本属は現在 19 種から構成される。

（2）形態

バクテロイデス属と同様に無芽胞，**非運動性**の嫌気性グラム陰性桿菌であり，0.5 × 1.0 μm の楕円形の形態で，菌体表面に長短 2 種類の**線毛**をもつ。長い線毛（FimA）は I 〜 V 型の 5 つのタイプに分類され，II 型の FimA をもつ株が，細胞侵入性など病原性が強いとされている。一方，短い線毛（Mfa1）は他菌種とのバイオフィルム形成に関わる。Porphyromonas gingivalis W83 株のゲノムサイズは 2,343,476 bp，GC 含量（モル %）は 48.3，遺伝子数は 1,990 であることが明らかにされている。

（3）性状

増殖のためにはヘミンとメナジオンを必要とするものが多く，これらを加えた嫌気性菌用血液寒天培地での 72 時間培養で小さな隆起した光沢のある黒色コロニーを形成する。炭水化物を発酵しないものが多く，20% 胆汁を加えた培地では発育しない（胆汁感受性）。グルコース存在化で培養すると，コハク酸，イソ酪酸，酪酸などを多量に産生し，強い悪臭を発する。

（4）感染症

ポルフィロモナス属は人や動物の口腔内，下部消化管，腟内に存在する。特に P. gingivalis は慢性歯周炎の主要な病原性因子で，線毛，ジンジパインと呼ばれる蛋白質分解酵素，内毒素により様々な病原性を示す。本菌は，歯周局所に認められる Fusobacterium nucleatum，Treponema denticola などの細菌と共培養することでその増殖に相乗効果が認められる。P. gingivalis は人の口腔から検出されるが，一方でサル，犬，オオカミなどの口腔から分離される糖分解のない類似菌種としては P. gulae や P. cangingivalis，P. crevioricanis などがあげられる。これらのポルフィロモナス属は慢性歯周炎患者の歯周ポケットから高率に検出される。本菌の口腔以外の検出部

位としては，心内膜炎，脳膿瘍，心冠状動脈疾患部などが報告されている。また動物の口腔から P. gingivalis が，人の口腔から P. gulae が検出されており，相互の感染・伝播も示唆されている。

C. プレボテラ属

キーワード：糖発酵能

（1）分類

ポルフィロモナス属同様に，Shah HN と Collins DM らの提案によってバクテロイデス属から1990年に独立したものがプレボテラ Prevotella 属であり，本属は現在60種から構成される。

（2）形態

グラム染色では淡いピンク色に染色される球桿菌～桿菌として観察される。グルコース存在下ではコハク酸を大量に産生する。

（3）性状

嫌気性菌用血液寒天培地での48時間発酵で小～中等大の隆起したコロニーを形成する。20%胆汁を加えた培地では発育せず，**糖発酵能**を示す。コロニーが茶～黒色に着色する pigmented Prevotella と灰白色～白色のコロニーを形成する non-pigmented Prevotella に分けられる。ポルフィロモナス属と異なり，培養条件によりコロニーの大きさや形態が異なる。

（4）感染症

プレボテラ属は人の口腔内，腟内，消化管内に生息し，上気道呼吸器感染症や女性生殖器感染症に関与しており，Prevotella intermedia は妊娠性歯肉炎を引き起こすといわれている。また犬の口腔内からも P. intermedia は高頻度に検出される。

D. フラボバクテリウム属

キーワード：滑走運動，カラムナリス病

（1）分類

フラボバクリウム Flavobacterium 属には現在約300種が記載されている。基準種は Flavobacterium aquatile であり，淡水，海水，汽水および土壌中に常在し，近年は極地（南極）からの新種報告も見られる。魚類に病原性のある菌種として，淡水魚に感染する F. branchiophilum, F. psychrophilum，淡水魚と汽水魚に感染する F. columnare が知られている。2022年に，F. columnare はさらに4種（F. columnare, F. covae sp. nov., F. davisii sp. nov., F. oreochromis sp. nov.）に再分類することが提唱された。

（2）形態

グラム陰性の長桿菌であり，長さは7.0～8.0 μm に達する。べん毛をもたないが活発な**滑走運動**・屈曲運動を示す種（F. columnare）および運動性はないか極めて弱い種（F. brachiophilum, F. psychrophilum）が含まれる。

（3）性状

分離培養には低栄養性のサイトファーガ寒天培地，改変サイトファーガ寒天培地，TYC 寒天培地が用いられ，淡黄色～黄色のコロニーを形成する。F. psychrophilum の分離培養には培地に抗菌性物質のトプラマイシンを添加した選択培地が考案されている。偏性好気性で培養温度は15～25℃が用いられるが，増殖の遅い種（5日間：F. branchiophilum, F. psychrophilum）と比較的早い種（2日間：F. columnare）が含まれる。運動性の高い F. columnare のコロニー辺縁は樹根状を呈する。F. columnare は2%以上の食塩を含む培地では発育しない。魚類病原菌に関するその他の生化学的性状を表6-24にまとめた。

（4）感染症

a. 細菌性鰓病

細菌性鰓病 bacterial gill disease（BGD）は，F. branchiophilum が淡水魚の鰓に感染する疾患である。宿主は主にサケ科魚類であるが，我が国では養殖アユでの被害も大きい。遊泳緩慢，食欲不振，刺激への反応の鈍化などの行動変化が観察され，やがて鰓蓋が開き気味で遊泳して急激に死亡率が増加する。鰓組織には本菌が多数存在し，うっ血，点状出血，貧血，腫脹が観察される。組織学的には鰓薄板の癒合，鰓弁の棍棒化，鰓弁の癒合が見られ，鰓機能の不全状態を引き起こす。本菌は体内に侵入することはなく，内臓や躯幹筋では

表 6-24　フラボバクテリウム属の魚類病原菌 3 種の生化学的性状

	F. branchiophilum	F. psychrophilum	F. columnare
チトクロームオキシターゼ	+	+	弱陽性
カタラーゼ	+	+	+
ゼラチン分解	+	+	+
カゼイン分解	+	+	+
デンプン分解	+	−	−
硫化水素産生	−	+	−

繁殖しない。

診断は臨床徴候を呈する病魚の鰓組織の顕微鏡観察で，多数の長桿菌の存在と鰓薄板上皮の増生・癒合を確認することで予診が可能である。原因菌の分離培養には時間を要するので，迅速確定診断には 16S rRNA 遺伝子を標的としたプライマーを用いた PCR が推奨される。

本菌は養殖池などの環境中に常在し，過密飼育，水中アンモニア濃度の増加，溶存酸素量の低下などのストレスによって感染・発症の引き金となる。本菌は塩分耐性が低いために塩水浴が有効であり，3〜5% の高濃度食塩液に 1〜2 分浸漬，ないし 0.7〜1.2% の低濃度食塩液に 1〜2 時間浸漬する処方が使用されているが，養殖アユの疾病には低濃度食塩液の水浴が多用されている。

b. 細菌性冷水病

細菌性冷水病 bacterial cold-water disease（BCWD）は F. psychrophilum が，水温 20℃以下の冷水環境下でギンザケ，ニジマスなどのサケ科魚類，アユに感染・発症する疾患である。水産動物としてはニジマスを主とするサケ科魚類で全国的に流行し，養殖サケ科魚類の診断件数は細菌感染症として最も多いが，伝染性造血器壊死症や赤血球封入体症候群との併発症例が多い。アユの感染症は養殖魚のみならず河川でも大量死の原因となっており，全国の天然水域での発生は 2002 年の段階で 100 か所を超え，近年では全国の主要なアユ遊漁河川のほとんどで発生が見られている。したがって，本病は遊漁および養殖アユ産業において最も重要な疾患であると認識されている。

主な病状は鰓，肝臓，腎臓の退色で，吻端，体側，尾部にびらんや潰瘍が形成され，疾患特異的な用語ではないが，いわゆる「穴あき」や「尾腐れ」を呈する。また，それら潰瘍性患部に二次的に水カビの感染が見られる場合も多い。アユ成魚では体表患部を伴わずに鰓や内臓の退色のみを呈して死亡する個体が見られる。

上述の病状や発症水温から予診が可能だが，確定診断には内臓からの菌分離を実施して，生化学的および血清学的検査により同定する必要がある。原因菌には複数の血清型が知られるが，共通抗原をもつために凝集反応や蛍光抗体法による同定が可能である。また，PCR による診断も広く使用されている。

本病は原因菌が卵門経由で囲卵腔内に侵入することが判明したため，現在では養殖サケ科魚類の受精卵は吸水前に等張液で希釈したヨード剤〔有効ヨウ素濃度 0.005%（50 ppm）〕で 15 分間消毒し，卵表面の本菌による汚染を除去してから病原体フリーの用水で吸水させることで卵内感染を防除できるようになった。

現在，本病に対して養殖サケ科魚類ではフロルフェニコールが，養殖アユには同じくフロルフェニコールとスルフィソゾールナトリウムが水産用医薬品として承認されているが，河川での天然魚の被害低減のために，放流用アユの検疫や河川水域を跨いだおとりアユの使い回しの禁止，釣具を使用する度に消毒するなどの対応が必要であろう。また，本病に対するワクチンの開発が期待されているが，実用化には至っていない。

c. カラムナリス病

カラムナリス病 columnaris disease は，*F. columnare* が水温 15℃ 以上でニジマス，ドジョウ，ニホンウナギ，アユ，コイ，キンギョなどの温水性淡水魚，まれに汽水魚に感染・発症する疾患である。養殖コイには水温が上昇する夏季に多発して経済的損失が大きい。殊に北米の養殖チャンネルキャットフィッシュ（アメリカナマズ）に大流行し，年間被害総額は 70 億円以上とされている。

過密飼育，環境の富栄養化，選別や移動によるストレスに伴い発症する。鰓や体表の微小な外傷から感染し，容易に水平伝播する。初期病変は体表，鰭，鰓，口吻先端に形成される黄白色〜薄褐色の小斑点（原因菌の集落）であり，次第に広がり原因菌が産生する強い蛋白質分解酵素により組織の壊死，崩壊，欠損を生じる。原因菌は体内に侵入することはなく，内臓や躯幹筋では繁殖しない。鰓では粘液の過剰分泌が見られ，鰓弁組織の崩壊により鰓葉がホウキ状となり，部分的に欠損する部位も観察される。また，疾患特異的な用語ではないが，感染部位により「鰭腐れ」，「尾腐れ」，「口腐れ」，「鰓腐れ」などと呼称されることもある。原因菌は患部辺縁で円柱状ないしドーム状の菌集塊形成を特徴とし，患部の顕微鏡観察でこの所見を観察することで予診が可能である。確定診断は原因菌を分離培養し，生化学的・血清学的検査および PCR により同定することでなされる。

過密飼育を避け，飼育環境の水質管理を徹底することで防除できるが，病勢初期であればオキシテトラサイクリンやオキソリン酸による薬浴や，0.5〜0.7% の食塩液での水浴により制御できる。養殖コイでは本病に対する水産用医薬品としてスルフィソゾールナトリウムが認可されている。

E. テナシバキュラム属

キーワード：滑走運動

（1）分 類

テナシバキュラム *Tenacibaculum* 属は海水および汽水中に常在し，種々の海水魚に感染・発症する。海水魚の病原菌として知られているのは，*Tenacibaculum ovolyticum*，*T. gallaicum*，*T. discolor*，*T. finnmarkense*，*T. mesophilum*，*T. soleae*，*T. dicentrarchi*，*T. maritimum* だが，これらの中では *T. maritimum* による感染事例が最も多く，国内外の 20 種以上の海水魚で報告されている。

（2）形 態

代表的な魚類病原菌である *T. maritimum* はグラム陰性長桿菌であり，通常は 0.3〜0.5 × 2〜30 μm だが，長さが 100 μm に達するフィラメント状の菌体がまれに見られる。べん毛はもたないが活発な滑走運動や屈曲運動を示す。

（3）性 状

T. maritimum の分離培養には 30% 以上の海水を含む海水サイトファーガ寒天培地，TYC 寒天培地，Marine Agar，ZoBell2216E 寒天培地などが使用される。25℃ で 2 日間培養すると，表面が粗で辺縁が明瞭な樹根状を呈する扁平な淡黄色のコロニーを形成する。本菌は強い蛋白質分解酵素を産生し，環境中の一般細菌との競合に弱いとされている。*T. maritimum* と近縁種である *T. ovolyticum* との主な生化学的性状の比較を表 6-25 にまとめた。

（4）感染症

a. 海産魚の滑走細菌症

海産魚の滑走細菌症 gliding bacteria infection in sea water fish は，*T. maritimum* が様々な海水魚の体表に感染・発症する疾患である。本病は世界各地の海水飼育の養殖魚種に大きな被害を与え

表 6-25 *Tenacibaculum maritimum* と *T. ovolyticum* の生化学的性状

	T. maritimum	*T. ovolyticum*
カタラーゼ	＋	＋
硝酸塩還元	＋	＋
アンモニア産生	＋	＋
硫化水素産生	＋	−
チロシン分解	＋	＋
コンゴレッド吸着	＋	−

ているが，我が国ではマダイ，ヒラメでの被害が多く，殊に種苗生産時に大きな被害を与えている。容易に水平伝播し，体表の微小な外傷から感染する。

発症すると稚魚は遊泳緩慢となり，体色黒化，口吻部のびらん，尾鰭の壊死崩壊を呈する。1～2歳魚では頭部，躯幹，鰭に発赤や出血が見られ，やがてびらんと潰瘍，組織の欠損を呈するようになる。これらの病状は原因菌の産生する強力な蛋白質分解酵素によって引き起こされ，海水魚の「口腐れ」や「尾腐れ」とも呼ばれる。

特徴的な病態と，病変部組織の顕微鏡観察で滑走運動，屈曲運動を呈するグラム陰性の長桿菌を確認することで予診が可能であり，さらに患部から原因菌を分離培養し，生化学的・血清学的検査を実施して同定するが，近年はPCRにより迅速な確定診断が可能である。

過密飼育を避け，発症魚を早期に発見して魚群から除去する他，魚の取扱いにも注意するなど，衛生対策に努めることで防除する。実験的にはマダイ稚魚でオキシテトラサイクリンの経口投与に効果が認められているが，本病に対して処方可能な認可された水産用医薬品は2023年現在存在しない。

F．オルニソバクテリウム属

キーワード：非運動性，日和見感染症，鶏

（1）分類

オルニソバクテリウム *Ornichobacterium* 属には，*O. rhinotracheale* の1種のみが含まれる。本菌は1991年に南アフリカで呼吸器徴候を示す七面鳥から初めて分離され，その後新たに分類，命名された。現在A～Rの18種類の血清型に分類されているが，病原性との関連性はないとされる。

（2）形態

O. rhinotracheale はグラム陰性**非運動性**の多形性桿菌である。液体培養では寒天培地での培養時よりも多形性を示し（直径0.2～0.6 μm，長さ0.6～5 μm），菌塊を形成することもある。

（3）性状

カタラーゼ陰性，オキシダーゼ陽性，硝酸塩還元陰性，βガラクトシダーゼ陽性，インドール非産生，リジン脱炭酵素陰性，オルニチン脱炭酵素陰性，ウレアーゼ陽性である。グルコースを分解しないが，フルクトース，ラクトース，マルトース，ガラクトースを分解する。難培養性で普通寒天培地では増殖できない。大腸菌やプロテウス属，シュードモナス属のような増殖の早い他の菌の発育を抑えるために，ポリミキシンやゲンタマイシンを加えた5～10%羊血液寒天培地を使用する。37℃，嫌気～微好気条件（5～10% CO_2）で培養すると，24時間後では極めて小さいコロニーを形成し，48時間後には，灰色～灰白色の非溶血性の円形のコロニーを形成する。本菌のコロニーは酪酸に似た独特の臭気を放つ。

（4）感染症

a．鶏のオルニソバクテリウム感染症

オルニソバクテリウム・ライノトラケアレ症 *Ornithobacterium rhinotracheale* infection は家禽の呼吸器系感染症の1つで，通常，呼吸器徴候，発育遅延，産卵減少が見られ，死亡することもあるため，家禽産業に経済的損失をもたらす。病鶏から分離される血清型はA型が多い。呼吸器徴候には気管炎，気嚢炎，心膜炎，副鼻腔炎，滲出性肺炎が含まれ，線維素性化膿性病変を伴う。本病の重症度，死亡率，生産性の低下の程度は様々であり，管理，環境ストレス要因，または他の病原体の存在などの要因が，疾患の発現に重要な役割を果たすことが多いため，**日和見感染症**と理解されている。七面鳥は**鶏**よりも感受性が高く，気管粘膜の扁平化，発赤や出血斑，病変部での粘液の蓄積が一般的である。肺には出血性病変が見られることがあり，血液が口から排出される。我が国では不活化ワクチンが使用されている。

G．カプノサイトファーガ属

キーワード：口腔内常在菌，滑走性，敗血症

（1）分類

カプノサイトファーガ *Capnocytophaga* 属は

12菌種からなり，本属の基準種 *Capnocytophaga ochracea* を含む7菌種は人の口腔内に常在している。動物では *C. canimorsus*, *C. cynodegmi*, *C. canis*, *C. felis*, *C. catalasegens* の5菌種が犬・猫の**口腔内常在菌**である。*C. canis* は2016年，*C. felis* は2020年，*C. catalasegens* は2023年に報告された新菌種であり，近年犬・猫が保有する本属菌の分類が進んでいる。

（2）形　態

カプノサイトファーガ属菌は通性嫌気性のグラム陰性長桿菌で，グラム染色像では両端が尖った細長い形状を示す。べん毛を形成しないが，寒天培地などの固体表面上で**滑走性**を示すことが特徴的である。滑走性は菌種によって，また培地の種類によって現れ方が異なり，犬・猫が保有する菌種では *C. felis* や *C. catalasegens* では特に明瞭であるが，*C. canimorsus* では分かりにくいことも多い。

（3）性　状

生育に二酸化炭素を必要とし，栄養要求性が高い。培養にはハートインフュージョンベースなど栄養に富んだ5% 血液寒天培地を用い，35～37℃で炭酸ガス培養あるいは嫌気培養を行う。増殖が遅いため検体からの分離培養ではコロニーの十分な生育に4日以上要することもある。犬・猫の保有する菌種では，*C. canimorsus* など4菌種のコロニーが乳白色～灰白色であるのに対し，*C. catalasegens* のコロニーは橙黄色を呈する。また，*C. canimorsus*, *C. cynodegmi*, *C. felis* および *C. catalasegens* の4菌種と *C. canis* の一部がオキシダーゼ陽性，*C. catalasegens* を除く4菌種がカタラーゼ陽性。人が保菌する7菌種はいずれもオキシダーゼ，カタラーゼともに陰性であり，犬・猫が保菌する菌種との鑑別点となる。

（4）感染症

a．カプノサイトファーガ感染症

人が保菌する7菌種は，歯周病関連菌に位置付けられ，まれに日和見的な全身感染によりカプノサイトファーガ感染症 *Capnocytophaga* infection が起き，**敗血症**，電撃性紫斑病や心内膜炎など重篤になることがある。

犬・猫が保菌する5菌種のうち，*C. catalasegens* を除く4菌種で，人への感染例が報告されている。犬・猫による咬傷や掻傷，あるいは犬・猫との濃厚接触に伴って人に感染するが，臨床的に最も重要なのは *C. canimorsus* であり，犬の74%，猫の57%が保菌している。創部には目立った炎症などの病変がないまま1～14日の潜伏期の後，急激に発熱，悪寒や意識混濁などの全身症状が現れることが特徴であり，重症例では敗血症，電撃性紫斑病や播種性血管内凝固症候群（DIC）に至る。急激な血小板減少が認められるほか，血液塗抹の鏡検では白血球による貪食像が多く見られる特徴がある。これまで文献的に報告されている国内症例の致命率は約20%である。*C. canimorsus* では，これまでに10種類以上の莢膜型が知られているが，人の患者からの分離菌株では莢膜型A～Cの3種類が90%以上を占めており，莢膜型によって病原性が異なると考えられている。他の菌種については *C. canis* の保菌率は犬で55%，猫で66%で，人では死亡例を含む敗血症例の報告がある。*C. cynodegmi* では主に創部の蜂窩織炎 cellulitis などの局所的感染，*C. felis* では眼内炎の報告がある。分離菌の菌種の鑑別にはPCRによる *gyrB* 遺伝子などの各菌種特異的な検出が最も有用である。

動物では *C. canimorsus* 感染による犬の角膜炎や *Capnocytophaga* sp. が慢性副鼻腔炎や鼻炎の猫から分離された報告があるが，本属菌の動物への病原性は十分に明らかになっていない。

H．リエメレラ属

キーワード：非運動性

（1）分　類

リエメレラ *Riemerella* 属には，3菌種〔*Riemerella anatipestifer*（現 *R. anatipestifera*），*R. columbina* および *R. columbipharyngis*〕が知られている。*R. anatipestifer* は，Riemer により1904年にガチョウから初めて分離され，これまで21種類の血清型が見つかっている。

（2）形態

R. anatipestifer はグラム陰性**非運動性**短桿菌（直径 0.2 ～ 0.5 μm，長さ 1.0 ～ 2.5 μm）で，極染性を示す。

（3）性状

カタラーゼ陽性，オキシダーゼ陽性，ウレアーゼ陽性，インドール非産生，メチルレッド陰性，クエン酸利用能陰性，硝酸塩還元陰性である。大半の分離株は VP 反応陽性を示す。本菌は，血液寒天培地において 37℃で培養すると，灰色を帯びた直径 1 ～ 2 mm の露滴状，平滑なコロニーを形成する。

（4）感染症

a．リエメレラ・アナチペスティファー症

リエメレラ・アナチペスティファー症 Riemerella anatipestifer infection は R. anatipestifer の感染による家禽の疾病で，特にアヒルの感受性は非常に高く，その高い致死率から，経済被害は甚大である。他の鳥類でも幼鳥ほど罹患しやすく，死亡率も高い。感染経路は呼吸器を介した水平伝播のほか，足の爪による創傷を介した機械的伝播である。臨床徴候は，雛では急性で伝染性の強い敗血症，成鳥では慢性で局在型に分類される。感染すると，鼻汁漏出，副鼻腔炎，発咳，下痢，跛行，歩様異常，頭部振戦，斜頸などが見られる。耐過しても発育不良となる。抗菌薬による治療が有効ながら，欧州などでは薬剤耐性菌が問題となっている。諸外国ではワクチンが用いられているが，我が国では実用化されていない。

10．フソバクテリウム門

フソバクテリウム門フソバクテリウム綱フソバクテリウム目は，フソバクテリウム科，レプトトリキア科に加え，2023 年にハリオビルガ科が提案され，人や動物の口腔や消化器官に生息するもののほか，嫌気性の海底堆積物中に生息するものなどが知られている。獣医学領域で重要なのはフソバクテリウム科フソバクテリウム属菌とレプトトリキア科ストレプトバチルス属菌である。

A．フソバクテリウム属

キーワード：*Fusobacterium necrophorum*，壊死桿菌症，肝膿瘍，趾間腐爛

（1）分類

フソバクテリウム *Fusobacterium* 属は基準種の *Fusobacterium nucleatum* を含む 18 菌種からなる。*F. nucleatum* はさらに 2 亜種に分けられる。***F. necrophorum*** はかつて subsp. *necrophorum* と subsp. *funduriforme* の 2 亜種に分けられていたが，ゲノム解析の結果 2024 年に亜種の細分類がなくなった。

（2）形態

グラム陰性偏性嫌気性桿菌で，球桿状からフィラメント状まで多形性を示す。線毛やべん毛は形成しない。*F. nucleatum* の細胞は細長く幅 0.4 ～ 0.7 μm，長さ 4 ～ 10 μm で，細長い両端が尖った紡錘形を示す。*F. necrophorum* の菌体の幅は 0.5 ～ 0.7 μm で，最大 1.8 μm まで膨潤する。

（3）性状

本属菌は酸素感受性であるが，*F. nucleatum* は最大 6％の酸素濃度下でも発育する。細胞壁のリポ多糖はヘプトースと 3-デオキシ-D-マンノ-2-オクツロソン酸（KDO）を含み，*F. nucleatum* のリピド A は腸内細菌科細菌と構造的に類似しており，大腸菌のリピド A に対する抗体と交叉反応する。ペプトンや糖を代謝して酪酸を産生する。*F. nucleatum* は羊血液寒天培地上では直径 1 ～ 2 mm の非溶血性のコロニーを形成する。*F. nucleatum* および *F. necrophorum* subsp. *necrophorum* は赤血球凝集能を有し，また *F. necrophorum* subsp. *necrophorum* は溶血性を示す。

（4）感染症

臨床上で重要な菌種は *F. necrophorum* と *F. nucleatum* である。*F. necrophorum* subsp. *necrophorum* の方が subsp. *funduriforme* より病原性が高い。病原因子としてロイコトキシン A が重要であり，その産生能が亜種間の病原性の差異に関係している。

a．壊死桿菌症

壊死桿菌症 necrobacillosis は，*F. necrophorum* を原因菌とする内因性感染症で，牛の**肝膿瘍** hepatic abscess や牛の**趾間腐爛**，羊・山羊の腐蹄症のほか，子牛のジフテリア calf diphtheria などの病態を示す。肝膿瘍は，濃厚飼料の多給などに起因した第一胃錯角化症 ruminal parakeratosis や第一胃炎による第一胃の粘膜バリアー障害によって，特に subsp. *necrophorum* が門脈経路で肝臓に達することで起きる。臨床徴候は乏しく，多くがと畜検査で発見される。趾間腐爛では，本菌が創部から感染することにより，重度の化膿と組織壊死が引き起こされ，罹患動物は顕著な跛行を示す。

　また，*F. necrophorum* は人のレミエール症候群 Lemierre's syndrome（口腔咽頭の感染から血栓性静脈炎を経て全身性の塞栓症，膿瘍形成を起こす）の主な原因菌でもある。近年，フソバクテリウム属菌，特に *F. nucleatum* の人や実験動物における大腸がん発生への関与が報告されている。

B．ストレプトバチルス属

キーワード：多形性，鼠咬症，Haverhill fever

（1）分　類

　ストレプトバチルス *Streptobacillus* 属は基準種の *Streptobacillus moniliformis* のほか，*S. canis*，*S. felis*，*S. notomytis* および *S. ratti* の計 5 菌種からなる。

（2）形　態

　グラム陰性通性嫌気性で**多形性**を示す桿菌である。*S. moniliformis* は幅 0.1 〜 0.7 μm，長さ 1 〜 5 μm で，継代培養を繰り返すことにより 10 〜 150 μm のフィラメント状や中心部の膨らんだ形態を示すこともある。非運動性で莢膜をもたない。また，細胞壁を欠く L 型菌の形態をとることもある。液体培地による培養では，パフボール puff-ball と呼ばれる特徴的な菌塊を形成する。

（3）性　状

　カタラーゼ，オキシダーゼ，インドール産生および硝酸塩還元はいずれも陰性。血液寒天培地上では直径 1 〜 2 mm のコロニーを形成する。L 型菌のコロニーは目玉焼き状を示す。

（4）感染症

　ストレプトバチルス症 *Streptobacillus moniliformis* infection として，**鼠咬症** rat-bite fever とハーバーヒル熱 **Haverhill fever** がある。

　a．鼠咬症

　人への感染報告があるのは *S. moniliformis* および *S. notomytis*。野生ラットが常在菌として上気道に高率に保菌しており，咬傷によって感染する。主な症状は紅斑性発疹や関節炎。我が国では *S. moniliformis* を主にドブネズミが，*S. notomytis* を主にクマネズミが保菌している。

　b．ハーバーヒル熱

　食品や水系の汚染によって *S. moniliformis* が経口的に感染する。海外では集団感染事例も報告されている。

11．らせん菌，スピロヘータ類

　ここでは，らせんの形態を示す細菌として，イプシロンプロテオバクテリア綱に属するカンピロバクター属およびヘリコバクター属，デルタプロテオバクテリア綱に属するローソニア属，ならびにスピロヘータ門の菌について記載する。

A．カンピロバクター属

キーワード：カンピロバクター属，*Campylobacter fetus*，らせん状桿菌，*C. jejuni*，*C. coli*，微好気性，牛カンピロバクター症，食中毒，カンピロバクター腸炎

（1）分　類（表 6-26）

　カンピロバクター *Campylobacter* 属は，2024年 12 月現在，49 菌種が原核生物学名リスト List of Prokaryotic names with Standing in Nomenclature（LPSN）に記載され，その中の 6 菌種はさらに 14 亜種に分類されている。基準種は ***Campylobacter fetus*** である。菌体の耐熱抗原（Penner 血清型）と易熱性抗原（Lior 血清型）を用いた血清型別法や遺伝子型別法（MLST 法）が

表 6-26　動物に病原性を示す主な菌種と主要な保菌動物

菌種	亜種	保菌動物	疾病
C. fetus	*fetus*	牛, 羊, 爬虫類	散発性流産
	venerialis	牛	伝染性低受胎（不妊）
C. jejuni	*jejuni*	牛, 豚, 鶏, 犬, 猫, 野鳥, 野生動物	腸炎（子犬, 子猫）
C. hyointestinalis	*hyointestinalis*	牛, 豚, サル, ハムスター, 爬虫類	腸炎？（牛, 豚, ハムスター）
C. coli		牛, 豚, 鶏, 犬, 猫,	腸炎（子犬, 子猫）
C. upsaliensis		犬, 猫, サル, アヒル	腸炎（犬, 猫）
C. hepaticus		鶏	肝炎（spotty liver disease）
C. billis		鶏	肝炎（spotty liver disease）

広く用いられている。

(2) 形　態（図6-7）

グラム陰性の弯曲した**らせん状桿菌**（0.2〜0.8 × 0.5〜5 μm）で，時間の経過や環境ストレスに曝露されると，菌形態は球状になることがある。例外もあるが，ほとんどの菌種は，両端もしくは一端に鞘のない極べん毛を使ってコークスクリュー様の回転運動をする。

(3) 性　状

至適発育温度域は30〜37℃であるが，菌種により発育温度域が異なる。本属菌はカタラーゼ陽性群と陰性群に分けられ，陽性群のうち43℃で発育する菌種は高温性カンピロバクター thermophilic Campylobacter と呼ばれ，1982年に食中毒細菌に指定された **C. jejuni** と **C. coli** はここに属する。乾燥状態には極めて不安定である。カンピロバクター属菌が増殖可能なガス組成は酸素（O_2）が3〜8%，二酸化炭素（CO_2）が10%，残りが窒素（N_2）である。しかし，増殖に水素（H_2）を必要とする菌種もある。全てのカンピロバクター属菌は，3% O_2，7% H_2，10% CO_2，80% N_2 の**微好気性**条件で増殖できることが報告されている。ほとんどの菌種はオキシダーゼを産生し，硝酸塩を還元するが，炭水化物を利用しない。炭素源としてアミノ酸や有機酸を利用する。カンピロバクターは，口腔または宿主動物の腸管もしくは生殖管に生息している。C. jejuni NCTC11168株をはじめとする由来の異なる菌株の全塩基配列が決定されている。DNAのGC含量（モル%）は29〜47。

(4) 感染症

a. 牛のカンピロバクター感染症

牛カンピロバクター症 bovine campylobacteriosis は **C. fetus** の感染による伝染性低受胎および散発性流産などの繁殖障害を主徴とする疾病で，「家畜伝染病予防法」の届出伝染病に指定されている。C. fetus の亜種のうち2つの亜種（subsp. *fetus* および subsp. *venerealis*）が本症に関与し，両者には生息部位や病型に違いが見られる。C. fetus subsp. *fetus* は健康な牛の腸管や胆嚢内に保菌されており，胎盤親和性が強く散発性流産を起こす。さらに羊に対しても流産を起こす。流産は妊娠期間を通じて見られるが，妊娠中期で多い。本亜種は人にも感染し，菌血症，髄膜炎，流産，腸炎（**食中毒**）などを起こすため，人獣共通感染症としても重要である。一方，C.

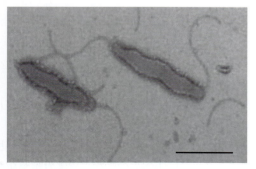

図6-7　*Campylobacter jejuni* の透過型電子顕微鏡による菌形態の観察（ネガティブ染色）
Bar = 1 μm

fetus subsp. *venerealis* は生殖器に対する親和性が強く，雌牛では子宮，腟，卵管などに定着して伝染性低受胎（不妊）や散発性流産を起こす。種雄牛では包皮腔に菌が定着して不顕性感染となり，感染源となる。感染経路は保菌牛との自然交配や，人工授精の際に菌に汚染された精液や人工授精用器具などを介した感染である。種雄牛の包皮腔洗浄液と精液について蛍光抗体法と培養法を実施し，保菌牛を摘発する。流産牛では，感染後1週間で腟粘液中に凝集抗体価の上昇が見られるので，菌体抗原を用いた凝集試験を行う。

b．鶏のカンピロバクター感染症

1980年代に，欧米やオーストラリアの産卵鶏の肝臓に白色病巣が認められる spotty liver disease（SLD）と呼ばれる致死性の高い疾病が報告され，新菌種の *C. hepaticus* または *C. billis* が病変から分離された。肝臓に認められる白色病変は巣状壊死で，罹患鶏は産卵率の低下などが認められる。国内での報告はない。

c．人のカンピロバクター感染症

食中毒の原因菌に指定されている **C. jejuni** と **C. coli** は，家禽，家畜，伴侶動物および野生動物の消化管内に広く分布し，主に菌に汚染された食品や飲料水を介して人に感染する。先進諸国で最も感染源として重要視されているのが鶏で，我が国では鶏肉や内臓を不完全加熱あるいは生食する食習慣をもつため，感染するリスクが高い。また，井戸水や簡易水道などの消毒の不備による水系感染では患者数の多い事例が発生している。2～7日の潜伏期の後，腹痛，頭痛，悪寒，発熱，悪心，嘔吐，倦怠感などが見られ，水様性あるいは粘血性の下痢が認められる（**カンピロバクター腸炎**）。ボランティアによる感染実験では100個程度の菌数で下痢が発症していることから，少ない菌量でも発症可能であると考えられる。腸炎に続発して，まれではあるがギランバレー Guillain-Barré 症候群（急性の多発性神経根炎による麻痺）を発症することが報告されている。

B．ヘリコバクター属

キーワード：*Helicobacter pylori*，らせん状桿菌，ウレアーゼ，微好気性，胃潰瘍，胃がん

（1）分　類

1989年に **Helicobacter pylori**，*H. mustelae* の2菌種で新設されたヘリコバクター *Helicobacter* 属は（当初はカンピロバクター属に分類されていた），多くの新菌種が追加され，2024年12月までに54菌種がLPSNに記載されている。基準種は *H. pylori* である。

（2）形　態

グラム陰性**らせん状桿菌**で，本属の共通した形態学的特徴は，弯曲した菌形態と有鞘のべん毛で，菌の大きさやらせんの程度，べん毛の数とその付着位置は菌種により異なる。*H. felis*，*H. bilis* などには periplasmic fiber と呼ばれる線維構造物が細胞外膜の直下に菌体に絡まるように存在する。長期培養を行うと球状に変化するものがある。

（3）性　状

ヘリコバクター属菌の多くは**ウレアーゼ**活性をもち，有鞘のべん毛で活発に運動する。オキシダーゼ陽性，糖を分解利用しない。発育には**微好気性**条件を必要とする。Skirrow 培地などで1～2mmの小さなコロニーをつくるが，菌種によってはフィルム状のコロニーを形成したり遊走するものも見られる。本属は哺乳類と鳥類に分布し，胃に定着する gastric helicobacter と腸管に定着する intestinal helicobacter に分けられ，両者でウレアーゼ活性や胆汁酸に対する感受性に差が認められる。*H. pylori* 26695株をはじめとする多数の菌株の全塩基配列が決定されている。DNAのGC含量（モル％）は24～48。

（4）感染症

H. pyroli が胃炎患者から分離培養されてから，その病原性について詳細に研究が行われ，胃炎，胃・十二指腸潰瘍，さらには胃がんとの関連性が指摘されている。人以外の動物の胃消化管からも類似した同属が数多く分離され，病原性を示すものも含まれている。*H. pylori* の病原因子としては，

べん毛，ウレアーゼ，付着因子，リポ多糖，空胞化毒素（VacA），毒素関連蛋白質（CagA）などがあり，胃粘膜の障害は複数の因子によって引き起こされると考えられる。ウレアーゼは尿素を分解してアンモニアを産生し，胃酸を中和する。

　a．動物のヘリコバクター感染症

　齧歯類の実験動物由来ヘリコバクター属のうち，*H. hepaticus*，*H. bilis*，*H. cinaedi* はマウスに対して病原性を示し，肝炎や大腸炎を引き起こす。ほとんどの国内外のブリーダーでは定期的に本菌の微生物モニタリング検査（血中抗体価の測定，PCRなど）を行っている。

　犬，猫，豚などの胃腸炎，胃潰瘍病変から，*H. felis*，*H. cinaedi*，*H. suis* などが分離，検出されているが，その病原性については不明な点が多い。

　b．人のヘリコバクター感染症

　慢性胃炎のみならず**胃潰瘍**や十二指腸潰瘍の胃粘膜には高率に *H. pyroli* 感染が認められる。除菌をすると再発が有意に減少するという結果や動物実験の結果から，本菌が消化性潰瘍において重要な役割を担っていると考えられている。さらに本菌は**胃がん**やMALTリンパ腫などの腫瘍の発生に関与することも明らかにされている。

　H. cinaedi は，免疫低下や透析中の患者で菌血症や蜂窩織炎などを起こすことが intestinal helicobacter の中で最も多く報告されており，今後重要性を増すと考えられている。

C．ローソニア属

キーワード：*Lawsonia intracellularis*，らせん状桿菌，微好気性，増殖性腸炎，腸腺腫症候群

（1）分類

　ローソニア *Lawsonia* 属には，**Lawsonia intracellularis** の1菌種のみが含まれる。

（2）形態

　グラム陰性のコンマ状あるいはS字状の**らせん状桿菌**（1.25〜1.75×0.25〜0.43 µm）で，**微好気性**の偏性細胞内寄生菌である。菌体外に3層からなる outer envelope と単一の極べん毛を有している。

（3）性状

　無細胞系の人工培地による培養は成功しておらず，本菌を培養するためには腸管細胞由来株化細胞などを用いる。*L. intracellularis* PHE/MN1-00株の全遺伝子構造が決定され，1つの染色体DNA（1,457,619 bp）と3つの大型プラスミドが検出されている。GC含量（モル%）は33。

（4）感染症

　L. intracellularis の感受性動物は広く，多くの哺乳類（豚，馬，羊，シカ，ハムスター，モルモット，フェレット，ウサギ，ラット，キツネ）や鳥類（ダチョウ，エミュー）から検出されている。特に問題となっているのは豚，馬での感染である。人からの検出例はない。経口感染し，菌は腸管細胞内に付着，侵入し，細胞内で増殖しながら他の細胞への侵入を繰り返す。

　ローソニア・イントラセルラリス症 *Lawsonia intracellularis* infection は**増殖性腸炎** proliferative enteropathy（PE）を特徴としている。豚では主に離乳後肥育期に発生し，臨床所見により**腸腺腫症候群**，腸腺腫症，増殖性腸炎，限局性回腸炎などと呼ばれる。急性型は増殖性出血性腸炎とも呼ばれ，黒色タール様の出血性下痢や全身の貧血を起こし，突然死が見られることもある。慢性型では元気消失，食欲不振，慢性的な水様性下痢を主徴とし，小腸および一部大腸の粘膜が過形成を起こしてホース状に肥厚する。粘膜面は襞状に厚くなり，全体に出血が見られる。不顕性感染も認められ，と畜検査の際に摘発される場合もある。

D．"Spirillum mimus"

キーワード：鼠咬熱（症），Spirillum mimus，らせん状桿菌，*Streptobacillus moniliformis*

（1）分類

　鼠咬熱（症）の原因である **"Spirillum mimus"** は，いまだ分類上の位置づけが明確ではない。

（2）形態

　グラム陰性の**らせん状桿菌**（3〜5×0.2〜0.5 µm）で，両端に1〜5本のべん毛を有する。グラム染色よりもギムザ染色や銀染色に好染性で

ある。

(3) 性状
人工培地上での培養は成功しておらず，性状の詳細は不明。菌を含む血液や膿汁などを非感染ラットまたはモルモットの腹腔内に接種することで菌を増殖させることができる。

(4) 感染症
人がレゼルボアであるラットおよび他の齧歯類の咬傷で感染する（**鼠咬熱**）。1～4週間の潜伏期間の後に炎症がその部位に再燃し，回帰性の発熱と局所的リンパ節炎，皮膚の暗黒色発疹を伴う。鼠咬症の起因菌として，*Streptobacillus moniliformis* も知られている。

E. スピロヘータ門

> キーワード：スピロヘータ，ペリプラスムべん毛，暗視野顕微鏡，レプトスピラ症，腸管スピロヘータ症，豚赤痢，ボレリア症

1）スピロヘータ門の一般性状
（1）分類
スピロヘータ門スピロヘータ綱は，ブラキスピラ目，ブレビネマ目，レプトスピラ目，スピロヘータ目に分類される。獣医学的に重要な菌種は，ブラキスピラ目ブラキスピラ科ブラキスピラ *Brachyspira* 属，レプトスピラ科レプトスピラ *Leptospira* 属，スピロヘータ目ボレリア科ボレリア *Borrelia* 属とトレポネーマ科トレポネーマ *Treponema* 属に多く含まれる。

（2）形態学的特徴
グラム陰性の菌である。菌体は平面波形またはらせん形を呈する。菌体直径，波形周期などは，同属でも種によって大きく異なることがある。べん毛が菌体内部に存在することが，他のべん毛細菌と大きく異なる特徴である。**スピロヘータ**のべん毛は**ペリプラスムべん毛** periplasmic flagellum または軸糸 axial filament と呼ばれ，外膜とペプチドグリカン層の間に存在する（図 6-8）。べん毛の基部（べん毛モーター）は菌体両末端の細胞膜に埋まって存在し，べん毛繊維は菌体中心に向かってペリプラスム空間に伸びている。べん毛の数および長さは種によって異なる。主な種の特徴は，表 6-27 にまとめた。

（3）運動様式
ペリプラスムべん毛を回転させることに

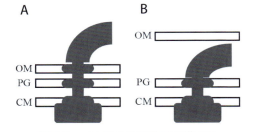

図 6-8 べん毛の位置を示す模式図
A：一般的なグラム陰性細菌のべん毛
B：スピロヘータ門の細菌のべん毛
べん毛のうち，膜に埋まっている部分は基部体と呼ばれる。
CM：細胞膜，PG：ペプチドグリカン，OM：外膜。

表 6-27 代表的なスピロヘータ門細菌の形態学的特徴

種名	形態	菌体長（μm）	菌体直径（μm）	らせん周期(μm)	べん毛の数
Leptospira interrogans		5～10	0.15	0.7	2
Brachyspira hyodysenteriae		8～10	0.3	3～4	14～18
Spirochaeta aurantia		15～30	0.3	1～3	2
Treponema phagedenis		15	0.3	1.7	10～12
Borrelia burgdorferi		3～20	0.3	2.8	14～22

よって菌体を回転（変形）させながら推進する。環境の粘度が高いほど推進速度が増加することが知られる。ライム病ボレリア（*Borrelia burgdorferi* sensu stricto），豚赤痢菌（*Brachyspira hyodysenteriae*），レプトスピラ症菌（*Leptospira interrogans*）では，べん毛関連遺伝子の欠損などによって運動性を失った株の感染力が低下することが知られる。

（4）観察方法

一般的な光学顕微鏡を用いた生菌の観察では，紫外領域を除く可視光（波長450 nm以上）を光源とすることが多い。透過光を観察する明視野顕微鏡の分解能は光源波長の半分程度であるため，直径が100〜300 nmと細いスピロヘータの菌体を明瞭に観察することはできない。そのため，スピロヘータの生菌観察には，試料の散乱光を観察する**暗視野顕微鏡**を用いる（実際の試料よりも膨張した高輝度の散乱像が暗視野内に観察される）。メタノール固定された菌体であれば，一次抗体として抗べん毛抗体，二次抗体として蛍光色素結合抗一次抗体を用いて，ペリプラスムべん毛を蛍光観察することができる。透過型電子顕微鏡を用いると，リンタングステン酸などでネガティブ染色した菌体中にペリプラスムべん毛を観察することができる。他の細菌に比べて細いスピロヘータ菌体は電子線を透過しやすいため，電子線クライオトモグラフィー法により，菌体内構造を無染色で可視化することもできる。

2）レプトスピラ属

（1）分　類

2018年までは，16S rDNA配列解析とDNA-DNA相同試験の結果をもとに，レプトスピラ *Leptospira* 属は，病原性群 pathogenic，非病原性群 saprophytic，中間群 intermediate の3つに分類されていた。2019年に行われた全ゲノム配列解析によって，病原性群がP1（以前の病原性群）とP2（以前の中間群）に，非病原性群がS1（以前の非病原性群）とS2（新規の非病原性群）にそれぞれ分類された。レプトスピラ属は，現在68種が上記4つのサブクレードに分類されてい

る。獣医学的には *Leptospira interrogans* が特に重要で，人獣共通感染症である**レプトスピラ症** leptospirosis を引き起こす。病原性レプトスピラは250以上の血清型に分類される。

レプトスピラ感染症は，1886年にWeil Aによって，黄疸や腎炎を主徴とする人の疾患として初めて報告された（ワイル病）。1914年に，稲田龍吉と井戸泰らによって，本症の病原体がスピロヘータ（現在のレプトスピラ）であることが明らかにされた。

（2）性状・培養方法

糖を利用できず，代わりに炭素数15以上の長鎖脂肪酸を利用する。発育にはビタミン類（B_1，B_{12}）が必須である。偏性好気性。EMJH（Ellinghausen-McCullough-Johnson-Harris）培地やコルトフ培地で好気的に培養できる。液体培養が一般的だが，固形培地でも培養できる。至適 pH は中性付近（〜7.4）で，30℃でよく発育する。環境においては，比較的塩濃度が高い土壌中でも生存する。カタラーゼ陽性，オキシダーゼ陰性。

（3）遺伝的特徴

レプトスピラ属菌は，2つの環状染色体をもつ。*L. interrogans* のゲノムサイズは病原性種の中でも大きく，約4.3 Mbp〔GC含量（モル%）35.1〕と約0.35 Mbp〔GC含量（モル%）35.1〕である。一方，*L. interrogans* と同じP1群に属する *L. borgpetersenii* は，病原性種の中でも特にゲノムが小さく，約3.7 Mbp〔GC含量（モル%）40.1〕と約0.32 Mbp〔GC含量（モル%）39.3〕である。

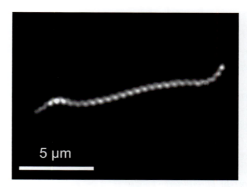

図 6-9 *Leptospira interrogans* の暗視野顕微鏡像

（4）感染様式と病原性

自然界においては，野生の齧歯類（主にラット）が腎臓に保菌しており，保菌動物の尿とともに病原体が環境に排出される。宿主への侵入については，皮膚の創傷を入り口とする経皮感染が主である。経口感染が疑われる事例もあるが，唾液と口腔粘膜がバリアとなるため，その確率は低いとされる。宿主体内に侵入後は血流を介して全身に広がり，肺や肝臓，腎臓など特定の臓器に達する。感受性動物に感染したレプトスピラは，臓器組織の細胞間付着を破壊しながら細胞間に侵入する。いくつかの外膜蛋白質には細胞間基質への付着性や補体成分への結合親和性が確認されており，病原性や免疫回避に関わるとされている。

人におけるレプトスピラ感染症には，ワイル病 Weil disease として知られる黄疸型（重症型）と，秋疫（あきやみ）として知られる非黄疸型（軽症型）がある。動物では，犬，豚，牛，馬，山羊，羊など，様々な種に感染する。初期に発熱や食欲不振などが見られる。犬には，Canicola, Icterohaemorahagie, Hebdomadis, Australis, Autumnalis などの血清型が感染する。脱水，嘔吐，腎炎などが見られ，高致死率の急性型もある。牛では Hardjo, Hebdomadis, Autumnalis, Australis などが重要で，黄疸，貧血，ヘモグロビン尿，乳質低下，乳量減少が見られる。豚では Pomona, Autumnalis, Icterohaemorrhagiae などの感染が見られる。妊娠中の牛や豚が感染した場合は，流産や死産となることもある。馬では，感染後に周期性眼炎（月盲）を発症する。

3）ブラキスピラ属

（1）分類

ブラキスピラ Brachyspira 属については，属名の変更を伴う分類の見直しがなされている。1971 年に粘結性・出血性下痢便を起こす豚から分離された病原体がトレポネーマ属に分類され，Treponema hyodysenteriae と命名された。1982 年に**腸管スピロヘータ症** intestinal spirochetosis の病状を示す人から分離されたスピロヘータが新属と同定され，ブラキスピラ属 Brachyspira aalborgi と提唱された。その後，16S rRNA 配列や DNA-DNA 相同試験などの遺伝学的解析が行われ，1992 年に T. hyodysenteriae と T. innocens が新属セルプリナ Serpulina に修正された。さらに，その後の解析により，1997 年にセルプリナ属はブラキスピラ属に統合された。現在，ブラキスピラ属には 9 種が分類されている。

（2）性状・培養方法

嫌気状態でのみ発育するが，高い NADH オキシダーゼ活性をもつため，酸素に耐性を示す。そのため，嫌気状態から取り出して数時間は，顕微鏡下で活発な運動を観察できる。5％羊血液添加トリプチケースソイ培地で発育し，コロニーの周囲には完全溶血が観察される。溶血の程度は種によって異なり，本属菌の中で，B. hyodysenteriae, B. hampsonii, B. suanatina が強い溶血反応を示す。至適生育温度は 35 ～ 38℃で，B. hyodysenteriae, B. pilosicoli は 3 ～ 4 日，B. aalborgi は 2 ～ 3 週間でコロニーが確認できる。スペクチノマイシン耐性。

（3）遺伝学的特徴

ブラキスピラ属の染色体は 1 つで，9 種のゲノム解読が終了している。ゲノムサイズはいずれも 3 Mbp 前後で，B. hyodysenteriae は約 3.1 Mbp，B. pilosicoli は 2.6 Mbp，B. alvinipulli は 3.4 Mbp，B. aalborgi は 2.6 Mbp である。平均 GC 含量（モル％）はスピロヘータの中では低く，27 ～ 28 である。

（4）病原性

発症動物または保菌動物の糞便を介して経口感染する。腸管上皮の粘膜層に突き刺さるように定着し，その様子は偽刷子縁 false brush border と呼ばれる。健康な組織に定着し不顕性となる場合も多いが，壊れた上皮細胞内に侵入する場合もある。主要な病原因子は溶血素産生であり，運動，NADH オキシダーゼによる酸素耐性，菌体外膜のリポオリゴ糖なども病原性に関わる。

B. hyodysenteriae を原因とする**豚赤痢** swine dysentery は，粘血性の下痢便が特徴で，食欲減退，脱水，体重減少も見られる。重度の粘血性下痢を示す場合の致死率は 50 ～ 90％である。B.

hampsonii は B. hyodysenteriae と類似した病状を示し，両者の区別は困難である．本菌は，豚以外にも，鳥類，齧歯類に感染する．B. intermedia は主に成鶏で定着が確認されており，体重減少などを示す．B. pilosicoli は，人，人以外の霊長類，豚，犬，家禽，野鳥など，様々な動物に腸管スピロヘータ症を引き起こす．本菌は水様性の下痢便を引き起こすが，豚赤痢と比べて軽度である．B. aalborgi はブラキスピラ属の中でも小型で，人を含む霊長類に感染する．B. aalborgi は B. pilosicoli と同時感染することもあるが，偽刷子縁が形成されるほど菌が定着しても無徴候であることが多い．B. alvinipulli は鶏やガチョウなど鳥類に感染する．

4）スピロヘータ属
（1）分類と性状
スピロヘータ属は，11菌種に分類されている．宿主に寄生することなく生存可能で，池，湿地帯など多様な自然環境から分離される．本属菌の病原性は報告されていない．走化性が詳しく調べられており，グルコースやキシロースなど様々な誘引物質や，膜電位変化依存的な走化性応答などが分かっている．

（2）培養方法
S. aurantia は，通性嫌気性で，D-グルコース，トリプチケース，酵母エキスを含む培地（pH 7.5）を用いて，30℃，大気条件下での培養によって1～2日で発育する．

5）トレポネーマ属
（1）分類
トレポネーマ属には28種が分類されている．Treponema pallidum，T. denticola，T. phagedenis，T. paraluiscuniculi などが病原性をもつ．非病原性種のうち T. azotonutricum や T. primitia は，シロアリの腸内共生微生物として知られる．

（2）性状・培養方法
トレポネーマ属菌は偏性嫌気性である．炭水化物，アミノ酸をエネルギー源とする．T. denticola は，不活化ウサギ血清を添加した変法GAM培地やNOS培地などの合成培地を用いて，嫌気的に約35℃で培養可能である．T. paraluiscuniculi はウサギ精巣で培養する必要があるが，近縁の T. pallidum では，ウサギ皮膚細胞（Sf1Ep）との共培養による体外培養法が確立されている．T. phagedenis は，牛胎子血清，D-グルコース，チアミンピロリン酸などを添加した人工合成培地にて，37℃，約1週間の嫌気振盪培養により発育する．

（3）病原性
T. pallidum は，人の性感染症である梅毒 syphilis の原因菌として重要であるが，動物に対しては強い病原性を示さない．T. denticola は人の歯周病関連菌として知られるが，犬からの検出報告もある．T. paraluiscuniculi は，ウサギのスピロヘータ症 rabbit syphilis を引き起こす．本

表6-28　代表的なスピロヘータ感染症

疾患名	病原体	感染動物	病状
レプトスピラ症（届出伝染病）	レプトスピラ属菌　血清型 Pomona，Canicola，Icterohaemoragiae，Grippotyphosa，Hardjo，Australis，Autumnalis など	牛，豚，羊，山羊，犬	発熱，黄疸，貧血　妊娠中の家畜では流産　犬では嘔吐，脱水，虚脱
豚赤痢（届出伝染病）	Brachyspira hyodysenteriae	豚	粘血性・出血性下痢便
腸管スピロヘータ症	B. pilosicoli	豚，犬，馬，鳥類，霊長類	水様性下痢便
生殖器スピロヘータ症	Treponema paraluiscuniculi	ウサギ	生殖器に現れる紅斑や浮腫
趾皮膚炎	T. phagedenis	牛	蹄の皮膚病変，跛行
ボレリア症	Borrelia anserina	鳥類	元気消失，貧血，下痢，急性敗血症
	B. theileri	牛，馬	回帰性発熱
	B. burgdorferi，B. afzelii，B. garinii	犬	関節炎，発熱，神経徴候

症は典型的な性感染症で，包皮，腟，肛門または陰嚢に紅斑や浮腫が現れ，時に病変部に潰瘍を形成する。鼻や口唇に感染することもある。*T. paraluiscuniculi* のゲノム構造〔約 1.1 Mbp，GC 含量（モル％）53〕は *T. pallidum*〔約 1.1 Mbp，GC 含量（モル％）52〕と類似しているが，人へは感染しない。牛の跛行を引き起こし，結果的に体重および乳量の減少につながる趾皮膚炎 digital dermatitis の病変部からは，*T. phagedenis* を主体とする数種のトレポネーマ属菌が分離されている。

6) ボレリア属
（1）分　類
ボレリア属菌は 43 菌種存在し，ライム病ボレリア Lyme-disease-related *Borrelia*，回帰熱ボレリア relapsing-fever-associated *Borrelia*，爬虫類関連ボレリア reptile-associated *Borrelia* の 3 群に分類される。ライム病ボレリアとして，広義の *B. burgdorferi*（*B. burgdorferi* sensu lato）に含まれる狭義の *B. burgdorferi*（*B. burgdorferi* sensu stricto），*B. garinii*，*B. afzelii* が知られる。回帰熱ボレリアとして，*B. turicatae*，*B. hermsii*，*B. recurrentis*，*B. duttonii* が知られる。*B. anserina* は鶏や七面鳥など鳥類に感染する。

（2）培養方法
Barbour-Stoenner-Kelly（BSK）II 培地で培養可能である。至適培養条件は 34〜37℃，微好気的に数日〜数週間の培養を要する。

（3）遺伝学的特徴
ボレリア属の染色体は直鎖状で，さらに多数のプラスミドを保有する。例えば，*B. burgdorferi* は約 910 kbp の直鎖状染色体，12 個の直鎖プラスミド，9 個の環状プラスミドを保有する。リボソーム RNA も特徴的で，23S rRNA と 5S rRNA を 2 コピーずつもつ。

（4）感染経路
ボレリア属菌は，野生の齧歯類や鳥類に保菌され，吸血性節足動物の咬着によって伝播される。回帰熱ボレリアは，自然環境に生息するオルニソドロス *Ornithodoros* 属のダニ（ヒメダニ）やシラミが媒介する。ライム病ボレリアは，イクソデス *Ixodes* 属のダニ（マダニ）やシラミが媒介する。国内では，回帰熱ボレリアとライム病ボレリアのいずれも，シュルツェ・マダニ *Ixodes persulcatus* による媒介が多い。

（5）病原性
牛，馬，犬，家禽の**ボレリア症** borreliosis が知られる。*B. burgdorferi* sensu stricto，*B. garinii*，*B. afzelii* が犬に感染した場合，多くは不顕性であるが，発症すると神経徴候を主体とするライム病を引き起こす。犬のライム病では，発熱，関節痛，食欲不振などを急性に示し，関節炎などが慢性に表れる。*B. anserina* は家禽に感染する回帰熱ボレリアで，発熱，脾臓の肥大と斑点形成，貧血，緑色の下痢などを引き起こす。牛に発熱，嗜眠，ヘモグロビン尿，食欲不振などを引き起こす回帰熱ボレリア *B. theileri* は，牛以外に，馬，羊，山羊などの家畜やインパラなどの野生反芻動物にも感染する。

12．グラム陽性球菌

フィルミキューテス門バチルス綱ラクトバチルス目のストレプトコッカス科，エンテロコッカス科，アエロコッカス科，およびカリオファノン目スタフィロコッカス科に属する細菌について記載する。

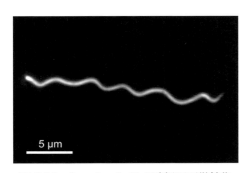

図 6-10　*Borrelia afzelii* の暗視野顕微鏡像

A. ストレプトコッカス属（レンサ球菌属）

キーワード：ストレプトコッカス属，ランスフィールドの群別，乳房炎，*Streptococcus agalactiae*, *S. suis*, CAMPテスト, 腺疫, *S. equi* subsp. *equi*, 豚のレンサ球菌症，*S. dysgalactiae* subsp. *dysgalactiae*, *S. iniae*, *S. parauberis*

（1）分　類

ストレプトコッカス *Streptococcus* **属**（レンサ球菌属）は，ストレプトコッカス科に属する。2009年に出版された「Bergey's Manual of Systematic Bacteriology第2版」第3巻には，レンサ球菌属菌として55菌種が記載されているが，その後も多くの新菌種の提唱が行われ，現在では120菌種以上が知られている。基準種は *Streptococcus pyogenes* である。後述のエンテロコッカス *Enterococcus* 属，メリソコッカス *Melissococcus* 属，ラクトコッカス *Lactococcus* 属の菌も以前はストレプトコッカスと呼ばれていたが，現在は独立した属として分類されている。レンサ球菌は血液寒天培地上のコロニー周囲に特有の溶血環を形成し，その性状によりα溶血（不完全溶血，緑色不透明な溶血環を形成），β溶血（完全溶血，透明な溶血環を形成），γ溶血（非溶血）に分類される（表6-29）。これらの溶血性による分類はストレプトコッカス属やかつてストレプトコッカスと呼ばれていた菌に特有のものである。また，細胞壁に存在する多糖体の抗原性の違いによりA群，B群などと大文字のアルファベットを冠して群別される（**ランスフィールド** Lancefield **の群別**）（表6-29）。人のレンサ球菌症の重要な原因菌である *S. pyogenes* はA群抗原をもち，新生児の髄膜炎や牛の**乳房炎**を引き起こす *S. agalactiae* はB群抗原をもつ。これら群抗原は，特にβ溶血性レンサ球菌の検出や分類に有用な指標であるが，群抗原をもたない菌種や同じ菌種でも菌株によって異なる群抗原をもつ場合もある。特に，獣医学領域で問題となるレンサ球菌はランスフィールドの群別のみでは見分けられない菌種が多いため（表6-29），分類同定上の意義は限定される。16S rRNA遺伝子配列に基づ

いたグループ分けも提唱されており，多くの菌種がPyogenic, Mutans, Anginosus, Salivarius, Mitis, Bovisの6グループのいずれかに分類されるが，*S. suis* などこれらのグループに属さない菌種も存在する。*S. pyogenes* では菌体表層のM蛋白質やT蛋白質，*S. agalactiae*, *S. pneumoniae*, *S. suis* では莢膜を構成する多糖体の抗原性の違いに基づき，同一種内の菌株が複数の血清型に分類されている。血清型の違いは疫学調査にも利用される。

（2）形　態

直径2μm以下の球形または卵円形のグラム陽性菌である。菌細胞は連鎖状に配列するが，連鎖の長さは菌種や菌株によって様々であり，双球菌状を呈するものもある（図6-11）。菌体表層に莢

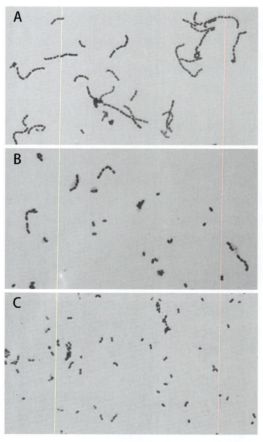

図6-11　*Streptococcus equi* subsp. *equi*（A），*S. suis*（B），*S. pneumoniae*（C）の光学顕微鏡像（×1,000）

表 6-29　獣医学・医学領域で問題となる主要なレンサ球菌と代表的な病気

病原体	溶血性[a]	Lancefield血清群[b]	感染動物	病気[c]
S. pyogenes	β	A	人	咽頭炎，扁桃炎，猩紅熱，膿痂疹，丹毒，リウマチ熱，急性糸球体腎炎，STSS
S. agalactiae	β（α, NH）	B	人	新生児髄膜炎，敗血症，肺炎
			牛	乳房炎
S. canis	β	G	犬	敗血症，流産，STSS
			牛	乳房炎
S. dysgalactiae subsp. dysgalactiae	α, NH	C	牛	乳房炎
			ブリ属魚類	尾柄部壊死，心外膜炎
S. dysgalactiae subsp. equisimilis	β	C, G, L, A	豚	敗血症，関節炎，心内膜炎
			人	STSS
S. equi subsp. equi	β	C	馬，ロバ	腺疫
S. equi subsp. zooepidemicus	β	C	馬，ロバ	肺炎，胸膜炎
			鶏などの鳥類	敗血症
			モルモット	頸部リンパ節炎，敗血症，肺炎，中耳炎
S. gallinaceus	α	D, NG	鶏	敗血症，心内膜炎
S. gallolyticus	α, NH	D, NG	鶏などの鳥類	敗血症，心内膜炎
			人	心内膜炎
S. iniae	β	NG	ヒラメ，マダイなどの魚類，イルカ	全眼球炎，心外膜炎，敗血症，髄膜炎
S. mutans	α,（β）, NH	NG	人	齲歯
S. parauberis	α, NH	NG	ヒラメ	鰓壊死，筋肉内出血
S. pluranimalium	α	ND	牛	流産，乳房炎
S. pneumoniae	α	NG	人	肺炎，中耳炎，髄膜炎，敗血症，副鼻腔炎
			ラット，モルモット	肺炎，中耳炎，流産
S. porcinus	β	E, P, U, V	豚	頸部リンパ節炎，顎部や頸部の膿瘍
S. ruminantium	α	ND	牛，羊	心内膜炎，関節炎，肺炎，乳房炎
S. sobrinus	α, NH	NG	人	齲歯
S. suis	α, β[d]	D[e]	豚	髄膜炎，敗血症，肺炎，関節炎，心内膜炎
			人	髄膜炎，敗血症，心内膜炎，STSS
S. uberis	α	NG	牛	乳房炎

[a] まれに観察される溶血性は括弧書きで示した。NH：非溶血性
[b] NG：群別不能，ND：情報なし
[c] STSS：Streptococcal toxic shock syndrome（レンサ球菌性毒素性ショック症候群）
[d] 溶血素スイリジン産生株は，馬血液寒天培地での嫌気培養でβ溶血を示す。
[e] S. suis は R，S，T 群の抗血清と反応すると記載されていることがあるが，これらは細胞壁多糖体ではなく莢膜を抗原として用いたことによる誤った結果である。

膜を形成するものや微細な線毛をもつものもある。

（3）性　状

通性嫌気性菌であるが，酸素呼吸によるエネルギー産生はできず，酸素存在下においても主に乳酸を終末代謝産物とするホモ乳酸発酵でエネルギーを産生する。全ての種がブドウ糖を発酵するが，その他，様々な炭水化物も利用できる。カタラーゼ陰性，非運動性，至適発育温度は37℃付近で，発育に二酸化炭素を要求する菌種も存在す

る。アミノ酸，ビタミンなどの栄養素を要求する場合が多く，培地に血液や血清，ブドウ糖を添加することで発育が促進される。37℃24時間培養後のコロニーの大きさは通常，直径0.5～1.0 mm程度であり，培養時間を延長しても大きさはほとんど変化しない。溶血性の観察には，羊または馬の脱フィブリン血を5%の割合で添加した血液寒天培地が用いられる。酸素に感受性な溶血毒素もあるため，嫌気培養を行うことが推奨される。S. agalactiaeは，23.5 kDaのCAMP（Christie-Atkins-Munch-Petersen）因子を産生する。この因子は羊赤血球に吸着した黄色ブドウ球菌のβ溶血素（β-hemolysin）と相互作用することで，赤血球を完全溶血させる作用をもつ。そのため，S. agalactiaeと黄色ブドウ球菌を羊血液寒天培地上で交差培養すると両菌が交差する付近で溶血性の増強が観察される。この検査は**CAMPテスト**と呼ばれ，S. agalactiaeの簡易同定法として利用される。糖の発酵パターンや菌が産生する酵素の活性パターンの違いは，種の同定にも利用される。しかし，生化学的性状だけでは正確に菌種を同定できない場合も多く，近年は菌種特異的PCRや質量分析装置を用いた菌種同定も普及している。獣医学・医学領域で問題となる主な菌種（表6-29）のゲノムサイズは1.5～2.7 Mbp，GC含量（モル%）は35～44である。S. pneumoniaeやS. suisなどの一部のレンサ球菌は，環境から裸のDNA断片を直接菌体内に取り込み，ゲノム中に組み込んで表現型を変化させる自然形質転換能を有する。

（4）感染症（表6-29）

多くの種は人や動物の口腔，上気道，腸管に共生菌として存在するが，菌種や菌株によっては宿主に局所的または全身性の感染症を引き起こす。レンサ球菌の宿主との共生または病原性の発揮には，リポタイコ酸やフィブロネクチン結合蛋白質などの付着因子，抗食菌作用をもつM蛋白質や莢膜，スーパー抗原性のある発熱毒素（発赤毒素とも呼ばれる），組織への侵襲性や免疫系からの回避に関与する酵素（ヌクレアーゼ，ストレプトキナーゼ，ヒアルロニダーゼ，プロテアーゼ，C5aペプチダーゼなど），細胞傷害性のある溶血毒素など様々な因子が関与している。保有する病原因子は菌種や菌株によって異なり，病原性はあるものの病原因子が明らかになっていない菌種もある。

a. 腺疫

腺疫 stranglesは**S. equi subsp. equi**の感染によって起こる疾病で，発熱，食欲不振などの初期徴候の後，頭部から頸部にわたるリンパ節の化膿性腫脹や膿性鼻汁の漏出などがみられる。若齢馬ほど感受性が高い。感染馬との接触の他，感染馬の鼻汁や膿汁に汚染された飼料や水を介して感染するため，予防と蔓延防止には入厩検疫と感染馬の隔離が重要である。

b. 豚のレンサ球菌症

豚のレンサ球菌症 streptococcosis in swineは，S. suis，S. dysgalactiae subsp. equisimilis，S. porcinusなどのレンサ球菌を原因とする疾病である。S. suisによる若齢豚の髄膜炎の他，S. suis，S. dysgalactiae subsp. equisimilisによる敗血症，関節炎，心内膜炎，S. porcinusによる頸部リンパ節炎など多彩な病型が見られる。これらのレンサ球菌は臨床上健康な豚が保菌することもあり，重要な感染源となる。

c. 牛のレンサ球菌性乳房炎

牛のレンサ球菌性乳房炎 bovine streptococcal mastitisはレンサ球菌の感染による牛の乳腺の炎症で，S. agalactiae，S. uberis，**S. dysgalactiae subsp. dysgalactiae**が主要な原因菌であるが，他のレンサ球菌が原因となることもある。S. uberisによる乳房炎は難治性であり，生産現場で特に問題になる。

d. 鶏（鳥類）のレンサ球菌症

S. equi subsp. zooepidemicus，S. gallinaceus，S. gallolyticusなどによる鶏などの鳥類の感染症で，急性敗血症型と亜急性・慢性型がある。亜急性・慢性型では，心内膜炎，卵管炎，関節炎，骨髄炎など多様な病型が見られる。

e．齧歯類のレンサ球菌症

S. pneumoniae によるラット，モルモットの感染症と *S. equi* subsp. *zooepidemicus* によるモルモットの頸部リンパ節炎が重要である。

f．魚のレンサ球菌症

S. iniae によるヒラメ，マダイなどのレンサ球菌症に加え，*S. dysgalactiae* によるブリ属魚類および **S. parauberis** によるヒラメの新型レンサ球菌症が問題となっている。

g．人のレンサ球菌症

S. pyogenes による咽頭炎，膿痂疹，丹毒，猩紅熱，レンサ球菌性毒素性ショック症候群 Streptococcal toxic shock syndrome（STSS），*S. agalactiae* による新生児の髄膜炎，敗血症，肺炎，*S. pneumoniae* による肺炎，髄膜炎，中耳炎，*S. mutans* や *S. sobrinus* による齲歯，口腔レンサ球菌による心内膜炎など様々なレンサ球菌が人の感染症の原因となる。また，豚または豚肉からの感染と思われる *S. suis* による髄膜炎や STSS もアジア諸国を中心に公衆衛生上の問題となっている。

B．エンテロコッカス属およびメリソコッカス属

> **キーワード**：エンテロコッカス属，VRE，院内感染，メリソコッカス属，ヨーロッパ腐蛆病

エンテロコッカス科に属する。

1）エンテロコッカス属（腸球菌属）

（1）分　類

エンテロコッカス *Enterococcus* 属（腸球菌属）菌は，かつてはストレプトコッカス属に含まれていたが，1984年に独立した属に再分類された。本属には60菌種以上が含まれているが，獣医学上問題となる菌種は少ない。基準種は *Enterococcus faecalis* である。

（2）形　態

卵円形または球形のグラム陽性菌で，双球菌状または短連鎖の配列をとることが多い（図6-12）。

（3）性　状

腸球菌はカタラーゼ陰性で好気および嫌気で発育する。至適発育温度は35〜37℃であるが，

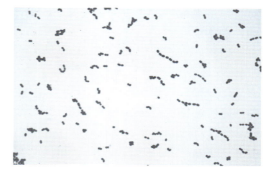

図6-12　*Enterococcus faecalis* の光学顕微鏡像
（×1,000）

多くの菌種で10℃および45℃での発育も可能であり，エスクリンの加水分解能，6.5％塩化ナトリウム耐性，40％胆汁抵抗性，0.4％アジ化ナトリウム抵抗性，乾燥抵抗性などの性状を示す。ブドウ糖から終末代謝産物として乳酸をつくるホモ乳酸発酵が主要なエネルギー産生経路である。腸球菌は人や動物の腸管内に加え，発酵食品や乳製品，植物，土，水などの環境中からも分離されることがある。多くの菌種がランスフィールドのD群抗原性を示す。寒天培地上では丸く表面がなめらかなコロニーを形成する（図6-13）。腸球菌はもともと種々の抗菌薬に自然耐性を示すが，プラスミドやトランスポゾンが関与する耐性遺伝子の獲得によりさらに高度多剤耐性化する。ゲノムの大きさは菌種や菌株によって異なる。多くの株で全ゲノム配列が決定されている *E. faecalis* や *E. faecium* では，ゲノムサイズは2.4〜3.5 Mbp，

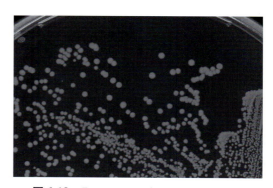

図6-13　*Enterococcus faecalis* のコロニー

GC 含量（モル%）は 37〜38.5 程度である。

(4) 感染症

主に人や動物の腸管に常在し，時に日和見感染症の原因となる。

a. 鶏（鳥類）の腸球菌症

腸球菌症 enterococcosis の原因菌としては E. faecalis, E. faecium, E. cecorum, E. durans, E. avium, E. hirae が知られている。急性型と亜急性・慢性型がある。急性型では敗血症の徴候を呈し，亜急性・慢性型では心内膜炎，関節炎，骨髄炎，腱鞘炎などの病変を呈する。特に E. cecorum 感染はブロイラーの運動障害の原因として注目されており，第六胸椎における化膿性脊椎炎，脊椎膿瘍に起因する麻痺により両脚を前に伸ばして座る特徴的な姿勢が見られる。

b. 人の腸球菌症

分離頻度が高いのは E. faecalis と E. faecium である。尿路感染症，細菌性心内膜炎，肝胆道感染症，敗血症，腹膜炎などを起こす。バンコマイシン耐性腸球菌 vancomycin-resistant enterococci (**VRE**) は，人の院内感染の原因菌として重要視されている。vanA, vanB, vanC など 9 種類のバンコマイシン耐性遺伝子が知られているが，院内感染の原因として報告が多いのは vanA および vanB 保有 VRE である。

2) メリソコッカス属

(1) 分 類

メリソコッカス Melissococcus **属**にはヨーロッパ腐蛆病菌 Melissococcus plutonius のみが含まれる。M. plutonius はミツバチの腐蛆病の原因菌候補として 1912 年に Bacillus pluton という菌種名で最初に報告された。その後，Streptococcus pluton と改名されたが，1982 年に Melissococcus pluton として再分類され，さらに，1998 年に種名が M. plutonius に修正されて現在に至る。

(2) 形 態

0.5〜0.7 × 1.0 μm の卵円形または槍先状のグラム陽性菌である（図 6-14）。連鎖状に配列するが，連鎖の長さは様々であり，双球菌または単球菌状の配列をとることもある（図 6-15）。また，

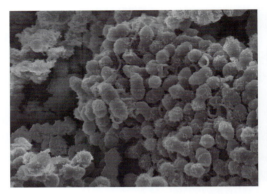

図 6-14 セイヨウミツバチ幼虫の中腸に感染した Melissococcus plutonius

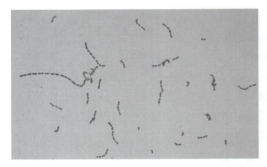

図 6-15 Melissococcus plutonius の光学顕微鏡像（×1,000）

培養条件によっては多形性を示し，桿菌のような形態をとることもある。

(3) 性 状

M. plutonius はカタラーゼ陰性，非運動性の菌で，ランスフィールドの D 群抗原をもつ。至適発育温度はミツバチの巣の中心部の温度に近い 35℃である。本菌は基本的に栄養要求性が複雑な比較的培養の難しい菌である。多くの株が好気条件下では発育せず，良好な発育には Na/K 比が 1 以下になるようにカリウム塩を添加した培地を用い，1〜5% の CO_2 存在下で嫌気または微好気培養する必要がある。発育速度も比較的遅く，寒天培地上で明瞭なコロニーを形成するまでに数日以上の時間を要する。一方で栄養要求性が厳しくない株も存在する。これらの株は嫌気条件下ではカリウム塩未添加の培地でも発育し，カリウム塩添加培地では好気条件でも発育可能である。寒天

培地上では，通常，直径 1 mm 以下の白く丸いドーム状の小コロニーを形成するが，コロニーの形状や大きさは菌株のタイプや培養条件によっても変化する。ブドウ糖と果糖を利用して発酵でエネルギーを産生し，主な代謝産物として乳酸をつくる。マンノースも代謝できるが，その他の炭水化物の代謝能は株により異なる。GC 含量（モル%）は 31 ～ 32，ゲノムサイズは 2.0 ～ 2.1 Mbp。

（4）感染症

M. plutonius は，ミツバチの幼虫に**ヨーロッパ腐蛆病** European foulbrood を引き起こす。我が国の「家畜伝染病予防法」では，*Paenibacillus larvae* によるアメリカ腐蛆病 American foulbrood とともに「腐蛆病」としてミツバチを対象とした家畜伝染病（法定伝染病）に指定されている。*M. plutonius* は幅広いミツバチ種に感染することが知られており，セイヨウミツバチ，ヒマラヤオオミツバチ，トウヨウミツバチやその亜種であるニホンミツバチで病気の発生が確認されている。ヨーロッパ腐蛆病は腸管感染症であり，ミツバチの幼虫は菌に汚染された餌を食べることによって感染する。*M. plutonius* は，病気の発症過程を通じて主に幼虫の中腸に留まって増殖する。菌株によって幼虫に対する毒力は異なり，羽化後 4 ～ 5 日の幼虫が死亡することが多いが，不顕性感染の場合もある。殺虫毒素に似た蛋白質をコードする約 20 kbp のプラスミド pMP19 が *M. plutonius* の病原性に関与することが報告されているが，全ての *M. plutonius* 株に必須の病原因子ではない。発病機構については不明な点が多いが，幼虫の栄養状態の悪化はヨーロッパ腐蛆病の発症や重症化に影響する。

C．スタフィロコッカス属（ブドウ球菌属）

キーワード：ブドウの房状の集塊，非運動性，コアグラーゼ，菌体外毒素，メチシリン耐性，フィブロネクチン結合蛋白質，溶血，ロイコシジン，乳房炎，エンテロトキシン，食中毒，耐熱性，スーパー抗原，毒素性ショック症候群毒素，表皮剥脱毒素，卵黄反応，メチシリン，PBP2'，伝染性乳房炎，滲出性表皮炎，浮腫性皮膚炎，骨髄炎，膿皮症

（1）分類

スタフィロコッカス *Staphylococcus*（ブドウ球菌）属は，スタフィロコッカス科に属し，現在 70 菌種以上が含まれている（表 6-30）。そのうち，黄色ブドウ球菌 *Staphylococcus aureus* をはじめとする数菌種については，染色体 DNA の全塩基配列が確定されている。DNA の GC 含量（モル%）は 30 ～ 39 である。ウサギ血漿を凝

表 6-30 ブドウ球菌の種類とコアグラーゼの産生能

コアグラーゼ	菌種（分離される動物）	
陽性	*S. aureus*（哺乳類全般，鶏） *S. delphini*（馬，ラクダ，イルカ，イタチ） *S. intermedius*（犬） *S. lutrae*（カワウソ） *S. microti*（ウサギ，齧歯類） *S. pseudintermedius*（馬，猫，犬，オウム）	
陽性または陰性	*S. hyicus*（豚，牛，シカ） *S. schleiferi*（犬，クマ，人）	
陰性	*S. agnetis* *S. arlettae* *S. auricularis* *S. capitis* *S. caprae* *S. carnosus* *S. chromogenes* *S. cohnii* *S. condimenti* *S. croceilyticus* *S. devriesei* *S. epidermidis* *S. equorum* *S. felis* *S. fleurettii* *S. gallinarum* *S. haemolyticus* *S. hominis* *S. kloosii*	*S. lentus* *S. lugdunensis* *S. massiliensis* *S. muscae* *S. nepalensis* *S. pasteuri* *S. pettenkoferi* *S. piscifermentans* *S. rostri* *S. saprophyticus* *S. sciuri* *S. simiae* *S. simulans* *S. stepanovicii* *S. succinus* *S. vitulinus* *S. warneri* *S. xylosus*

固する表現型により，コアグラーゼ陽性ブドウ球菌 coagulase positive *Staphylococcus*（CPS）とコアグラーゼ陰性ブドウ球菌 coagulase negative *Staphylococcus*（CNS）に大きく分類されている。黄色ブドウ球菌は，分離される動物種によりA〜Dまでの4つの生物型にも分けられる。人から分離されるのはA型で，豚・鶏はB型，牛・羊はC型，ウサギはD型である。また，ファージに対する感受性によりⅠ〜Ⅴ群に型別される。

（2）形　態

直径0.5〜2.0 μm（多くは1.5 μm以下）のグラム陽性球菌で，分裂時における隔壁形成が前の隔壁と直交して起こることにより，数回の分裂後に特徴的な**ブドウの房状の集塊**を形成する（図6-16A）。単球，双球，短連鎖状の配列をとることもある。べん毛はない（**非運動性**）。菌種または菌株によっては莢膜を保有するものがある。莢膜の抗原性により型別することができる。現在11の血清型が確認されている。形態的には1型と2型は厚い莢膜で，寒天培地上でムコイド型コロニーを形成するが，それ以外の型は薄い莢膜である。

（3）性　状

通性嫌気性の従属栄養菌である。増殖温度域は5〜48℃で，至適温度は35〜40℃である。増殖pH域は4〜10で，至適pHは6.5〜7.5である。多くの菌は耐塩性で，3〜10％塩化ナトリウム添加培地でも増殖可能である。また，低水分活性（Aw 0.86）食品や環境でも増殖可能である。黄色ブドウ球菌は不溶性のカロチン様色素の産生により黄色の集落を形成することが多い（図6-16B）が，色素産生性は変異しやすい。菌種により黄色，白色，レモン色を呈する。

ブドウ糖を嫌気的に分解（発酵）して乳酸をつくる。カタラーゼ陽性，オキシダーゼ陰性である。黄色ブドウ球菌はマンニットを分解し酸を産生する。また，血漿を凝固させる作用のある**コアグラーゼ** coagulase を産生する（図6-16C）。ゼラチンを分解する蛋白質分解酵素や Tween 80 を分解するリパーゼを産生する。細胞壁のペプチドグリカ

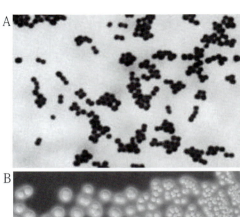

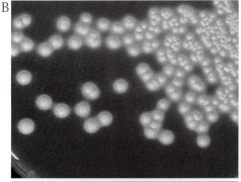

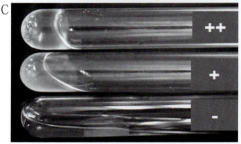

図6-16　黄色ブドウ球菌の形態と性状
A：グラム染色像，B：卵黄加マンニット食塩寒天培地上のコロニーと周囲の卵黄反応，C：コアグラーゼ試験の結果

ンはグリシンの介在する特異的構造をもつため，リゾチームでは溶菌されないが，グリシン間の結合を切る酵素であるリゾスタフィンにより溶菌される。

（4）病原性

ブドウ球菌は動物の皮膚や粘膜に常在しており，通常は宿主と共生状態になる。しかし，宿主の体表面や粘膜層の障壁が損傷し，菌が体内に侵入すると，その潜在的な病原性が発揮され様々な化膿性疾患や毒素性疾患を起こす。菌体表面にある莢膜や定着因子および**菌体外毒素**や酵素などが

病原因子として，本菌の感染成立と持続感染において重要な役割を果たす．

　a．莢　膜

　臨床分離の黄色ブドウ球菌は90％が莢膜を保有している．特に敗血症より分離された菌株や**メチシリン耐性**株においては莢膜保有率が極めて高い．臨床由来株のほとんどは5型か8型に属している．

　b．プロテインA

　黄色ブドウ球菌の表層にはプロテインAがあり，分子量は42 kDaで，多くの哺乳類の免疫グロブリンのFc部分と結合する．コアグラーゼ陰性ブドウ球菌はプロテインAをもたない．プロテインAと抗体Fc部分との結合は，抗体のもつ生物活性を抑制し細菌が免疫系によって排除されることを防ぐ．

　c．定着因子

　細胞壁に存在する蛋白質およびリポタイコ酸はブドウ球菌の定着因子として示唆されている．細胞壁にある分子量210 kDaの**フィブロネクチン結合蛋白質**は，宿主の細胞表面のフィブロネクチンや血液中に存在する遊離のフィブロネクチンと結合することによって，本菌の細胞内への侵入を助ける．

　d．溶血毒

　赤血球を破壊する毒素で，α，β，γ，δの4種類ある．動物由来の菌株ではα，β溶血毒を産生するものが多い．α溶血毒は，質量36 kDaの蛋白質で，細胞膜に穴をあける孔形成毒素である．ウサギ，羊赤血球に対する溶血作用が強い．ウサギ血液寒天培地では辺縁のぼけた完全溶血を示す．牛，羊赤血球に作用するが，ウサギほど強くない．赤血球以外に白血球，血小板，幹細胞も破壊する．β溶血毒は，羊，牛，山羊の赤血球に作用し，次いで人，モルモットの順で感受性が強いが，多くの場合，人の赤血球は**溶血**させず，時に小さな溶血環をつくることもある．リン脂質分解酵素で，37℃で赤血球に吸着し，24時間培養で辺縁の明確な大きな暗赤色の不完全溶血を示し，これを4℃に静置すれば完全溶血を示す．γ溶血毒はF，Sという2つの塩基性蛋白質からなる二成分毒素で，それぞれ単独では作用しない．ウサギ，人，羊赤血球を溶血する．寒天や脂質は阻止作用があるため，血液寒天上では溶血環が見られない．δ溶血毒はホスホリパーゼで，16 kDaの低分子耐熱性ペプチド性毒素である．界面活性剤様の作用により，ほとんどの動物種の赤血球を溶血する．

　e．ロイコシジン

　白血球を破壊する毒素で，γ溶血毒と同様にFとSからなる二成分毒素である．Panton-Valentine leucocidin（PVL）は**ロイコシジン**の一種で，ウサギ，人の白血球に作用する．牛の**乳房炎**由来菌株のロイコシジン（LukM/LukF'-PV）は牛の貪食細胞に対して高い膜孔形成能と細胞傷害能を有する．

　f．エンテロトキシン（腸管毒素）

　ブドウ球菌**エンテロトキシン**（SE）は，分子量約19〜29 kDaの菌体外蛋白質毒素で，抗原性の違いからSEA〜SEE型の5種類が知られており，SECはさらにC1，C2，C3の亜型が存在する．いずれも**食中毒**の原因毒素である．近年，新型毒素が次々と発見され，国際ブドウ球菌スーパー抗原命名委員（INCSS）によって新しく発見された毒素の命名規約が提唱され，SEと命名するためには，サルへの経口投与による嘔吐活性の証明を義務づけている．新型毒素は構造上ではSEと近縁であっても，サルでの嘔吐実験で嘔吐活性陰性，あるいはサルでの嘔吐実験がまだ行われていないものは，ブドウ球菌エンテロトキシン様 staphylococcal enterotoxin-like（SEl）毒素と命名する．現在までに，従来のSEA〜SEEの5種類に，新型のSEG〜SEI，SElJ，SEK〜SET，SElU〜SElZ，SEl01，SEl02，SEl26，SEl27を加え，合わせて29種類の毒素が報告されている．SEはそのアミノ酸配列の相同性により大きく3つのグループに分けられる．SEAに近縁とされるSED，SEE，SHE，SElJ，SEN，SEO，SEP，SESはSEAグループに分類されている．SEBに近縁とされるSEC，SEG，SER，SElUはSEBグルー

プに属する．近年発見された SEI，SEK，SEL，SEM，SEQ，SElV は SEI グループに分類されている．SEA と SEB グループの毒素分子にはジスルフィド（S-S）結合による分子内ループを形成し，毒素の生物活性に関与すると推測される．SEI グループは S-S 結合ループは存在しないが，その代わりに，毒素分子の α3-β8 ループの間に 15 個のアミノ酸配列が挿入されている．各型のアミノ酸配列の相同性が異なっていても，これら分子の三次構造はいずれも類似した A-B ドメイン構造をとる．SE 遺伝子の多くは病原性アイランド，νSa ゲノムアイランド，プロファージまたはプラスミドなどの可動性遺伝因子にコードされ，菌株間での水平伝播が可能である．

SE は強い**耐熱性**と耐酸性を有するため，食品中で産生された毒素は通常の殺菌処理または加熱調理により失活させることができない．食品とともに摂取された SE は胃酸により失活されず，ペプシンやトリプシンなどの蛋白質分解酵素に対しても強い抵抗性を有する．SE は嘔吐活性以外に，**スーパー抗原**として注目されている．宿主の抗原提示細胞の主要組織適合遺伝子複合体 MHC クラス II 分子と T 細胞の T 細胞レセプター（TCR）と同時に結合することにより，短時間で大量の T 細胞を活性化し，炎症性サイトカインを過剰に放出させ，その結果，生体の恒常性が失われ，高熱，発赤，ショック，多臓器不全などを起こす．

　g．毒素性ショック症候群毒素

毒素性ショック症候群毒素（TSST-1）は分子量 22 kDa の菌体外蛋白質毒素である．その物理化学的性状が SE と極めて類似することから，かつて SEF と命名された．その後，本毒素は嘔吐誘導活性を示さないことから毒素性ショック症候群毒素（TSST-1）と名称変更された．現在エンテロトキシンの SEF が欠番となっている．TSST-1 遺伝子はブドウ球菌病原性アイランドに存在し，ヘルパーファージによって菌株間での移動ができる．TSST-1 も典型的なスーパー抗原である．人や動物に発熱，発疹，血圧降下，多臓器不全，ショック状態などを引き起こす．

　h．表皮剥脱毒素

主に S. hyicus と S. aureus が産生する分子量 27 kDa の蛋白質毒素で，血清学的に A 型と B 型がある．A 型は耐熱性（100℃で 20 分耐熱）で，遺伝子は染色上にある．一方，B 型は 60℃ 30 分で失活し，遺伝子はプラスミド上にある．毒素産生株の多くは A と B の両方を産生する．**表皮剥脱毒素**は人のブドウ球菌性熱傷様皮膚症候群の原因毒素であり，豚の滲出性表皮炎の発生と関連する．

　i．コアグラーゼ

分子量 64 kDa の分泌型蛋白質で，フィブリン形成を起こし血漿を凝固させる作用をもつ酵素である．抗原性の違いにより I〜VIII の血清型に分けられる．コアグラーゼは血漿中のプロトロンビンと結合し，その立体構造を変化させ，トロンビン様物質に変える．これによって菌の増殖の場となる凝集塊をつくり出し，白血球や血漿中の抗体による排除を防ぐ働きがある．

　j．クランピング因子

細胞壁結合蛋白質で，フィブリノーゲンに直接作用してフィブリンを析出させる作用がある．結合型コアグラーゼとも呼ばれる．

　k．スタフィロキナーゼ

分子量約 15 kDa の蛋白質で，血清中のプラスミノーゲンを活性化し，プラスミンを生じさせ，フィブリンの溶解が起こる．スタフィロキナーゼは，コアグラーゼにより凝固した血漿や菌の凝集塊を分解して，感染を周囲に広げる際に働く．

　l．その他の病原因子

黄色ブドウ球菌は，耐熱性核酸分解酵素（DNase と RNase），ホスファターゼ，プロテアーゼ，リパーゼなどを産生する．リパーゼを産生する黄色ブドウ球菌は卵黄加マンニット食塩寒天培地上でコロニーの周囲に混濁環を形成し，**卵黄反応**と呼ばれる（図6-16B）．これらの酵素は宿主の蛋白質，核酸，脂質を分解し周辺組織を損傷して感染の拡大に関わる．

　m．薬剤耐性

スタフィロコッカス属の細菌は薬剤耐性菌が

生じやすく，耐性の多くはプラスミドの水平伝播により獲得する。β-ラクタム系抗菌薬に対する耐性遺伝子 mecA およびそのホモログである mecC を搭載した可動性遺伝因子はブドウ球菌カセット染色体（SCCmec）と呼ばれる。黄色ブドウ球菌が SCCmec を獲得すると，メチシリン耐性黄色ブドウ球菌（Methicillin-resistant S. aureus：MRSA）となる。MRSAは，**メチシリン**が結合する PBP2（penicillin-binding protein 2）よりやや分子量の大きい変異型 **PBP2'**（PBP2a）を同時に産生する。この PBP2' はメチシリンとの結合親和性が著しく低いため，メチシリンの抗菌作用が及ばない。

（5）感染症

a．牛のブドウ球菌性乳房炎

牛のブドウ球菌性乳房炎 bovine staphylococcal mastitis は，ブドウ球菌の感染による牛の乳腺の炎症の総称である。S. aureus は主な原因菌で，同じ牧場で発症した複数個体から同一遺伝子型の S. aureus が検出されるため，古くから**伝染性乳房炎**と呼ばれてきた。細菌は通常，乳頭口から侵入し，乳管洞，乳管，乳腺胞へと上行する。時には乳房や乳頭の損傷部から侵入する。感染乳房においては乳汁生成や分泌機能に障害が起こり，また血液からの流入により乳汁中体細胞数（特に白血球）が増加し，乳量の低下や乳質の悪化を起こす。乳房炎の発生には本菌が産生するスーパー抗原である SE と TSST-1 が関与していると示唆されている．ブドウ球菌による乳房炎は発生頻度が高く，抗菌薬治療に反応が悪いため，酪農現場で最も問題になる乳房炎の1つで，産業被害が大きい。S. chromogenes，S. epidermidis，S. simulans など CNS が原因となることもある。

b．豚の滲出性表皮炎

豚の**滲出性表皮炎** exudative epidermitis は，S. hyicus が皮膚の損傷部から感染することによって起こる全身性の滲出性，壊死性皮膚疾患である。まれに S. aureus，S. chromogenes に起因することもある。分離株の ET 保有が疾患と関連している。生後1か月以内の哺乳豚に好発する。感染初期に紅斑が現れ，次に脂性滲出物が体表をおおい，汗をかいたような外観を呈する。浸出物に皮垢，糞や塵埃などが付着して黒褐色に変じ，悪臭を放つようになる。ススで汚れたような外観からスス病とも呼ばれる。

c．鶏のブドウ球菌症

鶏のブドウ球菌症 staphylococcosis は，ブドウ球菌による鶏の化膿性疾患の総称であり，病原体は主に S. aureus である。**浮腫性皮膚炎**（バタリー病），**骨髄炎**（へたり病），関節炎，趾底膿瘍，趾瘤症，敗血症など多様な病型をとる。最も発生の多い浮腫性皮膚炎では，沈うつ，下痢，翼下部皮膚・皮下がただれ，赤色漿液性浸出液が漏出して悪臭を放ち，1～2日に死亡する。骨髄炎，関節炎，趾底膿瘍，趾瘤症では，跛行，脚麻痺が顕著に見られる。敗血症では，実質臓器の変性・壊死と偽好酸球の浸潤が見られる。本病は世界各国で発生し，日本でも例年数千羽以上の発生が見られる。特に浮腫性皮膚炎と骨髄炎が比較的多く発生する。

d．犬の**膿皮症**

犬の細菌性皮膚炎 bacterial dermatitis（膿皮症 pyoderma）は，ブドウ球菌が皮膚毛包などで異常増殖することによって起こる皮膚の化膿性疾患で，S. intermedius や S. pseudintermedius によるものが多い。S. schleiferi も起因菌としてしばしば分離される。膿痂疹の病状は主に細菌が産生する表皮剥脱毒素により引き起こされる。

e．人のブドウ球菌症

人では，S. aureus が各種化膿症，肺炎，心内膜炎，骨髄炎，剥脱性皮膚炎，尿路感染症，敗血症など多彩かつ重篤な感染症を起こす．また，菌の産生した SE や TSST-1 による毒素性ショック症候群や ET による熱傷様皮膚症候群などの毒素性疾患がある。本菌は生体表層部および深部において常在性を示すため，宿主感染防御が有効に働かず，慢性化・反復感染しやすい。S. epidermidis などの CNS が日和見感染により心内膜炎や尿路感染症などを起こすことがある。多剤耐性を獲得した MRSA は，病院内感染の重要な病原体となっ

f. ブドウ球菌食中毒

ブドウ球菌食中毒 staphylococcal food poisoning は細菌自体の感染により引き起こされるのではなく，本菌が食品中で増殖する際に産生された SE によるものであり，典型的な食品内毒素型食中毒である．SE は人以外に，サル，フェレット，スンクスにも嘔吐誘導活性を示す．食品の汚染は調理人の指の化膿部によることが多い．SE は耐熱性や耐酵素分解性であるため，経口摂取された SE は分解されずに小腸に達し，小腸粘膜下組織のマスト細胞や神経細胞を刺激し，セロトニンを分泌させる．セロトニンレセプターを介して迷走神経と腸管筋層神経叢の神経細胞が刺激され，そのシグナルが嘔吐中枢に伝わり，嘔吐が起こると考えられる．汚染食品摂食後 1～6 時間（平均 3 時間）で発症し，嘔気・嘔吐を主に示す．下痢を伴う場合があるが，必発ではない．一般的に発熱を伴わない．病状は通常 24 時間以内に改善し，予後は良好である．しかし，重症例では嘔吐回数が多く，血圧の低下，脈拍微弱などを伴ってショックや虚脱に陥ることもある．

D. その他のグラム陽性球菌

> キーワード：*Lactococcus garvieae*，乳房炎

1) ラクトコッカス属

ラクトコッカス *Lactococcus* 属は，ストレプトコッカス科に属するグラム陽性のホモ乳酸菌の 1 群である．球菌で運動性をもたない．糖を代謝して乳酸だけを産生する．ヨーグルトやチーズなどの乳酸発酵食品に多く含まれる．環境の pH や塩濃度の変動に強く，自然界に広く存在する．獣医学上問題となるのは魚類の乳酸球菌症を起こす α 溶血性の **Lactococcus garvieae** である．本菌は単球菌，双球菌，あるいは短鎖連鎖状からクラスター状の空間的配置をとる．通常培地やトッド・ヘビット培地で，20～37℃ で増殖する．養殖魚に対する病原性を有する菌（KG−）は莢膜を有し，非病原菌（KG＋）は無莢膜である．マアジ，ニジマス，ブリ属の魚類などに感染し，魚の体色黒化，眼球白濁，脳における菌増殖と膿瘍形成，心外膜炎，敗血症などを引き起こす．水産養殖業で大きな経済的被害をもたらす．また，*L. garvieae* は牛の**乳房炎**や人の心内膜炎から分離されることもある．

2) アエロコッカス属

アエロコッカス *Aerococcus* 属は，アエロコッカス科に属するグラム陽性球菌で，ブドウ球菌属のような集塊を形成しない．双球菌または特徴的な四連球菌の配列をとることが多い．通常エアダクトなどの環境に存在する．獣医学領域で病原菌として知られる *Aerococcus viridans* は，豚に髄膜炎，関節炎，肺炎などを起こす．牛の潜在性乳房炎から分離されることもある．また，一部の株はロブスターのガフケミア症 gaffkemia の原因となる．人に病原性を示すのは *A. urinae*, *A. viridans*, *A. christensenii* が知られている．病原性は通常弱いが，顆粒球減少などの免疫不全状態では菌血症などの重篤な感染症を発症する．近年，*A. urinae* による尿路感染が高齢男性を中心に起こりやすいことが判明している．

13. グラム陽性芽胞形成桿菌

獣医学・医学領域において重要なグラム陽性芽胞形成性桿菌は，フィルミキューテス門バチルス綱カリオファノン目のバチルス科およびペニバチルス科，ならびにクロストリジウム綱ユーバクテリウム目のクロストリジウム科およびペプトストレプトコッカス科に属する．

A. バチルス科およびペニバチルス科

> キーワード：芽胞，炭疽菌，セレウス菌，竹節状，莢膜，縮毛状集落，綿毛状沈殿発育（雲絮状発育），エンテロトキシン，食中毒，セレウリド，アスコリテスト，パールテスト，ファージテスト，アメリカ腐蛆病，ミルクテスト

芽胞形成菌は，増殖に必要な栄養素などが欠乏すると芽胞形成期 sporulation に入り，芽胞型 spore form となって休眠状態になり，環境の変化に伴って発芽 germination し，再び栄養型

vegetative form として増殖する。多くの菌種の**芽胞**は空気や土壌など環境中に広く存在する。また芽胞は熱，放射線，消毒薬など，物理・化学的要因に対して強い抵抗性を示すことから，芽胞の環境中での安定性は極めて高い。

1）バチルス科
（1）分　類

バチルス科には 120 以上の属があるが，獣医学上重要な菌はバチルス *Bacillus* 属のみである。バチルス属には，100 種以上の菌種が含まれ，これらの菌種の GC 含量（モル％）は 32 〜 66 と極めて不均一であることが知られている。バチルス属菌は，近年生存環境と 16S rRNA 遺伝子の進化系統樹解析に基づき分類され，多くは非病原性で，土壌や水圏などの自然環境に広く分布している。この中で**炭疽菌** *Bacillus anthracis*，**セレウス菌** *B. cereus*，*B. coagulans*（現 *Heyndrickxia coagulans*），*B. licheniformis*，*B. pumilus*，*B. subtilis*，*B. thuringiensis* などは，獣医学，医学，農学領域で重要となり，特に炭疽菌とセレウス菌は人や動物に病原性を示す。*B. thuringiensis* は，鱗翅目，双翅目，鞘翅目の昆虫に毒性を示す毒素を産生するため生物農薬として使用されている。

（2）形　態

バチルス属は，0.4 〜 1.8 × 0.9 〜 10.0 µm のグラム陽性の大型の桿菌で芽胞を有する。菌は真っすぐまたはわずかに弯曲し，生体内では，単独または短い連鎖を示すが，培養すると長連鎖を示し，**竹節状**を呈する。芽胞は，大部分の菌種は中在性ないしは偏在性に形成される（図6-17）。ほとんどの菌種は周毛性べん毛を有し運動性を示すが，炭疽菌はべん毛を有さず運動性を示さない。また**莢膜**は，ほとんどの菌が有さないが，炭疽菌，*B. subtilis* および *B. licheniformis* は，D- グルタミン酸の重合体からなる莢膜を有する（表6-31）。

（3）性　状

バチルス属の菌の多くは，普通寒天培地で好気条件下で良好に発育する。本属の菌は長い間，偏性好気性菌であると考えられていたが，嫌気条件下での発育も可能な菌種があることから，現在は

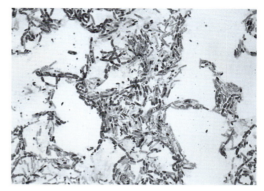

図 6-17　炭疽菌の芽胞染色像（メラー法）
菌体中央に芽胞が見られる。

菌種によって偏性好気性〜通性嫌気性菌に分けられている。また本来本属の菌は腐生菌であることから，その至適発育温度や至適 pH などは菌種により異なる。寒天培地上の集落は，多くの場合ラフ（R）型となる。炭疽菌とセレウス菌は近縁種であり，その鑑別が重要となるが，炭疽菌は円形，隆起状，不透明，灰白色の非溶血性の集落を形成する。その集落の辺縁は，長い毛髪が絡まったような形態を示すため，**縮毛状集落**またはメドウサの頭 Medusa head と形容される。また炭疽菌は，液体培地では**綿毛状沈殿発育（雲絮状発育）**をする。一方セレウス菌の集落は，辺縁が不規則，灰白色の集落を形成し，炭疽菌とは違い血液寒天培地上では，集落周囲に溶血性が確認できる。

バチルス属の中で重要な病原菌である炭疽菌とセレウス菌であるが，両菌は表 6-32 に示した病原因子を有し，これにより宿主に病原性を示す。

a．炭疽菌の病原因子

炭疽菌の重要な病原因子は，莢膜形成と外毒素産生である。両者ともにプラスミドにより発現が支配されている。外毒素産生に関わる遺伝子は約 180 kbp のプラスミド pXO1 上に存在し，また莢膜形成に関わる遺伝子は約 96 kbp のプラスミド pXO2 上に存在する。炭疽毒素の形成には，82 kDa の防御抗原（PA），90 kDa の致死因子（LF），89 kDa の浮腫因子（EF）の 3 つの蛋白質が関与し，PA と LF の組合せで致死毒素（LT）が，PA と EF

表 6-31 バチルス属菌，ペニバチルス属菌の性状

性状	B. subtilis	B. licheniformis	B. pumilus	B. cereus	B. anthracis	B. thuringiensis	P. larvae
菌の連鎖	−	d	−	＋	＋	＋	d
運動性	＋	＋	＋	＋	−	＋	＋
莢膜	−*	−*	−	−	＋	−	−
芽胞	中/偏**	中/偏	中/偏	中/偏	中/偏	中/偏	中/偏
嫌気発育	−	＋	−	＋	＋	＋	＋
50℃発育	d	＋	d	−	−	−	−
CAS	＋	＋	＋	＋	＋	＋	＋
STA	＋	＋	−	＋	＋	＋	−
NIT	＋	＋	−	＋	＋	＋	d
ARA	＋	＋	＋	−	−	−	−
XYL	＋	＋	＋	−	−	−	−
MAN	＋	−	＋	−	−	−	d
GAL	d	＋	−	−	−	−	d
MNE	＋	＋	＋	＋	＋	d	＋
SAL	＋	＋	＋	＋	＋	d	＋

*一部の菌株は莢膜を有する，**中在もしくは偏在性卵円形芽胞
CAS：カゼイン加水分解，STA：デンプン加水分解，NIT：硝酸塩還元，ARA：アラビノース分解，XYL：キシリトール分解，MAN：マンニトール分解，GAL：ガラクトース分解，MNE：マンノース，SAL：サリシン分解，d：菌株により異なる

表 6-32 バチルス属の外毒素

バチルス属外毒素	機能	毒性
炭疽菌		
致死毒素（LT）	LF：メタロプロテアーゼ	組織壊死
致死因子（LF）＋防御抗原（PA）	PA：レセプターとの結合	
浮腫毒素（ET）	EF：アデニル酸シクラーゼ	浮腫
浮腫因子（EF）＋防御抗原（PA）	PA：レセプターとの結合	
セレウス菌		
セレウリド	イオノフォア	細胞空胞化，嘔吐
エンテロトキシン		
Cytolysin K（CytK）	膜孔形成	細胞死，溶血
Non-hemolytic enterotoxin（Nhe）	膜孔形成	細胞死
Hemolysin BL（Hbl）	膜孔形成	細胞死，溶血

の組合せで浮腫毒素（ET）が形成される。pXO2に形成される莢膜によって，炭疽菌は免疫細胞の貪食に対して抵抗性を示す。

　b．セレウス菌の病原因子

　セレウス菌は複数の毒素を産生する。その中で下痢毒であるセレウス菌**エンテロトキシン**は，少なくとも3種類（Hbl, Nhe, CytK）存在することが報告されている。Hblは，3種類の蛋白質（B, L1, L2）からなり溶血活性を有する。Nheは3種類の蛋白質（NheA〜C）からなるが溶血活性は示さない。CytKは，1種類の蛋白質からなり溶血活性を示す。これら3種類の毒素が下痢型の**食中毒**を引き起こす。またセレウス菌は嘔吐を引き起こす**セレウリド**を産生する。セレウリドは質量1.2 kDaの環状ペプチドであり，極めて耐熱性が高い。セレウリド自体は抗原性を示さないため免疫学的検査ができず，PCRによる遺伝子の検出やセレウリドのもつ細胞を空胞化する活性を

（4）感染症

a．動物の炭疽

炭疽 anthrax は「家畜伝染病予防法」の家畜伝染病（法定伝染病）に指定されている。一般的には牛，馬，羊，山羊などの家畜や野生草食動物の急性感染症であり，炭疽菌が感染すると極めて重篤な急性敗血症性の疾病を引き起こす。動物ではほとんどが経口感染であり，炭疽菌に汚染された土壌中では，芽胞が長期間土壌中に生存し感染源となる。潜伏期は1～5日と考えられており，体温の上昇，眼結膜の充血，呼吸・脈拍の増数が見られ，さらに進行し敗血症期になると可視粘膜の浮腫，チアノーゼ，肺水腫による呼吸困難をきたし，経過の早いものでは24時間以内に死亡する。死亡した動物では，皮下の浮腫，口腔，鼻腔や肛門などの全身の天然孔から暗赤色のタール様の出血が特徴である。本病が発生した場合は，直ちに都道府県知事に届出を行い，「家畜伝染病予防法」に規定される処置を執る必要がある。炭疽菌の診断については，従来より炭疽特異抗原を検出する**アスコリテスト**，ペニシリンに感受性を示すことを利用した**パールテスト**，ファージ感受性を示すことを利用した**ファージテスト**などが用いられている。近年では，PCRも開発され，遺伝子診断も可能となっている。

b．人の炭疽

人の炭疽は，感染動物やそれらの獣皮，毛，骨粉などに接触することにより感染する。羊毛や，皮革，骨粉を扱う業者に加えて，と殺解体作業員，獣医師も職業病的に感染するリスクが高い。人では主に3つの感染経路（皮膚，呼吸器，消化器）が考えられ，その感染経路によって皮膚炭疽，肺炭疽，腸炭疽となる。最も多いのは皮膚炭疽で，創傷部から炭疽菌が侵入し，痒みのある皮膚丘疹，次いで水疱，膿疱，壊死性の潰瘍へと進行し，黒く変色した特有の炭疽癰を形成する。腸炭疽は，炭疽菌に汚染した肉を食べることにより，悪心，食欲不振，嘔吐が始まり，発熱，激しい腹痛，血液を含む下痢を呈する。肺炭疽は，炭疽菌を吸入し，初期はインフルエンザ様の徴候（発熱，筋肉痛，頭痛，咳など）が見られ，急速に進行し高熱，呼吸器困難やチアノーゼなどに陥る。未治療の場合の致命率は，肺炭疽が最も高く，次いで腸炭疽，皮膚炭疽の順となる。

c．セレウス菌食中毒

セレウス菌食中毒は，「感染症法」における五類感染症定点把握疾患の感染性胃腸炎に含まれ，その病状により，嘔吐型と下痢型に分けられる。嘔吐型食中毒は，セレウス菌が食品中で増殖する際に産生するセレウリドにより起こる。我が国におけるセレウス菌食中毒のほとんどが嘔吐型であり，米飯やパスタなどの炭水化物を主体とした食品により発生することが多い。下痢型食中毒は，食品とともにセレウス菌の生菌を摂食し，セレウス菌が腸管内で増殖する過程で産生するエンテロトキシンにより下痢が発生する。下痢型は我が国ではまれである。

2）ペニバチルス科

（1）分　類

ペニバチルス科のうち，獣医学上重要な菌はペニバチルス *Paenibacillus* 属のみである。

（2）形　態

ペニバチルス科の菌は，グラム陽性で0.5～0.8×2～5 μmの大型の桿菌であるが，染色性は一定しない傾向にある。芽胞は属によって中在性，偏在性，端在性と様々である。多くの菌は周毛性べん毛をもち運動性を示す。莢膜は形成しない。獣医学上重要なペニバチルス属の菌は，中在性～端在性の芽胞を形成し，周毛性べん毛を保有する。

（3）性　状

ペニバチルス属菌は，普通寒天培地で良好に発育する。一般的な最適な培養条件は，28～40℃，pH 7.0であるが，一部の菌種は好アルカリ性を示す。発育温度が50℃で発育可能な種もある。2%塩化ナトリウム存在下では発育可能だが，7%では発育できない。発育における酸素要求度は，好気性～通性嫌気性と種によって異なる。カタラーゼ産生は多くの種で陽性であるが，オキシダーゼ産生は様々である。ペニバチルス属

の中で重要な種は，ミツバチに対して病原性を示す Paenibacillus larvae である。この菌は，通性嫌気性，カタラーゼ陰性で 50℃では発育できない。また 2% 塩化ナトリウム存在下では発育可能だが，5% では発育できない。本菌は，カゼイン加水分解能を有する 47 kDa の蛋白質，エノラーゼを産生し，これにより，幼虫や蛹の組織を破壊し，融解する。

（4）感染症

a．アメリカ腐蛆病

アメリカ腐蛆病 American foulbrood は，P. larvae によって起こるミツバチの幼虫と蛹の感染症であり，「家畜伝病予防法」の家畜伝染病（法定伝染病）に指定されている。本病は世界各国で見られ季節を問わず発生する。我が国においても毎年発生が報告されている。P. larvae の芽胞に汚染された餌をミツバチの幼虫が経口的に摂取することで感染する。その結果，幼虫や蛹が死亡し，腐蛆となる。腐蛆は，楊枝などですくい上げると糸を引く。巣箱内は異臭が漂う。本菌の同定には，Holst の**ミルクテスト**が用いられる。これは P. larvae が産生するエノラーゼがカゼインを分解し，ミルクが透明になることを検査する。ただし，P. larvae が存在しても必ずしも陽性とならない場合があり注意が必要である。その場合は，菌の分離・同定や PCR により診断する。

B．クロストリジウム属

> **キーワード**：芽胞，Clostridium chauvoei, C. perfringens, C. tetani, クロストリジウム属, C. botulinum, 破傷風, 悪性水腫, 気腫疽, 壊死性腸炎, エンテロトキセミア, 壊疽性皮膚炎, ボツリヌス症, 牛ボツリヌス症

（1）分　類

クロストリジウム Clostridium 属はクロストリジウム科に属し，病原性，非病原性，有用菌も含め，現在 NCBI のデータベースには，約 200 種が登録されている。これらのうち，獣医学領域で問題となる病原菌は，約 10 種類である。この菌属の多くは**芽胞**を形成する。芽胞は水中や地上の泥や土壌など自然界に広く分布し，高温，乾燥，紫外線，薬剤に対する耐久性をもつ。人や動物の腸内に常在し，病原性を示す菌種も存在する。なお，以前本属に分類されていた Paraclostridium sordellii（ペニクロストリジウム Paeniclostridium 属への名称変更を経て，パラクロストリジウム Paraclostridium 属に再編成）および Clostridioides difficile（いずれもペプトストレプトコッカス科）も本項に記載する。

（2）形　態

栄養型菌は基本的には桿状を示し，培養条件によって形状が異なる菌種もある。Clostridium septicum は長連鎖，Paraclostridium sordellii は短冊形，大桿菌，C. novyi は鈍端，大桿菌，**C. chauvoei** は単在あるいは 2 連鎖，鈍端，中型桿菌である。**C. perfringens** は莢膜をもち，両端鈍円，短冊形，大桿菌，べん毛をもたないため運動性がない。C. chauvoei および **C. tetani** は，周毛性べん毛をもち，運動性に富むため，寒天培地上の集落は，遊走 swarming する傾向が強く，平板一面に広がる先端から菌分離が可能である（図 6-18）。**クロストリジウム属**の特徴である芽胞は，菌種によって大きさおよび位置が異なる。C. tetani の芽胞は，菌体の幅よりも大きい球形の芽胞を菌体の一端に偏在して形成し，特有の太鼓ばち状の形態を示す（図 6-19）。芽胞はマラカイトグリーンにより緑色に染まる。C. novyi および **C. botulinum** の芽胞は，卵形で末端に近い偏在性（図

図 6-18　羊血液寒天培地上の破傷風菌遊走 swarming し平板一面に広がる

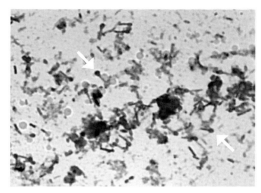

図 6-19　破傷風菌の芽胞染色像
マラカイトグリーン水溶液で加温した後，サフラニン水溶液で染色すると芽胞（矢印）は緑色に，菌体は赤色に染まる。

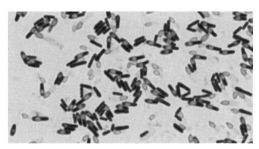

図 6-20　栄養型菌と芽胞が混在したボツリヌス菌のグラム染色像

6-20），C. chauvoei および C. septicum の芽胞は膨隆した卵形の偏在性を示す。

（3）性　状

　増殖のため要求する嫌気度は菌種によって大きく異なる。C. tetani の嫌気性要求度は C. perfringens よりもはるかに強いが，C. botulinum や C. chauvoei よりは低い。主な菌種の生化学的性状は表 6-33 に示すように，菌種によって様々である。C. perfringens を卵黄培地で培養すると，リン脂質加水分解酵素レシチナーゼC（基質としてレシチンが必要，ホスホリパーゼCとも呼ばれる）により培地が乳白色に混濁する。また C. botulinum を卵黄培地で培養するとリパーゼにより卵黄中の遊離脂肪酸をグリセリンに分解するため，コロニーの周辺が真珠のような光沢をもつ。多くの菌種は，糖を発酵して酸と多量のガスを産生しエネルギーを得る。発酵生産物は菌同定の手がかりになる。C. botulinum は，産生する毒素の抗原性の違いにより A ～ G 型の 7 型に分類される。同一の毒素型でもカゼインに対する蛋白質分解性を有する株と欠く株が存在し，毒素型と生化学的性状は一致しない。蛋白質分解性を欠く菌は，毒性が低い毒素を産生するが，トリプシン処理により，毒素分子内に切れ目（nicking）が入り，高い毒性を示すようになる（表 6-33）。

表 6-33　獣医学領域で重要なクロストリジウム属菌の性状

菌種	運動性	卵黄反応		糖発酵			蛋白質分解性
		レシチナーゼ	リパーゼ	ブドウ糖	乳糖	ショ糖	カゼイン加水分解
C. tetani	±	−	−	−	−	−	−
C. chauvoei	−	−	−	+	+	+	−
C. septicum	+	+	−	+	+	−	−
C. novyi	+	+	+	+	−	−	−
C. perfringens	−	+	−	+	+	+	−
P. sordellii*	+	+	−	+	−	−	+
C. botulinum（A, B, F）	+	+	+	+	−	−	+
C. botulinum（B, C, D, E, F）	+	−	+	+	−	−	−
C. difficile**	+	−	−	+	−	−	−
C. colinum	+	−	−	+	−	−	−

*P：パラクロストリジウム Paraclostridium 属。クロストリジウム属から再編成された。
**C：クロストリディオイデス Clostridioides 属。クロストリジウム属から再編成された。

(4) 感染症

a. 破傷風

破傷風 tetanus は，環境中に存在する *C. tetani* の芽胞が創傷部や手術創から体内に侵入し，発芽・増殖した菌が産生する神経毒素（テタノスパスミンあるいは破傷風毒性）によって引き起こされる。菌の自己融解に伴って，菌体外に放出された神経毒素は，神経末端部位から中枢神経系に逆行性軸索輸送され，シナプス前部で抑制性神経伝達を抑制させるため，痙攣や硬直性の麻痺を引き起こし（図6-21），動物は呼吸困難から死に至る。多くの哺乳類に感受性があり，特に馬は感受性が高く，人，牛，豚，山羊，犬，サルなども高感受性である。

b. 悪性水腫

悪性水腫 malignant edema は筋肉に浮腫および壊死を起こす致死性の感染症で，多くの動物が罹患する。*C. septicum*，*C. novyi*，*C. perfringens* ならびに *P. sordellii* などのガス壊疽菌群（histotoxic clostridia）が単独または混合感染して起こる。原因菌の違いや菌が産生する毒素によって多様な病態が形成される（表6-34）。特に牛で *C. septicum* や *C. perfringens* に起因した症例では，重度の浮腫が認められることがあるが，*P. sordellii* は牛に気腫疽様の激しい皮下気腫を引き起こす事例は少ない。*C. septicum* は，4種類の主要な毒素（α，β，δ，γ）を産生するが，α毒素は，致死，壊死，細胞膜孔形成毒であり，病原性に不可欠な因子である。*C. novyi* A型菌が産生するα毒素は，致死，壊死，細胞毒性を示す主要な病原因子である。*C. novyi* A型菌はまた，細胞膜を損傷するノビライシンを産生する。馬，牛および羊での *C. novyi* A型菌に起因した気腫疽の報告がある。*P. sordellii* は，少なくとも5種類の毒素を産生するが，致死毒素（TcsL）と出血毒素（TcsH）の2つは病原性に必須である。これら2つの毒素は，*C. novyi* A型菌が産生するα毒素に類似しており，内皮細胞上の未同定のレセプターに結合し，細胞骨格の破壊を引き起こす。その結果，細胞の接着が失われ，出血や浮腫が生じ，血圧が低下する。

c. 気腫疽

気腫疽 blackleg は，*C. chauvoei* により筋肉や皮下組織の出血とガス壊疽を主徴とする反芻動物の急性致死感染症である。外因性に菌や芽胞が皮膚または飼料や飲水を通じて消化管粘膜の損傷部から侵入し，血液を介し筋肉で増殖し，毒素を産生し病巣を形成する。罹患部組織の浮腫と捻髪音が特徴である。通常，ガス壊疽菌群との混合感染

図6-21 破傷風毒素により硬直性麻痺を呈したマウス

表6-34 動物にガス壊疽を引き起こす主要なクロストリジウム毒素の遺伝子位置，分子量，作用

菌種	毒素	毒素遺伝子の位置	質量（kDa）	毒性
C. septicum	α	染色体またはプラスミド	48	孔形成
C. chauvoei	CctA	染色体	33	孔形成
C. perfringens type A	α（CPA）	染色体	42	ホスホリパーゼC／スフィンゴミエリナーゼ
type G	NetB	プラスミド	82	孔形成
P. sordellii	致死毒素（TcsL）	染色体	300	細胞死
	出血毒素（TcsH）	染色体	260	細胞死
C. novyi type A	α（TcnA）	ファージ	250	細胞死
C. haemolyticum	β	ファージ	〜43	ホスホリパーゼC

表 6-35　*Clostridium perfringens* の毒素型

型	毒素					
	α(CPA)	β(CPB)	ε(ETX)	ι(ITX)	CPE	NetB
A	+	−	−	−	−	−
B	+	+	+	−	−	−
C	+	+	−	−	±	−
D	+	−	+	−	±	−
E	+	−	−	+	±	−
F	+	−	−	−	+	−
G	+	−	−	−	−	+

で起こる。*C. chauvoei* は、いくつかの毒素を産生するが、CctA は細胞膜孔形成毒素で主要な病原因子である。その他の毒素ノイラミニダーゼは、感染した動物の組織内で、拡散させるのに重要な役割を担う。

d. クロストリジウム・パーフリンゲンス症

C. perfringens は、少なくとも 20 種類以上の毒素を産生するが、主要な 6 種類の毒素産生性により 7 つの毒素型に分類される（表 6-35）。ガス壊疽菌群の 1 つである *C. perfringens* は、人や動物の腸内に常在するが、抗菌薬投与、飼育環境の変化、高蛋白質飼料などの影響により、腸内細菌叢の撹乱が誘因となり、小腸内で異常に増殖し、様々な毒素を産生し発症する。全ての型で産生される α 毒素は、レシチナーゼ活性の他、致死、壊死、溶血性を示す。全ての型の病理学的診断は共通であるが、毒素型別は、毒素産生株の PCR により行う。

i）壊死性腸炎

致死性の腸炎であり、**エンテロトキセミア** enterotoxemia とも呼ばれる。鶏の壊死性腸炎 necrotic enteritis は、A 型、G 型まれに C 型菌が原因となる。発症には、コクシジウム感染による腸管粘膜の損傷など様々な因子が関与する。これまで A 型菌 α 毒素（CPA）が主要な病原因子として知られてきたが、α 毒素遺伝子（*cpa*）をノックアウトした *C. perfringens* でも壊死性腸炎が起こること、壊死性腸炎を発症した鶏から新たな病原因子として発見された Necrotic enteritis toxin B-like（NetB）遺伝子（*netB*）をノックアウトした *C. perfringens* を鶏に感染させても壊死性腸炎が起こらないが、*netB* ノックアウト株に *netB* を導入すると壊死性腸炎を発症することから、NetB が壊死性腸炎の発症に必須であると考えられている。

牛の壊死性腸炎は、生後 10 日以下の子牛に多く、A〜E 型で発生が見られるが、B、C 型菌による場合が多い。豚は、生後 3 日以下の新生豚に多いが、2〜4 週、離乳後の豚でも発生し、C 型菌によるものが多い。しかし、A 型菌、まれに B 型菌によるものがある。羊では、B 型菌が原因となり、生後 3 週以内の子羊が下痢を呈した後、死亡する場合や、徴候を示さず急死する場合がある。また生後 10 週までの子羊では、D 型菌により、下痢を呈した後、麻痺を引き起こして死亡する場合や突然死する場合がある。

ii）壊疽性皮膚炎

壊疽性皮膚炎 gangrenous dermatitis は、*C. perfringens*、*C. septicum*、時に *P. sordellii* の単独あるいは混合感染により鶏が発症すると考えられているが、*Staphylococcus aureus* やその他の好気性菌が関与している場合もある。鶏では blue wing disease、七面鳥の蜂窩織炎 cellulitis とも呼ばれ、背中、胸、腹部、大腿部、尾尻および翼に病変が形成される。特に米国では、商業用の七面鳥の最も重要な疾病となっている。免疫抑制が誘因となる。皮膚の傷害部から菌が侵入し、皮膚および皮下組織のうっ血、出血および壊死を特徴とし、浮腫および（または）気腫を伴い筋肉組織まで病態が及ぶこともある急性の致死性の疾病である。

e. ボツリヌス症

C. botulinum により産生される毒素は、抗原性の違いにより A〜G の 7 つの型に分類される。全ての型の毒素は、菌体が溶菌する際に放出される。毒素は、神経毒素と分子量の異なる無毒成分が結合した複合体毒素の形で産生される。複合体毒素は、毒素が経口毒として作用するために必須である。複合体毒素を構成する無毒成分は、神経

毒素が小腸上部で吸収されるまで胃内や消化管内で保護する役割を担っている。吸収された複合体毒素は，リンパ管，血管内で神経毒素と無毒成分に解離し，神経毒素は血行性に神経筋接合部や末梢神経のシナプス前部で興奮性神経伝達を抑制させるため，弛緩性の麻痺を引き起こし，動物は呼吸困難から死に至る。A，B，E，F および G 型菌は人の**ボツリヌス症** botulism の，C 型および D 型菌は動物のボツリヌス症の原因となる。特に，C 型ボツリヌス症は鳥類，牛，山羊，羊，馬およびミンク，D 型ボツリヌス症は，牛，山羊，羊および馬で発生が認められる。C 型および D 型菌由来毒素には，それぞれの神経毒素の一部が他方の毒素型に置き換わったモザイク毒素が存在し，日本で発生している鳥類および**牛ボツリヌス症**の原因菌の大半は，モザイク毒素産生性 C 型および D 型菌による。鳥類のボツリヌス症は，リンバーネック（首垂れ）とも呼ばれ，採卵鶏やブロイラーだけの発生だけでなく，野鳥特に水禽類のボツリヌス症も散見されている。一方，牛ボツリヌス症は，乳牛，肥育牛，月齢の区別なく，散発的に全国で発生している。38℃前後の低体温，起立不能，腹式呼吸を示し，発症から半日〜2 日の経過で死亡する牛が大半である。菌や芽胞は，死亡牛だけでなく，同居の見かけ上健康牛からも検出されることから，経口摂取した芽胞または菌が，牛の体内で増殖し，毒素を産生し，排菌していると考えられる。また農場に侵入するカラスなど野生動物の糞便から，菌が検出されることもあることから，野生動物が菌を拡散することが示唆されている。

 f. 潰瘍性腸炎

 潰瘍性腸炎 ulcerative enteritis（ウズラ病 quail disease）は，ウズラの致死的な病気であり，キジ，ハトなどの家禽でも報告されている。ニホンウズラに *C. colinum* を接種しても潰瘍を再現できないが，マレック病ウイルス接種によって発症したウズラの小腸に潰瘍を再現したことから，*C. colinum* は主要な病原因子であるが，複数の要因が絡んで潰瘍を形成すると考えられている。元気・食欲消失，翼の下垂，水様性の下痢を呈し，短期間に削痩して死亡する。病変の軽度なものは，十二指腸粘膜に点状出血がある程度であるが，重度のものは出血し，やがて潰瘍になる。潰瘍は融合して大きくなり，腸穿孔，腹膜炎，腸の癒着を起こし死に至る。脾臓の充出血，腫大，肝臓のうっ血や壊死が見られることもある。

 g. 伝染性壊死性肝炎

 伝染性壊死性肝炎 infectious necrotic hepatitis は black disease とも呼ばれ，*C. novyi* B 型菌により，羊が主に発症するが，まれに牛など他の動物に発症する急性毒血症である。土壌に存在する芽胞が経口摂取され，門脈循環を介して肝臓に達する。寄生虫の移動によってしばしば引き起こされる肝障害の後，局所的な嫌気状態が，芽胞の発芽と毒素の産生を可能にする。*C. novyi* B 型菌は，α 毒素と β 毒素両方を産生するが，主に α 毒素が壊死性肝炎，多臓器に広範な浮腫，うっ血，出血を引き起こす。

 h. 細菌性血色素尿症

 細菌性血色素尿症 bacillary hemoglobinuria は *C. haemolyticum*（以前は *C. novyi* D 型菌）により，牛，羊が主に罹患するが，まれに馬で発症する。発症の機序は，*C. novyi* B 型菌による伝染性壊死性肝炎とよく似ている。経口摂取された *C. haemolyticum* の芽胞が嫌気状態の肝臓で発芽・増殖し，β 毒素を産生する。β 毒素は，ホスホリパーゼであり，内皮毒性および肝毒性があり，血栓症と肝細胞壊死を引き起こす。また赤血球も溶かし，ヘモグロビン血症やヘモグロビン尿症を引き起こす。血清学的に *C. novyi* B 型菌が産生する β 毒素と区別がつかない。健康な牛の肝臓や腎臓から本菌芽胞が分離されることもあり，嫌気条件下が発症の引き金ではなく，肝蛭が肝実質を通ることによる芽胞への負荷が引き金になる可能性も考えられている。

 i. クロストリディオイデス・ディフィシル症

 クロストリディオイデス・ディフィシル症 *Clostridioides difficile* infection は，人では，抗菌薬使用などにより腸内細菌叢の数や種類が減少

し，菌交代現象を背景に，*C. difficile* が産生する毒素により，腸管粘膜が障害され，大腸に炎症を起こし，粘膜表面に偽膜を形成する偽膜性大腸炎（菌交代症）を引き起こす．馬では年齢に関係なく，軽度な下痢から急性の致死的な出血性腸炎を主徴とする疾病である．健康な子馬や成馬から毒素産生性 *C. difficile* が分離されることがあるが，発症前の抗菌薬投与が発症要因と考えられている．新生豚でも *C. difficile* は，病原菌とされているが，下痢を伴わない突然死など病態は様々である．新生豚と母豚が成豚に比べて *C. difficile* を高率に保菌することが報告されており，妊娠分娩のストレスや生後数週間〜数か月で保護的な腸内細菌叢が確立されることも関与していると考えられている．その他，健康な羊，山羊，牛，犬，猫，家禽から *C. difficile* が分離されるが，腸疾患における臨床的意義は明らかにされていない．

14. グラム陽性無芽胞性桿菌

フィルミキューテス門バチルス綱のカリオファノン目リステリア科およびラクトバチルス目ラクトバチルス科，ならびにエリジペロスリックス綱エリジペロスリックス目エリジペロスリックス科に属する細菌について記載する．

A. リステリア属

キーワード：リステリア属，CAMP テスト，リステリア症，食中毒

（1）分　類

リステリア *Listeria* **属**には，現在は 28 菌種 6 亜種が認められている．基準種は *Listeria monocytogenes* で，リステリア属の中で人あるいは家畜の病原体として最も重要である．*L. monocytogenes* は菌体抗原である 12 種の O 抗原とべん毛抗原である 4 種の H 抗原の組合せにより 16 血清型に型別されるが，病原性をもつものはそのうちの 13 血清型である．*L. monocytogenes* の GC 含量（モル％）は 38．

（2）形態・性状

リステリア属はグラム陽性の小桿菌で，時に短く連鎖する．莢膜はない．37℃で培養するとべん毛はほとんど見られず運動性も低いが，20〜25℃で培養すると周毛性べん毛を発現し，活発な運動性を示す．通性嫌気性菌ではあるが微好気環境の方が増殖しやすく，半流動高層培地に穿刺培養すると培地表面から数 mm 下層に雨傘状の独特な発育が認められる．

L. monocytogenes の至適増殖温度は 37℃であるが，−0.4℃〜45℃の広い温度域で発育可能であり，冷蔵庫でもゆっくりではあるが発育するため，食品の低温輸送や冷蔵庫での長期保存などでは注意が必要な菌の 1 つである．発育 pH 域も広く，4.2〜9.5 まで発育できる．至適 pH は 7.0 である．高濃度の食塩に抵抗性をもち，10〜12％の塩分濃度で増殖できる．発育可能な最低の水分活性は 0.91〜0.93 である．熱抵抗性は大腸菌などの他の非芽胞形成菌に比べればやや高いが，65℃，数分の加熱で死滅し，加熱殺菌は有効である．胆汁（40％）に抵抗性を示す．

カタラーゼ陽性，オキシダーゼ陰性，VP 反応陽性，ブドウ糖から酸を産生するがガスは産生しない．インドール産生能は陰性．ウサギ，馬，羊などの血液寒天平板では弱い溶血性を示し，**CAMP**（Christie, Atkins and Munchi-Peterson）**テスト**で陽性を示す．CAMP テストは，血液寒天培地上で *L. monocytogenes* と *Staphylococcus aureus* を交差させて接種して培養すると交差部の溶血活性が増強する反応で，*L. monocytogenes* が産生するリステリオシン listeriosin O（LLO）の溶血活性が *S. aureus* の産生する β 溶血素により増強されることによる．

（3）分　布

リステリア属菌は，世界各地に広く分布しており，水系をはじめとする環境から分離される菌種も多い．*L. monocytogenes* は家畜や野生動物，鳥類の腸管内に生息し，魚類や甲殻類，昆虫からも検出される．また土壌や植物，下水，河川水などの環境中にも広く分布し，ナチュラルチーズなど

の乳製品や食肉，野菜サラダなどからもしばしば分離される。サイレージの汚染も確認されている。健康な牛，豚，羊，犬，猫，鶏からは 0.5 ～ 2%で検出され，健康な人の糞便からも検出されている。ネズミでは検出率がやや高く，6.5% とする報告もある。

（4）病原性

L. monocytogenes は単球増多症を伴うウサギの流行例から最初に分離され，齧歯類でも単球増多症を引き起こすことから命名された。ただし，人の感染例では単球の増多は著明ではない。L. monocytogenes は牛や羊などの家畜や人に流産や髄膜炎，敗血症を引き起こす。L. ivanovii も羊に流産を起こすことがある。

リステリア症 listeriosis は人獣共通感染症であるが，主として L. monocytogenes に汚染された食品を介して人に感染すると考えられている。欧米では未殺菌乳，ナチュラルチーズ，野菜，食肉加工品などの食品による集団事例も多く，米国では毎年約 1,600 人がリステリア症に罹患し，そのうち約 260 人が死亡していると推定されている。日本では，1958 年に初めて人のリステリア症が報告されて以来，年間数例の散発例が見られており，近年，増加傾向である。食品安全委員会の評価書（2011 年）によると，年間の推定患者は 200 人である。食中毒統計上の食中毒としての報告はないが，2001 年に「その他の細菌」として報告されたナチュラルチーズを原因とした事例は本菌によるものである。食品由来のリステリア症はまれではあるが，重症化すると致死率が高いことから世界保健機関（WHO）も注意喚起を行っている。

L. monocytogenes はマクロファージや上皮細胞などの種々の細胞内で増殖することができる。マクロファージ内に取り込まれた L. monocytogenes は，LLO を産生することによりファゴリソソームで殺菌されることなく細胞質内に脱出し増殖する。さらに，菌体の一端に ActA 蛋白質を発現してアクチン重合を誘導することによりアクチンを用いて細胞内を移動し，また隣接細胞への侵入に も利用する。

（5）感染症

a. 動物のリステリア症

牛，山羊，羊などの反芻動物に多く見られる。ウサギ，モルモット，犬，猫，豚，鶏，カナリア，オウムなどでも見られることがある。牛，山羊，羊などは L. monocytogenes に汚染された飼料や牧草を食べることで感染し，口腔粘膜の傷から侵入して三叉神経系から延髄に達し脳炎徴候を起こす。特に，pH が高いサイレージなどでは本菌が増殖することがあり，牛，山羊，羊などの集団発生の原因となる。

反芻動物のリステリア症では，化膿性脳炎が主な病状であるが，流産や死産，早産の原因となることもある。新生子期や幼若期の感染では，敗血症も見られる。牛の乳腺炎，羊の眼炎といった局所の感染が見られることもある。反芻動物の脳炎の場合，潜伏期は 10 日間～ 3 週間で，突然の発熱や平衡感覚の失調，旋回運動，斜頸が見られる。流涎や咽喉頭麻痺，舌麻痺による嚥下困難のため採食できなくなる。脱水，起立不能，昏睡状態から 1 ～ 10 日の経過で死に至る。

病理学的には，延髄を中心として脳幹部に微小膿瘍を形成し，高度な囲管性細胞浸潤が見られる。

b. 人のリステリア症

健康な成人では感染しても無症状または軽症であるが，臓器移植患者，糖尿病患者，AIDS（acquired immunodeficiency syndrome）患者，ステロイド薬の使用者など免疫機能が低下している者や妊婦，乳幼児，老人に感染すると重篤化する場合が多い。食品が媒介することが多いが，**食中毒**に多く見られる急性胃腸炎症状よりも，38 ～ 39℃の発熱，頭痛，筋肉痛などのインフルエンザ様の徴候を示す。最近は嘔吐，下痢などの胃腸炎徴候を示す例も報告されている。潜伏期間は患者の健康状態，摂取菌量，菌株の違いにより大きく左右され，24 時間以内～ 5 週間と幅広い。発症菌数は健康な人で 10^7 ～ 10^9/人，乳幼児，高齢者，免疫不全者，妊婦などハイリスクの人では 10^3 ～ 10^6/人程度と推定されている。

健康成人では重篤化することはまれであるが、ハイリスクの人では腸管から血液に入り、全身の臓器に感染し、重症化して脳脊髄膜炎や敗血症を引き起こすこともある。脳脊髄膜炎では意識障害や痙攣が見られ、脳神経障害などの後遺症が残ることもある。重症化した場合は致死率が約20%と高い。妊婦は健康成人よりもはるかにリステリア症になりやすく、母体自体の病状は軽いことが多いが、母体から胎盤を介して胎児に感染し、流産、死産、早産や新生児髄膜炎、新生児敗血症を引き起こす。

前述のように L. monocytogenes は O 抗原と H 抗原の組合せにより血清型に型別されるが、人のリステリア症から分離されるのは、1/2a、1/2b、1/2c、3a、3b、3c および 4b である。4b が最も多く、次いで 1/2b、1/2a で、これらを合わせて 90% 以上を占める。

(6) 診断・治療・予防

臨床的には、髄膜炎や敗血症の例でも他の細菌感染によるものとの鑑別は困難であり、髄液の検査でも特徴的な所見はない。発症から死亡までが速やかであるため、血清診断は用いられておらず、生前の確定診断は困難である。確定診断には血液寒天培地や PALCAM 培地を用いて、患者の血液や臓器、髄液などから L. monocytogenes を検出することが必須である。

L. monocytogenes は一般の抗菌薬に感受性が高く、リステリア症の治療には第一次選択薬としてペニシリン系特にアンピシリンが有効である。ゲンタマイシンと併用されることが多く、テトラサイクリン、ミノサイクリンなどとも併用される。ペニシリン系に対するアレルギーがある場合には、アンピシリンの代わりにトリメトプリム–スルファメトキサゾールを使用する。セフェム系は無効である。眼の感染にはエリスロマイシンまたはトリメトプリム–スルファメトキサゾールが用いられる。家畜では、治療開始から1週間～10日で好転の兆しが見えない場合は殺処分とする。

有効なワクチンは開発されていない。自然界に広く分布し、低温でも増殖できるため予防は難しく、飼養管理を徹底することが重要である。人の経口感染については、生肉は口にせず十分な加熱をはじめとした一般的な細菌性食中毒対策に注意し、ハイリスクの人たちは未殺菌乳を原料とするナチュラルチーズなどを避け、冷蔵庫を過信しない。

B. エリジペロスリックス属

キーワード：エリジペロスリックス属，豚丹毒

(1) 分類

エリジペロスリックス *Erysipelothrix* 属には、基準種の *Erysipelothrix rhusiopathiae* のほか、*E. tonsillarum*、*E. inopinata*、*E. larvae*、*E. piscisicarius*、*E. urinaevulpis*、*E. aquatica*、*E. anatis*、*E. amsterdamensis* の9菌種が報告されている。

これまでの全ゲノム配列を用いたフィルミキューテス門細菌の系統学的解析では、エリジペロスリックス綱は他のフィルミキューテス門細菌と系統学的に離れた位置にあり、マイコプラズマ類に代表されるテネリキューテス門モリキューテス綱に近縁であることが明らかとなっている。また、*E. rhusiopathiae*（豚丹毒菌）は、マイコプラズマと同様に進化の過程でゲノムが縮小、すなわち退行的進化をしており、生存に必須の栄養素の大部分を合成できないゲノム構造を示すなど、モリキューテス綱と共通の遺伝学的特徴を多くもつことも判明した。

エリジペロスリックス属菌については、自然界から広く分離されて形態学的および生化学的性状がほとんど同じであることから、この菌は長年にわたり、1菌属 *Erysipelothrix* 1菌種 *rhusiopathiae* と考えられ、菌体加熱抽出抗原とそれに対する免疫家兎血清を用いたゲル内沈降反応により、少なくとも23の血清型とN型（型特異抗原性を欠く）に分類されてきた。しかしながら、DNA-DNAハイブリダイゼーションを用いた遺伝学的分類の研究から、これらの血清型およびN型の菌（株）は、*E. rhusiopathiae*（1a、1b、2、4、5、6、8、9、11、12、15、16、17、19、21、N型）

と *E. tonsillarum*（3, 7, 10, 14, 20, 22, 23 型）の少なくとも2つの菌種に分類された。現在では，23型の血清型菌に関しては血清型参考株の変更により25型とされ，新たに23, 24, 26型の血清型が追加報告されている。この血清型による菌種分類において，2つの血清型菌（13, 18型）は *E. rhusiopathiae* と *E. tonsillarum* のどちらにも属さない別菌種であるとされたが，その後，血清型18型と報告された菌株は全ゲノム配列解析により *E. piscisicarius* であることが明らかとなった。なお，血清型による菌種分類と DNA-DNA ハイブリダイゼーション法による菌種分類とは必ずしも一致しないことから，血清型による分類は系統学的分類の手法として正確ではないことが指摘されている。

（2）形態および一般性状

エリジペロスリックス属菌は，通性嫌気性菌のグラム陽性細小桿菌（0.2〜0.4 × 0.5〜2.5 μm）で，非運動性，非抗酸性を示す。*E. rhusiopathiae* は莢膜を保有し，病原性との関連が報告されている。

普通寒天培地では発育は悪く，培地に，0.5〜1.0％のグルコース，あるいは5％の血清を添加することにより発育が増進される。また，0.1% Tween 80 の添加によっても同様の発育促進が見られる。血液寒天培地上では不明瞭な不完全溶血を示す。液体培地では通常混濁発育をするが，菌株によっては沈殿が見られる。

急性および亜急性型の発症豚から分離される *E. rhusiopathiae* は通常，単〜2連鎖で，寒天平板培地における48時間の培養により，小さな露滴状の集落をつくるが，慢性型発症豚に由来する *E. rhusiopathiae* はしばしば長連鎖を形成し，固形培地上でやや大きな表面粗造，周辺が鋸歯状の集落をつくる。

エリジペロスリックス属菌は，ペニシリン系の抗菌薬に極めて感受性が強く，耐性菌は認められていない。一方，カナマイシン，ゲンタマイシン，バンコマイシンなどに対して自然耐性を示す。

（3）病原性

これまで畜産上問題となる菌種は *E. rhusiopathiae* のみと考えられてきたが，これまでの分子疫学的知見から総合的に判断すると，エリジペロスリックス属菌の中で畜産上問題となる菌種は *E. rhusiopathiae* と *E. piscisicarius* である。*E. piscisicarius* は豚の脾臓のほか，死亡した熱帯魚や七面鳥からも分離されている。また，本菌種はマウスに病原性を示すほか人で菌血症を起こしたことが報告されており，*E. rhusiopathiae* と同様に宿主域が広いと考えられる。ちなみに，エリジペロスリックス属菌の中で *E. rhusiopathiae* と *E. piscisicarius* は系統学的に最も近縁である。

エリジペロスリックス属菌の感染によって起こる豚の疾病は**豚丹毒** swine erysipelas と呼ばれる。感染豚から分離される菌は *E. rhusiopathiae* がほとんどであり，敗血症例からは血清型 1a 型菌，慢性型症例からは 1b および 2 型菌が多い。これらの血清型と病原学的な関連性については不明である。

豚丹毒菌は，マクロファージなどの食細胞内で生残し増殖することができる細胞内寄生菌であり（図6-22），ゲノム解析からも，本菌は脂肪酸，アミノ酸，ビタミン，補酵素など生存に必要な栄養素は宿主側に依存していることが明らかになっている。本菌の細胞内寄生性は病原性に極めて重要であり，様々な要因により食細胞内で生残でき

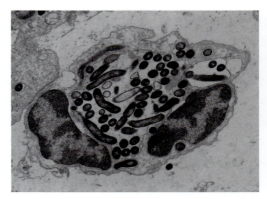

図6-22 マウス体内のマクロファージ内で増殖する豚丹毒菌

なくなった変異株は病原性を喪失する。その他，本菌は重要な病原因子として莢膜を保有するが，本菌の莢膜は食細胞による貪食に抵抗するために必要なだけでなく細胞内生残性にも影響を与えることが知られている。また，本菌の莢膜多糖はフォスフォリルコリン phosphorylcholine による分子修飾を受けており，フォスフォリルコリンを発現できなくなった遺伝子変異株はマウスに対する病原性を完全に喪失する。その他，本菌は他のグラム陽性の病原細菌と同様に，菌体表層に多くの付着因子を発現しており，それらは感染を成立させるために重要と考えられている。また，本菌はヒアルロニダーゼやノイラミニダーゼなどの菌体外酵素を産生するが，前者は組織への侵襲因子として働き，後者は菌の血管内皮細胞への侵入に関与すると考えられる。

（4）疫　学

エリジペロスリックス属菌は自然環境に広く分布し，種々の家畜や鳥類のほか，魚介類，昆虫，ヒルを含む様々な動物種やそれらの生活環境から分離されている。魚介類から分離される豚丹毒菌は漁獲後に船内あるいは陸揚げ後の環境から汚染されたものと考えられるが，2020 年に新菌種として報告された E. piscisicarius は死亡した淡水魚から分離された。

豚丹毒菌と E. tonsillarum は家畜の扁桃からしばしば分離されるが，特に，豚ではその割合が高く，外見上健康な豚の扁桃から約 20 〜 50% と高率に分離される。豚丹毒の感染源あるいは汚染源として，消化管や扁桃に菌を保有している保菌豚が重要である。これらの豚は糞尿とともに菌を排出して環境中の土壌，飼料および水を汚染し，さらに，野生動物や人が二次的に菌を拡散することになる。

（5）動物の感染症

豚丹毒菌の宿主動物体内への侵入は経口感染が主であるが，創傷感染も起こり得る。豚では，扁桃陰窩上皮の細胞を介した体内への侵入が示されている。ただし，菌が動物体内へ侵入しただけで直ちに発症するものではなく，生体の抵抗性を減弱させるような条件が加わった場合に発症すると考えられる。豚では，高温，多湿，輸送などのストレスをきっかけとして，扁桃や消化管に存在する菌が血管系に到達し，感染，発病へと進展するものと思われる。

豚の急性の敗血症の場合，40℃以上の高熱が突発し 1 〜 2 日の経過で急死する。脾臓およびリンパ節は充血肥大し，胃および小腸上部の粘膜は充出血が見られることが多い。死亡率は高い。亜急性の蕁麻疹型は，発熱や食欲不振などに加えて，感染 1 〜 2 日後に菱形疹（ダイヤモンド・スキン）と呼ばれる特徴的な皮膚病変を示すが，致死の経過をとることは少ない。慢性型は，通常，急性型や亜急性型に引き続いて起こることが多く，関節炎の場合，四肢の関節に好発し，腫脹，疼痛，硬直，跛行が見られる。心内膜炎の多くは無徴候で，解剖時に発見される。また，羊では，去勢や断尾などにより創傷感染することが多いとされる。海産哺乳類では，特にイルカの敗血症の報告例が多い。近年では，北極圏や亜寒帯地方に棲むジャコウウシやムースなど，大型野生偶蹄類の大量死の原因となった。

鳥類は豚丹毒菌の感染に対して比較的感受性が高く，鶏，七面鳥，ダチョウ，エミュー，ウズラ，アヒルなどで敗血症の報告がある。鶏では，沈うつや産卵低下など敗血症に伴う種々の病状を示す。死亡率は高い。鳥類での感染のメカニズムはよく分かっていないが，本菌は鳥類の外部寄生虫であるワクモ Dermanyssus gallinae から分離されており，ワクモが本菌感染の原因となっている可能性が示唆されている。

E. tonsillarum を豚や鶏に接種しても病気を発症させることはできない。しかし，その中にはマウスに対して強い病原性を示す株も多くあり，また，心内膜炎罹患犬から分離された例もある。

豚丹毒の予防には，ワクチン接種が極めて有効である。養豚農家での本疾病発生の主な要因は，ワクチンの未接種や不適切なワクチン接種が主な原因となっている場合が多い。ワクチンには，アクリフラビン色素耐性の弱毒株を用いた生ワクチ

ンと不活化（死菌）ワクチンとがある。豚丹毒菌に対する感染防御の主体は食細胞による殺菌であり、菌体表層にある防御抗原、特にSpaAと呼ばれる蛋白質抗原に対するIgGによるオプソニン化が重要である。また、生菌ワクチンでは強固な細胞性免疫が誘導されるが、それに関与する抗原は同定されていない。

（6）公衆衛生

文献上、人での症例のほとんどは E. rhusiopathiae 感染による報告であるが、E. piscisicarius が人の菌血症を起こしたことが報告されている。人での本症は類丹毒 erysipeloid と呼ばれ、発生はと畜場作業員、獣医師、精肉店、漁師、鮮魚店などに多く、いわゆる職業病として認識される。感染経路は、この菌で汚染された食肉や魚介類などを介した皮膚創傷による感染が多いが、その他、犬や猫による咬傷からの感染例も報告されている。創傷感染はまれに菌血症に移行し、重篤化して敗血症を引き起こすことがある。前述した E. piscisicarius による人の菌血症も、調理用のエビを介して起こったと考えられている。

「と畜場法」において、食肉検査により蕁麻疹など、豚丹毒の病状が発見もしくは菌が分離された場合、と殺禁止または全廃棄と定められている。野生動物では、イノシシは本菌に対する感染の感受性が高く我が国の野生のイノシシの感染率は極めて高い。そのため、狩猟したイノシシを食用に供する場合、生肉の取扱いを含め、肉が接触した器具の消毒などについても十分に注意する必要がある。

C. ラクトバチルス属および関連菌種

キーワード：ラクトバチルス属

（1）分類

ラクトバチルス Lactobacillus 属の基準種は Lactobacillus delbrueckii であり、180菌種以上が含まれる非常に大きな菌属であったが、近年分類の見直しが進み、ラクトバチルス属として正式に認められているのは49菌種である。分類の見直しにより、他の菌属に再分類された菌種や新菌属として独立した菌種も多い。例えば、ラクトバチルス属としてプロバイオティクス probiotics に利用されてきた菌種にも、ラクティカゼイバチルス Lacticaseibacillus 属、ラクティプランティバチルス Lactiplantibacillus 属、リモシラクトバチルス Limosilactobacillus 属となったものが含まれている。また、ラクトバチルス属とペディオコッカス Pediococcus 属はいずれもラクトバチルス科に分類されているが、16S rRNA 遺伝子による系統解析では、ペディオコッカス属のクラスターはラクトバチルス属の大きなクラスターに内包され、この2菌属は主に形態学的特徴によってのみ区別されていることから、ラクトバチルス科の分類は、今後も変更が行われることが予想される。

（2）形態・性状

ラクトバチルス属および関連菌種は、主としてグラム陽性の桿菌（0.5～1.0×2～8 µm）であるが、少数ながら球菌も含まれ、形態がラクトバチルス属および関連菌種の分類において絶対的な意味をもっているわけではない。一部の偏性嫌気性菌種を除き通性嫌気性で、至適増殖温度は30～40℃。栄養要求性は複雑で、培養に炭水化物や無機物の他にアミノ酸、ビタミンなど種々の栄養成分を必要とする。オキシダーゼ、カタラーゼともに陰性である。

ラクトバチルス属および関連菌種は、種々の糖類を発酵して主な代謝産物として乳酸を産生するため、ラクトコッカス属、エンテロコッカス属、ロイコノストック Leuconostoc 属、ストレプトコッカス（レンサ球菌）属などとともに「乳酸菌 Lactic acid bacteria」と総称される。乳酸菌の発酵形式は、ヘキソースから乳酸のみを生ずる絶対ホモ型発酵、乳酸の他にガスや揮発性物質を生成する絶対ヘテロ型発酵、ホモ型とヘテロ型の両方の発酵を行う通性ヘテロ型発酵に分けられている。

多くの菌種はべん毛をもたず運動性を示さないが、乳酸菌には珍しい運動性を有する菌種も含まれている。

（3）分 布

ラクトバチルス属および関連菌種は人や動物の腸管や腔，植物の表面，土壌，発酵乳や漬物などの発酵食品など，幅広い環境から分離される。

（4）病原性

ラクトバチルス属および関連菌種は，長い食経験をもつ菌種や人や家畜の健康の維持や疾病の予防に有用なプロバイオティクス菌株も多く，一般的に病原性はないと考えられている。しかし，ラクトバチルス属および関連菌種が病巣から単独かつ高い菌数で分離されたという報告もある。心内膜炎や敗血症，胸膜炎などから *L. acidophilus*, *L. delbrueckii* subsp. *bulgaricus*, *L. delbrueckii* subsp. *lactis*, *L. gasseri*, *L. jensenii* および近縁の *Lacticaseibacillus casei*, *Lactobacillus catenaformis*（現 *Eggerthia catenaformis*），*Lacticaseibacillus paracasei*, *Lacticaseibacillus rhamnosus*, *Lactiplantibacillus plantarum*, *Ligilactobacillus salivarius*, *Levilactobacillus brevis*, *Limosilactobacillus fermentum* といった菌種が分離されている。近年病巣からの分離例が増加しているという報告もある。ただし，このような分離例はまれであり，糖尿病患者の肝膿瘍や心臓疾患患者の血液，高齢者など基礎疾患や免疫抑制がある人からであり，いわゆる日和見感染といえる。ラクトバチルス属および関連菌種に明らかな病原因子が特定されているわけではなく，病巣形成との因果関係はさらに精査が必要であろう。

動物では *L. jensenii* によるウロコボウシインコの心内膜炎が報告されている。

15. 放線菌関連菌（アクチノマイセス門）

A. コリネバクテリウム属

キーワード：べん毛なし，線毛，通性嫌気性桿菌，ウレアーゼ，CAMPテスト，ジフテリア毒素，腎盂腎炎，仮性結核，乳房炎

（1）分 類

アクチノマイセス（放線菌）門アクチノマイセス綱マイコバクテリウム目のコリネバクテリウム科，マイコバクテリウム科およびノカルジア科は極めて近縁の細菌で，いずれも菌体成分に糖脂質であるミコール酸とコードファクター（trehalose-6-6'dimycolate）をもつ。コリネバクテリウム科に属するコリネバクテリウム *Corynebacterium* 属のミコール酸は炭素数 C22〜C36 でマイコバクテリウム *Mycobacterium* 属（C60〜C90）やノカルジア *Nocardia* 属（C48〜C58）に比べて短い特徴を有する。この属の細胞壁はジアミノ酸ならびに短いミコール酸としてメソ・ジアミノピメリン酸（m-DAP）を含んでいる。コードファクターは結核菌で感染時の侵襲性と免疫賦活のうえで重要な因子として1950年に Bloch H により命名されたものだが，*Corynebacterium* では類似糖脂質としてコリネミコール酸とコリネミコレイン酸を含む。主な菌種とその性状を表6-36に示す。

（2）形 態

まっすぐまたはわずかに弯曲した先端成長型の桿菌でしばしば菌体の両端または片端が膨れた棍棒状の形態を示す。属名の *Corynebacterium* は，この形態に由来する（Coryne-：棍棒状の，bacterium：細菌）。菌は松葉状〜柵状配列を示す。莢膜，芽胞を有さない。**べん毛なし**。細菌の菌体顆粒である異染小体をもつ菌種が存在する。

（3）性 状

グラム陽性，**線毛**を有する**通性嫌気性桿菌**である。検体を塗布した血液寒天培地を用いて37℃で48時間分離培養を行う。培地上のコロニーは，径1〜2mmの灰白色，正円で，光沢のない乾いた形態を示す。多形性桿菌，カタラーゼ（＋），**ウレアーゼ**（＋），運動性（－），ブドウ糖発酵（＋）の性状を示す。*C. renale* は **CAMPテスト**（148頁）において陽性を示すが，*Streptococcus agalactiae* や *Listeria monocytogenes* における機序とは異なる。*C. renale* が産生する蛋白質（renalin）がセラミドに高い親和性を有しており，*Staphylococcus aureus* が産生するスフィンゴミエリナーゼCにより赤血球膜上に形成されたセラミドに結合することによる。一方，*C. pseudotuberculosis* および *C.*

表 6-36　コリネバクテリウム属菌の生化学的性状と疾病

	硝酸塩還元	カゼイナーゼ	カタラーゼ	ウレアーゼ	キシロース分解	グルコース	CAMPテスト*	疾病（感受性動物）
C. renale	−	+	+	+	−	+	+	腎盂腎炎，膀胱炎（牛）
C. cystitidis	+	−	+	+	−	+	−	腎盂腎炎，膀胱炎（牛）
C. pilosum	−	−	+	+	+	+	−	腎盂腎炎，膀胱炎（牛）
C. pseudotuberculosis	−	−	+	+	−	+	阻害	仮性結核（山羊，羊）膿瘍，pigeon fever（馬），ジフテリア様疾患（人）
C. bovis	−	−	+	−	−	+/−	−	乳房炎（牛，マウス，ラット）鱗屑性皮膚病（マウス，ラット）
C. kutscheri	+	+	+	−	+	+	−	ネズミコリネ菌症（齧歯類）
C. diphtheriae	+	−	+	−	−	+	−	ジフテリア（人）
C. ulcerans	−	−	+	+	−	+	阻害	皮膚潰瘍，ジフテリア様疾患（人，猫，犬，その他哺乳類全て）

＋：陽性，−：陰性，＋／−：株によって異なる
*本文参照

ulcerans が産生するホスホリパーゼ D は CAMP テストを阻害する。C. ulcerans など菌種によって溶血活性を有するものもある。

（4）病原性

C. renale など尿路感染コリネバクテリアの線毛は牛の外陰部や腟前庭に付着し膀胱上皮細胞への定着に関与している。さらに菌種により線毛の構成が異なり上行性の違いがあるので，腎盂腎炎や尿管炎の起きやすさも異なる。

C. diphtheriae, C. ulcerans, C. pseudotuberculosis が産生する**ジフテリア毒素**は，58 kDa の易熱性蛋白質でウサギやモルモットの皮内または皮下に注射すると，局所の浮腫，充出血・壊死などを生じ，局所の循環障害を起こす。また，毒素が血流中に入って全身に拡がると，心筋炎・心不全による循環器系障害，四肢の筋肉および呼吸筋などの麻痺（ジフテリア後神経麻痺）の原因となる。毒素の作用機序は，動物細胞のレセプターに結合し，細胞膜から細胞内に侵入しペプチド伸長因子（EF-2）を不活化することによりリボソームにおける蛋白質合成を阻害し，細胞を死に至らしめる。これら全ての菌がジフテリア毒素を産生するわけではなく，ジフテリア毒素遺伝子を保有するバクテリオファージ bacteriophage が感染（溶原化）した菌株のみが，ジフテリア毒素を産生する。現在は上記 3 菌種のほかに，C. silvaticum（野生動物や家畜から分離），C. belfantii（人の上気道から分離），C. rouxii（人や犬の皮膚から分離）および C. ramonii（人の呼吸器や皮膚から分離）などからジフテリア毒素産生が報告されている。

（5）感染症

a. 牛の膀胱炎ならびに腎盂腎炎

C. renale, C. cystitidis や C. pilosum は C. renale グループと称され，牛の泌尿器の常在菌で，健康な雌牛の外陰部や腟（前庭），雄牛の包皮内に分布している。妊娠や分娩，外傷や尿路閉塞や解剖学的異常などが誘因となって，菌が上行性に侵入し膀胱炎 cystitis を起こし，さらに尿管を上行して尿管炎 ureteritis や**腎盂腎炎** pyelonephritis を起こす。

b. 羊，山羊の仮性結核

羊，山羊の**仮性結核** ureteritis（乾酪性リンパ節炎 caseous lymphadenitis）は，C. pseudotuberculosis によって引き起こされる慢性の伝染性疾患である。一般的に毛刈り，耳標装着，断尾，去勢，外傷などによる皮膚の創傷から感染して，リンパ節や臓器に炎症を起こす。その有病率は地域や国によって異なるが，世界中で発生している。この疾患は，主要な末梢リンパ節内またはその近傍（外部型），または内臓およびリンパ節内（内部型）

に膿瘍が形成されることを特徴とする。外部型と内部型の両方が羊と山羊で発生するが，外部型は山羊で，内部型は羊で起きやすい。

　c．馬の *Corynebacterium pseudotuberculosis* 症

　Pigeon fever または dryland distemper と呼ばれる馬の疾病で *C. pseudotuberculosis* が起因菌である。通常，馬の胸部または腹の下に大きな膿瘍を形成する。馬の胸の腫れがハトの胸に似ていることから，この病気の名前がつけられた。菌は地中に生息しており，長期間生存する。干し草や削り屑の中でも短期間生存することができる。馬は，汚染された土壌や物体との直接接触，または傷ついた皮膚に菌を付着させる昆虫（ハエ）によって，皮膚の小さな擦り傷や傷から菌が体内に侵入して感染する。この疾患は1年中発生するが，季節的な感染ピークは夏〜初冬にかけて発生する。これは，昆虫の活動性が高く，感染した馬が発症するまでの潜伏期間（1〜4週間）が長いことを示している。

　d．牛の乳房炎

　C. bovis は，乳牛から採取された乳汁サンプルから頻繁に分離される。この菌は一般に，軽度の乳腺病原体または共生菌と考えられている。*C. bovis* が乳頭管を通過して乳房内へ侵入した場合感染し**乳房炎** mastitis を発症する。不適切な乳頭ディッピングなどが感染を助長する。

　e．齧歯類のネズミコリネ菌症

　ネズミコリネ菌症 murine corynebacteriosis は，*C. kutscheri* による感染症でマウス，ラット，ハムスター，全ての実験用齧歯類に感染する。一般的には，不顕性感染である。口腔，頸部リンパ節，あるいは消化管に本菌を保菌する。主な伝播経路は，糞口感染である。実験感染においては，動物は5か月間にもわたって，糞便中に本菌を排出しつづけることがあり，感染は持続する。動物は，本菌を体内から排除することができない。

　f．人のジフテリア

　ジフテリア diphtheria は，ジフテリア菌（*C. diphtheriae*）の感染によって起こる上気道粘膜疾患（呼吸器ジフテリア）であるが，眼瞼結膜・中耳・陰部・皮膚などがおかされる皮膚ジフテリアもある。呼吸器ジフテリアでは厚い灰白色の偽膜が，発症2〜3日で扁桃，咽頭，喉頭，鼻などの粘膜に形成される。喉頭や鼻腔に偽膜形成が広がると，気道の閉塞が引き起こされ，気管切開が必要になる場合が多い。重症例では，頸部リンパ節が腫脹し，周辺組織に炎症が広がる（bull-neck appearance）。感染，増殖した菌から産生されたジフテリア毒素により昏睡や心筋炎などの全身症状が起こると死亡する危険が高くなるが，先進国での致命率は5〜10%とされている。主に，気道から，飛沫感染や濃厚接触で人−人感染 person-to-person spread する。皮膚病変や病変からの分泌物からの接触感染も起こり得る。

　病原因子であるジフテリア毒素のホルマリン不活化物（トキソイド）をワクチンとして乳児期に免疫して重症化の軽減に役立っている。また，ジフテリアトキソイド免疫した馬血清を用いた抗毒素療法も重症例には用いる。

　g．*Corynebacterium ulcerans* 症

　C. ulcerans による感染症で，牛，馬，サル，リス，ラクダ，犬，猫など哺乳類全般に感染する。ジフテリア毒素を産生する株が含まれていて，呼吸器ジフテリアや皮膚ジフテリアの病態を哺乳類に起こす。*C. diphtheriae* による人の感染症は日本では2000年を最後に患者の発生がない。一方，*C. ulcerans* の人での感染症は年を経るごとに発生地域の偏りなく患者報告が増加している。この感染の原因として，過去には牛の乳房炎の起因菌であって，酪農関係者や未滅菌の生乳の喫食から人が感染したが，最近は犬や猫などの伴侶動物が感染源となっている高齢者症例が多い。事実日本国内の伴侶動物での保菌調査では，5%前後の動物が保菌していることが確認されている。伴侶動物を診療する獣医師が患畜から感染する可能性があり公衆衛生上の危惧となり得る。*C. pseudotuberculosis* にもジフテリア毒素を産生する株が存在し，人でのジフテリア様症状の原因となった報告が海外では存在するが，日本での感染例はない。

この感染症は，ジフテリアと同様に重症例のジフテリア抗毒素療法やジフテリアトキソイドによる免疫で重症化を防ぐことができる。

B. マイコバクテリウム属

> **キーワード**：ミコール酸，抗酸性，結核菌群，非結核性抗酸菌，*Mycobacterium bovis*，非結核性抗酸菌症，*Mycobacterium avium* subsp. *paratuberculosis*，ヨーネ菌，マイコバクチン，結核，鳥結核，豚の抗酸菌症

(1) 分 類

マイコバクテリウム *Mycobacterium* 属は，マイコバクテリウム科に属する。

類縁のコリネバクテリウム属およびノカルジア *Nocardia* 属とともに，細胞壁の主要な構成要素として**ミコール酸**と呼ばれる特有の高分子脂肪酸を含む。そのため，通常の染色法では難染性を示すが，石炭酸フクシンなどの塩基性アニリン色素で加温染色した後は，酸アルコールによる脱色操作に対し強い抵抗性を示すようになる。この性質を**抗酸性**といい，この方法で染色される細菌は抗酸菌と総称されるが，狭義ではマイコバクテリウム属のみを指す。

マイコバクテリウム属には，2024年12月現在，198菌種が登録されており，**結核菌群，非結核性抗酸菌** nontuberculous mycobacteria，らい菌 *Mycobacterium leprae* などの培養不能菌に大別される。マイコバクテリウム属の主な菌種とその特徴を表6-37に示す。

a. 結核菌群

結核菌群 *Mycobacterium tuberculosis* complex は，*M. tuberculosis*（人型結核菌），**M. bovis**（牛型結核菌），*M. africanum*, *M. microti*, *M. caprae*, *M. pinnipedii* の6菌種に分かれていたが，遺伝子レベルでの相同性が非常に高く，現在の分子系統分類の基準に照らして，2018年に1つの菌種 *M. tuberculosis* に統一された。しかしながら，結核菌群を形成するこれらの菌種は，動物に対する病原性の違いから医学，獣医学分野における疾患と関連づけられてきたため，臨床的あるいは実用的な観点から引き続き旧菌種名が広く使用されている。

表 6-37　マイコバクテリウム属の主な菌種と病原性

分類			菌種	主な疾病（感受性宿主）
培養可能菌		結核菌群	*M. tuberculosis*	結核（人，サル）
			M. bovis	結核（牛，シカ，モルモット，猫）
			M. africanum	結核（人）
			M. caprae	結核（山羊）
			M. microti	結核（齧歯類，猫，イノシシ）
	遅発育菌	NTM* Runyon I 群 光発色菌	*M. kansasii*	肺NTM症（人），抗酸菌症（豚）
			M. marinum	抗酸菌症（魚類），皮膚NTM症（人）
		Runyon II 群 暗発色菌	*M. scrofulaceum*	肺NTM症（人）
			M. gordonae	非病原性
		Runyon III 群 非光発色菌	*M. avium* subsp. *avium*	鳥結核（鳥類）
			"*M. avium* subsp. *hominissuis*"	肺NTM症（人），抗酸菌症（豚）
			M. avium subsp. *paratuberculosis*	ヨーネ病（牛，羊，山羊）
			M. intracellulare	肺NTM症（人），抗酸菌症（豚）
			M. genavense	鳥結核（鳥類），NTM症（人）
			*M. ulcerans***	ブルーリ潰瘍（人）
	迅速発育菌	Runyon IV 群	*M. fortuitum*	NTM症（人，猫），乳房炎（牛）
			M. abscessus	NTM症（人）
			M. smegmatis	非病原性
培養不能菌			*M. leprae*	ハンセン病（人），らい（アルマジロ）
			M. lepraemurium	鼠らい（齧歯類，猫）

*NTM：非結核性抗酸菌，**近縁種 "*M. ulcerans* subsp. *shinshuense*" は暗発色菌

b．非結核性抗酸菌

結核菌群以外の培養可能な抗酸菌種は，結核菌に対して比較的まれな抗酸菌として，かつて「非定型抗酸菌 atypical mycobacteria」と呼ばれていた．その後，検出頻度あるいは病原性において決して非定型的ではないと認識されるようになり，現在では非結核性抗酸菌 nontuberculous mycobacteria（NTM）と総称される．ゲノム情報の解析技術の普及に伴い，近年 NTM の新菌種が急増している．

Runyon（ラニヨン）分類は，発育速度と集落の発色性に基づいて NTM を 4 群（Ⅰ～Ⅳ）に大別するもので，約 190 種類の NTM をおおまかに分ける方法として有用である．Runyon 分類のⅠ～Ⅲ群は遅発育菌であり，Ⅳ群には迅速発育菌が分類される．迅速発育菌は，固形培地上で 7 日以内に集落を形成する菌種と定義されている．遅発育菌は，さらに，光照射に対する集落の発色変化により，Ⅰ～Ⅲ群に分類される．Ⅰ群は光発色菌 photochromogens と呼ばれ，暗所で培養すると灰白色の集落を形成するが，対数増殖期に 1 時間ほど光を当て再び暗所で培養を続けると，集落が黄色に着色する．Ⅱ群は暗発色菌 scotochromogens と呼ばれ，光照射の有無にかかわらず黄色～赤橙色に発色した集落を形成する．Ⅲ群は非光発色菌 nonphotochromogens で，光照射により発色せず，灰白色ないし象牙色の集落を形成する．

c．培養不能菌

らい菌のように，人工培地では培養できず，動物（免疫不全マウスなど）を使用して増殖させる抗酸菌がいくつか存在する．

（2）形　態

抗酸菌は，グラム陽性，偏性好気性の桿菌（0.2～0.6×1～10 μm）である．グラム陽性菌ではあるが，細胞壁が脂質に富むためアニリン色素に難染性を示す．莢膜は形成せず，非運動性である．倍加時間は菌種により異なるが，2～20 時間以上で，集落形成に 2 日～8 週間を要し，至適発育温度は 30～45℃である．小川培地などの固形培地上で，$M.\ tuberculosis$ は通常 R 型集落を形成するが，抗酸菌の中には S 型を示すものも多い．

（3）性　状

結核菌群およびらい菌は人を含む恒温動物の体内で発育・増殖し，環境中に常在しない．一方，NTM の多くは土壌や水系，家畜を含む動物などの自然環境や，水道や貯水槽など給水にかかわる生活環境に広く生息する環境常在菌である．抗酸菌の多くは，生体内ではマクロファージに感染し，細胞内で増殖する細胞内寄生菌である．

抗酸菌の鑑別・同定は培養ならびに生化学的性状に基づいて行われ，特に固形培地上での発育速度や温度域，集落性状および着色などの諸性状は有用な鑑別点となる．より詳細な菌種同定のために，近年は遺伝子解析法や質量分析法が利用されている．

a．結核菌群

$M.\ tuberculosis$ は，1882 年に Koch R により発見された．分裂増殖する際に菌体が相互に癒着して束になり，ひも状（コード状）に発育する．コード形成にはコードファクターと呼ばれる細胞壁の糖脂質が関連しており，以前は結核菌の病原因子の 1 つと考えられていたが，同様の物質が他の抗酸菌やノカルジア，コリネバクテリウムにも発見されている．生化学的性状のなかで最も重要なのはナイアシン試験であり，$M.\ tuberculosis$ は陽性であるが，その他の抗酸菌は，一部例外はあるものの，$M.\ bovis$ を含め陰性となる．

$M.\ bovis$ は，$M.\ tuberculosis$ に比べると人工培地での発育不良な株が多い．初代分離培養にはグリセリンの代わりに Tween 80 を添加した卵培地（小川培地など）の方がよいとされる．$M.\ tuberculosis$ に比べ thiophene-2-carboxylic acid hydrazide（TCH）および isonicotinic acid hydrazide（INH）に対する感受性が高い．人の結核予防ワクチンとして使用される BCG（Bacille Calmette-Guérin）は，$M.\ bovis$ の継代培養を繰り返して弱毒化した株である．結核菌群内の菌種同定は，ゲノム上の差異 regions of differences（RD）

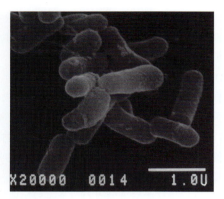

図 6-23 ヨーネ菌の走査電子顕微鏡像
（提供：農研機構動物衛生研究部門）

を解析することにより行うが，BCG は野生の *M. bovis* と比べて多くの遺伝子領域が欠落している。

　b．鳥型結核菌

　鳥型結核菌 *M. avium* は，生化学的性状が酷似する *M. intracellulare* と合わせて *Mycobacterium avium* complex（MAC）と呼ばれ，人および動物の**非結核性抗酸菌症**（NTM 症）における主要な原因菌であるが，ゲノム上は近接しない異なる菌種である。*M. avium* と *M. intracellulare* は血清型によって区別され，*M. avium* は血清型 1～6，8～11，21 型，*M. intracellulare* は血清型 7，12～20，22～28 型が属している。*M. avium* は，現在 3 亜種 *M. avium* subsp. *avium*，*M. avium* subsp. *silvaticum*，**M. avium subsp. paratuberculosis（ヨーネ菌）**（図 6-23）に細分される他，"*M. avium* subsp. *hominissuis*" も亜種として提案されており，宿主選好性があることが知られている。各亜種は特有の挿入配列 insertion sequence（IS）を保有し，生化学的性状とともに亜種の鑑別に利用される（表 6-38）。亜種 *paratuberculosis* と *silvaticum* は，シデロフォア（鉄イオンを取り込むためのキレート分子）を産生する能力を欠くため，培養には他の抗酸菌種のシデロフォア（**マイコバクチン**）が添加された培地を用いる必要がある。ただし，亜種 *silvaticum* の一部はマイコバクチン非依存性に増殖できる。

　（4）感染症

　　a．結　核

　主に *M. bovis* の感染による慢性呼吸器感染症で，牛，山羊，水牛およびシカの家畜伝染病（法定伝染病）に指定されている。*M. bovis* は結核菌群の中で比較的宿主域が広く，人を含むほとんどの哺乳類に感染し，病畜との接触または汚染された畜産物の摂取を介して伝播する。国内では，2014 年を最後に牛の**結核** tuberculosis は発生しておらず，2021 年に清浄化を達成している。一方，海外では野生動物が *M. bovis* の維持宿主となり，家畜の結核撲滅対策に深刻な影響を与えている地域もあり，北米ではエルクやオジロジカ，英国，アイルランドではヨーロッパアナグマ，ニュージーランドではフクロギツネ，イベリア半島では野生イノシシなどが問題となっている。

　主な感染経路は，上部気道および肺の病巣から排出されたエアロゾルの吸入による経気道感染であるが，汚染された乳汁を介した子牛への経口感染も起こる。糞便あるいは尿への排菌は，飼料や飲水などの環境を汚染し，牛群に感染を拡大する要因となる。吸入された結核菌は肺胞マクロ

表 6-38 鳥型結核菌の亜種鑑別

亜種名	主な感受性宿主	挿入配列				生化学的性状
		IS900	IS901	IS1245	IS1311	マイコバクチン要求性
M. avium subsp. *avium*	鳥類	−	+	+	+	−
M. avium subsp. *silvaticum*	鳥類	−	+	+	+	+
"*M. avium* subsp. *hominissuis*"	人，豚	−	−/+*	+	+	−
M. avium subsp. *paratuberculosis*	反芻動物	+	−	−	+	+

*一部の株は IS901 の変異型である IS*Mav6* を保有している

図 6-24　結核（牛）
横隔膜の真珠様結節（ホルマリン固定）。
（提供：農研機構動物衛生研究部門）

図 6-25　ヨーネ病（牛）
腸管粘膜の肥厚による皺壁形成。
（提供：農研機構動物衛生研究部門）

ファージに貪食され，肺および周辺リンパ節に結核結節と呼ばれる病巣が形成される。結核結節は，肉眼的には灰白色～黄白色を呈した粟粒大の結節で，組織学的には中心部に乾酪壊死層を有し，周辺を類上皮細胞やラングハンス巨細胞が取り囲む肉芽腫病変が特徴である。感染が全身に広がると，肋膜や胸膜に結核結節が密発し，独特な真珠様光沢を呈することから「真珠病」と呼ばれている（図6-24）。感染動物は臨床徴候に乏しいことが多いが，進行例では，発咳，呼吸困難などや体重減少，被毛失沢などの全身状態の悪化を認める。感染牛の診断は，*M. bovis* 培養上清を濃縮精製したツベルクリン purified protein derivative（PPD）を用いた皮内反応検査が主体である。

　b．ヨーネ病

　ヨーネ病 paratuberculosis（Johne's disease）は，鳥型結核菌の亜種であるヨーネ菌 *M. avium* subsp. *paratuberculosis* の感染による反芻動物の慢性消化器感染症で，牛，羊，山羊，水牛およびシカの家畜伝染病（法定伝染病）に指定されている。牛では，若齢ほど感受性が高く，感染牛の糞便に汚染された飼料や飲水，あるいは乳汁を介して経口感染し，数年にわたる長い潜伏期間を経て，持続性の下痢，削痩，泌乳量の低下などを示す。経口的に摂取されたヨーネ菌は小腸パイエル板から体内へ侵入後，マクロファージに感染し，腸管および付属リンパ節に肉芽腫を形成する。進行例では，炎症細胞が集積した肉芽腫病変の拡大により，小腸粘膜が皺壁状（わらじ状）に肥厚した特有の肉眼病変が認められる（図6-25）。

　ヨーネ菌には，遺伝子型の異なるウシ型菌とヒツジ型菌が存在する。ヒツジ型ヨーネ菌は主に羊および山羊からのみ分離されるのに対して，ウシ型ヨーネ菌の宿主域は広く，反芻動物以外にも人を含む哺乳類や鳥類からも分離される。ウシ型/ヒツジ型ヨーネ菌の鑑別は，挿入配列 IS*1311* の一塩基多型を解析する方法が簡便である。

　ヨーネ菌の分離培養には，マイコバクチンを添加した卵培地（ハロルド培地，Middlebrook 7H10 寒天培地など）を用いる。培養可能な抗酸菌の中でヨーネ菌の増殖速度は極めて遅く，集落形成までに2か月以上必要である。特にヒツジ型ヨーネ菌は固形培地での分離が難しく，液体培地を用いることにより，培養期間の短縮と菌分離率の向上が見込まれる。なお，培養検査には時間がかかるため，糞便中のヨーネ菌遺伝子を直接検出・定量する遺伝子検査が本病の確定診断法として導入されている。

　c．鳥結核

　鳥結核 avian tuberculosis は，主に *M. avium* subsp. *avium*（血清型1, 2, 3型）の感染による疾病で，家禽の届出伝染病に指定されている。汚染飼料・飲水や器具などを介して経口感染するが，無徴候で経過することが多い。一般的に見られるのは削痩，衰弱，下痢であり，呼吸器徴候はまれ

である。肝臓や脾臓，腸管に乾酪壊死を伴う結核結節を形成する。国内では愛玩鳥や展示鳥などで散発的な発生がある。

　鳥類の抗酸菌症の原因として，M. avium subsp. avium 以外に M. genavense が重要であり，国内では，2005年に動物園展示鳥，愛玩鳥そして野鳥から相次いで分離されている。M. genavense は，人の免疫不全患者における日和見感染菌としても知られている。本菌の分離培養は，マイコバクチンを添加し，pH 6.0 に調整された Middlebrook 7H9 液体培地あるいは Middlebrook 7H10 寒天培地を用いる。

　d．豚の抗酸菌症

　豚の抗酸菌症 mycobacterial infection in swine は，主に"M. avium subsp. hominissuis"または M. avium subsp. avium の感染によるが，M. intracellulare, M. kansasii など他の NTM 感染例も報告されている。感染豚の糞便に汚染された敷料などを介して経口感染し，扁桃，下顎リンパ節，腸間膜リンパ節などに粟粒結節を形成する。まれに肝臓，脾臓，肺にも結節病変を認める場合があるが，臨床徴候を示さないため，食肉検査時に発見されることが多い。

　e．猫の抗酸菌症

　猫の抗酸菌症 mycobacterial infection である猫レプラ症候群 feline leprosy syndrome は，齧歯類由来の鼠らい菌 M. lepraemurium，あるいはその近縁種の感染により，慢性の皮下結節性病変や潰瘍を形成する。M. lepraemurium は人工培地での分離培養が困難であるため，病理組織学的検査と合わせて遺伝子解析法により診断する。また，猫は結核菌群の M. bovis および M. microti に対して感受性を示し，まれに M. tuberculosis にも感染する。その他，M. avium, M. fortuitum など NTM の感染により，皮膚または皮下の結節性病変や難治性の肉芽腫性病変（播種性 NTM 症はまれ）を形成する。

　f．魚類の抗酸菌症

　海水魚，淡水魚を問わず魚類からは様々な抗酸菌が分離されるが，特に M. marinum による感染が問題となる。主要な感染経路は，感染魚の捕食による経口感染や皮膚病変への接触であると考えられている。異常遊泳，腹部膨満，体重減少，皮膚潰瘍などを示し，腎臓，脾臓など諸臓器に粟粒状の結節が多数認められる。また，M. marinum は人の皮膚 NTM 症の主な原因菌であり，皮膚に結節性の病巣をつくる。漁業関係者や水族館職員などでの発生が多く，水槽肉芽腫やプール肉芽腫とも呼ばれている。M. marinum の培養至適温度は30℃で，25℃でもよく発育するが，37℃以上ではほとんど発育しない。光発色性があり，Runyon 分類でI群に分類される。

　g．霊長類の結核

　霊長類は M. tuberculosis に感受性で，肺のほか各種臓器に肉芽腫性病変を形成する。動物園などの飼育施設における霊長類の結核検査では，眼瞼への動物用ツベルクリン（mammalian old tuberculin）接種による皮内反応検査を行う。サル用あるいは人用インターフェロン-γ遊離検査も利用可能である。

C．アクチノマイセス属

> **キーワード**：非抗酸性，偏性嫌気性，嫌気培養，膿瘍，硫黄顆粒

（1）分　類

　アクチノマイセス科に属する。アクチノマイセス科の基準属がアクチノマイセス Actinomyces 属である。アクチノマイセス属菌はミコール酸をもたないため抗酸染色で染まらない。アクチノマイセス属には30菌種以上が存在するが，多くは人や動物の口腔や腸管内などに常在する。一部の菌種は2018年に提案されたシャアリア Shaalia 属に再編された。

（2）形態・性状

　この属の菌体の特徴は，径0.2～1μm，長さ10～50μm，わずかに弯曲した桿菌で，グラム染色陽性。**非抗酸性**で細長く，糸状に発育し，V, Y, T字状の多形性を示す。べん毛，莢膜を欠く。菌種により酸素に対する感受性が異なり，通性嫌気性から**偏性嫌気性**まで様々で，二酸化炭素の存在

表6-39 アクチノマイセス科細菌による代表的な疾病

菌種	疾病（感受性動物）
Actinomyces bovis	化膿性増殖性炎，放線菌症（牛）
A. israelii	化膿性増殖性炎，放線菌症（人）
Schaalia canis	口腔，肺，胃腸管および皮下膿瘍（犬）
Actinobaculum suis	腎盂腎炎，膀胱炎，子宮炎（豚）
Trueperella pyogenes	膿瘍，化膿性炎（動物全般），化膿性関節炎（豚），乳房炎，肺炎（牛）

下でよく発育する菌種も存在する。*Actinomyces bovis* と *A. israelii* はいずれも偏性嫌気性である。菌の検出には血液寒天培地に検体を接種し37℃で**嫌気培養**する。硝酸塩還元能を有する。

（3）感染症

A. bovis は牛，豚，馬（まれに人）に感染し，包膜でおおわれた**膿瘍**を形成する。好発部位は下顎骨部で骨組織を巻き込んで腫瘤を形成するために顔貌を変形させる。病巣内や膿汁中に0.2～2 mmの黄色顆粒（**硫黄顆粒** sulfur granule，別名ドルーゼ）が肉眼的に観察される。

病巣部の組織染色では，グラム陽性の棍棒体を放線菌塊周囲に形成した化膿性肉芽腫が認められる。人の放線菌症の病変からは，*A. israelii*，*A. gerencseriae*，*A. meyeri*（現在 *Schaalia meyeri*）が分離され，犬の口腔，肺，胃腸管および皮下膿瘍からは，*A. canis*（*Schaalia canis*）が起因菌として分離される。豚および馬の扁桃に存在する *A. denticolens* の病原性が報告されている。

口腔から分離される主なものは *A. naeslundii*，*A. odontolyticus*（*Schaalia odontolytica*），*A. oris*，*A. johnsonii*，*A. dentalis*，*A. graevenitzii*，*A. georgiae*（*Schaalia georgiae*）などであり，*A. naeslundii*，*A. odontolyticus*（*Schaalia odontolytica*），*A. oris* は歯垢を形成し虫歯の原因となる。

D. アクチノバクラム属

キーワード：非抗酸性，非運動性

（1）分類

アクチノバチラム *Actinobaculum* 属はアクチノマイセス科に属し，基準種は *A. suis* である。*A. suis* は1957年にはコリネバクテリウム属菌に，そして1982年に *Eubacterium* 属に，その後1992年にアクチノマイセス属に分類され，1997年以降アクチノバクラム属に分類されている。また，*A. schaalii* や *A. urinale* はかつてはアクチノバクラム属であったが現在は，アクチノティグナム *Actinotignum* 属に分類されている。"*A. massiliense*" は，現在のところ正式な学名として認められていない。

（2）形態・性状

A. suis は径0.3～0.5 μm 長さ2～3 μmの**非抗酸性，非運動性**，通性嫌気性グラム陽性桿菌で，数珠状の外観をもっている。カタラーゼ，オキシダーゼともに陰性，ウレアーゼ陽性である。48時間の嫌気培養により血液寒天培地上に直径2～3 mmほどの光沢を帯びた中央部がわずかに盛り上がった淡黄白色円形のコロニーを形成する。この菌は酸素への曝露，極端な温度，酸性pHに対して非常に敏感である。

（3）感染症

A. suis は豚に特異的な病原菌で，尿路感染症（膀胱炎）と腎盂感染症（腎盂腎炎）や子宮炎を散発的に起こし，主に雌豚に影響を及ぼす。50年前の英国での報告を手始めに世界各地で報告がある。*A. suis* 感染蔓延地域では，保菌雌から産出した子豚の感染や，病豚の尿への接触で感染が起きる。*A. suis* は，異常を示さない生後10週を超えた雄豚やイノシシの尿，精液や包皮で頻繁に分離される。そのため，生殖行為による感染も疑われる。

一方，"*A. massiliense*" は人の膀胱炎など泌尿器系疾患から分離される。また，尿道カテーテル表在にあるバイオフィルムの構成菌としての報告がある。

E. トルエペレラ属

キーワード：トルエペレラ属

（1）分類

トルエペレラ *Trueperella* 属菌は，アクチノマイセス科に分類されているが，2020年にアル

カノバクテリウム Arcanobacterium 属とともにアルカノバクテリウム科として独立させることが提唱されている。**トルエペレラ属**には，現在 Trueperella pyogenes, T. abortisuis, T. bernardiae, T. bialowiezensis, T. bonasi, T. pecoris の 6 種がある。分類は時代とともに変遷し，現在 T. pyogenes と呼ばれている菌は，1903 年当初 Bacillus pyogenes という名称であった。1918 年 Corynebacterium pyogenes に名称変更され，1974 年「Bergey's Manual 第 8 版」でコリネバクテリウム属に割り当てられた。1982 年アクチノマイセス属，1997 年アルカノバクテリウム属へと移り，2011 年にトルエペレラ属となった。

（2）形　態

V 字型多型コリネ様の形状を呈することがあるグラム陽性小桿菌。血液寒天培地上では 37℃ 48 時間程で微小な半透明のコロニーが発育する。

（3）性　状

非運動性，通性嫌気性。5〜7% CO_2 存在下でより良好に発育する。カタラーゼ，オキシダーゼ，ウレアーゼ陰性。T. pyogenes は，β-グルクロニダーゼ陽性，溶血素 pyolysin により溶血を示す。T. pyogenes が産生するプロテアーゼは凝固血液を溶解しゼラチンを液化する。

（4）感染症

家畜の病原菌としての T. pyogenes は健康な動物の皮膚や上気道，消化管，泌尿生殖器などの細菌叢を構成する菌の 1 つである。日和見感染菌で，牛，豚，山羊，羊などの家畜に，肺炎，肝膿瘍，子宮炎，乳房炎，心内膜炎，胸膜炎，骨関節炎，多発性関節炎，敗血症などの多様な化膿性疾患を引き起こして生産性を低下させる。予防には，乳頭損傷や尾かじりなどの物理的損傷を防ぐことや宿主の健康状態を良好に維持する日頃の飼養衛生管理が重要となる。T. abortisuis は，日本で豚化膿性胎盤炎と化膿性気管支肺炎から，ドイツで豚臨床検体の泌尿生殖管から，米国で豚流産胎子や胎盤などからの分離報告例があり，病因との関連が疑われている。T. bernardiae は，動物からの分離はまれとされており，家畜では生後 3 日の子豚，犬の化膿性皮膚炎からの分離報告がある。T. bialowiezensis と T. bonasi は，バイソンの亀頭包皮炎から分離されているが，家畜からの分離は報告されていない。T. pecoris は，牛の乳房炎，豚の線維性胸膜炎や化膿性気管支肺炎から分離されているが病因との関連性は不明である。T. pyogenes と T. bernardiae の 2 菌種は人の症例からも多くの分離報告がある。

F．ノカルジア属

> **キーワード**：ノカルジア属，弱抗酸性，気中菌糸，ノカルジア症，魚・貝類のノカルジア症

（1）分　類

ノカルジア Nocardia **属**は，水や土壌などの環境中に腐生菌として広く分布しているグラム陽性細菌で，運動性はない。ノカルジア属は，表現型のみで分類することが困難で，現在は 16S rRNA 遺伝子などの塩基配列に基づいた系統学的な類縁関係による分類が採用され，これまでに 100 種以上の菌種が報告されている。従来，動物や人の病変から頻繁に分離され，Nocardia asteroides と同定されていた細菌は，単一の菌種から構成されていないことが明らかとなり，それらはいくつかの別種や複数の種を含むコンプレックスへと再分類された。

（2）形　態

菌体は，軸の径が 0.5〜1.2 μm の分岐した菌糸状の形態で，菌糸が断裂して球菌状や桿菌状となり多形性を示す。抗酸染色により弱陽性に染色（**弱抗酸性**）されるが，染色性は一定せず同一検体でも部分的な染色性（陽性と陰性が混在）を示すことがある。寒天培地（血液寒天，サブロー寒天，小川培地）上での成長は一般的に遅く，成長の早い菌種に凌駕されてしまうため他の菌の混在するサンプルからの分離には注意が必要である。培養初期は白色で粉状の小さな集落を形成し，培地に固着する。その後，集落の表面に綿あめ状の**気中菌糸**が観察される。同属の菌種の中には黄色や燈色などのピグメントを産生するものもある。アクチノマイセス属と異なり病変からの滲出物中に硫

黄顆粒が観察されることはまれである。ノカルジア属として同定するには，上記の弱抗酸性，分岐した菌糸状の菌体，気中菌糸の確認が重要な鑑別点となる。

（3）性　状

好気性，カタラーゼ陽性，非運動性で，生化学的性状のみで同定を行うことは困難である。菌種の同定のため 16S rRNA 遺伝子などの塩基配列が用いられるが，いくつかのノカルジア種間においては 16S rRNA 遺伝子の塩基配列によっても区別することが困難なものがある。そのような菌種に対しては近年では全ゲノムシークエンスや MALDI-TOF MS による解析が用いられている。

（4）感染症

ノカルジア属は非常に活発な免疫応答を惹起する。多形核白血球や活性化したリンパ球などが感染部位で見られる。組織学的には壊死や膿瘍形成が一般的である。病原性のノカルジア属菌は，マクロファージに貪食されてもリソソームとの融合を阻止することにより食胞内で生き残ることが報告されている。肺への感染は，菌を含むエアロゾルを吸入することで生ずる。肺の感染はウイルス感染による免疫不全や免疫抑制剤治療を受けた動物や人で生じる。全身性の感染は，肺の病巣から血行性に，皮膚，皮下，腎臓，肝臓，脾臓，リンパ節，脳へ播種することで生じる。皮膚における原発性感染は，刺傷などにより菌が侵入することで起きる。

a. 牛の**ノカルジア症**

環境性の乳房炎の起因菌の１つである。炎症は急性および慢性の経過をとる。肉芽腫を形成することが多く，それが抗菌薬に対する反応性の低下に影響する。感染した乳房では腫脹，水腫，多数の結節，瘻管形成，乳汁の異常などが見られる。

b. 馬のノカルジア症

何らかの原因で免疫力が低下した個体で見られる。肺病巣から皮膚や皮下，リンパ節などへの播種が生じる。クッシング病 Cushing's disease やアラブ種の重症複合免疫不全症 severe combined immunodeficiency などにおいてノカルジア属菌との関連が報告されている。

c. 犬・猫のノカルジア症

猫では闘争の際の咬傷や掻傷から感染することが多い。皮膚の肉芽腫性膿瘍，化膿性胸膜炎，胸腔の肉芽腫などを生じる。犬の場合はジステンパー，猫の場合は猫白血病ウイルスや猫免疫不全ウイルスの感染により易感染性となる。一般的に，本症の発生は犬よりも猫で多い。

d. **魚・貝類のノカルジア症**

N. seriolae による感染症でブリ，カンパチ，シマアジ，イサキ，ヒラメ，スズキなどで報告されている。削痩，体色黒色化，体表に結節，潰瘍，膿瘍形成を生じる。鰓に大小不規則な結節，脾臓，腎臓に栗粒状の白色結節の形成が見られる。体表と内臓に結節を形成する結節型と鰓のみに結節を形成する鰓結節型に大別される。有効なワクチンはない。

e. マガキのノカルジア症

N. crassostreae による感染症で外套膜，鰓，閉殻筋，心臓の多発性膿瘍を形成する。黄色〜緑色の膿疱や潰瘍を形成し，致死的炎症性菌血症を呈する。

f. その他の動物のノカルジア感染症

豚，鳥類，キツネ，コアラ，マングース，カニクイザルなどで報告されている。

G. ロドコッカス属

> **キーワード**：ロドコッカス属，病原性プラスミド，ロドコッカス・エクイ症，子馬，化膿性気管支肺炎

（1）分　類

グラム陽性球〜短桿菌で，非運動性の好気性放線菌である。莢膜を有する。**ロドコッカス *Rhodococcus* 属**は土壌などの環境中に広く分布し，50 を超える種が含まれる。基準種は *Rhodococcus rhodochrous* である。動物に病原性を示すのは *R. equi* のみである。*R. equi* は糞便からも分離され，糞便を含む土壌中で旺盛に増殖する。

（2）形　態

小型で滑らかな集落を形成する。集落同士が融合しやすく，時間の経過に伴い大型でムコイド状の集落を形成する。サーモンピンクのピグメントを産生する。R. equi は多形性の球桿菌で，大きさは 1～5 μm。抗酸染色により弱陽性に染色される。

（3）性　状

Staphylococcus aureus の産生する β 溶血素の存在下で血液寒天培地上において矢尻状の完全溶血を示す（CAMP テスト陽性）。抗酸染色で弱い染色性を示す。

（4）病原性

本菌の病原性は**病原性プラスミド**と密接に関連している。このプラスミドは，菌株間で接合伝達により伝達される。ファゴソームの成熟を阻止することによりマクロファージ内で生き残り，増殖することで病原性を示す。

（5）感染症

a．馬のロドコッカス・エクイ症

馬の**ロドコッカス・エクイ症** Rhodococcus equi infection は，生後 1～3 か月の**子馬**で発症し，初期には発熱，鼻漏，発咳などの呼吸器徴候を示す。病理所見として**化膿性気管支肺炎**が見られる。二次的に潰瘍性腸炎，付属リンパ節炎，関節炎などを起こすこともある。発症した馬は適切な治療を施さない場合は致死率が高いが，感染した全ての馬が発症するわけではない。有効なワクチンはない。病原性プラスミドは 50～90 kbp の環状プラスミド（pVAPA）で病原因子である VapA をコードする。

b．豚・イノシシのロドコッカス・エクイ症

主に下顎リンパ節から分離され，肉芽腫病変を形成するが目立った臨床徴候は示さない。VapB をコードする 79～100 kbp の環状プラスミド（pVAPB）を保有する。

c．牛・羊のロドコッカス・エクイ症

後咽頭，気管支，縦隔リンパ節の結核様の乾酪性膿瘍を生じる。敗血症により諸臓器に播種性の膿瘍を形成することもある。VapN をコードする 120 kbp の直鎖状プラスミド（pVAPN）を保有する。

d．犬・猫のロドコッカス・エクイ症

肺炎，皮下膿瘍，腟炎，肝炎，骨髄炎，筋炎，関節炎などの病変部から分離報告がある。犬の臨床分離株は pVAPA あるいは pVAPN を，猫の臨床分離株は pVAPA を保有する。

e．人のロドコッカス・エクイ感染症

HIV 感染患者などで結核と類似した肺炎を主徴とする日和見感染症を生じる。人の臨床分離株は，pVAPA，pVAPB，pVAPN のいずれかを保有する。

H．デルマトフィルス属

> **キーワード**：デルマトフィルス属，遊走子，デルマトフィルス症，滲出性皮膚炎，牛，羊，痂皮を形成

（1）分　類

デルマトフィルス Dermatophilus **属**はグラム陽性，好気性放線菌である。病原性が見られるのは Dermatophilus congolensis である。

（2）形　態

24～48 時間で灰黄色の小さな集落を形成する。集落は寒天培地上に固着し，食い込むように成長する。3～4 日で直径 3 mm 程度の黄金色のラフな集落を形成する。菌体はグラム染色では濃染し観察が困難なため，メチレンブルーやギムザ染色が用いられる。菌糸は伸長とともに分枝し，中隔を形成して分節化し，さらに縦に隔壁が生じて球菌を内包する菌糸となる。2 列以上の平行した球菌が石畳状に見える。断裂した胞子は片側性のべん毛を有する**遊走子**となる。

（3）性　状

抗酸染色陰性（非抗酸性）で，血液寒天培地上で完全溶血を示す。カタラーゼ陽性，ウレアーゼ陽性であり，二酸化炭素の存在下で増殖が亢進する。ヒポキサンチン，チロシン，キサンチン非分解で，ゼラチン，カゼイン，デンプンを分解する。硝酸塩非還元で，キシロース，スクロース，ラクトース，ソルビトール，マンニトール，ズルシトール，サリシンから酸を産生しない。

（4）感染症

デルマトフィルス症 dermatophilosis は**滲出性皮膚炎**を主徴とする皮膚の疾病である。世界中で発生が見られる。**牛**や**羊**に感染し、体重や乳量の減少，獣皮や羊毛の損失などの経済的影響を与え，馬や山羊を含む多様な動物に感染する。疫学的に疾病の発生は降雨と関連があり，水分が遊走子の運動性による感染部位への移行を助長するためと考えられている。傷のある皮膚やダニやシラミなどの外部寄生虫による病変部が菌の侵入，定着部位となる。感染動物との接触によりまれに人も感染する。**痂皮を形成**し，滲出物により被毛は刷毛状，樹皮状になる。痂皮は容易に剥脱し，真皮が露出する。痒覚はない。

I. ビフィドバクテリウム属

キーワード：ビフィズス菌，ビフィドバクテリウム属，V字，多形性，運動性を示さない，プロバイオティクス

（1）分　類

一般に**ビフィズス菌**と総称される**ビフィドバクテリウム** *Bifidobacterium* **属**はかつて生化学的な特性から乳酸菌の扱いを受けていたが，16S rRNA 遺伝子の塩基配列に基づく階層分類体系ではアクチノマイセス門（アクチノバクテリア門・放線菌門）アクチノマイセス綱ビフィドバクテリウム目ビフィドバクテリウム科ビフィドバクテリウム属に分類されている。

2024年12月現在 106 菌種が知られているが，近年では動物，特にサル・類人猿の腸管などより検出された新菌種の報告が多く，今後さらなる分類の改編があるものと考えられる。GC 含量（モル％）は 32 ～ 54 と広い。

（2）形　態

本菌はグラム陽性の桿菌（0.5 ～ 1.0 × 2 ～ 8 µm）で，Y字，**V字**，棍棒状（コリネ型）など**多形性**を示す（図 6-26）。べん毛をもたず**運動性を示さない**。

（3）性　状

偏性嫌気性桿菌である。発育至適温度は 37 ～ 41℃であり，発育最低温度は 25 ～ 28℃，最高温度は 43 ～ 45℃である。

本菌が他の「乳酸菌」と異なる生理的特徴の1つとしてブドウ糖をビフィドシャント bifid shunt という特殊な解糖系で発酵して酢酸と乳酸を産生し（モル比；3：2），二酸化炭素を産生しないことがあげられる。この代謝経路で中心的な役割を果たすのがフルクトース-6-リン酸を基質にもつホスホケトラーゼ（Fructose-6-phosphate phosphoketolase：F6PPK）であり，この酵素活性が簡易的な本菌属同定の指標として使われることもある。

本菌属は，ラクトコッカス属，エンテロコッカス属，ロイコノストック属，ストレプトコッカス

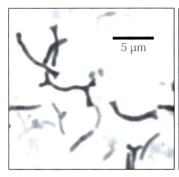 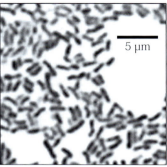 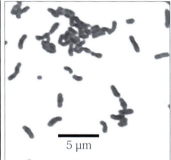

図 6-26　各種ビフィズス菌のグラム染色像
A：人糞便由来 *B. longum* subsp. *longum*，B：豚糞便由来 *B. pseudolongum* subsp. *pseudolongum*，C：牛第一胃由来 *B. pseudolongum* subsp. *globosum*

属とは分類学上異なる門に属するが，糖を代謝して酢酸のみならず乳酸も産生することから，上記他属とともに便宜上「乳酸菌」と総称される。

(4) 生態と感染症

本菌属は人の血液，口腔，下水，発酵乳や生乳，鳥類や社会性昆虫の後腸など，様々な生態学的ニッチ niche に分布しているが，これまでに報告されている種の大部分は人やその他の動物の消化管から分離されたものである。

人においては，生後まもなく乳幼児の大腸内の細菌叢はビフィズス菌が優勢となるが，これは乳幼児のみならずビフィズス菌以外の細菌が利用できない複雑な構造をもつオリゴ糖，ラクトＮビオース（LNB）が母乳に含まれていることによる。加齢によって一般人の腸内の本菌数が減少していくことや，所謂「長寿村」の高齢者の腸内では菌数が保持されていること，大腸の中で大腸菌などの腐敗菌や病原性微生物の増殖を抑え，有害物質の生成を防ぐなどの所見により，ビフィズス菌の**プロバイオティクス**としての利用は，健康食品分野で大きな注目を集めている。その一方で，近年，多剤耐性ビフィズス菌株が，重篤な免疫不全症や消化管に関連する疾患をもつ人に敗血症様症状を引き起こすことも報告されている。

他の哺乳類の腸内細菌叢ではビフィズス菌よりも乳酸桿菌ラクトバチルス属が優勢であること，人以外の哺乳類の乳汁は LNB を含むオリゴ糖をほとんど含まないことなどから，家畜・ペットなどの腸内に棲息するビフィズス菌の宿主動物の健康維持・疾病予防への役割についてはさらなる科学的検証が必要である。

J．レニバクテリウム属

キーワード：レニバクテリウム属，非運動性，双桿状，好気性，至適増殖温度，細菌性腎臓病

(1) 分類

レニバクテリウム *Renibacterium* **属**には，*Renibacterium salmoninarum* の1菌種が知られている。GC含量（モル%）は56である。

(2) 形態

本菌はグラム陽性，**非運動性**の微小な短桿菌（0.3～1.0 × 0.3～1.5 μm）で，しばしば2つの菌体が連なる**双桿状**を呈する（図6-27A）。

(3) 性状

好気性で**至適増殖温度**は15～18℃，栄養要求性が厳しく，細胞分裂間隔が24～48時間なので増殖速度が非常に遅い。このため本菌の検体からの分離には，ペプトンと酵母エキスを基本とした培地に牛胎子血清とL-システインなどを添加した特殊な培地を用いて，15℃にて4～6週間ほど培養する必要がある。オキシターゼ陰性，カタラーゼ陽性で，カゼインなどの蛋白質分解能を有し，血液寒天培地では完全溶血を示す。糖類の発酵能はない。

(4) 感染症

サケ科の魚類（サケ，ギンザケ，マスノスケ，ニジマス，ヒメマス，ヤマメなど）に急性およ

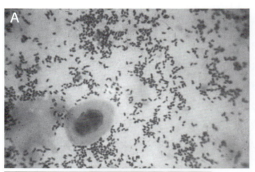

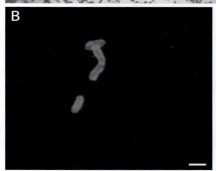

図6-27　*Renibacterium salmoninarum* の顕微鏡写真
A：BKD魚病患部塗抹標本のグラム染色による観察画像（吉水守博士 提供）
B：抗 *R. salmoniarum* ウサギ血清を用いた間接蛍光抗体法による観察画像。bar = 1 μm（奥田律子博士 提供）

び慢性の**細菌性腎臓病** bacterial kidney disease（BKD）を起こす。本症の発生は欧州，北米，日本およびチリなどの湖沼・河川に生息する天然および養殖した魚群で確認されている。近年我が国では孵化場，養魚場のサクラマス幼魚で BKD が各地で発生し問題となっている。感染魚においては腎臓の肥大，腹部の膨大，内臓諸臓器の肉芽形成，眼球の突出，体表の点状出血・潰瘍形成などが見られる。

感染様式としては卵を介する垂直感染，皮膚あるいは目を介する水平感染，斃死した感染魚の内臓や卵の摂食による経口感染などが知られている。潜伏期が長く魚群の一部で発症が確認された時にすでにその他多数の魚が感染している場合が多い。疾病発生の機構は十分に解明されていないが，マクロファージに貪食されても生残すること，多数の薬剤耐性関連遺伝子を保有していること，また菌体より分泌される p57 蛋白質は宿主の免疫を抑制することなどが報告されている。

BKD の診断には p57 や *R. salmoninarum* 感染によって宿主体内で特異的に増加するヒートショック蛋白質 HSP70 を標的とした蛍光抗体法（図 6-27B）や ELISA などの免疫学的検出法と，*p57* 遺伝子あるいは 16S rRNA オペロンを標的とした PCR や LAMP（loop-mediated isothermal amplification）を用いた遺伝子学的検出法が開発されている。

これまでに BKD を予防・治療するワクチンや薬剤の開発が数多く試みられているが，その有効性はかなり限定的である。そのためサケ・マスなどの孵化場および養殖場における現時点での最善の防疫法は，*R. salmoninarum* に感染している魚を他所から持ち込まないこと，また BKD が発生しているのであれば他所への拡散を防ぐことである。そのためには，上記の検出方法を用いて養殖魚の感染状況を早期かつ正確に把握することが重要である。

K. キューティバクテリウム属

キーワード：キューティバクテリウム属，偏性嫌気性，プロピオン酸，脂質，アクネ菌

（1）分類

プロピオニバクテリウム目プロピオニバクテリウム科に分類されている。従前プロピオニバクテリウム *Propionibacterium* 属に分類されていた一部が，2016 年に**キューティバクテリウム** *Cutibacterium* **属**として独立し，現在，基準種のアクネ菌 *C. acnes* のほか計 7 種が本属に含まれる。GC 含量（モル％）は高く 59〜64 である。

（2）形態

本菌はグラム陽性，非運動性の微小な短桿状（$0.2 \sim 0.8 \times 1 \sim 5$ μm）から長さ 5〜20 μm の糸状まで種や増殖時間の違いで多形を呈する。

（3）性状

偏性嫌気性あるいは酸素耐性の桿菌である。糖代謝産物はその属名から推測されるように主に**プロピオン酸**を産生する。**脂質**を好むため人では皮脂の分泌量が多い顔や背中の皮膚で 1 cm^2 あたり 10 万〜100 万個の菌が検出されることがある。

（4）生態および感染症

アクネ菌 *C. acnes* は人の皮膚（特に皮脂腺や毛根部），人や動物の消化管の常在菌である。人では代謝物の酸が皮膚を弱酸性に保つことで黄色ブドウ球菌やレンサ球菌，大腸菌，緑膿菌などの増殖を抑える働きをするが，過剰な繁殖はニキビを悪化させる要因となる。本来人に対する病原性は低いものと考えられてきたが，これまでの研究からいくつかの慢性疾患の発症，進行に重要な役割を果たしていることが明らかとなっている。本菌は，①補体を活性化する，②好中球の走化性因子である短鎖脂肪酸を産生する，③好中球や表皮細胞に作用して炎症系サイトカインの産生を誘発する，④炎症を生じさせる。本菌が発症，進行に関与する疾患としては例えば，ざ瘡，サルコイドーシス，ぶどう膜炎，結膜炎，角膜炎，角膜フリクテン（角膜や結膜に白色の小水泡ができる），心内膜炎，脊椎関節炎などがあげられる。家畜に関

L. ストレプトマイセス属

キーワード：ストレプトマイセス属，ゲノムサイズ，非運動性，菌糸体，気中菌糸，胞子，偏性好気性，エバーメクチン

（1）分類

キタサトスポラ目ストレプトマイセス科**ストレプトマイセス** Streptomyces **属**に分類されている。アクチノマイセス綱の大半が本菌属に分類され現在，700以上の種が知られている。**ゲノムサイズ**が7〜10 Mbpと他の菌属に比べて大きく，そのGC含量（モル％）は非常に高く70を超える種もある。

（2）形態

本菌はグラム陽性，**非運動性**の桿菌で分枝した幅0.5〜2.0 μmの菌糸状桿菌で空気中に菌本体（**菌糸体** mycelium）から**気中菌糸**を伸ばし**胞子**を形成する。

（3）性状

多くは**偏性好気性**，寒天平板上の集落形成は遅く，腐葉土様の香りを放つ。一部の種はストレプトマイシン，β-ラクタム，アミノグリコシド，テトラサイクリンあるいはマクロライド系といった抗菌薬を生産する。例えば Streptomyces griseus は蛋白質の合成阻害によってバクテリアの増殖を抑えるストレプトマイシンを，S. kanamyceticus は原核生物のリボソームでの蛋白質の合成を阻害するカナマイシンを生産する。大村智北里大学特別栄誉教授らは日本の土壌から分離された S. avermitilis が生産する優れた駆虫活性および殺虫活性を有する**エバーメクチン**を発見し，2015年ノーベル生理学・医学賞を受賞している。

（4）生態および感染症

土，腐植土，動物の排泄便，家庭の塵など，広く環境に分布する。犬や猫に皮膚炎や蜂巣炎を起因する種や人に対して真菌性足菌腫を起こす菌種がこれまでに報告されているが，植物に病気をもたらす S. scabiei をはじめ10種ほどが知られている。

16. レジオネラ目（コクシエラを含む），マイコプラズマ，リケッチア，クラミジア

A. レジオネラ目

キーワード：Q熱，偏性細胞内寄生性，小型細胞，熱耐性，大型細胞，インフルエンザ様，レジオネラ肺炎

1）レジオネラ目の分類

プロテオバクテリア門ガンマプロテオバクテリア綱レジオネラ目には，コクシエラ科とレジオネラ科が含まれる（表6-40）。コクシエラ科には，アキセラ Aquicella 属，コクシエラ Coxiella 属，リケッチエラ Rickettsiella 属の3属が含まれる。このうち，アキセラ属に含まれる菌はアメーバや節足動物から分離されており，哺乳類に対する病原性は報告されていない。かつて存在したディプロリケッチア属は，リケッチエラ属のシノニムと位置づけられ，人への病原性が報告されている菌として Rickettsiella massiliensis がある。コクシエラ属には人獣共通感染症である **Q熱** Q fever の病原体，Coxiella burnetii が含まれる。レジオネラ科には，レジオネラ Legionella 属が含まれる。レジオネラ属には人に肺炎を起こす Legionella pneumophila をはじめ60を超える菌種が報告されている。

2）コクシエラ科細菌の性状と感染症

（1） Coxiella burnetii の発見

1935年，オーストラリア，クイーンズランド州のと畜場従業員の間で原因不明の熱病が流行

表6-40 主なレジオネラ目細菌

科	属	種	
レジオネラ科 Legionellaceae	Legionella	L. pneumophilla	その他65菌種
コクシエラ科 Coxiellaceae	Aquicella	A. lusitana	1属1菌種
	Coxiella	C. burunetti	1属1菌種
	Rickettsiella	R. massiliensis	その他4菌種

し，Q fever と名付けられた。「Q」は，英語で「疑問」を意味する「query」に由来する。ほぼ同時期に，米国のモンタナ州でダニからモルモットを用いて新しい病原体が分離され，オーストラリアで分離された病原体と同一であることが明らかとなった。分離された病原体は人工培地で培養できず，濾過されたことから当初はウイルスと考えられた。しかし，菌体の大きさや節足動物が媒介すると思われたことから本菌はリケッチアに分類された。これらの研究に携わった，Burnet M 博士と Cox HR 博士の功績を讃え Coxiella burnetii と命名された。その後，16S rRNA 遺伝子の系統解析によりレジオネラ目に移された。

（2）一般性状

C. burnetii は球桿菌～桿菌の不均一な形態を呈するグラム陰性菌であるが，グラム染色では難染性であり Giménez（ヒメネス / ギメネッツ）染色が用いられることが多い（図6-28）。**偏性細胞内寄生性**で，人工培地での培養は困難である。初代分離は困難であるが，分離後の株は人由来 HE 細胞，マウス由来 L929 細胞やアフリカミドリザル由来 BGM 細胞・Vero 細胞などを用いて培養可能である。環境中では直径 0.2〜0.5 μm の**小型細胞** small cell variants と，小型で圧力耐性のある small dense cells が見られる。これらの小型の菌体は**熱**，乾燥，紫外線，消毒薬などに**耐性**である。

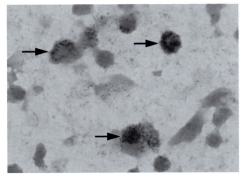

図 6-28 *Coxiella burnetii* 実験感染マウス肺スタンプ標本（Giménez 染色，×1000）
矢印は菌体の集塊を示す。画面全体に散在する粒子も菌体．（鹿児島大学 安藤匡子 博士 提供）

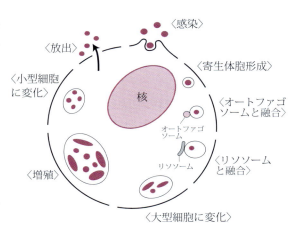

図 6-29 *C. burnetii* の増殖環
小型細胞が感染後，大型細胞となり，増殖．再び小型細胞となって，細胞外に放出される。
（田島朋子，獣医微生物学第4版，文永堂出版，2018 より転載）

小型の菌体は食作用によって細胞内に取り込まれ，ファゴリソソーム内で長さが 1 μm 以上で代謝活性の高い**大型細胞**となる。大型細胞は増殖を続けた後，再度小型細胞に変化する（図6-29）。大型細胞，小型細胞のいずれも感染性がある。

in vitro での継代により，腸内細菌の S-R 変異に似た菌体表面の構造変化（相変異）を起こす。Ⅰ相菌が野生型の完全なリポ多糖（LPS）鎖をもつ強毒菌であるのに対して，Ⅱ相菌は継代によって出現する弱毒菌で LPS が不完全である。

（3）感染症

C. burnetii の宿主域は広く，人をはじめ，家畜，犬や猫などの愛玩動物，野生動物，鳥類や節足動物の間で維持されている。感染動物は多くの場合無徴候であるが，妊娠動物では流・死産を起こすほか，繁殖障害を起こすことがある。保菌動物では乳汁や糞便に菌が排泄される。特に，胎盤や羊水，流産胎子に菌が多く含まれて感染源となる。環境中での抵抗性が強いため，塵埃感染やエアロゾル感染が起こる。ダニ媒介性の経皮感染も起こるが，ベクターは必須ではない。

人の病型は急性 Q 熱と慢性 Q 熱に大別される。急性の場合，**インフルエンザ様**の徴候を呈し，予後は一般に良好である。1 割程度が慢性に移行す

るとされ，心内膜炎が圧倒的に多い。我が国では「感染症法」の四類感染症に指定されている。治療にはテトラサイクリン系などの細胞膜透過性が高い抗菌薬が有効である。

3）レジオネラ科細菌の性状と感染症
（1）レジオネラの発見と疫学
1976年7月，米国ペンシルベニア州のホテルで開催された在郷（退役）軍人会の参加者や宿泊者221名が原因不明の肺炎を発症し，抗菌薬による治療を行ったものの34名が死亡した。死亡患者の肺から新種の細菌が分離され，*Legionella pneumophila*と名付けられた。*Legionella*は在郷軍人会（Legion），*pneumophila*は「肺を好む」という意味に由来する。この集団感染は空調設備のクーリングタワーの冷却水の汚染によるものであった。我が国では，2002年，宮崎県日向市の共同入浴施設で循環式浴槽の汚染による集団感染事故が起こり，259名が発症，46名がレジオネラ症と確定診断され，うち7名が死亡した例がある。宮崎県の事例以外にも，東京都，静岡県，茨城県など日本各地で死亡例を伴う集団事例が発生している。我が国におけるレジオネラ症の発症者数は2002年は167名であったが，その後年々増加し2021年には2,133名となっている。国外ではクーリングタワーの冷却水が原因となる集団感染事例が発生し，2001年スペインで447名が，2014年ポルトガルで377名がレジオネラ症と確定診断されている。

（2）一般性状
レジオネラは0.3〜0.9×2〜5 μmのグラム陰性好気性桿菌で，水系や土壌中に広く分布する。グルコースなどの糖を発育に利用できないため通常の細菌検査培地では生育できず，培養には発育に必要なシステインなどのアミノ酸，活性炭ならびにピロリン酸鉄を加える必要がある。また，発育に最適なpHが6.7〜7.0と狭く増殖速度も遅いため培養は困難である。通性細胞内寄生性のため，環境中ではアメーバなど他の生物の細胞内に寄生あるいは藻類と共生している。

（3）感染症
レジオネラは日和見感染症の原因菌の1つとされ，健常者では発症することはまれであるが，幼児や高齢者，免疫能の低下した人や基礎疾患を有する人で発症する場合が多い。複数の菌種が人に病原性を示すが，*L. pneumophila*が最も高頻度に人のレジオネラ感染症（**レジオネラ肺炎**およびポンティアック熱）の原因になる。レジオネラ肺炎は劇症型で，適切な治療が行われない場合の死亡率は5〜10%であるのに対して，ポンティアック熱は一過性のインフルエンザ様の徴候を示し，多くの場合，治療を行わなくても5日以内に回復する。同じ病原体で何故このような違いが起こるのかは不明である。人の体内ではマクロファージの中で増殖するため，治療には細胞膜透過性が高いキノロン系やマクロライド系の抗菌薬を用いる。レジオネラ感染症は我が国では「感染症法」の四類感染症に指定されている。レジオネラは環境中に広く分布するが，人以外の動物での感染・発症例はほとんど報告されていない。1998年にイタリア北部の農場で死亡した子牛が*L. pneumophila*による肺炎と診断されたのが唯一の報告例である。

B．リケッチア目

> **キーワード**：節足動物，アナプラズマ，リケッチア，ロッキー山紅斑熱，発疹チフス，偏性細胞内寄生性，ベクター，Weil-Felix反応，日本紅斑熱，アナプラズマ症，エールリヒア症，ポトマック熱，つつが虫病，発疹熱

1）分類
リケッチア目には，エールリヒア科とリケッチア科があり，その他にも新たな細菌科がいくつか提唱されている。動物や人に明らかな病原性を示すことが知られている菌種のほとんどはエールリヒア科とリケッチア科に分類されている。遺伝子解析技術の進展により新たなリケッチア目細菌が多く発見されているが，分離培養されないものがほとんどであり性状が不明であるため新菌種として提唱されてからの検証が極めて難しい状態にある。

表 6-41 主なリケッチア目細菌の分類

科	属	群	種	疾患名など	主な宿主（感染細胞）	ベクター
エールリヒア科	Aegyptianella		A. pullorum	貧血	鶏, 鳥類	ヒメダニ
	Anaplasma		"A. bovis"		牛, 反芻動物（単球）	マダニ
			"A. capra"	熱性疾患	山羊, 反芻動物	マダニ
			A. centrale		牛, 反芻動物（赤血球）	マダニ, 吸血性節足動物
			A. marginale	アナプラズマ症（家畜伝染病）	牛, 反芻動物（赤血球）	マダニ, 吸血性節足動物
			A. ovis	熱性疾患	反芻動物（赤血球）	マダニ
			"A. platys"	犬周期性血小板減少症	犬（血小板）	マダニ
		phagocytophilum group	A. phagocytophilum	顆粒球性アナプラズマ症, 放牧熱	人, 馬, 犬, 猫, 齧歯類（顆粒球）	マダニ
			他			
	Ehrlichia		E. canis	犬単球性エールリヒア症	犬, 猫（単球マクロファージ）	マダニ
			E. chaffeensis	人単球性エールリヒア症 熱性疾患	人, 犬, 山羊, シカ（単球）	マダニ
			E. ewingii	熱性疾患	犬（顆粒球）	マダニ
			E. japonica			マダニ
			E. minasensis			マダニ
			E. muris		齧歯類	
			"E. ovina"			
			E. ruminantium	水心嚢	反芻動物（血管内皮, 顆粒球）	マダニ
			他			
	"Candidatus Neoehrlichia"		"C. N. lotoris"		アライグマ	マダニ
			"C. N. mikurensis"		齧歯類	マダニ
	Neorickettsia		N. helminthoeca	サケ中毒	犬	吸虫
			"N. risticii"（シノニム）(Ehrlichia risticii)	ポトマック熱	馬, 犬	吸虫
			"N. sennetsu"（シノニム）(Ehrlichia sennetsu)	腺熱	人	吸虫
リケッチア科	Orientia		O. tsutsugamushi	つつが虫病	人, 齧歯類	ツツガムシ
	Rickettsia	belli group	R. bellii			マダニなど
			R. canadensis			マダニなど
			他			
		spotted fever group	R. aeschlimannii	熱性疾患	人	
			R. africae	アフリカ紅斑熱	人	マダニ
			R. akari	リケッチア痘	人	マダニ
			R. asiatica	熱性疾患	人	マダニ
			R. australis	クイーンズランドマダニチフス	人	マダニ
			R. conorii	地中海紅斑熱	人	マダニ
			"R. felis"	ノミ媒介紅斑熱	人	マダニ, ノミ
			R. fournieri	不明		ヒメダニ
			R. helvetica	熱性疾患（軽症）	人	マダニ
			R. honei	フリンダーズ島紅斑熱	人	マダニ
			R. japonica	日本紅斑熱	人	マダニ
			R. massiliae	熱性疾患	人	マダニ
			R. monacensis	熱性疾患	人	マダニ
			R. montanensis	熱性疾患	人	マダニ
			R. parkeri	熱性疾患	人, 犬, 牛	マダニ
			R. peacockii	非病原性		マダニ
			R. rickettsii	ロッキー山紅斑熱	人, 犬	マダニ
			R. slovaca	Scalp Eschar and Neck Lymphadenopathy After Tick	人	マダニ
			R. tamurae	皮膚への限局性感染	人	マダニ
		Rickettsia sibirica subgroup	R. sibirica	シベリアマダニチフス	人	マダニ
		typhus group	R. prowazekii	発疹チフス	人	コロモジラミ
			R. typhi	発疹熱	人, 齧歯類	ネズミノミ

エールリヒア科に属するアナプラズマ *Anaplasma* 属，エールリヒア *Ehrlichia* 属，ネオリケッチア *Neorickettsia* 属，ウォルバキア *Wolbachia* 属，また，分離培養されていないエジプティアネラ *Aegyptianella* 属および "*Candidatus* Neoehrichia" 属の細菌は宿主への感染が確認されている。

リケッチア科にも新しく提唱されている属が多くあるが，動物と人に関わるものはオリエンティア *Orientia* 属とリケッチア *Rickettsia* 属の紅斑熱群 spotted fever group ならびにチフス群 typhus group である。リケッチア属には病原性はなく始原的集団 ancester group であるベリー群 bellii group もある。その他，**節足動物**の共生細菌である種が数多く存在することが明らかになった。リケッチア目の分類は，遺伝子解析に基づき現在も見直しが図られている。

アナプラズマの発見は，1910 年に牛の赤血球に感染する *Anaplasma marginale* であった。一方，*A. phagocytophilum* はマダニが媒介し動物に感染する病原体として 1932 年スコットランドで最初に認められ，米国では 1969 年から馬および犬に見つかっていたが，人では顆粒球への感染が 1994 年に米国で発見され，現在では全て同一の病原体とされている。

リケッチアの発見は，1907 年に Ricketts HT がロッキー山紅斑熱患者の血液とマダニならびにマダニの卵から桿菌上の小体を発見し，これが**ロッキー山紅斑熱** Rocky mountain spotted fever の原因病原体でありマダニによって媒介されることを証明したことによる。Ricketts は**発疹チフス**の研究に着手したが，実験中に感染し死亡した。その後 1915 年に von Prowazek S と da Rocha-Lima H は発疹チフスの病原体がロッキー山紅斑熱の病原体と類似するものであることを見い出したが，両名とも実験室内感染し Prowazek は死亡した。1916 年 Rocha-Lima は，病原体を発見しながらも死亡した研究者に因んで発疹チフスの病原体を *Rickettsia prowazekii* とした。当時，電子顕微鏡により菌体構造が確認されていたが細菌培養技術では分離できなかったため，ウイルスに近い生物として考えられた。実験室内の感染事故による死亡者が相次いだため，リケッチアは危険な病原体とされ BSL3 実験室での取扱いが定められているものが多い。

2) 形　態

菌体は一般細菌よりも小さく 0.2 ～ 2.0 μm の球～球桿菌である。構造的には一般細菌のグラム陰性菌と同様に細胞膜と細胞壁をもつが，オリエンティア属，アナプラズマ属，エールリヒア属の細菌は LPS とペプチドグリカンがない。細胞膜の透過性が高く，宿主細胞外では菌体内成分が漏出してしまうため，リケッチア目細菌は sucrose phosphate glutamate buffer（SPG 液）などで保存する必要がある。

偏性細胞内寄生性であり，人工培地では培養できない。宿主細胞に感染すると 2 分裂で増殖する。細胞内の増殖像は菌種により異なる。いずれの菌も宿主細胞が破壊もしくは自然死するまで増殖を続け，感染細胞から放出された後に新たな宿主細胞へ侵入することを繰り返し，宿主体内での感染を持続させる。

菌体を光学顕微鏡で観察する場合は，グラム染色は不適で，ギムザ染色や Giménez 染色により行う。ただし，オリエンティア属菌は Giménez 染色は適さない。

3) 共通の性状

これらの細菌は，偏性細胞内寄生性であり人工培地での培養ができない。分離培養には，培養細胞，発育鶏卵，マウスなどの実験動物が用いられる。感染標的細胞は菌種により異なるが，エールリヒア科細菌は血球系細胞，リケッチア科細菌は血管内皮など上皮系の細胞であることが多い。増殖は極めて遅く，倍加時間はおおよそ 9 ～ 12 時間である。

感染環に**ベクター**としてマダニ，シラミ，ノミなどの**節足動物**が関与することも特徴である。ベクターとは病原体を媒介する生物である。マダニに保有される細菌は経ステージ・経卵伝播されるものが多い。経ステージ伝播とは，発育ステージ

を経て伝播されることである（卵から幼虫，幼虫から若虫など）。成虫から卵へ伝播されることは，経卵伝播ともいう。動物や人からの感染は起こらないと考えられているが，菌血症を起こしている宿主の血液や体液との接触は偶発的な感染となり得る。テトラサイクリン系など特定の抗菌薬にのみ感受性を示す。アミノ酸やアデノシン三リン酸（ATP）合成の大半を宿主細胞に依存しており，ゲノムサイズは小さい。

リケッチア感染は，1916 年に発見された **Weil-Felix 反応**という *Proteus vulgaris* OX19 株・OX2 株と *P. mirabilis* OXK 株を抗原とする血清凝集反応で検査された歴史がある。チフス群は OX19，紅斑熱群は OX2，オリエンティアは OXK とそれぞれ強く反応する。**日本紅斑熱**はこの試験方法により発見された。しかし原因病原体ではない抗原との交叉反応であるため現在は使用されていない。

（1）エールリヒア科細菌の一般性状

赤血球に感染するアナプラズマ属は細胞表面に菌体膜を形成しその中で増殖する。菌体膜内には通常 1〜8 個の菌体が観察される。ゲノムサイズは約 1.2 Mbp〔GC 含量（モル %）50 前後〕である。白血球に感染するアナプラズマ属やエールリヒア属菌は，細胞質内の空胞（封入体）の中で増殖し桑実胚 morulla という菌塊を形成する（図 6-30）。ゲノムサイズは約 1.2〜1.5 Mbp〔GC 含量（モル %）42〜49 前後〕であるが，分離（単離）培養できないために全解析されていないものも多い。

感染宿主から吸血したマダニが，次のステージで次の宿主を吸血することで感染が成立する。菌種と媒介マダニの相性があるため，疫学には地域差が見られる。

ウォルバキア属は人の病原体ではないが，蚊を含む多くの昆虫・ダニ・線虫の共生細菌である。実験的に感染動物からウォルバキア属を除菌すると繁殖障害や発育不良などが観察される。このことから，衛生動物のコントロールのためにウォルバキア属を生物製剤として利用することが試みられている。蚊媒介ウイルス感染症の撲滅に向けて人為的に生殖不能にした蚊を自然界に放出するなど実際に行われている。

（2）リケッチア科細菌の一般性状

リケッチア科細菌の多くは血管内皮細胞に感染する。感染細胞内に侵入後ファゴソームから脱し細胞質内で自由な状態で増殖する（図 6-31）。オリエンティア属菌は細胞核に集まる（図 6-32）。また，オリエンティア属は細胞壁に LPS とペプチドグリカンをもたない。リケッチア科細菌は

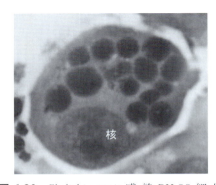

図 6-30 *Ehrlichia canis* 感染 DH-82 細胞（Diff-Quick 染色，×1000）
細胞質内の封入体に多数の桑実胚を認める。
（元大阪府立大学・田島朋子先生 提供）

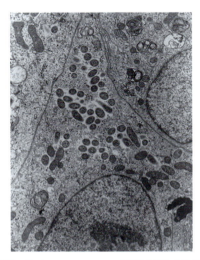

図 6-31 *Rickettsia japonica* 感染細胞（透過型電子顕微鏡）
細胞質内に増殖する球〜桿菌状のリケッチア菌体を認める。　（元徳島大学・内山恒夫先生 提供）

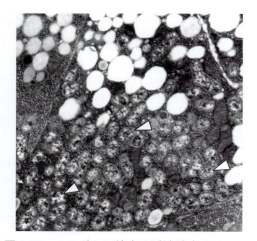

図 6-32 ツツガムシ幼虫の唾液腺内の *Orientia tsutsugamushi*（透過型電子顕微鏡）
矢印で示す菌体が密集しているのが認められる。
（元愛知医科大学・角坂照貴先生 提供）

進化の過程において，遺伝子を縮小してきたため，ゲノムサイズが小さい。動物や人に対する病原性の強い菌種が弱い菌種よりもさらにサイズが小さい傾向にある。リケッチア属のチフス群は約 1.1 Mbp〔GC 含量（モル%）29 前後〕，紅斑熱群は約 1.3 Mbp〔GC 含量（モル%）32.5 前後〕である。オリエンティア属は約 2〜2.5 Mbp〔GC 含量（モル%）30 前後〕である。

チフス群リケッチアの *R. prowazekii* はヒトジラミのうちコロモジラミが媒介する。リケッチア感染コロモジラミは糞とともに菌を排泄し感染源となり，人はシラミの刺し口やひっかき傷などから感染する。感染コロモジラミの糞便で汚染された粉塵を吸い込むことによる経気道感染もある。*R. typhi* は齧歯類（ドブネズミ，クマネズミ）に感染し，ネズミノミが吸血しリケッチアも取り込む。ノミは糞中に排菌するため，人はノミによる刺咬部位の痒みから皮膚を掻き，その傷口から感染する。

紅斑熱群リケッチアはマダニが媒介するものがほとんどであるが，"*R. felis*" などノミも媒介するものもある。紅斑熱群リケッチアは世界中に多くの種が分布している。人が感染すると死亡するほど病原性の強い種もあるが，病原性が弱い，もしくはない種もある。遺伝子の相同性が非常に高く，遺伝子解析からは病原性の差異は説明されていない。

オリエンティア属の *O. tsutsugamushi* は，ダニの 1 種であるツツガムシが経ステージ・経卵により維持しており，媒介される。ツツガムシは土中生物であるが，卵から孵化した幼虫だけが地表面に出てきて人や動物に吸着し組織液を吸い，この時に唾液とともに菌を注入する。国内だけでも地域によりツツガムシの種類が異なり，幼虫が孵化する時期が異なるため，つつが虫病が発生する時期にも地域差がある。菌体表面抗原の相異により血清型があることから血清診断には注意が必要で，国内の主要な血清型は 6 つ（Karp, Gilliam, Kato, Irie/Kawasaki, Hirano/Kuroki, Shimokoshi）とされているが，さらに多くの血清型が存在すると考えられる。本菌については日本人研究者の功績が大きく，菌種名と血清型名にも反映されている。

4）感染症
（1）エールリヒア科細菌による感染症
a．エジプティアネラ属

Aegyptianella pullorum はヒメダニをベクターとし，鶏など鳥類の赤血球に感染し貧血を起こす。分離培養はされておらず，日本での報告はない。

b．アナプラズマ属

マダニがベクターのため，感染症はマダニの種類にも影響される。

Anaplasma marginale は赤血球表面の封入体の中で増殖し貧血を起こす牛，水牛，シカの**アナプラズマ症** anaplasmosis は家畜伝染病（法定伝染病）であるが，日本では 2008 年以来の報告はない。遺伝子解析から病原性の低い株の存在が明らかになった。*A. centrale* は近縁種であるが病原性が弱く，赤血球の中央部に感染するという違いがある。

A. phagocytophilum は，人，牛，馬，犬などの顆粒球および血管内皮細胞に感染し，熱性疾患を起こし，消化器徴候や呼吸器徴候もある。欧州では反芻動物において放牧熱 pasture fever の原

因である．米国では馬の顆粒球性アナプラズマ症 granulocytic anaplasmosis の原因である．日本では，多くはないが人の感染が確認されており，犬の発症も報告されている．野生動物（シカなど）やマダニからは遺伝子が検出されている．

"*A. platys*" は，犬の血小板に感染し周期性の血小板減少症を起こす．日本には分布していないが，輸入症例には注意するべきである．

 c．エールリヒア属

マダニがベクターのため，感染症はマダニの種類にも影響される．多くは発熱性の**エールリヒア症** ehrlichiosis を起こす．

Ehrlichia canis は犬の単球，マクロファージに感染し，発熱，貧血，血小板減少症などを起こす．血小板減少と出血傾向は周期的に繰り返すため，犬周期性感染性血小板減少症ともいう．*E. ewingii* は，犬の顆粒球に感染し，比較的軽症の熱性疾患を起こす．どちらも海外では，マダニを介して飼い犬から人へ感染した事例がある．日本での感染報告はないが，世界中に分布するため注意が必要である．

E. chaffeensis は，人や犬の単球・マクロファージに感染し，熱性疾患を起こし，米国では重症例に死亡も報告されている．人の感染は1987年に米国で初めて報告された．

E. ruminantium は，血管内皮細胞に感染し，反芻動物に水心嚢 heartwater を起こす．

E. muris は日本のノネズミから発見され，著しい脾腫を起こす．他の動物への病原性は不明である．

 d．ネオリケッチア属

吸虫類がベクターである．魚や水棲昆虫を摂取することで本菌に感染した吸虫のメタセルカリアを摂取して，人などが感染する．*Neorickettsia helminthoeca* は犬の網膜内皮細胞に感染し，下痢や嘔吐を示すサケ中毒 salmon poisoning disease を起こす．"*N. risticii*" は馬の単球や腺上皮細胞に感染し，下痢症である**ポトマック熱**を起こす．"*N. sennetsu*" は，最も古くから知られる人のエールリヒア症で，1954年に宮崎県でボラの刺身を原因として腺熱が起きていることが発見された．現在ではほとんど発生報告がない．

 e．"*Candidatus* Neoehrlichia" 属

"*Candidatus* N. mikurensis" は，伊豆諸島御蔵島のドブネズミから発見され，海外では免疫不全の人への感染が確認されている．

この他，世界各地で新種のリケッチア目細菌が発見されており，病原性を含む性状解析と分類の整理が求められている．

（2）リケッチア科細菌による感染症

 a．オリエンティア属

Orientia tsutsugamushi は**つつが虫病**を起こす．「感染症法」の四類感染症に指定されている．人は明確な徴候を呈し発熱と全身に紅斑，ツツガムシの刺し口には局所感染による痂皮が形成され，死亡する場合もある．日本を含むオセアニア一帯，インドなど広い地域で発生がある．日本では，ツツガムシの種類と保菌する *O. tsutsugamushi* の血清型の関連が明らかにされている．このため，地域によって流行する季節と病原性に違いがある．最も古くから知られているアカツツガムシが媒介する血清型 Kato は初夏，フトゲツツガムシが媒介する血清型 Karp ならびに Gilliam は春〜初夏と秋〜初冬，タテツツガムシが媒介する血清型 Kawasaki ならびに Kuroki は秋〜春に感染が報告される．海外では血清型 Karp や Gilliam などがあるが，日本ほど詳細には解明されていない．ツツガムシは人以外の動物にも吸着するため，血清疫学調査では様々な動物から抗体が検出される．土中や地表面近くで生活する齧歯類などの動物が *O. tsutsugamushi* を保菌することもある．

 b．リケッチア属チフス群

Rickettsia prowazekii による**発疹チフス**は人に重篤な急性熱性疾患であり，「感染症法」の四類感染症に指定されている．不衛生な衣服で増殖するコロモジラミが媒介することから，社会情勢が悪かったり一般的な衛生管理が行き届かない生活状況で発生がある．日本では第二次世界大戦中から戦後まで流行したが，1955年以降発生報告はない．

R. typhi による **発疹熱** は，急性熱性疾患を起こすが比較的軽症である。日本での報告は現在も散発的にある。

c. リケッチア属紅斑熱群

紅斑熱群リケッチアは，主に人に症状を起こし，発熱，全身に紅斑，マダニの刺し口には局所感染による痂皮が形成される。現在の分類では節足動物の共生菌も一部含まれ，菌種により病原性の差異も推察されている。*R. rickettsii* による **ロッキー山紅斑熱** と *R. japonica* による **日本紅斑熱** は，「感染症法」の四類感染症に指定されており，重症例では死亡もある。*R. rickettsii* は犬も感染，発症し，発熱，全身リンパ節の腫脹，関節炎，呼吸器徴候，消化器徴候，重症になると神経徴候を呈し，死亡もある。

C. マイコプラズマ目，マイコプラズモイデス目，アコレプラズマ目

> **キーワード**：マイコプラズマ，ヘモプラズマ，目玉焼き状の集落，牛肺疫，マイコプラズマ肺炎，山羊伝染性胸膜肺炎，豚のマイコプラズマ関節炎，鳥マイコプラズマ症，ヘモプラズマ症

1）マイコプラズマと感染症

（1）分類

マイコプラズマ は，広義ではテネリキューテス門モリキューテス綱 *Mollicutes*（molles = soft, cutis = skin：柔らかい皮の意，細胞壁を欠く）に含まれる菌種をいう。モリキューテス綱は，2018年の Gupta RS らの分子生物学的系統樹解析に基づく新分類によって，4つのクレード（分岐群），すなわちホミニス Hominis グループ，ニューモニア Pneumoniae グループ，スピロプラズマ Spiroplasma グループおよびアコレプラズマ Acholeplasma グループに大きく分類され，旧分類でマイコプラズマ属に分類されていた菌種は，アコレプラズマグループを除く3つのグループに分散して分類されることとなった。そのため，基準種の *Mycoplasma mycoides* を含むクラスターをマイコプラズマ目マイコプラズマ科マイコプラズマ *Mycoplasma* 属とし，それ以外のクラスターに新名称を創設した。この結果，新分類では，マイコプラズモイデス目，マイコプラズマ目，アコレプラズマ目，アナエロプラズマ目，ハロプラズマ目の5目7科19属となっている（表6-42）。しかしながら，マイコプラズモイデス目およびマイコプラズマ目に属する菌種の多くは，旧分類ではマイコプラズマ属であり，人や動物の疾病と密接に関係してマイコプラズマ症として一般に認識されていることから，この新分類は広く浸透しておらず，旧名称と併用されているのが現状である。

また，国際原核生物命名規約に合致しない命名による菌種が多数存在するほか，特にマイコプラズマ属とエペリスロゾーン *Eperythrozoon* 属には培養に成功していない原核生物の暫定的地位として *Candidatus* を冠した属および種の提案が多数なされていることに留意する必要がある。

マイコプラズモイデス目，マイコプラズマ目，アコレプラズマ目，アナエロプラズマ目の4目（6科）は，脊椎動物を主な宿主とする。マイコプラズモイデス目は，メタマイコプラズマ科 *Metamycoplasmataceae* とマイコプラズモイデス科 *Mycoplasmoidaceae* に分類され，前者にはマイコプラズモプシス *Mycoplasmopsis* 属，メゾマイコプラズマ *Mesomycoplasma* 属およびメタマイコプラズマ *Metamycoplasma* 属が，後者にはマイコプラズモイデス *Mycoplasmoides* 属，マラコプラズマ *Malacoplasma* 属，エペリスロゾーン *Eperythrozoon* 属およびウレアプラズマ *Ureaplasma* 属が含まれる。尿素分解性により，ウレアプラズマ属がその他の属と区別される。エペリスロゾーン属は，マイコプラズマ目マイコプラズマ科に分類されるヘモバルトネラ *Haemobartonella* 属と同様に，赤血球膜の表面に付着する。かつて両属に分類されていた菌種の多くは現在，マイコプラズマ目マイコプラズマ科マイコプラズマ属に再分類されている。これら赤血球寄生性の菌種を総称して **ヘモプラズマ** *Hemoplasma* と呼ぶこともある。マイコプラズマ目は，マイコプラズマ科およびらせん状形態を示すスピロプラズマ科を含む。マイコプラズマ科

マイコプラズマ属の多くの菌種は動物に対して常在性または病原性を示す。アコレプラズマ目は，ステロールを要求しないことからマイコプラズマ目やマイコプラズモイデス目と区別される。アナエロプラズマ目は，偏性嫌気性であり，羊や牛など反芻動物のルーメン内非病原性常在菌とされている。ステロール要求性によりアナエロプラズマ *Anaeroplasma* 属とアステロールプラズマ *Asteroleplasma* 属に分類される。

ハロプラズマ目は，紅海の沈殿土砂層から分離された偏性嫌気性耐塩性のハロプラズマ科1科からなる。

(2) 形　態

形態は菌種により異なり，球状，洋梨型，フィラメント状あるいはらせん状を呈し，菌種によっては多形性を示し，また培養成分や培養液

表 6-42 マイコプラズマの分類

目	科	属	らせん状形態	ステロール要求性	尿素分解性	宿主または由来	菌種および感染宿主・主な疾患
マイコプラズモイデス目	メタマイコプラズマ科 (Hominis group)	*Mycoplasmopsis* (Clade Ⅰ)	−	+	−	脊椎動物	*M. bovis*（牛）（肺炎，中耳炎，乳房炎，関節炎） *M. bovigenitalium*（牛）（肺炎，乳房炎） *M. californica*（牛）（乳房炎） *M. agalactiae*（基準種）（山羊，羊）（伝染性無乳症［届］，胸膜肺炎） *M. synoviae*（鶏，七面鳥などの家禽）（滑膜炎，気嚢炎，鳥マイコプラズマ症［届］） *M. pulmonis*（マウス・ラット）（肺炎） *M. cynos*（犬）（肺炎） *M. canis*（犬）（泌尿生殖器病） *M. felis*（猫）（肺炎）
		Mesomycoplasma (Clade Ⅱ)	−	+	−	脊椎動物	*M. dispar*（牛）（肺炎） *M. bovoculi*（牛）（角結膜炎） *M. ovipneumoniae*（山羊，羊）（肺炎） *M. hyopneumoniae*（基準種）（豚）（肺炎） *M. hyorhinis*（豚）（関節炎，多発性漿膜炎） *M. neurolyticum*（マウス・ラット）（回転病）
		Metamycoplasma (Clade Ⅲ)	−	+	−	脊椎動物	*M. alkalescens*（牛）（乳房炎） *M. canadense*（牛）（乳房炎） *M. hyosynoviae*（豚）（関節炎） *M. equirhinis*（馬）（呼吸器症？） *M. arthritidis*（マウス，ラット）（関節炎） *M. hominis*（基準種）（人）
	マイコプラズモイデス科 (Pneumoniae group)	*Mycoplasmoides*	−	+	−	脊椎動物	*M. gallisepticum*（鶏，七面鳥などの家禽）（鳥マイコプラズマ症［届］，気管炎，気嚢炎） *M. pneumoniae*（基準種）（人）（肺炎） *M. genitalium*（人）（尿道炎）
		Malacoplasma	−	+	−	脊椎動物	*M. iowae*（基準種）（鶏，七面鳥などの家禽）（気嚢炎，産卵低下）
		Eperythrozoon	−	+	不明	脊椎動物	*E. parvum*（豚） *E. coccoides*（基準種） "*Candidatus* Eperythrozoon haematobovis"（牛） "*Candidatus* E. haematominutum"（猫）
		Ureaplasma	−	+	+	脊椎動物	*U. diversum*（牛）（肺炎） *U. urealyticum*（人）（尿道炎）

（つづく）

表 6-42 マイコプラズマの分類（つづき）

目	科	属	らせん状形態	ステロール要求性	尿素分解性	宿主または由来	菌種および感染宿主・主な疾患
マイコプラズマ目	マイコプラズマ科	Mycoplasma	−	+	−	脊椎動物	M. mycoides subsp. mycoides（基準種）（牛）（牛肺疫［法］, 胸膜肺炎） M. mycoides subsp. capri（山羊, 羊）（伝染性無乳症［届］） M. capricolum subsp. capricolum（山羊, 羊）（伝染性無乳症［届］） M. putrefaciens（山羊, 羊）（伝染性無乳症［届］） M. capricolum subsp. capripneumoniae（山羊, 羊）（山羊伝染性胸膜肺炎） M. ovis（山羊, 羊） M. wenyonii（牛）（溶血性貧血）（シノニム：Eperythrozoon wenyonii） M. haemofelis（猫）（シノニム：Haemobartnella felis）（旧病名：猫伝染性貧血） M. suis（豚）（シノニム：Eperythrozoon suis） M. haemocanis（犬）（シノニム：Haemobartonella canis） "Candidatus Mycoplasma haematobovis"（牛） "Candidatus M. haematovis"（山羊・羊） "Candidatus M. haematominutum"（猫） "Candidatus M. turicense"（猫）
		Haemobartonella	−	+	−	齧歯類	H. muris（基準種）
		Entomoplasma	−	+	−	昆虫, 植物	E. ellychniae（基準種）
		Mesoplasma	−	−	−	昆虫, 植物	M. florum（基準種）
		Williamsoniiplasma	−	+	−	昆虫	W. lucivorax（基準種）
(Spiroplasma group)	スピロプラズマ科	Spiroplasma	+	+	−	昆虫, 植物	S. citri（基準種）
アコレプラズマ目 (Acholeplasma group)	アコレプラズマ科	Acholeplasma	−	−	−	脊椎動物	A. laidlawii（基準種）
		Mariniplasma	−	不明	不明	汽水湖の湖底	M. anaerobium（基準種）
		Peloplasma	−	不明	不明	泥火山	P. aerotoleran（基準種）
アナエロプラズマ目	アナエロプラズマ科	Anaeroplasma	−	+	−	反芻動物の胃腸	A. abactoclasticum（基準種）（反芻動物の第一胃）
		Asteroleplasma	−	−	−	反芻動物の胃腸	A. anaerobium（基準種）
ハロプラズマ目	ハロプラズマ科	Haloplasma	−	−	−	紅海沈殿土砂	H. contractile（基準種）

［届］：届出伝染病，［法］：家畜伝染病（法定伝染病）

の浸透圧による影響を受けるため一定しないことが多い。大きさは，球状のもので直径約 0.2〜0.8 μm であり，穴径 0.45 μm のメンブランフィルターを通過する一方，フィラメント状のものでは長さ 100〜150 μm に達するものもある。

　細胞壁をもたず，細胞膜だけで包まれている。そのため，グラム染色を施すと陰性に染まるが，分類学的にはグラム陽性菌に近縁とされている。ただし，マイコプラズマは微少なため染色してもその構造を光学顕微鏡によって観察することはできない。また，細胞壁を欠く特徴から，ペニシリンに耐性である。細胞膜は脂質二重層からなり，膜蛋白質が埋め込まれている。細胞膜は，全菌体乾燥重量の約 35% を占め，うち蛋白質含量が 50〜60%, 脂質が 30〜40% であり，中で最も重要なものはコレステロールである。菌種によってはさらに，細胞膜表面に粘液層あるいは莢膜様物質を有するものもある。莢膜様物質の

主成分は，ガラクタンやヘキソサミン重合体などで，マイコプラズマの付着や病原性に関係しているといわれる。べん毛のような運動器官はないが，細胞質内に細胞骨格をもち寒天培地上で滑走運動 gliding する菌種もある。

(3) 性　状

a. 分裂様式

基本的に 2 分裂であるが，培養条件や菌種によっても多少異なる。マイコプラズマの分裂とゲノムの複製が必ずしも同期化せず，細胞質の造製が DNA の複製に遅れるため，出芽 budding 様式のものやくびれをもったフィラメント状の細胞が現れることがある。

b. 生化学的性状

マイコプラズマのエネルギー産生経路には，グルコースを利用する解糖系と，アルギニンを利用する 2 つの経路があり，一方で，クエン酸回路（TCA 回路）やチトクローム系を欠いている。また，アミノ酸や脂肪酸などの栄養の合成経路をもたない。すなわち，マイコプラズマは自己増殖に必要な栄養素を自力で合成せず，寄生する宿主に栄養的に依存しているといえる。このように，マイコプラズマは非常に限られた代謝活性しかもたないため，生化学的性状のみで菌種を同定することはできない。菌種の鑑別試験に用いられる安定した生化学的性状は，主にグルコース，アルギニンおよび尿素の分解である。尿素を分解するのはウレアプラズマ属のみであり，これはエネルギーの産生を伴わない。その他，ステロール要求性の間接試験法であるジギトニン感受性試験，テトラゾニウム塩還元やカロチノイド色素合成，またフィルムスポットの産生や血球吸着能なども菌種同定のための鑑別性状として利用されている。

c. 血清学的性状

マイコプラズマの細胞膜を構成する蛋白質や脂質などが免疫原性の主体となっており，これらに対する免疫血清によって代謝や発育が阻止される。マイコプラズマは 1 菌種 1 血清型の特徴があり，また代謝活性が乏しく限られた生化学的性状試験しかできないため，菌種の同定において血清学的性状は最も重要である。菌種の同定に用いられる血清型別試験には，代謝阻止試験，発育阻止試験あるいは寒天平板上に発育した集落に対する間接蛍光抗体法などがある。発育阻止試験は最も特異性が高いが，高力価の免疫血清を用いる必要がある。他に，ELISA，直接または間接凝集試験，補体結合反応試験，ゲル内沈降反応などがある。

血清学的試験による菌種の同定には，マイコプラズマの分離培養と同定された各菌種の免疫血清が必要であり，人工培地で培養不能な菌種の同定や，対応する免疫血清数が膨大となるなど，同定を行ううえで問題が生じる。そのため，PCR や LAMP，16S rRNA 遺伝子解読などによる同定法が迅速法として補助的に用いられている。

d. 遺伝学的性状

マイコプラズマは，人工培地に発育可能な最少の真正細菌で，そのゲノムサイズも最少である（約 600 ～ 1400 kbp）。これは寄生宿主への栄養依存などによってゲノムサイズを縮小する進化をしてきた結果とされ，生命維持または自己増殖のために必要な最小限の遺伝子のみ備えていると考えられる。一方で，遺伝子を増幅させる進化も認められる。例えば，抗原変異機構を担う遺伝子群に遺伝子重複が多く生じた菌種では，細胞膜上の表面抗原を構成するリポ蛋白質の種類や大きさの発現を変化させ，宿主免疫からの攻撃回避機構となっている。

また，ゲノムの GC 含量（モル％）は 25 ～ 40 で，真正細菌の中で特に低い特徴がある。GC 含量が低いことがアミノ酸レベルで影響しないよう遺伝暗号に違いが見られ，例えば，一般の生物で終止コドンとしてはたらく「UGA」をトリプトファンの遺伝暗号としている。

e. 培　養

培地成分は菌種によって異なるが，多くの菌種が増殖にステロールおよび脂肪酸を要求するので，心筋抽出液とペプトンを基礎とした培地に，馬や豚などの血清および新鮮酵母抽出液が加えられる。アナエロプラズマ目を除き，大部分の菌種は通性嫌気性であるが，寒天培地での初代分離培

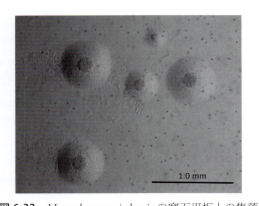

図6-33 *Mycoplasmopsis bovis* の寒天平板上の集落
5% CO_2 下で37℃，90時間培養。
中央部に nipple 構造をもつ**目玉焼き状の集落**を形成する。フィルムスポット（集落周囲の皺状の薄膜と小黒点）が観察できる。

養時には微好気条件下での培養が推奨される。発育至適温度は，温血動物由来マイコプラズマは37℃前後であり，2日〜2週間ほどで発育が認められる。寒天培地上では，直径0.5〜1.0 mm程度の集落を形成する。顕微鏡下で寒天培地に円錐状に侵入し中央部に nipple 構造をもつ目玉焼き状の外観を呈した集落が観察できる。菌種によっては，集落周辺にフィルムスポットと呼ばれる皺状の薄膜や小黒点が観察されることがある（図6-33）。集落が培地内部に食い込む形で存在するため，継代のための釣菌は，寒天培地ごと切り出すように行う。液体培地中では，増殖後も培養液が混濁することがなく，目視での発育観察が困難である。この特徴から，ウイルス培養試験やワクチンなどの生物学的製剤製造において，培養細胞のマイコプラズマ汚染に気づきにくく，非常に問題となる。

臨床材料からの分離においては，夾雑菌の発育を抑制するためにペニシリンと酢酸タリウムを加えたり，材料の乳剤を0.45 μm メンブランフィルターで濾過後に培地に接種することもある。

マイコプラズマの中には，エペリスロゾーン属など人工培地での培養に成功していないものもあり，これらの菌種は，16S rRNA 遺伝子配列などに基づいて分類され，分類表には "Candidatus"　と冠して示している。

　f. 病原性

マイコプラズマは，様々な動物，植物，昆虫などから検出され，これまで数百の菌種が報告されている。その多くは，動物の呼吸器，生殖器などの粘膜から分離される。一部のものが，肺炎病巣，関節腔液，乳汁，脳脊髄液，化膿巣などから分離され，起病性を有すると考えられている。マイコプラズマは他の病原細菌と異なり，外毒素やプロテアーゼなどの酵素産生に乏しく，病原因子については不明な点が多かったが，近年，遺伝学的解析が進んできている。一般にマイコプラズマは，環境要因の悪化や宿主免疫の低下，他の細菌やウイルスとの複合感染などにより徴候を示す。そのため，単独での病原性を判断することが難しく，多くは日和見感染症と考えられる。マイコプラズマの主な伝播経路は接触感染であり，伝播には感染個体との密接な接触が必要なためエンデミックに流行する。したがって，現代の多頭羽飼育の家畜集団では，感染初期に気づかないまま集団内に蔓延し，発症した場合慢性化する傾向が見られる。

マイコプラズマの病原性として，宿主の上皮細胞への付着性，過酸化水素産生性，ヌクレアーゼ産生による好中球の捕捉からの回避がある。さらに，菌体表面のリポ蛋白質の発現を調節して変化させ，宿主免疫から回避する機構をもつ菌種もあり，持続感染を成立させる要因となっている。一方で，このリポ蛋白質が，宿主細胞の Toll 様レセプター（TLR）2 に認識されると炎症が誘導されるが，マイコプラズマ感染では，生体側の過度な炎症反応による組織損傷が重度の病変形成を招くことが問題となっている。ただし，この応答については，宿主の免疫状態による点も多く，病変形成機序の詳細は明らかになっていない。

（4）感染症

マイコプラズマは宿主特異性が高く，各種動物に固有の菌種が感染するため，各種動物の疾病ごとに原因菌種が異なる特徴がある（表6-42）。

　a. 牛のマイコプラズマ症

牛肺疫（牛伝染性胸膜肺炎）contagious bovine

pleuropneumonia（CBPP）は，*Mycoplasma mycoides* subsp. *mycoides* を原因とする。牛肺疫は，1713年に欧州で初めて確認され，19世紀には世界中で発生が認められ，多大な被害を及ぼした。その中，1898年にNocard EとRoux ERが，あらゆるマイコプラズマの中で最初に本菌の人工培養に成功し，マイコプラズマ研究の先駆けとなった。牛肺疫は，世界的に重要感染症に位置づけられ，日本でも家畜伝染病（法定伝染病）に指定されている唯一のマイコプラズマ症である。国内での発生は1940年以降確認されていない。病原因子の主体は，細胞膜表面の莢膜様物質ガラクタンと過酸化水素の産生であり，特に幼若牛では疼痛性の強い発咳，肺や脳の水腫，毛細血管の塞栓などを生じさせる。胸腔内には多量の胸水が貯留し，肺は多量の線維素におおわれ硬化し，肺小葉間結合組織は水腫性に拡張し，肺割面に大理石紋様の所見が生じる。一方，流行地では軽度の発熱と発咳にとどまるなど，宿主の免疫状態によっても病態は異なる。海外では，不活化ワクチンを使用した防疫コントロールもされているが，国内ではワクチンは認可されていない。

牛の**マイコプラズマ肺炎** mycoplasmal pneumoniaは，*M. bovis*, *M. dispar*, *M. bovigenitarium* および *Ureaplasma diversum* を起因菌とする気管支肺炎を特徴とした肺炎である。単独感染での病原性は低いとされるが，*M. bovis* は，他の呼吸器病性ウイルスや細菌の混合感染ならびに宿主免疫を低下させる環境因子の存在と相まって牛呼吸器病症候群（牛呼吸器複合病）bovine respiratory disease complex（BRDC）の原因菌として非常に重要視されている。*M. bovis* の可変性表層リポ蛋白質 variable surface protein（Vsp）は，気管支上皮細胞への付着のほか，宿主免疫回避機構の主体とされる。*M. bovis* の関連した肺炎では，慢性化膿性（あるいは壊死性）気管支肺炎を呈し，予後不良となることが多い。子牛の *M. bovis* 感染症では，呼吸器徴候発現と同時または無関係に，中耳炎あるいは多発性関節炎が認められることもある。

乳牛では，伝染性乳房炎の原因となり，急性あるいは甚急性乳房炎を引き起こす。原因菌種は，*M. bovis*, *M. californica*（旧 *M. californicum*），*M. alkalescens*, *M. canadense*, *M. bovigenitarium* であり，発症すると乳量・乳質が著しく低下し，非感染分房にも次々と伝染し，泌乳廃絶に至ることもある。国内では抗菌薬治療法が確立されてきているが，酪農の盛んな地域では未だに大きな問題となっている。

b．羊・山羊のマイコプラズマ症

伝染性無乳症 contagious agalactia（届出伝染病）は，*M. agalactiae*, *M. mycoides* subsp. *capri*, *M. capricolum* subsp. *capricolum*, *M. putrefaciens* を原因菌とする。成羊や山羊の乳房炎のほか，幼若個体の呼吸器病や関節炎の原因となる。国内でも散発的な発生が認められる。*M. agalactiae* では，付着因子P40アドヘジンが同定され，また可変性表層リポ蛋白質 variable surface proteins of *M. agalactiae*（Vpma）は宿主免疫からの回避機構としてはたらく。

山羊伝染性胸膜肺炎 contagious caprine pleuropneumonia（届出伝染病）は，*M. mycoides* subsp. *capripneumoniae* による山羊の線維素性化膿性胸膜肺炎を主徴とする疾病で，子山羊での致死率は高く50％を超えるが，成山羊では不顕性感染が多い。

c．豚のマイコプラズマ症

豚の**マイコプラズマ肺炎** mycoplasmal pneumonia of swine（MPS）は，*M. hyopneumoniae* を原因菌とする。本菌は，初代分離培養で寒天培地に発育せず，液体培地での発育も非常に悪い。液体培地で盲継代し，馴化させた後に寒天培地に接種すると，極めて微少な扁平状の集落を形成する。*M. hyopneumoniae* が，豚の気管支上皮細胞に定着した結果，線毛運動が低下したり，線毛が喪失するなどして，他の呼吸器病性病原体の感染を容易にするため，豚呼吸器複合病 porcine respiratory disease complex（PRDC）の原因菌として重要視されている。*M. hyopneumoniae* が感染した豚の肺では，正常部と明瞭に区別できる肝

変化した無気肺病変が形成される。MPSに対する不活化ワクチンは，感染・発症防御はできず，病変の軽減とそれに伴う飼料効率の改善を目的として使用されている。

豚のマイコプラズマ関節炎の原因菌は，*M. hyorhinis* および *M. hyosynoviae* である。*M. hyorhinis* は，主に生後3〜10週の幼若豚に，*M. hyosynoviae* は主に生後12週以上の豚に関節炎を引き起こす。また，*M. hyorhinis* は，幼若豚に多発性漿膜炎や肺炎を起こすこともある。本菌は正常豚の鼻腔内，扁桃などにも生息し，*M. hyorhinis* は幼若豚から，*M. hyosynoviae* は成豚から高率に分離される。*M. hyorhinis* の可変性表層リポ蛋白質 variable lipoprotein（Vlp）は，宿主免疫回避機構など病原性とも関連するといわれる。

d．鶏のマイコプラズマ症

鳥マイコプラズマ症（届出伝染病）では，*M. gallisepticum* と *M. synoviae* を原因菌とする眼窩下洞炎，気管炎や気嚢炎が特徴の慢性鶏呼吸器病，採卵鶏での産卵低下，あるいは，*M. synoviae* を原因菌とする滲出性滑膜炎や腱鞘炎が特徴の滑膜炎が認められる。*M. gallisepticum*，*M. synoviae* はともに細胞内侵入性を有し，感染経路は水平感染の他に介卵感染（垂直感染）もある。

e．ヘモプラズマ症

ヘモプラズマ症は，エペリスロゾーン属およびヘモバルトネラ属，ならびに従前これらに属していたが現在はマイコプラズマ属に再分類され，赤血球寄生性の菌種による感染症の総称であり，動物種によって固有の菌種が感染する。動物種や宿主の状態によって，感染しても無徴候のものから，発熱，抑うつ，溶血性貧血，黄疸などを示すものがあり，*M. ovis* による羊や *M. haemofelis* による猫の感染例では比較的顕著に臨床徴候があらわれる。ギムザ染色した末梢血液塗抹標本では，赤血球表面に吸着するように寄生した直径0.2〜0.8 μm の球状の好塩基性小体が観察される場合もあるが，形態学的特徴に乏しく，ハウエル・ジョーリー小体などの赤血球の構造物，あるいはゴミなどの夾雑物との鑑別が困難である。本症では，病原体が赤血球を直接的に傷害して浸透圧脆弱性の亢進と赤血球寿命の短縮を生じさせ，貧血が生じる。また，感染が持続すると，構造変化した赤血球膜に対する自己抗体が産生され，その結合によりマクロファージによる赤血球貪食が進行し，貧血がさらに悪化する。治療には，抗菌薬投与が有効であるが，体内からの病原体の完全な排除は困難であり，回復後動物はキャリアーとなる。

D．クラミジア目

キーワード：封入体，基本小体，網様体，偏性細胞内寄生性，人獣共通感染症，結膜炎，オウム病，肺炎，流行性羊流産

クラミジア目はクラミジア門クラミジア綱に属する偏性細胞内寄生性細菌であり，多様な宿主域・病態を示す。他の細菌にない特徴として，感染細胞の細胞質内に**封入体** inclusion body を形成し（図6-34），感染性をもつ**基本小体**と封入体中で活発に2分裂増殖する**網様体**という，形態的・機能的に異なる2つの増殖環をもつ。

1）分　類（表6-43）

クラミジア目は，クラミジア科，パラクラミジア科，シムカニア科，ワドリア科の4科からなる。クラミジア科は，クラミジア *Chlamydia* 属，クラミジフレーター *Chlamydiifrater* 属からなる。動物や人に病原性を示し，獣医学領域で重要なのはクラミジア属であり，14菌種からなる。クラ

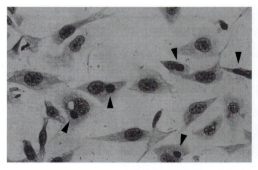

図6-34　*Chlamydia psittaci* 感染L細胞に形成された細胞質内封入体（矢頭）

表6-43　クラミジア目の分類と主な感染症

科	属	種	主な宿主	代表的な感染症・主な病状
クラミジア科 Chlamydiaceae	Chlamydia	abortus*	反芻動物	流行性羊流産（届出**）
		avium	鳥類	C. psittaci に類似
		buteonis	鳥類	C. psittaci に類似
		caviae*	齧歯類（モルモット）	結膜炎
		crocodili	爬虫類（ワニ）	結膜炎，全身性の徴候
		felis*	猫	猫クラミジア症（結膜炎，呼吸器徴候）
		gallinacea	鳥類	C. psittaci に類似
		muridarum	齧歯類	消化器徴候
		pecorum*	反芻動物	散発性牛脳脊髄膜炎，牛の多発性関節炎，不顕性感染
		pneumoniae*	人	肺炎（五類感染症）
		poikilotherma	爬虫類（ヘビ）	不明
		psittaci*	鳥類	鳥類クラミジア症（全身性の病状），不顕性感染
			人	オウム病（インフルエンザ様の徴候）（四類感染症）
		suis	豚	豚クラミジア症（結膜炎，呼吸器徴候，下痢，流産）
		trachomatis	人	結膜炎（トラコーマ），性感染症（五類感染症）
	Chlamydiifrater	phoenicopteri	鳥類	不明
		volucris	鳥類	不明
パラクラミジア科 Parachlamydiaecae	Parachlamydia	acanthamoebae	原生生物（アメーバ）	人肺炎との関連が示唆
シムカニア科 Simkaniaceae	Simkania	negevensis	人，原生動物	肺炎
ワドリア科 Waddliaceae	Waddlia	chondrophila	反芻動物（牛）	流産

* 旧 Chlamydophila 属，** 届出伝染病

ミジア属の菌種は，主な宿主は決まっているものの，広い宿主域を示すものが多い。クラミジフレーター属は，2023年に公式に発表された新属であり，鳥類から分離された2菌種からなるが鳥類やその他動物に対する病原性は不明である。クラミドフィラ Chlamydophila 属は，1999年に16S rRNA配列に基づきクラミジア属から分けられたが，両属は2015年に再び単一のクラミジア属とすることが公式に発表された。両属の分類は議論が分かれており，2023年の時点では，クラミドフィラ属はクラミジア属の異名（シノニム）として原核生物学名リスト（LPSN）に6菌種が掲載されている（表6-43の*）。パラクラミジア科はパラクラミジア Parachlamydia 属の1菌種からなり，土壌や水中の原生動物アメーバを宿主とするが，人や動物への病原性は不明である。シムカニア科は培養細胞から偶然発見されシムカニア Simkania 属の1菌種が報告されている。人の市中肺炎や他の呼吸器疾患との関連が示唆されている。ワドリア科は，ワドリア Waddlia 属の1菌種が知られており，牛の流産胎子から分離された。牛や人の流産との関連が示唆されている。この他にも，LPSNには公式な菌種として掲載されていないものの，特徴的な増殖環を有するなどクラミジア科との共通性状を示す細胞内寄生菌が原生動物，吸血節足動物，昆虫などから相次いで報告さ

れている。これらはクラミジア様細菌 chlamydia-like organisms（chlamydia-related bacteria），環境クラミジア environmental chlamydia と呼ばれており，動物や人への病原性は不明である。

2）形　態

クラミジア目は，**偏性細胞内寄生性**を示し，形態学的に全く異なる2つの増殖環をもつ（図6-35）。**基本小体** elementary body（EB）は，宿主細胞に吸着，侵入するが代謝活性は非常に低く，分裂能はない。直径 0.2 ～ 0.4 μm の球形で内部は高密度である（図6-36）。*Chlamydia pneumoniae* の一部の株では洋梨状の形態を示す。EB の外膜は非常に強固で物質透過性に乏しい。EB は宿主細胞質内で形成された**封入体**の中で，**網様体** reticulate body（RB）へと変換する。RB は直径 0.5 ～ 1.5 μm，外膜は脆弱で物質透過性に富む（図6-36）。感染性はないが代謝活性は活発であり，封入体中で活発に2分裂増殖する。約 40 kDa の主要膜蛋白質 major outer membrane protein（MOMP）は，外膜の大部分を占め，EB 外膜中では三量体，RB では単量体として存在する。MOMP は抗原性が高く，血清型別に用いられる。EB 外膜の剛性は，システイン含有蛋白質 cystein-rich protein（CRP）などの分子内・分子間ジスルフィド結合による。外膜の構造は他のグラム陰性細菌と類似し，科共通抗原として

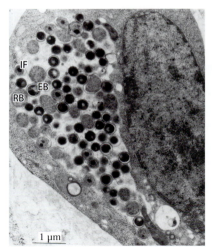

図 6-36 *Chlamydia psittaci* 感染 L 細胞の電子顕微鏡画像
封入体で増殖中のクラミジア粒子を示す。
EB：基本小体，RB：網様体，IF：中間体。
（松本　明 博士 提供）

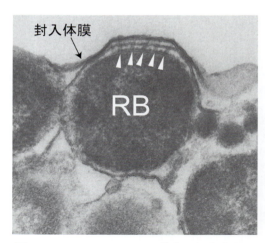

図 6-37 *Chlamydia psittaci* 菌体から表出するニードル状の構造
網様体（RB）から表出したニードル状の構造（3型分泌装置）が封入体膜と接触している。
（松本　明 博士 提供）

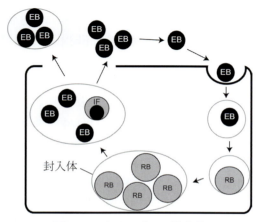

図 6-35　クラミジアの増殖環
EB：基本小体，RB：網様体，IF：中間体

のリポ多糖（LPS），ペプチドグリカンが存在する。電子顕微鏡観察から，EB 表面の一極には特徴的な突起が存在していることが知られていたが，この構造は3型分泌装置のニードルであることが後に明らかとなった。3型分泌装置は，RB が宿主細胞中で封入体膜に接する部位にも表

出する（図6-37）。封入体の形態は種によって異なる。例えば C. trachomatis の封入体は内部にグリコーゲンを蓄積し（ヨード染色で濃染される），封入体の融合が認められるが，C. pneumoniae や C. psittaci では認められない。

3）性　状

クラミジア目は増殖に必要なエネルギー代謝系の多くを宿主細胞に依存しており，細菌用の人工培地では増殖できない。分離には培養細胞，発育鶏卵，マウス，モルモットなどの実験動物が用いられる。そのため，一般細菌のような生化学的・生物学的性状を示さない。種の同定には，偏性細胞内寄生性，EB および RB の電子顕微鏡を用いた形態観察，いくつかのコア遺伝子（16S rRNA, 23S rRNA, gyrA, rpoB, secY など）の系統解析が判断基準となる。ATP は専ら宿主細胞に依存する「エネルギー寄生体」であると考えられていたが，ゲノム解析の結果，ほぼ完全な TCA 回路，解糖系，ペントースリン酸回路をもち，ある程度のエネルギー産生能があることが明らかとなっている。いくつかの重要なアミノ酸や核酸の生合成経路を欠き，それらの供給は宿主細胞に依存する。アミノ酸生合成経路の保有状況は種間で異なる。例えばトリプトファンはクラミジアの必須アミノ酸であるが，トリプトファン合成酵素群の構成は種・血清型間で多様性を示し，組織指向性や病態に関わっているとされる。

クラミジア科のゲノムサイズは，1.0～1.2 Mbp，GC 含量（モル％）は 39～41，予想される遺伝子数は 900～1,100 程度である。ゲノムサイズは他の一般細菌に比べて小さく，宿主細胞に適応進化する過程で縮小したと考えられている。ゲノム上には，3型分泌装置をコードする遺伝子群，分泌されるエフェクターの遺伝子も多数存在し，全ゲノムの10％程度にのぼる。2型，5型分泌装置や多数の ABC（ATP binding cassette）トランスポーターもコードされており，これらは病原因子の分泌や宿主からの栄養獲得などの物質交換に重要である。ワドリア科，パラクラミジア科のゲノムサイズは 2.1～2.4 Mbp とクラミジア科の倍以上であり，GC 含量も異なる。これらは原始クラミジアとも呼ばれ，宿主細胞への適応過程にあるとされる。全ゲノムの系統解析の結果，クラミジア科とパラクラミジア科は7億年前に分岐したと考えられている。プラスミドの保有状況は菌種・株で異なり，病原遺伝子をコードしているプラスミドの存在も確認されている。

治療には，テトラサイクリン系の抗菌薬を第一次選択薬にマクロライド系，ニューキノロン系が用いられる。アミノグリコシド系は無効である。β-ラクタム系には感受性を示すが，その作用は静菌的であるため使用してはならない。C. trachomatis, C. suis ではテトラサイクリン耐性株が報告されている。

（1）増殖環（図6-35）

クラミジア科内での増殖形態には大きな違いはない。EB は，宿主細胞上のヘパラン硫酸への静電的吸着および，EB 表面の MOMP などの付着因子と宿主細胞上のマンノースレセプターなどの相互作用により宿主細胞表面に付着する。宿主細胞への付着後，EB はエンドサイトーシスを惹起し宿主細胞内へ侵入する。細胞内のクラミジアは細胞質内の封入体（図6-34）と呼ばれる膜構造中に存在する。封入体膜には宿主エンドソームの成熟過程に応じたマーカーが認められず，リソソームとの融合も起こらないなど，通常のエンドソーム経路とは異なった挙動を示す。封入体膜の構成成分には，Inc と呼ばれるクラミジアから分泌されるエフェクターが含まれることも特徴である（図6-38）。封入体中での EB から RB への変換は，感染後6～8時間頃から認められ，宿主細胞からスフィンゴ脂質，中性脂肪などの栄養分やエネルギー源としての ATP を獲得し始める。RB の活発な2分裂増殖により，封入体は拡張し感染細胞は大きく膨張する。この間，クラミジアは宿主細胞のアポトーシス経路を抑制することにより感染細胞の排除を防いでいる。感染後期（24～72時間）には，RB は中間体 intermediate form(IF)（図6-36）を経て，再び EB へと変換する。再変換後の EB は細胞外へ放出され拡散し近傍の細胞へと

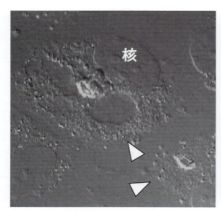 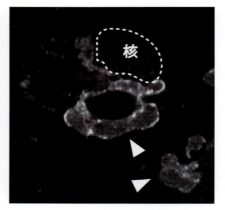

図 6-38 *Chlamydia psittaci* 感染細胞質内封入体膜の蛍光染色像
封入体膜上の Inc の局在を示す。左：微分干渉像，右：抗 Inc 抗体染色像

感染する。一部の感染細胞では封入体ごと感染細胞から放出され，マクロファージに取り込まれることにより他の臓器へと拡散する。

4）感染症

本項では，表 6-43 にあげた，重要な疾患名と主原因となる菌種を中心に記載する。しかし，クラミジア科の宿主域は広く，病態も多様なため，関連する事項についても合わせて記載している。

（1）鳥類のクラミジア症

鳥類のクラミジア症 avian chlamydiosis はオウム病クラミジア *C. psittaci* が原因となり，**人獣共通感染症**の原因菌として重要である。*C. psittaci* は家禽を含むほとんどの鳥類に感染するが，オウム・インコ類およびドバトが人への感染源として特に重要となる。感染鳥は多くの場合不顕性感染であり，間欠的に糞中へ排菌する。発症した場合の重篤度は，鳥種，日齢，病原体の株によって軽症から全身性の病状，致死的な場合まで様々である。特徴的な臨床徴候はなく，愛玩鳥では，くしゃみ，元気消失，眼・鼻からの滲出物，体重減少，**結膜炎**，気嚢炎，下痢が認められる。死亡鳥の剖検時には脾臓，肝臓の腫大が認められる。鳥の間での伝播は，接触，吸入，経口感染である。幼雛では死亡することもあるが，多くはそのまま保菌鳥となる。保菌鳥は，輸送などのストレスが要因となり発症する。我が国の鳥類における保有率は，ドバトでは 20% 程度であるが，愛玩鳥では近年減少しており 5% 程度である。診断は，病原体の PCR などによる検出・培養細胞，発育鶏卵を用いた分離によるが，実験室内感染には十分注意する。治療は，ドキシサイクリンの飲水，食餌への混合投与，筋肉内投与が行われる。長期間の投与（45 日間が推奨されている）が必要となるため，鳥の健康状態のモニタリング，病原体クリアランスの確認が重要となる。

（2）オウム病

C. psittaci が人に感染し発症した場合は**オウム病** psittacosis（ornithosis）と呼ばれる。オウム病は「感染症法」で四類感染症に指定されており，以前は年間 10〜20 例ほどが報告されていたが，ここ最近は年間 10 例以下に留まっている。鳥飼育施設などにおける集団発生事例もある。人は，保菌鳥の排出する菌体がエアロゾルとなったものを吸入感染する。人-人感染はほとんどない。感染源はオウム・インコ類が最も多いが，公園などでドバトから感染する例もある。1〜2 週間の潜伏期の後，高熱，筋肉痛，関節痛などのインフルエンザ様の徴候として発症し，時に**肺炎**，多臓器不全など重症化することもある。診断には，鳥との接触歴の把握が重要である。

（3）流行性羊流産

流行性羊流産 enzootic abortion of ewes：EAE

(ovine enzootic abortion：OEA) は羊流産菌 *C. abortus* の感染による，羊の死・流産である。欧州，北米，ニュージーランドなど羊の飼育が盛んな地域に広く分布している。流行地では，病因の明らかとなった流産の 50% 近くが本症によるものであり，経済損害は極めて大きい。我が国での発生は報告されていないものの，羊の届出伝染病に指定されている。汚染胎盤，腟分泌物を介して経口的に感染するが，妊娠母獣をはじめとして感染羊はほとんど臨床徴候を示さない。*C. abortus* は感染後，リンパ節などで潜伏していると考えられている。胎子が急速に成長する着床 90 日頃，胎盤へと移行し，妊娠後期（130 ～ 140 日）の死産，胎盤炎として発症する。流産胎子には浮腫，充血が認められ，胎盤絨毛膜にも顕著な浮腫が見られる。病変部には細胞内にクラミジア性封入体が観察される。*C. abortus* は山羊でも同様の流産を起こし，牛，豚，シカでも報告されている。欧州では，温度感受性変異株による弱毒生ワクチンが使用されている。

（4）猫のクラミジア症

C. felis による猫の結膜炎および上部呼吸器疾患である。くしゃみ，鼻汁，結膜分泌物および発熱，重度の場合は肺炎が見られる。我が国の猫では飼い猫で 10 ～ 20%，野良猫では約 60% が抗体陽性である。欧米では生および不活化ワクチンが使用されており，我が国でも不活化ワクチンが使用されている。結膜炎の治療にはドキシサイクリンなどのテトラサイクリン系抗菌薬が用いられるが，長期間（4 週間）の投与が必要となる。

（5）豚のクラミジア症

C. suis が主要な病因となり，結膜炎，呼吸器徴候，下痢，流産を起こす。我が国を含む世界各地で発生している。*C. abortus*，*C. pecorum*，*C. psittaci* も同様の臨床徴候を起こし，*C. suis* とこれらの菌種との混合感染も認められるのが特徴である。他のクラミジア症と同様に，テトラサイクリン系抗菌薬が有効であるが，*C. suis* にはテトラサイクリン耐性株も報告されている。

（6）散発性牛脳脊髄炎

散発性牛脳脊髄炎 sporadic bovine encephalomyelitis は *C. pecorum* の感染による。子牛が突然の発熱後，元気・食欲の減退，鼻漏，流涎，麻痺などの神経徴候を示す。脳および脊髄に非化膿性脳炎と軟脳膜炎が見られる。北米や欧州で発生がある。我が国では輸入牛に 1 例報告がある。

（7）牛の多発性関節炎

牛の多発性関節炎 bovine polyarthritis は，*C. pecorum* の感染による。羊および牛に発熱，跛行，関節炎，結膜炎などを起こす。関節の漿液性・線維素性髄膜炎，関節周囲から腱鞘の腫脹が見られる。北米や欧州で発生。我が国での報告はない。

（8）その他の動物に感染するクラミジア

C. pecorum は，上述の脳脊髄炎，関節炎の他，反芻動物に高率で分布するが，その多くは不顕性感染である。コアラにも高率に感染しており，それらは結膜炎や生殖器疾患の原因となり，コアラ保全の観点からも注目されている。*C. muridarum* はマウスなどの齧歯類の消化器感染，*C. caviae* はモルモットに結膜炎を起こすが，いずれも *C. trachomatis* の実験動物モデルとして用いられている。*C. avium*，*C. gallinacea*，*C. buteonis* は鳥類から相次いで分離され，近年新種として認定された。いずれも多くの鳥種から検出され，*C. psittaci* と同様の臨床徴候を示す。*Waddlia chondrophila* は，牛の流産の原因となる。

（9）人のクラミジア感染症（オウム病を除く）

C. trachomatis は人のみを宿主とする。血清型により，性感染症，新生児肺炎，トラコーマと呼ばれる伝染性角結膜炎の原因となるものなど多様な病態を示す。性器クラミジア感染症は「感染症法」で五類感染症に指定されている。トラコーマは，我が国での発生は見られなくなったが，世界的には失明の原因として重要な疾患である。*C. pneumoniae* は，人以外にコアラ，両生類から検出されている。*C. pneumoniae* は市中肺炎の約 10% に関与しているといわれている。オウム病を除くクラミジア性肺炎は「感染症法」で五類

感染症に指定されている。また，*C. pneumoniae* は動脈硬化症のへの関与も疑われている。*C. abortus* は，流産胎子や汚物から人に感染しインフルエンザ様の徴候を示す。妊婦が感染し流産した例も報告されている。*C. felis* はヒトの結膜炎，*C. caviae* は人の市中肺炎の原因となる。*C. avium*, *C. gallinacea* などの新種の鳥類クラミジアは人に感染し，オウム病と類似した病状を示すことが報告されている。*W. chondrophila* は人の流産の原因としても疑われている。以上のように，動物のクラミジアは，人獣共通感染症の原因となる菌種が多い。

第7章　ウイルスの性状と分類

一般目標：ウイルスの構造に関する基礎知識ならびに動物ウイルスの分類法を修得する。

到達目標
1) ウイルスと他の微生物との違いを説明できる。
2) ウイルス粒子の構造とその化学組成を説明できる。
3) 分類に用いられる基準項目を列挙し，ウイルスを分類し，獣医学領域で重要なウイルスを列挙できる。

1. ウイルスの特徴

> **キーワード**：偏性細胞内寄生体，核酸，DNA，RNA，ウイルス粒子，蛋白質，暗黒期，定義，大きさ，巨大ウイルス

ウイルスは**偏性細胞内寄生体**である．すなわち，細胞のみで増殖可能であり，無細胞の人工培地では増殖することができない．しかし，リケッチア目やクラミジア目の細菌も偏性細胞内寄生体であるため，この特徴はウイルスの必要条件になる．細菌と異なるウイルスの特徴としては，2分裂増殖しない，エネルギー代謝系をもたない，細胞膜および細胞壁がない，**核酸**として**DNA**または**RNA**のどちらか一方をもつ，があげられる．一方，**ウイルス粒子**の核酸と**蛋白質**（と脂質）から構成される特徴は，プリオン（伝達性蛋白質）やウイロイド（感染性RNA）と区別できる．

ウイルスは生物か非生物かは「不毛な」議論であるが，「微生物」の1つという言辞に齟齬はない．1957年にLwoff Aが定義したウイルスの生物学的な特徴を基に，ウイルスの定義を概括すると，①偏性細胞内寄生体である，②感染性がある（潜在的に病原性がある），③1種類の核酸（DNAまたはRNA）を保有する，④遺伝物質の形で増殖するが2分裂では増殖しない（増殖過程に**暗黒期** eclipse periodが存在する），⑤代謝系をもたない（リボソームやエネルギー産生系の酵素を保有しない），となる．後述する「巨大ウイルス」を除き，この**定義**はウイルスの特徴を的確に表している．

定義としては記載されないが，ウイルスの**大きさ**は，他の微生物と区別する際の指標になる．動物ウイルスの大きさは，サーコウイルスやパルボウイルスなどの20 nm前後の小型粒子からポックスウイルスなどの約400 nmの大型粒子まで多様であるが，細菌など他の微生物と異なり，通常の光学顕微鏡では観察できない．

最近になって，「**巨大ウイルス** giant virus」と呼称される大型ウイルスが，自然環境から次々と発見されている．例えば，アカントアメーバに感染するピソウイルスは，長さが1,000 nm，幅が500 nm以上であり光学顕微鏡で観察できる．さらに，一部のウイルスはDNAとRNAの両方をもつことや，巨大ウイルスに感染するウイルス（ヴィロファージ virophage）も発見された．巨大ウイルスには細菌と類似する遺伝子が含まれており，細菌の特徴が観察されるものもある．ポックスウイルスやアスファウイルスなど大型の動物ウイルスと共通祖先をもつ「核細胞質性大型DNAウイルス nucleocytoplasmic large DNA viruses」群を形成するが，動物への感染性は不詳である．

2021年，国際ウイルス分類委員会ICTVは狭義のウイルスを提唱した．それによると，ウイルスは「少なくとも1つの主要ビリオン蛋白質をコードする可動性遺伝子因子 mobile genetic elements」であり，LTR型レトロトランスポゾン，ポリントロン（巨大DNAトランスポゾン），ヴィロファージなどもウイルスとしてみなしている．

2. ウイルスの構造

> **キーワード**：ネガティブ染色法，ビリオン，カプシド，カプソメア，コア，ヌクレオカプシド，正20面体対称型，らせん対称型，ペントン，ヘキソン，複合型，エンベロープ，脂質，糖蛋白質，ペプロマー，核酸，蛋白質，アンビセンス，炭水化物，ウイルスの不活化，物理的作用，化学的作用，機序（核酸の損傷，蛋白質の変性，エンベロープの破壊）

A. 形　態

1）ウイルスの形態

一般的なウイルスは微細であるため光学顕微鏡を用いた形態観察は不可能である．したがって，ウイルスの形態観察には解像度が非常に高い顕微鏡（電子顕微鏡や原子間力顕微鏡など）が用いられる．

多くのウイルスは電子顕微鏡によってその形態が明らかとなった．透過型電子顕微鏡は，細胞内におけるウイルスの観察（超薄切片法）やウイル

ス粒子の観察（**ネガティブ染色法**）に用いられている。走査型電子顕微鏡は，細胞表面に吸着したウイルスの観察などに使用する。これらの2つの電子顕微鏡のうち，ウイルスの形態観察では前者が用いられることが多い。ただし，電子顕微鏡による観察はウイルスの観察に使用する試料を化学固定または金属を含む溶液で染色する必要があり，得られた像が実際のものと異なる可能性は否めない。この欠点を補うために開発されたのがクライオ電子顕微鏡である。クライオ電子顕微鏡は試料を超低温で凍結（凍結固定）することで，実物により近い状態でウイルスを観察することが可能となった。クライオ電子顕微鏡によって通常の電子顕微鏡では観察できなかったウイルスの構造の詳細が明らかになった。原子間力顕微鏡は極小のプローブで試料を走査して得られたデータからウイルスの微細な構造を画像化することが可能である。

獣医学の領域において重要なウイルス科およびそれらに所属するウイルスの模式図を図7-1に示した。ウイルス粒子の多くは球状または多面体状の形態を示すが，フィロウイルス科 *Filoviridae* やラブドウイルス科 *Rhabdoviridae* のウイルス粒子のように独特な形態を示すものも存在する。パラミクソウイルス科 *Paramyxoviridae* やオルトミクソウイルス科 *Orthomyxoviridae* などのウイルス粒子は球状で示されているが，多形状の形態も示す。動物のウイルス以外のウイルスでは，これらとは別の独特な形態を示すものが存在する。

2）ウイルスの大きさ

ウイルスの大きさは，①既知のポアサイズのメンブレンフィルターを用いた濾過法（通過性で概測），②超遠心を用いた沈降速度の測定，③電子顕微鏡を用いた撮影像（既知サイズの人工対照粒子との比較法を含む）などから測定する方法が用いられてきた。正20面体ウイルスの場合は，正確には外接球直径（最長対角線長）がその粒子サイズとして表記できる一方，エンベロープウイルスの多くは，同じウイルスであっても膜構造やヌクレオカプシド構造の可撓性からその大きさに多様性があり，その粒子サイズを厳密に記載することは難しい。動物ウイルスの大きさは，前述のように，ひも状のフィロウイルスを除き20 nm前後～400 nm前後までの範囲に含まれる（第10章「ウイルス学各論とプリオン」を参照）。

B. 構　造

1）ウイルスの基本構造

ウイルスは粒子として細胞外に放出される。感染性を有するウイルス粒子を**ビリオン** virion という。ウイルス粒子の基本構造は核酸と**カプシド** capsid から形成される。カプシドは**カプソメア**（カプソマー） capsomere と呼ばれるサブユニット subunit から形成される。カプシドはウイルスのゲノムである核酸を被覆し保護する役割がある。カプシドにおいて核酸が存在する構造体を**コア** core と呼ぶ。ウイルス粒子においてカプシドと核酸は複合体（**ヌクレオカプシド** nucleocapsid）を形成するが，その形状はウイルスによって異なる。すなわち，①カプシドが殻のように核酸を包む形状（**正20面体対称型** icosahedral symmetry）と②らせん状の核酸をカプシドが鞘のように包む形状（**らせん対称型** helical symmetry）に大別される。ゲノムが小さく遺伝情報が限られたウイルスは，カプシド形成に使用するサブユニットの量を最小限にする必要がある。そのため，ウイルスのカプシドは一部の例外を除き，正20面体対称型またはらせん対称型のいずれかの形状をとる。この事実は1956年にWatson JとCrick Fが提唱したカプシド構造の仮説とほぼ一致する。

2）カプシド

らせん対称型のカプシドは核酸と結合している。すなわち，カプシドの形状がそのままヌクレオカプシドの形状を示す。らせん状の核酸にサブユニットが1つずつ整然と並び，ヌクレオカプシド全体としては桿状の形態をとる。らせん対称型のヌクレオカプシドは屈曲性がある。エンベロープを有するウイルスでは，桿状のヌクレオカプシドがコイル状に折り曲がることで塊状となりエンベロープ内に収まる。ヌクレオカプシドをリ

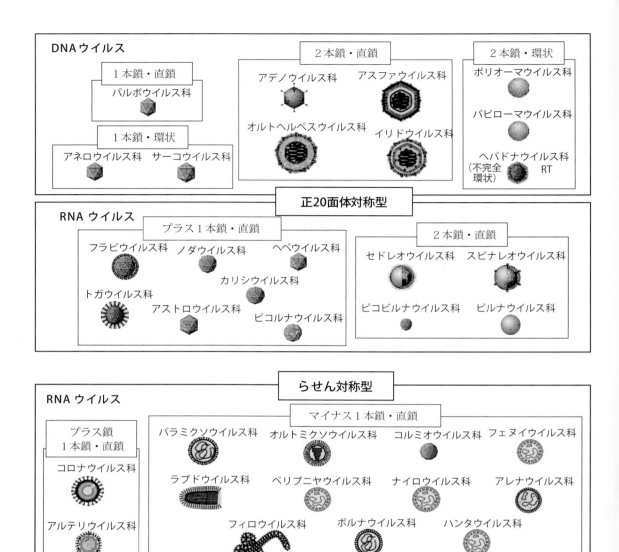

図 7-1 代表的な動物ウイルスの模式図
カプシドの形状別にウイルス科を分類した。RT の表示があるウイルス科は逆転写酵素を有する。
ウイルスの模式図は全てクリエイティブコモンズ 4.0 の国際ライセンス（CC BY）の下に ViralZone, SIB Swiss Institute of Bioinformatics（https://viralzone.expasy.org/）から一部改変（等比率の縮小と白黒加工）して引用した。

ボヌクレオ蛋白質複合体 ribonucleoprotein (RNP) complex と称することもある。

サブユニットが正20面体型に配列しているカプシドの形状を正20面体対称型という。正20面体は12の頂点，20の正三角形の面，30の稜をもつが，その頂点，面，稜を中心（軸）にして，それぞれ5つ，3つ，2つの回転対称性を示す。頂点，面，稜において均一にサブユニットが配置される場合，最小となる総サブユニット数（総数）は60個となる。このような正20面体型のカプシドでは，60個のサブユニットを収めるために12の頂点にサブユニットが五量体（**ペントン**，ペンタマー）を形成している。一方，60個より多いサブユニットを必要とするカプシドでは，頂点では五量体を，頂点から離れた面の隙間では六量体（**ヘキソン**，ヘキサマー）を形成することで正20面体型のカプシドが構築される。カプシドの構築に関して，Caspar DL と Klug A は，三角形分割の概念を用いて，「カプシドの構造単位としてのサブユニット数は三角形分割数 triangulation number（T）として表わすことができる」という理論を提唱した。例えば，サーコウイルス科 Circoviridae は T = 1（総数60），トガウイルス科 Togaviridae は T = 4（総数240），レオウイルス目 Reovirales（外殻）は T = 13（総数780）である。なお，この理論の例外もある。例えば，ポリオーマウイルス科 Polyomaviridae のカプシドは T = 7（総数420）の構造を示すが，実際はサブユニットの形状変化により72個の五量体で形成される。そのため総数は360（T = 7d と表記）となる。

動物のウイルスの中でレトロウイルス科 Retroviridae はらせん対称型および正20面体対称型の両方の特性をもち，ポックスウイルス科はカプシドが複雑な形状を示すことから，それらのカプシドは**複合型**として分類される。

3）エンベロープ

一部のウイルスはカプシドの外側に**エンベロープ** envelope と呼ばれる膜が存在する。エンベロープは**脂質**と**糖蛋白質**で形成されており，脂質二重膜の形状を示す。エンベロープは外部の酵素や化学物質からカプシドを保護する。エンベロープの形成はウイルス感染細胞で行われるが，ウイルスによってその由来は様々である（細胞膜，ゴルジ体，小胞体の膜など）。エンベロープには糖蛋白質 glycoprotein が存在し，その多くはいくつかのサブユニット（モノマー）からなるオリゴマーである。代表的な糖蛋白質としてオルトミクソウイルス科の HA 蛋白質，コロナウイルス科 Coronaviridae の S 蛋白質，ラブドウイルス科の G 蛋白質などがある。エンベロープに存在する突起状の糖蛋白質を**ペプロマー** peplomer と総称する。これらの多くは細胞表面のウイルスレセプターへの結合性を有するとともに，中和抗体の標的でもある。

4）ウイルスの組成

ウイルスの基本的な組成成分は**核酸**と**蛋白質**である。核酸は DNA または RNA のどちらか一方からなる。蛋白質はカプシドのサブユニット，ウイルス粒子内の酵素やテグメントとして存在する。エンベロープを有するウイルスでは脂質と糖蛋白質を保有する。エンベロープがないウイルスでも糖蛋白質を有するもの（セドレオウイルス科 Sedoreoviridae ロタウイルス Rotavirus 属）や脂質を有するものが存在する〔エンベロープ（－）イリドウイルス科 Iridoviridae〕。

ウイルスはゲノムとして DNA か RNA のいずれか一方の核酸をもつ。いずれの場合もウイルスによって2本鎖の場合と1本鎖の場合がある。基本的にゲノムの形状は直鎖状であるが，環状のゲノム（サーコウイルス科やコルミオウイルス科 Kolmioviridae など）や部分的に環状のゲノム（ヘパドナウイルス科 Hepadnaviridae）のウイルスも存在する。RNA ウイルスには複数の分節 RNA をゲノムとするウイルス（オルトミクソウイルス科やレオウイルス目など）や相同な二量体のゲノムをもつウイルス（レトロウイルス科 Retroviridae オルトレトロウイルス亜科 Orthoretrovirinae）がある。1本鎖 RNA ウイルスはゲノムが mRNA として機能するプラス鎖 RNA と機能できないマイ

ナス鎖 RNA に大別される。1本鎖 DNA ウイルスにおいても遺伝子情報をもつセンス鎖をプラス鎖 DNA, mRNA の鋳型となるアンチセンス鎖をマイナス鎖 DNA として区別している。ゲノムにプラス鎖とマイナス鎖の両方の情報（**アンビセンス** ambisense）を保有するウイルスも存在する（アレナウイルス科 *Arenaviridae* やサーコウイルス科など）。

蛋白質はウイルスの主要構成成分であり，その組成の 60〜90% を占めている。ウイルスの蛋白質はウイルス粒子の構築に関わる構造蛋白質 structural protein とそれに関わらない非構造蛋白質 nonstructural protein がある。構造蛋白質はカプシドのサブユニットやエンベロープの糖蛋白質などがある。構造蛋白質は主にウイルス粒子の形成，ウイルスの細胞への感染，ウイルスゲノムの保護に関与する。非構造蛋白質は多種多様であり，代表的なものとしては酵素や転写制御因子がある。非構造蛋白質はウイルス増殖，免疫回避や病原性発現などに関与しており，単独あるいは他の非構造蛋白質と複合的に機能する。1 つの非構造蛋白質が複数の機能を有することもある。非構造蛋白質である酵素の一部はウイルスのゲノム複製や蛋白質の転写・翻訳において不可欠であることから抗ウイルス薬の標的になりやすい。

核酸と蛋白質以外の構成成分として脂質と**炭水化物**があげられる。脂質はエンベロープの構成成分である。エンベロープを有するウイルスの多くは，その組成における脂質の割合が 20〜30% であるが，ポックスウイルス科では約 5% と少ない。脂質の由来は細胞膜または細胞小器官の膜である。炭水化物は，核酸の組成であるペントースあるいはデオキシペントース以外に，ウイルス糖蛋白質の糖鎖として存在する。

5）ウイルスの不活化

ウイルスの感染性（活性）が失われることを不活化（失活）という。**ウイルスの不活化**は，**物理的作用**または**化学的作用**による構造変化によるものであるが，具体的な**機序**として①**核酸の損傷**，②**蛋白質の変性**および③**エンベロープの破壊**，の 3 つがあげられる。

ウイルスの核酸の損傷（物理的作用）：放射線や紫外線をウイルスに照射した場合，ウイルスゲノムが損傷し直ちに不活化する。

蛋白質の変性（物理的作用および化学的作用）：蛋白質はフェノール，ホルマリン，強酸や強アルカリで容易に変性する。蛋白質は加熱でも変性し，そのため一般的なウイルスは 55〜60℃で数分間加熱することで不活化する。反対に低温下では多くのウイルスは安定しており，−70℃以下では活性が数年間維持される。

エンベロープの破壊：エンベロープは主に脂質で構成されるため，有機溶媒（エタノールやアセトンなど），胆汁酸や界面活性剤で破壊される。エンベロープは熱，乾燥，凍結融解，浸透圧変化によっても破壊される。一方，エンベロープのないウイルスはこれらに対する抵抗性が一般的に高く，環境中において長期間活性が維持される。

3. ウイルスの分類

> **キーワード**：宿主，国際ウイルス分類委員会，ICTV，脊椎動物ウイルス，DNA ウイルス，RNA ウイルス，2 本鎖 DNA ウイルス，1 本鎖 DNA ウイルス，2 本鎖 RNA ウイルス，プラス 1 本鎖 RNA ウイルス，マイナス 1 本鎖 RNA ウイルス，親和性組織，広汎性ウイルス，腸管ウイルス，呼吸器ウイルス，下痢症ウイルス，脳炎ウイルス，腫瘍原性ウイルス，アルボウイルス，疫学，産業動物のウイルス，犬のウイルス，猫のウイルス，家畜伝染病予防法対象ウイルス

A. ウイルスの分類基準

研究領域の目的や範囲に応じ，特定の性状を基準にしたウイルス分類法が選択できる。動物ウイルスの分類に用いられる基準項目は次のとおりである。

1）核酸の性状

DNA または RNA，1 本鎖または 2 本鎖，プラス鎖またはマイナス鎖，アンビ鎖，直鎖状または環状，分節数あるいは分子数，ゲノムサイズ，核酸組成，5' 末端キャップ構造，3' 末端ポリ A 配列，

IRES (internal ribosomal entry site), 進化系統, 遺伝子型・亜型・変異型など.

2) 粒子の構造
ビリオン形状・サイズ (直径), カプシドの対称性 (正20面体・カプソメア数, らせん, 複合型), エンベロープ, 転写酵素・逆転写酵素, 浮上密度, 構造蛋白質の数・分子数など.

3) 増殖性
侵入様式, 複製様式, カプシド組立て部位 (核または細胞質), エンベロープの被膜 (出芽) 部位 (核膜, 細胞質膜, 細胞内腔膜) など.

4) 粒子の諸性状
蛋白質の機能:ゲノムの転写・複製, レセプター結合, 膜融合, 赤血球凝集性, イオンチャネル活性, 酵素活性 (ポリメラーゼ, 蛋白質分解) など.

5) 血清学的性状
血清型・亜型, 変異株, 抗原性, 中和性状など.

6) 化学的・物理的感受性
酸, 熱, 脂質溶剤, 化学物質・界面活性剤, 放射線など.

7) 培養細胞・発育鶏卵あるいは実験小動物における増殖性
増殖速度, 細胞変性効果, 封入体形成, 細胞融合, 形質転換, プラック形状, 赤血球吸着現象, ポック形成, 宿主域, 症状・致死性, 化学物質や生物製剤の影響など.

8) 病型・疫学
宿主域, 感染様式, 伝播様式・範囲, 臨床病型・症状, 組織特異性, 回復様式など.

B. 国際ウイルス分類委員会

ウイルスは, 脊椎動物 (哺乳類, 魚類, 両生類, 爬虫類, 鳥類など), 無脊椎動物 (昆虫など), 植物, 細菌などの広範な生物種を**宿主**とする. 前述のようにウイルス分類基準は多様であるが, 基礎から応用にわたる広範な研究活動や感染症対策などを効果的に進めるためには, 全てのウイルスを共通ルールで分類し共有する必要がある. その同意のもと, **国際ウイルス分類委員会** International Committee on Taxonomy of Viruses (**ICTV**) により「公式な」ウイルス分類が決められている (https://ictv.global/taxonomy). ICTV メンバーとして選ばれたウイルス学各論の専門家が分類責務を担っている. ICTV 分類は, 後述するボルティモア分類を基本とするが, 他の生物分類に準ずる形で15階層に細分化された分類体系が2019年に取り入れられた (表7-1). 2023年現在の各階層の分類数は表に示したが, 全体で314のウイルス科, 3,522のウイルス属, 14,690のウイルス種が登録されており, この5年間でそれぞれ4倍近くに増加している. このうち獣医学に関連する病原ウイルスとして「獣医微生物学第5版」のウイルス学各論で扱うウイルス科の数は約40に過ぎず, 地球環境下には莫大な数のウイルス集団が存在していることが分かる. このように ICTV では, ウイルスゲノム情報の加速的な蓄積に伴い, 分類の追加や変更 (再分類など) が随時行われている. また, これまでは各ウイルス科で独自に定めていたウイルス種名について, 客観的な二名法ベースの表記への統一が進められた. ICTV に認証されたウイルス分類名は大文字開始の斜体で表す. 一方, ウイルス分類の和名については公式に決める組織がなく, その呼称には若干

表 7-1 ICTV 分類の階層と分類数

分類階層	和名	接尾辞	分類数 (2023)
Realm	域 (上界)	-viria	6
Subrealm	亜域	-vira	0
Kingdom	界	-virae	10
Subkingdom	亜界	-virites	0
Phylum	門	-viricota	18
Subphylum	亜門	-viricotina	2
Class	綱	-viricetes	41
Subclass	亜綱	-viricetidae	0
Order	目	-virales	81
Suborder	亜目	-virineae	11
Family	科	-viridae	314
Subfamily	亜科	-virinae	200
Genus	属	-virus	3,522
Subgenus	亜属	-virus	84
Species	種	(二名法)	14,690

表 7-2　脊椎動物に感染する DNA ウイルス

目	科	ゲノム核酸			ビリオン			カプシド対称性
		鎖数	形状	サイズ (kbp, kb)	エンベロープ	形状	サイズ (nm)	
チトウイルス	ポックスウイルス	2	直鎖状	128〜375	有	卵形 レンガ形	220〜450× 140〜260× 140〜260	複合型
アスフウイルス	アスファウイルス	2	直鎖状	170〜194	有	球形	175〜215	20面体
ピマスコウイルス	イリドウイルス	2	直鎖状	103〜220	有/無	球形/20面体	150〜350	20面体
ヘルペスウイルス	オルトヘルペスウイルス	2	直鎖状	125〜241	有	球形〜多形	150〜200	20面体
ロワウイルス	アデノウイルス	2	直鎖状	25〜48	無	20面体	90	20面体
シポリウイルス	ポリオーマウイルス	2	環状	4.8〜5.4	無	20面体	40〜45	20面体
ツーハウセンウイルス	パピローマウイルス	2	環状	5.7〜8.6	無	20面体	55	20面体
ピッコウイルス	パルボウイルス	1	直鎖状	4.0〜6.0	無	20面体	23〜28	20面体
サーリウイルス	サーコウイルス	1	環状	1.7〜2.1	無	20面体	15〜20	20面体
未定	アネロウイルス	1	環状	2.0〜3.9	無	20面体	19〜32	20面体
ブルーバーウイルス	ヘパドナウイルス	2	不完全環状	3.0〜3.4	有	球形〜多形	42〜50	20面体

の違いが見られる。例えば，本書では分類名に含まれる接頭辞 Ortho- に対する和名を化学用語名称に合わせて「オルト-」と表記したが，「オルソ-」でも問題はない。主要な**脊椎動物ウイルス**が属する ICTV 分類の各ウイルス科の分子性状を表 7-2（**DNA ウイルス**）および表 7-3（**RNA ウイルス**）に摘記した。

C. ウイルスの命名

ICTV 分類の最下位階層であるウイルス種名がウイルス名であると誤解しやすいが，分類はあくまで実体を伴わない概念であり，その分類の下に実在する 1 種類以上のウイルスが含まれる。したがって，ウイルス名および個々のウイルスを特定する株名や遺伝子型，血清型などの名称については ICTV の取扱い対象ではなく，仮にウイルス種の分類名が変更された場合でも原則としてこれまでのウイルス名が変更されることはない。ウイルス名は小文字（固有名詞は大文字）開始の立体表記になる（例：bovine alphaherpesvirus 1）。和名では，牛ヘルペスウイルス 1 といった呼称が一般的であるが，別名として同じウイルスを牛伝染性鼻気管炎ウイルスのように病名などを冠した通称名で呼ぶ場合が多い。一例として，鳥インフルエンザウイルスの正式な分類と命名については，リボウイルス域・オルトルナウイルス界・ネガルナウイルス門・ポリプロウイルス亜門・インストウイルス綱・アーティキュラウイルス目・オルトミクソウイルス科・アルファインフルエンザウイルス属・*Alphainfluenzavirus influenzae* 種に属する A 型鳥インフルエンザウイルス（avian influenza A virus）の高病原性 A/chicken/Kagawa/11C/2020（H5N8）株といった表記になる。なお，定期的に変更される ICTV 分類の最新版については，随時文永堂出版のホームページ（https://buneido-shuppan.com/）に掲載される。

D. その他の分類

1）ボルティモア分類

ICTV 分類の骨格となったゲノム性状に基づくウイルス分類法で，レトロウイルスの逆転写酵素の発見者である Baltimore D により提唱された。第 1 群（**2 本鎖 DNA ウイルス**），第 2 群（**1 本鎖**

表7-3 脊椎動物に感染するRNAウイルス

目	科	ゲノム核酸			ビリオン			カプシド対称性
		鎖数	形状	サイズ(kbp, kb)	エンベロープ	形状	サイズ(nm)	
レオウイルス	セドレオウイルス	2	直鎖状 10~12分節	18~26	無	20面体	60~100	20面体 1~3層
	スピナレオウイルス	2	直鎖状 9~12分節	23~29	無	20面体	60~85	20面体 1~3層
未定	ビルナウイルス	2	直鎖状 2分節	5.9~6.9	無	20面体	65	20面体
ドゥルナウイルス	ピコビルナウイルス	2	直鎖状 2分節	4.1~4.6	無	20面体	33~37	20面体
ピコルナウイルス	ピコルナウイルス	1	直鎖状 プラス鎖	6.7~10.1	無	20面体	30~32	20面体
	カリシウイルス	1	直鎖状 プラス鎖	7.4~8.3	無	20面体	27~40	20面体
ステラウイルス	アストロウイルス	1	直鎖状 プラス鎖	6.4~7.7	無	20面体	28~30	20面体
ノダムウイルス	ノダウイルス	1	直鎖状 プラス鎖 2分節	4.5	無	20面体	25~33	20面体
マルテリウイルス	トガウイルス	1	直鎖状 プラス鎖	10~12	有	球形(20面体ベース)	65~70	20面体
ヘペリウイルス	マトナウイルス	1	直鎖状 プラス鎖	9.6~10	有	球形~多形	50~90	不詳
	ヘペウイルス	1	直鎖状 プラス鎖	6.7~7.2	無(一部有)	20面体	27~34	20面体
アマリロウイルス	フラビウイルス	1	直鎖状 プラス鎖	9.0~13	有	球形(20面体ベース)	40~60	20面体
ニドウイルス	アルテリウイルス	1	直鎖状 プラス鎖	12.7~15.7	有	球形	50~74	球形
	コロナウイルス	1	直鎖状 プラス鎖	22~36	有	球形~多形	120~160	らせん
	トバニウイルス	1	直鎖状 プラス鎖	28	有	多形(桿状,腎臓状)	100~140×35~42	らせん
モノネガウイルス	ボルナウイルス	1	直鎖状 マイナス鎖	9	有	球形	90~130	らせん
	フィロウイルス	1	直鎖状 マイナス鎖	15~19	有	ひも状	1,000×80	らせん
	パラミクソウイルス	1	直鎖状 マイナス鎖	14.3~20.1	有	球形~多形	150~500	らせん
	ニューモウイルス	1	直鎖状 マイナス鎖	13.2~15.3	有	球形~多形	70~190	らせん
	ラブドウイルス	1	直鎖状 マイナス鎖	10.8~16.1	有	弾丸型	100~430×45~100	らせん
アーティキュラウイルス	オルトミクソウイルス	1	直鎖状 マイナス鎖 6~8分節	10.0~14.6	有	球形~多形	80~120	らせん

(つづく)

表 7-3　脊椎動物に感染する RNA ウイルス（つづき）

目	科	ゲノム核酸			ビリオン			カプシド対称性
		鎖数	形状	サイズ (kbp, kb)	エンベロープ	形状	直径 (nm)	
エリオウイルス	ハンタウイルス	1	直鎖状マイナス鎖3分節	11.8～12.2	有	球形	80～120	らせん
	ペリブニヤウイルス	1	直鎖状マイナス鎖3分節	11.8	有	球形	80～120	らせん
ハレアウイルス	ナイロウイルス	1	直鎖状マイナス鎖3分節	19	有	球形	80～120	らせん
	フェヌイウイルス	1	直鎖状アンビ鎖3分節	8.1～25.1	有	球形	80～120	らせん
	アレナウイルス	1	直鎖状アンビ鎖2分節	10.5	有	球形	40～200	らせん
未定	コルミオウイルス	1	環状マイナス鎖欠損型	1.7	有	球形	36～43	らせん
オルテルウイルス	レトロウイルス	1	直鎖状プラス鎖2分子	7～13	有	球形	80～100	複合型

DNA ウイルス），第 3 群（**2 本鎖 RNA ウイルス**），第 4 群（**プラス 1 本鎖 RNA ウイルス**），第 5 群（**マイナス 1 本鎖 RNA ウイルス**），第 6 群（逆転写酵素をもつ 1 本鎖 RNA ウイルス），第 7 群（逆転写酵素をもつ 2 本鎖 DNA ウイルス）の 7 群に分類する．

2）臨床・疫学的特徴によるウイルス分類

医・獣医学関連ウイルスは**親和性組織**（あるいは標的器官）によって，**広汎性ウイルス** pantropic virus，**腸管ウイルス** enteric virus，**呼吸器ウイルス** respiratory virus，病徴から，**下痢症ウイルス** diarrhea virus，**脳炎ウイルス** encephalitis virus，**腫瘍原性ウイルス** oncogenic virus，さらに，疫学的特徴から**アルボウイルス** arbovirus などと群分けすることがある．これらの分類法は**疫学**や病因論では有用である．

(1) 腸管ウイルス

糞から口への経路で侵入し，消化管に局所感染するウイルス群を示す．セドレオウイルス科のロタウイルス属，カリシウイルス科 Caliciviridae のノロウイルス Norovirus 属とサポウイルス Sapovirus 属，ピコルナウイルス科 Picornaviridae のエンテロウイルス Enterovirus 属，アストロウイルス科 Astroviridae，コロナウイルス科などのウイルスが該当する．

(2) 呼吸器ウイルス

ウイルスが吸入により，あるいは付着物（手など）から鼻・眼・口を介した経路で，気道に局所感染するウイルス群を示す．オルトミクソウイルス科，パラミクソウイルス科，ニューモウイルス科 Pneumoviridae，ピコルナウイルス科，アデノウイルス科 Adenoviridae，オルトヘルペスウイルス科 Orthoherpesviridae，コロナウイルス科，カリシウイルス科などのウイルスが該当する．

(3) アルボウイルス

節足動物媒介性のウイルス群（arthropod-borne virus）を示す．吸血行動により節足動物体内で増殖したウイルスが別個体に伝播する（生物学

的伝播)。単にウイルスが体表に付着して伝播する場合(機械的伝播)は含まれない。セドレオウイルス科のオルビウイルス *Orbivirus* 属,トガウイルス科 *Togaviridae* のアルファウイルス *Alphavirus* 属,フラビウイルス科 *Flaviviridae* のオルトフラビウイルス *Orthoflavivirus* 属,ペリブニヤウイルス科 *Peribunyaviridae* のオルトブニヤウイルス *Orthobunyavirus* 属,フェヌイウイルス科 *Phenuiviridae* のフレボウイルス *Phlebovirus* 属やバンダウイルス *Bandavirus* 属,ナイロウイルス科 *Nairoviridae* のオルトナイロウイルス *Orthonairovirus* 属,ラブドウイルス科のエフェメロウイルス *Ephemerovirus* 属,オルトミクソウイルス科のトーゴトウイルス *Thogotovirus* 属などのウイルスが該当する。アスファウイルス科 *Asfarviridae* のアフリカ豚熱ウイルスは DNA ウイルスで唯一のアルボウイルスである。

(4) 腫瘍原性ウイルス

オルトヘルペスウイルス科,アデノウイルス科,ポリオーマウイルス科,パピローマウイルス科 *Papillomaviridae*,ヘパドナウイルス科,ポックスウイルス科 *Poxviridae*,およびレトロウイルス科の一部のウイルスに腫瘍原性がある。

E. 獣医学の対象ウイルス

獣医学領域の対象となる主な病原ウイルスを表7-4 に示した。「家畜伝染病予防法」の対象を含め産業動物で重要なウイルス,伴侶動物(犬や猫)その他のウイルス,そして人で病気を起こすウイルスについて記載した。詳細は,ウイルス学各論を参照のこと。

表 7-4 獣医学領域で重要な動物ウイルス

目・(亜目)・科・(亜科)	属・(亜属)	産業動物のウイルス	犬・猫・他のウイルス	人のウイルス
2 本鎖 DNA ウイルス				
チトウイルス目 **ポックスウイルス科** (コルドポックスウイルス亜科)	アビポックスウイルス属	鶏痘ウイルス		
	カプリポックスウイルス属	ランピースキン病ウイルス 羊痘ウイルス 山羊痘ウイルス		
	レポリポックスウイルス属		兎粘液腫ウイルス 兎線維腫ウイルス	
	オルトポックスウイルス属	馬痘ウイルス 牛痘ウイルス	エムポックスウイルス エクトロメリアウイルス	痘瘡ウイルス ワクシニアウイルス
	パラポックスウイルス属	牛丘疹性口内炎ウイルス オルフウイルス 偽牛痘ウイルス		
	スイポックスウイルス属	豚痘ウイルス		
アスフウイルス目 **アスファウイルス科**	アスフィウイルス属	アフリカ豚熱ウイルス		
ピマスコウイルス目 **イリドウイルス科** (アルファイリドウイルス亜科)	リンホシスチウイルス属		リンホシスチス病ウイルス	
	メガロシチウイルス属		伝染性脾腎壊死症ウイルス マダイイリドウイルス	
	ラナウイルス属		伝染性造血器壊死症ウイルス	

(つづく)

表 7-4 獣医学領域で重要な動物ウイルス(つづき)

目・(亜目)・科・(亜科)	属・(亜属)	産業動物のウイルス	犬・猫・他のウイルス	人のウイルス
ヘルペスウイルス目 アロヘルペスウイルス科	シプリニウイルス属		コイヘルペスウイルス	
ヘルペスウイルス目 オルトヘルペスウイルス科 (アルファヘルペスウイルス亜科)	イルトウイルス属	鶏伝染性喉頭気管炎ウイルス		
	マルディウイルス属	マレック病ウイルス あひるウイルス性腸炎ウイルス		
	シンプレックスウイルス属	牛乳頭炎ウイルス	Bウイルス	単純ヘルペスウイルス1, 2
	バリセロウイルス属	牛伝染性鼻気管炎ウイルス 馬鼻肺炎ウイルス オーエスキー病ウイルス 馬媾疹ウイルス	犬ヘルペスウイルス 猫ウイルス性鼻気管炎ウイルス	水痘−帯状疱疹ウイルス
(ベータヘルペスウイルス亜科)	サイトメガロウイルス属			人サイトメガロウイルス
	ムロメガロウイルス属		マウスサイトメガロウイルス	
	ロゼオロウイルス属	豚サイトメガロウイルス		人ヘルペスウイルス6A, 6B, 7
(ガンマヘルペスウイルス亜科)	リンホクリプトウイルス属			EBウイルス
	マカウイルス属	悪性カタル熱ウイルス		
	ラジノウイルス属			人ヘルペスウイルス8
ロワウイルス目 アデノウイルス科	アトアデノウイルス属	牛・羊アデノウイルス 産卵低下症候群-1976ウイルス		
	アビアデノウイルス属	鶏アデノウイルスA, E		
	マストアデノウイルス属	牛・羊・馬・豚アデノウイルス	犬伝染性肝炎ウイルス 犬伝染性喉頭気管炎ウイルス	人アデノウイルス
シポリウイルス目 ポリオーマウイルス科	アルファポリオーマウイルス属		マウスポリオーマウイルス	
	ベータポリオーマウイルス属			BKウイルス JCウイルス
	ガンマポリオーマウイルス属		セキセイインコ雛病ウイルス	
ツーハウセンウイルス目 パピローマウイルス科 (ファーストパピローマウイルス亜科)	アルファパピローマウイルス属			人パピローマウイルス16, 18
	デルタパピローマウイルス属他	牛パピローマウイルス 馬サルコイドパピローマウイルス	猫サルコイドパピローマウイルス	
	ラムダパピローマウイルス属他		犬・猫パピローマウイルス	
	ゼータパピローマウイルス属他	馬パピローマウイルス		
	カッパパピローマウイルス属		ショープ乳頭腫ウイルス	

(つづく)

表 7-4 獣医学領域で重要な動物ウイルス（つづき）

目・(亜目)・科・(亜科)	属・(亜属)	産業動物のウイルス	犬・猫・他のウイルス	人のウイルス
1 本鎖 DNA ウイルス				
サーリウイルス目 **サーコウイルス科**	サーコウイルス属	豚サーコウイルス 2	嘴羽毛病ウイルス	
(目未定) **アネロウイルス科**	ギロウイルス属	鶏貧血ウイルス		
	イオータトルクウイルス属他	豚トルクテノウイルス		
ピッコウイルス目 **パルボウイルス科** (パルボウイルス亜科)	アムドパルボウイルス属		ミンクアリューシャン病ウイルス	
	アベパルボウイルス属	キジパルボウイルス 1		
	ボカパルボウイルス属他	牛パルボウイルス	犬微小ウイルス	
	デペンドパルボウイルス属	ガチョウパルボウイルス		アデノ随伴ウイルス
	エリスロパルボウイルス属			人パルボウイルス B19
	プロトパルボウイルス属	豚パルボウイルス	猫汎白血球減少症ウイルス 犬パルボウイルス 2 ミンク腸炎ウイルス	
	テトラパルボウイルス属	牛・豚ホコウイルス		
逆転写酵素をもつ 2 本鎖 DNA ウイルス				
ブルーバーウイルス目 **ヘパドナウイルス科**	アビヘパドナウイルス属	あひる B 型肝炎ウイルス		
	オルトヘパドナウイルス属		猫ヘパドナウイルス ウッドチャック肝炎ウイルス	B 型肝炎ウイルス
2 本鎖 RNA ウイルス				
レオウイルス目 **セドレオウイルス科**	オルビウイルス属	**アフリカ馬疫ウイルス** **ブルータングウイルス** **チュウザン（カスバ）ウイルス** **イバラキウイルス** 馬脳炎ウイルス		
	ロタウイルス属	牛・豚ロタウイルス	犬・猫ロタウイルス マウスロタウイルス ウサギロタウイルス	人ロタウイルス
レオウイルス目 **スピナレオウイルス科**	コルチウイルス属			コロラドダニ熱ウイルス
	オルトレオウイルス属	哺乳類レオウイルス 鳥レオウイルス	赤血球封入体症候群ウイルス	
(目未定) **ビルナウイルス科**	アクアビルナウイルス属		伝染性膵臓壊死症ウイルス	
	アビビルナウイルス属	**伝染性ファブリキウス嚢病ウイルス**		

(つづく)

表 7-4 獣医学領域で重要な動物ウイルス（つづき）

目・(亜目)・科・(亜科)	属・(亜属)	産業動物のウイルス	犬・猫・他のウイルス	人のウイルス
マイナス 1 本鎖 RNA ウイルス				
モノネガウイルス目 **ボルナウイルス科**	オルトボルナウイルス属	ボルナ病ウイルス	猫ボルナウイルス カワリリスボルナウイルス 鳥類ボルナウイルス	
モノネガウイルス目 **フィロウイルス科**	エボラウイルス属			エボラウイルス
	マールブルクウイルス属			マールブルグウイルス
モノネガウイルス目 **パラミクソウイルス科** (エイブラウイルス亜科)	オルトエイブラウイルス属	ニューカッスル病ウイルス 低病原性ニューカッスル病ウイルス		
(オルトパラミクソウイルス亜科)	ヘニパウイルス属	ニパウイルス ヘンドラウイルス		ニパウイルス ヘンドラウイルス
	モルビリウイルス属	牛疫ウイルス 小反芻獣疫ウイルス	犬ジステンパーウイルス 猫モルビリウイルス アザラシジステンパーウイルス	麻疹ウイルス
	レスピロウイルス属	牛パラインフルエンザウイルス 3	センダイウイルス	人パラインフルエンザウイルス 1, 3
(ルブラウイルス亜科)	オルトルブラウイルス属	豚ルブラウイルス	犬パラインフルエンザウイルス	ムンプスウイルス 人パラインフルエンザウイルス 2, 4
モノネガウイルス目 **ニューモウイルス科**	メタニューモウイルス属	鳥(メタ)ニューモウイルス		人メタニューモウイルス
	オルトニューモウイルス属	牛 RS ウイルス	マウス肺炎ウイルス	人 RS ウイルス
モノネガウイルス目 **ラブドウイルス科**	エフェメロウイルス属	牛流行熱ウイルス		
	リッサウイルス属	狂犬病ウイルス	狂犬病ウイルス	狂犬病ウイルス
	ノビラブドウイルス属		伝染性造血器壊死症ウイルス ヒラメラブドウイルス ウイルス性出血性敗血症ウイルス	
	スプリビウイルス属		コイ春ウイルス血症ウイルス	
	ベジキュロウイルス属	水疱性口内炎ウイルス		
アーティキュラウイルス目 **オルトミクソウイルス科**	アルファインフルエンザウイルス属	高病原性鳥インフルエンザウイルス 低病原性鳥インフルエンザウイルス 鳥インフルエンザウイルス 馬インフルエンザウイルス 豚インフルエンザウイルス 牛インフルエンザウイルス	犬・猫インフルエンザウイルス	A 型人インフルエンザウイルス

(つづく)

表 7-4　獣医学領域で重要な動物ウイルス（つづき）

目・(亜目)・科・(亜科)	属・(亜属)	産業動物のウイルス	犬・猫・他のウイルス	人のウイルス
	ベータインフルエンザウイルス属			B型人インフルエンザウイルス
	ガンマインフルエンザウイルス属			C型人インフルエンザウイルス
	デルタインフルエンザウイルス属	D型牛・豚インフルエンザウイルス		
	アイサウイルス属		伝染性サケ貧血症ウイルス	
エリオウイルス目 **ハンタウイルス科**（ママンタウイルス亜科）	オルトハンタウイルス属			腎症候性出血熱ウイルス ハンタウイルス肺症候群ウイルス
エリオウイルス目 **ペリブニヤウイルス科**	オルトブニヤウイルス属	アカバネ病ウイルス アイノウイルス シュマレンベルクウイルス		
ハレアウイルス目 **ナイロウイルス科**	オルトナイロウイルス属	ナイロビ羊病ウイルス		クリミア・コンゴ出血熱ウイルス
（目未定）**コルミオウイルス科**	デルタウイルス属			D型肝炎ウイルス
アンビ1本鎖RNAウイルス				
ハレアウイルス目 **フェヌイウイルス科**	フレボウイルス属	リフトバレー熱ウイルス		
	バンダウイルス属		重症熱性血小板減少症候群(SFTS)ウイルス	重症熱性血小板減少症候群(SFTS)ウイルス
ハレアウイルス目 **アレナウイルス科**	マムアレナウイルス属		リンパ球性脈絡髄膜炎ウイルス	ラッサウイルス 南米出血熱ウイルス群
プラス1本鎖RNAウイルス				
ピコルナウイルス目 **ピコルナウイルス科**（カフトウイルス亜科）	アフトウイルス属	**口蹄疫ウイルス** 牛鼻炎A, Bウイルス, 馬鼻炎Aウイルス		
	アビヘパトウイルス属	**あひるA型肝炎ウイルス**		
	カルジオウイルス属	豚脳心筋炎ウイルス	マウス脳脊髄炎ウイルス	
	エンテロウイルス属	**豚水疱病ウイルス** **豚エンテロウイルス** 牛エンテロウイルス		ポリオウイルスコクサッキーウイルス エコーウイルスライノウイルス
	エルボウイルス属	馬鼻炎Bウイルス		
	ヘパトウイルス属			A型肝炎ウイルス
	コブウイルス属	牛・豚コブウイルス		アイチウイルス
	メグリウイルス属	七面鳥肝炎ウイルス		
	サペロウイルス属	**豚サペロウイルス**		
	セネカウイルス属	セネカバレーウイルス		
	テシオウイルス属	**豚テシオウイルス**		
	トレモウイルス属	鶏脳脊髄炎ウイルス		

（つづく）

表 7-4 獣医学領域で重要な動物ウイルス（つづき）

目・(亜目)・科・(亜科)	属・(亜属)	産業動物のウイルス	犬・猫・他のウイルス	人のウイルス
ピコルナウイルス目 カリシウイルス科	ラゴウイルス属		**兎出血病ウイルス**	
	ノロウイルス属	豚・牛ノロウイルス	マウスノロウイルス	人ノロウイルス
	サポウイルス属	豚サポウイルス		人サポウイルス
	ベシウイルス属	**豚水疱疹ウイルス**	猫カリシウイルス サンミゲルアシカウイルス	
ステラウイルス目 アストロウイルス科	アバストロウイルス属	**あひるアストロウイルス** 鶏腎炎ウイルス 七面鳥アストロウイルス		
	ママストロウイルス属	豚アストロウイルス		人アストロウイルス
ノダムウイルス目 ノダウイルス科	ベータノダウイルス属		ウイルス性神経壊死症ウイルス	
ニドウイルス目 (アルニドウイルス亜目) アルテリウイルス科 (エクアルテリウイルス亜科)	アルファアルテリウイルス属	**馬動脈炎ウイルス**		
(シムアルテリウイルス亜科)	デルタアルテリウイルス属		サル出血熱ウイルス	
(バリアルテリウイルス亜科)	ベータアルテリウイルス属	**豚繁殖・呼吸障害症候群ウイルス**		
	ガンマアルテリウイルス属		乳酸脱水素酵素上昇ウイルス	
ニドウイルス目 (コルニドウイルス亜目) コロナウイルス科 (オルトコロナウイルス亜科)	アルファコロナウイルス属	**豚流行性下痢ウイルス** **豚伝染性胃腸炎ウイルス**	犬コロナウイルス 猫伝染性腹膜炎ウイルス 猫腸コロナウイルス	人コロナウイルス 299E, NL63
	ベータコロナウイルス属 (エンベコウイルス亜属)	牛コロナウイルス 豚血球凝集性脳脊髄炎ウイルス 馬コロナウイルス	犬呼吸器コロナウイルス マウス肝炎ウイルス 唾液腺涙腺炎ウイルス	人コロナウイルス OC43, HKU1
	(メルベコウイルス亜属)			中東呼吸器症候群 (MERS) ウイルス
	(サルベコウイルス亜属)		COVID-19 ウイルス (犬・猫他)	重症急性呼吸器症候群 (SARS) ウイルス COVID-19 ウイルス
	ガンマコロナウイルス属	**鶏伝染性気管支炎ウイルス** 七面鳥コロナウイルス		
ニドウイルス目 (トルニドウイルス亜目) トバニウイルス科 (トロウイルス亜科)	トロウイルス属	馬・牛・豚トロウイルス		

(つづく)

表 7-4 獣医学領域で重要な動物ウイルス（つづき）

目・(亜目)・科・(亜科)	属・(亜属)	産業動物のウイルス	犬・猫・他のウイルス	人のウイルス
アマリロウイルス目 **フラビウイルス科**	オルトフラビウイルス属	**日本脳炎ウイルス** **ウエストナイルウイルス** 跳躍病ウイルス ウェッセルスブロンウイルス		黄熱ウイルス デングウイルス 日本脳炎ウイルス ウエストナイルウイルス ジカウイルス ダニ媒介性脳炎ウイルス オムスク出血熱ウイルス キャサヌル森林病ウイルス
	ヘパシウイルス属			C型肝炎ウイルス
	ペギウイルス属			G型肝炎ウイルス？
	ペスチウイルス属	**豚熱ウイルス** **牛ウイルス性下痢ウイルス** ボーダー病ウイルス 豚ペスチウイルス		
マルテリウイルス目 **トガウイルス科**	アルファウイルス属	**東部馬脳炎ウイルス** **西部馬脳炎ウイルス** **ベネズエラ馬脳炎ウイルス** ゲタウイルス		チクングニアウイルス 東部・西部・ベネズエラ馬脳炎ウイルス
ヘペリウイルス目 **マトナウイルス科**	ルビウイルス属			風疹ウイルス
ヘペリウイルス目 **ヘペウイルス科**	オルトヘペウイルス属	鳥E型肝炎ウイルス		E型肝炎ウイルス
逆転写酵素をもつ1本鎖RNAウイルス				
オルテルウイルス目 **レトロウイルス科** （オルトレトロウイルス亜科）	アルファレトロウイルス属	鶏白血病ウイルス ラウス肉腫ウイルス		
	ベータレトロウイルス属	羊肺腺腫ウイルス	サルレトロウイルス4, 5 マウス乳癌ウイルス	
	デルタレトロウイルス属	**牛伝染性リンパ腫ウイルス**		人T細胞白血病ウイルス
	ガンマレトロウイルス属	細網内皮症ウイルス	猫白血病ウイルス マウス白血病ウイルス	
	レンチウイルス属	**馬伝染性貧血ウイルス** ビスナ・マエディウイルス 山羊関節炎・脳炎ウイルス 牛免疫不全ウイルス	猫免疫不全ウイルス	人免疫不全ウイルス
（スプーマレトロウイルス亜科）	フェリスプーマウイルス属		猫フォーミーウイルス	

「家畜伝染病予防法」対象ウイルスを太字で示した。

第8章　ウイルスの増殖

一般目標：ウイルス増殖の特徴，増殖環に関わる基礎知識を修得する。

到達目標
1) ウイルスの培養方法とウイルスの増殖に伴う細胞の変化を説明できる。
2) ウイルスの定量法を説明できる。
3) 細胞レベルでのウイルス増殖過程と感染様式を説明できる。
4) ウイルス共感染に伴う遺伝子レベル及びタンパク質レベルの相互作用を説明できる。
5) ウイルスの変異機構と変異体，進化を説明できる。

1. 培　養

> **キーワード**：発育鶏卵法，接種方法，至適卵齢，尿膜腔内接種，卵黄嚢接種，羊膜腔内接種，ウイルス増殖の指標，ポック，細胞培養法，初代細胞培養，単層培養，接触阻止，株化細胞，浮遊培養，マウス，ウサギなどの実験動物，SPF動物，ウイルスの濃縮と精製，限外濾過膜による濃縮，超遠心分画法，細胞変性効果，CPE，円形化，萎縮，溶解，多核巨細胞形成，壊死，アポトーシス，赤血球吸着現象，封入体形成，細胞質内，核内，封入体，トランスフォーメーション（形質転換）

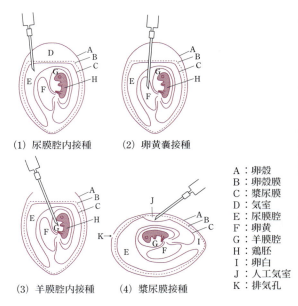

図8-1　発育鶏卵法の各種接種法

(1) 尿膜腔内接種　(2) 卵黄嚢接種
(3) 羊膜腔内接種　(4) 漿尿膜接種

A：卵殻
B：卵殻膜
C：漿尿膜
D：気室
E：尿膜腔
F：卵黄
G：羊膜腔
H：鶏胚
I：卵白
J：人工気室
K：排気孔

A. 培養法

ウイルスの増殖には生きている細胞が必要であり，その培養に発育鶏卵，培養細胞，動物が用いられている。

1) 発育鶏卵法

発育鶏卵でのウイルス培養の歴史は古く1930年代に始まった。細胞培養法の発達した現在でも，インフルエンザウイルスや各種ウイルスの分離・培養によく用いられている。受精卵を孵化させるためには，37.5℃前後の温度と60%前後の湿度を保ち，換気ができる孵卵器が必要で，1日に数回の転卵を要する。また鶏胚を検査するため検卵 candling を行う。卵に光を透過させ内部を調べ，これにより鶏胚の生死や発育状態を知ることができる。受精卵は迷入ウイルスのない SPF (specific pathogen free) 卵を用いる。数多くのウイルスが発育鶏卵で分離・培養されているが，**接種方法**，**至適卵齢**（鶏胚の日齢）および増殖の指標は目的とするウイルスにより異なる。**尿膜腔内接種**では10～11日発育卵，**卵黄嚢接種**では5～10日発育卵，**羊膜腔内接種**では7～15日発育卵，漿尿膜接種では10～13日発育卵を用いる（図8-1）。**ウイルス増殖の指標**としては，漿尿膜に形成された**ポック** pock，漿尿液や羊水中の赤血球凝集素の産生，鶏胚の死や矮小化などが用いられる。

2) 細胞培養法

現在，ウイルスの培養に最も広く用いられている。細胞培養にはいろいろな方法があるが，基本的なものは動物組織から直接つくる**初代細胞培養** primary cell culture で，各種組織を細切しトリプシンなどの蛋白分解酵素で細胞を分散させた後，培養液に浮遊させ，ガラスまたはプラスチックの容器に分注して培養する。培養細胞は数日間の増殖後，単層を形成するので（**単層培養** monolayer culture），これをウイルスの増殖・培養に用いる。単層を形成する細胞は隙間がなくなり，互いが接するようになると分裂を停止する。この現象は**接触阻止** contact inhibition と呼ばれている。初代培養細胞は再び分散継代して用いることもできるが，通常，数代の継代で増殖が停止する。これに対して半永久的に継代ができる培養細胞が**株化細胞** established cell line で，腫瘍組織由来細胞や初代培養細胞の継代中に時として現れる変異細胞から得られる。近年では，腫瘍ウイルスである SV40 の T 抗原などを各種初代培養細胞に導入・発現させることで不死化した培養細胞が作出されている。現在までに数多くの株化細胞が樹立されており，ウイルスの培養や各種研究に用いられている。一方，リンパ系などの細胞は培養器に付着せず，浮遊状態で増殖する性状を有している（**浮

遊培養 suspension culture）。

3) 動　物

　発育鶏卵法や細胞培養法が開発されるまでは，ウイルス学の実験は専ら動物（**マウス，ウサギなどの実験動物**，各ウイルスの自然宿主）を用いて行われた。簡便さ，労力，経費の点で発育鶏卵法や細胞培養法に比べ劣るものの，獣医学領域のウイルスでは本来の宿主動物を用いた感染実験も可能であり，宿主動物の免疫応答やウイルスの病原性の研究，強毒株の継代維持などにおいて重要である。また，一部のウイルスの分離には実験動物への接種が不可欠の場合もある。ウイルスにより用いる動物種，系統，日齢，および接種法は異なるが，よく用いられるのは乳のみマウスの脳内接種法である。接種後，臨床症状を観察し安楽死させ，各種臓器を無菌的に採取して，ウイルスの証明を行う。動物としては，その動物固有の感染症のないことが証明されている **SPF 動物** であることが望ましく，飼育環境が適切でかつ病原体を漏出させない施設・設備が必要である。

4) ウイルスの濃縮と精製

　ウイルス粒子の形態の観察や構成蛋白質などの化学組成の解析ならびにウイルスに対する抗血清の作製にはウイルス粒子を純化・精製することが必要となる。ウイルスが感染した組織または培養細胞の乳剤や培養液などを低速遠心で夾雑物を取り除いたものが出発材料となる。必要に応じて，ポリエチレングリコール（排除体積効果）や硫酸アンモニウム（塩析）による沈殿・濃縮や**限外濾過膜による濃縮**を行い，**超遠心分画法**によりウイルス粒子を精製する。超遠心分画法においては，毎分 20,000 回転以上の条件が可能な超遠心機が使用され，ショ糖の密度勾配を用いるゾーン密度勾配遠心法や塩化セシウムなどの超遠心により濃度勾配が自ずと形成される溶液を用いる平衡密度勾配（等密度）遠心法がある。前者は適切な時間後に，後者は長時間の超遠心で平衡に達した濃度勾配中のウイルス粒子の密度に応じた部分にウイルス粒子が集積して，目視可能なバンドが形成される。

B. ウイルス感染に伴う細胞の変化

1) 細胞変性効果

　多くのウイルスは培養細胞に感染後，細胞に様々な変化をすなわち**細胞変性効果**（cytopathic effect：**CPE**）を引き起こす。CPE のうち代表的なものは，細胞の**円形化，萎縮，溶解**および**多核巨細胞形成**で，通常，光学顕微鏡（倒立顕微鏡）で観察可能なものである（図 8-2）。CPE の発現には宿主細胞側のウイルス感染に対する応答である**壊死**と**アポトーシス**の発現が含まれているが，そのバランスはウイルスと培養細胞の組合せ，感染後の時間により多様であると考えられている。

2) 赤血球吸着現象

　パラミクソウイルスのような赤血球凝集性のあるウイルスに感染した培養細胞の表面には，ある種の赤血球が吸着することが知られている。これ

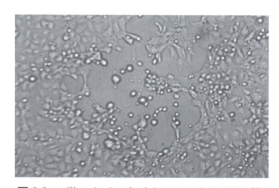

図 8-2a　猫ヘルペスウイルス 1 による CPE（細胞の円形化と萎縮）

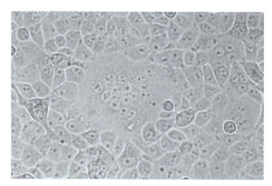

図 8-2b　犬パラインフルエンザウイルスによる CPE（多核巨細胞形成）

は赤血球と結合するウイルスの糖蛋白（赤血球凝集素）が感染細胞表面に産生されることに起因する。CPEの不明瞭なウイルスの分離や定量の際に、この**赤血球吸着現象** hemadsorption を指標にして感染の有無を知ることができる。

3）封入体形成（図8-3，図8-4，図8-5）

ウイルス感染細胞の**細胞質内，核内**またはその両方に見られ，正常細胞では認められない染色性の異なる物質を**封入体** inclusion body と呼ぶ。封

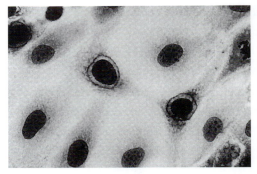

図8-5 犬アデノウイルス2型に感染した犬腎培養細胞中の核内封入体

入体はウイルス粒子の産生部位の場合（牛痘ウイルスのB型封入体，狂犬病のNegri小体など）とウイルス粒子を含まない場合（牛痘ウイルスのA型封入体など）がある。

封入体のうち，ウイルス粒子の産生場所（ウイルス工場）である場合 viroplasm という。

4）トランスフォーメーション（形質転換）（図8-6）

多くの腫瘍原性のウイルスは培養細胞を**形質転換** transformation させることができ，接触阻止により単層を形成していた細胞の形質が変化し，無秩序に増殖，多層を形成する。この変化は単層培養上にフォーカス focus として観察され，ある種のがん遺伝子をもったウイルスの定量に用いられる。

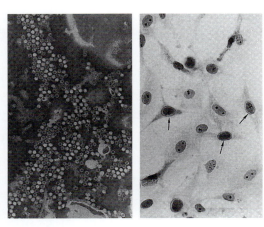

図8-3 パルボウイルス粒子と核内封入体
左：糞便内の犬パルボウイルス陰性染色像（望月ほか：*Jpn. J. Vet. Sci.* 46, 587-592, 1984 より転載）
右：猫汎白血球減少症ウイルスが感染した猫培養細胞内に形成された典型的な核内封入体（矢印）。

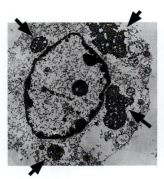 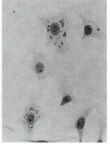

図8-4 オルトレオウイルス感染細胞内のウイルス粒子と細胞質内封入体
左：猫レオウイルス感染細胞の超薄切片像。細胞質内封入体相当部分にウイルス粒子が集簇しているのが見られる。（望月ほか：*J. Vet. Med. Sci.* 54, 963-968, 1992 より転載）
右：猫レオウイルス感染細胞に形成された細胞質内封入体。

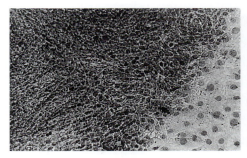

図8-6 犬アデノウイルス2型DNAによりラット3Y1細胞を形質転換させたフォーカスの境界部 左側の小型の細胞集団が形質転換した細胞で重なりあい，盛り上がっている。右側の大型の細胞は正常な3Y1細胞。　　　　　（提供：品川森一博士）

2. 定 量

キーワード：酵素活性，赤血球凝集活性，ウイルス感染価，CPE，50% 組織培養感染量，$TCID_{50}$，50% 発育鶏卵感染量，EID_{50}，50% 致死量，LD_{50}，プラック形成単位，PFU，フォーカス形成単位，FFU，ポック形成単位，電子顕微鏡，ラテックス粒子

ウイルスの定量法には大きく分けて，感染価を測定する方法とその他の定量法〔粒子数，逆転写酵素やノイラミニダーゼなどの**酵素活性**，ウイルスゲノム核酸数量，**赤血球凝集** hemagglutination（HA）**活性**〕に分けられる。

A. 感染価の測定法

1）感染の終末点を検出する方法

ウイルス感染価の測定法の１つは，階段希釈したウイルス液を培養細胞に接種して，感染の終末点を検出する方法である。感染の有無は通常 **CPE** で判定する。細胞の 50% を感染させる被験ウイルス液の希釈度（**50% 組織培養感染量** median tissue culture infectious dose：$TCID_{50}$）を算出してウイルス感染価を表す。Reed-Müench 法による $TCID_{50}$ の算出例を表 8-1 に示す。培養細胞の代わりに発育鶏卵を用いた場合は **50% 発育鶏卵感染量** median egg infectious dose（EID_{50}）となる。実験動物に接種して，50% が死亡する希釈度（**50% 致死量** median lethal dose：LD_{50}）を求めることもあり，病原性を定量して毒力を比較することができる。

2）局所感染巣を計数する方法

プラック（プラーク）plaque, フォーカス, ポックのような局所感染巣を計数する方法がある。プラック法の場合は単層培養細胞にウイルスを接種し，寒天やメチルセルロースを含む培養液を重層する。これにより，最初に感染した細胞から隣接する細胞へのみ感染が限定され，数日後にニュートラルレッドなどで染色すると，ウイルス感染に起因する死細胞が白斑状にプラックとして検出される（図 8-7）。このプラックの数を計算することでウイルス感染価を算出する。プラックの形や大きさはウイルス種により異なり，また全てのウイルスがプラックを形成するわけではない。通常，１つのプラックは１つの感染性単位の感染により形成されるので，これを**プラック形成単位** plaque-forming unit（**PFU**）と呼ぶ。形質転換を起こす腫瘍原性ウイルスの場合はプラック法と同様にウイルスを感染させて培養すると形質転換した細胞が塊を形成したフォーカスとして観察される。１つのフォーカスは１つの腫瘍原性ウイルスの感染性単位で形成されるので，それを**フォーカス形成単位** focus-forming unit（**FFU**）としてウイルス感染価を算出することができる。変法として，明瞭なプラックを形成しないウイルスでも，特異抗体などで感染巣を可視化して定量することができ，この場合の感染価も FFU を用いる。発育鶏卵にポックを形成するウイルス（ポックスウ

表 8-1 Reed-Müench 法による $TCID_{50}$ の算出例

ウイルス希釈 （接種量 0.1 ml）	CPE の有無		累積 CPE 数		累積 CPE 率（%）
	有	無	有	無	
10^{-1}	5	0	11	0	100
10^{-2}	4	1	6	1	86
10^{-3}	2	3	2	4	33
10^{-4}	0	5	0	9	0

$TCID_{50}$ を示すウイルス希釈は 86% と 33% の間を比例配分することにより得られる。
$-2 - (86 - 50) / (86 - 33) = -2 - 0.7 = -2.7$
となり，$TCID_{50} = 10^{-2.7}$ であり，試料中のウイルス感染価は接種量（0.1 ml）あたり $10^{2.7} TCID_{50}$ となる。

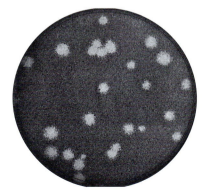

図 8-7 犬アデノウイルス２型のプラック

イルス，ヘルペスウイルスなど）は漿尿膜に生じたポックを数えることでウイルス感染価を**ポック形成単位**として測定することができる。

B．その他の定量法

粒子数，逆転写酵素やノイラミニダーゼなどの**酵素活性**，ウイルスゲノム核酸数量，**赤血球凝集活性**がある．

1）ウイルス粒子数の測定

電子顕微鏡を用いてウイルス粒子を直接観察し，試料に混ぜ合わせた既知濃度の**ラテックス粒子**との比率からウイルス粒子の濃度を算出する。これらの方法では，感染性粒子であるビリオン virion の測定はできない。

2）ウイルスの酵素活性の測定

レトロウイルスやヘパドナウイルスは逆転写酵素をそのビリオン中に有しており，その定量に逆転写酵素活性の測定が応用されている。ノイラミニダーゼ活性のある糖蛋白質をエンベロープに有するインフルエンザウイルスやパラミクソウイルスはノイラミダーゼの**酵素活性**を測定することで定量できる。

3）ウイルス核酸の測定

ウイルス粒子中のゲノム核酸の紫外吸光度を測定することにより定量できるが，近年は PCR を応用して，増幅産物を PCR 反応時間内に検出・定量するリアルタイム PCR によりウイルス特異的核酸を定量することが広く行われている。

4）赤血球凝集活性の測定

赤血球凝集活性を有するウイルスの場合は一定量の赤血球を凝集できるウイルス液の最大希釈度を求めることにより，ウイルス液中に含まれるウイルス量を定量することができる。本方法の応用として，動物の血清中のウイルスに対する抗体を HA 阻止 hemagglutination inhibition（HI）試験により測定することができ，比較的簡便で短時間に抗体価を測定可能な方法として知られている。

3．増殖過程

> **キーワード**：1段増殖曲線，暗黒期，潜伏期，吸着，侵入，脱殻，集合，レセプター，翻訳，初期遺伝子，初期蛋白質，後期遺伝子，後期蛋白質，逆転写酵素，逆転写，インテグレーション，出芽，細胞溶解性感染，壊死，アポトーシス，持続感染，プロウイルス，潜伏感染，遺伝子再活性化，形質転換，不稔感染，インターフェロン

A．増殖曲線

ウイルスの増殖性状は，増殖曲線により評価できる。培養細胞が全て感染するような高い濃度のウイルス液〔MOI（multiplicity of infection）＝1 以上〕を接種して，その後の細胞内および培養液中のウイルス量を経時的に測定することにより，1 つの細胞中で起きている増殖過程の 1 サイクルを曲線にしたものを **1 段増殖曲線** one-step growth curve という（図 8-8）。感染後，子ウイルスが出現するまで，ウイルス粒子が感染細胞内に検出されなくなる時期があり，この時期を**暗黒期** eclipse period という。また，ウイルスが細胞外に放出されるまでの時期を**潜伏期** latent period という。細胞膜表面で成熟して放出されるウイルスでは暗黒期と潜伏期は一致する。暗黒期の長さはウイルスにより異なり，2 〜 13 時間である。この間にウイルスゲノムの発現と複製が行われる。増殖過程 1 サイクルの時間はピコルナウイルスの 6 〜 8 時間からサイトメガロウイルスの

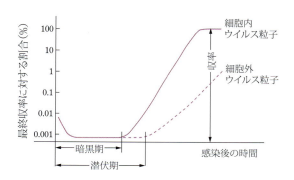

図 8-8　ウイルスの 1 段増殖曲線

40時間に及ぶ。

一方，ウイルスを低いMOI（例：0.01）で細胞に感染させた場合に得られる多段増殖曲線 multi-step growth curve もウイルスの増殖性を評価する実験手法として用いられる。

B. 増殖環

DNAウイルスとRNAウイルスの増殖環の模式図を図8-9～図8-14に示す。基本的には次のような経過である。ウイルスは細胞に**吸着**，**侵入**後，**脱殻**し，ウイルスゲノムが細胞中に露出または転写可能な状態となる。その後，ウイルス mRNAと蛋白質の合成が始まり，ウイルスゲノムの複製が起こり，次いでウイルス素材の**集合**によりウイルス粒子が組み立てられ，ビリオンが細胞より放出される。

吸着はビリオン表面の蛋白質が細胞表面と結合することにより成立する。ビリオンの結合蛋白質としては，オルトミクソウイルスのHA蛋白質やパラミクソウイルスのエンベロープにある赤血球凝集素，アデノウイルスのペントンファイバーが知られている。細胞表面のウイルス結合部位は**レセプター** receptor（受容体）と呼ばれ，ウイルス感染が成立するうえで必須であり，ウイルス感染の種特異性や組織特異性を決定する重要な因子である。レセプターとしてはインフルエンザウイルスに対する細胞表面のシアル酸糖鎖，ヒト免疫不全ウイルスに対するTリンパ球抗原のCD4分子とケモカインレセプター，ライノウイルスに対する細胞の接着分子ICAM-1などがある（表9-1参照）。

吸着後，ウイルス粒子の細胞内への侵入が起こる。ウイルス侵入様式は以下のような機構により，ヌクレオカプシドまたはウイルスゲノムが細胞内に放出されることが知られている。

エンベロープウイルスの場合：①エンベロープと細胞膜との直接融合によってヌクレオカプシドが放出される（パラミクソウイルスなど）。②エンドサイトーシスによって細胞内に取り込まれたウイルスのエンベロープとエンドソーム膜に融合が生じヌクレオカプシドが放出される（オルトミクソウイルスなど）。

エンベロープをもたないウイルスの場合：エンドサイトーシスにより細胞内に取り込まれたのち，①エンドソーム膜に小さな穴が開き，そこからゲノムが細胞質中に放出される（ピコルナウイルス）。②エンドソーム膜の透過性を変化させてヌクレオカプシドが細胞質内に移行する（パルボウイルス）。③エンドソームの酸性化などの変化に伴いその膜を溶解させて，一部ウイルス構造蛋白質が脱落したヌクレオカプシドが細胞質内に移行する（アデノウイルス）。

脱殻は細胞に侵入したヌクレオカプシドからウイルス核酸が遊離し，その機能を発揮して遺伝情報を発現できる状態になることである。この過程はウイルスにより異なり，不明な点も多いが，侵入と同時に起こるもの，細胞質中で進行するもの（レトロウイルスなど），核膜孔で起きるもの（ヘルペスウイルス，アデノウイルスなど），核内で起きるはずのもの（パルボウイルスなど）がある。

ウイルス蛋白質とゲノムの合成の過程は，1本鎖DNA，2本鎖DNA，プラス1本鎖RNA，マイナス1本鎖RNA，2本鎖RNAおよびレトロウイルスにより独特の機構を有している。概説すると以下の通りである。

1本鎖DNAウイルスは，複製型の鋳型DNAを経て複製された1本鎖DNAが子孫ウイルス粒子に取り込まれる（図8-9）。2本鎖DNAウイルスでは少なくとも2段階のmRNAへの転写と**翻訳**が行われる。最初に転写される**初期遺伝子**がコードする**初期蛋白質**は主にウイルスDNAの複製に必要な酵素であり，**後期遺伝子**がコードする**後期蛋白質**は大部分が子孫ウイルスの構造蛋白質である（図8-10）。

1本鎖RNAウイルスは脱殻後，ゲノムRNAがそのままmRNAとして働くプラス鎖RNAウイルス（図8-11）とゲノムRNAの転写物がmRNAになるマイナス鎖RNAウイルス（図8-12）がある。プラス鎖RNAウイルスの場合，ゲノムRNAから翻訳された前駆蛋白質は開裂され，一部はその後のRNAの転写および複製に関与し，他は

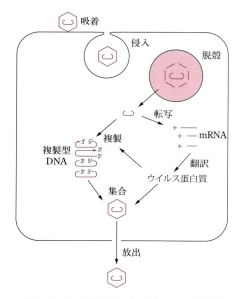

図8-9　1本鎖DNAウイルスの増殖環

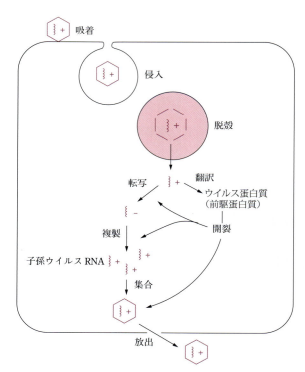

図8-11　プラス鎖RNAウイルスの増殖環

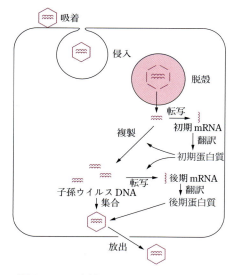

図8-10　2本鎖DNAウイルスの増殖環

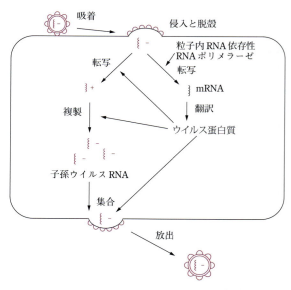

図8-12　マイナス鎖RNAウイルスの増殖環

子孫ウイルスの構造蛋白質となる．マイナス鎖RNAウイルスはウイルス粒子中に含まれるRNA依存性RNAポリメラーゼ RNA-dependent RNA polymerase（RdRp）によりプラス鎖RNAが転写され，一部はウイルス蛋白質翻訳用のmRNA，他はゲノムマイナス鎖RNAの鋳型となる．多くのマイナス鎖RNAウイルスのゲノムの転写・複製はゲノムの鋳型となるプラス鎖も含めてヌクレオカプシドの状態を形成して進行する．

2本鎖RNAウイルスは，外殻を失った粒子内

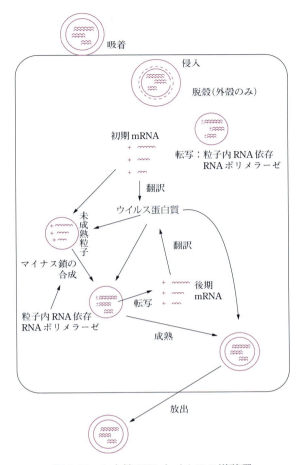

図 8-13 2本鎖RNAウイルスの増殖環

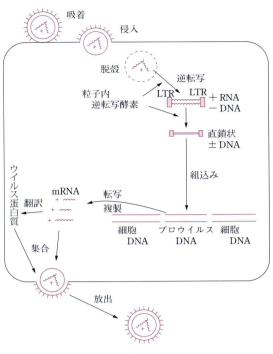

図 8-14 レトロウイルスの増殖環

2本鎖RNAのマイナス鎖から粒子内のRdRpを用いてプラス鎖RNAが転写され，mRNAおよび子孫ウイルス2本鎖RNAの鋳型となる。また，マイナス鎖の合成も子孫ウイルス粒子内で行われる（図8-13）。レトロウイルスは粒子内の**逆転写酵素**によりプラス鎖ゲノムRNAが直鎖状2本鎖DNAに**逆転写**された後，細胞のDNAにプロウイルスDNAとして組み込まれる（**インテグレーション** integration）。このプロウイルスDNAを鋳型として，ウイルスmRNAおよびゲノムRNAが転写，複製される（図8-14）。

エンベロープを有するウイルスの場合，感染細胞の膜をエンベロープとして獲得する過程があり，**出芽**と呼ばれる。出芽は小胞体やゴルジ装置などの膜オルガネラで起きる場合（ヘルペスウイルス，コロナウイルス，ブニヤウイルスなど）と細胞質膜で起きる場合（アルファウイルス，パラミクソウイルス，オルトミクソウイルスなど）があり，前者ではその後エキソサイトーシスにより感染細胞から子孫が放出され，後者は出芽と放出が同時に起きることとなる。

C. 細胞への感染様式

あらゆるウイルスは宿主細胞の代謝経路を利用してウイルス遺伝子の複製とウイルス蛋白質の発現を進めるので，子孫ウイルスを産生するための増殖過程においては細胞への感染が必要である。その様式は以下の4種類に大別される。

1）細胞溶解性感染

ウイルスが感染している宿主細胞がウイルスの増殖により障害を受けて死滅する場合を**細胞溶解性感染** cytolytic infection と呼び，多くのウイルスが産生され，その宿主細胞は死滅する。この細胞死は**壊死** necrosis または**アポトーシス** apoptosis の形態をとり，後者は生体内における

ウイルス感染の拡大を抑制するための宿主の防御反応の1つと考えられる。

2）持続感染

細胞レベルの**持続感染**では細胞は死滅することなくウイルスまたはウイルス遺伝子を維持する状態となる。レトロウイスの場合，そのRNAゲノムは逆転写酵素によりDNAとなり，宿主細胞の染色体に組み込まれて，**プロウイルス**として維持される持続感染状態となる。その際，感染性ウイルスが産生されない場合は**潜伏感染**となる。ヘルペスウイルスの潜伏感染では，ゲノムが宿主細胞の核内で染色体とは遊離した状態のエピソームepisomeとなる。潜伏感染しているウイルスの遺伝子は健常な宿主体内ではその発現が抑制された状態でそのゲノムは維持されるが，宿主がストレスや免疫抑制などに曝されると転写や複製が再開され（**遺伝子再活性化** genetic reactivation），子孫ウイルスが産生される。一方，培養細胞でCPEを呈さずに増殖するボルナウイルス，サーコウイルスや豚熱ウイルスなどの感染様式も持続感染と考えられる。

3）形質転換

一般に外部からの遺伝子導入により細胞の性状が変化する生物学的事象全般を**形質転換**と呼ぶが，ウイルス学分野においては感染細胞にがん化を誘導するウイルス感染様式をさす（培養細胞での本現象に関しては「1. 培養」と「2. 定量」を参照，がん化メカニズムに関しては第9章「3. 発がん機構」を参照のこと）。

4）不稔感染

ウイルスが宿主細胞へ侵入しても，その後の増殖過程が十分に進まず，子孫ウイルスの産生が見られない状態を**不稔感染** abortive infectionと呼ぶ。通常のウイルス感染では，ウイルス粒子内ならびに宿主細胞内に子孫ウイルス産生に必要な全ての要素が備わっているが，それらの要素のいずれかが欠けている場合に不稔感染となる。広義としては，ウイルス感染に応答した宿主細胞が自然免疫系 innate immune systemを活性化させ，**インターフェロン** interferonなどのウイルス増殖抑制因子の産生やアポトーシスの誘導によりウイルス増殖が中断する場合（「5. 相互作用」参照）や，ウイルスの細胞障害性が強すぎて子孫ウイルスの産生前に感染細胞が死滅してしまう場合なども含む。

4. 相互作用

キーワード：干渉現象，干渉作用，欠陥干渉粒子，DI粒子，受容体干渉，インターフェロン，インターフェロン誘導遺伝子，増強，自然免疫応答，END法，BEND法，相補，ヘルパーウイルス，表現型混合，シュードタイプウイルス，カプシド変換

自然界には様々なウイルスが存在し，同じ動物個体における複数種のウイルス感染事例も少なくない。そして，1つの細胞に複数のウイルスが共感染 co-infectionする場合，単独感染では起こらない特殊な現象が生じることがある。このようなウイルス間における相互作用は，遺伝子レベルおよび蛋白質レベルの両方で起こる。

A. 干渉現象

2種類のウイルスが共感染した細胞において，少なくとも一方のウイルスの増殖が阻害される現象を総称して**干渉現象**（または**干渉作用**）interferenceと呼ぶ。同種ウイルス間だけでなく，異種ウイルス間でも見られる。また干渉現象の分子メカニズムは多様で，ウイルス側の要因で起こる場合も宿主側の要因で起こる場合もある。

高濃度のウイルスを培養細胞で繰り返し継代すると，ウイルスゲノムの一部を欠損した増殖能欠損ウイルスが産生されることがある。このようなウイルスは，新たな宿主細胞へ感染・侵入するが，一部のウイルス蛋白質を発現することができないため不稔感染を起こす。さらに，同種の野生型ウイルス wild-type virus（増殖能力を有するウイルス）と同じ細胞に共感染した場合，野生型ウイルスの増殖を抑制する。これは，野生型ウイルスの全長ゲノムの複製が，短い増殖能欠損ゲノムの複製により妨げられるためと解釈されている。このような干渉現象は**欠損干渉** defective interference

と呼ばれ，それを引き起こす短いウイルスゲノムをもつ増殖能欠損ウイルスを**欠陥干渉粒子** defective interfering particle（**DI粒子**）と呼ぶ。A型インフルエンザウイルスでの発見を契機として，様々なRNAウイルスで同様の現象が確認されている。

一部のレトロウイルスは，自身の感染細胞の表面上にエンベロープ蛋白質を発現して受容体分子（レセプター）をおおう，あるいは細胞内の蛋白質発現機構に作用して受容体分子の発現そのものを抑制することで，外部からの同種ウイルスの重感染を阻止する。**受容体干渉** receptor interference と呼ばれるこの現象は，盛んに子孫ウイルス粒子を産生し水平感染を引き起こす野生型ウイルス（外在性レトロウイルス exogenous retrovirus）の感染細胞だけでなく，宿主細胞の染色体内にウイルスゲノム様DNAを組み込んで潜伏感染している内在性レトロウイルス endogenous retrovirus の感染細胞において，エンベロープ遺伝子が活性化している場合にも見られる。

不稔感染の項でも述べた通り，本来宿主細胞は，感染してきたウイルスを異物として認識し，その増殖を抑制する機構として自然免疫系を備え，ウイルス感染時には**インターフェロン**をはじめとするウイルス増殖抑制因子を産生する。ウイルス感染細胞から放出されたインターフェロンは，当該感染細胞ならびに周囲の非感染細胞を刺激して数百種類にも及ぶ**インターフェロン誘導遺伝子** interferon-stimulated gene（ISG）の発現を促す。ISG産物の多くは抗ウイルス作用を示すことから，インターフェロンに刺激された細胞は抗ウイルス状態 antiviral state となる。この抗ウイルス状態は，特定のウイルス種に対する特異的なものではなく，様々なウイルスの感染・増殖を非特異的に作用してウイルスの増殖を抑制することから，結果的に干渉現象を引き起こすこともある。つまり，インターフェロン介在性の不稔感染は，干渉現象の1つと解釈できる。

B. 増　強

干渉現象とは逆に，2種類のウイルスが共感染した細胞において，少なくとも一方のウイルスの増殖が促進される現象を**増強** enhancement と呼ぶ。干渉現象と同様，同種ウイルス間だけでなく異種ウイルス間でも見られるが，その分子メカニズムには，宿主細胞の**自然免疫応答**に対抗するウイルス側の要因が関与する。増強現象は，古くから培養細胞に対してCPEを示さないウイルスの検出や定量に利用されてきた。

フラビウイルス科 *Flaviviridae* ペスチウイルス *Pestivirus* 属の豚熱ウイルスは，豚精巣細胞に感染して増殖するが，CPEを示さないため，その存在を容易に確認することはできない。一方，豚熱ウイルス感染細胞に対して，CPEを示すパラミクソウイルス科 *Paramyxoviridae* のニューカッスル病ウイルスを重感染させると，ニューカッスル病ウイルスの単独感染細胞と比べより明瞭なCPEを観察することができる（図8-15）。ニューカッスル病ウイルスの宿主細胞に対する感染・増殖が，豚熱ウイルスの感染によって増強された結果として見られるこの現象は，豚熱ウイルスの定量に活用され，**END**（exaltation of Newcastle disease virus）法と呼ばれる。また，豚熱ウイルスと同じペスチウイルス属の牛ウイルス性下痢ウイルスの中にもCPEを示さない株が存在し，その定量にはEND法と同様の手法が用いられてきた。こちらは，**BEND**（bovine END）**法**と呼ばれる。

これらの現象の発現には，宿主細胞の自然免疫応答と，これに拮抗作用を示すウイルス側の要因が大きくかかわっている。ニューカッスル病ウイルスを含め，細胞溶解性感染を引き起こすウイルスの多くは，宿主細胞の抗ウイルス作用と拮抗しながら細胞障害性を示す。豚熱ウイルスならびに牛ウイルス性下痢ウイルスは，感染細胞内におけるウイルス増殖の過程で，そのウイルス蛋白質の発現などを通じて宿主細胞のインターフェロン産生を抑制する。そのため，CPEのような外見上の変化は見られなくとも，これらのウイルス感染細

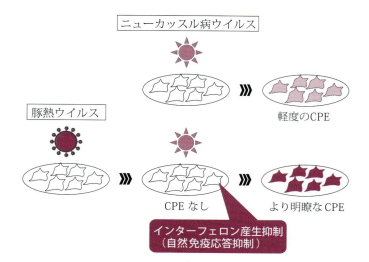

図 8-15 END 法の基本原理
上段：ニューカッスル病ウイルスが単独感染した細胞は，軽度の細胞変性効果 (CPE) を示す。
下段：豚熱ウイルスが単独感染した細胞は，CPE を示さないが，感染細胞のインターフェロン産生を抑制（自然免疫応答を抑制）する。そのため，当該細胞にニューカッスル病ウイルスを重感染させると，単独感染時と比べより明瞭な CPE が見られる。

胞の内部では自然免疫応答が抑制されている。このような細胞へニューカッスル病ウイルスが重感染すると，単独感染と比べ細胞の抗ウイルス作用の影響を受けにくく，その増殖性が上がることでより顕著な CPE が見られる。

　これまでの研究で，多くのウイルスが，インターフェロン産生をはじめとする宿主細胞の自然免疫応答を抑制的に制御する何らかの機構を備えていることが明らかとなっている。一方，自然免疫応答を抑制された細胞ならびに動物個体は，あらゆるウイルスの感染に対する防御態勢が減弱する。つまり，END 法や BEND 法に代表される異種ウイルスの重感染時の増強は，様々なウイルスの組合せにおいても細胞ならびに個体レベルで起こり得る現象と考えられる。なお，PCR を用いたウイルス遺伝子の検出・定量技術や，蛍光抗体法を用いたウイルス蛋白質の検出技術が発展した現在，END 法や BEND 法を用いたウイルスの定量は一般的とはいえない。しかし，ウイルスと宿主細胞，ならびに異種ウイルスの間で展開される多様な相互作用を理解するうえで，今なお重要な実験手技と位置づけられる。

C. 相補

　少なくとも一方のウイルスが，ウイルス増殖過程の完遂に必要な要素を欠き，単独感染では子孫ウイルスの産生まで至らず不稔感染を起こす条件下において，別のウイルスの共感染によって欠損機能が補完され，増殖能欠損ウイルスの複製が促されることがある。**相補** complementation と呼ばれるこの現象は，同種ウイルス間だけでなく，全く類縁関係のないウイルス間でも見られる。多くの場合，両ウイルス間における遺伝子組換え・交雑が起こらないため，増殖能欠損ウイルスの遺伝的性状は変化せず，その子孫ウイルスも単独感染では増殖能を欠いたままとなる。

　パルボウイルス科 *Parvoviridae* のアデノ随伴ウイルスは，単独感染時には不稔感染を起こすが，その感染細胞にアデノウイルスが共感染すると，ウイルス複製に必要な機能が補われ，子孫ウイルスを産生する。同様に，コルミオウイルス科 *Kolmioviridae* の D 型肝炎ウイルスも単独感染での増殖能をもたず，ヘパドナウイルス科 *Hepadnaviridae* の B 型肝炎ウイルスと共感染し

た場合にのみB型肝炎ウイルスのエンベロープ供給を受けることで子孫ウイルスを産生する。上記2例におけるアデノウイルスならびにB型肝炎ウイルスのように，増殖能欠損ウイルスの複製を助ける働きを示すウイルスを，**ヘルパーウイルス** helper virus と呼ぶ。

D. 表現型混合

2種類のウイルスが共感染した細胞から，双方のウイルス粒子を構成するウイルス蛋白質が入り混じったキメラ状の子孫ウイルスが産生されることがある。このような現象は**表現型混合** phenotypic mixing と呼ばれ，相補と同様，両ウイルス間における遺伝子組換え・交雑が起きないことを前提とする。通常，子孫ウイルス粒子内には，片方の親ウイルスに由来するウイルスゲノムのみが取り込まれることから，子孫ウイルスが新たな宿主細胞において感染・増殖することで表現型混合は消失する。

異種ウイルス間も含め，エンベロープを有するウイルス同士のエンベロープ蛋白質は比較的互換性が高く，表現型混合を起こしやすい。ウイルス粒子表面が別のウイルス由来のエンベロープ蛋白質によっておおわれたエンベロープウイルスは**シュードタイプウイルス** pseudotyped virus と呼ばれ，培養細胞で増殖しにくい，あるいは極めて病原性が高いなどの理由で取扱いが難しいウイルスのエンベロープ蛋白質の性状を解析する際の有用な実験ツールとして応用されている。

エンベロープをもたないウイルスの場合，ウイルス粒子を構成するカプシド蛋白質に関して，2種のウイルス間で表現型混合を起こすことが知られている。ある非エンベロープウイルスのカプシド蛋白質が，別の非エンベロープウイルス由来のカプシド蛋白質に全面的に置換された状態を，**カプシド変換** transcapsidation と呼ぶ。

5. 変 異

キーワード：遺伝子変異，変異体，準種，quasispecies，ポリメラーゼ，校正活性，誘発突然変異，点変異，同義変異，非同義変異，挿入，欠失，遺伝子組換え，遺伝子再集合，抗原性変異体，中和回避変異体，自然宿主，宿主適応変異体，薬剤耐性変異体，進化，共生

ウイルスは，その遺伝情報がコードされる核酸の種類により，DNAウイルスとRNAウイルスの2種類に分けられる。DNAウイルスの遺伝子はアデニン・チミン・グアニン・シトシンの4種類のDNA塩基が，RNAウイルスの遺伝子はアデニン・ウラシル・グアニン・シトシンの4種類のRNA塩基がそれぞれ重合して形成される。いずれのウイルスの遺伝子も，蛋白質の遺伝情報をコードする領域 coding region と，それ以外の領域 non-coding region から構成され，後者には，ウイルス遺伝子の転写や複製を制御する領域や，ウイルス遺伝子自体のウイルス粒子内への取込みに必要なシグナル配列（パッケージングシグナル packaging signal）が含まれる。また一部のウイルスでは，このような機能的な塩基配列が，蛋白質のコード領域と非コード領域にまたがって存在することも知られている。

ウイルスを「生物」とみなすか否かについては議論が分かれるが，遺伝情報を次世代に受け継ぎながら増殖する性質を備えていることから，「生命体」であることに疑いはない。生命体の形成や増殖に必要不可欠な一揃いの遺伝情報をゲノム genome と呼ぶが，ウイルスに限らず，あらゆる生命体の究極的な達成目標が子孫の繁栄を通じた種の存続にあると考えた場合，次世代へ遺伝情報を伝達するうえで一義的に求められるのは，ゲノム複製の正確性である。正しい遺伝情報を受け継ぐ子孫をつくり出すことは，その生命体の種としての存続と繁栄に欠かせない。その一方で，遺伝形質が完全に均一な生命体の集団は，周辺環境の変化などに伴って種が絶滅するリスクを抱えるため，ある程度の遺伝的多様性を維持することが望

ましい。そして，この遺伝的多様性をもたらす根源的な仕組みが，遺伝子の変異である。各ウイルス粒子内に取り込まれるゲノムによりあらゆる遺伝形質が決定されるウイルスの場合，個別にゲノムを内包する複数の細胞集団により構成される多細胞生物と比べて，その**遺伝子変異**が生命体全体に与える影響はより直接的で甚大となる。

ウイルスの増殖過程において遺伝子変異が生じるタイミングは，①ゲノム遺伝子（あるいはその相補鎖）が転写されて蛋白質をコードするmRNAがつくり出される際，ならびに②ゲノム遺伝子が複製されて子孫ウイルスへ遺伝形質を受け継ぐための新たなゲノム遺伝子が産生される際の2種類に大別できるが，前者の場合，変異した遺伝形質は当該世代の遺伝子産物（ウイルス蛋白質）の性状のみに反映され，子孫ウイルスへ受け継がれることはない。一方後者は，生じた遺伝子変異が受け継がれ，親世代とは異なる遺伝情報を有する子孫ウイルス（**変異体** mutant）の産生につながることから，結果的に生命体としての遺伝的多様性をもたらすことになる。

遺伝子変異の本質は「鋳型となる遺伝子の読み間違え」で，ごく一部の例外を除き，ランダムに発生する事象である。DNAウイルスとRNAウイルスを比較すると，一般的にRNAウイルスの方が高頻度で遺伝子変異が発生する。RNAウイルスの場合，単一のウイルス粒子が感染した場合であっても，細胞内における増殖過程で様々な遺伝子領域に変異が生じ，少しずつ異なる遺伝情報をもったウイルスが集団を形成することが多く，そのゲノムの不均一性を指して（種 species の代わりに）**準種** quasispecies と表現されることがある。このようなDNAウイルスとRNAウイルスの遺伝的特性の差異は，**ポリメラーゼ**（核酸複製酵素）が司るウイルス遺伝子の複製の正確性 replication fidelity に起因しており，RNAウイルスのRdRpの正確性は，DNAウイルスのDNAポリメラーゼと比べて著しく低いことが知られている。多くのDNAウイルスのDNAポリメラーゼは，遺伝子の読み間違えを修復する**校正活性** proof-reading activity を備えているが，RNAウイルスのRdRpには校正活性がなく，この違いが両ウイルスの遺伝子変異の頻度を規定する主要な分子メカニズムとされている。しかし近年，コロナウイルスのRdRpは，遺伝子変異を高頻度で生じるにもかかわらず，校正活性を備えている可能性が指摘されている。またポリオウイルスのRdRpは，1か所のアミノ酸が置換するだけで，遺伝子複製の正確性が3倍上昇することが明らかとなっており，校正活性以外の要因も遺伝子複製の正確性に関与していることも分かっている。

ウイルスに限らず，生命体のゲノムに対して外的な力を加えることで，遺伝子変異を人為的に誘発することができる。このような変異は**誘発突然変異** induced mutation あるいは人為突然変異 artificial mutation と呼ばれ，その誘発因子としては放射線や化学物質などが知られており，これらの物質の多くは，高等生物に対して発がん性を示す。生命体への曝露量を調節することで遺伝子変異の発生頻度をある程度制御できるが，変異の種類（詳細については「B. 変異体」を参照のこと）や導入される遺伝子上の位置はランダムに決定される。

A. 変異機構

ウイルス遺伝子の変異機構は，点変異，挿入・欠失，遺伝子組換え，遺伝子再集合の4種類に大別することができる（図8-16）。

1）点変異

点変異 point mutation とは，ウイルスゲノムを構成する塩基の1つが，ウイルスポリメラーゼの読み間違いなどで別の種類の塩基に置き換わることを指す。ウイルスゲノム上の蛋白質コード領域に点変異が生じても，変異部位を含むコドン codon に対応したアミノ酸が変化しない場合（**同義変異** synonymous mutation），子孫ウイルスを構成する蛋白質は親ウイルスと同一となり，ウイルスとしての特性も変化しないことが多い。一方，蛋白質コード領域に，当該ウイルス蛋白質のアミノ酸構成を変化させる点変異（**非同義変異**

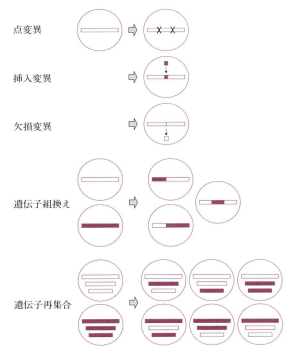

図 8-16 ウイルスの変異（図提供：堀本泰介先生）

non-synonymous mutation）が生じた場合，その子孫ウイルスの特性が大きく変化する可能性がある．とりわけ，1塩基の置換が終止コドン（stop codon）を生じさせた場合，そのウイルスゲノムを粒子内に取り込んだ子孫ウイルスはそれ以上感染・増殖できなくなる可能性が高い．非コード領域に点変異が生じた場合，子孫ウイルスが発現するウイルス蛋白質の性質は変化しないが，変異箇所の機能（例：遺伝子発現の制御，特定の RNA の発現）によっては，ウイルスの存続に致命的となる場合がある．

2）挿入・欠失

ウイルス遺伝子の複製過程で，親ウイルスのゲノム上には存在しない塩基配列が付加される（**挿入** insertion），あるいは親ウイルスのゲノム上の塩基配列がなくなる（**欠失** deletion）ことがある．1塩基単位のこともあれば，ある程度まとまった長さの塩基配列が挿入または欠失することもある．各アミノ酸に対応するコドンは連続した3つの塩基により構成されるため，挿入または欠失した塩基配列が3の倍数ではない場合フレームシフト frame shift が起こり，変異箇所より下流にコードされるアミノ酸配列は劇的に変化する．またこのフレームシフトによって終止コドンの位置がずれると，親ウイルスと比べて極端に長いまたは短い蛋白質コード領域が形成される．

3）遺伝子組換え

2種類の異なる親ウイルスの遺伝子間で塩基配列の一部が入れ替わることで，新たなウイルスゲノムが生じ，これを取り込んだ子孫ウイルスが変異体となることがある．このような遺伝子交雑現象を**遺伝子組換え** genetic recombination と呼ぶ．挿入・欠失の原因の1つであるポリメラーゼの鋳型鎖乗り換え template-switching に寄与する．従来のウイルスと遺伝的特性が大きく異なる変異体が短時間で出現する可能性が高く，遺伝子組換えが生じる塩基配列が長いほど，遺伝的特性の変化は大きくなる傾向にある．

4）遺伝子再集合

一部のウイルスは，異なる遺伝情報をコードした複数の遺伝子片（遺伝子分節 gene segment と呼ぶ）を1組のセットとしてゲノムを構成する．このような分節化したゲノム segmented genome を有するオルトミクソウイルス科 *Orthomyxoviridae*，レオウイルス目 *Reovirales*，ビルナウイルス科 *Birnaviridae*，ブニヤウイルス綱 *Bunyaviricetes* などに属する各ウイルス（いずれも RNA ウイルス）は，遺伝子交雑現象により遺伝子変異体を生じることで，より効率的に遺伝的多様性を獲得するポテンシャルを秘める．

ウイルス感染細胞内で複製されたウイルスゲノムは，新たに形成されるウイルス粒子内に取り込まれることで子孫ウイルスのゲノムとなるが，分節化ゲノムを有するウイルスの場合，1組の遺伝子分節がセットとしてウイルス粒子内に取り込まれる．単一の細胞に2種類の分節化ゲノムを有する同種のウイルスが感染した場合，その感染細胞内では，2種類の親ウイルスに由来する2組の遺伝子分節がそれぞれ複製される．この感染細胞から産生される子孫ウイルスの粒子内には，2種

類の親ウイルス由来の遺伝子分節が 1 本ずつランダムに取り込まれるため，その遺伝子構成において親ウイルスとは明確に異なる様々な子孫ウイルスが産生される。このように，遺伝子分節単位で起こる遺伝子交雑現象を，**遺伝子再集合** genetic reassortment と呼ぶ。例えばオルトミクソウイルス科の A 型インフルエンザウイルスの場合，そのゲノムは 8 本に分節化したマイナス鎖 RNA により構成されるため，1 つの細胞に 2 種類のウイルスが感染して遺伝子再集合が起こると，その子孫ウイルス集団が粒子内に取り込むゲノムは，$2^8 = 256$ 通りのバリエーションを備えることになる。従来のウイルスと遺伝的特性が大きく異なる変異体を短時間で効率よくつくり出すことができる遺伝子再集合は，点変異をはじめとする他の遺伝子変異機構と比べ，子孫ウイルスの遺伝的多様性をもたらす仕組みとして優れている。そのため，分節化ゲノムを有するウイルスは，他の変異機構と比較して短期間で劇的な進化を見せることが多い。

B. 変異体

　遺伝子変異そのものはランダムに生じるため，その結果はウイルスにとって不利益をもたらすリスクを抱えている。ウイルスはゲノムサイズが極めて小さいため，たとえ 1 塩基の点変異であっても，それがウイルスにとって致命的な遺伝子変異であった場合，その変異ゲノムを取り込んだ子孫ウイルスはそれ以上感染・増殖することはできない。また，増殖性などの基本性状において親株より劣る変異体も，親株と同一のゲノムを受け継いだ子孫ウイルスとの生存競争に勝てないため，いずれ消滅する運命をたどる。その一方で，宿主の免疫状態や感染・増殖環境（宿主の動物種など）の変化，あるいは抗ウイルス薬の投与などによる「選択圧 selective pressure」の存在下において，親株よりも優れた適応度 fitness を示す変異体は，より効率よく増殖し，その勢力を拡大する。

1）抗原性変異体

　ウイルスに感染した宿主は，その免疫系によりウイルスを異物として認識し，抗体産生をはじめとする免疫応答により，生体内から排除しようと試みる。特に，ウイルス粒子表面の蛋白質に結合しウイルスの細胞への感染性を失わせる抗体は中和抗体 neutralizing antibody と呼ばれ，多くのウイルス感染症に対する免疫応答において中心的な役割を担う。そのため，速やかに中和抗体が産生される宿主体内において，均一な遺伝形質を備えたウイルス集団が繰り返し感染・増殖することは難しい。この時，ウイルス遺伝子に生じるランダムな遺伝子変異の一部が，中和抗体の標的部位をコードする領域に導入され，ウイルス蛋白質としての機能を損なうことなく抗体との結合性を減弱または消失させる場合，このようなウイルスゲノムを受け継いだ変異体は，中和抗体の選択圧の存在下において優位な増殖性を示す。ウイルス蛋白質の宿主抗体との反応性を抗原性 antigenicity と呼び，その反応性が親株と比べて大きく変化した変異体を**抗原性変異体** antigenic mutant と呼ぶ。また特に，特定の中和抗体との反応性が消失した変異体を，**中和回避変異体** neutralization escape mutant と呼ぶ。

2）宿主適応変異体

　一部のウイルスは，感染・増殖する宿主が特定種に限定され，異なる動物種には伝播しない。ウイルスの種特異性は，宿主細胞表面に存在するレセプターばかりではなく，細胞の代謝経路や様々な宿主因子と相互作用，さらにウイルスの増殖に必要な宿主因子の構造や発現量が動物種ごとに異なることが関与している。また，新たに感染する動物種の標的臓器によっては，その温度や pH が異なることもある。そのため，**自然宿主** natural host の動物で増殖したウイルスが別の動物種へ伝播する際，ウイルスの感染・増殖環境が劇的に変化することが多い。このような場合，ウイルス集団の大部分を形成する遺伝形質よりも，特定の遺伝子変異をもった変異体の方が，優位な感染・増殖性を示しやすい。このような異なる宿主動物における生存に優位な変異体を，**宿主適応変異体** host adaptive mutant と呼ぶ。例えば，猫汎白

血球減少症ウイルスのカプシド蛋白質の変異に伴い，犬に感染する宿主適応変異体である犬パルボウイルスが出現した。

3）薬剤耐性変異体

近年，抗ウイルス薬の開発が進み，一部のウイルス感染症の治療に適用されている。ウイルス感染個体に対する抗ウイルス薬の投与は，その症状の軽減や治癒に役立つ一方で，新たな選択圧として作用し，その薬剤に対する感受性が低下した変異体の選択的な増殖を助けてしまう場合がある。このような変異体を**薬剤耐性変異体** drug resistance mutant と呼ぶ。多くの場合，このような変異体の薬剤非存在下における増殖性は，親株に当たる薬剤感受性株よりも劣るため，薬剤耐性変異を有する変異体が通常の環境下でその勢力を拡大する可能性は低く，あくまで薬剤存在下においてのみ優位に増殖する。

C. 進 化

あるウイルス集団が特定の選択圧に曝された結果，より適応度の高い変異体を中心とする集団に変化していく過程を，ウイルスの**進化** evolution と定義することができる。とりわけ急性感染症を引き起こすウイルスの場合，より効率的に子孫ウイルスを産生するように変異・進化していくことから，一時的に病原性の高いウイルス集団へと変化し，宿主動物に大きなダメージをもたらすことがある。しかし，宿主細胞に感染しないと増殖できないウイルスにとって，「子孫の繁栄を通じた種の存続」という長期的な目標を達成するうえで，宿主動物に重篤な疾患を引き起こし死に至らしめるような遺伝形質は，理に適っていない。実際，特定の野生動物種を自然宿主とする一部のウイルスは，その動物種内で感染・増殖を繰り返しても，宿主に対して高い病原性を示すことはない。これは，そのウイルスが，長い年月を経て当該宿主への適応変異を重ね，自身の存続にとって最も好都合な生物学的均衡にたどり着いた結果と解釈することができる。つまり，ウイルスの進化の究極的な到達地点は，宿主との**共生**関係にあると考えられる。

遺伝情報を効率よく後世へ残すという点において最も成功したウイルスは，内在性レトロウイルスかも知れない。人やマウスだけでなく，これまで調べられた様々な高等生物の全てのゲノム中には，レトロウイルスのゲノムとよく似た塩基配列が多数存在することが明らかになっている。人の場合，全ゲノムのうち約5〜8%を内在性レトロウイルス様配列が占める。ほとんどの配列には欠損などが見られ，ウイルスゲノムとしては不完全なため，ウイルス粒子の形成や，別の宿主への水平伝播は見込めない。しかし，宿主動物のゲノムに組み込まれていることから，その動物種が絶滅しない限り，その遺伝情報は安定的に受け継がれることになる。また一部の宿主動物のゲノムでは，ボルナウイルスなど逆転写酵素をもたないRNAウイルスやヘルペスウイルスなどDNAウイルスの一部の遺伝子も，内在化していることが確認されている。

一方，例外的な進化・適応過程を経て，種の存続に成功しているウイルスも存在する。咬傷を介した直接伝播を主要な感染経路とするラブドウイルス科 *Rhabdoviridae* の狂犬病ウイルスは，咬傷部位から神経を介して脳内へ侵入し，増殖する。増殖したウイルスの一部は，侵入時とは逆向きに神経を伝って，唾液腺をはじめとする種々の末梢器官へ移動する。ウイルスに中枢神経を侵された宿主動物は，その攻撃性が高まり，様々なものに咬みつくようになることで，新たな宿主への唾液を介したウイルス伝播に寄与することになる。このような感染・増殖サイクルで存続を続ける狂犬病ウイルスにとって，宿主動物における病原性を低下させる変異は致命的で，自然界においては淘汰される。つまり狂犬病ウイルスは，宿主との共生関係の構築とは真逆の方向へ進化したウイルスと捉えることができる。

第9章　ウイルスの病原性

一般目標：ウイルス感染症を導く発症機構，感染様式，感染から回復するための宿主免疫機構を理解し，説明できる。

到達目標
1) 個体におけるウイルスの侵入・増殖・放出の過程について説明できる。
2) ウイルスの感染に伴う宿主の発症機構と感染様式を説明できる。
3) ウイルスの腫瘍形成機構を説明できる。
4) ウイルス感染症から回復するための宿主の免疫機構を説明できる。

1. 宿主への感染

> **キーワード**：レセプター，侵入門戸，水平伝播，水平感染，皮膚，糞口感染，消化器，呼吸器，呼吸器排出物，飛沫感染，空気感染，飛沫核感染，接触感染，眼，泌尿生殖器，母子感染，垂直伝播，垂直感染，胎盤，局所感染，ウイルス血症，全身感染，飲作用，神経伝播，消化器排泄物，皮膚病変，出血，吸血昆虫

A. 宿主動物

それぞれのウイルスには一定の宿主域が存在し，さらに組織親和性や標的器官がウイルスによって特異である。その特異性を決定づける因子の1つに，ウイルスの細胞への吸着を担う細胞表面に存在するレセプター分子〔ウイルスレセプター（受容体）とも呼ぶ〕がある。**レセプター**は，ウイルスの細胞への吸着・侵入を司る細胞性要因である。通常は細胞や生体の維持に必要な生理機能をもつ蛋白質や糖質（糖鎖），あるいは脂質が，ウイルスのレセプター分子として利用される（表9-1）。ウイルスによっては複数のレセプター分子を利用する。一方，レセプター分子があれば必ずウイルスが感染・増殖できるわけではなく，例えば，ウイルスの増殖に必要な酵素などの有無がウイルスの組織親和性と相関する場合などがある。このレセプター分子の発現パターンは宿主や組織によって異なるため，ウイルスが感染を成立させるためには，宿主の適合性（動物種）ならびに感受性組織に到着し得る**侵入門戸**（感染経路）が重要である。

侵入門戸は皮膚および外界と接している粘膜である。皮膚は，角化した扁平上皮細胞が重層しており形態学的な障壁として働いているため，容易にウイルスの侵入経路にはならない。また，多くの粘膜は分泌物におおわれ，分泌物中に含まれる分泌性IgAやIgGの免疫グロブリンや抗殺菌作用を示すディフェンシン（抗微生物ペプチド）など

表9-1 主な動物ウイルスの細胞レセプター

ウイルス	レセプター
インフルエンザAウイルス	シアル酸（SA2-3Gal，SA2-6Gal）
狂犬病ウイルス	アセチルコリンレセプター，p75NTR（neurotropin receptor）
口蹄疫ウイルス	インテグリン（α2/β1，αvβ3，αvβ6）
ヘルペスウイルス	ヘパラン硫酸，CD155，nectin-1/-2，プロテオグリカン，インテグリンなど
ロタウイルス	シアル酸，ガングリオシド，インテグリンなど
ワクシニアウイルス	上皮成長因子レセプター
犬ジステンパーウイルス	SLAM（signaling lymphocyte activation molecule：CD150）
犬/猫パルボウイルス	トランスフェリンレセプター
豚伝染性胃腸炎ウイルス	アミノペプチダーゼ-N
猫免疫不全ウイルス	CD134（OX40），CXCR4
猫カリシウイルス	FJAM-1（feline junction adhesion molecule-1）
人/サル免疫不全ウイルス	CD4，ケモカインレセプター，DC-SIGN
アデノウイルス	CAR（coxsackievirus and adenovirus receptor），インテグリンなど
人ノロウイルス	血液型抗原
マウス肝炎ウイルス	CEACAM1（carcinoembryonic antigen cell adhesion molecule 1）
SARSコロナウイルス	ACE2（angiotensin-converting enzyme 2）
人ライノウイルス	ICAM-1（intercellular adhesion molecule-1，GD22）
C型肝炎ウイルス	CD81（tetrasoanin membrane protein）
麻疹ウイルス	CD46
ラッサ熱ウイルス	α-dystroglycan

は，ウイルスを含む微生物の宿主細胞への侵入を防いでいる．

B．感染経路

1）水平伝播

同種，異種を問わず生後の動物個体間の伝播が**水平伝播** horizontal transmission，いわゆる横への感染（**水平感染** horizontal infection）である．水平伝播には，動物個体間の物理的接触（舐める，擦る，噛むなど）による直接伝播と媒介（汚染した食器の共用，寝床，鱗屑，注射器やその針など）による間接伝播がある．ウイルスの水平伝播における三大侵入門戸は皮膚，消化器および呼吸器であるが，外界と接するその他の部位（主に粘膜）からもウイルスは侵入する（図9-1）．

（1）皮　膚

通常の**皮膚**は形態学的な障壁によりウイルスの侵入経路にはなりにくいが，擦過部位，外傷，咬傷などの物理的損傷部位や注射針を介して（医原性感染），ウイルスは侵入する．また，アルボウイルスは節足動物（蚊やマダニ）の刺咬によって侵入する．

（2）消化器

ウイルスに汚染された飼料や水の摂取，汚染したものを舐めることで経口的に侵入する．多くは糞便に由来するウイルスによる**糞口感染** fecal-oral infection である．ウイルス感染の成立には，強酸性の胃酸の曝露，膵酵素や胆汁酸などの蛋白質分解酵素などによって失活せずに，感受性組織の**消化器**に到達する必要がある．したがって，一部を除き，消化器経由で侵入するウイルスは環境抵抗性の強い非エンベロープウイルスである．

（3）**呼吸器**

呼吸器系ウイルスは，ウイルスを含む**呼吸器排出物**の吸入や接触により感染する．

ウイルスを含む飛沫 droplet や飛沫核 droplet nuclei の吸入により，ウイルスが呼吸器粘膜から侵入する．咳やくしゃみによって排出される鼻汁や唾液の飛沫によるものが**飛沫感染**である．飛沫は比較的粒子形が大きく重力により2 m以内に落下する．飛沫の水分が蒸発した飛沫核は直径5 μm以下の微小粒子であり，気流によって大気中を漂う．これを吸い込むことによる感染が**空気感染（飛沫核感染）**である．空気感染によるウイルスの気道感染で起こる疾患は最も制御が難しい．

ウイルスを多く含む鼻汁や唾液が付着した物品への接触が原因の**接触感染**も多い．また，気道で増殖したウイルスが嚥下され，腸管から感染する場合もある．

（4）眼，泌尿生殖器

ウイルスを含む飛沫や飛沫核の付着，ウイルスに汚染されたものによる擦過によって**眼**（結膜）への感染も起こる．**泌尿生殖器**は，雄の長い尿道，雌の腟の酸性pH，排尿による浄化によって守られているが，感染個体との交尾や汚染された器具や精液などの挿入によってウイルス侵入の門戸になる．

2）垂直伝播

母親から胎子への直接の**母子感染**が**垂直伝播** vertical transmission，いわゆる縦の感染（**垂直**

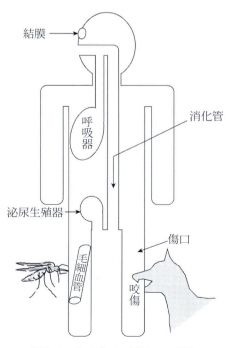

図9-1　ウイルスの宿主への進入

感染 vertical infection）である。狭義には卵巣・卵子，臍帯や**胎盤**，羊水を介したものを垂直伝播というが，産道や母乳を介した母子感染を含めた広義のものも垂直伝播とする場合もある。

妊娠動物の経胎盤感染（子宮内感染）は，早産，流産，死産あるいは胎子の先天異常の原因となる。生殖細胞の染色体 DNA の中にウイルス遺伝子が組み込まれ，親から子へとウイルスが受け継がれていく形式が，レトロウイルス（例：鶏白血病ウイルス）で認められる。

C. 体内におけるウイルスの増殖と伝播

ウイルスが宿主に感染することで必ず病気（臨床徴候）を起こすわけではない。臨床徴候を起こすためには，宿主の状態とウイルスの病原性が関与している。

ウイルスが限局した組織のみに感染する局所感染と，全身の組織に感染する全身感染がある。一般に，後者の方がウイルスの毒力は強い。各種の門戸から体内に侵入したウイルスは，次のような経路によって体内伝播を行う。特定の組織の細胞に選択的に感染するウイルスの能力は，指向性（細胞指向性・組織指向性）といい，ウイルスと宿主の両方の要因に依存する（図 9-2）。

1）局所感染

血管，リンパ管もしくは神経系組織などに移行できないウイルスは，呼吸器や消化器など侵入門戸となった組織でのみ増殖し，そこで，組織障害（アポトーシス，壊死）を引き起こす**局所感染**にとどまる。局所組織の自然免疫によって排除されることもある。

2）全身感染

（1）ウイルスの一次増殖

局所感染から全身に広がるウイルスの場合，侵入局所組織でまず増殖（一次増殖）し，直接または間接的に血流，リンパ管や神経系組織に移行する。血管へのウイルスの侵入は，感染した細胞の基底膜側からのウイルス放出による。

（2）第一次ウイルス血症

ウイルスが血中に移行した状態を**ウイルス血症** viremia という。ウイルスは，血流によって肝臓，脾臓，骨髄など全身の器官に運ばれる（第一次ウイルス血症）。血液細胞に感染するウイルスは血中ウイルス量が増加する。ただし，血管外へ漏出しないウイルスは，管腔側に放出され局所に病巣を形成するにとどまり，**全身感染**には至らない。ウイルスの血管外への漏出と標的器官細胞への感染には以下の機序がある。

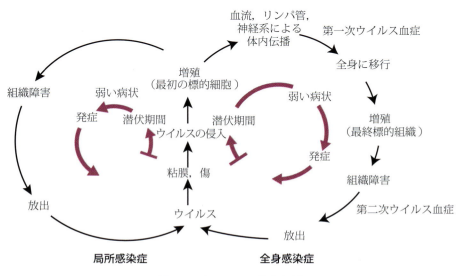

図 9-2　ウイルスの体内伝播

①ウイルスが上皮細胞の基底膜側から放出され，そのウイルスが血管内皮細胞に感染した後，隣接する標的器官細胞に感染する（例：ブルータングウイルス）。

②上皮細胞の基底膜側から放出されたウイルスが，血管内皮細胞の**飲作用**によって小胞体に取り込まれた後に血管壁外に放出され，標的器官細胞に感染する（例：ポリオウイルスや黄熱ウイルス）。

③ウイルスが単核球などに取り込まれ，その細胞とともに標的器官細胞に感染する（例：猫免疫不全ウイルスや牛免疫不全ウイルス）。

（3）ウイルスの二次増殖

最終標的組織に効率的に増殖（二次増殖）を起こし，最終標的組織の組織障害（アポトーシス，壊死）を生じるとともに大量のウイルスを放出する。

（4）第二次ウイルス血症

標的器官から放出された大量のウイルスは再び血流に移行（第二次ウイルス血症）し，さらなる部位へと運ばれることがある。例えば，人の痘瘡ウイルスは，呼吸器から侵入し，局所リンパ節で増殖し第一次ウイルス血症を起こした後，さら網内組織で増殖し，第二次ウイルス血症によって全身の皮膚，粘膜に至り発疹ができるという過程をとる。また，ウイルスは血漿中に遊離して運ばれるだけでなく，赤血球や血小板への付着，リンパ球や単核球，マクロファージへの感染により運搬されるものもある。

（5）ウイルスの**神経伝播**

神経親和性ウイルスは，侵入した局所組織の末梢神経から中枢神経系へ神経に沿って上向性に伝播する。例えば，皮層の咬傷から侵入した狂犬病ウイルスは，その細胞レセプターとして働くアセチルコリンレセプターを介して末梢神経細胞に感染後，軸索に沿って伝播し，脊椎神経節と脳に到達する。また，ヘルペスウイルスの多くは，初感染によって局所で増殖したウイルスが神経を上向性に伝播し神経節などに潜伏する。その後，再活性化 reactivation したウイルスは神経を下向性に伝播し，神経末端の細胞に感染を広げる。

D．ウイルスの放出

増殖したウイルスは発症による宿主の病的変化に伴って，感染局所の排泄物とともに体外に放出される。放出されたウイルスは，新たな宿主（感受性のある宿主の細胞）に感染する。

1）呼吸器からの放出

呼吸器感染性ウイルスは，鼻汁，気道からの粘液，唾液などの**呼吸器排出物**の直接接触，咳やくしゃみによる飛沫，これらが付着したものへの接触などにより他の個体に伝播する。空気（飛沫核）感染性をもつウイルスの場合は，短時間で感染が拡大する。

2）消化器からの放出

消化器感染性ウイルスは，糞便（下痢便）や吐瀉物の**消化器排泄物**として排出される。パルボウイルスやノロウイルスは環境中での安定性が極めて高く長期間その感染性が保たれる。

3）皮膚からの放出

水疱，痂皮，膿疱，乳頭腫などの**皮膚病変**の損傷によってウイルスが排泄される。

4）血液からの放出

ウイルス血症を呈するウイルス性出血熱などでは**出血**によって大量のウイルスが放出される。また，節足動物媒介性ウイルスでは，**吸血昆虫**の吸血によってウイルスが体外に運び出される。

5）その他

眼分泌液，尿，生殖器分泌液，精液中にウイルスが排泄されるものもあり，他の動物への感染源になる。

2. 体内での増殖・発症機序

> キーワード：自然宿主，保有動物，レゼルボア，終末宿主，ベクター，病原性，毒力，潜伏期，細胞傷害，壊死，アポトーシス，日和見感染，腫瘍形成，急性感染，顕性感染，不顕性感染，持続感染，回帰感染，慢性感染，免疫寛容，潜伏感染，遅発性感染，プリオン病

A. 宿主動物

自然界で自然の状態でウイルスが伝播され存続する場となっている動物が**自然宿主** natural host であり，多くの場合ウイルスに感染しても病気は起こさないか軽い病状にとどまる。ウイルスの感染を受けた宿主動物が，発症するかどうかは，ウイルス側の問題（感染量・毒力）と宿主側の問題（感受性・体内伝播性）のバランスに依存し，両者の関係を宿主–寄生体関係 host-parasite relationship という。

例えば，鳥インフルエンザウイルスは水禽類を自然宿主とし，多くのヘルペスウイルスはそれぞれ固有の自然宿主をもち，その宿主（動物）と共存状態にある。つまり，自然宿主は長期間ウイルスを保持，排泄する**保有動物（レゼルボア** reservoir**）**である。一方，自然宿主以外の動物にウイルスが伝播すると，病原性を発揮し重篤に至る場合がある。その動物から同じ種類の動物に，感染が広がらない場合，このような動物を**終末宿主** dead-end host という。ウイルスが疾病を引き起こすが単一動物種のみで維持される場合は，自然/終末宿主の関係性に当たらない「固有宿主」である。また，鳥インフルエンザウイルスが豚での馴化を経て人に感染するウイルスに変異した場合，人からの疫学的な視点から豚のことを「中間宿主」というが，吸血性節足動物（**ベクター** vector）を介して動物から別の宿主にウイルスが伝播する場合，節足動物のことを中間宿主とは表現しない。

B. ウイルス感染症の発症

ウイルス感染に伴う宿主動物の病態は，ウイルス側の単一の要因ではなく，宿主側の要因，環境要因などの総合的なバランスや相互作用により決定されるため，臨床経過は多様に変化する。ウイルス側要因とはそのウイルスが本来もつ**病原性** pathogenicity で増殖性，体内伝播性，組織障害性，宿主免疫撹乱能などが含まれる。ウイルスの構造蛋白質，非構造蛋白質あるいはゲノムの非翻訳領域の機能が病原性を規定する因子になり得る。病原性と同義に扱われる**毒力** virulence は病原性の程度を示す定量的な意味があり，強毒ウイルス，弱毒ウイルスといった使い方をする。例えば，特定の接種方法で特定の条件の宿主にウイルスを接種した時の 50% 致死量（lethal dose：LD_{50}）や 50% 感染量（infectious dose：ID_{50}）などの指標が毒力の比較に用いられる。一方，宿主側要因としてはそのウイルスに対する感受性，年齢，性別，非特異的抵抗性（自然免疫），獲得免疫力，ワクチン接種の有無などが，環境要因としては季節や気候（気温，湿度など），飼育形態などがそれに相当する。

1）潜伏期

ウイルスが宿主に侵入してから初発徴候を示すまでの，臨床症状が認められない期間を**潜伏期** latent period という。侵入門戸が標的器官である場合の潜伏期は数日間と比較的短いが，全身感染後に標的器官に移行後，発症する場合の潜伏期は比較的長い。

2）発症

（1）直接的な細胞傷害による発症

ウイルス増殖部位の器官および組織の機能低下や器質的変化が，臨床徴候として現れる。

ウイルス増殖部位の細胞では，細胞本来の蛋白質合成抑制，DNA や RNA の転写・複製阻害，ライソゾームの破壊とその酵素による**細胞傷害**，細胞傷害性ウイルス蛋白質の合成などによって細胞変性・死滅が起こる。この時の細胞死（細胞溶解）には，**壊死** necrosis と**アポトーシス** apoptosis（プ

ログラム細胞死）がある。アポトーシスは子孫ウイルスの産生を阻止し，感染細胞を排除する宿主の防御作用である。一部のウイルスでは，アポトーシス経路を抑制する蛋白質を発現して，自らの増殖を促進している。細胞死の拡大によって，標的部位の器官および組織の機能低下や基質性変化が生じることで，臨床徴候が現れる。

（2）間接的な発症の誘導

いくつかのウイルス（例：人免疫不全ウイルス）はリンパ球やマクロファージなどの免疫細胞に感染することによって，宿主の免疫機能を低下させるが，直接的には発症はしない。しかしこの免疫抑制状態によって，普段は病気を起こさない他のウイルスや細菌などによる**日和見感染** opportunistic infection に伴い徴候が現れる。

ウイルス感染に対する宿主の免疫応答として細胞傷害性 T 細胞 cytotoxic T lymphocyte（CTL）の誘導が起こり，感染細胞の除去が行われる。また，B 細胞からウイルスに対する特異抗体が産生される。これらの免疫応答によって，局所の炎症性反応が引き起こされる。この免疫応答が時に宿主に重篤な健康障害を誘導する。例えば，炎症性サイトカインの異常亢進によって全身性の臓器不全（サイトカインストリーム）が引き起こされたり，ウイルスに対して産生された特異抗体による免疫複合体の沈着に起因する糸球体腎炎や関節炎を発症させる。また，免疫系によるウイルス感染細胞の殺滅と排除が，組織障害と機能不全を誘導する場合もある。

（3）**腫瘍形成**

腫瘍原性ウイルスの感染では細胞の増殖異常を誘導し腫瘍を形成させる（「3. 発がん機構」参照）。

C. ウイルスの感染様式

ウイルスの個体における感染には，宿主寄生体相互関係の結果起こる，いくつかの感染様式が知られている（図9-3）。

1）急性感染

急性感染 acute infection は，標的器官でのウイルス増殖が速やかに進行し，組織障害およびそ

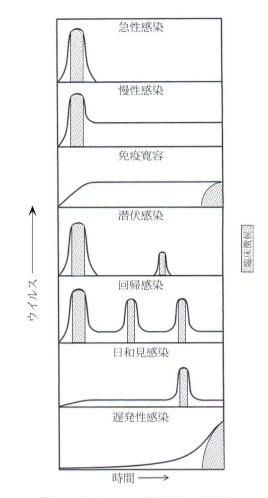

図 9-3 ウイルスの感染様式と臨床徴候

れに伴う機能不全が比較的短時間で臨床徴候として現れる**顕性感染** apparent infection をいう。インフルエンザウイルスやロタウイルスなどによる呼吸器感染症や消化器感染症の多くは急性感染症である。毒力が強いウイルスの場合は発症後に重症化し短期間で死亡する例もあるが，多くのウイルスの場合は宿主の免疫機構によって，ウイルスは排除され，宿主は回復する。しかし潜伏期また発症時にウイルスを体外に排出するため，これが感染源となり感染が広がる（流行性 epidemic）。一方，感染が成立しているにもかかわらず病状が認められない場合を**不顕性感染** inapparent infection と呼ぶ。もともと毒力が弱いウイルスや，

ウイルス量が少ないために発症しない場合などが含まれる。

2）持続感染および回帰感染

ウイルスが生体内から排除されることなく長期間感染が維持されることを**持続感染** persistent infection という。標的器官でのウイルス増殖に対する宿主の防御機構がウイルスを完全に排除するまでには至らず，長期にわたりウイルス粒子もしくはウイルス遺伝子を生体に保持した状態を続ける。いくつかの要因がウイルスの持続感染に関与する。持続感染している個体が，既感染に伴う顕性症状を出す感染を**回帰感染** recurrent infections という。

（1）慢性感染

臨床徴候の有無にかかわらず，ウイルスに感染した宿主で長期間ウイルスが検出される。体内でウイルスの増殖が慢性的に進行し，何らかの原因で免疫による排除ができない感染形態が**慢性感染** chronic infection である。ウイルス増殖と宿主免疫のバランスが微妙に保たれ，ウイルスと宿主が共存できる状態と考えることができる。ウイルスゲノムが宿主細胞ゲノムの中に組み込まれるレトロウイルス感染症や，効果的な免疫反応が得られない一部のウイルス感染症（例：C型肝炎ウイルス，アリューシャンミンク病ウイルス）において見られる。レトロウイルスである牛伝染性リンパ腫ウイルスでは，ウイルスが液性免疫を担うB細胞に感染し，細胞ゲノムの中に組み込まれる。急性感染期においては，ウイルスが感染細胞内で増殖するため，ウイルスに対する抗体産生も見られるがほとんど徴候が現れることなく経過し，持続感染状態に入る。持続感染期においては，組み込まれたプロウイルス DNA からの転写は限られており，急性感染期のようなウイルス増殖は見られない。感染牛の多くは特に徴候を示さないまま経過するが，その後約 30％ の感染牛はリンパ球増加症，また約 1〜5％ がリンパ肉腫を発症する。病態が進行し発症した牛は回復することはなく，リンパ腫やリンパ肉腫を発症すると死に至る。発症の機序は未だ不明であるが，感染ウイルスの病原性要因または宿主の遺伝的要因などが考えられている。特に牛伝染性リンパ腫感染後の病態進行が牛 MHC クラス II 分子の多形性と強く関連していることから，T 細胞の免疫学的破綻が発症機序の 1 つではないかと考えられる。慢性感染は，ボルナウイルス，パピローマウイルス，ポリオーマウイルスでも見られる。

（2）免疫寛容

外部から感染したウイルスは，免疫機構によって非自己と認識され排除される。しかし，胎盤感染を受けた胎子は，ウイルスを非自己とは認識できず免疫機構が発動しないことがある。これがウイルスに対する**免疫寛容** immune tolerance である。そのため，ウイルスは排除されることなく持続感染する。例えば，フラビウイルス科ペスチウイルス属に分類される牛ウイルス性下痢ウイルスは，母牛の妊娠前期に胎子に感染するとウイルスに対して免疫寛容となって生まれることがある。免疫寛容子牛はウイルスに対する抗体が産生されないなど防御免疫が機能しないため持続感染牛（PI 牛）となる。持続感染牛は健常牛とほとんど区別できないが，大量のウイルスを産生・排泄し，感染拡大の原因となる。こうした持続感染牛は，ウイルス感染から回復することはなく，体内でウイルスが変異すると，粘膜病を発症し死に至る。

同じペスチウイルス属に属する豚熱ウイルスでは，ウイルス株によって毒力が著しく異なり，その病原性によって感染形態が異なる。毒力の低い株は，抗体産生は見られるが臨床徴候が見られない不顕性感染型である。この場合，妊娠初期に胎子が感染し免疫寛容が起こると，持続感染豚として生まれ重大なウイルスの感染源となる。一方，強毒のウイルス株は，数日の潜伏期を経て，急激な白血球減少，血小板減少，紫斑，神経徴候を呈する急性感染型である。特に若齢の豚では急性の経過で，宿主免疫が対応できないままほぼ 100％ 死亡する。アレナウイルス科のリンパ球性脈絡髄膜炎ウイルスでは，マウスの胎子期に感染し正常に生まれると，無徴候で経過し持続的にウイルスを排出するキャリアとなる。この場合，感染細胞

MHC クラス I 分子がウイルス抗原を提示しても外来抗原として認識できず，感染細胞に対する細胞傷害性を発揮できない。この慢性感染が続くと免疫複合体の形成による糸球体腎炎を発症し，死亡する。

（3）潜伏感染

ヘルペスウイルス（例：馬鼻肺炎ウイルスや牛伝染性鼻気管炎ウイルス）が宿主の成獣に感染した場合，急性感染によって発症した後，耐過する。この耐過回復した感染動物の神経節（三叉神経節など）やリンパ系細胞では，一部のウイルス遺伝子の転写は認められるがウイルスゲノム全体の複製はされない（ウイルス粒子は存在しない）状態で感染が維持される。このような感染形態を**潜伏感染** latent infection と呼び，潜伏状態のウイルス DNA は，宿主の免疫状態，栄養状態やストレス（長距離輸送や寒冷など）によって，複製を再開しウイルス粒子を放出することで再発症する（再活性化・回帰感染）。あるいは，必ずしも発症する訳ではないが，ウイルス放出による他の感受性動物への感染拡大が問題となる。感染動物は，宿主免疫がウイルス増殖を抑制すると再び潜伏感染状態に入るため，発症・回復を一生繰り返すウイルスキャリアとなる。人の水痘・帯状疱疹ウイルスは典型例であり，幼少時の初感染で水痘を発症させた後，潜伏感染し，加齢や免疫抑制に伴い活性化され，神経支配領域に沿って帯状疱疹を発症させる。

（4）日和見感染

健康体には病気を起こさない非病原性ウイルス（常在ウイルスを含む）が，宿主の抵抗力の低下に伴いウイルスの増殖性が亢進し，宿主に病気を起こすようになる。

3）遅発性感染

遅発性感染 slow infection は，潜伏期が極めて長く，進行性ではあるが徴候の発現が緩慢な予後不良の感染をいう。持続感染に含める場合もある。羊のマエディ・ビスナ maedi-visna，人の後天性免疫不全症候群 acquired immune deficiency syndrome（AIDS）や亜急性硬化性全脳炎 subacute sclerosing panencephalitis（SSPE）で見られるウイルス感染形態である。ウイルス感染症ではないが羊のスクレイピー scrapie，牛海綿状脳症 bovine spongiform encephalopathy（BSE）などの**プリオン病**も遅発性感染である。

3. 発がん機構

> **キーワード**：アデノウイルス，ポリオーマウイルス，初期遺伝子，がん抑制遺伝子，細胞周期，パピローマウイルス，アポトーシス誘導阻害，オルトヘルペスウイルス，ヘパドナウイルス，ポックスウイルス，レトロウイルス，がん遺伝子，プロウイルスゲノム，RNA 腫瘍ウイルス，LTR，がん原遺伝子，Tax，エンベロープ蛋白質

A. DNA ウイルス

2 本鎖 DNA ウイルスの 6 つのウイルス科（ポリオーマ，パピローマ，アデノ，オルトヘルペス，ヘパドナ，ポックス）には，培養細胞の形質転換，宿主や実験動物の腫瘍形成に関与するウイルスが知られている。

実験的腫瘍を形成する**アデノウイルス**や**ポリオーマウイルス**は，固有宿主では細胞溶解性の感染を起こすが，マウスやハムスターなどの細胞では感染しても溶解せず，形質転換（トランスフォーム）を起こす。このような細胞中ではウイルスの**初期遺伝子**のみが発現している。ウイルスの初期遺伝子産物が，細胞の**がん抑制遺伝子**産物 pRb や p53 と結合することにより，それらを不活性化して**細胞周期**を合成期（S 期）に誘導し，がん化を促す。pRb は，細胞周期の休止期（G1 期）において転写因子 E2F と結合することで合成期（S 期）への移行を抑制する。p53 は転写因子であり，同じく細胞周期の抑制や DNA 修復蛋白質の活性化，がん細胞のアポトーシスを誘導する。ポリオーマウイルスの初期遺伝子産物である Large T 抗原は，pRb や p53 と結合しそれらを不活化するとともに，転写調整因子 β-カテニンの核局在を増強し，その下流の標的遺伝子の転写を活性化することで腫瘍化を促進する。Small T 抗原は，部

分的に蛋白質リン酸化酵素 PP2A に結合することで，Middle T 抗原は，活性化されたチロシンキナーゼシグナル伝達複合体形成に関与する形で形質転換に寄与している。

固有宿主の腫瘍に関与する人パピローマウイルス（HPV）は，初期遺伝子産物である E6 が p53 の働きを阻害し，E7 が E2F と pRb の結合を競合阻害することで，細胞周期を S 期に移行させる。その際に，補助的ながん抑制蛋白質である p16 が過剰に発現し，これが HPV 感染由来腫瘍のマーカーとなる。このように，**パピローマウイルス**は DNA 修復機構と**アポトーシス誘導阻害**，細胞周期を調節することによって上皮細胞の腫瘍化を導く。

オルトヘルペスウイルス科に属するエプスタイン・バーウイルス（EBV）によるがんでは，EBV 核抗原（EBNA），膜蛋白質 LMP（latent membrane protein）などの発現が認められる。EBNA-1 は，DNA 複製，MHC クラス I による抗原提示過程の阻害，p53 分解を担っている。EBNA-1 と EBNA-2 は LMP-1 を刺激する。EBNA-2 および EBNA-3 は，B 細胞の不死化を促進するとともに，それらの相互作用によって細胞増殖制御に関連するサイクリン D/E を活性化する。EBNA-LP はサイクリン D/E と DNA 依存性プロテインキナーゼ（DNA-PKC）を活性化し細胞の増殖を促進する。LMP-1 は腫瘍壊死因子（TNF）レセプターを模倣した因子で，B 細胞の不死化には必須である。B 細胞の活性化や増殖，免疫グロブリンのクラススイッチは胚中心の形成に必要な CD40 からのシグナル伝達を模倣するとともに，アポトーシスの阻害や分裂促進因子活性化蛋白質キナーゼ（MAPK），c-Jun NH2 末端キナーゼ（JNK），phosphatidylinositol 3 キナーゼ（PI3K）/Akt, nuclear factor-κB（NF-κB）などの細胞増殖シグナル伝達経路を誘導する。LMP-2A は恒常的に B 細胞抗原レセプター（BCR）シグナル伝達を模倣し，BCR が活性化された場合と同様に Lyn, Syk といった Src ファミリーチロシンキナーゼが会合して MAPK，PI3K などの活性を誘導し

細胞増殖を誘導する。

ヘパドナウイルス科に属する人 B 型肝炎ウイルス（HBV）による発がんは，ウイルスが持続感染による慢性炎症と再生の繰り返しによる遺伝子異常の蓄積と考えられる一方で，慢性炎症によらない HBV 自体による直接的な発がん機序も存在することが示唆されている。HBV が産生する蛋白質 HBx が NF-κB などの転写因子を活性化し TNFα，IL-6 などのサイトカインの産生を促すこと，宿主細胞の増殖やアポトーシスに影響を与えることで発がんに寄与している。

ポックスウイルス科のウイルスは悪性のがんをつくらず良性腫瘍にとどまる。

B．RNA ウイルス

腫瘍を引き起こす RNA ウイルスの多くはレトロウイルス科に属する。フラビウイルス科の C 型肝炎ウイルス（HCV）も腫瘍を起こす。

レトロウイルスは *gag*（コア蛋白質）遺伝子，*pro*（プロテアーゼ）遺伝子，*pol*（逆転写酵素）遺伝子，*env*（エンベロープ糖蛋白質）遺伝子を基本構造とし，加えて，*onc*（がん遺伝子）をもつウイルスともたないウイルスが存在している。がん遺伝子 *onc* を欠いてもウイルスの増殖は可能である。

1）がん遺伝子をもつレトロウイルスによる発がん

がん遺伝子をもつレトロウイルス（肉腫ウイルスや急性白血病ウイルス）は，細胞に感染後，宿主細胞 DNA に組み込まれた**プロウイルスゲノム**からがん遺伝子が発現し正常細胞をがん化させる。

急性の **RNA 腫瘍ウイルス**は，*gag*, *pro*, *pol*, *env* 領域の一部分，あるいは大部分が欠損していることが多く，増殖するためにはヘルパーウイルスが必要になる。感染後，細胞 DNA に組み込まれたプロウイルス provirus の両端にあるウイルス遺伝子の転写プロモーター/エンハンサーである **LTR**（long terminal repeat）の影響下でがん遺伝子の発現が異常に増大して，極めて短時間にが

んを生じるようになる（図9-4A）。ラウス肉腫ウイルス（RSV）はその代表である。

2）がん遺伝子をもたないレトロウイルスによる発がん

がん遺伝子をもたないレトロウイルス（潜伏期の長い白血病ウイルス）の場合は，プロウイルスゲノム組込み部位の近傍にある細胞の**がん原遺伝子**を長期にわたる頻回のウイルス増殖が直接・間接に刺激することで活性化し，正常細胞をがん化させるものと考えられている。

鶏白血病ウイルス（ALV）が染色体中の *myc* というがん原遺伝子の近傍に組み込まれると，プロウイルスの3' LTR領域のプロモーター活性がc-myc蛋白質の高レベルの発現を引き起こし，B細胞リンパ腫を誘導する。すなわち，レトロウイルスLTRによる宿主がん原遺伝子の *cis* 活性化である（図9-4B）。この現象をプロウイルス挿入突然変異誘発という。プロウイルスの組込み部位はランダムであり，細胞のがん原遺伝子に隣接した部位に偶然組み込まれた場合だけ発がんするため，長い潜伏期を経て腫瘍を形成する。

牛伝染性リンパ腫ウイルス（BLV），人T細胞白血病ウイルス1型（HTLV-1）はがん遺伝子をもたないが，*gag, pro, pol, env* 領域に加えて

A. がん遺伝子をもつレトロウイルス

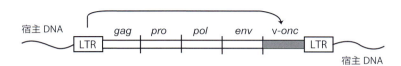

B. がん遺伝子をもたないレトロウイルス

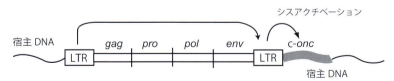

C. がん遺伝子をもたないレトロウイルス（牛/人白血病ウイルス）

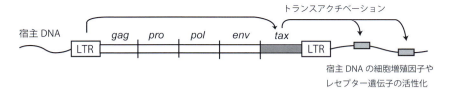

D. ウイルス由来エンベロープの発現

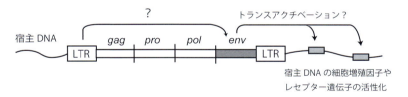

図9-4 RNA腫瘍ウイルスの発がん様式

env と 3' 側 LTR との間に調節蛋白質群をコードする *pX* 領域が存在する。この調節蛋白質の中の 1 つである **Tax** は，LTR に作用してウイルス遺伝子の転写を増加させるだけでなく，宿主転写因子 NF-κB，CREB などとの相互作用を介して細胞側遺伝子の転写活性化，あるいは細胞周期因子 CDK インヒビターと相互作用することにより，細胞増殖および抗アポトーシス機能を有する。すなわち，Tax による細胞遺伝子の *trans* 活性化である（図 9-4C）。しかし，Tax は細胞傷害性 T リンパ球の主な標的抗原となるため，Tax の過剰発現は感染細胞にとって宿主免疫の標的となる。また，発がんの最終段階である腫瘍細胞では，5' 側の LTR の欠損，あるは CpG メチル化したプロウイルスをもつものが多く，ウイルス遺伝子の発現が制御されているため Tax 蛋白質を産生できないことがある。また，HTLV-1 の *pX* 領域のマイナス鎖に存在する HTLV-1 basic leucine zipper factor（HBZ）は，細胞増殖を促進し，腫瘍形成に寄与する複数の宿主因子を調節するもう 1 つのがん蛋白質である。核内に局在する HBZ は，CREB2 および c-Jun との相互作用を介して，5' LTR からの Tax が介在するウイルス遺伝子の転写を抑制する蛋白質として同定された。HBZ は，CREB，JunB，ATF-1/3 などの bZIP ドメインをもつ様々な宿主因子と相互作用し，それらの転写活性化を阻害する。Tax は古典的，非古典的 NF-κB 経路を共に活性化するが，HBZ は NF-κB の p65 蛋白質と相互作用し，p65 を変性させることにより古典的 NF-κB 経路を阻害する。このように，一見競合するように見える Tax と HBZ の作用はウイルスの複製や病原性の発現機構において複雑な役割分担を行っている。

HTLV-1 では腫瘍において恒常的にアンチセンス転写産物である HBZ の発現が見られるが，BLV においても *pX* 領域のマイナス鎖にアンチセンス RNA がコードされており，それらから転写される Antisense 1（AS1）には AS1-S（～600 b）と AS1-L（～2,200 b）が，さらに選択的スプライシングにより 2 次転写物である AS2（～400 b）が形成される。それらの機能は不明であるが，核の中に保持されていることから，long noncoding RNA（lncRNA）様の働きをしていると推定されている。

3）レトロウイルス由来エンベロープ蛋白質による発がん

レトロウイルスの**エンベロープ蛋白質**が直接宿主に腫瘍を引き起こす，あるいは培養細胞をトランスフォームする例が報告されている（図 9-4D）。

がん遺伝子をもたない Friend spleen focus-forming virus（SFFV）は，中心部分のアミノ酸が欠損した *env* 遺伝子産物 gp55 がエリスロポエチンレセプターと相互作用することにより，STAT の DNA 結合活性，プロテインキナーゼ C（PKC），Ras，Raf-1/MAPK，PI3k/Akt，JNK を活性化し，マウスの赤芽球系前駆細胞の増殖を誘導する。

同じくがん遺伝子をもたない Jaagsiekte sheep retrovirus（JSRV）の *env* 遺伝子も腫瘍原性を有する。JSRV の Env 蛋白質 C 末端にある 67 個のアミノ酸は高度可変領域（VR3）になっており，Env TM 蛋白質の膜貫通領域と細胞質側末端を含んでいる。VR3 の細胞質側末端の 590 番目のアミノ酸がチロシン，または 593 番目がメチオニンの場合，PI3K/Akt シグナル経路が活性化され，羊に肺腺がんを発症させる。さらに，Ras/Raf/MEK/MAPK のシグナル経路が腫瘍化に必須であることも明らかになっている。また，JSRV に高い相同性を有する enzootic nasal tumor virus（ENTV）のうち，羊由来の ENTV-1 は JSRV 同様に Env 蛋白質に細胞をトランスフォームする能力がある。自然発生腫瘍において Akt，Raf，MEK，MAPK がリン酸化されることから，腫瘍化には Ras/Raf/MEK/MAPK および PI3k/Akt/mTOR 経路が重要である。このように，JSRV と ENTV-1 の細胞腫瘍化メカニズムは非常に類似している。JSRV の腫瘍化に必須の Env 細胞質 590 番目チロシンは ENTV-1 に保存されているが腫瘍化には影響しない。

JSRV/ENTV と近縁な mouse mammary tumor virus（MMTV）は，エンベロープ蛋白質 gp52 に EBV の LMP-2A と同様に immunoreceptor tryrosine-based activation motif（ITAM）を有し，この配列を介してチロシンキナーゼである Src, Syk と結合し，細胞内シグナル伝達経路を活性化することにより細胞をトランスフォームすると考えられている．また，ITAM に存在する 422 番目および 432 番目のチロシンが重要であることが示されている．

4）C 型肝炎ウイルスによる発がん

フラビウイルス科の C 型肝炎ウイルス（HCV）は宿主染色体に組み込まれず，がん遺伝子も同定されていない．感染しても不顕性の場合が多く，大部分は肝組織に持続感染する．HCV は，ウイルスの複製中に肝細胞の遺伝子に直接作用して変異を引き起こす可能性が示されており，一般に数十年にわたる慢性感染から，その後の慢性炎症と線維化を経て肝発がんに至る．HCV 関連肝細胞がんのほぼ全例に肝硬変が存在することから，HCV による発がんは間接的な機序，特に肝硬変に関連した炎症によって引き起こされると考えられているが，HCV 遺伝子型 3 の感染では肝硬変に至ることなく肝細胞がんになるリスクがあるなど，その発症機構は完全には明らかにされていない．

HCV 遺伝子産物のうち，コア蛋白質，非構造蛋白質である NS3，NS5A，NS5B は発がんに関与する．これらの蛋白質は，細胞増殖促進，サイトカイン，酸化ストレス，アポトーシスの制御，HCV に関連した代謝障害や肝疾患の進行に重要な役割を果たしている．NS5B はユビキチン化によって腫瘍抑制蛋白質 pRb を分解し，E2F 応答性転写を活性化し細胞増殖を誘導する．NS5A と NS3 は腫瘍抑制蛋白質 p53 と結合し，細胞周期調節遺伝子 p21 の発現を抑制する．また，コア蛋白質は細胞増殖に関わる MAPK を調節することで肝細胞の増殖を促進し，CDKN2A の発現を抑制して細胞の老化を防ぐとともに，酸化的 DNA 損傷を誘発し，活性酸素の産生を促進しアポトーシスを阻害する．

発がんには宿主免疫の変化が重要と考えられている．免疫介在性の肝障害は，がん関連変異の拡散と異常細胞増殖を誘導することで発がんに大きく寄与する．また，HCV 感染細胞の排除に不具合が起きると，免疫逃避機構を誘導し得るウイルス変異体が生じ，感染細胞のがん化を促進する．

4. 回　復

> **キーワード**：自然免疫，獲得免疫，樹状細胞，NK 細胞，インターフェロン，Toll 様レセプター（TLRs），液性免疫，細胞性免疫，B 細胞，中和抗体，T 細胞，MHC 拘束性，MHC クラス I，MHC クラス II

ウイルスが宿主に感染すると，ウイルスを排除するための免疫応答が誘導される．免疫系は，感染後すぐに非特異的に応答する**自然免疫** innate immunity と，続いてウイルス特異的に応答する**獲得免疫** acquired immunity に分けられる（図 9-5）．免疫応答により体内のウイルス量が減少するのに伴い，病状が緩和し回復に向かう．回復後はウイルスが体内から排除されるが，一部のウイルス感染では，持続感染や潜伏感染の状態で体内にウイルスが残る場合もある．

A. 自然免疫

自然免疫は感染に対する最初の応答で，比較的に非特異的かつ迅速に反応する．**樹状細胞**，マクロファージ，ナチュラルキラー細胞（**NK 細胞**），γδT 細胞などが関与する．ウイルス感染後，感染細胞を傷害する NK 細胞，樹状細胞やマクロファージが産生する I 型**インターフェロン**（IFN）や，炎症性サイトカインがウイルス排除に働く．NK 細胞はウイルス感染細胞で見られる MHC クラス I の発現減少を認識してアポトーシスを誘導する．I 型 IFN には IFN-α と IFN-β があり，自然免疫における抗ウイルス活性の中心的役割を担う．I 型 IFN は，ウイルス複製の抑制，非感染細胞に対する抗ウイルス作用や MHC クラス I 発現誘導による NK 細胞の細胞傷害性からの

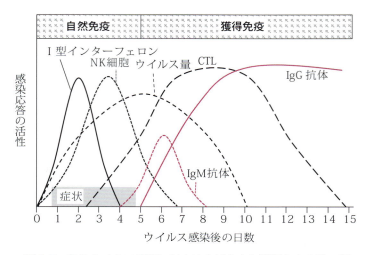

図9-5　急性ウイルス感染に対する自然免疫と獲得免疫応答の例

保護に関与する。自然免疫の誘導において，**Toll様レセプター** Toll-like receptor（**TLRs**）は，細胞のエンドソームに存在する膜貫通レセプターで，病原体由来の特徴的な分子パターン（pathogen-associated molecular patterns：PAMP）を認識するセンサーとして働く。TLRは樹状細胞やマクロファージで高く発現する。ウイルスに由来する核酸のうち，2本鎖RNAはTLR3，1本鎖RNAはTLR7/TLR8，DNAはTLR9によって認識される。また，一部のエンベロープウイルスの膜蛋白質はTLR4により認識される。TLRがウイルス核酸などを認識すると，細胞内シグナル伝達経路を介した転写因子の活性化により，I型IFN，炎症性サイトカイン，ケモカインなどが産生され，NK細胞の活性化や炎症，獲得免疫の誘導が起こる。また，TLR経路に加え，細胞内ウイルスRNAを認識するRIG-IやMDA5，ウイルスDNAを認識するcGASなどのセンサー分子が，STING経路を介したI型IFNの誘導に大きく関与する。

B. 獲得免疫

獲得免疫は，感染した病原体に特異的に働く応答で，抗原特異的抗体が誘導される**液性免疫** humoral immunityと，ウイルス感染細胞の傷害やサイトカイン産生が誘導される**細胞性免疫** cellular immunityに分けられる。獲得免疫は，自然免疫応答に比べ応答に数日を要する。獲得免疫は，病原体に初めて感染した後，免疫機能が記憶され，同じ病原体の再感染において迅速かつ効果的に免疫応答が誘導される。

1）液性免疫

液性免疫は，**B細胞**が主体となり特異的抗体が関与する。ウイルス抗原を特異的に認識するB細胞に抗原が結合すると，ヘルパーT細胞の働きにより，抗原特異的抗体を産生する形質細胞 plasma cell（エフェクターB細胞）へと分化する。また，その一部はメモリーB細胞として体内に長期間存在し免疫記憶の役割を担う。形質細胞が産生する抗体は，ウイルスに結合して細胞への感染阻害や感染細胞の溶解を導く。**中和抗体**は，主にウイルスの細胞への吸着を阻害（中和）する抗体で，ウイルスの感染性を失わせる。そのため，中和抗体はワクチン接種や抗血清（受動免疫）の効果において主要な役割を担う。また，ウイルス感染細胞表面に存在するウイルス抗原に抗体が結合すると，FcレセプターをもつNK細胞やマクロファージが抗体のFc部位と結合し，抗体依存性細胞傷害 antibody-dependent cell-mediated cytotoxicity（ADCC）を誘発する。

2）細胞性免疫

細胞性免疫は，**T細胞**が主体となりウイルス感染細胞の除去や他の免疫応答を誘導する種々のサイトカイン産生を行う応答である。胸腺で分化したT細胞は，細胞表面に抗原を認識するT細胞レセプター（TCR）と，補助レセプターとなるCD4かCD8のどちらかを発現している。TCRは，主要組織適合遺伝子複合体 major histocompatibility complex（MHC）により提示された抗原ペプチドのみを認識する。MHCは自己と非自己を見分けるために多型性をもち，抗原認識はその宿主個体がもつMHCに依存する。これを**MHC拘束性**と呼ぶ。MHCにはクラスIとクラスIIがあり，**MHCクラスI**は核のある細胞のほぼ全てで，**MHCクラスII**はB細胞，樹状細胞，マクロファージなどの抗原提示細胞で発現している。CD4はMHCクラスII，CD8はMHCクラスIにそれぞれ結合する。ウイルス感染において，MHCは細胞内で産生されるウイルス抗原の断片化ペプチドを細胞表面に提示する。CD4陽性T細胞（ヘルパーT細胞）は，**樹状細胞**がMHCクラスIIにより提示する抗原ペプチドを認識して免疫細胞の活性化や機能付与に働くサイトカインを産生し，キラーT細胞やマクロファージの活性化，B細胞から形質細胞への分化などを誘導する。一方，CD8陽性T細胞（キラーT細胞）は，MHCクラスIにより提示される抗原ペプチドと結合することで，ウイルス感染細胞を認識し，パーフォリン，グランザイム，TNFの放出や細胞のFasを刺激して，感染細胞にアポトーシスを起こす。キラーT細胞は，細胞傷害性T細胞とも呼ばれる。

第10章　ウイルス学各論とプリオン

一般目標：各種ウイルスの性状及び引き起こす疾病に関わる基礎知識を修得する。

到達目標
1) ポリオーマウイルス，パピローマウイルス，アデノウイルスとそれらの感染症を説明できる。
2) ヘルペスウイルスとその感染症を説明できる。
3) ポックスウイルス，アスファウイルス，イリドウイルスとそれらの感染症を説明できる。
4) パルボウイルス，サーコウイルス，アネロウイルスとそれらの感染症を説明できる。
5) ヘパドナウイルス，コルミオウイルスとその感染症を説明できる。
6) レオウイルス，ビルナウイルス，ピコビルナウイルスとそれらの感染症を説明できる。
7) ピコルナウイルスとその感染症を説明できる。
8) カリシウイルス，ヘペウイルス，アストロウイルス，ノダウイルスとそれらの感染症を説明できる。
9) フラビウイルス，トガウイルス，マトナウイルスとそれらの感染症を説明できる。
10) コロナウイルス，トバニウイルス，アルテリウイルスとそれらの感染症を説明できる。
11) パラミクソウイルス，ニューモウイルス，ラブドウイルス，フィロウイルス，ボルナウイルスとそれらの感染症を説明できる。
12) オルトミクソウイルス，ブニヤウイルス目ウイルス，アレナウイルスとそれらの感染症を説明できる。
13) レトロウイルスとその感染症を説明できる。
14) プリオンの基本的事項と感染症を説明できる。

1．2本鎖DNAウイルス

A．アデノウイルス科

キーワード：アデノウイルス，正20面体ビリオン，ファイバー，2本鎖DNAゲノム，腫瘍原性，非許容細胞，虚弱子牛症候群，犬伝染性肝炎，犬伝染性喉頭気管炎，ケンネルコフ，鶏の封入体肝炎，心膜水腫症候群，アデノウイルス性筋胃びらん，産卵低下症候群-1976，七面鳥出血性腸炎

アデノウイルスadenovirusのadenoは，ウイルスが人のアデノイド（咽頭扁桃）の組織培養から初めて分離されたことで，ギリシャ語のaden（腺）に由来する。

1）アデノウイルスの性状（表10-1）
（1）分　類（表10-2）

プレプラズミウイルス門 *Preplasmiviricota* テクチリウイルス綱 *Tectiliviricetes* ロワウイルス目 *Rowavirales* アデノウイルス科 *Adenoviridae*

表10-1　アデノウイルス科のウイルス性状

- **正20面体ビリオン**（大きさ70〜90 nm），エンベロープなし
- 252個のカプソメア（240個のヘキソンと12個のペントン）
- ペントンには1〜2本の**ファイバー**があり，浮上密度1.30〜1.37 g/cm^3（CsCl）
- 直鎖状**2本鎖DNAゲノム**（サイズ：26〜48 kbp）
- マストアデノウイルス属では構造蛋白質は13種類。粒子表面の蛋白質は主に血清型特異抗原。ヘキソンは中和，糖蛋白質であるファイバーは中和および赤血球凝集性に関与。
- 許容細胞の核内で増殖し，細胞の破壊により遊離。

表10-2　アデノウイルスの分類（属・種）

属	代表的な種（ウイルス名：略称）	旧種和名（略称）
バースアデノウイルス *Barthadenovirus* 属	*B. bosquartum*（bovine adenovirus 4, 5, 8：BAdV-4, 5, 8），*B. bossextum*（BAdV-6）	牛（アト）アデノウイルスD（BAdV-D），E（BAdV-E）
	B. galloanserae（duck adenovirus 1：DAdV-1）（egg dropping syndrom virus-1976）	アヒル（アト）アデノウイルスA（DAdV-A）
	B. ovis（ovine adenovirus 7：OAdV-7）	羊（アト）アデノウイルスD（OAdV-D）
	B. vulpeculae（possum adenovirus 1：PoAdV-1）	ポッサム（アト）アデノウイルスA（PoAdV-A）
	B. amazonae（psittacine adenovirus 3：PsAdV-3）	インコ（アト）アデノウイルスA（PsAdV-A）
	B. cervi（deer adenovirus 1：deerAdV-1）	シカ（アト）アデノウイルスA（DeerAdV-A）
アビアデノウイルス *Aviadenovirus* 属	*A. ventriculi*（fowl adenovirus 1：FAdV-1），*A. quintum*（FAdV-5），*A. hydropericardii*（FAdV-4, 10），*A. gallinae*（FAdV-2, 3, 9, 11），*A. hepatitidis*（FAdV-6, 7, 8a, 8 b）	鶏（アビ）アデノウイルスA〜E（FAdV-A〜E）
	A. rubri（psittacine aviadenovirus 4：PsAdV-4），*A. senegalense*（PsAdV-1）	オウム（アビ）アデノウイルスB, C（PsAdV-B, C）
	A. gallopavoprimum（turkey aviadenovirus 1：TAdV-1），*A. gallopavoquartum*（TAdV-4），*A. gallopavoquintum*（TAdV-5）	七面鳥（アビ）アデノウイルスB, C, D（TAdV-B, C, D）
	A. anatis（duck adenovirus 2, 3：DAdV-2, 3）	アヒル（アビ）アデノウイルスB（DAdV-B）
	A. columbae（pigeon aviadenovirus 1：PiAdV-1），*A. columbidae*（PiAdV-2）	ハト（アビ）アデノウイルスA, B（PiAdV-A, B）
	A. anseris（goose aviadenovirus 4：GoAdV-4）	ガチョウ（アビ）アデノウイルスA（GoAdV-A）
イクトアデノウイルス *Ichtadenovirus* 属	*I. acipenseris*（white sturgeon adenovirus 1：WSAdV-1）	チョウザメ（イクト）アデノウイルスA（SAdV-A）

（つづく）

表 10-2 アデノウイルスの分類（属・種）（つづき）

属	代表的な種（代表的ウイルス名：略称）	旧種和名（略称）
マストアデノウイルス Mastadenovirus 属	*M. bosprimum*（bovine adenovirus 1：BAdV-1），*M. bostertium*（BAdV-3），*M. bosdecimum*（BAdV-10）	牛（マスト）アデノウイルス A～C（BAdV-A～C）
	M. canidae（canine adenovirus 1, 2：CAdV-1, 2）	犬（マスト）アデノウイルス A（CAdV-A）
	M. bovidae（ovine adenovirus 2, 3, 4, 5：OAdV-2, 3, 4, 5），*M. ovisprimum*（OAdV-1），*M. ovisoctavum*（OAdV-8）	羊（マスト）アデノウイルス A～C（OAdV-A～C）
	M. porcusquartum（porcine adenovirus 4：PAdV-4），*M. porcustertium*（PAdV-5），*M. porcusquintum*（PAdV-1, 3）	豚（マスト）アデノウイルス A～C（PAdV-A～C）
	M. equi（equine adenovirus 1：EAdV-1），*M. equidae*（EAdV-2）	馬（マスト）アデノウイルス A, B（EAdV-A, B）
	M. adami（human adenovirus 12, 18, 31：HAdV-12, 18, 31），*M. blackbeardi*（HAdV-3, 7, 35, etc），*M. caesari*（HAdV-1, 2, 5, etc），*M. dominans*（HAdV-8, 9, 10, etc），*M. exoticum*（HAdV-4, 22, 23, etc），*M. faecale*（HAdV-40, 41），*M. russelli*（HAdV-52）	人（マスト）アデノウイルス A～G（HAdV-A～G）
	M. encephalomyelitidis（murine adenovirus 1：MAdV-1），*M. muris*（MAdV-2），*M. cordis*（MAdV-3）	ネズミ（マスト）アデノウイルス A, B, C（MAdV-A～C）
	M. musauriti（bat adenovirus 3：BaAdV-3），*M. pipistrelli*（BaAdV-3），*M. rhinolopidae*（BaAdV-4），*M. miniopteridae*（BaAdV-7），*M. humile*（BaAdV-8），*M. pteropodidae*（BaAdV-3），*M. magnauris*（BaAdV-11），*M. eidoli*（straw-colored fruit bat adenovirus），*M. aegyptiaci*（Egyptian fruit bat adenovirus），*M. asiensse*（bat adenovirus Vs9）	コウモリ（マスト）アデノウイルス A～J（BaAdV-A～J）
	M. otariidae（California sea lion adenovirus 1：CSLAdV-1）	アシカ（マスト）アデノウイルス A（SLAdV-A）
	M. simiae（simian adenovirus 3, 4, 6, etc：SAdV-3, 4, 6, etc），*M. longumcaudae*（SAdV-5, 8, 49, etc），*M. cynocephali*（SAdV-19），*M. macacae*（SAdV-13），*M. aiienum*（SAdV-16），*M. chlorocebi*（SAdV-17, 18），*M. simiavigesimum*（SAdV-20），*M. rhesi*（SAdV-54），*M. flavi*（SAdV-55）	サル（マスト）アデノウイルス A～I（BaAdV-A～I）
	M. caviae（guinea pig adenovirus 1：GPAdV-1）	モルモット（マスト）アデノウイルス A（GPAdV-A）
シアデノウイルス Siadenovirus 属	*S. gallopavotertii*（turkey adenovirus 3：TAdV-3）	七面鳥（シ）アデノウイルス A（TAdV-A）
	S. raptoris（raptor siadenovirus 1：RAdV-1）	猛禽類（シ）アデノウイルス A（RAdV-A）
	S. viridis（psittacine adenovirus 5, 6：PsAdV-5, 6），*S. sanguineae*（PsAdV-7）	インコ（シ）アデノウイルス D, E（PAdV-D, E）
テストアデノウイルス Testadenovirus 属	*T. trachemysis*（red-eared slider adenovirus 1：RSAdV-1）	アカミミガメ（テスト）アデノウイルス A（PSAdV-A）

は，マストアデノウイルス Mastadenovirus 属，アビアデノウイルス Aviadenovirus 属，バースアデノウイルス Barthadenovirus 属，シアデノウイルス Siadenovirus 属，イクトアデノウイルス Ichtadenovirus 属，テストアデノウイルス Testadenovirus 属の 6 属に分類されている。それぞれの属には，血清型，赤血球凝集性，**腫瘍原性**，形質転換 transformation 性やゲノム配列によって複数の種 species が分類される。

(2) 形態・物理学的性状

エンベロープをもたない大きさ70〜90 nmの正20面体粒子で，252個のカプソメア（240個のヘキソンと12個のペントン）からなる（図10-1）。アデノウイルスのペントン基部から生じるファイバーは基本的に1本であるが，アビアデノウイルス属のウイルスはファイバーが2本存在する。化学薬品に強い抵抗性をもち，pH5〜9，36〜47℃の温度で安定である。

(3) ゲノム構造（図10-2）

1本鎖直鎖状，ゲノム長は26〜48 kbpで，末端に反復配列 inverted terminal repeat を有する2本鎖DNAである。そのGC含量（モル%）は34〜64である。

(4) ウイルス蛋白質（表10-3）

アデノウイルスのゲノムは，約40種類の蛋白質をコードし，感染初期（E：Early）に発現する蛋白と，中間期（I：Intermediate）および感染後期（L：Late）に発現する蛋白質に分けられる。感染初期に発現する蛋白質は主に非構造蛋白質，感染後期に発現する蛋白質のほとんどが構造蛋白質である。構造蛋白質にはローマ数字による番号を付けて表されている（Iが欠番なのは，当初Iとされた蛋白質が，2種の蛋白質の複合体であることが判明したため）。

(5) 増　殖

a．ウイルスの吸着と侵入

ウイルス粒子のファイバーが細胞膜上の一次レセプターに接触し，次にペントン（III）が二次レセプター（インテグリン integrins）と相互反応しエンドサイトーシスによって細胞内に侵入する。エンドソーム内のウイルスカプシドは，エンドソーム内の酸性化とプロテアーゼの作用で脱落し，ウイルスDNA・コア蛋白質複合体が微小管を使って核まで運ばれ，核膜孔から核内に侵入する。核内におけるウイルスゲノムの複製やmRNAの合成にはウイルス由来のDNAポリメラーゼや細胞由来の転写因子が利用される。

アデノウイルスのレセプターとして，人アデノウイルスB，DはCD46を，人アデノウイルスDに属する人アデノウイルス37はシアル酸を，その他のアデノウイルスは免疫グロブリンースーパーファミリーに属するCAR（coxsackievirus and adenovirus receptor）を利用することが知られている。

b．初期遺伝子（E1A〜E4）の発現（図10-2，表10-3）

ウイルス感染後，まずE1A蛋白質が発現し，これが他の初期蛋白質の発現を転写活性化する。また，E1Aは，感染細胞をウイルスゲノムの複製に適切な環境であるS期に誘導する。基本的に，

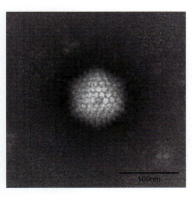

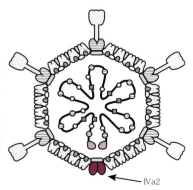

Bar = 100 nm

図10-1 アデノウイルス粒子の電子顕微鏡像および模式図

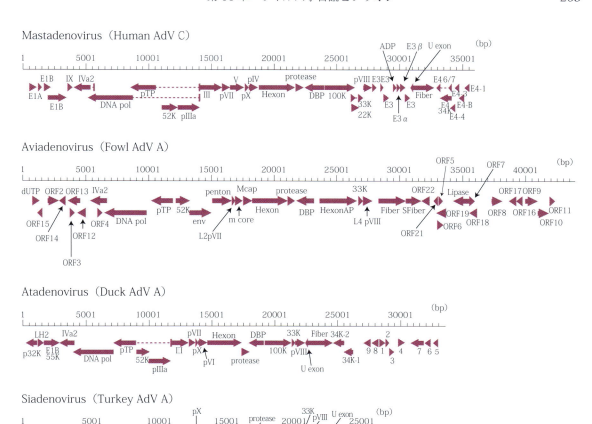

図 10-2 各種アデノウイルスのゲノム構造
属によって，ゲノム構造が異なっている。

初期遺伝子は，後期遺伝子によって発現するウイルス構造蛋白質の生合成に必要な非構造蛋白質の合成である．さらに，E1A は，宿主のサイトカイン誘導性アポトーシスなどの抗ウイルス作用の阻害に働く．

c．ゲノム DNA の複製

基本的に半保存的複製機構によって行われる．まず，2 本鎖 DNA のいずれか一方の 5' 末端から相補的な 1 本鎖 DNA が合成される（I 型複製）．この DNA は平鍋柄構造 panhandle となり，さらに相補的な DNA 鎖が合成される（II 型複製）．その後，プラス鎖とマイナス鎖からなる 2 本鎖 DNA となる．

d．後期遺伝子（L1〜L5）の発現 （図 10-2，表 10-3）

後期遺伝子から，ウイルス粒子の組立てに必要な各種構造蛋白質が細胞質内で合成される．それらは核内に移行しカプシドを構築する．さらに，殻のカプシドのポータル蛋白質（IVa2）からウイルスゲノムが挿入され子孫粒子が組立てられる．成熟ウイルス粒子は宿主細胞の細胞変性効果（CPE）によって細胞外に遊離する．

（6）細胞に対する病原性

感染性ウイルスを産生する細胞を許容細胞，しない細胞を**非許容細胞**と呼ぶ．非許容細胞にウイルスを感染させると条件によって形質転換を認めることがある．許容細胞では，ウイルスの増殖お

表 10-3 人アデノウイルス 2 のウイルス蛋白質

質量（kDa）	転写クラス	詳細*	備考 1	備考 2**
13, 27, 32	E1A	NS	転写調節	M
19	E1B	NS	p53 依存アポトーシスの阻害	M
55	E1B	NS	p53 依存アポトーシスの阻害	M
59	E2A 中間	NS	DNA 結合蛋白	
120	E2B	NS	DNA ポリメラーゼ	
75	E2B	S	DNA 末端蛋白	
4, 7, 8, 10, 12, 13, 15, 15, 19	E3	NS	自然免疫および獲得免疫の阻害	M
13, 14	E4	NS	mTOR 活性化	
11	E4	NS	DSBR(dsDNA 切断反応) の誘導阻害	
34	E4	NS	p53 阻害	
17	E4	NS	E2F に結合	
47	L1	NS	カプシド形成	
64	L1	S	Ⅲa	
63	L2	S	Ⅲ：ペントン	
22	L2	S	Ⅶ：メジャーコア	
42	L2	S	Ⅴ：マイナーコア	M
10	L2	S	Ⅹ	
27	L3	S	Ⅵ	
109	L3	S	Ⅱ：ヘキソン	
23	L3	S	プロテアーゼ	
100	L4	NS	ウイルス粒子の組立てや翻訳調整など	
33	L4	NS	（カプシド形成）	
22	L4	NS	カプシド形成	
25	L4	S	Ⅷ	
62	L5	S	Ⅳ：ファイバー	
14	中間	S	Ⅸ	M
51	中間	S	Ⅳa2：カプシド形成	

*NS：非構造蛋白，S：構造蛋白
**M：mastadenovirus のみ

よびウイルス粒子の放出に伴い感染細胞のブドウの房状変化や崩壊などの CPE が認められ，塩基性の核内封入体が形成される。E1A と E1B は，形質転換に関与し腫瘍原性をもつ。これらの蛋白質が，がん抑制遺伝子産物である p53 を不活化し細胞周期を乱すためである。

（7）ウイルスベクターとしての利用

外来遺伝子を組み込んだアデノウイルスは，高い遺伝子導入効率と強力な遺伝子発現によって，遺伝子治療，がん治療や組換えワクチンのベクターとして利用されている。

2）アデノウイルス感染症（表 10-4）

アデノウイルスは，人を含む哺乳類や鳥の上部呼吸器，糞便からウイルスが分離される。大部分のアデノウイルスの病原性は強くないが，犬および鳥のアデノウイルス感染症は特徴的な臨床徴候を示す。また，幼齢な齧歯類（ハムスター，マウス，ラットなど）に腫瘍原性を示すアデノウイルスもあるが，自然宿主のウイルス性発がんの原因にはならない。ウイルス自体は潜在的に炎症性と腫瘍原性の二面性をもつことに特徴がある。

第 10 章　ウイルス学各論とプリオン

表 10-4　アデノウイルスの代表的な病気

ウイルス（旧略称）		宿主	病状および病気
牛アデノウイルス	（BAdV-A～F）	牛	発熱，下痢，肺炎，虚弱子牛症候群
羊アデノウイルス	（OAdV-A～D）	羊	軽度の呼吸器徴候，子羊には消化器徴候
馬アデノウイルス	（EAdV-A, B）	馬	軽度の呼吸器徴候を示す．遺伝的素因として免疫系に欠陥のあるアラブ種の馬では重篤になる場合がある
豚アデノウイルス	（PAdV-A～C）	豚	消化器徴候，腸炎，肺炎，発育遅延
犬アデノウイルス	（CAdV-A）		
	（CAdV-1）	犬	犬伝染性肝炎
	（CAdV-2）	犬	犬伝染性喉頭気管炎，ケンネルコフ
サルアデノウイルス	（SAdV）	サル	呼吸器徴候，結膜炎
鶏アデノウイルス	（FAdV-A）	ウズラ	気管支炎，肺炎
	（FAdV-A～E）	鶏	封入体肝炎，心膜水腫症，筋胃びらん，気管支炎，肺炎
アヒルアデノウイルス	（DAdV-A）	アヒル・鶏	産卵低下症候群 -1976
七面鳥アデノウイルス	（TAdV-A）	七面鳥	出血性腸炎
		キジ	キジの大理石脾病（巨炎，脾病）
		七面鳥・キジ	産卵低下症候群

（1）牛

下痢，肺炎，結膜炎や**虚弱子牛症候群** weak calf syndrome などから様々な血清型の牛アデノウイルスが分離される．これらの病状は他の病原体の二次感染によって重症化する．

（2）羊

若齢の羊の呼吸器徴候や消化器徴候を示す個体からウイルスが分離されるが，いずれの血清型のウイルスも病原性は弱い．

（3）馬

馬アデノウイルス A と B のいずれもアラブ種の馬からの分離報告が多い．通常，不顕性感染か，軽度の呼吸器徴候で経過する．

（4）豚

呼吸器徴候，消化器徴候や脳炎と関係していると考えられているが，無徴候の豚からも分離されている．臨床上は発熱，軽度の下痢などを認める程度である．

（5）犬

犬アデノウイルス 1 型に起因する**犬伝染性肝炎** infectious canine hepatitis は，肝炎を主微とする主としてイヌ科動物の全身性疾患である．定型例では食欲不振，発熱，抑うつ，渇き，腹部の圧痛，嘔吐，下痢などが認められ，まれに神経徴候を示すことがある．また，回復期に角膜混濁（ブルーアイ）が認められる．ウイルス自体は肝細胞や内皮細胞に親和性が高く，これら細胞の核内に封入体を形成する．犬アデノウイルス 2 型に起因する**犬伝染性喉頭気管炎** infectious canine laryngotracheitis は，乾性の咳を伴う上部気道炎を主微とする．いわゆる**ケンネルコフ** kennel cough（犬伝染性気管気管支炎）の病原体ともなる．この 2 つのウイルスはゲノム DNA の制限酵素切断パターンで明確に区分される．

（6）鳥　類

鳥類のアデノウイルス科は分類上 3 属から構成されている．

a．アビアデノウイルス属

鶏の封入体肝炎 inclusion body hepatitis of chickens：ほとんどの血清型の鶏アデノウイルスが原因となり得る．孵化後 3～10 週の肉用鶏に多発する．出血性病変と肝炎を特徴とする急性感染症である．なお，鶏アデノウイルスは**心膜水腫症候群** hydropericardium syndrome，**アデノウイルス性筋胃びらん** adenoviral gizzard erosion や産卵低下の原因ウイルスを含む．

ウズラ気管支炎ウイルス感染症 quail bronchitis virus infection：鶏アデノウイルス1に起因する孵化後3週以下のボブホワイトウズラに致死率が50～100％になる急性致死性呼吸器病を起こす。日本での発生はない。

　b．バースアデノウイルス属

産卵低下症候群-1976 egg drop syndrome-1976：アヒルアデノウイルス1に起因する鶏，アヒルおよびガチョウに薄殻卵や無殻卵の産生などの卵殻形成異常を引き起こす。

　c．シアデノウイルス属

七面鳥出血性腸炎 hemorrhagic enteritis of turkeys：七面鳥アデノウイルス3に起因する出血性腸炎と脾腫を起こす。発症鳥は血便と沈うつを示し急性経過で死亡する（致死率0～60％）。

B．ポリオーマウイルス科

キーワード：ポリオーマウイルス，正20面体ビリオン，環状2本鎖DNAゲノム，T抗原，腫瘍原性，セキセイインコ雛病

ポリオーマウイルス polyomavirus の polyoma という語はギリシャ語に由来する poly（多くの）と -oma（腫瘍）を合わせた合成語である。

1）ポリオーマウイルスの性状

（1）分　類

シポリウイルス目 *Sepolyvirales* はポリオーマウイルス科 *Polyomaviridae* のみで構成されている。ポリオーマウイルス科は8属に分類され，117種のウイルスが登録されている。アルファポリオーマウイルス *Alphapolyomavirus* 属（51種），ベータポリオーマウイルス *Betapolyomavirus* 属（41種），デルタポリオーマウイルス *Deltapolyomavirus* 属（7種），*Epsilonpolyomavirus* 属（3種），ガンマポリオーマウイルス *Gammapolyomavirus* 属（9種），イータポリオーマウイルス *Etapolyomavirus* 属（1種），シータポリオーマウイルス *Thetapolyomavirus* 属（4種），ゼータポリオーマウイルス *Zetapolyomavirus* 属（1種）からなる。鳥類由来のポリオーマウイルスは全てガンマポリオーマウ

イルス属に，魚類由来のポリオーマウイルスはイータポリオーマウイルス属とシータポリオーマウイルス属に，哺乳類由来のポリオーマウイルスは残りの5属に分類されている。

（2）形態・物理化学的性状（表10-5）

大きさ40～45 nm の正20面体粒子で，72個のカプソメアからなる。エンベロープはない。ウイルスはエーテル，酸などに安定，熱（50℃，1時間）にも安定である。ショ糖（sucrose）中での沈降係数は240S で塩化セシウム（CsCl）中の比重は1.34 g/cm³ である。ウイルスは88％が蛋白質，12％がDNAで構成されている。DNAのGC含量（モル％）は40～50である。脂質と糖はない。

（3）ゲノム構造（図10-3）

ゲノムは閉鎖環状2本鎖DNA（サイズ：約5 kbp）で，遺伝子は両鎖から転写される。DNAは感染性である。形質転換した細胞中でポリオーマウイルスゲノムは宿主細胞の染色体に組み込まれている。

（4）ウイルス蛋白質

ウイルスは3種類のカプシド蛋白質（VP1～3）とウイルスDNAと結合した4種類の宿主細胞由来ヒストン（H2A，H2B，H3とH4）からなる。鳥類のポリオーマウイルスではさらにカプシド蛋白質VP4が存在する。VP1が主要蛋白質でビリオン蛋白質の75％を占める。ポリオーマウイルスは2種類の調節蛋白質である**T抗原**（large T：LT と small T：ST）を発現する。それに加えて middle T：MT，ALTO や Agnoprotein などの調

表10-5 ポリオーマウイルス科のウイルス性状

- **正20面体ビリオン**（大きさ40～45 nm），エンベロープなし，72個のカプソメア，5～9種類の蛋白質を発現，浮上密度1.34 g/cm³（CsCl）
- 閉鎖**環状2本鎖DNAゲノム**（サイズ：約5 kbp），両鎖から転写
- 核内で増殖，核内封入体形成，赤血球凝集性あり
- 特定の宿主に腫瘍原性あり，ゲノムDNAは染色体に組み込まれる
- アライグマポリオーマウイルスとメルケル細胞ポリオーマウイルスは，それぞれ自然宿主のアライグマと人に腫瘍を形成する

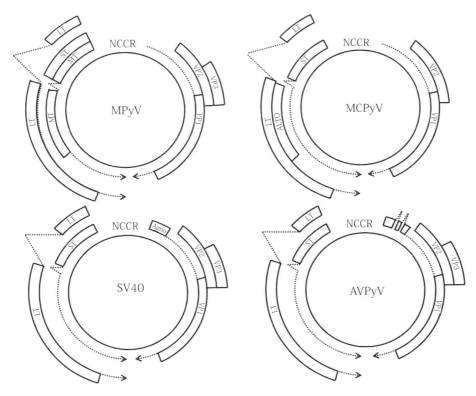

図 10-3 ポリオーマウイルス科のゲノム構造
DeCaprio. J. A. et al.（2022）: Polyomaviridae. In Fields Virology, 7th edn., edited by Howley, P. M. et al. Volume 2: DNA viruses. p6, Figure 1.6, Wolters Kluwer を参考に作成。
MPyV：マウスポリオーマウイルス，MCPyV：メルケル細胞ポリオーマウイルス，SV40：simian virus 40，AVPyV：鳥類のポリオーマウイルス，NCCR：非コード調節領域 noncoding control region

節蛋白質を発現するポリオーマウイルスがある。これらの調節蛋白質はウイルス複製や形質転換に機能する。ウイルスはノイラミニダーゼ感受性レセプターと反応して赤血球凝集（HA）を起こす。ポリオーマウイルス科のウイルスの抗原性は中和試験，HI 試験，免疫電子顕微鏡法で区別できる。

（5）増　殖

ポリオーマウイルスは培養細胞で増殖し，CPE を示す。ウイルスは細胞のシアル酸を含むレセプターに吸着し，エンドサイトーシスで取り込まれる。ウイルス粒子は核膜孔まで運ばれ，外殻蛋白質を核付近で脱ぎ捨てて，ウイルス DNA が核内に移る。ウイルスゲノムの転写は初期と後期に分けられる。初期に転写される遺伝子と後期に転写される遺伝子はそれぞれ別の鎖に存在する。遺伝情報を効率良く使用するために，オープンリーディングフレーム open reading frame（ORF）に重なりがあったり，スプライシングによって mRNA が合成される。初期の転写からは調節蛋白質がつくられ，ウイルス DNA の複製が起こる。複製は large T 抗原が複製開始点に作用することで始まる。宿主の DNA ポリメラーゼを用いて複製は両方向に進み，NCCR（non-coding control region に含まれる複製開始点から 180 度のところで終了する。複製後期にはローリングサークル型複製も認められる。後期の転写によりウイルス構造蛋白質が合成される。ウイルス構造蛋白質は核局在シグナルを保有し，細胞質で合成された後，核内に移行してウイルス粒子が構築される。その過程で宿主細胞のヒストンがビリオン中に取り込

表 10-6　ポリオーマウイルスによる代表的な動物の病気

種（ICTV*提唱名）・（ウイルス名）	自然宿主	病気
Epsilonpolyomavirus bovis（牛ポリオーマウイルス bovine polyomavirus）	牛	不明（不顕性感染）
Gammapolyomavirus avis（セキセイインコ雛病ウイルス budgerigar fledgling disease virus）	セキセイインコ 他多数の鳥類	雛の急性全身性疾患（致死率 30 ～ 80％）
Alphapolyomavirus muris（マウスポリオーマウイルス mouse polyomavirus）	マウス	若齢マウスに腫瘍
Betapolyomavirus macacae（simian virus 40：SV40）	サル	不明（不顕性感染）
Alphapolyomavirus procyonis（アライグマポリオーマウイルス raccoon polyomavirus）	アライグマ	脳腫瘍
Alphapolyomavirus quintihominis（メルケル細胞ポリオーマウイルス Merkel cell polyomavirus）	人	メルケル細胞癌
Betapolyomavirus hominis（BK ポリオーマウイルス BK polyomavirus）	人	免疫抑制下で腎炎，出血性膀胱炎
Betapolyomavirus secuhominis（JC ポリオーマウイルス JC polyomavirus）	人	日和見感染で進行性多巣性白質脳症

* ICTV：国際ウイルス分類委員会

まれる。ウイルス DNA はヒストンと複合体を形成しミニクロマチンを形成する。ビリオンは感染細胞を溶解して放出される。通常，ウイルス複製は 48 ～ 72 時間で完了する。核内封入体を形成する。

2）ポリオーマウイルス感染症（表 10-6）

ウイルスは世界中に分布している。哺乳類のポリオーマウイルスは呼吸器や消化管で初期増殖後ウイルス血症を起こして腎臓，脳，肺などの内部臓器に到達し，不顕性感染が主であるが，まれに顕性感染を起こす。幼時期に感染を受け，潜伏状態になることが多い。宿主域は限られ，通常，自然宿主には腫瘍を誘発しないが，多くの哺乳類のポリオーマウイルスは齧歯類やある霊長類には**腫瘍原性**となる。自然宿主に腫瘍を誘発するウイルスとして，人のメルケル細胞ポリオーマウイルスとアライグマのアライグマポリオーマウイルスが知られている。ウイルス拡散は，持続感染した妊娠母獣からの再活性化，尿中への排出で起こる。マウス，ラットに対する感染力が強く，尿中にウイルスが排出されるので実験動物に感染が容易に広まる。人ではまれに臓器移植で広がる。伝播は接触や空気感染で起こり，ベクターの関与はない。

ウイルス感染後，感染性ウイルスが産生されない細胞では，初期遺伝子産物（T 抗原）の作用により形質転換することがある。形質転換はウイルスの初期蛋白質と細胞側の蛋白質（p53，pRb など）との相互作用で起こると考えられている。腫瘍化した細胞ではポリオーマウイルスゲノムが宿主 DNA に組み込まれている。

鳥類のポリオーマウイルスは病原性が強く，若鳥に急性あるいは慢性の炎症性疾患を起こし，セキセイインコ雛病とも呼ばれる。急性型では羽毛異常，皮下出血，肝肥大などが，慢性型では羽毛異常のみが見られる。広い宿主域をもつが腫瘍原性はない。

C.　パピローマウイルス科

キーワード：パピローマウイルス，乳頭腫，正 20 面体ビリオン，環状 2 本鎖 DNA ゲノム，人子宮頸癌，サルコイド，地方病性血尿症，扁平上皮癌

パピローマウイルス papillomavirus は上皮や粘膜に感染して**乳頭腫**〔パピローマ papilloma：papilla（乳頭）＋ oma（腫瘍）〕や悪性腫瘍を引き起こす病原体で，歴史的には Shope RE が発見したパピローマウイルス（ウサギ）が最初に同定された DNA 腫瘍ウイルスである。パピローマウイルス科 *Papillomaviridae* と前出のポリオーマウイルス科は，現在パポバウイルス綱 *Papovavirus* に分類されている。ツアーハウゼンウイルス目

Zurhausenvirales は，パピローマウイルス科でのみ構成されている。

1）パピローマウイルスの性状
（1）分 類

パピローマウイルス科はファーストパピローマウイルス亜科 *Firstpapillomavirinae* とセカンドパピローマウイルス亜科 *Secondpapillomavirinae* に分類される。2024年の時点でファーストパピローマウイルス亜科には52属，セカンドパピローマウイルス亜科にはアレフパピローマウイルス *Alefpapillomavirus* 属のみが登録されている。

パピローマウイルスは，通常の細胞培養での増殖が難しいことなどから，他のウイルスで用いられるような血清学的分類はされていない。分子生物学の進展とともに，パピローマウイルスの遺伝子解析が進められ，カプシドを構成するL1蛋白質の遺伝子相同性に基づく分類研究が急速に進んだ。国際ウイルス分類委員会（ICTV）での分類基準では，L1の塩基配列が，最も相同性の高いパピローマウイルスと比較して，40％以

表 10-7 パピローマウイルス科のウイルス性状

- **正20面体ビリオン**，小型，エンベロープなし，72個のカプソメアからなる球形蛋白質，大きさ 52〜55 nm
- 浮上密度 1.34〜1.35 g/cm^3（CsCl）
- 物理化学的性状：エーテル，酸，熱（50℃，1時間）耐性
- 閉鎖**環状2本鎖DNAゲノム**（約7.5 kbp）
- 核内で複製
- 一部，腫瘍原性

表 10-8 パピローマウイルス科のウイルス分類と代表種および宿主動物

属（種数）	代表種	ギリシャ文字	ウイルス名	動物種
ファーストパピローマウイルス亜科 *Firstpapillomavirinae*				
Alphapapillomavirus（14種）	*Alphapapillomavirus 7*	α7	human papillomavirus 18	人
	Alphapapillomavirus 9	α9	human papillomavirus 16	人
Deltapapillomavirus（7種）	*Deltapapillomavirus 4*	δ4	Bos taurus papillomavirus 1	牛
Epsilonpapillomavirus（2種）	*Epsilonpapillomavirus 1*	ε1	Bos taurus papillomavirus 5	牛
Kappapapillomavirus（2種）	*Kappapapillomavirus 2*	κ2	Shope papillomavirus	ウサギ（ワタオノウサギ）
Zetapapillomavirus（1種）	*Zetapapillomavirus 1*	ζ1	Equus caballus papillomavirus 1	馬
Lambdapapillomavirus（5種）	*Lambdapapillomavirus 1*	λ1	Felis catus papillomavirus 1	猫
	Lambdapapillomavirus 2	λ2	Canis familiaris oral papillomavirus 1	犬
	Lambdapapillomavirus 3	λ3	Canis familiaris papillomavirus 6	犬
Xipapillomavirus（5種）	*Xipapillomavirus 1*	ξ1	Bos taurus papillomavirus 3	牛
	Xipapillomavirus 2	ξ2	Bos taurus papillomavirus 12	牛
Taupapillomavirus（4種）	*Taupapillomavirus 1*	τ1	Canis familiaris papillomavirus 2	犬
	Taupapillomavirus 2	τ2	Canis familiaris papillomavirus 13	犬
	Taupapillomavirus 3	τ3	Felis catus papillomavirus 3	猫
Chipapillomavirus（3種）	*Chipapillomavirus 1*	χ1	Canis familiaris papillomavirus 3	犬
	Chipapillomavirus 2	χ2	Canis familiaris papillomavirus 4	犬
	Chipapillomavirus 3	χ3	Canis familiaris papillomavirus 8	犬
Dyothetapapillomavirus（1種）	*Dyothetapapillomavirus 1*	dyo-θ1	Felis catus papillomavirus 2	猫
Dyoiotapapillomavirus（2種）	*Dyoiotapapillomavirus 1*	dyo-ι1	Equus caballus papillomavirus 2	馬
	Dyoiotapapillomavirus 2	dyo-ι2	Equus caballus papillomavirus 4	馬
Dyoxipapillomavirus（2種）	*Dyoxipapillomavirus 1*	dyo-ξ1	Bos taurus papillomavirus 7	牛
Dyorhopapillomavirus（1種）	*Dyorhopapillomavirus 1*	dyo-ρ1	Equus caballus papillomavirus 3	馬
Dyochipapillomavirus（1種）	*Dyochipapillomavirus 1*	dyo-χ1	Equus asinus Papillomavirus 1	馬（ロバ）

上60%未満の場合に属genera（ギリシャ文字で表現），60%以上90%未満の場合に種species（数字で表現），90%未満の場合に異なる型type，90%以上98%未満の場合に亜型subtype，98%以上の場合は，バリアントvariantとされている。ICTVの属名には，ギリシャ文字のアルファからオメガまでに加え，DyoあるいはTreisを付した，Dyodeltaなどの属名が使われる。ただしアルファ・ベータ・ガンマのパピローマウイルス属は，人が感染するウイルスに使用されており，DyoやTreisの接頭辞を付けた組合せは使われない。

パピローマウイルス感染は原則として強い宿主特異性があることから，ウイルスの名称には宿主動物種名を冠し，例えば牛パピローマウイルス1型（*Bos taraus* あるいは bovine papillomavirus type 1）として，BPV1などと記載される。分類上，BPV1は，デルタパピローマウイルス *Deltapapillomavirus* 属のデルタパピローマウイルス4である。

（2）形態・物理化学的性状

小型で，エンベロープをもたない正20面体のDNAウイルスである。ウイルス粒子は72個のカプソメアからなり，大きさ52～55 nmである。ウイルスはエーテル，酸，熱（50℃，1時間）に耐性である。ショ糖および塩化セシウム密度勾配での比重は，それぞれ1.20および1.34～1.35 g/cm^3 である。

（3）ゲノム構造（図10-4）

ゲノムは閉鎖環状2本鎖DNAで，大きさは約7.5 kbp（5.7～8.6 kbp），GC含量（モル%）は平均42（36～59）である。遺伝子は一方向からのみ転写される。ゲノムは以下の3つの領域から構成される。

① 転写複製の調節領域：LCR(long control region)またはURR(upstream regulatory region)。

② ウイルスDNAの複製や感染細胞のトランスフォーム活性などを有する非構造蛋白質をコードする初期遺伝子：E1～E8（ウイルスによって異なる）。

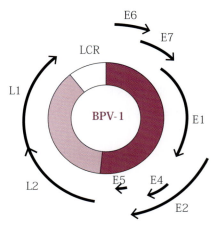

図10-4 牛パピローマウイルス1型（BPV1）のゲノム構造
初期（非構造）蛋白質ORF：E1～E7（BPV1はE3，E8はなし）
後期（構造）蛋白質ORF：L1～L2

③ ウイルス粒子構造蛋白質であるカプシドをコードする後期遺伝子：L1，L2。

（4）ウイルス蛋白質

カプシド蛋白質であるL1は，ウイルスの全蛋白質の約80%を占め，主要カプシド蛋白質major capsid protein（MCP）と呼ばれ，ウイルス型特異的抗原となる。もう1つのカプシド蛋白質であるL2は，副カプシド蛋白質minor capsid proteinと呼ばれ，ウイルス群特異的抗原となる。L1単独，あるいはL1とL2を，哺乳類細胞や昆虫細胞（バキュロウイルス），酵母などで発現させると，ウイルスの空粒子ができ上がり，VLP（virus-like particle）としてワクチンにも応用されている。

E1は，唯一のウイルス酵素であり，ウイルスDNAヘリカーゼとして，感染細胞の核内でのウイルスゲノムの複製と増幅に必須である。E2は，ウイルスライフサイクルのマスターレギュレーターであり，転写制御，DNA複製の開始，ウイルスゲノムの分割において重要な役割を果たしている。

また，ウイルス粒子中の蛋白質の解析から，細胞のヒストンがウイルスDNAと結合してクロマ

チン様構造をつくっていることが知られる。

（5）増　殖

　パピローマウイルスの培養は困難であるが，牛のパピローマウイルスはマウス細胞においてフォーカスを形成することが1970年代に報告され，形質転換能の研究などに用いられている。人のパピローマウイルスについては，1990年代にin vitroで上皮細胞の分化を誘導する三次元培養系（いかだ培養 raft culture）を活用することで，ビリオン形成を見ることが可能となった。しかしその培養法が複雑なため，一般には普及していない。

　ウイルスの複製については不明な点も多いが，標的細胞である上皮細胞の分化に依存して複製サイクルが進むことが分かっている。レセプターについてはα6インテグリンが候補として知られているが，詳細は不明である。上皮や粘膜の小さな傷などから侵入したパピローマウイルスは，基底細胞に感染する。感染したパピローマウイルスは核へ移行し，核内でエピゾームとしてウイルスゲノムが維持される。宿主の複製に合わせてウイルスゲノムも複製され，娘細胞へと受け継がれる。カプシドを構成する後期遺伝子の発現は有棘層 stratum spinosum から始まり，ビリオン形成が見られる。顆粒層 stratum granulosum（granular layer）においてビリオンが蓄積し，表皮の角化層あるいは粘膜の非角化層から放出される。パピローマウイルスは，このように細胞死に向かう細胞でライフサイクルを完結するため，宿主の免疫系からも巧みに逃れており，長期にわたるウイルスの持続感染に繋がると考えられている。

　初期蛋白質と後期蛋白質は，別々のプロモーターで制御されており，まず初期遺伝子の転写によりウイルスの複製や細胞制御に関わる初期蛋白質が合成される。ウイルスDNAはLCR（long control region）に存在する複製開始点から，両方向に向けて複製する。ビリオンは核内で組み立てられ，上皮細胞の脱落など，細胞の死滅によって放出される。1つの感染細胞には，およそ10,000〜100,000のビリオンが含まれる。

（6）細胞に対する病原性

　基底細胞におけるウイルス初期蛋白質の作用により，基底細胞の分裂が惹起され，有棘層や顆粒層への細胞分化が遅れることにより，過形成 hyperplasia が起こり，乳頭腫が引き起こされる。

　デルタパピローマウイルス属は，線維性乳頭腫 fibropapilloma を引き起こすことが知られる。このウイルスは上皮細胞に感染してウイルス産生が起こるのに加え，上皮内の線維芽細胞に感染してウイルス非産生性に線維芽細胞の形質転換を起こすことによる。線維芽細胞の形質転換は種特異性が低いとされ，デルタパピローマウイルス属の感染は，時として種を超えた感染を引き起こす（BPV1やBPV2の馬への感染など）。

　一部の型のパピローマウイルスは，発がん性を有している。**人子宮頸癌**の原因となるハイリスク型人パピローマウイルス human papillomavirus（HPV）のE6は，宿主細胞のp53に結合し，ユビキチン依存的にp53を分解すること，またE7がpRBに結合して不活化することが特徴である。p53やpRBは，本来細胞のゲノムDNAに変異が入った場合に，細胞周期をストップし，ゲノムDNAの修復を図ったり，あるいは修復が不可能なほどに変異が入った場合にアポトーシスを起こすことでその細胞を次世代に残さない機能をもつ。p53やpRBが不活化されることにより，ハイリスク型HPV感染細胞では，ゲノムDNAの異常が蓄積される。HPV感染患者では，AIDSなどの免疫抑制状態や，喫煙などの因子により発がんのリスクが高くなる。悪性化の過程は多様だが，HPVゲノムの宿主染色体へのインテグレーション（組込み）やメチル化状態の変化など，共通する特徴が見られている。

　HPVと比較し，動物のパピローマウイルス感染による悪性化の機序については，不明な点が多いが，近年，高齢の犬や猫での悪性腫瘍において，犬パピローマウイルスや猫パピローマウイルスのゲノムが宿主染色体に組み込まれている報告がある。BPVについては，マウス細胞にフォーカスを形成する能力があることを利用して，細胞

レベルでの解析が行われてきた。BPV1のなかで，フォーカス形成に必要な蛋白質として，E5，E6，E7の3つがあげられている。その中でも，44アミノ酸からなるE5の果たす役割が大きいとされる。E5は，BPV1を含むデルタパピローマウイルス属でよく保存されている蛋白質である。BPV1のE5は，PDGF（血小板由来成長因子）βレセプターに結合して活性化し，細胞の増殖を促進させる。E5に加えて，E6，E7の発現もBPV1による形質転換に必要とされるが，HPVと異なり，BPV1のE6は，p53の分解を引き起こさないし，E7も，pRB結合ドメインをもっておらず，その発がんにおける役割は未解明である。

また，BPV4は消化器の腫瘍を引き起こすことが示されているが，BPV4のゲノム中のLCRには，ケセルチン反応因子 quercetin responsive element が存在する。BPVとともに牛の発がんの危険因子とされるワラビには，ケセルチンが含まれるが，in vitro の試験で，ケセルチンの化学的刺激が，BPV4のE7発現を上昇させ，発がんが誘導されることが示唆されている。

2）パピローマウイルス感染症

最初の動物パピローマウイルスは，乳頭腫を起こす濾過性病原体として，ワタオノウサギ cottontail rabbit で発見された。発見者の Shope RE にちなみ，ショープ乳頭腫症 Shope papillomatosis（乳頭腫症）と呼ばれる良性乳頭腫は，悪性腫瘍に進行することがあることが示され，パピローマウイルスは歴史的には，最初に同定されたDNA腫瘍ウイルスである。

パピローマウイルスは一般に種特異性が高く，多くの動物種に独自のウイルスが存在する。多くの場合，無徴候か，良性の乳頭腫あるいは疣贅 verruca または warts と呼ばれる，いわゆるイボを引き起こす。病理組織学的には，上皮性あるいは線維性乳頭腫となる。また一部の型のパピローマウイルス感染は，発がんのリスクをもつと考えられている。感染経路としては，直接接触のほか，

表10-9　パピローマウイルスによる代表的な病気

ウイルス（略称）[別名]	（自然）宿主	病気［主に関与するウイルス型］
ショープ乳頭腫ウイルス（SPV）[Sylvilagus floridanus papillomavirus 1 (SfPV1), cottontail rabbit papillomavirus（CRPV）]	ワタオノウサギ	乳頭腫（顔面から角のように見える），時に悪性化
牛パピローマウイルス（BPV）	牛	線維性乳頭腫［BPV1, 2, 13, 14などデルタパピローマウイルス属］ 上皮性乳頭腫［BPV3, 4, 6, 9〜12などグザイパピローマウイルス属］ 乳房乳頭腫［BPV6, 9〜12など］ 地方病性血尿症（膀胱腫瘍）［BPV1, 2］ 消化管腫瘍［BPV4］
牛パピローマウイルス（BPV）	馬（牛のウイルスが種を超えて感染）	サルコイド（類肉腫：線維性乳頭腫）［BPV1, 2, 13］
牛パピローマウイルス14型（BPV14）[feline sarcoid papillomavirus（FeSarPV）]	猫（牛のウイルスが種を超えて感染）	サルコイド（類肉腫：線維性乳頭腫）［BPV14］
馬パピローマウイルス（EcPV）	馬	皮膚乳頭腫，耳介内乳頭腫［EcPV1, 3〜4］ 生殖器腫瘍［EcPV2］
犬パピローマウイルス（CPV）[CPV1 = canis oral papillomavirus（COPV1）][CPV2 = Canis familiaris papillomavirus（CfPV2）]	犬	犬口腔内乳頭腫［CPV1］ 足蹠皮膚乳頭腫，扁平上皮癌［CPV2］ 色素性局面［CPV3, 4など］
猫パピローマウイルス（FcaPV）[Felis domestics papillomavirus（FdPV）]	猫	色素性局面，扁平上皮癌，メルケル細胞癌［FcaPV2］
人パピローマウイルス（HPV）	人	子宮頸癌［HPV16, 18など高リスク型HPV］ 皮膚・粘膜乳頭腫

BPVなどでは，ミルカーなどの器具を介した伝播や吸血昆虫による機械的伝播の可能性が指摘されている。ウイルスは刺傷を含む傷口などから侵入し，標的となる基底細胞に感染すると考えられる。

（1）牛

牛の乳頭腫を引き起こす牛パピローマウイルス（BPV）は1～40以上の型が報告されている。BPV1, 2, 13, 14はデルタパピローマウイルス属に分類され，皮膚の線維芽細胞に感染して，線維性乳頭腫を引き起こす。また，時に種を超えた感染により，**サルコイド** sarcoid（類肉腫：病理組織学的には線維性乳頭腫）を引き起こす。BPV5, 8はイプシロンパピローマウイルス *Epsilonpapillomavirus* 属に分類され，上皮性および線維性乳頭腫を引き起こす。BPV3, 4, 6, 9～12は，グザイパピローマウイルス *Xipapillomavirus* 属に分類され，上皮細胞に感染して上皮性乳頭腫 epithelialpapilloma を引き起こす。

牛乳頭腫症 bovine papillomatosis は若齢牛でしばしば見られるものの，多くは数か月で自然治癒する。乳牛においては，乳頭部のパピローマ（BPV6によるものが多い）が搾乳の障害となり，細菌の二次感染を惹起して乳房炎に繋がることがある。難治性の乳頭腫症を引き起こすBPV9, 10, 11などの集団発生も報告されている。また飼養形態の変化（農場の大規模化）により，ミルカーを介するなどして乳頭部のパピローマが農場全体に広がる（さらに難治性の乳房炎へ繋がる）など，BPV感染拡大の影響が報告されている。特に牛の飼養頭数の多いインドやブラジルでなど，国際的にも深刻な問題となっている。

牛におけるパピローマの罹患率については，欧米や日本での報告がある。いずれの地域でも，体表部の乳頭腫症は雌で25％以上の有病率で，世界的に蔓延している疾病である。

牛の地方病性血尿症 enzootic hematuria は，ワラビのような免疫を抑制する食物を摂取する地域の牛で，特定の型のBPV（主に2型）が関与して難治性の膀胱腫瘍が集団発生するものである。臨床的には血尿と排尿障害により廃用に向かい，BPV感染が重篤な腫瘍性疾病に繋がるもの。餌の改善などにより，近年日本では見られることはまれだが，イタリアの一部地域などで見られる。

そのほか，BPV4は消化管に腫瘍を引き起こすことが知られている。

ウシ属の動物ではその他，水牛やヤクからもBPVやBgPVなどが分離されている。

（2）馬

馬では，特に若齢馬の口唇周囲などで乳頭腫が見られ，見た目が悪いだけでなく，ハミが当たって痛みも出るなどの問題となる。また眼の周囲に発生した場合，視界を遮ることで支障が生じる。こういった皮膚乳頭腫 skin papilloma からは，馬に特異的なパピローマウイルスとしてEcPV1が見つかっている。そのほか，外部生殖器の腫瘍との関係が指摘されているEcPV2，また耳介内乳頭腫 aural plaque（aural papilloma）との関係が疑われるEcPV3, 4が知られる。EcPVは10の型が，それ以外にウマ属としてはロバからEaPVが発見されている。EcPV1はゼータパピローマウイルス *Zetapapillomavirus* 属，EcPV2, 4, 5はディオイオタパピローマウイルス *Dyoiotapapillomavirus* 属，EcPV3, 6, 7はディオローパピローマウイルス *Dyorhopapillomavirus* 属に分類される。

また，馬のサルコイド（類肉腫：線維性乳頭腫）は，馬の皮膚に見られる最も一般的な腫瘍で，デルタパピローマウイルス属のBPV1, 2, 13が原因である。種特異性の高いパピローマウイルスの例外としてよく知られるもので，牛のパピローマウイルスが馬に感染することによって引き起こされる。馬のサルコイドから検出されるBPVには，牛から検出されるBPVと比較して，LCRに特徴的な変異をもつバリアントが指摘されたが，単なる地域差と考えられる。馬のサルコイドでは，ウイルスの複製は限局的で，病変部からさらに感染が広がることはないとされる。

(3) 犬

犬は伴侶動物のなかで，口腔内や体表部に乳頭腫がよく見られる動物である。口腔内乳頭腫 oral papilloma，色素性局面 pigmented plaque などがパピローマウイルス関連疾患として知られる。特に臓器移植後など免疫抑制状態の犬では，**扁平上皮癌** squamous cell carcinoma（SCC）など悪性腫瘍に進行する可能性が指摘されている。CPV1 は口腔内の乳頭腫を引き起こす。CPV2 は悪性化に関与する可能性がある E5 をもち，扁平上皮癌との関係が指摘されている。色素性局面は扁平で多くの場合，多発性の濃性色素性沈着病変で，パグ犬で多く見られる。新型の CPV は続々と報告されてきており，最近では CPV24 が色素性局面から見つかっている。CPV1 と 6 はラムダパピローマウイルス *Lambdapapillomavirus* 属，CPV2，7，13，17 などはタウパピローマウイルス *Taupapillomavirus* 属，CPV4，9，20 などはカイパピローマウイルス *Chipapillomavirus* 属に分類される。

(4) 猫

猫の乳頭腫はまれであるが，猫免疫不全ウイルス（FIV）感染などによる免疫不全との関係で，パピローマウイルス感染症の報告が多い。猫では，扁平上皮癌など悪性腫瘍とパピローマウイルスとの関与が注目され，ネコ属では野生動物も含めると，11 の型が報告されている。そのうち，猫パピローマウイルス *Felis catus papillomavirus*（FcaPV）では 1〜7 型が報告されている。乳頭腫，色素性局面，歯肉炎，扁平上皮癌などの猫から検出されている。ネコ科の野生動物として，インドライオン *Panthera leo persica*，ユキヒョウ *Uncia uncia*，ボブキャット *Lynx rufus*，ピューマ *Puma concolor* から独自のパピローマウイルスの報告がある。

近年，猫のメルケル細胞癌が FcaPV2 によることが報告された。メルケル細胞癌は，人ではポリオーマウイルス（メルケル細胞ポリオーマウイルス：MCPyV）の関与が知られているが，動物ではパピローマウイルスの関与が認められた。

牛を自然宿主とする BPV14 は，猫にサルコイドを起こす BPV として 2015 年に発表されたウイルス型である。以前から猫のサルコイドに BPV のゲノムが検出されるという報告があり，FeSarPV と呼ばれてきたものである。

D．ヘルペスウイルス目

キーワード：ヘルペスウイルス，潜伏感染，回帰発症，エンベロープ，2 本鎖 DNA ゲノム，オルトヘルペスウイルス科，テグメント蛋白質，牛伝染性鼻気管炎，悪性カタル熱，馬鼻肺炎，オーエスキー病，豚サイトメガロウイルス感染症，犬ヘルペスウイルス感染症，猫ウイルス性鼻気管炎，鶏伝染性喉頭気管炎，マレック病，B ウイルス感染症，コイヘルペスウイルス病

ヘルペスウイルス herpesvirus の herpes は「はって進む」の意で，水ぶくれの広がりに由来する。

1) ヘルペスウイルスの性状

ヘルペスウイルス目 *Herpesvirales* のウイルスは，カキのような無脊椎動物から鶏，牛，馬，豚，人など多くの脊椎動物に至る様々な動物種に見出される。ヘルペスウイルスは宿主動物に感染すると，初感染では急性感染であるが，その後，宿主体内に**潜伏感染**し，時おり，再活性化により**回帰発症**するという特徴がある。ウイルスは宿主に終生存続し，潜伏感染・回帰発症を繰り返す。

(1) 分類

ヘルペスウイルス目は**オルトヘルペスウイルス**

表 10-10　ヘルペスウイルス目のウイルス性状

- ウイルス粒子は大きさ 150〜260 nm，正 20 面体型カプシド（大きさ約 125 nm），162 個のカプソメア（150 個のヘキサマーと 12 個のペンタマー），テグメント（20 種類以上のウイルス蛋白質），ウイルス糖蛋白質（20〜80 種類）を含む宿主細胞膜由来脂質**エンベロープ**（有機溶媒，界面活性剤感受性）から構成，浮上密度 1.22〜1.28 g/cm³（CsCl）。
- 直鎖状 **2 本鎖 DNA ゲノム**（108〜300 kbp）
- ウイルスゲノムは核内で複製され，カプシドにパッケージングされヌクレオカプシドを構築。ウイルス粒子は細胞質で最終成熟。
- 潜伏感染により初感染後も宿主に存続し，時に回帰発症，間欠的ウイルス排出。

科 *Orthoherpesviridae*，アロヘルペスウイルス科 *Alloherpesviridae* およびマラコヘルペスウイルス科 *Malacoherpesviridae* の3科で構成される。ヘルペスウイルスは共通祖先ウイルスから3つの科に分岐したのち，宿主とともに共進化を遂げている。

オルトヘルペスウイルス科には，アルファヘルペスウイルス亜科 *Alphaherpesvirinae*，ベータヘルペスウイルス亜科 *Betaherpesvirinae*，ガンマヘルペスウイルス亜科 *Gammaherpesvirinae* の3亜科が知られ，宿主域，増殖環，細胞変性効果，潜伏感染の特徴などの生物性状ならびにゲノム構造を異にする。これまでに17属が認められている（表10-11）。オルトヘルペスウイルス科の系統樹を図10-5に示す。アルファヘルペスウイルス亜科のウイルスは，広い宿主域を有するものから，特定の動物種を宿主とするものまで多様である。培養細胞でよく増殖し，細胞溶解性CPEを示す。時として細胞融合を示す。個体での感染では，主として神経節に潜伏感染する。

ベータヘルペスウイルス亜科のウイルスは極めて狭い宿主域を有する。培養細胞で増殖し，巨細胞や核内封入体形成を特徴とするCPEを示す。増殖速度は遅い。個体での潜伏部位はリンパ網様系，分泌組織，腎臓などである。

ガンマヘルペスウイルス亜科のウイルスは狭い宿主域を有する。培養細胞ではリンパ系細胞で増殖する。特定の上皮細胞および線維芽細胞でも増殖する。個体ではリンパ球に潜伏感染する。これらの細胞を腫瘍化する場合がある。

アロヘルペスウイルス科のウイルスは魚類，両生類を，マラコヘルペスウイルス科のウイルスは

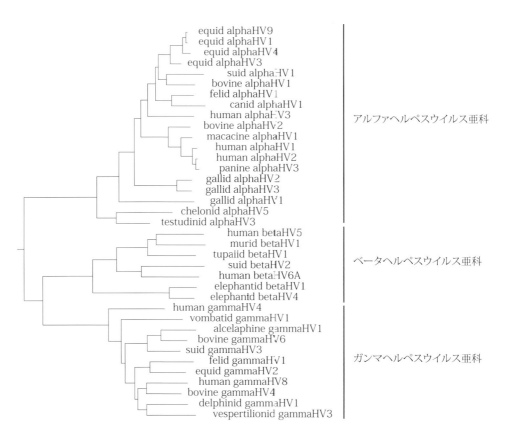

図10-5 オルトヘルペスウイルス科の分子系統樹
DNAポリメラーゼ（UL30）のアミノ酸配列をもとに作成した。

表10-11 ヘルペスウイルス目の分類

科・亜科・属・種（ウイルス和名例）	自然宿主	感染症
オルトヘルペスウイルス科 Orthoherpesviridae		
アルファヘルペスウイルス亜科 Alphaherpesvirinae		
シンプレックスウイルス Simplexvirus 属		
S. atelinealpha 1	クモザル	致死性全身感染
S. bovinealpha 2（牛乳頭炎ウイルス）	牛	乳頭炎，皮膚の結節病変
S. humanalpha 1, 2（単純ヘルペスウイルス 1, 2）	人	口唇・性器ヘルペス，脳炎
S. leporidalpha 4（ウサギヘルペスウイルス 4）	ウサギ	急性呼吸器疾患
S. macacinealpha 1, 2, 3（1：Bウイルス）	マカクザル	口唇の水泡，人にBウイルス脳炎
S. macropodidalpha 1, 2, 4	パームワラビー	致死性重篤呼吸器疾患，全身臓器不全
S. paninealpha 3（チンパンジーヘルペスウイルス）	チンパンジー	口腔および咽頭の潰瘍
S. papiinealpha 2	ヒヒ	人の単純疱疹に類似した疾患
S. saimiriinealpha 1	リスザル	人の単純疱疹に類似した疾患
バリセロウイルス Varicellovirus 属		
V. bovinealpha 1（牛伝染性鼻気管炎ウイルス）	牛	鼻気管炎，結膜炎，陰門腟炎（届出伝染病）
V. canidalpha 1（犬ヘルペスウイルス）	犬	新生犬出血性疾患，呼吸器病，死流産
V. caprinealpha 1（山羊ヘルペスウイルス）	山羊	結膜炎，呼吸器・消化器徴候，流産
V. cercopithecinealpha 9	オナガザル	水痘様徴候
V. cervidalpha 1, 2, 3	シカ	結膜炎，生殖器感染（不顕性感染）
V. equidalpha 1, 4（1：馬流産ウイルス，4：馬鼻肺炎ウイルス）	馬	馬鼻肺炎，流産（届出伝染病），ウマヘルペスウイルス髄膜脳症
V. equidalpha 3（馬媾疹ウイルス）	馬	馬媾疹
V. equidalpha 8	ロバ	鼻炎，不顕性感染
V. equidalpha 9	シマウマ	致死性脳炎
V. felidalpha 1（猫ウイルス性鼻気管炎ウイルス）	猫	上部気道炎
V. humanalpha 3（水痘-帯状疱疹ウイルス）	人	水痘，帯状疱疹
V. phocidalpha 1	アザラシ	致死性全身感染
V. suidalpha 1（オーエスキー病ウイルス，仮性狂犬病ウイルス）	豚	オーエスキー病
スクータウイルス Scutavirus 属		
S. chelonidalpha 5	ウミガメ	線維乳頭腫
S. testudinidalpha 3	ウミガメ	口内炎，舌炎
イルトウイルス Iltovirus 属		
I. gallidalpha 1（伝染性喉頭気管炎ウイルス）	鶏	鶏伝染性喉頭気管炎（届出伝染病）
I. psittacidalpha 1（パチェコ病ウイルス）	オウムインコ類	パチェコ病
マルディウイルス Mardivirus 属		
M. anatidalpha 1（アヒル腸炎ウイルス）	カモ	呼吸器疾患，下痢（アヒルペスト）
M. columbidalpha 1（ハトヘルペスウイルス）	ハト	封入体肝炎
M. gallidalpha 2（マレック病ウイルス）	鶏	マレック病（届出伝染病）
M. gallidalpha 3	鶏	不顕性感染
M. meleagridalpha 1（七面鳥ヘルペスウイルス）	七面鳥	不顕性感染
M. spheniscidalpha 1	ペンギン	ペンギン-ジフテリア様病
ベータヘルペスウイルス亜科 Betaherpesvirinae		
サイトメガロウイルス Cytomegalovirus 属		
C. humanbeta 5（人サイトメガロウイルス）	人	新生児先天性異常，肺炎，網膜炎
C. macacinebeta 3, 8	マカクザル	胎子に神経疾患
ムロメガロウイルス Muromegalovirus 属		
M. muridbeta 1（マウスサイトメガロウイルス）	マウス	不顕性感染，肝臓・脾臓・腎臓病変
プロボシウイルス Proboscivirus 属		
P. elephantidbeta 1, 3, 4, 5（ゾウ血管内皮ヘルペスウイルス）	ゾウ	ゾウに不顕性感染（回帰発症により致死性全身感染）

（つづく）

第10章 ウイルス学各論とプリオン

表10-11 ヘルペスウイルス目の分類（つづき）

科・亜科・属・種（ウイルス和名例）	自然宿主	感染症
クウィウイルス *Quwivirus* 属		
Q. tupaiidbeta 1（ツパイヘルペスウイルス）	ツパイ	不顕性感染から致死性感染，悪性リンパ腫
ロゼオロウイルス *Roseolovirus* 属		
R. humanbeta 6a, 6b, 7（人ヘルペスウイルス 6a, 6b, 7）	人	突発性発疹
R. suidbeta 2（豚サイトメガロウイルス）	豚	不顕性感染，封入体鼻炎
ガンマヘルペスウイルス亜科 *Gammaherpesvirinae*		
リンホクリプトウイルス *Lymphcryptovirus* 属		
L. callitrichinegamma 3	マーモセット	リンパ腫
L. humangamma 4（Epstein-Barr ウイルス）	人	伝染性単核症，バーキットリンパ腫
L. macacinegamma 4, 10, 13	マカクザル	リンパ腫
L. papiinegamma 1	ヒヒ	リンパ腫
L. ponginegamma 2	オランウータン	白血病
マカウイルス *Macavirus* 属		
M. alcelaphinegamma 1, 2（ヌー随伴悪性カタル熱ウイルス）	ウシカモシカ	悪性カタル熱（届出伝染病）
M. ovinegamma 2（羊随伴悪性カタル熱ウイルス）	羊	悪性カタル熱（届出伝染病）
マンチカウイルス *Manticavirus* 属		
パタギウイルス *Patagivirus* 属		
ペルカウイルス *Percavirus* 属		
P. equidgamma 2, 5（馬ヘルペスウイルス 2, 5）	馬	不顕性感染，気管炎
P. felidgamma 1（猫ガンマヘルペスウイルス）	猫	不顕性感染，不明
P. phocidgamma 3	タテゴトアザラシ	体調不良
ラディノウイルス *Rhadinovirus* 属		
R. colobinegamma 1	アビシニアコロブス	リンパ腫
R. cricetidgamma 2	ピグミーコメネズミ	不顕性感染，乳飲みマウスに致死性
R. humangamma 8（カポジ肉腫関連ヘルペスウイルス）	人	カポジ肉腫
R. macacinegamma 5, 8, 11, 12	マカクザル	多リンパ増殖性疾患
アロヘルペスウイルス科 *Alloherpesviridae*		
バトラウイルス *Batravirus* 属		
B. ranidallo 1, 2, 3（カエルヘルペスウイルス）	カエル	腎臓腫瘍
サイウイルス *Cyvirus* 属		
C. anguillidallo 1	ウナギ	体表の出血病変
C. cyprinidallo 1（コイポックスウイルス）	コイ	眼球突出，出血，ウイルス性乳頭腫症
C. cyprinidallo 2（キンギョ造血器壊死ウイルス）	キンギョ	ヘルペスウイルス性造血器壊死症
C. cyprinidallo 3（Koi ヘルペスウイルス）	コイ	体表や内臓の出血病変
イクタイウイルス *Ictaivirus* 属		
I. acipenseridallo 2	シロチョウザメ	上皮過形成
I. ictaluridallo 1, 2	ナマズ	体表や内臓の出血病変
サーモウイルス *Salmovirus* 属		
S. salmonidallo 1	ニジマス	比較的低病原性
S. salmonidallo 2	サクラマス	稚魚に致死性疾患，腫瘍原性
S. salmonidallo 3	レイクトラウト	体表障害により高致死率
マラコヘルペスウイルス科 *Malacoherpesviridae*		
オウリウイルス *Aurivirus* 属		
A. haliotidmalaco 1	アワビ	神経節炎
オステラウイルス *Ostreavirus* 属		
O. ostreidmalaco 1	カキおよびその他二枚貝	致死性感染

無脊椎動物の貝類を宿主とし，水産上重要である。

(2) 形態・物理化学的性状

ヘルペスウイルス粒子はほぼ球形で，大きさは150〜260 nmである。直鎖状2本鎖DNAのウイルスゲノムからなるコア，カプシド，テグメント，さらにこれらを包む**エンベロープ**から構成されている（図10-6）。カプシドは大きさ約125 nmの正20面体で，162個のカプソメアから構成される。少なくとも6種類のカプシド蛋白質，20数種類のテグメントおよび10数種類のエンベロープ蛋白質がある。

カプシドはDNAをコアとし，ヌクレオカプシドを構築している。主要カプシド蛋白質としてVP5が知られている。カプソメアの1つはポータル複合体としてウイルスゲノムDNAの収納や放出を担っている。

テグメントはヌクレオカプシドとエンベロープの間の蛋白質層である。少なくとも11種類の**テグメント蛋白質**がヘルペスウイルスに共通して存在している。ヌクレオカプシド・テグメントおよびエンベロープ蛋白質は互いに相互作用し，一定の構造を形成する。また，テグメント蛋白質には，セリン-トレオニン-キナーゼや転写促進機能をもつVP16などが含まれており，様々な機能を担っている。

エンベロープは宿主細胞由来脂質2重膜に12〜20種類の糖蛋白質が埋め込まれている。これらのうち5種類（gB, gH, gL, gMおよびgN）は，ほぼ全てのヘルペスウイルスに存在する。エンベロープ糖蛋白質は宿主細胞表面のレセプターとの結合能および膜融合能をもつ。

感染細胞内にのみ見られる非構造蛋白質としてウイルス遺伝子発現に関わる転写調節因子，DNA合成酵素，ヌクレオチドキナーゼ（チミジンキナーゼ），自然免疫抑制蛋白質などがある。これらのうち，ヌクレオチドキナーゼはチミジンキナーゼとして知られ，抗ヘルペスウイルス薬であるアシクロビルおよびその誘導体の標的酵素である。

ウイルス粒子はエーテル，クロロホルムなどの有機溶媒および各種界面活性剤などエンベロープを破壊する化学物質に感受性である。

(3) ゲノム構造

ウイルスゲノムは108〜300 kbpの直鎖状2本鎖DNAで，ユニーク配列と繰り返し配列の構成から大きく5つのタイプがある（図10-7）。

ウイルスゲノムには増殖に不可欠な必須蛋白質をコードする遺伝子と必ずしも必要とされない非必須蛋白質をコードする遺伝子がある。遺伝子数は73〜約220である。ヘルペスウイルス目のウイルスにおいて共通に見られる遺伝子はコア遺

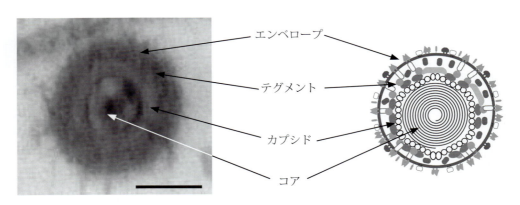

図10-6 ヘルペスウイルス粒子の電子顕微鏡像および模式図
ウイルスゲノム（コア）とヘキソンおよびペントンから構成されるカプシドがヌクレオカプシドを形成する。その外層にテグメントが存在し，ヌクレオカプシドやエンベロープ糖蛋白質と相互作用する。ウイルス糖蛋白質はgB, gC, gD, gE:gI, gH:gL, gM:gNなどが知られ，レセプターとの結合や膜融合に関与する。　　　　　　　　　　　　　　　　　　　　　　（Bar = 100 nm）

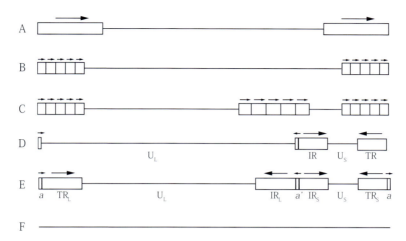

図 10-7 代表的なヘルペスウイルスゲノム模式図
ヘルペスウイルスゲノムは繰り返し配列（図中の長方形）の存在様式によりA～Fに分類される。ウイルス遺伝子は2本鎖DNAの両鎖にコードされている。図中の矢印は繰り返し配列の向きを示す。

伝子と呼ばれ，少なくとも43遺伝子が知られている。

ウイルス遺伝子は，ウイルス増殖過程における発現時期から前初期遺伝子（α遺伝子群），初期遺伝子群（β遺伝子群）および後期遺伝子群（γ遺伝子群）に分けられる。

（4）ウイルス増殖

ヘルペスウイルスは，エンベロープ蛋白質が宿主細胞膜上のレセプターと結合し，そのままないしエンドサイトーシスによる取込み後に膜融合しヌクレオカプシド・テグメント複合体が細胞質内に侵入する（図10-8）。テグメントの一部は細胞

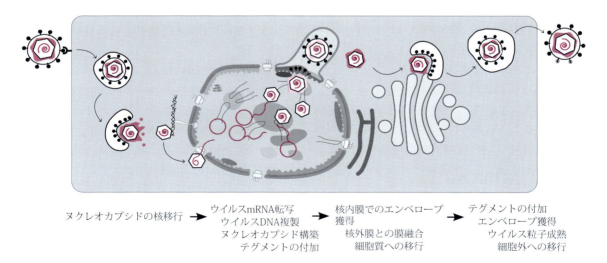

図 10-8 ヘルペスウイルスの増殖様式
ヘルペスウイルスは宿主細胞表面のレセプターに結合し，細胞内に取り込まれる。ヌクレオカプシドは核膜に移行し，核内にウイルスDNAを注入する。ウイルスDNAから前初期遺伝子が転写される，さらに前期遺伝子が発現し，ウイルスDNA複製が開始される。ついで後期遺伝子が発現し，ウイルス粒子構築が開始される。ヌクレオカプシドは核膜を通過し，トランスゴルジネットワークで最終エンベロープを獲得し，細胞外に放出される。

質内に遊離するが，他はヌクレオカプシドに結合したまま核膜孔への輸送に寄与する。核膜孔において，ヌクレオカプシドのポータル部位からゲノムDNAが核内に注入され，核内で環状化するとともに，α遺伝子群の転写が開始される。α遺伝子産物はβ遺伝子群のプロモーターに結合し，β遺伝子群の転写を開始させる。β遺伝子群はDNAポリメラーゼを始めとするウイルスゲノムDNA複製に必要な蛋白質群ならびにγ遺伝子群発現調節因子を含む。γ遺伝子発現調節遺伝子がγ遺伝子群発現を促す。γ遺伝子群は主としてウイルス構造蛋白質をコードしている。

β遺伝子群の発現により核内でウイルスゲノム複製が開始される。ゲノム複製は環状DNAとしてシータ型複製をしたのち，ローリングサークル型複製に移行する。核内でカプシド前駆体が形成されると，ウイルスゲノムDNAがカプシド前駆体に取り込まれ，ヌクレオカプシドが形成される。数種類のテグメント蛋白質が結合したヌクレオカプシドは核内膜で一次エンベロープを獲得し，核膜間隙に出芽する。その後，核外膜と膜融合し，いったん一次エンベロープを脱いだ後，さらに新たなテグメント蛋白質を追加獲得する。膜オルガネラ（ゴルジ体，トランスゴルジネットワークなど）で最終エンベロープを獲得し，エクソサイトーシスにより細胞外へ放出される。

（5）ヘルペスウイルスの病原性

ヘルペスウイルスによる初感染では，一般に急性感染症を引き起こし，感染部位により呼吸器感染症や皮膚炎，結膜炎を引き起こす。ヘルペスウイルスは局所での増殖後，細胞随伴性のウイルス血症を引き起こし，標的臓器に向かう（図10-9）。感染したヘルペスウイルスは発症するか否かに関わらず特定の臓器や組織に潜伏感染すると考えられている。潜伏感染部位は神経節に加え，リンパ節などそれぞれのヘルペスウイルスで多様である。潜伏感染細胞においては，限られたウイルス遺伝子のみが発現していることやウイルスゲノムは環状化したエピゾーム状であるとされている。

宿主の免疫力が低下すると潜伏ウイルスは再活性化・増殖し，宿主に病態を引き起こす（回帰発症）。潜伏感染や再活性化の詳しい機構については不明な点が多い。回帰発症では，呼吸器疾患や皮膚炎などに加え，妊娠動物では流産・死産などを引き起こす。

ヘルペスウイルスの一部のウイルス（オーエスキー病ウイルス，Bウイルスや悪性カタル熱ウイルス）は，本来の自然宿主（レゼルボア）と異なる動物種に感染する（宿主跳躍と呼ばれる）とその動物種に致死性の病原性を引き起こすことがある。

2）ヘルペスウイルス感染症

ヘルペスウイルス感染症の病態は多彩であり，不顕性感染から致死的全身感染まで様々である。これらの病態はウイルスと宿主動物種の組合せにより異なる。ヘルペスウイルスは潜伏感染するため，一見健康な動物であっても感染源となる。そのため防疫は困難を伴う。

家畜，家禽および伴侶動物のヘルペスウイルス感染症はオルトヘルペスウイルス科のウイルスを原因としている。一方，魚類のヘルペスウイルス感染症はアロヘルペスウイルス科，貝類のヘルペスウイルス感染症はマラコヘルペスウイルス科のウイルスを病原体としている。

（1）牛

牛伝染性鼻気管炎 infectious bovine rhinotracheitis は牛ヘルペスウイルス1型による牛および水牛の急性熱性呼吸器疾患で，上部呼吸器徴候および結膜炎を主徴とし，流産，膣炎，亀頭包皮炎，下痢，眼疾患，髄膜脳炎，下痢，泌乳量低下などを示す。耐過牛は潜伏感染により感染源となる。日本では全国で散発している。牛の伝染性膿疱性陰門膣炎も本ウイルスによる。ワクチン接種，導入牛の隔離などが予防に有効である。

悪性カタル熱 malignant catarrhal fever はウシカモシカヘルペスウイルス1型によるアフリカ型および羊ヘルペスウイルス2型感染によるアメリカ型がある。ウシカモシカ（ヌー）や羊を自然宿主とし，牛・水牛などのウシ亜科およびシ

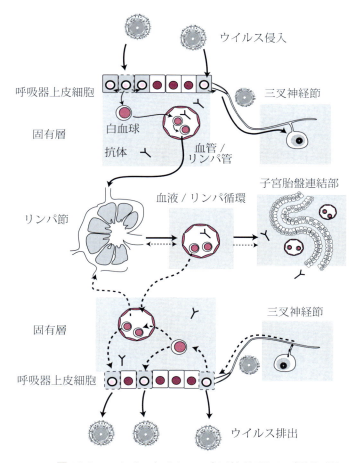

図 10-9 ヘルペスウイルスの病原性発現および潜伏感染

馬ヘルペスウイルス1型（EHV1）を例として示す。ウイルスは一次標的組織である呼吸器上皮細胞に感染し，増殖する。この増殖により急性感染として呼吸器疾患を引き起こす。増殖したウイルスは白血球に感染し，細胞随伴性ウイルス血症を引き起こし，リンパ節に移行し，潜伏感染する。一部のウイルスは神経軸索を上行し，神経節内神経細胞において潜伏感染する。ウイルスが再活性化されると，潜伏感染していたウイルスは増殖し，再び細胞随伴性のウイルス血症を引き起こす。妊娠馬では，胎盤を通過し，胎子に感染することにより流産を引き起こす。呼吸器上皮に再びたどり着いたウイルスは局所で増殖し，体外にウイルスが排出される。また，神経節内に潜伏していたウイルスも再活性化されると，神経軸索を下降し，神経支配組織においてウイルスが増殖する。ウイルス増殖部位では，宿主免疫応答により炎症が起きる。他のヘルペスウイルスにおいても，ほぼ同様に，急性感染から潜伏感染，潜伏感染から再活性化による回帰発症すると考えられている。急性感染から潜伏感染までを実線で，再活性化以降を点線で示した。

〔Allen GP, Kydd JH, Slater JD, Smith KC. 2004. Equid herpesvirus-1 (EHV-1) and -4 (EHV-4) infections. Infectious Diseases of Livestock, (Coetzer JAW, Tustin RC ed.), 829-859, Oxford Press を参考に作成〕

カ科動物を終末宿主とする致死的感染症である。ヌーや羊は不顕性感染し，無徴候である。牛やシカなどでは発熱，呼吸器，消化器のカタル性炎，角結膜炎，神経徴候を主徴とし，甚急性では1～3日，一般的には数日～数週間で死亡する。

(2) 馬

馬鼻肺炎 equine rhinopneumonitis は馬ヘルペスウイルス1型および4型による馬の感染症である。子馬の初感染では発熱，鼻汁の漏出，下顎リンパ節の腫大を伴う鼻肺炎を引き起こす。妊娠馬で前駆的な病状を示すことなく突然，流産や

死産を引き起こす。近年，歩行失調，後肢麻痺，転倒などの神経徴候を示す馬ヘルペスウイルス1型による馬ヘルペスウイルス髄膜脳症 equine herpesvirus myeloencephalopathy（EHM）の集団発生が世界的に見られる。EHM は予後不良で，死亡する場合もある。

馬媾疹 equine coital exanthema は馬ヘルペスウイルス3型による馬の交尾伝達性皮膚炎である。生殖器皮膚に丘疹形成が見られる。繁殖障害につながる場合もあり，感染馬は交配を休止する。

（3）豚

オーエスキー病 Aujeszky's disease は豚ヘルペスウイルス1型ないしオーエスキー病ウイルス（仮性狂犬病ウイルスとも呼ぶ）による豚およびイノシシの感染症である。成豚は軽い徴候を示すか不顕性感染であるが，新生豚や免疫力が低下した成豚で発熱，嘔吐，下痢，神経徴候を呈し，急性致死となる。妊娠豚は，初感染やストレスによる再帰発症によって高率に死流産が発生する。ワクチンにより流産・死産の予防と病状の軽減ができるが，感染は防げない。我が国では清浄化の達成が目前とされている。宿主跳躍を示し，他の家畜動物，野生動物，実験動物に感染すると致死性神経疾患を引き起こす。

豚サイトメガロウイルス感染症 porcine cytomegalovirus infection は封入体鼻炎とも呼ばれ，豚ヘルペスウイルス2型による感染症である。ほとんどの豚が不顕性感染している。感染豚の日齢，移行抗体の有無，飼育環境などにより病状は異なる。移行抗体陰性の新生豚では呼吸器徴候が見られるが，日齢が進むと不顕性感染に終わる。妊娠豚の感染では死産や新生豚の死亡が見られることがある。

（4）犬

犬ヘルペスウイルス感染症 canine herpesvirus infection は犬ヘルペスウイルス1型を原因とする。移行抗体をもたない新生犬に感染すると，6〜10日の潜伏期の後，全身性出血，壊死性急性致死的感染症を引き起こす。生後1〜2週以上の感染では一般に無徴候で終わる。成犬では呼吸器疾患や生殖器疾患を引き起こすが，重篤ではない。

（5）猫

猫ウイルス性鼻気管炎 feline viral rhinotracheitis は猫ヘルペスウイルス1型を病原体とする猫の結膜炎，鼻汁，くしゃみなどを主徴とする上部気道炎である。ほぼ全てのネコ科動物が感染する。2〜10日の潜伏期を経て，発症する。鼻気管炎の発症後に細菌性二次感染が起き，重篤な気管支肺炎や副鼻腔炎に進行する。結膜炎は一般的に両側性で，重症化しない。流産，腟炎，中枢神経徴候，口内炎などの原因にもなるとされている。

（6）鶏

鶏伝染性喉頭気管炎 avian infectious laryngotracheitis は鶏の急性呼吸器感染症で，鶏ヘルペスウイルス1型を原因とする。発咳，異常呼吸音，開口呼吸を示し，血痰を特徴とする。我が国では小規模な発生が散発的に継続している。血痰により呼吸器道が閉塞すると鶏は窒息死する。死亡率は若齢鶏で高い。産卵鶏に発生すると，産卵率が低下する。

マレック病 Marek's disease は鶏ヘルペスウイルス2型（マレック病ウイルス）を病原体とし，鶏やウズラにおいて，抹消神経の腫大や種々の臓器におけるリンパ腫形成を特徴とする感染症である。伝播力が強い。鶏体内では活性化したTリンパ球に潜伏感染し，免疫抑制やリンパ球に腫瘍性増殖性変化を起こし，末梢神経の腫大やリンパ腫形成に至る。本ウイルスに近縁な七面鳥ヘルペスウイルス1型は非病原性でマレック病に対するワクチンとして使用された。本病はワクチンにより防御された最初のウイルス性自然発生腫瘍性疾病である。

（7）サル

Bウイルス感染症 B virus infection はマカカサルヘルペスウイルス1型（Bウイルス）による感染症である。自然宿主はマカカ属サルである。人の単純ヘルペスウイルスに近縁である。このウイルスはマカカ属ザルの大半に潜伏感染している。潜伏部位は三叉神経節である。再活性化により感

染源となる。人に急性致死性のBウイルス感染症を引き起こす。ワクチンはないが，抗ヘルペス薬が治療に有効である。

（8）ゾウ

ゾウ血管内皮ヘルペスウイルス感染症 elephant endotheliotropic herpesvirus infection はゾウヘルペスウイルス1, 3, 4型を原因とするゾウの出血性疾患である。ほぼ全てのゾウが感染している。感染個体は潜伏感染と回帰発症を繰り返し，未知の条件下で急性致死性出血病を発症する。飼育下のゾウにおける感染症として最もリスクの高い感染症である。

（9）魚類

コイヘルペスウイルス病 koi herpesvirus disease はコイヘルペスウイルス3型を原因とするニシキゴイなどの致死性感染症である。「持続的養殖生産確保法」の特定疾病である。水温の上昇（18〜26℃）に伴って多発し，死亡率は90％以上である。

サケ科魚類のヘルペスウイルス感染症 herpesvirus infection in salmonids はサケヘルペスウイルス1, 2, 3型を病原体とし，稚魚では致死性の感染症である。

アメリカナマズウイルス病 channel catfish virus disease はアメリカナマズヘルペスウイルス1, 2型を病原体とし，アメリカナマズに高致死率の感染症を引き起こす。

（10）無脊椎動物

カキのヘルペスウイルス1型はマガキなど二枚貝の幼生や稚貝に感染する。欧米では致死率は100％とされる。我が国では大規模な大量死は見られていない。

E. ポックスウイルス科

> **キーワード**：ポックスウイルス，レンガ状（卵形）ビリオン，側体，エンベロープ，2本鎖DNAゲノム，天然痘（痘そう），エムポックス，牛痘，ランピースキン病，牛丘疹性口内炎，羊痘，山羊痘，馬痘，鶏痘，兎粘液腫症，エクトロメリアウイルス

ポックスウイルス poxvirus の pox は，膿疱の意である。ポックスウイルス科 Poxviridae は，アスファウイルス科やイリドウイルス科，さらに「巨大ウイルス」群のミミウイルス科などとともに，核細胞質性大型DNAウイルスグループ nuclocytoplasmic large DNA virus（NCLDV）を形成する。多くのDNAウイルスは mRNA の転写などを宿主細胞の機構を利用して行うため核内で増殖するが，ポックスウイルス科のウイルスは，DNA複製やmRNA合成に関わる酵素蛋白質をコードしているため細胞質内で複製する。

1）ポックスウイルスの性状

（1）分類

ポックスウイルス科は，脊椎動物に感染するコルドポックスウイルス亜科 Chordopoxvirinae と節足動物に感染するエントモポックス亜科 Entomopoxvirinae からなる。コルドポックスウイルス亜科には，アビポックスウイルス Avipoxvirus，カプリポックスウイルス Capripoxvirus，センタポックスウイルス Centapoxvirus，セルビドポックスウイルス Cervidpoxvirus，クロコダイリドポックスウイルス Crocodylidpoxvirus，レポリポックスウイルス Leporipoxvirus，マクロポポックスウイルス Macropopoxvirus，モラスキポックスウイルス Molluscipoxvirus，マステルポックスウイルス Mustelpoxvirus，オルトポックスウイルス Orthopoxvirus，オリゾポックスウイルス Oryzopoxvirus，パラポックスウイルス Parapoxvirus，プテロポポックスウイルス Pteropopoxvirus，サーモンポックスウイルス Salmonpoxvirus，シウリポックスウイ

表10-12 ポックスウイルス科のウイルス性状

- **レンガ状ないし卵形ビリオン**（長さ220〜450 nm×幅140〜260 nm）
- 1個のコア，1〜2個の**側体**，**エンベロープ**あり
- エーテル感受性のウイルスと耐性のウイルスあり
- 直鎖状の**2本鎖DNAゲノム**（サイズ：128〜375 kbp），ループ状の末端，倒置反復配列（ITRs）あり
- 細胞質内で増殖，細菌の崩壊ないしエキソサイトーシスによって放出
- 浮上密度：1.30 g/cm^3（CsCl）

ルス Sciuripoxvirus，スイポックスウイルス Suipoxvirus，ベスパーティリオンポックスウイルス Vespertilionpoxvirus，ヤタポックスウイルス Yatapoxvirus の 18 属があるが，コイ浮腫症ウイルス carp edema virus などは未分類である（図 10-11）．

（2）形態・物理化学的性状

ポックスウイルスは，長さ 220〜450 nm，幅 140〜260 nm で，病原ウイルスでは最も大きなウイルスで，レンガ状あるいは卵形の独特な形状である（図 10-10）．最も解析が進んでいるオルトポックスウイルス属のウイルスでは，細胞質内で形成される脂質膜をもつ細胞内成熟粒子 intracellular mature virus（IMV）と IMV が細胞質内でトランスゴルジネットワーク由来の脂質膜を被った二重に脂質膜をもつ細胞外エンベロープウイルス extracellular enveloped virus（EEV）があることが明らかになっている．IMV は安定な粒子で個体間の感染に関わり，EEV は脆い粒子で感染個体内での感染拡大に関与する．このため，感染防御には IMV の，発症防御には EEV のエンベロープ蛋白質に対する中和抗体が重要である．

ウイルス粒子は，エンベロープをもつにもかかわらず，オルトポックスウイルス属およびアビポックスウイルス属は，エーテルに対して抵抗性をもつ．一方，70% エタノールには全ての属が感受性である．

（3）ゲノム構造

ポックスウイルスのゲノムは病原ウイルスでは最もサイズが大きく，128〜375 kbp の 1 分子の直鎖状 dsDNA をゲノムとし，ゲノム両末端は共有結合で閉じたヘアピン状の輪ゴムを伸ばしたような構造（terminal loop）をとる．ゲノム両末端の約 10 kbp は逆向きの同一配列の inverted terminal repetitions（ITRs）からなり，100 bp 未満の配列が反復する tandem repeats が存在する（図 10-12）．ITR には病原性に関わる遺伝子もコードされている．ITR 間の領域にはウイルス増殖に必要な遺伝子が 150〜300 種ある．

（4）ウイルス蛋白質

オルトポックスウイルス属のウイルスでは，200 種ほどのウイルス蛋白質があり，そのうち 100 種ほどが構造蛋白質である．DNA 複製や mRNA 合成などに関わる酵素群，アポトーシスを阻害する蛋白質，サイトカインやケモカインレセプター様蛋白質 viroceptor，サイトカインやケモカイン様蛋白質 virokine などが産生される．

感染細胞で産生されるウイルス蛋白質には，ウイルス粒子が産生されるまで感染細胞のアポトーシスを阻害するもの，自然免疫を阻害するものなどもある．

（5）増　殖

ポックスウイルスは IMV と EEV の感染性ウイルスがあるが，いずれも細胞に吸着後，細胞質内にウイルス粒子のコアが放出されて感染が成立する．このウイルスは，DNA ウイルスにもかかわらず，複製・転写に必須の酵素を自前でもつため，核に入る必要はない．感染細胞の細胞質ではウイルス産生の場である B 型封入体（viroplasm あるいは virus factory と呼ばれる）が形成される．感染細胞の細胞質にはウイルス蛋白質が集積する A 型封入体も形成される．ポックスウイルスは，複数のウイルス蛋白質が小胞体の脂質膜を分断して IMV の脂質膜を形成する．この過程で，ウイルス粒子の脂質膜形成途中の球状の粒子（crescent）が認められ，その後成熟粒子が形成

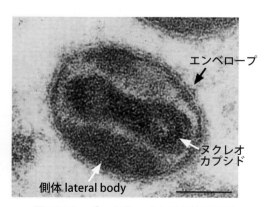

図 10-10　ポックスウイルスの粒子構造
天然痘ウイルスの電子顕微鏡写真．レンガ状の粒子で長径 350 nm，短径 250 nm の細胞内成熟粒子（IMV）．Bar = 100 nm

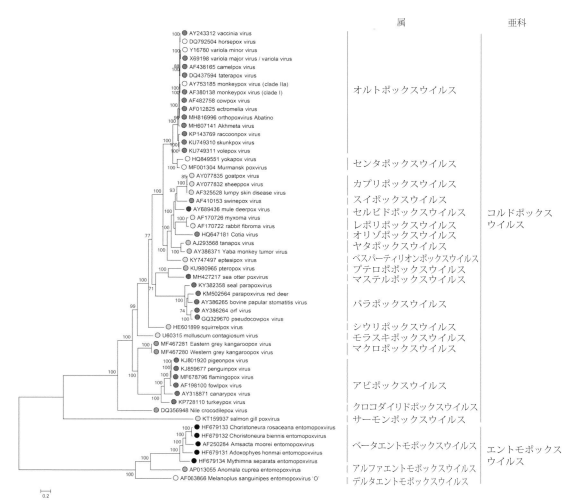

図 10-11 ポックスウイルス科の分子系統樹
ウイルス間で保存される 25 遺伝子のアミノ酸配列をもとに ML 法で作成した。
The ICTV Report より引用・改変（https://ictv.global/report/chapter/poxviridae/poxviridae）。

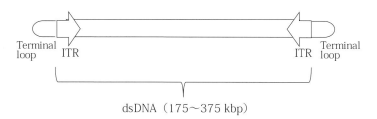

図 10-12 ポックスウイルスのゲノム構造

される。成熟粒子には，側体 lateral body が認められる（図 10-13）。IMV は，アクチンテールを介して細胞膜側に移動し，さらに細胞由来の脂質膜を被って EEV が形成される。

2) ポックスウイルス感染症

コルドポックスウイルス亜科のウイルスは，哺乳類，鳥類，魚類などの種々の感染症の原因となる。また，人獣共通感染症の原因ウイルスも含ま

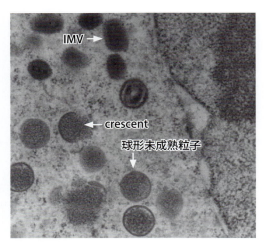

図 10-13 ポックスウイルスの粒子形成（ワクチニアウイルス感染細胞の電子顕微鏡写真）

れる（表 10-13）。

(1) 人の感染症

天然痘（痘そう）は，飛沫感染により呼吸器系粘膜で感染し局所リンパ節で増殖後，全身へ広がり，発疹性の皮膚徴候が現れる。脳炎，二次感染などを併発することもあり，致命率は 20～40% と高い。世界保健機関（WHO）による根絶計画が開始された 1967 年には，世界 31 か国で推定患者数は年間 1,000 万～1,500 万人であったが，種痘（天然痘ワクチンの接種）の推進により，1977 年 10 月 26 日にソマリアの自然感染による患者を最後に地球上から根絶され，2 年間のサーベイランス後の 1980 年に WHO は根絶を宣言した。根絶できたのは，①人以外の自然宿主をもたない，②不顕性感染がない，③患者の識別が容易である，④伝播力が比較的低い，⑤極めて有効なワクチンがあるという特徴による。2024 年までに根絶された感染症は，天然痘と 2011 年に根絶された牛疫だけである。天然痘はバイオテロリズム（生物毒災害）で用いられるリスクがあることから「感染症の予防及び感染症の患者に対する医療に関する法律」（感染症法）上の一類感染症に指定されている。

エムポックス Mpox（旧サル痘）は，アフリカの齧歯類を自然宿主とするオルトポックスウイルス属のウイルスでカニクイザルの天然痘様感染症として発見された。多くの動物種に感受性があり，人も感染する人獣共通感染症である。エムポックスウイルスには，人に対して強毒でコンゴ民主共和国に分布するクレードⅠ，比較的弱毒で西アフリカに分布するクレードⅡa，弱毒でナイジェリアで流行しているクレードⅡb の 3 クレードがある。オルトポックスウイルス属のウイルス間では，構造蛋白質が高度に保存されているため強い交差免疫があり，種痘による免疫はエムポックスなどにも有効である。天然痘根絶に伴い種痘は中止され有効な免疫をもたない人が多くなってきたことから，アフリカでの患者数は増加してきて 2000 年から 2020 年までに 3 万人の患者が発生している。2003 年には米国で，アフリカからの輸入齧歯類からプレーリードッグを介して 71 名の患者が発生した。2022 年には欧州から世界中に感染拡大して 2024 年 10 月までに 102,000 人の患者（死亡 220 名，致命率 0.2%）が発生している。日本では 2024 年 10 月時点で 251 名の患者（死亡 1 名）が発生している。この流行はクレードⅡb による。一方，2023 年コンゴ民主共和国でクレードⅠによる流行が発生し，2024 年 8 月までに 32,420 人の患者（死亡 1,189 名，致命率 3.7%）が発生している。さらにアフリカの周辺国へ感染が拡大し，アフリカ以外の複数の国で輸入症例が発生している。エムポックスは「感染症法」の四類感染症に指定されている。

その他，牛痘，アラスカポックスウイルス感染症，パラポックスウイルス感染症などの人獣共通感染症がある。

(2) 牛・水牛の感染症

牛痘 cowpox はオルトポックスウイルス属の牛痘ウイルスによるが，齧歯類を宿主とするウイルスで広い宿主域があり，牛，猫，人などに水疱状の皮膚病変を生じる。牛では乳房，乳頭に病変がでやすい。

カプリポックス属のランピースキン病ウイルスは，牛，水牛に皮膚の結節や水腫，発熱，泌乳量

表 10-13　代表的なポックスウイルス科のウイルスと感染症

属・種	ウイルス名（和名）	感染症	動物	家伝法	感染症法
オルトポックスウイルス *Orthopoxvirus* 属					
O. camelpox	ラクダ痘ウイルス	ラクダ痘			
O. cowpox	牛痘ウイルス	牛痘	牛，人，その他		
O. ectromelia	エクトロメリアウイルス	マウス痘	マウス		
O. monkeypox	サル痘ウイルス	エムポックス（サル痘）	サル，人，その他		四類感染症
O. vaccinia	ワクチニアウイルス	（天然痘ワクチン株）			
	馬痘ウイルス	馬痘	馬	届出	
O. variola	天然痘ウイルス	天然痘（痘瘡）	人		一類感染症
（未分類）	アラスカポックスウイルス	アラスカポックスウイルス感染症	人		
（不明）	ウアシン・ギシュー病ウイルス	馬痘（ウアシン・ギシュー病）	馬	届出	
パラポックスウイルス *Parapoxvirus* 属					
P. bovinestomatitis	牛丘疹性口内炎ウイルス	牛丘疹性口内炎	牛，水牛，人	届出	
P. pseudocowpox	偽牛痘ウイルス	偽牛痘（搾乳者結節）	牛，人		
P. orf	オルフウイルス	伝染性膿疱性皮膚炎	シカ，羊，山羊	届出	
モラスキポックスウイルス *Molluscipoxvirus* 属					
M. molluscum	伝染性軟属腫ウイルス	伝染性軟属腫（みずいぼ）	人		
（不明）	馬伝染性軟属腫様ウイルス	馬痘	馬	届出	
カプリポックスウイルス *Capripoxvirus* 属					
C. sheeppox	羊痘ウイルス	羊痘	羊	届出	
C. goatpox	山羊痘ウイルス	山羊痘	山羊	届出	
C. lumpyskinpox	ランピースキン病ウイルス	ランピースキン病	牛，水牛	届出	
スイポックスウイルス *Suipoxvirus* 属					
S. swinepox	豚痘ウイルス	豚痘	豚		
レポリポックスウイルス *Leporipoxvirus* 属					
L. myxoma	粘液腫ウイルス	兎粘液腫	ウサギ	届出	
L. Shope	ショープ線維腫ウイルス	兎線維腫	ウサギ		
アビポックスウイルス *Avipoxvirus* 属					
A. fowlpox	鶏痘ウイルス	鶏痘	鶏，ウズラ	届出	
A. canarypox	カナリア痘ウイルス	カナリア痘	カナリア		

家伝法：家畜伝染病予防法，感染症法：感染症の予防及び感染症の患者に対する医療に関する法律，届出：届出伝染病

の低下など多様な病状を呈するが不顕性感染もする．**ランピースキン病** lumpy skin disease（届出伝染病）は主にアフリカで流行していたが，中東，トルコ，南欧からアジアに発生拡大し，2023年には韓国でも流行した．日本でも2024年に発生した．唾液との接触や汚染した飼料，水を介しても感染する．また，昆虫や節足動物による機械的媒介もある．海外の流行地などでは弱毒生ワクチンが使用されている．

　パラポックスウイルス属の牛丘疹性口内炎ウイルスによる**牛丘疹性口内炎** bovine papular stomatitis（届出伝染病）は，口およびその周辺

に発赤丘疹や結節を形成する感染症で，口蹄疫との鑑別が重要である。人獣共通感染症である。

（3）羊・山羊・シカの感染症

伝染性膿疱性皮膚炎 contagious ecthyma（届出伝染病）は，パラポックスウイルス属オルフウイルス orf virus による人獣共通感染症で，口唇，口腔粘膜あるいは顔面，乳頭や趾間の皮膚などに丘疹や水疱を形成する。ニホンカモシカも感染し発症する。

羊痘 sheep pox，**山羊痘** goat pox（いずれも届出伝染病）はそれぞれカプリポックスウイルス属の羊痘ウイルス，山羊痘ウイルスによる感染症で，鼻孔，唇，頬面窩洞上部に丘疹が生じる。若齢では致死率が高い。

（4）馬の感染症

馬痘 horse pox（届出伝染病）は，古典的にはオルトポックスウイルス属の馬痘ウイルスによる特徴的な皮膚病変を生じる感染症であるが，現在は発生がない。一方，他のポックスウイルスで同様の病状を呈するウアシン・ギシュー病 Uasin Gishu virus infection なども馬痘としている。

（5）豚の感染症

豚痘 swinepox は，スイポックスウイルス属の豚痘ウイルスによる豚の皮膚に丘疹や水疱，痂皮を形成する感染症で世界中で発生し，日本でも散発している。ワクシニアウイルスも本症の原因となる。

（6）鶏の感染症

鶏痘 fowlpox（届出伝染病）は，アビポックスウイルス属の鶏痘ウイルスの感染による。頭部などの皮膚の発痘，痂皮形成を特徴とする皮膚型と口腔，気管粘膜などに発痘を認める粘膜型，およびこれらの混合型がある。ワクチンにより予防する。

（7）ウサギの感染症

兎粘液腫 rabbit myxomatosis（届出伝染病）は，レポリポックスウイルス属の粘液腫ウイルス myxoma virus による全身の皮下にゼラチン状の腫瘍である粘液腫を形成する。アナウサギは高感受性で感染すると致死率はほぼ 100% である。

オーストラリアでは 1950 年にアナウサギを駆除するためにミクソーマウイルスが導入されたが，抵抗性のウサギが増殖しさらにウイルスも弱毒化したため，致死率が 50% 程度に低下した。

（8）マウスの感染症

エクトロメリア（マウス痘）は，オルトポックスウイルス属の**エクトロメリアウイルス** ectromeria virus によるマウスの感染症で，実験動物マウスの系統により感受性が異なる。四肢末端部などが壊疽により脱落することがあり，奇肢症とも呼ばれる。

F．アスファウイルス科

キーワード：アスファウイルス，エンベロープ，2本鎖 DNA ゲノム，アフリカ豚熱

アスファウイルス科 *Asfaviridae* の Asfar は African swine fever and related（viruses）の頭文字を並べたもので，アフリカ豚熱ウイルス（ASFV）および関連ウイルスが属する。

1）アスファウイルスの性状

（1）分　類

アスファウイルス科にはアスフィウイルス *Asfivirus* 属のみが属する。本属のアフリカ豚熱ウイルスは大型で複雑な構造をもつ DNA ウイルスであり，最初は昆虫ウイルスのイリドウイルス科に分類されていた。しかし，哺乳類のポックスウイルス属との共通性が多いことからポックスウイルス類似のウイルスとして扱われていた。2005 年に英国の Dixon LK らによりアスファウイルス科が設けられ，本ウイルスのみが分類された。2015 年にマルセイユ大学の Reteno DG らによりアメーバからアスファウイルスに近縁な faustovirus が分離されたが，分類位置は未確定である。

（2）形態・物理化学的性状

ウイルス粒子は大きさ約 250 nm で中心部に核酸とウイルス蛋白質による構造物が見られ，その周りに細胞膜からウイルスが放出される際に獲得した正 20 面体様の**エンベロープ**（外被膜）を有している。ウイルスは赤血球膜に吸着する性質が

表 10-14　アスファウイルス科のウイルス性状
- 球形（正 20 面体様）ビリオン（約 250 nm），2 層のエンベロープあり
- 巨大な正 20 面体カプシド，1,892 〜 2,172 個のカプソメア，浮上密度 1.19 〜 1.24 g/cm^3（CsCl）
- エーテル，クロロホルム感受性，広範囲 pH で安定
- 直鎖状 **2 本鎖 DNA ゲノム**（170 〜 190 kbp），170 以上の ORF，転写酵素をもつ
- 主に細胞質内で複製，出芽により成熟

あり，感染細胞には赤血球吸着現象が見られる。ウイルス粒子は 60℃，30 分で，あるいは各種消毒薬によって簡単に不活化される。特に逆性石けんの有効性が高く，アフリカ豚熱の消毒にはカチオン系逆性石けんが適している。一方，糞便や血清中のウイルスは温度変化や pH の変化に強い抵抗性を示す。18 か月間，室温に保存した豚の血液や血清から，アフリカ豚熱ウイルスが分離されている。

（3）ゲノム構造

ウイルス核酸は 2 本鎖 DNA で，長さは株によって異なるが 170 〜 190 kbp，170 種以上の遺伝子がコードされている。ゲノムは株間で多様性のある 5' および 3' 末端領域と比較的保存性の高い中央領域からなる。ゲノムには複製に利用される DNA ポリメラーゼ I などの酵素遺伝子群や転写調整遺伝子群などに加えて，DNA ポリメラーゼ X 遺伝子や multigene family 100/110/300/360/500 遺伝子群などの，他の生物種では認められない特異的な遺伝子が多数コードされており，その多くは機能が明らかとなっていない。

（4）ウイルス蛋白質

ウイルス粒子は，ゲノム DNA を含む核様体を中心に，コアシェル，脂質内膜，カプシドおよびエンベロープの順の 5 層構造となっている。コアシェルは，P150，P37，P34，P14，P14.5 および P10 などの多様な分子種から構成される。また，脂質内膜上には，P54，P22 および P17 などが粒子形成に関与する。さらに，カプシドは，主要な蛋白質である P72 と P17，P49，pM1249L，pH240R など約 60 種の微量な蛋白質から構成される。エンベロープには，pEP402R，pE153R および P12 などの膜蛋白質が組み込まれ，抗原性の決定や宿主への侵入，血球吸着に関与する。

（5）増　殖

豚の体内では，血液や骨髄内の単球やマクロファージで増殖するとともに，血管内皮細胞，肝細胞，尿細管上皮細胞，好中球性顆粒球，巨核球細胞，胸腺上皮細胞，線維芽細胞，および微小静脈や微小動脈の平滑筋細胞でも増殖する。アフリカ豚熱ウイルスはアフリカミドリザル由来の Vero，MS および COS などの株化細胞でも増殖する。細胞のレセプターを介したエンドサイトーシスにより取り込まれた粒子は，細胞質内小胞からエンベロープと小胞膜の融合により，脱殻して細胞質内に放出される。細胞質内でウイルス RNA ポリメラーゼにより mRNA が合成される。DNA の複製は，ウイルス DNA ポリメラーゼにより主に細胞質内で行われるが，感染初期にウイルス DNA が細胞核内にも検出されることから，核内酵素のゲノム複製への何らかの関与が示唆されている。

2）アスファウイルス感染症

アスファウイルスにより起こる感染症は，**アフ**

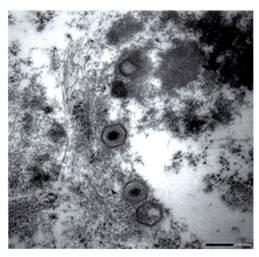

図 10-14　アフリカ豚熱ウイルス（ASFV）感染豚の脾臓内に見られた ASFV 粒子（Bar = 200 nm）
（写真提供：農研機構動物衛生研究部門）

リカ豚熱 African swine fever のみである。

(1) 分布・疫学

1921年にMontgomery REによりケニアでの発生が初めて記載された疾病で、急性の出血性疾病であり、かつ豚熱 classical swine fever と徴候および病変では区別できないことから、この名前が付けられた。アフリカ豚熱は、従来はアフリカ大陸のサハラ砂漠以南およびマダガスカル島に分布していたが、1957年のポルトガルでの発生を皮切りに、20世紀末までに欧州や中南米でも発生が確認された。その後、イタリアのサルジニア島を残して概ね根絶されたが、2007年に突如として黒海東岸のジョージアで発生し、コーカサス地方、ロシア、東欧、ベルギーおよびギリシャなどへ拡散し、現在までに欧州28か国で本病の発生が確認されている。また、2018年には世界最大の養豚国である中国での発生が確認され、翌年には中国全省に蔓延する事態となった。その後本病は他のアジア諸国にも飛び火し、現在までに20か国で発生が確認されている。その他、オセアニア諸国であるパプアニューギニアや中米のドミニカ共和国やハイチにおいても本病の発生が確認されている。

アフリカ豚熱は、アフリカの自然界ではイボイノシシ *Phacochoerus aethiopicus* やカワイノシシ *Potamochoerus larvatus* などの野生イノシシとダニの間で流行を繰り返して存続していると推測される。野生のイノシシから家畜の豚にアフリカ豚熱ウイルスを媒介できるダニは、アフリカ原産の *Ornothodoros maubata* とイベリア半島に生息する *O. erraticus* である。アフリカ豚熱ウイルスを保持する野生のイノシシは無徴候で、ウイルス血症やウイルスの排出もほとんど起こさないが、ダニを介して、もしくは直接、家畜の豚への感染源になり得る。イタリアのサルジニア島で流行が続く最大の原因は、ウイルスに感染し回復した豚が、キャリアーとなり汚染源となっているためである。アフリカ豚熱ウイルスは、凍結あるいはチルド肉で、数週間あるいは数か月生存する。感染豚の肉を用いて作製したパルマハムでは300日間の燻煙などの製造工程でようやく感染価が消失する。スペインの特産物である、セラノハムやイベリアンハムと呼ばれる豚の股肉や肩肉などの燻製では、豚の股肉の燻製で140日間、豚の肩肉で112日間生存することが知られている。しかし、70℃で調理あるいは缶詰にしたハムでは感染性がなくなる。

(2) 病状

急性のものでは、食欲の減退、高い発熱（40～41℃）、白血球減少症、内臓各器官の出血性病変、皮膚の出血性病変（特に耳や腹側の皮膚によく見られる）、そして高い致死率が認められる。本病が侵入した場合、初期は急性の臨床徴候が見られるが、定着すると、慢性アフリカ豚熱が主流となる。その主な病状は、呼吸器徴候、流産、そして低い致死率である。自然感染での潜伏期は様々であり、最短で4日、最長で19日と記録されている。

(3) 診断

臨床徴候は、豚熱や豚丹毒 swine erysipelas に類似しており、確定診断を下すことはできないため、ウイルス抗原、ウイルス核酸およびウイルス抗体の検出が必要である。

ウイルス抗原の検出には、直接蛍光抗体法と血球吸着反応が用いられる。直接蛍光抗体法は、発症した豚からの脾臓、肺、リンパ節および腎臓などの塗抹標本あるいは凍結切片に蛍光標識した特異抗体を反応させる。血球吸着反応は感度が良く特異的な方法で、アフリカ豚熱の新しい流行があった時は必ず実施される診断法である。ウイルスが感染したマクロファージは細胞表面に豚赤血球をバラの花のように吸着する。しかしながら、血球吸着現象を起こさないウイルス株が知られており、注意が必要である。

ウイルス遺伝子の検出は、株間で保存性の高い配列をプライマーとしてPCRを行う。本法は、血球吸着現象を起こさないウイルスの探索にも有効であるし、死亡して時間が経過し死後変化を起こした組織からも遺伝子が検出されることから、アフリカ豚熱の診断に最も迅速で有効な方法である。

ウイルス抗体の検出には，間接蛍光抗体法，ELISA 法およびイムノブロッティング法が使われる。間接蛍光抗体法は，細胞に馴化したウイルス株を抗原として，Vero 細胞を用いて行う。抗原検出の直接蛍光抗体法と抗体検出の間接蛍光抗体法の両方を活用して，3 時間以内に急性，亜急性，慢性のアフリカ豚熱を 85 〜 95% の高率で診断できる。ELISA 法は多検体の検査に適した方法で，MS 細胞（サルの株化細胞）で増殖させたウイルスの可溶化抗原を使用する。アフリカ豚熱清浄化のために，有効な方法である。イムノブロッティング法は，高感度で特異性が高く，簡便であり，ELISA 法や間接蛍光抗体法の結果の確認に使われる。

（4）予 防

過去に不活化ワクチンが使用されたが，感染予防に効果が見られなかった。一方，米国で開発された遺伝子組換えワクチンの商業使用が，2023 年にベトナムで承認された。本ワクチンの有効性については，今後の野外使用における結果を待たねばならない。現時点の本病の予防については，引き続き海外からの侵入防止，徹底的な摘発・淘汰を行うことにより防疫を行うことが重要である。

G. イリドウイルス科

キーワード：イリドウイルス，2 本鎖 DNA ゲノム，正 20 面体ビリオン，流行性造血器壊死症ウイルス，マダイイリドウイルス，リンホシスチス病

1）イリドウイルスの性状（表 10-15）

イリドウイルス iridovirus の irido という語はギリシャ語の iris, iridos（虹色）に由来し，感染細胞に集積したウイルス粒子が「虹色に輝く iridescent」ためこの名がある。

（1）分 類（表 10-15，図 10-15）

イリドウイルス科 *Iridoviridae* は，アルファイリドウイルス亜科 *Alphairidovirinae* とベータイリドウイルス亜科 *Betairidovirinae* に分けられ，前者にラナウイルス *Ranavirus* 属，メガ

表 10-15 イリドウイルス科のウイルス性状

- 球型（正 20 面体様）ビリオン（大きさは属により多様で通常 120 〜 200 nm，リンホシスチウイルス属の一部では〜 350 nm），正 20 面体のカプシド，通常エンベロープはないが，細胞膜からの出芽でエンベロープを獲得する場合もある，浮上密度 1.26 〜 1.60 g/cm³（CsCl）
- 直鎖状 **2 本鎖 DNA ゲノム**（サイズ：140 〜 303 kbp，ただしゲノム両端に配列重複があり，ユニークな構成配列は 103 〜 220 kbp）
- DNA 複製に核が関与，細胞質内でカプシドが集合，細胞質膜より出芽あるいは細胞溶解により放出
- 節足動物，魚類，両生類，爬虫類，軟体動物から分離

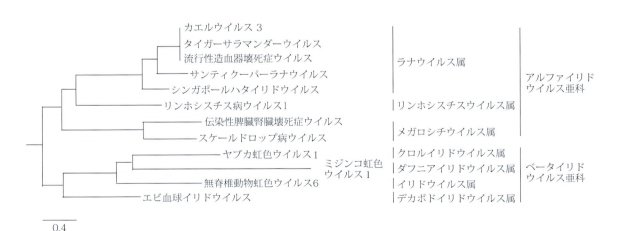

図 10-15 イリドウイルス科の分子系統樹
21 コア遺伝子の連結配列をもとに ML 法で作成した。（作成：堀本泰介先生）

ロシチウイルス Megalocytivirus 属，リンホシスチウイルス Lymphocystivirus 属，後者にイリドウイルス Iridovirus 属，クロルイリドウイルス Chloriridovirus 属，デカポドイリドウイルス Decapodiridovirus 属，ダフニアイリドウイルス Daphniairidovirus 属が分類される。

(2) 形態・物理化学的性状

大型の**正20面体ビリオン**であり，カプソメア数は約 1,500 である。核蛋白質のコアは蛋白質サブユニットで，修飾された脂質（主にリン脂質）からなる膜で囲まれている。さらに外側に宿主細胞質膜由来のエンベロープをもつものもあるが，エンベロープは感染する際に必須ではない。エーテルおよび非イオン性界面活性剤などへの感受性は実験系により異なる。多くは pH 3.0 以下あるいは 11.0 以上で不活化され，4℃水中では比較的長期間安定であるが，55℃以上では 30 分以内に不活化される。

(3) ゲノム構造（図 10-16）

ゲノムは 1 分子の直鎖状 2 本鎖 DNA であり，イリドウイルス属の一部ではもう 1 分子の小 DNA（10 kbp 前後）が存在することも報告されている。GC 含量（モル％）は 28 ～ 55 である。イリドウイルス科のゲノムの特徴は，ゲノム両末端に配列重複 terminal redundancy が見られ，さらにその末端の配列は，循環置換 circular permutation していることであり，生成される子孫ウイルスでは互いにゲノム末端配列が少しずつ異なっている。また，多くのアルファイリドウイルス亜科のウイルスゲノムは，ウイルス由来 DNA メチルトランシフェラーゼにより高い割合でメチル化したシトシンをもつが，ベータイリドウイルス亜科のウイルスゲノムではほとんどメチル化は見られない。

(4) ウイルス蛋白質

分子量が 5 ～ 250 kDa の 13 ～ 36 の構造ポリペプチドが認められ，48 ～ 55 kDa の主要カプシド蛋白質（MCP）は，全てのイリドウイルス間で高度に保存されている。MCP はアフリカ豚熱ウイルスの MCP と相同性を有する。また，数種のビリオン結合蛋白質（zip monomer, finger protein, anchor protein など），酵素（プロテインキナーゼ，リボヌクレアーゼ，デオキシリボヌクレアーゼなど），宿主の高分子合成を停止させる分子や免疫回避に関与する分子（vCARD, vIF-2α）などが同定されている。

(5) 増　殖

エンベロープをもつウイルス粒子は，レセプター媒介性エンドサイトーシスにより細胞に侵入し，空胞内で脱殻する。また，naked virion の脱殻は細胞膜でも起こり得る。ウイルスゲノムは核内に移行し，ウイルス蛋白質が宿主遺伝子の転写阻止をすると同時に宿主の RNA ポリメラーゼⅡを修飾してウイルス遺伝子の転写に利用する。核

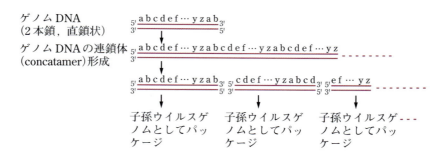

図 10-16　イリドウイルス科のゲノム構造と特徴
イリドウイルス科のウイルスはそのゲノム末端に配列重複（図中配列 a, b）が見られ，感染後ゲノムの複製課程で，巨大な連鎖体 concatamer を形成する（末端配列 a, b を利用して連鎖）。そして図のようにプロセシングを受け，個々の子孫ウイルスゲノムとなるが，個々の子孫ウイルスゲノムで末端が異なっている（循環置換）。

内では一次のゲノム DNA 複製が行われ，複製された DNA は細胞質内に移行して二次の複製が行われる。二次複製では，通常より 10 倍以上大きい連鎖状のゲノム DNA が合成され，さらに切断されて通常のサイズとなり成熟粒子が形成される。ほとんどのウイルスは細胞随伴性であるが，一部は細胞質膜あるいは小胞体より出芽してエンベロープを獲得する。

2）イリドウイルス感染症（表 10-16）

イリドウイルスは，脊椎および無脊椎動物から多数分離されている。ラナウイルス属のカエルウイルス 3 などは，日本をはじめ世界各地で劇的な野生両生類などの個体数減少に関わっている。

特に幼体では，大量死を引き起こし，甚急性で全身性出血性・壊死性病変（特に皮膚や造血組織と肝臓）や，経過が長いもので皮膚潰瘍，四肢・尾の壊死，全身水腫などが観察される。**流行性造血器壊死症ウイルス**（類似名の伝染性造血器壊死症ウイルス infectious haematopoietic necrosis virus はラブドウイルス科）は，ニジマス若齢魚に，腹部膨満や皮膚・鰓の褐色斑などを主徴とする疾病を引き起こすが，レッドフィンパーチ（特に稚魚）では，鼻孔・脳の出血を伴う致死率の高い疾病を引き起こす。本疾病は「持続的養殖生産確保法」で特定疾病に定められている。

メガロシチウイルス属の**マダイイリドウイルス**

表 10-16 イリドウイルス科の分類と代表的な動物の病気

属（種）（和名，ウイルス名）	自然宿主	病気
アルファイリドウイルス亜科 *Alphairidovirinae*		
ラナウイルス *Ranavirus* 属（7 種）		
カエルウイルス 3 frog virus 3	両生類	カエル卵・オタマジャクシに対する致死性感染（皮膚および造血組織や肝臓など全身に壊死性病変）
流行性造血器壊死症ウイルス epizootic haematopoietic necrosis virus	魚類	「持続的養殖生産確保法」の特定疾病。皮膚・鰓の褐色斑や鼻孔・脳の出血（レッドフィンパーチではしばしば高致死率）
メガロシチウイルス *Megalocytivirus* 属（2 種）		
伝染性脾臓腎臓壊死症ウイルス infectious spleen and kidney necrosis virus	魚類	鰓などの点状出血や腹部の膨満・浮腫，高致死率（ケツギョなど）
マダイイリドウイルス red sea bream iridovirus	魚類	海水養殖魚のウイルス病として最大の被害。極度の貧血，鰓の点状出血および脾臓の肥大，高致死率
リンホシスチウイルス *Lymphocystivirus* 属（4 種）		
リンホシスチス病ウイルス 1 lymphocystis disease virus 1	魚類	体表や鰭に巨細胞の形成（**リンホシスチス病**）
ベータイリドウイルス亜科 *Betairidovirinae*		
イリドウイルス *Iridovirus* 属（2 種）		
無脊椎動物虹色ウイルス 6, 31 invertebrate iridescent virus 6, 31	多種の昆虫	主に幼虫を冒す
クロルイリドウイルス *Chloriridovirus* 属（5 種）		
ヤブカ虹色ウイルス invertebrate iridescent virus 3; mosquito iridescent virus	多種の昆虫	主に幼虫を冒す
デカポドイリドウイルス *Decapodiridovirus* 属（1 種）		
エビ血球イリドウイルス shrimp hemocyte iridescent virus	エビ類など	エビに白頭病（WSD）を引き起こし，肝膵臓の壊死
ダフニアイリドウイルス *Daphniairidovirus* 属（1 種）		
ミジンコ虹色ウイルス 1 Daphnia iridescent virus 1	甲殻類	体中心部に白く光沢のある脂肪細胞が形成，繁殖力の低下

は，養殖海水魚に致死性の高いマダイイリドウイルス病（大量死）を引き起こし，病魚では体色黒化，鰓の退色や著明な貧血が特徴的で，鰓弁の点状出血や脾臓の腫大が見られ，その組織中に多数の肥大細胞が観察される。伝染性脾臓腎臓壊死症ウイルスは，ケツギョ mandarin fish などに同様の致死性感染症を引き起こす。リンホシスチウイルス属の**リンホシスチス病**ウイルスは，多くの魚類（淡水魚・海水魚）の体表面にリンホシスチス細胞と呼ばれる巨大細胞が集積した灰白色ないし黒色の疣状突起物を形成する慢性感染症を引き起こす。なお，属未定の赤血球壊死症ウイルスもサケ科魚類やタラなどに同様の疾病を引き起こす。デカポドイリドウイルス属のエビ血球イリドウイルスは，エビ類の白頭病 white head disease の原因病原であり，肝膵臓の壊死を引き起こす。

2. 1本鎖 DNA ウイルス

A. パルボウイルス科

> **キーワード**：パルボウイルス，正20面体ビリオン，1本鎖 DNA ゲノム，S期，猫汎白血球減少症ウイルス，犬パルボウイルス2，ミンク腸炎ウイルス，豚パルボウイルス，ガチョウパルボウイルス

パルボウイルス parvovirus は脊椎動物に感染する小型の DNA ウイルスであり，parvo はラテン語の parvus（小さい）に由来している。

1) パルボウイルスの性状（表 10-17）

(1) 分類（表 10-18）

パルボウイルス科 *Parvoviridae* は，パルボウイルス亜科 *Parvovirinae*，デンソウイルス亜科 *Densovirinae*，ハマパルボウイルス亜科 *Hamaparvovirinae* から構成されている。ウイルス間の NS1 遺伝子の相同性が 85% 以下で種別している。パルボウイルス科の系統関係を図 10-17 に示す。パルボウイルス亜科全てのウイルスとハマパルボウイルス亜科の一部のウイルスは脊椎動物に感染し，その他は無脊椎動物に感染する。

表 10-17 パルボウイルス科のウイルス性状

- **正20面体ビリオン**（大きさ 21.5～25.5 nm）
- エンベロープなし
- 浮上密度 1.39～1.43 g/cm³（CsCl）
- 沈降係数 110～122S（20℃の水中）
- 60 個のカプシド蛋白質から構成
- 有機溶媒，酸・アルカリ（pH 3～9），熱処理（56℃ 1 時間に抵抗性）
- 直鎖状 **1 本鎖 DNA ゲノム**（4～6.3 kb）
- ゲノムの両末端にヘアピン構造
- 基本的にはマイナス鎖 DNA がウイルス粒子に取り込まれているが，ポジティブ鎖とマイナス鎖が取り込まれていることもある
- 分裂細胞（**S 期**）の核内で増殖
- 核内封入体を形成
- 多くのウイルスは赤血球凝集性を示す
- カプシドにホスホリパーゼ A2（PLA2）酵素活性

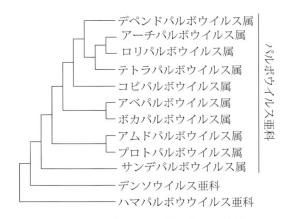

図 10-17　パルボウイルス科の分子系統樹 NS1 アミノ酸配列をもとに作成した。

a. パルボウイルス亜科

以下の 11 属からなる。各ウイルス属の代表的な種，ウイルス名は表 10-18 に記載した。

①アムドパルボウイルス *Amdoparvovirus* 属：アリューシャンミンク病ウイルス Aleutian mink disease virus（AMD）に由来する。本属のウイルスのカプシド蛋白質 VP1 はホスホリパーゼ（PLA2）活性を保有しない。

②アーチパルボウイルス *Artiparvovirus* 属：ジャマイカフルーツコウモリパルボウイルス 1 Artibeus jamaicensis parvovirus 1 に由来する。

③アベパルボウイルス *Aveparvovirus* 属：ラテン語の Aves（鳥類）に由来する。鳥類

第 10 章　ウイルス学各論とプリオン

表 10-18　パルボウイルス科の分類

亜科	代表的な属	代表的な種	ウイルス
デンソウイルス亜科 *Densovirinae*	アクアンビデンソウイルス *Aquambidensovirus* 属，他 10 属		
ハマパルボウイルス亜科 *Hamaparvovirinae*	チャプハマパルボウイルス *Chaphamaparvovirus* 属	食肉目チャプハマパルボウイルス 1 *Chaphamaparvovirus carnivoran 1*	カチャウイルス 1A（犬） cachavirus
		食肉目チャプハマパルボウイルス 2 *C. carnivoran 2*	フェチャウイルス（猫） fechavirus
		齧歯目チャプハマパルボウイルス 1 *C. rodent 1*	マウス腎臓パルボウイルス mouse kidney parvovirus
		齧歯目チャプハマパルボウイルス 2 *C. rodent 2*	ラットパルボウイルス 2 rat parvovirus 2
		霊長類チャプハマパルボウイルス 1 *C. primate 1*	オマキザル腎臓パルボウイルス capuchin kidney parvovirus
		有蹄類チャプハマパルボウイルス 1 *C. ungulate 1*	豚パルボウイルス 7 porcine parvovirus 7
		キジ目チャプハマパルボウイルス 1 *C. galliform 1*	七面鳥パルボウイルス 2 turkey parvovirus 2
		キジ目チャプハマパルボウイルス 2 *C. galliform 2*	鶏チャプパルボウイルス 2 chicken chapparvovirus 2
		オウム目チャプハマパルボウイルス 1 *C. psittacine 1*	メジロメキシコインコチャプパルボウイルス Psittacara leucophtalmus chapparvovirus
		オウム目チャプハマパルボウイルス 2 *C. psittacine 2*	オウムパルボウイルス 2 psittacine parvovirus 2
		カモ目チャプハマパルボウイルス 1 *C. anseriform 1*	アオクビコガモチャプハマパルボウイルス 1 chestnut teal chaphamaparvovirus 1
		ツル目チャプハマパルボウイルス 1 *C. gruiform 1*	タンチョウパルボウイルス 1 Grus japonensis parvovirus 1
		フクロウ目チャプハマパルボウイルス 1　*C. strigiform 1*	メンフクロウパルボウイルス barn owl parvovirus
	イクトチャプハマパルボウイルス *Ichtchaphamaparvovirus* 属	ヨウジウオ科イクトチャプハマパルボウイルス 1 *Ichtchaphamaparvovirus syngnathid 1*	ヨウジウオチャプパルボウイルス Syngnathus scovelli chapparvovirus
	ブレビハマパルボウイルス *Brevihamaparvovirus* 属，他 2 属		
パルボウイルス亜科 *Parvovirinae*	アムドパルボウイルス *Amdoparvovirus* 属	食肉目アムドパルボウイルス 1 *Amdoparvovirus carnivoran 1*	アリューシャンミンク病パルボウイルス Aleutian mink disease parvovirus
		食肉目アムドパルボウイルス 2 *A. carnivoran 2*	ハイイロギツネアムドウイルス gray fox amdovirus
	アーチパルボウイルス *Artiparvovirus* 属	翼手目アーチパルボウイルス 1 *Artiparvovirus chiropteran 1*	ジャマイカフルーツコウモリパルボウイルス 1 Artibeus jamaicensis parvovirus 1
	アベパルボウイルス *Aveparvovirus* 属	ハト目アベパルボウイルス 1 *Aveparvovirus columbid 1*	ハトパルボウイルス 1 pigeon parvovirus 1
		キジ目アベパルボウイルス 1 *A. galliform 1*	七面鳥パルボウイルス turkey parvovirus
			鶏パルボウイルス chicken parvovirus
		ツル目アベパルボウイルス 1 *A. gruiform 1*	タンチョウパルボウイルス red-crowned crane parvovirus
	ボカパルボウイルス *Bocaparvovirus* 属	食肉目ボカパルボウイルス 1 *Bocaparvovirus carnivoran 1*	犬微小ウイルス canine minute virus

（つづく）

表 10-18 パルボウイルス科の分類（つづき）

亜科	代表的な属	代表的な種	ウイルス
	ボカパルボウイルス *Bocaparvovirus* 属 （つづき）	食肉目ボカパルボウイルス 2 *B. carnivoran 2*	犬ボカウイルス 1 canine bocavirus 1
		食肉目ボカパルボウイルス 3 *B. carnivoran 3*	猫ボカウイルス feline bocavirus
		翼手目ボカパルボウイルス 1 *B. chiropteran 1*	オオヒゲコウモリボカウイルス 1 Myotis myotis bocavirus 1
		兎形目ボカパルボウイルス 1 *B. lagomorph 1*	ウサギボカウイルス rabbit bocaparvovirus
		鰭脚類ボカパルボウイルス 1 *B. pinniped 1*	カリフォルニアアシカボカウイルス 1, 2　California sea lion bocavirus 1, 2
		霊長類ボカパルボウイルス 1 *B. primate 1*	人ボカウイルス 1, 3 human bocavirus 1, 3
		霊長類ボカパルボウイルス 2 *B. primate 2*	人ボカウイルス 2, 4 human bocavirus 2, 4
		齧歯類ボカパルボウイルス 1 *B. rodent 1*	ラットボカウイルス rat bocavirus
		齧歯類ボカパルボウイルス 2 *B. rodent 2*	マウスボカウイルス murine bocavirus
		有蹄類ボカパルボウイルス 1 *B. ungulate 1*	牛パルボウイルス 1 bovine parvovirus 1
		有蹄類ボカパルボウイルス 2 *B. ungulate 2*	豚ボカウイルス 1, 2 porcine bocavirus 1, 2
	コピパルボウイルス *Copiparvovirus* 属	鰭脚類コピパルボウイルス 1 *Copiparvovirus pinniped 1*	セサ（カリフォルニアアシカ）ウイルス sesavirus
		有蹄類コピパルボウイルス 1 *C. ungulate 1*	牛パルボウイルス 2 bovine parvovirus 2
		有蹄類コピパルボウイルス 2 *C. ungulate 2*	豚パルボウイルス 4 porcine parvovirus 4
		有蹄類コピパルボウイルス 6 *C. ungulate 6*	馬パルボウイルス肝炎 equine parvovirus-hepatitis
	デペンドパルボウイルス *Dependoparvovirus* 属	霊長類デペンドパルボウイルス 1 *Dependoparvovirus primate 1*	アデノ随伴ウイルス 2 adeno-associated virus 2
		哺乳類デペンドパルボウイルス 1 *D. mammalian 1*	アデノ随伴ウイルス 5 adeno-associated virus 5
		カモ目デペンドパルボウイルス 1 *D. anseriform 1*	アヒル・ガチョウパルボウイルス duck / goose parvovirus
		鳥類デペンドパルボウイルス 1 *D. avian 1*	鳥類アデノ随伴ウイルス avian adeno-associated virus
		食肉目デペンドパルボウイルス 1 *D. carnivoran 1*	猫デペンドパルボウイルス feline dependoparvovirus
		翼手目デペンドパルボウイルス 1 *D. chiropteran 1*	コウモリアデノ随伴ウイルス bat adeno-associated virus
		鰭脚類デペンドパルボウイルス 1 *D. pinniped 1*	カリフォルニアアシカアデノ随伴ウイルス 1　California sea lion adeno-associated virus 1
		齧歯類デペンドパルボウイルス 1 *D. rodent 1*	マウスアデノ随伴ウイルス 1 murine adeno-associated virus 1
	エリスロパルボウイルス *Erythroparvovirus* 属	鰭脚類エリスロパルボウイルス 1 *Erythroparvovirus pinniped 1*	アザラシパルボウイルス seal parvovirus
		霊長類エリスロパルボウイルス 1 *E. primate 1*	人パルボウイルス B19 human parvovirus B19
		有蹄類エリスロパルボウイルス 1 *E. ungulate 1*	牛パルボウイルス 3 bovine parvovirus 3

（つづく）

表 10-18 パルボウイルス科の分類（つづき）

亜科	代表的な属	代表的な種	ウイルス
	ロリパルボウイルス *Loriparvovirus* 属	霊長類ロリパルボウイルス 1 *Loriparvovirus primate 1*	スローロリスパルボウイルス 1 slow loris parvovirus 1
	プロトパルボウイルス *Protoparvovirus* 属	食肉目プロトパルボウイルス 1 *Protoparvovirus carnivoran 1*	犬パルボウイルス 2a, 2b, 2c Canine parvovirus 2a, 2b, 2c
			猫汎白血球減少症ウイルス Feline panleukopenia virus
			ミンク腸炎ウイルス mink enteritis virus
			アライグマパルボウイルス raccoon parvovirus
		食肉目プロトパルボウイルス 2 *P. carnivoran 2*	ラッコパルボウイルス sea otter parvovirus
		食肉目プロトパルボウイルス 3 *P. carnivoran 3*	犬ブファウイルス canine bufavirus
		食肉目プロトパルボウイルス 4 *P. carnivoran 4*	キツネパルボウイルス fox parvovirus
		翼手目プロトパルボウイルス 1 *P. chiropteran 1*	オオコウモリブファウイルス megabat bufavirus
		霊長類プロトパルボウイルス 1 *P. primate 1*	ブファウイルス 1a（人） bufavirus 1a
		齧歯類プロトパルボウイルス 1 *P. rodent 1*	H-1 パルボウイルス H-1 parvovirus
			マウス微小ウイルス minute virus of mice
			マウスパルボウイルス minute virus of mice
			腫瘍ウイルス X tumor virus X
		齧歯類プロトパルボウイルス 2 *P. rodent 2*	ラットパルボウイルス 1 rat parvovirus 1
		有蹄類プロトパルボウイルス 1 *P. ungulate 1*	豚パルボウイルス 1 porcine parvovirus 1
		有蹄類プロトパルボウイルス 2 *P. ungulate 2*	豚ブファウイルス porcine bufavirus
		有蹄類プロトパルボウイルス 3 *P. ungulate 3*	馬プロトパルボウイルス equine protoparvovirus
		鰭脚類プロトパルボウイルス 1 *P. pinniped 1*	カリフォルニアアシカパルボウイルス California sea lion parvovirus
	サンデパルボウイルス *Sandeparvovirus* 属	スズキ目パルボウイルス 1 *Sandeparvovirus perciform1*	パイクパーチパルボウイルス zander parvovirus
	テトラパルボウイルス *Tetraparvovirus* 属	霊長類テトラパルボウイルス 1 *Tetraparvovirus primate 1*	人パルボウイルス 4 human parvovirus 4
		有蹄類テトラパルボウイルス 1 *T. ungulate 1*	牛ホカウイルス 1, 2 bovine hokovirus 1, 2
		有蹄類テトラパルボウイルス 2 *T. ungulate 2*	豚ホカウイルス porcine hokovirus
			豚パルボウイルス 3 porcine parvovirus 3
		有蹄類テトラパルボウイルス 3 *T. ungulate 3*	豚パルボウイルス 2 porcine parvovirus 2
		有蹄類テトラパルボウイルス 4 *T. ungulate 4*	羊ホカウイルス 1 ovine hokovirus 1

が自然宿主である。VP1 は PLA2 活性を保有しない。

④ボカパルボウイルス *Bocaparvovirus* 属：牛パルボウイルス bovine parvovirus と犬微小ウイルス canine minute virus の頭文字をとって「ボカ boca」と命名された。犬，猫，カリフォルニアアシカ，人，ゴリラ，牛，豚などから様々なボカパルボウイルスが検出されている。他のパルボウイルスとは異なり，3 つの ORF をもっており，3 つ目の ORF は質量 22.5 kDa の核リン酸化蛋白質 NP1 をコードしている。

⑤コピパルボウイルス *Copiparvovirus* 属：主な宿主である牛 cow と豚 pig の頭文字 2 文字ずつをとって「コピ copi」と命名された。

⑥デペンドパルボウイルス *Dependoparvovirus* 属：アデノウイルス，ヘルペスウイルス，パピローマウイルスをヘルパーウイルス helper virus として利用し，それらの初期蛋白質を利用してウイルスの増殖を行う。そのため，これらウイルスに伴って感染することから depend（付随する）に由来して命名された。ガチョウパルボウイルス goose parvovirus とアヒルパルボウイルス duck parvovirus など一部のデペンドウイルスはヘルパーウイルスを必要としない。

⑦エリスロパルボウイルス *Erythroparvovirus* 属：人パルボウイルス B19 human parvovirus B19 が赤血球表面上にある P 抗原をレセプターとして利用して赤芽球系に感染し，傷害を与えることから，ギリシャ語のエリスロ（赤色）と命名された。

⑧ロリパルボウイルス *Loriparvovirus* 属：唯一分類されるスローロリスパルボウイルス 1 slow loris parvovirus 1 に由来する。

⑨プロトパルボウイルス *Protoparvovirus* 属：病原性のある動物パルボウイルスの多くが含まれている。構造がデペンドパルボウイルスに類似しているが，ヘルパーウイルスがなくても増殖できることから自律増殖 autonomous パルボウイルスとも呼ばれている。

⑩サンデパルボウイルス *Sandeparvovirus* 属：パイクピーチから分類されたパルボウイルスが分類される。その学名（*Sander lucioperca*）に由来する。

⑪テトラパルボウイルス *Tetraparvovirus* 属：人パルボウイルス 4 human parvovirus 4 の 4 のラテン語「テトラ」に由来する。

b．ハマパルボウイルス亜科

脊椎動物に感染する以下の 2 属がある。他の属は無脊椎動物に感染する。

①チャプハマパルボウイルス *Chaphamaparvovirus* 属：多様な動物種に感染する 36 種のウイルスが含まれる。

②イクトチャプハマパルボウイルス *Ichtchaphamaparvovirus* 属：ヨウジウオチャプパルボウイルス Ichtchaphamaparvovirus syngnathid が含まれる。

（2）形態・物理学的性状（表 10-17）

直径 21.5 〜 25.5 nm の小さなウイルスである。エンベロープはない。浮上密度は塩化セシウムにおいて 1.39 〜 1.43 g/cm^3 である。pH 3 〜 9，56℃ 60 分間の加熱，有機溶媒に耐性である。ホルマリン，β-プロピオラクトン，ヒドロキシルアミン，紫外線照射，次亜塩素酸ナトリウムのような酸化剤に感受性である。

（3）ゲノム構造（表 10-17，図 10-18）

ゲノムは非分節型直鎖状 1 本鎖 DNA であり，サイズは 4 〜 6.3 kb。GC 含量（モル %）は 40 〜 55 である。5' および 3' 末端には 94 〜 550 塩基のパリンドローム構造をもつ。一部ウイルス（例：マウス微小ウイルス）ではマイナス鎖が優先的にウイルス粒子に取り込まれるが，プラス鎖を取り込むウイルスもあり，その割合は 1 〜 50% とウイルスによって異なる。また，取り込む割合が感染細胞によって影響を受けるウイルスもある。転写や DNA 複製に関与する非構造蛋白質 non-structural protein（NS）とカプシドの構造蛋白質 viral protein（VP）をコードする 2 つの遺伝子ユニットから構成されている（図 10-18）。RNA の転写様式は各ウイルス属によって異なる。例えば，プロトパルボウイルス属のウイル

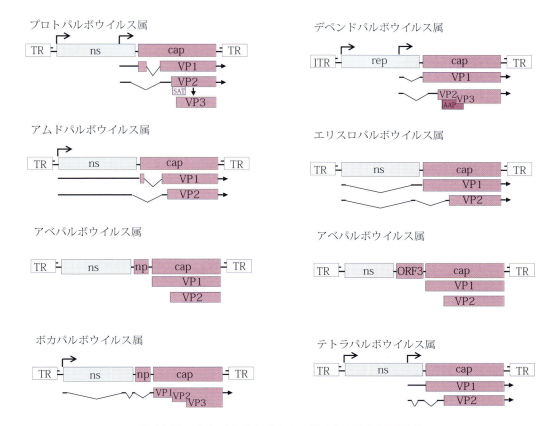

図 10-18　主なパルボウイルスのゲノム構造と転写様式

スは 2 つのプロモーターから転写が開始し，1 か所で転写が終了する。一方，ボカパルボウイルス属のウイルスは 1 か所のプロモーターから転写が開始し，2 か所の polyA シグナルで転写が終結する。また，スプライシングパターンの違いにより，翻訳される蛋白質が異なる。全ての mRNA は 5' キャップ構造と 3' 末端に polyA が付加されている。

（4）ウイルス蛋白質

ほとんどのパルボウイルス粒子は 2 〜 4 種類（VP1 〜 VP4），一部のデンソウイルスでは 5 種類の蛋白質から構成されている。蛋白質のサイズは VP1（75 〜 96 kDa），VP2（65 〜 85 kDa），VP3（55 〜 75 kDa），VP4（45 〜 52 kDa）である。ブレビデンソウイルス属，アムドパルボウイルス属およびアベパルボウイルス属以外の VP1 特異領域に PLA2 酵素活性を有している。

（5）増　殖

パルボウイルス科のウイルスは細胞表面のレセプター（表 10-19）に結合し，エンドソームにより取り込まれ，リソソームまで取り込まれると，pH が低下し VP1 上の PLA2 が活性化し，リソソーム膜を破壊し，ウイルスが細胞質内に放出される。放出されたウイルスは核まで輸送され，核内で転写・複製を開始する。パルボウイルスは独自の DNA 合成酵素を保有しておらず，複製には細胞由来の DNA 合成酵素を利用する。そのため細胞分裂周期が S 期の時にのみ増殖が可能である。一方，デペンドパルボウイルスはアデノウイルス，ヘルペスウイルス，パピローマウイルスなどのヘルパーウイルスがコードする初期蛋白質を利用して増殖する。増殖の場である核内に封入体を形成する。

表 10-19 パルボウイルスのレセプター

属	ウイルス	レセプター
アムドパルボウイルス	アリューシャンミンク病ウイルス	シアル酸
ボカパルボウイルス	牛パルボウイルス	α2-3O 型シアル酸
デペンドパルボウイルス	アデノ随伴ウイルス	ヘパラン硫酸プロテオグリカン シアル酸 αVβ5 インテグリン アデノ随伴ウイルスレセプター
プロトパルボウイルス	犬パルボウイルス 2, 猫パルボウイルス, ミンク腸炎ウイルス	トランスフェリンレセプター
	マウス微小ウイルス	α2-3 と α2-8N 型シアル酸
	豚パルボウイルス	α2-3N 型と O 型シアル酸

2) パルボウイルス感染症

プロトパルボウイルス属，アムドパルボウイルス属，アベパルボウイルス属，コピパルボウイルス属，デペンドパルボウイルス属，チャプハマパルボウイルス属が獣医学上重要な病原体を含んでいる。細胞の S 期に依存して増殖することから，細胞の分裂が活発な胎子，造血系，腸上皮などが感染の標的となる。そのため，胎子感染による死・流産，奇形などの繁殖障害，粘膜感染による消化器や呼吸器徴候，造血器感染による白血球減少・免疫抑制・貧血などがあげられる。特に，豚，犬，猫，ミンク，ガチョウの感染が重要である。

（1）猫

免疫のない子猫が**猫汎白血球減少症ウイルス**に感染すると数日以内に死亡する。しかし，加齢とともに耐過する。胎子が感染すると，死・流産，異常産，小脳形成不全による運動失調症などを引き起こす。

猫ボカウイルスは下痢や嘔吐を示す猫から分離されている。無徴候の猫においても広くウイルスまたはウイルス DNA が検出されており，病原性は弱いもしくはほとんどないとされている。他のウイルス感染など複合的な要因により徴候が発現すると考えられている。

（2）犬

犬パルボウイルス 2 による感染症は 1978 年に報告され，世界中に瞬く間に広がった。猫汎白血球減少症ウイルス，**ミンク腸炎ウイルス**，アライグマパルボウイルスがその由来となったと考えられており，6 つのアミノ酸変異により犬への感染性を獲得したと考えられている。世界的な流行以降，抗原性の連続変異が起こっており，2 型，2a 型，2b 型，2c 型に区別されている。母犬がワクチン未接種の場合，新生子に心筋炎による突然死を引き起こす。嘔吐・下痢などの消化器徴候と白血球減少症を主徴とする子犬の致死性感染症であるが，現在は多くの母犬が抗体を保有しているため，移行抗体によりその発生は少ない。

食肉目ボカパルボウイルス 1 種に属する犬微小ウイルス（犬パルボウイルス 1）は，1967 年に健康な犬から初めて分離された。以降，子犬の下痢や妊娠個体における流産，死産，新生子死亡などとの関連性が指摘されている。

（3）豚

有蹄類プロトパルボウイルス 1 に属する**豚パルボウイルス**感染は，雌豚に「SMEDI」（死産 stillbirth，ミイラ化 mummification，胚死 embryonic death，不妊 infertility）と呼ばれる一連の臨床徴候を引き起こす。特に，初産の妊娠豚に好発し，母豚は無徴候であるが，分娩時の異常産で気づく。異常胎子にはミイラ化胎子，黒子，白子などが含まれ，生存産子は起立不能，虚弱などを呈して娩出後まもなく死亡する。胎齢約 30 日未満で死亡した胎子は母体に吸収される。

（4）馬

1918 年に馬における急性肝臓壊死がテイラー

病として記載され，感染性があるとされていたが感染性因子の特定には至っていなかった。100年後の2018年，テイラー病で死亡した馬の肝臓サンプルを用いて次世代シークエンス解析に供したところ馬パルボウイルス肝炎が同定された，その後の「前向き研究」により本ウイルスがテイラー病の主要な病原体であることが確認された。

（5）ミンク

アムドパルボウイルス属のアリューシャンミンク病ウイルスによるアリューシャンミンク病（ミンクアリューシャン病ともいう）は，アリューシャン系ミンクに多発し，抗ガンマグロブリン血症および抗原抗体反応による免疫複合体の糸球体への沈着により糸球体腎炎を発症する遅発性感染症である。また，フェレット，イタチ，スカンクのようなイタチ科の動物も自然感染することが知られている。

（6）鳥　類

アベパルボウイルス属の鶏および七面鳥パルボウイルスは1980年に最初に報告された。肉用鶏で報告が多く腸炎による下痢が特徴である。七面鳥に孵化率の低下や肉用鶏に先天性小脳形成不全や水頭症も認められる。ただし，健康な個体でも検出されることがある。デペンドパルボウイルス属に属する**ガチョウパルボウイルス**はガチョウの雛に心膜炎，肺浮腫，カタル性腸炎を伴う急性感染症を引き起こし，孵化後4週以下では，致死率が90％以上と高く突然死する。アヒルパルボウイルスは呼吸器徴候，下痢，運動失調を特徴とするが，ガチョウパルボウイルスと比較して死亡率は低い。

（7）齧歯類

プロトパルボウイルス属の齧歯類プロトパルボウイルス1や2に属するマウス微小ウイルスなどが問題となる。成マウスでは不顕性感染であるが，新生子では造血系やリンパ系を標的にするため，免疫抑制を引き起こしたり，小脳形成不全を伴う新生子の先天異常や致死を引き起こしたりすることがある。

チャプハマパルボウイルス属に分類されるマウス腎臓パルボウイルスは，実験用の免疫不全マウスに認められた封入体腎症（IBN）の原因であることが近年明らかとなった。免疫不全マウスでは死亡率が上昇し，腎臓の萎縮，腎尿細管の変性や壊死などが認められる。

（8）牛

有蹄類ボカパルボウイルス1種の牛パルボウイルス1はhemadsorbing enteric virus（HADENウイルス）とも呼ばれた。多くの場合は不顕性感染であるが，結膜炎や肺・腸炎の子牛から検出されることが多い。また，妊娠牛における流産や死産との関連も指摘されている。

B．サーコウイルス科

> **キーワード**：サーコウイルス，環状1本鎖DNAゲノム，正20面体ビリオン，豚サーコウイルス2，離乳後多臓器性発育不良症候群，PMWS，PCV関連疾病，PCVAD，嘴羽毛病

サーコウイルス科 Circoviridae の「circo」は，ウイルスDNAが環状circularであることに由来する。動物の**サーコウイルス**は，1974年に豚腎株化細胞に持続感染していたウイルスとして初めて分離された。このウイルスは，豚サーコウイルス1 Circovirus porcine 1（porcine circovirus 1：PCV1）と命名された。その後，類似のウイルスがその他の多様な哺乳類，鳥類，魚類から検出されている。

1）サーコウイルスの性状（表10-20）

（1）分　類

動物のサーコウイルス科は，サーコウイルス Circovirus 属と2010年に発見されたサイクロウ

表10-20　サーコウイルス科のウイルス性状

- **環状1本鎖DNAゲノム**（1.7〜2.0 kb），アンビ鎖
- サーコウイルス属：**正20面体ビリオン**（球形様：直径15〜25 nm）およびヌクレオカプシド，エンベロープなし，カプシドは60個のサブユニットからなり，12個のカプソマーを形成，浮上密度1.33〜1.37 g/cm³（CsCl）
- PCVを除き，ウイルスは分離されていない
- PCVは酸（pH 3.0），エーテルなどの有機溶媒，熱（75℃，15分）に抵抗性

イルス Cyclovirus 属の2属からなる。

サーコウイルス属には，2024年現在，様々な生物種由来の65種のウイルスが含まれている。代表的なウイルス種としては，豚サーコウイルス1，**豚サーコウイルス2** Circovirus porcine 2（porcine circovirus 2：PCV2），嘴羽毛病ウイルス C. parrot（beak and feather disease virus：BFDV）の他に2016年に同定された C. porcine 3（porcine circovirus 3：PCV3），カナリアサーコウイルス C. canary（canary circovirus），アヒルサーコウイルス C. duck（duck circovirus），フィンチサーコウイルス C. finch（finch circovirus），ガチョウサーコウイルス C. goose（goose circovirus），ハトサーコウイルス C. pigeon（pigeon circovirus）などがあげられる。その他に，カモメ，ムクドリ，ハクチョウ，ワタリガラス，コウモリ，犬，魚（ヨーロッパナマズなど）由来のサーコウイルス，人やチンパンジーの糞便に検出されたサーコウイルスなども含まれる。

サイクロウイルス属には，2024年現在，90種のウイルスが含まれている。ウイルス遺伝子が人の糞便，脳脊髄液や血清，コウモリやチンパンジーなどの野生動物の糞便，鶏，牛，羊や山羊などの家畜の筋肉，昆虫，環境などから検出されている。しかし，ウイルスそのものは分離されていないため，サイクロウイルスと疾病との関連は明確ではない。「Cyclo」の名称はラテン語の円，球，輪を表わす「Cyclus」に由来する。

（2）形態・物理学的性状

サーコウイルス属のウイルス粒子は，エンベロープを欠く正20面体構造（ヌクレオカプシド）であるが，いわゆる「小型球形ウイルス」群の1つと認知される（図10-19）。ウイルスの直径は15〜25 nmである。カプシドは，60個のサブユニットからなり12個の扁平な形態的ユニット（カプソマー）を形成する。豚サーコウイルスは，一般の消毒薬，酸（pH 3.0），エーテル・クロロホルムなどの有機溶媒，熱（75℃，15分）に抵抗性を示す。

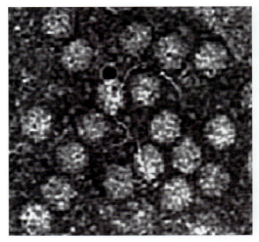

図 10-19 豚サーコウイルスの電子顕微鏡写真
（写真提供：恒光 裕 博士）

（3）ゲノム構造（図10-20）

サーコウイルスのゲノムは共有結合したアンビ環状1本鎖DNAで，ゲノムの長さは，サーコウイルス属で1.7〜2.0 kb，サイクロウイルス属で1.7〜1.9 kbである。カプシド蛋白質（Cp）と複製関連蛋白質（Rep）をコードする2つの主要な読み取り枠ORFが存在する。

（4）ウイルス蛋白質

PCVの構造蛋白質（カプシド蛋白質，質量30 kDa）は1つであるが，BFDVには，質量26.3 kDa，23.7 kDa，15.9 kDaの3つの蛋白質

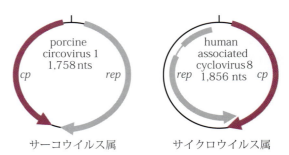

図 10-20 サーコウイルス科のウイルスのゲノム構造
cp：カプシド蛋白質，*rep*：複製関連蛋白質
ICTV Virus Taxonomy Profile: *Circoviridae*（Breitbart M, et al., Journal of General Virology, 98, 1997-1998, 2017）を参考に作成

が報告されている。その他の所属ウイルスの粒子を構成する蛋白質については不明である。PCVの主な抗原決定基は、カプシド蛋白質上にあり、PCV1とPCV2には共通抗原が存在する。PCVとBFDVの間には共通抗原は認められていない。

(5) 増　殖

細胞の核内が増殖の場と考えられている。PCV2は主として豚のリンパ系組織の網内系細胞で増殖する。PCVは培養細胞で増殖するが、CPEを示さないため、ウイルスの遺伝子や抗原の検出で増殖を確認する必要がある。他のウイルスが培養細胞で増殖するかは不明である。ウイルスのDNAはローリングサークル型で複製すると考えられている。

2) サーコウイルス感染症（表10-21）

(1) 豚

豚に対してPCV1は病原性を示さないが、PCV2は病原性を示し、**離乳後多臓器性発育不良症候群** postweaning multisystemic wasting syndrome（**PMWS**）を引き起こすほか、豚皮膚炎腎症症候群 porcine dermatitis and nephropathy syndrome（PDNS）、豚呼吸器複合感染症 porcine respiratory disease complex（PRDC）、繁殖障害などの発生に関与していることが知られている。そのため、PCV2が関連する疾病は、**PCV関連疾病** porcine circovirus associated disease（**PCVAD**）あるいはPCV疾病 porcine circovirus disease（PCVD）と呼ばれる。特に、PMWSは我が国をはじめ世界各国で発生があり問題となっている。主に生後2～4か月の離乳子豚で発生が見られ、死亡率の上昇、発育不良、削痩、皮膚の蒼白化、被毛粗剛、呼吸困難、時に下痢や黄疸などが観察される。主要な肉眼病変は、全身のリンパ節の腫大である。組織所見は、リンパ組織におけるリンパ球減少、主にリンパ組織・肺・腎臓での組織球や多核巨細胞を含む肉芽腫性病変、組織球内のブドウの房状の細胞質内封入体の形成（図10-21）、肝細胞の壊死、間質性肺炎などである。リンパ球減少による免疫抑制に起因して細菌の二次感染が起きる。しかし、PCV2のみの感染では実験的にPMWSを再現できないことから、本病の発症には、豚パルボウイルスや豚繁殖・呼吸障害症候群ウイルス porcine reproductive and respiratory syndrome virus（PRRSV）の重感染、免疫刺激などの補助因子の関与が指摘されている。感染豚の糞や鼻汁中に排出されるウイルスが感染源で、経口ならびに経鼻感染により伝播される。PCV2に

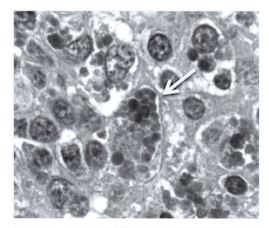

図10-21　PCV2が感染した豚小腸粘膜固有層のマクロファージ細胞質内封入体（矢印）
（写真提供：北海道石狩家畜保健衛生所 和田好洋博士）

表10-21　サーコウイルス科の分類と代表的な動物の病気

属・種	宿主	病気
サーコウイルス属（65種）（代表的なウイルス種のみ示す）		
豚サーコウイルス1（PCV1）	豚	（非病原性）
豚サーコウイルス2（PCV2）	豚	離乳後多臓器性発育不良症候群（PMWS）、PCV関連疾病、離乳子豚の死亡率の上昇、発育不良、削痩、皮膚の蒼白化、被毛粗剛、呼吸困難、下痢、黄疸、全身リンパ節の腫大
嘴羽毛病ウイルス（BFDV）	オウム・インコ類	嘴と羽毛の形成不全、免疫抑制
サイクロウイルス属（90種）		（病気との関連は不明）

は，5つの遺伝子型（PCV2a, 2b, 2c, 2d, 2e）が存在するが，主にPCV2a, 2bおよび2dの感染が疾病を引き起こすと考えられている。PCV2不活化ワクチンおよびサブユニットワクチンの接種により，発生は減少している。

（2）オウム・インコ類

オウム目の鳥で起こる致死的なオウム・インコ類の嘴羽毛病 beak and feather disease（BFD）は，嘴羽毛病ウイルス（BFDV）感染により主に幼若鳥で認められ，嘴と羽毛の形成不全と免疫抑制を特徴とする。鳥の種類によって感受性が異なり，大型白色オウム類やヨウムは発症しやすい。国内ではセキセイインコの飼育数が多いため感染率も高く，発症も多い。死亡率や病状の程度は，鳥種，感染時の日齢，免疫能低下による他のウイルス，細菌，真菌，クラミジアなどの二次感染の有無により影響を受ける。甚急性や急性経過は初生雛や幼若雛で認められるが，最も多いのは3歳頃までに見られる慢性疾患で，進行性の嘴の変形・脆弱化，羽軸壊死・脱羽・発育停止・折れなどの羽毛異常が見られる。経過は非常に緩慢で，発病してから何年も生存することがあるが（6〜12か月間の生存が多い），リンパ器官の機能が障害されるために免疫不全状態になる。このため細菌や真菌などの二次感染が起こり死亡する。主な組織病変は，表皮細胞の壊死，過形成，角化亢進である。表皮，羽髄腔，リンパ組織のマクロファージに見られるブドウの房状の細胞質内封入体は特徴的である。ウイルスは感染鳥の糞便，羽毛ダスト，羽根の断片，そ嚢分泌物とともに排出され，これらを介して水平感染が起こるが，親から雛への垂直感染も起きる。伝播は経口ならびに経鼻感染による。いまだウイルスを分離する方法がないため，診断は臨床徴候（嘴・羽毛の異常），ウイルス遺伝子の検出によって行われる。ワクチンは開発されていない。

（3）ハト

一般に，ハトサーコウイルス感染による発症の多くは孵化後2か月〜1年の個体で認められる。死亡率は100％に達することもある。発症個体は，嗜眠，食欲不振となり，レースバトではパフォーマンスの低下も見られ，他のウイルス，細菌，真菌などの二次感染により多様な病状を示す。主な病変はファブリキウス嚢，脾臓，盲腸扁桃などのリンパ組織で認められる。リンパ組織のマクロファージに見られるブドウの房状や球状の細胞質内封入体は特徴的である。これまでにウイルス分離は成功していないが，電子顕微鏡により封入体に一致してウイルス粒子が検出されている。しかし，健康なハトからもウイルスが検出されるので，多くのハトは本ウイルスに不顕性感染していると考えられている。

（4）その他の鳥類

カナリヤやアヒルでもサーコウイルスが関与する疾病が報告されている。

C. アネロウイルス科

キーワード：アネロウイルス，正20面体ビリオン，環状1本鎖DNAゲノム，トルクテノウイルス，鶏伝染性貧血

アネロウイルス anellovirus は，ゲノムが環状であることから，ラテン語の輪を意味する anello に由来する。アネロウイルス科 Anelloviridae に属するトルクウイルス属は，同様にゲノムを形容したラテン語の torques（ネックレスのような）を，ギロウイルス Gyrovirus 属は，ギリシャ語のgyrus（環，円状のもの）を表している。

1）アネロウイルスの性状（表10-22）

（1）分類

アネロウイルス科には，2024年現在，ギロウイルス属および33のトルクウイルス属

表10-22 アネロウイルス科のウイルス性状

- 正20面体ビリオン（小型球形様：大きさ21.5〜25.5 nm）
- エンベロープなし
- 環状1本鎖DNAゲノム（2.0〜3.9 kb），マイナス鎖
- 浮上密度：TTV 1.31〜1.33 g/cm³（CsCl）
  　　　　　TTMV 1.27〜1.28 g/cm³（CsCl）
- CAVを除き，ウイルスは分離されていない
- CAVは核内で増殖

表 10-23　アネロウイルス科の分類（代表的ウイルス）と代表的な動物の病気

代表的な属・ウイルス	宿主	病気
ギロウイルス属（11種）		
鶏貧血ウイルス（CAV）	鶏	鶏貧血ウイルス感染症（鶏伝染性貧血，再生不良性貧血），免疫機能低下，骨髄の退色・黄色化，胸腺の萎縮，汎血球減少症
アルファトルクウイルス属（26種）	人	（病気との関連は不明）
イオタトルクウイルス属（1種）	豚	（病気との関連は不明）
カッパトルクウイルス属（2種）	豚	（病気との関連は不明）

（Aleptorquevirus ～ Zetatorquevirus），全34属が分類されている。ギロウイルス属は，2017年にサーコウイルス科からアネロウイルス科へ移動した。ギロウイルス属のウイルスは主に鳥類から，その他33属のウイルスは主に哺乳類から検出されている。

本科のウイルスとして最初に発見されたのは，アルファトルクウイルス Alphatorquevirus 属の**トルクテノウイルス** torque teno virus（TTV）であり，1997年に日本の輸血後肝炎患者から検出された。その後，人から検出されたトルクテノミニウイルス torque teno mini virus（TTMV）はベータトルクウイルス Betatorquevirus 属，トルクテノミディウイルス torque teno midi virus（TTMDV）はガンマトルクウイルス Gammatorquevirus 属に含まれる。TTV および TTMV には，ゲノム変異体 genotype が多数存在し，人では両ウイルスの混合感染が頻繁に起きているとされる。人以外にも霊長類，豚，犬，猫など様々な動物から種特異的なトルクウイルスゲノムが検出され，それぞれ新たなウイルス属を構成している。各**アネロウイルス**が種を超えて感染するかは不明である。世界中の豚に広く浸潤する豚トルクテノウイルス torque teno sus virus はイオタトルクウイルス Iotatorquevirus 属およびカッパトルクウイルス Kappatorquevirus 属に分類されている。ギロウイルス属には，鶏貧血ウイルス chicken anemia virus（CAV）が唯一のウイルスとして分類されてきたが，CAV に近縁と考えられるウイルスの遺伝子が人を含む多くの動物種から検出されており，2024年時点で CAV 以外に10種のウイルスが新たにギロウイルス属に分類されている（表10-23）。

（2）形態・物理学的性状

エンベロープのない小型粒子で，アルファトルクウイルス属の TTV は大きさが 30～35 nm，ベータトルクウイルス属の TTMV は，それより小さい 30 nm 以下である。CsCl 浮上密度は TTV が 1.31～1.33 g/cm^3，TTMV が 1.27～1.28 g/cm^3 である。ギロウイルス属の CAV は 25～27 nm である（図10-22）。

（3）ゲノム構造（図10-23）

マイナス環状1本鎖 DNA である。ゲノム塩基数はウイルス種によって 2.0～3.9 kb と異なる。アルファトルクウイルス属のウイルスでは 3.7～3.9 kb，ガンマトルクウイルス属では約 3.2 kb，ベータトルクウイルス属では約 2.9 kb である。

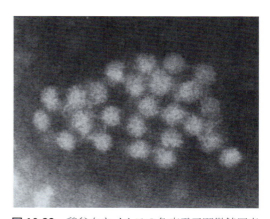

図 10-22　鶏貧血ウイルスの免疫電子顕微鏡写真（日本獣医学会の許諾により論文図を改変のうえ掲載：Imai K., et al, Immunoelectron Microscopy of Chicken Anemia Agent. J Vet Med Sci. 53, 1065-1067, 1991）

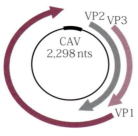
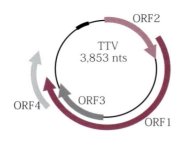

鶏貧血ウイルス（CAV）　　　　　トルクテノウイルス（TTV）

図 10-23　アネロウイルスのゲノム構造
VP：構造蛋白質，ORF：オープンリーディングフレーム
Virus Taxonomy: The Classification and Nomenclature of Viruses,
ICTV 9th Report (2011) を参考に作成

ギロウイルス属の CAV のゲノムは約 2.3 kb である。非翻訳領域に GC 含量の高い部分があり，二次構造（ステム・ループ構造）を形成している。

（4）ウイルス蛋白質

ウイルス蛋白質は構造蛋白質と非構造蛋白質からなり，3〜4 個の ORF があるとされる。TTV には少なくとも 4 種の一部重なり合う ORF がある。ORF1 はヌクレオカプシド蛋白質 nucleocapsid protein（N 蛋白質），ORF2 はホスファターゼ活性のある蛋白質をコードする。CAV には一部重なり合う少なくとも 3 つの ORF があり，構造蛋白質 VP1（約 52 kDa），ホスファターゼ活性のある VP2（約 26 kDa）およびアポトーシスに関与する VP3（約 14 kDa）をコードする。

（5）増　殖

ギロウイルス属の CAV の 1 本鎖 DNA はローリングサークル型で複製される。CAV は培養細胞での増殖が可能であり，マレック病由来 T 細胞である MDCC-MSB1 細胞などの鶏のリンパ球系株化細胞が用いられる。CAV 感染では核内封入体が認められる。VP1，VP2，VP3 の蛋白質は CAV 感染細胞の核内に検出される。各種トルクウイルス属のウイルスについては，培養系は確立されておらず，増殖機構は不明である。

2）アネロウイルス感染症（表 10-23）

アネロウイルスは，世界中の人に広く分布し，水平（輸血，唾液，性交）と垂直感染による伝播が考えられている。TTV は，ウイルスが最初に発見された輸血後肝炎患者の名前のイニシャル TT から名づけられたが，現在は TT を torque teno と読み替えたウイルス名となっている。TTV は血液中に抗体の結合物として存在し，エイズ患者，血友病患者，あるいは薬物常習者などの感染率が高いとされるが，健常者からも検出されている。豚，鶏，牛，羊および犬や猫の血液からも TTV ゲノム断片が検出されている。CAV は，鶏に広く分布する。

（1）豚

豚トルクテノウイルスは，PCV 関連疾病（豚の離乳後多臓器性発育不良症候群）や豚繁殖・呼吸障害症候群 porcine reproductive and respiratory syndrome（PRRS）の増悪因子の可能性が考えられている。

（2）鶏

CAV は，1979 年に鶏の貧血因子として日本で分離報告された。広く鶏群内に分布しており，母鶏からの移行抗体が消失する 3〜4 週間以降に，ほとんどの鶏が経口感染する。しかし，移行抗体消失後の感染雛では日齢抵抗性が成立しており，不顕性感染となる。抗体を保有しない鶏群で介卵感染した場合に，孵化後の雛が発症し，免疫機能が低下し，他病誘発あるいは増悪化を招きやすい。感染雛は**鶏伝染性貧血**（再生不良性貧血 aplastic anemia）を発症，元気消失し，剖検では骨髄の

退色・黄色化および胸腺の著しい萎縮を特徴とする。幼若造血細胞消失による骨髄造血組織の低形成，リンパ組織でのリンパ球減少が特徴である。移行抗体の有無が発症を左右するため，母鶏の免疫状態の検査は重要である。母鶏のワクチン接種により雛の発症を予防できる。

3. 逆転写酵素保有 DNA ウイルス

A. ヘパドナウイルス科

キーワード：ヘパドナウイルス，B型肝炎ウイルス，不完全環状2本鎖DNAゲノム，エンベロープ，逆転写酵素

ヘパドナウイルス hepadnavirus の hepadna は，hepa＝liver；dna＝deoxyribonucleic acid を組み合わせた合成語である。

1) ヘパドナウイルスの性状（表 10-24）

（1）分　類

ヘパドナウイルス科 *Hepadnaviridae* はアビヘパドナウイルス *Avihepadnavirus* 属，ヘルペトヘパドナウイルス *Herpetohepadnavirus* 属，メタヘパドナウイルス *Metahepadnavirus* 属，オルトヘパドナウイルス *Orthohepadnavirus* 属，パラヘパドナウイルス *Parahepadnavirus* 属からなる（図 10-24）。アビヘパドナウイルス属にはアヒル，サギ，オウムなど，鳥類の**B型肝炎ウイルス** hepatitis B virus（HBV）があり，オルトヘパドナウイルス属には，ウッドチャックやジリスの肝炎ウイルス，およびウーリーザル，猫，リス，コウモリ，人などの HBV がある。ヘルペトヘパドナウイルス属にはカエル，メタヘパドナウイルス属にはブルーギル，パラヘパドナウイルス属にはシロカモの HBV が分類される（図 10-24）。

（2）形態・物理化学的性状（表 10-24）

オルトヘパドナウイルス属は大きさ40〜45 nm，アビヘパドナウイルス属は大きさ46〜48 nm の球状〜多形のウイルス粒子をもつ（表10-24）。人の HBV は発見者の名前を取って Dane 粒子とも呼ばれている。CsCl 浮上密度は 1.25 g/cm^3 である。ウイルス粒子は大きさ32〜36 nm の正20面体のヌクレオカプシドとそれを取り囲むエンベロープで構成されている。HBV 持続感染時には，外殻のみの管状粒子や小型球形粒子が多数存在する。「感染症法」では，HBV の不活化は98℃2分，血漿分画などでは60℃10時間の方法が用いられている。

（3）ゲノム構造（図 10-25），ウイルス粒子構造（図 10-26）

オルトヘパドナウイルスは3.1〜3.3 kbp，アビヘパドナウイルスは3.0〜3.3 kbp の**不完全環状2本鎖DNAゲノム**をもつ（表 10-24）。ヘパドナウイルスゲノム DNA のうち，mRNA（プラス鎖）と相補的な塩基配列を担う DNA 鎖（マイナス鎖）は，ゲノムの全長をカバーするのに対し，プラス鎖の 3' 末端は 15〜50% 欠損している（図 10-25）。ゲノムには，4つのオーバーラップした ORF があり，エンベロープ蛋白質（pre-S1/

表 10-24　ヘパドナウイルス科のウイルス性状

	形状		オルトヘパドナウイルス属	アビヘパドナウイルス属
ビリオン	球形〜多形，**エンベロープ**		大きさ 40〜45 nm	46〜48 nm
ヌクレオカプシド	正20面体		大きさ 32 or 36 nm	35 nm
ゲノム	不完全な環状2本鎖DNA		サイズ 3.1〜3.3 kbp	3.0〜3.3 kbp
HBV 蛋白質（アミノ酸数）		pre-S	163〜205	161〜163
		S（HBs）	226	167
		pre-C（HBe）	29〜30	43
		C（HBc）	180	262
		P（**逆転写酵素**）	838〜881	786〜788
		X（HBx）	154	114

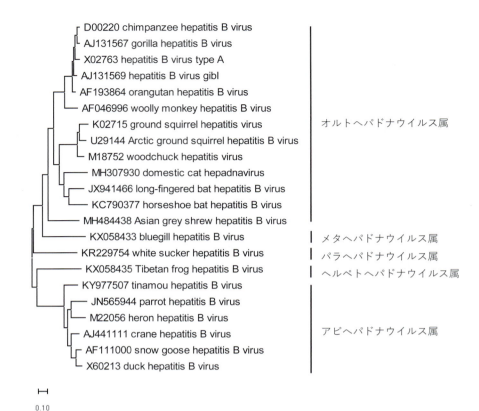

図 10-24　ヘパドナウイルス科の分子系統樹
ポリメラーゼ遺伝子配列をもとに ML 法で作成した。（作成：堀本泰介先生）

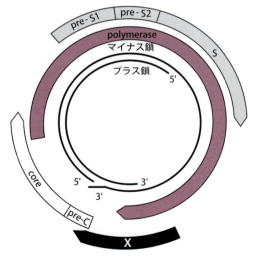

図 10-25　ヘパドナウイルスのゲノム構造
polymerase；逆転写酵素, core（HBc 抗原）, precore（Pre-C：HBe 抗原）, X（HBx）, pre-S1（L 蛋白）, pre-S2（M 蛋白）, S（HBs 抗原）
（作成：堀本泰介先生）

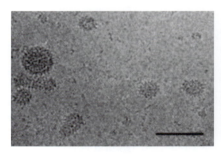

図 10-26　B 型肝炎ウイルスの粒子構造
通常のウイルス（42〜52 nm）とエンベロープ蛋白質で構成される小球体（22 nm）およびロッドのクライオ電子顕微鏡写真。Bar = 65 nm
（ICTV Hepadnaviridae より）

pre-S2/S），コア蛋白質（preC/C），ウイルスポリメラーゼ，HBx 蛋白質がコードされている。プラスあるいはマイナス鎖 DNA の 5' 末端には DR1，DR2 と呼ばれる反復配列が存在し，ウイルス複製に重要な役割をもつ。HBV 粒子の電子顕微鏡像を図 10-26 に示す。

（4）ウイルス蛋白質（表 10-24）

HBV のエンベロープは，細胞のレセプターに結合する preS と S を含む蛋白質（L，M，S と呼ばれる）を含む。L 蛋白質は，preS1，preS2，S から，M 蛋白質は preS2 と S からなる。コア蛋白質はウイルスのヌクレオカプシドを構成し，その上流には HBe 抗原と呼ばれる可溶性の N 蛋白質（preC）が存在する。ポリメラーゼの領域には，RNA を鋳型として DNA を合成する逆転写酵素やプレゲノム RNA を分解する RNaseH がコードされている。また，HBx は，転写活性化能があり，DNA 修復，蛋白質分解阻止，シグナル伝達など多彩な作用が報告されている。

（5）増　殖

ヘパドナウイルスは，他の DNA ウイルスとは異なり，RNA がゲノム複製の中間体となる（図10-27）。ウイルスが肝臓細胞のレセプター（HBV は NTCP，sodium-taurocholate cotransporting polypeptide などを使用）に吸着後，エンドサイトーシスで取り込まれ，細胞質内で脱殻後核に移行する。核内でゲノムの 1 本鎖部分が修復されて超らせん構造の閉鎖環状 DNA（cccDNA）となり，

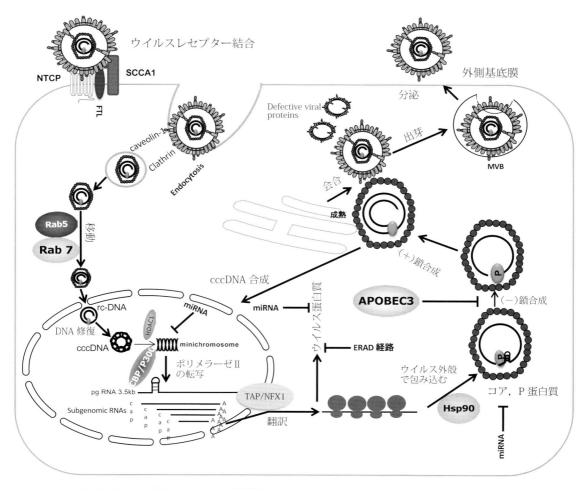

図 10-27　ヘパドナウイルスの増殖環（Ezzikouri et al., JMV 2014 を参考にして作成）

宿主細胞由来 RNA ポリメラーゼの鋳型となる。長鎖 DNA の DR1 領域上流から 3.5 kbp のプレゲノム RNA が転写されて細胞質に運ばれ，HBV ポリメラーゼ，プライマー蛋白質とともにコア粒子内に内包される。続いてプレゲノム RNA から HBV ポリメラーゼの逆転写酵素の活性により完全長の長鎖 DNA（マイナス鎖）が合成される。その後ポリメラーゼのもつ RNaseH 活性によりプレゲノム RNA は分解されて 5' 末端の 17 塩基が残る。これをプライマーにして短鎖 DNA（プラス鎖）が合成される。この合成途中に小胞体上でウイルスエンベロープ蛋白質を被り，不完全な 2 本鎖 DNA を包含してウイルス粒子が細胞外に放出される。

2）ヘパドナウイルス感染症

ヘパドナウイルスは宿主特異性と肝細胞指向性が極めて強いと考えられてきた。しかしながら，最近の系統解析では，霊長類の HBV が異なる遺伝子型間で組換えを起こしていることが明らかとなっている。例えば，チンパンジーでギボン HBV や人 HBV E 型の感染が見つかったり，マカクにおける HBV D 型，バブーンにおける HBV A2 型の感染が報告されている。アビヘパドナウイルス属はアヒルやサギを宿主とし，経卵感染による伝播が知られている。オルトヘパドナウイルス属では，HBV は血液を介して水平，垂直感染をする。各ウイルスは肝細胞に感染後，無症候性に持続感染したり，慢性肝炎後，肝細胞がんに進行する場合もある。通常は感染後 20〜50 年という長期の慢性肝炎期を経て発がんする。人に感染する HBV は A-J の 10 の遺伝子型をもち，現在感染者は 2 億 4 千万人以上といわれる。チンパンジーを用いた HBV 感染モデルが研究に用いられていたが，現在では動物愛護の観点などから利用が困難となっており，ツパイなどが新たな感染動物モデルとして研究されている。

(1) アヒル B 型肝炎ウイルス感染症

アビヘパドナウイルス属で最も代表的なウイルスで，北京ダックより分離された。HBV の動物モデルとしても研究に用いられている。アヒル B 型肝炎ウイルス感染では慢性肝炎は認められるものの，肝がんの発症は実験感染も含め確認されていない。これは，アヒル B 型肝炎ウイルスが X 遺伝子を欠くためと考えられている。

(2) ウッドチャック肝炎ウイルス感染症

ウッドチャック（齧歯類）に自然感染し，1978 年フィラデルフィア動物園で初めて分離された。新生子期に感染すると 2〜4 年以内に 100% が肝がんを発症し，人の肝がんに似た遺伝子発現修飾が起こっていることが知られている。

(3) ジリス B 型肝炎ウイルス感染症

ジリス B 型肝炎ウイルスはカリフォルニア・バークレーのジリスから見つかった。慢性感染すると肝がんを発症するが，その経過はウッドチャック肝炎に比べると軽症で，4 年以上たつと肝がんを約 50% 発症する。

(4) イエネコ肝炎ウイルス感染症

2018 年にオーストラリアで初めて報告された。その後イタリア，マレーシア，英国，日本，米国，台湾などの猫から本ウイルスの遺伝子が検出されている。慢性肝炎，肝がん，リンパ腫を発症した猫からも分離されており，これら疾患との関連が示唆されている。最近，本ウイルスに近縁のウイルスが犬からも分離されたが，血液にしか存在せず，肝炎や肝がんとの関連性は確認されていない。

4. 2 本鎖 RNA ウイルス

A. レオウイルス目

> **キーワード**：レオウイルス，スピナレオウイルス科，セドレオウイルス科，正 20 面体ビリオン，9〜12 分節，2 本鎖 RNA ゲノム，遺伝子再集合，ウイルス性関節炎 / 腱鞘炎，アフリカ馬疫，ブルータング，イバラキ病，馬脳炎，チュウザン病，ロタウイルス感染症

レオウイルス reovirus の reo は，respiratory enteric orphan（呼吸器と腸管のみなしご）の頭文字に由来する。当初疾病不明のウイルスを orphan virus と呼んだことによる。

1）レオウイルス目の性状（表 10-25）
（1）分 類（表 10-26，図 10-28）

レオウイルス目 Reovirales は，**スピナレオウイルス科** Spinareoviridae と**セドレオウイルス科** Sedoreoviridae の 2 科に分類される。spina はラテン語で「スパイク」を意味し，スピナレオウイルスは，比較的大きなスパイク様突起をウイルス粒子あるいは正 20 面体構造のコアの各頂点にもつ。一方，sedo はラテン語で「滑らかな」を意味し，セドレオウイルスは，コア表面に大きな突起をもたず，球形に近い形態をもつ。スピナレオウイルス科には 9 属（オルトレオウイルス Orthoreovirus 属，コルチウイルス Coltivirus 属など），セドレオウイルス科には 6 属（オルビウイルス Orbivirus 属，ロタウイルス Rotavirus 属など）が分類される。

各属は，ウイルスゲノムの分節数，宿主域，カプシドの構造（カプシド殻 capsid shell の数，スパイクの有無，構造など）に加え，保存性の高い RNA 依存性 RNA ポリメラーゼ RNA-dependent RNA polymerase（RdRp）やカプシド遺伝子の多様性により分類されている。通常，異なる属のウイルスは，RdRp のアミノ酸配列の相同率が 26% 未満，一方，同じ属では通常 33% より大きいことが知られている。しかし，ロタウイルス B の RdRp は，ロタウイルス属の他のウイルスと異なり相同率が 21% 未満である。

a．スピナレオウイルス科
ｉ）オルトレオウイルス属

哺乳類オルトレオウイルスや鳥類オルトレオウイルスなど，人，サル，牛，豚，羊，齧歯類，コウモリ，ヘビ，鳥類など，多様な脊椎動物を宿主とする 10 種で構成される。哺乳類オルトレオウイルス以外は，感染細胞で細胞融合により合胞体（シンシチウム）を形成する。呼吸器または消化器から感染し，節足動物による伝播はない。

表 10-25 スピナレオウイルス科およびセドレオウイルス科ウイルスの性状

スピナレオウイルス科
- **正 20 面体ビリオン**（球形様：大きさ 50 〜 85 nm）
- エンベロープなし
- ビリオンの 12 個の頂点にスパイクまたはタレット構造を形成
- カプシドは，1 〜 3 層のカプシド殻 capsid shell からなる層状構造を形成
- 23 〜 29 kbp からなる直鎖分節（**9 〜 12 分節**）**2 本鎖 RNA ゲノム**
  9 分節：ディノベルナウイルス属
  10 分節：オルトレオウイルス属，シポウイルス属，オリザウイルス属，フィジウイルス属，イドノレオウイルス属
  11 分節：アクアレオウイルス属
  12 分節：コルチウイルス属
  11 または 12 分節：ミコレオウイルス属
- 浮上密度 1.36 〜 1.44 g/cm^3（CsCl）
- 同属ウイルス種間で**遺伝子再集合**
- 細胞質内で増殖，細胞質内にウイロプラズマ（封入体）を形成
- 宿主は，哺乳類，鳥類，甲殻類，節足動物，藻類，植物など多様

セドレオウイルス科
- 正 20 面体ビリオン（球形様：大きさ 60 〜 100 nm）
- エンベロープなし（オルビウイルス属，コルチウイルス属，ロタウイルス属，シアドルナウイルス属ではでは増殖過程で一時的に形成））
- カプシドは，1 〜 3 層のカプシド殻からなる層状構造を形成
- 18 〜 26 kbp からなる直鎖分節（10 〜 12 分節）2 本鎖 RNA ゲノム
  10 分節：オルビウイルス属
  11 分節：ロタウイルス属，ミモレオウイルス属
  12 分節：シアドルナウイルス属，フィトレオウイルス属，カルドレオウイルス属
- 浮上密度 1.36 〜 1.42 g/cm^3（CsCl）
- 同属ウイルス種間で遺伝子再集合
- 細胞質内で増殖，細胞質内にウイロプラズマ（封入体）を形成
- 宿主は，哺乳類，鳥類，甲殻類，節足動物，藻類，植物など多様

表 10-26　レオウイルス目の分類

科・属・種	ウイルス名（和名）	血清型	ベクター
スピナレオウイルス科 Spinareoviridae			
オルトレオウイルス Orthoreovirus 属			
O. avis	鳥類オルトレオウイルス	少なくとも 11	なし
O. papionis	ヒヒオルトレオウイルス		なし
O. mammalis	哺乳類オルトレオウイルス	4	なし
O. nelsonense	Nelson Bay オルトレオウイルス		なし
O. reptilis	爬虫類オルトレオウイルス		なし
その他 5 種			
コルチウイルス Coltivirus 属			
C. dermacentoris	コロラドダニ熱ウイルス		ダニ
C. ixodis	Eyach ウイルス		ダニ
その他 3 種			
アクアレオウイルス Aquareovirus 属			なし
A. salmonis	アクアレオウイルス A		
A. oncorhynchi	アクアレオウイルス B		
A. ctenopharyngodontis	アクアレオウイルス C		
A. ictaluri	アクアレオウイルス D		
A. scophthalmi	アクアレオウイルス E		
A. maculosi	アクアレオウイルス F		
A. graminis	アクアレオウイルス G		
オリザウイルス Oryzavirus 属			
O. oryzae	イネラギットスタントウイルス		ウンカ
その他 1 種			
フィジウイルス Fijivirus 属			
F. fijiense	フィジ病ウイルス		ウンカ
その他 8 種			
マイコレオウイルス Mycoreovirus 属			
M. alcryphonectriae	マイコレオウイルス 1		なし
その他 2 種			
シポウイルス Cypovirus 属			
C. altineae	シポウイルス 1		なし
その他 15 種			
イドノレオウイルス Idnoreovirus 属			なし
I. diadromi	イドノレオウイルス 1		
ディノベルナウイルス Dinovernavirus 属			なし
D. aedis	イーデスシュードスクテラリスレオウイルス		
セドレオウイルス科 Sedoreoviridae			
オルビウイルス Orbivirus 属			
O. alphaequi	アフリカ馬疫ウイルス	9	ヌカカ
O. caerulinguae	ブルータングウイルス	26	ヌカカ
O. changuinolaense	チャンギノラウイルス	12	サシチョウバエ，蚊

(つづく)

表 10-26　レオウイルス目の分類（つづき）

科・属・種	ウイルス名（和名）	血清型	ベクター
O. chenudaense	チェヌダウイルス	7	ダニ
O. chobarense	チョバルゴルゲウイルス	2	ダニ
O. alphamitchellense	コリパルタウイルス	6	蚊
O. ruminantium	流行性出血熱ウイルス	7	ヌカカ
	イバラキウイルス（EHDV-2）		ヌカカ
O. betaequi	馬脳症ウイルス	7	ヌカカ
O. eubenangeense	ユーベナンギーウイルス	4	ヌカカ，蚊
O. magninsulae	グレートアイランドウイルス	36	ダニ
O. trinidadense	イエリウイルス	3	蚊
O. lebomboense	レボンボウイルス	1	蚊
O. orungoense	オルンゴウイルス	4	蚊
O. palyamense	パリアムウイルス	13	ヌカカ，蚊
	チュウザンウイルス Chuzan virus（カスバウイルス Kasba virus）		ヌカカ
O. gammaequi	ペルー馬疫ウイルス	1	蚊
O. saintcroixense	セントクロア川ウイルス	1	ダニ
O. umatillaense	ウマティラウイルス	4	蚊
O. wadmedaniense	ワドメダニウイルス	2	ダニ
O. betamitchellense	ワラールウイルス	3	ヌカカ
O. gammamitchellense	ワレゴウイルス	3	ヌカカ，蚊
O. deltamitchellense	ワンゴールウイルス	8	ヌカカ，蚊
O. yunnanense	ユンナンオルビウイルス	2	
ロタウイルス Rotavirus 属			なし
R. alphagastroenteritidis	ロタウイルス A	14	
R. betagastroenteritidis	ロタウイルス B		
R. tritogastroenteritidis	ロタウイルス C		
R. deltagastroenteritidis	ロタウイルス D		
R. phigastroenteritidis	ロタウイルス F		
R. gammagastroenteritidis	ロタウイルス G		
R. aspergastroenteritidis	ロタウイルス H		
R. iotagastroenteritidis	ロタウイルス I		
R. jotagastroenteritidis	ロタウイルス J		
シアドルナウイルス Seadornavirus 属			蚊
S. bannaense	バンナウイルス		
S. kadipiroense	カディピロウイルス		
S. liaoningense	リャオニンウイルス		
フィトレオウイルス Phytoreovirus 属			ヨコバイ
P. alphaoryzae	イネ萎縮ウイルス		
P. betaoryzae	イネゴールドワーフウイルス		
P. vulnustumoris	Wound tumor ウイルス		
カルドレオウイルス Cardoreovirus 属			
C. eriocheiris	チュウゴクモクズガニウイルス		なし
ミモレオウイルス Mimoreovirus 属			
M. micromonadis	Micromonas pusilla レオウイルス		なし

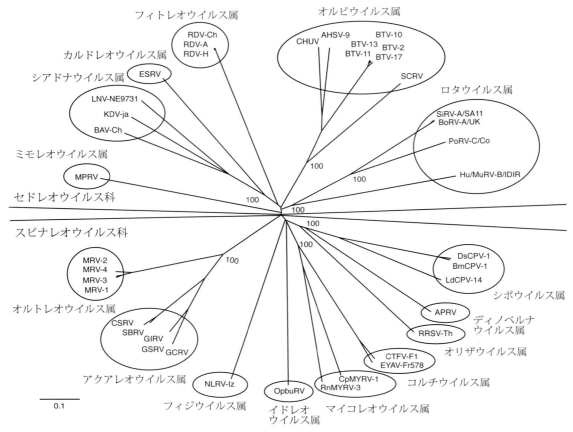

図 10-28 レオウイルス目（セドレオウイルス科およびスピナレオウイルス科）の分子系統樹
RNA 依存性 RNA ポリメラーゼ（RdRp）アミノ酸配列をもとに近隣結合法（neighbor-joining：NJ 法）により作成した。
BAV：Banna virus, KDV：Kadipiro virus, LNV：Liao ning virus, CTFV：Colorado tick fever virus, EYAV：Eyach virus, MRV：mammalian orthoreovirus, GSRV：golden shiner virus, GCRV：grass carp reovirus, SBRV：striped bass reovirus, CSRV：chum salmon reovirus, GIRV：golden ide reovirus, AHSV：African horse sickness virus, BTV：bluetongue virus, CHUV：Palyam virus, SCRV：St Croix River virus, BoRV-A：rotavirus A, Hu/MuRV-B：rotavirus B, PoRV-C：rotavirus C, NLRV：Nilaparvata lugens reovirus, RDV：rice dwarf virus, CpMYRV, RnMYRV：mycoreovirus, RRSV：rice ragged stunt virus, BmCPV：Bombyx mori cytoplasmic polyhedrosis virus, DsCPV：Dendrlymus punctatus cytoplasmic polyhedrosis virus, LdCPV：Lymantria dispar cytoplasmic polyhedrosis virus, APRV：Aedes pseudoscutellaris reovirus, ESRV：Eriocheir sinensis reovirus, MPRV：Micromonas pusilla reovirus
Virus Taxonomy 9th report of the International Committee on Taxonomy of Viruses (Andrew M. Q. King et al. eds) p634 Figure 35, Elsevier を参考に作成。

ビリオンは大きさ約 80 nm の正 20 面体構造で，内外 2 層のカプシド殻をもつ．10 分節からなる 2 本鎖 RNA ゲノムは，長さにより 3 本の分節 L（L1～L3），3 本の分節 M（M1～M3）および 4 本の分節 S（S1～S4）に分けられ，それぞれが 3 つの λ（λ1～λ3），3 つの μ（μ1～μ3），4 つの σ（σ1～σ4）蛋白質とポリシストロニックにコードされるその他の蛋白質をコードする．

σ1 蛋白質（鳥類オルトレオウイルスではσC）が中和抗体と反応する血清型特異抗原となり，哺乳類および鳥類オルトレオウイルスの血清型が決定される．哺乳類オルトレオウイルスではλ2 およびσ3 が群特異抗原を担う．ウイルスは 55℃ まで安定で，pH 2～9 および有機溶媒処理に抵

抗性を示す。

哺乳類オルトレオウイルスには4つの血清型があるが、1株を除く全てのウイルスは3つの血清型に分類される。鳥類オルトレオウイルスは、鶏、七面鳥、マスコビーダック、ガチョウなどの家禽から分離され、11の血清型が確認されている。オオコウモリから分離されたNelson Bay orthoreovirusは、他のオルトレオウイルスと比べて鳥類オルトレオウイルスとの相同性が高く、抗原性も類似している。

　ⅱ）コルチウイルス属

属名の由来であるコロラドダニ熱ウイルスColorado tick fever virusなどが含まれる。大きさ60〜80 nmで2層のカプシド殻、12分節のゲノムを保有する。ウイルス粒子表面は比較的平滑である。コルチウイルスはベクターとなるダニや蚊の他、人を含む複数の哺乳類から分離されている。ダニは、ウイルスに感染した脊椎動物からの吸血により感染する。人は、ロッキー山脈森林ダニ Dermacentor andersoni により感染する。

　ⅲ）アクアレオウイルス属

7種からなる。大きさ約80 nmで、2層のカプシド殻をもつ。ウイルスゲノムは11分節からなる。魚類や甲殻類など、脊椎動物および無脊椎動物を含む多様な海水および淡水に生息する水生動物を宿主とする。他のオルトレオウイルスが有する赤血球凝集性を示すσ1蛋白質を欠く。魚類および哺乳類の細胞で増殖し、特徴的な大型の合胞体を形成する。一般に宿主動物に病原性を示さないが、grass carp reovirus（CRV）は、ソウギョに高い病原性を示す。

　ⅳ）シポウイルス属

属名 Cypovirus は細胞質多核体病 cytoplasmic polyhedrosis に由来し、16種からなる。これらは主にウイルスゲノムRNAの泳動像により分類されている。ウイルス粒子は1層のカプシド殻を有し、表面に12のスパイク構造をもつ。シポウイルスは、節足動物にのみ感染し病原性を示す。10分節ゲノムを有するが、一部は小さな11本目の分節を保有する。

　ⅴ）その他の属

ディノベルナウイルス属（1層カプシド、9分節ゲノム）は、ヤブカ由来のAP-61細胞から分離された。フィジウイルス属（2層カプシド、10分節ゲノム）は、昆虫やイネ科あるいはユリ科植物に感染する。イドノレオウイルス属（2層カプシド、10分節ゲノム）は、昆虫を宿主とする。マイコレオウイルス属（2層カプシド、11〜12分節ゲノム）は、ウイルス粒子表面に12のスパイク構造をもち、真菌に感染する。オリザウイルス属（2層カプシド、10分節ゲノム）は、イネ科植物に感染する。

　b．セドレオウイルス科

　ⅰ）オルビウイルス属

22種からなる。2層のカプシド殻、10分節ゲノムをもつ。コア表面には特徴的なリング状のカプソメアが認められ、属名は、ラテン語の orbis ＝輪に由来する。成熟粒子はエンベロープを欠くが、粒子が感染細胞から出芽により放出されるため、成熟過程で一時的に細胞由来の脂質膜を有する。

コアの外殻蛋白質であるVP7の血清学的交差性、遺伝子の相同性、ベクター、宿主動物種および臨床徴候により種が分類される。宿主は反芻動物、ウマ科、齧歯類、コウモリ、有袋類、鳥類および人を含む霊長類など多様である。それぞれの種は中和試験により血清型に分類され、主にVP2の抗原性が血清型に関与する。ヌカカ、蚊、サシチョウバエあるいはダニなど多様な吸血性節足動物がベクターとなる。節足動物は感染しても異常を示さない。感染した動物は不顕性から致死的感染まで多様な病状を示す。

　ⅱ）ロタウイルス属

陰性染色で車軸状の外観を呈し、属名はラテン語の rota ＝車輪に由来する。脊椎動物にのみ感染し、糞口感染により伝播する。3層カプシド、11分節ゲノムをもつ。全分節の5'末端および3'末端にはコンセンサス配列がある。成熟粒子はエンベロープを欠き、トリプシン処理によりVP4がVP5とVP8に開裂し、ウイルスの感染性が増

強される。

ロタウイルス属は、血清学的交差性と内側カプシド殻を構築するVP6をコードするゲノム分節6（Seg6）の相同性（同一種はSeg6のアミノ酸相同性が通常＞53%）によりロタウイルスA, B, C, D, F, G, H, I, Jに分類される。ロタウイルスAは、VP6の抗原性により2つの亜群に分けられる。また、カプシドの最外側を構築するVP4（P血清型）およびVP7（G血清型）それぞれの抗原性により血清型が分けられ、その組合せにより型別されたが、VP4遺伝子（P遺伝子型）およびVP7遺伝子（G遺伝子型）の相同性による型別が主に使われるようになった（P[x]Gx：xは遺伝子型）。さらに、国際的な認証組織（rotavirus classification working group）により、全てのゲノム分節について遺伝子型での分類が行われるようになっている。

脊椎動物のみに糞口感染により伝播し、下痢症の原因となる。ロタウイルスAは、人、牛、サル、ウサギ、馬、羊など多くの哺乳類と鳥類、ロタウイルスBは牛、豚、羊、人など、ロタウイルスCは人、牛、豚および犬、ロタウイルスD・F・Gは鳥類、ロタウイルスHは人および豚、ロタウイルスIは犬、猫およびアシカ、ロタウイルスJはコウモリから検出されている。ロタウイルスAの検出頻度が最も高い。ロタウイルスEは2019年に削除された。

iii）シアドルナウイルス属

属名はSouth Eastern Asia dodeca RNA virusesに由来する。2層のカプシド殻、12分節ゲノムを保有する。Banna virus, Kadipiro virusおよびLiao ning virusを含む。人および蚊を宿主とし、人への感染は蚊がベクターとなる。実験的にマウスに感染する。Liao ning virusに感染したマウスは、出血症症候群により死亡する。Banna virusは、神経徴候を呈した人の血清や髄液から分離されている。Kadipiro virusは、蚊からのみ分離されている。

iv）その他の属

カルドレオウイルス属（12分節ゲノム）の宿主はカニ、ミモレオウイルス属（1層カプシド、11分節ゲノム）の宿主は海生プランクトン*Micromonas pusilla*、フィトレオウイルス属（2層カプシド、12分節ゲノム）の宿主は節足動物および植物で、ヨコバイが感受性植物に伝播する。

(2) 形態と物理化学的性状（図10-29）

ウイルス粒子は球形様の正20面体構造で、大きさはスピナレオウイルス科が50〜85 nm、セドレオウイルス科が60〜100 nm、前者がビリオンまたはコアに12個ある各頂点にスパイクまたは小突起turret構造をもつのに対し、後者は突起のない球形に近い外観を呈する。いずれも1〜3層のカプシド殻からなる層状構造を形成し、外側のカプシド殻を除いた粒子をコアと呼ぶ。成熟粒子はエンベロープをもたない。オルビウイルス属、コルチウイルス属、ロタウイルス属およびシアドルナウイルス属では、複製過程で一時的に脂質エンベロープをもつことがあるが、最終的な成熟粒子ではこれが取り除かれる。ウイルス粒子は、熱、エーテル、非イオン性界面活性剤に対し比較

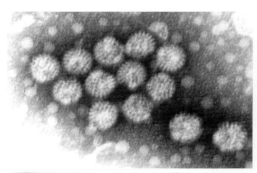
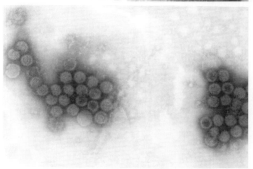

図10-29 鳥ロタウイルスPO-13株の電子顕微鏡像（源 宣之博士 原図）

的抵抗性である。pH に対する安定性は属により異なる。

(3) ゲノム構造

直鎖状の 2 本鎖 RNA で，属によりスピナレオウイルス科が 9〜12 分節，セドレオウイルス科が 10〜12 分節からなる。同属内のウイルス種間では遺伝子分節の再集合 reassortment を起こすことがある。2 本鎖 RNA の一方のみがウイルス蛋白質をコードする。各分節のプラス鎖 5' 末端には 1 型のキャップ構造があり，ウイルスの mRNA は 3' 末端にポリ A を欠く。一部には複数の ORF をもつ分節もあるが，多くは 1 分節が 1 つの蛋白質をコードしている。

(4) ウイルス蛋白質

各ウイルス属で構成は異なるが，internal virion を構築する少なくとも 3 つのウイルス蛋白質が RNA 合成およびキャップ構造付加の酵素活性を有する。一部の属では，カプシド蛋白質の一部に糖鎖が付加されている。

(5) 増　殖

ウイルスの細胞内侵入機構は属により異なるが，多くはその過程でカプシド殻の一部を失う。スピナレオウイルス科では 1 層の，セドレオウイルス科では 2 層のカプシド殻をもつコアが細胞質内に侵入し，この粒子からゲノム RNA の完全長に対応する mRNA が合成される。細胞質内にはウイロプラズム viroplasm あるいは封入体と呼ばれる構造が構築される。ここでは，mRNA 合成，ゲノム複製および粒子構築が行われている。転写，複製およびウイルス粒子構築は，感染細胞の細胞質内で行われる。

2) レオウイルス目による感染症（表 10-27）

獣医学領域における重要疾病の多くはスピナレオウイルス科のオルトレオウイルス属とセドレオウイルス科のオルビウイルス属およびロタウイルス属による。

(1) オルトレオウイルス属

哺乳類オルトレオウイルスは世界各地に分布し，多様な動物種で感染が確認されている。多くは不顕性感染だが，上部および下部呼吸器疾患および下痢症との関連も指摘されている。マウスでは，下痢，肝炎，心筋炎，肺炎，脳炎などの原因となる。鳥オルトレオウイルスは，孵化後 3 週未満の鶏に感染した場合，関節炎や腱鞘炎，腱断裂の原因となり，発症鶏は跛行または起立不能となる。この他にも呼吸器疾患，腸疾患，肝炎を呈した個体からの検出例も報告されているが，疾病との関連には不明な点も多い。

表 10-27　スピナレオウイルス科およびセドレオウイルス科ウイルスによる代表的な動物の病気

ウイルス	宿主	病気
スピナレオウイルス科 Spinareoviridae		
オルトレオウイルス Orthoreovirus 属		
哺乳類オルトレオウイルス	牛，豚，犬，猫，人などの哺乳類	レオウイルス感染症
鳥オルトレオウイルス	鶏，七面鳥，アヒル，ガチョウなど	鶏の**ウイルス性関節炎／腱鞘炎**
セドレオウイルス科 Sedoreoviridae		
オルビウイルス Orbivirus 属		
アフリカ馬疫ウイルス	馬，ラバ，ロバなどのウマ科動物	アフリカ馬疫
ブルータングウイルス	羊，山羊，牛，水牛，シカ，その他反芻動物	ブルータング
イバラキウイルス	牛，水牛	イバラキ病
馬脳症ウイルス	馬	馬脳症
チュウザンウイルス	牛，水牛，山羊，羊	チュウザン病
ロタウイルス Rotavirus 属		
ロタウイルス A〜I	牛，豚，馬，羊，山羊，犬，猫，マウス，ラットなどの哺乳類と鶏，七面鳥などの鳥類	ロタウイルス感染症

(2) オルビウイルス属

a. アフリカ馬疫〔家畜伝染病（法定伝染病）〕

アフリカ馬疫 African horse sickness は，アフリカ馬疫ウイルス African horse sickness virus を原因とする。9種類の血清型があり，馬，ラバ，ロバなどのウマ科動物に感染が認められる。ヌカカにより媒介され，現在の発生はアフリカ中南部に限局しているが，過去にはインド以西のアジアや欧州での発生もある。病状により，肺型，浮腫・心臓型，混合型および発熱型の4病型がある。肺型は初感染または病原性の強い株による感染で，急性型とも呼ばれる。浮腫・心臓型は，感染歴のある馬での感染や病原性の低い株による感染で認められ，亜急性型とも呼ばれる。混合型は，急性経過を辿りながら浮腫が認められる。発熱型は，血清型の異なるウイルスの感染歴がある馬で認められる。一般に発熱型以外は致死率が高く発症から2週間程度で死亡する。致死率は98%に達することがある。

b. ブルータング（届出伝染病）

ブルータング bluetongue は，ブルータングウイルス bluetongue virus を原因とし，吸血昆虫，特にヌカカにより伝播される。26の血清型があり，流行地域により原因ウイルスの血清型が異なる。羊，山羊，牛，水牛，シカ，その他反芻動物が感染し，発熱，元気消失，嚥下障害，チアノーゼ，呼吸困難，流涙，流涎，跛行，起立不能，口粘膜，舌，蹄冠部の充出血，びらん，潰瘍形成を特徴とする。アフリカ，欧州，中近東，アジア，北米，中南米，オーストラリアなど世界各地で発生。国内では，1994年に北関東地方で牛と羊に，2001年には羊に発生があった。胎子に感染した場合，流・死産や大脳欠損などの先天異常を認める。国外では，ワクチンが使用される地域もある。

c. イバラキ病（届出伝染病）

イバラキ病 Ibaraki disease は，epizootic hemorrhagic disease virus（EHDV）の EHDV-2 に分類されるイバラキウイルス Ibaraki virus を原因とする。牛および水牛に感染し，嚥下障害を主徴とする。ヌカカにより伝播され，日本では夏～晩秋に発生が多く季節性が認められる。国内ではウシヌカカが主要なベクターと考えられている。感染初期に40℃前後の発熱を認め，浮腫，流涙，結膜の充血，泡沫状流涎などを認める。初期徴候から3～7日で，咽喉頭麻痺，嚥下障害，舌麻痺を呈する。飲水が口や鼻から逆流するため脱水状態に陥る。発症した場合の致死率は20%程度である。予防のためワクチンが利用される。

d. 馬脳症

馬脳症 equine encephalosis は，馬脳症ウイルス equine encephalosis virus を原因とし，ヌカカにより媒介される。原因ウイルスには7種の血清型がある。通常は軽度あるいは不顕性の馬の感染症。致死的感染はまれで，死亡率は通常5%以下である。顔面の腫脹，中枢神経徴候，後駆麻痺，沈うつ，狂騒，痙攣，呼吸困難などを示す。静脈性うっ血や血管障害，脳水腫などが認められるが，脳炎は認められない。アフリカで地方病的に存在したが，近年イスラエルでの発生報告がある。この時の感染例では，死亡例はなく，麻痺，頸部，脚，眼瞼および口唇の浮腫が認められた。

e. チュウザン病

チュウザン病 Chuzan disease（届出伝染病）は，Palyam virus 群のカスバ（チュウザン）ウイルスによる。ウイルス名は，原因ウイルスが最初に分離された鹿児島市中山町に由来する。ウシヌカカなどの吸血昆虫により媒介され，牛，水牛，山羊，羊に対し病原性を示す。日本，韓国，台湾で発生が認められる。国内では，1985年～1986年および1997年～1998年にかけ九州地方を中心に発生があった。成牛，妊娠牛，子牛が感染してもほとんど異常は示さない。胎子期の感染による先天異常で，歩行困難や旋回運動，間欠性のてんかん様発作など神経徴候を呈する。中枢神経系に病理学的変化が認められ，大脳，小脳の欠損や形成不全を特徴とする。

(3) ロタウイルス属

a. ロタウイルス感染症（病）

ロタウイルス感染症 rotavirus infection は，8種のロタウイルスを原因とする急性疾患で，牛，

豚，馬の他，人，羊，山羊，犬，猫，マウス，ラットなど多くの哺乳類と鶏，七面鳥などの鳥類に認められる。ロタウイルスAの検出頻度が最も高い。ロタウイルスAは多様な哺乳類および鳥類に感染し，主に幼獣で下痢症の原因となる。ウイルスの由来動物により牛ロタウイルスあるいは豚ロタウイルスなどと呼ばれるが，種間伝播も認められる。牛では生後1～2週の子牛に多発し，発症初期の糞便に大量のウイルスが排出される。豚では新生期～離乳期に多発し，哺乳豚では時に嘔吐が認められる。子牛や子豚では黄色または黄白色の水様下痢の他，元気消失，食欲不振などを示す。馬では生後4か月までの子馬に多発する。ロタウイルスAによる下痢症の他にも，ロタウイルスBおよびロタウイルスCを原因とする下痢症が牛および豚で認められる。

B．ビルナウイルス科

キーワード：ビルナウイルス，2分節，正20面体ビリオン，2本鎖RNAゲノム，遺伝子再集合，伝染性ファブリキウス嚢病，ガンボロ病，伝染性膵臓壊死症

ビルナウイルス birnavirus は，ラテン語で2を表す bi と RNA を表す rna から命名された。ウイルスゲノムとして**2分節**の2本鎖RNAを保有することによる。

1) ビルナウイルスの性状（表10-28）

（1）分類（表10-29，図10-30）

ビルナウイルス科 Birnaviridae は，哺乳類以外の脊椎動物を宿主とするアビビルナウイルス Avibirnavirus 属，アクアビルナウイルス Aquabirnavirus 属およびブロスナウイルス Blosnavirus 属，無脊椎動物の昆虫を宿主とする

表10-28 ビルナウイルス科のウイルス性状

- **正20面体ビリオン**（球形様：大きさ約60 nm）
- エンベロープなし
- 直鎖状**2本鎖RNAゲノム**，2分節（分節A：3.1～3.6 kbp，分節B：2.8～3.3 kbp）
- 浮上密度 1.33 g/cm³（CsCl）
- 細胞質内で増殖

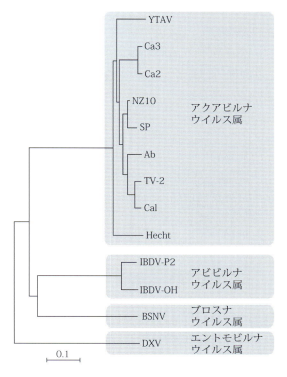

図10-30　ビルナウイルス科の分子系統樹
VP2アミノ酸配列をもとに近隣結合法（neighbor-joining：NJ法）により作成した。YTAV：yellowtail ascites virus, CA2, CA3, NZ10, SP, Ab, Ca1, Hecht：infectious pancreatic necrosis virus, TV-2：Tellina virus 2, IBDV：infectious bursal disease virus, BSNV：blotched snakehead virus, DXV：drosophila X virus
Virus Taxonomy 9th report of the International Committee on Taxonomy of Viruses (Andrew M. Q. King et al. eds) p506 Figure 4, Elsevier を参考に作成。

エントモビルナウイルス Entomobirnavirus 属およびドロナウイルス Dronavirus 属，ワムシ類を宿主とするロナウイルス Ronavirus 属および軟体動物を宿主とするテルナウイルス Telnavirus 属の7属に分類される。

a．アクアビルナウイルス属

属名は「水」を意味するラテン語「aqua」に由来する。魚類，軟体動物および甲殻類での感染が知られ，宿主により3種に分類される。伝染性膵臓壊死症ウイルス infectious pancreatic necrosis virus（IPNV）は Aquabirnavirus salmonidae, Tellina

表 10-29 ビルナウイルス科の分類と主な病気

属・種	ウイルス名	宿主動物	病気
アビビルナウイルス Avibirnavirus 属			
A. gumboroense	伝染性ファブリキウス嚢病ウイルス infectious busal disease virus	鶏	伝染性ファブリキウス嚢病
アクアビルナウイルス Aquabirnavirus 属			
A. salmonidae	伝染性膵臓壊死症ウイルス infectious pancreatic necrosis virus	サケ科魚類	伝染性膵臓壊死症
A. ascitae	ブリウイルス性腹水症ウイルス yellowtail ascites virus	ブリ	ブリのウイルス性腹水症
A. tellinae	Tellina virus 2	二枚貝	
エントモビルナウイルス Entomobirnavirus 属			
E. drosophilae	Drosophila X virus	ショウジョウバエ	
E. anophelae	mosquito X virus	蚊	
ブロスナウイルス B. 属			
B. channae	blotched snakehead virus	タイワンドジョウ	
B. lati	Lates calcarifer birnavirus	バラマンディ	
ロナウイルス Ronavirus 属			
R. rotiferae	rotifer birnavirus	ワムシ	
テルナウイルス Telnavirus 属			
T. tellinae	Tellina virus 1	二枚貝	
ドロナウイルス Dronavirus 属			
D. drosophilae	Drosophila B birnavirus	ショウジョウバエ	

virus 2 は A. tellinae，yellowtail ascites virus は A. ascitae に含まれる。血清学的性状により少なくとも 9 つの血清型（A1 〜 A9）に，VP2 遺伝子の塩基配列から 7 つの genogroup に分類される。淡水，汽水，海水など多様な環境の水生動物から分離されている。伝染性膵臓壊死症の他，イシビラメ Scophthalmus maximus での造血器壊死を伴う高致死率の原因や，二枚貝における鰓の黒色化や壊死の原因となる。

b. アビビルナウイルス属

属名は「鳥」を意味するラテン語「avis」に由来する。鳥類のみで感染が知られ，Avibirnavirus gumboroense 1 種からなり，伝染性ファブリキウス嚢病ウイルス infectious bursal disease virus（IBDV）が含まれる。

c. ブロスナウイルス属

属名は，旧基準種の blotched snakehead virus の頭文字から命名された。Blosnavirus channae および B. lati の 2 種からなり，前者はタイワンドジョウ由来の株化細胞に持続感染していたウイルスとして，後者は熱帯の海洋魚であるバラマンディ Lates calcarifer から検出された。魚類のみを宿主とすると考えられているが，病原性は不明である。

d. エントモビルナウイルス属

属名は昆虫を意味する「entomon」に由来する。昆虫にのみ感染が認められており，Entomobirnavirus anophelae および E. drosophilae の 2 種からなる。前者には mosquito X virus が，後者には Drosophila X virus がある。

e. ドロナウイルス属

Dronavirus drosophilae 1 種からなる。

f. ロナウイルス属

ワムシ由来の Ronavirus rotiferae 1 種からなる。

g. テルナウイルス属

海洋二枚貝から検出された Telnavirus tellinae 1 種からなる。

(2) 形態と物理化学的性状（図10-31）

ウイルス粒子は大きさ約60 nmの正20面体で，エンベロープをもたない。ウイルスはエーテル耐性，酸やアルカリ（pH 3〜9），熱にも安定で60℃1時間の処理に抵抗性を示す。

(3) ゲノム構造（図10-32）

ウイルスゲノムは直鎖状2本鎖RNAで2分節（分節AおよびB）からなり，**遺伝子再集合**を起こす。ウイルス蛋白質は2本鎖の一方のみがコードする。分節Aは3.1〜3.6 kbp，分節Bは2.8〜3.3 kbp，プラス鎖の5'末端にはRdRpであるVP1が共有結合し，ウイルス遺伝子連結蛋白質（VPg)を形成する。3'末端にポリAの付加はない。

分節Aには2つのORFが重複して存在し，1つは各機能性蛋白質に開裂する分子量105〜120 kDaのポリプロテイン（5'-preVP2-VP4-VP3-3'）を，もう一方は分子量15〜27 kDaの蛋白質（アビビルナおよびアクアビルナウイルス属ではVP5）をコードする。VP5コード領域は，その3'末端側がポリプロテインコード領域の5'末端と一部重複するように位置している。一方，エントモビルナウイルス属ではポリプロテインのVP4およびVP3コード領域に，ブロスナウイルス属ではVP2コード領域と重複する位置に存在する。分節Bには，いずれの属も分子量約90 kDaのVP1をコードするORFが1つだけ存

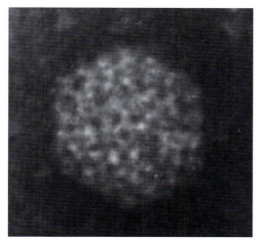

図10-31 伝染性ファブリキウス嚢病ウイルスの電子顕微鏡像（原図：平井克哉 博士）

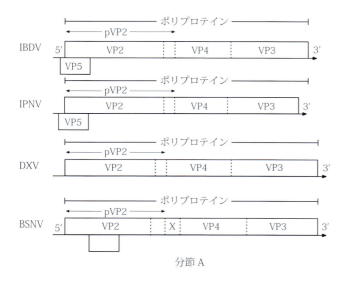

図10-32 ビルナウイルス科代表種のゲノム構造
IBDV：伝染性ファブリキウス嚢病ウイルス
IPNV：伝染性膵臓壊死症ウイルス
DXV：Drosophila X virus
BSNV：blotched snakehead virus

(4) ウイルス蛋白質

ポリプロテイン（5'-preVP2-VP4-VP3-3'）は，発現後に preVP2（pVP2），VP4 および VP3 に切断される。preVP2 はさらに C 末端が切断され成熟した VP2 になる。VP2 は三量体を形成し，260 の三量体がカプシドを構築する。VP2 にはウイルス中和エピトープが存在する。VP3 は，カプシド内部でウイルスゲノム RNA とリボヌクレオ蛋白質複合体 ribonucleoprotein（RNP）complex を形成し，VP2 がカプシド構造を形成する際の足場の役割を果たす。また VP1 のカプシド内部への取込みにも関与する。VP4 はプロテアーゼ活性を有し，ポリプロテインとして発現後，自身の N 末端および C 末端を切断し preVP2，VP4 および VP3 を生成する他，preVP2 の VP2 への成熟にも関与する。

アビビルナおよびアクアビルナウイルス属の VP5 は分子量約 17 kDa で，ウイルス感染細胞で発現は認められるが，ウイルス粒子からは検出されない。ウイルス複製に必須ではないが，アビビルナウイルス属の VP5 は，ウイルス感染細胞のアポトーシス制御や感染細胞からのウイルス粒子放出，ウイルスの病原性などへの関与が示されている。

RdRp である VP1 はグアニリル化活性を有し，自身を VP1-pG および VP1pGpG に修飾し，ウイルスゲノムに結合した VPg を形成する。ウイルス粒子からは，単体の VP1 とウイルスゲノムに結合した VPg の両方が検出されている。

(5) 増 殖

ウイルスが標的細胞に吸着・脱殻後，細胞質内でウイルスの RdRp により各ウイルスゲノム分節から mRNA が合成される。mRNA はキャップ構造を有するが，ポリ A を欠く。前駆蛋白質は感染後 4〜5 時間で検出され，翻訳と同時に VP4 により切断，成熟した各ウイルス蛋白質となる。ウイルス粒子は細胞質内で構築され蓄積し，その後細胞外へと放出される。ウイルスの複製過程は，全て感染細胞の細胞質内で起こる。封入体は形成しない。IBDV および IPNV ではリバースジェネティクスによる感染性ウイルス粒子の構築技術が確立されている。

2）ビルナウイルス感染症

（1）伝染性ファブリキウス嚢病

伝染性ファブリキウス嚢病 infectious bursal disease は，伝染性ファブリキウス嚢病ウイルス（IBDV）による鶏の急性感染症で，米国東部のデラウェア州ガンボロ地方ではじめて見つかったことから**ガンボロ病**とも呼ばれる。ウイルスは主にファブリキウス嚢に存在する B 細胞に感染，これを破壊し罹患鶏に免疫抑制を惹起する。このため，他の感染症に対する感受性が増す。感染性が強く常温でも比較的で安定であり，養鶏産業のある世界各地に分布する。血清型 1 および 2 が存在し，血清型 1 が鶏に病原性を示す。届出伝染病。移行抗体が消失する孵化後 3〜5 週程度の雛に多く発生する（図 10-33）。ファブリキウス嚢の炎症性病変を特徴とする。国内では主に，1990 年頃に侵入した致死性の高い強毒型 IBDV とそれまでにも広く国内に分布していた比較的致死率の低い従来型 IBDV がある。予防には雛への生ワクチン接種と種鶏の免疫による雛への移行抗体賦与が効果的である。VP2 の中和エピトープコード

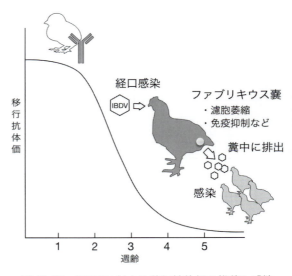

図 10-33 IBDV に対する移行抗体価の推移と感染

領域は塩基配列に多様性があり，RT-PCR による IBDV の検出と型別に利用されている。

(2) 伝染性膵臓壊死症

伝染性膵臓壊死症 infectious pancreatic necrosis は，伝染性膵臓壊死症ウイルス（IPNV）感染によるサケ科魚類の急性感染症である。最初の報告は養殖のカワマスでの流行であった。IPNV は，淡水，汽水，海水など多様な環境の水生動物から分離される。成魚は不顕性感染で，キャリアとなり長期間ウイルスを排出する。幼稚魚では極めて高い致死率を示す。感染に耐過した個体では持続感染となり感染源となる。水平感染の他，卵を介した垂直感染が報告されている。病魚には膵細胞の壊死，カタル性腸炎，幽門垂の点状出血などが認められ，短期間で死亡する。病魚は大量のウイルスを水中に排出する。元気消失の他，旋回遊泳やらせん運動などの遊泳異常，眼球突出，体表の出血による体色の黒色化などが認められる。

C. ピコビルナウイルス科

> **キーワード**：ピコビルナウイルス，2 分節，2 本鎖 RNA ゲノム，正 20 面体ビリオン，下痢性胃腸炎

ピコビルナウイルス picobirnavirus（PBV）は 1988 年に人と齧歯類から発見されたウイルスで，その後，世界の多くの地域で，多数の動物種から発見された。名前の pico は「小さな」を意味し，ビルナウイルス同様に **2 分節**の **2 本鎖 RNA ゲノム**をもち，ウイルス粒子のサイズがビルナウイルスより小さいことから，「小さなビルナウイルス」という名前が付けられた。しかし，その後の研究により，現在はビルナウイルスとは全く独立したドゥルナウイルス目 *Durnavirales* ピコビルナウイルス科 *Picobirnaviridae* に分類されている。

1）ピコビルナウイルスの性状

(1) 分類

ピコビルナウイルス科はオルトピコビルナウイルス *Orthopicobirnavirus* 属の 1 属だけで構成され，人ピコビルナウイルス，馬ピコビルナウイルス，Beihai（北海）ピコビルナウイルスの 3 種だけが分類されている。相同性をもつゲノムをもった属・種未定の PBV が多数の動物種で見つかっている（表 10-30）。

(2) 形態・物理学的性状

表 10-31 に示す。

(3) ゲノム構造

ウイルスゲノム（図 10-34）は 2 分節の 2 本鎖 RNA からなり，銀染色したポリアクリルアミドゲルによって 2 本の特徴的なバンドが確認される。大分節には 2 ～ 3 個の ORF があるが，種によってはオーバーラップして存在しており，カプシド蛋白質をコードしている。小分節は RNA 依存性 RNA 合成酵素をコードする ORF が 1 つだけ存在する。

表 10-30 ピコビルナウイルス科の分類

属・種・ウイルス名
オルトピコビルナウイルス *Orthopicobirnavirus* 属
O. hominis 人ピコビルナウイルス human picobirnavirus
O. equi 馬ピコビルナウイルス equine picobirnavirus
O. beihaiense Beihai（北海）ピコビルナウイルス Běihǎi picobirnavirus 7
（その他の属・種未定ウイルス）
ウサギピコビルナウイルス rabbit picobirnavirus
豚ピコビルナウイルス porcine picobirnavirus
牛ピコビルナウイルス bovine picobirnavirus
羊ピコビルナウイルス ovine picobirnavirus
犬ピコビルナウイルス canine picobirnavirus
サルピコビルナウイルス monkey picobirnavirus
ラットピコビルナウイルス rat picobirnavirus
モルモットピコビルナウイルス guinea pig picobirnavirus
ハムスターピコビルナウイルス hamster picobirnanirus
オオアリクイピコビルナウイルス giant antneater picobirnavirus
鶏ピコビルナウイルス chicken picobirnavirus
ヘビピコビルナウイルス snake picobirnavirus

表 10-31 ピコビルナウイルス科のウイルス性状

- **正 20 面体ビリオン**（大きさ 33 ～ 37 nm），エンベロープなし
- 浮上密度 1.38 ～ 1.40 g/cm^3（CsCl）
- 2 本鎖 RNA，2 分節（1.7 ～ 1.9 kbp および 2.4 ～ 2.7 kbp）

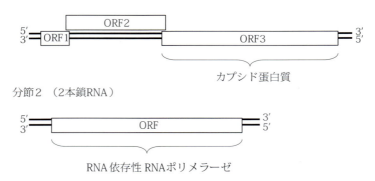

図 10-34 ピコビルナウイルス科の基本ゲノム構造

（4）増　殖

培養細胞，および実験動物によるウイルスの増殖は成功していない。

2）ピコビルナウイルス感染症

人の**下痢性胃腸炎**の原因としての関与が示唆されている。また，豚，牛，鶏，サル，キツネなど広い範囲の動物の便から検出されており，豚，鶏では下痢性胃腸炎との関与を示唆する報告がある。しかし，人，動物を含め，PBV 感染と疾患の関係については異なった結果が報告されており，本ウイルスの病原性は明らかでない。ただし，非常に広い感染域をもち，種を超えた感染が予想されることから，本ウイルスの病原性と感染の分布については注意が必要である。さらに，細菌細胞のリボソーム結合配列や真菌のミトコンドリア特異的コドンが翻訳に用いられていることから，PBV が，腸内の細菌や真菌に感染して増殖するバクテリオファージや真菌ウイルス様のウイルスである可能性が示唆されている。また，ロタウイルス，アストロウイルス，カリシウイルス，大腸菌，サルモネラ菌など他の下痢性の病原体との同時感染が報告されており，本ウイルスの複合感染によって疾病が重篤化している可能性もある。人では HIV 感染による免疫不全患者からの検出の報告があり，免疫能が下がった動物における日和見感染の可能性もある。

5．プラス 1 本鎖 RNA ウイルス

A．ピコルナウイルス科

> **キーワード**：ピコルナウイルス，ポリプロテイン，正 20 面体ビリオン，プラス 1 本鎖 RNA ゲノム，口蹄疫，豚水疱病，鶏脳脊髄炎，馬鼻炎，牛鼻炎

ピコルナウイルス picornavirus は，pico（小さい）と rna（RNA）を組み合わせた用語であり，小さな RNA ウイルスを意味する。ウイルス粒子やゲノムは小さく，蛋白質の数も少ないこと，重要な病原体を含むことなどから，精力的に研究され，ウイルス研究の歴史上で果たした役割は大きい。ピコルナウイルス科 *Picornaviridae* が分類されるピコルナウイルス目 *Picornavirales* には，同じく脊椎動物に感染するカリシウイルス科 *Caliciviridae* の他に，昆虫，植物および藻類を宿主とするイフラウイルス科 *Iflaviridae* などや，昆虫や甲殻類を宿主とし，エビの養殖に被害をもたらすディシトロウイルス科 *Dicistroviridae* が含まれている。本ウイルス目のウイルスは以下の共有点をもつ。①保存された RNA 依存性 RNA 合成酵素をもつ，②ウイルスゲノムの 5′ 末端に蛋白質（VPg）が共有結合している，③ゲノム内の ORF は重複部分がない，④ウイルス RNA から**ポリプロテイン**が翻訳され，プロセッシングを受ける。

ピコルナウイルス科の代表的な属としては，アフトウイルス *Aphthovirus* 属（口蹄疫ウイルスなど），エンテロウイルス *Enterovirus* 属（豚水疱病ウイルスなど），トレモウイルス *Tremovirus* 属（鶏脳脊髄炎ウイルスなど），セネカウイルス *Senecavirus* 属（セネカバレーウイルス）などが獣医学上の重要性が高い。

口蹄疫ウイルス foot-and-mouth disease virus が，1898 年に動物感染症の病原体の中で初めて濾過性病原体であることが発見された。ポリオウイルス poliovirus は培養細胞で増殖すること，ならびに X 線解析により三次元構造が確認された最初のウイルスである。

1）ピコルナウイルスの性状（表 10-32）

（1）分　類（表 10-33）

ピコルナウイルス科は 5 のウイルス亜科，68 のウイルス属に分類されている。古くから人や動物の病原体となっているポリオウイルス（人エンテロウイルス C），A 型肝炎ウイルス，口蹄疫ウイルス，鶏脳脊髄炎ウイルスなど多数が含まれる。特にエンテロウイルス属には旧分類のライノウイルス *Rhinovirus* 属ウイルスが包含され，人や動物の気道や消化器感染性ウイルスが多い。

（2）形態・物理化学的性状

大きさ約 30 nm で，球状，エーテル・クロロホルム耐性でエンベロープのない小型ウイルスである。アフトウイルス属のウイルスのように呼吸器から感染するウイルスは pH 6 以下で不安定である。また，エンテロウイルス属のウイルスのように消化器に感染するウイルスは酸に耐性である。このように感染経路の相違により pH に対する感受性の違いが生じる。塩化セシウムにおける浮上密度は，$1.34\,\mathrm{g/cm^3}$（エンテロウイルス，カルジオウイルス，ヘパトウイルス），$1.40\,\mathrm{g/cm^3}$（エルボウイルス），$1.43 \sim 1.45\,\mathrm{g/cm^3}$（アフトウイルス）と違いが認められる。

（3）ゲノム構造（図 10-35）

サイズ 7,209 〜 8,450 bp の**プラス 1 本鎖 RNA ゲノム**である。3' 末端にポリ A 配列を，5' 非翻訳領域中には mRNA の翻訳に**重要な IRES**（internal ribosome entry site）と一部のウイルスでは病原性に関与すると考えられるポリ C 配列を有する。翻訳領域は，1 つの長い ORF からなる。RNA は 5' 末端において VPg と共有結合している。

（4）ウイルス蛋白質（図 10-35）

4 種類の構造に関わる蛋白質，P1 領域（VP1, VP2, VP3, VP4），RdRp などのウイルス遺伝子の複製などに関与する酵素や蛋白質分解酵素などウイルス増殖に必須な酵素類からなる非構造蛋白質 P2 と P3 領域からなる。これら蛋白質は 1 本の巨大なポリプロテインとして翻訳後に切断され，各構造や機能を司る蛋白質となる。

（5）増　殖（図 10-35）

ウイルスがレセプターに吸着後，ゲノムが細胞質内に放出される。ウイルスゲノムは直接 mRNA

表 10-32　ピコルナウイルス科のウイルス性状

- **正 20 面体ビリオン**（球形様：大きさ 22 〜 30 nm），エンベロープなし
- 60 個のプロトマー（VP1, VP2, VP3），VP4 は内層蛋白質
- 1 本鎖 RNA ゲノム（7 〜 8.8 kbp），プラス鎖で 1 つの ORF
- pH 6 以下で失活（アフトウイルス，エルボウイルス）
- 細胞質内で増殖

図 10-35　ピコルナウイルスのゲノム構造と蛋白質

表 10-33　ピコルナウイルス科の分類

亜科・属・代表的なウイルス名	亜科・属・代表的なウイルス名
カフトウイルス亜科 Caphthovirinae	ロヘリウイルス Rohelivirus 属（1 種）
アイルリウイルス Ailurivirus 属（1 種）	トレモウイルス Tremovirus 属（2 種）
アフトウイルス Aphthovirus 属（4 種）	鶏脳脊髄炎ウイルス avian encephalomyelitis virus
口蹄疫ウイルス foot-and-mouth disease virus	コディメサウイルス亜科 Kodimesavirinae
馬鼻炎 A ウイルス equine rhinitis A virus	ダニピウイルス Danipivirus 属（1 種）
牛鼻炎 A ウイルス bovine rhinitis A virus	ディシピウイルス Dicipivirus 属（2 種）
牛鼻炎 B ウイルス bovine rhinitis B virus	ガリウイルス Gallivirus 属（1 種）
ボピウイルス Bopivirus 属（1 種）	ヘミピウイルス Hemipivirus 属（1 種）
カルジオウイルス Cardiovirus 属（6 種）	コブウイルス Kobuvirus 属（6 種）
脳心筋炎ウイルス（豚・マウス）encephalomyocarditis virus	アイチウイルス 1 Aichi virus 1
コサウイルス Cosavirus 属（5 種）	犬コブウイルス canine kobuvirus
エルボウイルス Erbovirus 属（1 種）	猫コブウイルス feline kobuvirus
馬鼻炎 B ウイルス equine rhinitis B virus	豚コブウイルス porcine kobuvirus
フンニウイルス Hunnivirus 属（1 種）	牛コブウイルス bovine kobuvirus
マラガシウイルス Malagasivirus 属（2 種）	リブピウイルス Livupivirus 属（1 種）
マースピウイルス Marsupivirus 属（1 種）	ルドピウイルス Ludopivirus 属（1 種）
ミッシウイルス Mischivirus 属（5 種）	メグリウイルス Megrivirus 属（5 種）
モサウイルス Mosavirus 属（2 種）	ミロピウイルス Myrropivirus 属（1 種）
ムピウイルス Mupivirus 属（1 種）	オスチウイルス Oscivirus 属（1 種）
セネカウイルス Senecavirus 属（1 種）	パッセリウイルス Passerivirus 属（2 種）
セネカバレーウイルス Seneca Valley virus	ペマピウイルス Pemapivirus 属（2 種）
テシオウイルス Teschovirus 属（2 種）	ポエシウイルス Poecivirus 属（1 種）
豚テシオウイルス porcine teshovirus	パイゴセピウイルス Pygoscepivirus 属（1 種）
トルチウイルス Torchivirus 属（1 種）	ラフィウイルス Rafivirus 属（3 種）
トットリウイルス Tottorivirus 属（1 種）	ラジダピウイルス Rajidapivirus 属（1 種）
エンサウイルス亜科 Ensavirinae	ロサウイルス Rosavirus 属（3 種）
アナチウイルス Anativirus 属（2 種）	サコブウイルス Sakobuvirus 属（1 種）
ブーセピウイルス Boosepivirus 属（3 種）	サリウイルス Salivirus 属（1 種）
ディレサピウイルス Diresapivirus 属（2 種）	シチニウイルス Sicinivirus 属（1 種）
エンテロウイルス Enterovirus 属（15 種）	シマピウイルス Symapivirus 属（1 種）
コクサッキーウイルス coxsachievirus	トロピウイルス Tropivirus 属（2 種）
エンテロウイルス enterovirus（D68 含む）	パービウイルス亜科 Paavivirinae
サルエンテロウイルス simian enterovirus	アアリウイルス Aalivirus 属（1 種）
ライノウイルス rhinovirus	アムピウイルス Ampivurus 属（1 種）
エコーウイルス echovirus	アクアマウイルス Aquamavirus 属（1 種）
ポリオウイルス poliovirus 1～3	アビヘパトウイルス Avihepatovirus 属（1 種）
牛エンテロウイルス bovine enterovirus	アヒル A 型肝炎ウイルス duck hepatitis A virus
豚エンテロウイルス porcine enterovirus	アビシウイルス Avisivirus 属（3 種）
フェリピウイルス Felipivirus 属（1 種）	クロヒウイルス Crohivirus 属（2 種）
パラボウイルス Parabovirus 属（3 種）	グルーソピウイルス Grusopivirus 属（3 種）
ラボウイルス Rabovirus 属（4 種）	クンサギウイルス Kunsagivirus 属（3 種）
サペロウイルス Sapelovirus 属（2 種）	リムニピウイルス Limnipivirus 属（4 種）
豚サペロウイルス porcine sapelovirus	オリウイルス Orivirus 属（1 種）
サルサペロウイルス simian sapelovirus 1～3	パレコウイルス Parechovirus 属（4 種）
ヘプトレウイルス亜科 Heptrevirinae	人パレコウイルス human parechovirus 1～18
カーシリウイルス Caecilivirus 属（1 種）	パシウイルス Pasivirus 属（1 種）
クラヘリウイルス Crahelivirus 属（1 種）	ポタミピウイルス Potamipivirus 属（2 種）
フィピウイルス Fipivirus 属（6 種）	シャンバウイルス Shanbavirus 属（1 種）
グルーヘリウイルス Gruhelivirus 属（1 種）	（亜科未定）
ヘパトウイルス Hepatovirus 属（9 種）	アムピウイルス Ampivirus 属（1 種）
A 型肝炎ウイルス hepatitis A virus	ハルカウイルス Harkavirus 属（1 種）

として機能し，前駆体のポリプロテインが翻訳される。ポリプロテインは蛋白質分解酵素により切断され各機能性の蛋白質となる。その後，合成されたRdRpによりウイルスゲノムを鋳型としてまずマイナス鎖RNAが，さらにそれを鋳型としてmRNAやウイルスゲノムとして機能するプラス鎖RNAが合成され，ウイルス複製が進行する。構造蛋白質はカプシドを構築し，プラス鎖RNAを内包した後，VP0がVP2とVP4に開裂，成熟粒子となり細胞外へ放出される。

2) ピコルナウイルス感染症（表10-34）

ピコルナウイルスは，動物に感染して脳炎，心筋炎，肝炎，脳脊髄炎，腸炎，下痢，呼吸器徴候，口や鼻，蹄部に水疱形成するなどウイルスにより様々な病態を引き起こし，その病原性も多様性に富む。医学分野では，ポリオウイルス，エンテロウイルス，ライノウイルスやA型肝炎ウイルスが重要である。

(1) 口蹄疫

自然界では口蹄疫ウイルスに感受性があるのは，偶蹄類の家畜（牛，水牛，豚，イノシシ，羊，山羊など）および野生動物である。7種類の血清型（O，A，C，Asia1，SAT1，SAT2およびSAT3）があり，相互にワクチンが効かない。ウイルスは低温条件下で中性〜アルカリ性（pH 7.0〜9.0）では安定で，4℃，pH 7.5では18週間生存する。pH 6.0以下では速やかに不活化される。

潜伏期は牛で約6日，豚では10日，羊では9日であるが，ウイルスの病原性や感染ウイルス量により変動する。通常は発熱，流涎，跛行などをまず示し，口腔内，蹄部および乳房周辺の皮膚や粘膜の水疱形成が見られるようになる。乳牛では発病前から泌乳量が減少することが多い。幼牛は心筋変性により高い致死率を示すが，成畜の致死率は低い。感染した動物は，水疱形成前からウイルスを排出する。牛は一般に口蹄疫ウイルスに感受性が高い。豚では感染後のウイルス排出量が牛の100〜2,000倍といわれる。羊や山羊では**口蹄疫** foot-and-mouth disease の病状が明瞭ではなく，気づかれないまま移動する場合があり，本病の伝播に重要な意味をもつ。類症鑑別としては，他のピコルナウイルスによる豚水疱病やセネカバレーウイルス感染症およびラブドウイルスによる水疱性口内炎との区別が重要となる。

(2) 豚水疱病

豚水疱病 swine vesicular disease は，エンテロウイルス属の豚水疱病ウイルスによる蹄部や口周辺部に水疱を形成する感染症で，ウイルスは熱や酸に対して強い抵抗性を示す。ウイルス株により病原性に多様性が認められる。抗原性や遺伝子構造が人の coxsakievirus B5 に類似する。有効なワクチンや治療法はない。汚染した残飯給与の中止や，汚染が想定される糞便，飼料，豚舎，車両などの消毒の徹底，人および家畜の移動制限などを行い，本病の蔓延を防止する。

(3) 鶏脳脊髄炎

鶏脳脊髄炎 avian encephalomyelitis はトレモ

表10-34 獣医学領域における重要なピコルナウイルスによる感染症

ウイルス	自然宿主	病状
口蹄疫ウイルス	偶蹄類	口，鼻部および蹄部に水疱形成
豚水疱病ウイルス（人エンテロウイルスBの人コクサッキーウイルスB5に含まれる）	豚	口，鼻部および蹄部に水疱形成
エンテロウイルス	牛，豚	腸炎，下痢
鼻炎ウイルス	牛，馬	呼吸器障害
鶏脳脊髄炎ウイルス	鶏	脚麻痺，振戦，産卵低下
セネカバレーウイルス	豚	鼻部，蹄部に水疱を形成する場合がある
豚テシオウイルス	豚	脳脊髄炎
アヒルA型肝炎ウイルス	アヒル	肝炎

ウイルス属の鶏脳脊髄炎ウイルスの感染により，種鶏や採卵鶏は産卵低下を起こす。介卵感染した雛は脚麻痺や頭頸部の振戦など神経徴候を示して死亡する。生ワクチンがある。

（4）その他

幼弱な牛や豚ではエンテロウイルスの感染により，下痢が認められ，馬や牛では複数の鼻炎ウイルス A，B の感染により呼吸器障害（**馬鼻炎**，**牛鼻炎**）を示す。

B．カリシウイルス科

キーワード：カリシウイルス，カップ状のくぼみ，正20面体ビリオン，プラス1本鎖 RNA ゲノム，豚水疱疹，サンミゲルアシカウイルス感染症，猫カリシウイルス感染症，下痢症，兎出血病，ノロウイルス感染症，サポウイルス感染症，ネボウイルス感染症

カリシウイルス calicivirus の calici という語はラテン語の calix（カップ）に由来し，電子顕微鏡で粒子表面に**カップ状のくぼみ**が観察されることによる。

1）カリシウイルスの性状（表10-35）

（1）分　類（図10-36，表10-36）

ピコルナウイルス目に属するカリシウイルス科 Caliciviridae にはベシウイルス Vesivirus 属以外は細胞培養での増殖が不能または困難なウイルスが多い。近年の分子生物学的手法により，ゲノム構造と系統発生学的関係が明らかになり，カリシウイルス科には11属が設けられた。病気との関係が確立されているのは以下の5属である（図10-36）。

表10-35　カリシウイルス科のウイルス性状

- **正20面体ビリオン**（球形様：大きさ27〜40 nm），32個のカップ状のくぼみがカプシド面に存在，エンベロープなし
- 1種類の主要カプシド蛋白質（VP1）（分子量：58,000〜62,000）
- 浮上密度：1.33〜1.41 g/cm³（CsCl）
- 直鎖状**プラス1本鎖RNAゲノム**（サイズ：7.4〜8.3 kb），プラス鎖サブゲノムサイズ（2.2〜2.4 kb）のウイルス特異的 mRNA が存在
- ベシウイルスとネズミノロウイルス以外は培養細胞での増殖が不能もしくは困難，細胞質内で増殖

ベシウイルス属には細胞培養で増殖する豚水疱疹ウイルス vesicular exanthema of swine virus と猫カリシウイルス feline calicivirus が分類されている。ラゴウイルス Lagovirus 属にはウサギ出血病ウイルス rabbit hemorrhagic disease virus と近縁の野ウサギのウイルスである European brown hare syndrome virus が含まれる。ノロウイルス Norovirus 属とサポウイルス Sapovirus 属は，それぞれ人の胃腸炎の原因である Norwalk virus と Sapporo virus を含んでおり，いずれも細胞培養での増殖が困難である。一方，ネズミノロウイルスは培養細胞で増殖する。ネボウイルス Nebovirus 属は牛の下痢因子として英国の Newbury 1 ウイルスと米国の Nebraska ウイルスが含まれる。

レコウイルス Recovirus 属は子供のアカゲザルや人の糞便サンプルから分離されたウイルスが含まれ，バロウイルス Valovirus 属はカナダの豚の糞便から検出された St-Valérian calicivirus が含まれ，同種ウイルスが米国，イタリア，日本などの豚から検出されている。ナコウイルス Nacovirus 属は，七面鳥，鶏，ガチョウの腸管内容物から検出されたウイルスが含まれ，七面鳥では腸炎と巣状壊死と炎症を伴う肝腫脹が報告されている。バボウイルス Bavovirus 属はドイツやオランダの鶏の腸管内容物から検出されたウイルスが含まれるが，下痢との関係は不明である。サロウイルス Salovirus 属は心筋や骨格筋に炎症を呈した大西洋サケの心組織から分離されたウイルスが含まれ，実験感染したサケで全身感染を起こした。ミノウイルス Minovirus 属は北米原産のハヤ minnow の腎臓と肝臓の乳剤からブルーギル由来の株化細胞で分離されたウイルスが含まれる。

（2）形態・物理学的性状

大きさ27〜40 nm の正20面体対称（球形様）の粒子で，カプシドは VP1 二量体90個で形成され，表面に32個のカップ状のくぼみがある。エンベロープを欠く。ベシウイルス属はエーテル，クロロホルムや弱い界面活性剤に抵抗性であるが，酸（pH 3〜5）で不活化される。ラゴ

第 10 章　ウイルス学各論とプリオン

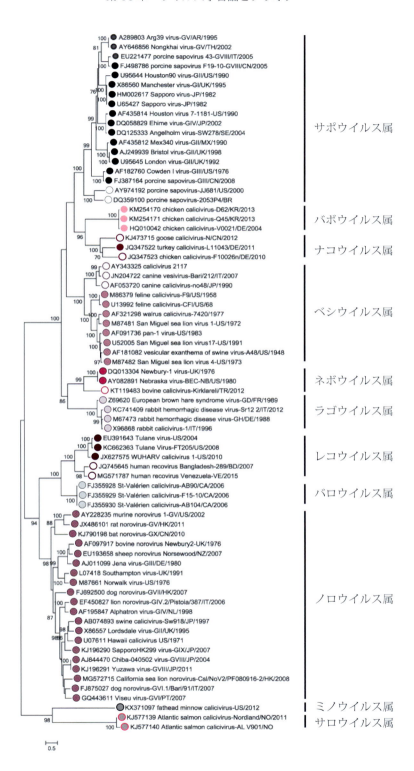

図 10-36　カリシウイルス科の分子系統樹
VP1 のアミノ酸配列をもとに ML 法で作成した。
The ICTV Report より引用・改変（https://ictv.global/report/chapter/caliciviridae/caliciviridae）。

表 10-36 カリシウイルス科の分類と代表的な動物の病気

属・種・ウイルス名（通称名含む）	宿主	病気
ベシウイルス Vesivirus 属（2 種）		
V. exanthema 豚水疱疹ウイルス vesicular exanthema of swine virus（13 血清型）	豚	口や足に水疱形成
V. felis 猫カリシウイルス feline calicivirus（1 血清型）	猫	上部気道炎，口腔内潰瘍
（種未定） 犬カリシウイルス canine calicivirus（2 遺伝系統）	犬	下痢，生殖器に水疱形成
サンミゲルアシカウイルス San Miguel sea lion virus	アシカ	水疱形成，流産
ラゴウイルス Lagovirus 属（1 種）		
L. europaeus ウサギ出血病ウイルス rabbit hemorrhagic disease virus	ウサギ	肝，肺の出血性病変
ヨーロッパ野ウサギ症候群ウイルス European brown hare syndrome virus	野ウサギ	上記と類似の病変
ノロウイルス Norovirus 属（1 種）		
N. norwalkense ノーウォークウイルス Norwalk virus		
人ノロウイルス（遺伝子群 I，II，IV，VII〜IX）	人	嘔吐，下痢
豚ノロウイルス（遺伝子群 II）	豚	下痢
牛ノロウイルス（遺伝子群 III）	牛	下痢
犬ノロウイルス（遺伝子群 IV，VI）	犬	下痢
猫ノロウイルス（遺伝子群 IV，VI）	猫	下痢
ネズミノロウイルス（遺伝子群 V）	マウス	全身感染（免疫不全マウス）
コウモリノロウイルス（遺伝子群 X）	コウモリ	不明
サポウイルス Sapovirus 属（1 種）		
S. sapporoense サッポロウイルス Sapporo virus		
人サポウイルス（遺伝子群 I，II，IV，V）	人	嘔吐，下痢
豚サポウイルス（遺伝子群 III，V〜XI）	豚	下痢
アシカサポウイルス（遺伝子群 V）	アシカ	不明
ミンクサポウイルス（遺伝子群 XII）	ミンク	下痢
犬サポウイルス（遺伝子群 XIII）	犬	下痢
コウモリサポウイルス（遺伝子群 XIV，XVI〜XIX）	コウモリ	不明
ラットサポウイルス（遺伝子群 II，XV）	ラット	不明
ネボウイルス Neboviurs 属（1 種）		
N. newburyense ニューベリー-1 ウイルス Newbury-1 virus	牛	下痢
バロウイルス Valovirus 属（1 種）		
V. valerienense セントバレリアンカリシウイルス St-Valérien calicivirus	豚	下痢
レコウイルス Recovirus 属（1 種）		
R. tulani チュレーンウイルス Tulane virus	サル，人	下痢
バボウイルス Bavovirus 属（1 種）		
B. bavariaense 鶏カリシウイルス chicken calicivirus	鶏	不明
ナコウイルス Nacovirus 属（1 種）		
N. meleagridis 七面鳥カリシウイルス turkey calicivirus	七面鳥	腸炎，肝炎
サロウイルス Salovirus 属（1 種）		
S. nordlandense 大西洋サケカリシウイルス Atlantic salmon calicivirus	大西洋サケ	筋肉炎
ミノウイルス Minovirus 属（1 種）		
M. pimephalis ファットヘッドミノーカリシウイルス fathead minnow calicivirus	ハヤ（北米）	不明

ウイルス属は広い範囲のpH（4〜10.5）で安定であり，ノロウイルス属は酸（pH 2〜5）や熱に比較的抵抗性と考えられている。

（3）ゲノム構造（図10-37）

プラス1本鎖RNA（サイズ：6.4〜8.3 kb）で，3'末端にポリAを有し，5'末端にキャップ構造はなく，RNAの感染性に必須な分子量13,000〜16,000のVPgと呼ばれる蛋白質が共有結合している。2〜3つのORFが存在する。ゲノムの5'側に非構造蛋白質が，3'側に構造蛋白質がコードされており，ピコルナウイルスとは逆の位置になっている。

（4）ウイルス蛋白質

分子量58,000〜62,000のカプシド蛋白質1種類が主要構造蛋白質（VP1）であり，VP1の二量体90個でカプシドが形成される。VPgとは別に分子量8,500〜23,000の蛋白質がマイナーな構造蛋白質（VP2）としてビリオン中に存在すると考えられている。ピコルナウイルスとホモロジーを有する非構造蛋白質として，NTPase，プロテアーゼ，RdRpが知られている。

（5）増　殖

吸着，侵入後，細胞質内で増殖し，感染細胞内には2種の主要なプラス鎖RNAが検出される。猫カリシウイルスの機能的レセプターとして，猫のjunctional adhesion molecule Aが同定されている。ゲノムサイズのRNAは非構造蛋白質のmRNAとして，サブゲノムサイズのRNAはカプシド蛋白質（VP1）と3'末端の小さなORF（VP2）のmRNAとして機能する。非構造蛋白質はポリプロテインとして翻訳され，ウイルスのプロテアーゼにより開裂して成熟した各種非構造蛋白質となる。ゲノムサイズの2本鎖RNAが存在することから，ネガティブ鎖を介して複製が行われるものと考えられている。

2）カリシウイルス感染症（表10-36）

（1）ベシウイルス属

a. 豚水疱疹

豚水疱疹 vesicular exanthema of swine は，1932年〜1956年にかけて米国，特に南カリフォルニアで流行し，その後は発生のない水疱性ウイルス病である。豚水疱疹ウイルスには13の血清型がある。口蹄疫，水疱性口内炎，豚水疱病との類症鑑別が重要である。

b. **サンミゲルアシカウイルス感染症**

ウイルスは1972年にカリフォルニアのアシカから分離され，アシカ類に流産や水疱形成を起こす。豚にも病原性があり，実験的に豚水疱疹と似た病気を起こすことと，ウイルス分布の地理的関係，塩基配列の高い相同性から，豚水疱疹ウイルスの起源と推定されている。分類上は豚水疱疹ウイルスと同種のウイルスと推定される。

c. 猫カリシウイルス感染症

猫カリシウイルス感染症 feline calicivirus infection は，猫カリシウイルスによる感染性の強い上部気道感染症で，猫の呼吸器感染症として猫ヘルペスウイルスによる猫ウイルス性鼻気管炎と並び重要である。口腔内に潰瘍が見られること

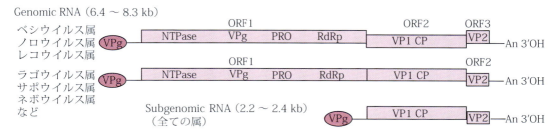

図10-37　カリシウイルス科の各属のゲノム構造
NTPase：ヌクレオシド三リン酸分解酵素，PRO：プロテアーゼ，RdRp：RNA依存性RNAポリメラーゼ，CP：カプシド蛋白質

が多く，跛行を呈することもある。回復猫はしばしば持続感染となり，ウイルスを排出し感染源となる。猫カリシウイルスは単一血清型とされるが，株間に中和抗原性の相違が認められている。高い死亡率を伴い，浮腫や黄疸などの全身性の感染を示す事例が主に米国や欧州などで近年報告され，全身性強毒猫カリシウイルス感染症と呼ばれている。

　d．犬カリシウイルス感染症

下痢症の犬の便および生殖器から，抗原性の異なる2つの遺伝系統からなるカリシウイルスが分離されている。下痢症由来ウイルスはベシウイルス属に含まれることが示されているが，病原性については不明の点が多い。2015年に米国で出血性胃腸炎を伴う致死性の全身感染の流行が起きたことが報告されている。

（2）ラゴウイルス属

　a．兎出血病

兎出血病 rabbit hemorrhagic disease は，1986年に初めて報告された急性致死性の感染症で，生後3か月以上のウサギが冒され，罹患率100%，致死率は90%に及ぶ。いわゆる新興ウイルス感染症で現在は日本を含む世界中で発生が認められている。突然死を伴う甚急性型，鼻汁排泄や神経徴候を伴う急性・亜急性型の病型があり，肺，肝臓などに出血病変，肝壊死，脾腫などが見られる。

（3）ノロウイルス属

　a．ノロウイルス感染症

ノーウォークウイルスにはVP1のアミノ酸配列に基づき少なくとも10の遺伝子群が知られており，そのうち主にⅠとⅡが人の急性胃腸炎の原因となる。食中毒の原因ともなる人の重要な腸管感染症で，主に冬季に流行し，嘔吐や下痢が主な病状である。豚では遺伝子群Ⅱのウイルスが，牛では遺伝子群Ⅲのウイルスが胃腸炎の原因となる。犬や猫では遺伝群ⅣとⅥのノロウイルスが下痢の原因になり得ることが知られている。マウスで発見された遺伝子群Ⅴのネズミノロウイルスは通常のマウスでは非病原性の持続感染性であるが，免疫不全マウスでは全身感染を起こす。

（4）サポウイルス属

　a．サポウイルス感染症

サッポロウイルスには19の遺伝子群が人に加えて様々な動物から検出されている。遺伝子群Ⅰ，Ⅱ，Ⅳ，Ⅴが人に感染し，主に幼児の胃腸炎の原因となるが，成人も含めた食中毒事例も近年知られている。豚では遺伝子群Ⅲのウイルスが胃腸炎の原因となるが，下痢便を含めた豚の糞便からは多様な遺伝子群のサポウイルスが検出されている。

（5）ネボウイルス属

　a．ネボウイルス感染症

ニューベリー-1ウイルスは子牛に下痢を主徴とする胃腸炎を起こす。

C．アストロウイルス科

キーワード：アストロウイルス，正20面体ビリオン，プラス1本鎖RNAゲノム，下痢症，脳炎，あひるウイルス性肝炎，鶏腎炎ウイルス感染症

アストロウイルス astrovirus は1975年に小児の糞便から電子顕微鏡により発見された。名前は星を意味するギリシャ語 astron に由来し，電子顕微鏡観察でビリオンが5芒星または6芒星のように見えることによる。

1）アストロウイルスの性状（表10-37）

（1）分　類（表10-38，図10-38）

アストロウイルス科 Astroviridae には哺乳類を宿主とするママストロウイルス Mamastrovirus 属と鳥類を宿主とするアバストロウイルス Avastrovirus 属の2つの属があり，それぞれ19および3つの種が分類されているが，種が未確定なウイルスもある。カプシド領域がアストロウ

表10-37　アストロウイルス科のウイルス性状

- 大きさ28〜30 nm，正20面体ビリオン，エンベロープなし
- 直鎖状プラス1本鎖RNAゲノム（6.4〜7.9 kb），3つのORF（ORF1a，ORF1b，ORF2）を含む
- ORF1aとORF1bの間にリボソームフレームシフトシグナルが存在し，ORF2の開始コドンの上流にサブゲノムプロモーター領域が存在

表10-38 アストロウイルス科の分類，宿主および病状（疾病）

属・種（旧種名）	宿主	病状
ママストロウイルス Mamastrovirus 属（分類確定）		
M. hominis 他（ママストロウイルス 1, 6, 8, 9）	人	小児の下痢，脳炎
M. felis（ママストロウイルス 2）	猫	幼若動物の下痢
M. suis（ママストロウイルス 3）	豚（豚アストロウイルス 1）	幼若動物の下痢
M. zalophi（ママストロウイルス 4）	アシカ	不顕性感染
M. canis（ママストロウイルス 5）	犬	幼若動物の下痢
M. tursiopis（ママストロウイルス 7）	イルカ	不顕性感染
M. mustelae（ママストロウイルス 10）	ミンク	幼若動物の下痢
M. californiani（ママストロウイルス 11）	アシカ	不顕性感染
M. vespertilionis（ママストロウイルス 12）	コウモリ	不顕性感染
M. ovis（ママストロウイルス 13）	羊	軽度の下痢，脳炎
M. miniopteri 他（ママストロウイルス 14～19）	コウモリ	不顕性感染
（分類未確定）		
（ママストロウイルス 20）	マウス	不明
（ママストロウイルス 21）	ミンク	震え症候群
（ママストロウイルス 22）	豚（豚アストロウイルス 3）	不顕性感染，脳炎
（ママストロウイルス 23）	ウサギ	腸炎
（ママストロウイルス 24）	豚（豚アストロウイルス 5）	不明
（ママストロウイルス 25）	ラット	不明
（ママストロウイルス 26, 27）	豚（豚アストロウイルス 4）	不顕性感染
（ママストロウイルス 28～30, 33, その他）	牛	不顕性感染，脳炎
（ママストロウイルス 31, 32）	豚（豚アストロウイルス 2）	不顕性感染
アバストロウイルス Avastrovirus 属（分類確定）		
A. meleagridis（アバストロウイルス 1）	七面鳥	下痢，発育不良
A. galli（アバストロウイルス 2）	鶏	腎炎，発育不良
A. intestini（アバストロウイルス 3）	アヒル，七面鳥	肝炎，腸炎
（分類未確定）		
（アバストロウイルス 4）	鶏	発育不全症候群
（アバストロウイルス 5）	鳩，鶏	雛の軽度下痢
（アバストロウイルス 6）	鳩	不明
（アバストロウイルス 7）	鳩	不明
バストロウイルス（未分類）	人，豚，コウモリ	不明

イルスに類似し，バストロウイルスと仮称が付けられたウイルスが人，豚およびコウモリから見つかっている．このウイルスは，RdRp 領域はアストロウイルスよりヘペウイルスに類似している．

(2) 形態・物理化学的性状

大きさ 27～30 nm の正 20 面体対称の形状でエンベロープを欠く．塩化セシウム中での浮上密度は 1.35～1.39 g/cm³ である．酸 (pH 3)，50℃ 1 時間または 60℃ 5 分間の加熱，クロロホルムおよび界面活性剤に耐性を示す．

(3) ゲノム構造（図 10-39）とウイルス蛋白質

6.1～7.7 kb のプラス 1 本鎖 RNA で，5' 末端にキャップ構造を欠くが 3'UTR の後にポリ (A) 鎖がある．コード領域は 3 つのオーバーラップした ORF（ORF1a，ORF1 および ORF2）に分かれており，ORF1a と ORF1 b はセリンプロテアーゼ，VPg や RdRp といった非構造蛋白質をコードしており，ORF2 はカプシド蛋白質をコードしている．

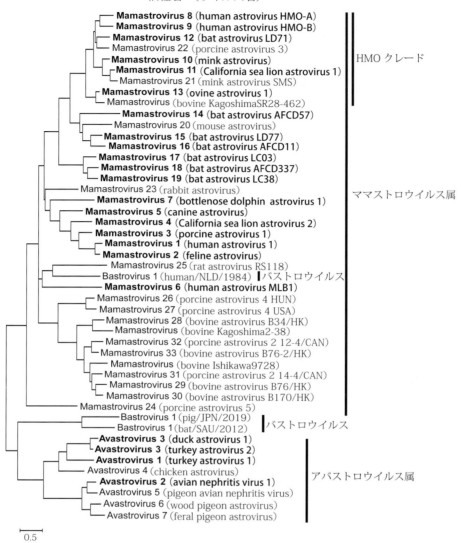

図10-38 アストロウイルス科の分子系統樹
ORF2（カプシド）を利用。

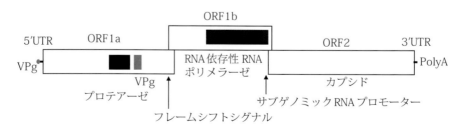

図10-39 アストロウイルスの遺伝子模型図

細胞内でORF2の87〜90 kDaのポリプロテインが形成され，複雑な経路を経て蛋白質分解酵素によって細胞外で切断され，24〜39 kDaの3種の成熟カプシド蛋白質になる．

（4）増　殖

ウイルスが細胞に吸着・侵入し，脱殻後，細胞質に放出されたウイルスRNAは，非構造蛋白質であるNSP1aとNSP1abのメッセンジャーRNAとして機能する．ORF1aとORF1bの間に位置するフレームシフト機構によりRdRpが翻訳され，それによりORF2上流にプロモーター領域を有するサブゲノミックRNA（約2.8 kbp）が合成される．サブゲノミックRNAからカプシドが翻訳され，ポリプロテインが感染細胞の細胞質で形成される．細胞外で蛋白質分解酵素による開裂で，3つの主要なカプシド蛋白質が形成される．ウイルスRNAは相補するアンチゲノムRNAを鋳型にして複製する．複製したウイルスRNAはカプシド蛋白質と会合して，ウイルス粒子を形成した後，細胞崩壊により放出される．

2）アストロウイルス感染症

ママストロウイルス属のウイルスは小児の**下痢症**の重要な原因とされているが，人以外の動物においては幼若個体の下痢の原因となることが報告されているものの不顕性感染が多く，詳細な実態は不明である．近年，本ウイルスによる**脳炎**が人，牛，羊，豚およびミンクで報告されており，HMO（human-mink-ovine）クレードと呼ばれるグループのウイルスが関与していることから，神経指向性によって引き起こされていると考えられている．アバストロウイルス属のウイルスには**あひるウイルス性肝炎** duck viral hepatitis, **鶏腎炎ウイルス感染症** avian nephritis virus infection, 七面鳥の発育不良症候群 runting stunting syndrome を起こす種がある．あひるウイルス性肝炎は，家畜伝染病予防法の届出伝染病であり，ピコルナウイルス科のアヒルA型肝炎ウイルスもその原因ウイルスとして知られている．

D．ノダウイルス科

キーワード：ノダウイルス，正20面体ビリオン，2分節プラス1本鎖RNAゲノム，ウイルス性神経壊死症

1）ノダウイルスの性状（表10-39）

ノダウイルス nodavirus の名称は最初に千葉県野田村（現野田市）の蚊から見つかったことに由来する．

（1）分　類（図10-40，表10-40）

ノダウイルス科 Nodaviridae は，主に昆虫を宿主とするアルファノダウイルス Alphanodavirus 属と魚類を宿主とするベータノダウイルス Betanodavirus 属に分類されている（図10-40）．アルファノダウイルスは，black beetle virus, Boolarra virus, Flock House virus, Nodamura virus, Pariacoto virus が含まれる5種に分類される．ベータノダウイルスは，キジハタ Epinephelus akaara やマハタ Hyporthodus septemfasciatus など多くのハタ類を含む温水魚を宿主とするキジハタ神経壊死症ウイルス red-spotted grouper nervous necrosis virus（RGNNV），マツカワ Verasper moseri やタイセイヨウオヒョウ Hippoglossus hippoglossus などの冷水魚を宿主とするマツカワ神経壊死症ウイルス barfin flounder nervous necrosis virus（BFNNV），トラフグ Takifugu rubripes を宿主とするトラフグ神経壊死症ウイルス tiger puffer nervous necrosis virus（TPNNV），シマアジ Pseudocaranx dentex などを宿主とするシマアジ神経壊死症ウイルス striped jack nervous necrosis virus（SJNNV）を含む4種に分類される．これらはそれぞれ遺伝子型Ⅰ〜Ⅳと分類されることもある．また，南

表10-39　ノダウイルス科のウイルス性状

- **正20面体ビリオン**（大きさ25〜33 nm），カプシドは180個のカプシド蛋白質で構成，エンベロープなし
- 浮上密度1.30〜1.36 g/cm³（CsCl）
- **2分節プラス1本鎖RNAゲノム**，RNA1（3.1 kb）とRNA2（1.4 kb）で構成，5'末端にキャップあり，ポリAはなし

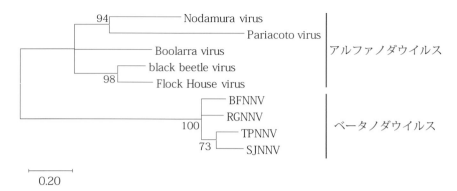

図 10-40 ノダウイルス科の分子系統樹
RNA2 配列をもとに ML 法で作成した。
NFNNV：barfin flounder nervous necrosis virus, RGNNV：redspotted grouper nervous necrosis virus, TPNNV：tiger puffer nervous necrosis virus, SJNNV：striped jack nervous necrosis virus

表 10-40 ノダウイルス科の分類

属・種（ウイルス名）	宿主
アルファノダウイルス *Alphanodavirus* 属	
A. nodamuraense（Nodamura virus）	コガタアカイエカ
A. heteronychi（black beetle virus）	*Heteronychus* 属のカブトムシ
A. boolarraense（Boolarra virus）	*Oncopera* 属の蛾
A. flockense（Flock House virus）	*Costelytra* 属のコガネムシ
A. pariacotoense（Pariacoto virus）	*Spodoptera* 属の蛾
ベータノダウイルス *Betanodavirus* 属	
B. pseudocarangis（striped jack nervous necrosis virus：SJNNV）	シマアジなど
B. takifugui（tiger puffer nervous necrosis virus：TPNNV）	トラフグ
B. verasperi（barfin flounder nervous necrosis virus：BFNNV）	マツカワ，タイセイヨウオヒョウなど
B. epinepheli（red-spotted grouper nervous necrosis virus：RGNNV）	キジハタ，マハタ，アジアスズキなど

欧における RGNNV と SJNNV の遺伝子型間で RNA1 と RNA2 が遺伝子再集合したウイルスが分離されている。

ベータノダウイルスは 3 つの血清型に分類できる。これら血清型は遺伝子型と相関があり，血清型 A は SJNNV，血清型 B は TPNNV，血清型 C は RGNNV と BFNNV が属しているとされるが，BFNNV は血清型 B であるとする報告もある。

近年，オニテナガエビ *Macrobrachium rosenbergii* など甲殻類を宿主とするノダウイルスが分離され，既存の 2 属とは遺伝的に異なることから，第 3 の属とすることが提唱されている。

（2）形態・物理化学的性状

ウイルス粒子は大きさ約 25〜33 nm，180 個のカプシド蛋白質からなる正 20 面体構造（T = 3）をもつ小型の非エンベロープウイルスである。酸およびクロロホルムに耐性であり，脂質および糖を含まない。

（3）ゲノム構造（図 10-41）

ウイルスゲノムは RNA1（3.1 kb）と RNA2（1.4 kb）と呼ばれる 2 つのプラス 1 本鎖 RNA 分子からなり，同一のウイルス粒子に取り込まれる。RNA の 5' 末端はキャップが付加されている。一方，3' 末端はポリアデニル化されていない。さらに，感染細胞内では RNA1 の 3' 末端から合成

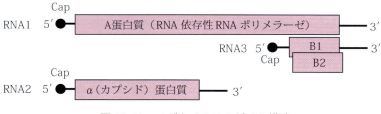

図 10-41 ノダウイルスのゲノム構造

されるRNA3（371〜378 nt）と呼ばれるサブゲノムRNAが存在する。RNA3はウイルス粒子には取り込まれない。

（4）ウイルス蛋白質

RNA1はA蛋白質と呼ばれるRdRpをコードしている。分子量は約110,000である。

RNA2はα蛋白質と呼ばれるカプシド蛋白質をコードしている。カプシド蛋白質の分子量は42,000〜44,000である。アルファノダウイルスでは，ゲノムのウイルス粒子への取込みに際して，カプシド蛋白質であるα蛋白質が自己触媒的にβ蛋白質（分子量40,000）とγ蛋白質（分子量4,000）に切断され，成熟カプシドが生成される。このメカニズムはベータノダウイルスでは観察されていない。その代わりに，ベータノダウイルスではカプシド蛋白質が構造変化を起こすことでウイルス粒子の成熟が起こることが分かっている。カプシド蛋白質のN末端領域には核小体局在化シグナルが存在しており，細胞周期の停止に関連していることが報告されている。また感染後期では，カプシド蛋白質の蓄積によってカスパーゼ依存性のカスケードを誘導することによってアポトーシスを引き起こすとされている。

RNA3がコードするB1蛋白質は，A蛋白質のC末端と一致するORFによってコードされる。B1蛋白質は培養細胞においてミトコンドリア膜電位の低下を抑える抗アポトーシス因子としての役割を果たすことが報告されている。RNA3がコードするもう1つのB2蛋白質はA蛋白質のORFと＋1のリーディングフレームのORFにコードされている。B2蛋白質は感染細胞における細胞内RNA干渉（RNAi）の抑制に必要である。

（5）増　殖

ウイルスは，ミクロピノサイトーシスあるいはマクロピノサイトーシスによって細胞内に侵入する。ウイルス粒子が細胞内に入ると，カプシド蛋白質の被覆を解き，ウイルスゲノムを細胞質に放出する。その後，宿主のリボソームがRNA1からRdRpであるA蛋白質を翻訳する。RdRpはミトコンドリア標的配列を有しており，ミトコンドリア外膜との複製複合体の形成を仲介する。複製複合体でA蛋白質によるRNA1とRNA2ゲノムの複製が起こる。複製サイクルではゲノムRNAとその相補鎖が2本鎖RNA（dsRNA）となった複製中間体ができる。RNA1とRNA2からそれぞれRdRpとカプシド蛋白質が翻訳される。またRNA1の3'末端からサブゲノムRNA3が合成され，核局在性の2つの低分子蛋白質B1とB2が転写・翻訳される。カプシド蛋白質と新生RNA1とRNA2分子は会合し，感染性をもつ子孫ウイルス粒子となる。

ノダウイルスの複製サイクルで産生されるdsRNA複製中間体は細胞のRNAiによる抗ウイルス応答を引き起こす。しかし，B2蛋白質はこの複製中間体に結合することで細胞のRNAi応答を阻害する。

2）ノダウイルス感染症

ベータノダウイルスは**ウイルス性神経壊死症**viral nervous necrosis（VNN）を引き起こす。世界的に広く分布しており，南米を除く多くの海域で検出されている。また，淡水魚からの検出例もある。ベータノダウイルスの地理的分布はウイルスの至適増殖温度に相関している。BFNNV遺伝子型ウイルスの増殖至適温度は15〜20℃で日

本や欧米北部の冷水域に限定されている。また，RGNNV遺伝子型のウイルスの増殖至適温度は25〜30℃であるため最も広く分布しており，熱帯および温帯の魚類に感染する。TPNNV遺伝子型のウイルスの増殖至適温度は20℃であるとされるが，日本のトラフグから分離されたウイルスが含まれる。SJNNV遺伝子型のウイルスの増殖至適温度は20〜25℃で，日本海域の養殖魚で最初に見つかったが，現在ではセネガルやイベリア半島でも検出されている。

ノダウイルス感染症の発生は発育の初期段階（幼魚と稚魚）で多い。魚種，生物学的ステージ，病期，温度によって異なるが，異常な遊泳行動（らせん遊泳，旋回，水平旋回，ダート）と食欲不振が罹患魚によく観察されるが，顕著な臨床徴候は示さないことも多い。その他の徴候としては，鰾の過膨張や体色異常がある。ウイルスは魚体や鰭をおおう上皮細胞，鰓，鼻腔や口腔などから侵入すると考えられている。ウイルスの複製はほとんどが神経組織，特に脳と網膜で見られる。病理組織学的解析では，中枢神経系の広範な壊死が認められ，脳の広範な空胞化と神経変性，網膜の空胞化が見られる。ウイルスの伝播は水を介した水平感染に加えて，卵巣組織，精子，受精卵，孵化した幼生でウイルスが見つかっていることから垂直感染もある。

ベータノダウイルス感染症の診断は，病理学的解析による中枢神経系および網膜組織における神経細胞の壊死と空胞変性の確認に加えて，ELISAや蛍光抗体法などの免疫学的手法やウイルスゲノムを検出するRT-PCRやqRT-PCR，またはハイブリダイゼーションなどが用いられる。確定診断となるウイルス分離には，ベータノダウイルスの分離に初めて成功した際に用いられた淡水魚であるストライプドスネークヘッド *Ophicephalus striatus* の稚魚組織から樹立されたSSN-1細胞やチャイロマルハタ *Epinephelus coioides* 由来のGF-1細胞などが用いられている。

ウイルス性疾病は一度養殖システムに侵入するとその制御は難しい。中でもベータノダウイルスは環境中でのウイルス粒子の安定性が高いためその排除は特に困難であるが，消毒剤などの処置が有効な場合がある。消毒剤としては，次亜塩素酸ナトリウム，次亜塩素酸カルシウム，塩化ベンザルコニウム，過酸化水素などの化学的消毒剤，または物理的処理（熱，紫外線）によってウイルスを不活化することができる。一部では予防ワクチンが実用化されている。日本ではRGNNV遺伝子型に対する不活化ワクチンがマハタで用いられている。また地中海でスズキのRGNNV遺伝子型ウイルスに対する不活化ワクチンが用いられている。日本では陸上水槽飼育中の稚魚にワクチンを接種してから野外生け簀で飼育する方法が採用されており，野外での感染防止に役立っている。ノダウイルス感染魚に対して有効な治療法は開発されていない。

E. フラビウイルス科

キーワード：フラビウイルス，エンベロープ，プラス1本鎖RNAゲノム，流行性脳炎，増幅動物，ウエストナイル熱，ウエストナイル脳炎，デング熱，デング出血熱，ダニ媒介性脳炎，オムスク出血熱，キャサヌル森林病，豚熱，END法，経口ワクチン，牛ウイルス性下痢，持続感染牛，C型肝炎

フラビウイルス flavivirus の flavi はラテン語の flavus（黄色）を意味し，黄熱ウイルスに由来する。

1）フラビウイルスの性状（表10-41）

（1）分　類（表10-42，図10-42）

フラビウイルス科 *Flaviviridae* は4属で構成される。オルトフラビウイルス *Orthoflavivirus* 属は

表10-41 フラビウイルス科のウイルス性状

- 球形ビリオン（直径45〜60 nm），糖脂質**エンベロープ**あり，正20面体のヌクレオカプシド
- 直鎖状1本鎖RNAゲノム（サイズ：8.9〜13 kb），プラス鎖（オルトフラビウイルス属は5'末端にキャップ構造，その他の属はIRES構造，3'末端にポリAなし），ゲノムRNAが唯一のmRNA
- ゲノムの複製，蛋白質合成およびビリオンの組立ては細胞質内で行われる
- オルトフラビウイルス属の多くのウイルスは節足動物媒介性，その他は接触感染

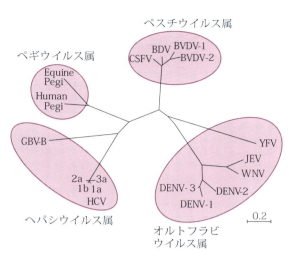

図 10-42 フラビウイルス科の分子系統樹
NS3ヘリカーゼ領域の遺伝子配列をもとに作成した。
YFV：黄熱ウイルス，JEV：日本脳炎ウイルス，WNV：ウエストナイルウイルス，DENV-1, DENV-2, DENV-3：デング1型，2型，3型ウイルス，BVDV-1, BVDV-2：牛ウイルス性下痢ウイルス1型，2型，CSFV：豚熱ウイルス，BDV：ボーダー病ウイルス，HCV-1a, 1b, 2a, 3a：C型肝炎ウイルス1a型，1b型，2a型，3a型，GBV-B：GBウイルス-B, Equine Pegi：馬ペギウイルス，Human Pegi：人ペギウイルス

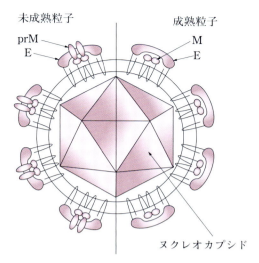

図 10-43 オルトフラビウイルス属のウイルス粒子構造
Thiel, H.-J. et al.（2005）：Virus Taxonomy, Classification and Nomenclature of Viruses（C.M. Fauquet et al. eds）, p982, Fig. 1, Elsevier Academic Press より転載。

蚊媒介性ウイルス，ダニ媒介性ウイルスの他に齧歯類やコウモリを自然宿主（レゼルボア）とし媒介節足動物が認められていないウイルスの3群に分けられ，53種からなる。ペスチウイルス *Pestivirus* 属は豚熱ウイルス，牛ウイルス性下痢ウイルス1および2，ボーダー病ウイルスを含む19種のウイルスからなる。ヘパシウイルス *Hepacivirus* 属は人のC型肝炎ウイルスと新世界ザルに肝炎を起こすGBウイルス-Bが属している。C型肝炎ウイルスはさらに7つの遺伝子型に分けられる。ペギウイルス *Pegivirus* 属は11種からなり，人ペギウイルス，馬ペギウイルスなどが属する。

（2）形態・物理化学的性状（図 10-43）

ビリオンは直径40～60 nmの球形で，エンベロープをもつ。オルトフラビウイルス属ではエンベロープ中の膜蛋白質（prM）の開裂により，未熟型から成熟型の粒子に変換する。これに対し，ペスチウイルス属は10～12 nmのリング状のサブユニットをもつ。加熱，有機溶媒，界面活性剤などに感受性である。浮上密度はオルトフラビウイルスが 1.19 g/cm^3（sucrose），ペギウイルス 1.05～1.13 g/cm^3（CsCl），ペルチウイルス 1.10～1.15 g/cm^3（CsCl）である。

（3）ゲノム構造（図 10-44）

プラス1本鎖RNAゲノム。オルトフラビウイルス属で約11 kb，ペスチウイルス属で11.3～13.0 kb，ヘパシウイルス属で約9.6 kb，ペギウイルス属で8.9～11.3 kbの塩基よりなる。オルトフラビウイルス属では5'末端にタイプⅠのキャップ構造を有するが，他の属ではキャップ構造がなく，5'末端の蛋白質非コード領域に internal ribosomal entry site（IRES）をもつ。3'末端にポリAをもたない。ゲノムRNAは単一のORFをもち，5'側の1/4に構造蛋白質，次いで非構造蛋白質をコードしている。翻訳されたポリプロテインがウイルスまたは細胞由来の蛋白質分解酵素により切断され，個々のウイルス蛋白質に

表 10-42　フラビウイルス科の分類

属・種（和名，ウイルス名）	ウイルス種数
オルトフラビウイルス *Orthoflavivirus* 属（53 種）（代表的なウイルス群，ウイルス種のみ示す）	
〈蚊媒介性ウイルス〉	
Aroa virus 群	1
デングウイルス群	1
O. denguei（デングウイルス dengue virus type 1 〜 4）	
日本脳炎ウイルス群	8
O. japonicum（日本脳炎ウイルス Japanese encephalitis virus）	
O. nilense（ウエストナイルウイルス West Nile virus）	
Kokobera virus 群	1
Ntaya virus 群	6
O. israelense（イスラエル七面鳥髄膜脳炎ウイルス Israel turkey meningoencephalomyelitis virus）	
O. tembusu（テンブスウイルス Tembusu virus）	
O. zikaense（ジカウイルス Zika virus）	
黄熱ウイルス群	3
O. flavi（黄熱ウイルス yellow fever virus）	
O. wesselsbronense（ウェッセルスブロンウイルス Wesselsbron virus）	
〈ダニ媒介性ウイルス〉	
哺乳類ダニ媒介性ウイルス群	8
O. loupingi（跳躍病ウイルス louping ill virus）	
O. encephalitidis（ダニ媒介性脳炎ウイルス tick-borne encephalitis virus）	
O. omskense（オムスク出血熱ウイルス Omsk hemorrhagic fever virus）	
O. kyasanurense（キャサヌル森林病ウイルス Kyasanur Forest disease virus）	
海鳥ダニ媒介性ウイルス群	3
〈媒介節足動物が知られていないウイルス〉	
O. entebbeense（Entebbe bat virus 群）	2
O. modocense（Modoc virus 群）	6
O. bravoense（リオブラボーウイルス Rio Bravo virus 群）	6
ペスチウイルス *Pestivirus* 属（19 種）	
P. bovis（牛ウイルス性下痢ウイルス 1 bovine viral diarrhea virus 1）	
P. tauri（牛ウイルス性下痢ウイルス 2 bovine viral diarrhea virus 2）	
P. suis（豚熱ウイルス classical swine fever virus; hog cholera virus）	
P. ovis（ボーダー病ウイルス border disease virus）	
P. scrofae（非定型豚ペスチウイルス atypical porcine pestivirus）	
ヘパシウイルス *Hepacivirus* 属（14 種）	
H. hominis（C 型肝炎ウイルス hepatitis C virus）	
H. platyrrhini（GB ウイルス-B GB virus-B）	
H. equi（非霊長類ヘパシウイルス non-primate hepacivirus）	
H. bovis（牛ヘパシウイルス bovine hepacivirus）	
ペギウイルス *Pegivirus* 属（11 種）	
P. hominis（人ペギウイルス human pegivirus）	
P. equi（馬ペギウイルス equine pegivirus）	

オルトフラビウイルス属（約11 kb）

ペスチウイルス属（11.3〜13.0 kb）

ヘパシウイルス属（約9.6 kb）

ペギウイルス属（8.9〜11.3 kb）

図10-44 フラビウイルス科のゲノム構造
■は構造蛋白質，□は非構造蛋白質を示す。

成熟する。ペスチウイルス属には，5'末端に他の属には見られない非構造蛋白質 N^{pro} がコードされている。

（4）ウイルス蛋白質

カプシドは単一のカプシド蛋白質からなる。エンベロープはオルトフラビウイルス属ではMと糖蛋白質（E）の2種類，ペスチウイルス属ではRNase 活性をもつ E^{rns} およびE1, E2の3種類の糖蛋白質，ヘパシウイルス属とペギウイルス属はE1, E2の2種類の糖蛋白質から構成される。オルトフラビウイルス属のE蛋白質は赤血球凝集能を有するが，他の属では報告がない。7〜8種類の非構造蛋白質が知られており，セリンプロテアーゼ，RNAヘリカーゼ，RdRp, およびこれらの活性の補因子となる蛋白質がコードされている。ペスチウイルス属固有の非構造蛋白質 N^{pro} には，オートプロテアーゼ活性やI型インターフェロンの産生抑制機能がある。

（5）増　殖

ウイルスはそれぞれ固有のレセプターを介して細胞に吸着し，エンドサイトーシスにより細胞内に取り込まれる。エンドソーム内のウイルスエンベロープは酸性下で細胞膜と融合し，ゲノムを細胞質内に放出する。ウイルスRNAの複製は，ゲノム長のマイナス鎖RNAを中間体として細胞質内で起こる。ウイルス蛋白質の合成およびビリオンの組立ては，細胞質内の小胞体などの膜上で起こる。粒子は細胞質内小胞へ輸送され，エキソサイトーシスで細胞外へ放出される。

ヘパシウイルス属のウイルスは一般に培養細胞での増殖が難しいが，C型肝炎ウイルスの複数の遺伝子型のウイルスについて培養細胞での増殖に成功している。また，ペギウイルス属のウイルスも培養細胞での増殖が難しいが，近年ガチョウから分離されたペギウイルスは培養細胞での増殖に成功している。

2）フラビウイルス感染症（表10-43）

オルトフラビウイルス属のウイルスは発熱，発疹，関節痛を起こし，重症例では出血熱および脳炎徴候を特徴とする。動物に病原性を示すものもあり，ほとんどが人獣共通感染症である。日本脳炎ウイルス，ウエストナイルウイルスはトガウイルス科のウイルスとともに馬などの**流行性脳炎**の原因ウイルスである。ペスチウイルス属のウイルスは接触および垂直感染によって動物に感染するが，人には感染しない。ヘパシウイルス属のウイルスは人や動物に肝炎を起こす。

（1）オルトフラビウイルス属

a．日本脳炎（図10-45）

日本脳炎 Japanese encephalitis は，日本を含

表10-43 フラビウイルス科のウイルスによる代表的な動物の病気

ウイルス	動物種	病気
日本脳炎ウイルス	馬，豚，人	馬，人は脳炎，豚は死流産，新生子豚の神経徴候
ウエストナイルウイルス	馬，鳥類，人	脳炎
黄熱ウイルス	人，サル	出血熱，サルではウイルス血症
デングウイルス	人，サル	発熱，重篤化すると出血熱
テンブスウイルス	アヒル，鶏	発熱，発育遅延，産卵率低下
イスラエル七面鳥髄膜脳炎ウイルス	七面鳥	脳炎
ウェッセルスブロンウイルス	羊，牛	流産，新生子の奇形
跳躍病ウイルス	羊	発熱，脳炎，神経徴候
豚熱ウイルス	豚	発熱，出血病変，神経徴候，紫斑
牛ウイルス性下痢ウイルス	牛	発熱，下痢，出血病変（膜病）
ボーダー病ウイルス	羊	流産，新生子羊の神経徴候，体毛異常
非定型豚ペスチウイルス	豚	新生子豚の先天性振戦（ダンス病）
C型肝炎ウイルス	人，サル	肝炎

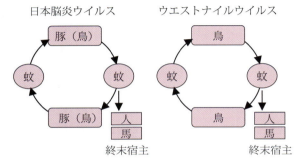

図10-45 日本脳炎ウイルスとウエストナイルウイルスの感染サイクル

む東南アジア全域に広がる人獣共通感染症である。コガタアカイエカなどの蚊によって媒介され，人および馬では発熱，神経徴候を伴う脳炎を主徴とする。豚は感染してもほとんど無徴候に経過するが，妊娠豚では胎子感染を起こし，白子，黒子，ミイラ化した死産胎子や神経徴候を示す子豚の出産が見られる。豚は本ウイルスの重要な**増幅動物**である。また，サギなどの水鳥も本ウイルスの増幅動物と考えられている。一方，人や馬は終末宿主である。

b. ウエストナイルウイルス感染症（図10-45）

ウエストナイルウイルス感染症 West Nile virus infectionは蚊媒介性である。鳥は増幅動物であり，ウイルスの伝播に重要な役割を果たす。特にカラス科の野鳥体内ではウイルスがよく増殖する。人および馬では発熱，脳炎が主徴であり，本ウイルスの終末宿主である。人の疾病としては**ウエストナイル熱，ウエストナイル脳炎**と呼ばれる。発生は欧州，アフリカにとどまらず，北米，南米，西アジアなどに拡大している。

c. 黄　熱

黄熱 yellow fever は黄熱ウイルスの感染による。アフリカと南米で発生があり，一過性の熱性疾患から致死的な出血熱と様々な病態をとる。人，サルを自然宿主とし，ネッタイシマカにより媒介される。

d. デング熱，デング出血熱

デングウイルス1～4型のウイルスの感染による人の疾病。蚊媒介性。感染により**デング熱** dengue fever を発症し，重篤化すると**デング出血熱** dengue hemorrhagic fever と呼ばれる病態を示す。世界中の熱帯・亜熱帯地域において毎年数千万人のデング熱患者と数十万人のデング出血熱患者が発生していると推定されている。2014年に国内感染によるデング熱患者が報告されており，今後も警戒が必要である。

e. ジカウイルス感染症

ジカウイルス感染症 Zika virus infection は，ジカウイルスの感染による人の疾病である。発熱，

疼痛，発疹といったデング熱様疾患を示す。母体から胎児への垂直感染により，小頭症などの先天性障害を引き起こす。

f. テンブスウイルス感染症

テンブスウイルス感染症 Tembusu virus infection は，中国，東南アジアに分布する。蚊によって媒介され，アヒルや鶏に発育遅延，高熱，食欲不振，産卵率低下を引き起こす。

g. イスラエル七面鳥髄膜脳炎ウイルス感染症

イスラエル七面鳥髄膜脳炎ウイルス感染症 Israel turkey meningoencephalomyelitis virus infection は，イスラエルや南アフリカに分布する。蚊によって媒介され，七面鳥に髄膜脳炎を伴った進行性の麻痺を起こす。

h. ウェッセルスブロン病

ウェッセルスブロン病 Wesselsbron disease は，中・南部アフリカ大陸に分布する。蚊で媒介される人獣共通感染症である。羊や牛に流死産や先天性異常子の出産を認める。

i. 跳躍病

跳躍病 louping ill はダニ媒介性の人獣共通感染症であるが，人の感染はまれである。欧州に分布している。羊の激しい発熱と髄膜脳脊髄炎が特徴である。

オルトフラビウイルス属に属する蚊およびダニ媒介性のウイルスは，人に発熱や脳炎を起こす重要な病原体が数多く含まれている。上述に加え，**ダニ媒介性脳炎** tick-borne encephalitis，**オムスク出血熱** Omsk hemorrhagic fever，**キャサヌル森林病** Kyasanur Forest disease などがある。

（2）ペスチウイルス属

a. 豚　熱（図 10-46）

豚熱 classical swine fever は，高熱，元気消失，後躯麻痺，下痢，体表の充出血（紫斑）などに加え，リンパ節，腎臓，脾臓の出血を示し，致死性の高い急性感染症である。しかし，豚に対する病原性の低いウイルスも野外には存在し，慢性型や不顕性型など多様な病型を示すことが分かっている。病原性の低い豚熱ウイルスが妊娠豚に感染すると流死産が起きたり，奇形子豚や持続感染豚が生まれることがある。

通常ウイルスは感染細胞に CPE を起こさない。豚熱ウイルスを感染させた豚腎臓由来細胞にニューカッスル病ウイルスを重感染させると，ニューカッスル病ウイルスの CPE が増強される。

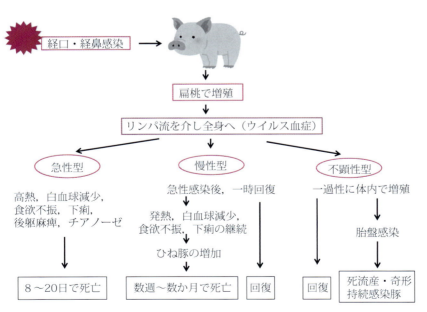

図 10-46　豚熱ウイルスの発病機序

この現象（exaltation of Newcastle disease virus：END）を豚熱ウイルスの検出に利用してきた（**END法**）。ウイルス蛋白質 N^{pro} が自然免疫系を抑制し，感染細胞における I 型インターフェロンの産生を抑制する結果，重感染させたニューカッスル病ウイルスの CPE が増強される。END 法は強毒株の豚熱ウイルスを使用する必要があるので，現在は国内では診断に用いられていない。

2018 年に飼養豚で 26 年ぶりに国内で豚熱が発生し，その後も発生が継続したため 2019 年から飼養豚に対し注射型の GPE⁻株生ワクチンの接種が開始された。飼養豚における感染拡大の要因は，野外ウイルスが野生イノシシの間で感染と流行を繰り返し，農場周辺でウイルスを拡散させていることにある。2019 年から野生イノシシに対する**経口ワクチン**の散布を開始し，北海道を除くほとんどの都府県で経口ワクチンの散布を実施している。

牛ウイルス性下痢ウイルスとボーダー病ウイルスは，本来の宿主ではない豚にも感染する。異常はほとんど示さないが，これらのウイルスの豚への感染は豚熱の診断で類症鑑別上重要となる。

b. 牛ウイルス性下痢（図 10-47）

牛ウイルス性下痢 bovine viral diarrhea を引き起こす牛ウイルス性下痢ウイルスには，培養細胞で CPE を起こす型（CPE タイプ）と起こさない型（non-CPE タイプ）が存在する。non-CPE タイプは急性感染により発熱，呼吸器徴候，下痢を引き起こすが，非妊娠牛は治癒に向かう。妊娠牛ではウイルスが胎盤を通過し胎子感染するので，流産や小脳形成不全などの異常産が認められる。また，感染したウイルスに対し免疫学的に寛容な**持続感染牛**（PI 牛という）が生まれることがある。この持続感染牛は，ウイルスを異物として認識できない先天性異常なので，生涯ウイルスを排出し汚染源となる。この non-CPE タイプのウイルスが持続感染した牛の体内で変異し，抗原性が同一の CPE タイプのウイルスが出現すると，持続感染牛は致死率がほぼ 100% の粘膜病に移行する。一方，CPE タイプのウイルスが妊娠牛に感染しても持続感染牛は生まれない。

遺伝子や抗原性が牛ウイルス性下痢ウイルス 1（BVDV-1）とは異なる牛ウイルス性下痢ウイルス 2（BVDV-2）が国内でも流行しているが，日本で分離される BVDV-1 と BVDV-2 には病原性に差はない。北欧を中心に欧州諸国では本病の撲滅を積極的に行っている。

c. ボーダー病

ボーダー病 border disease は羊，山羊の疾病で，急性感染では軽い発熱，まれに呼吸器徴候や下痢を呈す。胎子感染では免疫寛容，流死産，小脳形成不全，内水頭症，関節弯曲症を起こし，新生子は神経徴候や体毛の異常を示す。国内の羊，山羊からの発生報告はない。

d. 非定型豚ペスチウイルス感染症

豚の先天性振戦 congenital tremors（ダンス病）

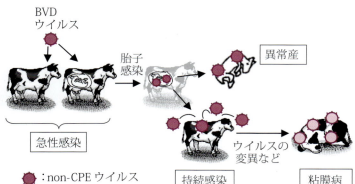

図 10-47 牛ウイルス性下痢ウイルスの感染様式と病態

の原因ウイルスの 1 つとして非定型豚ペスチウイルス atypical porcine pestivirus が日本および海外で近年分離されている。

（3）ヘパシウイルス属

a．C 型肝炎

人の **C 型肝炎** hepatitis C ウイルスは輸血などウイルスに汚染した血液を介して感染する。慢性型の感染から肝硬変，肝癌に進行する場合がある。C 型肝炎の治療にはインターフェロンとリバビリンの併用が用いられてきたが，NS3 蛋白質のもつプロテアーゼや NS5A や NS5B 蛋白質によるゲノムの複製を阻害する抗ウイルス薬が次々と認可され，現在はプロテアーゼ阻害薬とゲノム複製阻害薬の併用により治癒率が向上している。

近年，馬や牛から C 型肝炎ウイルスに近縁な非霊長類性ヘパシウイルスが検出されている。馬には軽度の肝炎を示す。

（4）ペギウイルス属

人，サル，馬，豚，コウモリ，齧歯類，ガチョウからウイルスが検出されているが，病気との因果関係は不明な点が多い。

F．トガウイルス科

> キーワード：トガウイルス，エンベロープ，プラス 1 本鎖 RNA ゲノム，東部馬脳炎，西部馬脳炎，ベネズエラ馬脳炎，ゲタウイルス感染症，チクングニア熱

トガウイルス togavirus は，粒子表面上に厚いエンベロープをもつことから，ラテン語のマントを意味するトガ toga から命名された。

1）トガウイルスの性状（表 10-44）

（1）分　類

トガウイルス科 *Togaviridae* は，節足動物媒介性で，人や馬に脳炎，関節炎，発疹，発熱などを引き起こすアルファウイルス *Alphavirus* 属が唯一の属として分類されている（表 10-45）。節足動物非媒介性で，飛沫・接触感染によって人だけを自然宿主とした風疹を引き起こすルビウイルス *Rubivirus* 属は，以前はトガウイルス科に属したが，2019 年にマトナウイルス科 *Matonaviridae*

表 10-44　トガウイルス科のウイルス性状

アルファウイルス属
・球形ビリオン（直径 65 〜 70 nm），正 20 面体のヌクレオカプシド（40 nm），糖脂質**エンベロープ**
・浮上密度 1.15 〜 1.22 g/cm^3（sucrose）
・直鎖状**プラス 1 本鎖 RNA ゲノム**（11 〜 12 kb）
・細胞膜からの出芽により成熟
・人，動物を対象とする節足動物媒介感染

へと分類された。

アルファウイルスは，かつて分類されていた節足動物媒介性ウイルス A 群の A に由来する。アルファウイルスに属する 32 種類は，その抗原の反応性からセムリキ森林ウイルス（SFV），西部馬脳炎ウイルス（WEEV），東部馬脳炎ウイルス（EEEV），ベネズエラ馬脳炎ウイルス（VEEV），Barmah Forest virus，Middelburg virus および Ndumu virus 血清群の 7 つの血清群に分類される。血清型は構造蛋白質遺伝子 E1 おける系統樹分類に高い相関性をもつ（図 10-48）。

アルファウイルスは，全ての大陸に生息している。その流行地域から「旧世界」アルファウイルスと「新世界」アルファウイルスに分類される。「旧世界」ウイルスには，人に関節痛，発熱を起こすチクングニアウイルス，シンドビスウイルス，セムリキ森林ウイルスが含まれる。特にチクングニアウイルスは，2013 年に南太平洋からカリブ海を経由し北米，南米大陸に，2014 年にはアンゴラからブラジルに持ち込まれ，深刻な流行拡大を見せた。「新世界」ウイルスには馬脳炎ウイルス（西部，東部，ベネズエラ）などが含まれている。

（2）形態・物理化学的性状

トガウイルス粒子は球状（直径 70 nm）であり，2 種類の糖蛋白質からなるエンベロープを有し，粒子表面には蛋白質性のスパイクが存在する。アルファウイルス属は 240 分子のカプシド蛋白質で構成されるヌクレオカプシド（40 nm）をもつ。

（3）ゲノム構造

ゲノムは直鎖状プラス 1 本鎖 RNA，5' 末端にキャップ構造を，3' 末端にポリ A 構造をもつ。ゲノムサイズはアルファウイルス属が 11 〜

表 10-45 トガウイルス科のウイルス分類

属，種（ウイルス名）	主要宿主	分布	動物種
アルファウイルス Alphavirus 属（32 種）			
A. aura（Aura virus）	?	南米	
A. barmah（Barmah Forest virus）	鳥類	オーストラリア	
A. bebaru（bebaru virus）	?	アジア	
A. caaingua（Caainguá virus）	?	南米	
A. cabassou（Cabassou virus）	鳥類	南米	
A. chikungunya（チクングニアウイルス chikungunya virus）	霊長類	アフリカ，東南アジア，北米，南米	
A. eastern（東部馬脳炎ウイルス eastern equine encephalitis virus North American：EEEV-NA）	鳥類	北米，西カリブ	馬，キジ，エミュ，ハト，七面鳥
A. eilat（Eilat virus）	?	イスラエル	
A. everglades（Everglades virus）	哺乳類	北米	
A. fortmorgan（Fort Morgan virus）	鳥類	北米	
A. getah（ゲタウイルス getah virus）	哺乳類	アジア	馬，豚
A. highlandsj（Highlands J virus）	鳥類	北米	馬，七面鳥，エミュ，キジ，アヒル，ツル
A. madariaga（Madariaga virus，東部馬脳炎ウイルス eastern equine encephalitis virus South American：EEEV-SA）	鳥類	中南米，東カリブ	馬，キジ，エミュ，ハト，七面鳥
A. mayaro（Mayaro virus）	哺乳類	南米	
A. middelburg（Middelburg virus）	哺乳類	アフリカ	羊，馬
A. mossopedras（Mosso das Pedras virus）	哺乳類	南米	
A. mucambo（Mucambo virus）	哺乳類	南米	馬
A. ndumu（Ndumu virus）	哺乳類	アフリカ	豚
A. onyong（オニオニオンウイルス o'nyong-nyong virus）	?	東アフリカ	
A. pixuna（Pixuna virus）	哺乳類	南米	
A. negro（Rio Negro virus）	哺乳類	南米	
A. rossriver（Ross River virus）	哺乳類	オーストラリア，オセアニア	カンガルー
A. salmon（salmon pancreas disease virus）	魚類	北大西洋	マス，サーモン
A. semliki（セムリキ森林ウイルス Semliki Forest virus）	?	アフリカ	
A. sindbis（シンドビスウイルス Sindbis virus）	鳥類	アジア，オーストラリア，アフリカ，北欧	
A. seal（southern elephant seal virus）	鰭脚類	南極大陸	
A. tonate（Tonate virus）	鳥類	北米，南米	
A. trocara（Trocara virus）	?	南米	
A. una（Una virus）	哺乳類	南米	馬
A. venezuelan（ベネズエラ馬脳炎ウイルス Venezuelan equine encephalitis virus：VEEV）	哺乳類	北米，南米	馬
A. western（西部馬脳炎ウイルス western equine encephalitis virus：WEEV）	鳥類，哺乳類	北米（WEEV-NA），南米（WEEV-SA）	馬，エミュ
A. whataroa（Whataroa virus）	鳥類	オーストラリア，ニュージーランド	

第10章　ウイルス学各論とプリオン

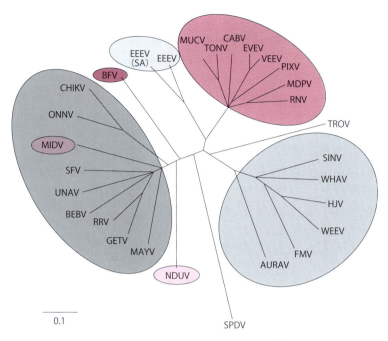

図 10-48　トガウイルス科の分子系統樹
E1 遺伝子配列をもとに近隣結合法（neighbor-joining：NJ 法）により作成した。
AURAV：Aura virus, BFV：Barmah Forest virus, BEBV：bebaru virus, CABV：Cabassou virus, CHIKV：チクングニアウイルス chikungunya virus, EEEV：東部馬脳炎ウイルス eastern equine encephalitis virus, EVEV：Everglades virus, FMV：Fort Morgan virus, GETV：ゲタウイルス getah virus, HJV：Highlands J virus, MAYV：Mayaro virus, MIDV：Middleburg virus, MDPV：Mosso das pedras virus, MUCV：Mucambo virus, NDUV：Ndumu virus, ONNV：オニオニオンウイルス O'nyong-nyong virus, PIXV：Pixuna virus, RNV：Rio Negro virus, RRV：Ross River virus, SPVD：salmon pancreas disease virus, SFV：セムリキ森林ウイルス Semliki Forest virus, SINV：シンドビスウイルス Sindbis virus, TONV：Tonate virus, TROV：Trocara virus, UNAV：Una virus, VEEV：ベネズエラ馬脳炎ウイルス Venezuelan equine encephalitis virus, WEEV：西部馬脳炎ウイルス western equine encephalitis virus, WHAV：whataroa virus
Powers, A.M., 2008. Togaviruses: Alphaviruses. In: Mahy, B.W.J., Van Regenmortel, M.H.V. (Eds.), Encyclopedia of Virology, 3rd edn. Elsevier, Oxford, pp. 96-100. King, A.M., Adams, M.J., Carstens, E.B., Lefkowitz, E.J. (Eds.), Virus Taxonomy: Ninth Report of the International Committee on Taxonomy of Viruses, p. 1109. Copyright Elsevier (2012) の許可を得て掲載

12 kb，ゲノム構造は 5' 末端側から非構造蛋白質，3' 末端側に構造蛋白質をコードする（図10-49）。ゲノムRNAからは非構造蛋白質が翻訳され，構造蛋白質は非構造蛋白質と構造蛋白質コード領域間に存在するプロモーターより転写されたサブゲノミック mRNA から翻訳される。

（4）ウイルス蛋白質

全ゲノムからは非構造ポリプロテインが翻訳され，宿主とウイルス（nsP2）のプロテアーゼ活性により開裂する。構造蛋白質はジャンクショ ン UTR（非構造蛋白質と構造蛋白質コード領域間）に存在するサブゲノムプロモーターより転写されたサブゲノミック mRNA からポリプロテインとして翻訳される（図10-49）。アルファウイルスでは，非構造蛋白質（nsP4）の末端 10% が RdRp として機能する。6K は，E1 が膜に移動するためのシグナル配列として機能する。E1 蛋白質は赤血球凝集能を有する。

（5）増　殖

ウイルスは E2 糖蛋白質が細胞表面レセプター

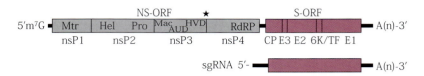

図10-49 アルファウイルスのゲノム構造
NS-ORF：非構造蛋白質ORF，S-ORF：構造蛋白質ORF，Mtr：メチルトランスフェラーゼ，Pro：プロテアーゼ，Hel：ヘリカーゼ，Mac：マクロドメイン，AUD：アルファウイルスユニークドメイン，HVD：超可変領域，RdRP：RNA依存性RNAポリメラーゼ
https://ictv.global/report/chapter/togaviridae/togaviridae を参考に作成

に結合して，クラスリン依存性のエンドサイトーシスを介して侵入する．その後，酸性pHでE1蛋白質により膜融合し，ヌクレオカプシドが細胞質へ放出される．細胞表面レセプター因子は複数のレセプターを細胞の種類によって使い分けていると考えられている．ゲノム複製は，まず非構造蛋白質が翻訳され，nsP4のRdRp活性によりマイナス鎖RNAが合成される．

2）トガウイルス感染症

アルファウイルス属の多くは，節足動物をベクターとし，哺乳類，鳥類を自然宿主として維持されている．

（1）アルファウイルス属

多くのアルファウイルスが節足動物媒介性であり，人では発熱，関節痛，脳炎，馬においても脳炎を主病状とする人獣共通感染症である．シンドビスウイルスは元来低病原性であるが，がん細胞で効率よく増殖し，がん細胞を破壊するために，抗がん治療ウイルスとして注目されている．

a．東部馬脳炎，西部馬脳炎

南米，北米，カリブ地域に現局した感染症で，流行地域は媒介蚊の種類に依存している．**東部馬脳炎** eastern equine encephalitis は鳥と蚊との間に感染環を形成し，**西部馬脳炎** western equine encephalitis は蚊と鳥，齧歯類などの小型哺乳類との感染環を形成している．人，馬，鳥は蚊の吸血によって感染する終末宿主であり，脳炎を引き起こす．東部馬脳炎は重い病態で進行も早く，抗原性により分類される北米型ウイルス（NA-EEEV）が中南米型（SA-EEEV）よりも病原性が強い．

b．ベネズエラ馬脳炎

ベネズエラ馬脳炎 Venezuelan equine encephalitis は中米に現局した感染症で，地方型（森林型）と流行型の異なる感染環を形成している．それぞれの感染環で抗原性の異なるウイルス亜型が存在する．地方病型は小型齧歯類や馬と蚊によって感染環が形成され，馬は不顕性感染である．流行型は馬が増殖動物となり，馬と蚊によって感染環が形成され，馬は高率に脳炎を発症する．人は両方の型のウイルスに感染する．

c．ゲタウイルス感染症

ゲタウイルス感染症 getah virus infection は日本全国に分布し，蚊によって媒介されるために夏〜秋にかけて流行する．豚が増殖動物となり，妊娠豚に感染すると，母豚には変化はないが流死産を起こす．新生子豚においては元気消失，後肢麻痺を起こす．馬では，発熱，発疹，四肢の浮腫を示し，発疹は米粒大〜小豆大の大きさで，頸部，肩部，臀部，後肢にかけて出現する．

d．チクングニア熱

チクングニア熱 chikungunya fever はヤブカによって人に媒介される発熱，筋肉痛，関節痛を主病状とする発疹性疾患である．関節痛は急性状態が回復した後も，数か月〜数年も慢性的に維持されることもある．アフリカ，アジアにおける熱帯病として考えられていたが，近年旅行者などの人の移動により欧州，アメリカ大陸などにも感染域が拡大している．アフリカの森林内ではサルと蚊によって感染環が形成されるといわれている．

G. マトナウイルス科

キーワード：風疹ウイルス，エンベロープ，ヘペリウイルス目，マトナウイルス，プラス1本鎖RNAゲノム，よろよろ病

1）マトナウイルスの性状

（1）分類

マトナウイルス科 *Matonaviridae* はルビウイルス *Rubivirus* 属のみで構成され，人に感染する**風疹ウイルス** rubella virus（RuV）（*R. rubellae* 種），ウガンダのコウモリに感染するルフグウイルス ruhugu virus（RuhV）（*R. ruteetense* 種），齧歯類や動物園動物に感染し脳炎を起こすルストラウイルス rustrela virus（RusV）（*R. strelense* 種）が含まれる。マトナウイルス科は，2018年にトガウイルス科から分離され，RuV を同定した Maton 博士に由来する。ヘペウイルス科とともに**ヘペリウイルス目** *Hepelivirales* を形成する。

（2）ウイルス構造と蛋白質

マトナウイルスは，9.6〜10 kb の**プラス1本鎖RNAゲノム**を有し，GC含量（モル％）が高く，風疹ウイルスのそれは69である。ゲノムには，非構造蛋白質と構造蛋白質をコードする2つの ORF があり，どちらの ORF ともポリプロテインとして発現し，p150のプロテアーゼにより開裂し成熟する。風疹ウイルスの粒子は，そのサイズが50〜90 nm で，ヌクレオカプシドコア，脂質二重層，表面の糖蛋白質をもつ。浮上密度は1.18〜1.19 g/cm³（sucrose）である。ゲノム RNA に加えて，構造蛋白質をコードするサブゲノム RNA が複製中に合成される。ゲノム RNA もサブゲノム RNA も，その5' 末端にはキャップ構造，3' 末端にはポリAをもつ。ウイルスの融合（E1）蛋白質に含まれる4つの推定B細胞エピトープと，風疹およびルフグウイルスのカプシド蛋白質に含まれる2つの推定T細胞エピトープのアミノ酸配列は，中程度〜高度に保存されている。

（3）増殖

風疹ウイルスは，エンベロープ E1 蛋白質が細胞レセプターと結合し，エンドサイトーシスを介して細胞内に侵入する。脱殻後，ウイルスゲノムが細胞質に放出される。ウイルスゲノム複製はゲノム配列に相補的なマイナス鎖 RNA の合成から始まる。この RNA はゲノム RNA とサブゲノム RNA 合成の鋳型となり，後者は遺伝子間領域に存在するサブゲノム RNA プロモーターによって駆動される。2つの非構造蛋白質（p150とp90）はウイルスゲノムから発現し，3つの構造蛋白質 C，E1，E2 はサブゲノム RNA から発現する。ウイルスの出芽は，主にゴルジ体で，一部は細胞質膜で起こると考えられている。

表 10-46 マトナウイルス科のウイルスの性状

- ビリオンは多形で詳細構造不明，糖脂質**エンベロープ**あり（50〜90 nm）
- 直鎖状の1本鎖 RNA（9.6〜10 kb），プラス鎖
- ゴルジ体から出芽
- 飛沫感染（風疹ウイルス）
- 浮上密度：1.18〜1.19 g/cm³（sucrose）

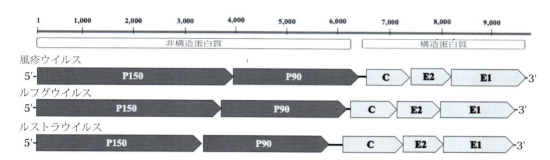

図 10-50 風疹ウイルス，ルフグウイルスおよびルストラウイルスのゲノム構造
Nature Communications volume 14, Article number: 624 (2023) を元に作成した。

2）マトナウイルス感染症

最近発見された脳炎ウイルスとして，風疹ウイルスに近縁なルストラウイルスがある。ルストラウイルスは，ドイツ北部の動物園の哺乳類の脳から初めて同定され，これらの動物はリンパ組織球性脳炎に伴う神経障害を患っていた。この地域では，イエローネックフィールドマウス *Apodemus flavicollis* がウイルスのレゼルボアである可能性が示されている。スウェーデン，オーストリア，ドイツの猫において髄膜脳脊髄炎を発症し，「**よろよろ病** staggering disease」と臨床診断されたがボルナ病ウイルスの感染が認められない個体からルストラウイルスが検出されている。一方，風疹ウイルスは，主に飛沫感染により伝搬し，一般に発熱と発疹を伴う。しかし，抗体陰性の妊娠初期妊婦に風疹ウイルスが感染すると，胎児に難聴，白内障，心臓障害などの先天性風疹症候群として知られる先天性欠損症を発症するリスクが 80％ を超える。風疹ウイルスは世界中で流行しており，ワクチンで予防可能である。ルフグウイルスおよびルストラウイルスは，ウイルス分離がされておらずウイルスゲノムの遺伝子検出とその解析が試みられている。

H．ヘペウイルス科

キーワード：ヘペウイルス，E 型肝炎ウイルス，正20 面体ビリオン

1）ヘペウイルスの性状

ヘペウイルス hepevirus の hepe は，**E 型肝炎ウイルス** hepatitis E virus に由来する。

表 10-47　ヘペウイルス科のウイルス性状

- **正 20 面体ビリオン**（球形様：大きさ 27 ～ 34 nm），60 個のカプソメア，エンベロープなし，一部あり（quasi-enveloped）
- 1 種類のカプシド蛋白質
- 直鎖状の 1 本鎖 RNA ゲノム（7.2 kb），プラス鎖
- 浮上密度：1.35 ～ 1.40 g/cm³（CsCl）

（1）分　類

ヘペウイルス科 *Hepeviridae* は，パラヘペウイルス亜科 *Parahepevirinae* とオルトヘペウイルス亜科 *Orthohepevirinae* の 5 属 10 種に分類されている（表 10-47）。

（2）ウイルス構造と蛋白質

E 型肝炎ウイルス（HEV）は，5' 末端にキャップ構造，3' 末端にポリ A をもつプラス 1 本鎖 RNA ゲノムを有するウイルスで，3 つの ORF により構成される。ORF1 は，非構造蛋白質〔メチルトランスフェラーゼ，ドメイン Y，パパイン様プロテアーゼ，proline-rich hypervariable region（HVR），ドメイン X，RNA ヘリカーゼ，そして RdRp〕をコードする。ORF2 はカプシド蛋白質をコードし，ORF3 は，リン酸蛋白質をコードする（図 10-51）。ウイルスは，エンベロープをもたず，60 個のカプシド蛋白質により構成された大きさ 32 ～ 34 nm の正 20 面体構造（小型球形様）の RNA ウイルスである。浮上密度は 1.35 ～ 1.40 g/cm³（CsCl）である。

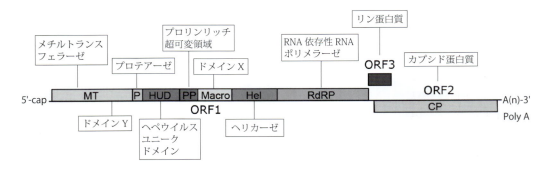

図 10-51　E 型肝炎ゲノム構造（遺伝子型 1）7.2 kb のゲノムの 5' 末端は，キャップ構造と 3' 末端には poly A（ポリ A）配列を有する。

表 10-48 ヘペウイルス科の遺伝子型分類（ICTV2023 表記に基づく）

科	亜科	属	代表的な種（代表的ウイルス名）
ヘペウイルス科 Hepeviridae	オルトヘペウイルス亜科 Orthohepevirinae	アビヘペウイルス Avihepevirus 属	A. magniiecur（avian hepatitis E virus, genotype: 1～4），A. egretti
		カイロヘペウイルス Chirohepevirus 属	C. desmodi，C. eptesici，C. rhinolophi
		パスラヘペウイルス Paslahepevirus 属	P. balayani（human hepatitis E virus, genotype: HEV-1～8），P. alci
		ロカヘペウイルス Rocahepevirus 属	R. ratti（genotype: HEV-C1～C3），R. eothenomi
	パラヘペウイルス亜科 Parahepevirinae	ピスチヘペウイルス Piscihepevirus 属	P. heenan

(3) 増 殖

ウイルスは吸着後クラスリン依存性エンドサイトーシスにより細胞質に取り込まれ細胞質内で増殖する。ウイルス RNA は、感染性であり mRNA として機能する。非構造蛋白質の ORF1 は、ポリプロテインとして翻訳されプロテアーゼの修飾を受けて開裂し成熟する。カプシド蛋白質 ORF2 および ORF3 はサブゲノム mRNA から翻訳される。

2）ヘペウイルスの分布と感染症

パラヘペウイルス亜科は、マスやサケに感染し、オルトヘペウイルス亜科は哺乳類や鳥類に感染する。パスラヘペウイルス Paslahepevirus 属の P. balayani 種とロカヘペウイルス Rocahepevirus 属の R. ratti 種のウイルスは、人獣共通感染性である。哺乳類の多くは不顕性感染であるが人に対しては急性肝炎（E 型肝炎）を引き起こす。それ以外に近年様々な動物から HEV が分離され新たな遺伝子型分類が報告されている。P. balayani には、8 つの異なる遺伝子型の HEV（HEV-1～8）が分類されている。これらのうち、HEV-1～4 が人の HEV 感染に関連している。HEV-1 と 2 は人に限定されるが、HEV-3 と 4 は宿主範囲が広く、人獣共通感染症を引き起こす。

豚において、HEV 感染は無徴候で経過しウイルス血症は 1～2 週間持続する。感染後 1～2 週間で糞便からウイルスが排出され、最大 8 週間程持続するが肝機能への影響は少ない。HEV-3 および 4 は、欧州、米国、アジアにおいて、人、豚、シカから検出・分離され、人への感染は、生または十分に加熱されていない豚の肉や製品の摂取に起因する。最近では、HEV-3 の宿主域が、ウサギ、山羊、ラット、バンドウイルカに、HEV-4 は牛、羊から検出されている。HEV-5 と 6 は、日本ではイノシシからのみ検出され、HEV-7 はヒトコブラクダで検出されており、人感染の報告が 1 件ある。HEV-8 は中国のラクダでのみ検出されている。

R. ratti の遺伝子型 C1 は、齧歯類（ラット属、バンディコタ・インディカ）、ユビナガネズミ（ジャコウネズミ、サンクス・ムリヌス）および人で検出されており、遺伝子型 C2 はイタチ科動物（フェレットとミンク）で検出されている。

Avihepevirus magniiecur は、鶏から検出された 4 つの遺伝子型の鳥類 **E 型肝炎ウイルス**が分類されており、全塩基配列において互いに 18% 異なっている。これらの遺伝子型は地理的に異なる分布をしており、遺伝子型 1 はオーストラリアに限定され、遺伝子型 2 と 3 は米国、欧州、アジア、遺伝子型 4 はハンガリーとアジアで検出されている。本ウイルスに感染した鶏には、肝臓と脾臓の腫大（big liver and spleen：BLS）および肝炎-脾腫症候群 hepatitis-splenomegaly syndrome が認められる。感染した鶏は死亡率の増加と産卵減少を伴う。ウイルスの複製は肝臓だけでなく、消化管を含む肝臓外の組織でも起こる。

Piscihepevirus heenan に属するウイルスはサケ科魚類に感染するが、病気への関与は不明である。

I. コロナウイルス科

キーワード：ニドウイルス目，コロナウイルス，王冠様スパイク，エンベロープ，プラス1本鎖RNAゲノム，伝染性胃腸炎，豚流行性下痢，牛コロナウイルス感染症，鶏伝染性気管支炎，猫伝染性腹膜炎，犬コロナウイルス感染症，マウス肝炎ウイルス感染症，重症急性呼吸器症候群（SARS），中東呼吸器症候群（MERS），新型コロナウイルス感染症（COVID-19）

表 10-49 コロナウイルス科のウイルス性状

- 粒子は 80 ～ 160 nm 球形で表面に長さ約 20 nm の**王冠様スパイク**をもつ**エンベロープ**あり，ヌクレオカプシドはらせん状構造
- ゲノムは直鎖状1本鎖RNA，プラス鎖（ゲノムサイズは 22 ～ 36 kb で 5' 末端にキャップ構造，3' 末端にポリA配列，5' 末端に約 70 b のリーダー配列，5' および 3' 末端に 500 b 以下の非翻訳領域，5' 末端約 20 kb は非構造蛋白質の 2 個の ORF からなり，その下流は数個～ 10 個以上の構造蛋白質 ORF）

ニドウイルス目 *Nidovirales* にはコロナウイルス科 *Coronaviridae*，アルテリウイルス科 *Arteriviridae*，甲殻類に感染するウイルスが属すロニウイルス科 *Roniviridae*，昆虫に感染するウイルスが属するメソニウイルス科 *Mesoniviridae* などが含まれる。ニド（nido）の由来はラテン語の nudus であり nest を意味している。ニドウイルス目のウイルスの 3' 末端側の配列を共通して有するサブゲノミック mRNA（入れ子状態の転写産物）の特徴を表している。

1）コロナウイルスの性状（表 10-49）

コロナウイルス coronavirus は粒子表面のスパイク蛋白質の形が太陽のコロナに似ていることから命名された。

（1）分　類

コロナウイルス科は哺乳類と鳥類に感染するオルトコロナウイルス亜科 *Orthocoronavirinae*，両生類に感染するレトウイルス亜科 *Letovirinae*，硬骨魚に感染するピトウイルス亜科 *Pitovirinae* に分けられる。レトウイルス亜科とピトウイルス亜科のウイルス学的情報は少ない。

オルトコロナウイルス亜科にはアルファコロナウイルス *Alphacoronavirus* 属，ベータコロナウイルス *Betacoronavirus* 属，ガンマコロナウイルス *Gammacoronavirus* 属，デルタコロナウイルス *Deltacoronavirus* 属が属している（表 10-50）。21世紀に入ってから重症急性呼吸器症候群 severe acute respiratory syndrome（SARS），中東呼吸器症候群 Middle East respiratory syndrome（MERS），新型コロナウイルス感染症 coronavirus disease 2019（COVID-19）といった新興のコロナウイルスが出現したが，いずれも原因ウイルスはベータコロナウイルス属に属している。

（2）形態・物理化学的性状（図 10-52）

コロナウイルス粒子は直径が約 80 ～ 160 nm の球形である。スパイク蛋白質の先端部分は球状

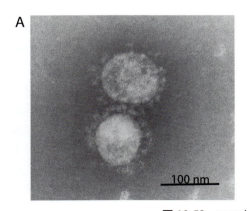 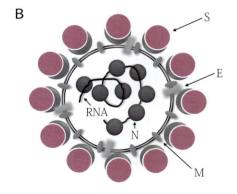

図 10-52 コロナウイルス粒子
A：SARS コロナウイルス粒子（提供：国立感染症研究所），B：粒子の模式図

表 10-50　コロナウイルス科の分類と代表的な動物の病気

亜科・属・種（和名，種名，ウイルス名）	自然宿主	病気
オルトコロナウイルス亜科 Orthocoronavirinae（4 属）		
アルファコロナウイルス Alphacoronavirus 属（15 亜属 26 種）		
A. suis（豚伝染性胃腸炎ウイルス transmissible gastroenteritis virus）	豚	胃腸炎
（猫コロナウイルス feline coronavirus）	猫	腸炎，腹膜炎
（犬コロナウイルス canine coronavirus）	犬	腸炎
A. chicagoense（人コロナウイルス 299E human coronavirus 229E）	人	鼻風邪
A. amsterdamense（人コロナウイルス NL63 human coronavirus NL63）	人	鼻風邪
A. porci（豚流行性下痢ウイルス porcine epidemic diarrhea virus）	豚	下痢
A. neovisontis（ミンクコロナウイルス mink coronavirus）	ミンク	?
A. rhinolophi（Rhinolophus bat coronavirus HKU2）他	コウモリ	不明
ベータコロナウイルス Betacoronavirus 属（5 亜属 14 種）		
B. gravedinis（人コロナウイルス OC43 human coronavirus OC43）	人	鼻風邪
（牛コロナウイルス bovine coronavirus）	牛	腸炎，下痢
（豚血球凝集性脳脊髄炎ウイルス porcine hemagglutinating encephalomyelitis virus）	豚	脳脊髄炎，嘔吐
（馬コロナウイルス equine coronavirus）	馬	下痢
（犬呼吸器コロナウイルス canine respiratory coronavirus）	犬	ケンネルコフ
（人腸内コロナウイルス human enteric coronavirus）	人	腸炎
B. muris（マウス肝炎ウイルス mouse hepatitis virus）	マウス	肝炎，腸炎，脳炎など
B. ratti（ラットコロナウイルス rat coronavirus）	ラット	呼吸器病，唾液腺涙腺炎
B. erinacei（ハリネズミコロナウイルス hedgehog coronavirus）	ハリネズミ	
B. hongkongense（人コロナウイルス HKU1 human coronavirus HKU1）	人	鼻風邪
B. rousetti（Rousettus bat coronavirus HKU9）他	コウモリ	不明
B. pandemicum（SARS コロナウイルス severe acute respiratory syndrome coronavirus）	人	重症肺炎
（SARS コロナウイルス 2 severe acute respiratory syndrome coronavirus 2）	人	重症肺炎
（SARS 関連コロナウイルス severe acute respiratory syndrome-related coronavirus）	コウモリ	不明
B. cameli（MERS 関連コロナウイルス Middle East respiratory syndrome related coronavirus）	人	重症肺炎
ガンマコロナウイルス Gammacoronavirus 属（3 亜属 5 種）		
G. galli（伝染性気管支炎ウイルス infectious bronchitis virus）	鶏	気管支炎，腎炎，卵管炎
（七面鳥コロナウイルス turkey coronavirus）	七面鳥	腸炎，bluecomb 病
（キジコロナウイルス pheasant coronavirus）	キジ	
（アヒルコロナウイルス duck coronavirus）	アヒル	
（ガチョウコロナウイルス goose coronavirus）	ガチョウ	
（ハトコロナウイルス pigeon coronavirus）	ハト	
G. delphinapteri（シロクジラコロナウイルス beluga whale coronavirus）	クジラ	
デルタコロナウイルス Deltacoronavirus 属（3 亜属 7 種）		
D. pycnonoti（ヒヨドリコロナウイルス HKU11 bulbul coronavirus HKU11）	ヒヨドリ	
D. gallinulae（バンコロナウイルス HKU21 common moorhen coronavirus HKU21）	鶏	
D. suis（豚コロナウイルス HKU15 porcine coronavirus HKU15）	豚	下痢
D. lonchurae（キンパラ属コロナウイルス HKU13 munia coronavirus HKU13）	キンパラ属の鳥	
D. nycticoracis（ゴイサギコロナウイルス HKU19 night heron coronavirus HKU19）	ゴイサギ	
D. zosteropis（メジロコロナウイルス HKU16 white-eye coronavirus HKU16）	メジロ	
D. marecae（カモ類コロナウイルス HKU20 wigeon coronavirus HKU20）	淡水ガモ	

になっており、下部の棒状部分がエンベロープと結合している。コロナウイルスのショ糖中での浮上密度は 1.15〜1.20 g/cm^3、塩化セシウム中の浮上密度は 1.23〜1.24 g/cm^3 である。エーテル、クロロホルムなどの有機溶媒、界面活性剤、ホルムアルデヒド、酸化剤、紫外線、熱（56℃、30 分）処理などで不活化される。

（3）ゲノム構造（図 10-53）

直鎖状の**プラス 1 本鎖 RNA ゲノム**で、5' 末端にキャップ構造、3' 末端にポリ A 配列をもつ。ゲノムサイズは 22〜36 kb あり RNA ウイルスの中では最長である。ゲノムの 5' 末端とサブゲノミック mRNA にはリーダー配列（65〜89 b）が存在する。マイナス鎖 cRNA から転写された leader RNA は TRS（transcription regulating sequence）に結合することにより mRNA の合成が始まると考えられている（leader primed transcription）。サブゲノミック mRNA はサブゲノミックのマイナス鎖 RNA が鋳型になっているという可能性もある。ゲノムの 5' 末端から mRNA1 が転写され、ORF1a と 1 b が翻訳される（ゲノムの約 2/3）。ORF1a と 1 b はプロセッシングされて複製や転写に関与する蛋白質になる。mRNA1 が通常に翻訳されると ORF1a を越えたところでストップコドンが入るが、ORF1a と ORF1 b の間に存在するシュードノット配列で翻訳のフレームシフトが起こるために、ORF1 b の領域も翻訳されることになる。ウイルスゲノムの残りの約 1/3 は複数の ORF が構造蛋白質などをコードしている。基本的な遺伝子配列は 5' 末端から ORF1a-1 b-S(spike)-E(envelope)-M(membrane)-N(nucleocapsid) 遺伝子の順である。

（4）ウイルス蛋白質

ORF1a と 1 b は非構造蛋白質、S から N までは構造蛋白質である。ORF1a/1 b はポリプロテインである。マウス肝炎ウイルス mouse hepatitis virus（MHV）では、ウイルスのパパイン様プロテアーゼやメインプロテアーゼにより ORF1a から 11 種類、1 b から 5 種類の非構造蛋白質が開裂・成熟する。RdRp は ORF1a/1 b の 12 番目、ヘリカーゼは 13 番目の非構造蛋白質である。そのほか、エキソリボヌクレアーゼ、メチルトランスフェラーゼなどの蛋白質もつくられる。新型コ

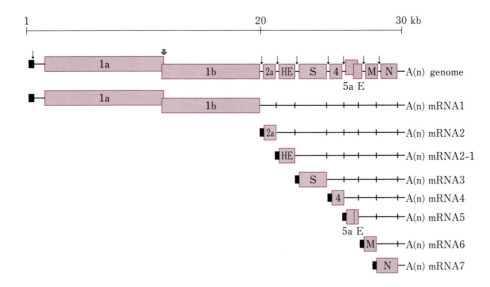

図 10-53 コロナウイルス MHV のゲノムとサブゲノミック mRNA の構造
■：リーダー配列、↓：TRS、⬇：シュードノット構造、A（n）：ポリ A 配列
MHV の mRNA5 は 5' 末端に 2 個の ORF（5a, E）をもつ。各々の mRNA からは 5' 末端（左側）の枠で示した ORF からのみ蛋白質が翻訳される。　　　　　　　　　　（原図：田口文宏先生）

ロナウイルス（SARS-CoV-2）の研究ではさらに多機能な蛋白質の存在が示されている。構造蛋白質のN蛋白質はゲノムRNAと結合し，らせん状のヌクレオカプシドを形成する。N蛋白質はリン酸化塩基性蛋白質でmRNA合成に関与していると考えられている。ウイルス粒子を形成する構造蛋白質はSやM，およびE蛋白質である。S蛋白質は細胞膜上のレセプターとの結合および細胞侵入（エンベロープと細胞膜の融合），中和抗体の誘導，病原性などに関与している。MとE蛋白質はウイルス粒子の集合および出芽部位を決定している。血球凝集性エステラーゼ hemagglutinin-esterase（HE）活性を有する蛋白質をもつコロナウイルスもある。これはC型インフルエンザウイルスと相同性があるため，コロナウイルスとインフルエンザウイルスの間でゲノムの組換えが起こったと推測されている。

（5）増　殖

コロナウイルスのS蛋白質は標的細胞膜上のレセプター（表10-51）に結合したのち，2つの方法で細胞内へ侵入する。①ウイルスエンベロープと細胞膜が融合することにより，ウイルスゲノムが細胞質へ放出される。②ウイルス粒子がエンドソームに輸送され，酸性環境下でウイルスエンベロープがエンドソーム膜と融合し，ウイルスゲノムが細胞質に放出される。細胞質ではゲノムRNAがリボソーム上でORF1a/1bを翻訳し，RdRpなどの転写や複製に関与する蛋白質を産生する。RdRpにより相補鎖RNAが合成され，次に，それを鋳型にゲノムRNAならびに leader primed transcriptionによりサブゲノミック mRNAを転写する。これらのmRNAは3'末端から5'末端に異なる長さで伸び，5'末端にゲノムと同じリーダー配列をもつ特徴的なネスティドセット（3'-co-terminal nested set）として存在する。これらのmRNAは複数のORFを有しているが，5'末端に特異的な1個のORFだけが翻訳される。合成されたS，M，E蛋白質は小胞体からゴルジ装置に至る細胞内小胞 ER-Golgi intermediate compartment（ERGIC）の膜に集合し，ウイルスゲノムとN蛋白質が結合したヌクレオカプシドがERGIC膜外からERGIC腔内へと出芽する。ウイルス粒子はエキソサイトーシスにより細胞外へ放出される。

2）コロナウイルス感染症

コロナウイルスの多くは消化器系徴候や呼吸器徴候を起こす。また，ウイルスゲノムの変異により消化器感染性ウイルスが呼吸器感染性になることや，非病原性ウイルスが病原ウイルスになることもある。その他，神経系感染や全身性感染を示すウイルスなど，多彩な病原性を示す。

（1）豚のコロナウイルス

a. 豚の伝染性胃腸炎

伝染性胃腸炎 transmissible gastroenteritis（TGE）は，TGEウイルスによる豚の感染性の胃腸炎である。哺乳豚では嘔吐，水溶性下痢，脱水を主徴とする。若齢豚ほど致死率が高く，生後7日以下の哺乳豚では100％に近い致死率である。豚呼吸器コロナウイルス porcine respiratory coronavirus（PRCV）はTGEVのS蛋白質に欠損

表 10-51 コロナウイルスのレセプター

ウイルス名	レセプター
豚伝染性胃腸炎ウイルス	pAPN（porcine aminopeptidase N）
人コロナウイルス 229E	hAPN（human aminopeptidase N）
猫伝染性腹膜炎ウイルス	fAPN（feline aminopeptidase N）
犬コロナウイルス	cAPN（canine aminopeptidase N）
人コロナウイルス NL63	ACE2（angiotensin-converting enzyme 2）
マウス肝炎ウイルス	CEACAM1（carcinoembryonic antigen-related cell adhesion molecule 1）
牛コロナウイルス	9-O-acetyl sialic acid
SARS コロナウイルス	ACE2（angiotensin-converting enzyme 2）
MERS コロナウイルス	DPP-4（dipeptidyl peptidase-4）

をもつ変異ウイルスと考えられている。TGEV は腸のみで増殖し，PRCV は呼吸器のみで増殖する。

  b．豚流行性下痢

豚流行性下痢 porcine epidemic diarrhea（PED）は PED ウイルスによる下痢，嘔吐，食欲不振を主徴とする急性の感染症である。食欲不振に続く水溶性下痢が特徴であり，哺乳豚では下痢と脱水によりほぼ 100% 死亡する。日齢が進んだ豚では致死率が低い。TGEV との交差反応性はない。

  c．豚血球凝集性脳脊髄炎ウイルス感染症

豚血球凝集性脳脊髄炎ウイルス感染症 porcine hemagglutinating encephalomyelitis（HE）virus infection には，HE ウイルスによる脳脊髄炎を示す型，嘔吐と衰弱を主徴とする型がある。いずれも若齢豚で発生しやすく，成豚では不顕性感染を起こす。

  d．豚デルタコロナウイルス感染症

豚デルタコロナウイルス感染症 porcine deltacoronavirus infection（PD）の原因ウイルスである，PD コロナウイルスは 2012 年に香港で発見された下痢の原因ウイルスである。哺乳豚に下痢や嘔吐を引き起こす。日本の養豚でも検出されている。

  e．豚急性下痢症候群

豚急性下痢症候群 swine acute diarrhea syndrome（SADS）の原因ウイルスである SADS コロナウイルス（SADS-CoV）はコウモリコロナウイルス HKU2 様のアルファコロナウイルスで，キクガシラコウモリの糞便などを介して豚に感染する。哺乳豚では最大 90% の致死率である。2017 年に中国の養豚場で発生し，4 つの農場で 24,000 頭以上の子豚が死亡した。SADS-CoV は少なくとも 2018 年と 2019 年に再出現している。

 （2）牛のコロナウイルス

  a．牛コロナウイルス感染症（病）

牛コロナウイルス感染症 bovine coronavirus（BCV）infection の原因ウイルスである BCV は，牛の腸管と上部気道の細胞に親和性がある。子牛の下痢症の主要な原因の 1 つである。成牛に感染すると冬季の急激な気温の低下などにより下痢を起こすので「冬季赤痢」と呼ばれている。冬季赤痢では産乳量が激減するため，経済的被害が大きい。また，高頻度に呼吸器感染も起こし，細菌の二次感染により悪化することがある。BCV のゲノムは人コロナウイルス OC43 や HEV と高い相同性がある。BCV は変異しながら様々な野生動物にも感染している。

 （3）鳥類のコロナウイルス

  a．鶏伝染性気管支炎

鶏伝染性気管支炎 avian infectious bronchitis（IB）は，IB ウイルス（IBV）による鶏の急性呼吸器疾患で，卵巣・輸卵管の萎縮や腎臓の腫大などを起こすこともある。IBV は非常に感染しやすいので，感染鶏の導入などにより IBV が鶏舎に持ち込まれると，広く蔓延して常在化する。また，IBV はウイルスゲノムの組換えなどにより抗原変異を起こしやすい。そのため多くの血清型が存在する。

  b．七面鳥コロナウイルス性腸炎

七面鳥コロナウイルス性腸炎 turkey coronaviral enteritis の原因ウイルスが産卵中の七面鳥に感染すると急激に産卵が低下し，白色卵を産む。幼鳥では水溶性下痢や頭部皮膚の暗色化（ブルーコム）を起こし，致死率は高い。

 （4）猫のコロナウイルス

  a．猫コロナウイルス感染症

猫コロナウイルス感染症 feline coronavirus infection には，**猫伝染性腹膜炎** feline infectious peritonitis（FIP）と猫腸内コロナウイルス feline enteric coronavirus（FECV）感染症があり，それぞれ FIP ウイルス（FIPV）と FECV が原因である。FECV は変異しやすいウイルスなので感染動物体内で変異し，病原性の高い FIPV になることが示唆されている。このように FIPV と FECV は遺伝子的，血清学的に区別困難な非常に類似したウイルスであるが，近年，塩基配列による区別も可能になってきた。両者の違いは猫に対する病原性にある。両ウイルスとも I 型，II 型の血清型がある。FIPV は免疫複合体介在性血管炎を主徴とし，慢性進行性疾患で伝染性腹膜炎を発症し，滲

出性（ウェットタイプ）と非滲出性（ドライタイプ）とに分かれる。FECV 感染は軽度の腸炎か，不顕性感染に終わる。

（5）犬のコロナウイルス

a．犬コロナウイルス感染症

犬コロナウイルス感染症 canine coronavirus infection は，犬コロナウイルスの感染による消化器疾患である。嘔吐と下痢を主徴とする感染症で，どの年齢の犬も感受性がある。特に幼犬では重篤になる。臨床徴候の発現は様々である。犬パルボウイルスとの混合感染で重篤化することが知られている。

（6）齧歯類のコロナウイルス

a．マウス肝炎ウイルス感染症

マウス肝炎ウイルス感染症 mouse hepatitis virus infection は，マウス肝炎ウイルス（MHV）による感染症で，肝炎，腸炎，脳脊髄炎など様々な病型が知られている。不顕性感染を起こす株，劇症肝炎や急性脳炎を起こして高い致死率を示す株などが存在する。MHV は実験動物のマウスの飼育実験施設での感染が大きな問題となっている。成熟マウスでの感染は不顕性に経過するが持続性感染となり，ウイルスが便とともに排出され，乳飲みマウスや免疫不全マウスなどに感染すると腸炎や肝炎を発症させる。感染力は哺乳類のウイルスの中で最も強い部類である。MHV に汚染された施設は汚染動物の排除とともに施設の完全な消毒が必要となる。

b．ラットの唾液腺涙腺炎

唾液腺涙腺炎 sialodacryoadenitis（SDA）ウイルス（SDAV）が若齢のラットに感染すると唾液腺および涙腺の腫脹を伴う一過性の体重減少を起こす。また，SDAV と類似性の高いラットコロナウイルスは軽微な肺炎の原因となる。

（7）人のコロナウイルス

a．重症急性呼吸器症候群

重症急性呼吸器症候群（SARS） は人に急性の重症肺炎を引き起こし，致死率は約 10% である。SARS コロナウイルスはキクガシラコウモリの保有するコウモリコロナウイルスが変異して人に感染したと考えられている。2002 年中国の広東省においてコウモリからハクビシンなどの野生動物を介して人に感染した。初期にはインフルエンザと同様に高熱，頭痛，咳，筋肉痛を示し，1 週間後位から感染者のおよそ 20% が重症化肺炎に進展する。2003 年 7 月に終息し，その後散発的に発生したが，少なくとも 20 年間は流行していない。

b．中東呼吸器症候群

中東呼吸器症候群（MERS） コロナウイルス（MERS-CoV）は人に重症肺炎を起こし，致死率は 30 〜 40% とされている。中東のヒトコブラクダが感染源になっているが，MERS-CoV の起源はコウモリのコロナウイルスと考えられている。中東での感染が散発的に起こっており，この地域を訪れた人が帰国してから発症することがある。人から人への感染はまれである（濃厚接触では起こる）。

c．新型コロナウイルス感染症

2019 年に出現した SARS-CoV-2 を原因とする**新型コロナウイルス感染症（COVID-19）** は全世界に多大な感染者を出した。SARS-CoV-2 には様々な変異ウイルスが出現しており，変異株によって病状は異なる。共通して発熱や咳などの呼吸器徴候に始まり，重症化すると深刻な肺炎による呼吸困難を起こす。下痢が見られることもある。後遺症として倦怠感，味覚・嗅覚障害が起こることがある。季節に関係なく流行する。SARS-CoV-2 に感染した飼い主から犬や猫に感染したことが分かっている。ネコ科の動物の感受性が高く，動物園のトラやユキヒョウなども感染した。ミンクの致死率は約 10% と見積もられている。オジロジカなどの野生動物にも感染が広まった。

J. トバニウイルス科

キーワード：トバニウイルス，エンベロープ，王冠様スパイク蛋白質，直鎖状プラス1本鎖RNAゲノム，ニドウイルス目

1）トバニウイルスの性状（表10-52）

（1）分類（表10-53）

トバニウイルス科 *Tobaniviridae* は，2024年現在，4亜科11属で構成され，主に哺乳類，魚類，爬虫類などを自然宿主とする。11属の中で，トロウイルス *Torovirus* 属（to-）とバフィニウイルス *Bafinivirus* 属（ba-）は，以前はコロナウイルス科トロウイルス亜科に分類されており，この2属を含むニドウイルス *Nidovirus*（ni-）ということで新しい科名となった。トロウイルス属には，馬，牛，豚トロウイルスなどが分類され，バフィニウイルス属には，ホワイトブリーム（白鯛）ウイルスなどが分類されている。

（2）形態・物理化学的性状（図10-54A）

トロウイルスは**エンベロープ**をもち，細胞外ウイルス粒子は直径120〜140 nmの球形，楕円形または腎臓形の多形性粒子として観察される。粒子表面には，コロナウイルスに類似した**王冠様スパイク蛋白質**をもつ。らせん対称のヌクレオカプシドは，ラテン語で「トーラス torus」と表現される特徴的なドーナツ状の管状構造をとり，トロウイルスの名前の由来となっている。有機溶媒や界面活性剤，温度に対して感受性であるが，pH変化に強くpH 2.5〜10に耐性である。ショ糖中の浮上密度は1.14〜1.18 g/cm³である。バフィニウイルスもエンベロープをもち，粒子表

表10-52　トバニウイルス科のウイルス性状

- エンベロープをもち，らせん対称のヌクレオカプシドをもつ
- トロウイルス粒子は多形性（直径120〜140 nm）でヌクレオカプシドはドーナツ型環状構造。バフィニウイルス粒子は桿菌状（直径170〜200 nm）でヌクレオカプシドは棒状の円筒形
- 直鎖状1本鎖RNAゲノム（トロウイルス28〜28.8 kb，バフィニウイルス26.6〜27.3 kb），プラス鎖。5〜6のORFをもち，3'末端を共有した複数のサブゲノムmRNAが存在。トロウイルスは5'末端のリーダー配列を欠く
- 細胞質内で増殖し，ゴルジ装置に出芽

表10-53　トバニウイルス科の分類

亜科・属・種（ウイルス名）	自然宿主	病気
トロウイルス亜科 *Torovirinae*（1属）		
トロウイルス *Torovirus* 属（4種）		
T. equi（馬トロウイルス equine torovirus）	馬	不明
T. bovis（牛トロウイルス bovine torovirus）	牛	下痢
T. suis（豚トロウイルス porcine torovirus）	豚	下痢？
T. banli（バンガリトロウイルス Bangali torovirus）	ダニ/ラクダ？	不明
ピスカニウイルス亜科 *Piscanivirinae*（2属）		
バフィニウイルス *Bafinivirus* 属（2種）		
B. bliccae〔ホワイトブリーム（白鯛）ウイルス white bream virus〕	コイ科魚類	鰓や皮膚の出血など
B. pimephalae（ファットヘッドミノーニドウイルス fathead minnow nidovirus）	ファットヘッドミノー	目や皮膚の出血，腎臓・肝臓・脾臓の壊死
オンコチャウイルス *Oncotshavirus* 属（1種）		
O. oncorhynchi（キングサーモンバフィニウイルス Chinook salmon bafinivirus）	キングサーモン	不明
リモートウイルス亜科 *Remotovirinae*（1属）		
ボストウイルス *Bostovirus* 属（1種）		
B. bovis（牛ニドウイルス bovine nidovirus）	牛	呼吸器徴候？
サーペントウイルス亜科 *Serpentovirinae*（7属）	爬虫類	呼吸器徴候，重症肺炎

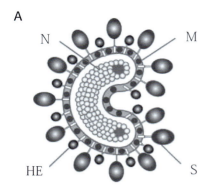
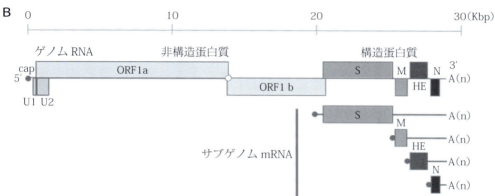

図10-54 牛トロウイルス粒子の模式図およびゲノム構造
A：牛トロウイルス模式図
B：ゲノムとサブゲノムmRNAの構造

面に王冠様スパイク蛋白質をもつ．直径170～200 nmの桿菌状の形態をとり，らせん対称のヌクレオカプシドは棒状の円筒形となっている．有機溶媒や界面活性剤に対して感受性で，ショ糖中の浮上密度は1.17～1.19 g/cm^{3}である．

(3) ゲノム構造（図10-54B）

直鎖状プラス1本鎖RNAゲノムで，5'末端にキャップ構造，3'末端にポリA構造をもつ．ゲノムサイズはトロウイルス属が28～28.8 kb，バフィニウイルス属は26.6～27.3 kbで，5～6個のORFをもつ．5'末端から約2/3は非構造蛋白質を，残りの1/3は構造蛋白質をコードする．転写・複製・翻訳様式は**ニドウイルス目**（「I. コロナウイルス科」を参照）で共通しており，複製中に3'末端を共有する複数のサブゲノムmRNAを合成する．トロウイルス属のゲノムRNAとサブゲノムmRNAの5'末端はリーダー配列をもたない．

(4) ウイルス蛋白質

トロウイルス粒子は，S（spike），M（integral membrane），HE（hemagglutin-esterase），およびN（nucleocapsid）蛋白質からなり（図10-54A），バフィニウイルス粒子はS，M，N蛋白質からなる．S，M，N蛋白質はコロナウイルス科のものと同様の働きをもつと考えられている．HE蛋白質は，生体内のウイルス粒子からは検出されるが，培養細胞に馴化したウイルス粒子では欠損することから，生体内で重要な働きをもつことが示唆されている．ORF1aおよび1bから翻訳される非構造蛋白質は，ポリプロテインとして翻訳され，蛋白質分解酵素によって開裂し，RdRp，RNAヘリカーゼ，エキソヌクレアーゼなどの機能的な蛋白質として働く．

(5) 増　殖

トロウイルスは，馬トロウイルスの1株を除いて長らく培養細胞での増殖が困難であった

が，2007年に牛トロウイルスが人直腸腺癌由来HRT-18 Aichi細胞で増殖可能となった。バフィニウイルスは幅広い魚類細胞で増殖可能である。

トロウイルスやバフィニウイルスの細胞内増殖機構は，コロナウイルスに類すると考えられている。ただしコロナウイルスと同様に，侵入の際に原形質膜と融合し細胞表面から直接侵入する経路と，エンドサイトーシスで取り込まれて，エンドソーム膜と融合して侵入する2つの経路を使用するかは不明である。細胞質に放出されたゲノムの複製・転写・翻訳様式はニドウイルス目で共通する。トロウイルスの感染細胞ではウイルスゲノムの転写・複製の場となるdouble membrane vesicle（DMV）形成も確認されている。ウイルス粒子は小胞体またはゴルジ装置に出芽し，エキソサイトーシスにより細胞外に放出される。トロウイルスでは，N蛋白質やヌクレオカプシドが大量に核内に蓄積することが知られており，ウイルス増殖に宿主の核内蛋白質が関与することが示唆されている。

2）トバニウイルス感染症
（1）トロウイルス

牛トロウイルス bovine torovirus は，1979年米国で下痢を呈した子牛から発見され，その後，日本を含む世界各国で検出されている。血清調査では成牛の多くが抗体陽性（50〜90％）であった。実験感染では子牛に下痢を引き起こすことが証明されているが，成牛への病原性は不明である。呼吸器徴候への関与も疑われている。一般に，軽症なことが多く，不顕性感染も多い。馬や豚トロウイルスも世界各国で検出され，成獣の抗体陽性率も高い。胃腸炎や下痢との関連が示唆されているものの，実験感染では証明されておらず，病原性に関しては不明な点も多い。

（2）バフィニウイルス

ホワイトブリーム（白鯛）ウイルス white ream virus は，2001年ドイツで健康な野生魚の定期検査中に白鯛から分離された。その後，他のコイ科魚類からも分離され，魚によっては，鰓や皮膚の出血や皮膚の潰瘍が見られる。ファットヘッドミノーウイルス fathead minnow virus は，1997年米国でファットヘッドミノーから分離され，感染魚は皮膚や目の出血，肝臓・脾臓・腎臓の壊死を起こす。

K．アルテリウイルス科

キーワード：アルテリウイルス，ニドウイルス目，エンベロープ，プラス1本鎖RNAゲノム，馬ウイルス性動脈炎，豚繁殖・呼吸障害症候群，乳酸脱水素酵素上昇ウイルス感染症，サル出血熱

アルテリウイルス arterivirus の arteri は動脈 artery を意味し，アルテリウイルス科 Arteriviridae のプロトタイプである馬動脈炎ウイルス equine arteritis virus に由来する。

1）アルテリウイルスの性状
（1）分類

ニドウイルス目に属するアルテリウイルス科は6亜科13属がある。シムアルテリウイルス亜科 Simarterivirinae にはデルタアルテリウイルス Deltaarterivirus 属，イプシロンアルテリウイルス Epsilonarterivirus 属，イータアルテリウイルス Etaarterivirus 属，イオタアルテリウイルス Iotaarterivirus 属，シータアルテリウイルス Thetaarterivirus 属，ゼータアルテリウイルス Zetaarterivirus 属の各アルテリウイルス属，バリアルテリウイルス亜科 Variarterivirinae にはベータアルテリウイルス Betaarterivirus 属，ガンマアルテリウイルス Gammaarterivirus 属およびヌーテリアルテリウイルス Nuarterivirus 属があり，さらに亜属が分類される属もある。その他の4亜科には各1属のみがある（表10-55）。馬動脈炎ウイルスはエクアルテリウイルス亜

表10-54　アルテリウイルス科のウイルス性状

- 球形ビリオン（直径50〜74 nm），直径約30 nmの球状構造のヌクレオカプシド，**エンベロープ**あり（コロナウイルス科特有のスパイクは見られない）。浮上密度1.13〜1.17 g/cm³（sucrose）
- 直鎖状1本鎖RNA（サイズ：12.7〜15.7 kb），プラス鎖（キャップ構造とポリA配列をもつ）
- 感染細胞内に5'末端のリーダー配列と3'末端を共有するサブゲノミックmRNAが存在

表 10-55　アルテリウイルス科の分類と代表的な動物の病気

亜科	属	種（ウイルス名）	動物種	病気
クロクアルテリウイルス亜科 Crocarterivirinae	ミューアルテリウイルス Muarterivirus 属	M. afrigant（Olivier's shrew virus 1）	ネズミ	
エクアルテリウイルス亜科 Equarterivirinae	アルファアルテリウイルス Alphaarterivirus 属	A. equid（馬動脈炎ウイルス equine arteritis virus）	馬	流産，呼吸器徴候，発疹
ヒーロアルテリウイルス亜科 Heroarterivirinae	ラムダアルテリウイルス Lambdaarterivirus 属	L. afriporav（African pouched rat arterivirus）	ラット	
シムアルテリウイルス亜科 Simarterivirinae	デルタアルテリウイルス Deltaarterivirus 属	D. hemfev（サル出血熱ウイルス simian hemorrhagic fever virus）	サル	出血熱
	イプシロンアルテリウイルス Epsilonarterivirus 属	E. hemcep（サル出血性脳炎ウイルス simian hemorrhagic encephalitis virus） E. safriver（Free State vervet virus）	サル	出血熱
	イータアルテリウイルス Etaarterivirus 属	E. ugarco（Kibale red colobus virus 2）	サル	出血熱
	イオタアルテリウイルス Iotaarterivirus 属	I. debrazmo（DeBrazza's monkey arterivirus）	サル	出血熱
		I. kibreg（Kibale red-tailed guenon virus 1）	サル	出血熱
		I. pejah（Pebjah virus）	サル	出血熱
	シータアルテリウイルス Thetaarterivirus 属	T. kafuba（Kafue kinda chacma baboon virus）	サル	
		T. mikelba（Mikumi yellow baboon virus 1）	サル	
	ゼータアルテリウイルス Zetaarterivirus 属	Z. ugarco（Kibale red colobus virus 1）	サル	出血熱
バリアルテリウイルス亜科 Variarterivirinae	ベータアルテリウイルス Betaarterivirus 属	B. americense（豚繁殖・呼吸障害症候群ウイルス porcine reproductive and respiratory syndrome virus 2）（北米型）	豚	流死産，繁殖障害，肺炎
		B. europensis（豚繁殖・呼吸障害症候群ウイルス porcine reproductive and respiratory syndrome virus 1）（欧州型）	豚	流死産，繁殖障害，肺炎
		B. chinrav（RtMruf arterivirus）	ラット	
		B. timiclar（RtMc arterivirus）	ラット	
	ガンマアルテリウイルス Gammaarterivirus 属	G. lacdeh（乳酸脱水酵素上昇ウイルス lactate dehydrogenase-elevating virus）	マウス	血中の乳酸脱水素酵素値上昇
	ヌーアルテリウイルス Nuarterivirus 属	N. guemel（RtClan arterivirus）	ラット	
ジールアルテリウイルス亜科 Zealarterivirinae	カッパアルテリウイルス Kappaarterivirus 属	K. wobum（wobbly possum disease virus）	フクロギツネ	

亜属は省略している。

科 Equarterivirinae アルファアルテリウイルス Alphaarterivirus 属に分類されている。アルテリウイルス科の分子系統樹を図 10-55 に示した。

（2）形態・物理学的性状

ビリオンはほぼ球形で，直径 50 ～ 74 nm である。ヌクレオカプシド蛋白質の二量体が会合した直径約 30 nm のほぼ球状構造のカプシドを形成する。コロナウイルス科とともにニドウイルス目に分類されているが，コロナウイルスで確認される粒子表面の特徴的なスパイクは観察されない。温度，pH，有機溶剤，界面活性剤などに感受性である。

（3）ゲノム構造

ウイルスは 12.7 ～ 15.7 kb の直鎖状**プラス 1 本鎖 RNA ゲノム**である。ゲノムの 3' 末端にはポリ A をもち，5' 末端はキャップ構造が含まれる。

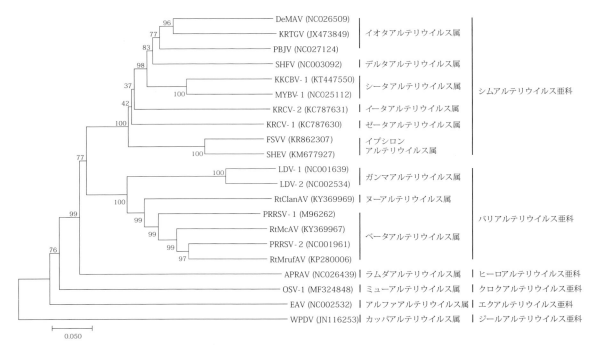

図 10-55 アルテリウイルス科の分子系統樹
ORF1b のアミノ酸配列をもとに近隣結合法（neighbor-joining：NJ 法）で作成した．分岐点に 1,000 ブートストラップの信頼限界を表示した．括弧内はアクセッション番号を表示した．
EAV：馬動脈炎ウイルス，PRRSV：豚繁殖・呼吸障害症候群ウイルス，LDV：乳酸脱水素酵素上昇ウイルス，SHFV：サル出血熱ウイルス，OSV-1：Oliver's shrew virus 1，APRAV：African pouched rat arterivirus，SHEV：simian hemorrhagic encephalitis virus，FSVV：Free State vervet virus，KRCV-1：Kibela red colobus virus 1，KRCV-2：Kibela red colobus virus 2，DeMAV：DeBrazza's monkey arterivirus，KRTGV-1：Kibale red-tailed guenon virus 1，PBJV：Pebjah virus，KKCBV：Kafue kinda chacma baboon virus，MYBV-1：Mikumi yellow baboon virus 1，RtClanAV：RtClan arterivirus，RtMrufAV：RtMruf arterivirus，RtMcAV：RtMc arterivirus，WPDV：wobbly possum disease virus

5' 末端からゲノムの約 2/3 は ORF1a と 1b をコードしており，残りの約 1/3 は構造蛋白質をコードしている．サル出血熱ウイルス（14 種）を除いて，10 種の ORF をもち，5' 側から ORF1 〜 ORF7 の順に一部がオーバーラップして並んでいる．

（4）ウイルス蛋白質

ヌクレオカプシド蛋白質は 12 〜 15 kDa の質量をもつ．2 つの主要なエンベロープ蛋白質は膜貫通性で糖鎖をもたないマトリックス蛋白質（M）と糖蛋白質（GP5）からなる．また，5 つのマイナーなエンベロープ糖蛋白質が存在する．主要なウイルス非構造蛋白質はマイナス 1 のフレームシフトによって 2 つの領域に分かれる ORF1 にコードされ，パパイン様システインプロテアーゼ，システインプロテアーゼ，セリンプロテアーゼなどの蛋白質分解酵素活性，RdRp や RNA ヘリカーゼ活性をもつ．

（5）増　殖

豚繁殖・呼吸障害症候群ウイルスは細胞の CD169（シアル酸結合型レセプター）と CD163（ヘモグロブリンスカベンジャーレセプター）の両レセプターに，馬動脈炎ウイルスは CXCL16S（CXC モチーフケモカインリガンド）膜貫通型に，それ以外のウイルスはまだ同定されていない細胞のレセプターに主要糖蛋白が結合し，エンドサイトーシスによって細胞内に取り込まれる．細胞質内に放出されたプラス鎖 RNA の 5' 末端非構造蛋白

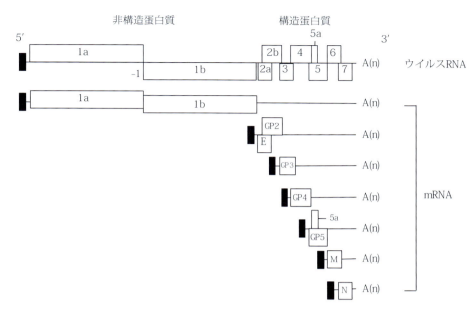

図10-56 アルテリウイルス科（馬動脈炎ウイルス）のゲノムとサブゲノミック mRNA の構造
■：リーダー配列，A(n)：ポリ A 配列

質から蛋白質分解酵素や RdRp が翻訳され，この酵素によってマイナス鎖 RNA に転写される。このマイナス鎖 RNA より他のニドウイルスと同様，5' 側にリーダー配列をもち，3' 側が共通しているフルゲノムおよびサブゲノミック mRNA が形成される。基本的に翻訳される蛋白は 5' 側の最初の ORF のみである。各 mRNA から蛋白質がつくられ，ゴルジ嚢内膜に配列し，プラス鎖 RNA と核蛋白質と結合してヌクレオカプシドとなり，内膜に向かって出芽して成熟し，細胞膜へ輸送された後に感染細胞を破壊して放出される。

2）アルテリウイルス感染症

（1）馬ウイルス性動脈炎

馬ウイルス性動脈炎 equine viral arteritis は，ウマ属特有のウイルス疾病で，欧州，米国など世界中に分布するが，日本は清浄国である。発熱，食欲不振から鼻汁漏出，眼結膜の充血，下顎リンパ節腫大，皮膚の発疹・浮腫，生殖器の炎症などを示す。妊娠馬は高率に流産を引き起こす。病理学的に小動脈中膜の炎症，変性や壊死が特徴で，病名の由来となった。呼吸器を介した水平伝播もするが，精液にウイルスが長期間排出され，生殖器を介した伝播が問題となっている。

（2）豚繁殖・呼吸障害症候群

豚繁殖・呼吸障害症候群 porcine reproductive and respiratory syndrome（PRRS）は，豚とイノシシにのみ見られ，日本も含めた世界の豚生産国で流行している。間質性肺炎を伴う呼吸器徴候，発育不良を示す他，妊娠豚では流早死産や出産しても虚弱子となる。マクロファージなどに感染するため免疫が低下し長期間ウイルスが体内から排除されない。農場にいったん感染が拡がってしまうと，他の感染症併発による生産性の低下が顕著である。近年，妊娠豚に流死産や死亡，あるいは，全ての生産ステージにおいて高い生産性阻害を示すウイルスが国内外で報告されている。PRRS ウイルスには，北米型，欧州型，中国強毒型がある。

（3）乳酸脱水素酵素上昇ウイルス感染症

乳酸脱水素酵素上昇ウイルス感染症 lactate dehydrogenase-elevating virus infection はマウスにのみ感染し，明瞭な臨床徴候を示さないが，感染後 72〜96 時間以内に血清中の乳酸脱水素酵素の値が正常値の 8〜11 倍を示す。マウスは持続感染し，生涯にわたってウイルス血症を示す。

（4）サル出血熱

サル出血熱 simian hemorrhagic fever は，マカク属のサルにのみ発熱と出血性病変を示し，血小板減少がすぐに確認できる。致死率は非常に高く，通常は発症から 10 ～ 15 日以内に死亡する。マカク属以外のサルは感染しても無徴候に経過する場合が多い。他のアルテリウイルスと異なり，胎子感染は報告されていない。

6. マイナス 1 本鎖 RNA ウイルス

A. パラミクソウイルス科・ニューモウイルス科

キーワード：パラミクソウイルス，ニューモウイルス，エンベロープ，マイナス 1 本鎖 RNA ゲノム，ニューカッスル病，ヘンドラウイルス感染症，ニパウイルス感染症，牛疫，小反芻獣疫，犬ジステンパー，牛パラインフルエンザ，センダイウイルス感染症，犬パラインフルエンザウイルス感染症，牛 RS ウイルス感染症，マウス肺炎ウイルス感染症

呼吸器粘膜（古代ギリシャ語で myxa; mucus の意）に感染するウイルス群として認識されていたミクソウイルス myxovirus が，その構造や複製形式の違いから，1975 年にインフルエンザウイルスが主体のオルトミクソウイルス科 Orthomyxoviridae とそれ以外のウイルスで構成される**パラミクソウイルス**科 Paramyxoviridae に分類された（ortho- は「正当な」；para- は「傍系の」という意）。2015 年には，パラミクソウイルス科に分類されていたニューモウイルス亜科が，**ニューモウイルス**科 Pneumoviridae として独立した。「呼吸」を意味するギリシャ語の pneuma に由来し，空気を介して伝播するウイルスを表している。

1）パラミクソウイルス, ニューモウイルスの性状

（1）分　類（表 10-56，図 10-57）

パラミクソウイルス科はエイブラウイルス亜科 Avulavirinae，オルトパラミクソウイルス亜科 Orthoparamyxovirinae，メタパラミクソウイルス亜科 Metaparamyxovirinae，ルブラウイルス亜科 Rubulavirinae などの 9 亜科からなる。

エイブラウイルス亜科はメタエイブラウイルス Metaavulavirus 属，オルトエイブラウイルス Orthoavulavirus 属およびパラエイブラウイルス Paraavulavirus 属の 3 属に分類される。ニューカッスル病ウイルス（鳥パラミクソウイルス 1 avian paramyxovirus 1）は，オルトエイブラウイルス属に含まれる。

オルトパラミクソウイルス亜科には，サレムウイルス Salemvirus 属，ジェイロングウイルス Jeilongvirus 属，ナルモウイルス Narmovirus 属，ヘニパウイルス Henipavirus 属，モルビリウイルス Morbillivirus 属など 10 属がある。ヘニパウイルス属にはヘンドラウイルスとニパウイルスが含まれる。モルビリウイルス属には犬ジステンパーウイルス，牛疫ウイルス，小反芻獣疫ウイルスなどが含まれる。フェラレスウイルス亜科 Feraresvirinae は，アクアパラミクソウイルス Aquaparamyxovirus 属，フェルラウイルス Ferlavirus 属，レスピロウイルス Respirovirus 属の 3 属で構成される。レスピロウイルス属には牛パラインフルエンザウイルス，センダイウイルスなどが含まれる。

メタパラミクソウイルス亜科はエソ科の魚から検出されたシノドンウイルスを含む 1 属 1 種で構成される。

ルブラウイルス亜科はオルトルブラウイルス Orthorubulavirus 属とパラルブラウイルス Pararubulavirus 属の 2 属からなり，前者にパラインフルエンザウイルスなどが含まれる。

ニューモウイルス科はオルトニューモウイルス Orthopneumovirus 属およびメタニューモウイルス Metapneumovirus 属の 2 属からなり，前者に牛 RS ウイルスなどが，後者に鳥メタニューモウイルスなどが分類される。

（2）形態・物理化学的性状（表 10-57，図 10-58）

ウイルス粒子は**エンベロープ**を有する球形ないし多形性で，フィラメント状のものも存在す

表 10-56 パラミクソウイルス科およびニューモウイルス科の分類

科・亜科・属・種（ウイルス名）	感受性宿主
パラミクソウイルス科 *Paramyxoviridae*（9 亜科）	
エイブラウイルス亜科 *Avulavirinae*（3 属）	
オルトエイブラウイルス *Orthoavulavirus* 属（11 種）	
O. javaense（鳥パラミクソウイルス 1　avian paramyxovirus 1, ニューカッスル病ウイルス Newcastle disease virus）	鳥類，（人）
他 10 種	
パラエイブラウイルス *Paraavulavirus* 属（3 種）	
P. hongkongense（鳥パラミクソウイルス 4　avian paramyxovirus 4）	鳥類
他 2 種	
メタエイブラウイルス *Metaavulavirus* 属（14 種）	
M. yucaipaense（鳥パラミクソウイルス 2　avian paramyxovirus 2）	鳥類
他 13 種	
オルトパラミクソウイルス亜科 *Orthoparamyxovirinae*（10 属）	
サレムウイルス *Salemvirus* 属（1 種）	
S. salemense（サレムウイルス Salem virus）	馬
ジェイロングウイルス *Jeilongvirus* 属（32 種）	
J. beilongi（ベイロングウイルス Beilong virus）	齧歯類
他 31 種	
ナルモウイルス *Narmovirus* 属（6 種）	
N. mossmanense（モスマンウイルス Mossman virus）	齧歯類
他 5 種	
ツパイウイルス *Tupaivirus* 属（1 種）	
T. tupaiae（ツパイパラミクソウイルス Tupaia paramyxovirus）	ツパイ
ヘニパウイルス *Henipavirus* 属（5 種）	
H. nipahense（ニパウイルス Nipah virus）	コウモリ，豚，人，馬，犬，猫
H. hendraense（ヘンドラウイルス Hendra virus）	コウモリ，馬，人
他 3 種	
モルビリウイルス *Morbillivirus* 属（10 種）	
M. canis（犬ジステンパーウイルス canine distemper virus）	犬，イタチ科，アライグマ科，ネコ科の動物
M. pecoris（牛疫ウイルス rinderpest virus）	牛，水牛，羊，山羊，豚
M. caprinae（小反芻獣疫ウイルス peste-des-pestis-ruminant virus）	羊，山羊
M. phocae（アザラシジステンパーウイルス phocine distemper virus）	アザラシ
M. ceti（イルカモルビリウイルス cetcean morbillivirus）	イルカ，クジラ
M. felis（猫モルビリウイルス feline morbillivirus）	猫
M. hominis（麻疹ウイルス measles virus）	人
他 3 種	
他 4 属	
フェラレスウイルス亜科 *Feraresvirinae*	
アクアパラミクソウイルス *Aquaparamyxovirus* 属（2 種）	
A. oregonense（太平洋サケパラミクソウイルス Pacific salmon paramyxovirus）	サケ
A. salmonis（大西洋サケパラミクソウイルス Atlantic salmon paramyxovirus）	サケ
フェルラウイルス *Ferlavirus* 属（1 種）	
F. reptilis（フェルドランスウイルス fer-de-lance virus）	爬虫類
レスピロウイルス *Respirovirus* 属（9 種）	
R. bovis（牛パラインフルエンザウイルス 3　bovine parainfluenza virus 3）	牛，羊，山羊
R. muris（センダイウイルス Sendai virus）	齧歯類
R. suis（豚パラインフルエンザウイルス 1　porcine parainfluenza virus 1）	豚

（つづく）

表 10-56 パラミクソウイルス科およびニューモウイルス科の分類（つづき）

科・亜科・属・種（ウイルス名）	感受性宿主
R. caprae（山羊パラインフルエンザ3 caprine parainfluenza virus 3）	山羊，羊
R. ratufae（オオリスウイルス giant squirrel virus）	リス
R. laryngotracheitidis（人パラインフルエンザウイルス1 human parainfluenza virus 1）	人
R. pneumoniae（人パラインフルエンザウイルス3 human parainfluenza virus 3）	人
他2種	
メタパラミクソウイルス亜科 Metaparamyxovirinae（1属）	
シノドンウイルス Synodonvirus 属（1種）	
S. synodi（エソパラミクソウイルス Wēnlīng triplecross lizardfish paramyxovirus）	エソ属の魚
ルブラウイルス亜科 Rubulavirinae（2属）	
オルトルブラウイルス Orthorubulavirus 属（8種）	
O. mammalis〔パラインフルエンザウイルス5 parainfluenza virus 5（犬パラインフルエンザウイルス canine parainfluenza virus）〕	犬，人，サル，豚
O. suis（ラ・ピエダ・ミチョアカン・メキシコウイルス La Piedad Michoacán Mexico virus）	豚
O. mapueraense（マプエラルウイルス Mapuera virus）	コウモリ
O. simiae（サルウイルス41 simian virus 41）	サル
O. laryngotracheitidis（人パラインフルエンザウイルス2 human parainfluenza virus 2）	人
O. hominis（人パラインフルエンザウイルス4 human parainfluenza virus 4）	人
O. parotitidis（ムンプスウイルス mumps virus）	人
他1種	
パラルブラウイルス Pararubulavirus 属（11種）	
P. menangleense（メナングルウイルス Menangle virus）	コウモリ，豚，人
P. sosugaense（ソスガウイルス Sosuga virus）	コウモリ，人
P. achimotaense（アキモタウイルス1 Achimota virus 1）	コウモリ
他8種	
他4亜科	
ニューモウイルス科 Pneumoviridae（2属）	
メタニューモウイルス Metapneumovirus 属（2種）	
M. avis（鳥メタニューモウイルス avian metapneumovirus）	七面鳥，鶏
M. hominis（人メタニューモウイルス human metapneumovirus）	人
オルトニューモウイルス Orthopneumovirus 属（3種）	
O. bovis（牛RSウイルス bovine respiratory syncytial virus）	牛，羊，山羊
O. hominis（人RSウイルス human respiratory synctrial virus）	人
O. muris（マウス肺炎ウイルス murine pneumonia virus）	マウス，ラット，ハムスター，モルモット

表 10-57 パラミクソウイルス科およびニューモウイルス科のウイルス性状

- ビリオンはエンベロープを有する球状，多形性（直径約150 nm）。500〜600 nmの大きなものもある。エンベロープにはスパイク状の2種類の糖蛋白質（膜融合および吸着蛋白質）。ヌクレオカプシドはらせん対称。有機溶媒や界面活性剤に弱い
- 浮上密度 1.18〜1.20 g/cm^3（sucrose）
- ゲノムは非分節マイナス1本鎖RNA。パラミクソウイルス科ではおよそ14.9〜20.1 kbで6〜8の遺伝子を，ニューモウイルス科ではおよそ13.4〜15.2 kbで8〜10の遺伝子をコード。ウイルス粒子中ではN蛋白質，P蛋白質，L蛋白質と結合したRNP複合体として存在
- ウイルス複製は細胞質で行われ，細胞膜から出芽

る。ウイルス粒子の直径はおよそ150 nmであるが，500〜600 nmの大きなものもある。エンベロープにはパラミクソウイルスで2種類（長さ8〜12 nm），ニューモウイルスで3種類（長さ10〜14 nm）の膜貫通蛋白質が存在し，エンベロープの内側はマトリックス（M）蛋白質により裏打ちされている。パラミクソウイルス科の中には，さらに1つまたは2つの膜貫通蛋白質を有するものがある。ウイルス粒子内に存在するヌクレオカプシドはらせん対称で，長さ約1 µm，幅はパラミクソウイルス科で約18 nm，

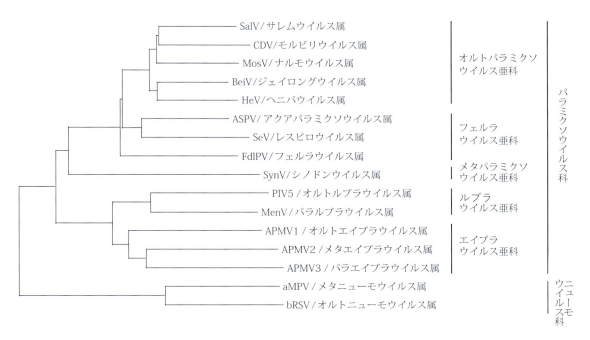

図 10-57 パラミクソウイルス科およびニューモウイルス科の分子系統樹
M 蛋白質アミノ酸配列をもとに作成した。
SalV：サレムウイルス，CDV：犬ジステンパーウイルス，MosV：モスマンウイルス，BeiV：ベイロングウイルス，HeV：ヘンドラウイルス，ASPV：大西洋サーモンパラミクソウイルス，SeV：センダイウイルス，FdlPV：フェルデランスウイルス，SynV：エソパラミクソウイルス，PIV5：パラインフルエンザウイルス 5，MenV：メナングルウイルス，APMV1：鳥パラミクソウイルス 1，APMV2：鳥パラミクソウイルス 2，APMV3：鳥パラミクソウイルス 3，aMPV：鳥メタニューモウイルス，bRSV：牛 RS ウイルス

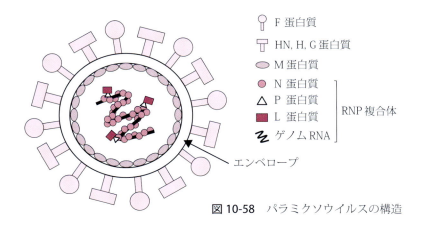

図 10-58 パラミクソウイルスの構造

ニューモウイルス科で約 13〜14 nm である。熱，紫外線，有機溶媒，界面活性剤，ホルマリンなどの化学薬品に感受性である。

(3) ゲノム構造（図 10-59）
非分節**マイナス1本鎖 RNA ゲノム**である。パラミクソウイルス科ではおよそ 14.9〜20.1 kb で 6〜8 の遺伝子をコードしている。ニューモウイルス科ではおよそ 13.4〜15.2 kb で 8〜10 の遺伝子をコードしている。ゲノムの両末端にはリーダー配列（3' 末端）とトレーラー配列（5' 末端）

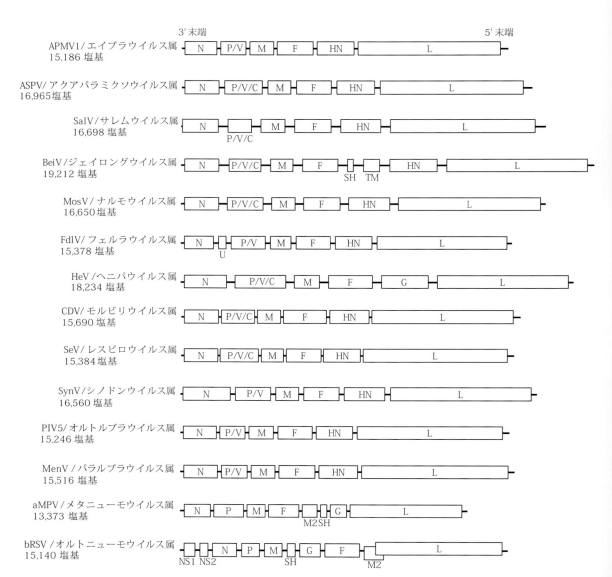

図 10-59 パラミクソウイルス科およびニューモウイルス科のゲノム構造
APMV1：鳥パラミクソウイルス 1，ASPV：大西洋サーモンパラミクソウイルス，SalV：サレムウイルス，BeiV：ベイロングウイルス，MosV：モスマンウイルス，FdlPV：フェルデランスウイルス，HeV：ヘンドラウイルス，CDV：犬ジステンパーウイルス，SeV：センダイウイルス，SynV：エソパラミクソウイルス，PIV5：パラインフルエンザウイルス 5，MenV：メナングルウイルス，aMPV：鳥メタニューモウイルス，bRSV：牛 RS ウイルス

と呼ばれる相補性が高い領域が存在し，プロモーターとして機能している．各遺伝子の 3' 末端には転写開始配列，5' 末端には転写終結配列が存在し，mRNA 合成の際に転写の開始および終結のシグナルとなっている．転写終結配列と転写開始配列の間は介在配列で繋がれている．

(4) ウイルス蛋白質

核（N または NP）蛋白質はゲノム RNA に結合しヌクレオカプシドを形成する．リン酸化（P）蛋白質と RdRp の本体であるラージ（L）蛋白質はポリメラーゼ複合体を形成し，ヌクレオカプシドと結合した状態で RNP 複合体を形成している．

エンベロープには2種類の糖蛋白質があり、1つは膜融合（F）蛋白質で、感染時にウイルスエンベロープと細胞膜との融合や多核巨細胞形成に関与する。F蛋白質は非活性型のF0蛋白質として合成され、宿主細胞が産生する蛋白質分解酵素でF1とF2蛋白質に開裂され膜融合活性を獲得する。もう1つのエンベロープ糖蛋白質はレセプター吸着蛋白質で、赤血球凝集（HA）活性とノイラミニダーゼ（NA）活性をもつHN蛋白質（エイブラウイルス亜科、フェラレスウイルス亜科、ルブラウイルス亜科）、HA活性のみのH蛋白質（モルビリウイルス属およびナルモウイルス属）、どちらの活性もないG蛋白質（ヘニパウイルス属、ジェイロング属およびニューモウイルス科）がある。これら6種類の蛋白質はウイルス構造蛋白質で、パラミクソウイルス科およびニューモウイルス科のウイルスに共通して存在する。全てのニューモウイルス科や多くのジェイロングウイルス属、メタエイブラウイルス属やルブラウイルス属の一部にはエンベロープにsmall hydrophobic（SH）蛋白質を、さらにジェイロングウイルス属には、transmembrane protein（TM）蛋白質を有するものが存在する。パラミクソウイルス科では、P遺伝子mRNAの異なる読み枠上の開始コドンから翻訳されるC蛋白質やRNA編集と呼ばれる機序によりゲノムには存在しない塩基が挿入されたP遺伝子mRNAからV蛋白質が翻訳される。CおよびV蛋白質は非構造蛋白質で、アクセサリー蛋白質と呼ばれる。オルトニューモウイルス科およびメタニューモウイルス科では、M2遺伝子からM2-1およびM2-2蛋白質が翻訳され、さらにオルトニューモウイルスではNS1およびNS2蛋白質が存在する。

（5）増　殖

パラミクソウイルスの複製は細胞質で行われる。ウイルスは宿主細胞表面のレセプターに吸着した後、細胞表面においてpH非依存的にエンベロープと細胞膜との膜融合を引き起こし、RNP複合体を細胞質内に放出する。シアル酸（エイブラウイルス亜科、オルトルブラウイルス属およびレスピロウイルス属）やEphrinB2/B3（ヘニパウイルス属）、SLAM、Nectin4（モルビリウイルス属）などの蛋白質がレセプターとして同定されている。次いで、ゲノムRNAを鋳型とし、ポリメラーゼ複合体の活性により3'末端側に位置する遺伝子から順にmRNAが転写され、各ウイルス蛋白質に翻訳される。また、ゲノムRNAを鋳型にプラス鎖のゲノム全長コピー（アンチゲノムRNA）が合成され、さらにこれを鋳型としてマイナス鎖のゲノム全長コピー、すなわち子孫ウイルスのゲノムRNAが複製される。複製されたゲノムRNAはN、PおよびL蛋白質と結合してRNP複合体を形成する。エンベロープ糖蛋白質は糖鎖付加などの修飾を受けながら細胞膜上に輸送される。M蛋白質は細胞膜内側表面に移動し、RNP複合体、エンベロープ糖蛋白質とともにウイルス粒子を形成し細胞外へ出芽する。

2）パラミクソウイルス感染症（表10-58）
（1）エイブラウイルス亜科
a．ニューカッスル病

ニューカッスル病 Newcastle diseaseは、ニューカッスル病ウイルス（鳥パラミクソウイルス1）による鳥類の疾病である。多くの鳥類が感染するが、鶏が最も感受性が高い。ウイルス株の病原性は、強毒型velogenic、中等毒型mesogenic、弱毒型lentogenicの3型に分類される。病状はウイルス株、宿主の種類、環境、ワクチン接種歴などの因子により異なる。弱毒型ウイルスの場合、無徴候もしくは軽い呼吸器徴候を呈するのみであるが、強毒型ウイルスの感染では緑色下痢便、呼吸器徴候（奇声、開口呼吸など）、神経徴候（脚麻痺、斜頸など）、産卵率の低下などを呈し、ワクチン非接種鶏群では高い致死率となる。弱毒型ウイルスを鶏で継代することにより強毒型ウイルスへと変異することが実験的に証明されている。国際獣疫事務局（WOAH）の定義（鶏初生雛脳内接種試験もしくはF蛋白質開裂部位の推定アミノ酸配列解析による）を満たす病原性の高いウイルス株によるものは家畜伝染病、その他の病原性の低いウイルス株によるものは届出伝染病とな

表 10-58　パラミクソウイルス科およびニューモウイルス科による動物の疾病とその病状

疾病名	ウイルス	宿主	病状
ニューカッスル病	ニューカッスル病ウイルス	鳥類	呼吸器徴候，消化器徴候，神経徴候，産卵異常，ウイルス株によっては高致死率
		人	結膜炎
ヘンドラウイルス感染症	ヘンドラウイルス	馬	呼吸器徴候，神経徴候，高致死率
		人	脳炎
ニパウイルス感染症	ニパウイルス	豚	呼吸器徴候，神経徴候
		人	脳炎，高致死率
牛疫	牛疫ウイルス	牛，羊，山羊，豚	口腔粘膜のびらん，消化器徴候，高致死率
小反芻獣疫	小反芻獣疫ウイルス	羊，山羊	口腔粘膜のびらん，消化器徴候，高致死率
犬ジステンパー	犬ジステンパーウイルス	犬，ネコ科，アライグマ科，イタチ科動物	呼吸器徴候，消化器徴候，神経徴候，皮膚徴候
牛パラインフルエンザ	牛パラインフルエンザウイルス3	牛	呼吸器徴候
センダイウイルス感染症	センダイウイルス	齧歯類	呼吸器徴候
犬パラインフルエンザウイルス感染症	パラインフルエンザウイルス5	犬	呼吸器徴候
豚ルブラウイルス感染症（青目病）	豚ルブラウイルス（La Piedad Michoacán Mexico virus）	豚	神経徴候，角膜混濁，繁殖障害
メナングルウイルス感染症	メナングルウイルス		繁殖障害
牛RSウイルス感染症（病）	牛RSウイルス	牛	呼吸器徴候
鳥メタニューモウイルス感染症	鳥メタニューモウイルス	七面鳥，鶏	呼吸器徴候，産卵率低下

る。人では結膜炎を起こす。

　b．その他

　鳥パラミクソウイルス2による鶏および七面鳥での軽度の呼吸器疾患，鳥パラミクソウイルス3による七面鳥での軽度の呼吸器疾患，鳥パラミクソウイルス5によるセキセイインコでの致死的腸炎，鳥パラミクソウイルス6による七面鳥での軽度の呼吸器疾患および産卵率の低下，鳥パラミクソウイルス7による七面鳥での呼吸器疾患などが報告されている。

（2）ヘニパウイルス属

　a．ヘンドラウイルス感染症

　ヘンドラウイルス感染症 Hendra virus infectionはヘンドラウイルスによる呼吸器徴候，神経徴候を呈する馬の感染症で，発熱，顔面浮腫，呼吸および心拍数の増加，血液を含む泡沫状の鼻汁，異常歩行，視覚障害，頭部の傾き，顔面麻痺などが観察される。発症後1～3日で死亡し，致死率は90％に達する。人では発熱，頭痛，筋肉痛などのインフルエンザ様の病状，肺炎，運動失調，痙攣，昏睡など脳炎の病状を呈する。これまでに7名の感染者があり，うち4名が死亡している。自然宿主はオオコウモリで，ウイルスは尿中に排出され，直接あるいは尿に汚染された牧草や物を介して馬に感染する。人への伝播は感染馬の体液や組織との濃厚な接触によると考えられる。本病の発生はこれまでのところオーストラリアに限局されている。馬における本病は届出伝染病に指定されている。当初は「馬モルビリウイルス肺炎」の名称が使用されていたが，2020年の「家畜伝染病予防法」改正により，「ヘンドラウイルス感染症」に変更された。

b. ニパウイルス感染症

ニパウイルス感染症 Nipah virus infection はニパウイルスによる豚の熱性の呼吸器疾患で，鼻汁，開口呼吸，呼吸促迫，犬吠様咳嗽などが見られる。脳炎を起こすこともあるが，致死率は低い（約5%）。人では初期に発熱，頭痛，咽頭痛，筋肉痛などのインフルエンザ様の病状を呈し，その後，急性脳炎を発症する。致死率は40〜75%程度である。人は感染豚の分泌物や尿に接触することにより感染する。自然宿主はオオコウモリで，豚は増幅動物となる。これまでに発生はマレーシア，シンガポール，インド，バングラディシュ，フィリピンでの発生が報告されている。豚，馬，イノシシでの本病は届出伝染病に指定されている。

(3) モルビリウイルス属

a. 牛疫

牛疫 rinderpest は牛疫ウイルスによる牛，水牛など偶蹄類の急性感染症で，高い致死率を示す。発熱，口腔，鼻腔，陰門および腟などの粘膜のびらん，激しい下痢（暗褐色便）を経て，脱水の徴候，起立不能を呈した後，死亡する。牛，水牛，シカ，羊，山羊，豚およびイノシシにおける本病は家畜（法定）伝染病に指定されている。国際連合食糧農業機関（FAO）およびWOAHによる撲滅キャンペーンの結果，2011年5月には牛疫の世界的な撲滅が宣言された。我が国の国立研究開発法人農業・食品産業技術総合研究機構動物衛生研究部門は，アジア地域唯一の牛疫ウイルスの所持およびワクチンの製造および保管施設として認定されている。

b. 小反芻獣疫

小反芻獣疫 peste des petits ruminants は小反芻獣疫ウイルスによる羊，山羊などの小反芻動物における牛疫に類似した疾病である。牛，水牛などは感染してもほとんど徴候を示さない。発生地域は東・中央・西アフリカ，中近東，西・南・東アジアの国々である。羊，山羊およびシカにおける本病は家畜伝染病に指定されている。

c. 犬ジステンパー

犬ジステンパー canine distemper は，犬ジステンパーウイルスの感染を原因とする。犬のみならず，ネコ科，アライグマ科，イタチ科などの動物にも感染する。二峰性の発熱，鼻漏，くしゃみ，下痢，痙攣発作，震え，後駆麻痺，hard pad（硬蹠症）などを呈する。

d. その他

アザラシやイルカなどの海生哺乳類の集団感染，大量死の原因病原体としてアザラシジステンパーウイルス，イルカモルビリウイルスが報告されている。猫の尿細管間質性腎炎と猫モルビリウイルス感染との関連が示唆されている。

(4) レスピロウイルス属

a. 牛パラインフルエンザ

牛パラインフルエンザ bovine parainfluenza は，牛パラインフルエンザウイルス3による呼吸器病で，発熱，鼻汁漏出，発咳などを呈する。輸送，放牧などのストレスを受けた後に多発する牛の輸送熱の要因の1つである。他の呼吸器ウイルスや細菌の二次感染により病状が悪化する（牛呼吸器病症候群 bovine respiratory disease complex）。

b. センダイウイルス感染症

センダイウイルス感染症 Sendai virus infection は，センダイウイルスによる齧歯類の呼吸器病で，実験動物の飼育管理において重要である。粗毛，丸背，異常呼吸音などを呈する。乳子では死亡率が高い。繁殖動物では妊娠率の低下，妊娠期間の延長，産子数の減少などが見られる。

(5) オルトルブラウイルス属

a. 犬パラインフルエンザウイルス感染症

犬パラインフルエンザウイルス感染症 canine parainfluenza virus infection は，パラインフルエンザウイルス5（犬パラインフルエンザウイルス）による呼吸器疾患で，鼻水，発咳，発熱などを呈する。ケンネルコフの要因となる。単独感染での病状は軽いが，他の病原体との混合感染により重症化する。

b. 豚ルブラウイルス感染症（青目病）

豚ルブラウイルス感染症 porcine rubulavirus infection（青目病 blue eye disease）は，豚ルブラウイルス La Piedad Michoacán Mexico virus に

よる。哺乳豚では神経徴候や角膜混濁（ブルーアイ），繁殖豚では発情回帰，死産，胎子のミイラ化などが観察される。これまでのところ発生はメキシコに限定されている。

（6）パラルブラウイルス属

a. メナングルウイルス感染症

メナングルウイルス感染症 Menangle virus infection は，コウモリから伝播したメナングルウイルスによる豚の繁殖障害（流死産，ミイラ化胎子，脳や脊髄の欠損など）。人ではインフルエンザ様の病状を示す。

b. ソスガウイルス感染症

アフリカでコウモリのサンプリングに従事した後に発熱，倦怠感，頭痛，全身の筋肉痛と関節痛，頸部硬直および咽頭痛などの病状を呈した研究者からソスガウイルスが検出された。また，同様のウイルスがサンプリングコウモリの組織からも検出されている。

（7）アクアパラミクソウイルス属

増殖性鰓炎を呈する養殖サケから大西洋サケパラミクソウイルスが分離された。養殖サケの発育不良との関連が示唆されている。一方で，太平洋サケパラミクソウイルスはサケに対して非病原性である可能性が示されている。

（8）フェルラウイルス属

呼吸器徴候を呈して死亡したヘビから爬虫類フェルラウイルス Fer-de-Lance virus が分離された。

3）ニューモウイルス感染症（表10-58）

（1）オルトニューモウイルス属

a. 牛RSウイルス感染症

牛RSウイルス感染症（病）bovine RS virus infection は，冬期に好発する牛RSウイルス感染による呼吸器疾患である。40℃前後の発熱が5～6日持続（稽留熱）し，呼吸促迫，鼻炎，鼻漏，咳などが認められる。牛呼吸器病症候群に関与する。

b. マウス肺炎ウイルス感染症

マウス肺炎ウイルス感染症 pneumonia virus of mice は，マウス肺炎ウイルスがヌードマウスなどの免疫不全マウスに感染すると慢性肺炎を引き起こし，死に至る。一方，免疫機能の正常なマウスでは不顕性感染である。

（2）メタニューモウイルス属

a. 鳥メタニューモウイルス感染症

鳥メタニューモウイルス感染症 avian metapneumovirus infection は七面鳥，鶏の上気道感染症である。咳，くしゃみ，鼻汁漏出などの呼吸器徴候や産卵率低下を呈する。鶏では頭部腫脹症候群の一要因と考えられている。

B. ラブドウイルス科

> **キーワード**：ラブドウイルス，弾丸状ビリオン，エンベロープ，狂犬病ウイルス，街上毒，固定毒，マイナス1本鎖RNAゲノム，ネグリ小体，水疱性口内炎，狂犬病，恐水症，牛流行熱，ウイルス性出血性敗血症，ヒラメラブドウイルス病，伝染性造血器壊死症

ラブドウイルス rhabdovirus の名前は，ギリシャ語の rhabdos（「棒」の意）に由来する。ラブドウイルス科 *Rhabdoviridae* には，哺乳類，鳥類，爬虫類，魚類，昆虫，植物など，様々な宿主に感染する非常に多様なウイルスが含まれる。特に，公衆衛生あるいは家畜衛生において重要な病原体である狂犬病ウイルス rabies virus，水疱性口内炎ウイルス vesicular stomatitis virus，牛流行熱ウイルス bovine ephemeral fever virus が含

表10-59 ラブドウイルス科のウイルス性状

- 特徴的な**弾丸状ビリオン**もしくは桿状ビリオン（長さ100～430 nm，直径45～100 nm）
- 細胞膜由来の脂質二重膜*とスパイクG蛋白質により構成される**エンベロープ**が，らせん対称のヌクレオカプシドを包む
- 浮上密度：1.19～1.20 g/cm^3（CsCl）
- 1本鎖RNAゲノム（11～16 kbp），マイナス鎖，非分節*
- 複製部位：ウイルス属により異なる。動物ウイルスは細胞質
- 出芽部位：ウイルス属や細胞種により異なる。動物ウイルスは主に細胞質膜。一部のリッサウイルスは細胞内小胞

*ベータラブドウイルス亜科のディコラウイルス属およびバリコサウイルス属のウイルスは，脂質二重膜をもたない。また，2分節のゲノムRNAをもつ。

まれる。

1）ラブドウイルスの性状（表10-59）

（1）分 類（表10-60，図10-60）

現在，ラブドウイルス科は，アルファラブドウイルス亜科 *Alpharhabdovirinae*，ベータラブドウイルス亜科 *Betarhabdovirinae*，ガンマラブドウイルス亜科 *Gammarhabdovirinae* およびデルタラブドウイルス亜科 *Deltarhabdovirinae* の4亜科に分類される。アルファラブドウイルス亜科には33属，ベータラブドウイルス亜科に9属，ガンマラブドウイルス亜科に2属，デルタラブドウイルス亜科に11属，これらの亜科に属さない1属の合計56属が割り当てられている。

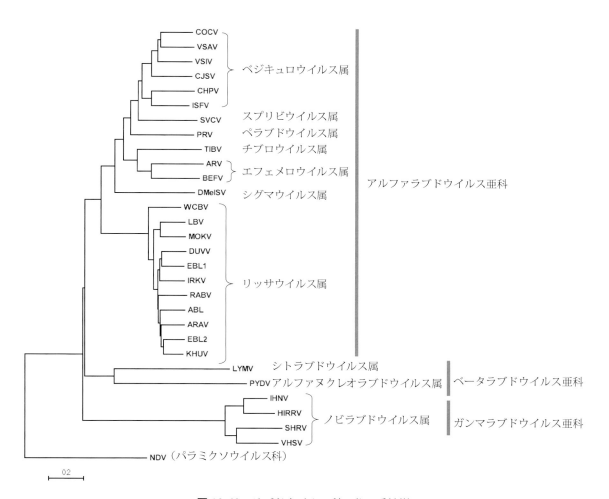

図10-60 ラブドウイルス科の分子系統樹
L（RdRp）遺伝子配列をもとに作成した。

COCV：Cocal virus, VSAV：vesicular stomatitis Alagoas virus, VSIV：vesicular stomatitis Indiana virus, CJSV：Carajas virus, CHPH：Chandipura virus, ISFV：Isfahan virus, SVCV：spring viremia of carp virus, PRV：perch rhabdovirus, TIBV：Tibrogargan virus, ARV：Adelaide River virus, BEFV：bovine ephemeral fever virus, DMelSV：Drosophila melanogaster sigmavirus, WCBV：West Caucasian bat virus, LBV：Lagos bat virus, MOKV：Mokola virus, DUVV：Duvenhage virus, EBLV1：European bat lyssavirus 1, IRKV：Irkut virus, RABV：rabies virus, ABLV：Australian bat lyssavirus, ARAV：Aravan virus, EBLV2：European bat lyssavirus 2, KHUV：Khujand virus, LYMV：lettuce yellow mottle virus, PYDV：potato yellow dwarf virus, IHNV：infectious hematopoietic necrosis virus, HIRRV：hirame rhabdovirus, SHRV：snakehead rhabdovirus, VHSV：viral hemorrhagic septicemia virus, NDV：ニューカッスル病ウイルス

表 10-60 ラブドウイルス科の分類と宿主

科・亜科・属・種（ウイルス名）	宿主
ラブドウイルス科 Rhabdoviridae（56 属）	
アルファラブドウイルス亜科 Alpharhabdovirinae（33 属）	
ベジキュロウイルス Vesiculovirus 属（21 種）	哺乳類
V. indiana（水疱性口内炎インディアナウイルス vesicular stomatitis Indiana virus：VSIV）	
V. alagoas（水疱性口内炎アラゴアスウイルス vesicular stomatitis Alagoas virus：VSAV）	
V. newjersey（水疱性口内炎ニュージャージーウイルス vesicular stomatitis New Jersey virus：VSNJV）	
他 18 種	
リッサウイルス Lyssavirus 属（18 種）	哺乳類
L. rabies（狂犬病ウイルス rabies virus：RABV）遺伝子型 1	
L. lagos（ラゴスコウモリウイルス Lagos bat virus：LBV）遺伝子型 2	
L. mokola（モコラウイルス Mokola virus：MOKV）遺伝子型 3	
L. duvenhage（ドゥベンヘイジウイルス Duvenhage virus：DUVV）遺伝子型 4	
L. hamburg（ヨーロッパコウモリリッサウイルス 1 European bat lyssavirus 1：EBL1）遺伝子型 5	
L. helsinki（ヨーロッパコウモリリッサウイルス 2 European bat lyssavirus 2：EBL2）遺伝子型 6	
L. australis（オーストラリアコウモリリッサウイルス Australian bat lyssavirus：ABL）遺伝子型 7	
他 10 種	
エフェメロウイルス Ephemerovirus 属（14 種）	哺乳類
E. febris（牛流行熱ウイルス bovine ephemeral fever virus：EBFV）	
他 12 種	
ペラブドウイルス Perhabdovirus 属（4 種）	魚類
P. perca（パーチラブドウイルス perch rhabdovirus：PRV）	
他 3 種	
スプリビウイルス Sprivivirus 属（2 種）	魚類
S. cyprinus（コイ春ウイルス血症ウイルス spring viremia of carp virus：SVCV）	
他 1 種	
チブロウイルス Tibrovirus 属（8 種）	哺乳類
ツパウイルス Tupavirus 属（8 種）	鳥類，哺乳類
レダンテウイルス Ledantevirus 属（21 種）	哺乳類，昆虫
シグマウイルス Sigmavirus 属（22 種）	昆虫
他 24 属	
ベータラブドウイルス亜科 Betarhabdovirinae（9 属）	
シトラブドウイルス Cytorhabdovirus 属（55 種）	植物
アルファヌクレオラブドウイルス Alphanucleorhabdovirus 属（16 種）	植物
ベータヌクレオラブドウイルス Betanucleorhabdovirus 属（18 種）	植物
ディコラウイルス Dichorhavirus 属（6 種）	植物
バリコサウイルス Varicsavirus 属（43 種）	植物
他 4 属	
ガンマラブドウイルス亜科 Gammarhabdovirinae（2 属）	
ノビラブドウイルス Novirhabdovirus 属（4 種）	魚類
N. salmonid（伝染性造血器壊死症ウイルス infectious hematopoietic necrosis virus：IHNV）	
N. hirame（ヒラメラブドウイルス hirame rhabdovirus：HIRRV）	
N. piscine（ウイルス性出血性敗血症ウイルス viral hemorrhagic septicema virus：VHSV）	
他 1 種	
他 1 属	
デルタラブドウイルス亜科 Deltarhabdovirinae（11 属 34 種）	昆虫
亜科未分類（1 属）	

a．アルファラブドウイルス亜科
　ⅰ）ベジキュロウイルス属

　ベジキュロウイルスの名前は，ラテン語のvesicula（「水疱」の意）に由来する。ベジキュロウイルス *Vesiculovirus* 属のウイルスは，哺乳類を宿主とする。代表的な種は，水疱性口内炎インディアナウイルス（水疱性口内炎ウイルスインディアナ型ともいう）を含む *Vesiculovirus indiana*，水疱性口内炎ニュージャージーウイルス（同ニュージャージー型）を含む *V. newjersey* および水疱性口内炎アラゴアスウイルス（同アラゴアス型）を含む *V. alagoas* であり，これらは水疱性口内炎ウイルスと総称され，種は異なるが血清型として分類される場合もある。水疱性口内炎ウイルスは，インターフェロン活性の測定にも活用されている。

　ⅱ）リッサウイルス属

　リッサウイルスの名前は，古代ギリシャ語のlud（「凶暴な」の意）から派生したlyssa（「犬の狂犬病」の意）に由来する。リッサウイルス *Lyssavirus* 属のウイルスは，いずれも哺乳類を宿主とする。代表的な種は，**狂犬病ウイルス**を含む *Lyssavirus rabies* である。狂犬病ウイルスは，株間で抗原性が高度に保存されていることから，単一の血清型を構成すると考えられている。

　狂犬病ウイルスは，野外流行株である**街上毒** street virus と，これを各種動物の神経組織で長期継代することで確立される**固定毒** fixed virus に区別される。なお，固定毒は，1885年にPasteur Lによって初めて確立され，最初の狂犬病ワクチンの開発に応用された。街上毒による感染では，潜伏期が長く不定となる一方，固定毒による感染では，短縮し一定となる。固定毒は，末梢組織から感染した場合，街上毒よりも著しく低い病原性を示す。このことから，街上毒の取扱いにはバイオセーフティレベル（BSL）3の実験施設が必要となるのに対し，固定毒の取扱いはBSL2施設において可能である。したがって固定毒は，ワクチンの製造や様々な基礎研究に広く活用されている。

　現在，リッサウイルス属には，18種のウイルスが属している。これらのうち，狂犬病リッサウイルス種を含む7種に属するウイルスは，遺伝子型1～7に区別される（表10-60）。狂犬病ウイルス以外のリッサウイルス属のウイルスを「リッサウイルス」あるいは「狂犬病関連ウイルス」と総称する場合がある。いずれのウイルスも狂犬病と類似した神経疾患を引き起こすことが確認あるいは予想されている。

　ⅲ）エフェメロウイルス属

　エフェメロウイルスの名前は，ギリシャ語のephemeros（「短命」の意）に由来する。エフェメロウイルス *Ephemerovirus* 属の代表的な種は，牛流行熱ウイルスを含む *E. febris* である。各ウイルスは，吸血昆虫により媒介され，主に反芻動物を宿主とする。ゲノムのG-L遺伝子間に非構造蛋白質をコードする数種類の遺伝子をもつ（図10-61）。

　ⅳ）ペラブドウイルス属

　ペラブドウイルスの名前は，ペラブドウイルス *Perhabdovirus* 属の代表的な *P. perca* 種に属するパーチラブドウイルス perch rhabdovirus に由来する。本属のウイルスは魚類を宿主とする。

　ⅴ）スプリビウイルス属

　スプリビウイルスの名前は，スプリビウイルス *Sprivivirus* 属の代表的な *S. cyprinus* 種に属するコイ春ウイルス血症ウイルス spring viremia of carp virus に由来する。本属のウイルスは，魚類を宿主とする。

　ⅵ）その他の属

　アルファラブドウイルス亜科に分類される他の属として，主にショウジョウバエに感染するウイルスにより構成されるシグマウイルス *Sigmavirus* 属，牛とヌカカの両者から分離されるウイルスを含むチブロウイルス *Tibrovirus* 属，ツパイや鳥類（アメリカオオバン）から分離されたウイルスを含むツパウイルス *Tupavirus* 属などがあげられる。

b．ベータラブドウイルス亜科

　各種の植物ウイルスからなるシトラブドウイル

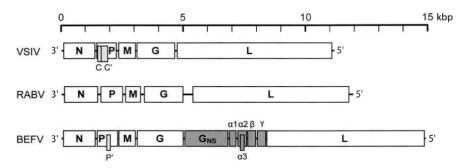

図 10-61 代表的なラブドウイルスのゲノム構造
各遺伝子の ORF をボックスで示した．構造蛋白質をコードする遺伝子を白色で，非構造蛋白質をコードする遺伝子を灰色で示した．
VSIV：水疱性口内炎インディアナウイルス，RABV：狂犬病ウイルス，BEFV：牛流行熱ウイルス

ス Cytorhabdovirus 属，アルファヌクレオラブドウイルス Alphanucleorhabdovirus 属およびベータヌクレオラブドウイルス Betanucleorhabdovirus 属などが含まれる．

 c．ガンマラブドウイルス亜科
 ⅰ）ノビラブドウイルス属
 ノビラブドウイルスの名前は，本ウイルスが発現する非構造蛋白質 non-virion（NV）蛋白質に由来する．ノビラブドウイルス Novirhabdovirus 属の代表的な N. salmonid 種に，伝染性造血器壊死症ウイルスが分類される．本属のウイルスは，いずれも魚類を宿主とする．

(2) 形態・物理化学的性状（図 10-62）
 動物由来ウイルスは，特徴的な弾丸状（図 10-63）もしくは円錐状の形態をとる．植物由来ウイルスの形態は，桿状，弾丸状あるいは多形性である．ウイルス粒子の長さは 100〜430 nm，直径は 45〜100 nm となる．宿主細胞由来の脂質二重膜と，ウイルス粒子表面にスパイク状に突出する G 蛋白質により構成されるエンベロープが，らせん対称のヌクレオカプシドを内包する．ただし，植物を宿主とするディコラウイルス Dichorhavirus 属およびバリコサウイルス Varicsavirus 属（いずれもベータラブドウイルス亜科）のウイルスは，脂質二重膜をもたない．
 ラブドウイルス科のウイルスのほとんどが，各種の有機溶媒（エタノール，エーテル，クロロホ

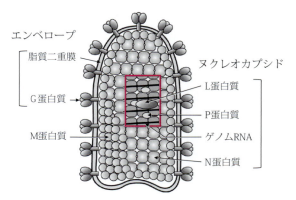

図 10-62 狂犬病ウイルス粒子の構造
赤いボックス内に，らせん状のヌクレオカプシドの内部構造を示した．

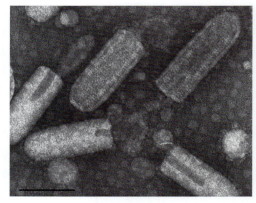

図 10-63 水疱性口内炎インディアナウイルス粒子の電子顕微鏡写真（Bar = 100 nm）
（ICTV Report. Family: Rhabdoviridae の Fig.1 より転用，提供：P. Perrin）．

ルム），界面活性剤，ヨードなどに対して感受性を示す。また，56℃の加熱処理，紫外線あるいはγ線照射によっても失活する。一方，pHの変化には比較的安定で，感染性はpH 5～10において維持される。

(3) ゲノム構造（図10-61）

ラブドウイルス科のウイルスのゲノムは，約11,000～16,000塩基からなる直鎖状**マイナス1本鎖RNAゲノム**をもつ。ただし，ディコラウイルス属およびバリコサウイルス属のウイルスは，2つに分節化されたゲノムをもつ。両属以外のウイルスでは，ゲノムの3'末端から順に，N, P, M, G および L 遺伝子が存在する。これらの遺伝子は，ウイルスの増殖に必須な構造蛋白質（それぞれ N, P, M, G および L 蛋白質）をコードする。これらの蛋白質に加え，1～数種類の非構造蛋白質を発現するウイルスも存在する。これらの非構造蛋白質は，主に G-L, P-M および M-G の各遺伝子間領域にコードされている。

(4) ウイルス蛋白質（図10-62）

a. N 蛋白質

質量約50～65 kDa の蛋白質で，ウイルスゲノム RNA（マイナス鎖）と結合することで，らせん状のヌクレオカプシド構造を形成する。複製過程の相補（プラス）鎖にも結合する。mRNA には結合しない。RdRp（L 蛋白質）による転写・複製の調節に関与すると考えられている。また，細胞性および液性免疫の両者を誘導する。

b. P 蛋白質

質量約20～40 kDa のリン酸蛋白質で，ヌクレオカプシド上で N 蛋白質と L 蛋白質の両者に結合し，RdRp の共因子として働く。なお，P 蛋白質にはポリメラーゼ活性はない。N 蛋白質による異常な自己凝集や非特異的な RNA 結合を防ぐ分子シャペロンとしても機能する。一方，狂犬病ウイルスの P 蛋白質は，抗インターフェロン活性をもつ。同ウイルスの P 蛋白質は，関連する転写因子を阻害することで，感染した宿主細胞における I 型インターフェロン産生および応答の両方を抑制する。

c. M 蛋白質

質量約20～30 kDa の蛋白質で，ヌクレオカプシドと G 蛋白質の細胞質内領域の両者に結合することで，ウイルスの出芽・粒子形成を促進する。狂犬病ウイルスの M 蛋白質は，RdRp による転写・複製を調節する。また，水疱性口内炎ウイルスの M 蛋白質は，宿主細胞 mRNA の核外輸送を妨げることで，細胞由来蛋白質の合成を全般的に阻害する。

d. G 蛋白質

質量約65～90 kDa の膜蛋白質で，三量体がエンベロープの脂質二重膜から突出したスパイク構造を形成する。小胞体およびゴルジ装置において，N 型糖鎖の付加・修飾を受ける。ウイルスレセプターとの結合だけでなく，その後のエンドサイトーシスを介したウイルスの取込み，エンベロープとエンドソーム膜の融合にも中心的な役割を果たす。インフルエンザウイルスの HA 蛋白質などとは異なり，膜融合活性の誘導に蛋白質の開裂は必要ない。ウイルス中和抗体の産生を誘導すると同時に，細胞性免疫も誘起する。

e. L 蛋白質

質量約220～250 kDa の大型の蛋白質で，RdRp として機能する。ゲノム RNA, N 蛋白質および P 蛋白質とともに，ヌクレオカプシドを構成する。ウイルスゲノム RNA の複製だけでなく，ウイルス mRNA の転写にも必須な役割を果たす。なお，L 蛋白質は，ポリメラーゼ活性の他に，ウイルス mRNA の修飾に必要な各種の酵素活性（mRNA キャッピング，キャップメチル化およびポリアデニル化活性）ももつ。

f. 非構造蛋白質

一部のラブドウイルスは，1～数種類の非構造蛋白質を発現する。これらの蛋白質の機能は概して不明である。これらの多くがウイルス増殖に直接関与しないアクセサリー蛋白質と考えられている。

(5) 増 殖（図10-64）

ウイルスは，G 蛋白質を介して細胞表面のレセプターに結合する。これまでに，狂犬病ウイルス

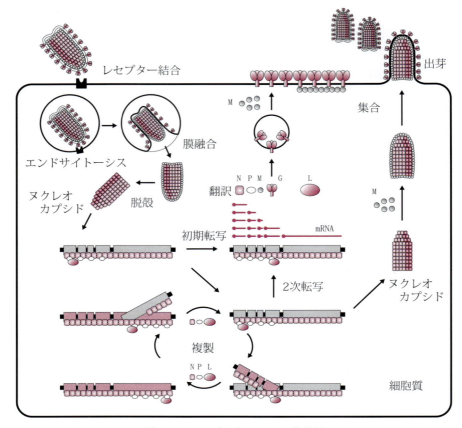

図 10-64 ラブドウイルスの増殖環
マイナス鎖ゲノム RNA を灰色で，プラス鎖アンチゲノム RNA および mRNA を赤色で示した。

のレセプターとしてニコチン性アセチルコリンレセプターを含む 4 分子が同定されている。レセプターと結合後，ウイルスは，エンドサイトーシスにより細胞内に取り込まれる。その後，エンドソーム内における低 pH 刺激により G 蛋白質の構造変化が起こり，膜融合活性が誘導される。その結果，エンベロープとエンドソームの膜融合が起こり，ヌクレオカプシドが細胞質内に放出される（脱殻）。

やがて，ヌクレオカプシド上の L 蛋白質により各ウイルス遺伝子の mRNA が合成され（初期転写），これらの翻訳の結果，各種のウイルス蛋白質が合成される。次に，新たに合成された N，P および L 蛋白質の存在下で，ゲノム RNA の複製が行われる。すなわち，マイナス鎖ゲノム RNA から相補するプラス鎖アンチゲノム RNA が，ア

ンチゲノム RNA からマイナス鎖ゲノム RNA が合成されるサイクルにより，ウイルスゲノムが効率的に増幅される。この時，新たに合成されたゲノム RNA は，ただちに N 蛋白質と結合し，カプシド化される。一方，新規に合成されたマイナス鎖ゲノム RNA からも各遺伝子の mRNA が合成され（2 次転写），結果として各ウイルス蛋白質が細胞内に蓄積していく。

複製により増幅されたヌクレオカプシドは，M 蛋白質に包まれた後，M 蛋白質と G 蛋白質の相互作用を介して脂質膜に包まれる（集合）。ウイルスは，この過程を経て細胞表面あるいは細胞内小胞内に出芽し，やがて細胞外に放出される。

なお，狂犬病ウイルス感染細胞に認められる細胞質内封入体，**ネグリ小体** Negri body（図 10-65）は，ヌクレオカプシドが集積したものであり，

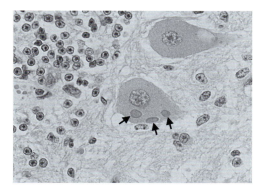

図 10-65 狂犬病発症牛の小脳プルキンエ細胞に認められたネグリ小体（矢印）
（写真提供：岐阜大学，酒井洋樹 教授）

活発なウイルス RNA 合成の場であることが証明されている。

2）ラブドウイルス感染症（表 10-61）

（1）ベジキュロウイルス属

a. 水疱性口内炎

水疱性口内炎 vesicular stomatitis は水疱性口内炎ウイルスを原因とする，家畜や他の動物の急性熱性疾患である。米国南西部および中南米諸国において地方病的に発生する。発症した馬，牛，豚では，発熱に引き続き，鼻腔・口腔粘膜や蹄部に水疱，びらん，潰瘍が認められる。特に，牛や豚で発生した場合，口蹄疫との類症鑑別が重要となる。伝播様式については不明な点が多く，粘膜や皮膚の創傷を介した接触感染の他に，吸血性節足動物による媒介も示唆されている。なお，清浄国の日本では，家畜伝染病に指定されている。人獣共通感染症としても知られており，極めてまれながら人が発症した場合，インフルエンザ様の病状が確認される。

（2）リッサウイルス属

a. 狂犬病

狂犬病 rabies は狂犬病ウイルスを原因とする，致死性の極めて高い感染症である。長く不定な潜伏期（1～2か月），重篤な神経徴候（興奮，痙攣，麻痺），ほぼ 100％ の高い致死率を特徴とする。典型的な人獣共通感染症であり，人を含む全ての哺乳類が罹患する。毎年，発展途上国を中心に約 59,000 人が狂犬病により死亡している。有効な治療法は存在しないが，ワクチン接種により予防はできる。人の患者では，飲水に対する恐怖を訴える**恐水症** hydrophobia が認められる場合がある。

狂犬病は，一部の清浄国（日本，英国，オーストラリア，ニュージーランドなど）を除き，全世界に分布する。発展途上国では主に犬が，先進国では食肉目（キツネ，アライグマ，スカンクなど）および翼手目（コウモリ）の野生動物がレゼルボアとなる。公衆衛生上，最も重要な動物は犬で，人の症例の 99％ 以上の感染源となっている。

発症動物は通常，攻撃的となり，他の個体に咬傷を与える。この時，唾液に含まれるウイルスが

表 10-61 ラブドウイルスによる代表的な動物の病気

ウイルス	感受性動物	病気
水疱性口内炎ウイルス*	牛，馬，豚	急性熱性疾患，水疱形成（蹄・口・鼻）
狂犬病ウイルス	全ての哺乳類	神経徴候（興奮・痙攣・麻痺），約 100％ の致死率
リッサウイルス**	食虫・食果コウモリ，食虫類，齧歯類，人など	狂犬病と同様の神経疾患
牛流行熱ウイルス	牛，水牛	急性熱性疾患
コイ春ウイルス血症ウイルス	コイ科魚類	臓器出血，腹膜炎，腸炎
ウイルス性出血性敗血症ウイルス	サケ科魚類，海水魚	臓器出血，壊死
ヒラメラブドウイルス	ヒラメ，マダイ，クロダイなど	腎脾壊死，生殖腺・腸管出血
伝染性造血器壊死症ウイルス	サケ科魚類	突然死，腹水，出血斑

*水疱性口内炎インディアナウイルス，水疱性口内炎ニュージャージーウイルス，水疱性口内炎アラゴアスウイルス
**狂犬病ウイルス以外のリッサウイルス

傷口から侵入することで感染が成立する。やがて末梢神経に侵入したウイルスは，中枢神経系に感染を拡大し，活発に増殖する。その後，神経を介して唾液腺に移行したウイルスは，同部位での増殖を経て，唾液中に排出される。

日本では，「狂犬病予防法」に基づき，飼育犬へのワクチン接種など，狂犬病に対する様々な対策が行われている。また，家畜の狂犬病は，家畜伝染病に指定されている。

b．リッサウイルス感染症

リッサウイルス感染症 lyssavirus infection は，狂犬病ウイルス以外のリッサウイルスを原因とする狂犬病の類似疾患である。病状では狂犬病と区別できない。狂犬病と同様に致死率は，ほぼ100％である。アフリカ，ユーラシア，オーストラリアの各大陸に分布し，狂犬病清浄国である英国やオーストラリアでも確認されている。一部を除き，コウモリが病原巣と考えられている。現在までに約10例の人の症例が確認されている。近年，本感染症と古典的な狂犬病を合わせて，狂犬病と総称することが多い。

(3) エフェメロウイルス属

a．牛流行熱

牛流行熱 bovine ephemeral fever は，牛流行熱ウイルスを原因とする，反芻動物の急性熱性疾患である。蚊やヌカカなどの吸血昆虫により媒介される。一般に，発熱，呼吸促迫，流涎，関節痛，泌乳の減少・停止などが認められる。致死率は1％以下と低く，重症例を除き，予後は良好である。アジア，オーストラリア，中近東，アフリカの熱帯・亜熱帯地域を中心に発生が見られる。日本では，九州や沖縄での発生報告がある。届出伝染病に指定されている。

(4) スプリビウイルス属

a．コイ春ウイルス血症

コイ春ウイルス血症 spring viremia of carp はコイ春ウイルス血症ウイルスの感染により，コイ科魚類に発生する。致死率は高い。欧州，米国および中国に分布する。名前の通り，春期に稚魚に多発する。腹部膨満，体表および筋肉内の点状出血，眼球突出などが確認される。

(5) ノビラブドウイルス属

a．ウイルス性出血性敗血症

ウイルス性出血性敗血症 viral hemorrhagic septicemia は，ウイルス性出血性敗血症ウイルスの感染により，主にサケ科魚類に発生する。伝播力が強く，致死性も高い。欧州や米国に発生報告がある。近年，日本でも養殖ヒラメから弱毒ウイルスが分離されている。腹膜などの出血，筋肉の点状出血，諸臓器の壊死性変化などが認められる。

b．ヒラメラブドウイルス病

ヒラメラブドウイルス病 hirame rhabdovirus disease はヒラメラブドウイルスを原因とする，ヒラメ，マダイ，クロダイ，メバル，アユなどの魚類に発生する急性感染症である。発症した稚魚および育成魚では，腹部膨満，体表の退色，筋肉・生殖腺のうっ血・出血，腎臓・脾臓の壊死などが認められる。

c．伝染性造血器壊死症

伝染性造血器壊死症 infectious hematopoietic necrosis は，伝染性造血器壊死症ウイルスの感染による幼稚魚の急性・高致死性疾患である。特に，サケ科魚類で問題となる。日本を含む全世界に分布する。成魚は，発症せずキャリアとなる。発症した幼稚魚は突然死し，腹部膨満，鰭基部や筋肉に出血が確認される。造血組織に壊死が認められる。

C．フィロウイルス科

キーワード：フィロウイルス，フィラメント状ビリオン，エンベロープ，マイナス1本鎖RNAゲノム，マールブルグ病，エボラ出血熱

1) フィロウイルスの性状

(1) 分類（表10-62）

フィロウイルス科 Filoviridae には現在8属が知られている。そのうちオルトマールブルグウイルス Orthomarburgvirus 属およびオルトエボラウイルス Orthoebolavirus 属は人やサルに感染症を引き起こすウイルスを含む。オルトエボラウイルス属は6種に分けられており，それぞれに1つ

表 10-62 フィロウイルス科の分類とウイルスが見つかった動物

属	種	ウイルス	感染確認動物
オルトマールブルグウイルス Orthomarburgvirus 属	O. marburgense	Marburg virus	人, サル, コウモリ
	O. marburgense	Ravn virus	人, コウモリ
オルトエボラウイルス Orthoebolavirus 属	O. zairense	Ebola virus	人, サル, コウモリなど
	O. sudanense	Sudan virus	人
	O. taiense	Taï Forest virus	人, サル
	O. bundibugyoense	Bundibugyo virus	人
	O. restonense	Reston virus	サル, 豚, コウモリ
	O. bombaliense	Bombali virus*	コウモリ
クエヴァウイルス Cuevavirus 属	C. lloviuense	Lloviu virus	コウモリ
ディアンロウイルス Dianlovirus 属	D. menglaense	Měnglà virus*	コウモリ
タプジョウイルス Tapjovirus 属	T. bothropis	Tapajós virus	ヘビ
オブラウイルス Oblavirus 属	O. percae	Oberland virus*	魚
ストリアウイルス Striavirus 属	S. antennarii	Xīlǎng virus*	魚
サムノウイルス Thamnovirus 属	T. thamnaconi	Huángjiāo virus*	魚
	T. percae	Fiwi virus*	魚
	T. kanderense	Kander virus*	魚
ローベウイルス Loebevirus 属	L. percae	Lötschberg virus*	魚

*ウイルス RNA が検出されたのみであり，感染性のウイルスは分離されておらず，宿主に対する病原性も不明である．

のウイルスが属している．オルトマールブルグウイルス属は1種のみであるが2つの異なるウイルスが属している．それぞれのウイルスに複数のバリアントが存在する．

(2) 形態・物理学的性状（表 10-63，図 10-66）

「フィロ」はラテン語の filo（糸状）に由来する．**エンベロープ**に包まれたフィラメント状粒子で，直径はほぼ一定（約 80 nm）であるが長さは多様である．環状，分枝状，U 型，6 字型など様々な形態をとる．ウイルス粒子の表面には 5～10 nm 間隔で表面糖蛋白質が突起物のように存在する．ウイルスの感染性は室温では安定であるが，60℃ 30 分の熱処理で不活化される．ガンマ線照射，有機溶媒あるいは界面活性剤などでも不活化される．

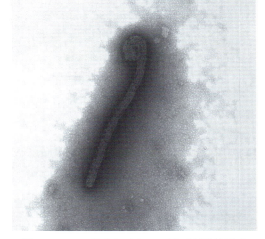

図 10-66 エボラウイルスの電子顕微鏡写真

表 10-63 フィロウイルス科のウイルス性状
- 多形性に富む**フィラメント状ビリオン**（80×～14,000 nm），らせん対照のヌクレオカプシド，エンベロープの表面にスパイク蛋白質
- 浮上密度：1.14 g/cm³（酒石酸カリウム）
- 直鎖状 1 本鎖 RNA（約 19 kb），マイナス鎖
- 細胞質内で増殖し，細胞質膜より出芽

(3) ゲノム構造（図 10-67）

ウイルスは直鎖状**マイナス 1 本鎖 RNA ゲノム**（約 19 kb）をもつ．少なくとも 7 種類の構造蛋

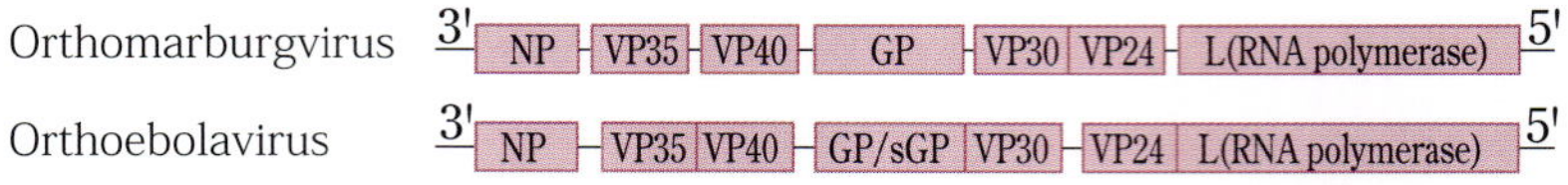

```
Orthomarburgvirus  3'─NP─VP35─VP40─GP─VP30─VP24─L(RNA polymerase)─5'
Orthoebolavirus    3'─NP─VP35─VP40─GP/sGP─VP30─VP24─L(RNA polymerase)─5'
```

図 10-67 フィロウイルス科のゲノム構造

（4）ウイルス蛋白質

NP，VP35，VP30 および L 蛋白質はウイルス RNA と複合体（RNP 複合体）を形成している。VP40 はマトリックス蛋白質としてウイルス粒子形成に関与する。VP24 は第 2 のマトリックス蛋白質と考えられている。表面糖蛋白質 GP はレセプターへの吸着および宿主細胞膜とウイルスエンベロープとの膜融合活性を担い，中和抗体の標的蛋白質である。VP35，VP24，VP40 には，宿主のインターフェロン応答を阻害する機能があると考えられている。非構造蛋白質である分泌型糖蛋白質 sGP はオルトエボラウイルスにのみ見られ，複数の機能をもつと考えられている。

（5）増　殖

ウイルスは細胞表面の吸着レセプター（T cell immunoglobulin and mucin domain 1，C 型レクチンなど）に結合し，マクロピノサイトーシスなどによって細胞内に取り込まれる。表面糖蛋白質 GP はカテプシンなどの宿主プロテアーゼによる分解を受けた後に膜融合レセプター（Niemann-Pick C1）に結合し宿主細胞膜とウイルスエンベロープとの膜融合が引き起こされ，RNP 複合体が細胞質内へ放出される。蛋白質はウイルス RNA と相補的な単シストロンの mRNA から翻訳される。合成された蛋白質およびウイルス RNA は細胞内に蓄積され，ウイルス粒子は GP を含む宿主細胞質膜をエンベロープとしておおって細胞表面から出芽する。

2）フィロウイルス感染症

オルトマールブルグウイルスおよびオルトエボラウイルスのほとんどは人を含む霊長類に重篤な出血熱を引き起こす（表 10-64）。その致死率は極めて高く，バイオセーフティレベル 4 の施設で取り扱わなければならない病原体に分類される。しかし，病原性はウイルスによって異なり，Ebola virus が最も高く致死率は時に 90% 近くに達するのに対し，Reston virus は人に対しては不顕性感染のみが報告されている。感染初期には，発熱，悪寒，倦怠，食欲不振，吐き気，下痢，筋肉痛などが見られ，他の熱性疾患（マラリアやインフルエンザなど）との区別は困難である。感染後期には，血液凝固不全に伴う点状出血あるいは粘膜からの出血などの病状を呈する。血液，粘液および嘔吐物などを介して粘膜や傷口から体内に侵入したウイルスは主にマクロファージ，樹状細胞，単球，肝細胞および血管内皮細胞などに感染する。宿主免疫応答の阻害，サイトカインストームおよび血液凝固・線溶系の異常が本ウイルスの病態と高い病原性に関与すると考えられている。霊長類以外では，モルモット，マウスおよびハムスターが動物モデルとして主に用いられて

表 10-64 フィロウイルスによる出血熱の主な発生例

ウイルス	動物名	分離地	感染源
Marburg virus Ravn virus	人 霊長類（野生）	ケニア，アンゴラ，コンゴ民主共和国，ウガンダ，赤道ギニア，タンザニアなど	野生霊長類 食果コウモリ
Ebola virus Sudan virus Taï Forest virus Bundibugyo virus	人 霊長類（野生）	コンゴ民主共和国（旧ザイール），コンゴ共和国，ガボン，スーダン，ウガンダ，ギニアなど	野生霊長類 多くの場合不明
Reston virus	カニクイザル（飼育）	フィリピン，米国，イタリア	フィリピン産の研究用カニクイザル

いる。しかし，霊長類から分離されたウイルスをそのままこれらの動物に感染させても致死的感染を起こさないため，ウイルスを馴化させる必要がある。オルトエボラウイルス属のBombali virus，クエヴァウイルス*Cuevavirus*属のLloviu virusおよびディアンロウイルス*Dianlovirus*属のMěnglàvirusは，コウモリから遺伝子のみが検出されているが，病原性は不明である。

　フィロウイルスによる出血熱の発生は散発的で，主にアフリカに限局しているが，2000年以降発生頻度が増加している。一方，輸入感染症としての発生も多い。アフリカから欧州に輸入されたサルが感染源となり人に伝播したケース，フィリピンから米国およびイタリアに輸入されたサルが発症したケースなどが報告されている。また，アメリカおよびオランダの観光客がウガンダで感染し，自国に帰国後発症したケース（**マールブルグ病**）が確認されている。特に，2013年～2016年に西アフリカで発生した**エボラ出血熱**は過去に類を見ない大規模な流行となり，西アフリカ諸国のみならず欧米でも感染者を出し，世界的な問題となった。フィロウイルスの自然宿主としてコウモリが有力視されており，洞窟に棲む食果コウモリ（*Rousettus aegyptiacus*）が保有するオルトマールブルグウイルスが人に伝播することが実証されている。しかし，現時点では感染性オルトエボラウイルスはコウモリから分離されていない。また，霊長類動物は感受性が高いため，アフリカあるいは東南アジアから他国へ輸出される霊長類が人への感染源となる可能性があるので注意を要する。

D. ボルナウイルス科

キーワード：ボルナウイルス，エンベロープ，マイナス1本鎖RNAゲノム，ボルナ病，よろよろ病，前胃拡張症

1）ボルナウイルスの性状（表10-65）

　ボルナウイルス科*Bornaviridae*は，マイナス1本鎖RNAウイルスが属するモノネガウイルス目に属する。ゲノム構造や複製の場が核であること

表10-65　ボルナウイルスのウイルス性状

- 球形ビリオン（直径約80～100 nm），エンベロープあり
- 浮上密度：1.16～1.22 g/cm^3（CsCl）
- 1本鎖RNA（8.9 kbp），マイナス鎖
- 核内で転写・複製
- 神経系由来の細胞に親和性をもつ
- 細胞傷害性はなく，持続感染をする

など，他のモノネガウイルスとは異なる性状を示す。ボルナ（Borna）とは，ドイツ東部のサクソニー地方にある町の名前である。1885年に，この町の馬で流行したボルナ病ウイルス1　Borna disease virus 1（BoDV1）に由来する。

（1）分　類（表10-66，図10-68）

　ボルナウイルス科は，オルトボルナウイルス*Orthobornavirus*属，カルボウイルス*Carbovirus*属，カルターウイルス*Cultervirus*属，カルチロウイルス*Cartilovirus*属の4属からなる。オルトボルナウイルス属には，哺乳類，鳥類，爬虫類に由来するウイルスが含まれており，人や馬に致死性脳炎を引き起こすBoDV1（*Orthobornavirus bornaense*）など9種に分類されている。カルボウイルス属には爬虫類，カルターウイルス属とカルチロウイルス属には魚類から同定されたウイルスが分類されている。また，様々な種の哺乳類やその他の動物のゲノムからは内在性ボルナウイルス様配列 endogenous bornavirus-like elements（EBLs）が同定されている。EBLsは，現存する**ボルナウイルス**の祖先ウイルスに由来する配列と考えられている。

（2）形態・物理化学的性状

　ウイルスは直径約80～100 nmの球状である。脂質二重膜からなる**エンベロープ**には膜蛋白質であるG蛋白質が突出しおり，マトリックス（M）蛋白質が裏打ちしている。粒子内部には，ゲノムRNA，ゲノムRNAをおおうヌクレオ（N）蛋白質，RdRpとして機能するL蛋白質，ポリメラーゼの補因子であるリン酸（P）蛋白質から構成されるRNP複合体を，ヌクレオカプシドとして内包している。ボルナウイルスの感染性は，56℃での

表 10-66 ボルナウイルス科の分類

属・種・ウイルス名
オルトボルナウイルス *Orthobornavirus* 属
O. bornaense
ボルナ病ウイルス 1 Borna disease virus 1（BoDV1）
ボルナ病ウイルス 2 Borna disease virus 2（BoDV2）
O. sciuri
カワリリスボルナウイルス 1 variegated squirrel bornavirus 1（VSBV1）
O. alphapsittaciforme
オウムボルナウイルス 1 parrot bornavirus 1（PaBV1）
オウムボルナウイルス 2 parrot bornavirus 1（PaBV2）
オウムボルナウイルス 3 parrot bornavirus 1（PaBV3）
オウムボルナウイルス 4 parrot bornavirus 1（PaBV4）
オウムボルナウイルス 7 parrot bornavirus 1（PaBV7）
オウムボルナウイルス 8 parrot bornavirus 1（PaBV8）
O. betapsittaciforme
オウムボルナウイルス 5 parrot bornavirus 1（PaBV5）
オウムボルナウイルス 6 Parrot bornavirus 1（PaBV6）
O. serini
カナリアボルナウイルス 1 canary bornavirus 1（CnBV1）
カナリアボルナウイルス 2 canary bornavirus 2（CnBV2）
カナリアボルナウイルス 3 canary bornavirus 3（CnBV3）
キンバラボルナウイルス munia bornavirus 1（MuBV1）
O. estrildidae
カエデチョウボルナウイルス 1 estrildid finch bornavirus 1（EsBV1）
O. avisaquaticae
水鳥ボルナウイルス 1 aquatic bird bornavirus 1（ABBV1）
水鳥ボルナウイルス 2 aquatic bird bornavirus 2（ABBV2）
O. elapsoideae
ガータースネークボルナウイルス Loveridge's garter snake virus 1（LGSV1）
O. caenophidiae
ウォータースネークボルナウイルス Caribbean watersnake bornavirus（CWBV）
クロオガラガラヘビボルナウイルス Mexican black-tailed rattlesnake bornavirus（MRBV）
（未分類）
ガボンアダーボルナウイルス Gaboon viper virus 1（GaVV1）
カルボウイルス *Carbovirus* 属
C. queenslandense
ジャングルカーペットパイソンウイルス jungle carpet python virus（JCPV）
C. tapeti 種
セイナンカーペットニシキヘビウイルス southwest carpet python virus（SWCPV）
カルターウイルス *Cultervirus* 属
C. hemicultri
ウーハンシャープベリーウイルス Wǔhàn sharpbelly bornavirus（WhSBV）
C. electrophori
電気ウナギボルナウイルス electric eel bornavirus
C. inflati
コモンフグボルナウイルス finepatterned puffer bornavirus
カルチロウイルス *Cartilovirus* 属
C. plani
リトルスケートボルナウイルス little skate bornavirus

熱処理，pH 5.0 以下の酸処理で消失する。ウイルス粒子がエンベロープをもつため有機溶媒や界面活性剤の処理により失活する。また UV 処理に感受性を示し不活化される。他のウイルスと同様にホルマリンや塩素系消毒剤で迅速かつ完全に感染性が失活する。

(3) ゲノム構造（図 10-69）

非分節，**マイナス 1 本鎖 RNA ゲノム**で，長さはおおよそ 9 kb である。ゲノムには少なくとも 6 つのウイルス蛋白質（N，X，P，G，M，L）がコードされており，ゲノムの 3' 末端より，N-X/P-G-M-L（カルボウイルス属，カルターウイルス属）および N-X/P-M-G-L（オルトボルナウイルス属）の順に並んでいる。ゲノムの両末端には転写と複製に必須なプロモーター配列を含む非翻訳領域が存在している。ゲノム内には 3 つの転写開始配列と 4 つの転写終始配列が確認されている。また，オルトボルナウイルス属ウイルスのゲノムには，少なくとも 5 つのスプライシング関連配列が同定されている。

(4) ウイルス蛋白質（図 10-69）

N 蛋白質は，ウイルスのゲノム RNA とともにヌクレオカプシドを形成する構造蛋白質である。P 蛋白質は，ウイルスの転写複製において RdRp（L 蛋白質）の補因子として働き，ウイルスのポリメラーゼ活性を制御する中心的な役割を果たしている。P 蛋白質と同じ mRNA から発現される 10 kDa の X 蛋白質は，P 蛋白質に作用してウイルスのポリメラーゼ活性を負に制御する機能をもつ。X 蛋白質はウイルス複製に必須の非構造蛋白質である。16 kDa の M 蛋白質は，エンベロープを裏打ちしている構造蛋白質であり，G 蛋白質はエンベロープ上に突出しているスパイク状の糖蛋白質である。G 蛋白質は約 90 kDa であり，翻訳後プロテアーゼ furin によるプロセッシングを受けて，GP1 と GP2 に切断される。GP1 は細胞膜上のレセプターとの結合を，GP2 は膜融合を担っていると考えられる。約 190 kDa の L 蛋白質は，RdRp 活性やウイルス mRNA のキャップ合成などの活性をもつ転写酵素として機能する蛋白質であ

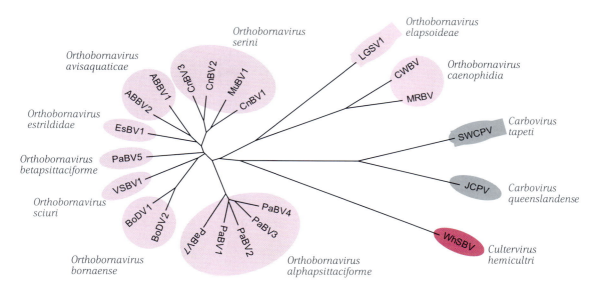

図 10-68　ボルナウイルス科の分子系統樹
BoDV：Borna disease virus, VSBV：variegated squirrel bornavirus, PaBV：parrot bornavirus, EsBV：estrildid finch bornavirus, ABBV：aquatic bird bornavirus, MuBV：munia bornavirus, CnBV：canary bornavirus, LGSV：Loveridge's garter snake virus, CWBV：Caribbean watersnake bornavirus, MRBV：Mexican black-tailed rattlesnake bornavirus, SWCPV：southwest carpet python virus, JCPV：jungle carpet python virus, WhSBV：Wǔhàn sharpbelly bornavirus

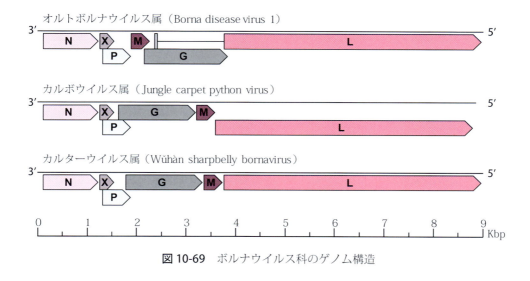

図 10-69　ボルナウイルス科のゲノム構造

る。

(5) 増　殖

　ボルナウイルスが感染する宿主細胞のレセプターについては同定されていないが，G 蛋白質の GP1 領域が宿主細胞への吸着に関与している

BoDV1 はレセプターを介して細胞に吸着した後，エンドサイトーシスにより細胞質内へと侵入すると考えられている。ウイルス粒子は，細胞内小胞において pH 依存的に細胞膜と融合し，脱殻が起こる。その後，RNP 複合体が複製部位である細

胞核へと侵入し，核内の隔離されたコンパートメント（複製場）で転写・複製を行う。ウイルスmRNAの合成は，RNP複合体に含まれるL蛋白質によりゲノムを鋳型として開始される。転写されたmRNAは，核内でスプライシングを受けて細胞質へと運ばれる。核内にはウイルスmRNAのスプライシングを調節する機構が存在している。細胞質内で翻訳を受けたウイルス蛋白質は，RNP複合体を形成して，再び核内へと移行し，ゲノムの複製や子孫ウイルスの産生に関与する。ゲノムRNAの複製は，プラス鎖のアンチゲノムをL蛋白質が転写することから始まる。ボルナウイルスは核内で非細胞傷害性に持続感染する。そのために，感染培養細胞からは上清中へのウイルス粒子放出がほとんど見られない。

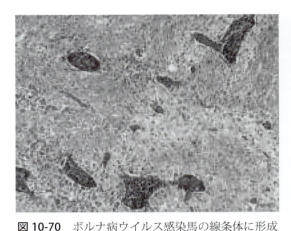

図 10-70 ボルナ病ウイルス感染馬の線条体に形成された非化膿性脳炎像
多数のリンパ球の囲管性細胞浸潤が観察される。
Taniyama, H., et al.：Vet. Rec., 2001. 148, 480-482, 2001 より転載。

2) ボルナウイルス感染症

(1) ボルナ病

ボルナ病 Borna disease は，ドイツ南東部を中心に発生が認められていた行動異常や運動失調を伴う馬や羊の流行性脳炎である。病理組織学的な診断は非化膿性髄膜脳脊髄炎であり，BoDV1の感染を原因とするものである。ボルナ病の発生は，ドイツ南東部，スイス，リヒテンシュタイン公国，オーストリアを含む中欧の一部地域に限局されている。BoDV1の保有宿主として知られているのは，流行地に生息しているトガリネズミ Crocidura leucodon である。BoDV1は感染宿主の唾液，糞便，尿を介して伝播すると考えられている。これまでに，馬や羊に加え，牛，山羊，猫，犬などの哺乳類や人への感染も報告されている。人を含め，これらの宿主はそれ以上ウイルスを伝播することがない終末宿主と考えられる。

a. 馬

BoDV1の主たる宿主である。本ウイルス感染症には急性型と慢性型がある。急性型では，数週間〜数か月間の潜伏期の後に，微熱，軽度の行動異常，過敏，無関心などが認められ，次第に痙攣，興奮，無動，麻痺などを呈した後，全身麻痺に陥り，その約80％が死亡する（ボルナ病）。脳は組織学的に散在性の非化膿性髄膜脳脊髄炎像を示す（図10-70）。大型の神経細胞内には特徴的な好酸性の核内封入体（Joest-Degen body）が認められる。最近では，ドイツにおいてもこの急性型のボルナ病の発症例は少なくなっている。これまでに急性型のボルナ病が報告された国は，ドイツ，オーストリア，日本である。一方，慢性型では，特別な病状は示さず，病理組織学的にも病変は認められない。多くの感染例は慢性型と考えられている。しかし最近の調査によると，原因不明の運動器障害を伴った馬では本ウイルスの陽性率が高く，このような馬において中枢神経系への持続感染が高率に認められることが報告されている。母子感染も確認されている。

b. 羊

感染により馬と同様なボルナ病の病状を示す。我が国での発症報告例はない。

c. 牛

馬や羊に比べてまれである。我が国でも感染が認められている。牧場内での垂直伝播も確認されるとともに，BoDV1抗体陽性の雌牛では繁殖障害との関連性が示唆されている。

d. 猫

欧州では，神経性の運動器障害を主徴とする staggering disease（**よろよろ病**）を発症した猫

でBoDV1感染が認められると報告されている。一方，近年，よろよろ病の原因ウイルスは，風疹ウイルス（マトナウイルス科ルビウイルス属）に近縁のルストラウイルスであることが報告されており，今後，その鑑別が必要である。

e. その他の動物

BoDV1の感染性宿主域は広く，これまでに，犬，山羊，ロバ，ウサギ，キツネなど多くの動物で感染が確認されている。

f. 人

2018年にドイツで人への病原性が報告され，2023年までに，46例の人BoDV1脳炎（うち45例は致死的）が確認されている。また，BoDV1感染による人死亡例が毎年4～6件報告されている。BoDV1感染症は保有動物（レゼルボア）からの直接感染により死亡例が最も多い人獣共通感染症の1つとなっている。ドイツでは，BoDV1を含むボルナウイルス感染症は，2020年以降，「動物伝染病予防条例」および「ドイツ感染症予防法」による届出疾患となっている。

（2）鳥ボルナウイルス感染症

前胃拡張症 proventricular dilatation disease（PDD）は鳥類，特にオウム類で好発する中枢神経系と末梢神経神経節へのリンパ球浸潤を主徴とする致死性疾患である。消化器系の機能不全による嘔吐や麻痺・痙攣などの中枢神経徴候を示す。2008年に原因が不明であった前胃拡張症を呈したオウムで鳥ボルナウイルス感染が見つかった。PDDの発症は，世界的にオルトボルナウイルス属のオウムボルナウイルス2型もしくは4型（PaBV2，PaBV4）の感染が主である。鳥ボルナウイルス感染が関連すると思われるその他の疾患として毛引き症 feather picking diseaseがある。我が国において毛引き症を発症した愛玩鳥インコでPaBV5の持続感染が観察されてる。

（3）カワリリスボルナウイルス感染症

2011年～2013年にかけてドイツで進行性脳炎または髄膜脳炎で死亡した3名の男性から新型のボルナウイルス（variegated squirrel bornavirus 1：VSBV1）が検出された。3名の患者はともにカワリリス Sciurus variegatoides のブリーダーであり飼育，繁殖を行っていた。カワリリスの主な生息地はコスタリカやエルサルバドル，パナマなどの中米である。死亡患者と接触のあったカワリリスの組織検体からはVSBV1が同定された。また2名の患者の脳組織より，カワリリスから検出されたものとほぼ同一のVSBV1 RNAが検出された。VSBV1は咬傷や引っ掻き傷を介して，カワリリスから人に伝播したと考えられている。VSBV1の自然宿主は不明である。ドイツ国内で行われた疫学調査ではVSBV1はカワリリスの他に，動物園で飼育されている東南アジア原産のプレボストリス Callosciurus prevostii からも検出されている。2023年現在，少なくとも5名がVSBV1感染により致死性脳炎で死亡している。

E. オルトミクソウイルス科

> **キーワード**：オルトミクソウイルス，エンベロープ，分節状マイナス1本鎖RNAゲノム，遺伝子再集合，パンデミック，季節性インフルエンザ，高病原性鳥インフルエンザ，低病原性鳥インフルエンザ，H5亜型，H7亜型，鳥インフルエンザ，豚インフルエンザ，馬インフルエンザ

ミクソウイルス myxovirus は粘液ムチン mucus に親和性があるウイルス群の呼称である。**オルトミクソウイルス** orthomyxovirus のオルト ortho- はギリシャ語で「正規の」を意味する接頭語である。

1）オルトミクソウイルスの性状（表10-67）

（1）分類（表10-68）

オルトミクソウイルス科 Orthomyxoviridae は9つの属からなる。アルファインフルエンザウイルス Alphainfluenzavirus 属，ベータインフルエンザウイルス Betainfluenzavirus 属，ガンマインフルエンザウイルス Gammainfluenzavirus 属，デルタインフルエンザウイルス Deltainfluenzavirus 属，アイサウイルス Isavirus 属，マイキスウイルス Mykissvirus 属，クアランジャウイルス Quaranjavirus 属，サーディノウイルス Sardinovirus 属，トーゴトウイルス Thogotovirus

表 10-67 オルトミクソウイルス科のウイルス性状

- ウイルス粒子は球形（直径 80 〜 120 nm）あるいは多形性。新鮮分離株ではひも状構造の粒子も認められる
- 浮上密度：1.19 g/cm³（sucrose）
- **エンベロープ**表面に糖蛋白質をもつ
  インフルエンザ A, B ウイルス：HA と NA
  インフルエンザ C, D ウイルス：HEF
  らせん対称のヌクレオカプシド（RNP）構造
- **分節状マイナス 1 本鎖 RNA ゲノム**をもつ
  インフルエンザ A, B ウイルス，アイサウイルス，サーディノウイルス，マイキスウイルス：8 分節
  インフルエンザ C, D ウイルス：7 分節
  トーゴトウイルス：6 〜 7 分節
  クアランジャウイルス：6 分節
- 核内でゲノムの転写と複製。細胞膜からの出芽により成熟
- 感染性をもたない欠損性干渉（DI）粒子が生じやすい（von Magnus 現象）
- **遺伝子再集合**が起こりやすい

属である。4 つのインフルエンザウイルス属には，それぞれインフルエンザ A, B, C, D ウイルス influenza virus A, B, C, D が含まれる 4 種がある。各ウイルスは A 型，B 型，C 型，D 型インフルエンザウイルスともいう。

インフルエンザウイルスの型は，NP 蛋白質と M1 蛋白質の抗原性の違いに基づいて分類される。さらに A 型インフルエンザウイルスは赤血球凝集素（ヘマグルチニン：HA）とノイラミニダーゼ（NA）糖蛋白質の抗原性やアミノ酸配列に基づいて，H1 〜 H19 および N1 〜 N11 の亜型に分類される。種々の HA および NA 亜型の組合せを有する A 型インフルエンザウイルスが様々な動物から分離されている（図 10-72）。インフルエンザウイルスの株名は，型，由来動物種（人の場合は省略），分離地，番号，分離年により表す。A 型インフルエンザウイルスの場合は HA と NA の亜型を括弧とともに追記する〔例：A/chicken/Yamaguchi/7/2004 (H5N1), A/Mexico/4604/2009 (H1N1) など〕。

（2）形態・物理化学的性状（表10-67, 図10-73）

インフルエンザウイルスの粒子はエンベロープにおおわれており，ウイルス株や培養条件の違いにより，直径 80 〜 120 nm の球〜楕円状もしくは μm 単位長のひも状構造をとる。A 型および B 型インフルエンザウイルスは，エンベロープ上に HA と NA の 2 種類の糖蛋白質をスパイク構造様に形成する。さらに，A 型では M2，B 型では NB および BM2 蛋白質がそれぞれエンベロープに組み込まれている。C 型および D 型インフルエンザウイルスは，いずれもヘマグルチニンエステラーゼフュージョン（HEF）糖蛋白質からなる 1 種類のスパイクをエンベロープ上に有し，CM2

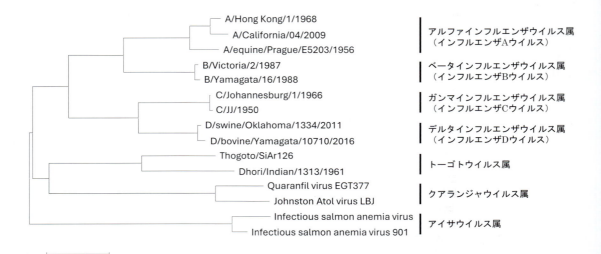

図 10-71 オルトミクソウイルス科の分子系統樹
PB1 遺伝子配列をもとに ML 法で作成した。（作成：堀本泰介先生）

表 10-68　代表的なオルトミクソウイルス科に属するウイルスの分類と動物の病気

属 種・ウイルス名	分離ウイルス		主な病状
	動物種	抗原亜型	
アルファインフルエンザウイルス *AlphaInfluenzavirus* 属			
A. influenzae 　インフルエンザ A ウイルス 　influenza A virus	人インフルエンザウイルス human influenza virus	H1N1（ソ連型），H2N2（アジア型），H3N2（香港型），パンデミック H1N1（2009）	呼吸器徴候，発熱，筋肉痛，全身倦怠感，下痢，まれに脳炎（小児）
	馬インフルエンザウイルス equine influenza virus	H7N7（馬 1 型），H3N8（馬 2 型） H7N7 は 1980 年以降消失 H3N8 は犬にも感染	呼吸器徴候，発熱，水溶性鼻汁，乾性の咳，呼吸困難，肺炎を併発しなければ 2～3 週間で回復，予後良好
	豚インフルエンザウイルス swine influenza virus	H1N1，H3N2，H1N2	急性呼吸器病で多大な損耗をもたらす豚の慢性呼吸器病の基礎疾患。不顕性感染も多い。人の新型ウイルス出現に重要
	鳥インフルエンザウイルス avian influenza virus	H1～H16・H19，N1～N9	不顕性感染あるいは軽度の呼吸器徴候，下痢，産卵率低下
	（低病原性鳥インフルエンザウイルス）	高病原性鳥インフルエンザウイルスを除く H5，H7	同上 （高病原性鳥インフルエンザウイルスに変異する可能性）
	（高病原性鳥インフルエンザウイルス）	国際獣疫事務局（WOAH）の病原性基準により判定	急性全身性の呼吸器徴候・神経徴候，甚急性，高致死性
	犬インフルエンザウイルス canine influenza virus	H3N2，H3N8	急性呼吸器病で死亡例もある　H3N2 は鳥ウイルスに由来，H3N8 は馬ウイルスに由来
	コウモリインフルエンザウイルス bat influenza virus	H17N10，H18N11	不顕性感染
ベータインフルエンザウイルス *BetaInfluenzavirus* 属			
B. influenzae 　インフルエンザ B ウイルス 　influenza B virus	人，（アザラシ）		呼吸器徴候，発熱，全身倦怠感
ガンマインフルエンザウイルス *Gammainfluenzavirus* 属			
C. influenzae 　インフルエンザ C ウイルス 　influenza C virus	人，（豚），（牛）		呼吸器徴候（発熱を伴わない上気道の異常のみの場合が多い）
デルタインフルエンザウイルス *DeltaInfluenzavirus* 属			
D. influenzae 　インフルエンザ D ウイルス 　influenza D virus	牛，豚，（人）		牛呼吸器病症候群への関与示唆
トーゴトウイルス *Thogotovirus* 属			
T. thogotoense 　トーゴトウイルス Thogoto virus	人を含む哺乳類，鳥類		ダニ媒介性ウイルス。ウイルス性状などの詳細不明
T. dhoriense 　ドーリウイルス Dhori virus			
クアランジャウイルス *Quaranjavirus* 属			
Q. quaranfilense 　クアランフィルウイルス 　Quaranfil virus	人，鳥類		ダニ媒介性ウイルス。小児（発熱）から分離。ウイルス性状などの詳細不明
Q. johnstonense 　ジョンストン環礁ウイルス 　Johnston Atoll virus			
アイサウイルス *Isavirus* 属			
I. salaris 　伝染性サケ貧血ウイルス 　infectious salmon anemia virus	大西洋サケ		貧血，白血球減少 高致死性

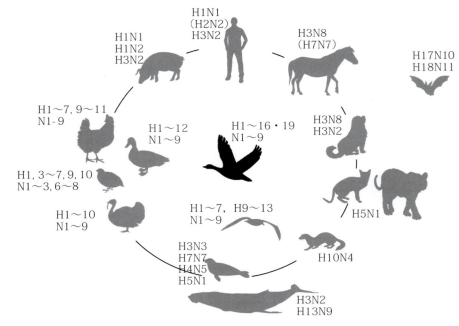

図 10-72 インフルエンザウイルスの宿主環
インフルエンザウイルスの自然宿主は野生水禽類である。

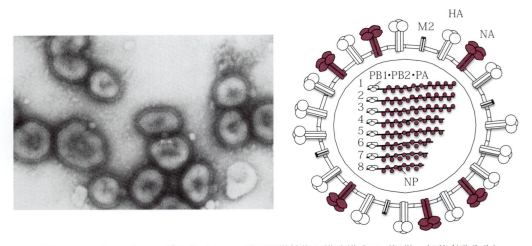

図 10-73 インフルエンザAウイルスの電子顕微鏡像と構造模式図（提供：伊藤壽啓先生）

蛋白質がエンベロープ内に組み込まれている。インフルエンザウイルスのエンベロープの直下にはマトリックス（M1）蛋白質が配列して殻を形成している。ウイルス粒子内部に、らせん対称のヌクレオカプシドが、A型およびB型は8分節（セグメント）、C型およびD型は7分節含まれている。ウイルスの感染性は加熱（56℃）や酸（pH 5以下）への曝露により数分以内に減少する。また、有機溶媒、界面活性剤（洗剤）、ホルマリン、β-プロピオラクトン、紫外線、γ線照射により不活化される。

（3）ゲノム構造（表 10-67，図 10-73）

オルトミクソウイルスのゲノムはマイナス1本鎖の分節状RNAである。前述のインフルエン

ザウイルスに加え，クアランジャウイルスは6本，トーゴトウイルスは6～7本，アイサウイルス，サーディノウイルス，マイキスウイルスは8本の分節で構成され，それぞれ1種類ないし複数の蛋白質をコードしている．ゲノムの転写および複製は細胞核の中で行われる．

異なる2種類のA型インフルエンザウイルスが同一宿主（細胞）に重感染すると，感染細胞内で各ウイルスの遺伝子分節が様々な組合せで再集合し（遺伝子再集合），新たな遺伝子背景を有するウイルスが生じる場合がある（図10-74）．本現象を通して，従来の流行株と亜型や抗原性が異なるウイルスが誕生し（抗原不連続変異 antigenic shift），人において時に世界的大流行（**パンデミック** pandemic）を引き起こしてきた．また，A型インフルエンザウイルスが特定の生物種で維持されている間に，そのHAとNAの抗原性が徐々に変化する場合がある（抗原連続変異 antigenic drift）．本現象は流行ウイルスの遺伝子の点突然変異の蓄積に起因し，毎年人で繰り返し流行する**季節性インフルエンザ**や，1996年以降世界的に発生している**高病原性鳥インフルエンザ** high pathogenicity avian influenza の原因ウイルスで認められている．

（4）ウイルス蛋白質（表10-69）

A型インフルエンザウイルスは9種類の主要な蛋白質を粒子中に包含する．PB2，PB1，PAはウイルスRNAの転写・複製を担うRNA依存性ポリメラーゼ活性の構成成分である．NPはこれらポリメラーゼサブユニットとともにウイルスRNAに結合し，リボヌクレオ蛋白質（RNP）複合体を形成する．エンベロープの内側に存在するM1はウイルス粒子の構造を支えている．スパイク状の表面糖蛋白質であるHAとNAは，それぞれ三および四量体構造を形成する．HAは宿主細胞表面のシアル酸レセプターに結合し，ウイルスの細胞内への侵入に寄与する．また，HAは生体内のプロテアーゼによりHA1およびHA2サブユニット

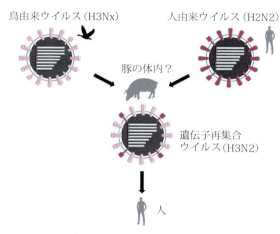

図10-74 遺伝子再集合による新型インフルエンザウイルスの出現（香港インフルエンザの例）
人が免疫を有さないHAをもつ遺伝子再集合ウイルスが豚の体内で生じたと考えられている．

表10-69 A型インフルエンザウイルスのRNA分節と蛋白

分節RNA	ヌクレオチド数	ポリペプチド	アミノ酸数	主な機能	
1	2341	PB2	759	転写，キャップ認識	
2	2341	PB1	757	ウイルスRNA複製	RNA依存性ポリメラーゼ活性
3	2233	PA	716	エンドヌクレアーゼ	
4	1778	HA	566	赤血球凝集素（HA1とHA2に開裂），吸着，膜融合	
5	1565	NP	498	核蛋白質	
6	1413	NA	454	ノイラミニダーゼ（レセプター破壊酵素），出芽	
7	1027	M1	230	マトリックス蛋白質	
		M2	121	H^+イオンチャンネル	
8	890	NS1	252	非構造蛋白質，インターフェロン産生抑制	
		NEP（NS2）	97	核外輸送蛋白質	

ヌクレオチド数およびアミノ酸数は人インフルエンザウイルスA/Puerto Rico/8/1934株の値を示す．

に開裂する。一方，NAはシアル酸糖鎖を切断して感染細胞からウイルスを遊離させる。M2は四量体でエンベロープを貫通する管孔構造をもち，イオンチャネルとして機能する。NS1は感染細胞内に限って認められる非構造蛋白質である一方，NEP（NS2）（nuclear export protein）はウイルス粒子中に存在している。NS1は宿主遺伝子の発現や自然免疫系の抑制などに関与する多機能蛋白質である。多くのA型インフルエンザウイルスは，PB1遺伝子からフレームシフトにより翻訳される短い蛋白質PB1-F2を発現し，本蛋白質はミトコンドリアに移行してアポトーシスを誘導する。C型およびD型インフルエンザウイルスにNAは存在せず，HA活性とエステラーゼ活性を合わせもつHEF蛋白質をもつ。

（5）増　殖

A型インフルエンザウイルスはHAを介して細胞表面のシアル酸（N-アセチルノイラミン酸）を含む糖鎖レセプターに吸着する。その後，ウイルスはエンドサイトーシスにより細胞内に取り込まれ，エンドソーム内の酸性環境によりHAの立体構造が変化し，HA2サブユニットのN末端に存在する膜融合ドメインが露出して，細胞のエンドソーム膜とウイルスのエンベロープ膜が融合する。さらに，M2イオンチャネルを介してプロトンがウイルス内部に流入し，M1とRNP間の結合が解離する。結果，細胞質内に放出されたRNPは核内へ移行し，ウイルスRNAの転写と複製が行われる。転写は，ウイルスRNAを鋳型にウイルスのRdRpによって行われる。この際，PB2により宿主RNAの5'末端キャップ構造を含む領域が切り取られ，それをプライマーとして各mRNAが合成される。第7および第8分節からはスプライシングを受けたmRNAも合成され，それぞれM2とNEP（NS2）に翻訳される。ウイルスRNAの複製は，プライマー非依存的にまずプラス鎖cRNAが合成され，続いてそれを鋳型にウイルスRNA（マイナス鎖）が合成される。新しく合成されたRNAは核内でRNPを形成し，NEP（NS2）の働きにより細胞質へと輸送される。細胞膜部位でHA，NA，M1，M2とともに組み立てられたウイルス粒子は出芽によって細胞から遊離する。NAはこの過程でウイルス粒子と細胞間のレセプター結合を切断し，新たなウイルス粒子の遊離・拡散を促す。

2）オルトミクソウイルス感染症（表10-68）

A型インフルエンザウイルスは，各種鳥類に加え，人を含む様々な哺乳類に自然感染する。B型インフルエンザウイルスは人とアザラシから，C型インフルエンザウイルスは人と豚から分離されている。近年発見されたD型インフルエンザウイルスは，牛および豚で主に認められている。

人がA型インフルエンザウイルスに感染すると，発熱，頭痛，全身の倦怠感，関節痛などを典型的に示し，特に高齢者や基礎疾患を有する人は重症化して死に至る場合がある。また，幼少児では脳症事例がまれに報告されている。これまでに流行歴がないウイルスが人に対する感染性を獲得すると，人は本ウイルスに対する免疫をもたないため，時に地球規模の大流行（パンデミック）が起こる。2009年にメキシコで初めて確認された豚由来のH1N1ウイルスは，それまで人で流行していたソ連型H1N1ウイルスと抗原性が大きく異なり，パンデミックを引き起こした。本流行を境に，ソ連型ウイルスは認められなくなり，この新型ウイルスが新たな人の季節性H1N1ウイルスとして定着している。

カモやハクチョウなどの野生の水禽類からは全てのHAおよびNA亜型のA型インフルエンザウイルスがこれまでに分離されており（ただし，近年新たに発見されたH17N10およびH18N11亜型のコウモリ由来ウイルスを除く），A型インフルエンザウイルスの自然宿主と考えられている。この野生の水禽の多くは渡り鳥であり，自然界でウイルスを維持，運搬する役割を果たしている。元来水禽で維持されているウイルスは，その腸管上皮細胞で増殖し，糞便とともに湖沼の水に放出される。さらに別の個体がそれを飲んで感染し（水系感染），結果的に水禽の群内でウイルスが維持されている。ウイルスはターンオーバーの激しい

腸管表層の単層上皮細胞で増殖し，内部には侵襲しないため，宿主である水禽にほとんど病原性を示さない。この場合，両者はいわゆる共生関係（片利共生）にある。

　水禽で維持されている非病原性のA型インフルエンザウイルスが鶏や七面鳥などの家禽に伝播した場合，病原性を獲得する場合がある。病原性は軽度な呼吸器徴候や下痢を引き起こす程度から，急性の全身感染を起こし極めて高い致命率を示す場合まで様々である。日本の「家畜伝染病予防法」では，家禽のインフルエンザウイルス感染症を病原性の違いを指標として，以下の3つに分類している。

　①**高病原性鳥インフルエンザ**：国際獣疫事務局（WOAH）が作成した診断基準により高病原性鳥インフルエンザウイルスと判定されたウイルスによる鶏，アヒル，ウズラ，キジ，ダチョウ，ホロホロチョウおよび七面鳥の疾病。

　②**低病原性鳥インフルエンザ** low pathogenic avian influenza：**H5亜型**または**H7亜型**のA型インフルエンザウイルス（高病原性鳥インフルエンザウイルスと判定されたものを除く）の感染による上記家きんの疾病。

　③**鳥インフルエンザ** avian influenza：高病原性鳥インフルエンザウイルスおよび低病原性鳥インフルエンザウイルス以外のA型インフルエンザウイルスの感染による鶏，アヒル，ウズラおよび七面鳥の疾病。

　これまでに分離された高病原性鳥インフルエンザウイルスのHA亜型はH5あるいはH7亜型に限られている。WOAHは，これらのHA亜型でかつHA開裂部位のアミノ酸配列が他の高病原性株と類似しているウイルスは，高病原性鳥インフルエンザウイルスとみなす旨を規定している。加えてウイルスの病原性を確証する方法として，以下のいずれかを満たした場合，高病原性鳥インフルエンザウイルスと判定される。

　①細菌を含まない10倍希釈感染尿膜腔液0.2 mlを4〜8週齢の感受性鶏8羽に接種し，10日以内に6〜8羽を死亡させた場合。

　②定められた条件に基づいた鶏の静脈内接種試験により病原性指数が1.2を超えた場合。

　1996年末以降，H5N1亜型の高病原性鳥インフルエンザウイルスが世界各国の養鶏業に甚大な被害を与えている。本ウイルスの人の感染例や死亡例も報告されており，新たなパンデミックの発生が危惧されている。近年は，このH5N1ウイルスと野生水禽が本来保有している様々な血清亜型の鳥インフルエンザウイルスが遺伝子再集合を起こし，NA亜型の異なる高病原性鳥インフルエンザウイルス（H5N2，H5N6，H5N8など）も出現し，世界各地の家禽や野鳥で流行している。また，アザラシなどの海生哺乳類が高病原性鳥インフルエンザウイルスに感染し死亡する事例が世界各地で報告されている。2024年，北米でH5N1ウイルスが牛に感染し拡がり，乳腺細胞におけるウイルス増殖に伴う乳量減少や乳質異常が認められている。

　豚からはH1N1，H1N2，H3N2ウイルスが主に分離されている。A型インフルエンザウイルスに単独感染した豚が病状を呈することはまれである。一方で，他の病原体との混合感染により呼吸器徴候の発現／悪化や死亡する場合があり，欧米において本症は養豚産業に多大な損耗をもたらす重要疾病と認識されている。豚は人と鳥のA型インフルエンザウイルスの双方に感受性があり，重感染した豚の体内で生じた遺伝子再集合体がパンデミックウイルスとなり得る仮説が提唱されており（図10-74），公衆衛生学上の観点からも**豚インフルエンザ** swine influenzaの制御が重要視されている。

　馬からはこれまでにH7N7およびH3N8ウイルスが分離され，それぞれ馬1型，馬2型ウイルスと呼称されてきたが，前者は1980年のユーゴスラビアでの発生を最後に分離されていない。感染馬は高熱と激しい呼吸器徴候を呈し，過去に国内外で大流行した経緯から，国内ではH3N8ウイルスを原株としたワクチンの接種が飼育馬に対して徹底されている。犬では，馬由来のH3N8ウイルスおよび鳥類由来のH3N2ウイルスの感

染例が米国や韓国などで報告されている。

F. コルミオウイルス科

キーワード：デルタ肝炎ウイルス，コルミオウイルス，エンベロープ，環状マイナス1本鎖RNAゲノム，欠損型ウイルス

1) ウイルスの性状

(1) 分　類

ウイルス目未定のコルミオウイルス科 *Kolmioviridae* は，人の**デルタ肝炎ウイルス** hepatitis delta virus（HDV）が分類されるデルタウイルス *Deltavirus* 属を含めた11属で構成される。**コルミオウイルス** kolmiovirus の Kolmio はギリシャ語の Δ（デルタ）の意である。その他，ペリデルタウイルス *Perideltavirus* 属にシカ，リス，コウモリ由来ウイルスが，サリサズウイルス *Thurisazvirus* 属にネズミやコウモリ由来ウイルスが含まれている。また，鳥類由来ウイルスが，ダルウイルス *Dalvirus* 属とペリサリサズウイルス *Perithurisazvirus* 属に，魚類由来ウイルスがディーウイルス *Deevirus* 属に分類される。

(2) 形態・物理化学的性状，ゲノム構造，ウイルス蛋白質，増殖

HDVは約1,680塩基からなる**環状マイナス1本鎖RNAゲノム**をもち，哺乳類に感染するウイルスの中では最小のゲノムをもつ（図10-75）。

表10-70　コルミオウイルス科のウイルス性状
- 球形（36〜43 nm）ビリオン，ヘルパーウイルスであるオルトヘパドナウイルスから供給された**エンベロープ**をもつ
- 環状1本鎖RNA（1.5〜1.7 kb），マイナス鎖
- 浮上密度：1.24 g/cm³（CsCl）
- 細胞由来のRNAポリメラーゼIIをウイルスゲノムの複製に利用する

単独で増殖はできない**欠損型ウイルス**であり，植物のウイロイドにもその複製機構は似ている。B型肝炎ウイルス（HBV）の共感染を必要とし，エンベロープ蛋白質（L，M，SのHBs抗原）はHBVから供給される（図10-75）。このウイルス粒子の直径は36〜43 nmである。HDVゲノム上に大小2種のHD抗原が存在し，S-HD抗原は195アミノ酸からなり，C末に19アミノ酸が付加するとL-HD抗原となる。S-HD抗原は細胞由来のRNAポリメラーゼIIと協働してウイルスゲノム複製を進めるが，L-HD抗原は複製抑制活性をもつ。S-HD抗原はウイルス複製の初期に産生され，L-HD抗原は比較的後期に産生される。またHDVはシュードノット型の二次構造を取るリボザイムをゲノム鎖と相補鎖に1つずつ2種類もち，HDV-RNA複製に働いている。D抗原に対する抗体の検出は，HDV-RNAの検出とともにD型肝炎の診断に用いられている。

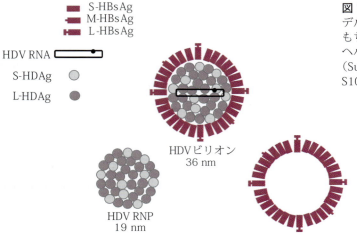

図10-75　デルタウイルスの粒子
デルタウイルスはヌクレオカプシドのみをもち，エンベロープはヘルパーウイルスのヘパドナウイルスから供給される。
（Sureau C. & Negro F. J. Hepatology 64 S102-116を参考にして作成）

2）デルタウイルス感染症

HDV は HBV やその他のオルトヘパドナウイルス（ウッドチャック肝炎ウイルス，コウモリ HBV，ウーリーザル HBV）がエンベロープを供給するヘルパーウイルスとなった場合に感染できる。これに対し，アヒル HBV のエンベロープ蛋白質は，HDV マトリックスに相互作用する部分を欠くため，HDV のヘルパーウイルスとはならない。

全世界での感染者は 1,500～2,000 万人といわれ，地域に流行する HDV は 8 つのクレードに分かれる。HDV に感染したキャリアが多いのは，地中海沿岸，中東，アフリカ，南米（アマゾン川流域），南太平洋の島々などの地域であり，アジアは少ない。日本の HDV キャリアは肝炎ウイルス全体のキャリアの 0.1％ 程度とごく少ない。HBV 単独感染よりも HDV が重感染した方が重症化し，急性肝炎の劇症化や慢性肝炎における肝硬変・肝がんへの進行が早まるとされる。また，肝硬変や肝がん，肝不全による死亡のリスクも HBV 単独感染に比べ HDV との混合感染の方が上がるとされている。

G.（ブニヤウイルス綱）ペリブニヤウイルス科，ハンタウイルス科，ナイロウイルス科

> **キーワード**：ペリブニヤウイルス科，ハンタウイルス科，ナイロウイルス科，ブニヤウイルス綱，エリオウイルス目，ハレアウイルス目，エンベロープ，マイナス 1 本鎖 RNA ゲノム，3 分節，ゴルジ空胞内出芽，アカバネ病，アイノウイルス感染症，シュマレンベルクウイルス感染症，腎症候性出血熱，ハンタウイルス肺症候群，クリミア・コンゴ出血熱，ナイロビ羊病

2023 年 ICTV は，ブニヤウイルス目 *Bunyavirales* のウイルス科が RdRp の進化系統に基づき 2 つのグループ（**ペリブニヤウイルス科** *Peribunyaviridae*，**ハンタウイルス科** *Hantaviridae* を含むクレードとアレナウイルス科 *Arenaviridae*，**ナイロウイルス科** *Nairoviridae*，フェヌイウイルス科 *Phenuiviridae* を含むクレード）に明瞭に区別されることから，ブニヤウイルス目をブニヤウイルス綱 *Bunyaviricetes* に格上げし，前者クレードを**エリオウイルス目** *Elliovirales* に，後者クレードを**ハレアウイルス目** *Hareavirales* として分類を変更した。Ellio はブニヤウイルス研究のパイオニア Elliot R 博士に，Harea は「砂」を意味する arena やフェヌイウイルスのベクターである sandfly に由来する。一方，本分類変更にはゲノムの転写極性は関係しないことから，結果としてエリオウイルス目にはマイナス鎖 RNA ゲノムをもつウイルス科が含まれるのに対し，ハレアウイルス目にはマイナス鎖 RNA ゲノムをもつナイロウイルス科とアンビ鎖 RNA ゲノムをもつアレナウイルス科やフェヌイウイルス科が混在することになった。

本書では，ブニヤウイルス綱のなかでマイナス鎖 RNA ゲノムをもつウイルス科については本項にまとめて記載し，アンビ鎖 RNA ゲノムをもつウイルス科については別項目として記載した。

1）ブニヤウイルスの性状（表 10-71）

（1）分　類

獣医学領域に重要なブニヤウイルスの新旧の分類を対比して表 10-72 に示す。

ペリブニヤウイルス科は 8 属，ハンタウイルス科は 4 亜科 8 属，ナイロウイルス科は 7 属に

表 10-71 ペリブニヤウイルス科・ハンタウイルス科・ナイロウイルス科のウイルス性状

- 球形ないし不定形のビリオンで直径 80～120 nm
- **エンベロープ**を保有
- 浮上密度
  ペリブニヤウイルス：1.17～1.19 g/cm³（sucrose）
  ハンタウイルス・ナイロウイルス：1.20～1.21 g/cm³（CsCl）
- 2 種類のエンベロープ糖蛋白質を保有（Gn と Gc）
- RNA，ヌクレオカプシド蛋白質，および RNA 依存性 RNA ポリメラーゼよりなるリボヌクレオカプシドを保有
- **マイナス 1 本鎖 RNA ゲノム**で，主に **3 分節**の RNA（S，M，および L）
- 各 RNA 分節の両末端が相補的配列のため，パンハンドル構造を形成
- ゲノム複製の場は細胞質内
- **ゴルジ空胞内出芽**によってウイルス粒子が成熟
- 近縁のウイルス間で遺伝子再集合（リアソートメント）が起こる
- 節足動物によって媒介されるものが多い（ただし，ハンタウイルス科のウイルスは齧歯類媒介性）

表 10-72　獣医学領域に重要なブニヤウイルスの新旧分類対照表

新分類			旧分類			ゲノム
綱	目	科	綱	目	科	
ブニヤウイルス綱 *Bunyaviricetes*	エリオウイルス目 *Elliovirales*	ハンタウイルス科 *Hantaviridae*	エリオウイルス綱 *Ellioviricetes*	ブニヤウイルス目 *Bunyavirales*	ハンタウイルス科 *Hantaviridae*	3分節 マイナス鎖RNA
		ペリブニヤウイルス科 *Peribunyaviridae*			ペリブニヤウイルス科 *Peribunyaviridae*	3分節 マイナス鎖RNA
	ハレアウイルス目 *Hareavirales*	ナイロウイルス科 *Nairoviridae*			ナイロウイルス科 *Nairoviridae*	3分節 マイナス鎖RNA
		フェヌイウイルス科 *Phenuiviridae*			フェヌイウイルス科 *Phenuiviridae*	3分節 アンビ鎖RNA
		アレナウイルス科 *Arenaviridae*			アレナウイルス科 *Arenaviridae*	2分節 アンビ鎖RNA

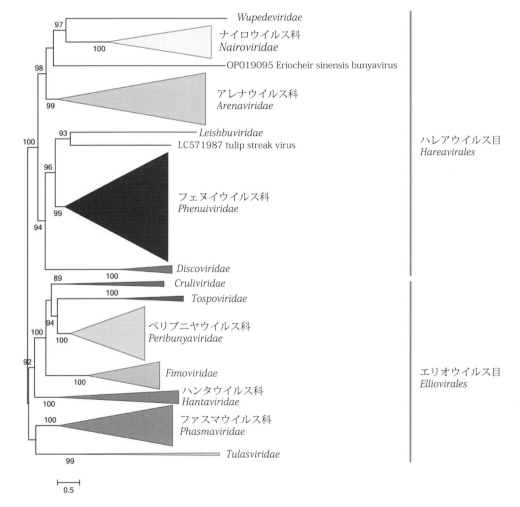

図 10-76　ブニヤウイルス綱（ハレアウイルス目およびエリオウイルス目）の分子系統樹
L蛋白質（RdRp）アミノ酸配列をもとにML法で作成した。
国際ウイルス分類委員会（ICTV）のウェブページ https://ictv.global/report/chapter/leishbuviridae/leishbuviridae を参考に作成。

分けられている。様々な動物の病気に関連するペリブニヤウイルス科のオルトブニヤウイルス *Orthobunyavirus* 属およびナイロウイルス科のオルトナイロウイルス *Orthonairovirus* 属のウイルスは吸血性の媒介節足動物によって媒介される。これに対し，ハンタウイルス科のオルトハンタウイルス *Orthohantavirus* 属のウイルスは節足動物の媒介ではなく，自然宿主の齧歯類の排泄物中に含まれるウイルスを吸引することよって感染すると考えられている。ブニヤウイルスは生態学的に多様なウイルスが含まれており，その一部は人や動物に病気を引き起こす。

（2）形態・物理化学的性状

ビリオンは直径 80 ～ 120 nm の球状もしくは不定形で，エンベロープを有する。糖蛋白質の突起がエンベロープから突き出ており，ヌクレオカプシドがエンベロープ内に含まれている。

（3）ゲノム構造

ウイルスゲノムは大きさの異なる3本のマイナス鎖1本鎖RNAからなる。大きさの順に large（L），medium（M），および small（S）RNA と呼ばれている（図10-77）。3本のRNAとも 3' と 5' 末端の十数塩基が共通の塩基配列をもち，しかも同一遺伝子鎖の 5' と 3' の塩基配列は互いに相補的になっているため，ビリオン内ではパンハンドル構造という環状構造をとっていると考えられている。

（4）蛋白質

エンベロープには2種類の糖蛋白質（Gn と Gc）が存在し，突起を形成している。Gn と Gc のいずれか一方もしくは両方が赤血球凝集能とウイルスの中和に関係している。リボヌクレオカプシドは，ゲノム RNA とヌクレオカプシド蛋白質（N），および RdRp から構成されている。抗インターフェロン活性などを

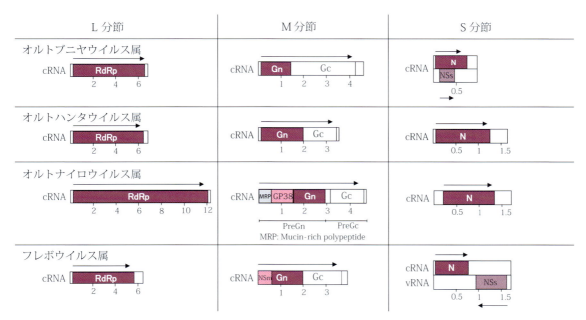

図 10-77 代表的なブニヤウイルスのゲノム構造

数字は塩基数（kb）を，矢印は翻訳の方向を示す。L遺伝子には全ての属でマイナス鎖に RdRp がコードされている。M遺伝子には，全ての属で Gn と Gc がマイナス鎖にコードされる。S遺伝子は，全ての属で N がマイナス鎖にコードされ，オルトブニヤウイルス属では，マイナス鎖の異なった読み枠からさらに非構造蛋白質（NSs）がコードされている。「7.-A.（ブニヤウイルス綱）フェヌイウイルス科」で記載するフェヌイウイルス科フレボウイルス属のS遺伝子にはプラス鎖に NSs がコードされている（アンビ鎖）。

Fields Virology 5th および吉松，有川（ウイルス，62: 239-250, 2012）を改変。

有する非構造蛋白質を有するウイルスが多い。

（5）増殖様式

　ウイルスは細胞膜上のレセプターにエンベロープ糖蛋白質を介して結合し，エンドサイトーシスによって細胞内に取り込まれると考えられている。ハンタウイルスではβ3インテグリンがウイルスの侵入に関わっているとされるが，レセプターとして働いているか，吸着時の1つの細胞因子かは明らかではない。エンドサイトーシスによって細胞内に取り込まれたウイルスは空胞内が酸性化すると膜融合が起こり，リボヌクレオカプシドが細胞質内に脱殻する。宿主細胞由来のmRNAの5'キャップ構造を含む10〜20塩基がRdRpにより切り出され，このRNA断片をプライマーとして利用することによりウイルスmRNAの転写が起こる。ウイルスゲノムRNAの複製もRdRpによって行われると考えられている。ウイルスの蛋白質合成とゲノム複製は細胞質内で行われ，ゴルジ空胞内出芽によりウイルス粒子が形成される。

2）ブニヤウイルスによる感染症

　ブニヤウイルスが引き起こす疾患は，熱性疾患，死流産，異常産，脳炎，出血性徴候など，様々である（表10-73）。家畜などに病原性を示すが，人には感染しないウイルスがある一方で，動物では無徴候でありながら，人に重篤な疾病を引き起こすウイルス（クリミア・コンゴ出血熱ウイルス，ハンターンウイルス，シンノンブレウイルスなど）も存在する。

（1）ペリブニヤウイルス科オルトブニヤウイルス属

　反芻動物において流死産や異常産の原因となるアルボウイルスが含まれる。その他，人に軽い熱性疾患や脳炎を起こすブニヤムウェラウイルスやラクロースウイルスなども分類される。

a．アカバネ病

　アカバネ病 Akabane diseaseは，アカバネウイルス Akabane virusが妊娠動物に感染して胎子に感染が波及すると流死産や異常産（大脳欠損や関節弯曲症を伴った奇形子の出産）が起こ

表10-73　ブニヤウイルスの分類と動物の病気

科・属・種（ウイルス名）	感染が問題となる動物種	病気	媒介節足動物
エリオウイルス目 Ellioviralesｌ			
ペリブニヤウイルス科 Peribunyaviridae			
オルトブニヤウイルス Orthobunyavirus属			
O. akabaneense（アカバネウイルス Akabane virus）	牛，羊，山羊	死流産，異常産	ヌカカ
O. ainoense（アイノウイルス Aino virus）	牛	死流産，異常産	ヌカカ
O. schmallenbergense（シュマレンベルクウイルス Schmallenberg virus）	牛，羊，山羊	高熱，下痢，死流産，異常産	ヌカカ
ハンタウイルス科 Hantaviridae			
オルトハンタウイルス Orthohantavirus属			
O. hantanense（ハンターンウイルス Hantaan virus）	人	出血熱，腎障害	（セスジネズミ）
O. sinnombreense（シンノンブレウイルス Sin Nombre virus）	人	呼吸困難，ショック	（シカシロアシマウス）
ハレアウイルス目 Hareavirales			
ナイロウイルス科 Nairoviridae			
オルトナイロウイルス Orthonairovirus属			
O. haemorrhagiae（クリミア・コンゴ出血熱ウイルス Crimean-Congo hemorrhagic fever virus）	人	出血熱	マダニ
O. nairobiense（ナイロビ羊病ウイルス Nairobi sheep disease virus）	羊，山羊	出血性胃腸炎，流産	マダニ

る。新生子や幼若動物が感染すると脳脊髄炎を起こす場合がある。ヌカカによって媒介され，日本では関東以南で発生が多い。牛，水牛，羊，山羊の届出伝染病である。豚への感染も報告されている。

b．アイノウイルス感染症

アイノウイルス感染症 Aino virus infection は，アイノウイルス Aino virus の感染によって起こる。病状はアカバネ病に類似するが，小脳欠損がより高頻度に認められる。ヌカカによって媒介され，近畿地方以南で流行する。牛，水牛の届出伝染病である。

c．シュマレンベルクウイルス感染症

2011年ドイツ中西部で，乳牛が40℃以上の高熱を発し，食欲不振や下痢，乳量の低下を呈する症例が多数報告された。感染牛の血液からこれまで知られていないウイルスの遺伝子が検出され，オルトブニヤウイルス属のアカバネウイルスやアイノウイルスを含むシンブ血清群のウイルスと高い相同性を有することが判明した。最初に検出された地名をもとに，このウイルスはシュマレンベルクウイルス Schmallenberg virus と名付けられた。シュマレンベルクウイルス感染症 Schmallenberg virus infection が疑われる四肢や脊柱の弯曲などの体形異常や，大脳欠損などを示す羊，山羊，および牛の異常産が欧州各国で相次いで報告されている。本ウイルスは2種類のウイルスの遺伝子再集合体（S分節とL分節がシャモンダウイルス由来，M分節がサシュペリウイルス由来）であることが判明した。本ウイルスはヌカカによって媒介される。

（2）ハンタウイルス科オルトハンタウイルス属

齧歯類だけでなく，トガリネズミ類やコウモリ類もオルトハンタウイルスの自然宿主であることが最近明らかになってきたが，人に対する病原性を有するウイルスは齧歯類が保有しているものに限られる。感染齧歯類の咬傷や，排泄物中に含まれるウイルスを吸引することによって人は感染する。オルトハンタウイルスの感染による家畜の疾患は知られていない。

a．腎症候性出血熱

人がハンターンウイルス Hantaan virus，ソウルウイルス Seoul virus（*O. seoulense* 種），プーマラウイルス Puumala virus（*O. puumalaense* 種）などに感染すると，高熱，腎障害，出血徴候などを主徴とする**腎症候性出血熱** hemorrhagic fever with renal syndrome（HFRS）を発症する。HFRSの流行地域は，東アジア，極東ロシア，ヨーロッパロシア，欧州などである。

b．ハンタウイルス肺症候群

人がシンノンブレウイルス Sin Nombre virus やアンデスウイルス Andes virus（*O. andesense* 種）などに感染すると，発熱，肺水腫による呼吸困難などを主徴とする**ハンタウイルス肺症候群** hantavirus pulmonary syndrome（HPS）を発症する。HPSの流行地域は，南北アメリカ大陸である。シンノンブウイルスやアンデスウイルスに近縁なウイルスもHPSの病因となることが知られている。

（3）ナイロウイルス科オルトナイロウイルス属

a．クリミア・コンゴ出血熱

クリミア・コンゴ出血熱 Crimea-Congo hemorrhagic fever はマダニが媒介する人獣共通感染症で，クリミア・コンゴ出血熱ウイルス Crimean-Congo hemorrhagic fever virus が病原ウイルスである。野生動物や家畜では感染しても無徴候であるがウイルスの病原巣となり得る。一方，人では発熱，頭痛，筋肉痛，腰痛，関節痛などのインフルエンザ様の病状を示し，重症化すると種々の程度の出血が見られる。死亡例では肝不全，腎不全と消化管出血が著明であり，致命率は15～40％である。マダニを介した感染の他，感染動物の血液や臓器を介した感染や，患者の血液や体液などを介した人–人感染も成立する。「感染症法」で本症は一類感染症に，ウイルスは一種病原体に指定されている。南アジア，中央アジア，中東，東欧，ロシア，南欧，アフリカ大陸の広い地域で発生が見られる。

b．ナイロビ羊病

ナイロビ羊病 Nairobi sheep disease はマダニ

によって媒介される人獣共通感染症であるが，人での自然感染例はまれである。ナイロビ羊病ウイルス Nairobi sheep disease virus が病原体である。東アフリカ，インド，スリランカなどに限局して発生する。流行地に抗体をもたない羊や山羊を導入すると発生しやすく，初感染の動物は高い致死率を示す。発熱と出血性腸炎が主な病状である。妊娠動物に感染すると，流産を起こす。羊と山羊の届出伝染病である。

7. アンビ 1 本鎖 RNA ウイルス

A．（ブニヤウイルス綱）フェヌイウイルス科

キーワード：フェヌイウイルス科，1 本鎖 RNA ゲノム，アンビ鎖，3 分節，エンベロープ，ゴルジ体出芽，ブニヤウイルス綱，ハレアウイルス目，リフトバレー熱，重症熱性血小板減少症候群（SFTS）

フェヌイウイルス科 Phenuiviridae は，その主要なウイルス属であるフレボウイルス Phlebovirus 属（ウイルスを媒介するサシチョウバエの学名 "Phlebotomine" に由来）と Tenuivirus 属（ウイルス形態の脆弱さを意味するラテン語の "tenuis" に由来）を合わせる形で命名された。

1）フェヌイウイルスの性状（表 10-74）

フェヌイウイルス科には 2 本以上の RNA 分節をゲノムとするウイルスが含まれ，そのうち 3 分節のウイルスが感染症の病原体として知られる。植物や真菌に感染するウイルスなど，人や動物の病気との関連がないあるいは判明していないウイルスも多い。

（1）分　類

フェヌイウイルス科は，2023 年にブニヤウイルス目が**ブニヤウイルス綱**に引き上げられたのに伴い，ナイロウイルス科やアレナウイルス科とともに新たに**ハレアウイルス目** Hareavirales に分類された。フェヌイウイルス科には 23 のウイルス属が分類されている（図 10-78，表 10-75）。そのうち，人や動物の病原ウイルスは，蚊やサシチョウバエなどの吸血性昆虫によって媒介されるフレボウイルス属とマダニによって媒介されるバンダウイルス属のアルボウイルスである。タンザウイルス Tanzavirus 属に分類される唯一のウイルスであるダルエスサラームウイルスは，発熱した人の血漿中から検出されているが，病気との関連や媒介昆虫は明らかでない。

（2）形態・物理化学的性状（図 10-79）

ビリオンは**エンベロープ**を有する 80～120 nm の球形もしくは不定形で，膜蛋白質がエンベロープから外側に突出している。電子顕微鏡

表 10-74　人や動物に感染するフェヌイウイルス科のウイルス性状

- 球形ないし不定形のビリオンで直径 80～120 nm
- 浮上密度：1.20～1.21 g/cm³（CsCl）
- **1 本鎖 RNA ゲノム，アンビ鎖**あるいはマイナス鎖，**3 分節** RNA（L，M，および S）
- 各 RNA 分節の両末端は相補的配列で互いに結合して 2 本鎖を形成し，パンハンドル（フライパンの取っ手）様構造をとる
- 構造蛋白質は核蛋白質，RNA 依存性 RNA ポリメラーゼ，**エンベロープ**膜蛋白質（Gn および Gc）の 4 種
- 一部のウイルスは非構造蛋白質として NSm，NSs を発現する
- ウイルス増殖の場は細胞質内で，**ゴルジ体出芽**
- 吸血性節足動物によって媒介される

表 10-75　フェヌイウイルス科のウイルス

宿主（媒介者）	分節数	属名
人を含む動物（吸血性節足動物）	3	Bandavirus（バンダウイルス）
		Phlebovirus（フレボウイルス）
		Uukuvirus（ウークウイルス）
人*	3	Tanzavirus（タンザウイルス）
節足動物	2	Ixovirus
	3	Beidivirus など 7 属
	4	Horwuvirus，Wenrivirus
真菌	2	Entovirus，Lentinuvirus
植物	2～3	Coguvirus
	3	Laulavirus，Rubodvirus
	4～6	Tenuivirus
	8	Mechlorovirus

*人以外の動物は調べられておらず，人にしか感染しないという意味ではない。

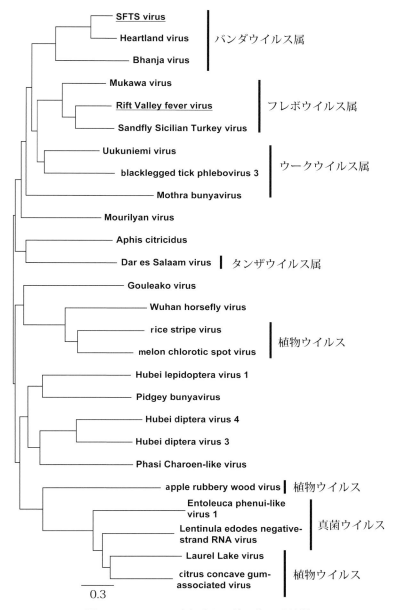

図 10-78　フェヌイウイルス科の分子系統樹
RNA 依存性 RNA ポリメラーゼ遺伝子配列を元に最尤法で作成した。リフトバレー熱ウイルスと SFTS ウイルスに下線を付した。人や動物に感染するウイルスを含む属は属名を，それ以外は宿主を示した。節足動物を宿主とするウイルスはウイルス名のみを記載した。

像では辺縁が不明瞭なほぼ球形の粒子として観察されることが多い。植物フェヌイウイルスはエンベロープをもたず，ビリオンはフィラメント状である。ビリオン内には，ゲノム RNA に RdRp および複数の N 蛋白質が結合した RNP 複合体が取り込まれている。

（3）ゲノム構造

フレボウイルスやバンダウイルスのゲノムは，塩基数の異なる 3 分節の直鎖状 1 本鎖 RNA から構成される（図 10-80）。3 分節 RNA ゲノムは

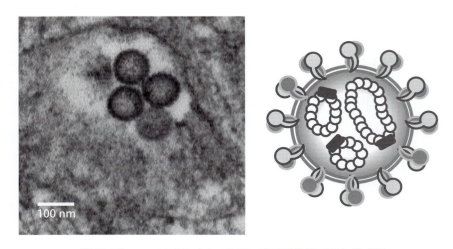

図 10-79　フェヌイウイルス粒子の電子顕微鏡写真と模式図
左：感染細胞のゴルジ体内に出芽した直径 100 nm 程度のビリオン。バンダウイルス属の Bhanja virus を感染させた Vero 細胞を撮影した。
右：フェヌイウイルスビリオンの模式図。2 重線で表すエンベロープ上に Gn および Gc のヘテロダイマーが存在し，ビリオン内には RdRp（黒四角），ヌクレオカプシド蛋白質（白丸），およびゲノム RNA からなるリボヌクレオプロテイン複合体が分節 RNA ごとに取り込まれている。

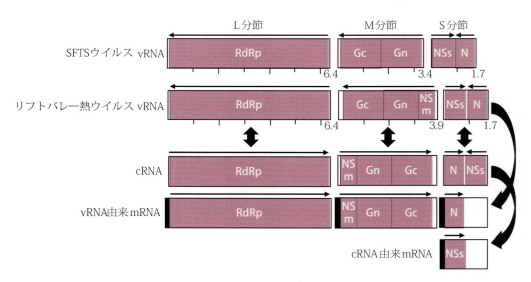

図 10-80　フェヌイウイルスのゲノム構造と RNA 複製・転写様式
SFTS ウイルスとリフトバレー熱ウイルスのゲノム構造を図示した。数字は各分節 RNA のキロ塩基数，矢印は翻訳方向を示す。ビリオン中の 3 分節ゲノム RNA（vRNA）は長さの違いによって L，M，および S 分節と呼ばれ，それぞれ RNA 依存性 RNA ポリメラーゼ（RdRp），Gn・Gc（リフトバレー熱ウイルスでは NSm が加わる）に開裂する膜蛋白質前駆体，そしてヌクレオカプシド蛋白質（N）と非構造蛋白質（NSs）をコードする。vRNA からは複製によって相補鎖 RNA（cRNA）がつくられるとともに，宿主 mRNA から奪ったキャップ構造（黒四角）をプライマーにウイルス mRNA がつくられる。vRNA 上で唯一プラス鎖方向にコードされる NSs の mRNA のみ，cRNA からつくられる。cRNA からは vRNA がつくられ，子孫ウイルスのゲノムとして新たなビリオンに取り込まれる。

塩基数の多い方から large（L），medium（M），small（S）分節 RNA と呼ばれ，L および M 分節 RNA は mRNA の相補鎖であるマイナス鎖 RNA であり，L 分節は RdRp を，M 分節は膜蛋白質前駆体を，それぞれ単一の ORF としてコードしている。リフトバレー熱ウイルスなど一部のウイルスでは膜蛋白質の N 末端側に非構造蛋白質 NSm が含まれる。S 分節 RNA はプラス鎖・マイナス鎖のいずれとしても機能するアンビ鎖 RNA である。一般的にプラス鎖方向に非構造蛋白質 NSs を，マイナス鎖方向に N をコードしているとされるが，逆向きの S 分節 RNA（プラス鎖方向に N を，マイナス鎖方向に NSs をコードした RNA）もビリオン中に存在している。

節足動物からのみ見つかるフェヌイウイルスはゲノム構造がフレボウイルスやバンダウイルスと異なる。M 分節を欠失して 2 分節の RNA をゲノムにもつもの，3 分節は保持しているが S 分節上の NSs 遺伝子を欠失しているもの，そして，S 分節上の NSs 遺伝子はもたないが 4 分節目として S2 分節をもち NSs2 遺伝子をもつものが見つかっている。また，植物フェヌイウイルスには 8 分節の RNA をゲノムにもつウイルスも存在する。

（4）ウイルス蛋白質

ビリオンを構成する構造蛋白質は，RNP 複合体を形成する RdRp および N，膜蛋白質前駆体が切断されて生成される 2 種類の糖蛋白質 Gn および Gc である。RdRp および N はウイルス RNA の複製および mRNA の転写に必須である。Gn および Gc はヘテロダイマーを形成し，ビリオンの形成，出芽，および細胞への感染に必須である。Gc は中和抗体の主要な標的であり，膜融合活性を有している。NSs はほぼ全てのフレボウイルスおよびバンダウイルスがもつ非構造蛋白質で，宿主細胞の自然免疫応答を抑制し，ウイルスが増殖しやすい環境を保つ機能がある。リフトバレー熱ウイルスの非構造蛋白質 NSm は，細胞のアポトーシスを阻害しウイルスの病原性に関わるといわれている。

（5）増　殖

フェヌイウイルスは細胞膜上のレセプターに糖蛋白質 Gn および Gc のいずれかあるいは両方を介して結合し，エンドサイトーシスによって細胞内に取り込まれる。リフトバレー熱ウイルスでは LDL レセプターファミリーの 1 つである Lrp1 が，SFTS ウイルスではケモカインレセプターの 1 種である CCR2 がレセプター分子として報告されている。エンドソーム内の pH が低下すると Gc がホモ三量体を形成し，Gc 上の膜融合ペプチドが細胞膜に陥入することで，ウイルスのエンベロープと細胞膜が融合して RNP 複合体が細胞質に放出され複製・転写が開始される。mRNA の転写の際は，RdRp が宿主細胞の mRNA 5' 末端のキャップ構造に結合し，自身のエンドヌクレアーゼによってキャップ構造を含む 10 〜 20 塩基の RNA 断片を切り出すキャップスナッチング cap snatching の後に，これをプライマーとして用いてウイルス mRNA を転写する。フェヌイウイルスのゲノム複製・転写は細胞質で行われ，宿主細胞のリボソームによって翻訳された各構造蛋白質と複製された各分節 RNA はゴルジ体で集積し，子孫ビリオンとして出芽する。

2）フェヌイウイルス感染症

フェヌイウイルスは，人に出血熱様の熱性疾患を主徴とする高い病原性を示す一方で，動物に対しては種によって大きく病原性が異なる。節足動物によって媒介されるアルボウイルス感染症であるが，血液や粘液などを介した人への直接感染の事例も報告されており，家畜や伴侶動物から獣医療従事者への感染も少なくない。そのため，フェヌイウイルス感染症が流行している地域では，人獣共通感染症として飼い主や獣医師のみならず，畜産関係者や獣医療従事者は最大限の警戒をもって作業にあたるべきである。

（1）フレボウイルス属

ほとんどがサシチョウバエや蚊などの昆虫によって媒介されるが，一部にマダニ媒介性のウイルスも含まれている。**リフトバレー熱** Rift Valley fever の他には，主に地中海沿岸地域で人に熱性

疾患を起こすサシチョウバエ熱 sandfly fever が知られている。

a. リフトバレー熱

様々な種類のヤブカやイエカによって媒介される。蚊の刺咬に加え，感染動物の血液や組織からの直接感染も起き得る。大雨の後に蚊の繁殖に適した水たまりなどが増えることで，蚊が大量発生すると，環境中のウイルス量が増加してアウトブレイクが起きる。この際，反芻動物，特に羊や山羊で同時多発的に流死産が増加する abortion storm が起き，その後に人の感染例が増加するといわれている。

リフトバレー熱ウイルスに感受性の高い幼若反芻動物では，感染後数日〜1週間で二峰性の発熱，食欲不振，リンパ節腫脹が見られ，早ければ1〜2日で死に至る。特に羊や山羊では致死率が高く，90〜100％に達することもある。牛，水牛，シカ，羊，山羊の家畜伝染病に指定されている。人ではインフルエンザ様の病状を呈し，重症例では出血熱の他，脳炎や肝機能障害を発症することがある。「感染症法」では四類感染症に指定されている。

リフトバレー熱ウイルスはアフリカ大陸の蚊に広く分布しており，リフトバレー熱のアウトブレイクが各地で発生している。また，感染動物を移入したことが原因となって，アラビア半島でリフトバレー熱が発生したこともある。中国では旅行者が発症したことがあるが，日本での輸入例は記録がない。

(2) バンダウイルス属

マダニによって媒介される。主に人に重篤な出血熱様の熱性疾患を引き起こす。SFTS ウイルスの他には，米国で SFTS と同様のダニ媒介性感染症の原因となっているハートランドウイルス Heartland virus や，アフリカから欧州，西アジアまでの地域に広く分布するバンジャウイルス Bhanja virus が人の病原体として知られる。

a. **重症熱性血小板減少症候群**（SFTS）

フタトゲチマダニやタカサゴキララマダニなどの複数のマダニ種によって媒介される。マダニの刺咬に加え，感染動物や感染者の血液や体液からの直接感染の報告も少なくない。感染者の一定数ではマダニ刺咬痕が見つけられないとする報告もある。2011年に中国の研究者によって発見されて以降，韓国，日本，ベトナム，台湾，ミャンマー，タイで相次いで患者が見つかっており，実際の発生地域はもっと広い可能性がある。日本国内では西日本を中心に患者の報告がある。

SFTS 患者は発熱，食欲不振，血便を伴う下痢などの消化器徴候，リンパ節腫脹などを示し，重症例では出血熱となり多臓器不全により死亡する。臨床検査では血小板減少を伴う白血球減少が高率に見られる。また，重症となる患者の大半は60歳以上の高齢者である。「感染症法」では四類感染症に指定されている。人以外の動物では，犬と猫が SFTS を発症する。特にネコ科動物のウイルス感受性が高く，若齢猫であっても人と同様の病状を呈して死亡する。猫や犬から人に感染した事例や猫から猫に感染した事例も報告されており，動物病院内の感染制御が非常に重要である。また，動物園でチーターがマダニに刺された後にSFTS を発症して死亡した事例もあるため，ネコ科動物全般において気をつけるべき感染症といえる。家畜での本病の発生報告はない。

B. （ブニヤウイルス綱）アレナウイルス科

> **キーワード**：アレナウイルス，エンベロープ，2分節アンビ鎖 RNA ゲノム，リンパ球性脈絡髄膜炎，ラッサ熱，南米出血熱

1）アレナウイルスの性状

(1) 分類（表10-76）

アレナウイルス科 *Arenaviridae* はマムアレナウイルス *Mammarenavirus* 属，レプトアレナウイルス *Reptarenavirus* 属，ハートマニウイルス *Hartmanivirus* 属，アンテナウイルス *Antennavirus* 属，インモウイルス *Innmovirus* 属で構成される。古くから知られているアレナウイルスはいずれもマムアレナウイルス属に属し，2つの血清型（旧世界アレナウイルス，新世界アレナウイルス）に分けることができる。レプトアレナウイルス属とハートマニウイルス属にはヘビか

表 10-76 マムアレナウイルス属で人に病気を起こすウイルス

ウイルス種（ウイルス名）	人での疾患名	自然宿主	分布
旧世界アレナウイルス			
Mammarenavirus choriomeningitidis（リンパ球性脈絡髄膜炎ウイルス lymphocytic choriomeningitis virus）	リンパ球性脈絡髄膜炎	Mus domesticus, Mus musculus	世界中
M. lassaense（ラッサウイルス Lassa virus）	ラッサ熱	Mastomys natalensis	西アフリカ
M. lujoense（ルジョウイルス Lujo virus）	ルジョ出血熱	不明	ザンビア
新世界アレナウイルス			
クレード A			
M. whitewaterense（ホワイトウォータアロヨウイルス Whitewater Arroyo virus）	（疾患名未定）	Neotoma albigula	米国
クレード B			
M. juninense（フニンウイルス Junín virus）	アルゼンチン出血熱	Calomys musculinus	アルゼンチン
M. machupoense（マチュポウイルス Machupo virus）	ボリビア出血熱	Calomys callosus	ボリビア
M. chapareense（チャパレウイルス Chapare virus）	チャパレ出血熱	不明	ボリビア
M. guanaritoense（グアナリトウイルス Guanarito virus）	ベネズエラ出血熱	Zygodontomys brevicauda	ベネズエラ
M. brazilense（サビアウイルス Sabiá virus）	ブラジル出血熱	不明	ブラジル

ら同定されたウイルスが，インモウイルス属には河川堆積物から同定されたウイルスが分類される。ここに記載する性状の多くはマムアレナウイルス属のものである。

　マムアレナウイルス属のウイルスは自然界ではそれぞれ固有の齧歯類を自然宿主とし持続感染している。各宿主内では垂直伝播もしくは性交が主な感染経路である。感染宿主に特に病状はなく，ウイルス血症を起こし，尿・糞・唾液からウイルスを多量に排出している。人への感染は排出されたウイルスが付着した食物や埃の摂取・吸引もしくは感染動物による咬傷によって起こる。実験的にはサルを含む様々な動物種に感染できる。リンパ球性脈絡髄膜炎ウイルスは世界中に広く分布しているが，その他のウイルスはアフリカ・中南米などの比較的限られた範囲に存在している。一方，レプトアレナウイルス属のウイルスは世界各地の施設の飼育ヘビで感染が確認されているが，野外での存在様式は不明である。

（2）形態・物理化学的性状（表 10-77）

　宿主細胞由来の脂質二重層と4つのウイルス構造蛋白質（GPC，NP，Z，L），RNA ゲノムより構成される直径50 ～ 300 nm（100 nm 前後が主）

表 10-77 マムアレナウイルス属のウイルス性状

- 50 ～ 300 nm（100 nm 前後が主）の球形の粒子で**エンベロープをもつ**
- 浮上密度：1.19 ～ 1.20 g/cm^3（CsCl）
- **2分節アンビ1本鎖RNAゲノム**，4蛋白質をコードする
- 細胞質内で増殖し，形質膜から出芽する
- 人以外の哺乳類で疾患を起こすウイルスは知られていない

の球形の粒子である。非構造蛋白質の存在は知られていない。粒子内には超薄切片で観察することができる「砂様の」リボソームを数個含み，このことが本ウイルス科の名称（arena はラテン語で「砂」の意）の由来であるが，リボソームの存在はウイルスの増殖に必須ではない。ハートマニウイルス属，アンテナウイルス属，インモウイルス属ではZ蛋白質を欠く。

（3）ゲノム構造

　ゲノムは2分節（約7.2 kb のL分節および約3.5 kb のS分節，図10-81）の直鎖状の1本鎖RNA である。2分節ともアンビ鎖であるがゲノムが感染性をもたないため，ICTV ではアレナウイルスはマイナス鎖RNA ウイルスに分類される。

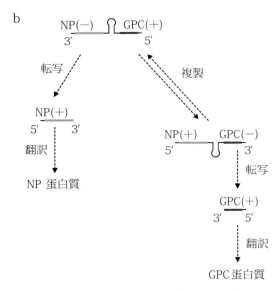

図10-81 マムアレナウイルス属のゲノム構成と複製
a:ゲノム構成。b:S分節の複製，蛋白質発現機構。＋はプラス鎖，－はマイナス鎖を示す。

L分節にはLおよびZ蛋白質が，S分節にはNPおよびGPC蛋白質がそれぞれコードされている。各分節の2遺伝子間には，intergenic regionと呼ばれステムループ構造をとっていると考えられる領域が1つないし2つ存在する。末端の20～30塩基は2分節間で類似しているのみでなく，アレナウイルス間でも高度に保存されている。また5'末端と3'末端とは相補的であり，ヌクレオカプシドはパンハンドル構造をとる。アンテナウイルス属，インモウイルス属ではゲノムは3分節である。

(4) ウイルス蛋白質

GPC蛋白質（質量約75 kDa）はスパイク蛋白質として脂質二重膜上に存在する。I型膜蛋白質で，細胞への吸着・侵入を担うGP1蛋白質（質量約44 kDa），膜融合を担うGP2蛋白質（質量約34 kDa）およびシグナルペプチドに分かれている。58アミノ酸程度からなる長いシグナルペプチドはGP1/GP2複合体に結合したままであり，GPC蛋白質の輸送・折りたたみ・修飾・膜融合に必要である。四量体を形成していると考えられる。

NP蛋白質（質量約65 kDa）は粒子中に最も多く存在するウイルス蛋白質であり（1粒子あたり1,500分子ほど），RNAゲノム・L蛋白質とともにらせん状のヌクレオカプシドを形成する。GP2蛋白質と結合する。

L蛋白質（質量約200 kDa）はRdRpであり，ウイルスゲノムの転写・複製を担う。

Z蛋白質（質量約11 kDa）は他のウイルス蛋白質（GPC蛋白質のシグナルペプチド・NP蛋白質・L蛋白質）と結合し，ウイルスの粒子形成を行う。アミノ末端はミリストイル化されており，脂質膜指向性がある。Ring finger domainをもち亜鉛結合能をもつがユビキチン化活性は認められていない。

(5) 増 殖

GP1蛋白質が細胞のレセプターに吸着することで開始する。吸着後，エンドサイトーシスにより細胞内に侵入し，エンドソームで脱殻する。脱殻にはウイルス粒子が低pHに曝されることが必要である。旧世界アレナウイルスおよびクレードCの新世界アレナウイルスのレセプターとしてジストログリカンが，クレードAおよびクレードBの新世界アレナウイルスのレセプターとしてトランスフェリンレセプターがそれぞれ同定されている。

細胞内に放出されたRNAをもとに，L分節からはL蛋白質のmRNAが，S分節からはNP蛋白質のmRNAが合成される（図10-81）。これらmRNAの転写はステムループ構造の部分で終結し，ポリA配列は付加されない。LおよびNP蛋白質の合成が進むと，ウイルスゲノムに相補

する完全長 RNA が合成されるようになる。この mRNA の合成から相補鎖 RNA の合成への切り替えに NP 蛋白質の蓄積の関与が示唆されている。相補鎖 RNA をもとにゲノム RNA が合成されるとともに，Z（L 分節より）および GPC 蛋白質（S 分節より）の mRNA が合成され，各蛋白質も産生される。このように，アレナウイルスのゲノムは L および NP 遺伝子にとってはマイナス鎖，Z および GPC 遺伝子にとってはプラス鎖となっているアンビ鎖である。これらの過程のいずれも細胞質で起こっていると考えられるが，mRNA の 5' 末端にはゲノムあるいはその相補鎖 RNA にはない配列が認められることから，cap snatching など核の関与も示唆される。

合成された各蛋白質およびウイルスゲノムより粒子形成が細胞の形質膜で起こる。Z 蛋白質はミリストイル化を，NP 蛋白質はリン酸化を，GPC 蛋白質はシグナルペプチダーゼとサブチリシンペプチダーゼによる切断を受けている。主に Z 蛋白質の機能により集合および放出が行われる。

2）アレナウイルス感染症（表 10-76）

（1）リンパ球性脈絡髄膜炎ウイルス

リンパ球性脈絡髄膜炎ウイルスは，アレナウイルス科で最初に分離された（1933 年）。*Mus domesticus* および *M. musculus* を自然宿主とし，日本，オーストラリアを含め世界各地で分離されている。人に感染した場合，2 〜 3 週間の潜伏期の後，徐々の発熱・悪寒・筋肉痛などのインフルエンザ様の病状を示す。入院患者の 5 〜 34％ は神経徴候も示す。妊婦から胎児への感染も認められ，精神運動の遅滞・水頭症・小頭症・盲目の原因にもなる。神経系への感染は，神経細胞ではなく脳室上衣や髄膜が感染の標的である。髄液中の単核球数や蛋白質濃度の上昇が認められる。感染者の多くは不顕性感染で終わると考えられ，欧州やアメリカ大陸の約 2 〜 10％ の人が抗体陽性である。ペットとして飼育していたハムスターや実験用細胞株から人へ感染した例が知られている。

実験ではウイルス株によってはモルモットやハムスター，マーモセット，サルに致死的感染を引き起こす。特にサルへの WE 株の感染は，ラッサ熱 Lassa fever のモデルとして用いられる。また本ウイルスのマウスへの接種は，用いる株に加え，接種経路や動物の系統・週齢により結果が大きく異なり，1960 年代頃より実験材料としてよく用いられた。持続感染・免疫病変・細胞傷害性 T 細胞・免疫記憶などの概念の確立に役立てられた。

（2）ラッサウイルス

ラッサウイルスは，西アフリカのナイジェリア，リベリア，シエラレオネ，ギニアなどで見られる人の**ラッサ熱**の原因ウイルスである。1969 年，ナイジェリア北東部のラッサ村の熱病患者から分離された。民家やその周囲に生息するマストミス *Mastomys natalensis* を自然宿主としているウイルスである。

感染者は 5 〜 21 日（平均で 10 日）の潜伏期の後，徐々の発熱，全身倦怠感，頭痛，筋肉痛，衰弱などのインフルエンザ様の病状を示す。咳，咽喉痛，悪心，嘔吐，腹痛，下痢などが続き，白血球減少，軽度の血小板減少，蛋白尿が認められる。発症者の 5 〜 20％ は重症化して口腔粘膜潰瘍，リンパ節腫脹，顔・頸・胸部浮腫，心不全，腎不全を示し，最終的には発症より平均 12 日でショック死する。回復してもウイルスを排出し続けたり，再発したりする場合がある。また回復時に聴覚障害がしばしば認められる。発症時の血中 AST（アスパラギン酸アミノ基転移酵素）値の上昇とウイルス血症，致死率とはよく相関する。

西アフリカでの人の抗体陽性率は，地域によって異なるが数 ％ 〜 50％ である。不顕性感染が多く，新たな感染者は毎年 20 万 〜 30 万人に上ると考えられる。感染者の約 20％ が発症する。毎年 2,000 〜 5,000 人の死者を出している。

西アフリカ地域からの帰国者がしばしば欧州や米国で発症している。このような輸入例はこれまで 20 例以上知られ，日本でも 1987 年にシエラレオネからの 1 例の輸入例があった。幸い死亡には到らなかったが再発型であった。

(3) ルジョウイルス

2008年にザンビアの人が感染してルジョ出血熱を発症し，南アフリカの病院に搬送される間に二次感染，三次感染を生じた。計5人の患者のうち4人が死亡している。ルジョウイルス Lujo virus の感染者は7〜13日の潜伏期の後，発熱，頭痛，筋肉痛などのインフルエンザ様の病状を示し，その後下痢，咽頭炎，発疹を示す。呼吸困難，神経徴候，循環虚脱などに陥り，発症後9〜12日で死亡する。

(4) フニンウイルスなど

フニンウイルスは人にアルゼンチン出血熱 Argentinian hemorrhagic fever を引き起こすウイルスで，1958年に初めて分離された。自然宿主は Calomys musculinus でアルゼンチンのパンパスに生息するネズミである。本来人との接触はなかったが，農地開拓により人に感染するようになったと考えられている。毎年数百〜千人ほどの患者が発生し，その大半は農夫で，特に秋の収穫期に認められる。この時期はネズミの繁殖期でもある。ワクチンが開発され，患者数は減少している。

感染した人のほとんどは不顕性感染にはならずに徴候を示すと考えられている。8〜12日の潜伏感染後，発熱，頭痛，無力感，筋肉痛，腹痛，食欲不振などを示し，3〜4日後には眩暈，悪心，嘔吐，眼球後痛，結膜充血，リンパ節腫脹，心臓や腎臓，肝臓，中枢神経の機能障害が認められるようになる。皮膚や粘膜面の点状出血や手・舌の震えが見られた場合の予後は不良である。発症後10〜13日で回復に向かうが致死率は30%ほどである。顕著な血小板減少，白血球減少，蛋白尿が認められる。神経徴候はラッサウイルスの場合よりも出やすいが，AST値はあまり上昇しない。

マチュポウイルスによるボリビア出血熱 Bolivian hemorrhagic fever，グアナリトウイルスによるベネズエラ出血熱 Venezuelan hemorrhagic fever，サビアウイルスによるブラジル出血熱 Brazilian hemorrhagic fever もアルゼンチン出血熱と類似の経過をたどると考えられている。これら4出血熱はまとめて**南米出血熱** South American hemorrhagic fever と呼ぶ。

北米では1996年に Whitewater Arroyo virus による致死性の熱性疾患が発生し，3名が死亡した。疾患名はまだ付けられていない。

(5) チャパレウイルス

チャパレウイルスは，2003年〜2004年にボリビアで発生したチャパレ出血熱の原因ウイルスである。南米出血熱様の病状を引き起こす。サビアウイルスに最も近縁である。

(6) ヘビのアレナウイルス

ヘビのアレナウイルス reptarenavirus は，ボア科やニシキヘビ科の飼育ヘビで見られる封入体病の原因ウイルスとして近年同定された。欧米，アジア，オーストラリアなどの飼育ヘビでウイルスの存在が確認されている。感染したヘビは神経徴候，嘔吐，食欲減退を示す。ボア科のヘビでは感染は比較的長期化し，免疫能の低下・二次感染により死亡する。ニシキヘビ科では感染の経過は急性である。野外ヘビで認められるかは不明である。封入体病の特徴である好酸性の細胞質内封入体はウイルスの増殖の場であると考えられる。

8. 逆転写酵素保有 RNA ウイルス

A. レトロウイルス科

> **キーワード**：レトロウイルス，逆転写酵素，プロウイルス，内在性レトロウイルス，エンベロープ，1本鎖RNAゲノム，プラス鎖，二量体，インテグラーゼ，がん遺伝子，long terminal repeat (LTR)，鶏白血病・肉腫，リンパ性白血病，マウス乳がん，マウス白血病，マウス肉腫，猫白血病，細網内皮症，牛伝染性リンパ腫，EBL, SBL, リンパ球増加症，猫免疫不全，マエディ・ビスナ，山羊関節炎・脳炎，馬伝染性貧血，回帰熱

レトロウイルス retrovirus の retro という語はラテン語で「逆に」を意味し，本ウイルスが保有する RNA を DNA に転写する**逆転写酵素** reverse transcriptase に由来する。

1) レトロウイルスの性状（表10-78）

(1) 分類（表10-79）

レトロウイルス科 Retroviridae は，retro の綴りを逆にした orter に由来するオルテルウイルス目 Ortervirales に分類される．逆転写酵素をもつ DNA ウイルスが属するヘパドナウイルス科は本ウイルス目には分類されない．レトロウイルス科は，オルトレトロウイルス亜科 Orthoretrovirinae とスプーマレトロウイルス亜科 Spumaretrovirinae があり，オルトレトロウイルス亜科にはアルファからイプシロンのレトロウイルス属およびレンチウイルス Lentivirus 属の 6 属が分類される．スプーマレトロウイルス亜科は 5 属に分類される．

また，ウイルス粒子として水平伝播または垂直伝播するレトロウイルスを外来性レトロウイルス，生殖細胞を介して子孫に受け継がれ，体細胞の DNA 中に**プロウイルス** provirus として存在し，何らかの誘因により発現されるレトロウイルスを**内在性レトロウイルス** endogenous retrovirus と呼ぶ．

表10-78 レトロウイルス科のウイルス性状

- 球形のビリオン（直径 80〜120 nm），**エンベロープ**あり，表面に 8 nm の突起，浮上密度 1.16〜1.18 g/cm^3（sucrose）
- 直鎖状 **1 本鎖 RNA ゲノム**（7.0〜11 kb）（スプーマレトロウイルスの一部は 2 本鎖 DNA），**プラス鎖**，**二量体**（逆位の 2 分子が 5' 末端側で結合），がん遺伝子（v-onc）を有するウイルスや，増殖欠損型ウイルスあり，逆転写酵素あり
- ウイルス RNA から DNA に転写後，2 本鎖 DNA となり細胞染色体に組み込まれ，**プロウイルス**を形成
- 細胞質膜から出芽し成熟する

表10-79 レトロウイルス科の分類と代表的な動物の病気

亜科・属・種	ウイルス名	宿主	がん遺伝子	病気
オルトレトロウイルス亜科 Orthoretrovirinae（6 属）				
アルファレトロウイルス Alpharetrovirus 属（9 種）				
A. avileu	鶏白血病ウイルス avian leukosis virus	鶏	−	リンパ腫・白血病・貧血・骨化石症
A. avisar 10	鶏肉腫ウイルス avian sarcoma virus	鶏	+	肉腫
A. avirousar	ラウス肉腫ウイルス Rous sarcoma virus	鶏	+	肉腫
ベータレトロウイルス Betaretrovirus 属（5 種）				
B. ovijaa	ヤークジークテ羊レトロウイルス Jaagsiekte sheep retrovirus	羊	−	肺腺がん
B. maspfimon	メイソン・ファイザーサルウイルス Mason-Pfizer monkey virus	サル	−	リンパ腫・免疫不全
B. murmamtum	マウス乳がんウイルス mouse mammary tumor virus	マウス	−	乳がん
未分類	伝染性地方病性鼻腔内腫瘍ウイルス enzootic nasal tumor virus	羊 山羊		鼻腔内肉腫
	サルレトロウイルス 4, 5 型 simian retrovirus 4, 5	サル	−	血小板減少・免疫不全
ガンマレトロウイルス Gammaretrovirus 属（15 種）				
G. felleu	猫白血病ウイルス feline leukemia virus	猫	−	白血病・リンパ肉腫・免疫不全・貧血
G. hazufelsar 他	猫肉腫ウイルス feline sarcoma virus	猫	+	肉腫
G. gibleu	テナガザル白血病ウイルス gibbon ape leukemia virus	サル	−	白血病
G. momursar 他	マウス肉腫ウイルス murine sarcoma virus	マウス	+	肉腫
G. koa	コアラレトロウイルス koala retrovirus	コアラ	−	免疫不全・白血病・リンパ肉腫

（つづく）

表 10-79 レトロウイルス科の分類と代表的な動物の病気（つづき）

亜科・属・種	ウイルス名	宿主	がん遺伝子	病気
G. murleu	マウス白血病ウイルス murine leukemia virus	マウス	−	白血病
G. aviretend	細網内皮症ウイルス reticuloendotheliosis virus	鶏	+/−	リンパ腫・貧血, 免疫不全, 末梢神経腫大
G. avisplnec	トレーガーアヒル脾臓壊死ウイルス trager duck spleen necrosis virus	アヒル 七面鳥	−	脾臓壊死・貧血・免疫不全
G. woomonsar	ウーリーザル肉腫ウイルス woolly monkey sarcoma virus	サル	+	肉腫
デルタレトロウイルス Deltaretrovirus 属（4種）				
D. bovleu	牛伝染性リンパ腫ウイルス bovine leukemia virus	牛	−	悪性リンパ腫（リンパ肉腫）・白血病
D. priTlym 1	人T細胞白血病ウイルス1型 human T-lymphotropic virus 1	人	−	白血病
イプシロンレトロウイルス Epsilonretrovirus 属（3種）				
レンチウイルス Lentivirus 属（10種）				
L. bovimdef	牛免疫不全ウイルス bovine immunodeficiency virus	牛	−	リンパ球増多症・リンパ節腫脹
L. capartenc	山羊関節炎・脳炎ウイルス caprine arthritis encephalitis virus	山羊	−	関節炎・脳脊髄炎
L. equinfane	馬伝染性貧血ウイルス equine infectious anemia virus	馬	−	貧血
L. felimdef	猫免疫不全ウイルス feline immunodeficiency virus	猫	−	免疫不全・口内炎・リンパ腫
L. humimdef 1	人免疫不全ウイルス1型 human immunodeficiency virus 1	人	−	免疫不全
L. humimdef 2	人免疫不全ウイルス2型 human immunodeficiency virus 2	人	−	免疫不全
L. bovjem	ジェンブラナ病ウイルス Jembrana disease virus	バリ牛	−	リンパ節腫脹・発熱・食欲不振
L. simimdef	サル免疫不全ウイルス simian immunodeficiency virus	サル	−	免疫不全
L. ovivismae	ビスナ・マエディウイルス visna-maedi virus	羊	−	進行性肺炎・脳脊髄炎
スプーマレトロウイルス亜科 Spumaretrovirinae（5属）				
Bovispumavirus 属（1種）		牛	−	不明
Equispumavirus 属（1種）		馬	−	不明
Felispumavirus 属（1種）		猫	−	不明
Prosimiispumavirus 属（1種）		原猿	−	不明
Simiispumavirus 属（15種）		サル	−	不明

（提供：堀本泰介先生）

（2）形態・物理化学的性状

直径 80～120 nm の球状粒子で，細胞膜由来の脂質と約 8 nm の突起を形成するウイルス糖蛋白質からなるエンベロープをもつ．粒子内部にウイルスゲノムと蛋白質の複合体（RNP 複合体）を含むコアと呼ばれる電子密度の高い球状ないし棒状の構造をもつ．ウイルス感染細胞の電子顕微鏡観察から形態的に，細胞質内の粒子（未成熟カプシド）をA型粒子，A型粒子が出芽しコア部分が粒子内に偏在しているものを B 型粒子（例：マウス乳がんウイルス），粒子の中央部に位置しているものを D 型粒子（例：メイソン・ファイザーサルウイルス），何ら細胞内粒子を認めず出芽過程を経て粒子が形成され，中央部にコアが位置しているものを C 型粒子（例：白血病・肉腫ウイルス）と呼ぶ（図 10-82）．一般に，アルファおよびガンマレトロウイルスは C 型粒子，ベータレトロウイルスは B あるいは D 型粒子，レンチウイル

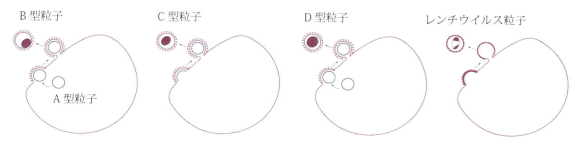

図 10-82 レトロウイルスの粒子型（宮沢孝幸・堀本泰介原図）

スはD型粒子に類似し中央部に筒状のコアをもつ。ウイルスは脂溶性有機溶媒や界面活性剤で破壊されるが，紫外線には比較的抵抗性である。

（3）ゲノム構造（図 10-83）

ウイルス粒子内では2本の同一配列をもつゲノム単位（30〜40 S RNA）が5'末端同士で水素結合し二量体（60〜70 S RNA）を形成している。また，ゲノム単位の3'と5'末端には約20個のヌクレオチドからなる同一配列があり，3'末端にはポリA構造が，5'末端にはキャップ構造が見られる。さらに，5'末端の特定部位には逆転写酵素反応によりウイルスDNAを合成する際に必要なプライマーとなる細胞由来の特定のtRNAが水素結合している。

典型的なゲノム構造は5'-gag-pro-pol-env-3'の配列になる。gag（群特異的抗原 group-specific antigen）遺伝子はコア蛋白質，pro遺伝子はプロテアーゼ protease, pol遺伝子は逆転写酵素（RNA依存性DNA合成酵素 RNA-dependent DNA polymerase）と**インテグラーゼ**，また env遺伝子は外被エンベロープ（envelope）蛋白質と膜貫通エンベロープ蛋白質の2種類の糖蛋白質をそれぞれコードする。また，一部のレトロウイルスはウイルス増殖を制御する調整遺伝子や細胞由来の**がん遺伝子** oncogene をもつ。がん遺伝子は20種以上あり（例：src, erb-B, mos など），上記4種の遺伝子に付加される場合や，いずれかの欠損部分に置き換わる場合がある。後者のウイルスは，細胞をトランスフォームする能力をもつが自己増殖能が欠落しており，その増殖には増殖能をもつレトロウイルスがヘルパーウイルスとして同時に感染する必要がある。一般に，自己増殖能をもつウイルスにはトランスフォーム能はない。がん遺伝子を有するにもかかわらず自己増殖するラウス肉腫ウイルスは例外である。

レトロウイルスDNA（プロウイルス）は，3'側と5'側の両端にウイルス遺伝子に由来する長い末端反復配列 **long terminal repeat**（**LTR**）をもち，宿主細胞DNAへの組込みやウイルス遺伝子の転写調節に重要な役割を果たす。

（4）ウイルス蛋白質

レトロウイルスの基本構成として，gag遺伝子産物（コア）のドメイン構造としてマトリックス（MA：matrix），カプシド（CA：capsid），ヌクレオカプシド（NC：nucleocapsid）の各蛋白質と，前駆体蛋白質を切断するプロテアーゼ（PR：protease），逆転写酵素（RT：reverse transcriptase），ウイルスDNAが宿主DNAに組み込まれる時に働くインテグラーゼ（IN：integrase），外被エンベロープ糖蛋白質（SU Env：surface envelope）と膜貫通エンベロープ糖蛋白質（TM Env：transmembrane envelope）がある。それぞれの蛋白質の分子量はウイルス種によって異なる。また，調節蛋白質として，レンチウイルスやスプーマレトロウイルスはTat，Rev，Vifなど，デルタレトロウイルスはTaxをもつ。

（5）増　殖

ウイルスは細胞表面のウイルス特異的レセプターに吸着するが，レセプターを介さない非特異的な吸着も見られる。細胞質への侵入はウイルスエンベロープ膜と細胞膜間の融合あるいはエンドサイトーシスによる。前者は，ウイルス表面の

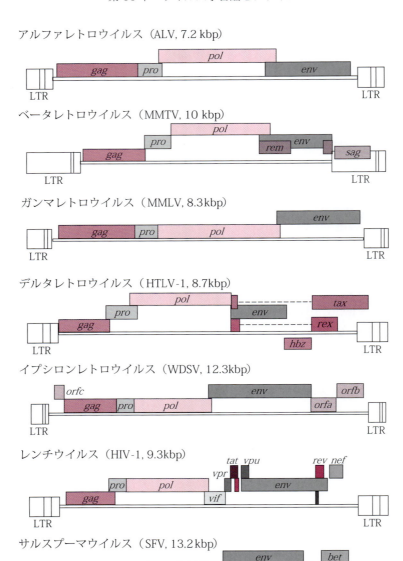

図 10-83　レトロウイルスのゲノム構造
レトロウイルスは構造遺伝子として基本的な *gag*, *pol*, *env* 遺伝子と，プロテアーゼをコードしている *pro* 遺伝子をもつ。スプーマレトロウイルスとレンチウイルスの *pol* 遺伝子は，プロテアーゼをコードしている領域を含んでいる。宿主細胞 DNA に組み込まれたプロウイルスには，ゲノムの両端に U3, R, U5 領域を含む配列（長い反復配列：LTR）がある。3' 末端の LTR に重なって存在する *sag* 遺伝子は，スーパー抗原をコードしている。調節遺伝子はウイルス種によって異なるが，*tax*, *tas*, *tat*（転写活性化遺伝子），*rex*, *rev*（ビリオン蛋白質発現調節遺伝子），*nef*（レセプター発現阻害遺伝子），*vif*, *bet*（抗レトロウイルス拮抗遺伝子），*vpr*（細胞周期調節遺伝子），*vpu*（ウイルス出芽調節遺伝子），*vpx*（逆転写促進遺伝子）などがある。
ALV：鶏白血病ウイルス，MMTV：マウス乳がんウイルス，MMLV：モロニーマウス白血病ウイルス，HTLV-1：人 T 細胞白血病ウイルス 1 型，WDSV：ウォールアイ皮膚肉腫ウイルス，HIV-1：人免疫不全ウイルス 1 型，SFV：サルフォーミーウイルス。
（ICTV Report を参考に作成：https://ictv.global/report/chapter/retroviridae/retroviridae）（提供：堀本泰介先生）

第10章　ウイルス学各論とプリオン

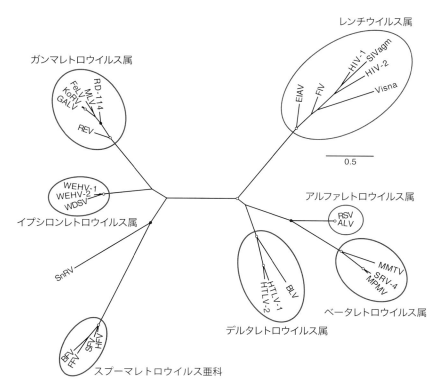

図10-84　レトロウイルス科の分子系統樹
逆転写酵素遺伝子配列をもとに作成した。
HIV-1：人免疫不全ウイルス1型，HIV-2：人免疫不全ウイルス2型，SIVagm：アフリカミドリザル免疫不全ウイルス，FIV：猫免疫不全ウイルス，Visna：ビスナウイルス，EIAV：馬伝染性貧血ウイルス，RSV：ラウス肉腫ウイルス，ALV：鶏白血病ウイルス，MMTV：マウス乳がんウイルス，SRV-4：サルレトロウイルス4型，MPMV：メイソン・ファイザーサルウイルス，BLV：牛伝染性リンパ腫ウイルス，HTLV-1：人T細胞白血病ウイルス1型，HTLV-2：人T細胞白血病ウイルス2型，HFV：人フォーミーウイルス，SFV：サルフォーミーウイルス，FFV：猫フォーミーウイルス，BFV：牛フォーミーウイルス，SnRV：スネークヘッドレトロウイルス，WDSV：ウォールアイ皮膚肉腫ウイルス，WEHV-1：ウォールアイ表皮過形成ウイルス1型，WEHV-2：ウォールアイ表皮過形成ウイルス2型，REV：細網内皮症ウイルス，GALV：ギボン白血病ウイルス，KoRV：コアラレトロウイルス，FeLV：猫白血病ウイルス，MLV：マウス白血病ウイルス，RD-114：RD-114ウイルス．
黒丸と白丸はブートストラップ法で80%および95%以上支持された分岐を示す．

SU Envがレセプターに結合することで開始される．細胞質に侵入したウイルス殻内で，ウイルスRNAから逆転写により相補的なマイナス鎖DNAがtRNAをプライマーとして合成される．同時にDNA合成が終わった部分のRNAは分解され始め，残ったマイナス鎖DNAを鋳型にしてプラス鎖DNAが作られ，2本鎖DNAの合成が完成する．この時までに脱殻は完了する．2本鎖DNAは両端にLTRをもち，MA蛋白質，IN蛋白質とともにプレインテグレーション複合体preintegration complex（PIC）を形成する．核内に侵入したPIC内のウイルスDNAは，IN蛋白質の働きにより宿主細胞のDNAにランダムに組み込まれる．この状態のウイルスDNAをプロウイルスと呼ぶ．プロウイルスは，LTR内のプロモーター配列を介して細胞のRNAポリメラーゼによってウイルスゲノムRNAとウイルス蛋白質を合成するための種々のサイズのmRNAに転写される．全ゲノムサイズを転写したmRNA（ウイルスゲノムRNAと同一）からは*gag*，*pro*および*pol*遺伝子産物，

また，スプライスされた短い mRNA からは Env や調節蛋白質などの遺伝子産物が合成される。合成された前駆体蛋白質は，プロテアーゼによって開裂され，機能性蛋白質となる。ウイルスは主に出芽により細胞から放出される。スプーマレトロウイルス亜科では，ウイルス粒子中の RNA が粒子内で逆転写され，一部 DNA となっている。

2) レトロウイルス感染症（表 10-79）

レトロウイルスによる病気は悪性腫瘍（白血病，リンパ腫，肉腫や他の中胚葉系腫瘍，乳がん，肝臓や腎臓の癌腫），免疫不全，自己免疫病，下位運動ニューロン疾患や組織傷害を伴う種々の急性疾患など多彩である。ウイルス種によっては非病原性である。ウイルスは水平伝播と垂直伝播により動物間に広まる。水平伝播は種々の感染経路で成立する。垂直伝播では母体から経卵，経胎盤，産道または哺乳を介して子が感染する。**内在性レトロウイルス**はプロウイルスとして生殖細胞を介して子孫へ伝播する。通常，内在性レトロウイルスは潜伏しており，病気を起こさない。

（1）アルファレトロウイルス属

a. 鶏白血病・肉腫

鶏白血病・肉腫ウイルス avian leukosis virus（ALV）は，宿主域，干渉パターンやエンベロープ蛋白質 gp85 の抗原性の違いで，A，B，C，D，E，J の亜群（サブグループ）に分けられる。採卵鶏では A および B 亜群が，肉用鶏では J 亜群の感染が広く分布する。C，D 亜群の感染はほとんどない。また，E 亜群は病原性を欠く内在性レトロウイルスである。外来性 ALV には，がん遺伝子をもつ増殖欠損型とそれをもたない増殖非欠損型（増殖型）がある。増殖能欠損 ALV は，感染後の短期間で細胞を腫瘍化し得る。その感染による急性白血病では赤芽球症，骨髄芽球症，骨髄球腫症，血管腫や肉腫が見られる。増殖型 ALV による鶏への感染では主として**リンパ性白血病**，骨化石症や腎腫瘍が見られる。

（2）ベータレトロウイルス属

a. マウス乳がん

1936 年に Bittner JJ によってミルク因子 milk factor として発見された**マウス乳がん**ウイルス mouse mammary tumor virus（MTTV）によるウイルス性乳がん。SU Env 蛋白質が細胞をトランスフォームすることで乳がんが形成される。

b. ニホンザル血小板減少症

ニホンザル血小板減少症 thrombocytopenia in Japanese macaques は，サルレトロウイルス 4 型あるいは 5 型のニホンザルへの感染により起こる。感染すると血小板減少症を引き起こし出血死する。発症すると致死率は高い。

c. 羊肺腺腫

羊肺腺腫 ovine pulmonary adenocarcinoma は，ヤークジーグテ羊レトロウイルス Jaagsiekte sheep retrovirus（JSRV，羊肺腺がんウイルス）の感染による羊の肺腺腫（肺腺がん）である。SU Env が発がんに関与する。

（3）ガンマレトロウイルス属

a. マウス白血病・肉腫

がん遺伝子をもたない**マウス白血病** murine leukemia ウイルスの感染による病型は多様で，T 細胞白血病，骨髄性白血病，赤白血病などが認められる。がん遺伝子をもつ急性白血病ウイルスは赤芽球症や前 B 細胞白血病，また，同じくがん遺伝子をもつ**マウス肉腫** murine sarcoma ウイルスは線維肉腫や骨肉腫を起こす。

b. 猫白血病ウイルス感染症・肉腫

猫白血病ウイルス feline leukemia virus（FeLV）は干渉試験で，使用するレセプターがそれぞれ異なる A，B，C，D，E，T のサブグループに分けられる。サブグループ B〜E，および T の FeLV は，サブグループ A と内在性 FeLV が体内で組換えを起こすか env 遺伝子の変異により生ずる。ウイルス感染による腫瘍化にはリンパ肉腫，骨髄増殖性疾患，線維肉腫が含まれ，また，その退行性変化により免疫不全，再生不良性貧血などを起こす。また，免疫複合体病を併発することもある。

c. 鶏の細網内皮症

鶏白血病・肉腫ウイルスとは抗原的・遺伝的に異なる**細網内皮症**ウイルス reticuloendotheliosis virus（REV）の感染により，鳥類に急性または慢

性の腫瘍性疾病，発育不良，貧血などを引き起こす。REVには，がん遺伝子をもつ増殖能欠損型のウイルス株（T株）とそれを欠く増殖能非欠損型のウイルス株（CS株，CN株など）がある。

（4）デルタレトロウイルス属
a．牛伝染性リンパ腫
牛の悪性リンパ腫は，**牛伝染性リンパ腫**ウイルス bovine leukemia virus（BLV）感染に起因する地方病性伝染性リンパ腫 enzootic bovine leukosis（**EBL**）（成牛型）とまれに発生する病因不明の非伝染性の散発性リンパ腫 sporadic bovine leukosis（**SBL**）（子牛型，胸腺型と皮膚型の3病型）を含んでいる。BLVの伝播は，子宮内感染や乳汁を介した垂直感染あるいは吸血昆虫による機械的伝播や血液汚染器具などによる水平感染による。牛が BLV に感染すると，無症候期 aluekeimia（AL）から約30%が**リンパ球増加症** persistent lymphocytosis（PL）を，さらに1〜5%がB細胞リンパ腫である EBL を発症する。体表リンパの腫脹，削痩，眼球突出，乳量減少，下痢などから諸臓器の肉腫性増殖による腫瘍形成に進行し，死に至る。一般的に EBL 発症までには感染後3年以上を要するが，若齢牛でも発症し得る。EBLの発症機序の詳細は分かっていない。我が国では，EBLの発生数が増加しており経済的損失が問題となっている。

（5）レンチウイルス属
a．猫免疫不全ウイルス感染症
猫免疫不全ウイルス feline immunodeficiency virus（FIV）は，体液中のウイルスが咬傷などから水平感染する。母猫からの垂直感染もある。野外猫の FIV 抗体陽性率は10%前後であるが，発病率は必ずしも高くない。臨床徴候に基づき，急性期 acute phase（AP），無症候キャリアー asymptomatic carrier（AC）期，持続性リンパ節腫大 persistent generalized lymphadenopathy（PGL）期，エイズ関連症候群 AIDS-related complex（ARC）期および後天性免疫不全症候群 acquired immunodeficiency syndrome（AIDS）期に分類される。AP期では，発熱，リンパ節腫大，白血球減少，貧血，下痢などが認められる。AIDS期では免疫異常に伴う口内炎，歯肉炎，上部気道炎，消化器徴候，皮膚病変，血液異常や神経徴候など，さらには様々な日和見感染症によって死亡する。

b．マエディ・ビスナ
本疾患は，「家畜伝染病予防法」で**マエディ・ビスナ** maedi-visna と記載されるが，ICTV分類に則った病原体名はビスナ・マエディウイルス Visna/maedi virus（VMV）である。羊の遅発性進行性の疾病で，慢性の進行性肺炎（マエディ），脳脊髄炎（ビスナ）を主徴とする。感染した羊は無徴候ウイルスキャリアーとなり，一部の個体が発症する。マエディ型は乾性の咳を呈した呼吸困難，ビスナ型は歩行異常から四肢麻痺を伴う起立不能に陥り衰弱死する。日本では2012年以降の発生はない。

c．山羊関節炎・脳炎
山羊関節炎・脳炎ウイルス caprine arthritis encephalitis virus（CAEV）の感染による1歳以上の成山羊に見られる関節炎と生後2〜4か月の幼山羊に見られる脳脊髄炎を主徴とする進行性消耗性疾患である。

d．馬伝染性貧血
馬伝染性貧血ウイルス equine infectious anemia virus（EIAV）の感染によるウマ属の慢性伝染病で，アブやサシバエなどの吸血昆虫によって媒介される。垂直感染もある。病性によって急性型，亜急性型，慢性型，再燃型に分けられる。発熱，貧血などを主徴として，馬体内でウイルスが連続的に変異するため，病型（主に亜急性型）によっては再発を繰り返す**回帰熱**が特徴である。生涯，完治することはない。2011年に宮崎県で発生したが，感染馬の摘発・淘汰により以降の発生はない。

e．牛免疫不全ウイルス感染症
牛免疫不全ウイルス bovine immunodeficiency virus（BIV）の感染によるが，本病の流行や経済的被害などは不明である。実験感染では持続性リンパ球増加症とリンパ腺症を引き起こす。BIVに

近縁のジェンブラナ病ウイルスはバリ牛に感染すると食欲不振，リンパ節腫大，発熱などを引き起こす。

（6）スプーマレトロウイルス亜科

a. スプーマウイルス感染症

スプーマレトロウイルス亜科のウイルスは種々の動物から分離され，抗体陽性動物も検出されている。しかし，動物に対する病原性は不明である。

9. プリオン

> キーワード：プリオン病，伝達性海綿状脳症，蛋白質性感染因子，プリオン，牛海綿状脳症（BSE），クロイツフェルト・ヤコブ病，異常型プリオン蛋白質，正常型プリオン蛋白質，蛋白質分解酵素抵抗性，慢性消耗病（CWD），羊と山羊のスクレイピー，空胞変性，伝達性ミンク脳症

羊のスクレイピー scrapie に代表される**プリオン病**は，実験的に伝達可能であり発症した動物の中枢神経系組織は神経細胞や神経網の空胞化により海綿状を呈することから，**伝達性海綿状脳症** transmissible spongiform encephalopathy（TSE）と呼ばれる。長い潜伏期の後に発症し，亜急性の経過で死に至る致死性神経変性性疾患である。本病の病原体は蛋白質から構成され，ゲノムに相当する病原体固有の核酸は見つかっていない。1982 年にカルフォルニア大学の Prusiner SB は，病原体の特徴である**蛋白質性感染因子** proteinaceous infectious particle を意味する「**プリオン** prion」という名称を提唱した。現在ではプリオンという名称がプリオン病の病原体を指す言葉として使用されている。

羊のスクレイピーが人へ感染したという疫学的な証拠はない。しかし，**牛海綿状脳症** bovine spongiform encephalopathy（**BSE**）が人へ感染した結果，変異**クロイツフェルト・ヤコブ病**（CJD）が発生したことから，BSE は人獣共通感染症と認識されている。

1）プリオンの性状

（1）分 類

「Virus Taxonomy 第 9 版」（2011 年版）までは，subviral agents の vertebrate prions に分類されていたが，現在は分類されていない。

（2）形態・物理化学的性状

プリオン病に罹患した動物の脳から感染性を指標に精製された画分には宿主遺伝子 *Prnp* にコードされるプリオン蛋白質（prion protein：PrP）が存在する。電子顕微鏡下では，SAF（scrapie-associated fibrils）あるいはプリオンロッド prion rods と呼ばれる繊維状あるいは桿状構造物が認められる（図 10-85）。この繊維は直径 4～6 nm の微細繊維が 2 本平行に並び緩やかにねじれた基本構造を有し，幅が約 25 nm，長さが 50～300 nm である。SAF は**異常型プリオン蛋白質**（PrP^{Sc}：Sc は scrapie を意味する）が一定の規則で凝集したものであり，PrP^{Sc} の凝集体がプリオンの感染性をもつ。しかし，界面活性剤脂質複合体処理により，SAF 特有の繊維構造が電子顕微鏡下で認められなくなるまで凝集体を断片化しても感染性が失われないことから，プリオンの感染性が付随する PrP^{Sc} 凝集体の最小単位はかなり小さいと考えられる。長年，プリオンが PrP のみで構成されるかが議論されてきたが，大腸菌で産生された組換え PrP が感染性を有することから，PrP がプリオンの主要構成であることが証明されている。

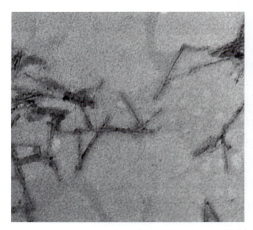

図 10-85　スクレイピー感染マウス脳から精製した SAF
ネガティブ染色像。（× 85,000）

プリオンは紫外線照射に抵抗性を示す。また，ウイルスや細菌の不活化に用いる多くの消毒薬，ホルマリン，β-プロピオラクトンにも抵抗性である。また，100℃の加熱や121℃15分のオートクレーブ処理では感染価は減弱するが不活化されない。ドデシル硫酸ナトリウム sodium dodecyl sulfate（SDS）存在下での煮沸，強アルカリ，グアニジン塩，尿素など強力な蛋白質変性作用を有する処理により感染価は低下する。プリオンの不活化法として，2 mol/L NaOH に 1 時間以上浸漬，有効塩素濃度 2%（20,000 ppm）の次亜塩素酸に 1 時間以上浸漬，3% SDS 溶液で 5 分間煮沸，134℃18分もしくはそれより厳しい条件でのオートクレーブ処理などが推奨される。完全に不活化するには焼却が必要である。

（3）ゲノム構造

病原体のゲノムに相当する核酸は存在しない。

（4）プリオンを構成する蛋白質

プリオンの主要構成要素は宿主遺伝子 *Prnp* にコードされるプリオン蛋白質である。非感染動物では *Prnp* 遺伝子産物である**正常型プリオン蛋白質**（PrP^C：C は cellular を意味する）が発現している。PrP^C は GPI（glycosyl phosphatidyl inositol）を介して細胞膜に発現する糖蛋白質である。約 207 アミノ酸からなり，分子内に 2 か所のアスパラギン結合型糖鎖付加部位があり，1 個の分子内ジスルフィド結合を有する。PrP^C は多くの組織で発現するが特に中枢神経系組織で高発現する。PrP 遺伝子欠損マウスが正常に発育・繁殖することから，PrP^C は生命維持に必須ではないが，銅イオンの代謝，抗酸化機構，シナプス伝達，概日周期の調整などに関与することが示唆されている。

一方，プリオン病に罹患した動物の中枢神経系組織には，PrP^C および PrP^{Sc} の両方が存在する。PrP^{Sc} は PrP^C から構造転換を含む翻訳後修飾により生成する。PrP^C および PrP^{Sc} ともに宿主遺伝子 *Prnp* の産物であり，アミノ酸配列は同じであるが，両者は蛋白質の三次構造に違いがあり，生化学的に区別できる（表 10-80）。PrP^C は α ヘ

表 10-80 PrP^C と PrP^{Sc} の生化学的性状の相違

	PrP^C	PrP^{Sc}
凝集性	＋	−
非イオン系界面活性剤に対する溶解性	易溶性	難溶性
蛋白質分解酵素感受性	感受性	抵抗性
細胞内局在	細胞膜表面	細胞膜，ERC*，二次リソソームなど
合成時間	＜30 分	6～15 時間
半減期	5 時間	＞24 時間
二次構造	α ヘリックス：43% β シート：3%	α ヘリックス：30% β シート：45%

*エンドソーマルリサイクリングコンパートメント

リックスの割合が高く β シートの割合が低いが，PrP^{Sc} は β シートの割合が高い。PrP^{Sc} は規則的な凝集体を形成するために，部分的に**蛋白質分解酵素抵抗性**を示す。蛋白質分解酵素に対する感受性の違いを利用して，PrP^{Sc} 検出を指標としたウエスタンブロット，ELISA などが免疫生化学的プリオン病診断法として用いられる。

（5）プリオンの増殖

PrP^{Sc} がプリオンの構成要素であり，その産生・蓄積がプリオンの増殖と言い換えることができる。PrP^C が核 seed となる PrP^{Sc} に結合し，PrP^{Sc} を鋳型として新たな PrP^{Sc} 分子に構造転換する。これが繰り返されることより PrP^{Sc} が増える（図 10-86）。細胞レベルでは，細胞膜上，もしくは，エンドソーマルリサイクリングコンパートメントや後期エンドソームなど細胞の膜輸送に関与するオルガネラで PrP^{Sc} が産生される。

プリオンは中枢神経系組織の神経細胞で最も増殖するが，プリオンと宿主の組合せによっては，扁桃，パイエル板，リンパ節，脾臓などのリンパ系組織の濾胞樹状細胞でも増殖する。羊のスクレイピー，シカ科動物の**慢性消耗病** chronic wasting disease（**CWD**）では，プリオンはリンパ系組織でも増殖する。一方，BSE では，プリオンはリンパ系組織で増殖しない。そのため，プリオンの体内分布は動物プリオン病により異なる。脳・

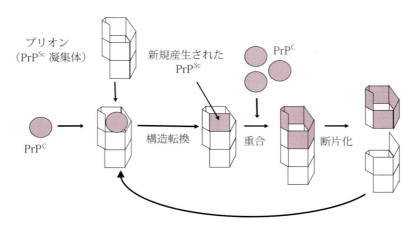

図 10-86 プリオンの増殖機構
プリオンの主要構成要素は PrP^{Sc} の凝集体である。PrP^C が PrP^{Sc} と結合して PrP^{Sc} に構造転換する。これが繰り返されて（重合），PrP^{Sc} 凝集体は伸張する。やがて PrP^{Sc} 凝集体は断片化して新たな核となり，この工程が繰り返されることで，PrP^{Sc} 凝集体はさらに増加する。

脊髄で感染価が高いことは共通であるが，スクレイピーおよび CWD では，リンパ系組織で低レベルの感染価が検出されるのに対し，BSE 感染牛のリンパ系組織からはほとんど感染性は検出されない（表 10-81）。

動物におけるプリオンの自然状態での主な感染経路は経口である。経口摂取されたプリオンはパイエル板などの消化管付随リンパ組織の濾胞樹状細胞で増殖し，その後，①末梢神経から副交感神経系を経て延髄へ侵入する，②交感神経系を経て脊髄へ侵入する，という経路で中枢神経系組織に到達して増殖する。

(6) プリオンの株

プリオンにはゲノムに相当する核酸は存在しないことから，遺伝子型などの分類はできない。一方，プリオンを近交系マウスなど遺伝的背景の均一な実験動物に接種した場合，潜伏期，病変分布，臨床徴候，PrP^{Sc} の生化学的性状などが異なることがある。この現象は，プリオンの株の違いを反映していると解釈される。このように，生物学的，生化学的性状の違いによりプリオンの株を区別することはある程度可能である。例えば，BSE および猫海綿状脳症 feline spongiform encephalopathy を呈した動物の脳組織，および変異 CJD 患者の脳組織を近交系マウスへ伝達した場合，同様の病気を生じる。この結果と，発生の疫学的状況から，変異 CJD の原因が BSE であることが結論づけられた。

2) プリオン病（伝達性海綿状脳症）

動物のプリオン病はプリオンの感染による感染

表 10-81 スクレイピー罹患羊と BSE 牛におけるプリオンの組織分布

スクレイピー（羊）		BSE（牛）	
感染価*	組織	感染価**	組織
高（$\geq 10^4$）	脳，脊髄	高（$10^{5.7} \sim 10^{7.7}$）	脳，脊髄
中（$10^{3.2} \sim 10^{4.0}$）	扁桃，リンパ節，回腸，脾臓	中（$10^{3.3} \sim 10^{5.6}$）	
低（$\leq 10^{3.2}$）	副腎，骨髄，胎盤，膵臓，胸腺	低（$\leq 10^{3.3}$）	回腸遠位部，骨髄，背根神経節，三叉神経節
検出限界以下	骨格筋，心筋，乳腺，腎臓など	検出限界以下	リンパ節，その他の組織

*マウスでのバイオアッセイによる。
**牛でのバイオアッセイによる。

表 10-82　プリオン病の分類

動物のプリオン病	宿主，発生動物
スクレイピー	羊，山羊
慢性消耗病 chronic wasting disease（CWD）	シカ，エルク
牛海綿状脳症 bovine spongiform encephalopathy（BSE）	牛
伝達性ミンク脳症 transmissible mink encephalopathy（TME）	ミンク
ネコ科動物の海綿状脳症 feline spongiform encephalopathy（FSE）	家猫，ピューマ，チーター，オセロットなど
その他の反芻動物の海綿状脳症	クードゥー，エランド，ニアラ，オリックスなど
人のプリオン病	原因
クロイツフェルト・ヤコブ病（CJD）	
孤発性 CJD	特発
家族性 CJD	遺伝
医原性 CJD	感染
変異 CJD	感染
ゲルストマン・ストライスラー症候群（GSS）	遺伝
家族性致死性不眠症（FFI）	遺伝
クールー	感染

表 10-83　プリオン病の特徴
- 潜伏期が年単位と非常に長い
- 一度発症すると亜急性に進行し 100％ 死に至る
- 異常行動，運動失調などの神経徴候が主徴
- 肉眼的病変はない
- 神経細胞と神経網の空胞変性，アストロサイトーシス，ミクログリアの増生
- 中枢神経系組織における異常型プリオン蛋白質（PrP^{Sc}）の蓄積
- 病原体に対する免疫応答がない

性プリオン病であるが，人のプリオン病はその原因から，感染性，遺伝性，特発性の 3 つに分類される（表 10-82）。動物のプリオン病のうち，**羊と山羊のスクレイピー**，シカ科動物の CWD は自然状態でそれぞれの宿主間で伝播する。それ以外はプリオンに汚染された飼料の給餌により発生した人為的に発生したプリオン病である。各種動物のプリオン病に共通の特徴を表 10-83 に示した。

（1）スクレイピー

スクレイピーの好発年齢は 2.5～5 歳である。胎盤に感染価があることから後産により母羊の体や牧舎などが汚染され，そのような環境下で子羊は生後まもなく経口的に感染を受けると考えられる。発症初期は移動時に群れから遅れる，沈うつ状態がたまに見られる，音などの刺激に対して過敏になる，など病状は軽微である。病気の進行に伴い，歩様異常などの運動失調，沈うつ状態（図 10-87）が頻繁に観察されるようになる。瘙痒状態を示し，牧柵に体を過度に擦り付け脱毛する場合もある。食欲はあるが餌をこぼすなど摂食行動にも異常を認める。病状が進行すると歩様異常は顕著となり，やがて起立不能に陥る。病状は数週間～数か月の経過で進行して死に至る。中枢神経系組織に PrP^{Sc} が蓄積するが，スクレイピーに感

図 10-87　スクレイピーを発症（沈うつ状態）したサフォーク羊

染した羊では，リンパ系組織でも PrP^{Sc} が産生されることから，扁桃，瞬膜，直腸粘膜を生検して PrP^{Sc} を検出することで，生前診断が可能である。

羊 PrP 遺伝子にはアミノ酸多型を伴う遺伝子多型が存在する。そのうち PrP コドン 136 が Val となる遺伝子多型はプリオンに高感受性となる。PrP コドン 171 が Arg となる遺伝子型をもつ羊はスクレイピーに抵抗性となるので，PrP 遺伝子型を指標にスクレイピー抵抗性羊群の選抜が可能である。

（2）シカ科動物の慢性消耗病

好発年齢は 3～5 歳である。痩削，異常行動，運動失調，多飲多尿を呈する。北米では発生地域が拡大し，2024 年 7 月現在，米国 34 州とカナダ 4 州で発生が報告されている。放し飼いの養鹿場では，10～25% という高い感染率が報告される例もある。韓国では，カナダから輸入したアメリカアカシカとともに病原体が侵入し，輸入個体の発症に加え，養鹿場で水平感染が生じている。また，2016 年にノルウェーで欧州初となる CWD が野生のトナカイおよびムースで発見され，以降，スウェーデン，フィンランドでも CWD が確認されている。羊のスクレイピーと同様にリンパ系組織にも PrP^{Sc} が蓄積する。また，感染価は低いが，唾液や尿中など体外に排泄される体液中にも病原体が存在する。本病により死亡した個体により濃厚に汚染された牧野や土壌が感染源となる。プリオンは土壌中で数年にわたり感染性を失わない。CWD は動物プリオン病の中では，水平感染が生じやすく，野生シカに侵入すると撲滅は困難である。実験的にリスザルに伝達するが，各種動物を用いた感染実験の結果から，人への感染性は非常に低いと考えられている。

（3）牛海綿状脳症

1985 年頃から英国で発生していた。BSE の起源として羊のスクレイピーが原因であるとする説と，元来まれな牛の病気として存在していたが気づかれずにいた，という 2 説があるが，英国では 1980 年代前半にレンダリング工程が変わったために，プリオンが完全に不活化されず汚染された肉骨粉が産生され，これが代用乳や濃厚飼料に添加されて牛に与えられた結果 BSE が大流行した。反芻動物由来の飼料，さらには動物由来の飼料を反芻動物に与えない措置（飼料規制）が効を奏し，1992 年～1993 年に発生はピークとなり，その後減少している。英国で発生し，欧州，北米，日本などに広がった BSE を定型 BSE（C-BSE）と呼ぶが，世界各地で飼料規制などの管理措置が実施され，2013 年以降，世界における C-BSE の発生は 10 例以下となり，2020 年以降では，2021 年に英国で 1 例が摘発されたのみである。C-BSE は 4～8 歳の牛で好発する。異常行動，知覚過敏，運動失調が主徴で，数週間～数か月の経過で病状が進行する。病理組織学的には中枢神経系，特に脳幹および延髄の神経網および神経細胞の**空胞変性**が特徴である。経口ルートで感染したプリオンは脳神経を経て延髄に到達する。迷走神経背束核や孤束核で最初に PrP^{Sc} の蓄積が認められる。

2001 年 9 月に日本最初の BSE が確認され，以降，36 例が摘発されているが，2002 年 2 月以降に生まれた牛で BSE の発生はない。同年 10 月 18 日より，食用に供される牛全頭を対象とした BSE スクリーニング検査が開始された。2005 年 8 月には検査対象月齢が 21 か月齢以上，2013 年 7 月には 48 か月齢以上に引き上げられ，2017 年 4 月から健康牛を対象とした BSE スクリーニングは廃止された。2003 年には死亡牛の BSE サーベイランスが開始された。2019 年 4 月には，BSE の特定症状を呈する牛，起立不能などを呈する牛は 48 か月齢以上，一般的な死亡牛は 96 か月齢以上が対象となり，2024 年 4 月からは，月齢を問わず BSE の特定症状を呈する牛と特定症状以外で BSE が否定できない牛が対象となった。一次検査には ELISA を用い，陽性・疑陽性と判定された個体はウエスタンブロットおよび免疫組織化学による確定検査を行う（図 10-88）。

BSE は英国で発生以降，同一の病原体（C-BSE の病原体）が世界各地に広まったと考えられてきたが，2004 年以降，C-BSE とは PrP^{Sc} の生化学的性状が異なる非定型 BSE が報告されている。

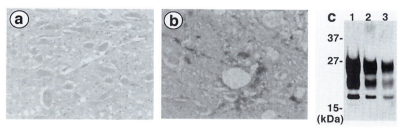

図 10-88　BSE 確定検査により陽性と判定された症例
a：延髄の HE 染色像。軽度の神経細胞および神経網の空胞化が認められる。
b：抗 PrP 抗体による免疫組織化学。PrP^{Sc} 陽性像を呈する。
c：ウエスタンブロット像。抗 PrP 抗体による免疫染色により proteinase K 抵抗性の PrP^{Sc} のバンドが検出される。レーン 1：延髄 600 µg 相当，レーン 2：同 300 µg 相当，レーン 3：延髄 150 µg 相当。

PrP^{Sc} の分子量が C-BSE よりも小さい L-BSE，および C-BSE より大きい H-BSE がある。ほとんどの場合が高齢牛（8 歳以上）で見つかっている。発生頻度が非常に低いこと，高齢牛で発生することから，人の特発性プリオン病のような，牛の孤発性プリオン病である可能性も指摘されている。これまで世界で 160 例以上が報告されており，直近 10 年間の非定型 BSE の摘発件数は L- および H-BSE を合わせて毎年 10 例未満である。各種動物を用いた実験感染から，L-BSE は人への感染リスクがあると考えられる。一方，H-BSE の人への感染リスクを示す実験的証拠は得られていない。

（4）伝達性ミンク脳症

伝達性ミンク脳症 transmissible mink encephalopathy は，異常行動，運動失調などを主徴とするミンクのプリオン病である。1947 年に米国で発見され，その後，カナダ，欧州で発生がある。スクレイピーに罹患した羊の臓器の給餌が原因と推定されている。共食いによりミンク間で伝播する。

（5）ネコ科動物の海綿状脳症

1990 年に英国の家猫で本病の存在が確認された。動物園で飼育されていたネコ科動物でも発生がある。BSE プリオンに汚染されたキャットフードや，脊髄を含む牛の臓器を餌として与えたことが原因と考えられている。

第11章 真菌学

一般目標：真菌の特徴及び真菌症についての基礎知識を修得する。

到達目標
1) 真菌に見られる細胞の形態とその機能，生活環及び分類法を説明できる。
2) 真菌感染症の分類，菌種の微生物学的特徴ならびに宿主の症状を説明できる。

1. 真菌の構造と増殖

> **キーワード**：真核生物，テレオモルフ，完全世代，有性型，アナモルフ，不完全世代，無性型，子嚢菌類，担子菌類，不完全菌類，接合菌類，細胞壁，キチン，β-グルカン，マンナン，酵母，糸状菌，胞子，担胞子体，分生子，胞子嚢，胞子嚢胞子，遊走子，菌糸，微細構造，二形性菌，厚膜胞子，培養

A. 真菌の分類

　真菌は，原核生物である細菌と異なり，動物や植物と同じ**真核生物**である。環境中では腐生的に分解を進め，栄養を吸収する従属栄養生物である。動物や植物のような有性生殖を経て減数分裂を行う生活環〔**テレオモルフ** teleomorph（**完全世代／有性型**）〕だけではなく，細菌のように自分のクローンを増やし続ける生活環〔**アナモルフ** anamorph（**不完全世代／無性型**）〕をもつ。両者をあわせた生活環を示す用語としてホロモルフ holomorph という用語が使われることもある。

　真菌は分類学上の菌界に含まれる。表 11-1 に 2019 年に Adl SM らによって提唱された真核生物の分類における真菌界の主要な門を示した（こ れ以外にもまだ所属の定まっていない下位分類群が存在する）。多くの真菌種が知られている門は，テレオモルフにおいて有性胞子を包む子嚢を形成する子嚢菌門 Ascomycota（**子嚢菌類**と総称されることもある）やテレオモルフにおいて担子器をつくる担子菌門 Basidiomycota（**担子菌類**と総称されることもある）である。これらの門をまとめて，二核菌亜界 Dikarya と呼ぶこともある。かつてはテレオモルフが不明な真菌を便宜的に不完全菌門 Deuteromycota（**不完全菌類**と総称されることもある）として分類していたが，現在では分子系統解析による分類が進んで，不完全菌門は解消されて，所属していた真菌種はいずれかの分類群に帰属がなされている。また，形態が異なることから同一の真菌種に対してテレオモルフとアナモルフに異なる種名が付けられてきたが，1 生物種 1 学名の原則に則って 1 つの種名に統一されつつある。子嚢菌門には後述するアスペルギルス症 aspergillosis の原因真菌アスペルギルス Aspergillus 属菌やカンジダ症 candidiasis の原因真菌カンジダ Candida 属菌など多くの病原真菌が属している。担子菌門にはクリプトコックス症 cryptococcosis の原因真菌クリプトコックス Cryptococcus 属菌やマラセチア皮

表 11-1　菌界に含まれる代表的な門

亜界	門	主な人や動物の感染症原因真菌を含む属（括弧内はその他特徴を示す）
二核菌亜界 Dikarya	子嚢菌門 Ascomycota	アスペルギルス Aspergillus 属，カンジダ Candida 属，コクシディオイデス Coccidioides 属，ヒストプラスマ Histoplasma 属，ミクロスポルム Microsporum 属，トリコフィトン Trichophyton 属，ニューモシスチス Pneumocystis 属
	担子菌門 Basidiomycota	クリプトコックス Cryptococcus 属，マラセチア Malassezia 属，トリコスポロン Trichosporon 属
	ケカビ門（ムーコル門）Mucoromycota	ムーコル Mucor 属，リゾプス Rhizopus 属，リクテイミア Lichtheimia 属，カニングハメラ Cunninghamella 属（ムーコル目を含む。他にアーバスキュラー菌根菌なども含む）
	ツボカビ門 Chytridiomycota	バトラコキトリウム Batrachochytrium 属
	※ネオカリマスティクス類やトリモチカビ類などの真菌は門レベルの分類について議論が続いている。	

真菌の属名のカタカナ表記は原則として日本医真菌学会の表記に従った（https://www.jsmm.org/glossary2.html）。ただし「マラセチア Malassezia 属」については，「獣医師国家試験出題基準（平成 26 年改正）」および「日本獣医学会疾患名用語集（https://ttjsvs.org/）」に従った。

膚炎 malassezia dermatitis の原因真菌マラセチア *Malassezia* 属菌などの病原真菌が属している。その他の分類群として，ムーコル症 mucormycosis の原因真菌が含まれているケカビ門（ムーコル門 *Mucoromycota*）があり，これらの真菌は過去に **接合菌類** zygomycetes とも総称されていた。また，ツボカビ門 *Chytridiomycota* には両生類にツボカビ症を起こす原因真菌が含まれている。以上の真菌は全て菌界 *Fungi* に属する。ピチウム（フハイカビ）属やミズカビ *Saprolegnia* 属（水カビ病の原因微生物を含む）といった卵菌類と呼ばれる微生物は，その形態や生活様式が真菌と類似しているが，研究が進むにつれて卵菌類は界レベルで真菌と異なる生物であることが分かってきた。ただし，伝統的に真菌の1種として扱われてきたため，ピチウム属についても「2. 動物の主な真菌症と病原真菌」で後述する。また，水カビ病は令和元年度版の魚病学モデル・コア・カリキュラムにおいて真菌性疾患として取り上げられている。

B. 真菌の生活環

獣医学領域で重要な真菌の一般的な生活環を図11-1に示した。無性生殖による酵母状単細胞や多細胞性菌糸体の増殖様式を中心として，アナモルフに相当する無性生活環とテレオモルフに相当する有性生活環を併せもつ。ただし，無性生活環や有性生活環で示す形態学的特徴は真菌種により異なる。さらに無性生活環の中でも複数の形態を示す真菌種もあり，注意を要する。後述のように無性生活環において酵母状形態と菌糸体の両者の形態を示す真菌種もある。感染症の原因真菌は感染時には基本的に無性生活環にある。我々に馴染みがある有性生活環の形態としては担子菌の子実体 fruiting body（いわゆる「キノコ」として我々が認識している構造のような有性胞子形成器官が集合した構造）がある。臨床検体などから分離された原因真菌の形態学的同定においては，寒天培地上で示す無性生活環における胞子の付き方や形状，色が重要な指標となる。

C. 真菌の性状

1）細胞の構造

真菌は真核細胞のため，細菌とは異なり，核膜に包まれた核をもつ。核内には複数の線状の染色体が納められており，この点でも環状染色体をもつ細菌とは異なっている。細胞質にはミトコンドリアや小胞体，液胞，リボソーム，ゴルジ体といった細胞小器官が存在している。

核や細胞小器官，細胞質は脂質二重膜である細胞膜によって包まれている。動物細胞では細胞膜にコレステロールが含まれるが，真菌の細胞膜ではステロールの一種，エルゴステロールが含まれ

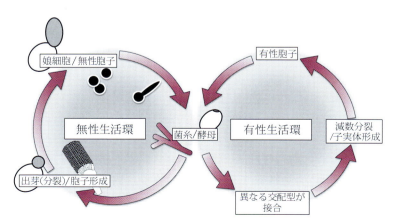

図11-1 真菌の生活環
無性生活環の環内に糸状菌の例としてアスペルギルス属のイラストを示している。外側は出芽酵母の増殖様式。

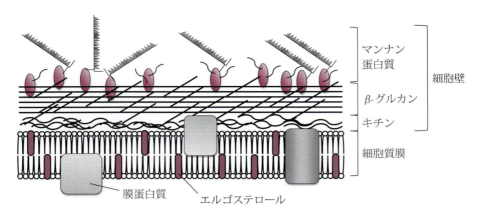

図 11-2 真菌の細胞膜および細胞壁構造（模式図）
細胞壁は主にキチン，β-グルカン，マンナン蛋白質からなり，細胞膜には真菌に特徴的なエルゴステロールを含む。

る。エルゴステロールは真菌の生存・生育に重要な役割を果たしており，エルゴステロール生合成経路は抗真菌薬の重要な標的経路となっている。

細胞膜の外層には動物細胞には見られない**細胞壁** cell wall が存在する（図 11-2）。植物や細菌もそれぞれセルロースやペプチドグリカンなどからなる特有の細胞壁構造をもつが，真菌の細胞壁構成成分はこれらとも著しく異なっている。真菌の多くの種において細胞壁は**キチン** chitin（ケカビ目の真菌はキトサンを含む），**β-グルカン** β-glucan，そして蛋白質に結合した**マンナン** mannan と呼ばれる多糖が主成分となっている。しかし，ケカビ目の真菌はβ-グルカンの量が極めて少ないこと，アスペルギルス属菌やクリプトコックス属菌はそれぞれガラクトマンナンやグルクロノキシロマンナンのような特徴的な細胞壁成分をもつことなど，菌種によりその成分にも差異がある。マンナンは蛋白質に結合する形で真菌細胞壁の最外層に存在している。マンナン多糖の一種，ガラクトマンナンはアスペルギルス属菌に見られ，アスペルギルス症の補助診断として血中ガラクトマンナン抗原量の測定が行われる。クリプトコックス属菌ではマンナン多糖としてグルクロノキシロマンナンが存在しており，本菌の構造的特徴である莢膜の主成分となっている。これら主要な多糖以外にもα-グルカンやアスペルギルス属菌のガラクトサミノガラクタンのような多糖成分，ハイドロフォビンなどの蛋白質，メラニンなどが細胞壁や菌体最外層に含まれる。

2）酵母・糸状菌の形態

一般的に巨視的な視点からは**酵母・糸状菌**（いわゆるカビ）・キノコと呼ばれる生物が真菌に含まれる。キノコは通常有性生殖の胞子形成器官を指しているが，キノコ自体は菌糸の集合体といえる。また，無性生活環および有性生活環で菌糸伸長により増殖するため，糸状菌に含めることが可能である。ここでは酵母と糸状菌に分けて，それぞれの形態に焦点を当てて説明する。

（1）酵母の形態

酵母は多くの細菌と同様に単細胞生物として生活しており，パン酵母として知られる *Saccharomyces cerevisiae* や病原真菌であるカンジダ属菌，クリプトコックス属菌などが知られる。形態は菌種により，球形，楕円形など様々である。通常は直径が 3〜5 μm であり，細菌よりも大きい（例えばブドウ球菌は直径約 1 μm）。酵母の増殖形態として大きく 2 つに分けることができる。1 つは出芽様式であり，母細胞の一部が膨化し（これを出芽と呼ぶ），母細胞と同じ大きさの娘細胞となって 2 つに分裂する（図 11-3）。主な病原酵母はこの出芽様式で増殖する。一部の酵母は細菌と同じく 2 分裂様式で増殖し，

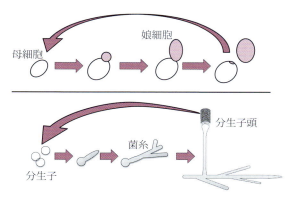

図11-3 出芽酵母（上段）と分生子をつくる糸状菌（下段）それぞれの無性生活環における増殖様式模式図
一般的な様式を示したものであり，例外は存在する。

く（図11-3）。

a. 胞 子

胞子 spore はいわば「種(たね)」である。ここでは分離同定でも重要となる無性生活環で形成される無性胞子 asexual spore を中心に述べる。無性胞子は大きく分けて3つの呼称に分かれる。菌糸や分生子柄 conidiophore（**担胞子体** sporophore の一種）から外生する**分生子** conidium（複数形 conidia，以下の -conidium の複数形は -conidia となる），**胞子嚢** sporangium（複数形 sporangia）という袋に内生する**胞子嚢胞子** sporangiospore, そしてツボカビなどで見られる遊走子嚢 zoosporangium（複数形 zoosporangia）内で形成されるべん毛を1本もつ**遊走子** zoospore である。

分生子はその形成過程や形態により分類されるが，ここでは獣医学領域で重要な子嚢菌門の真菌が形成する分生子を取り上げていく（図11-4）。フィアロ型分生子 phialoconidium はフィアライド phialide と呼ばれる分生子形成細胞の先端に形成される。アスペルギルス属菌やペニシリウム Penicillium 属菌などの分生子がこれに該当する。アレウリオ型分生子 aleurioconidium は菌糸の先端や側枝から球形や円筒形に肥大し，成熟後に根元の細胞が枯死して離断する。

Schizosaccharomyces pombe や酵母状に増殖する *Talaromyces marneffei*（*Penicillium marneffei*）などの菌種で見られる。

（2）糸状菌の形態

糸状菌はその形態が酵母と大きく異なっており，菌糸を伸長する形で増殖する。病原真菌としては皮膚糸状菌やアスペルギルス属菌，ケカビ目の真菌などが糸状菌に該当する。以下では胞子を開始点として増殖の過程に従って説明を進めてい

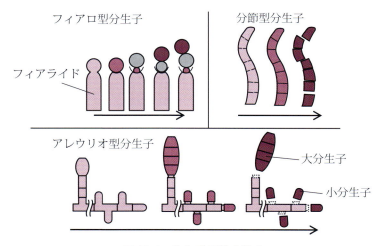

図11-4 分生子の形成様式
矢印のように，成熟が進む。ここに示した以外に出芽型，シンポジオ型，ポロ型などがある。

皮膚糸状菌 dermatophyte の分生子などがこれに該当する。なお，1種の真菌が大小の分生子を形成する場合，1細胞性の分生子を小分生子 microconidium，多細胞性もしくは大きい分生子を大分生子 macroconidium と呼ぶ（図 11-4，アレウリオ型分生子のイラスト参照）。分節型分生子 arthroconidium は分生子形成が誘導される環境条件で菌糸の細胞が個々の分生子へと変化する。分節型分生子形成真菌の好例としてはコクシディオイデス Coccidioides 属菌があげられる。

胞子嚢胞子は多くのケカビ目の真菌に見られる無性胞子であり，多くの場合は菌糸から分化した胞子嚢柄 sporangiophore（担胞子体の一種）の先端につくられる胞子嚢という袋の中に形成される。

b. 菌 糸

胞子は栄養条件の適した場所で発芽し，**菌糸**を形成する。菌糸は伸長を続け，分岐を行いながら増殖していく。

菌糸の微細構造を見ると，多くの子嚢菌や担子菌の菌糸では隔壁で区切られた均一な太さの菌糸を形成する。隔壁で区切られた空間には核が1つもしくは複数存在する。隔壁には小さな孔が存在し，細胞質は隣の空間と連続している。子嚢菌や担子菌が隔壁で仕切られた菌糸を形成する一方で，ケカビ目の真菌において隔壁はまれに見られるか，もしくは全く見られない。

糸状菌では飢餓などの条件が整うと分生子や胞子嚢胞子を形成する。形成された分生子や胞子嚢胞子が環境中に散布されて，新たな生育場所を獲得して，その生育域を広げていく。

(3) 二形性菌

酵母と糸状菌に分けて述べてきたが，条件によって酵母形および菌糸形のいずれの形態をとることも可能な菌種（**二形性菌** dimorphic fungus）が存在する。このような性質を二形性 dimorphism と呼び，いくつかの獣医学領域で重要な真菌はこの性質を備えている。

Candida albicans は，培地条件などによって菌糸や菌糸様の構造を形成する二形性菌として知られている。なお，菌糸に付随する分芽型胞子 blastspore や**厚膜胞子** chlamydospore と呼ばれる単細胞性構造の形成も，二形性とともに本菌の特徴として知られている。

Blastomyces dermatitidis や *Histoplasma capsulatum*，*Talaromyces marneffei*，*Sporothrix schenckii*，*Coccidioides immitis* も二形性菌として知られている。これらの菌は自然環境下においては菌糸生育をして無性胞子を形成する生活環をもっている。しかし，宿主体内環境（37℃近辺）に入り込んだ胞子は，コクシディオイデス属菌を除き，酵母状形態で生育・増殖を行うようになる。コクシディオイデス属菌は宿主体内において酵母の生活環をとらず，球状体 spherule と呼ばれる特殊な構造の中に内生胞子 endospore を形成する。

3）真菌の生育条件

地球上の膨大な真菌種のうち，人工的に**培養**が可能である種は一握りであり，それぞれの菌種が多様な環境に適応した生育条件をもっていると考えられる。獣医学領域で重要な既知の病原真菌は環境中では植物や動物の死骸などを分解して炭素源，窒素源などとして利用している。これら病原真菌の人工培養に一般的に用いられる培地はサブロー・ブドウ糖寒天培地 Sabouraud dextrose agar やポテト・デキストロース寒天培地 potato dextrose agar である。サブロー・ブドウ糖寒天培地はペプトン（カゼイン消化物および肉蛋白質消化物）にブドウ糖を添加した固形培地である。ポテト・デキストロース寒天培地はジャガイモ浸出液にブドウ糖を添加した固形培地である。いずれも幅広い真菌種の生育を支持できる培地である。汚染などで共在する細菌の生育を抑える目的で，クロラムフェニコールなどがこれらの培地に添加されることもある。37℃付近の体温をもつ宿主に病原性を示す真菌は体温下での生育が可能であることから，人工培養においても37℃付近での培養が行われる。一方で体温が低い宿主に病原性を示す真菌や野外環境の真菌を培養する場合にはその真菌の宿主体温や生育環境に合った培養

温度を設定する必要がある。生育が早い真菌種では数日程度で培地上に集落を形成するが，生育が遅い菌種においては2週間もしくはそれ以上の期間を要することがある。

4）真菌に見られる特徴的な代謝
（1）二次代謝産物生合成経路
　糸状菌で顕著であるが，真菌は多種多様な二次代謝産物 secondary metabolite を生合成する。二次代謝産物は真菌の生育に必須ではないが環境中での生態的地位を獲得・維持する点で有利に働いていると考えられる。特に人や動物に毒性をもたらす二次代謝産物はマイコトキシン（カビ毒 mycotoxin）と呼ばれ，真菌が産生するマイコトキシンによる飼料や食品の汚染が問題となっている。

（2）エルゴステロール生合成経路
　真菌細胞膜の重要な構成成分であるエルゴステロール ergosterol はアセチル CoA を出発材料として，メバロン酸経路を経て合成される。エルゴステロール生合成経路を阻害するアゾール系抗真菌薬やエルゴステロールへ親和性をもつポリエン系抗真菌薬などが開発されて真菌症治療に利用されている。

（3）細胞壁多糖生合成系
　細胞壁の主要な構成成分であるキチン，β-グルカン，マンナンも真菌の特徴的な産物である。細胞壁成分の生合成経路も抗真菌薬の重要な標的経路である。

　キチンは真菌の発育にも重要な細胞壁構成成分であり，キチン合成酵素を阻害するニッコーマイシン Z は抗真菌効果をもつ。

　β-グルカン構造も幅広い真菌種に存在しているが，ケカビ目の真菌はこの構造が非常に少ない。β-グルカン鎖の主要な結合は β-1,3-グリコシド結合であるが，β-1,6-グリコシド結合も見られる。β-1,6-グリコシド結合の頻度は菌種により異なっている。β-1,3-グルカン合成酵素を阻害するエキノキャンディン系抗真菌薬は真菌症治療に利用されている。

5）真菌のゲノム
　1996年にパン酵母でゲノム配列が解読されて以降，病原真菌を含む多くの種で解読が進んでいる。特に近年の解読手法の発展によって，ゲノム解読のスピードが飛躍的に伸びており，今後も未解読の菌種や解読済みの菌種であっても異なる特徴をもつ菌株などの解読が進むと考えられる。

　真菌のゲノムは他の真核生物と同様にテロメアをもつ複数の染色体からなる。この点で環状染色体をもつ細菌とは大きく異なる。パン酵母は16本の染色体をもつ。アスペルギルス症の主な原因菌である *Aspergillus fumigatus* は8本の染色体をもつ。真菌のゲノムサイズ（総塩基対数）は，例えばパン酵母は約1,200万塩基対，*A. fumigatus* では約3,000万塩基対であり，多くの真菌ゲノムサイズが細菌（例えば，大腸菌は約460万塩基対）より大きく，植物（モデル生物の1つシロイヌナズナは約1.3億塩基対）・動物（人は約30億塩基対）より小さいという位置づけになる。真菌ゲノム上にはおよそ5,000～10,000程度の遺伝子がコードされている。

D．真菌と宿主の相互作用

1）真菌の感染経路と感染部位
　真菌の感染経路と感染部位は様々である。感染部位によって内臓真菌症 deep-seated mycosis，全身性真菌症 systemic mycosis，表在性真菌症 superficial mycosis，深在性皮膚真菌症 subcutaneous mycosis のように分けられることが多い。

　内臓真菌症は各種深部臓器で感染が成立する真菌症を示す。全身性真菌症は全身播種性の真菌症を指す。宿主の免疫状態によるが，重要な病原真菌の多くが内臓真菌症や全身性真菌症を引き起こす。一部臓器での感染から血流などを介して全身へ，また血流から各種臓器への感染を起こすといったように内臓真菌症と全身性真菌症は明確に切り分けることが難しい。感染経路としては，空中に浮遊する病原真菌の胞子の吸入，といった肺などの呼吸器を経由した感染が主である。カンジ

ダ属菌のように宿主の免疫能の低下とともに粘膜での感染拡大そして粘膜下組織に侵入して血流に乗って他臓器に播種する感染経路もある。

表在性真菌症の感染部位は表皮や爪，被毛であり，原因真菌としては皮膚糸状菌がよく知られている。主な感染経路は接触である。

深在性皮膚真菌症では，表在性真菌症と異なり，感染部位が真皮以下にも認められる。深部臓器よりも主に深在性皮膚領域に病巣が形成される真菌症としてはスポロトリックス症 sporotrichosis や黒色真菌症などがあげられる。感染経路は皮膚の創傷が主である。

多くの内臓真菌症原因菌は真皮以下にも病巣を形成したり，皮膚の創傷に病巣を形成したり，いずれの感染部位にも病巣を形成し得ることは注意を要する。各真菌症原因菌とその感染部位については各論で記載する。

2）真菌の病原性に寄与する形質や因子
（1）病原性に寄与する形質

多くの真菌種が知られる中で人や動物に病原性を示す真菌種は限られる。これら病原真菌がどのようにして病原性を示すのかは未だ不明な部分が多いが，その中でもいくつかの形質は病原性発現に重要であると考えられている。37℃やそれに近い体温をもつ動物（人を含む）に病原性を発現できる真菌は，体温付近で生育できることが病原性発現に必要な因子となる。また，一部の病原真菌では前述した二形性も感染に重要な役割を果たしていることが知られている。例えば，Candida albicans は深部組織への侵入に菌糸形成が重要であると考えられている。他にも莢膜形成（Cryptococcus neoformans），細胞内寄生性・細胞内殺菌抵抗性（Cryptococcus neoformans, Histoplasma capsulatum），バイオフィルム形成能（カンジダ属菌，アスペルギルス属菌）といった形質がその感染成立に寄与している。

（2）病原因子

一般的に病原因子（蛋白質や低分子化合物など）は真菌細胞の生存に必須ではないが，感染に重要な役割を果たしている因子とされる。真菌の病原因子としては主に蛋白質と二次代謝産物があげられる。

エラスターゼや種々の蛋白質分解酵素（プロテアーゼ）は病原真菌の感染において宿主組織の破壊そして真菌の栄養獲得に寄与していると考えられている。また，カタラーゼやスーパーオキサイドディスムターゼなどの酵素は宿主細胞における活性酸素種による攻撃から自身を保護する働きをしている。

二次代謝産物も真菌の病原因子となっていることが明らかになってきている。1つの例としては，Aspergillus fumigatus のグリオトキシンという二次代謝産物があげられる。グリオトキシンは哺乳類細胞に細胞死を誘導するが，グリオトキシンをつくれない A. fumigatus ではその病原性が弱くなったと報告されている。

そのほか，Cryptococcus neoformans のグルクロノキシロマンナンからなる莢膜多糖構造は食細胞からの貪食に抵抗する因子として知られている。真菌の病原因子については研究の途上であり，今後さらに様々な病原因子が発見されるものと思われる。

3）宿主の防御機構

病原真菌の多くは日和見病原体である。宿主は病原真菌の侵入を様々な防御機構によって防いでおり，肺内などの体内深部に入ったとしても免疫担当細胞などにより速やかに排除されている。

第一線の防御機構としては物理的バリアーがあげられる。皮膚や粘膜，線毛運動などが含まれ，外界からの真菌の侵入を防いでいる。皮膚創傷や粘膜損傷部位，線毛運動の低下などは病原真菌侵入のきっかけとなる。A. fumigatus のような径が小さく飛散しやすい分生子の場合は，肺においてこれらの防御機構をすり抜けることができ，肺胞まで到達できる。そのほかの器官においても物理的バリアーをかいくぐって，病原真菌が定着や侵入を起こすことがある。

真菌が定着もしくは深部に侵入した場合，樹状細胞，マクロファージや好中球などの免疫担当細胞が真菌の処理に当たる。宿主にとって初めて出

会う真菌であってもマクロファージなどはその真菌を貪食して処理することができる。これは真菌に共通する病原体関連分子パターン pathogen-associated molecular patterns（PAMPs）を認識するパターン認識レセプター pattern-recognition receptors（PRRs）が貪食細胞などの表面に発現しているためである。真菌の PAMPs としては β-グルカンやキチンなどの細胞壁成分があげられる。このような特異抗体などによらない免疫応答は自然免疫応答と呼ばれる。人や哺乳類では Toll 様レセプター Toll-like receptors（TLRs）や Dectin-1, Dectin-2, Mincle などの PRRs が真菌の PAMPs 認識に役割を果たしている。PRRs による真菌の認識により，細胞でのサイトカインやケモカインの産生が促され，周囲の免疫担当細胞の活性化や好中球の集簇を誘導する。また，血中に存在するマンノース結合レクチンやフィコリンといったレクチン蛋白質も真菌表面の PAMPs を認識して補体のレクチン経路を活性化することで真菌の排除を促している。食細胞による真菌の貪食メカニズムはいまだ解明されていない部分があり，今後の解明が待たれている。サイトカインやケモカインを強力に抑えるステロイド薬や抗体製剤の使用などは真菌症のリスクを高める。好中球減少も真菌症のリスクを高める要因となる。

自然免疫応答に引き続く獲得免疫の誘導も真菌感染防御に非常に重要な役割を果たしている。真菌に対する特異抗体も食細胞による貪食の促進や補体の古典的経路の活性化によって防御に働いていると考えられている。

E. 真菌感染症の治療薬

真菌症の治療は大まかに外科的処置と抗真菌薬による治療に分けられる。これらの処置や治療薬は真菌症に応じて異なる。皮膚糸状菌症 dermatophytosis やマラセチア皮膚炎では毛刈りや洗浄などの処置がとられ，抗真菌薬の内服も併用する場合がある。深在性真菌症では抗真菌薬の内服による治療が行われる。

治療に使用できる抗真菌薬の種類は限られている。

エルゴステロール生合成経路を阻害するアゾール系抗真菌薬は主要な抗真菌薬であり，ミコナゾール，ルリコナゾール，フルコナゾール，イトラコナゾール，ボリコナゾール，イサブコナゾール，ポサコナゾールなどがあげられる。シャンプーへの配合や軟膏といった外用薬として利用され，さらに経口投与が可能である薬剤もあり，大きな利点となっている。フルコナゾールは *Candida albicans* などの酵母状真菌の多くに有効であるが，糸状菌には効果が低いもしくは無効である。イトラコナゾールやボリコナゾール，イサブコナゾール，ポサコナゾールはアスペルギルス属などの糸状菌にも有効である。一方で，アゾール系抗真菌薬の多くがケカビ目の真菌には無効であり，注意を要する。近年開発されたポサコナゾールやイサブコナゾールはケカビ目の真菌にも有効である。

ポリエン系抗真菌薬は抗真菌スペクトラムが広いことが大きな利点であり，アムホテリシン B が利用されている。ポリエン系抗真菌薬はエルゴステロールと結合し，細胞膜上で孔を形成して細胞膜を破綻させる。副作用が強いことが大きな欠点であったが，リポソーム製剤化により副作用を低減したリポソーマルアムホテリシン B が用いられるようになっている。

β-1,3-グルカン合成酵素を阻害するエキノキャンディン系（キャンディン系）抗真菌薬はミカファンギン，カスポファンギンが国内で用いられており，海外ではアニデュラファンギンも用いられている。安全性が高いが抗真菌スペクトラムが狭く主にアスペルギルス症とカンジダ症に用いられる。

そのほかアゾール系抗真菌薬よりも上流でエルゴステロールの生合成を阻害するアリルアミン系抗真菌薬のテルビナフィンや核酸合成を阻害するピリミジン系抗真菌薬のフルシトシンが用いられている。現在も抗真菌薬の開発が進められており，今後新たなメカニズムで効果を発揮する抗真菌薬の登場が期待されている。

2. 動物の主な真菌症と病原真菌

> キーワード：皮膚糸状菌，ミクロスポルム，トリコフィトン，アスペルギルス，カンジダ，クリプトコックス，マラセチア，スポロトリックス，ヒストプラスマ，ムーコル目，ニューモシスチス，ブラストミセス，コクシディオイデス，アフラトキシン

A. 皮膚糸状菌

皮膚および皮膚に付属した被毛や爪などの角化した組織に侵入生息する明調（白，茶，黄など）な糸状菌群を呼称する。**皮膚糸状菌**の分類は，遺伝子解析結果を踏まえて，2019年にAdl SMらにより再分類が提案されたため，それに従って記載する。

皮膚糸状菌は，エピデルモフィトン *Epidermophyton* 属，**ミクロスポルム** *Microsporum* 属，ナニッチア *Nannizzia* 属，**トリコフィトン** *Trichophyton* 属，アルスロデルマ *Arthroderma* 属，ロポフィトン *Lophophyton* 属，パラフィトン *Paraphyton* 属の7属で，約50種類が知られている。そのうち人や動物に病原性のあるものは，前4属に含まれる。我が国において動物の皮膚に感染する菌は，主に約12菌種（表11-2）にすぎない。これらの菌は疫学的に，土壌菌，人寄生菌，および動物寄生菌に分別される（図11-5）。人を含め動物（牛，馬，犬，猫，羊，豚，ウ

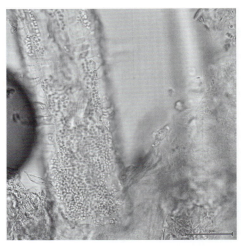

図11-6 感染した被毛表面に数珠状に取り付いている皮膚糸状菌の分節型分生子 Bar = 50 μm

サギ，齧歯類，サル，鶏）に感染するため，人獣共通感染症の原因となる。

皮膚糸状菌の増殖形態は，腐生形態と感染形態に分かれる。前者は栄養体である菌糸の増殖と，休止体である分生子や有性生殖によって生じた有性胞子など菌種に特徴的な形態を生じるので，同定上重要である。後者は感染した組織内に認められ，菌糸と休止体である分節型分生子から形成され，各菌種とも類似している（図11-6）。

人，動物とも本症に対する内服治療には，アゾール系抗真菌薬または塩酸テルビナフィンが使用されているが，臨床分離株には感受性株と低感受性株が存在するため，治療には注意が必要である。

1）小動物に感染する皮膚糸状菌

我が国では主に原因菌として，犬への感染の約70%が *Microsporum canis* で，*Nannizzia gypsea*（シノニム：*M. gypseum*）および *N. incurvata*（シノニム：*M. gypseum*）が20%，*Trichophyton mentagrophytes* が約10%といわれている。極めてまれに *T. rubrum* の感染が報告されている。猫への感染の約90%以上が *M. canis* であるが，皮膚に感染せずに被毛にだけ生息（腐生）している例も少なくない。その場合は，汚染した被毛が他の動物や人への感染源となる。その他 *Nannizzia gypsea*，*N. incurvata* および *T. mentagrophytes* の

図11-5 皮膚糸状菌の疫学的分別
矢印は感染の流れを示す。×は感染しないことを示す。点線は人へは感染するが，人の間では常在化しないことを示す。

表 11-2 主な動物の真菌症

感染症	主要原因菌	対象動物	主な症状
皮膚糸状菌症（人獣）	Microsporum canis, Nannizzia gypsea, N. incurvata, Trichophytom mentagrophytes, T. benhamiae, T. erinacei, T. rubrum	犬，猫，ウサギ，齧歯類	皮膚の紅斑，水疱，痂皮，落屑，脱毛
	Microsporum canis, M. nanum, M. equinum, M. gallinae, T. mentagrophytes, T. rubrum, T. equinum, T. verrucosum	牛，馬，羊，山羊，豚，鶏	皮膚の紅斑，水疱，痂皮，落屑，脱毛
アスペルギルス症（人獣）	Aspergillus fumigatus およびその隠蔽種，A. flavus, A. niger, A. terreus, A. versicolor	犬，猫，ウサギ，齧歯類，牛，馬，羊，山羊，豚，鶏	鼻腔炎，気管支炎，肺炎，鳥の気嚢炎，前眼房炎，喉嚢炎（馬），流産（馬，牛）
カンジダ症（人獣）	Candida albicans, Meyerozyma guilliiermondii（シノニム：C. gulliermondii）, Pichia kudriavzevii（シノニム：C. krusei）, C. tropicalis, Nakaseomyces glabratus（シノニム：C. glabrata）	犬，猫，ウサギ，牛，馬，鶏	皮膚の紅斑，膿疱，びらん，指（趾）間皮膚炎，口角炎，口唇炎，眼瞼炎，乳房炎（牛）
クリプトコックス症（人獣）	Cryptococcus neoformans, C. deneoformans, C. gatii	犬，猫，牛，馬，羊，山羊，ウサギ，鳥類	皮膚炎，呼吸器病，脳脊髄疾患，眼疾患，泌尿器生殖器疾患，乳房炎（牛）
マラセチア皮膚炎	Malassezia pachydermatis	犬，猫	外耳炎，脂漏性皮膚炎，アトピー性皮膚炎の増悪因子
スポロトリックス症（人獣）	Sporothrix brasiliensis, S. globosa, S. schenckii sensu stricto	犬，猫，牛，馬，羊，山羊，豚	皮膚のびらん，潰瘍，肉芽腫，リンパ管炎
ヒストプラスマ症（人獣）	Histoplasma capsulatum	犬，猫，牛，馬，豚	呼吸器症状，消化器症状，リンパ節炎，皮膚炎，眼炎，中枢神経症状
（馬の仮性皮疽：届出）	H. capsulatum var. farciminosum	馬	皮膚炎，リンパ管炎
ムーコル症	リクテイミア Lichtheimia（アブシディア Absidia）属，ムーコル Mucor 属，リゾムーコル Rhizomucor 属，リゾプス Rhizopus 属，カニングハメラ Cunnighamella 属	犬，猫，牛，馬，豚	皮膚炎，呼吸器症状，消化器症状，泌尿器生殖器疾患（牛，馬），乳房炎（牛）
ニューモシスチス症	Pneumocystis canis	犬	肺炎
	ニューモシスチス Pneumocystis 属	馬，羊，山羊，豚	肺炎
ピチウム症	Pythium insidiosum	馬	顆粒性皮膚炎
黒色真菌症	フォンセケア Fonsecaea 属，エクソフィアラ Exophiala 属，フィアロフォーラ Phhialophora 属，クラドスポリウム Cladosporium 属	犬，猫，齧歯類，牛，馬，羊，豚，鶏	皮膚や内臓の肉芽腫性炎症
ブラストミセス症*（人獣）	Blastomyces dermatitidis	犬，猫，牛，馬	皮膚の肉芽腫性炎症，肺炎，眼球炎，中枢神経障害
コクシディオイデス症*（人獣）	Coccidioides immitis, C. posadsii	犬，猫，齧歯類，牛，馬，豚	皮膚や内臓の化膿性または肉芽腫性炎症

人獣：人獣共通感染症，届出：届出伝染病
*日本には常在していない（輸入真菌症）。

感染が報告されている．ウサギおよび齧歯類においては，T. mentagrophytes および T. benhamiae（シノニム：T. mentagrophytes）の感染が多い．

（1）Microsporum canis（犬小胞子菌）

サブロー・ブドウ糖寒天培地上，24〜27℃での発育は急速である．集落は最初白色で薄く，明るい黄色の色素を産生するが，1〜2週間後は，表面は淡黄褐色の粉末状ないし綿状となる（図 11-7）．大分生子は紡錘形（60〜80 μm×15〜25 μm）で，壁は厚く，粗造で，隔壁によって数室に分けられている（図 11-8）．また小分生子も認められる．本菌が感染した被毛は，ウッド

図 11-7　サブロー・ブドウ糖寒天培地上の
　　　　　Microsporum canis の集落
　　　　　絨毛状で黄色の色素産生した集落。

図 11-9　サブロー・ブドウ糖寒天培地上の
　　　　　Nannizzia gypsea の集落
　　　　　白色〜薄茶色粉末状集落。

図 11-8　*Microsporum canis* の大分生子
　　　　　紡錘形で細胞壁および隔壁が厚い。Bar ＝ 20 μm

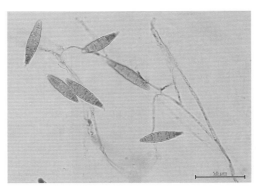

図 11-10　*Nannizzia gypsea* の大分生子
　　　　　紡錘形であるが，細胞壁および隔壁が薄い。
　　　　　Bar ＝ 50 μm

灯下で蛍光を発するのが特徴である。

　本菌は，感染動物から他の動物への直接接触感染および汚染物を介しての間接感染も起きるため，集団飼育している場合は感染が拡大しやすく，除染が難しくなる。

（2）*Nannizzia gypsea* および *N. incurvata*

　もとは *Micrsporum gypseum* であったが，*N. gypsea* および *N. incurvata* の 2 菌種に分かれた。両菌とも形態，生理性状は類似しているが，完全世代の確認されている試験株との交配試験または遺伝子解析で鑑別可能である。サブロー・ブドウ糖寒天培地上，24 〜 27℃で速やかに発育する。集落の表面は扁平で，辺縁部は白色短絨毛性を呈するが表面全体は粉末状を呈する（図 11-9）。多数の大分生子が認められ，形は樽型（45 〜 50 μm × 10 〜 13 μm）で，壁は薄く，表面に棘がある。また隔壁によって 3 〜 7 室に分けられている（図 11-10）。小分生子は単細胞，棍棒状を呈し，菌糸に側生している。

　本菌は通常土壌中に生息し，特に動物の生活と関係の深い土壌中から高率に分離される。そのため，罹患動物から直接人へ感染することはほとんどないと考えられる。

（3）*Trichophyton mentagrophytes*

　複数の菌種から形成されていたが，好獣性で遺伝学的にまたは完全世代が，*Arthroderma vanbreuseghemii* と同一とされる菌種に限定され

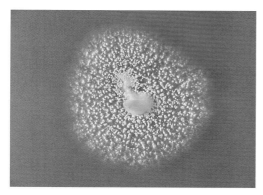

図 11-11 サブロー・ブドウ糖寒天培地上の
Trichophyton mentagrophytes の集落
白色扁平で顆粒状粉末集落。

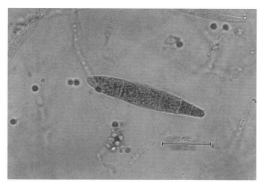

図 11-12 *Trichophyton mentagrophytes* の細胞壁
および隔壁が薄い葉巻型の大分生子と球形の小分
生子 Bar = 20 μm

た。

サブロー・ブドウ糖寒天培地上，24〜27℃で発育良好である。株によって集落は様々で，扁平で顆粒状粉末集落（図11-11），隆起と皺壁がある絨毛性ないし短絨毛性のもの，さらに主として扁平な絨毛性を呈する場合もある。また産生色素も黄色，赤色，褐色と異なる。

本菌の大分生子は，葉巻型またはソーセージ状で表面は平滑で4〜5室に分かれている（図11-12）。多数の大分生子が認められる株もあれば，ほとんど認められない株もある。その他らせん菌糸や球形の小分生子なども認められる。

（4）*Trichophyton benhamiae*

もとは好獣性菌の *T. mentagrophytes* で，遺伝学的にまたは交配試験で完全時代が *A. benhamiae* である菌種を独立させた。形態や生理学性状は，上記の *T. mentagrophytes* と類似しているが，集落は粉末状〜絨毛状で黄色色素を産生する株が多い。各地のウサギ，齧歯類また人への感染報告が相次いでいる。世界的に蔓延傾向であるため，注意が必要である。

（5）*Trichophyton erinacei*

ハリネズミから分離された *T. mentagrophytes* で，その後の研究で *A. benhamiae* と交配可能であったため，*A. benhamiae* の変種とする報告もあったが，遺伝子解析から別菌種として独立させた。形態，生理学性状は，*T. benhamiae* と類似している。動物園飼育および愛玩用のハリネズミとともに国内へ輸入されたと考えられる。

2）産業動物に感染する皮膚糸状菌

（1）*Trichophyton verrucosum*

牛の白癬の主要な原因菌であり，現在でも我が国の牛に蔓延している。また人へも感染することから人獣共通感染症として問題とされている。一方，欧州では本菌から作製したワクチンによって，牛の白癬の制圧に成功している。皮膚糸状菌症で唯一ワクチンが成功しているが，我が国では現在のところワクチンが認可されていない。

本菌は，小分生子の産生がまれで，大分生子を形成しないこと，培養にはチアミンおよびイノシトールの添加またはイーストエキストラクトの添加が必要なこと，37℃で発育が促進するなど他のトリコフィトン属と性状が異なる。

（2）*Trichophyton equinum*

本菌は国内における馬の白癬の主要原因菌として戦前は軍馬，戦後は競走馬から分離されている。集落および大分生子の形態が *T. mentagrophytes* に類似しているが，ニコチン酸要求性（ニュージーランドおよびオーストラリアには，要求性を認めない株もある）による生理学的性状や遺伝子解析によって，*T. mentagrophytes* とは別種としている。

（3）*Microsporum gallinae*

世界各地の主に鳥類から分離され，人や他の動物への感染はまれである。我が国においては，か

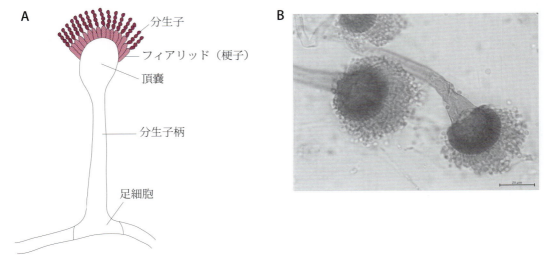

図 11-13 A：*Aspergillus fumigatus* の分生子形成構造（アスペルジラ）。フラスコ型の頂嚢（20〜30 μm）の上部にフィアリッドを生じその先端に球状の分生子（直径 2〜3.5 μm）を産生する。
B：*A. fumigatus* の顕微鏡像。Bar = 20 μm

つては分離報告がなかったが，2011 年に軍鶏の飼い主から，2013 年には軍鶏からの分離報告がある。本菌はまれではあるが，国内の家禽に感染していると考えられる。

B．アスペルギルス

集落は菌種によって，灰緑色，黄緑，緑色，黒色，黄褐色，赤褐色を呈する菌糸と分生子の集落を形成する。本菌は顕微鏡下で，アスペルジラと呼ばれる特徴的な分生子形成構造を呈する（図 11-13）。菌糸から分生子柄が伸び，フラスコ型の頂嚢を産生する。さらに頂嚢上部にフィアリッド（梗子）を生じその先端に分生子を産生する（図 11-13）。これらの色調，大きさ，形状は菌種同定の指標となる。

アスペルギルス症の原因菌で最も分離されるのは，*Aspergillus fumigatus* である（図 11-13）。最近の遺伝子同定法による解析では，*A. fumigatus* に形態の類似した隠蔽種（近縁種）である，*A. felis*, *A. fischeri*, *A. pseudfischeri*, *A. udagawae*, *A. viridinutans* などが猫の鼻腔炎から分離されている。これら隠蔽種は，抗真菌薬に対して低感受性を示す株が存在する。

その他 *A. flavus*, *A. nidulans*, *A. niger*, *A. terreus* も動物のアスペルギルス症から認められる。これらの菌で完全時代が確認されている。

分生子は簡単に空気中へ飛散し，それを吸い込む経気道感染が主な感染経路であるため，呼吸器感染症が多い。鼻腔炎（図 11-14〜図 11-16），副鼻腔炎，気管炎，肺炎を引き起こす。猫では鼻腔炎から発展して，眼球炎や脳炎にまで発展することがある。

全身へ播種すると，肝臓，脾臓，腎臓，脳など

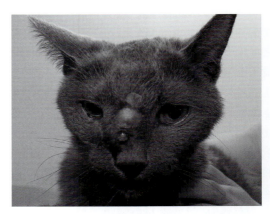

図 11-14 *Aspergillus fischeri* 感染による鼻腔炎から派生した猫の鼻梁部表面の腫瘤と自壊部

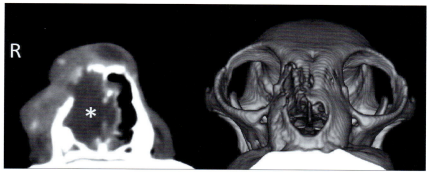

図 11-15　図 11-14 の症例の鼻腔内 CT 画像とそれをもとに再構成した立体画像
鼻腔内に腫瘤状形成物と骨融解が認められる。

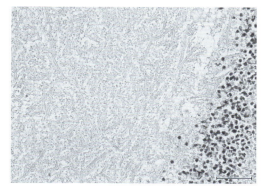

図 11-16　図 11-14 の症例の病巣部の病理組織像
肉芽腫とともに分岐した多数の菌糸が認められる。　　　　　　　　　　Bar = 50 μm

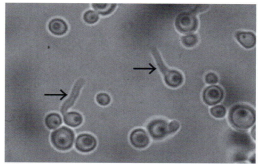

図 11-17　Candia albicans を血清中に接種し，37℃で 1〜3 時間培養すると，菌体から発芽管を形成する（→）。

に病巣を形成する。また脊椎炎や骨格系の炎症，眼の炎症性疾患も認められる。発熱，体重減少，嘔吐，食欲不振などの非特異的な症状も発現する。牛や馬の流産も認められる。

C. カンジダおよび類縁菌

遺伝子解析で子嚢菌類に属する酵母として約 200 種も存在するが，動物に感染する主な菌として Candida albicans, Meyerozyma guilliermondii（旧菌種名：C. guilliermondii），Pichia kudriavzevii（旧菌種名：C. krusei），C. tropicalis, Nakaseomyces glabratus（旧菌種名：C. glabrata）である。これらの菌は動物の皮膚や粘膜面の常在菌と考えられるが，宿主の状態によって日和見感染すると考えられる。分子生物学的または質量分析法によって同定する。

代表的な菌である C. albicans は，サブロー・ブドウ糖寒天培地上で，クリーム色の集落で，菌の大きさが 3.5〜6.0 μm × 4.0〜8.0 μm で多極性分芽によって増殖する球状ないし卵円形の分芽型分生子を形成する。時に発芽管を形成し，菌糸および仮性菌糸を伸長する（図 11-17）。

D. クリプトコックス

病原クリプトコックス Cryptococcus 属には現在約 35 種の菌が知られているが，病原菌として重要なのは，C. neoformans, C. deneoformans, C. gattii の 3 種である。酵母様真菌であるため，円形，卵円形，楕円形の酵母で多極性に出芽増殖する。完全時代においては菌糸状で担子菌の特徴である

「かすがい結合」（クランプ）のある菌糸を形成する。菌糸先端に担子器を形成し、そこで担子胞子を産生する。

両菌は、サブロー・ブドウ糖寒天培地上に37℃で培養すると、集落は表面平滑、湿潤性、粘質、はじめ白色で後にクリーム色、黄色、オレンジ色などになる。また、ヒマワリ培地およびニガーシード培地で培養すると、メラニンを産生するため、褐色の集落になるのが特徴である。菌の形態は、球形から卵形、3.5〜8μm、薄壁で粘着性多糖体の莢膜に包まれている（図11-18）。そのため本菌を水で約2倍に希釈した墨汁に懸濁して、顕微鏡下で観察すると、菌体周囲に莢膜が認められる（図11-19）。

迅速同定法としては、37℃で旺盛に発育、ウレアーゼの産生、メラニン産生（フェノールオキシダーゼ陽性）、莢膜産生、炭素源資化性、硝酸塩を同化しない、などの生理的性質によって同定する。ただし、C. neoformansおよびC. deneoformansはもと同一種として扱われていたため、形態および生理学性状が類似している。またC. gattiiは、C. neoformansおよびC. deneoformanの鑑別として、カナバニン-グリシン-ブロモチモールブルー（CGB）寒天培地上での培地の変色反応が異なるが、分子生物学手法によって3菌種の遺伝子型別が可能である。以上これらの特徴を表11-3にまとめた。ただし3菌種は実験的に交配が可能であり、子孫は交配種hybridとして扱われる。

クリプトコックスの主な感染経路は塵埃とともに菌が気道に吸引され、呼吸器に感染する。一方、健康な猫の鼻腔内から数％の率で分離された報告があるため、本菌が常在している例があると考えた方がよい。そのため屋内飼育であっても、長

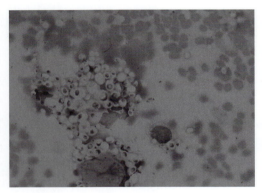

図11-18　図11-20の鼻部肉芽腫の塗抹標本（ライト染色）
多数の莢膜を有する酵母が認められる。

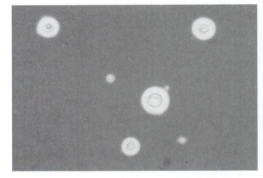

図11-19　クリプトコックスの墨汁標本
酵母細胞の周囲が莢膜によって光が透けて見える。

表11-3　*Cryptococcus noformans*、*C. deneoformans*および*C. gattii*の特徴

現菌種名	*C. neoformans*	*C. deneoformans*	*C. gattii*
シノニム	*C. neoformans* var. *grubii*	*C. neoformans* var. *neoformans*	*C. gattii*
血清型	A	D	B, C
完全時代	*Filobasidiiella neoformans* var. *grubii*	*F. neoformans* var. *neoformans*	*F. bacillispora*
CGB培地*	発育しない**	発育しない**	発育する（培地が緑青に変色）
地理的分布	世界中	欧州（日本はまれ）	熱帯、亜熱帯、カナダのバンクーバーで蔓延

*カナバニン-グリシン-ブロモチモールブルー（CGB）培地
**まれに増殖して培地が黄色〜オレンジ色

期のステロイド投与，抗がん剤や免疫抑制剤投与によって，日和見感染症として発症しやすい。クリプトコックスは，産生した莢膜によって宿主の貪食細胞による殺菌，消化作用に対して抵抗性が強い。そのため，感染部位で菌体を貪食した免疫細胞が，生きた菌体を様々な組織へ運搬してしまうため，播種しやすいと考えられている。特に中枢神経系が侵された場合は，重篤で治療困難になりやすい。

猫では上部呼吸器症状が主で，鼻汁排出（片側，両側），くしゃみ，鼻梁部の堅い腫脹（図11-20）が認められる。髄膜炎や脳脊髄炎へ拡大する場合も多く，沈うつ，痴呆，発作，運動失調，後駆麻痺なども認められる。また眼病変が中枢神経の疾患や播種性の疾患に伴って起こり，瞳孔散大（図11-20），脈絡網膜炎，視神経炎などが認められる。

牛では乳房炎や流産が報告されている。

人のクリプトコックス症は皮膚の他，呼吸器，中枢神経系へ移行しやすいため，2014年9月19日から「感染症の予防及び感染症の患者に対する医療に関する法律」（感染症法）の定める，「播種性クリプトコックス症：*Cryptococcus*属真菌による感染症のうち，本菌が髄液，血液などの無菌的臨床検体から検出された感染症又は脳脊髄液のクリプトコックス莢膜抗原が陽性となった感染症」として診断後7日以内に医師は，管轄内の保健所へ届出義務がある。

アゾール系抗真菌薬は，人を含めたクリプトコックス症に対する中心的な治療薬として確立している。しかし人の患者からの耐性株が分離されていたが，近年，我が国の室内外飼育の猫からも耐性株が分離されたことから，耐性株が環境中に存在する可能性が高く，獣医師も注意が必要な疾患である。

E. マラセチア

現在18菌種が報告され，完全時代が発見されていないため担子菌系酵母に分類されている。脂質好性で，単極性分芽によって増殖する。動物で主に問題なのは*Malassezia pachydermatis*である。大きさは2.5〜5.5 μm × 3.0〜7.0 μmで，卵形またはピーナッツ状を呈する（図11-21）。

*M. pachydermatis*は，マラセチア属の中で唯一脂質がなくても増殖可能である。そのため宿主特異性がなく，人を含めた哺乳類，鳥類からも分離される。ただし，本菌の遺伝子解析によって，いくつかの遺伝子型に分かれ，さらに遺伝子型と皮膚への病原性が異なることから，今後複数の種に分かれる可能性がある。

一方，犬の皮膚からアゾール系抗真菌薬に耐性を示す株が，我が国を含めて世界的に分離されることから，脂漏性皮膚炎の治療にアゾール系抗真

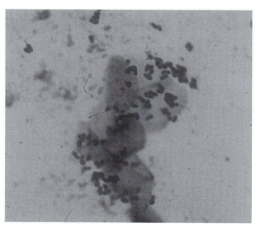

図11-21 マラセチア皮膚炎からの塗抹標本（ライト染色）
卵形またはピーナッツ状を呈する*Malassezia pachydermatis*。

図11-20 クリプトコックス症による鼻梁部の腫脹および瞳孔散大

菌薬の長期内服や，同薬剤が添加されているシャンプーの使用によって，耐性菌が選択される可能性がある。

F. スポロトリックス

遺伝子解析で子嚢菌類に属し，シンポジオ（仮軸）型分生子を形成する *Sporothrix schenckii* は1属1菌種であったが，形態学的特徴，生化学的性状，病原性の有無，遺伝子解析によって10種以上に分類された。そのうち *S. brasiliensis*, *S. schenckii* sensu *stricto*, *S. globosa*, *S. mexicana*, *S. luriei*, に病原性が認められる。**スポロトリックス**は二形性菌で，酵母形（高栄養培地，33〜35℃で培養/酵母状の寄生形）と菌糸形（サブロー・ブドウ糖培地，25℃で培養/菌糸状の腐生形）を呈する（図11-22）。

スポロトリックスは，世界各地の温帯〜熱帯にかけての土壌中や腐敗した植物に生息している。人や動物は，菌の汚染物からの外傷や感染動物からの受傷によって感染すると考えられる。発症の多い南米・北米では犬，猫，馬，牛などが感染し，特に猫では病巣部に多数の菌体が存在するため，人への感染例が多数報告されている。また猫の場合は，呼吸器まで波及し，呼吸困難を呈する場合もある。

我が国の主な病原菌は *S. globosa* で，散発的に人と猫に感染が報告されている。海外では *S. brasiliensis* が，1990年代にブラジルのサンパウロおよびリオデジャネイロにおいて，猫に蔓延し，やがて咬傷や引っ掻き傷によって人や犬が感染することから社会的問題になっている。本菌は高病原性を有しており，遺伝学的に単系統な株により爆発的に蔓延したことが確認されている。またマレーシアにおいても猫の蔓延が報告され，人への感染も報告されている。原因菌は，*S. schenckii* sensu *stricto* で，ブラジルと同様に遺伝学的に単系統な株による感染が確認されている。

G. ヒストプラズマ

アレウリオ（粉状）型分生子形成菌群に分類され，病原菌としては *Histoplasma capsulatum* である。本菌は二形性菌で，サブロー・ブドウ糖寒天培地上で25℃で培養すると，菌糸形で発育し，ブレインハートインフュージョン brain heart infusion 培地およびサブロー・ブドウ糖寒天培地上で37℃に培養すると，酵母様（直径2〜5 μm）生育を示す。現在さらに *H. capsulatum* var. *capsulatum*, *H. capsulatum* var. *duboisii*, *H. capsulatum* var. *farciminosum*〔馬の仮性皮疽（届出伝染病）の原因菌〕の3亜種が知られている。**ヒストプラズマ**は世界中に分布する。特に中米からミシシッピ川流域で発生が多い。我が国には常在しないと考えられているが，近年我が国の犬から確認された報告がある。流行地においては，鶏舎，鶏舎付近の土壌，肥料として用いた鶏糞，鳥類の排泄物で汚染された土壌に生息する。特にコウモリの糞便は感染源として重要である。そのため鳥類，コウモリなどの糞便中に存在する分生

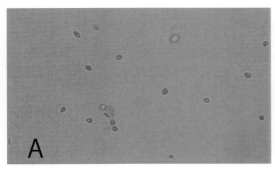 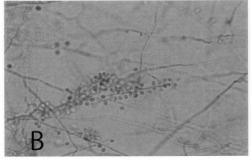

図 11-22 *Sporothrix globosa* を2%のグルコースを添加したブレインハートインフュージョン（BHI）培地上において33℃で培養した酵母形（A）とサブロー・ブドウ糖培地，25℃で培養した菌糸形（B）

子を吸入することにより経気道的に感染すると考えられる。

H. ムーコル

ムーコル目に属する菌種のほとんどにおいて隣接する細胞との隔壁がない（無隔壁）。6〜15 μm の幅広い菌糸が特徴である。また，増殖の速い白色〜灰色の綿毛状の集落を呈する。顕微鏡下では，柱軸の端に胞子嚢を形成し，中に球状ないし西洋梨状の胞子嚢胞子を産生する（図11-23，図11-24）。

土壌，穀類，汚水，腐敗した牧草やサイレージ，堆肥になどに生息するため，産業動物に感染が多い。また空気中に胞子を飛散しやすいため，呼吸器感染や汚染物による外傷からの感染も認められる。

I. ニューモシスチス

ニューモシスチス Pneumocystis 属は哺乳類の肺などに常在する菌で，球状のシストを形成し，

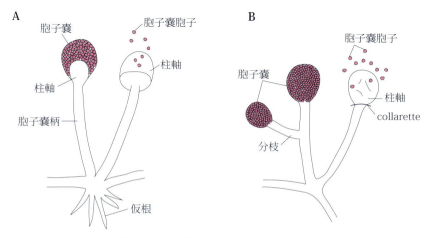

図 11-23 A：リゾプス属菌の顕微鏡下での特徴。無隔壁（まれに隔壁をつくる）の幅広い菌糸（幅6〜15 μm）で，長くて分岐しない胞子嚢柄の先端に胞子嚢（直径 40〜350 μm）を産生する。胞子嚢から卵円形の胞子嚢胞子（直径 4〜11 μm）を放出する。また胞子嚢柄の基部には仮根 rhizoid を産生する。
B：ムコール属菌の顕微鏡下での特徴。無隔壁の幅広い菌糸（幅6〜15 μm）で，長くて胞子嚢柄は分岐し，先端に胞子嚢（直径 50〜300 μm）を産生する。胞子嚢から円形〜楕円形の胞子嚢胞子（直径 4〜8 μm）を放出する。放出後は，中軸の基部に胞子嚢の一部が残った collarette が観察される。また胞子嚢柄の基部には仮根は認められない。

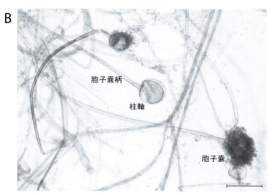

図 11-24 A：*Rhizopus oryzae* の綿毛状集落，B：*R. oryzae* の胞子嚢と柱軸（Bar ＝ 100 μm）

内生胞子が見られることから原虫と考えられていたが，遺伝子解析によって真菌に分類されている。ただし，現在のところ分離培養が不可能なことから，この菌の性状については不明なことが多い。宿主の免疫状態が低下すると肺炎などの日和見感染症を引き起こす。人へ感染しているのは，*P. jirovecii* で，犬では *P. canis* と別種によるものと考えられている。

J. ピチウム（フハイカビ）

Pythium insidiosum は卵菌類のピチウム（フハイカビ）*Pythium* 属に分類されている。熱帯〜亜熱帯地方では，人や動物に寄生して，皮膚炎を引き起こすことがある。

K. 黒色真菌

菌糸や分生子が黒色のため，培養すると集落が黒色を呈し，病原性が認められた糸状菌群を総称している。フォンセケア *Fonsecaea* 属，エクソフィアラ *Exophiala* 属，フィアロフォーラ *Phialophora* 属，クラドスポリウム *Cladosporium* 属などの多数の菌が包含される。皮膚のびらん，潰瘍，皮下の膿瘍，嚢腫，菌腫などの皮膚の慢性肉芽腫性皮膚疾患や，中枢神経を含めた内臓への感染が認められる場合もある。

L. ブラストミセス

病原菌は *Blastomyces dermatitidis* で，酵母形と菌糸形を呈する二形性菌である。ブレインハートインフュージョン培地を用いて37℃で培養すると，分芽を示す球状または亜球状（直径8〜15 μm）の酵母様分生子が認められ，またサブロー・ブドウ糖寒天培地上で27℃で培養すると白色綿状の集落を形成する。米国，カナダ，ラテンアメリカ，アフリカ，アジアでの報告はあるが，日本での発生はない。

感染病巣内では円形で厚い壁のある酵母様細胞（直径8〜20 μm）で，接触部の広い分芽が特徴である。PAS染色では，好中球やマクロファージとともに菌体が認められ，中にはこれらの細胞内にも存在するものもある。

M. コクシディオイデス

Coccidioides immitis および *C. posadasii* は　二形性菌で培養すると菌糸形であるが，組織における感染形態は球状体ないし胞子嚢を形成し，内生胞子（胞子嚢胞子）を産生するため二形性菌といわれる。本菌は北米の砂漠地帯の土壌に生息する。またこの地域に住む齧歯類から分離される。土壌が感染源となっており，吸入によって感染するが，外傷からも刺入によっても感染する。我が国での発生報告は，輸入真菌症と考えられる。病原性が極めて高いことから，培養は専門機関の研究者に依頼する。

N. ツボカビ

ツボカビ門 Chytridiomycota に分類されている。ツボカビ門の中で，脊椎動物に感染するとされているのは，カエルツボカビ *Batrachochytrium dendrobatidis* とイモリツボカビ *B. salamandrivoraus* の2つの両生類への感染症である。世界各地の両生類に蔓延し，深刻な問題となっている。我が国でも鑑賞用の両生類や野生のカエルから分離されている。カエルツボカビが両生類の体表に寄生・繁殖し，カエルの皮膚呼吸が困難になり，体が麻痺して死ぬこともある。この菌は生育域が水中であるため，陸上の動物には感染しないと考えられている。国内の野生のカエルに感染しているカエルツボカビは，遺伝学的に海外で流行している菌株と近縁である。

O. マイコトキシン

真菌が産生する代謝産物のうち，動物や人に健康被害をもたらす毒性物質をマイコトキシン（真菌毒素）と総称している。マイコトキシンを含有する飼料や食物を摂取することにより引き起こされる疾病を真菌中毒症（マイコトキシン中毒症，マイコトキシコーシス）という。代表的なマイコトキシンとして，肝臓癌の原因となる**アフラトキシン**（*Aspergillus flavus* 産生）やコーヒーやワ

表 11-4　マイコトキシン産生菌

菌　種	マイコトキシン
Acremonium	
A. coenophialum	エルゴバリン
A. lolii	ロリトレム
Aspergillus	
A. clavatus	トレモゲン
A. flavus	アフラトキシン
A. ochraceus	オクラトキシン，チトリニン
A. parasiticus	アフラトキシン
Claviceps	
C. purpurea	麦角アルカロイド
Fusarium	
F. culmorum	トリコテセン*（T-2 トキシンなど）
F. graniforme（= *Gibberella zeae*）	ゼラレノン，トリコテセン（T-2 トキシンなど）
F. moniliforme	トリコテセン（T-2 トキシンなど）
F. nivale	トリコテセン（T-2 トキシンなど）
F. solani	イポミノール
F. sporotrichioides	トリコテセン（T-2 トキシンなど）
F. tricinctum	トリコテセン（T-2 トキシンなど）
Myrothecium	
M. roridum	トリコテセン（ロリジン）
M. verrucaria	トリコテセン（ベルカリン）
Penicillium	
P. citrinum	チトリニン，オクラトキシン
P. crustosum	トレモゲン
P. cyclopium	トレモゲン
P. expansum	パツリン
P. viridicatum	オクラトキシン，チトリニン
P. urtricae	パツリン
Phomopsis	
P. leptostromiformis	ホモプシン
Pithomyces	
P. chartarum（= *Sporidesmium bakeri*）	スポリデスミン
Rhizoctonia	
R. leguminicola	スラフラミン
Stachybotorys	
S. atra	トリコテセン（サトラトキシンなど）
Trichothecium	
T. roseum	トリコテセン

*トリコテセン類：トリコテセン環をもつ約 100 種のマイコトキシンの総称。A〜F のタイプに分類される。T-2 トキシンはタイプ A に含まれる。

インを汚染する発がん物質のオクラトキシン（*A. ochraceus* 産生）など十数種存在し（表 11-4），真菌に汚染された食料，飼料，生活環境が問題になっている。

第12章　微生物の滅菌と消毒

一般目標：滅菌と消毒の違いと特徴を理解し，各種滅菌法ならびに消毒法を適切に用いることができる。

到達目標
1）滅菌の定義と意義を説明し各種滅菌法の原理及び特徴を説明できる。
2）消毒と滅菌の違い，消毒の意義ならびに各種消毒法の長所と短所を比較して説明できる。

1. 滅菌

キーワード：無菌性保証レベル，加熱法，火炎滅菌，乾熱滅菌，高圧蒸気滅菌，照射法，ガス法，濾過法，酸化エチレンガス

滅菌とは，地球上で人類が知り得る全ての微生物（病原体・非病原体の区別を問わない）を殺滅または除去することを意味する。医療分野では，滅菌の定義として**無菌性保証レベル** sterility assurance level（SAL）が採用され，国際的にSAL $\leq 10^{-6}$ が滅菌の定義とされている（図12-1）。これは，滅菌を確率的な概念として運用し，滅菌操作後，被滅菌物に1つの微生物が生存する確率が100万分の1以下であることを意味している。

滅菌法には**加熱法**（**火炎滅菌，乾熱滅菌，高圧蒸気滅菌**），**照射法**（放射線滅菌他），**ガス法**（酸化エチレンガス滅菌，過酸化水素ガスプラズマ滅菌他），**濾過法**（濾過滅菌）があるが，SAL $\leq 10^{-6}$ のレベルに達することのできる滅菌法は，乾熱滅菌，高圧蒸気滅菌，放射線滅菌，酸化エチレンガス滅菌，過酸化水素ガスプラズマ滅菌であり，濾過法は含まれない。

A. 加熱法

1）火炎滅菌

ガスバーナーの炎により，被滅菌物を焼却することにより滅菌する方法である。細菌を培地に接種する時に使用する白金線・白金耳をブンゼンバーナーの炎の中に入れ，赤熱するまで加熱する（図12-2）。病原菌を接種した動物の死体や排泄物などは，焼却炉を使用した焼却が確実な処理方法である。

利点：簡便な滅菌法で特別な機器を必要としない。

欠点：ブンゼンバーナーの取扱いには十分注意し，火傷や火事などを起こさないようにする。また，結核菌など細胞壁に脂質成分を多量に含む菌は，火炎に入れることで菌の飛散を起こす場合があり，注意が必要である。

2）乾熱滅菌

乾熱滅菌器を用い，乾燥空気中160〜170℃で120分，170〜180℃で60分，あるいは180〜190℃で30分間加熱することにより滅菌する。滅菌対象物は，乾燥状態を保つ必要性のある耐熱性のガラス製，磁製，金属製の物品などである。また，鉱物油（ミネラルオイル，流動パラフィンなど），油脂類などを滅菌する場合には，高温加熱による褐色化を防ぐため140℃で180分間加熱することにより滅菌する。

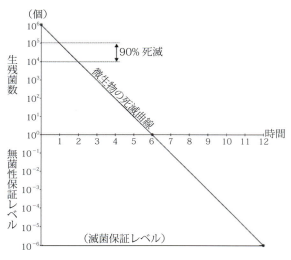

図12-1　滅菌の概念図
微生物量の初期値が 10^6，滅菌処理により1時間に90％が死滅する場合の例を示す。無菌性保証レベルに到達するには12時間の処理が必要である。

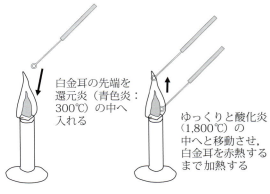

図12-2　火炎滅菌の方法

利点：滅菌対象物が濡れることがないため，滅菌後にそのまま使用可能である。

欠点：耐熱性を有する滅菌対象物のみ滅菌可能である。滅菌に比較的長時間を要する。機器不具合による発火の危険性から紙製品など易燃性可燃物の滅菌は推奨されない。

3）高圧蒸気滅菌

高圧蒸気釜（オートクレーブ）を用い，一般的な条件として121℃（2気圧），15分間の飽和水蒸気中で滅菌する方法である。芽胞細菌の中で最も耐熱性が強い *Geobacillus stearothermophilus* の芽胞では121℃における生菌数が1/10に減少するために必要とする時間（D値）が極めて長いので（表12-1），滅菌水準であるSALを得るには，長時間の加熱が必要となる。また，プリオンの不活化には，134℃（3気圧）・20分間以上の加熱が必要とされる。主としてガラス製，磁製，金属製，ゴム製，紙製の物品，水，培地，試薬などの液状試料などで，熱に安定性があるものを滅菌する時に用いる。

利点：短時間で確実な滅菌が可能である。芽胞に対しても効果がある。残留毒性がなく，作業者に対して安全であり，経済的である。

欠点：湿熱による熱変質の可能性がある。空気排除を行い滅菌中に飽和水蒸気で満たす必要がある。密閉可能な瓶などは密閉せず，開放しないと滅菌不全を起こす。無水油や粉末の滅菌には適さない。

B. 照射法

1）放射線滅菌

電磁放射線（X線，γ線）と粒子放射線（イオン，電子，中性子，陽子，中間子など）は，いずれも強い殺菌力をもっている。滅菌に実用化されているのは，放射性同位元素（コバルト60）からガンマ崩壊によって自然に放出されるγ線で，医療用滅菌の場合は25～35 kGy（グレイ：1 Gyは物質1 kg当たり1 Jのエネルギーが吸収される時の線量）を数時間で照射する。放射線による滅菌作用には直接作用と間接作用があり，直接作用は細菌のDNAに作用してDNA鎖の切断あるいは塩基損傷を引き起こし，間接作用では放射線が細胞中の水に当たることにより発生した活性ラジカルによってDNAや細胞壁に損傷を引き起こすことで微生物を死滅させる。滅菌対象物は，主としてガラス製，磁製，ゴム製，プラスチック製または繊維製の物品や，医療機器，無菌動物の飼料の滅菌などに用いられている。

利点：照射物の形状や密度に関わらず，放射線が梱包を貫通して内部の奥深くまで均一に滅菌効果が得られる。連続照射が可能である。

欠点：放射線源は特殊な機器と取扱いが必要となる。遮蔽のための装置が大型でコストがかかる。

2）高周波滅菌

高周波（通常2,450±50MHz程度）を被滅菌物に直接照射し，吸収された高周波により被滅菌物の分子が振動して，分子同士の摩擦により熱エネルギーを発生し，この時に生じる熱により殺菌する方法である。一般的な温度と時間は，135℃，10分間である。被滅菌物として密封容器などに充填された液状製品または水分含量の多い製品などの滅菌に用いる。

利点：高周波滅菌は熱効率および応答性に優れ，高温短時間滅菌を連続処理できる。

欠点：被滅菌物の熱伝導性に不均一になる場合がある。また，常圧環境下での加熱のため，内圧

表12-1 芽胞細菌の耐熱性

菌種	121℃におけるD値(分) （リン酸緩衝液中）
Clostridium botulinum Type E	0.00015
Clostridium botulinum Type A	0.12
Clostridium botulinum Type B	0.18
Bacillus cereus	0.0065
Bacillus subtilis	0.08
Bacillus coagulans	3
Geobacillus stearothermophilus	1.5～3

以下を参考に作成．
芝崎　勲（1980）：包装システムと衛生 4, 55-72.
犬飼　進，菊池　順，渡辺忠雄（1984）：食衛誌 25, 488-493.
山本茂貴監修（2005）：現場必携・微生物殺菌実用データ集，サイエンスフォーラム．

が高くなることから，使用する容器の耐圧性や均一性に注意する。

C. ガス法

1）酸化エチレンガス滅菌

酸化エチレンガス（エチレンオキサイドガス：EOG）は，アルキル化剤として微生物に対して働き，核酸中のアミノ基（$-NH_2$ 基）やヒドロキシ基（$-OH$ 基），あるいは蛋白質中に含まれるカルボキシル基（$-COOH$ 基）やスルファニル基（$-SH$ 基）と反応してこれをアルキル化することにより殺菌する。35～70℃，湿度 50～60 RH（relative humidity）条件下で EOG 濃度 400～1,100 mg/L で1時間以上滅菌後，空気置換装置で 60℃，8 時間以上（または 37℃，32～36 時間）のエアレーション（曝気）を行う。オートクレーブが使用できないプラスチック製品，高温高湿に弱い素材のものにも適用できる。また，筒状や複雑な形状である医療機器についても EOG が浸透するため，適用しやすい。

利点：低温で作用できるため，耐熱性の少ないゴム製品，プラスチック類，光学器械類などの滅菌に用いられる。

欠点：滅菌処理に要するコスト，時間が比較的大きく，また，EOG は人体に対して発がん性，蒸気吸引による急性毒性および長期曝露による全身の末梢神経障害，皮膚の感作，皮膚炎の恐れ，爆発性などがある。そのため，滅菌後の残存ガスの除去などに注意を要する。

2）過酸化水素ガスプラズマ滅菌

滅菌チャンバー内を高真空状態にして 58%（表示濃度）過酸化水素水溶液を噴霧する。そこに高周波やマイクロ波などのエネルギーを照射すると，過酸化水素ガスが 100% 電離し，OH・，HOO・，H・などのラジカルが生成する。過酸化水素ガスプラズマ滅菌法の原理は，これらの反応性の高いラジカルが，全ての微生物を殺滅することである。

利点：熱耐性がないもの，耐湿性がないものも滅菌可能である。また，滅菌後の残留毒性はないため，安全性が高い。

欠点：セルロース類は過酸化水素が吸着するため，滅菌できない。また粉末や液体も滅菌できない。内腔が密閉されるような容器は，破損の恐れがあるので注意する。

3）低温蒸気ホルムアルデヒドガス滅菌

55～80℃の低温飽和蒸気とホルムアルデヒドガスを混合し，アルキル化によって細菌芽胞を殺滅する方法である。我が国でもホルムアルデヒドガス滅菌装置が医療機器として承認され，低温蒸気ホルムアルデヒドガス滅菌法が導入されている。滅菌可能なものは，内視鏡，非耐熱性の手術機器，プラスチック類，チューブ類などの耐真空性および耐湿性を有する器具などである。

また，汚染した建物の滅菌にホルムアルデヒドガス（ホルマリン燻蒸）が用いられる。ホルマリン燻蒸は，湿度 70%，温度 18℃以上に保ち，1 m^3 あたり 40 ml のホルマリン（ホルムアルデヒド 37% 以上含有）と 20 g の過マンガン酸カリウムを反応させガスを発生させる。化学反応を用いない場合は，家庭用電気釜を利用して加熱によりホルムアルデヒドガスを発生させる。ただし，使用するガスは人体に有害なものが多いので，対象物へのガスの残留や，処理終了後の排気には注意を要する。

利点：非耐熱性器材（内視鏡，非耐熱性の手術器材，プラスチック類，チューブ類）の滅菌に適用される。滅菌後の残留ホルムアルデヒド濃度は低く，滅菌剤の残留としては酸化エチレンガスよりも低い。

欠点：エチレンオキサイドガス滅菌の方が浸透性でより低い温度で作動する。ホルムアルデヒドガスは眼・呼吸器系粘膜に対する強い刺激性を有するので注意する。

D. 濾過法

濾過法は濾過装置（Berkefeld 型，Chamberland 型，Seitz 型など）を用いて，加熱不可能な培地，試薬，血清などの除菌に用いる。また，簡易型濾過法としてメンブランフィルター membrane

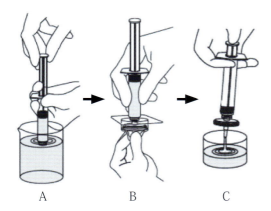

図 12-3 メンブランフィルターによる濾過の方法
a. 試料を注射筒に吸う。
b. メンブランフィルターをセットする。
c. 濾過による除菌

filter が用いられている（図 12-3）。フィルターの材質は，セルロースアセテートやナイロンなどで，孔径 0.22 μm もしくは 0.45 μm を用いて濾過を行う。濾過は陰圧あるいは陽圧により濾過能率を高める。

利点：試料の熱による変性がない。

欠点：試料から除去できるのは，使用する孔径のメンブランフィルターを通過できないサイズの微生物（細菌，マイコプラズマ，真菌など）で，多くのウイルスは除去できない。

2. 消　毒

> キーワード：物理的消毒法，煮沸消毒，流通蒸気消毒，間欠消毒，紫外線法，化学的消毒法，高水準消毒薬，中水準消毒薬，低水準消毒薬，エタノール，次亜塩素酸ナトリウム，アルデヒド類，クロルヘキシジン，第四級アンモニウム，浸漬法，清拭法，散布法，灌流法

消毒の定義は，病原微生物の危険性がほとんどなくなる程度に不活化することであり，滅菌とは異なり完全に無菌にすることではない。

消毒の方法には，熱により物理的に微生物を殺菌する方法と，熱が使用できない場合に消毒薬を使用した化学的な方法がある。

A. 物理的消毒法

1）熱水消毒

65 ～ 100℃の熱水を用いて処理する方法は，有効で安全かつ経済的な消毒法である。一般に処理温度が高ければ処理時間が短いが，その温度，時間などの条件は国によって規定が異なっている。日本では，80℃で 10 分間が基本となっているが，対象物によって条件が定められている。

2）煮沸消毒

ステンレス製の Schimmelbusch の煮沸消毒器を用い，被滅菌物を水中に入れ，15 分間以上煮沸することで殺菌を行うが，耐熱性を有する細菌や芽胞細菌が生き残るために，完全な滅菌法ではなく消毒法として用いられている。なお，炭酸ナトリウムを 1 ～ 2% 添加すると，より消毒効果が高くなる。以前は簡便な消毒法として，金属製手術器具，ガラス製注射器などの消毒に広く使われてきたが，現在ではほとんど利用されなくなった。

利点：簡易的な消毒が必要な場合には短時間で有効な手段である。

欠点：耐熱性の細菌や芽胞は残存する。

3）間欠消毒

高圧蒸気滅菌での加熱により変性する可能性のある試薬や培地の処理の目的で，常圧で蒸気を与えられる Koch の蒸気釜を用いて 100℃，30 ～ 60 分間加熱する（流通蒸気消毒）。この方法では，栄養型の菌は死滅するが芽胞は生き残るため，完全な滅菌法ではない。

しかし，Koch の蒸気釜を用いて 100℃，30 分間，あるいは Tyndall の血清凝固器を用いて 80℃，60 分間の加熱を 1 日 1 回行い 24 時間静置し，これを 3 日間繰り返し行うことで，理論上芽胞も殺菌できる。すなわち，1 回目の加熱で増殖中の細菌（栄養型）は死滅するが芽胞は生き残り，24 時間静置することで芽胞が発芽し発育型となり，翌日の 2 回目の加熱により殺菌される。もし，芽胞細菌が生き残った場合には，さらに翌日の 3 回目の加熱により完全に殺菌される原理に基づいている消毒方法である。ただし，嫌気性

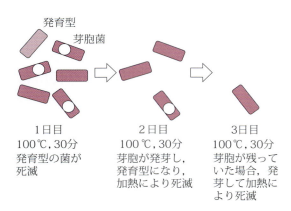

図 12-4　間欠消毒の原理

芽胞形成菌の場合，24 時間静置しても発芽しないため，完全な滅菌方法にはならず消毒法として位置づけるべきである．被滅菌物が高温で変性を起こす恐れのあるワクチン，炭水化物，小川培地，血清培地などの消毒に用いる．なお，**間欠消毒**の操作をチンダリゼーション tyndallization という．

利点：高圧蒸気滅菌による加熱ができない小川培地や血清加培地の消毒に適する．

欠点：理論上芽胞も消毒できる方法であるが，嫌気性芽胞細菌は例外であり，生き残る可能性がある．

4）紫外線法

紫外線は 400 nm 以下の短い波長の光で，253.7 nm の紫外線は細菌の DNA に直接作用して破壊することによって殺菌する．紫外線殺菌には 254 nm の波長の低圧水銀 UV ランプが使用されているが，一般的に波長が 300 nm 以下であれば殺菌作用が認められるため，高圧水銀 UV ランプやキセノンランプなども利用されている．一般的に殺菌線量は，殺菌線量（J/m^2）＝殺菌線照度（W/m^2）×照射時間（sec）で表され，大腸菌には $27.66\ J/m^2$ の殺菌線量で 99.99％ の殺菌率が得られることが明らかにされている．紫外線消毒（滅菌）はあらゆる分野に応用ができ，食品，飲料水，医薬品，化粧品，農業，水産業，工業製品などに利用され，病院内環境や外食産業の環境殺菌などにも応用されている．

利点：広い空間を消毒（滅菌）できる．装置が小型でスペースを取らない．また，処理時間が短い．

欠点：放射線と異なり透過性が極端に低いため，被照射物の表面にしか作用しない．紫外線が当たらない部分は殺菌ができない．眼や皮膚に障害を起こす．可視光線の存在で効果が減弱する．

B. 化学的消毒法

消毒薬には多くの種類があり，それぞれ特性があるため，抗微生物スペクトル，応用範囲，使用上の注意点など目的に応じて使用する．特に，消毒水準に準拠した消毒薬の選択は，合理的かつ理論的に大きく 3 つに分類される（表 12-2，表 12-3）．それぞれに有効な微生物が異なり，目的に応じて適切に使用しなければならない（表 12-4）．

消毒薬は，界面活性作用により細胞壁や細胞膜を溶解，あるいは酸化，還元，加水分解，アルキ

表 12-2　消毒水準

消毒水準	基準
高水準消毒	大量の芽胞の場合を除いて，全ての微生物を殺滅
中水準消毒	芽胞以外の全ての微生物を殺滅するが，中には殺芽胞作用を示すものがある
低水準消毒	結核菌などの抵抗性を有する細菌および消毒薬に耐性を有する一部の細菌以外の微生物を殺滅

表 12-3　消毒水準に適した消毒薬

消毒水準	消毒薬
高水準消毒薬	グルタラール，フタラール，過酢酸
中水準消毒薬	塩素系（次亜塩素酸ナトリウムなど） ヨード系（ポビドンヨード，ヨウ素など） アルコール系（エタノール，イソプロパノールなど） フェノール系（フェノール，クレゾールなど）
低水準消毒薬	第四級アンモニウム塩（ベンザルコニウム塩化物，ベンゼトニウム塩化物など） クロルヘキシジン（クロルヘキシジングルコン酸塩） 両性界面活性剤（アルキルジアミノエチルグリシン塩酸塩など）

表 12-4 消毒薬の抗微生物スペクトル

水準	消毒薬	グラム陽性菌	グラム陰性菌	結核菌	芽胞	真菌 酵母	真菌 糸状菌	ウイルス エンベロープあり	ウイルス エンベロープなし
高	過酢酸	○	○	○	○	○	○	○	○
	グルタラール	○	○	○	○	○	○	○	○
	フタラール	○	○	○	△	○	○	○	○
中	次亜塩素酸ナトリウム	○	○	○	△	○	○	○	○
	ポビドンヨード	○	○	○	△	○	○	○	○
	ヨードチンキ	○	○	○	△	○	○	○	○
	エタノール	○	○	○	×	○	△	○	△
	イソプロパノール	○	○	○	×	○	△	○	△
	クロルヘキシジンエタノール	○	○	○	×	○	△	○	△
	フェノール	○	○	○	×	○	△	△	×
	クレゾール	○	○	○	×	○	△	△	×
低	ベンザルコニウム塩化物	○	○	×	×	○	△	△	×
	ベンゼントニウム塩化物	○	○	×	×	○	△	△	×
	アルキルジアミノエチルグリシン塩酸塩	○	○	○	×	○	△	△	×
	クロルヘキシジングルコン酸塩	○	○	×	×	○	△	△	×

○:有効, △:十分な効果が得られない場合がある, ×:無効

ル化などによる酵素蛋白質の不活化，変性作用により細菌を死滅させる。その消毒効果は，消毒薬の濃度，温度，作用時間，pH，消毒対象物に付着している有機物などによって影響する。

1）濃　度

一般的に，消毒薬の濃度が高くなればなるほど，消毒効果は高まるが，種類によっては，濃度が高いと逆に効力が減弱するものもある。また，消毒薬は使用中に有機物，酸素，紫外線などの影響を受け濃度が低下する場合があるので，消毒終了時における有効濃度を確保する必要がある。

2）温　度

消毒薬の微生物に対する殺菌作用は化学反応であるため，一般に温度が高いほど殺菌力は強くなり，温度が低いほど殺菌力は弱くなる。消毒薬の種類によりその反応は異なるが，一般的に 20℃以上の温度で消毒薬を使用する。

3）作用時間

消毒薬の殺菌効果は，その濃度とともに作用時間にも影響を受ける。適切な濃度で使用しても作用時間が十分でなければ期待どおりの効果は得られない。必要な消毒時間は消毒薬，対象微生物などによって異なり，一般に作用時間が長いほど殺菌効果は高くなるが，生体毒性などの副作用や環境（臭気・腐食性など）への影響が発生することがある。

4）pH（水素イオン濃度）

消毒薬は pH によってその殺菌力に影響を受けるものがある。ヨード系や塩素系消毒薬は酸性側で，逆性石けんはアルカリ側で消毒効果が高まる（表 12-5）。

5）有機物

消毒対象物に血液，糞尿，羽毛などの有機物が付着していると，消毒薬の殺菌効果が減弱されることがある。消毒薬の使用に際しては，その殺菌効果を十分発揮させるため，有機物による汚染を洗浄・除去しておく必要がある。

C. 消毒薬の分類と特性

消毒薬の分類を表 12-6 に示す。

1）アルコール類

消毒用アルコール類には**エタノール**とイソプ

表 12-5　pH により殺菌力に影響を受ける消毒薬

消毒剤	至適 pH	pH の影響
グルタラール	弱アルカリ性	アルカリ性で殺菌力強く，酸性で殺菌力減弱
過酢酸	酸性	酸性で殺菌力強く，アルカリ性で殺菌力減弱
フタラール	中性	アルカリ性で殺菌力減弱
次亜塩素酸ナトリウム	中性～弱アルカリ性	酸性で殺菌力強く，アルカリ性で殺菌力減弱
ポビドンヨード	弱酸性	酸性で殺菌力強く，アルカリ性で殺菌力減弱
ヨードチンキ	弱酸性	酸性で殺菌力強く，アルカリ性で殺菌力減弱
フェノール	酸性	酸性で殺菌力強く，アルカリ性で殺菌力減弱
ベンザルコニウム塩化物 ベンゼトニウム塩化物	中性～弱アルカリ性	酸性で殺菌力強く，酸性で殺菌力減弱
アルキルジアミノエチルグリシン塩酸塩	弱アルカリ性	弱アルカリ性で殺菌力強く，酸性，アルカリ性で殺菌力減弱
クロルヘキシジングルコン酸塩	弱酸性	アルカリ性で殺菌力減弱

表 12-6　消毒薬の分類

分類	消毒剤
アルコール類	エタノール，イソプロパノール，エタノール・イソプロパノール配合製剤
フェノール類	フェノール，クレゾール石ケン液
塩素化合物	次亜塩素酸ナトリウム
ヨード化合物	ポビドンヨード，ヨードチンキ
アルデヒド類	グルタラール，フタラール，ホルマリン
ビグアニド類	クロルヘキシジングルコン酸塩
第四級アンモニウム塩	ベンザルコニウム塩化物，ベンゼトニウム塩化物
両性界面活性剤	アルキルジアミノエチルグリシン塩酸塩
酸化剤	過酢酸，オキシドール
色素系	アクリノール水和物
石灰	生石灰，消石灰

ロパノールがあり，エタノールは 70 ～ 80％ で，イソプロパノールは 50 ～ 70％ で使用する。生体および非生体のいずれにも汎用される中水準消毒薬で，多くの微生物に有効であるが，芽胞と一部のウイルスには無効である。消毒作用は，細胞膜構造の破壊，蛋白質の変性，代謝障害，溶菌作用による。

利点：短時間で効力を発揮する。揮発性であるため速乾性である。

欠点：創傷部位・粘膜刺激性がある。引火性があるので注意する。血液，血清，膿汁など蛋白質を凝固させるため，内部まで浸透しないのでこれらを洗浄してから用いる。高濃度では，消毒作用が減弱することがある。膜構造（エンベロープ）をもたないウイルスに対しては無効あるいはその効果は低い。

2）フェノール類

石炭酸（フェノール）とクレゾール石けんがある。いずれも 1 ～ 3％ の濃度で使用する。蛋白質変性作用により酵素活性の不活化や細胞壁を破壊することで，ほとんどの微生物に対して効力を発揮するが，芽胞とエンベロープのないウイルスには無効である。

利点：有機物による殺菌力の低下が少ないため，糞便などの消毒に適する。

欠点：高濃度液が皮膚に付着することにより化学熱傷を生じる。アルカリ性にすると殺菌力は著しく低下する。

3）ハロゲン化合物

（1）塩素化合物

次亜塩素酸ナトリウム，ジクロルイソシアヌール酸ナトリウム，次亜塩素酸カルシウム（さらし粉）などがある。次亜塩素酸ナトリウムは，0.01 ～ 1％（100 ～ 10,000 ppm）の濃度で使用する。遊離塩素の消毒メカニズムは明確には分かっていないが，酵素反応の阻害，細胞内蛋白質の変性，核酸の不活化が作用機序として考えられている。

利点：抗微生物スペクトルが広く，芽胞を含め

た全ての細菌，ウイルスなどを殺滅する。また，結核菌には 1,000 ppm（0.1%）以上の濃度で有効である。

欠点：金属に対する腐食性が高い。酸性物質が混入すると塩素ガスが発生するので注意する。

（2）ヨード化合物

ヨード化合物には，ポビドンヨード，ポロクサマーヨード，ヨードチンキがある。通常ポピドンヨードは，0.2～10%の濃度で使用する。ヨード化合物は，遊離ヨウ素による酸化作用によって蛋白質が変性し，細菌の蛋白質合成を阻害することにより，殺菌作用を示す。手術前の皮膚，術野など広く体表の消毒に使用されるが，刺激が強いために粘膜に用いる消毒薬としては勧められない。

利点：ポビドンヨードは人体毒性が低いにも関わらず抗微生物スペクトルが広く，結核菌を含む細菌，真菌，ウイルス，一部の芽胞に対しても有効性を発揮する。

欠点：有機物の存在や，アルカリ下で殺菌力が低下する。着色するため，器具，床などの消毒には適さない。また，ヨウ素による毒性や過敏症に注意する。

4）**アルデヒド類**

グルタラール（グルタールアルデヒド），フタラール（オルトフタルアルデヒド），ホルムアルデヒドがある。高水準消毒薬であり，内視鏡などのセミクリティカル医療器具の消毒に用いられる。グルタラールは酸性であるため，緩衝剤を入れてアルカリ性にしてから使用する。結核菌を含む細菌，真菌，芽胞，ウイルスに有効である。作用機序は菌体蛋白質中の $-NH_2$ 基，$-OH$ 基，$-COOH$ 基，$-SH$ 基をアルキル化することにより，DNA，RNA，蛋白質合成に影響を与え殺菌する。

利点：金属，ゴム，プラスチックに対して腐食性がなく有機物による効力低下が小さい。

欠点：取扱い者の薬液接触あるいは蒸気吸入による毒性の問題があるため，使用時には注意が必要である。

5）ピグアニド類

ピグアニド類として**クロルヘキシジン**があり，グルコン酸塩，あるいは塩酸塩，酢酸塩として用いられる。手洗い，創傷部位，手術野の消毒に利用され，通常 0.02～0.5% 濃度で使用する。一般的な細菌に効果があるが，結核菌，芽胞，ほとんどのウイルスには無効である。クロルヘキシジンの消毒作用は，酵素阻害，細胞膜損傷，核酸の沈殿作用などにより殺菌する。低毒性であるが，粘膜には使用しない。

利点：皮膚に対する刺激が少なく，使用時に殺菌力を発揮するのみならず，皮膚に残留して持続的な抗菌作用を発揮する。

欠点：陰イオン界面活性剤の石けん類で不活性化する。

6）第四級アンモニウム塩（逆性石けん）

第四級アンモニウム塩は，陽性に荷電した界面活性剤（逆性石けん）である。普通石けんは水に溶けると脂肪酸陰イオンになるが，第四級アンモニウム塩は陽性に荷電しているため，一般的に逆性石けんと呼ばれる。**第四級アンモニウム**には，塩化ベンザルコニウム，塩化ベンゼントニウムがあり，手指，粘膜，環境・機材の消毒に使われる。一般細菌，真菌の一部，エンベロープを有するウイルスの一部に有効であるが，結核菌，多くのウイルス，芽胞には無効である。第四級アンモニウム塩の殺菌作用は，一般的に蛋白質変性作用を有し細胞膜の機能障害，特に酵素活性を不活化することにより殺菌すると考えられている。

利点：皮膚や粘膜に対する刺激性が少ない。金属腐食性が少ない。

欠点：第四級アンモニウム化合物は，陰イオン界面活性剤（石けん，洗剤，シャンプー，中性洗剤など）と混ぜると不活性化する。

7）両性界面活性剤

陽イオン基と陰イオン基の両方を含む化合物で，アルキルジアミノエチルグリシン塩酸塩などがある。抗酸菌に効力を示すが，芽胞には無効である。

利点：抗微生物スペクトルが広い。有機物や

pHの影響を受けにくい。洗浄力がある。

欠点：石けん（陰イオン界面活性剤）が混じると効力が減弱する。脱脂作用がある。

8）酸化剤

過酢酸は，強力な酸化作用により芽胞を含む全ての微生物に有効な消毒薬である。0.3%過酢酸として使用されるが，粘膜刺激性や金属腐食性がある。また，オキシドール（過酸化水素）は，水酸化ラジカル（OH・）の強力な酸化作用により抗菌力を発揮するが，分解しなければ一般細菌やウイルスを5～20分間で，芽胞も3時間で殺滅できる。一般的に，2.5～3.5%が医療用の外用消毒剤として利用され，眼科用，歯科用器材の消毒，創傷・潰瘍の消毒，口内炎，口腔粘膜の消毒に使用される。酸化剤の殺菌機序は，菌体蛋白質や代謝に関与する酵素類を変性させることにより殺菌すると考えられている。

利点：過酢酸は過酸化水素よりも殺菌効果が強く，芽胞にまで有効な抗微生物スペクトルの広い消毒薬である。

欠点：過酢酸の蒸気は呼吸器系や眼の粘膜を刺激する。過酸化水素は粘膜や血液に存在するカタラーゼで分解され殺菌力が低下する。過酸化水素水を100℃以上に加熱すると爆発の危険性がある。

9）色素系

色素系消毒薬にはアクリノールがあり，有機物存在下において殺菌力が保たれ，また生体組織に対する刺激性は極めて低いため，0.05～0.2%水溶液が化膿局所の消毒に用いられる。作用機序は，生体内でアクリジニウムイオンとなり細菌の呼吸酵素を阻害するが，その作用は静菌的であり，特にグラム陽性菌に対して有効である。

利点：生体に対する刺激性がないので，外科領域，歯科領域の他，うがい，軟膏，散布用などに多用される。

欠点：塗布部の疼痛，発赤，腫脹，潰瘍，壊死を生じることがある。

10）石　灰

石灰には，生石灰（酸化カルシウム：CaO）と消石灰（水酸化カルシウム：$Ca(OH)_2$）がある。いずれも強アルカリ性（pH 12）で殺菌性を有している。生石灰は水と反応すると熱を発するため，取扱いに注意が必要である。主として消毒に用いられるのは消石灰であり，石灰粉末として0.5～1.0 kg/m^{2}を目安に散布して使用するか，1%消石灰液（水10 Lに消石灰100 gを混合）として踏込み消毒槽に入れて使用する。

利点：消石灰は安価で，消石灰散布帯を可視化できる利点がある。

欠点：強アルカリ性であることから，粘膜や皮膚に直接触れると炎症を引き起こす可能性がある。使用時には，マスクや長袖，手袋，メガネを着用しての作業を心がける。水と反応し再び乾燥すると，炭酸カルシウム（$CaCO_3$）となるため消毒効果がなくなる。

D．消毒方法

消毒対象物の形状，素材，大きさなどを考慮し，必要な消毒水準に基づいて各種消毒薬，消毒方法を選択する。

消毒の主な方法には，以下のものがある。

①**浸漬法**：消毒薬を入れた容器に，器具などを完全に浸漬して器具表面に消毒薬を接触させる方法である。器具が完全に浸漬・接触できていないことによる不完全な消毒に留意する。

②**清拭法**：消毒薬をしみ込ませたガーゼ，布，モップなどで，環境などの表面を拭き取る方法である。十分な量の消毒薬が染み込んでいないことによる不完全な消毒に留意する。

③**散布法**：スプレー式の道具を用いて消毒薬を撒く方法であり，清拭法では消毒不可能な隙間などに用いる。

④**灌流法**：チューブ，カテーテル，内視鏡，透析装置など特殊な形状（管状・長尺）を有している器具を消毒する方法である。内腔に気泡が残ったり盲端を発生させたりしないように薬液を流通するよう留意する。

第13章　感染症の治療法

一般目標：感染症の治療法に関する基礎知識を理解し，それらを応用することができる。

到達目標
1) 抗菌薬の種類，作用機序及び耐性化機構を説明できる。
2) 細菌感染症に対する適切な治療薬の選定と使い方及び問題点を説明できる。
3) ウイルス感染症の治療法に関する基礎知識を理解し，それらを応用することができる。
4) 抗ウイルス薬の原理と特徴を説明できる。

1. 抗菌薬

> **キーワード**：抗菌薬，抗生物質，選択毒性，サルファ剤，抗菌スペクトル，細胞壁合成阻害薬，β-ラクタム系抗菌薬，代謝阻害薬，トリメトプリム，蛋白質合成阻害薬，クロラムフェニコール，アミノグリコシド系抗菌薬，マクロライド系抗菌薬，テトラサイクリン系抗菌薬，核酸合成阻害薬

A. 抗菌薬

抗菌薬（または抗菌剤）は，細菌感染症の化学療法に用いる抗菌性物質を主成分とする医薬品で，抗菌物質製剤を示す。一部の抗菌性物質は，医薬品としてではなく，食用に供する家畜（食用動物）に抗菌性飼料添加物として利用される。

1) 抗生物質と合成抗菌薬

抗菌性物質は，細菌の発育を抑えたり，殺したりする物質の総称で，**抗生物質**と合成抗菌薬を含む。抗菌性物質は，細菌と動物細胞の構造上あるいは機能上の違いにより作用する結果，細菌に対して強い毒性（発育阻止）を示すが，人や動物に与える毒性（副作用）は少ない。これを**選択毒性** selective toxicity といい，臨床応用される抗菌性物質は細菌に対する選択毒性が高い必要がある。

抗生物質は，1928年にFleming A（英国）が発見した，アオカビが産生する細菌の増殖を阻害する物質（ペニシリン）から始まり，Waksman SA により「微生物の産生する物質で，他の微生物（特に病原微生物）の発育を阻止する能力を有する化学物質」と定義されている。一方，合成抗菌薬は，1909年に Ehrlich P と秦佐八郎による合成有機ヒ素化合物（606, Salvarsan），1932年に Domagk G により発見された Prontosil に始まる**サルファ剤** sulfonamide などで，化学的に合成された抗菌性物質を意味する。

しかし現在では，抗生物質に対し人工的に化学修飾を加えたものや，完全に人工的に合成した薬品が主体となっているため，これらを総称して抗菌薬（または抗菌剤）antimicrobial agents と呼ぶのが一般的である。

2) 抗菌性物質の抗菌活性

抗菌性物質の抗菌活性は，細菌が発育できない最小濃度である最小発育阻止濃度 minimum inhibitory concentration（MIC）や細菌が死滅する最小濃度である最小殺菌濃度 minimum bactericidal concentration（MBC）で表される。これらは，in vitro で評価される。

3) 薬剤感受性試験法

薬剤感受性試験は，抗菌性物質に対する細菌の感受性を調べる試験で，大別すると希釈法と拡散法に分けられる。いずれの方法においても被検菌の接種菌量，培地成分，培養条件は，測定結果に影響するため，適正に実施する必要がある。

希釈法は，液体希釈法と寒天培地希釈法に分けられ，段階希釈した抗菌性物質を含む培地に被検菌を接種し，発育の有無を観察することで MIC を測定する。液体希釈法は，試験管法とマイクロプレート法があるが，利便性からマイクロプレート法が広く利用される。

拡散法は，寒天培地の表面一面に被検菌を接種し，その上に抗菌性物質を含む濾紙（ペーパーディスク）を置き，または培地上に置いた金属製の円筒に抗菌性物質を入れて培養後，発育阻止円の状態から薬剤に対する感受性を測定する。濾紙を用いた拡散法には，1濃度の薬剤を含有する円形濾紙を使用する方法（1濃度ディスク法）と濃度勾配に薬剤を含有する細長い濾紙を使用する方法（E-テスト）が知られている。前者は，定性的な試験法であるが，後者は，MIC を決定できる。

4) 抗菌スペクトル

抗菌性物質は，全ての細菌に抗菌活性を示すわけではなく，一部の細菌（種）にその作用を示す。この細菌（種）の範囲を**抗菌スペクトル** antimicrobial spectrum と呼び，抗菌性物質を系統および菌種ごとに比較した図表や多岐にわたる菌種の代表株における抗菌性物質の MIC によって示される。グラム陽性菌あるいはグラム陰性菌のみに作用するもの，グラム陽性，陰性いずれの菌にも作用するもの，さらにマイコプラズマやクラミジアなどに至る広範囲の菌種に作用するもの

があり，抗菌スペクトルの範囲により，狭域〜広域スペクトル抗菌性物質と呼ばれる。

B. 抗菌薬の種類

1）抗菌性物質の作用機序

（1）細胞壁合成阻害薬

外界との浸透圧差から守る細胞壁の合成阻害により，菌体内外の浸透圧差により菌体が膨化し，細胞膜が破れて溶菌するため，殺菌的に作用する。動物細胞は，細胞壁をもたないため，選択毒性を示す。動物用で使用される抗菌性物質には，β-ラクタム系抗菌薬，ホスホマイシン（以上抗菌薬），バシトラシン（飼料添加物）がある。細胞壁をもたないマイコプラズマに対する抗菌活性はない。

β-ラクタム系抗菌薬は，共通にβ-ラクタム環を有し，ペニシリン結合蛋白質 penicillin-binding protein（PBP）と結合して，細胞壁合成の最終段階を阻害する。PBPは，ムレインモノマーの糖部分を介してペプチドグリカンと結合し糖鎖を伸張するトランスグリコシダーゼと連結した糖鎖同士がペプチド間で結合して架橋形成するトランスペプチダーゼなどの細菌の細胞壁を合成する酵素である。β-ラクタム系抗菌薬と結合したPBPは，本来の基質であるムレインモノマー末端のD-アラニル-D-アラニン（D-Ala-D-Ala）と結合できなくなり，架橋反応が阻害される。β-ラクタム系抗菌薬には，ペニシリン系，セフェム系，カルバペネム系，モノバクタム系，ペネム系などがあり，動物用抗菌剤として承認されているのはペニシリン系とセフェム系である。

ペニシリン系抗菌薬は，ペニシリンの基本骨格である6-アミノペニシラン酸の側鎖を代えることにより，ペニシリンの欠点を補う方向で開発が進められた。獣医療において汎用されるアンピシリンやアモキシシリンは，グラム陽性菌に加えグラム陰性桿菌に対する抗菌力を有し，細菌性下痢症や肺炎の治療に利用されている。

セファロスポリン系抗菌薬は，セフェム系抗菌薬の一部で，ペニシリナーゼ（ペニシリン分解酵素）を産生する細菌に対しても有効で，ペニシリン系抗菌薬より抗菌スペクトルは広い。抗菌活性に基づいて第一〜第三（四）世代に分けられる。第一世代はグラム陽性菌に対する抗菌力が強く，第二世代以降グラム陰性菌に対する抗菌力が強化された。獣医療では，第一世代（セファゾリン，セファレキシン，セファロニウム），第二世代（セフロキシム），第三世代（セフォベシン，セフキノム，セフチオフル，セフポドキシム）が使用されている。第三世代セファロスポリン系抗菌薬は第二次選択薬（第一次選択薬が無効の場合にのみ使用する抗菌薬）として注意喚起されている。

ホスホマイシンは，UDP-N-アセチルグルコサミンエノールピルビン酸トランスフェラーゼ（MurA）に結合し，N-アセチルムラミン酸（ペプチドグリカン前駆体）の合成阻害により細胞壁合成を阻害する。

バシトラシン（ポリペプチド系）は，ペプチドグリカンを構成するムレイン酸を細胞膜内から細胞壁まで輸送するキャリアーとして働くC55-イソプレニルピロリン酸（C55-P）の生成を阻害して，細胞壁合成を阻害する。

グリコペプチド系（バンコマイシン，テイコプラニン）はD-Ala-D-Alaと結合し，その働きを阻害することで細胞壁合成を阻害する。分子量が大きいグリコペプチド系は，グラム陰性菌は外膜上のポーリン孔を通過できないため，グラム陰性菌には無効である。以前は飼料添加物としてバンコマイシンと作用機序が類似するアボパルシンが使用されていたが，バンコマイシン耐性腸球菌 vancomycin-resistant enterococci（VRE）の分布への懸念から使用されなくなった。

（2）代謝阻害薬（葉酸合成阻害薬）

葉酸（ビタミンB_9）の合成が阻害されることにより，葉酸を補酵素とするアミノ酸や塩基の生合成が阻害され，細菌の増殖を抑制する。食事から葉酸を摂取する動物は葉酸合成をしないため，細菌に対してのみ選択毒性を示す。サルファ剤は，パラアミノ安息香酸（PABA）の代謝拮抗物質として葉酸の生合成を阻害し，また**トリメトプリム**はジヒドロ葉酸還元酵素への阻害作用により

DNA 合成を阻害する。

(3) 蛋白質合成阻害薬

蛋白質合成阻害薬は，菌体の細胞質に存在する 70S リボソームの 30S サブユニット（テトラサイクリン，ストレプトマイシン）もしくは 50S サブユニット（マクロライド，リンコマイシン，**クロラムフェニコール**，チアンフェニコール系）に結合することで，蛋白質合成を阻害する。動物細胞にあるリボソームは 80S（40S サブユニットと 60S サブユニット）と大きく，蛋白質合成が阻害されない。

アミノグリコシド系抗菌薬の作用機序は，細菌の 70S リボソームの 30S サブユニットに結合して，蛋白質合成を阻害することにより濃度依存的に静菌から殺菌作用を示す。ストレプトマイシン，カナマイシン，ゲンタマイシン，フラジオマイシン，アプラマイシンなどが獣医療で利用される。

マクロライド系抗菌薬・リンコマイシン（リンコサマイド）系抗菌薬の作用機序は細菌の 70S リボソームの 50S サブユニット中の 23S の rRNA に結合し，蛋白質合成を阻害して静菌的に作用する。獣医療で使用するマクロライド系抗菌薬は，環状構造の数で 14 員環（エリスロマイシン），15 員環（ツラスロマイシン，ガミスロマイシン），16 員環〔タイロシン，チルバロシン（酒石酸酢酸イソ吉草酸タイロシン），チルミコシン，ジョサマイシン，スピラマイシン，ミロサマイシン〕に分類され，細胞内に高濃度移行する。動物用としては 16 員環マクロライドが最も利用され，15 員環マクロライドは第二次選択薬ととして利用されている。また，リンコマイシン系抗菌薬は，リンコマイシン，クリンダマイシン，ピルリマイシンが獣医療で利用される。リンコマイシン系抗菌薬の構造はマクロライド系抗菌薬とは異なるが，薬剤の作用部位が類似しているため，それぞれ交差耐性を示す。

テトラサイクリン系抗菌薬の作用機序は，細菌の 70S リボソームの 30S サブユニットに結合して蛋白質合成を阻害し，主に静菌的に作用する。オキシテトラサイクリン，クロルテトラサイクリン，ドキシサイクリンが獣医療で利用される。

(4) 核酸合成阻害薬

核酸合成阻害薬は DNA と RNA のいずれかに作用し，キノロン系抗菌薬は DNA の合成を阻害，リファンピシンは RNA の合成を阻害して，細菌の増殖を抑える。

キノロン系抗菌薬は，DNA の複製に関与する酵素である DNA ジャイレースやトポイソメラーゼIVに結合して，DNA 合成を阻害する。オールドキノロン剤（ナリジクス酸，オキソリン酸など）とフルオロキノロン剤（ニューキノロン剤）に大きく分けられる。ナリジクス酸はグラム陽性菌に対する抗菌力が弱かったが，キノロンの構造であるキノリン環の 6 位にフッ素を導入したフルオロキノロン剤が開発され，抗菌スペクトルと抗菌力が増強した。濃度依存的に静菌から殺菌作用を示す。フルオロキノロン剤は第二次選択薬とされている。

(5) 細胞膜傷害薬

a. コリスチンとポリミキシン B

いずれも環状ペプチド抗菌薬で，ステロールを含まないグラム陰性桿菌の細胞膜のリポ多糖 lipopolysacchalide（LPS）に結合し，膜傷害を起こすことにより殺菌的に作用する。ポリミキシン B は，大腸菌などのペリプラズム中に蓄積した物質（外毒素など）を溶出させるのにも用いられる。動物用で利用されるコリスチンは第二次選択薬とされている.

b. 抗真菌ポリエン抗菌薬

アンホテリシン B（市販名ファンギゾン），トリコマイシン，ナイスタチン，ペンタマイシンおよびピマリシンは，抗真菌ポリエン抗菌薬として実用化されている。いずれも大きな環状不飽和炭化水素で，ステロールを含む真菌の細胞膜を傷害する。ステロールを含まない細菌細胞膜には作用しないが，動物細胞はステロールを含むので副作用も強い。

(6) 2 成分制御系阻害薬

浸透圧，窒素化合物，リン酸濃度，酸素濃度，CO_2 濃度などの環境刺激に特異的に対応する 2 成

分制御系は，クオラム・センシングやバイオフィルム形成などの病原性関連因子の発現制御にも関与する（第4章「3.-B. 1)-(8) 2成分制御系とクオラム・センシング」参照）．細菌の増殖に必須な遺伝子発現を調節する2成分制御系阻害薬は，必須な蛋白質を標的とする抗菌性物質と異なり，様々な薬剤耐性菌に対しても効果のある新しい抗菌性物質として研究が進められている．

2. 薬剤耐性菌と化学療法

> キーワード：抗菌薬，薬剤耐性菌，自然耐性，最小発育阻止濃度，MIC，薬剤感受性試験，体内動態，分解，修飾，β-ラクタマーゼ，適正使用，慎重使用，抗菌スペクトル，最小殺菌濃度，MBC，殺菌作用

抗菌薬は，医療や獣医療で細菌感染症の治療に利用されてきた．しかし，抗菌薬が使用されることで，**薬剤耐性菌** antimicrobial resistance bacteria が出現・増加したことは歴史的にも明らかである．世界保健機関（WHO）が「薬剤耐性（AMR）に関するグローバル・アクション・プラン」を2015年に策定し，国内においても「薬剤耐性（AMR）対策アクションプラン」が取りまとめられている．その中で，①普及啓発・教育，②動向調査・監視，③感染予防・管理，④抗微生物剤の適正使用，⑤研究開発・創薬，⑥国際協力の6つの分野に関するワンヘルスに基づいた行動計画が示されている．医療や獣医療における治療効果の低下につながる薬剤耐性菌の出現や分布は深刻な国際問題として，人・動物・環境分野が連携した薬剤耐性菌対策に取り組んでいる．

A. 薬剤耐性菌

細菌，ウイルス，寄生虫などの感染症を治療するために，有効な薬剤による治療に対して有効性が見られない場合に，その感染症の原因である病原体がその薬剤に耐性であると判断される．薬剤耐性は，広義ではこれら微生物だけではなく人を含む動物（抗がん剤，麻酔薬，鎮痛剤など）にも使われる．

薬剤耐性菌は，抗菌性物質に抵抗性を示す細菌である．薬剤耐性には，元々その薬剤の作用部位をもたない**自然耐性** intrinsic resistance と，後天的に作用部位の変異や耐性遺伝子の獲得による場合がある．細菌，薬剤および動物の種類に基づき耐性限界値（ブレイクポイント）が設定され，耐性限界値より高い**最小発育阻止濃度（MIC）**を示すものが耐性菌となる．

1) 耐性限界値（ブレイクポイント）

耐性限界値は，耐性と感受性を区別する基準である．**薬剤感受性試験**を希釈法などで実施した場合は濃度（mg/L または µg/ml），1濃度ディスク法で実施した場合は阻止円径（mm）で表示されるものを利用する．ブレイクポイントの設定方法は，MIC分布に基づいて微生物学的に決める方法（微生物学的ブレイクポイント）と薬物の**体内動態**や体内分布および臨床効果に基づいて決める方法（臨床的ブレイクポイント）がある．いずれのブレイクポイントも，菌種と抗菌性物質の組合せにより異なる．また，薬物動態は動物種の影響を受けるため，臨床的ブレイクポイントは動物種も考慮する必要がある．

2) 耐性メカニズム

薬剤耐性菌は抗菌薬に抵抗する能力を保有するが，ある種の抗菌薬に対して複数のメカニズムを活用して抵抗力を増強している場合がある．また，異なる系統の抗菌薬に複数の耐性メカニズムで抵抗する多剤耐性菌も存在する．一方，細胞壁合成阻害薬であるβ-ラクタム系抗菌薬は，細胞壁をもたないマイコプラズマには無効であるように，先天的に抗菌性物質が無効な細菌が存在する（自然耐性）．ここでは，自然耐性を除き，細菌が後天的に抗菌性物質に対し耐性を発揮するメカニズムについて紹介する．

(1) 不活化酵素の産生

細菌が抗菌性物質を不活化する酵素を菌体外に放出することで，抗菌性物質を**分解**や**修飾**して失活させる方法である．例えば，β-ラクタム系抗菌薬に対する耐性では，β-ラクタム環を加水分解する酵素（**β-ラクタマーゼ**），また，アミノ

グリコシドに対する耐性では，薬剤の特定の部位に分子（リン酸基，アデニル基，アセチル基）を結合させる修飾酵素が知られている。抗菌薬を不活化する酵素は基質特異性を示すが，アミノグリコシドアセチル化酵素の変異型において，一部のフルオロキノロン剤を不活化する酵素が報告されている。基質特異性拡張型 β-ラクタマーゼ（extended-spectrum β-lactamase：ESBL）は第三世代セファロスポリンを分解するペニシリナーゼで，医療現場だけではなく家畜や愛玩動物にも分布し，医療・獣医療で問題となっている。

（2）作用部位の構造変化

抗菌性物質の作用部位の構造が変化した細菌が出現するには，細菌が増殖する過程で自然発生する場合と外来遺伝子によって産生された酵素による修飾がある。例えば，キノロン剤の標的部位である DNA ジャイレースやトポイソメラーゼⅣのキノロン耐性決定領域 quinolone resistance determining region（QRDR）における変異は細菌が増殖する過程で一定頻度（細菌によって異なるが，例えば $10^{-8} \sim 10^{-10}$）で出現する。QRDR に複数の変異が生じることで，フルオロキノロン剤に対する耐性度が上昇する。一方，カンピロバクターやマイコプラズマのマクロライド耐性は，23S リボソームのドメインⅤのアミノ酸置換による。また，外来遺伝子によるものとしては，ブドウ球菌やレンサ球菌のマクロライド耐性に関与する遺伝子（*erm*）は，マクロライドの標的部位のアミノ酸をメチル化することで耐性を発現する。

（3）菌体内濃度の調整

菌体内の抗菌性物質を調整（減少）する方法として，透過性の低下と薬物排泄能の亢進が知られている。ポーリン porin は，グラム陰性菌の外膜上に存在する孔 pore を形成する膜貫通蛋白質である。糖，イオン，アミノ酸のような分子（500 Da 以下）の細胞内への受動的拡散 passive diffusion にかかわっている。ポーリン孔の減少や欠損により抗菌性物質の通過が困難になり，菌体内の薬物の浸透を障害して耐性化する。

薬剤排泄ポンプは，細胞質内に透過した薬物濃度を下げるため，菌体内に流入した抗菌性物質を細胞外へ排出する機構で，細胞膜上に存在する。代表的なものとして，グラム陰性細菌の染色体上に存在する RND 型多剤排泄ポンプ（大腸菌やサルモネラの AcrAB-TolC，緑膿菌の MexAB-OprM）や外来の遺伝子によるテトラサイクリン耐性〔Tet（A）～（K）：MF family〕やグラム陽性菌のマクロライド耐性〔Mef（A）：MF family，Msr（A）：ABC family〕機構などがあげられる。染色体性の排出システムは，通常も一定のレベルで機能しているが，その亢進には，様々な調節遺伝子が関わっている。

B．化学療法

1）抗菌薬の慎重使用

細菌感染症の拡大や薬剤耐性菌の増加を防ぐため抗菌薬を適切に使用する必要がある。そのため，獣医師には，抗菌薬の使用に関連する関係法令，抗菌薬ごとに定められた対象動物や適応症，有効菌種，用法および用量，使用上の注意の内容に従った「**適正使用** appropriate use」が求められる。さらに，薬剤耐性菌の出現や増加を最小限に抑えることを念頭において，抗菌薬治療を実施する抗菌性物質の「**慎重使用** prudent use」が国際的に求められている。

獣医師は病性を適正に把握し，診断して抗菌薬を使用する。適切な検体を採取し，原因細菌の特定と薬剤感受性試験を実施して抗菌薬を選定することは，薬剤耐性対策における抗菌剤の慎重使用を行ううえで重要となる。抗菌薬は，**抗菌スペクトル**があり，殺菌・静菌的に作用することや体内での分布が異なることなど，各抗菌薬の抗菌スペクトルや特性は投与する抗菌薬を選定する重要な情報となる。

（1）抗菌性物質の選択圧

薬剤耐性菌の出現や増加に関わる要因として，抗菌性物質の選択圧があげられる。動物は体内に様々な細菌を保有し，使用される薬剤に対する抵抗力の違いにより，抗菌性物質の存在下ではその

薬剤に対する耐性菌の増殖が優勢になる。抗菌性物質の選択圧は，交差耐性（同系統あるいは共通の作用機序をもつ薬剤に対する耐性機構）や共耐性（多剤耐性型に含まれる薬剤耐性）により，薬剤耐性菌の分布に関与する。

（2）耐性変異株選択域

細菌が増殖する過程で，一定の確率で遺伝子変異が起こり，親株よりも MIC が高い株が出現する。その変異株が出現できない（死滅する）薬剤の濃度を耐性変異株出現阻止濃度 mutant prevention concentration（MPC）と呼ぶ。MIC 以上 MPC 以下では，変異株が増殖できるため，この薬剤濃度域を耐性変異株選択域 mutant selection window（MSW）と呼んでいる。MPC/MIC が小さい抗菌性物質ほど，耐性変異株が生じにくい。

抗菌薬の血中濃度が MIC 以上でも生存する細菌の中には，突然変異により薬剤耐性を獲得した耐性菌の出現を抑えるため，突然変異株が出現できない濃度（MPC）まで濃度を上げる必要がある。

2）薬物動態と薬力学

化学療法を行ううえで，抗菌薬のスペクトルが重要であることは明らかである。その他，抗菌薬の薬物動態 pharmacokinetics（PK）や薬力学 pharmacodynamics（PD）を考慮して，投薬計画を設定することが必要である。

投与した抗菌薬が生体内で作用を示すには，PK が大きく関与する。また，投与経路，投与量，投与回数により，最高血中濃度（Cmax）や血中濃度曲線下面積 area under the curve（AUC），MIC 値以上の血中濃度を示す時間 time above MIC（TAM）など PK パラメータが変化する。PD は薬物濃度と抗菌作用との関係性を示し，薬剤の MIC や**最小殺菌濃度（MBC）**などがパラメータである。

これら両者のパラメータを組み合わせたものが PK/PD パラメータで，MIC 値に対する Cmax の比率（Cmax/MIC），MIC 値に対する AUC の比率（AUC/MIC）および投与期間における TAM の割合（%TAM）である。抗菌薬には，濃度依存性（アミノグリコシド系，フルオロキノロン系など）に効果を示すものと時間依存性（ペニシリン系，セファロスポリン系など）に効果を示すものとがある。濃度依存性に効果を示す抗菌薬の PK/PD パラメータは，Cmax/MIC や AUC/MIC で，時間依存性抗菌薬のパラメータは，%TAM である。

（1）投与経路

化学療法は，投与した抗菌薬が感染病巣の原因

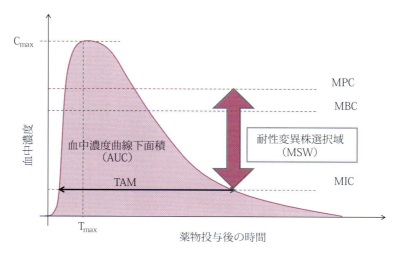

図 13-1 MSW と薬物動態パラメータ
MPC：耐性変異株出現阻止濃度，MBC：最小殺菌濃度，MIC：最小発育阻止濃度，
TAM：MIC 値以上の血中濃度を示す時間

菌に対するMICを上回り，さらに可能な限り持続することが理想である。投与経路は抗菌薬の吸収，組織移行性，排泄などのPKに影響する要因であるため，経口，静脈内，筋肉内，点滴などの投与経路による特徴を理解して実施する必要がある。

（2）投与間隔

投与間隔は，時間依存性の抗菌薬で治療する時に重要となる。病巣部位における抗菌薬の濃度を持続させるためには，MIC値以上の濃度を可能な限り維持する投与間隔の設定が必要である。したがって，半減期（t1/2）の短い時間依存性の抗菌薬は短い間隔で投与回数を増やすこととなる。また，抗菌薬がMIC以下になった後も細菌の増殖に強く影響（postantibiotic effect：PAE）する抗菌薬もあるため，投与間隔の設定には抗菌薬の特性を十分に理解する必要がある。

（3）投与量

投与量は，濃度依存性の抗菌薬で治療する時に重要となる。濃度依存性の抗菌薬は血液中の薬物濃度が高いほど強い**殺菌作用**を示す。そのため，投与回数を増やすのではなく，副作用が出ない範囲で1回の投与量を最大にして治療することとなる。

3. 菌交代症と副作用

> キーワード：正常細菌叢，菌交代現象，菌交代症，選択毒性，アレルギー反応，アナフィラキシーショック，薬疹，ペニシリンショック

A. 菌交代症

人や動物の口腔，上気道，消化管，体表などのあらゆる部位には，多数の細菌がバランスよく常在しており，これらは**正常細菌叢** normal flora（または normal microbiota）と総称される。正常細菌叢の中でも，消化管の腸内細菌叢は最も大きく，外部からの有害物（病原体を含む）の侵入を阻止したり，食物成分の有用な代謝に寄与することにより，宿主と共生関係をつくっている。しかし，抗菌薬が投与されると，病原細菌だけでなく体内に存在・共生する正常細菌叢を形成する細菌の多くが死滅して，正常細菌叢に大きな変化が生じる。結果，これまで病原細菌の増殖抑制に働いていた正常細菌叢が失われ，病原細菌が抗菌薬耐性菌である場合，その影響により病原細菌が異常に増殖する現象が生じる。このように，抗菌薬の影響を受けて，ある種の細菌が異常に増殖する現象を**菌交代現象** microbial substitution といい，菌交代現象の結果としてもたらされる疾患を総称して**菌交代症**と呼んでいる。

正常細菌叢の構成は，人や動物の種の違いに加えて，宿主の状態によっても変動が認められるが，共通して安定的に存在する菌種も存在する。例えば，腸内では，大腸菌をはじめとする腸内細菌科細菌であるグラム陰性桿菌，偏性嫌気性菌群，腸球菌群などが一定の構成比のバランスを保ちながら常在している。他にも，口腔におけるレンサ球菌群，体表におけるブドウ球菌群などが，病原細菌の物理的な定着，侵入阻止や競合排除，適度な免疫刺激など宿主に害を与えることなく共存している。しかし，特に広域スペクトルの抗菌薬（幅広い細菌種に対して抗菌作用を示す抗菌薬）が長期あるいは高用量投与された場合には，腸内細菌叢への影響が大きく，下痢などに代表される菌交代症を引き起こしてしまうことがある。さらに，異常増殖した細菌が常在する環境から他の臓器に侵入した場合には，肺炎，肝炎，腎盂腎炎など重篤な疾病を引き起こしてしまうこともある。このように菌交代症は，抗菌薬投与による二次的な副作用の1つと考えられる。腸管内における菌交代症で出現する細菌種は，通常は腸内細菌叢を構成する細菌種で多く見られ，大腸菌，プロテウス，クレブシエラ，セラチア，緑膿菌など多岐にわたる。また，時にカンジダ，アスペルギルスなどの真菌も原因となる。動物では，豚の緑膿菌症 pseudomoniasis，カンジダ症 candidiasis，テトラサイクリン系抗菌薬投与時の馬の下痢などが菌交代症により発症するとされている。人では，*Clostridioides difficile* による偽膜性大腸炎が代表

的な菌交代症とされており，世界的な問題となっている（抗菌薬関連下痢症ともいわれ，リスク因子とされる抗菌薬投与後に発症することが多い）。また，上部気道，体表では，一時的に細菌叢が失われた時に，外来性の病原細菌が菌交代症を起こすことがある。抗菌薬の系統では，胆汁排泄型の新世代セフェム系抗菌薬，広域ペニシリン，クリンダマイシン，経口セフェム系抗菌薬などが菌交代症を引き起こしやすいと考えられている。一方，キノロン系抗菌薬やアミノ配糖体系抗菌薬は，菌交代症を引き起こす頻度は低い。抗菌薬の投与経路では，経口投与が腸内細菌叢に最も直接的に影響するが，注射剤などの投与経路による抗菌薬投与も胆汁排泄型のように結果的に腸内細菌叢が曝露され影響されることもあるため，菌交代症の観点からも，抗菌薬投与時には，用法・用量を守るだけでなく，体内動態にも配慮したうえで，慎重に投薬すべきであるとされる。

B. 副作用

抗菌薬は，細菌感染症の原因となる病原細菌の殺菌・静菌を主な作用とするが，投薬に伴うその他の作用を副作用と総称する。抗菌薬は，**選択毒性** selective toxicity を有し，病原細菌に対して抗菌作用を示すと同時に，対象動物に対しては，副作用を極力起こさないように設計されているため，比較的安全性の高い薬剤である。しかし，いかに選択毒性が高い抗菌薬であっても，何らかの副作用は必ずあり，使用する際には，十分に配慮する必要がある（表13-1）。

1）副作用の機序（発現機序）
（1）抗菌薬の薬効による直接的な傷害作用
抗菌薬が，宿主細胞に作用し，臓器障害や神経障害を引き起こす。その程度は，投与量に相関すると考えられている。例えば，明確な機序は解明されていないが，アミノ配糖体系抗菌薬は宿主の神経細胞に影響を与えることが知られている。

（2）アレルギー性過敏反応
薬物過敏症の1つで，抗菌薬に対する抗原抗体反応の結果（抗菌薬がアレルゲンとなる），**アレルギー反応**により生体への障害が発生することがある。アレルギー反応は用量とは無関係に起こり，ペニシリン系抗菌薬やセフェム系抗菌薬は，アレルゲン性が高い抗菌薬とされ，投与に伴う**アナフィラキシーショック**や**薬疹**（薬の投与に伴う発疹）などを起こすことがある。特にペニシリンの投与で起こるアナフィラキシーショックを**ペニシリンショック**といい，過去に大きな問題となったことがある。

表13-1　抗菌薬の主な副作用

抗菌薬		主な副作用
β-ラクタム系抗菌薬		薬剤過敏症〔ショック，溶血性貧血（ペニシリン系，セフェム系），蕁麻疹，接触性皮膚炎〕，消化器障害
アミノグリコシド系抗菌薬		腎障害，第八脳神経系障害（前庭機能障害，聴神経障害）
マクロライド系抗菌薬		肝障害，消化器障害，薬剤過敏症
	エリスロマイシン	心臓障害（犬）
リンコマイシン系抗菌薬		ケトーシス（牛），下痢（牛，豚）
テトラサイクリン系抗菌薬		肝障害，光線過敏症，薬剤過敏症，骨の発育障害，歯牙の着色，催奇形性，消化器障害
	塩酸ドキシサイクリン	心臓脈管系障害（馬）
	クロルテトラサイクリン	乳房注入による乳腺損傷（牛）
サルファ剤		腎・尿路障害，血液・造血器障害，薬剤過敏症，消化器障害，肝障害，催奇形性，関節障害
クロラムフェニコール系抗菌薬		血液・造血器障害，消化器障害，gray症候群（新生子）
キノロン系抗菌薬		中枢神経障害，腎障害，関節障害

(3) 抗菌作用の結果，二次的に発現する障害

抗菌スペクトルの広い抗菌薬では，複数の細菌感染症への効果が期待できる反面，正常細菌叢への影響も大きいため，菌交代症を起こしやすい。また，標的とする病原細菌が減少する一方で，真菌が増殖し，病原性を示すことがある。

(4) エンドトキシンショック

抗菌薬の投与によりグラム陰性菌が破壊されると，グラム陰性菌の菌体表層を構成するリポ多糖LPS（エンドトキシン）が血液中に高濃度に分布し，ショック症状を引き起こすことがある。

2) 抗菌薬の系統と障害部位との関係

(1) 消化器障害

下痢，嘔吐，食欲不振の他，経口テトラサイクリン系抗菌薬による食道障害，偽膜性大腸炎（*Clostridioides difficile* による菌交代症）などがある。特に動物では，テトラサイクリン系抗菌薬投与時の馬の下痢が知られている。抗菌薬による消化器障害は一般的には軽度のものが多く，抗菌薬の投与を中止することで改善することが多い。

(2) 肝障害

抗菌薬の多くは，肝臓で代謝されるため，肝障害は副作用の中でも頻度が高い。フルオロキノロン系抗菌薬，マクロライド系抗菌薬，テトラサイクリン系抗菌薬などによる傷害作用が知られている。

(3) 腎障害

副作用としての頻度は高くないが，障害が生じると原因となる抗菌薬の排出が阻害されるため，重篤化する傾向にある。中でも，コリスチン，アミノグリコシド系抗菌薬（主に尿細管の変性・壊死）は，腎毒性が高いとされている。

(4) 血液障害

人では，クロラムフェニコールの骨髄抑制作用による再生不良性貧血がよく知られている。また，広域スペクトルの抗菌薬投与による腸内細菌の増殖阻害の結果，ビタミンK依存性血液凝固因子不足により出血傾向を招きやすくなる。

(5) 神経障害

抗菌薬による神経障害の発症頻度は1％以下とされ，副作用の頻度としては少ないが，重篤な経過を辿ることもある。アミノグリコシド系抗菌薬の長期間大量使用による第八脳神経系障害（前庭機能，聴覚障害）が知られている。猫および犬では，ストレプトマイシンによる前庭神経機能障害（平衡障害）が報告されている。フルオロキノロン系抗菌薬により，ふらつき，抑うつ，てんかん様痙攣発作などが起こる場合がある。

(6) 心臓・脈管系障害

マクロライド系抗菌薬であるエリスロマイシンは，人と同様に犬においても，心室の極性回復を遅延させ，心室性頻脈の発現に関係があるという報告がある。また，塩酸ドキシサイクリンは，静脈内投与により，馬に上室性頻脈など，心臓脈管系に時に致命的な作用を及ぼすことがある。

(7) 関節障害

サルファ剤が，犬で多発性関節炎を起こすことが報告されている。フルオロキノロン系抗菌薬が，幼若犬の関節軟骨を傷害する。

(8) 光線過敏症

テトラサイクリン系抗菌薬において，光照射下で細胞毒性および変異原性を示すことが報告されている。

(9) 催奇形性

テトラサイクリン系抗菌薬は，骨への沈着やカルシウムイオンのキレート作用のため，催奇形性，胎子の骨形成，歯や骨の黄色化や成長抑制を示すことがある。また，他の抗菌薬についても，催奇形性の可能性が示されている。そのため，妊娠動物への抗菌薬の投与については，特に注意が必要である。

3) 副作用の発現に及ぼす生体側の要因

主たる薬の作用と同様に，生体側の要因も副作用の発現に大きく影響する要因の1つである。腎障害や肝障害などの代謝障害のある動物では，副作用発現の危険性が増すことに注意が必要である。特に，高齢，幼若，妊娠動物や免疫低下動物への投与には，投与量，投与期間，体内動態に十分配慮する必要がある。さらに，抗菌作用が相乗的に増強される薬剤，代謝機能を低下させる薬剤

4. ウイルス感染症の治療薬

> キーワード：ヘルペスウイルス，人免疫不全ウイルス，インフルエンザウイルス，B型肝炎ウイルス，C型肝炎ウイルス，新型コロナウイルス，レセプター拮抗薬，核酸類似体系薬剤，多剤併用療法，インターフェロン，免疫製剤，薬剤耐性ウイルス

細菌感染症における化学療法では多くの抗菌薬を選択できるのに対し，ウイルス感染症に対する化学療法は限られる。細菌の混合・二次感染による重篤化を防ぐ目的でウイルス感染症においても抗菌薬を処方することもあるが，ウイルス自体には無効である。宿主細胞の代謝経路に依存するウイルスの複製を抑制する薬剤は副作用（細胞毒性）が避けられないこと，すでにウイルスの複製ピークにある感染診断時での投薬タイミングでは効果が得られない場合があること，また開発コストの点からも抗ウイルス薬の実用化は容易ではない。したがって，獣医領域におけるウイルス感染症の治療は対症療法が主体であり，インターフェロン製剤や免疫賦活化剤などを除き，動物薬として独自に承認された抗ウイルス薬は現時点ではない。

一方，医学領域におけるウイルス性疾患，例えば**ヘルペスウイルス**，**人免疫不全ウイルス**（HIV），**インフルエンザウイルス**，**B型肝炎ウイルス**（HBV），**C型肝炎ウイルス**（HCV），および**新型コロナウイルス**（SARS-CoV-2）などに対する抗ウイルス薬が，基礎知見の蓄積に伴い数多く開発・承認され，標準的な治療法として処方されている。人用の抗ウイルス薬を獣医療に応用することは可能であるが，動物における有効性や安全性の懸念，コスト面から使用される機会は少ない。

A. 抗ウイルス薬と作用機序

ウイルス複製の各ステップが，抗ウイルス薬による選択的阻害の標的となる。副作用のため開発を断念した候補薬が多くある中でも，医学領域では様々な抗ウイルス薬が実用化されている。特に，ウイルスがコードする酵素類は，宿主細胞のものとは構造的な違いがあるため，その開発の標的候補になり得る。表13-2に，医学領域で実用化されている抗ウイルス薬を標的毎に例示した。今後は予期せぬ新興再興ウイルス感染症にも対応できるような広域スペクトルをもつ薬剤の開発が期待される。近年の分子構造解析・予測技術の飛躍的な進歩により，ウイルス蛋白質・酵素やレセプター（受容体）の構造を基にした薬剤ドッキングモデル解析や，膨大な化合物ライブラリーに対するウイルス増殖阻害能のハイスループットスクリーニングの自動化・効率化で，新たな抗ウイルス薬の探索が進められている。

1）ウイルスの吸着・侵入を標的とする薬剤

ウイルスの細胞膜上レセプターへの結合を阻害するいくつかの抗ウイルス薬が人で実用化されている。レセプター蛋白質を合成・可溶化したレセプターアナログ（類似体），レセプターに結合する合成アンタゴニスト（拮抗薬），ウイルスのレセプター結合部位を認識する単クローン抗体（抗体薬）などが含まれる。HIVのCCR5**レセプター拮抗薬**のマラビロクが承認されている。獣医領域では，例えば猫免疫不全ウイルス（FIV）のCXCR4レセプターの合成アンタゴニストであるバイサイクラムが，明らかな細胞毒性を示さずFIVの感染を抑制することが報告されている。人RSウイルス感染症に膜融合F蛋白質を標的とする組換え単クローン抗体のニルセビマブとパリビズマブが用いられている。

細胞表面シアル酸をレセプターとして結合する様々なHA（hemagglutinin）亜型のインフルエンザウイルスの増殖が，DAS181と呼ばれるシアル酸加水分解酵素を投与することで抑制されることが動物実験で示されている。DAS181は，細菌の

表 13-2 抗ウイルス化学療法

標的	薬剤例（未承認のものも含む）
吸着・侵入	レセプター類似体，レセプター拮抗薬〔マラビロク（HIV）他〕，ニルセビマブ／パリビズマブ（RSV），DAS181（IFV 他）
脱殻	アマンタジン／リマンタジン（IFV），WIN 化合物（PV）
ゲノムの合成	核酸アナログ系薬剤： 　リバビリン（HCV 他），ジドブジン（HIV），ラミブジン／テノホビル（HIV，HBV），アシクロビル／ガンシクロビル（HSV，HCMV），ソホスブビル（HCV），ファビピラビル（IFV，SFTSV 他），T-1105（FMDV），モルヌピラビル（SARS-CoV-2），レムデシビル（EBOV，SARS-CoV-2）
	非核酸系薬剤： 　ネビラピン／リルピビリン（HIV），アメナメビル（VZV 他），ホスカルネット（HCMV 他），レジパスビル（HCV），バロキサビル（IFV）
インテグラーゼ	ラルテグラビル／ドルテグラビル（HIV）
プロテアーゼ	リトナビル／ダルナビル（HIV），グレカプレビル（HCV），エンシトレルビル（SARS-CoV-2）
粒子形成	レナカパビル（HIV）
放出	ノイラミニダーゼ阻害薬（IFV）

HIV：人免疫不全ウイルス，RSV：RS ウイルス，IFV：インフルエンザウイルス，PV：ピコルナウイルス，HCV：C 型肝炎ウイルス，HBV：B 型肝炎ウイルス，HSV：単純ヘルペスウイルス，HCMV：人サイトメガロウイルス，SFTSV：重症熱性血小板減少症候群ウイルス，FMDV：口蹄疫ウイルス，SARS-CoV-2：重症呼吸器症候群ウイルス 2，EBOV：エボラウイルス，VZV：水痘・帯状疱疹ウイルス

二次感染も抑制する効果が認められている。薬剤ではないが，動物が保有するムチンも呼吸器および腸管上皮の物理的バリアとして使用することが検討されている。インフルエンザウイルスの HA 蛋白質のステム部位に結合する単クローン抗体 CR6261 は，亜型を問わず特異的に結合し，HA の構造変化を抑制することでその膜融合活性を阻害し，ウイルスの増殖を抑える。このような抗体薬の開発が期待される。

2）ウイルスの脱殻を標的とする薬剤

アマンタジンやリマンタジンは，インフルエンザウイルスのイオンチャネル蛋白質 M2 を不活化し，脱殻を阻害する薬剤であり初期の抗インフルエンザ薬として臨床応用されていたが，耐性株の出現・拡大が見られたため現在は用いられない。WIN 化合物（WIN54954 など）は，ピコルナウイルスのカプシド蛋白質 VP1 のポケット構造に結合して脱殻を抑制する経口活性のある広域スペクトルの薬剤として報告されたが，副作用の問題から実用化はされていない。

3）ウイルス核酸の合成を阻害する薬剤

ウイルス感染症の治療にヌクレオシドアナログ（核酸類似体）が用いられる。これらは主にウイルスの DNA や RNA 鎖合成の際に取り込まれてそれらの伸長を，つまりウイルスゲノムの複製・転写を阻害する。HIV 感染症治療のための**核酸類似体系薬剤**として，初期にはジドブジン（アジドチミジン：AZT），現在ではラミブジンやテノホビルなどの逆転写阻害薬が治療薬として使われている。これら 2 剤は逆転写酵素をもつ HBV にも有効である。HIV の逆転写酵素を阻害する非核酸系薬剤としてはネビラピン，リルピビリンなどがある。AZT は，培養細胞において FIV の増殖を阻害し，FIV 感染猫の臨床徴候やリンパ球 CD4/CD8 比の改善効果がある程度認められるが，副作用が報告されている。HIV のプロウイルス化を阻害するインテグラーゼ阻害薬（ラルテグラビル，ドルテグラビルなど）は，結果としてゲノム合成を阻害する。HIV 感染症治療には耐性ウイルスの出現を抑えるため，複数の逆転写酵素阻害薬とインテグラーゼ阻害薬あるいは後述するプロテアーゼ阻害薬による**多剤併用療法**が推奨されている。

アシクロビルはデオキシグアノシン類似体で，多様なヘルペスウイルスなどのチミジンキナー

ぜによってのみリン酸・活性化され，ウイルスDNAポリメラーゼの活性を選択的に阻害する。人の単純ヘルペスや水痘・帯状疱疹の治療に使われる。培養細胞では猫ヘルペスウイルス1（FHV1）に対する抗ウイルス効果は見られるが，感染猫に対する治療効果は明瞭ではない。サイトメガロウイルス感染症にはガンシクロビルが使われる。その他の抗ヘルペスウイルス薬には，非核酸系のヘリカーゼ・プライマーゼ複合体阻害薬アメナメビルもある。ホスカルネットは，ヘルペスウイルス群のDNAポリメラーゼに結合してその機能を阻害する薬剤として，人サイトメガロウイルス網膜炎や人ヘルペスウイルス6型脳炎の治療に使われている。また，逆転写酵素阻害作用も示すことから，FIVや猫白血病ウイルス（FeLV）を含め抗レトロウイルス効果も報告されたが臨床応用はされていない。

リバビリンは，グアノシン類似体でウイルスRNAの合成を阻害する。HCVなどの治療に使われている。副作用の問題があるが，高スペクトラムの抗RNAウイルス薬として伴侶動物を含めた臨床応用が期待される。HCV感染症の治療には，NS5BポリメラーゼによるRNA伸長の核酸型阻害薬であるソホスブビルが，複製複合体を構成するNS5Aの阻害薬であるレジパスビルなどとともに特異的薬剤として併用される。

我が国で開発された核酸誘導体系薬剤であるファビピラビルは，インフルエンザウイルスや重症熱性血小板減少症候群ウイルスのRNAポリメラーゼ活性を阻害する。催奇形性の可能性から抗インフルンザ薬としては条件付き承認という形になっている。また，エボラウイルスや新型コロナウイルスなど他のRNAウイルスに対する有効性も示されている。抗インフルエンザ薬には，キャップ依存性エンドヌクレアーゼ阻害薬であるバロキサビルも使われている。ファビピラビルと同じピラジンカルボキサミド誘導体の1つであるT-1105が，豚の口蹄疫に有効であることから国策として備蓄されていたが，現在は除かれている。SARS-CoV-2感染症（COVID-19）の治療に，核酸類似体であるモルヌピラビルが経口薬として用いられている。ウイルスRNA複製の際に取り込まれると複製エラーが増加し，ウイルスの増殖が阻害される。また，抗エボラウイルス薬として開発されたリボヌクレオシド類似体レムデシビル（点滴薬）もより重症な患者に使われている。

ウイルスmRNAの合成阻害は正常な蛋白質の合成を抑制するが，アミノ酸L-リジンは，アルギニンと拮抗することでヘルペスウイルスの蛋白質合成を阻害する。L-リジンは猫の必須アミノ酸であり，抗ウイルス薬ではなくサプリメントに分類される。経口投与でFHV1感染症を軽減させる。

4）ウイルスの組立ておよび放出を阻害する薬剤

ウイルスが感染性を獲得するためには，自らがコードするプロテアーゼがウイルス蛋白質を開裂し，成熟させる必要がある。リトナビルやダルナビルは，HIVのプロテアーゼ活性を特異的に阻害することでウイルスの増殖を抑制する。HCV感染症治療薬のグレカプレビルや新型コロナウイルス感染症治療薬のエンシトレルビルもウイルスプロテアーゼ阻害薬である。HIVのカプシド蛋白質に結合するレナカパビルは，粒子の成熟を阻害する薬として2023年に承認された。

インフルエンザウイルスは，自身がもつノイラミニダーゼが細胞表面のシアル酸を消化することにより，感染細胞から放出される。オセルタミビル（経口薬），ザナミビルやラニナミビル（吸入薬），およびペラミビル（注射薬）はノイラミニダーゼを阻害し，ウイルスの増殖を抑制する。抗インフルエンザ薬は，鳥インフルエンザに対しても有効であるが，耐性ウイルス出現の可能性やコスト面から原則使用されることはない。

B．インターフェロンと免疫製剤

1）インターフェロン

インターフェロン（IFN）は，ウイルス感染なその刺激によって細胞から産生分泌される蛋白質で抗ウイルス作用や免疫を高める作用をもつ。IFNは，タイプⅠ～Ⅲの3種類に分類されてお

り，マクロファージ，好中球，樹状細胞，T細胞および他の体細胞などで産生される。哺乳動物のⅠ型IFNはIFN-α，β，δ，ε，κ，ω，υ，τおよびζを含む9種類以上の異なるクラスで構成される。特に猫でIFN-ω，牛などでIFN-τ，豚でIFN-δがそれぞれ見つかっている。Ⅱ型IFNはIFN-γのみからなるホモ二量体である。Ⅲ型はIFN-λの3つのアイソフォーム（λ1, λ2およびλ3）からなり，それぞれインターロイキン29，28Aおよび28Bとして新規に同定された。ウイルス感染の早期には主としてⅠ型IFNが産生されて，広範囲な抗ウイルス活性を示すとされる。Ⅱ型IFNは構造的にαおよびβと異なっており，特異抗原刺激に反応してT細胞から産生されて主として免疫応答に関与している。一般的に抗ウイルス活性はⅠ型に比べ弱いとされる。

IFNによる抗ウイルス活性は，IFN刺激によって細胞内に新たに発現・誘導されてくる，2',5'-オリゴアデニル酸合成酵素，PIキナーゼ，Mx蛋白質などを介して発揮されていると考えられている。主な抗ウイルス薬作用としては①ウイルス複製（翻訳）の阻害，②感染細胞表面のMHC分子を増加させることによる免疫増強作用，③感染細胞は下位に関与するナチュラルキラー（NK）細胞やマクロファージの活性化などがあげられる。遺伝子組換え技術によって大量にIFNが産生できるようになり，医学領域ではB型やC型肝炎をはじめとするウイルス性疾患に対して臨床応用されるようになった。また，IFNにより誘導されるIFIT（IFN-induced proteins with tetratricopeptide repeats）やIFITM（IFN-induced transmembrane protein）などは，一部のRNAウイルスの感染を抑制することが報告されている。

獣医学領域においては人IFN-αの，猫のFeLV，FIV，FHV-1そして猫伝染性腹膜炎ウイルス（FIPV）に対する抗ウイルス効果が示されており，感染猫においてもある程度効果があることが報告されている。多くの症例では高用量を皮下に注射するか，低用量を経口的に投与している。また，猫IFN-ω製剤も臨床応用されている。国内では猫カリシウイルス（FCV）感染症および犬パルボウイルス（CPV）感染症に対する治療薬として認可されている。

2）免疫製剤

ある種の抗ウイルス活性をもった免疫グロブリンは，予防薬としてだけでなく治療薬としても有効である。医学領域では，健康成人の免疫グロブリンを精製した注射剤が麻疹，水痘の初期治療として用いられ，効果があることが知られている。獣医学領域においても，初期のパルボウイルス感染症 parvovirus infection やヘルペスウイルス感染症 herpesvirus infection に対して免疫血清を注射することで，ある程度の治療効果があげられる。また，特定のウイルスに対する単クローン抗体も治療薬となり得ることが知られている。獣医学領域ではFHV-1とFCVに対する2つのマウス由来中和単クローン抗体を猫型化して混合したマウス－猫キメラ抗体製剤が開発された。現在では，直接的な抗ウイルス効果を期待する免疫グロブリンではなく，Programmed cell death 1（PD-1）のような免疫チェックポイント分子を標的とした免疫グロブリン製剤の開発が進められている。この抗体により負の免疫抑制を回避し，難治性ウイルス感染細胞の排除に一定の効果が見込まれている。

IFN以外のサイトカインも補助的にウイルス感染症の治療に使われる場合がある。例えば，インターロイキン2（IL-2）は，IFNの産生やNK活性を増加させることで間接的に抗ウイルス活性を増強させることができる。人顆粒球コロニー刺激因子（G-CSF）は，猫のレトロウイルス感染症（FeLV，FIV）に認められる白血球減少症の治療に用いられる場合がある。また，C型肝炎の治療薬としてリバビリンとIFN-αの併用療法が行われている。リバビリンの作用機序としてはイノシン一リン酸脱水酵素（イノシン一リン酸デヒドラターゼ）の阻害作用，RNAウイルスのRNA依存性RNAポリメラーゼの阻害作用，RNAウイルスの変異誘導作用などがある。

腎臓移植の際に問題となるサイトメガロウイ

ス cytomegalovirus（CMV）感染に対して，高力価 CMV 免疫グロブリンが疾患を軽減する。また，人型抗 CMV 単クローン抗体も，CMV 網膜炎の治療で他の薬剤と併用することにより効果がある。

C. 薬剤耐性ウイルス

ウイルスは，選択的に作用する抗ウイルス薬に対して耐性を獲得し得る。ウイルスの集団における耐性ウイルスの出現頻度とその速度は，いくつかの要因に依存する。1 つ目はウイルスゲノムの変異率である。変異の割合が高いほど耐性ウイルスは出現しやすくなる。これはウイルスがもつポリメラーゼの複製忠実度によるものであり，一般的には RNA ウイルスの方が DNA ウイルスよりも変異を起こしやすい。2 つ目は標的分子の大きさである。耐性に関わる変異の領域が多ければそれだけ耐性ウイルスが出現する速度が高まる。アシクロビルを例にとると，チミジンキナーゼ分子上の変異はいかなる領域でも酵素活性を減弱させ，その結果耐性ウイルスが出現する。3 つ目はウイルスの複製段階である。多量のゲノムを複製すればそれだけ変異を起こす確率が上がり，結果として耐性ウイルスが出現する。他に，ウイルス集団のビリオン数が多ければ，耐性変異をもつ確率は高くなり，変異ウイルスが親株よりその環境に適していれば自ずと耐性株が選択されてくる。

耐性ウイルスが出現する可能性を考えた抗ウイルス薬を用いた治療には，細心の注意が必要である。単剤を長期間投与することを避け，複数薬剤の合剤を用いるなどの治療計画が必要である。

第14章　感染症の予防法

一般目標：各種ワクチンと予防接種について説明できる。

到達目標
1) ワクチンの種類と特徴について，またワクチン接種に伴う副反応を説明できる。
2) 細菌感染症，ウイルス感染症に対するワクチンを列挙できる。

1．ワクチン

キーワード：ワクチン，ワクチネーション，生ワクチン，不活化ワクチン，液性免疫，細胞性免疫，局所免疫，サブユニットワクチン，トキソイド，アジュバント，アナフィラキシーショック，ベクターワクチン，DNAワクチン

特定の感染性病原体に対し，特異的な免疫応答の誘導を目的として動物に接種する生物学的製剤を**ワクチン** vaccine といい，動物にワクチンを接種することを**ワクチネーション** vaccination という。ワクチンは通常，感染して病気を起こす微生物に近縁の病気を起こさない病原体や，弱毒化あるいは不活化した病原体，また，微生物の構成成分や無毒化した細胞外毒素などにより構成される。英国の医学者 Jenner E は，牛痘に感染した乳搾り人は天然痘（人の痘瘡）に感染しない，あるいは，感染しても重症とならないことを見出し，牛痘に罹患した人の病変部の膿を人為的に別の人に植え付けることで天然痘を予防した。この，いわゆる種痘が人類最初のワクチンである。Jenner E が開発したこのワクチンは，同属の異種ウイルスを用いた生ワクチンであった。ワクチンの語源は，「Variolae vaccinae（牛の痘瘡）」（vacca はラテン語で「雌牛」という意味）に由来する。当初「ワクチン」という語句は天然痘に関する事例のみで使用されていたが，その後，フランスの細菌学者 Pasteur L の提唱により他の感染症へも広く使用されるようになった。

A．ワクチンの種類と特徴

ワクチンは**生ワクチン**と**不活化ワクチン**とに大別され，それぞれ長所と短所をもつ（表14-1）。

1）生ワクチン

微生物の病原性や毒力を人為的に低減化した増殖性を保持するワクチンで，多くは自然宿主とは異なる動物種や培養細胞，あるいは，変異原性物質などの薬剤存在下や低温・高温下で継代を重ねることで作出される。生ワクチンは，動物に接種後，体内で弱毒化された病原体が病気を起こさない程度に増殖することにより，自然感染免疫に近い免疫応答を動物に誘導することができる。つまり，その免疫反応は，通常抗体による**液性免疫**とT細胞リンパ球が中心となる**細胞性免疫**からなる。したがって，生ワクチンは強い免疫を誘導し免疫の持続期間が長い。また，点眼，点鼻，あるいは飲水投与により，呼吸器や消化管などの粘膜局所における病原体の侵入や増殖を阻止する**局所免疫**（分泌型IgA抗体）が誘導できるなどの長所をもつ。しかし，弱毒化の機構が不明であるものも多く，病原性復帰のリスクがあるなど安全性の面においては十分な注意が必要になる。また，母体からの移行抗体を保有する幼若動物では，生ワクチンの体内増殖が抑制されその効果が妨げられることがあるので注意が必要である。幼若動物に接種の際は，体内から移行抗体が消失する時期を把握することが重要になる。

2）不活化ワクチン

感染防御抗原（因子）を損なうことなくホルマリンなどで病原体の感染性を消失させたワクチンである。病原体の感染防御抗原成分のみを精製した**サブユニット**（成分，コンポーネント）**ワクチン**や細菌外毒素をホルマリンなどで無毒化し免疫原性を残した**トキソイド**などもこれに含まれる。不活化ワクチンでは，接種動物の体内で主に液性免疫が誘導され，細胞性免疫の誘導はほとんど見られない。感染性のない不活化ワクチンは，生ワクチンに比較して安全性が高い反面，免疫持続時

表14-1　生ワクチンと不活化ワクチンの長所と短所

	生ワクチン	不活化ワクチン
免疫持続期間	長い	短い
局所免疫	誘導可	誘導不可
誘導する免疫	細胞性免疫，液性免疫	液性免疫
アジュバント	不要。ただし併用可能	必要
接種回数	原則1回	複数回
移行抗体の影響	受けやすい	受けにくい
副反応他	ワクチン株の病原性復帰の可能性	アジュバントによる影響
価格	安価	高価

間が短くなる。また，高い効果を得るためには多量の抗原や複数回の投与が必要であり，生産コストがかかるなどの短所もある。また，免疫反応を増強させるために水酸化アルミニウムゲルや鉱物，植物オイルなどの**アジュバント**と呼ばれる物質を添加し使用するが，接種部位にしこりが残る場合や接種後の発熱や**アナフィラキシーショック**（全身性のアレルギー反応）などに注意が必要である。使用するアジュバントにより細胞性免疫を誘導することも可能である。

3）その他のワクチン

国内で使用されるワクチンの大半は従来型のワクチンであるが，現在では遺伝子工学の手法により，安全性や有効性などの問題点を改善した新しいワクチンが開発され実用化されつつある。これには，病原性を規定している特定遺伝子を欠失あるいは変異させた生ワクチンや，細菌や昆虫細胞などで発現させた細胞外毒素や防御抗原蛋白質を利用した不活化ワクチンの一種である（遺伝子）組換え蛋白質ワクチンがある（後述の「3.-B.-2)遺伝子組換え型ワクチン」参照）。その他，生ワクチンウイルスに他の病原体の抗原遺伝子を導入した**ベクターワクチン**が開発されている（表14-2）。ベクターワクチンは，1つのワクチンで複数の感染症に対する予防効果や副反応の軽減が期待できるなどの長所があり，海外では広く実用化されている。また，病原体の感染防御に関わる抗原遺伝子を組み込んだプラスミドをベースとする**DNAワクチン**も海外では実用化されている。

2. ワクチネーション

キーワード：母子免疫，移行抗体，受身免疫，アジュバント，ワクチネーションプログラム，集団免疫，追加接種，経口ワクチン，基本再生産数，包囲接種，防壁接種，DIVAワクチン，副反応，忍容性，アナフィラキシーショック，線維肉腫

A. 感染症に対する免疫の獲得

1）ワクチンによる能動的な免疫獲得

ワクチン接種により，動物の体内に液性免疫や細胞性免疫が誘導される。これらの免疫は，協働して病原体の体内への侵入・拡散の抑制や感染細胞の排除などに働くことで感染症に対抗する。ワクチン効果には，感染予防効果，発症予防効果，あるいは重篤化予防効果が含まれるが，その効果の程度はワクチンの種類や接種方法，動物の免疫状態などにより多様である。

2）母子免疫

母子免疫とは，妊娠期間中に胎盤を通じ，もしくは生まれてから初乳を介して受け取る免疫（**移行抗体**）をいう。哺乳類では，母子間の免疫グロブリンの移行様式は胎盤の構造によって，①胎内で免疫グロブリンが移行して，母子間の血清中の免疫グロブリンレベルが同等になる（人，サル，ウサギなど），②免疫グロブリンの胎内での移行はなく，生後約48時間以内に初乳を介して移行する（牛，豚，馬など），③免疫グロブリンは胎内で一部移行し，生後，初乳を介して大部分が移行する（犬，猫など）の3つに分けられる。ワクチンは通常，免疫を誘導したい動物に投与するが，いくつかのワクチンは母体への免疫により初乳中の移行抗体として新生動物を感染から守る目的で使用される。特に，新生動物に多発する下痢などの感染症対策として有用である。

3）受身免疫

ワクチンなどの抗原刺激を受けて免疫を獲得した動物から調整された免疫血清を，他の動物個体に投与することで予防と治療が可能な感染症もあ

表14-2 海外で実用化されているベクターワクチン例

ベクターの種類	対象動物・感染症
鶏痘ウイルス	鶏・ニューカッスル病 鶏・鳥インフルエンザ
カナリア痘ウイルス	馬・インフルエンザ 馬・インフルエンザおよび破傷風 馬・ウエストナイルウイルス感染症 鶏・伝染性ファブリキウス嚢病
七面鳥ヘルペスウイルス	鶏・マレック病およびニューカッスル病 鶏・伝染性ファブリキウス嚢病
DNAワクチン	魚・サケの伝染性造血器壊死症 馬・ウエストナイルウイルス感染症

る。**受身免疫**の効果は移入された抗体が代謝されるまでの短期間しか持続しないが，即効性である。破傷風菌に対する抗毒素血清は，馬，牛，豚，犬，猫に利用されている。

B. ワクチンの効果に影響を与える要因

予防接種の有効性や安全性を左右する要因は，動物側，ワクチン側，そしてそれを取り扱う獣医師側それぞれにある（図14-1）。これらの要因が相乗的に働くとワクチンは最大の効果を発揮する。

1）動物側の要因

ワクチン接種を受ける動物は健康でなければならない。また移行抗体は幼若齢動物の感染防御に不可欠であるが，逆に予防接種に対して干渉する最大の要因になる。老齢動物ではワクチンに対する免疫応答が弱く，効果も低い。さらに，妊娠動物への接種は流産を引き起こすことがあるので注意が必要である。

2）ワクチン側の要因

生ワクチンではワクチン株の感染価が，不活化ワクチンでは抗原蛋白質量や**アジュバント**の種類がワクチンの効果に影響する。また，ワクチン株は野外流行株と抗原性が一致していなければ高い効果は望めない。

3）獣医師側の要因

期待される効果を得るため，獣医師には，使用するワクチンに対する正しい知識と技術が必要で

ある。ワクチンは厳正に管理，製造された生物学的製剤であるが，容易に温度，紫外線などで不活化し，化学物質で変性する。使用説明書に記載された用量・用法を遵守するとともに，移行抗体などを加味した**ワクチネーションプログラム**を策定し，それに従って実施する。

C. 予防接種の方法

犬や猫などの伴侶動物は，個々に住環境や生活様式が異なるために個体ごとの予防接種プログラムが求められる。一方，産業動物の場合は多頭飼育されることが多く，**集団免疫**の考えが優先される。

1）個体レベル

多くは注射器による筋肉内接種あるいは皮下接種による。近年，経鼻・経口といった自然感染経路による接種も用いられている。いずれも若齢時の移行抗体の減弱してきた時が接種時期である。必要に応じて**追加接種**を行う。鶏，豚，魚類では噴霧，点眼・点鼻，飲水，混餌，経皮，あるいは穿刺，卵内接種法など様々である。伴侶動物においても高い有効性，副反応の軽減，そして愛護面から自然感染経路による免疫が受け入れられている。

2）集団レベル

新生動物に対しては，農場の衛生レベルや野外での流行を考慮して**ワクチネーションプログラム**を設定し，群単位で定期的に予防接種を継続して実施する。また，感染率や致死率が高く，獣医衛生や公衆衛生上の重要な感染症の撲滅・制御を目的に，地域あるいは国内の産業動物および愛玩動物に対して全面接種が行われる。信頼性の高い診断・摘発法の併用が不可欠で，これまで我が国では狂犬病の撲滅に成功している。狂犬病は再侵入に備えて全ての国内飼育犬のワクチン接種を義務づけて集団免疫を高めている。豚熱は過去にワクチンの全面接種により撲滅に成功したが，現在は北海道を除く全ての地域でワクチン接種を再開し，野生イノシシからの感染を防いでいる。豚熱については，野生動物への予防接種として，アル

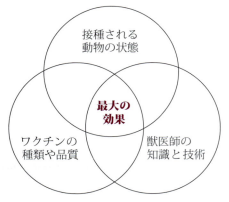

図14-1 ワクチンの効果に影響を与える要因

ミ素材の容器内に豚熱の弱毒生ワクチンを詰め，その外側をトウモロコシの粉でおおった**経口ワクチン**を野外に散布している。野生イノシシの群内に免疫動物をつくることで**基本再生産数**を1未満とし，豚熱ウイルスの流行を自然に消滅させることが目的である。一方，口蹄疫，高病原性鳥インフルエンザなど国際重要伝染病のワクチンは通常国内では使用されないが，緊急ワクチンを備蓄している。伝染病発生時の緊急措置として蔓延防止のために実施する**包囲接種**，清浄地域を汚染地域から守るために行う**防壁接種**などがある。

産業動物分野では，ワクチンを接種した動物と自然感染した動物との区別を可能にする**DIVA**（differentiating infected from vaccinated animals）**ワクチン**が国家防疫の観点から重要になる。

D．ワクチン接種に伴う副反応

副反応とは，ワクチン接種による免疫の付与以外の生体側の反応である。治療薬における投与目的以外の作用は副作用と呼ぶが，ワクチンは投与した外来物質の化学的作用を期待するわけではなく，投与した外来物質に対する生体反応を期待するため，副反応になる。副反応はそれが容認できる程度かどうかが問題になり，これをワクチンの**忍容性** tolerability と呼ぶ。ワクチン接種後は観察を怠らずに，万一副反応が現れた場合には速やかに対処する。また有害事象については農林水産大臣への報告が義務づけられている。

1）免疫反応を介する副反応
（1）発熱，発赤，腫脹

ワクチン接種後，早期に発熱，発赤，腫脹が認められることがある。

（2）アナフィラキシー

1型アレルギー反応の1つ。ワクチンに含まれる外来抗原がアレルゲンとなり IgE 抗体と結合し，肥満細胞からヒスタミンなどが放出される。これにより血管拡張や血管透過性亢進が起こり，全身性の障害が認められる。また急速な血圧低下によりショック状態を呈したものを**アナフィラキシーショック**という。

2）その他の副反応
（1）接種部位肉腫

まれではあるが，猫ではワクチンを含む様々な注射用製剤において接種部位に**線維肉腫** fibrosarcoma およびその他の腫瘍の形成が認められることがある。ワクチンの接種部位と接種頻度に注意が必要である。

3．獣医学領域における感染症の予防

> **キーワード**：生ワクチン，温度感受性株，無莢膜株，トキソイド，不活化ワクチン，乳汁免疫，サブユニットワクチン，多価混合ワクチン，異種ワクチン，自然免疫，局所免疫，ベクターワクチン，DNA ワクチン，mRNA ワクチン，DIVA ワクチン，トランスポゾン，リバースワクチノロジー，CRISPR-Cas システム

A．国内外で承認されている細菌感染症ワクチン

国内で承認されている細菌感染症のワクチンと海外で承認されているその他の主なワクチンを動物種ごとに示した（表 14-3）。

1）生ワクチン

国内で使用されている細菌感染症の弱毒**生ワクチン**は限られている。炭疽菌生ワクチンは，元来弱毒の野生株をワクチン株として用いる。その他，アクリフラビン色素耐性豚丹毒生ワクチンや豚増殖性腸炎（ローソニア症）生ワクチンがある。また，鶏の気囊炎予防のため，マイコプラズマ・シノビエの**温度感受性**（低温馴化）**株** temperature-sensitive(ts) mutant が弱毒生ワクチンとして使われている。鶏大腸菌症生ワクチンは，人為的に作出した遺伝子欠損変異株（セルフクローニング・ナチュラルオカレンスに該当）である。海外では，結核（BCG 株）生ワクチン，牛ブルセラ症生ワクチンなどが実用化されている。なお，牛ブルセラ症生ワクチン RB51 株は，O 抗原を欠くラフ型の突然変異株でリポ多糖（LPS）に対する抗体を誘導しないため，DIVA ワクチンとして利用されている。

表 14-3 国内外で承認されている細菌感染症のワクチン

	国内で承認されているワクチン	海外で承認されているその他の主なワクチン
牛	牛大腸菌性下痢症（不活化） 炭疽（生） 牛クロストリジウム感染症（破傷風，気腫疽，悪性水腫，ボツリヌス症）（トキソイド） 牛サルモネラ症（血清型：ダブリン／ティフィムリウム）（不活化） マンヘミア・ヘモリチカ感染症（不活化） ヒストフィルス・ソムニ感染症（不活化） パスツレラ・ムルトシダ感染症（不活化） 乳房炎（黄色ブドウ球菌，大腸菌）（不活化） 牛レプトスピラ病（不活化）	結核（生） 牛ブルセラ症（生） マイコプラズマ・マイコイデス感染症（牛肺疫）（生） 牛カンピロバクター症（不活化）
馬	破傷風（トキソイド） 化膿性レンサ球菌（トキソイド） 腺疫（トキソイド）	ストレプトコッカス・エクイ感染症（腺疫）（生，不活化）
豚	豚丹毒（生，不活化） 豚レプトスピラ病（不活化） 豚ボルデテラ感染症（生，不活化） 豚パスツレラ症（トキソイド） マイコプラズマ・ハイオニューモニエ感染症（不活化） 豚アクチノバシラス・プルロニューモニエ感染症（豚胸膜肺炎）（不活化） 豚大腸菌性下痢症（不活化） 豚クロストリジウム感染症（トキソイド） 豚ストレプトコッカス・スイス感染症（不活化） ローソニア・イントラセルラリス感染症（豚増殖性腸炎）（生） ヘモフィルス・パラスイス感染症（豚グレーサー病）（不活化）	
羊と山羊		マイコプラズマ・アガラクティエ感染症（生・不活化） クラミジア・アボルタス感染症（生） マイコプラズマ・カプリカラム感染症（不活化）
家禽	鶏伝染性コリーザ（不活化） マイコプラズマ・ガリセプチカム感染症（生，不活化） マイコプラズマ・シノビエ感染症（生） 鶏サルモネラ症（血清型：エンテリティディス／ティフィムリウム／インファンティス）（不活化） 鶏大腸菌症（生，不活化）	ボルデテラ・アビウム感染症（生） パスツレラ・ムルトシダ感染症（生）
犬	犬レプトスピラ（血清型：カニコーラ／イクテロヘモラジー／コペンハーゲニー／ヘブドマディス／グリッポチフォーサ／ポモナ／オータムナリス／オーストラリス）病（不活化）	
猫	猫クラミジア感染症（不活化）	ボルデテラ・ブロンキセプチカ感染症（生）
ミンク	ミンクボツリヌス症（トキソイド） 緑膿菌感染症（不活化）	
魚類	ぶり・あゆ・さけ科魚類ビブリオ病（不活化） ぶり・ひらめ溶血性レンサ球菌症（不活化） ぶり類結節症（不活化） ぶりストレプトコッカス・ジスガラクチエ感染症（不活化）	エドワジエラ感染症（生） フラボバクテリウム感染症（生）
みつばち		腐蛆病（不活化）

主な出典：農林水産省動物医薬品検査所，米国農務省，欧州医薬品庁のウェブサイト

炭疽菌生ワクチン Sterne 株（34F2）はラフ型のコロニーを示す野生株であるが，2 種類の病原性関連プラスミドのうち莢膜形成に関わる pXO2 プラスミド（60MDa）の欠落により弱毒化した**無莢膜株**である。結核生ワクチン BCG 株は，牛型結核菌強毒株を牛の胆汁を含む液体培地で継代して得られた弱毒株であり，病原性株とのゲノム配列の比較から肺組織侵入能などに関わる RD1 と呼ばれる染色体領域が欠損していることが判明している。一方，アクリフラビン色素耐性の豚丹毒生ワクチン小金井 65-0.15 株は，染色体の広範な領域における様々な塩基の挿入・欠失などの突然変異が確認されているが，どの変異が毒力の低下を引き起こしたのかは不明である。したがって，本株の使用は毒力復帰の観点から注意が必要である。なお，これらの一塩基多型 single nucleotide polymorphism（SNP）は小金井 65-0.15 株の遺伝子マーカーとして豚丹毒の疫学解析に利用されている。

2）不活化ワクチン

国内では，**トキソイドを含む多くの不活化ワクチン**が，細菌感染症に対して実用化されている。豚丹毒不活化ワクチンは生ワクチンと併用される。豚大腸菌性下痢症ワクチンは，母動物にワクチンを接種する**乳汁免疫**タイプである。牛乳房炎ワクチンは，黄色ブドウ球菌および大腸菌の感染に対して用意されている。クロストリジウム属菌を病原とする気腫疽，破傷風，悪性水腫，ボツリヌス症に対するトキソイドワクチンが生産動物で使われている。豚胸膜肺炎の不活化ワクチンとして，アクチノバシラス・プルロニューモニエの遺伝子組換え型（大腸菌発現）の無毒変異型 App 毒素が利用されている。

B. 国内外で承認されているウイルス感染症のワクチン

国内で承認されているウイルス感染症のワクチンと，海外で承認されているその他の主なワクチンを動物種ごとに示した（表 14-4）。弱毒**生ワクチン**や**サブユニットワクチン**もあるが，60% 近くが通常の**不活化ワクチン**である。より実用的である**多価混合ワクチン**化の傾向が高くなっている。

1）従来型ワクチン

牛ロタウイルス感染症，牛コロナウイルス感染症，豚伝染性胃腸炎，および豚流行性下痢などのワクチンは，母動物にワクチンを接種することで新生動物に受動的に免疫（移行抗体）を賦与する乳汁免疫タイプである。鶏のマレック病の予防には，抗原性が類似する七面鳥ヘルペスウイルスを**異種ワクチン**として用いている。また，牛伝染性鼻気管炎や牛パラインフルエンザウイルス 3 型による呼吸器疾患には，**温度感受性株**を用いた生ワクチンが用いられている。低温条件で連続継代することで作出されたこれらの変異株は，体温の低い上部気道（鼻粘膜）では増殖できるが，深部体温（肺）では増殖しない弱毒株である。鼻粘膜への接種により短時間で非特異的な**自然免疫**（インターフェロン）が誘導されるとともに，分泌型 IgA 抗体などの特異的な**局所免疫**が効果的に誘導されるため，感染防御レベルの高いワクチン効果が期待できる。

2）遺伝子組換え型ワクチン

遺伝子組換え技術により作出された糖蛋白質欠損ウイルスが，それぞれオーエスキー病（gI 欠損豚ヘルペスウイルス 1 型）と馬鼻肺炎（gE 欠損馬ヘルペスウイルス 1 型）の弱毒生ワクチンとして用いられている。また，バキュロウイルス系を用いて昆虫細胞で発現させた豚サーコウイルス 2 型のカプシド蛋白質が，サブユニットワクチンとして市販されている。

ベクターワクチンの開発が海外で進んでおり，例えば，様々な動物種で免疫を誘導できるカナリア痘ウイルスをプラットフォーム（基盤）とするベクターワクチンが，猫白血病，狂犬病，馬のウエストナイルウイルス感染症などに対して開発されている。この猫白血病ベクターワクチンは国内でも使われている。また，ベクターワクチンは省力化が可能であり，海外の家禽産業では，ヘルペ

表 14-4　国内外で承認されているウイルス感染症のワクチン

	国内で承認されているワクチン	海外で承認されているその他の主なワクチン
牛	牛疫（生） アカバネ病（生，不活化） 牛コロナウイルス病（不活化） 牛流行熱（生，不活化） チュウザン病（不活化） イバラキ病（生，不活化） 牛伝染性鼻気管炎（生，不活化） 牛のパラインフルエンザ（3型）（生，不活化） 牛ウイルス性下痢（生，不活化） 牛アデノウイルス（7型）（生） 牛RSウイルス病（生，不活化） 牛アイノウイルス感染症（不活化） 牛ロタウイルス感染症（不活化） ピートンウイルス感染症（不活化）	口蹄疫（不活化） シュマレーンベルグウイルス感染症（不活化） ブルータング（生，不活化） リフトバレー熱（生，不活化） ランピースキン病（生）
馬	馬インフルエンザ（H3N8）（不活化） 馬鼻肺炎（1型）（生，不活化） 馬ウイルス性動脈炎（不活化） ゲタウイルス感染症（不活化） 日本脳炎（不活化） ウエストナイルウイルス感染症（不活化） 馬ロタウイルス病（不活化）	アフリカ馬疫（多価）（生，不活化） 東部，西部，ベネズエラ馬脳炎（不活化） 馬鼻肺炎（4型）（不活化） ヘンドラウイルス感染症（不活化） ウエストナイルウイルス感染症（カナリア痘組換え　生） 馬インフルエンザ（H3）（カナリア痘組換え　生） 馬ウイルス性動脈炎（生）
豚	オーエスキー病（生） 豚熱（生） 日本脳炎（生，不活化） 豚伝染性胃腸炎（生，不活化） 豚流行性下痢（生） 豚インフルエンザ（H1N1，H3N2）（不活化） 豚パルボウイルス病（生，不活化） 豚ゲタウイルス病（生） 豚繁殖・呼吸障害症候群（生，不活化） 豚サーコウイルス感染症（2型）（不活化）	口蹄疫（不活化） 豚ロタウイルス感染症（生）
羊と山羊	なし	ブルータング（不活化） 伝染性膿疱性皮膚炎（生） シュマーレンベルクウイルス感染症（不活化） 口蹄疫（不活化） リフトバレー熱（生，不活化） 跳躍病（不活化）
家禽	高病原性鳥インフルエンザ 　（H5N1，H5N2，H5N9，H7N7）（不活化） 鶏脳脊髄炎（生） 鶏レオウイルス感染症（生，不活化） 産卵低下症候群-1976（不活化） 鶏痘（生） 伝染性気管支炎（生，不活化） 伝染性ファブリキウス嚢病（生，不活化），（七面鳥ヘルペスウイルス組換え　生） 伝染性喉頭気管炎（生） マレック病（1，2型，七面鳥ヘルペスウイルス）（生） ニューカッスル病（生，不活化） 鳥ニューモウイルス感染症（生，不活化） 鶏貧血ウイルス感染症（生）	高病原性鳥インフルエンザ 　（H5）（鶏痘組換え　生，七面鳥ヘルペスウイルス組換え　生，ニューカッスル病組換え　生） 　（H5N1，H5N2，H5N3，H5N9，H7N1，H7N2，H7N9）（不活化）（H5）（DNA） あひる肝炎（生） あひるウイルス性腸炎（生） 七面鳥の出血腸炎（生）

（つづく）

表 14-4 国内外で承認されているウイルス感染症のワクチン（つづき）

	国内で承認されているワクチン	海外で承認されているその他の主なワクチン
犬	犬ジステンパー（生） 犬アデノウイルス感染症（2型）（生，不活化） 犬パラインフルエンザ（生，不活化） 犬パルボウイルス感染症（2型）（生） 犬コロナウイルス感染症（不活化） 狂犬病（不活化）	犬ヘルペスウイルス感染症（不活化） 犬インフルエンザ（H3N2，H3N8）（不活化） 犬ジステンパー（カナリア痘組換え 生） 狂犬病（カナリア痘組換え 生） 狂犬病（ワクチニア組換え 生）
猫	猫カリシウイルス病（生，不活化） 猫ウイルス性鼻気管炎（生，不活化） 猫汎白血球減少症（生，不活化） 猫白血病ウイルス感染症（カナリア痘組換え 生），（不活化） 猫免疫不全ウイルス感染症（不活化） 狂犬病（不活化）	猫伝染性腹膜炎（生） 狂犬病（カナリア痘組換え 生）
フェレット	なし	狂犬病（不活化） 犬ジステンパー（カナリア痘組換え 生）
ミンク	なし	ミンクウイルス性腸炎（不活化） 犬ジステンパー（生）
野生動物	イノシシ：豚熱（生）*	キツネ，アライグマ：狂犬病（生）
魚類	イリドウイルス感染症（不活化） ウイルス性神経壊死症（不活化）	伝染性造血器壊死症（DNA） 伝染性サケ貧血（不活化）

主な出典：農林水産省動物医薬品検査所，米国農務省，欧州医薬品庁 のウェブサイト。
サブユニットワクチンは「不活化」に分類。
*イノシシ用経口豚熱ワクチンは，未承認。「医薬品、医療機器等の品質、有効性及び安全性の確保等に関する法律」に基づいて国が輸入し，防疫上必要なものとして「家畜伝染病予防法」第50条に基づき使用されている。

スウイルスベクターを利用したニューカッスル病ワクチン，伝染性ファブリキウス嚢病ワクチン，鳥インフルエンザワクチンなどが実用化されている。七面鳥ヘルペスウイルスのゲノムに伝染性ファブリキウス嚢病ウイルスVP2遺伝子を組み込んだ鶏用ワクチンは，輸入され国内でも市販されている。

病原体の核酸を用いた**DNAワクチン**は，感染防御に関わる抗原遺伝子を組み込んだプラスミドを接種することで生体に抗原が発現されるようにしたもので，馬のウエストナイルウイルス感染症ワクチン，サケの伝染性造血器壊死症ワクチンなど獣医学領域においては早い段階から実用化されている。

C. 次世代ワクチンの開発

動物用のワクチンは，安全性と有効性に加え省力型ワクチンの開発が強く求められる。例えば，獣医学領域においても**mRNAワクチン**など新しいモダリティーによるワクチンの開発が期待されているが，その目的あるいは費用対効果などの点を考慮した開発計画が要求される。産業動物分野では，**DIVAワクチン**の利用が国家防疫の観点から重要であり，これらのニーズを満たしたワクチン開発が必要である。

新しい細菌感染症の生ワクチンの開発には，弱毒化の分子機構を基にした理論的な作製が必要である。その前提となる病原性遺伝子の同定法の1つとして，転移遺伝子（**トランスポゾン**）を利用した変異誘導法 transposon mutagenesis がある。トランスポゾンが染色体上にランダム挿入された変異体を1つ1つ動物に接種し，病原性の変化を調べることにより病原性遺伝子の同定が可能である（トランスポゾンタギング transposon tagging）。一方，トランスポゾンなどの標識DNA（タグ）をゲノム上の様々な箇所にもつ変異株の集団をまとめて動物に接種した後，宿主体内から回収できる株と人工培地で増やした接種前

の菌とを比較することで，動物の体内で増殖できない変異株を特定し，タグを指標として病原性遺伝子を特定することができる（signature-tagged mutagenesis 法）。また，感染に重要な病原因子として，動物の体内でのみ発現が増強される病原性遺伝子や発現プロモーターを同定できる in vivo expression technology（IVET）法も，サルモネラなどの細菌で利用されている。

　次世代シークエンス技術の発達により，病原体の全ゲノム配列が迅速に決定されウェブサイトに公開されている。これらの情報は，培養が不能あるいは困難な微生物の遺伝子・抗原解析に活用できる。ゲノム情報を利用した in silico 解析によるワクチン開発手法は**リバースワクチノロジー** reverse vaccinology と呼ばれ，新しいワクチンの開発に貢献している。近年では，標的とする遺伝子を任意に改変できるゲノム編集技術が開発され，真核生物を含めたゲノム改変に用いられている。これは，ファージなどの外来 DNA に対する細菌の獲得免疫機構 CRISPR（clustered regularly interspaced short palindromic repeats）-Cas（CRISPR-associated protein），すなわち，ヌクレアーゼ（核酸分解酵素）が標的とする DNA と相補的に結合する RNA（ガイド鎖 RNA）と複合体を形成後に標的 DNA を特異的に切断することを利用した技術であり，化膿レンサ球菌 *Streptococcus pyogenes* の Cas9 ヌクレアーゼなどを利用した **CRISPR-Cas システム**が広く用いられている。ゲノム編集技術は，ウイルスや細菌の弱毒化に必要な遺伝子変異の導入や外来配列の挿入を容易にする手法としてワクチン開発研究への利用が期待される。

索 引

(太字はキーワードを示す)

A

abortive infection　234
acquired immunity　255
Actinobacillus　112
activator　59
acute infection　249
adaptive immunity　79
adenoviral gizzard erosion　265
adenovirus　260
adherence　71
aerobe　25
Aeromonas hydrophila　105
Aeromonas sobria　105
Aeromonas　105
African horse sickness　318
African swine fever　290
AI　63
Aino virus infection　399
Akabane disease　398
Aleutian mink disease virus　294
ambisense　212
Amdoparvovirus　294
American foulbrood　160
anaerobe　25
anamorph　424
anaplasmosis　192
anellovirus　304
antigenic mutant　240
antimicrobial resistance bacteria　459
antimicrobial spectrum　456
antitoxin　6
Aphthovirus　325
apoptosis　233, 248
aporepressor　61
apparent infection　249
appropriate use　460
arbovirus　216
arterivirus　360
Artiparvovirus　294
Asfaviridae　288
Asfivirus　288
astrovirus　332
atrophic rhinitis　109, 122
attachment　68, 71
attenuation　61
Aujeszky's disease　282
autoinducer　63
Aveparvovirus　294
avian infectious bronchitis　356
avian infectious laryngotracheitis　282
avian influenza　393
avian tuberculosis　177

B

bacillary dysentery　89
bacillus　16
Bacillus anthracis　157
Bacillus cereus　157
bacterial hemorrhagic ascites　115
bacterial kidney disease　185
Bacteroides fragilis　129
Bartonella henselae　128
Bartonella quintana　128
Bavovirus　328
BCG　175
beak and feather disease　304
Behring　6
Beijerinck MW　7
Bifidobacterium　183
binary fission　28
biofilm　114
biotype　15
birnavirus　319
blackleg　162
bluetongue　318
Bocaparvovirus　298
Bordetella bronchiseptica　121
Borna disease　386
borreliosis　145
botulinum　164
bovine campylobacteriosis　138
bovine coronavirus　356
bovine ephemeral fever　380
bovine papular stomatitis　287
bovine parainfluenza　371
bovine respiratory disease complex　109
bovine RS virus infection　372
bovine spongiform encephalopathy　416
bovine viral diarrhea　344
BRDC　109
BRDC　199
brucellosis　126
BSE　416
Bunyaviricetes　395
Burkholderia mallei　119
Burkholderia pseudomallei　119
B virus infection　282

C

calicivirus　328
Campylobacter coli　138, 139
Campylobacter fetus　137, 138
Campylobacter jejuni　138, 139
Campylobacter　137
canine coronavirus infection　357
canine distemper　371
canine herpesvirus infection　282
canine parainfluenza virus infection　371
capsid　209
capsomere　209
capsule　21, 84
catabolite repression　61
cat scratch disease　128
cellular immunity　256
cell wall　18, 426
Chaphamaparvovirus　298
chikungunya fever　348
chitin　426
Chlamydiifrater　200
chlamydospore　428
cholera toxin　103
chromosome　40
chronic infection　250
chronic wasting disease　417
Chuzan disease　318
Circovirus porcine 2　302
classical swine fever　343
Clostridium botulinum　160, 163
Clostridium chauvoei　160
Clostridium perfringens　160
Clostridium tetani　160
coagulase　152
coccus　15
colibacillosis　87
colonization　68, 71
columnaris disease　133
competent cell　53
complementation　236
conidium　427
conjugation　51
conjugative　42
contact inhibition　226
contagious caprine pleuropneumonia　199
contagious equine metritis　124
Copiparvovirus　298
core　209
corepressor　61
coronavirus　352
Corynebacterium ulcerans　173
COVID-19　352
COVID-19　357
cowpox　286
CPE　227, 229
Crimea-Congo hemorrhagic fever　399
CRISPR-Cas　46, 49
culture medium　26
Cutibacterium acnes　185
Cutibacterium　185
CWD　417
cytolytic infection　233
cytopathic effect　227
cytoplasm　20

D

dead-end host　248
defective interfering particle　235

deletion 54, 239
dengue fever 342
dengue hemorrhagic fever 342
Densovirinae 294
Dependoparvovirus 298
dermatophilosis 183
Dermatophilus 182
dermonecrotic toxin 122
diarrhea virus 216
dimorphic fungus 428
DNA 208
drug resistance mutant 241
dryland distemper 173

E

E6 271
E7 271
EAEC 85
eastern equine encephalitis 348
EBL 415
eclipse period 208, 230
ectromeria virus 288
edema disease 88
Edwardsiella 99
EF 157
egg drop syndrome-1976 266
Ehrlich 6
EID$_{50}$ 229
EIEC 86, 89
electroporation 53
elementary body 202
Ellioviriales 395
encephalitis virus 216
endogenous retrovirus 409
endospore 22
enhancement 235
enteric virus 216
enteroaggregative *Escherichia coli* 85
Enterobacterales 82
Enterococcus cecorum 150
Enterococcus 149
enterohemorrhagic *Escherichia coli* 85
enteroinvasive *Escherichia coli* 86
enterotoxemia 163
Enterovirus 325
envelope 211
enzootic abortion of ewes 204
enzootic hematuria 273
EPEC 85
equine encephalosis 318
equine paratyphoid 93
equine rhinopneumonitis 281
equine viral arteritis 363
Erysipelothrix 167
Erythroparvovirus 298
Escherichia coli 84
established cell line 226
ET 158
European foulbrood 151
evolution 241
exudative epidermitis 155

F

facultative anaerobe 25
fecal-oral infection 245
feline infectious peritonitis 356
feline viral rhinotracheitis 282
FFU 229
fibrosarcoma 475
fimbria 21
fixed virus 375
flagellum 21
flavivirus 338
focus-forming unit 229
foot-and-mouth disease 327
foot rot 118
fowl cholera 109
fowlpox 288
fowl typhoid 94
frameshift mutation 54
Fusobacterium necrophorum 136

G

gangrenous dermatitis 163
generation time 28
genetic reactivation 234
genetic reassortment 240
genetic recombination 239
genome 40
genomic island 44
genotype 15
getah virus infection 348
giant virus 208
glanders 119
Glasser's disease 110
global regulatory system 61
glycolysis 32
goat pox 288
Griffith F 53
growth curve 28
guanosine pentaphosphate 64
guanosine tetraphosphate 64

H

Hafniaceae 82
Hamaparvovirinae 294
Hantaviridae 395
hantavirus pulmonary syndrome 399
Hareavirales 395, 400
Haverhill fever 137
heat-labile enterotoxin 85
heat shock protein 63
heat-stable enterotoxin 85
helical symmetry 209
Helicobacter pylori 139
helper virus 237
hemadsorption 228
Hemoplasma 194
hemorrhagic enteritis of turkeys 266
hemorrhagic fever with renal syndrome 399
hemorrhagic pneumonia 114
hemorrhagic septicemia 109

Hendra virus infection 370
hepadnavirus 307
hepatitis B virus 307
hepatitis C 345
hepatitis delta virus 394
Hepeliviriales 349
hepevirus 350
herpesvirus 274
heterotroph 24
high pathogenicity avian influenza 391
hirame rhabdovirus disease 380
horizontal infection 245
horizontal transmission 245
horse pox 288
host adaptive mutant 240
humoral immunity 256
hydropericardium syndrome 265

I

Ibaraki disease 318
Ichtchaphamaparvovirus 298
icosahedral symmetry 209
ICTV 213
immune tolerance 250
inapparent infection 249
inclusion body 200, 228
inclusion body hepatitis of chickens 265
incompatibility 42
induced mutation 238
inducer 61
infectious bovine rhinotracheitis 280
infectious bursal disease 322
infectious canine hepatitis 265
infectious canine laryngotracheitis 265
infectious coryza 111
infectious hematopoietic necrosis 380
infectious pancreatic necrosis 323
infectious thromboembolic meningoencephalitis 111
innate immunity 255
insertion 54, 239
insertional inactivation 57
insertion sequence 55
integrase 42
integration 233
integron 42, 57
interferon 234
interferon-stimulated gene 235
intergenic suppression 55
International Committee on Taxonomy of Viruses 213
intestinal spirochetosis 143
intracellular parasitism 73
intragenic suppression 55
intrinsic resistance 459
invasiveness 70
iridovirus 291
IS 55

isolation 26
Ivanovsky D 7

J
Jenner E 7

K
kennel cough 265
Klebsiella 100
Koch R 4
koi herpesvirus disease 283
kolmiovirus 394
Kyasanur Forest disease 343

L
lactate dehydrogenase-elevating virus infection 363
Lactic acid bacteria 170
Lactobacillus 170
Lactococcus garvieae 156
Lagovirus 328
latent infection 251
latent period 230, 248
Lawsonia intracellularis 140
LD$_{50}$ 229
LF 157
lipopolysaccharide 19
liquid medium 26
Listeria 165
listeriosis 166
long terminal repeat 411
Loriparvovirus 298
low pathogenic avian influenza 393
LPS 19
LPS 74, 84
LT 85
LT 157
LTR 252, 411
lumpy skin disease 287

M
MAC 176
macrophage 73
maedi-visna 415
malignant catarrhal fever 280
manifestation of symptom 68
mannan 426
Marek's disease 282
mastitis 87, 173
MBC 461
melioidosis 120
Melissococcus plutonius 150
Melissococcus 150
MERS 352
MERS 357
MGEs 44
MIC 459
microaerophile 25
microbial substitution 462
Microsporum canis 433
Microsporum gallinae 435
Microsporum 432
Minovirus 328

mobile genetic elements 44
mobilizable 42
mobilization 42
monolayer culture 226
Morganella 102
mouse hepatitis virus infection 357
Mpox 286
multiplication 68
murine leukemia 414
murine sarcoma 414
mutant 238
mycelium 186
mycobacterial infection in swine 178
Mycobacterium avium complex 176
Mycobacterium avium subsp. *paratuberculosis* 176
Mycobacterium bovis 174
Mycobacterium tuberculosis 174
mycoplasmal pneumonia 199

N
Nacovirus 328
Nairobi sheep disease 399
Nairoviridae 395
Nannizzia gypsea 434
Nannizzia incurvata 434
natural host 240, 248
natural transformation 53
Nebovirus 328
necrosis 233, 248
Negri body 378
Neisseria gonorrhoeae 124
Neisseria meningitidis 124
neutralization escape mutant 240
Nidovirales 352
Nipah virus infection 371
Nocardia 180
nodavirus 335
nonsense mutation 54
non-synonymous mutation 239
nontuberculous mycobacteria 174
normal flora 462
Norovirus 328
nucleocapsid 209
nucleoid 20, 41

O
Omsk hemorrhagic fever 343
oncogene 411
oncogenic virus 216
one-step growth curve 230
operator 59
operon 58
opportunistic infection 114, 249
ORF 57
Orthoherpesviridae 275
orthomyxovirus 387

P
p53 271
PA 157
Paenibacillus larvae 151

PAI 44
pantropic virus 216
papillomavirus 268
Parvoviridae 294
Parvovirinae 294
parvovirus 294
Pasteurella multocida 122
pasteurization 4
Pasteur L 4
Pasteur L 7
pathogenicity 69, 248
pathogenicity island 44
PBP2' 155
PCR 8
PCVAD 303
peplomer 211
Peribunyaviridae 395
periplasmic flagellum 141
periplasmic space 19
persistent infection 250
persistent lymphocytosis 415
peste des petits ruminants 371
PFU 229
phagetype 15
phase variation 54
phenotypic mixing 237
Phenuiviridae 400
picobirnavirus 323
Picornaviridae 324
picornavirus 324
Pigeon fever 173
pilus 84
plague 96
plaque-forming unit 229
plasmid 40
PMWS 303
pneumonia virus of mice 372
pock 226
point mutation 54, 238
polar effect 57
polyomavirus 266
porcine circovirus associated disease 303
porcine cytomegalovirus infection 282
porcine epidemic diarrhea 356
porcine reproductive and respiratory syndrome 363
Porphyromonas gingivalis 130
Porphyromonas gulae 130
postweaning multisystemic wasting syndrome 303
poxvirus 283
ppGpp 64
pppGpp 64
pRB 271
PRDC 199
prion 416
probiotics 170
proliferation 71
promoter 57
proof-reading activity 238
prophage 51

proteinaceous infectious particle　416
Proteus　101
Protoparvovirus　298
proventricular dilatation disease　387
provirus　409
prudent use　460
Pseudomonas aeruginosa　113
Pseudomonas anguilliseptica　114
Pseudomonas plecoglossicida　115
Pseudomonas　113
pseudotyped virus　237
psittacosis　204
pullorum disease　94
pure culture　4, 26
pyelonephritis　172

Q

Q fever　186
quasispecies　238
quorum sensing　63

R

rabbit hemorrhagic disease　332
rabbit myxomatosis　288
rabies　379
raft culture　271
receptor　231
receptor interference　235
Recovirus　328
recurrent infections　250
red spot disease　115
regulator　59
regulatory gene　57
regulon　61
Renibacterium　184
Reovirales　310
repressor　59
reservoir　248
respiratory virus　216
response regulator　63
reticulate body　202
retrovirus　408
reverse transcriptase　408
rhabdovirus　372
Rhodococcus　181
riboswitch　65
Rift Valley fever　403
rinderpest　371
RNA　208
Rocky mountain spotted fever　190
rotavirus infection　318
R plasmid　42
rubella virus　349

S

Salmonella enterica　90
salmonellosis　93
salmonellosis in chickens　94
Salovirus　328
Sandeparvovirus　298
Sapovirus　328
sarcoid　273

SARS　352
SARS　357
SBL　415
SD sequence　58
Sedoreoviridae　311
selective toxicity　456, 463
self-transmissible　42
Sendai virus infection　371
Senecavirus　325
sensor kinase　63
serotype　15
serovar　84, 90
Serratia　102
SFTS　404
sheep pox　288
Shiga toxin-producing *Escherichia coli*　85
Shigella　85, 89
Shine and Dalgarno sequence　58
shipping fever　109
silent mutation　54
simian hemorrhagic fever　364
slow infection　251
small cell variants　187
small RNA　65
solid medium　26
South American hemorrhagic fever　408
species　12
SPI-1　92
SPI-2　92
Spinareoviridae　311
spirillum　16
Spirillum mimus　140
spontaneous mutation　54
sporangiospore　427
sporangium　427
spore　22, 427
sporophore　427
squamous cell carcinoma　274
sRNA　65
ST　85
staggering disease　350
STEC　85, 90
sterility assurance level　446
strangles　148
street virus　375
Streptobacillus moniliformis　141
streptococcosis in swine　148
Streptococcus agalactiae　146
Streptococcus dysgalactiae subsp. *dysgalactiae*　148
Streptococcus dysgalactiae subsp. *equisimilis*　148
Streptococcus equi* subsp. *equi　148
Streptococcus equi subsp. *zooepidemicus*　148
Streptococcus iniae　149
Streptococcus parauberis　149
Streptococcus pneumoniae　146
Streptococcus pyogenes　146
Streptococcus suis　146
Streptococcus　146

Streptococcus uberis　148
Streptomyces　186
structural gene　57
substitution　54
sulfonamide　456
sulfur granule　179
supercoil　41
suppressor mutation　55
suspension culture　227
swine dysentery　143
swine erysipelas　168
swine influenza　393
swine pleuropneumonia　113
swine vesicular disease　327
synonymous mutation　238

T

T3SS　36, 84, 85, 96
T3SS1　92, 104
T3SS2　92, 104
Tax　254
Taylorella equigenitalis　123
TCID$_{50}$　229
TDH　104
teleomorph　424
temperature-sensitive mutant　475
terminator　58
Tetraparvovirus　298
tick-borne encephalitis　343
TLRs　256
Tn　55
togavirus　345
tolerability　475
Toll-like receptor　256
torque teno virus　305
transcapsidation　237
transduction　52
transformation　53, 228
transmissible gastroenteritis　355
transmissible mink encephalopathy　421
transmissible spongiform encephalopathy　416
transposon　55
Tremovirus　325
trench fever　128
TRH　104
Trichophyton benhamiae　435
Trichophyton equinum　435
Trichophyton erinacei　435
Trichophyton mentagrophytes　434
Trichophyton verrucosum　435
Trichophyton　432
tuberculosis　176
tularemia　116
two-component regulatory system　63
type 3 secretion system　84
type 6 secretion system　117

U

ureteritis　172

V

vaccination 472
vaccine 472
Valovirus 328
VBNC 29
vector 248
Venezuelan equine encephalitis 348
Verotoxin 85
vertical infection 246
vertical transmission 245
vesicular exanthema of swine 331
vesicular stomatitis 379
Vesivirus 328
viable but non-culturable 29
Vibrio alginolyticus 103
Vibrio cholerae 103
Vibrio fluvialis 103
Vibrio furnissii 104
Vibrio ordali 104
Vibrio parahaemolyticus 103
vibriosis 104
Vibrio vulnificus 104
viral hemorrhagic septicemia 380
viremia 246
virion 209
virulence 69, 248
virulence factor 69
VLP 270
VNC 29
VRE 150

W

weak calf syndrome 265
western equine encephalitis 348
wooden-tongue 112

Y

Yersiniaceae 82
Yersinia enterocolitica 95
Yersinia pestis 95
Yersinia pseudotuberculosis 95
Yersinia ruckeri 95
Yersinia 94
yersiniosis 98

Z

zoospore 427
zygomycetes 425

あ

アーチパルボウイルス属 294
R プラスミド 42
RNA 遺伝子の塩基配列 12
RNA ウイルス 214
RNA 腫瘍ウイルス 252
rRNA 遺伝子の塩基配列 12
アイノウイルス感染症 399
アエロコッカス属 156
アカバネ病 398
悪性カタル熱 280
悪性水腫 162
アクセサリー遺伝子 45
アクチノバチルス属 112
アクチノマイセス属 178
アクチベーター 59
アクネ菌 185
アクリノール 454
アコレプラズマ目 194
アジュバント 473, 474
アスコリテスト 159
アステロールプラズマ 195
アストロウイルス 332
アスファウイルス 288
アスファウイルス科 288
アスフィウイルス 288
アスペルギルス 436
アゾール系抗真菌薬 431
アデノウイルス 251, 260
アデノウイルス性筋胃びらん 265
アデノ随伴ウイルス 300
アドヘジン 71
穴あき病 106
アナエロプラズマ 195
アナエロプラズマ目 194
アナフィラキシーショック 463, 473, 475
アナプラズマ 190
アナプラズマ症 192
アナモルフ 424
アネロウイルス 304, 305
あひるウイルス性肝炎 335
アヒル B 型肝炎ウイルス感染症 310
アフトウイルス属 325
アフラトキシン 442
アフリカ馬疫 318
アフリカ豚熱 289
アベパルボウイルス属 294
アポトーシス 227, 233, 248
アポトーシス誘導阻害 252
アポリプレッサー 61
雨傘状 165
アミノグリコシド系抗菌薬 458
アムドパルボウイルス属 294
アムホテリシン B 431
アメリカ腐蛆病 151
アメリカ腐蛆病 160
アリューシャンミンク病ウイルス 294, 301
アリルアミン系抗真菌薬 431
アルコール類 451
アルデヒド類 453
アルテリウイルス 360
アルボウイルス 216
アレウリオ型分生子 427
アレナウイルス 404
アレルギー反応 463
暗黒期 208, 230
暗視野顕微鏡 142
アンチゲノム 386
アンチセンス RNA 65
アンビ鎖 400
アンビ鎖 405, 407
アンビセンス 212

い

E 型肝炎ウイルス 350, 351
イエネコ肝炎ウイルス感染症 310
硫黄顆粒 179
異化 29
胃潰瘍 140
胃がん 140
生きているが培養できない状態の菌 29
イクトチャプハマパルボウイルス属 298
医原性感染 245
移行抗体 473
萎縮 227
萎縮性鼻炎 109
異種ワクチン 477
異常型プリオン蛋白質 416
1 段増殖 47
1 段増殖曲線 230
1 本鎖 DNA ウイルス 214
1 本鎖 DNA ゲノム 294
1 本鎖 RNA ゲノム 400, 409
遺伝型 15
遺伝子型 15
遺伝子間サプレッション 55
遺伝子組換え 239
遺伝子再活性化 234
遺伝子再集合 240, 311, 321, 388
遺伝子治療 49
遺伝子内サプレッション 55
遺伝子変異 238
イトラコナゾール 431
犬口腔内乳頭腫 272
犬コロナウイルス感染症 357
犬ジステンパー 371
犬小胞子菌 433
犬伝染性肝炎 265
犬伝染性喉頭気管炎 265
犬・猫のウイルス 217
犬パラインフルエンザウイルス感染症 371
犬パルボウイルス 1 300
犬パルボウイルス 2 300

犬微小ウイルス　300
犬ヘルペスウイルス感染症　282
易熱性エンテロトキシン　85
イバラキ病　318
イリドウイルス　291
飲作用　247
インターフェロン　234, 235, 255, 467
インターフェロン-γ遊離検査　178
インターフェロン誘導遺伝子　235
インテグラーゼ　42
インテグラーゼ　411
インテグレーション　233
インテグレーション　271
インテグレート　47
インテグロン　42
インテグロン　57
インデューサー　61
院内感染　150
インフルエンザウイルス　465
インフルエンザ様　187

う

ウイルス感染価　229
ウイルス血症　246
ウイルス性関節炎／腱鞘炎　317
ウイルス性出血性敗血症　380
ウイルス性神経壊死症　337
ウイルス増殖の指標　226
ウイルスの濃縮と精製　227
ウイルスの不活化　212
ウイルス粒子　208
ウイロイド　9
ウエストナイル熱　342
ウエストナイル脳炎　342
兎出血病　332
兎粘液腫　288
牛　183
牛RSウイルス感染症　372
牛ウイルス性下痢　344
牛海綿状脳症　416
牛海綿状脳症　420
牛カンピロバクター症　138
牛丘疹性口内炎　287
牛呼吸器病症候群　109
牛呼吸器病症候群　199, 371, 389
牛呼吸器複合病　199
牛コロナウイルス感染症　356
牛伝染性鼻気管炎　280
牛伝染性リンパ腫　415
牛パラインフルエンザ　371
牛鼻炎　328
牛ボツリヌス症　164
牛流行熱　380
ウッドチャック肝炎ウイルス感染症　310
馬インフルエンザ　389
馬ウイルス性動脈炎　363
馬伝染性子宮炎　123
馬伝染性貧血　415
馬脳炎　318
馬パラチフス　93
馬鼻炎　328

馬鼻肺炎　281
ウレアーゼ　112, 139, 171
ウレアプラズマ　194
雲絮状発育　157
運動性　21
運動性を示さない　183

え

衛星現象　110
H抗原　84
H5亜型　393
H7亜型　393
栄養素　24
栄養素　29
A-B毒素　77
Apx毒素　112
Aqx毒素　112
エールリヒア症　193
疫学　216
液性免疫　256, 472
液体培地　26
エキノキャンディン系　431
エクトロメリアウイルス　288
壊死　227, 233, 248
壊死桿菌症　137
壊死性腸炎　163
S期　294
SD配列　58
SPF動物　227
壊疽性皮膚炎　163
エタノール　451
エドワジエラ　99
N蛋白質　377
NK細胞　255
エバーメクチン　186
エフェクター蛋白質　36
エフェメロウイルス属　375
F抗原　84
F蛋白質　369
エペリスロゾーン　194
エボラ出血熱　383
M蛋白質　377
MHCクラスI　257
MHCクラスII　257
MHC拘束性　257
mRNAワクチン　479
エムポックス　286
鰓腐れ　133
エリオウイルス目　395
エリジペロスリックス属　167
エリスロパルボウイルス属　298
L型菌　137
L蛋白質　377
lacオペロン　59
エルゴステロール　425
エルシニア　94
エルシニア科　82
エルシニア症　98
エレクトロポレーション　53
エロモナス　105
円形化　227
炎症反応　79
塩水浴　132

円柱状　133
エンテロウイルス属　325
エンテロコッカス属　149
エンテロトキシン　153, 158
エンテロトキセミア　163
エンドサイトーシス　385
エンドトキシンショック　75
END法　235, 344
エンベロープ　211, 274, 278, 283, 288, 307, 338, 345, 349, 352, 358, 360, 364, 372, 381, 383, 388, 394, 395, 400, 405, 409
エンベロープ蛋白質　254
エンベロープの破壊　212

お

王冠様スパイク　352
王冠様スパイク蛋白質　358
オウム病　204
オウムボルナウイルス　387
オーエスキー病　282
大型細胞　187
大きさ（ウイルスの）　208
O抗原　84
オキシダーゼ陰性　82
小川培地　175
オキシダーゼ陰性　82
尾腐れ　132〜134
オペレーター　59
オペロン　58
オムスク出血熱　343
オルトコロナウイルス亜科　352
オルトヘルペスウイルス　252
オルトヘルペスウイルス科　274
オルトミクソウイルス　387
オルニソバクテリウム属　134
温度感受性株　475, 477

か

回帰感染　250
回帰熱　415
回帰発症　274
海産魚の滑走細菌症　133
開始コドン　57
街上毒　375
海水サイトファーガ寒天培地　133
解糖　32
外膜　30
火炎滅菌　446
化学的作用　212
化学的消毒法　450
家きんコレラ　109
家きんサルモネラ症　94
家きんチフス　94
核細胞質性大型DNAウイルスグループ　283
核酸　208, 211
核酸　212
核酸合成阻害薬　458
核酸の損傷　212
核酸類似体系薬剤　466
獲得免疫　255, 256

核内　228
学名　12, 14
核様体　20
核様体　41
過形成　271
過酢酸　454
過酸化水素ガスプラズマ滅菌　448
ガス産生　82
ガス法　446
カスポファンギン　431
仮性結核　98, 172
仮性結核菌　95
カタボライト抑制　61
カタラーゼ陽性　82
家畜伝染病予防法対象　223
ガチョウパルボウイルス　301
活性酸素　24
滑走運動　131, 133
滑走細菌症（海産魚の一）　133
滑走性　135
カップ状のくぼみ　328
可動遺伝因子　44
可動化　42
可動性プラスミド　42
神奈川現象　104
加熱法　446
化膿性気管支肺炎　182
カビ毒　429
痂皮を形成　183
株化細胞　226
カプシド　209
カプシド変換　237
カプソメア　209
芽胞　22, 157, 160
ガラクタン　197, 199
ガラクトマンナン　426
カラムナリス病　133
カリシウイルス　328
眼　245
がん遺伝子　252, 411
桿菌　16
間欠消毒　450
がん原遺伝子　253
カンジダ　437
間質性肺炎　363
感受性組織　245
環状1本鎖DNAゲノム　301, 304
干渉現象　234
干渉作用　234
環状2本鎖DNA　40
環状2本鎖DNAゲノム　266, 269
環状マイナス1本鎖RNAゲノム　394
感染経路　68
完全世代　424
完全溶血帯　115
乾熱滅菌　446
肝膿瘍　137
カンピロバクター属　137
カンピロバクター腸炎　139
ガンボロ病　322
がん抑制遺伝子　251
灌流法　454

き

気腫疽　162
基準株　15
機序　212
季節性インフルエンザ　391
北里柴三郎　5
気中菌糸　180, 186
キチン　426
基本再生産数　475
基本小体　200, 202
逆転写　233
逆転写酵素　8, 230
逆転写酵素　233, 307, 408
キャサヌル森林病　343
キャップ構造　317
キャップスナッチング　403
キャンディン系　431
CAMP因子　148
CAMPテスト　148, 165, 171
牛疫　371
9〜12分節　311
球菌　15
吸血昆虫　247
球状体　428
急性肝炎　351
急性感染　249
吸着　231
キューティバクテリウム属　185
牛痘　286
Q熱　186
牛肺疫　198
狂犬病　379
狂犬病ウイルス　375
恐水症　379
共生　241
莢膜　21, 84, 108, 112, 113, 119, 121, 123, 129, 157
莢膜　146
莢膜型　135
莢膜血清型　107
莢膜抗原型　107
魚・貝類のノカルジア症　181
局所感染　246
局所免疫　472, 477
極性効果　57
虚弱子牛症候群　265
巨大ウイルス　8
巨大ウイルス　208
魚類感染症　99
菌血症　168
菌交代現象　462
菌交代症　462
菌糸　428
菌糸体　186
菌集塊形成　133
菌体外酵素　74
菌体外毒素　152
菌体抗原型　107
菌分離　26

く

グアノシン四リン酸　64

グアノシン五リン酸　64
空気感染　245
偶発変異　54
空胞変性　420
クオラム・センシング　63
鎖状　15
口腐れ　133, 134
嘴羽毛病　304
クラミジア科　200
クラミジフレーター属　200
グラム陰性菌　19
グラム染色　17
グラム陽性菌　19
CRISPR-Casシステム　480
グリフィス　53
クリプトコックス　438
クリミア・コンゴ出血熱　399
グルクロノキシロマンナン　426
グレーサー病　110
クレブシエラ　100
クロイツフェルト・ヤコブ病　416
グローバル調節系　61
クロストリジウム属　160
クロラムフェニコール　458
クロルヘキシジン　453

け

経気道感染　68
経口感染　68
K抗原　84
経口ワクチン　344, 475
形質転換　8
形質転換　53, 228, 234
形質導入　49
形質導入　52
継代培養　4
鶏痘　288
経皮感染　69
ゲタウイルス感染症　348
血液凝固系　75
結核　176
結核菌群　174
欠陥干渉粒子　235
欠失　54, 239
血清型　15, 84, 86, 89, 90, 96, 104
血清型　146
血清抵抗性　74
血清療法　6
欠損型ウイルス　394
欠損性干渉粒子　388
結膜炎　204
ゲノム　40, 44
ゲノムアイランド　44
ゲノムサイズ　186
ゲノム編集　49
下痢症　332, 335
下痢症ウイルス　216
下痢性胃腸炎　324
限外濾過膜による濃縮　227
嫌気呼吸　33
嫌気性菌　25
嫌気培養　179

顕性感染　249
ケンネルコフ　265
顕微鏡　3

こ

コア　209
コア遺伝子　45
コアグラーゼ　152
コイヘルペスウイルス病　283
V因子　106, 110, 112, 113, 123
高圧蒸気滅菌　447
好塩菌　25, 104
後期遺伝子　231
好気性　184
好気性菌　25
後期蛋白質　231
抗菌スペクトル　456, 460
抗菌スペクトル　464
抗菌薬　456, 459
口腔内常在菌　135
口腔内乳頭腫　274
抗原性変異体　240
抗酸菌　174
抗酸性　174
抗酸性染色　17
高周波滅菌　447
抗真菌ポリエン抗真薬　458
高水準消毒薬　450
校正活性　238
抗生物質　456
構造遺伝子　57
酵素活性　229, 230
酵素毒素　76
口蹄疫　7, 327
抗毒素　6
広汎性ウイルス　216
高病原性鳥インフルエンザ　391, 393
酵母　426
合胞体　311, 315
子馬　182
厚膜胞子　428
コードファクター　171
小型細胞　187
呼吸器　245
呼吸器ウイルス　216
呼吸器徴候　363
呼吸器排出物　245, 247
呼吸器複合病
　牛-　199
　豚-　199
国際ウイルス分類委員会　213
国際原核生物命名規約　14
コクシジオイデス　442
黒色真菌　442
固形培地　26
50％組織培養感染量　229
50％致死量　229
50％発育鶏卵感染量　229
骨髄炎　155
コッホの4原則　5
固定毒　375

コピパルボウイルス属　298
コリスチン　458
コリプレッサー　61
ゴルジ空胞内出芽　395
ゴルジ体出芽　400
コルミオウイルス　394
コレラ菌　103
コレラ毒素　85, 103
コロナウイルス　352
コロナウイルス科　352
コロニー　4, 16
コンタギオン　3
コンピテント細胞　53

さ

サーコウイルス　301
細菌性鰓病　131
細菌性出血性腹水病　115
細菌性腎臓病　185
細菌性赤痢　89
細菌性冷水病　132
最終電子受容体　25
最小殺菌濃度　456
最小殺菌濃度　461
最小発育阻止濃度　456
最小発育阻止濃度　459
サイトファーガ寒天培地　131
細胞外エンベロープウイルス　284
細胞質　20
細胞質内　228
細胞質内封入体　408
細胞周期　251
細胞傷害　248
細胞性因子　78
細胞性免疫　256, 257, 472
細胞内寄生　73
細胞内寄生菌　29, 117, 126
細胞内寄生菌　175
細胞培養　8
細胞培養法　226
細胞壁　18, 426
細胞壁合成阻害薬　457
細胞変性効果　227
細胞膜　30
細胞溶解性感染　233
細胞レセプター　244
細網内皮症　414
サイレージ　166
サイレント変異　54
殺菌作用　462
サブゲノムRNA　349
サブユニットワクチン　472, 477
サプレッサー変異　55
サブロー・ブドウ糖寒天培地　428
サポウイルス感染症　332
サポウイルス属　328
サルコイド　272
サルコイド　273
サル出血熱　364
サルバルサン　6
サルファ剤　456
サルモネラ　90
サルモネラ症　93

サロウイルス属　328
酸化エチレンガス　448
3型分泌装置　84, 85, 92, 96, 104
産業動物のウイルス　217
斬壊熱　128
酸素呼吸　33
サンデパルボウイルス属　298
散布法　454
3分節　395, 400
サンミゲルアシカウイルス感染症　331
産卵低下症候群-1976　266

し

次亜塩素酸ナトリウム　452
シアル酸　391
C型肝炎　345
C型肝炎ウイルス　255
C型肝炎ウイルス　465
G蛋白質　377
紫外線法　450
志賀潔　6
志賀毒素　85, 90
志賀毒素産生性大腸菌　85, 90
趾間腐爛　118, 137
色素性局面　272, 274
子宮頸癌　272
σ因子　63
自己伝達性プラスミド　42
脂質　185, 211
子実体　425
糸状菌　426
システイン　117
自然形質転換　53
自然宿主　240, 248
自然宿主　405, 407
自然耐性　459
自然発生説　4
自然免疫　78, 255, 477
自然免疫応答　235
自然免疫応答　431
持続感染　234, 250
持続感染牛　344
七面鳥出血性腸炎　266
至適温度　25
至適増殖温度　184
至適卵齢　226
シデロフォア　30, 176
子嚢菌門　424
子嚢菌類　424
ジフテリア　173
ジフテリア毒素　172
シムカニア科　200
死滅期　28
弱抗酸性　180
煮沸消毒　449
種　12
X因子　106, 110, 123
10～12分節　317
集合　231
終止コドン　57
重症急性呼吸症候群　357

索　引

重症熱性血小板減少症候群　404
修飾　459
従属栄養生物　24
集団免疫　474
シュードタイプウイルス　237
シュードホンジエラ科　113
シュードモナス科　113
シュードモナス目　113
終末宿主　248
宿主　213
宿主域　244
宿主限定性　91
宿主適応性　91
宿主適応変異体　240
宿主範囲　351
縮毛状集落　157
樹根状　131，133
樹状細胞　255，257
受身免疫　474
出芽　233
出芽　426
出血　247
出血性敗血症　109
出血性病変　364
受動拡散　30
種苗　134
シュマレンベルクウイルス感染症　399
膿瘍　179
腫瘍ウイルス　272
腫瘍形成　249
腫瘍原性　261，268
腫瘍原性ウイルス　216
受容体干渉　235
シュワルツマン反応　75
準種　238
純培養　4，26
消化器　245
消化器排泄物　247
常在細菌叢　78
硝酸塩　82
照射法　446
消毒　449
漿尿膜接種　226
小反芻獣疫　371
上皮性乳頭腫　272
小分生子　428
ショープ乳頭腫　272
ショープ乳頭腫症　272
初期遺伝子　231，251
初期蛋白質　231
食菌抵抗性　74
食中毒　138，153，158，166
ジリスB型肝炎ウイルス感染症　310
腎盂腎炎　172
進化　241
真核生物　424
新型コロナウイルス　465
新型コロナウイルス感染症　357
真菌症　429
神経伝播　247
深在性皮膚真菌症　429
シンシチウム　311

人獣共通感染症　204
侵襲性　70
滲出性皮膚炎　183
滲出性表皮炎　155
腎症候性出血熱　399
浸漬法　454
慎重使用　460
侵入　72，231
侵入門戸　244
心膜水腫症候群　265
親和性組織　216

す

水素イオン濃度　25
垂直感染　69
垂直感染　245
垂直伝播　245
水分活性　25
水平感染　245
水平伝播　245
水疱性口内炎　379
スーパーコイル　41
スーパー抗原　154
スクレイピー　9
スクレイピー　419
スタフィロコッカス属　151
Straus反応　120
ストレプトコッカス属　146
ストレプトマイセス属　186
スピナレオウイルス科　311
スピロプラズマ　194
スピロヘータ　141
スプリビウイルス属　375
スポロトリックス　440

せ

制限酵素　46，49
静止期　28
清拭法　454
正常型プリオン蛋白質　417
正常細菌叢　462
生殖器腫瘍　272
性線毛　51
生体防御機構　77
正20面体対称型　209
正20面体ビリオン　260，266，269，292，294，301，304，311，319，323，325，328，332，335，350
西部馬脳炎　348
生物型　15
セキセイインコ雛病　268
脊椎動物ウイルス　214
赤点病　115
赤痢菌　86，89
世代時間　28
石灰　454
赤血球吸着現象　228
赤血球吸着現象　289
赤血球凝集活性　229，230
接合　51
接合菌類　425
接合性プラスミド　42，51

接合伝達　42
接合誘発　51
接種方法　226
接触感染　69
接触感染　245
接触阻止　226
節足動物　190
セドレオウイルス科　311
セネカウイルス属　325
セラチア　102
セレウス菌　157
セレウリド　158
前胃拡張症　387
線維性乳頭腫　271，272
線維肉腫　475
腺疫　148
センサー・キナーゼ　63
染色体　40
全身感染　246
全身感染型　91
全身性強毒猫カリシウイルス感染症　332
全身性真菌症　429
センダイウイルス感染症　371
選択毒性　456，463
潜伏感染　234，251，274
潜伏期　230，248
線毛　21，84，113，119，121，123，129，130，171

そ

双桿状　184
増強　235
増菌培地　27
増殖　68，71
増殖曲線　28
増殖性　213
増殖性腸炎　140
走性　31
相同組換え　51
挿入　54，239
挿入配列　55
挿入不活化　57
増幅動物　342
相変異　54
相補　236
側体　283
鼠咬熱（症）　137，140，141
組織培養　8

た

ターミネーター　58
耐塩菌　25
タイコ酸　19
代謝阻害薬　457
対数増殖期　28
大腸菌　84，89，91，101
大腸菌症　87
体内動態　459
耐熱性　154
耐熱性エンテロトキシン　85，95，104
耐熱性溶血毒　104

胎盤　246
対比染色　17
大分生子　428
第四級アンモニウム　453
第四級アンモニウム塩　453
大理石紋様　199
唾液腺涙腺炎　357
多核巨細胞形成　227
多価混合ワクチン　477
多形性　137, 183
竹節状　157
多剤耐性アシネトバクター　116
多剤併用療法　466
脱殻　231
ダニ媒介性脳炎　343
タバコモザイク病　7
卵形ビリオン　283
弾丸状ビリオン　372
担子菌門　424
担子菌類　424
炭水化物　212
単染色　17
単層培養　226
炭疽菌　157
蛋白質　208, 211
蛋白質合成阻害薬　458
蛋白質性感染因子　416
蛋白質毒素　74, 76
蛋白質の変性　212
蛋白質分解酵素　133
蛋白質分解酵素抵抗性　417
担胞子体　427

ち

Ziehl-Neelsen 法　17
置換　54
チクングニア熱　348
致死因子　157
致死毒素　157
遅発性感染　251
地方病性血尿症　272
地方病性血尿症　273
チャプハマパルボウイルス属　298
中間体　203
チュウザン病　318
中水準消毒薬　450
中東呼吸器症候群　357
中和回避変異体　240
中和抗体　256
腸炎型　91
超遠心分画法　227
超遠心分離機　8
腸炎ビブリオ　104
腸管ウイルス　216
腸管凝集性大腸菌　85
腸管出血性大腸菌　85
腸管出血性大腸菌感染症　88
腸管侵入性大腸菌　86
腸管スピロヘータ症　143
調節遺伝子　57
調節因子　59
腸腺腫症候群　140
腸内細菌科　82

腸内細菌目　82
直鎖状プラス1本鎖 RNA ゲノム　359

つ

追加接種　474
通性嫌気性桿菌　171
通性嫌気性菌　25
つつが虫病　193
ツベルクリン　177, 178
ツボカビ　442

て

T 抗原　266
T 細胞　257
trp オペロン　61
DI 粒子　235
DI 粒子　388
DIVA ワクチン　475, 479
DNA ウイルス　214
DNA ジャイレース　41
DNA ポリメラーゼ　41
DNA リガーゼ　42
DNA ワクチン　473, 479
DNA-DNA ハイブリダイゼーション　12
低温蒸気ホルムアルデヒドガス滅菌　448
定義　208
ディケロバクター属　118
低水準消毒薬　450
定着　22
定着　68, 71
低病原性鳥インフルエンザ　393
低分子 RNA　65
テイラー病　300
テイロレラ属　123
適応度　240
適応免疫　79
適正使用　460
テグメント蛋白質　278
鉄　117
鉄の獲得能力　74
テトラサイクリン系抗菌薬　458
テトラパルボウイルス属　298
デフェンシン　78
デペンドパルボウイルス属　298
デルタ肝炎ウイルス　394
テルビナフィン　431
デルマトフィルス症　183
デルマトフィルス属　182
テレオモルフ　424
電気穿孔法　53
デング出血熱　342
デング熱　342
電子顕微鏡　7, 230
転写開始点　57
転写減衰　61
伝染性胃腸炎　355
伝染性角結膜炎　115
伝染性血栓塞栓性髄膜脳脊髄炎　111
伝染性コリーザ　111
伝染性膵臓壊死症　320

伝染性膵臓壊死症　323
伝染性造血器壊死症　380
伝染性乳房炎　155
伝染性ファブリキウス嚢病　322
伝染性無乳症　199
デンソウイルス亜科　294
伝達　21, 22
伝達性海綿状脳症　416
伝達性プラスミド　51
伝達性ミンク脳症　421
天然痘　7
天然痘　286
テンペレートファージ　46, 47
テンペレートファージ　52
点変異　54, 238

と

同化　29
同義変異　238
痘そう　286
糖代謝中間体　33
糖蛋白質　211
同定　15
糖発酵能　131
東部馬脳炎　348
ドーム状　133
Toll 様レセプター　198
Toll 様レセプター　256
トガウイルス　345
トキソイド　472, 477
特殊形質導入　49
特殊形質導入　53
毒素産生性　74
毒素性ショック症候群毒素　154
毒力　248
届出伝染病　322
トバニウイルス　358
トポイソメラーゼ　41
トラコーマ　205
トランスフェリン　78
トランスフォーメーション　228
トランスポゾン　51
トランスポゾン　55, 479
鳥インフルエンザ　393
鳥結核　177
トリコフィトン　432
trp オペロン　61
鳥マイコプラズマ症　200
トリメトプリム　457
トルエペレラ属　180
トルクテノウイルス　305
トレモウイルス属　325
貪食細胞　79
豚丹毒　168

な

内在性ボルナウイルス様配列　383
内在性レトロウイルス　409, 414
内生胞子　428
ナイセリア属　124
内臓真菌症　429
内膜　30
ナイロウイルス科　395

ナイロビ羊病　399
ナコウイルス属　328
ナチュラルチーズ　165，166
生ワクチン　472，475，477
ナンセンス変異　54
南米出血熱　408

に

二核菌亜界　424
二形性　428
二形性菌　428
二次代謝産物　429
2成分制御系　63
ニドウイルス目　352，359，360
ニパウイルス感染症　371
2分節　319，323
2分節アンビ1本鎖RNAゲノム　405
2分節プラス1本鎖RNAゲノム　335
2分裂　28
日本紅斑熱　191，194
2本鎖DNAウイルス　214
2本鎖DNAゲノム　260，274，283，289，291
2本鎖RNAウイルス　216
2本鎖RNAゲノム　311，319，323
ニューカッスル病　369
乳酸菌　170
乳酸脱水素酵素上昇ウイルス感染症　363
乳汁免疫　477
乳頭腫　268
乳房炎　87，101，146，153，156，173
ニューモウイルス　364
ニューモシスチス　441
尿膜腔内接種　226
二量体　409
鶏　134
鶏腎炎ウイルス感染症　335
鶏伝染性気管支炎　356
鶏伝染性喉頭気管炎　282
鶏伝染性貧血　306
鶏脳脊髄炎　327
鶏の封入体肝炎　265
鶏白血病・肉腫　414
忍容性　475

ぬ

ヌクレオカプシド　209
ヌクレオカプシド　383

ね

ネガティブ染色法　209
ネグリ小体　378
猫ウイルス性鼻気管炎　282
猫カリシウイルス感染症　331
猫伝染性腹膜炎　356
猫白血病　414
猫汎白血球減少症ウイルス　300
猫ひっかき病　128
猫ボカウイルス　300

猫免疫不全　415
熱ショック蛋白質　63
熱耐性　187
ネボウイルス感染症　332
ネボウイルス属　328

の

ノイラミニダーゼ　388
脳炎　349
脳炎　335
脳炎ウイルス　216
脳症　85
脳脊髄膜炎　167
能動輸送　30
膿皮症　155
ノカルジア症　181
ノカルジア属　180
野口英世　6
ノダウイルス　335
ノビラブドウイルス属　376
ノロウイルス感染症　332
ノロウイルス属　328

は

バークホルデリア属　119
パールテスト　159
肺炎　111
肺炎　204
バイオフィルム　114
敗血症　135
敗血症　168
培地　26
培養　428
バクテリオファージ　7
バクテリオファージ　45
破傷風　162
パスツリゼーション　4
パスツレラ属　107
パスツレラ目　106
パソジェニシティーアイランド　44
パターン認識レセプター　431
発育鶏卵　8
発育鶏卵法　226
発酵　31，82
発症　68，69
発熱　364
発熱　75
馬痘　288
パピローマウイルス　252，268
ハフニア科　82
パフボール　137
バボウイルス属　328
ハマパルボウイルス亜科　294，298
パラクラミジア科　200
パラミクソウイルス　364
パラミクソウイルス科　364
バルトネラ属　128
パルボウイルス　294
パルボウイルス亜科　294
パルボウイルス科　294
ハレアウイルス目　395，400
バロウイルス属　328
ハロゲン化合物　452

ハロプラズマ目　194
ハンタウイルス科　395
ハンタウイルス肺症候群　399
パンデミック　391

ひ

Bウイルス感染症　282
B型肝炎ウイルス　307，465
B細胞　256
P蛋白質　377
PCV関連疾病　303
非運動性　106，108，116，119，125，129，130，134，136，152，179，184，186
ピオシアニン　113
ピオシン　114
ピオベルジン　113
非許容細胞　263
ピグアニド類　453
非結核性抗酸菌　174
非結核性抗酸菌症　176
微好気性　138～140
微好気性菌　25
非抗酸性　178，179
非構造蛋白質　377
ピコビルナウイルス　323
ピコルナウイルス　324
ピコルナウイルス科　324
微細構造　428
ヒストプラズマ　440
微生物株保存機関　15
鼻疽　119
鼻疽菌　119
ピチウム　442
非チフス性サルモネラ　91
羊　183
羊痘　288
羊流産菌　205
非同義変異　238
人子宮頸癌　271
人免疫不全ウイルス　465
皮内反応検査　177，178
ひな白痢　94
泌尿生殖器　245
ビバーシュテニア属　107
皮膚　245
ビフィズス菌　183
ビフィドシャント　183
ビフィドバクテリウム属　183
皮膚壊死毒素　122
皮膚糸状菌　432
皮膚の発疹　363
皮膚病変　247
ビブリオ属　103
ビブリオ病　104
飛沫核感染　245
飛沫感染　245
病原因子　69
表現型　12
表現型混合　237
病原性　69，248
病原性プラスミド　182
病原体関連分子パターン　431

表在性真菌症　429
病毒　7
表皮剝脱毒素　154
日和見感染　171
日和見感染　249
日和見感染症　111
日和見感染症　112, 114, 130, 134
ヒラメラブドウイルス病　380
ビリオン　209
ピリミジン系抗真菌薬　431
ビルナウイルス　319
ビルレンス　69
ビルレンス因子　69, 70
ビルレントファージ　46, 47
ビルレントファージ　52
鰭腐れ　133
ピンクアイ　115

ふ

ファージ型　15
ファージテスト　159
ファージ療法　46
ファイバー　260
フィアライド　427
フィアロ型分生子　427
V字　183
フィブロネクチン結合蛋白質　153
フィラメント状ビリオン　381
フィロウイルス　380
風疹ウイルス　349
封入体　200, 202, 228
封入体形成　228
封入体病　408
フェヌイウイルス科　400
フェノール類　452
フォーカス形成単位　229
フォトバクテリウム属　105
von Magnus 現象　388
不活化ワクチン　472, 477
不完全環状2本鎖DNAゲノム　307
不完全菌類　424
不完全世代　424
複合型　211
複製開始点　41
複製終止点　41
複製フォーク　41
副反応　475
不顕性感染　249
不顕性感染　351
浮腫因子　157
浮腫性皮膚炎　155
浮腫毒素　158
豚インフルエンザ　393
豚胸膜肺炎　113
豚呼吸器複合病　199
豚サーコウイルス2　302
豚サイトメガロウイルス感染症　282
豚水疱疹　331
豚水疱病　327
豚赤痢　143
豚熱　343
豚の萎縮性鼻炎　121, 122

豚のエルシニア症　98
豚の抗酸菌症　178
豚の浮腫病　88
豚のマイコプラズマ関節炎　200
豚のレンサ球菌症　148
豚パルボウイルス　300
豚繁殖・呼吸障害症候群　363
豚流行性下痢　356
付着　68, 70
物理的作用　212
物理的消毒法　449
ブドウ球菌属　151
ブドウの房状　16
ブドウの房状の集塊　152
ブニヤウイルス綱　395, 400
不稔感染　234
普遍形質導入　49
普遍形質導入　52
浮遊培養　226
プライマーゼ　41
プラス1本鎖RNAウイルス　216
プラス1本鎖RNAゲノム　325, 328, 332, 339, 345, 349, 354, 361
プラス鎖　409
ブラストミセス　442
プラスミド　21, 40, 42
プラック形成単位　229
フラビウイルス　338
フランシセラ属　116
プリオン　9, 416
プリオン病　251, 416
ブルータング　318
フルコナゾール　431
フルシトシン　431
ブルセラ症　126
ブルセラ属　125
フレームシフト変異　54
プロウイルス　8
プロウイルス　234, 409
プロウイルスゲノム　252
プロテウス　101
プロトパルボウイルス属　298
プロバイオティクス　170
プロバイオティクス　184
プロファージ　47
プロファージ　51
プロモーター　57
不和合性　42
分解　459
糞口感染　245
糞口感染　315, 316
分生子　427
分節型分生子　428
分節状マイナス1本鎖RNAゲノム　388
分離培養　27
分類　12

へ

β-グルカン　426
β-ラクタマーゼ　459
β-ラクタム系抗菌薬　457

ヘキソン　211
ベクター　190, 248
ベクター媒介感染　69
ベクターワクチン　473, 477
ベシウイルス属　328
ベジキュロウイルス属　375
ペスト　96
ペスト菌　94
ペニシリン　6
ペニシリン　196
ペニシリンショック　463
ベネズエラ馬脳炎　348
ヘパドナウイルス　252, 307
ペプチドグリカン　19, 33
ペプロマー　211
ヘペウイルス　350
ヘペリウイルス目　349
ヘマグルチニン　388
ヘモバルトネラ　194
ヘモプラズマ　194
ヘモプラズマ症　200
ペラブドウイルス属　375
ヘリカーゼ　41
ペリブニヤウイルス科　395
ペリプラスム　30
ペリプラスム間隙　19
ペリプラスムべん毛　141
ヘルパーウイルス　237
ヘルペスウイルス　274, 465
ベロ毒素　85
変異　238
変異機構　238
変異体　238
変異体　240
偏性嫌気性　118, 178, 185
偏性好気性　116, 125, 186
偏性細胞内寄生性　187, 190, 202
偏性細胞内寄生体　208
ベントシモナス科　113
BEND法　235
ヘンドラウイルス感染症　370
ペントン　211
扁平上皮癌　272
扁平上皮癌　274
べん毛　21
べん毛なし　171
ヘンレの3原則　5

ほ

包囲接種　475
防御抗原　157
胞子　186, 427
胞子嚢　427
胞子嚢胞子　427
放射線滅菌　447
防壁接種　475
ポーリン　19, 30
ボカパルボウイルス属　298
墨汁染色　18, 21
母子感染　245
母子免疫　473
ホスホトランスフェラーゼ系　31
補体　78

ポック 226
ポック形成単位 230
ポックスウイルス 252, 283
発疹（皮膚の一） 363
発疹チフス 190, 193
発疹熱 194
ボツリヌス症 164
ポテト・デキストロース寒天培地 428
ポトマック熱 193
保有動物 248
ポリエン系抗真菌薬 431
ポリオーマウイルス 251, 266
ボリコナゾール 431
ポリシストロニック mRNA 58
ポリソーム 59
ポリプロテイン 324
ポリミキシン B 458
ポリメラーゼ 238
ボルデテラ属 121
ボルナウイルス 383
ボルナ病 386
ボルナ病ウイルス 1 383
ボレリア症 145
ホロモルフ 424
翻訳 231
翻訳開始点 58

ま

マールブルグ病 383
マイコトキシン 429, 442
マイコバクチン 176
マイコバクテリウム属 174
マイコプラズマ 194
マイコプラズマ肺炎 199
マイコプラズマ目 194
マイコプラズモイデス 194
マイコプラズモイデス目 194
マイコプラズモプシス 194
マイナス 1 本鎖 RNA ウイルス 216
マイナス 1 本鎖 RNA ゲノム 367, 377, 381, 384, 395
マウス，ウサギなどの実験動物 227
マウス肝炎ウイルス 354
マウス肝炎ウイルス感染症 357
マウス肉腫 414
マウス乳がん 414
マウス肺炎ウイルス感染症 372
マウス白血病 414
マエディ・ビスナ 415
膜傷害性毒素 76
膜融合蛋白質 369
マクロファージ 73, 117
マクロライド系抗菌薬 458
マストミス 407
マダイイリドウイルス 293
マトナウイルス 349
マラコプラズマ 194
マラセチア 439
マレイン反応 120
マレック病 282
慢性感染 250
慢性歯周炎 130

慢性消耗病 417
慢性消耗病 420
マンナン 426
マンヘイミア属 107

み

ミアズマ 3
ミカファンギン 431
ミクロスポルム 432
ミコール酸 174
未殺菌乳 166
ミスセンス変異 54
ミノウイルス属 328
ミルクテスト 160
ミンク腸炎ウイルス 300
ミンクの出血性肺炎 114

む

ムーコル目 441
無莢膜株 477
無菌性保証レベル 446
無性型 424
無性胞子 427

め

眼 245
命名 15
メゾマイコプラズマ 194
メタゲノム解析 8
メタマイコプラズマ 194
目玉焼き状の集落 198
メチシリン 155
メチシリン耐性 153
滅菌 446
メリソコッカス属 150
メルケル細胞癌 272, 274
免疫寛容 250
免疫製剤 468
免疫賦活作用 76

も

網様体 200, 202
木舌症 112
モラキセラ科 113
モルガネラ 102
モルガネラ科 82

や

山羊関節炎・脳炎 415
山羊伝染性胸膜肺炎 199
山羊痘 288
薬剤感受性試験 456
薬剤感受性試験 459
薬剤耐性ウイルス 469
薬剤耐性菌 459
薬剤耐性変異体 241
薬疹 463
野兎病 116

ゆ

有性型 424
遊走子 182, 427
誘導期 28

誘発突然変異 238
輸送熱 109
輸送熱 371

よ

溶解 227
溶菌サイクル 47
溶血 153
溶血性尿毒症症候群 85
溶原化 47
溶原菌 47
溶原サイクル 47
溶原変換 48
葉酸合成阻害薬 457
羊膜腔内接種 226
ヨード化合物 453
ヨード剤 132
ヨーネ菌 176
ヨーロッパ腐蛆病 151
よろよろ病 350, 386
4 型分泌装置 51

ら

らい菌 174, 175
Rous 肉腫 7
lac オペロン 59
ラクトコッカス属 156
ラクトバチルス属 170
ラゴウイルス属 328
らせん菌 16
らせん状桿菌 138〜140
らせん対称型 209
ラッサ熱 407
ラテックス粒子 230
Runyon（ラニヨン）分類 175
ラブドウイルス 372
卵黄嚢接種 226
卵黄反応 154
ランピースキン病 287

り

リエメレラ属 135
リガンド 46
リガンド様毒素 76
リケッチア 190
リステリア症 166
リステリア属 165
リゾチーム 77
リッサウイルス属 375
離乳後多臓器性発育不良症候群 303
リバースワクチノロジー 480
リフトバレー熱 403
リプレッサー 59
リボスイッチ 65
リボソーム 12, 20
リポ多糖 19
流行性造血器壊死症ウイルス 293
流行性脳炎 341
流行性羊流産 204
流産 113, 124, 127
流産 363
粒子の構造 213
流早死産 363

流通蒸気消毒　449
両性界面活性剤　453
両端染色性　106, 108, 110
緑膿菌　113
リンパ性白血病　414
リンパ球性脈絡髄膜炎　407
リンパ球増加症　415
淋病　124
リンホシスチス病　293, 294

る

類鼻疽　120
類鼻疽菌　119

れ

レオウイルス　310
レギュレーター　59
レギュロン　61
レコウイルス属　328
レジオネラ肺炎　188
レジオネラ目　186
レスポンス・レギュレーター　63
レセプター　46
レセプター　231, 244
レセプター拮抗薬　465
レセプター吸着蛋白質　369
レゼルボア　248
レトロウイルス　252, 408
レトロウイルス　409
レニバクテリウム属　184
レプトスピラ症　142
レプリソーム　41
レンガ状ビリオン　283

ろ

ロイコシジン　153
ロコウイルス属　328
濾過性病原体　7
濾過法　446, 448
6型分泌装置　117
ロタウイルス感染症　318
ロッキー山紅斑熱　190, 194
ロドコッカス・エクイ症　182
ロドコッカス属　181
ロピオン酸　185
ロリパルボウイルス属　298

わ

Weil-Felix 反応　191
ワクチネーション　472
ワクチネーション　473
ワクチネーションプログラム　474
ワクチン　472
綿毛状沈殿発育　157
ワドリア科　200

獣医微生物学 第 5 版

1995 年 3 月 15 日　第 1 版第 1 刷発行
2003 年 9 月 25 日　第 2 版第 1 刷発行
2011 年 8 月 20 日　第 3 版第 1 刷発行
2018 年 7 月　2 日　第 4 版第 1 刷発行
2025 年 5 月　1 日　第 5 版第 1 刷発行

　　　　　　　　　編　集　公益社団法人日本獣医微生物学分科会
　　　　　　　　　発行者　福　　　毅
　　　　　　　　　発　行　文永堂出版株式会社
　　　　　　　　　　　　　〒 113-0033　東京都文京区本郷 2 丁目 27 番 18 号
　　　　　　　　　　　　　Tel　03-3814-3321　Fax　03-3814-9407
　　　　　　　　　　　　　E-mail　buneido@buneido-syuppan.com
　　　　　　　　　　　　　URL　https://buneido-shuppan.com

　　　　　　　　　印刷・製本　株式会社平河工業社

定価（本体 13,500 円＋税）

＜検印省略＞
Ⓒ 2025　公益社団法人日本獣医微生物学分科会
ISBN 978-4-8300-3295-0

獣医内科学 第3版

一般社団法人 日本獣医内科学アカデミー 編

監修　伴侶動物編：奥田 優・滝口満喜・辻本 元
　　　産業動物編：猪熊 壽・恩田 賢・佐藤 繁

2022年3月刊
A4判変形、2巻セット、ハードカバー
伴侶動物編708頁、産業動物編464頁
定価（本体 34,000 円＋税）

臨床の現場でも活用できる水準を目指して執筆され、臨床徴候と鑑別診断に関する解説を充実させ、また科学的に証明された事実に基づく内容となっています。獣医内科学全般の最新の動向の学びなおしにも最適のものとなっています。多数のカラー図や丁寧な説明の図表の掲載により、より理解しやすくなりました。第3版より引用文献を明示し、かつ引用文献はウェブ掲載で使い勝手がよいものとなっています。教科書として獣医内科学分野の国家試験の出題基準を網羅しています。

動物病理学各論 第3版

日本獣医病理学専門家協会 編　2021年3月刊

B5判、528頁　定価（本体 10,000 円＋税）

大学のテキストとして活用されている本書の最新版。48名のエキスパートにより最新の情報を網羅して解説してあります。執筆者、編集者が培った病理医としての「診断センス」がまとめられた獣医師必携の1冊です。

動物病理カラーアトラス 第2版

日本獣医病理学専門家協会 編　2018年1月刊

B5判、340頁　定価（本体 17,000 円＋税）

確実に学ぶべき基本的な病変については前版を踏襲し、近年新たに問題となった感染症や品種特異的疾病などについては新しく項目を設け書き下ろしています。60名のエキスパートが執筆し、約1,160点の肉眼および組織写真を掲載。獣医師国家試験、JCVP会員資格試験に必携の1冊です。

動物病理学総論 第4版

日本獣医病理学専門家協会 編　2023年3月刊

B5判、318頁　定価（本体 9,600 円＋税）

関連諸科学領域の最新の情報を積極的に取り入れ、さらにコアカリに準拠するよう編集した動物病理学のテキスト。進歩しつつある学問分野の理解に必携の書。

 文永堂出版

獣医公衆衛生学
獣医公衆衛生学教育研修協議会 編　2024年3月刊

B5判、496頁　定価（本体 12,500 円＋税）

『獣医公衆衛生学Ⅰ・Ⅱ』を1冊にまとめた全面改訂版。「公衆衛生学総論」、「食品衛生学」、「人獣共通感染症学」、「環境衛生学」についてエキスパートが解説。獣医学教育モデル・コア・カリキュラムに準拠したテキスト。

薬理学・毒性学実験 第 4 版
日本獣医薬理学・毒性学会 編　2023年3月刊

A4判変形、240頁　定価（本体 5,000 円＋税）

第3版発行から15年が経過し、動物実験をとりまく状況は大きく変化しました。本書は今日でも必須知識である古典的手法を残しつつ、最新の内容に刷新されています。獣医学教育モデル・コア・カリキュラム 2019 年版に準拠したものとなっており、執筆・編集には獣医系 17 大学の教員、総勢 50 名が携わっています。獣医学教育での実習書として、また実際の研究現場のテキストとして活用できる 1 冊です。

動物衛生学 第 2 版
獣医衛生学教育研修協議会 編　2024年3月刊

B5判、496頁　定価（本体 11,800 円＋税）

時代に即した実践的内容の教科書編集に心掛け、新たに「ICT 技術およびロボットを活用した飼養管理」を加えました。さらに、「家畜伝染病予防法」など関係法規、家畜伝染病の発生動向など最新情報に更新し、新たな執筆者も加わり内容も更新しました。本書の特徴のひとつは獣医学教育モデル・コア・カリキュラムと獣医師国家試験ガイドラインを網羅した内容であることは初版と同様ですが、コラムによる話題提供と情報の深掘りが充実しました。―序文を一部抜粋

獣医繁殖学 第 5 版
獣医繁殖学教育協議会 編　2023年8月刊

B5判、504頁　定価（本体 11,000 円＋税）

獣医繁殖学教育の変化に対応した章項目に再構成しました。「群管理」と「野生動物および動物園動物の繁殖」の章が加えられ、さらに獣医学教育モデル・コア・カリキュラム準拠獣医学共通テキストとしての役割も担っています。第4版が出版された 2012 年からの進歩や変化を盛り込み、内容が新しくなりました。また、より深く学ぶ方にむけて引用文献のリストを加えました（引用文献はWEB ページに掲載）。獣医学教育の教科書として、現場での学び直しに最適の 1 冊です。

獣医繁殖学マニュアル 第 3 版
獣医繁殖学教育協議会 編　2025年3月刊

B5判、320頁　定価（本体 6,000 円＋税）

動物の繁殖に必要な手技をまとめた 1 冊です。2023 年 8 月に発行された『獣医繁殖学第 5 版』の姉妹書であり、大学教育の実習用として編纂されていますが、現場でも活用できる充実した内容となっています。第 2 版の発行から 18 年を経て、内容は最新の情報に刷新されています。

コアカリ 獣医内科学Ⅰ 内科学総論・呼吸循環器病学・消化器病学
コアカリ獣医内科学編集委員会 編　2019 年 9 月刊
B5 判、208 頁　定価（本体 3,500 円＋税）

獣医学教育モデル・コア・カリキュラムに沿った獣医内科学のテキスト。「コアカリ獣医内科学」は 3 つに分かれています。このシリーズは獣医内科学の予習・復習に最適な 1 冊です。

コアカリ 獣医内科学Ⅱ 泌尿生殖器病学・内分泌代謝病学
コアカリ獣医内科学編集委員会 編　2022 年 1 月刊
B5 判、184 頁　定価（本体 3,500 円＋税）

コアカリ 獣医内科学Ⅲ 神経病学・血液免疫病学・皮膚病学
コアカリ獣医内科学編集委員会 編　2019 年 11 月刊
B5 判、184 頁　定価（本体 4,000 円＋税）

コアカリ 産業動物臨床学
コアカリ獣医内科学（産業動物臨床学）編集委員会 編　2016 年 12 月刊
B5 判、176 頁　定価（本体 3,800 円＋税）

産業動物臨床において必要不可欠なことをコンパクトにまとめました。基礎から学ぶに最適の 1 冊です。

コアカリ 獣医臨床腫瘍学
廉澤　剛、伊藤　博編　2018 年 6 月刊
B5 判、184 頁　定価（本体 3,800 円＋税）

本書は獣医学教育モデル・コア・カリキュラムで科目として加わった「獣医臨床腫瘍学」の教本です。コア・カリキュラムの内容にとどまらず、アドバンスを加えて、臨床腫瘍学を体系的に学べるように編集されています。「読破し理解していただければ、臨床で腫瘍を診るための基礎を十分に身につけることができる」（序文より）内容となっていますので、学生が獣医臨床腫瘍学を学ぶには最適の 1 冊です。また現場で活躍される臨床家にも役立つものとなっています。

コアカリ野生動物学 第2版

日本野生動物医学会 編　2023年4月刊

B5判、208頁　定価（本体3,800円＋税）

初版発行から8年が経過し、最新の情報を取り入れました。獣医学教育モデル・コア・カリキュラム2019年版にあわせて章を再構築し、より理解しやすい構成となっています。野生動物学の学びはじめに必要な事項を網羅し、コンパクトにまとめた1冊となっています。

書き込んで理解する動物の寄生虫病学実習ノート

浅川満彦 編　2020年1月刊

B5判、173頁　定価（本体4,200円＋税）

「動物の寄生虫病学」の実習に必要不可欠な情報をコンパクトにまとめた獣医学、動物看護学を学ぶ学生向けの実習書であり、自由に書き込めるスペースをとりました。原則として1検査法を1頁で見やすくまとめ、最新の情報、実験法を記載。学生のみならず現場で働く獣医師とその補助者にも十分活用できる内容となっています。構成は獣医学教育モデル・コア・カリキュラムの「寄生虫病学」の実習項目に沿っています。

牛のマタニティハンドブック

大澤健司・三宅陽一 編　2020年10月刊

B5判、264頁　定価（本体10,000円＋税）

牛の妊娠経過を詳述した画期的な書。妊娠牛の卵巣の動態、子宮内の胚発育、子宮内胎子の成長と変化、母牛の体調変化と飼養管理、助産、そして流産胎子の特徴をわかりやすく解説。解説の理解に役立つたくさんの胎子や超音波画像の写真を掲載。最終章の第8章では、妊娠牛に対するワクチン接種の具体例を説明。近年の牛の繁殖生理学に関する知見の集大成となった本書は、臨床獣医師、家畜人工授精師、学生、生産農家など牛の臨床繁殖分野で活躍している関係機関諸氏への貴重な1冊です。

犬と猫の日常診療のための抗菌薬治療ガイドブック

原田和記　2020年2月刊

B5判、200頁　定価（本体8,000円＋税）

抗菌薬を頻繁に使用する現場、すなわち日常診療（一次診療）での抗菌薬治療に対する意識の向上と知識の普及のために編集されました。抗菌薬の適正使用や薬剤耐性菌の制御につながる内容となっています。主要な細菌感染症の診断から治療、特に抗菌薬治療に特化した内容となっている1冊です。

犬と猫の皮膚科診療アトラス

永田雅彦 監修　2024年12月刊

A4判変形、400頁　定価（本体22,000円＋税）

本書は国内でみられる犬と猫の皮膚科疾患を網羅し、体系的にまとめたカラーアトラスです。様々な疾患、病態の鮮明なカラー写真を揃えています。掲載された写真は、モノクロ化した画像とセットにしてあり、モノクロ画像で病態を解説しています。注視すべきポイントが一目瞭然となっています。セット写真は764点にのぼります。疾患の特徴のみならず、治療についても簡明に解説してあり、また皮膚科の基礎を学ぶ章もあります。皮膚科診療のバイブルとなる1冊です。